CATÁLOGO FLORÍSTICO DE NAVARRA

Nafarroako landare katalogoa

Mikel Lorda López

Jolube
Consultor
Botánico
y Editor
www.jolube.es

Pamplona, 2013

CATÁLOGO FLORÍSTICO DE NAVARRA (*Nafarroako landare katalogoa*). Monografías de *Botánica Ibérica*, nº 11

© Textos y fotografías: **Mikel Lorda López**
Fotografías. Portada: *Narcissus varduliensis*. Contraportada: *Sternbergia colchiciflora* (arriba izquierda), *Lathyrus occidentalis* (arriba derecha), *Soldanella villosa* (centro izquierda), *Cistus albidus* (centro derecha), *Ceterach officinarum* (abajo izquierda) y *Microcnemum coralloides* (abajo izquierda).

© Edición: **José Luis Benito Alonso** ((Jolube Consultor Botánico y Editor, Jaca, Huesca)
www.jolube.es

**Jolube
Consultor
Botánico
y Editor**
www.jolube.es

Primera edición: noviembre de 2013

ISBN: 978-84-941996-0-8

Edita: **José Luis Benito Alonso** ((Jolube Consultor Botánico y Editor, Jaca, Huesca) - **www.jolube.es**

Derechos de copia y reproducción gestionados por el Centro Español de Derechos Reprográficos.

CEDro

AGRADECIMIENTOS

Numerosas personas han contribuido a llevar a buen puerto este trabajo. Especial atención a los conservadores de los herbarios, tanto institucionales como particulares, que me han cedido material para el estudio y que han soportado mi tardanza en devolvérselo. Los responsables de conservar esta riqueza, la que pone los pilares de la ciencia básica, hoy tan denostada, tienen mi reconocimiento y seguro, si lo entendiera, el de la sociedad. Daniel Gómez, del Instituto Pirenaico de Ecología-CSIC de Jaca (Huesca), colaboró conmigo para elaborar la *check-list* previa a este trabajo. Su ayuda y motivación es impagable. A los redactores del Catálogo Florísitico de Navarra que en su día me cedieron el original y la base de datos, y que ha sido la referencia para este trabajo. Otros colegas dieron su opinión sobre el borrador-listado de plantas, Iñaki Aizpuru y Xabier Lizaur de la Sociedad de Ciencias Aranzadi, P. Mª Uribe-Echebarría del Museo de Ciencias Naturales de Álava, que con sus comentarios y correcciones mejoraron el documento inicial. A mis colegas más cercanos, como Javier Peralta de la Universidad Pública de Navarra y José Luis Remón, consultor ambiental, que han aportado muchas observaciones e incluso material novedoso. Las jornadas de campo, y de ordenador, que solemos compartir son, sin ninguna duda, gratificantes. Luis Villar, del citado IPE de Jaca, atendió amablemente cuantas peticiones le hice sobre la flora navarra y pirenaica en particular. Ángel Balda me acompañó a ver las poblaciones, únicas, de *Erodium manescavii*. Manuel Gurbindo, incansable explorador, me llevó a estudiar *Sternbergia colchiciflora,* y me dio relación de otras plantas. Los miembros activos de la sección de Botánica de la Sociedad de Ciencias Gorosti, con sus múltiples ojos, son capaces de descubrir plantas que a otros nos pasan desapercibidas. Unas cuantas especies, novedades para Navarra, han caído en sus manos y me las han comunicado amablemente. A ellos mi agradecimiento. A José Luis Benito, botánico y editor, que ha dado forma al original, y con sus orientaciones lo ha mejorado considerablemente. Muchas otras personas han contribuido, a veces sin saberlo, a confeccionar este estudio. A los que cito y a los que me olvido, no por mala fe, mi agradecimiento más sincero.

DEDICATORIA/ESKAINTZA

A la memoria del botánico alavés Pedro Mª Uribe-Echebarría, trágicamente desaparecido durante la preparación de este trabajo. Buen conocedor de las plantas de nuestro territorio, no dudó en ningún momento en prestar atención a nuestras consultas, bien a través del herbario VIT, bien acompañando al autor en distintas ocasiones a estudiar las poblaciones que mejor conocía de sus narcisos. Por su inestimable ayuda, buen hacer y en recuerdo de las jornadas que compartimos, dedico este trabajo. Goian bego.

TABLA DE CONTENIDO

1. INTRODUCCIÓN

El presente *"Catálogo Florístico de Navarra-Nafarroako Landare Katalogoa"* tiene su origen en la elaboración de la *"Check list actualizada de la Flora de Navarra"* (Gómez & Lorda, 2008), un estudio auspiciado por el Gobierno de Navarra con el objetivo de poner al día los conocimientos sobre la flora vascular de la Comunidad Foral. Este trabajo y la *check-list* se basan en un proyecto anterior inédito, el "Catálogo Florístico de Navarra" realizado por Aizpuru & al. (1993), del cual hemos tomado buena parte de las referencias allí expuestas. Sin embargo, han pasado veinte años y los estudios sobre la flora de Navarra han progresado y ya se tiene un mejor conocimiento, nunca acabado, de las plantas que viven en este territorio. La carencia de una obra actualizada, accesible a las personas interesadas, nos ha motivado en su elaboración. De forma paralela, obras de carácter general han ido publicándose sucesivamente y nos han permitido disponer de una base taxonómica y nomenclatural, además de una idea más precisa sobre nuestra flora, su ecología y distribución, que ya nos permite elaborar una flora moderna. Nos referimos, por su implicación en nuestro territorio, principalmente al proyecto *Flora Iberica* (Castroviejo & al., 1986-2013), en curso de publicación, y a las *Claves Ilustradas de la Flora del País Vasco y Territorios Limítrofes* (Aizpuru & al., 1999).

Desde la elaboración en 1993 del aludido Catálogo, hemos ido completando una base de datos de la flora navarra que nos ha permitido utilizarla como complemento a los datos ya conocidos. Así, ya disponemos de unas 85.000 citas de flora de Navarra, correspondientes a cerca de 700 referencias bibliográficas, buena parte de ellas recogidas en el apartado de bibliografía. También se han considerado más de 40.000 citas de herbario referentes a plantas navarras, se han recogido algunas novedades florísticas aún sin publicar, y se ha contado con la ayuda de especialistas en florística regional que diligentemente han atendido nuestras peticiones. Muchas veces con otros fines, pero indirectamente útiles para este trabajo, los herbarios, tanto individuales como institucionales, nos han prestado materiales para el estudio, lo que ha redundado en la mejora del conocimiento de determinados táxones conflictivos. Han sido clave los siguientes herbarios: ARAN (Sociedad de Ciencias Aranzadi *Zientzi Elkartea*, Donostia-San Sebastián); BIO (Universidad del País Vasco-*Euskal Herriko Unibertsitatea*, Leioa); JACA (Instituto Pirenaico de Ecología-CSIC, Jaca); MA (Real Jardín Botánico de Madrid, Madrid), UPNA (Universidad Pública de Navarra-*Nafarroako Unibertsitate Publikoa*, Pamplona-Iruña) y VIT (Museo de Ciencias Naturales de Álava, Vitoria-Gasteiz), más los particulares herbario ALEJANDRE (Vitoria-Gasteiz) y el del propio autor (herbario LORDA).

Como ya adelantábamos en otros estudios (Lorda & al., 2011), la elaboración de una lista de referencia era necesaria para avanzar en el conocimiento de la flora. Si en ella sólo se presentaba el listado de las plantas que viven en Navarra, ya intuíamos que era la base para la elaboración de este trabajo. Aspectos tales como la validez de determinados táxones, su nomenclatura, su distribución y abundancia, entre otros, quedaban postergados para un trabajo posterior, precisamente el que presentamos. Ahora ya podemos aportar datos contrastados y, a fecha de hoy, sabemos cuál es la flora de Navarra, y podemos responder a cuántos táxones viven en la Comunidad, dónde se distribuyen, su índice de abundancia o rareza, su problemática conservacionista, en qué hábitat son característicos, etc. Buena parte de estas cuestiones son clave, forman parte de la ciencia básica, y son necesarias para gestionar la riqueza natural que atesora Navarra.

2. ESTUDIOS BOTÁNICOS PRECEDENTES

El conocimiento de la flora navarra inicia sus pasos a mediados del siglo XVIII, con un olvidado médico y naturalista de Pau, Jean Prevost, ya reconocido por Linneo, que redacta un primer trabajo sobre la flora pirenaica. En los albores del s. XIX, Bergeret publica la *Flore des Basses Pyrénées*, completada y reeditada en 1903. De Candolle, a inicios del siglo XIX, recorre nuestro territorio, llegando a Roncesvalles. Mediado el siglo XIX, el interés por la flora aumenta y numerosos viajeros-exploradores nos visitan: Bubani, Léon Dufour, Willkomm, Blanchet, Coste, etc. Iniciado el siglo XX, Gredilla (1913) publica los *Apuntes para la Corografía Botánica Vasco-Navarra*, donde recoge sus trabajos y los de otros botánicos contemporáneos, destacando por sus aportaciones Lacoizqueta, Ruiz Casaviella, Née, etc. Soulié (1907-1914) aportó numerosas localidades desconocidas de plantas, principalmente pirenaicas. El matrimonio Allorge, visitó en distintas ocasiones el País Vasco, y la publicación en 1941 del *Essai de synthèse phytogeographique du Pays Basque* supuso el punto de partida para los estudios de las tierras atlánticas. Vivant, desde los años 50, aportó cuantiosos datos sobre nuestro territorio, que visitó con frecuencia; por estas fechas, Braun-Blanquet, Gaussen, Viers y Dupont hacen sus aportaciones al conocimiento de la flora. A partir de la década de los años 60, P. Montserrat comienza la exploración del Pirineo y tierras próximas, al que posteriormente se une L. Villar que, desde el Instituto Pirenaico de Ecología, consiguen crear una escuela de botánicos, siendo la base del conocimiento actual sobre la flora. En los últimos años, numerosos botánicos, con diversos trabajos, han contribuido al progreso de esta ciencia, entre ellos Dendaletche, López Fernández, Garde, Ederra, García Bona, Báscones, Fernández Casas, Olano, Erviti, Ursúa, Catalán, Gómez, Aizpuru, Aseginolaza, Lizaur, Loidi, Aldezabal, G. Montserrat, Llanos, Vicente, Sesma, Lorda, Rivas-Martínez, Uribe-Echebarría, Biurrun, Alejandre, Ibáñez, Berastegi,

Peralta, Remón, Balda, etc., cuya obra, en buena parte de ellos, queda recogida en la bibliografía.

3. PRESENTACIÓN

El *Catálogo Florístico de Navarra* viene estructurado en orden alfabético por familias, y dentro de cada una de ellas, se aplica idéntico criterio al género y a las especies/subespecies.

La información que se aporta para cada taxon es la siguiente:

1	*Amaryllidaceae*
2	***Narcissus pallidiflorus*** Pugsley
3	*N. pseudonarcissus* subsp. *pallidiflorus* (Pugsley) A. Fernandes
4	Planta con presencia constatada en Navarra.
5	Pastos y prados frescos, orillas de arroyos y brezales; hayedos, robledales y pinares, más bosques de ribera (alisedas, choperas). Alt.: 100-1700 m.
6	HIC: 4020*, 4030, 6510, 6230*, 92A0, 91E0*, 9160, Robled. acidof. cant., 9120, Hayed. bas.-ombr. cant., Avellanedas.
7	**Dist.**: Atl. En los valles atlánt. y montañas pirenaicas, sierras de la divisoria y montañas medias (Urbasa, Andía, Aralar, etc.). **Alp.**: E; **Atl.**: E; **Med.**: -
8	**Cons.**: VU A2acde (LR, 2000); NT (LR, 2008); Prioritaria (Lorda & al., 2009).
9	**Obs.**: Grupo complejo en lo taxonómico y nomenclatural. En *Flora iberica* incluida en *N. pseudonarcissus* subsp. *pseudonarcissus*. Las anotaciones de *N. alpestris* Pugsley dadas para Navarra en el alto Roncal, no corresponden con este taxon; no llega a Navarra.

1. Familia botánica

El criterio seguido es el de *Flora iberica* (Castroviejo & al., 1986-2013), obra de carácter general que incluye la flora vascular de la Península Ibérica a cuyos volúmenes publicados remitimos al lector.

2. Nombre científico

Hemos tomado por nombre correcto, incluyendo autor o autores de la combinación, el facilitado por la obra ya señalada, *Flora iberica* (*l.c.*). En este sentido, hasta el momento de la edición de este *Catálogo*, hemos adoptado los nombres de los volúmenes publicados, así como los de los borradores en curso de edición a los que hemos tenido acceso. Para los géneros y demás entidades infragenéricas no disponibles en la citada obra, hemos utilizado las *Claves Ilustradas de la Flora del País Vasco y Territorios Limítrofes* de Aizpuru & al. (1999) como fuente de información, recurriendo en otros casos a monografías modernas de géneros específicos (*Festuca, Poa*, etc.), o a estudios particulares recogidos en la bibliografía que se acompaña. En algunos casos conflictivos hemos recurrido a la obra *Flora Europaea*, de Tutin & al. (1964-1980), y también hemos consultado la *Flora dels Països Catalans* de Bolòs & Vigo (1984-2001).

3. Sinonimia

Hemos adoptado la expuesta en *Flora iberica* (*l.c.*) y, en otros casos, complementada, con la señalada en las *Claves Ilustradas de la Flora del País Vasco y Territorios Limítrofes* (*l.c.*). También hemos recurrido a distintas monografías para recabar la información necesaria y a obras de carácter general.

4. Estatus de presencia

Para conocer el **estatus de presencia**, hemos elaborado (Lorda & al., 2011) las ***categorías de certidumbre*** a fin de reducir los problemas derivados de la incertidumbre que acompaña la presencia de determinadas plantas, y tratar de agruparlas en categorías que expresen la situación actual del conocimiento que tenemos de la flora.

Estas categorías se agrupan en cinco niveles:

- ***Planta con presencia constatada en Navarra***, ya sea con pliego de herbario o con citas bibliográficas que no nos ofrecen duda.
- ***Planta citada de Navarra antes de 1960, sin citas posteriores***.
- ***Planta dudosa que requiere comprobación***. Existen dudas sobre su localización en el territorio o incluso sobre su propia identidad taxonómica.
- ***Planta que está cerca de Navarra, y cuya presencia se estima probable***.
- ***Planta citada de Navarra, posiblemente errónea***.

Siendo exhaustivos, la flora de Navarra debe limitarse a las plantas del *primer nivel*, ya que incluye todas aquellas cuya presencia no ofrece dudas. Así lo manifestamos, al destacar en negrita cada uno de los táxones constatados en Navarra.

En este grupo, a fin de no ser reiterativos, hemos eliminado de la descripción la frase "*planta con presencia constatada en Navarra*", dando por entendido que así lo es, señalando con su correspondiente frase el resto de las opciones que hemos apuntado en los citados cuatro niveles restantes.

Las agrupadas en los siguientes niveles, deben ser objeto de atención preferente en las prospecciones y estudios florísticos a fin de aclarar la incertidumbre que les rodea, cuyo origen es de diversa índole. A fin de diferenciarlas de las primeras, no quedan resaltadas en negrita.

Las plantas del *segundo nivel*, tienen un especial interés para la conservación, al ser plantas citadas antiguamente y que han podido desaparecer. La fecha de referencia es orientativa e incluye plantas citadas de antiguo, no necesariamente, aunque muchas veces sí, en fechas anteriores a la citada.

En el *tercer nivel* se agrupan las plantas con citas imprecisas o con problemas de determinación taxonómica, que ha dado lugar a confusión con táxones próximos. Algunas plantas correspondientes a géneros apomícticos o con alguna característica que hace compleja su determinación (*Alchemilla, Hieracium, Pilosella, Rosa, Limonium, Armeria*) podrían haber integrado esta lista, pero se ha optado por recoger la totalidad de los táxones citados para Navarra en las monografías de *Flora iberica*. La validación de estos táxones sobre materiales de herbario, requiere muchas veces el concurso de especialistas en estos géneros.

En el *nivel cuatro* se incluyen las plantas que viven muy cerca de los límites provinciales, pero cuya presencia en el mismo no se ha constatado fehacientemente, aunque parece probable.

Finalmente, en el *último nivel* se anotan las plantas que poseen citas para Navarra pero que a tenor de su distribución general no parece posible su presencia, o en otros casos son equivocaciones evidentes, posteriormente o no sometidas a corrección.

5. Origen y ecología

En el **origen** de las plantas, precediendo a la ecología, se pone en evidencia el carácter autóctono o alóctono de la flora, en cuyo caso hablamos de plantas asilvestradas, naturalizadas o cultivadas. Seguimos estos criterios tomados de Herrera & Campos (2010), modificados por el autor:

- **Plantas autóctonas**: plantas que se han originado en un área determinada sin intervención humana, o que han llegado allí sin la intervención, intencionada o no, del hombre desde un área en el que son nativas. Si no se menciona otra cosa se da por sentado que es una especie autóctona.
- **Plantas alóctonas**: plantas cuya presencia en un área determinada es debida a la introducción accidental o intencionada, derivada de la actividad humana o que han llegado allí desde otra área en la que también son alóctonas.

Incluye las categorías de:

- **Plantas naturalizadas**: son plantas alóctonas que mantienen poblaciones durante varias generaciones (al menos 10 años) sin la intervención directa del hombre, reproduciéndose por semillas o vegetativamente (rizomas, tubérculos, bulbos, etc.).
- **Plantas asilvestradas**: son plantas alóctonas que puede florecer e incluso reproducirse ocasionalmente fuera de cultivo en un área, pero que no forman poblaciones perdurables y necesitan repetidas introducciones para su persistencia.
- **Plantas cultivadas**: plantas autóctonas o alóctonas que se cultivan comercialmente o no, y que pueden llegar a asilvestrarse o incluso naturalizarse en las cercanías a su cultivo, o por abandono de éste.

Damos por entendido que las plantas, si no se dice lo contrario –naturalizada, asilvestrada, cultivada–, son todas autóctonas, por lo que hemos eliminado esta precisión.

En cuanto a la **ecología**, exponemos una breve referencia a los principales ambientes donde vive la planta, y separado por un punto, el intervalo altitudinal en el que habitualmente es posible encontrarla. Para las citas que son únicas y se conoce la altitud a la que vive, ésta se expresa con claridad.

Los intervalos altitudinales en los que es posible localizar las plantas van desde los 18 m en Endarlatsa (NW de Navarra), a los 2.434 m de la Mesa de los Tres Reyes (Pirineo). En algunos casos, y para táxones que rondan las montañas pirenaicas se ha tomado, cuando ha sido necesario, como altitud máxima la de la cumbre del Anie (Pirineo francés, Béarn) de 2.507 m de altitud. El mapa orohidrográfico siguiente, sintetiza estos aspectos.

6. Hábitats de Interés Comunitario (HIC)

Hemos anotado, cuando ha sido posible, el hábitat codificado o su equivalente brevemente descrito, en el que la planta llega a ser especie característica, incluyendo la presencia de flora catalogada. Las referencias se han tomado de la obra *Manual de interpretación de hábitats de Navarra*, de Peralta & al. (2009), en vías de publicación, a la que remitimos al lector. Los hábitats de interés prioritario van señalados por un asterico (*).

7. Dist. (Distribución)

Se da primero su **distribución general**, tomada de Aizpuru & al. (1999), según exponen, siguiendo estos criterios:

- **Subcosm. (Subcosmopolitas)**: plantas que se encuentran en la mayor parte de las regiones de la Tierra.
- **Plurirreg. (Plurirregionales)**: plantas que viven en dos o más regiones biogeográficas, sin llegar a ser consideradas subcosmopolitas. Se exceptuan las Boreo-Alpinas y las Mediterráneo-Atlánticas.
- **Circumb. (Circumboreales)**: plantas que viven en las regiones frías y templadas del Hemisferio Norte.
- **Eur. (Eurosiberianas)**: con sentido amplio, ya que se incluyen bajo este término el elemento corológico *europeo* (europeo occidental, sudeuropeo y centroeuropeo), *lateeuropeo*, *paleotemplado*, *eurosiberiano* y *euroasiático*.
- **Oróf. (Orófito) Europeo**: se aplica a las plantas que viven en las montañas europeas. En muchos casos, para las plantas orófitas pirenaico-cantábricas, pirenaicas o cantábricas, se añade "W" (occidental).
- **Atl. (Atlánticas)**: plantas cuya distribución se ajusta a las costas atlánticas de Europa.
- **Med. (Mediterráneas)**: plantas cuya área de distribución se extiende por los países ribereños del Mediterráneo. En muchos casos se añade "W", para señalar que el área de esta planta se ajusta a una distribución en la parte occidental de la región mediterránea. También se incluyen bajo este término, las plantas submediterráneas y las latemediterráneas.
- **Oróf. (Orófito) mediterráneas**: se aplica a las plantas típicas de las montañas de la región mediterrá-

nea. También pueden llevar la "W" para señalar las montañas mediterráneas occidentales.

- **Med.-Atl. (Mediterráneo-Atlánticas)**: referida a las plantas cuya distribución se extiende por las costas mediterráneas y atlánticas.
- **Bor.-Alp. (Boreo-Alpinas)**: plantas con área disyunta boreal (latitudes nórdicas) y alpina (montañas meridionales de Europa).
- **Introd. (Introducidas)**: plantas de introducción voluntaria o involuntaria en épocas recientes. Suele corresponderse con plantas cultivadas o no, que pueden asilvestrarse o naturalizarse, según criterios expuestos anteriormente, y convivir o incluso competir con la flora autóctona. En algunos casos se han incluido plantas cultivadas que desde el punto de vista paisajístico llegan a ser relevantes.
- **End. (Endémicas)**: se expone su carácter endémico y se expresa el área que cubre, en algunos casos reducida (endémica del Pirineo Occidental, p. ej.), en otros más extensa (endémica de la Península Ibérica, etc.).

Seguido a la distribución general, separado por un punto, se anotan las **comarcas geográficas** donde es posible localizar la planta en cuestión. Además de la clasificación geográfica tradicional de Navarra en Montaña, Navarra Media y Ribera, hemos tratado de definir con más exactitud cada una de estas zonas, incluyendo:

- **La Montaña**: Pirineos, valles pirenaicos (Esteribar, Erro-Valcarlos, Aezkoa, Arce, Salazar, Almiradío de Navascués y Roncal) y valles prepirenaicos (Cuenca de Pamplona, Cuenca de Lumbier-Aoiz), más la Navarra Húmeda del Noroeste (valles cantábricos, valles meridionales y corredor de Arakil-Barranca).
- **Navarra Media**: Navarra Media occidental y Navarra Media oriental.
- **La Ribera**: Ribera Estellesa y Ribera Tudelana.En los casos en los que se ha podido detallar más, porque los datos conocidos de la distribución así lo permiten, hemos llegado a concretar su área de distribución, anotando dónde vive, como sucede con muchas plantas de las que tenemos sus únicas referencias o su área de distribución está perfectamente definida, al ser poblaciones con escasos efectivos. En muchos casos, para las plantas catalogadas, de forma deliberada, la concreción llega hasta un cierto detalle a fin de evitar posibles riesgos que entrañe su recolección.

A continuación, separado por un punto, se expone su presencia en las tres **Regiones Biogeográficas de Navarra** (Loidi & Báscones, 2006), esto es: Región Alpina (**Alp.**), Región Atlántica (**Atl.**) y Región Mediterránea (**Med.**). El grado de presencia en cada una de ellas, viene expresado, a su vez, por el **índice de frecuencia-abundancia**. Así:

- **-**: significa que en esta región biogeográfica la planta no está presente.
- **CC**: muy común; plantas muy frecuentes o muy abundantes. La planta vive en muchas localidades y lo hace de forma abundante.
- **C**: común; plantas que son abundantes pero en menor grado que en el caso anterior. No llegan a constituir grandes formaciones vegetales.
- **F**: frecuente; en un grado de abundancia menor, no llegando a ser comunes.
- **E**: escasa; son plantas que no llegan a ser raras, pero son poco frecuentes y poco abundantes.
- **R**: rara; son plantas poco frecuentes y muy poco abundantes, o bien abundan sólo localmente.
- **RR**: muy rara o rarísima; plantas de las que se conocen muy pocas localidades.

En algunos casos, cuando la distribución de una planta en determinadas regiones biogeográficas no se conoce con exactitud se incorpora el signo de interrogación (R?, RR?).

A continuación, separado por un punto, se expone su presencia en las tres **Regiones Biogeográficas de Navarra** (Loidi & Báscones, 2006), esto es: Región Alpina (**Alp.**), Región Atlántica (**Atl.**) y Región Mediterránea (**Med.**). El grado de presencia en cada una de ellas, viene expresado, a su vez, por el **índice de frecuencia-abundancia**. Así:

- **-**: significa que en esta región biogeográfica la planta no está presente.
- **CC**: muy común; plantas muy frecuentes o muy abundantes. La planta vive en muchas localidades y lo hace de forma abundante.
- **C**: común; plantas que son abundantes pero en menor grado que en el caso anterior. No llegan a constituir grandes formaciones vegetales.
- **F**: frecuente; en un grado de abundancia menor, no llegando a ser comunes.
- **E**: escasa; son plantas que no llegan a ser raras, pero son poco frecuentes y poco abundantes.
- **R**: rara; son plantas poco frecuentes y muy poco abundantes, o bien abundan sólo localmente.
- **RR**: muy rara o rarísima; plantas de las que se conocen muy pocas localidades.

En algunos casos, cuando la distribución de una planta en determinadas regiones biogeográficas no se conoce con exactitud se incorpora el signo de interrogación (R?, RR?).

8. Cons. (Conservación)

Se exponen cronológicamente, para las plantas que así lo requieren, los tratados, convenios o disposiciones de carácter legal o informativo que afectan a la conservación de la planta en cuestión. Para cada uno de ellos se anota la categoría de amenaza allí expuesto. Son los siguientes:

MAPA OROHIDROGRÁFICO

Menos de 200 metros
200 - 400 m
400 - 600 m
600 - 800 m
800 - 1000 m
1000 - 1200 m
1200 - 1400 m
Más de 1400 metros

Reg. ATLÁNTICA

Reg. ALPINA

Reg. MEDITERRÁNEA

Geografía de Navarra. Diario de Navarra.1995

- **CITES (anexo):** Convenio internacional sobre el *Comercio de Especies Amenazadas de Flora y Fauna Silvestre*. Convenio adoptado en Washington el 3 de marzo de 1973, cuyo principal objetivo es regular el comercio internacional de las especies de flora y fauna. En España, este Convenio fue publicado en el B.O.E. el día 30 de julio de 1986. Los anexos I, II y III recogen las plantas sometidas a esta regulación. En nuestra flora, resulta de interés por su aplicación, entre otras, a las orquídeas.
- **BERNA (anexo):** Convenio relativo a la *Conservación de la Vida Silvestre y del Medio Natural*. Fue firmado el 19 de septiembre de 1979. Incluye en los anexos las especies de flora consideradas.
- **D.H.(anexo)-DIRECTIVA HÁBITATS:** Directiva 92/43/CEE del Consejo de Europa relativa a la *Conservación de los hábitats naturales y de la fauna y flora silvestres*, del 21 de mayo de 1992. Incluye distintos anexos relativos a la conservacióin de los hábitats, la fauna y la flora. En el anexo II se recogen las *especies de interés comunitario para cuya conservación es necesario designar zonas especiales de conservación*; el anexo IV cita las *especies de interés comunitario que requieren una protección estricta*; y el anexo V lista las *especies de interés comunitario cuya recolección en la naturaleza y cuya explotación puede ser objeto de medidas de gestión*. La Directiva 97/62/CEE, de 27 de octubre de 1997 modifica los anexos I y II.
- **NA:** Decreto Foral 94/1997, de 7 de abril, por el que se crea el *Catálogo de Flora Amenazada de Navarra y se adoptan medidas para la conservación de la flora silvestre catalogada*. En su anexo I, se incluyen las *especies y subespecies de flora silvestre catalo-*

gadas como "sensibles a la alteración de sus hábitats", recogidas como SAH; y en su anexo II, las *especies y subespecies de la flora silvestre catalogadas como "vulnerables"*, señaladas como VU.

- **CNEA**: *Catálogo Nacional de Especies Amenazadas*, Real Decreto 439/1990. En nuestro territorio, sólo una especie está incluida en este catálogo, *Thymus loscosii* Willk.

- **PNyB (anexo)**: Ley 42/2007 del Patrimonio Natural y de la Biodiversidad. En su anexo II se listan las *especies animales y vegetales de interés comunitario para cuya conservación es necesario designar zonas especiales de conservación*; en el anexo V, las *especies animales y vegetales de interés comunitario que requieren una protección estricta*; y en el anexo VI, las *especies animales y vegetales de interés comunitario cuya recogida en la naturaleza y cuya explotación pueden ser objeto de medidas de gestión*.

- **LR (año)**: *Lista Roja años 2000 y 2008*, que incluye las especies vegetales catalogadas con los criterios de la UICN.

- **AFA-UICN (año)**: *Atlas y Libro Rojo de la Flora Vascular Amenazada de España*, en sus distintas versiones (años 2003, 2004, 2007), y adendas subsiguientes (años 2006, 2008 y 2010). Especies catalogadas siguiendo los criterios de la UICN.

- **PRIORITARIA**: listado de especies de flora vascular a los que se aplican los criterios de *prioridad* de cara a su gestión. El documento de referencia se encuentra en Lorda & al. (2009).

- **LESPE (2011)**: Listado de Especies Silvestres en Régimen de Protección Especial, emanado de la Ley 42/2007 del Patrimonio Natural y de la Biodiversidad. Real Decreto 139/2011 para el desarrollo del *Listado de Especies Silvestres en Régimen de Protección Especial y del Catálogo Español de Especies Amenazadas*.

- **ERLVP (2011)**: *European Red List of Vascular Plants*, de Bilz & al. (2011). Anota las especies de plantas vasculares de Europa, siguiendo los criterios de la UICN, a modo de lista roja.

- **M.N.(Nº)**: *Monumento Natural*. Decreto Foral 165/1991 y D.F. 87/2009, por los que se declaran, en conjunto, 47 Monumentos Naturales de Navarra. Cada Monumento Natural, ampliamente documentado, puede consultarse en la obra de Olabe & al. (2010).

9. Obs. (Observaciones)

Se incluyen en este apartado, cuando así lo requiere, numerosas observaciones de índole taxonómico o nomenclatural; citas y localidades relevantes; necesidad de atención preferente para su estudio exhaustivo en Navarra; presencia de híbridos interespecíficos o intergenéricos; límites de distribución, etc. Para las especies consideradas de carácter invasor, se añade su categoría en base al Real Decreto 1628/2011 por el que se regula el *Listado y Catálogo Español de Especies Exóticas Invasoras* (**CEEEI, 2011**).3.

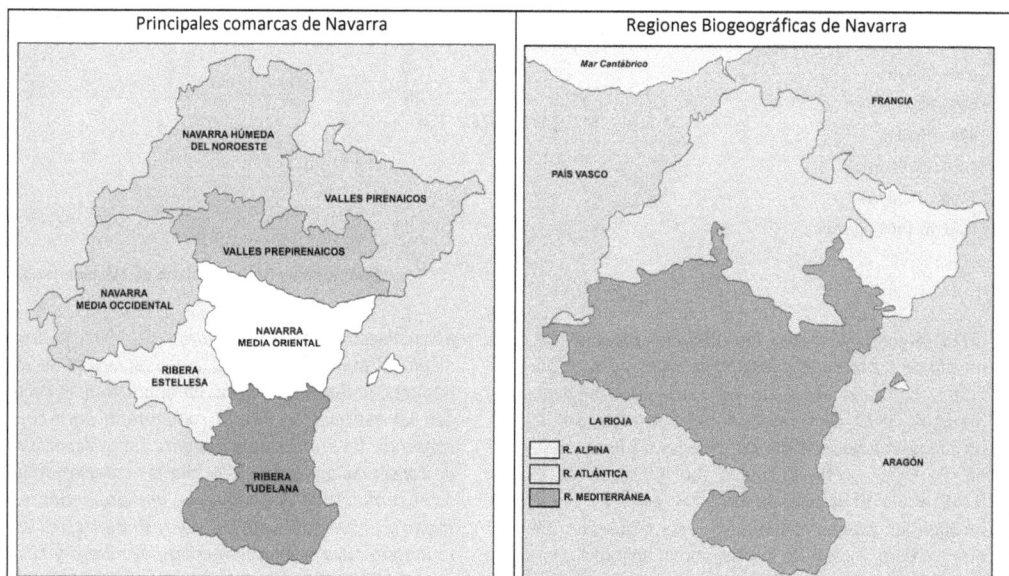

Principales comarcas de Navarra

Regiones Biogeográficas de Navarra

4. CATÁLOGO FLORÍSTICO DE NAVARRA

A

Acanthaceae

Acanthus mollis L.
A. mollis subsp. platyphyllus Murb.
Naturalizada. Planta que se emplea en jardinería y ocasionalmente se asilvestra en herbazales frescos y sombreados. **Alt.:** 20-400 m.
Dist.: Med. Vertiente cantábrica: Baztán-Bidasoa. **Alp.:** -; **Atl.:** R; **Med.:** -.

Aceraceae

Acer campestre L.
Disperso en distintos bosques, sus orlas y participa en setos que limitan parcelas, en general en ambientes frescos. **Alt.:** 40-1300 m **HIC:** Saucedas arb. cabec., 91E0*, 92A0, Avell. rip. subcant.-pir., 9240, Robl. pel. navarro-alav., Robl. pel. pirenaicos, 9230, 9160, Robl. roble albar, 9150, Hayed. bas.-ombr. cant.
Dist.: Eur. Común en la mitad norte, enrareciéndose hacia el sur y estando ausente en las zonas más áridas meridionales. **Alp.:** C; **Atl.:** C; **Med.:** R.
Cons.: M.N. (Nº 19).
Obs.: De la sierra de Aralar se conoce el híbrido entre *A. campestre* y *A. monspessulanum*. Se cultiva frecuentemente como planta ornamental.

Acer monspessulanum L. subsp. *monspessulanum*
Encinares, carrascales, quejigales y otros robledales, bosques mixtos y sus etapas de sustitución; sobre suelos pedregosos calizos. **Alt.:** 300-1300 m. **HIC:** 5110, 9240, Robl. pel. navarro-alav., Robl. pel. pirenaicos.
Dist.: Med. Repartido por la Navarra Media, cuencas y sierras prepiren.; accede a los valles del NW en ambientes secos. **Alp.:** E; **Atl.:** F; **Med.:** R.
Cons.: M.N. (Nº 34).
Obs.: Grupo complejo del que se han descrito distintos táxones.

Acer negundo L.
Negundo fraxinifolium (Nutt.) DC.
Naturalizada. Arbolillo cultivado como ornamental, asilvestrándose en ambientes frescos, como los bosques de ribera. **Alt.:** 20-600 m.
Dist.: N y C de América, naturalizada en muchas partes del mundo. Principalmente en el NW de Navarra, Baztán-Bidasoa. **Alp.:** -; **Atl.:** R; **Med.:** RR.
Obs.: Se llegan a reconocer cuatro subespecies y más de 50 cultivares. Considerada especie exótica con potencial invasor (CEEEI, 2011).

Acer opalus Mill. subsp. *opalus*
A. italum Lauth; A. opulifolium Chaix, A. neapolitaum sensu Willk.

Bosques mixtos a pie de cantil, claros del hayedo, hayedo-abetal y pinares de albar; foces, etc., en general sobre suelos pedregosos. **Alt.:** 500-1300 m. **HIC:** Avell. rip. subcant.-pir., Robl. pel. pirenaicos, Robl. roble albar, 9150, 9180*, Abet. prepiren.
Dist.: Oróf. Europa. Bien representado en el centro de Navarra, siendo más esporádico al norte y al sur de la Comunidad. **Alp.:** F; **Atl.:** E; **Med.:** R.

Acer platanoides L.
En bosques frescos, se cultiva y se naturaliza de forma esporádica en alisedas y bosques mixtos. **Alt.:** 100-250 m.
Dist.: Eur. Limitada a contadas localidades de Baztán. **Alp.:** -; **Atl.:** R; **Med.:** -.
Obs.: Conviene comprobar el origen de las poblaciones baztanesas.

Acer pseudoplatanus L.
Espontáneo en algunos hayedos y bosques mixtos. Plantado habitualmente, se asilvestra con facilidad. **Alt.:** 50-800 m. **HIC:** 9160.
Dist.: Eur. En la Navarra húmeda y puntual en algunas sierras occ. **Alp.:** R; **Atl.:** R; **Med.:** RR.

Adiantaceae

Adiantum capillus-veneris L.
Taludes tobáceos, paredes rezumantes y comunidades fontinales, en general sombrías. **Alt.:** 100-850 m. **HIC:** 7220*.
Dist.: Subcosm. Por toda Navarra, principalmente al NW, puntual en el sur. **Alp.:** R; **Atl.:** R; **Med.:** RR.

Aizoaceae

Aizoon hispanicum L.
Cubetas endorreicas, márgenes de caminos, taludes y orlas de balsas, en general sobre suelos salinos y ricos en nitrógeno. **Alt.:** 250-400 m. **HIC:** 1310
Dist.: Med. Exclusiva del tercio meridional. **Alp.:** -; **Atl.:** -; **Med.:** E.

Ruschia caroli (L. Bolus) Schwantes
Ornamental y asilvestrada en cunetas y taludes. **Alt.:** a 290 m.
Dist.: Introd., Sudáfrica. Conocida únicamente de Peralta. **Alp.:** -; **Atl.:** -; **Med.:** RR.

Alismataceae

Alisma lanceolatum With.
Balsas, charcas, orillas de ríos y embalses, en aguas estancadas. **Alt.:** 250-1100 m. **HIC:** Com. helóf. gran., Com. helóf. tam. med.
Dist.: Subcosm. Por toda Navarra, enrareciéndose en la vertiente cantábrica. **Alp.:** R; **Atl.:** E; **Med.:** E.
Cons.: LC (ERLVP, 2011).

Alisma plantago-aquatica L.

Depresiones inundables, balsas, orillas de ríos, charcas y acequias. **Alt.:** 30-1100 m. **HIC:** Com. aguas estanc., Com. helóf. tam. med.
Dist.: Subcosm. Principalmente por la vertiente atlánt., enrareciéndose en la Med. **Alp.:** RR; **Atl.:** R; **Med.:** R.
Cons.: LC (ERLVP, 2011).
Obs.: Al parecer algunas citas bibliográficas mediterráneas no parecen corresponder a este taxon, sino a *A. lanceolatum*.

Baldellia ranunculoides (L.) Parl.

Alisma ranunculoides L.

Depresiones inundables, como charcas, orillas de arroyos y balsas. **Alt.:** 250-1000 m. **HIC:** 3170*.
Dist.: Med.-Atl. Dispersa en el territorio, principalmente por la vertiente mediterránea. **Alp.:** -; **Atl.:** R; **Med.:** R.
Cons.: VU (NA); Prioritaria (Lorda & al., 2009); NT (ERLVP, 2011).

Damasonium alisma Mill.

Alisma damasonium L.; D. stellatum Lam. ex Thuill.

Depresiones inundadas. **Alt.:** 250-450 m.
Dist.: Med.-Atl. Conocida únicamente de Lerín, en Montiuso. **Alp.:** -; **Atl.:** -; **Med.:** RR.
Cons.: Prioritaria (Lorda & al., 2009); NT (ERLVP, 2011).
Obs.: La última cita es de 1985. Se ha confundido frecuentemente con *D. bourgaei* Coss. y *D. polyspermum* Coss. Conviene verificar las citas navarras.

Amaranthaceae

Amaranthus albus L.

Planta naturalizada sobre suelos removidos y ricos en nitrógeno: huertas, cultivos, baldíos, etc. **Alt.:** 250-500 m.
Dist.: Subcosm. Principalmente por la mitad sur, en especial las cuencas, Zona Media y Ribera; se enrarece mucho en la región atlánt. y alpina. **Alp.:** RR; **Atl.:** R; **Med.:** F.

Amaranthus blitoides S. Watson

Naturalizada. En ambientes alterados, con suelos removidos de escombreras, baldíos, en general, cerca de las poblaciones humanas. **Alt.:** 200-350 m.
Dist.: Subcosm. Por la mitad sur de Navarra, principalmente en la Zona Media y Ribera. **Alp.:** -; **Atl.:** -; **Med.:** E.

Amaranthus blitum L. subsp. blitum

A. viridis auct., non L.; A. lividus auct., non L.

Planta naturalizada de ambientes alterados, huertos, graveras de ríos, herbazales nitrificados, etc. **Alt.:** 40-500 m.
Dist.: Plurirreg. En la vertiente atlánt. a baja altitud. **Alp.:** -; **Atl.:** E; **Med.:** -.

Amaranthus blitum L. subsp. emarginatus (Moq. ex Uline & Bray) Carretero, Muñoz Garm. & Pedrol

Naturalizada. Ambientes alterados, huertos, graveras de ríos, herbazales nitrificados, etc. **Alt.:** 200-300 m
Dist.: Plurirreg. En la vertiente mediterránea a baja altitud. **Alp.:** -; **Atl.:** -; **Med.:** E.

Amaranthus deflexus L.

Planta naturalizada, ruderal a orillas de caminos, lugares abandonados, sobre suelos pisoteados. **Alt.:** 200-800 m.
Dist.: Subcosm. Por casi todo el territorio, muy rara en el Pirineo, más frecuente en la vertiente mediterránea y a baja altitud en la zona cantábrica. **Alp.:** RR; **Atl.:** E; **Med.:** E.

Amaranthus graecizans L. subsp. silvestris (Vill.) Brenam

A. silvestris Vill.

Ambientes alterados, nitrificados y removidos: huertas, baldíos, etc. **Alt.:** 50-450 m.
Dist.: Med. Salvo el Pirineo, presente en el resto con mayor presencia en la vertiente mediterránea y puntual en la atlánt. **Alp.:** -; **Atl.:** E; **Med.:** E.

Amaranthus hybridus L.

A. chlorostachys Willd.; A. patulus Bertol

Planta naturalizada sobre terrenos nitrogenados, removidos, sobre suelos frescos de huertas y graveras fluviales. **Alt.:** 40-900 m.
Dist.: Introd., de origen americano. Por la vertiente mediterránea y atlánt. **Alp.:** -; **Atl.:** E; **Med.:** F.
Obs.: Se incluye *A. cruentus* L. en el taxon

Amaranthus hypochondriacus L.

A. flavus L.; A. hybridus L. subsp. hypochondriacus (L.) Thell.

Planta naturalizada en lugares con suelos removidos, cultivos y huertas. **Alt.:** 250-500 m.
Dist.: Subcosm. Principalmente por la vertiente mediterránea. **Alp.:** -; **Atl.:** -; **Med.:** RR.
Obs.: Planta cultivada como ornamental, escapada con frecuencia.

Amaranthus muricatus Moq. Hieron.

Euxolus muricatus Moq.

Planta naturalizada en lugares con suelos alterados, removidos, nitrificados. **Alt.:** 200-350 m.
Dist.: Plurirreg. Distintas localidades del sur de Navarra. **Alp.:** -; **Atl.:** -; **Med.:** R.

Amaranthus powellii S. Watson

A. hybridus L. var. pseudoretroflexus (Thell.) Carretero

Naturalizada en lugares con suelos alterados, removidos, nitrificados; graveras de ríos. **Alt.:** 40-400 m.
Dist.: Subcosm. Principalmente en la mitad sur, con alguna población en la vertiente atlánt. **Alp.:** -; **Atl.:** R; **Med.:** E.

Amaranthus retroflexus L.

A. delilei Richter & Loret

Planta naturalizada en suelos removidos, nitrificados de huertas, corrales, escombreras, baldíos, orillas de caminos y graveras fluviales, a baja altitud. **Alt.:** 40-900 m.
Dist.: Subcosm. Por toda Navarra, siendo menos habitual en la región alpina. **Alp.:** E; **Atl.:** F; **Med.:** C.

Amaryllidaceae

Galanthus nivalis L.

Hayedos karstificados y bosques mixtos, sobre suelos algo profundos, frescos. **Alt.:** 750-1100 m.

Dist.: Eur. Limitada al valle de Aezkoa (Orbaitzeta) y Esteribar. **Alp.:** RR; **Atl.:** RR; **Med.:** -.

Cons.: CITES (Anexo II); Prioritaria (Lorda & al., 2009); NT (ERLVP, 2011); Directiva Hábitats (V); PNyB (VI)

Leucojum aestivum L.

> L. aestivum subsp. pulchellum (Salisb.) Briq.

Planta naturalizada en herbazales de pinar de repoblación, sobre suelos frescos, junto a pequeños arroyos. **Alt.:** a 530 m.

Dist.: Eurosiberiana-Med. Únicamente se conoce de Elcano (Herbario LORDA). **Alp.:** -; **Atl.:** RR; **Med.:** -.

Obs.: Población posiblemente naturalizada desde algún cultivo ornamental cercano.

Narcissus assoanus Dufour

> N. requienii M.J. RoemeR.

Claros de matorrales, bujedos y pastos pedregosos; crestones calizos; en el ambiente del carrascal, quejigal. **Alt.:** 300-1300 m.

Dist.: Endém. del Med. occidental. Por la mitad meridional de Navarra, adentrándose hacia el Pirineo por enclaves soleados y secos. **Alp.:** R; **Atl.:** R; **Med.:** E.

Cons.: LC (ERLVP, 2011).

Narcissus asturiensis (Jordan) Pugsley subsp. brevicoronatus (Pugsley) Uribe-Ech.

> N. asturiensis var. brevicoronatus Pugsley; N. minor L. subsp. minor var. brevicoronatus (Pugsley) Uribe-Ech.

Pastos pedregosos, calizos en su mayoría, de claros forestales y crestones de montañas. **Alt.:** 1000-1400 m. **HIC:** 6210(*), 6170.

Dist.: Endém. del N Peninsular. Parece limitarse a las montañas medias occ., sierra de Codés y sierra de Cantabria contigua. **Alp.:** -; **Atl.:** RR; **Med.:** RR.

Cons.: Directiva Hábitats (II); Prioritaria (Lorda & al., 2009); LESPE (2011); LC (ERLVP, 2011); PNyB (II).

Obs.: Grupo complejo en lo taxonómico y nomenclatural. En *Flora Iberica* queda incluido en el taxon *N. minor* L.

Narcissus asturiensis (Jordan) Pugsley subsp. jacetanus (Fern. Casas) Uribe-Ech.

> N. minor auct.; N. jacetanus Fern. Casas

Pastos pedregosos en claros del hayedo, robledal, quejigal, carrascal y pinar, crestones calizos y repisas de roquedos. **Alt.:** 500-1800 m. **HIC:** 4090, 6220*, 6210(*), Prados diente-siega con Cynosurus cristatus, 6170.

Dist.: Endém. del N peninsular. Principalmente al sur de la divisoria de aguas, desde las montañas pirenaicas a la Zona Media y las cuencas; ausente de los terrenos más áridos meridionales. **Alp.:** E; **Atl.:** E; **Med.:** R.

Cons.: Directiva Hábitats (II); Prioritaria (Lorda & al., 2009); LESPE (2011); LC (ERLVP, 2011); PNyB (II).

Obs.: Grupo complejo en lo taxonómico y nomenclatural. En *Flora Iberica* queda incluido en el taxon *N. minor* L. La var. *vasconicus* (Fern. Casas) Uribe-Ech. es intermedia entre la subsp. *brevicoronatus* y la subsp. *jacetanus*. Cerca de Navarra, en la sierra alavesa de Entzia se ha constatado la presencia del mesto *N. × alejandrei* Fern. Casas (*N. asturiensis* subsp. *jacetanus × N. bulbocodium*), que vista la distribución de ambos táxones en Navarra, bien puede estar presente. Lo mismo sucede para *N. × petri-mariae* Fern. Casas (*N. asturiensis* subsp. *jacetanus × N. pallidiflorus*) también anotado de la sierra de Altzania, muy cerca de Navarra.

Narcissus bicolor L.

> N. pseudonarcissus subsp. bicolor (L.) Baker; Ajax abscissus Haw.

En pastos de alta montaña, y claros del hayedo y pinar asociados al piso montano y subalpino. **Alt.:** 1100-1700 m.

Dist.: Oróf. Europa W. Extremo nororient., por las estribaciones del monte Lakora y Larra, en su límite occidental de distribución. **Alp.:** RR; **Atl.:** -; **Med.:** -.

Obs.: Relacionado con *N. abcissus*, del que se reconocen poblaciones atípicas en el valle de Roncal (Isaba).

Narcissus bulbocodium L. subsp. citrinus (Baker) Fern. Casas

> N. bulbocodium var. citrinus BakeR.

Pastos humedecidos, brezales, repisas de roquedos y orillas de pequeños arroyos de montaña. **Alt.:** 400-1300 m. **HIC:** 6230*.

Dist.: Atl. Principalmente por valles y montañas cantábricas, montes de la divisoria y alguna sierra media, como Codés, Urbasa, Andía, etc. **Alp.:** RR; **Atl.:** E; **Med.:** -.

Cons.: Directiva Hábitats (V); Prioritaria (Lorda & al., 2009); LC (ERLVP, 2011); PNyB (VI).

Obs.: En *Flora Iberica* no se reconocen subspecies y se asignan a *N. bulbocodium*.

Narcissus dubius Gouan

Cerros yesosos y margoso-arcillosos, despejados, pastos y claros del matorral mediterráneo, en ambientes secos e iluminados. **Alt.:** 300-600 m.

Dist.: Med. W. Limitada al tercio meridional, en poblaciones puntuales de la Ribera (Bardenas, Ablitas, Fitero, Sesma, Peralta, etc.). **Alp.:** -; **Atl.:** -; **Med.:** R.

Cons.: Prioritaria (Lorda & al., 2009).

Narcissus pallidiflorus Pugsley

> N. pseudonarcissus subsp. pallidiflorus (Pugsley) A. Fernandes

Pastos y prados frescos, orillas de arroyos y brezales; hayedos, robledales y pinares, más bosques de ribera (alisedas, choperas). **Alt.:** 100-1700 m. **HIC:** 4020*, 4030, 6510, 6230*, 92A0, 91E0*, 9160, Robled. acidof. cant., 9120, Hayed. bas.-ombr. cant., Avellanedas

Dist.: Atl. En los valles atlánt. y montañas pirenaicas, sierras de la divisoria y montañas medias (Urbasa, Andía, Aralar, etc.). **Alp.:** E; **Atl.:** E; **Med.:** -.

Cons.: VU A2acde (LR, 2000); NT (LR, 2008); Prioritaria (Lorda & al., 2009).

Obs.: Grupo complejo en lo taxonómico y nomenclatural. En *Flora Iberica* incluida en *N. pseudonarcissus* subsp. *pseudonarcissus*. Las anotaciones de *N. alpestris* Pugsley dadas para Navarra en el Alto Roncal, no corresponden con este taxon; no llega a Navarra.

Narcissus poeticus L.

Prados de siega y diente, claros del hayedo y robledal y matorrales secundarios. **Alt.:** 800-1200 m. **HIC:** 6510.
Dist.: Eur. Contadas localidades pirenaicas (Valles de Aezkoa y Arce), en su límite occidental de distribución. **Alp.:** RR; **Atl.:** RR; **Med.:** -.
Cons.: VU (NA); Prioritaria (Lorda & al., 2009).

Narcissus triandrus L. subsp. *pallidulus* (Graells) Rivas Goday

N. pallidulus Graells

Claros forestales y pastos pedregosos; sobre suelos arenosos. **Alt.:** 700-750 m. **HIC:** 6220*.
Dist.: Endém. de la Pen. Ibér. Está verificada su presencia en Tiebas-Unzué (puerto del Carrascal). **Alp.:** -; **Atl.:** -; **Med.:** RR.
Cons.: Directiva Hábitats (IV); Prioritaria (Lorda & al., 2009); LESPE (2011); LC (ERLVP, 2011); Berna (I); PNyB (V).
Obs.: Buena parte de las citas navarras de esta planta no parecen ser verídicas y corresponden a *N. dubius* o a *N. assoanus*.

Narcissus triandrus L. subsp. *triandrus*

N. cernuus Salisb.; N. reflexus Brot.

Herbazales en claros del carrascal y quejigal; sobre suelos arenosos. **Alt.:** 500-800 m.
Dist.: Med. W-Atl. Contadas localidades en Tierra Estella (Mendaza-Acedo, Mirafuentes, Otiñano, Sorlada) y contiguas en Santa Cruz de Campezo (Vi). **Alp.:** -; **Atl.:** -; **Med.:** RR.
Cons.: Directiva Hábitats (IV); Prioritaria (Lorda & al., 2009); LESPE (2011); LC (ERLVP, 2011); Berna (I); PNyB (V).

Narcissus varduliensis Fern. Casas & Uribe-Ech.

Repisas de roquedos y grietas humíferas del karst en el ambiente del hayedo; prados y pastos frescos; orillas de arroyos. **Alt.:** 500-1200 m.
Dist.: Endém. de los Montes Vascos. Sierras de Urbasa, Andía, Alzania y Aralar, más el valle de la Ultzama y Basaburua. **Alp.:** -; **Atl.:** RR; **Med.:** -.
Cons.: Directiva Hábitats (II); Prioritaria (Lorda & al., 2009) como *N. nobilis*; LESPE (2011), como *N. pseudonarcissus* subsp. *nobilis*; LC (ERLVP, 2011), como *N. pseudonarcissus* subsp. *nobilis*; PNyB (II), como *N. pseudonarcissus* subsp. *nobilis*.
Obs.: Grupo complejo en lo taxonómico y nomenclatural. Se ha citado de Navarra, en Guirguillano y Ultzama, *N. pseudonarcissus* subsp. *nobilis* (Haw.) A. Fernandes, una planta que no llega a Navarra y que entra dentro del complejo *N.* gr. *pseudonarcissus* (*Flora Iberica*).

Sternbergia colchiciflora Waldst. & Kit.

Cerros yesosos, en claros del ontinar; sobre suelos algo pedregosos. **Alt.:** 500-510 m.
Dist.: Póntica-Submed. Únicamente conocida de Lazagurría. **Alp.:** -; **Atl.:** -; **Med.:** RR.
Cons.: CITES (II); LC (ERLVP, 2011).
Obs.: Convendría incluirla como especie prioritaria en Navarra.

Anacardiaceae

Pistacia lentiscus L.

Matorrales mediterráneos, carrascales, pinares de pino carrasco y coscojares. **Alt.:** 300-600 m. **HIC:** 5210, 5230*, 9540.
Dist.: Med. Mitad meridional de Navarra, en los lugares mejor conservados del Valle del Ebro; se adentra hacia el norte por desfiladeros abrigados (Guirguillano, p. ej.). **Alp.:** -; **Atl.:** -; **Med.:** E.
Obs.: Que sepamos, no se ha citado en Navarra el híbrido *P. lentiscus × P. terebinthus* (*P. × saportae* Burnat; *P. × terebinthoides* H. Lév.).

Pistacia terebinthus L.

Claros y orlas del carrascal o encinar; foces y desfiladeros abrigados; cantiles soleados. **Alt.:** 250-1100 m. **HIC:** 5210, 5230*.
Dist.: Med. Por la Navarra Media, sierras prepiren., la Barranca y Larraun. **Alp.:** RR; **Atl.:** R; **Med.:** E.

Rhus coriaria L.

Planta naturalizada en taludes y ribazos de caminos y carreteras; matorrales entre zonas cultivadas. **Alt.:** 400-750 m.
Dist.: Med. Por la Navarra Media y puntual en las cuencas prepiren.; mejor representado en Tierra Estella. **Alp.:** -; **Atl.:** -; **Med.:** RR.

Apocynaceae

Nerium oleander L. subsp. *oleander*

Planta naturalizada en ambientes alterados, baldíos y cercanías a carreteras y vías donde se ha plantado con frecuencia. **Alt.:** 250-650 m.
Dist.: Med. S. En el Valle del Ebro. **Alp.:** -; **Atl.:** -; **Med.:** RR.
Obs.: Cultivada como ornamental, nativa de la región mediterránea y Oriente Medio, puede naturalizarse cerca de sus áreas de cultivo.

Vinca difformis Pourr. subsp. *difformis*

V. media Hoffmanns. & Link; V. acutiflora Bertol.

Cultivada como ornamental, se asilvestra en las cercanías a los cultivos; en ambientes frescos y húmedos. **Alt.:** 300-600 m.
Dist.: Med. W. Puntual por las cuencas prepiren. y la Ribera. **Alp.:** RR; **Atl.:** -; **Med.:** RR.

Vinca major L. subsp. *major*

Ampliamente cultivada como ornamental, se naturaliza en las cercanías a los medios urbanos y rurales, en setos y taludes frescos. **Alt.:** 100-700 m.
Dist.: Med. En los valles atlánt., las cuencas prepiren. y la Ribera (puntual). **Alp.:** R; **Atl.:** R; **Med.:** RR.

Vinca minor L.

Setos, taludes, sotos fluviales y orlas forestales, en ambientes frescos y sombreados. **Alt.:** 500-1300 m.
Dist.: Eur. Dispersa por el territorio, desde los valles atlánt. a los pirenaicos y la Zona Media. **Alp.:** R; **Atl.:** R; **Med.:** R.

Aquifoliaceae

Ilex aquifolium L.

Bosques frescos, como hayedos, robledales, y sus etapas de sustitución; sobre suelos silíceos o acidificados. **Alt.:** 150-1500 m. **HIC:** Avell. rip. subcant.-pir., 9230, 9160, Robled. acidof. cant., 9120, Abed. *Betula pendula*, Abet. prepiren., 9580*.

Dist.: Eur. Por toda la mitad norte de Navarra: valles atlánt. y pirenaicos, y montañas de la zona media y prepiren. **Alp.:** F; **Atl.:** F; **Med.:** RR.

Cons.: M.N. (Nº 39).

Araceae

Arum cylindraceum Gasp.

A. alpinum Schott & Kotschy; A. maculatum subsp. danicum Prime; A. alpinum subsp. danicum (Prime) Terpó; A. orientale subsp. danicum Prime

Planta dudosa que requiere comprobación. Ambientes forestales, sobre suelos húmedos. **Alt.:** 500-1500 m.

Dist.: Eur. Su distribución salpica el territorio en Isaba, Arakil, Ochagavía, Ultzama, Metauten-Ganuza, Uztárroz. **Alp.:** R; **Atl.:** RR; **Med.:** RR.

Obs.: Aunque se ha citado en distintos trabajos (*Flora Iberica*), parece dudosa su presencia en Navarra.

Arum italicum Mill.

A. italicum var. neglectum Towns.; A. italicum subsp. neglectum (Towns.) Prime; A. lucanum Bonafè

Ambientes forestales, sus orlas, setos y herbazales sombríos, en general sobre suelos frescos, ricos en materia orgánica. **Alt.:** 100-850 m. **HIC:** 91E0*, 92A0, 9160.

Dist.: Med. Por el NW de Navarra, escaseando por las sierras prepiren., la Navarra Media occidental y la Ribera **Alp.:** -; **Atl.:** C; **Med.:** E.

Obs.: En algunas zonas se han observado ejemplares intermedios con *A. maculatum*.

Arum maculatum L.

A. pyrenaicum Dufour

Nemoral en hayedos, hayedo-abetales, robledales y carrascales; sobre suelos frescos, ricos en materia orgánica. **Alt.:** 250-1200 m. **HIC:** Hayed. bas.-ombr. cant.

Dist.: Eur. Por la mitad norte de Navarra, principalmente por el cuadrante NW; más escasa en los Pirineos, sierras prepiren., Navarra Media y puntual en la Ribera. **Alp.:** E; **Atl.:** F; **Med.:** R.

Zantedeschia aethiopica (L.) Spreng.

Calla aethiopica L.

Naturalizada en huertas, ambientes ruderalizados y bosques frescos; sobre suelos húmedos y nitrificados.

Dist.: S de África. Su presencia parece limitarse al NW de Navarra, a tierras baztanesas (Aizpuru & al., 2003). **Alp.:** -; **Atl.:** RR; **Med.:** -.

Araliaceae

Hedera helix L. subsp. helix

Trepadora por árboles, muros, etc.; tapiza el suelo de los bosques frescos. **Alt.:** 50-1300 m. **HIC:** Zarz. y espin. neutro-bas. eur-med., Matorr. de *Osyris alba*, Saucedas arb. cabec., 91E0*, 92A0, 9340, 9240, Robl. pel. navarro-alav., Robl. pel. pirenaicos, 9160, Robled. acidof. cant., Robl. roble albar, 9150, 9120, Tremolares, Abed. *Betula pubescens* (*alba*), 9180*, Abet. prepiren.

Dist.: Circumbor. Por toda Navarra, enrareciéndose en el tercio meridional. **Alp.:** CC; **Atl.:** CC; **Med.:** E.

Hedera hibernica (G. Kirchn.) Bean

H. helix subsp. hibernica (G. Kirchn.) D.C. McClint

Ambientes muy húmedos de bosques, barrancos y desfiladeros; trepadora en muros y paredes, roquedos y troncos de árboles.

Dist.: Atl. Presencia desconocida, posiblemente solapada con *H. helix*, al menos en la zona NW de Navarra.

Obs.: Se desconoce su distribución actual en Navarra (datos procedentes de *Flora Iberica*).

Aristolochiaceae

Aristolochia paucinervis Pomel

A. longa auct.

Claros forestales, matorrales, setos, tapias y lugares nitrificados. **Alt.:** 400-850 m.

Dist.: Med. Por la Zona Media, las cuencas prepiren. y Ribera; ausente o muy rara en el resto. **Alp.:** RR; **Atl.:** R; **Med.:** E.

Aristolochia pistolochia L.

Claros en matorrales y pastos, sobre suelos pedregosos, secos y caldeados; repisas de roquedos y graveras. **Alt.:** 300-1100 m.

Dist.: Med. W. Por la mitad meridional de Navarra, se enrarece o ausenta de la Navarra húmeda y las grandes estribaciones pirenaicas. **Alp.:** R; **Atl.:** R; **Med.:** F.

Asclepiadaceae

Cynanchum acutum L. subsp. acutum

Cynanchum monspeliacum L.; Vincetoxicum acutum (L.) Kuntze; Solenostemma acutum (L.) WehmeR.

Herbazales en sotos fluviales, orlas de balsas, setos, muros y barrancos, en climas secos y soleados. **Alt.:** 250-650 m. **HIC:** 6430, 92D0.

Dist.: Med.-Iraniana. Limitada a la mitad meridional de Navarra, principalmente en el Valle del Ebro. **Alp.:** -; **Atl.:** -; **Med.:** E.

Vincetoxicum hirundinaria Medik.

Asclepias vincetoxicum L.; Asclepias lutea Mill.; V. officinale Moench; V. pyrenaicum Timb.-Lagr. & Jeanb.; V. hirundinaria subsp. intermedium (Loret & Barrandon) Markgr; V. officinale var. intermedium Loret & Barrandon

Lugares pedregosos, como graveras, pie y repisas de roquedos; claros forestales. **Alt.:** 100-1800 m.

Dist.: Eur. Por la Navarra Húmeda del NW, Pirineos, sierras prepiren. y montañas occ. **Alp.:** F; **Atl.:** F; **Med.:** R.

Obs.: No es posible diferenciar subespecies, basadas en el tamaño de las plantas, etc. Se incluyen, por lo tanto, la subsp. *intermedium* y *lusitanum* Markgr. Las poblaciones navarras parecen corresponder más a la primera subespecie.

Vincetoxicum nigrum (L.) Moench

Asclepias nigra L.; Cynanchum nigrum (L.) Pers.; C. medium R. Br.; C. louiseae Kartesz & Gandhi

Orlas del carrascal-quejigal, matorrales de sustitución; foces y desfiladeros abrigados; mayoritariamente sobre calizas. **Alt.:** 200-800 m.
Dist.: Med. W. Por las sierras prepiren., Navarra Media y puntual en la Ribera (Fitero). **Alp.:** -; **Atl.:** RR; **Med.:** R.

Aspidiaceae

Dryopteris aemula (Aiton) O. Kuntze

Polypodium aemulum Aiton

Planta que está cerca de Navarra, y cuya presencia se estima probable. Bosques sombríos y barrancos frescos atlánt.; sobre sustratos silíceos.
Dist.: Atl. No está presente en Navarra.
Cons.: VU B1+2b (LR, 2000), VU B2ab(iii), D2 (LR, 2008).
Obs.: Se conoce de localidades cercanas a Navarra (F-64 -La Rhune, Itxassou, Ascain-; Guipúzcoa -Hernani, Hondarribia/Fuenterrabía-).

Dryopteris affinis (Lowe) Fraser-Jenkins subsp. affinis

D. filix-mas subsp. borreri auct.; D. pseudomas auct.

Hayedos, robledales y bosques mixtos, sobre suelos ácidos y frescos. **Alt.:** 100-1900 m. **HIC:** Com. arroyos y manant. for., 9160.
Dist.: Eur. Por la Navarra Húmeda del NW, Pirineos y montañas de la Navarra Media occidental, más la sierra de Leire. **Alp.:** E; **Atl.:** E; **Med.:** R.

Dryopteris affinis (Lowe) Fraser-Jenkins subsp. borreri (Newman) Fraser-Jenkins

D. filix-mas var. borreri Newman; D. borreri (Newman) Newman ex Oberholzer & Tavel; D. pseudomas (Wollaston) J. Holub & Pouzar

Bosques húmedos, con preferencia sobre sustratos calizos. **Alt.:** 40-1400 m.
Dist.: Eur. Navarra Húmeda del NW y Pirineos. **Alp.:** R; **Atl.:** E; **Med.:** -.

Dryopteris affinis (Lowe) Fraser-Jenkins subsp. stilluppensis (Sabr.) Fraser-Jenkins

Dryopteris affinis subsp. cambrensis Fraser-Jenkins; Aspidium filix-mas var. stilluppense Sabr.; D. pseudomas auct.

Bosques de frondosas, húmedos; bloques silíceos. **Alt.:** 1000-1200 m.
Dist.: Eur. Contadas localidades en la Navarra atlánt. **Alp.:** -; **Atl.:** R; **Med.:** -.

Dryopteris carthusiana (Vill.) H.P. Fuchs

Polypodium carthusianum Vill.; Polystichum spinulosum (Swartz) DC.; Nephrodium spinulosum (Swartz) Strempel; D. austriaca subsp. spinulosa (Swartz) Schinz & Thell.

En hayedos, sobre suelos frescos, húmedos. **Alt.:** 450-1100 m. **HIC:** 91E0*.
Dist.: Circumbor. Limitada a la sierra de Urbasa-Andía y

Baztán (Peña de los Generales). **Alp.:** -; **Atl.:** RR; **Med.:** -.
Cons.: Prioritaria (Lorda & al., 2009).
Obs.: Algunas citas pirenaicas (Belagua) corresponden a *D. dilatata*, y otras no están confirmadas.

Dryopteris dilatata (Hoffm.) A. Gray

Polypodium dilatatum Hoffm.; Polystichum spinulosum subsp. dilatatum (Hoffm.) Rey-Pailhade; D. austriaca subsp. dilatata (Hoffm.) Schinz & Thell.

Bosques frescos y barrancos umbríos, sobre sustratos silíceos o calizos lavados. **Alt.:** 60-1800 m.
Dist.: Eur. Por la Navarra Húmeda del NW, Pirineos y montañas occ. **Alp.:** R; **Atl.:** E; **Med.:** -.

Dryopteris expansa (C. Presl) Fraser-Jenkins

Nephrodium expansum K. Presl; D. assimilis S. Walker; D. austriaca subsp. assimilis (S. Walker) O. Bolòs & Vigo

Bosques y derrubios silíceos. **Alt.:** 1200-1800 m.
Dist.: Circumbor. Conocida únicamente del monte Lakora, en el Valle de Roncal. **Alp.:** RR; **Atl.:** -; **Med.:** -.
Obs.: Materiales del monte Lakora en el herbario ARAN.

Dryopteris filix-mas (L.) Schott

Polypodium filix-mas L.; Polystichum filix-mas (L.) Roth; Nephrodium filix-mas (L.) Strempel

Hayedos, hayedo-abetales, grietas entre bloques; indiferente al sustrato. **Alt.:** 140-1700 m. **HIC:** 9160.
Dist.: Plurirreg. Mitad norte: Navarra Húmeda del NW, Pirineos, sierras prepiren. y montañas occ. **Alp.:** E; **Atl.:** F; **Med.:** RR.

Dryopteris oreades Fomin

D. filix-mas subsp. oreades (Fomin) O. Bolòs & Vigo; Nephrodium rupestre Samp.; D. abbreviata auct.

Bloques y canchales de montañas frecuentadas por nieblas. **Alt.:** 500-1800 m. **HIC:** 8130.
Dist.: Oróf. Europa. Montañas pirenaicas y, en Baztán, a baja altitud (Urrizate). **Alp.:** RR; **Atl.:** RR; **Med.:** -.

Dryopteris submontana (Fraser-Jenkins & Jermy) Fraser-Jenkins

D. villarii subsp. submontana Fraser-Jenkins

Grietas de lapiaz y fisuras de roquedos calizos; en climas frescos con nevadas habituales. **Alt.:** 700-2000 m.
Dist.: Oróf. Europa. Limitada a las montañas pirenaicas más elevadas. **Alp.:** RR; **Atl.:** RR; **Med.:** -.
Obs.: Se conoce de tierras guipuzcoanas próximas en la sierra de Aralar y Aizkorri, más en tierras alavesas cercanas en la sierra de Altzania.

Polystichum aculeatum (L.) Roth

Polypodium aculeatum L.; Aspidium aculeatum (L.) Swartz; P. lobatum (Hudson) Bast

Bosques frescos y grietas de roquedos; sobre calizas. **Alt.:** 500-1800 m.
Dist.: Eur. Mitad N de Navarra, ausente en la Ribera. **Alp.:** F; **Atl.:** F; **Med.:** R.

Polystichum lonchitis (L.) Roth

Polypodium lonchitis L.; Aspidium lonchitis (L.) Swartz

Grietas de lapiaz, rellanos del karst y roquedos calizos; en climas frescos y húmedos, con innivación. **Alt.:** 1100-2000 m. **HIC:** 8130.
Dist.: Circumbor. Por las montañas pirenaicas y occ. (Aralar-Andía). **Alp.:** E; **Atl.:** R; **Med.:** -.

Polystichum setiferum (Forsskal) Woynar

Polypodium setiferum Forsskäl

Bosques de frondosas y barrancos umbrosos sobre suelos eútrofos. **Alt.**: 40-1700 m. **HIC**: 9160, 9180*.

Dist.: Eur. Por la mitad N de Navarra, más abundante en la Navarra Húmeda del NW. **Alp.**: F; **Atl.**: C; **Med.**: R.

Polystichum × bicknellii (Christ) Hahne

P. aculeatum × P. setiferum

Bosques de frondosas y roquedos frescos. **Alt.**: 800-1800 m.

Dist.: Montañas de Navarra, pirenaicas, prepiren. y occ. **Alp.**: R; **Atl.**: E; **Med.**: RR.

Polystichum × illyricum (Borbás) Hahne

P. aculeatum × P. lonchitis

Grietas de lapiaz, roquedos umbrosos y pie de cantil; sobre calizas. **Alt.**: 1000-1800 m.

Dist.: Montañas calizas elevadas, pirenaicas y occ. (Aralar-Andía, Lókiz). **Alp.**: RR; **Atl.**: RR; **Med.**: -.

Aspleniaceae

Asplenium adiantum-nigrum L.

Bosques pedregosos, roquedos, muros y taludes; en ambientes sombríos y frescos. **Alt.**: 40-1600 m.

Dist.: Eur. Por toda la mitad N de Navarra y muy puntual en el sur (Fitero). **Alp.**: F; **Atl.**: F; **Med.**: E.

Asplenium billotii F.W. Schultz

A. cuneatum F.W. Schultz; A. lanceolatum Hudson; A. obovatum auct.

Fisuras de roquedos, muros y tapias, en ambientes atlánt. sobre rocas silíceas. **Alt.**: 40-1250 m. **HIC**: 8220.

Dist.: Med.-Atl. Limitada a la vertiente atlánt. **Alp.**: -; **Atl.**: R; **Med.**: -.

Asplenium fontanum (L.) Bernh.

Polypodium fontanum L.; A. leptophyllum Lag.

Grietas y repisas de roquedos calizos abrigados, foces y desfiladeros. **Alt.**: 500-1600 m. **HIC**: 8210.

Dist.: Oróf. Med. W. Pirineo, cuencas y sierras prepiren. y montañas occidentales; puntual en el resto. **Alp.**: C; **Atl.**: E; **Med.**: R.

Obs.: Se corresponde con la subsp. *fontanum*. Del territorio (Foz de Mintxate) se ha citado *A.* × *recoderi* Aizpuru & Catalán (*A. fontanum* × *A. ruta-muraria* subsp. *ruta-muraria*).

Asplenium onopteris L.

A. virgilii Bory; A. adiantum-nigrum subsp. onopteris (L.) Heufler

Planta dudosa que requiere comprobación. Lugares pedregosos en bosques, a baja altitud, con influencia Atl. **Alt.**: 20-750 m.

Dist.: Med.-Atl. Se ha citado del valle de Belagua. **Alp.**: RR; **Atl.**: R; **Med.**: -.

Obs.: Se nombra en *Flora Iberica*. Las muestras pirenaicas estudiadas no se corresponden a este taxon (Lorda, 2001). Está presente en territorios guipuzcoanos próximos. Se ha confundido con *A. adiantum-nigrum*.

Asplenium petrarchae (Guérin) DC. subsp. petrarchae

Polypodium petrarchae Guérin; A. glandulosum Loisel.

Fisuras de roquedos calizos, soleados. **Alt.**: 400-650 m.

Dist.: Med. W. Limitada a las foces de Lumbier y Arbaiun, más Fitero, en el sur de Navarra. **Alp.**: -; **Atl.**: -; **Med.**: RR.

Cons.: Prioritaria (Lorda & al., 2009).

Asplenium ruta-muraria L. subsp. ruta-muraria

Grietas de muros y roquedos, en general calizos, pero también sobre sustratos silíceos. **Alt.**: 100-2150 m. **HIC**: 8210.

Dist.: Circumbor. Por todo el territorio, escaseando en la Ribera (Fitero). **Alp.**: C; **Atl.**: C; **Med.**: E.

Asplenium seelosii Leybold subsp. glabrum (Litard. & Maire) Rothm.

A. seelosii var. glabrum Litard. & Maire

Planta dudosa que requiere comprobación. Fisuras y grietas de roquedos soleados, en extraplomos; calizas. **Alt.**: 800-1000 m.

Dist.: Mediterraneo W. Montañas occ. (sierra de Codés). **Alp.**: -; **Atl.**: RR; **Med.**: -.

Cons.: NT (LR, 2008).

Obs.: Citada por Báscones & al. (1982), sin referencias recientes.

Asplenium septentrionale (L.) Hoffm. subsp. septentrionale

Acrostichum septentrionale L.

Grietas y fisuras de roquedos silíceos y conglomerados. **Alt.**: 70-1800 m. **HIC**: 8220.

Dist.: Circumbor. Navarra Húmeda del NW, Pirineos, sierras prepiren. y puntual en la Ribera (Fitero). **Alp.**: E; **Atl.**: E; **Med.**: RR.

Asplenium trichomanes L. subsp. pachyrachis (Christ) Lovis & Reichst.

Grietas y fisuras de roquedos, calizos en general. **Alt.**: 300-1200 m. **HIC**: 8210.

Dist.: Med. Foces prepiren. y puntual en la Ribera (Carcastillo). **Alp.**: -; **Atl.**: R; **Med.**: R.

Asplenium trichomanes L. subsp. quadrivalens D.E. Meyer

Paredes, muros, grietas y fisuras de roquedos, incluso en ambientes forestales, indiferente al sustrato. **Alt.**: 100-2100 m. **HIC**: 8210, Com. subnitrof. muros y roquedos.

Dist.: Subcosm. Por la mitad N de Navarra, siendo muy rara en la Ribera (Fitero). **Alp.**: C; **Atl.**: C; **Med.**: E.

Asplenium trichomanes L. subsp. trichomanes

Grietas y fisuras sobre sustratos ácidos. **Alt.**: 45-750 m. **HIC**: 8210.

Dist.: Subcosm. En la Navarra Húmeda del NW, las sierras prepiren. y las montañas occ. **Alp.**: -; **Atl.**: R; **Med.**: -.

Obs.: Conviene verificar las citas de la sierra de Urbasa y sierra de Sarbil.

Asplenium viride Hudson

Grietas, fisuras, repisas de roquedos y lapiaces sombríos, calizos, en las montañas más elevadas. **Alt.**: 900-2240 m. **HIC**: 8210.

Dist.: Circumbor. Por las cumbres de la divisoria de aguas, Pirineo, montañas occ. y sierras prepiren. **Alp.:** E; **Atl.:** E; **Med.:** RR.

Ceterach officinarum Willd. subsp. *officinarum*
Asplenium ceterach L.

Muros, paredes, grietas y fisuras de roquedos, preferentemente sobre calizas. **Alt.:** 100-1400 m. **HIC:** 8210, Com. subnitrof. muros y roquedos.
Dist.: Eur. Por casi todo el territorio, escaseando y faltando en la Ribera más árida, salvo en Fitero. **Alp.:** C; **Atl.:** C; **Med.:** E.

Phyllitis scolopendrium (L.) Newman subsp. scolopendrium
Asplenium scolopendrium L.; Scolopendrium vulgare Sm.; S. officinale DC.

En bosques de frondosas, barrancos frescos y sombríos, pozos, dolinas y taludes. **Alt.:** 50-1700 m.
Dist.: Med.-Atl. En la Navarra Húmeda del NW, Pirineos, montañas occ., Navarra Media y sierras prepiren.; escasea hacia el sur. **Alp.:** E; **Atl.:** F; **Med.:** R.

Athyriaceae

Athyrium distentifolium Tausch ex Opiz
A. alpestre (Hoppe) F. Nyl.; Polypodium rhaeticum auct.

Pedregales, canchales, repisas y grietas de lapiaz; sobre calizas o sustratos silíceos. **Alt.:** 1200-2300 m.
Dist.: Circumbor. Limitada al Alto Roncal (Larra), en su límite occidental de distribución pirenaica. **Alp.:** RR; **Atl.:** -; **Med.:** -.

Athyrium filix-femina (L.) Roth
Polypodium filix-femina L.; Asplenium filix-femina (L.) Bernh.

Helecho nemoral, en bosques frescos y húmedos; parece preferir los sustratos acidificados. **Alt.:** 40-1800 m. **HIC:** 6430, 91E0*, 9160, 9120.
Dist.: Plurirreg. Por la mitad N de Navarra, principalmente en la Navarra Húmeda del NW y Pirineos; más ocasional en las montañas medias occ. **Alp.:** F; **Atl.:** C; **Med.:** -.

Cystopteris dickieana R. Sim.
C. fragilis subsp. dickieana (R. Sim) Hyl.

Planta dudosa que requiere comprobación. Fisuras de roquedos, muros y taludes. **Alt.:** 800-1500 m.
Dist.: Plurirreg. Citada de distintas localidades de la mitad norte, sin que se hayan verificado recientemente. **Alp.:** RR; **Atl.:** RR; **Med.:** -.
Obs.: Se cita de Anue, Roncesvalles y monte Lakora por Báscones & al. (1982), y deben comprobarse.

Cystopteris fragilis (L.) Bernh. subsp. *alpina* (Lam.) Hartman
Polypodium alpinum Lam.; C. alpina (Lam.) Desv.; C. regia auct.

Fisuras de roquedos, grietas y pedregales calizos. **Alt.:** 1400-2300 m.
Dist.: Oróf. Europa. Limitada a las montañas pirenaicas. **Alp.:** RR; **Atl.:** -; **Med.:** -.

Cystopteris fragilis (L.) Bernh. subsp. *fragilis*
Polypodium fragile L.

Grietas y fisuras de roquedos calizos, en ambientes sombríos. **Alt.:** 200-2400 m. **HIC:** 8210.
Dist.: Subcosm. Montañas de la Navarra Húmeda del NW, montes de la divisoria, Pirineos, montañas occ. y de la Navarra Media y sierras prepiren. **Alp.:** E; **Atl.:** E; **Med.:** RR.

Cystopteris montana (Lam.) Desv.
Polypodium montanum Lam.

Fisuras y grietas de roquedos calizos sombríos en las montañas más elevadas. **Alt.:** 1600-2200 m.
Dist.: Circumbor. Limitada al Pirineo, principalmente en el macizo de Larra. **Alp.:** RR; **Atl.:** -; **Med.:** -.
Cons.: VU D2 (LR, 2000); Prioritaria (Lorda & al., 2009); NT (LR, 2008).

Cystopteris viridula (Desv.) Desv.
Aspidium viridulum Desv.; C. diaphana (Bory) Blasdell

Grietas y fisuras de roquedos silíceos dentro de barrancos sombríos, húmedos, con neta influencia atlánt. **Alt.:** 40-400 m. **HIC:** 8220.
Dist.: Plurirreg. Limitada a contados enclaves de Baztán-Bidasoa. **Alp.:** -; **Atl.:** R; **Med.:** -.
Cons.: VU (NA); Prioritaria (Lorda & al., 2009).

Gymnocarpium dryopteris (L.) Newman
Polypodium dryopteris L.; Dryopteris linnaeana C. Chr.

En bosques umbrosos y húmedos, sobre suelos humíferos y grietas de lapiaz. **Alt.:** 850-2400 m.
Dist.: Circumbor. Principalmente por los valles y montañas pirenaicas, más las montañas de la divisoria y medias occ. (Urbasa-Andía). **Alp.:** E; **Atl.:** RR; **Med.:** -.

Gymnocarpium robertianum (Hoffm.) Newman
Polypodium robertianum Hoffm.; Dryopteris robertiana (Hoffm.) C. Chr.

Canchales, pedrizas, grietas de lapiaz, pie de bloques erráticos calizos y megaforbios. **Alt.:** 600-2200 m.
Dist.: Plurirreg. Limitada a las montañas pirenaicas y sierras calizas colindantes. **Alp.:** RR; **Atl.:** -; **Med.:** -.

Azollaceae

Azolla filiculoides Lam.
A. caroliniana Willd.

Planta naturalizada en aguas remansadas de lagos, estanques, charcas y cultivos de arroz. **Alt.:** a 300 m.
Dist.: América tropical y templada. Conocida únicamente de Tudela (Soto de Traslapuente). **Alp.:** -; **Atl.:** -; **Med.:** RR.
Obs.: Considerada especie exótica invasora (CEEEI, 2011).

B

Balsaminaceae

Impatiens balfourii Hook. fil.

Planta cultivada como ornamental, se naturaliza en las cercanías de los núcleos urbanos, sobre suelos húme-

dos de escombreras y orillas de arroyos, ríos y cunetas. **Alt.:** 50-950 m.
Dist.: Himalaya. Salpica los valles atlánt. y prepiren.
Alp.: R; **Atl.:** E; **Med.:** RR.
Obs.: Considerada especie exótica con potencial invasor (CEEEI, 2011).

Berberidaceae

Berberis vulgaris L. subsp. seroi O. Bolòs & Vigo
B. garciae Pau

Matorrales en orlas forestales y setos en el ámbito del carrascal-quejigal; terrazas y desfiladeros fluviales. **Alt.:** 200-600 m.
Dist.: Endém. ibérica. Dispersa por la Ribera, sierras prepiren. y Navarra Media orient. En Navarra se presenta su límite N para la Península. **Alp.:** -; **Atl.:** -; **Med.:** E.
Obs.: Todas las citas de esta planta, bajo distintas asignaciones, deben corresponder a este taxon.

Betulaceae

Alnus cordata (Loisel.) Duby
Betula cordata Loisel.

Introducida, asilvestrándose en las cercanías a los ríos. Planta considera subespontánea y en expansión en los Pirineos, así como cultivada. **Alt.:** 600-1050 m.
Dist.: Endém. de Córcega, Cerdeña y S de Italia. Contadas localidades en Navarra (Elzaburu, Auza, Ochagavía).
Alp.: RR; **Atl.:** RR; **Med.:** -.

Alnus glutinosa (L.) Gaertner
Betula alnus var. glutinosa L.

Forma alisedas en las orillas de los ríos y crece en laderas frescas, sobre suelos encharcados. **Alt.:** 20-1000 m.
HIC: 91E0*, 92A0, Avell. rip. subcant.-pir., Alis. ladera.
Dist.: Eur. Siguiendo los cursos fluviales de casi toda Navarra, salvo en el Pirineo. **Alp.:** -; **Atl.:** C; **Med.:** F.
Obs.: Se ha citado *A. incana* de Quinto Real (Braun-Blanquet, 1967), sin que se haya verificado recientemente.

Betula alba L.
B. pubescens Ehrh.; B. celtiberica Rothm. & Vasc.; B. pubescens subsp. celtiberica (Rothm. & Vasc.) Rivas Mart.

Claros forestales, formando pequeñas poblaciones en hayedos, robledales y melojares; sobre sustratos silíceos o acidificados. **Alt.:** 100-1300 m. **HIC:** Zarzales y espin. acidof., Robled. acidof. cant., Abed. *Betula pubescens* (*alba*), 91D0*.
Dist.: Eur. En la Navarra Húmeda del NW, sierras prepiren. y montañas medias occ. **Alp.:** RR; **Atl.:** F; **Med.:** RR.
Obs.: Las poblaciones navarras parecen corresponder a la var. *alba*

Betula pendula Roth subsp. pendula
B. verrucosa Ehrh.; B. alba sensu Cadevall

Claros forestales, sobre sustratos silíceos o acidificados, inestables a veces. **Alt.:** 50-1300 m. **HIC:** Abed. *Betula pendula.*
Dist.: Eur. NW de Navarra, Pirineos, sierras prepiren.,

Navarra Media y montañas occ. **Alp.:** R; **Atl.:** E; **Med.:** RR.
Obs.: Las poblaciones navarras parecen corresponder a la var. *pendula.*

Carpinus betulus L.

Bosques mixtos de frondosas, en zonas con clima húmedo y templado. **Alt.:** 30-250 m. **HIC:** 9160.
Dist.: Eur. Limitada a muy pocas localidades atlánt. (Arantza, Igantzi y Lesaka), que junto a las guipuzcoanas próximas marcan su límite suroccidental de distribución. **Alp.:** -; **Atl.:** RR; **Med.:** -.
Cons.: EN B1+2b, D (LR, 2000); VU (AFA-UICN, 2003); VU (AFA-UICN, 2004); Prioritaria (Lorda & al., 2009); VU D1+2 (LR, 2008).

Corylus avellana L.

Bosques mixtos y de ribera, pie de cantil y formando setos en ambientes rurales, siempre en climas húmedos y sobre suelos frescos. **Alt.:** 100-1300 m.
HIC: Matorr. *Cytisus scoparius*, Zarzales y espin. acidof., Zarz. y espin. neutro-bas. eur-med., Saucedas arb. cabec., 92A0, 91E0*, Avell. rip. subcant.-pir., 9240, 9160, Robl. roble albar, Alis. ladera, Tremolares, Abed. *Betula pubescens* (*alba*), 9180*, Avellanedas, Abet. prepiren., 9580*.
Dist.: Eur. Por toda Navarra, salvo en la Ribera, donde es muy raro o se ausenta. **Alp.:** CC; **Atl.:** CC; **Med.:** R.
Cons.: M.N. (Nº 16).

Bignoniaceae

Campsis × tagliabuana (Vis.) Rehder
Tecoma × tagliabuana Vis.; Bignonia × tagliabuana Vis.; Campsis grandiflora (Thunb.) Schum. × C. radicans (L.) Bureau

Planta asilvestrada en herbazales frescos en baldíos y solares abandonados. **Alt.:** 1 120 m.
Dist.: Híbrido artificial, cultivado en jardinería. Sólo la conocemos de Doneztebe-Santesteban (Herbario LORDA, 2013). **Alp.:** -; **Atl.:** RR; **Med.:** -.

Blechnaceae

Blechnum spicant (L.) Roth subsp. spicant
Osmunda spicant L.

Bosques caducifolios y comunidades de sustitución, sobre sustratos ácidos o acidificados. **Alt.:** 100-1900 m.
HIC: Robled. acidof. cant., 9260, 9120, Abed. *Betula pubescens* (*alba*), 91D0*.
Dist.: Circumbor. Mitad N de Navarra, principalmente en el NW, Pirineos, montañas occ. y sierras prepiren.
Alp.: F; **Atl.:** C; **Med.:** RR.

Woodwardia radicans (L.) Sm.
Blechnum radicans L.

Barrancos abrigados y sombríos con elevada humedad ambiental, en climas atlánt. **Alt.:** a 180 m.
Dist.: Atl. Conocida de una única localidad baztanesa (Aritzakun-Itsusiko Haitza). **Alp.:** -; **Atl.:** RR; **Med.:** -.
Cons.: Directiva Hábitats (II); Berna (I); Prioritaria (Lorda & al., 2009); LESPE (2011); NT (ERLVP, 2011); PNyB (II).

Boraginaceae

Aegonychon gastoni (Benth.) J. Holub

Lithospermum gastonii Benth.; Buglossoides gastonii (Benth.) I.M. Johnst.

Repisas de roquedos, grietas de lapiaz y megaforbios sobre suelos humíferos. **Alt.:** 1600-2350 m. **HIC:** 6170, 6430, 8210, 8130.

Dist.: Endém. del Pirineo occidental. Exclusiva del Pirineo, en el macizo kárstico de Larra, en su límite occidental de distribución pirenaica. **Alp.:** RR; **Atl.:** -; **Med.:** -.

Cons.: VU (NA); VU D2 (LR, 2000), EN (AFA-UICN, 2006); EN D (LR, 2008); Prioritaria (Lorda & al., 2009).

Obs.: Las citas del monte Ori y Otsogorrigaina deben corresponder a la vertiente francesa.

Aegonychon purpurocaeruleum (L.) J. Holub.

Lithospermum purpurocaeruleum L.; Buglossoides purpurocaerulea (L.) I.M. Johnst.

Claros de matorrales y herbazales, ribazos, en el ambiente del carrascal-quejigal. **Alt.:** 200-1000 m.

Dist.: Med. Por la Navarra Media, sierras y cuencas prepiren.; se enrarece hacia los valles atlánt. y los lugares más áridos de la Ribera. **Alp.:** E; **Atl.:** E; **Med.:** E.

Alkanna lutea A. DC.

Planta citada de Navarra antes de 1960, sin citas posteriores. Pastos de anuales en cunetas y campos abandonados.

Dist.: Med. W. Conocida únicamente de Tudela. **Alp.:** -; **Atl.:** -; **Med.:** RR.

Obs.: Citada por Dufour en 1856, sin citas posteriores de Tudela. En la Pen. Ibér. se conoce del extremo orient. (Barcelona, Gerona e Islas Baleares).

Anchusa azurea Mill.

A. italica Retz.; A. officinalis auct., non L.

Planta arvense, por los campos cerealistas, taludes y orlas herbosas cercanas. **Alt.:** 250-600 m.

Dist.: Med. Por la mitad meridional, llegando hasta la cuenca de Pamplona por el norte. **Alp.:** -; **Atl.:** -; **Med.:** F.

Obs.: Los datos referidos a *A. officinalis* L. de Pamplona (Fdez. de Salas & Gil, 1870) parecen referirse a este taxon, y las de *A. undulata* L. de Pamplona no se han comprobado.

Asperugo procumbens L.

Ruderal, en ambientes nitrificados, como reposaderos de ganado, herbazales o pie de cantiles. **Alt.:** 250-850 m.

Dist.: Eur. Mitad meridional de Navarra, en localidades dispersas. **Alp.:** -; **Atl.:** R; **Med.:** E.

Borago officinalis L.

B. officinalis var. saxicola Rouy

Cultivada y naturalizada en toda Europa; aparece en lugares nitrogenados, sobre suelos removidos o graveras fluviales. **Alt.:** 100-850 m.

Dist.: Med. Dispersa por toda Navarra, eludiendo las montañas elevadas. **Alp.:** F; **Atl.:** F; **Med.:** F.

Buglossoides arvensis (L.) I.M. Johnst. subsp. arvensis

B. arvensis subsp. occidentalis Franco

Planta ruderal, en campos de cultivo y ambientes alterados, en general nitrificados. **Alt.:** 300-1400 m.

Dist.: Med. Por buena parte de Navarra, escaseando en los valles atlánt. y Pirineos. **Alp.:** -; **Atl.:** E; **Med.:** F.

Buglossoides incrassata (Guss.) I.M. Johnst. subsp. *incrassata*

B. arvensis (L.) I.M. Johnst. subsp. gasparrinii (Heldr. ex Guss.) M. Laínz; Lithospermum incrassatum Guss.; L. gasparrinii Heldr. ex Guss.; L. arvense subsp. gasparrinii (Heldr. ex Guss.) M. Laínz

Ambientes nitrificados, como reposaderos de ganado y pies de cantil. **Alt.:** 200-500 m.

Dist.: Oróf. Med. Conocida de los Valles Húmedos del NW. **Alp.:** -; **Atl.:** RR; **Med.:** -.

Obs.: Citada por Lacoizqueta en 1884 de Vertizarana, sin citas posteriores. Se anota Navarra en *Flora Iberica*.

Cerinthe glabra Mill. subsp. *glabra*

C. pyrenaica Arv.-Touv.; C. glabra var. pyrenaica (Arv.-Touv.) Rouy; C. glabra subsp. pyrenaica (Arv.-Touv.) Kerguelén

Planta que está cerca de Navarra, y cuya presencia se estima probable. Repisas herbosas, sobre suelos humíferos, calizos.

Dist.: Oróf. Europa. No está en NA. **Alp.:** -; **Atl.:** -; **Med.:** -.

Obs.: Citada del Chemin d'Issaux (F-64). No parece que llegue a Navarra. Las localidades peninsulares más cercanas están en Lérida, donde apenas se conocen unos veinte ejemplares.

Cynoglossum cheirifolium L. subsp. *cheirifolium*

Lugares ruderalizados, como pastos nitrogenados, terrazas, pie de cantiles, etc. **Alt.:** 300-700 m.

Dist.: Med. W. Por la mitad meridional, llegando a la cuenca de Pamplona. **Alp.:** -; **Atl.:** RR; **Med.:** E.

Cynoglossum creticum Mill.

C. pictum Aiton; C. pictum var. umbrosum Rouy

Herbazales nitrófilos, pastos majadeados y baldíos. **Alt.:** 250-1000 m.

Dist.: Med. Por la Zona Media, llegando a los valles atlánt. y la Ribera de forma puntual. **Alp.:** R; **Atl.:** E; **Med.:** F.

Cynoglossum dioscoridis Vill.

C. loreyi Jord. ex Lange

Claros del hayedo, robledal y carrascal; sobre sustratos removidos. **Alt.:** 100-1200 m.

Dist.: Med. W. Puntual en los valles atlánt. y mejor representada en las montañas medias occ. (Urbasa-Andía, Limitaciones). **Alp.:** -; **Atl.:** RR; **Med.:** E.

Cynoglossum germanicum Jacq. subsp. *pellucidum* (Lapeyr.) Sutorý

C. pellucidum Lapeyr.; C. montanum Lam.

Planta citada de Navarra, posiblemente errónea. Orlas y claros del hayedo.

Dist.: Atl. No es planta navarra. **Alp.:** -; **Atl.:** -; **Med.:** -.

Obs.: Las citas más próximas, y únicas en España, están en La Rioja y Soria. Los materiales navarros deben corresponder a *C. pustulatum*.

Cynoglossum officinale L.

C. montanum L.; C. officinale var. scabrifolia Willk.; C. castellanum Pau; C. suavifolium Pau

Herbazales nitrogenados, ribazos y crestas calizas. **Alt.:** 200-1100 m.

Dist.: Eur. Dispersa por la mitad occidental, tanto en la vertiente atlánt. como en la mediterránea. **Alp.:** -; **Atl.:** E; **Med.:** E.

Cynoglossum pustulatum Boiss.

C. nebrodense Guss. subsp. pustullatum (Boiss.) O. Bolòs & Vigo

Gleras, pedrizas, rellanos de roquedos y grietas de lapiaz, sobre sustratos calizos. **Alt.:** 700-1700 m.

Dist.: Eur. Pirineos y montañas occ. medias. **Alp.:** RR; **Atl.:** E; **Med.:** R.

Obs.: Los ejemplares de núculas grandes se han denominado subsp. *soilae* P. Monts. & Alejandre. Trasladamos a este taxon las citas provinciales de *C. germanicum* Jacq.

Echium asperrimum Lam.

E. italicum sensu Willk.; E. balearicum Porta; E. italicum subsp. pyrenaicum Rouy; E. italicum var. balearicum (Porta) O. Bolós & Vigo

Baldíos, orillas de pistas y caminos, ribazos; en general en lugares soleados. **Alt.:** 250-1000 m.

Dist.: Med. W. Por la mitad sur de Navarra, hasta la cuenca de Pamplona y las cuencas prepiren. **Alp.:** -; **Atl.:** R; **Med.:** F.

Echium italicum L. subsp. *italicum*

Planta citada de Navarra antes de 1960, sin citas posteriores. Roquedos, pedregales, taludes y cunetas sobre sustratos calizos.

Dist.: Med. No es planta navarra. **Alp.:** -; **Atl.:** -; **Med.:** RR.

Obs.: Citada por Soulié (1907) y Coste (1910) de Aoiz. Deben corresponder a *E. asperrimum* (*E. italicum* sensu Willk.). No llega a Navarra. Las localidades peninsulares están en Gerona e Islas Baleares.

Echium plantagineum L.

E. plantaginoides Roem. & Schult.

Planta citada de Navarra antes de 1960, sin citas posteriores. Arvense y ruderal, viaria; indiferente al sustrato.

Dist.: Plurirreg. **Alp.:** -; **Atl.:** RR; **Med.:** -.

Obs.: Citada por Coste en 1910 de la Cuenca de Pamplona.

Echium vulgare L. subsp. *vulgare*

E. asturicum Lacaita; E. vulgare subsp. asturicum (Lacaita) G. Klotz

En lugares alterados y nitrificados, cunetas, ribazos, graveras fluviales, taludes, etc. **Alt.:** 20-1800 m.

Dist.: Eur. Por toda Navarra. **Alp.:** C; **Atl.:** C; **Med.:** C.

Obs.: Planta de morfología variable; las plantas navarras deben corresponder a la subsp. *vulgare*.

Glandora prostrata (Loisel.) D.C. Thomas subsp. *prostrata*

Lithodora prostrata (Loisel.) Griseb.; Lithospermum prostratum Loisel.; Lithospermum prostratum var. flaccidum Lange

Brezales, argomales, orlas y claros forestales. **Alt.:** 100-600 m. **HIC:** 4020*.

Dist.: Atl. Limitada a los valles atlánt. **Alp.:** -; **Atl.:** E; **Med.:** -.

Obs.: Se ha confundido con *G. diffusa* (Lag.) D.C. Thomas [*Lithodora diffusa* (Lag.) I.M. Johnst.], una planta endém. del N de España que no llega a Navarra.

Heliotropium europaeum L.

H. europaeum var. tenuiflorum Guss.

Campos de cultivo, baldíos, cunetas y, en general, en terrenos nitrificados y removidos. **Alt.:** 250-1000 m.

Dist.: Med.-Irano-Turaniana (Plurirreg.). Por la mitad sur, llegando hasta la cuenca de Pamplona y cuencas prepiren. por el norte. **Alp.:** -; **Atl.:** RR; **Med.:** F.

Heliotropium supinum L.

Planta citada de Navarra antes de 1960, sin citas posteriores. Pastizales frescos, comportamiento arvense, sobre suelos nitrificados, incluso salinos.

Dist.: Plurirreg. Citada únicamente de Santacara, en la Ribera. **Alp.:** -; **Atl.:** -; **Med.:** RR.

Obs.: Citada por Ruiz Casaviella en 1880 de Santacara. No se conoce de Navarra según *Flora Iberica*, ni hay citas recientes que lo avalen.

Lappula barbata (M. Bieb.) Gürke

Myosotis barbata M. Bieb.; Echinospermum barbatum (M. Bieb.) Lehm.; Echinospermum barbatum subsp. aragonense É. Rev. & Freyn; Lappula barbata subsp. aragonense (É. Rev. & Freyn) Mateo

Planta ruderal y de claros del matorral. **Alt.:** 300 m.

Dist.: Med. Sólo se conoce de Bardenas, en el Valle del Ebro. **Alp.:** -; **Atl.:** -; **Med.:** RR.

Obs.: En *Flora Iberica* se cita de Navarra con dudas. Conviene verificarla (Aizpuru & al., 1996).

Lappula squarrosa (Retz) Dumort. subsp. *squarrosa*

Myosotis squarrosa Retz.; M. lappula L.; L. myosotis Moench; Echinospermum lappulum (L.) Lehm.

Sobre suelos removidos y herbazales, pedregosos en general. **Alt.:** 250-700 m.

Dist.: Eur. Contadas localidades meridionales (Caparroso, Fitero, Lazagurría, Marcilla). **Alp.:** -; **Atl.:** -; **Med.:** R.

Lithodora fruticosa (L.) Griseb.

Lithospermum fruticosum L.; Lithospermum fruticosum var. canum Porta & Rigo ex Willk.

Matorrales caldeados, como aulagares, tomillares, jarales; claros forestales; indiferente al sustrato. **Alt.:** 250-900 m.

Dist.: Med. W. Por la mitad meridional, hasta la cuenca de Pamplona y las cuencas prepiren. **Alp.:** RR; **Atl.:** E; **Med.:** F.

Lithospermum officinale L.

Herbazales frescos de cunetas, orlas forestales, en general sobre sustratos nitrificados y removidos. **Alt.:** 250-1550 m.

Dist.: Eur. Dispersa por todo el territorio. **Alp.:** F; **Atl.:** F; **Med.:** F.

Lycopsis arvensis L.

Anchusa arvensis (L.) M. Bieb.

Campos de cultivo, cascajeras y, en general, ambientes ruderalizados. **Alt.:** 250-600 m.

Dist.: Med. Por el tercio sur, en contadas localidades. **Alp.:** -; **Atl.:** -; **Med.:** R.

Lycopsis orientalis L.

Anchusa arvensis (L.) M. Bieb subsp. orientalis (L.) Nordh.; A. ovata

Lehm.

Terrenos ruderalizados, cascajeras. **Alt.:** 250-600 m.
Dist.: Plurirreg. Conocida sólo de Viana. **Alp.:** -; **Atl.:** -; **Med.:** RR.
Obs.: Citada por distintos autores como adventicia, si bien se conoce desde muy antiguo y su distribución parece indicar un origen nativo.

Myosotis alpestris F.W. Schmidt subsp. *alpestris*

M. sylvatica subsp. alpestris (F.W. Schmidt) Gams

Pastos, crestas pedregosas y roquedos de alta montaña. **Alt.:** 1400-2300 m.
Dist.: Bor.-Alp. Limitada a los Pirineos y montañas occ. **Alp.:** E; **Atl.:** R; **Med.:** -.
Obs.: Algunas citas de los valles atlánt. deben llevarse a *M. decumbens* subsp. *teresiana*. Cerca de Navarra se cita *M. alpestris* subsp. *pyrenaeorum* (Blaise & Kerguelén) Valdés.

Myosotis arvensis (L.) Hill subsp. *arvensis*

M. scorpioides var. arvensis L.; M. intermedia Link

Claros forestales, pastos y, en general, en ambientes alterados. **Alt.:** 100-1600 m.
Dist.: Med. Mejor representada en la mitad septen. de Navarra, y en puntos aislados de la Ribera. **Alp.:** F; **Atl.:** F; **Med.:** E.

Myosotis decumbens Host subsp. *teresiana* (Sennen) Grau

M. teresiana Sennen; M. sylvatica subsp. teresiana (Sennen) O. Bolòs & Vigo

Herbazales frescos, repisas de roquedos húmedos y sotobosques umbríos. **Alt.:** 20-1950 m.
Dist.: Atl. Por la mitad N de Navarra, en los valles atlánt., Pirineos y sierras prepiren. **Alp.:** E; **Atl.:** E; **Med.:** RR.

Myosotis discolor Pers. subsp. *discolor*

M. versicolor Sm.

Pastos de anuales sobre terrenos alterados. **Alt.:** 200-1100 m.
Dist.: Europeo-Med. Dispersa por Navarra, mejor representada en la mitad septen. **Alp.:** E; **Atl.:** E; **Med.:** R.
Obs.: La subsp. *dubia* (Arrond.) Blaise suele convivir con esta subsp. y parece más extendida que la típica.

Myosotis laxa Lehm. subsp. *cespitosa* (Schultz) Hyl. ex Nordh.

M. cespitosa Schultz; M. lingulata Lehm.; M. lusitanica R. Schuster

Planta dudosa que requiere comprobación. Orillas de arroyos y lagunas; silicícola.
Dist.: Eur. Citada de Pamplona y sus alrededores. **Alp.:** -; **Atl.:** RR; **Med.:** -.
Cons.: LC (ERLVP, 2011), sin detallar subespecies.
Obs.: Citada por Mayo (1978). No es planta navarra, al menos no se nombra en *Flora Iberica*.

Myosotis martini Sennen

M. lamottiana (Braun-Blanq. ex Chass.) Grau; M. aspera Lamotte; M. nohetii Sennen; M. scorpioides subsp. lamottiana Braun-Blanq. ex Chass

Herbazales a orillas de arroyos, fuentes y claros forestales húmedos. **Alt.:** 50-1400 m. **HIC:** 6430.

Dist.: Atl. Por la Navarra Húmeda del NW y Pirineos. **Alp.:** E; **Atl.:** E; **Med.:** -.

Myosotis persoonii Rouy

Anchusa lutea Cav.; M. lutea (Cav.) Pers.; M. chrysantha Welw. ex Cout.

Planta dudosa que requiere comprobación. En pastizales húmedos, preferentemente arenosos. **Alt.:** 580 m.
Dist.: Endém. de la Pen. Ibér. Sólo citada de Monreal. **Alp.:** -; **Atl.:** -; **Med.:** RR.
Obs.: Anotada por Erviti (1989). No es planta navarra.

Myosotis ramosissima Rochel subsp. *ramosissima*

M. hispida Schltdl.; M. collina auct., non Hoffm.

Pastos de anuales, sobre terrenos alterados, pedregosos. **Alt.:** 400-1300 m.
Dist.: Atl. Por la Zona Media, Pirineos, cuencas prepiren., montañas occ. y puntual en la Ribera. **Alp.:** E; **Atl.:** E; **Med.:** E.
Obs.: Las citas navarras parecen corresponder a esta subespecie; sin embargo también es abundante la subsp. *gracillima* (Loscos & Pardo) Rivas Mart. [*M. gracillima* Loscos & Pardo; *M. ramosissima* subsp. *globularis* (Samp.) Grau], no citada de Navarra en *Flora Iberica*.

Myosotis sicula Guss.

Planta que está cerca de Navarra, y cuya presencia se estima probable. Juncales y orillas de lagunas.
Dist.: Med. **Alp.:** -; **Atl.:** -; **Med.:** -.
Obs.: Citada de Álava (Puerto de Opakua), puede estar en Navarra.

Myosotis stricta Link ex Roem. & Schult.

Pastos arenosos de terófitos. **Alt.:** 400-750 m.
Dist.: Eur. Conocida de escasas localidades de la Zona Media: Azoz, Ripa e Idocin. **Alp.:** -; **Atl.:** RR; **Med.:** RR.

Neatostema apulum (L.) I.M. Johnst.

Myosotis apula L.; Lithospermum apulum (L.) Vahl; Lithospermum apulum f. cleistogamum Murb.

Pastos de anuales sobre suelos secos y caldeados. **Alt.:** 300-600 m. **HIC:** 6220*.
Dist.: Med. Por la Zona Media, cuencas prepiren. y puntual en la Ribera. **Alp.:** -; **Atl.:** R; **Med.:** F.

Nonea echioides (L.) Roem. & Schult.

N. ventricosa (Sibth. & Sm.) Griseb.; Lycopsis echioides L.; Lycopsis pulla L.; Anchusa ventricosa Sm.; N. alba DC.; Lycopsis sibthorpiana Roem. & Schult.; N. sibthorpiana (Roem. & Schult.) G. Don

Cascajeras, terrenos removidos y alterados; sotos de ríos. **Alt.:** 250-400 m.
Dist.: Med. Limitada al tercio meridional (Caparroso, Milagro). **Alp.:** -; **Atl.:** -; **Med.:** R.

Nonea micrantha Boiss. & Reut.

N. echioides sensu Valdés

Planta citada de Navarra antes de 1960, sin citas posteriores. Cascajeras y terrenos removidos. **Alt.:** 250-500 m.
Dist.: Med. W. Se ha citado de Caparroso y Pamplona. **Alp.:** -; **Atl.:** RR; **Med.:** RR.
Obs.: Anotada por Ruiz Casav. (1880) y Colmeiro (1888).

Nonea vesicaria (L.) Rchb.

Lycopsis vesicaria L.; Lycopsis nigricans Lam.; Echioides violacea Desf.; N. nigricans (Lam.) DC.

Ribazos de campos de cultivo y pastos de terófitos. **Alt.:** 300-500 m.
Dist.: Med. W. Sólo se conoce con veracidad de Peralta. **Alp.:** -; **Atl.:** -; **Med.:** RR.

Omphalodes linifolia (L.) Moench
Cynoglossum linifolium L.; C. lusitanicum L.; O. lusitanica (L.) Schrank
Planta citada de Navarra antes de 1960, sin citas posteriores. Pastos de anuales sobre suelos arenosos. **Alt.:** 250-700 m.
Dist.: Med. W. En el Valle del Ebro (Tudela). **Alp.:** -; **Atl.:** -; **Med.:** RR.
Obs.: Citada por Dufour (1860). No se conoce actualmente de Navarra, al menos no se anota en *Flora Iberica*.

Pulmonaria affinis Jord. ex F.W. Schultz
P. officinalis sensu Willk.
Bosques de caducifolios, húmedos. **Alt.:** 100-1800 m. **HIC:** 9180*.
Dist.: Atl. Navarra Húmeda del NW, Pirineos y montañas occ. **Alp.:** E; **Atl.:** E; **Med.:** RR.

Pulmonaria longifolia (Bastard) Boreau
P. angustifolia var. longifolia Bastard; P. sacharata sensu Willk.; P. angustifolia auct. hisp., non L.
Bosques de frondosas, herbazales y matorrales frescos. **Alt.:** 100-1300 m. **HIC:** 9240, Robl. pel. navarro-alav., 9160, Robl. roble albar, 9150.
Dist.: Europa W. Mitad N de Navarra, hasta la Zona Media. **Alp.:** C; **Atl.:** C; **Med.:** R.
Obs.: Se llegan a distinguir tres subespecies a nivel peninsular: subsp. *longifolia*, subsp. *cevennensis* Bolliger y subsp. *glandulosa* Bolliger.

Rochelia disperma (L. fil.) K. Koch subsp. *disperma*
Lithospermum dispermum L. fil.; R. stellulata Rchb.; R. disperma subsp. retorta sensu I.K. Ferguson
Planta dudosa que requiere comprobación. Pastos de anuales en terrenos pedregosos, secos. **Alt.:** 250-350 m.
Dist.: Med.-Iraniana. Citada del Valle del Ebro (Bardenas, Sancho Abarca). **Alp.:** -; **Atl.:** -; **Med.:** RR.
Obs.: Anotada por Ursúa (1986) de Sancho Abarca. No se conoce de Navarra.

Symphytum asperum Lepech.
Naturalizada. Ribazos y herbazales de cunetas y orillas fluviales; sobre sustratos ácidos. **Alt.:** 50-500 m.
Dist.: SW de Asia. Navarra Húmeda del NW. **Alp.:** -; **Atl.:** RR; **Med.:** -.
Obs.: Hay material en el herbario ARAN. Naturalizada en buena parte de Europa, se conoce escasamente de España. Se ha cultivado como planta forrajera. Parece más frecuente el híbrido *S. × uplandicum* Nyman, cultivada como forrajera (Ultzama, Baztán, Bidasoa).

Symphytum officinale L.
Herbazales húmedos, en orlas forestales y setos. **Alt.:** 40-1100 m.
Dist.: Eur. Valles atlánt., Pirineos y montañas occ. **Alp.:** RR; **Atl.:** R; **Med.:** RR.

Symphytum tuberosum L. subsp. *tuberosum*
Bosques de frondosas, herbazales cercanos a ríos y setos, sobre suelos profundos y húmedos. **Alt.:** 50-1200 m. **HIC:** 9160, 9150.
Dist.: Atl. Mitad septen., salvo en las montañas más elevadas orient. . **Alp.:** F; **Atl.:** C; **Med.:** R.
Obs.: La subsp. *angustifolium* (A. Kern.) Nyman se limita a la vertiente norte de los Pirineos, aún no encontrada en España.

Botrychiaceae

Botrychium lunaria (L.) Swartz
Osmunda lunaria L.
Pastos de montaña y repisas herbosas algo húmedas. **Alt.:** 1300-2300 m.
Dist.: Plurirreg.; regiones templadas y frías de ambos hemisferios. Principalmente en el Pirineo, y de manera puntual por las montañas de la divisoria y las sierras medias occ. (Aralar, Andía). **Alp.:** E; **Atl.:** RR; **Med.:** -.

Buddlejaceae

Buddleja davidii Franch.
Naturalizada. Cultivada como ornamental, se naturaliza en ribazos, taludes y orillas de ríos. **Alt.:** 20-550 m.
Dist.: China. Valles atlánt. y puntual en otras zonas de la mitad norte. **Alp.:** R; **Atl.:** E; **Med.:** -.
Obs.: Considerada especie exótica invasora (CEEEI, 2011).

Buxaceae

Buxus sempervirens L.
Arbusto presente en todo tipo de bosques, sobre terrenos pedregosos y formando comunidades permanentes en crestones venteados y roquedos; preferencia sobre suelos calizos. **Alt.:** 20-1400 m. **HIC:** 4090, Tom., aliag. y romer. som.-arag. y prep., Bojeral de orla, 5110, 5210, 6210, 6170, 92A0, 91E0*, 9340, 9240, Robl. pel. navarro-alav., Robl. pel. pirenaicos, Robl. roble albar, 9150, 9120, Tremolares, 9180*, Abet. prepiren., Pin. *Pinus sylvestris* basófilos, Pin. *Pinus sylvestris* secund.
Dist.: Med.-SubMed. General, escaseando en la Navarra Húmeda del NW y en el Valle del Ebro, donde suele estar ausente en las zonas más áridas. **Alp.:** CC; **Atl.:** CC; **Med.:** F.

C

Cactaceae

Opuntia maxima Mill.
O. ficus-barbarica A. Berger; O. ficus-indica auct.
Cultivada como ornamental, se naturaliza en ambientes ruderalizados, junto a entornos humanizados. **Alt.:** a 420 m.

Dist.: México. Se conoce naturalizada en Ablitas. **Alp.:** -; **Atl.:** -; **Med.:** RR.

Obs.: Cultivada por sus frutos comestibles y por la cría de cochinillas. Considerada especie exótica invasora (CEEEI, 2011).

Callitrichaceae

Callitriche brutia Petagna

C. pedunculata Lam. & DC.; C. aquatica subsp. pedunculata (DC.) Bonnier; C. deflexa sensu Lange

Aguas estancadas o remansadas poco profundas, y orillas de manantiales en el ambiente del hayedo; sobre areniscas. **Alt.:** 500-900 m. **HIC:** 3150.

Dist.: Europa SW. Montañas de la divisoria de aguas y sierras occ. **Alp.:** -; **Atl.:** RR; **Med.:** RR.

Cons.: LC (ERLVP, 2011).

Obs.: Planta con morfología muy variable.

Callitriche hamulata Kütz. ex W.D.J. Koch

C. intermedia Hoffm.; C. autumnalis sensu Kütz.; C. brutia subsp. hamulata (Kütz. ex W.D.J. Koch) O. Bolòs & Vigo

Planta que está cerca de Navarra, y cuya presencia se estima probable. Aguas corrientas o remansadas, balsas profundas. **Alt.:** a 1100 m

Dist.: Eur. Conocida de la sierra de Orba, en Zaragoza, muy cerca de Navarra. **Alp.:** -; **Atl.:** -; **Med.:** RR.

Obs.: Especie próxima a *C. brutia*, con tratamiento taxonómico discutido.

Callitriche palustris L.

C. verna L.

Ibones de montaña, sobre sustratos ácidos. **Alt.:** 1800-1600 m.

Dist.: Bor.-Alp. Conocida únicamente del monte Lakora (Isaba). **Alp.:** RR; **Atl.:** -; **Med.:** -.

Cons.: EN B1+2bc (LR, 2000); EN B2ab(iii,iv)c(ii) (LR, 2008); Prioritaria (Lorda & al., 2009); LC (ERLVP, 2011).

Callitriche platycarpa Kütz.

C. fontqueri P. Allorge

Planta dudosa que requiere comprobación. Arroyos y ríos con aguas tranquilas y profundas. **Alt.:** a 575 m.

Dist.: Europa. Conocida únicamente, con dudas, de Alli, en el río Larraun. **Alp.:** -; **Atl.:** RR; **Med.:** -.

Cons.: LC (ERLVP, 2011).

Obs.: Conviene verificar la presencia de esta planta recolectando buen material. Citada por Biurrun (1999).

Callitriche stagnalis Scop.

C. palustris subsp. stagnalis (Scop.) Schinz & Thell.

Aguas remansadas, acequias, orillas de ríos, fuentes y charcas, arroyos de turberas. **Alt.:** 20-1200 m. **HIC:** 3150, 3110, 3260.

Dist.: Circumbor. Por la Navarra Húmeda del NW, Pirineos, Navarra Media, montañas occidentales; se hace muy rara hacia el sur. **Alp.:** R; **Atl.:** F; **Med.:** R.

Cons.: LC (ERLVP, 2011).

Obs.: Es la especie más frecuente en la Pen. Ibér.

Campanulaceae

Campanula cochleariifolia Lam.

C. pusilla Haenke

Grietas y fisuras de roquedos, graveras y lapiaces, en la media y alta montaña. **Alt.:** 1400-2400 m.

Dist.: Oróf. Europa. Pirineos y montañas medias occ. **Alp.:** R; **Atl.:** R; **Med.:** -.

Obs.: Límite occidental en Navarra.

Campanula decumbens A. DC.

C. dieckii Lange

Pastos de anuales, sobre terrenos secos y calizos.

Dist.: Endém. del C, S y E de la Pen. Ibér. No se conoce su distribución en Navarra, intuimos en la mitad meridional. **Alp.:** -; **Atl.:** -; **Med.:** RR.

Obs.: Citada por *Flora Iberica* sin conocer las localidades exactas.

Campanula erinus L.

Pastos pedregosos de anuales, muros de tapias y rellanos de roquedos. **Alt.:** 100-1100 m. **HIC:** 6220*.

Dist.: Med. Por casi todo el territorio, escaseando al NW y Pirineos. **Alp.:** E; **Atl.:** E; **Med.:** F.

Campanula fastigiata Dufour ex A. DC.

Pastos de anuales, rellanos pedregosos y cerros sobre sustratos con yeso. **Alt.:** 300-550 m. **HIC:** 1520*, 6220*.

Dist.: Plurirreg. Limitada a la Ribera, principalmente en los afloramientos yesosos. **Alp.:** -; **Atl.:** -; **Med.:** E.

Campanula glomerata L.

C. cervicaria auct. hisp., non L.

Herbazales y ribazos en claros forestales; pastos. **Alt.:** 100-1900 m. **HIC:** Fenalares.

Dist.: Eur. Por la mitad septen., enrareciéndose y ausentándose de la Ribera. **Alp.:** F; **Atl.:** F; **Med.:** R.

Campanula latifolia L.

Planta citada de Navarra antes de 1960, sin citas posteriores. Herbazales en orlas del hayedo fresco. **Alt.:** 750-1300 m. **HIC:** 6430.

Dist.: Eur. Sólo se tiene referencia de Orbaiceta. **Alp.:** RR; **Atl.:** -; **Med.:** -.

Cons.: VU D2 (LR, 2000); VU B1ab(iii)+2ab(iii); D2 (LR, 2008); Prioritaria (Lorda & al., 2009).

Obs.: Herborizada por Née (herbario MA).

Campanula lusitanica L. subsp. *lusitanica*

C. loeflingii Brot.; C. transtagana R. Fern.; C. lusitanica subsp. transtagana (R. Fer.) Fedorov; C. lusitanica subsp. matritensis (A. DC.) Franco

Claros del carrascal, terrenos incultos y herbazales, sobre suelos arenosos. **Alt.:** 500-1000 m.

Dist.: Med. W. Limitada a las montañas medias occ. **Alp.:** -; **Atl.:** RR; **Med.:** RR.

Campanula patula L.

C. costae Willk.; C. patula subsp. costae (Willk.) Nyman

Claros y orlas forestales, herbazales frescos y prados. **Alt.:** 20-1350 m.

Dist.: Eur. Por la mitad norte, principalmente en la Navarra Húmeda y montañas de la Zona Media. **Alp.:** F; **Atl.:** C; **Med.:** RR.

Campanula persicifolia L.

C. subpyrenaica Timb.-Lagr.; C. persicifolia subsp. subpyrenaica (Timb.-Lagr.) Fedorov

Claros herbosos en el ambiente del pinar de albar, quejigal, carrascal y robledal; foces abrigadas. **Alt.:** 500-1250 m. **HIC:** 9150.

Dist.: Eur. Sierras y cuencas prepiren. y montañas occ. **Alp.:** R; **Atl.:** R; **Med.:** RR.

Obs.: Las plantas con cáliz peloso se han descrito como *C. subpyrenaica* (*C. persicifolia* subsp. *subpyrenaica*, *C. persiciflia* var. *lasiocalyx* Gren.), con escaso valor taxonómico.

Campanula rapunculoides L.

Orlas herbosas forestales y matorrales del pinar de albar, robledales y quejigales. **Alt.:** 500-1300 m.

Dist.: Eur. Puntual en los valles atlánt., montañas de la Zona Media, Pirineos y sierras prepiren. **Alp.:** E; **Atl.:** E; **Med.:** RR.

Campanula rapunculus L.

C. lusitania auct., non L.

Ribazos, herbazales, pastos y claros forestales. **Alt.:** 500-1100 m.

Dist.: Eur. Por la Zona Media, llegando a los valles atlánt. y pirenaicos, siendo puntual en la Ribera. **Alp.:** RR; **Atl.:** E; **Med.:** E.

Campanula rotundifolia L. subsp. *hispanica* (Willk. in Willk. & Lange) O. Bolòs & Vigo

C. hispanica Willk.; C. macrorhiza J. gay ex A. DC.; C. ruscinonensis Timb.-Lagr.; C. willkommii Witasek; C. rotundifolia subsp. macrorhiza (J. Gay ex A.DC.) Guin.; C. hispanica subsp. catalanica Podlech; C. marianii Sennen

Fisuras, grietas y repisas de roquedos, pastos pedregosos; sobre calizas. **Alt.:** 400-1900 m. **HIC:** 8210.

Dist.: Med. W. Por las montañas de la Zona Media, Pirineos, sierras prepiren. y montañas occidentales; ausente de la Ribera y de la Navarra Húmeda del NW. **Alp.:** F; **Atl.:** E; **Med.:** E.

Obs.: Se incluye *C. marianii* Sennen.

Campanula rotundifolia L. subsp. *rotundifolia*

C. lanceolata Lapeyr.; C. legionensis Pau; C. longisepala Podlech; C. asturica Podlech; C. wiedmannii Podlech; C. tracheliifolia Losa ex Sennen; C. paui Font Quer

Fisuras, grietas y rellanos de roquedos, pastos pedregosos, sobre calizas. **Alt.:** 450-1700 m.

Dist.: Eur. Por las montañas de la Navarra Media, Pirineos y montañas occidentales; se enrarece y ausenta de las tierras del Valle del Ebro. **Alp.:** R; **Atl.:** R; **Med.:** R.

Obs.: Las citas de *C. lanceolata*, *C. paui* y *C. tracheliifolia*, se incluyen en este taxon (ver sinonimias).

Campanula scheuchzeri Vill.

C. recta Dulac; C. ficarioides Timb.-Lagr.; C. serrata subsp. recta (Dulac) Poldech; C. scheuchzeri subsp. ficarioides (Timb.-Lagr.) O. Bolòs & Vigo; C. ficarioides subsp. orhyi Geslot.

Grietas, repisas y fisuras de roquedos; cresteríos, pastos y brezales. **Alt.:** 600-2150 m.

Dist.: Europa W. Montañas pirenaicas y occ., y en los valles atlánt. **Alp.:** E; **Atl.:** E; **Med.:** RR.

Obs.: *C. ficarioides* subsp. *orhyi* está considerada Prioritaria en Lorda & al. (2009).

Campanula speciosa Pourr.

Graveras fluviales, pedrizas y gleras, sobre calizas. **Alt.:** 950-1500 m.

Dist.: Oróf. Med. W. Limitada al valle de Belagua y Petilla de Aragón, en su límite occidental de distribución. **Alp.:** RR; **Atl.:** -; **Med.:** RR.

Obs.: Podría incluirse como especie Prioritaria, según Lorda & al. (2009).

Campanula trachelium L.

Orlas de bosques de frondosas, setos y herbazales. **Alt.:** 30-1400 m. **HIC:** 91E0*.

Dist.: Eur. Mitad septen.: valles atlánt., montañas de la Zona Media y occ., Pirineos y sierras prepiren. **Alp.:** F; **Atl.:** F; **Med.:** R.

Jasione crispa (Pourr.) Samp. subsp. *crispa*

J. crispa subsp. brevisepala (Rothm.) Rivas Mart.

Fisuras de roquedos, pastos de lapiaz y laderas pedregosas en ambientes sombríos; calizas. **Alt.:** 800-1500 m.

Dist.: Endém. de las montañas de C y N de la Pen. Ibér. Parece limitarse a las montañas occ. **Alp.:** RR; **Atl.:** R; **Med.:** RR.

Obs.: Los materiales navarros forman poblaciones que definen muy bien el tipo de *J. crispa*, si bien la variabilidad en el grupo es notoria. Conviene verificar su presencia en el Pirineo (Lorda, 2001).

Jasione laevis Lam.

J. perennis Lam.

Pastos, helechales y brezales sobre suelos acidificados o ácidos, con influencia Atl. **Alt.:** 600-2100 m. **HIC:** 6230*.

Dist.: Oróf. Europa W. Por la mitad N de Navarra, principalmente en las montañas medias y Pirineos. **Alp.:** E; **Atl.:** E; **Med.:** RR.

Obs.: Variable con distintas subespecies citadas. Confundida con *J. montana*.

Jasione montana L.

Rellanos de roquedos, herbazales ralos y taludes de caminos y pistas; sobre sustratos silíceos. **Alt.:** 100-1400 m. **HIC:** Past. anuales silic.

Dist.: Eur. Por la mitad septen.: valles atlánt., Pirineos, montañas occ. y sierras prepiren. **Alp.:** F; **Atl.:** F; **Med.:** R.

Obs.: Incluidas la var. *montana* (*J. lusitanica* A. DC.) y la var. *latifolia* Pugsley.

Legousia falcata (Ten.) Janch.

Prismatocarpus falcatus Ten.; Specularia falcata (Ten.) A. DC.

Planta dudosa que requiere comprobación. Barbechos, terrenos pedregosos, etc. **Alt.:** 250-650 m.

Dist.: Med. Las únicas referencias la anotan de las Bardenas. **Alp.:** -; **Atl.:** -; **Med.:** RR.

Obs.: Citada por Ursúa (1986) de la sierra del Yugo, sin citas posteriores. Próxima a *L. scabra*, de la que es difícil distinguirla. No parece ser planta navarra.

Legousia hybrida (L.) Delarbre

Campanula hybrida L.; Specularia hybrida (L.) A. DC.

Terrenos removidos en cultivos cerealistas, viñedos, baldíos, etc. **Alt.:** 400-600 m.

Dist.: Med. Dispersa por la Zona Media, sierras prepiren. y Ribera. **Alp.:** -; **Atl.:** E; **Med.:** E.

Legousia scabra (Lowe) Gamisans
Prismatocarpus scaber Lowe; Specularia castellana Lange: L. castellana (Lange) Samp.

Pastos pedregosos de anuales, repisas y crestones de roquedos, barbechos. **Alt.:** 400-1150 m.

Dist.: Med. W. Zona media, cuencas prepiren. y escasa en la Ribera. **Alp.:** -; **Atl.:** E; **Med.:** F.

Lobelia urens L.
Planta citada de Navarra antes de 1960, sin citas posteriores. Manantiales, orillas de arroyos, trampales y taludes rezumantes, sobre suelos arenosos. **Alt.:** 200-800 m.

Dist.: Atl. Sólo conocida de la Barranca (Alsasua). **Alp.:** -; **Atl.:** RR; **Med.:** -.

Obs.: Anotada por Gandoger (1896), sin citas posteriores, y del Monte Larrun (64-F) por Jovet (1941). Se cita con dudas de Navarra.

Phyteuma charmelii Vill.
Fisuras y repisas de roquedos calizos, en la alta montaña pirenaica. **Alt.:** 1600-2400 m.

Dist.: Oróf. Europa W. Limitada a las montañas pirenaicas más elevadas (Peña Ezkaurre). **Alp.:** RR; **Atl.:** -; **Med.:** -.

Phyteuma orbiculare L.
Ph. orbiculare subsp. anglicum (Rich. Schulz) P. Fourn.; Ph. orbiculare subsp. ibericum (Rich. Schulz) P. Fourn.

Pastos pedregosos, repisas y crestones de roquedos calizos. **Alt.:** 200-2100 m.

Dist.: Eur. Montañas de la Zona Media y valles atlánt., Pirineos y sierras prepiren. **Alp.:** F; **Atl.:** E; **Med.:** E.

Phyteuma spicatum L.
Ph. pyrenaicum Rich. Schulz.; Ph. spicatum subsp. pyrenaicum (Rich. Schulz) A. Bolòs; Ph. halleri auct., non All.; Ph. michelii auct., non All.

Herbazales en claros forestales, grietas sombrías de lapiaz, roquedos y megaforbios. **Alt.:** 500-2000 m.

Dist.: Eur. Montañas de Navarra: occ., Zona Media, Pirineos y prepiren. **Alp.:** F; **Atl.:** E; **Med.:** R.

Wahlenbergia hederacea (L.) Rchb.
Campanula hederacea L.

Fontinal a orillas de arroyos, manantiales, esfagnales y taludes rezumantes, en atmósferas húmedas y sobre sustratos silíceos. **Alt.:** 100-1350 m. **HIC:** 7140, 6410

Dist.: Atl. Valles y montañas de neta influencia atlánt. **Alp.:** RR; **Atl.:** F; **Med.:** -.

Cannabis sativa L.
Naturalizada en ambientes riparios, baldíos y gravas fluviales. **Alt.:** a 245 m.

Dist.: Originaria de Asia central; ampliamente extendida. Sólo se conoce de Cortes, en el Soto de la Mora, en el río Ebro (Campos & al., 2003-2004). **Alp.:** -; **Atl.:** -; **Med.:** RR.

Humulus lupulus L.
Orillas de ríos, trepadora en alisedas, sotos fluviales y herbazales cercanos. **Alt.:** 200-900 m. **HIC:** 6430, 92D0, 92A0.

Dist.: Eur. Ríos de la mitad meridional; ausente en los pirenaicos y en los de la Navarra Húmeda del NW. **Alp.:** -; **Atl.:** F; **Med.:** E.

Obs.: Los ejemplares europeos parecen incluibles en la variedad *lupulus*.

Caprifoliaceae

Lonicera etrusca Santi
Matorrales de sustitución de quejigales, carrascales y robledales; sobre suelos básicos. **Alt.:** 250-1100 m. **HIC:** Zarz. y espin. neutro-bas. eur-med., Matorr. de *Osyris alba*, 9240.

Dist.: Med. Navarra Media, Cuencas y sierras prepiren. y hacia la Ribera, por los sotos fluviales. **Alp.:** E; **Atl.:** F; **Med.:** E.

Lonicera implexa Aiton
Orlas y claros de carrascales, coscojares y otros matorrales de sustitución. **Alt.:** 350-700 m.

Dist.: Med. Zona Media, cuenca de Pamplona y Ribera Tudelana. **Alp.:** -; **Atl.:** E; **Med.:** E.

Obs.: Se correspondería con la var. *implexa* y var. *longifolia* Guss., según *Flora Iberica*.

Lonicera japonica Thunb.
Cultivada como ornamental, se asilvestra trepando por árboles y arbustos. **Alt.:** 20-600 m.

Dist.: Extremo Oriente. Dispersa en los valles atlánt. y Navarra Media. **Alp.:** -; **Atl.:** RR; **Med.:** RR.

Obs.: Contiene distintos cultivares. Considerada especie exótica con potencial invasor (CEEEI, 2011).

Lonicera periclymenum L. subsp. *periclymenum*
Enredadera por distintos tipos de bosque, setos, matorrales y sotos fluviales. **Alt.:** 100-1300 m. **HIC:** Zarzales y espin. acidof., Zarz. y espin. neutro-bas. eur-med., Saucedas arb. cabec., 91E0*, 92A0.

Dist.: Eur. General en la mitad norte, se va enrareciendo hacia la Ribera, donde se refugia en los sotos de los grandes ríos. **Alp.:** E; **Atl.:** F; **Med.:** E.

Lonicera pyrenaica L. subsp. *pyrenaica*
Grietas y repisas de roquedos, graveras; principalmente en calizas. **Alt.:** 700-1900 m. **HIC:** 8210.

Dist.: Oróf. Europa. Pirineos, sierras prepiren. y montañas medias occ. **Alp.:** E; **Atl.:** E; **Med.:** RR.

Lonicera xylosteum L.
En claros y orlas forestales, setos y matorrales, pie de roquedos. **Alt.:** 300-1400 m. **HIC:** 92A0, 91E0*, Avell. rip. subcant.-pir., 9240, 9160, Abet. prepiren.

Dist.: Eur. Zona Media, Pirineos, cuencas y sierras prepiren., montañas occ., muy rara al NW y ausente de la Ribera. **Alp.:** E; **Atl.:** F; **Med.:** E.

Obs.: Pertenecerían a la f. *xylosteum*.

Sambucus ebulus L.

Ruderal a orillas de caminos, cunetas, escombreras y baldíos; cascajeras fluviales y, en general, en ambientes nitrogenados. **Alt.:** 100-1500 m.
Dist.: Plurirreg. Por toda Navarra, salvo en las montañas pirenaicas más elevadas. **Alp.:** C; **Atl.:** C; **Med.:** C.

Sambucus nigra L. subsp. *nigra*

Setos, matorrales y claros de bosques, en ambientes frescos y algo nitrificados. **Alt.:** 20-1400 m. **HIC:** Zarz. y espin. neutro-bas. eur-med., 91E0*, 92A0.
Dist.: Eur. Navarra Húmeda del NW, Pirineos, cuencas y sierras prepiren., montañas medias y puntual hacia la Ribera. **Alp.:** F; **Atl.:** C; **Med.:** E.

Sambucus racemosa L.

Orlas y claros del hayedo, hayedo-abetal, pinares y bosques mixtos. **Alt.:** 700-1900 m. **HIC:** Zarzales altimont. piren., Avell. rip. subcant.-pir.
Dist.: Oróf. Europa. Pirineos, montañas de la Navarra Media y sierras prepiren. **Alp.:** E; **Atl.:** E; **Med.:** RR.
Obs.: En la sierra de Andía (Beriain) tiene su límite suroccidental conocido.

Viburnum lantana L.

V. aragonense Pau

Orlas de quejigales, carrascales y encinares, matorrales de sustitución y setos; sobre calizas. **Alt.:** 200-1300 m. **HIC:** Zarz. y espin. neutro-bas. eur-med., 92A0, 91E0*, Avell. rip. subcant.-pir., 9240, Robl. pel. navarro-alav., Robl. pel. pirenaicos, 9160.
Dist.: Med. General en la Zona Media; Pirineos, montañas occ., sierras y cuencas prepiren., ausente en la zona más atlánt. y en la Ribera. **Alp.:** F; **Atl.:** F; **Med.:** R.

Viburnum opulus L.

Orlas de hayedos y robledales, orillas de ríos y setos en ambientes frescos. **Alt.:** 20-1000 m. **HIC:** 92A0, 91E0*, Avell. rip. subcant.-pir.
Dist.: Eur. Navarra Húmeda del NW, Pirineos, sierras prepiren. y montañas occ. **Alp.:** RR; **Atl.:** E; **Med.:** RR.

Viburnum tinus L.

Desfiladeros y foces abrigadas, en el ambiente del carrascal-quejigal. **Alt.:** 150-800 m. **HIC:** 5230*, 9340.
Dist.: Med. Foces prepiren. y desfiladeros de la Navarra Media. **Alp.:** RR; **Atl.:** R; **Med.:** E.
Obs.: En Baztán se comporta como naturalizada desde plantas cultivadas.

Caryophyllaceae

Agrostemma githago L.

Lychnis githago (L.) Scop.

Planta arvense que crece en campos de cereales, ribazos, caminos y cunetas. **Alt.:** 200-750 m.
Dist.: Plurirreg. Principalmente por la vertiente mediterránea, se hace escasa y esporádica en el resto del territorio. **Alp.:** RR; **Atl.:** R; **Med.:** E.
Obs.: Planta segetal que va desapareciendo progresivamente.

Arenaria erinacea Boiss.

A. aggregata subsp. erinacea (Boiss.) Font Quer; A. aggregata subsp. cantabrica (Font Quer) Greuter & Burdet; A. capitata sensu Willkm.

En pastos parameros y crestones pedregosos venteados; sobre suelos crioturbados calizos. **Alt.:** 900-1400 m. **HIC:** 6170.
Dist.: Endém. de la Pen. Ibér. En las montañas medias occidentales: sierra de Codés. **Alp.:** -; **Atl.:** RR; **Med.:** -.
Cons.: Prioritaria (Lorda & al., 2009).
Obs.: Límite nororient. en la Pen. Ibér.

Arenaria grandiflora L. subsp. *grandiflora*

Rupícola, en repisas de roquedos, grietas y fisuras, y graveras calizas. **Alt.:** 500-2100 m. **HIC:** 4060, 6210, 6170.
Dist.: Oróf. Med. W. Por las montañas de la Zona Media, alcanzando los Pirineos, las montañas occ. y las sierras prepiren. **Alp.:** C; **Atl.:** C; **Med.:** R.
Obs.: Hay materiales intermedios entre la subsp. *grandiflora* e *incrassata* (Lange) C. Vicioso, de Beriain, Codés y Urbasa.

Arenaria leptoclados (Rchb.) Guss.

A. serpyllifolia var. leptoclados Reichenb.; A. minutiflora Loscos; A. serpyllifolia subsp. tenuior (Mert. & Koch) Arcangeli

Pastos pedregosos de anuales, terrazas fluviales, repisas y crestones de roquedos, así como calveros de matorrales; indiferente al sustrato. **Alt.:** 100-1600 m. **HIC:** 6220*.
Dist.: Med.-Atl. Por la mayor parte del territorio, salvo en las montañas pirenaicas, siendo más frecuente en la mitad meridional de Navarra. **Alp.:** E; **Atl.:** F; **Med.:** C.

Arenaria modesta Dufour subsp. *modesta*

A. controversa auct., non Boiss.

Pastos de anuales sobre suelos pedregosos secos. **Alt.:** 400-750 m.
Dist.: Oróf. Med. W. Conocida únicamente del Valle del Ebro. **Alp.:** -; **Atl.:** -; **Med.:** RR.

Arenaria moehringioides J. Murr

A. ciliata subsp. moehringioides (J. Murr) J. Murr; A. ciliata auct.; A. multicaulis auct.

Cervunales y pastos pedregosos, repisas de lapiaz y dolinas. **Alt.:** 1250-2450 m. **HIC:** 6170.
Dist.: Oróf. Europa. Limitada a las montañas pirenaicas más elevadas al este del monte Ori. **Alp.:** R; **Atl.:** -; **Med.:** -.
Obs.: La cita de Lacoizqueta (1884) en Peñas de Illersi debe mantenerse en cuarentena.

Arenaria montana L. subsp. *montana*

Brezales, argomales, rellanos de roquedos y claros forestales sobre sustratos silíceos o descarbonatados. **Alt.:** 20-1600 m. **HIC:** 4020*, 4030, 9230.
Dist.: Atl. Mitad septen. de Navarra. **Alp.:** E; **Atl.:** F; **Med.:** E.

Arenaria obtusiflora G. Kunze subsp. *ciliaris* (Loscos) Font Quer

A. ciliaris Loscos

Pastos de terófitos, sobre suelos esqueléticos y rellanos de roquedos; sobre calizas. **Alt.:** 600-1300 m. **HIC:** 6220*.
Dist.: Endém. de la Pen. Ibér. Montañas de la Navarra

Media occidental, al oeste de la sierra del Perdón. **Alp.:** -; **Atl.:** R; **Med.:** R.

Arenaria purpurascens Ramond ex DC.

Pastos subalpinos, rellanos de cresteríos y dolinas del karst; sobre calizas. **Alt.:** 1500-2400 m. **HIC:** 6170.
Dist.: Oróf. Europa. Limitada al macizo de Larra y Peña Ezkaurre. **Alp.:** RR; **Atl.:** -; **Med.:** -.

Arenaria serpyllifolia L.

Rellanos con anuales, calveros, pastos pedregosos y claros del carrascal. **Alt.:** 100-1800 m. **HIC:** 6110*.
Dist.: Subcosm. Por toda Navarra. **Alp.:** C; **Atl.:** C; **Med.:** C.

Arenaria vitoriana Uribe-Ech. & Alejandre

A. armerina subsp. echinosperma G. López
Suelos esqueléticos y rellanos de losas calizas, temporalmente húmedas por fusión nival. **Alt.:** 650-1100 m. **HIC:** 6170.
Dist.: Endém. de la Pen. Ibér. Limitada a contadas estaciones de las sierras de Urbasa-Andía y Entzia. **Alp.:** -; **Atl.:** RR; **Med.:** -.
Cons.: SAH (NA); Prioritaria (Lorda & al., 2009).
Obs.: Límite orient. en Navarra.

Bufonia tenuifolia L.

Baldíos, cunetas, reposaderos de ganado y terrenos ruderalizados. **Alt.:** 250-850 m.
Dist.: Med. W. Dispersa por la mitad meridional y cuencas prepiren. **Alp.:** -; **Atl.:** E; **Med.:** E.

Cerastium alpinum L.

C. glaberrimum Lapeyr.; C. alpinum subsp. lanatum (Lam.) Gremli; subsp. squalidum (Ramond) Hultén; subsp. glabratum (Hartm.) Á. Löve & D. Löve; subsp. nevadense (Pau) Mart.
Planta que está cerca de Navarra, y cuya presencia se estima probable.
Pastos pedregosos y crestones de las altas montañas pirenaicas. **Alt.:** a más de 2000 m.
Dist.: Bor.-Alp. No se conoce de Navarra.
Obs.: Tiene su límite W conocido en Lescun (Pyrénées Atlantiques, F-64), en el Cayolar d'Anaye (30TXN8755, 1960 m). Rivas-Martínez & al. (1991) la han citado del Pto. de la Piedra San Martín, sin que la hayamos visto (Lorda, 2001).

Cerastium arvense L.

C. arvense subsp. molle (Vill.) Arcangeli; C. arvense subsp. strictum Schinz & R. Keller
Pastos pedregosos, gleras, repisas de roquedos y crestones venteados; sobre calizas. **Alt.:** 600-2100 m.
Dist.: Subcosm. Pirineos, montañas de la Zona Media y sierras occ. **Alp.:** E; **Atl.:** F; **Med.:** E.
Obs.: Incluidas las subespecies *arvense* y *strictum* Schinz & R. Keller.

Cerastium brachypetalum Desportes ex Pers. subsp. *brachypetalum*

C. brachypetalum subsp. tauricum (Sprengel) Murb.
Claros pedregosos y rellanos de roquedos con suelo esquelético. **Alt.:** 400-1350 m.
Dist.: Eur. Por las montañas de la mitad media de Navarra, sierras occ., cuencas y sierras prepiren. ,y puntual en el Pirineo. **Alp.:** RR; **Atl.:** E; **Med.:** E.
Obs.: Las plantas deben corresponder a la var. *brachypetalum*.

Cerastium cerastoides (L.) Britton

Stellaria cerastoides L.; C. tryginum Vill.
Neveros y céspedes humedecidos a orillas de arroyos y surgencias de alta montaña. **Alt.:** 1500-2400 m.
Dist.: Bor.-Alp. Limitada a contadas localidades pirenaicas: Eraize-Lakora y macizo de Anielarra-Pescamou. **Alp.:** RR; **Atl.:** -; **Med.:** -.
Cons.: Prioritaria (Lorda & al., 2009).

Cerastium diffusumn Pers. subsp. *diffusum*

C. tetrandrum Curtis
Suelos pedregosos de roquedos calizos. **Alt.:** 900-1350 m.
Dist.: Atl. Puntual en las montañas medias occ. y sierras prepiren.; el resto de localidades citadas (meridionales) no parecen ser verídicas. **Alp.:** RR; **Atl.:** RR; **Med.:** -.
Obs.: Presencia dudosa en la región mediterránea. Se ha confundido con *C. pumilum*.

Cerastium fontanum Baumg. subsp. *lucorum* (Schur) Soó

C. glanduliferum var. lucorum Schur; C. lucorum (Schur) Möschl; C. macrocarpum auct.
Claros del hayedo-abetal, orillas de arroyos y repisas herbosas de roquedos. **Alt.:** 800-2000 m.
Dist.: Eur. Limitada a las montañas pirenaicas al este de Quinto Real. **Alp.:** RR; **Atl.:** -; **Med.:** -.

Cerastium fontanum Baumg. subsp. *vulgare* (Hartman) W. Greuter & Burdet

C. vulgare Hartman; C. triviale Link; C. fontanum subsp. hispanicum H. Gartner
Nitrófila en orlas forestales, setos, claros y orillas de prados. **Alt.:** 50-2000 m. **HIC:** Prados diente-siega con *Cynosurus cristatus*, 6510, 6230*.
Dist.: Subcosm. Extendida por toda Navarra. **Alp.:** F; **Atl.:** C; **Med.:** E.

Cerastium glomeratum Thuill.

C. aggregatum auct.
Ruderal, sobre terrenos removidos de caminos, baldíos, escombreras y cultivos. **Alt.:** 20-1100 m.
Dist.: Subcosm. Extendida por toda Navarra. **Alp.:** F; **Atl.:** CC; **Med.:** C.

Cerastium gracile Dufour

C. gayanum Boiss.
Pastos de anuales y claros del romeral y coscojar. **Alt.:** 450-650 m.
Dist.: Med. W. En el extremo árido de Navarra (Loma Negra). **Alp.:** -; **Atl.:** -; **Med.:** RR.
Obs.: A comprobar las citas de Vicente (1983) de Alaiz y de Báscones & Peralta (1989) de Lumbier.

Cerastium pumilum Curtis

C. glutinosum Fries; C. pumilum subsp. glutinosum (Fries) Corb.
Pastos pedregosos, rellanos y repisas de roquedos, así como calveros en matorrales. **Alt.:** 250-1400 m.
Dist.: Eur. Por buena parte de Navarra, siendo más rara en los valles atlánt. y en las montañas pirenaicas elevadas. **Alp.:** E; **Atl.:** E; **Med.:** C.

Obs.: Incluida la var. *glutinosum* (Fries) G. Beck a la que parecen pertenecer muestras de Ezprogi.

Cerastium semidecandrum L.

> *C. pentandrum L.; C. balearicum F. Hermmann; C. varians sensu Knoche p.p.*

Pastos de anuales sobre suelos poco profundos y crestones de roquedos. **Alt.:** 400-1300 m.
Dist.: Eur. En las montañas de la Zona Media occidental y sierras prepiren. **Alp.:** -; **Atl.:** RR; **Med.:** RR.

Corrigiola litoralis L. subsp. *litoralis*

Sobre suelos arenosos y sueltos. **Alt.:** 680-680 m. **HIC:** 3170*.
Dist.: Eur. Valles atlánt., en Labaien (Leurtza). **Alp.:** -; **Atl.:** RR; **Med.:** -.
Obs.: Se conoce únicamente del embalse de Leurtza (Biurrun, 1999).

Corrigiola telephiifolia Pourr.

Cascajeras fluviales y suelos pedregosos y arenosos, algo ruderalizados. **Alt.:** 500-550 m.
Dist.: Med. W. Limitada al extremo sur de Navarra. **Alp.:** -; **Atl.:** -; **Med.:** RR.
Obs.: Se han descrito distintas variedades: var. *annua* (Lange) Chaudhri, y var. *imbricata* (Lapeyr.) DC.

Cucubalus baccifer L.

Bosques de ribera, setos y orillas de huertos. **Alt.:** 80-700 m. **HIC:** 6430, 92D0, 92A0.
Dist.: Eur. Mitad occidental de Navarra, siguiendo los cursos de los ríos. **Alp.:** -; **Atl.:** E; **Med.:** E.

Dianthus armeria L. subsp. *armeria*

Claros y orlas forestales, herbazales, pastos y setos. **Alt.:** 100-1100 m.
Dist.: Eur. Mitad septen. de Navarra: valles atlánt., Pirineos, sierras y cuencas prepiren., Zona Media y montañas medias occ. **Alp.:** E; **Atl.:** E; **Med.:** RR.

Dianthus benearnensis Loret

> *D. furcatus Balbis subsp. geminiflorus auct.*

Pastos y ambientes pedregosos de la alta montaña. **Alt.:** 750-1950 m.
Dist.: Endém. del Pirineo W y C. Limitada a las montañas pirenaicas y prepiren. orient. . **Alp.:** R; **Atl.:** -; **Med.:** -.
Obs.: Límite occidental en Navarra.

Dianthus broteri Boiss. & Reut.

> *D. malacitanus Haenseler ex Boiss.; D. valentinus Willk.; D. hinoxanus Gallego; D. serrulatus subsp. barbatus (Boiss.) Greuter & Burdet*

Planta citada de Navarra antes de 1960, sin citas posteriores. Roquedos, pedregales y matorrales aclarados; sobre calizas. **Alt.:** 400-750 m.
Dist.: Endém. de la Pen. Ibér. Citada de Yerri y Villava. Puede estar ya que alcanza el valle medio del Ebro. **Alp.:** -; **Atl.:** -; **Med.:** RR.
Obs.: Anotada por Ruiz Casav. (1880), sin datos posteriores. Hay dudas de su presencia en Navarra.

Dianthus carthusianorum L. subsp. *carthusianorum*

Claros forestales, pastos y repisas de roquedos. **Alt.:** 500-1200 m.
Dist.: Eur. Montañas prepiren. y estribaciones medias occ. **Alp.:** R; **Atl.:** RR; **Med.:** E.

Dianthus deltoides L. subsp. *deltoides*

Pastos frescos a orillas de arroyos, claros forestales y grietas de lapiaz. **Alt.:** 1100-1900 m.
Dist.: Eur. Montañas pirenaicas y prepiren. **Alp.:** RR; **Atl.:** -; **Med.:** RR.

Dianthus gemminiflorus Loisel.

Planta que está cerca de Navarra, y cuya presencia se estima probable. Orlas forestales, taludes frescos y claros de matorrales. **Alt.:** 200-500 m.
Dist.: Endém. del SW francés. No se conoce de Navarra.
Obs.: Conocida de Larrau (F-64), por lo que es posible su presencia en Navarra.

Dianthus hyssopifolius L. subsp. *hyssopifolius*

> *D. monspessulanus L.; D. superbus auct.*

Pastos, matorrales, herbazales, repisas de roquedos y claros forestales. **Alt.:** 100-1900 m.
Dist.: Eur. General en la mitad septen. de Navarra. **Alp.:** C; **Atl.:** C; **Med.:** E.
Obs.: Muestras del Pirineo (Peña Ezkaurre, monte Barazea, Belagua, sierra de Berrendi) se relacionan con *D. benearnensis* Loret.

Dianthus pungens L. subsp. *brachyanthus* (Boiss.) Bernal & al.

> *D. brachyanthus Boiss.; D. subacaulis subsp. brachyanthus (Boiss.) P. Fourn.; D. subacaulis subsp. cantabricus (Font Quer) Laínz*

Crestas, repisas y rellanos de roquedos, así como en pastos pedregosos. **Alt.:** 700-1400 m.
Dist.: Oróf. Europa W. Montañas de la Zona Media occidental. **Alp.:** -; **Atl.:** E; **Med.:** E.
Obs.: Las anotaciones de *D. marianii* Sennen de Ruiz Casav. (1880), López (1970, 1975) y García Bona (1974) pertenecen a este taxon. Algunos ejemplares se relacionan con la subsp. *hispanicus*.

Dianthus pungens L. subsp. *hispanicus* (Asso) O. Bolòs & J. Vigo

> *D. hispanicus Asso*

Pastos secos y pedregosos, claros del matorral, terrazas fluviales y orlas del carrascal-quejigal, así como en crestones calizos. **Alt.:** 250-1650 m.
Dist.: Med. W; endemismo de la Pen. Ibér. Mitad meridional de Navarra: Pirineos, cuencas y sierras prepiren., montañas de la Zona Media y Ribera. **Alp.:** E; **Atl.:** E; **Med.:** F.
Obs.: Las citas de *D. furcatus* Balbis de Vicente (1983) de la sierra de Alaiz y Trinidad de Erga deben corresponder al complejo *D. pungens*.

Gypsophila repens L.

Crestas de roquedos calizos, repisas y grietas de lapiaz y pastos pedregosos. **Alt.:** 600-2100 m. **HIC:** 6170.
Dist.: Oróf. Europa. Por las montañas pirenaicas, montañas de la divisoria y leves penetraciones atlánt., más

en la sierra de Codés, a occidente. **Alp.:** E; **Atl.:** RR; **Med.:** -.

Obs.: Algunas de las anotaciones de las montañas de la divisoria dadas por Báscones (1978) se han verificado recientemente, lo mismo que las de Lacoizqueta (1884) de Bertizarana.

Gypsophila struthium L. subsp. *hispanica* (Willk.) G. López
G. hispanica Willk.

Claros de matorrales y cerros sobre yesos y arcillas. **Alt.:** 400-700 m. **HIC:** 1520*.

Dist.: Endém. ibérica. Limitada al extremo árido meridional, en Ablitas y Fitero. **Alp.:** -; **Atl.:** -; **Med.:** RR.

Gypsophila tomentosa L.
G. tomentosa subsp. ilerdensis (Sennen & Pau) O. Bolòs & Vigo ex Greuter, Burdet & Long.; G. perfoliata auct. hisp.

Planta dudosa que requiere comprobación. Suelos frescos y profundos de zanjas y acequias de riego. **Alt.:** 250-300 m.

Dist.: Endém. ibérica. Citada de Buñuel. **Alp.:** -; **Atl.:** -; **Med.:** RR.

Obs.: Anotada por Ursúa (1986) sin citas posteriores.

Herniaria cinerea DC.
H. hirsuta subsp. cinerea (DC.) Arcangeli; H. hirsuta auct.

Ruderal en caminos, cunetas, barbechos y cultivos abandonados. **Alt.:** 200-600 m.

Dist.: Med. Cuencas prepiren., zona media occidental y Ribera. **Alp.:** -; **Atl.:** RR; **Med.:** F.

Obs.: La cita de Pamplona de Báscones (1978) y Mayo (1978) no se ha confirmado recientemente.

Herniaria fruticosa L.
H. fruticosa subsp. erecta (Willk.) Batt.

Claros de matorrales y cerros yesosos en climas semi-áridos. **Alt.:** 250-500 m. **HIC:** 1520*.

Dist.: Endém. ibérica. Mitad meridional de Navarra, principalmente a occidente y en el Valle del Ebro. **Alp.:** -; **Atl.:** -; **Med.:** F.

Herniaria glabra L.

Claros y rellanos arenosos sobre suelos sueltos y pedregosos. **Alt.:** 950-1100 m.

Dist.: Eur. Limitada a las estribaciones de Urbasa-Entzia y Lókiz. **Alp.:** -; **Atl.:** RR; **Med.:** -.

Herniaria latifolia Lapeyr.

Rellanos de roquedos, pedrizas y crestones sobre suelos superficiales. **Alt.:** 600-1400 m.

Dist.: Oróf. Med. W. Montañas medias occ. de Navarra. **Alp.:** -; **Atl.:** E; **Med.:** R.

Herniaria scabrida Boiss. subsp. *scabrida*
H. hirsuta auct.

Claros del carrascal y quejigal, sobre suelos arenosos y cascajeras fluviales. **Alt.:** 300 m.

Dist.: Med. W. Limitada a contadas localidades de la Ribera (Funes). **Alp.:** -; **Atl.:** -; **Med.:** RR.

Holosteum umbellatum L.

Pastos de anuales, ribazos y cultivos, como viñedos y cereales. **Alt.:** 250-900 m.

Dist.: Eur. Cuencas prepiren. y Ribera en el Valle del Ebro. **Alp.:** RR; **Atl.:** -; **Med.:** R.

Illecebrum verticillatum L.

Suelos pedregosos, orillas de balsas y embalses, bordes de arroyos y canales de turberitas; sobre sustratos silíceos, húmedos. **Alt.:** 150-820 m. **HIC:** 3170*.

Dist.: Atl. Limitada a los valles y montañas atlánt. . **Alp.:** -; **Atl.:** E; **Med.:** -.

Cons.: VU (NA); Prioritaria (Lorda & al., 2009).

Lychnis alpina L.
Viscaria alpina (L.) G. Don fil.; Silene suecica (Loddiges) Greuter & Burdet

Planta que está cerca de Navarra, y cuya presencia se estima probable. Repisas de roquedos y pastos de alta montaña.

Dist.: Bor.-Alp. No se conoce de Navarra.

Obs.: Citada de Huesca, en el límite con Navarra. Las anotaciones de Rivas-Martínez & al. (1991) de Navarra no están refrendadas.

Lychnis flos-cuculi L. subsp. *flos-cuculi*
Silene flos-cuculi (L.) Greuter & Burdet

Juncales, trampales, turberas y prados húmedos, y orillas de arroyos. **Alt.:** 30-1000 m. **HIC:** Juncales éutrofos.

Dist.: Eur. Por los valles atlánt. y pirenaicos. **Alp.:** RR; **Atl.:** E; **Med.:** -.

Minuartia campestris Loefl. ex L. subsp. *campestris*
Alsine campestris (Loefl. ex L.) Fenzl

Pastos de anuales sobre suelos esqueléticos, cerros y resaltes yesosos y arcillosos; en ambientes secos y soleados. **Alt.:** 450-600 m.

Dist.: Endém. de la Pen. Ibér. Mitad sur de Navarra, principalmente en la Ribera. **Alp.:** -; **Atl.:** -; **Med.:** E.

Minuartia cerastiifolia (Ramond ex DC.) Graebner
Arenaria cerastiifolia Ramond ex DC.; Alsine cerastiifolia (Ramond ex DC.) Fenzl

Pastos pedregosos, crestones y rellanos de roquedos; sobre calizas. **Alt.:** 1900-2400 m. **HIC:** 6170, 8130.

Dist.: Endém. del Pirineo W y C. Limitada a las montañas pirenaicas, en Larra y cumbres próximas. **Alp.:** RR; **Atl.:** -; **Med.:** -.

Cons.: VU (NA); Prioritaria (Lorda & al., 2009).

Obs.: Límite occidental en Navarra.

Minuartia hybrida (Vill.) Schinschkin subsp. *hybrida*
Arenaria hybrida Vill.; Alsine tenuifolia (L.) Crantz

Pastos de anuales, rellanos, calveros, grietas y ambientes ruderalizados. **Alt.:** 100-1300 m. **HIC:** 6220*.

Dist.: Eur. Por casi toda la Navarra Med., siendo rara en las zonas atlánt. y pirenaicas. **Alp.:** E; **Atl.:** F; **Med.:** F.

Minuartia hybrida (Vill.) Schinschkin subsp. *vaillantiana* (Ser.) Friedrich
Arenaria tenuifolia var. vaillantiana Ser.; M. tenuifolia subsp. vaillantiana (Ser.) Mattf.

Pastos de anuales, rellanos, calveros, grietas y ambientes ruderalizados; en zonas de montaña. **Alt.:** 500-1300 m.

Dist.: Eur. Montañas de la Zona Media y occ. **Alp.:** -; **Atl.:** RR; **Med.:** -.

Minuartia mediterranea (Ledeb. ex Link) K. Malý
Arenaria mediterranea Ledeb. ex Link

Pastos de anuales, cerros secos y soleados. **Alt.:** 250-500 m.
Dist.: Med. En contadas localidades meridionales (Castejón, Bardenas Reales). **Alp.:** -; **Atl.:** -; **Med.:** RR.
Obs.: Relacionada con *M. hybrida* subsp. *hybrida*, por lo que requiere su confirmación.

Minuartia montana Loefl. ex L. subsp. *montana*
Alsine montana (Loefl. ex L.) Fenzl

Planta citada de Navarra antes de 1960, sin citas posteriores. Anual de pastos sobre suelos secos, margoso-yesosos, muy soleados. **Alt.:** 300-500 m.
Dist.: Ibero-Magrebí. Citada en la Ribera. **Alp.:** -; **Atl.:** -; **Med.:** RR.
Obs.: Dudas de su presencia en Navarra. Las citas de Dufour (1860) y Willkomm (1880) de Tudela y cercanías deben comprobarse.

Minuartia recurva (All.) Schinz & Thell.
Arenaria recurva All.; Alsine recurva (All.) Wahlenb.; M. recurva subsp. juressi (Willd. ex Schlecht.) Mattf.; M. recurva subsp. condensata (K. Presl) Greuter & Burdet

Planta que está cerca de Navarra, y cuya presencia se estima probable. Pastos sobre rocas pobres en bases. **Alt.:** a 1000 m.
Dist.: Oróf. S Europa. No se conoce de Navarra.
Obs.: Citada por Blanchet (1891) del Pic d'Anie.

Minuartia rostrata (Pers.) Rchb.
Arenaria fasciculata var. rostrata Pers.; Alsine rostrata (Pers.) Fenzl; M. mutabilis (Lapeyr.) Schinz & Thell.

Rellanos y repisas, grietas y fisuras de roquedos en crestones calizos. **Alt.:** 500-1350 m.
Dist.: Oróf. Europa. Montañas pirenaicas y sierras prepiren. **Alp.:** RR; **Atl.:** -; **Med.:** E.
Cons.: Prioritaria (Lorda & al., 2009).
Obs.: Límite occidental en Navarra.

Minuartia rubra (Scop.) McNeill
Stellaria rubra Scop.; M. fastigiata (Sm.) Reichenb.; Alsine jacquinii Koch; A. fasciculata auct.

Crestones calizos, repisas y rellanos nitrogenados. **Alt.:** a 1400 m.
Dist.: Oróf. Med. Una única localidad orient. en Garde (sierra de San Miguel). **Alp.:** RR; **Atl.:** -; **Med.:** -.

Minuartia sedoides (L.) Hiern
Cherleria sedoides L.; Alsine cherleria Peterm.

Planta que está cerca de Navarra, y cuya presencia se estima probable. Pastos alpinos, sobre rocas silíceas. **Alt.:** a 2000 m.
Dist.: Oróf. Europa. No se conoce de Navarra.
Obs.: Citada de Huesca. Las anotaciones de Rivas-Martínez & al. (1991) de Larra (Isaba) no se han verificado recientemente (Lorda, 2001).

Minuartia verna (L.) Hiern. subsp. *verna*
Arenaria verna L.; Alsine verna (L.) Bartl. & Wendl.

Fisuras y grietas de roquedos, pastos pedregosos y lapiaces; sobre calizas. **Alt.:** 900-2350 m.
Dist.: Circumbor. Montañas pirenaicas, sierras medias occ. y prepiren. **Alp.:** R; **Atl.:** E; **Med.:** R.

Moehringia pentandra Gay
M. trinervia subsp. pentandra (Gay) Nyman

Rellanos de roquedos, crestones y suelos pedregosos en claros del carrascal-quejigal. **Alt.:** 500-1350 m.
Dist.: Med. Zona Media, montañas occ., Pirineos y sierras prepiren. **Alp.:** R; **Atl.:** -; **Med.:** E.

Moehringia trinervia (L.) Clairv.
Arenaria trinervia L.

Claros y orlas de hayedos, setos, hayedo-abetales, alisedas, robledales, etc. **Alt.:** 20-1500 m.
Dist.: Eur. Mitad septen. de Navarra. **Alp.:** F; **Atl.:** C; **Med.:** E.

Moenchia erecta (L.) P. Gaertner, B. Meyer & Scherb. subsp. *erecta*
Sagina erecta L.; Cerastium quaternellum Fenzl

Pastos pedregosos con anuales, sobre suelos arenosos secos. **Alt.:** 400-1200 m. **HIC:** Past. anuales silic.
Dist.: Eur. Pirineos, montañas de la Navarra Media y sierras prepiren. **Alp.:** R; **Atl.:** R; **Med.:** R.

Myosoton aquaticum (L.) Moench
Cerastium aquaticum L.; Stellaria aquatica (L.) Scop.; Malachia aquatica (L.) Fries

Alisedas, carrizales y herbazales a orillas de los ríos. **Alt.:** 20-400 m.
Dist.: Eur. Limitada al valle del Bidasoa. **Alp.:** -; **Atl.:** RR; **Med.:** -.

Paronychia argentea Lam.
Illecebrum paronychia L.

Cascajeras, terrazas fluviales, claros del carrascal, en terrenos caldeados y muy secos. **Alt.:** 250-700 m.
Dist.: Med. Limitada a contadas localidades del Valle del Ebro. **Alp.:** -; **Atl.:** -; **Med.:** E.
Obs.: Corresponde a la var. *argentea*.

Paronychia capitata (L.) Lam. subsp. *capitata*
Illecebrum capitatum L.; P. nivea DC.

Pastos pedregosos, terrazas y claros del carrascal; en ambientes secos y soleados. **Alt.:** 250-700 m.
Dist.: Med. Limitada a la mitad meridional y aislada en las cuencas prepiren. **Alp.:** -; **Atl.:** -; **Med.:** E.
Obs.: Las plantas corresponden a la var. *capitata*. Se ha citado del monte Ori (Llanos, 1972), y de Uztárroz (Loidi, 1988), que no creemos verídicas.

Paronychia kapela (Hacq.) A. Kerner subsp. *kapela*
Illecebrum kapela Hacq.

Pastos pedregosos, graveras y crestones calizos. **Alt.:** 800-1400 m. **HIC:** 4060.
Dist.: Oróf. Europa. Navarra Media, montañas occ. y cuencas prepiren. **Alp.:** -; **Atl.:** RR; **Med.:** E.
Obs.: Algunas muestras tienden a la subsp. *serpyllifolia* (Javier, Codés, Peña, Petilla de Aragón).

Paronychia kapela (Hacq.) A. Kerner subsp. serpyllifolia (Chaix) Graebner

Illecebrum serpyllifolium Chaix

Pastos pedregosos, rellanos y grietas de roquedos, cresterríos, etc.; sobre calizas. **Alt.:** 450-2100 m. **HIC:** 6170.

Dist.: Oróf. Europa W. Cuadrante NE de Navarra. **Alp.:** E; **Atl.:** -; **Med.:** R.

Paronychia polygonifolia (Vill.) DC.

Illecebrum polygonifolium Vill.

Pastos pedregosos y rellanos de roquedos silíceos. **Alt.:** 1400-1900 m.

Dist.: Oróf. Europa. Limitada al Portillo de Eraize-Lakora, en Isaba. **Alp.:** RR; **Atl.:** -; **Med.:** -.

Cons.: Prioritaria (Lorda & al., 2009).

Petrocoptis hispanica (Willk.) Pau

P. pyrenaica var. hispanica Willk.

Planta rupícola que crece en grietas, fisuras, extraplomos y rellanos de roquedos calizos. **Alt.:** 400-1350 m. **HIC:** 8210.

Dist.: Endém. del prepirineo occidental. Foces prepiren. y pirenaicas, más, al oeste, en las cumbres de Aralar (Irumugarrieta-Aldaon) y Andía (San Donato). **Alp.:** E; **Atl.:** E; **Med.:** R.

Obs.: Las poblaciones de los valles meridionales pirenaicos y cuencas prepiren. deben llevarse mayoritariamente a este taxon. En Navarra tiene su límite occidental conocido.

Petrocoptis pyrenaica (J. Bergeret) A. Braun ex Walpers subsp. pyrenaica

Lychnis pyrenaica J. Bergeret

Rupícola, en extraplomos, grietas y repisas de roquedos, tanto calizos como silíceos. **Alt.:** 200-2100 m. **HIC:** 8210.

Dist.: Endém. del Pirineo occidental y Montes Vascos. Montañas septentrionales de Navarra: Pirineos, Aralar-Andía, Peñas de Aia, montañas de Baztán, etc. **Alp.:** E; **Atl.:** R; **Med.:** -.

Obs.: En la sierra de Aralar y el alto Roncal se presentan poblaciones de *P. hispanica* y *P. pyrenaica*. Fdez. Casas (1972) cita *P. crassifolia* Rouy del Valle de Roncal, que debe llevarse a los táxones que tratamos.

Petrorhagia nanteuilii (Burnat) P.W. Ball & Heywood

Dianthus nanteuilii Burnat; Tunica prolifera auct.

Pastos, orillas de caminos, graveras y prebrezales. **Alt.:** 250-1400 m.

Dist.: Eur. Dos tercios meridionales del territorio, con leves penetraciones en los Pirineos y casi ausente de los valles atlánt. **Alp.:** E; **Atl.:** E; **Med.:** F.

Petrorhagia prolifera (L.) P.W. Ball & Heywood

Dianthus prolifer L.; Tunica prolifera (L.) Scop.; Kohlrauschia prolifera (L.) Kunth

Pastos pedregosos, herbazales de cunetas, claros del carrascal y matorrales derivados. **Alt.:** 250-1300 m.

Dist.: Eur. Por la Navarra Media, cuencas prepiren., Pirineos, montañas medias occ. y Ribera. **Alp.:** F; **Atl.:** E; **Med.:** E.

Obs.: *P. dubia* (Rafin.) G. López & Romo ha sido citada por Ruiz Casav. (1880) de Caparroso y Betelu siendo, a tenor de su distribución general, poco probable en Navarra.

Polycarpon tetraphyllum (L.) L. subsp. tetraphyllum

Mollugo tetraphylla L.

Planta ruderal que vive en medios alterados, muchas veces pisoteados, de cunetas, aceras, alcorques, baldíos, etc. **Alt.:** 100-650 m.

Dist.: Subcosm. Por los valles atlánt., estribaciones prepiren., Navarra Media y Ribera, siempre de forma aislada. **Alp.:** RR; **Atl.:** E; **Med.:** E.

Obs.: García & al. (1985) citan del monte Mendaur *P. diphyllum* Cav. [*P. tetraphyllum* subsp. *diphyllum* (Cav.) O. Bolòs & Font Quer], que debe llevarse a este taxon al ser una planta propia de arenales costeros.

Sagina apetala Ard.

S. ciliata Fries; S. apetala subsp. ciliata (Fries) Hooker; S. reuteri Boiss.; S. apetala subsp. erecta Lam. ex F. Hermann

Ruderal, en ambientes alterados como cunetas, muros, aceras, etc.; pastos de anuales y claros del coscojar. **Alt.:** 300-1000 m. **HIC:** Past. anuales silic.

Dist.: Plurirreg. Dispersa por caso todo el territorio eludiendo las altas montañas. **Alp.:** -; **Atl.:** E; **Med.:** E.

Sagina maritima G. Don

Cubetas endorreicas en pastos de anuales de las comunidades halófilas (saladares). **Alt.:** 300-600 m.

Dist.: Eur. Limitada a contadas localidades de la Ribera. **Alp.:** -; **Atl.:** -; **Med.:** R.

Sagina procumbens L.

Arenales a orillas de arroyos, naceredos, turberas y enclaves alterados. **Alt.:** 50-1450 m.

Dist.: Plurirreg. Navarra Húmeda del NW y montañas medias occ. **Alp.:** -; **Atl.:** E; **Med.:** RR.

Obs.: Algunas citas pirenaicas y prepiren. deben llevarse a *S. saginoides* (Montserrat, 1969; Erviti, 1989; Báscones & Peralta, 1989).

Sagina saginoides (L.) Karsten

Spergula saginoides L.; Spergula saginoides (L.) Reichenb.; S. linnaei K. Presl; S. nevadensis Boiss. & Reut.; S. saginoides subsp. nevadensis (Boiss. & Reut.) Greuter & Burdet; S. fasciculata Boiss.; Spergella fasciculata Boiss. Ex Cadevall

Repisas de roquedos, pastos innivados y brezales de cumbres. **Alt.:** 1000-2300 m. **HIC:** 8130.

Dist.: Bor.-Alp. Por las montañas pirenaicas. **Alp.:** R; **Atl.:** R?; **Med.:** RR?

Obs.: Conviene comprobar la presencia de esta planta en la Zona Media de Navarra, sierras prepiren. y montañas medias occ. Por lo que se conoce, es más propia de las montañas pirenaicas.

Sagina subulata (Swartz) K. Presl

Spergula subulata Swartz; Spergella subulata (Swartz) Reichenb.

Rellanos de roquedos silíceos y suelos arenosos humedecidos. **Alt.:** 1100-1250 m.

Dist.: Eur. Sólo se conoce del Romanzado, en la sierra de Leire. **Alp.:** RR; **Atl.:** -; **Med.:** -.

Saponaria caespitosa DC.

Repisas de lapiaz, crestones y pastos pedregosos de alta montaña; sobre calizas. **Alt.:** 1500-2300 m.
Dist.: Endém. pir.-cant. Limitada al macizo de Larra, cumbres circundantes y Peña Ezkaurre. **Alp.:** RR; **Atl.:** -; **Med.:** -.
Cons.: Prioritaria (Lorda & al., 2009).

Saponaria glutinosa MB.

Pedrizas y gleras, así como suelos pedregosos caldeados; sobre calizas. **Alt.:** 550-950 m.
Dist.: Plurirreg.: Med.-Póntica. Contadas localidades en las sierras prepiren. (Higa de Monreal, Foz de Arbaiun, sierra de Leire, foz del río Salazar). **Alp.:** RR; **Atl.:** -; **Med.:** RR.

Saponaria ocymoides L.

En pedrizas, graveras y gleras; cunetas pedregosas, rellanos y roquedos calizos. **Alt.:** 400-1350 m.
Dist.: Europa W. Foces pirenaicas, cuencas prepiren. y montañas occ. **Alp.:** E; **Atl.:** E; **Med.:** E.

Saponaria officinalis L.

Orillas de ríos, graveras fluviales, cunetas frescas y terrenos abandonados; nitrófila. **Alt.:** 50-1100 m. **HIC:** 6430, 91E0*.
Dist.: Subcosm. Por la mayor parte de Navarra. **Alp.:** C; **Atl.:** C; **Med.:** C.

Scleranthus annuus L.

Pastos de anuales, repisas y rellanos de roquedos, cultivos, etc. **Alt.:** 200-1400 m.
Dist.: Eur. Mitad septen. de Navarra, en las montañas. **Alp.:** RR; **Atl.:** RR; **Med.:** RR.

Scleranthus perennis L.

Rellanos de roquedos y pastos pedregosos. **Alt.:** 850-1500 m.
Dist.: Eur. Montañas pirenaicas y sierras prepiren. **Alp.:** RR; **Atl.:** -; **Med.:** -.

Scleranthus polycarpos L.

S. annuus subsp. polycarpos (L.) Bonnier & Layens; S. annuus auct.; S. collinus auct.

Pastos de anuales, brezales y rellanos de roquedos, en general ácidos. **Alt.:** 600-1350 m.
Dist.: Eur. Dispersa por la mitad septen. de Navarra. **Alp.:** RR; **Atl.:** E; **Med.:** RR.
Obs.: Se ha citado del Perdón e Iza *S. verticillatus* Tausch (López, 1970); y *S. delortii* Gren. de Leire (Fdez. León, 1982), citas que deben corresponder a este taxon.

Scleranthus uncinatus Schur

Cervunales, repisas y rellanos de roquedos calizos en la alta montaña. **Alt.:** 1400-1800 m.
Dist.: Oróf. Europa. Limitada a las cumbres pirenaicas (Lakora, Lakartxela, Anielarra, etc.). **Alp.:** RR; **Atl.:** -; **Med.:** -.
Obs.: Las citas de este taxon en Urbasa-Andía (López, 1970) no deben ser correctas.

Silene acaulis (L.) Jacq.

Cucubalus acaulis L.; S. acaulis subsp. bryoides (Jordan) Nyman; S.
acaulis subsp. exscapa (All.) Killias

Pastos pedregosos, rellanos y repisas de roquedos, ventisqueros y fisuras de lapiaz. **Alt.:** 1350-2400 m. **HIC:** 6170.
Dist.: Bor.-Alp. Limitada a las montañas pirenaicas al este del monte Ori. **Alp.:** RR; **Atl.:** -; **Med.:** -.

Silene ciliata Pourr.

S. elegans Link ex Brot.; S. ciliata subsp. arvatica (Lag.) Rivas Mart. ex Greuter, Burdet & Long.

Repisas, rellanos y grietas de roquedos, pastos pedregosos; indiferente al sustrato. **Alt.:** 1100-2200 m.
Dist.: Oróf. Europa W. Montañas pirenaicas y sierras medias occ. (Urbasa-Andía). **Alp.:** R; **Atl.:** RR; **Med.:** -.

Silene conica L. subsp. *conica*

Pastos de anuales, terrenos removidos, eriales y zonas cultivadas. **Alt.:** 250-1200 m.
Dist.: Med. Montañas de la Zona Media de Navarra y Ribera. **Alp.:** -; **Atl.:** RR; **Med.:** R.

Silene dioica (L.) Clairv.

Lychnis dioica L.; Melandrium sylvestre (Schkuhr) Röhling; M. rubrum (Weigel) Garcke

Herbazales frescos en comunidades riparias, bosques de frondosas, setos y pies de cantil sombríos. **Alt.:** 20-1700 m. **HIC:** 91E0*.
Dist.: Eur. Mitad norte de Navarra, desde los valles atlánt., Pirineos y montañas medias occ. **Alp.:** E; **Atl.:** E; **Med.:** RR.

Silene gallica L.

S. transtagana Coutinho

Terrenos alterados, como cunetas, baldíos; claros del bosque y rellanos de roquedos. **Alt.:** 100-1100 m.
Dist.: Subcosm. Mitad occidental de Navarra, desde los valles atlánt. a la Ribera. **Alp.:** -; **Atl.:** E; **Med.:** E.

Silene inaperta L. subsp. *inaperta*

Suelos arenosos, secos y caldeados. **Alt.:** 250-300 m.
Dist.: Med. W. Contadas localidades en el Valle del Ebro (Castejón). **Alp.:** -; **Atl.:** -; **Med.:** RR.

Silene italica (L.) Pers. subsp. *italica*
Cucubalus italicus L.

Planta citada de Navarra antes de 1960, sin citas posteriores. Pastos pedregosos a pie de cantiles soleados. **Alt.:** 550-600 m.
Dist.: Med. Citada de Alsasua. **Alp.:** -; **Atl.:** RR; **Med.:** -.
Obs.: Anotada por Braun-Blanquet (1966), sin citas posteriores.

Silene latifolia Poiret

Melandrium pratense (Rafn) Röhling; M. divaricatum (Reichenb.) Fenzl; S. alba subsp. divaricata (Reichenb.) Walters; M. macrocarpum (Boiss. & Reut.) Willk.; M. album (Miller) Garcke; S. alba (Miller) E.H.L. Krause

Herbazales, claros forestales, repisas y rellanos de roquedos. **Alt.:** 200-1400 m.
Dist.: Plurirreg. Por las montañas de la Navarra Media, Pirineos, cuencas prepiren., sierras medias occ. y Ribera. **Alp.:** F; **Atl.:** F; **Med.:** E.

Silene legionensis Lag.

Pastos pedregosos, crestones y roquedos venteados. **Alt.:** 400-1100 m.
Dist.: Oróf. Med. W. Limitada a las montañas medias occ. **Alp.:** -; **Atl.:** RR; **Med.:** RR.

Silene muscipula L. subsp. *muscipula*

S. arvensis Loscos

Claros de matorrales, ribazos, taludes, áreas cultivadas, etc. **Alt.:** 350-650 m.
Dist.: Med. Mitad meridional de Navarra. **Alp.:** -; **Atl.:** -; **Med.:** E.

Silene nocturna L.

Planta ruderal a orillas de caminos, ribazos y herbazales, sobre suelos removidos. **Alt.:** 250-1000 m.
Dist.: Subcosm. Mitad meridional de Navarra. **Alp.:** -; **Atl.:** RR; **Med.:** C.

Silene nutans L. subsp. *nutans*

S. brachypoda Rouy

Pastos pedregosos, claros forestales, rellanos y repisas de roquedos, gleras y pie de cantil. **Alt.:** 100-1900 m.
Dist.: Eur. Por la mayor parte de Navarra, faltando en los ambientes más áridos del sur. **Alp.:** C; **Atl.:** C; **Med.:** F.
Obs.: Braun-Blanquet (1967) citó *S. nemoralis* Waldst. & Kit. de Bertizarana, quizá por confusión con *S. nutans*.

Silene otites (L.) Wibel subsp. *otites*

Cucubalus otites L.

Pastos y matorrales secos, sobre suelos pedregosos; indiferente al sustrato. **Alt.:** 300-600 m.
Dist.: Eur. Limitada a contados enclaves del tercio meridional (Falces, Fitero, Aibar, Bardenas). **Alp.:** -; **Atl.:** -; **Med.:** R.

Silene pusilla Waldst. & Kit.

S. quadrifida sensu Willk.

Repisas de roquedos, ambientes pedregosos, lapiaces y céspedes crioturbados en la alta montaña. **Alt.:** 1700-2300 m.
Dist.: Oróf. Europa. Exclusiva de las montañas pirenaicas más elevadas. **Alp.:** RR; **Atl.:** -; **Med.:** -.
Obs.: Límite pirenaico occidental en Navarra.

Silene rubella L. subsp. *segetalis* (Dufour) Nyman

S. segetalis Dufour

Sobre cascajeras fluviales. **Alt.:** 240-250 m.
Dist.: Med. W. Limitada a la Ribera Tudelana (Tudela, Buñuel). **Alp.:** -; **Atl.:** -; **Med.:** RR.

Silene rupestris L.

Rellanos y repisas de roquedos silíceos y pastos acidificados. **Alt.:** 1550-1800 m. **HIC:** 6140, 8220.
Dist.: Oróf. Europa. En las montañas silíceas pirenaicas (monte Lakora) y monte Arlás. **Alp.:** RR; **Atl.:** -; **Med.:** -.
Cons.: Prioritaria (Lorda & al., 2009).
Obs.: Límite pirenaico W en Navarra.

Silene saxifraga L.

Rellanos y fisuras de roquedos, pastos pedregosos y gleras. **Alt.:** 500-1900 m. **HIC:** 6170.
Dist.: Oróf. Europa. Montañas pirenaicas, sierras pre-piren. y montañas medias occ. **Alp.:** E; **Atl.:** E; **Med.:** -.

Silene tridentata Desf.

S. coarctata Lag.

Claros del matorral mediterráneo, en ambientes secos y caldeados. **Alt.:** 300-500 m.
Dist.: Med. En contadas localidades del sur (Fitero, San Adrián). **Alp.:** -; **Atl.:** -; **Med.:** RR.

Silene vulgaris (Moench) Garcke subsp. *commutata* (Guss.) Hayek

S. commutata Guss.

Herbazales a orillas de caminos, prados, repisas de roquedos; indiferente al sustrato. **Alt.:** 30-1300 m.
Dist.: Eur. Salpica el territorio, principalmente por la mitad septen. **Alp.:** R; **Atl.:** R; **Med.:** R.
Obs.: Posiblemente infrarrepresentada.

Silene vulgaris (Moench) Garcke subsp. *glareosa* (Jordan) Marsden-Jones & Turril

S. glareosa Jordan

Ambientes pedregosos, como gravas y gleras. **Alt.:** 800-1100 m.
Dist.: Oróf. Europa. Limitada a las montañas medias occ. **Alp.:** -; **Atl.:** RR; **Med.:** RR.

Silene vulgaris (Moench) Garcke subsp. *prostrata* (Gaudin) Schinz & Thell.

S. inflata [II] prostrata Gaudin

Ambientes pedregosos de gleras, pedrizas, rellanos y grietas del karst. **Alt.:** 600-1850 m.
Dist.: Oróf. Europa W. Dispersa por las montañas de la mitad septen. **Alp.:** E; **Atl.:** R; **Med.:** R.

Silene vulgaris (Moench) Garcke subsp. *vulgaris*

S. vulgaris subsp. angustifolia Hayek; S. vulgaris subsp. macrocarpa Tutin

En herbazales a orillas de caminos, carreteras, cultivos y orlas forestales. **Alt.:** 20-1950 m.
Dist.: Subcosm. General en Navarra. **Alp.:** C; **Atl.:** C; **Med.:** C.

Spergula arvensis L.

S. arvensis subsp. sativa (Boenn.) Celak; S. arvensis subsp. chieussseana (Pomel) Briq.

Pastos y claros forestales, sobre suelos arenosos, silíceos. **Alt.:** 500-900 m.
Dist.: Subcosm. Contadas localidades del N de Navarra. **Alp.:** -; **Atl.:** R; **Med.:** -.

Spergula pentandra L.

S. morisonii sensu Cadevall p.p.

Planta dudosa que requiere comprobación. Pastos y claros forestales, sobre suelos sueltos y silíceos. **Alt.:** 500-750 m.
Dist.: Med. Sólo se conoce de una localidad, en Bigüézal. **Alp.:** -; **Atl.:** -; **Med.:** RR.
Obs.: Conviene verificar esta cita de Erviti (1989).

Spergularia bocconei (Scheele) Graebner

Alsine bocconei Scheele; S. rubra subsp. atheniensis (Heldr. & Sart.) Rouy & Fouc.; Corion atheniense Merino; S. campestris (Kindb.) Willk.

Ruderal que vive a orillas de caminos, cunetas y pastos pedregosos; sobre sustratos arenosos. **Alt.:** 800-1400 m.

Dist.: Subcosm. Conocida de pocas localidades septentrionales (Orbaitzeta, Burguete-Roncesvalles). **Alp.:** RR; **Atl.:** RR; **Med.:** -.

Spergularia capillacea (Kindb.) Willk.

Lepigonum capillaceum Kindb.; Corion radicans sensu Merino, p.p.

Suelos arenosos, algo ruderalizados y húmedos. **Alt.:** 900-1300 m.

Dist.: Endém. de la Pen. Ibér. Limitada a los valles atlánt. orient. (Burguete) y sierras prepiren. (Leire). **Alp.:** RR; **Atl.:** RR; **Med.:** -.

Spergularia diandra ((Guss.) Boiss.

Arenaria diandra Guss.; S. salsuginea (Bunge) Fenzl

Cubetas endorreicas, ambientes ruderalizados; sobre suelos arcillosos y salinos en climas áridos. **Alt.:** 250-650 m. **HIC:** 1310, 1420.

Dist.: Med. Ocupa los saladares de la mitad meridional del territorio. **Alp.:** -; **Atl.:** -; **Med.:** F.

Spergularia marina (L.) Besser

Arenaria rubra var. marina L.; S. salina J. Presl & K. Presl; S. dilenii Lebel; Corion halophilum (Bunge) Merino

Depresiones endorreicas y barrancos salinos. **Alt.:** 300-650 m. **HIC:** 1310.

Dist.: Subcosm. Mitad meridional del territorio. **Alp.:** -; **Atl.:** -; **Med.:** E.

Spergularia media (L.) K. Presl

Arenaria media L.; S. maritima (All.) Chiov.; S. marginata (C.A. Meyer) Kittel; S. maritima subsp. angustata (Clavaud) Greuter & Burdet

Orlas de balsas, depresiones endorreicas y barrancos salinos. **Alt.:** 250-600 m. **HIC:** 1310, 1410.

Dist.: Subcosm. Mitad meridional del territorio. **Alp.:** -; **Atl.:** -; **Med.:** E.

Spergularia rubra (L.) J. Presl & K. Presl

Arenaria rubra L.; S. campestris (L.) Ascherson; Corion radicans sensu Merino, p.p.; C. longipes sensu Merino

Orillas de caminos, cunetas, terrenos pisoteados, cascajeras fluviales, etc. **Alt.:** 200-1600 m. **HIC:** 3170*.

Dist.: Subcosm. Dispersa por toda Navarra. **Alp.:** RR; **Atl.:** R; **Med.:** E.

Obs.: Se ha citado *S. nicaeensis* Sarato ex Burnat de la Navarra Media occidental (López, 1968), Milagro (Ursúa & López, 1983) y Ribera occidental (Garde & López, 1991), sin que se hayan verificado y quizá se relacionen con este taxon.

Spergularia segetalis (L.) G. Don fil.

Alsine segetalis L.

Planta dudosa que requiere comprobación. Pastos de anuales, barbechos, cultivos y rellanos de roquedos; sobre arenas. **Alt.:** 700-1150 m.

Dist.: Atl. Conocida de distintas localidades de la Zona Media. **Alp.:** RR; **Atl.:** RR; **Med.:** RR.

Obs.: Las citas de Leire (Montserrat, 1984), Romanzado (Báscones, 1989) y Pamplona (Mayo, 1978) deben verificarse.

Stellaria alsine Grimm

S. uliginosa Murray

Fontinal, a orillas de manantiales, turberitas y herbazales próximos a cursos de agua. **Alt.:** 100-1400 m. **HIC:** Com. arroyos y manant. for., Com. manant. suprafor.

Dist.: Eur. Mitad septen., con mayor presencia en los valles atlánt. al NW. **Alp.:** E; **Atl.:** F; **Med.:** -.

Stellaria graminea L.

Herbazales, claros forestales y orillas de manantiales. **Alt.:** 20-1700 m. **HIC:** 6510, Juncales éutrofos.

Dist.: Eur. Valles atlánt. y montañas septentrionales. **Alp.:** E; **Atl.:** F; **Med.:** -.

Stellaria holostea L.

Setos, herbazales, claros forestales y orillas de caminos y prados. **Alt.:** 20-1600 m.

Dist.: Eur. Por toda la mitad norte de Navarra. **Alp.:** C; **Atl.:** C; **Med.:** R.

Stellaria media (L.) Vill.

Alsine media L.; Malachia calycina Willk.

Nitrófila, ruderal y arvense, en ambientes frescos de todo tipo, como cultivos, reposaderos de animales, alcorques, etc. **Alt.:** 20-2000 m.

Dist.: Subcosm. Distribuida por toda Navarra. **Alp.:** CC; **Atl.:** CC; **Med.:** CC.

Stellaria neglecta Weihe

S. media subsp. neglecta (Weihe) Gremli; S. media subsp. cupaniana sensu Cadevall

Orlas herbáceas de robledales y hayedos. **Alt.:** 800-1300 m.

Dist.: Subcosm. Contadas localidades en Navarra, en la Zona Media y valles atlánt. orient. . **Alp.:** RR; **Atl.:** RR; **Med.:** RR.

Stellaria nemorum L. subsp. montana (Pierrat) Berher

S. montana Pierrat; S. nemorum subsp. glochidisperma Murb.

Herbazales en hayedos y hayedo-abetales, sobre suelos pedregosos, frescos y karstificados. **Alt.:** 1100-1600 m.

Dist.: Eur. Montañas pirenaicas y prepiren. **Alp.:** RR; **Atl.:** -; **Med.:** -.

Stellaria nemorum L. subsp. nemorum

Planta dudosa que requiere comprobación. Bosques de frondosas frescos. **Alt.:** 1100-1600 m.

Dist.: Eur. Valles pirenaicos y prepiren. **Alp.:** RR; **Atl.:** -; **Med.:** -.

Obs.: Las anotaciones de esta planta de las mismas localidades que la subsp. *montana* dadas por Romo (1987), creemos que deben llevarse a dicha subsp. (Lorda, 2001).

Stellaria pallida (Dumort.) Piré

Alsine pallida Dumort.; S. media subsp. pallida (Dumort.) Asch. & Graebn.; S. media subsp. alsinoides Schleicher ex Gremli

Terrenos nitrogenados, soleados, cerros arcillo-yesosos y pie de cantiles. **Alt.:** 250-1000 m.

Dist.: Eur. Mitad sur de Navarra, en localidades dispersas. **Alp.:** -; **Atl.:** RR; **Med.:** R.

Telephium imperati L. subsp. *imperati*

Pedrizas, gleras, repisas de roquedos y taludes pedregosos en foces, en ambientes soleados y caldeados. **Alt.:** 300-1350 m.
Dist.: Oróf. Med. W. Montañas de la Zona Media y occ., cuencas y sierras prepiren. y tercio sur árido. **Alp.:** RR; **Atl.:** R; **Med.:** E.

Vaccaria hispanica (Mill.) Rauschert

Saponaria hispanica Miller; V. pyramidata Medicus; V. parviflora Moench; V. vulgaris Host

Ruderal y arvense en cultivos, baldíos, cunetas y terrenos alterados. **Alt.:** 250-900 m.
Dist.: Subcosm. Dispersa por Navarra. **Alp.:** RR; **Atl.:** E; **Med.:** E.

Velezia rigida Loefl. ex L.

Repisas y rellanos de roquedos, pastos pedregosos, cultivos; en ambientes secos y soleados. **Alt.:** 250-1100 m.
Dist.: Plurirreg.: Med.-Turaniana. Mitad meridional del territorio, desde las cuencas prepiren. y Zona Media. **Alp.:** -; **Atl.:** -; **Med.:** E.

Celastraceae

Euonymus europaeus L.

E. vulgaris Mill.

Forma parte de setos y orlas forestales de bosques frescos, sobre suelos húmedos. **Alt.:** 30-1000 m. **HIC:** Zarz. y espin. neutro-bas. eur-med., 92A0, 91E0*, 9160.
Dist.: Eur. Mitad septen. del territorio; ausente de la Ribera. **Alp.:** E; **Atl.:** E; **Med.:** R.
Obs.: Fue citada de Caparroso por Ruiz Casav. (1880), donde anotaba su rareza en el Regadío. No tenemos constancia de su presencia reciente.

Ceratophyllaceae

Ceratophyllum demersum L.

Planta sumergida en aguas de curso lento, estancadas, meandros de ríos y cursos abandonados. **Alt.:** 200-500 m. **HIC:** 3150, 3260.
Dist.: Subcosm. Puntual en la Ribera Estellera y Tudelana, en los ríos Ega y Ebro. **Alp.:** -; **Atl.:** -; **Med.:** RR.
Cons.: LC (ERLVP, 2011).

Chenopodiaceae

Atriplex halimus L.

Ribazos, taludes y orlas incultas, sobre sustratos salobres o con yeso. **Alt.:** 250-500 m. **HIC:** 1430, 92D0.
Dist.: Plurirreg. Limitada a la Ribera Estellesa y Tudelana. **Alp.:** -; **Atl.:** -; **Med.:** E.
Cons.: LC (ERLVP, 2011).

Atriplex patula L.

A. littoralis auct. hisp.

Ruderal, suelos algo salinos y cascajeras fluviales. **Alt.:** 250-700 m.
Dist.: Plurirreg. Zona Media y Ribera. **Alp.:** -; **Atl.:** E; **Med.:** F.

Atriplex prostrata Boucher ex DC.

A. hastata auct. pl., non L.

Ruderal y arvense, sobre suelos alterados, cascajeras y comunidades halófilas. **Alt.:** 250-600 m. **HIC:** 3170*, 3270, 92D0, 92A0.
Dist.: Plurirreg. Mitad meridional del territorio. **Alp.:** -; **Atl.:** RR; **Med.:** F.

Atriplex rosea L.

A. rosea subsp. foliolosa (Link) Cautinho; A. laciniata sensu Merino, p.p.

Nitrófila en lugares secos. **Alt.:** 250-600 m.
Dist.: Plurirreg. Ribera Estellesa y Tudelana. **Alp.:** -; **Atl.:** -; **Med.:** E.

Atriplex tornabenei Tineo ex Guss.

A. tatarica auct. hisp.; A. laciniata sensu Willk.; A. crassifolia auct. hisp.

Planta citada de Navarra, posiblemente errónea. Zonas arenosas y nitrificadas del litoral. **Alt.:** 250-650 m.
Dist.: Med. Citada de la Ribera Tudelana, pero no parece ser navarra. **Alp.:** -; **Atl.:** -; **Med.:** RR.
Obs.: Es planta litoral, por lo tanto no de Navarra. La cita de Ursúa (1986) de Tudela (*A. tatarica*) debe pertenecer a *A. rosea*.

Bassia hyssopifolia (Pallas) O. Kuntze

Salsola hyssopifolia Pallas; Echinopsilon reuterianum Boiss.

Ruderal y nitrófila, sobre suelos secos o salinos en climas áridos. **Alt.:** 300-450 m.
Dist.: Plurirreg.: Med.-Póntica. Contadas localidades en la Ribera Tudelana. **Alp.:** -; **Atl.:** -; **Med.:** RR.

Bassia prostrata (L.) G. Beck

Salsola prostrata L.; Kochia prostrata (L.) SchradeR.

Ruderal en terrenos alterados, como baldíos, con suelos secos y salinos a veces.
Dist.: Plurirreg. No conocemos su distribución precisa en Navarra, posiblemente en la Ribera. **Alp.:** -; **Atl.:** -; **Med.:** RR.
Obs.: Citada en *Flora Iberica* sin conocer la localidad exacta. Material en el herbario ARAN.

Bassia scoparia (L.) Voss subsp. *densiflora* (Turcz. ex B.D. Jackson) Cirujano & Velayos

Kochia densiflora Turcz. ex B.D. Jackson; K. scoparia var. densiflora Turcz. ex Moq.; B. sicorica (O. Bolòs & Mascl.) Greuter & Burdet

Ruderal en lugares alterados, cunetas y baldíos secos. **Alt.:** 250-650 m.
Dist.: Plurirreg. Parece limitarse a la Ribera. **Alp.:** -; **Atl.:** -; **Med.:** RR.
Obs.: Citada en *Flora Iberica* sin conocer la localidad exacta. Material de la Ribera en el herbario ARAN.

Bassia scoparia (L.) Voss subsp. *scoparia*

Ruderal en lugares alterados, cunetas y baldíos secos. **Alt.:** 250-650 m.
Dist.: Plurirreg. Mitad meridional del territorio. **Alp.:** -; **Atl.:** RR; **Med.:** E.

Beta macrocarpa Guss.

Planta citada de Navarra, posiblemente errónea. Terrenos margosos y pastos subhalófilos en marismas y acantilados.
Dist.: Med. No conocemos su lugar exacto en Navarra.

Cons.: EN (ERLVP, 2011).

Obs.: Planta litoral, citada en *Flora Ibérica* sin conocer la localidad exacta. No parece ser planta navarra y debe ser una confusión.

Beta maritima L.

B. vulgaris subsp. maritima (L.) Arcangeli

Cubetas endorreicas y orlas de lagunas con suelos húmedos ricos en sales. **Alt.:** 250-500 m. **HIC:** 1310.

Dist.: Plurirreg. Mitad meridional del territorio. **Alp.:** -; **Atl.:** -; **Med.:** F.

Beta vulgaris L.

B. cicla L.; B. vulgaris subsp. esculenta Coutinho

Se cultiva en huertas y se presenta subespontánea en terrenos cercanos removidos. **Alt.:** 250-600 m.

Dist.: Plurirreg. Salpica la mitad meridional de Navarra, llegando hasta la cuenca de Pamplona. **Alp.:** -; **Atl.:** RR; **Med.:** E.

Cons.: LC (ERLVP, 2011).

Camphorosma monspeliaca L. subsp. monspeliaca

Pastos y claros de matorrales, sobre suelos secos, ricos en yesos o sales, y algo nitrificados. **Alt.:** 250-600 m. **HIC:** 1510*, 1410, 1430.

Dist.: Plurirreg.: Med.-Póntica. Mitad meridional del territorio. **Alp.:** -; **Atl.:** -; **Med.:** C.

Chenopodium album L. subsp. album

Ruderal y arvense, en todo tipo de ambientes alterados y nitrificados. **Alt.:** 20-1100 m.

Dist.: Subcosm. General en Navarra, salvo en las montañas más elevadas. **Alp.:** F; **Atl.:** C; **Med.:** C.

Obs.: Se incluyen las variedades *album* y *reticulatum* (Aellen) Uotila.

Chenopodium ambrosioides L.

Ch. integrifolium C. Voro; Ch. suffruticosum Willd.

Planta naturalizada. Ruderal, sobre suelos alterados. **Alt.:** 20-600 m.

Dist.: Introd.: originaria Neotrop. Por buena parte de Navarra, salvo en los Pirineos y las montañas elevadas. **Alp.:** -; **Atl.:** F; **Med.:** F.

Chenopodium bonus-henricus L.

Pastos majadeados y reposaderos de animales, sobre suelos nitrificados. **Alt.:** 1200-2000 m. **HIC:** 6430.

Dist.: Eur. Limitada al Pirineo. **Alp.:** R; **Atl.:** -; **Med.:** -.

Chenopodium botrys L.

Terrazas fluviales y cascajeras, sobre suelos arenosos y removidos. **Alt.:** 250-500 m.

Dist.: Plurirreg. Tercio meridional de Navarra. **Alp.:** -; **Atl.:** -; **Med.:** E.

Chenopodium chenopodioides (L.) Aellen

Blitum chenopodioides L.; Ch. botryodes Sm.; Ch. rubrum auct.

Terrenos salinos y nitrificados. **Alt.:** 250-600 m. **HIC:** 3170*.

Dist.: Subcosm. Tercio meridional del territorio **Alp.:** -; **Atl.:** -; **Med.:** E.

Chenopodium glaucum L.

Cascajeras fluviales y terrenos removidos ricos en nutrientes. **Alt.:** 250-600 m. **HIC:** 3270.

Dist.: Plurirreg. Cuencas prepiren., cuenca de Pamplona y Ribera **Alp.:** -; **Atl.:** RR; **Med.:** E.

Chenopodium murale L.

Ruderal y nitrófila, en barbechos, baldíos y cunetas. **Alt.:** 250-1000 m.

Dist.: Subcosm. Dispersa por el territorio, perece ausentarse de los valles atlánt. y de las montañas más elevadas. **Alp.:** E; **Atl.:** F; **Med.:** F.

Chenopodium opulifolium Schrader ex Koch & Ziz

Ruderal y nitrófila. **Alt.:** 250-600 m.

Dist.: Subcosm. Cuenca de Pamplona, cuencas prepiren., Zona Media y Ribera. **Alp.:** -; **Atl.:** E; **Med.:** E.

Chenopodium polyspermum L.

Ruderal y arvense, sobre suelos húmedos. **Alt.:** 20-900 m.

Dist.: Circumbor. Valles atlánt., cuencas prepiren. y Zona Media. **Alp.:** R; **Atl.:** E; **Med.:** -.

Chenopodium urbicum L.

Ruderal y nitrófila, en cunetas y otros lugares alterados. **Alt.:** 250-900 m.

Dist.: Eur. Valles atlánt. pirenaicos, cuencas prepiren., Zona Media y Ribera. **Alp.:** -; **Atl.:** RR; **Med.:** R.

Chenopodium vulvaria L.

Ruderal y nitrófila, en terrenos alterados. **Alt.:** 250-500 m.

Dist.: Med. (Subcosm.). Zona Media y mitad meridional. **Alp.:** -; **Atl.:** RR; **Med.:** R.

Microcnemum coralloides (Loscos & Pardo) Buen subsp. coralloides

Arthrocnemum coraloides Loscos & Pardo; M. fastigiatum Loscos & Pardo

Cubetas endorreicas y saladares en climas secos. **Alt.:** 300-500 m. **HIC:** 1310.

Dist.: Endém. ibérica. Puntual en la Ribera Estellesa y Tudelana. **Alp.:** -; **Atl.:** -; **Med.:** RR.

Cons.: SAH (NA); VU B2bcd+3bc, D2 (LR, 2000); VU A3c+4c, B2ab(iii)+2c(iii) (LR, 2008); Prioritaria (Lorda & al., 2009); VU (ERLVP, 2011).

Obs.: Algunas citas no se han encontrado recientemente.

Polycnemum arvense L.

Polycnemum majus auct. Iber.; P. arvense L. subsp. majus (A. Braun) Briq.

En terrenos alterados, como planta arvense. **Alt.:** 600 m.

Dist.: Plurirreg. Sólo la conocemos de Unzué (Uribe-Echebarría & Urrutia, 1988). **Alp.:** -; **Atl.:** -; **Med.:** RR.

Salicornia patula Duval-Jouve

S. europaea auct.

Depresiones endorreicas y saladares. **Alt.:** 300-450 m. **HIC:** 1310.

Dist.: Med. Varias localidades de la Ribera Estellesa y Tudelana. **Alp.:** -; **Atl.:** -; **Med.:** RR.

Obs.: Las plantas del interior continental parecen pertenecer a esta especie. Debe estudiarse el complejo *patula-ramosissima* a fin de aclarar su estatus. Hay materiales en el herbario BIO y se cita en Biurrun (1999).

Salicornia ramosissima J. Woods
S. europaea auct.; *S. herbacea* auct.; *S. nitens sensu Franco*

Salinas y saladares litorales, más los ambientes salinos de las lagunas interiores. **Alt.:** 250-450 m.
Dist.: Med. W (Atl.). Mitad meridional del territorio. **Alp.:** -; **Atl.:** -; **Med.:** E.
Obs.: Esta planta parece más ligada a los ambientes litorales y, sin embargo, se cita repetidamente en Navarra. Por su parte *S. patula*, no recogida en *Flora Ibérica*, vive en los ambientes interiores continentales.

Salsola kali L.
S. tragus L.; *S. kali* subsp. *tragus* (L.) Nyman; *S. kali* subsp. *ruthenica* (Iljin) Soó

Barbechos, orlas de cultivos, sobre suelos removidos ricos en sales. **Alt.:** 200-550 m.
Dist.: Plurirreg. Ribera Estellesa y Tudelana, y puntual en el embalse de Yesa. **Alp.:** -; **Atl.:** -; **Med.:** E.
Obs.: Incluida la subsp. *ruthenica* (Iljin) Soó. De Tudela, Dufour (1856) citó *S. genistoides* Juss. ex Poiret, no presente en el Valle del Ebro, y sí en el SE de España.

Salsola soda L.
Depresiones endorreicas, sobre suelos húmedos ricos en sales. **Alt.:** 250-400 m.
Dist.: Plurirreg. Sólo se conoce de la Ribera Tudelana, en Bardenas. **Alp.:** -; **Atl.:** -; **Med.:** RR.
Cons.: DD (LR, 2008).

Salsola vermiculata L.
Matorrales, orlas de cultivos y barbechos, sobre suelos nitrificados y subhalinos. **Alt.:** 250-500 m. **HIC:** 1430, 5330, Espartales (no halófilos).
Dist.: Plurirreg.: Med.-Sahariana. Tercio meridional de Navarra. **Alp.:** -; **Atl.:** -; **Med.:** C.
Cons.: LC (ERLVP, 2011).

Suaeda spicata (Willd.) Moq.
Salsola spicata Willd.; *S. maritima* auct.; *S. altissima* auct.

Claros del matorral, sobre suelos salinos y nitrificados, húmedos. **Alt.:** 250-500 m. **HIC:** 1310.
Dist.: Med. W. Tercio meridional, por la Ribera Estellesa y Tudelana. **Alp.:** -; **Atl.:** -; **Med.:** E.

Suaeda splendens (Pourr.) Gren. & Godron
Salsola splendens Pourr.

Planta dudosa que requiere comprobación. Orlas de balsas en cubetas endorreicas. **Alt.:** 250-400 m. **HIC:** 1310.
Dist.: Plurirreg. Limitada a la Ribera Tudelana (Ursúa, 1986). **Alp.:** -; **Atl.:** -; **Med.:** RR.
Obs.: Puede referirse a *S. spicata*.

Suaeda vera Forsskal ex J.F. Gmelin
Chenopodium fruticosum L.; *S. fruticosa* auct.

Matorrales en las depresiones endorreicas, sobre suelos salinos y húmedos, secos en verano. **Alt.:** 250-500 m. **HIC:** 1510*, 1420, 92D0.
Dist.: Med.-Atl. Mitad meridional del territorio. **Alp.:** -;

Atl.: -; **Med.:** C.
Obs.: Se incluye la var. *braun-blanquetii* Castroviejo & Pedrol, una planta postrada, a veces casi reptante, de hojas cortas, ovoides e imbricadas, siendo considerada una raza ecológica de los suelos salinos del interior peninsular.

Cistaceae

Cistus albidus L.
Romerales, coscojares, carrascales y aulagares en ambientes secos y soleados; sobre suelos calizos, arenosos o yesosos. **Alt.:** 250-800 m.
Dist.: Med. W. Sierras de la Navarra Media occidental, Ribera Estellesa y Tudelana. **Alp.:** -; **Atl.:** -; **Med.:** F.

Cistus clusii Dunal subsp. clusii
C. libanotis auct., non L. (1762)

Matorrales mediterráneos, en enclaves secos y soleados; sobre yesos o calizas. **Alt.:** 300-600 m.
Dist.: Med. W. Ribera Estellesa y Tudelana. **Alp.:** -; **Atl.:** -; **Med.:** E.

Cistus laurifolius L.
Claros del carrascal, quejigal y terrazas fluviales; sobre suelos arenosos o descalcificados. **Alt.:** 500-1000 m. **HIC:** 4030.
Dist.: Med. W. Puntual en la Navarra Media occidental (Puerto de la Aldea) y Ribera Tudelana (La Negra, Bardenas). **Alp.:** -; **Atl.:** -; **Med.:** RR.
Obs.: La localidad de Falces (Ursúa, 1986) no ha sido verificada.

Cistus populifolius L. subsp. populifolius
C. cordifolius Mill.

Claros del carrascal con madroño y *Erica scoparia*, sobre suelos arenosos. **Alt.:** 500-850 m. **HIC:** 4030.
Dist.: Med. W. En Tierra Estella, por las sierras y valles occ. **Alp.:** -; **Atl.:** -; **Med.:** R.
Obs.: Se conoce el mesto *C.* × *corbariensis* Pourr. (*C. populifolius* × *C. salviifolius*) de Tierra Estella (Zúñiga), donde conviven los parentales.

Cistus psilosepalus Sweet
C. hirsutus Lam.

Brezales, orlas de carrascales y marojales; sobre suelos arenosos. **Alt.:** 600-700 m. **HIC:** 4030.
Dist.: Med.-Atl. Limitada a la Navarra Media occidental, en Cabredo (Reserva Natural de Peñalabeja). **Alp.:** -; **Atl.:** RR; **Med.:** -.

Cistus salviifolius L.
Matorrales en orlas del carrascal, quejigal y marojal; en ambientes secos y soleados, sobre sustratos acidificados. **Alt.:** 50-1100 m. **HIC:** 4030.
Dist.: Med. Navarra Media, sierras, cuencas y foces prepiren., montañas medias occ. y puntual en la Ribera (Fitero, Milagro) y valles atlánt. (Etxalar). **Alp.:** RR; **Atl.:** E; **Med.:** E.

Fumana ericifolia Wallr.
Helianthemum coridifolium (Vill.) Cout.; *F. montana* Pomel; *Fuma-*

na ericoides subsp. montana (Pomel) Güemes & Muñoz Garm.; F. ericoides auct.; F. spachii auct.; H. fumana auct.

Claros en pastos y matorrales, sobre suelos secos y pedregosos calizos a yesosos. **Alt.:** 500-850 m.

Dist.: Med. W. Contadas localidades en Navarra: Aibar, Juslapeña, Baztán y Guesalaz. **Alp.:** -; **Atl.:** RR; **Med.:** RR.

Fumana ericoides (Cav.) Gand.

Cistus ericoides Cav.; F. spachii auct.

Matorrales soleados y pastos pedregosos, sobre calizas y yesos. **Alt.:** 250-900 m. **HIC:** 4090, 8210.

Dist.: Med. W. Por la mitad meridional de Navarra. **Alp.:** R; **Atl.:** E; **Med.:** F.

Obs.: Conviene estudiar las poblaciones navarras de este taxon.

Fumana hispidula Loscos & J. Pardo

F. laevis auct.; F. thymifolia auct.

Matorrales aclarados, en enclaves secos y soleados, sobre yesos. **Alt.:** 350-450 m.

Dist.: Med. W. Contadas localidades en la Ribera: Andosilla y Peralta. **Alp.:** -; **Atl.:** -; **Med.:** RR.

Obs.: Límite noroccidental en Navarra.

Fumana procumbens (Dunal) Gren. & Godr.

Helianthemum procumbens Dunal; H. fumana (L.) Mill.

Pastos pedregosos, repisas y crestones, sobre calizas o margas. **Alt.:** 300-1300 m. **HIC:** 6170.

Dist.: Med. Al sur de las montañas de la divisoria, parece ausentarse de la Ribera. **Alp.:** R; **Atl.:** E; **Med.:** E.

Observación: Alguna cita meridional, Caparroso (Ruiz Casaviella, 1880), debe comprobarse.

Fumana thymifolia (L.) Spach ex Webb

Cistus thymifolius L.; Helianthemum glutinosum (L.) DC.; F. glutinosa (L.) Boiss.; F. viscida Spach

Pastos y matorrales aclarados, en ambientes secos y soleados; sobre calizas. **Alt.:** 250-600 m. **HIC:** 4090, Tom., aliag. y romer. som.-arag. y prep., 6220*.

Dist.: Med. Mitad meridional de Navarra, Navarra Media y Ribera. **Alp.:** -; **Atl.:** RR; **Med.:** E.

Halimium lasianthum (Lam.) Spach subsp. alyssoides (Lam.) W. Greuter

Cistus alyssoides Lam.; Helianthemum alyssoides (Lam.) Dum. Cours.; H. alyssoides (Lam.) K. Koch; H. occidentale Willk.

Planta que está cerca de Navarra, y cuya presencia se estima probable. Brezales y argomales, sobre sustratos arenosos; silicícola. **Alt.:** 250-700 m.

Dist.: Endém. del NW Pen. Ibér. y SW de Francia. No se conoce de Navarra, si bien hay una cita antigua de Bertizarana. **Alp.:** -; **Atl.:** RR; **Med.:** -.

Obs.: Vive en los montes de Izki (VI), y Lacoizqueta (1884) la anotó de Burcaunz.

Halimium umbellatum (L.) Spach subsp. viscosum (Willk.) O. Bolòs & Vigo

H. umbellatum var. viscosum Willk.; H. viscosum (Willk.) Pinto da Silva; H. verticillatum (Brot.) Sennen

Claros forestales, matorrales y orlas sobre suelos arenosos; silicícola. **Alt.:** 600-1200 m. **HIC:** 4020*.

Dist.: Med. W. Conocida únicamente de las sierras prepiren. (Leire-Illón, Orba). **Alp.:** RR; **Atl.:** -; **Med.:** -.

Helianthemum aegyptiacum (L.) Mill.

Cistus aegyptiacus L.

Pastos pedregosos y claros de matorrales en terrazas fluviales. **Alt.:** 350-400 m.

Dist.: Med. Anotada de Viana (Cicujano), en la Navarra Media occidental. **Alp.:** -; **Atl.:** -; **Med.:** RR.

Helianthemum angustatum Pomel

H. villosum auct.

Planta dudosa que requiere comprobación. Pastos terofíticos, en terrenos secos sobre calizas o yesos. **Alt.:** 300-450 m.

Dist.: Med. W. No hay datos conocidos para Navarra. **Alp.:** -; **Atl.:** -; **Med.:** RR?

Obs.: Citada por *Flora Iberica* con dudas, sin conocer la localidad exacta en Navarra. Límite occidental en el País Vasco.

Helianthemum apenninum (L.) Mill. subsp. apenninum

H. polifolium (L.) Mill.; H. pulverulentum Pers.

Pastos y matorrales en ambientes pedregosos soleados y secos; sobre calizas. **Alt.:** 300-1500 m.

Dist.: Plurirreg. Al sur de la divisoria de aguas, especialmente en la Navarra Media. **Alp.:** F; **Atl.:** F; **Med.:** E.

Obs.: En este grupo queda incluida *H. croceum* de estatus no muy bien definido en *Flora Iberica*, citada de distintas localidades de Navarra, principalmente de la Zona Media y Ribera. Debe estudiarse.

Helianthemum cinereum (Cav.) Pers. subsp. rotundifolium (Dunal) Greuter & Burdet

H. rotundifolium Dunal; H. marifolium subsp. rotundifolium (Dunal) O. Bolòs & Vigo; H. rubellum C. Presl; H. paniculatum Dunal

Pastos y claros de matorrales soleados, en ambientes secos, sobre arcillas, yesos o calizas. **Alt.:** 250-950 m. **HIC:** 1520*, 4090, 6220*.

Dist.: Med. W. Mitad sur de Navarra. **Alp.:** -; **Atl.:** RR; **Med.:** F.

Helianthemum hirtum (L.) Mill.

Cistus hirtus L.

Matorrales y pastos soleados, sobre yesos, calizas y arcillas. **Alt.:** 250-600 m.

Dist.: Med. W. Limitada a la Ribera Estellesa y Tudelana. **Alp.:** -; **Atl.:** -; **Med.:** E.

Obs.: Hay una cita del monte Orl dada por Llanos (1972) que no concuerda con la distribución de la especie; algunas citas septentrionales deben revisarse (Tafalla, Aldaba).

Helianthemum ledifolium (L.) Mill.

Cistus ledifolius L.

Pastos pedregosos y claros de matorrales con anuales; sobre suelos esqueléticos. **Alt.:** 250-650 m.

Dist.: Med. Desde las cuencas, donde es rara, hacia el sur, siendo relativamente frecuente en la Ribera. **Alp.:** -; **Atl.:** RR; **Med.:** E.

Helianthemum marifolium (L.) Mill.

Cistus marifolius L.

Planta dudosa que requiere comprobación. En ambientes áridos, como espartales y tomillares. **Alt.:** 350-400 m.

Dist.: Med. W. Citada de Bardenas (Loma Negra) y Rocaforte, sin referencias actuales. **Alp.:** -; **Atl.:** -; **Med.:** RR.

Obs.: Se ha citado la subsp. *origanifolium* (Lam.) G. López de la Ribera (Ursúa, 1986 y Colmeiro, 1872), que debe verificarse; lo mismo que una cita de Bubani (1900) de Rocaforte. No se recoge su presencia en *Flora Iberica*.

Helianthemum nummularium (L.) Mill.

Cistus nummularius L.; H. chamaecistus Mill.; H. vulgare Gaertn.; H. nummularium subsp. pyrenaicum (Janch.) Hegi; H. nummularium subsp. glabrum auct.; H. nummularium subsp. grandiflorum auct.

Matorrales y claros forestales, repisas y rellanos de roquedos, cresteríos; sobre calizas. **Alt.:** 100-2300 m. **HIC:** 6210(*).

Dist.: Eur. Desde los valles atlánt. del NW, por la Zona Media, Pirineos, cuencas y sierras prepiren., montañas medias occ. hasta la Ribera, donde se hace rara o falta. **Alp.:** F; **Atl.:** F; **Med.:** E.

Obs.: Se incluyen la subsp. *nummularium*, subsp. *pyrenaicum* (Janch.) Hegi (var. *roseum* G. López), y subsp. *tomentosum* (Scop.) Schinz & Thell.

Helianthemum oelandicum (L.) DC. subsp. *alpestre* (Jacq.) Ces.

Cistus alpestris Jacq.; H. montanum auct.; H. oelandicum subsp. italicum sensu O. Bolòs & Vigo

Matorrales claros, repisas de roquedos y pastos pedregosos. **Alt.:** 850-2400 m.

Dist.: Oróf. C-S Europa. Parece limitarse a las montañas pirenaicas más elevadas. **Alp.:** R; **Atl.:** -; **Med.:** -.

Obs.: Conviene un estudio del grupo.

Helianthemum oelandicum (L.) DC. subsp. *incanum* (Willk.) G. López

H. montanum subsp. incanum Willk.; H. canum (L.) Hornem.; H. oelandicum subsp. canum (L.) Bonnier & Layens; H. montanum subsp. vineale (Willd.) Rouy & Foucaud; H. canum subsp. piloselloides (Lapeyr.) M. Proctor

Pastos pedregosos, claros del carrascal y quejigal, crestones calizos. **Alt.:** 500-2400 m. **HIC:** 4060, 4090, 6210, 6170.

Dist.: Eur. Al sur de la divisoria de aguas, Pirineos, sierras prepiren., Navarra Media, sierras occ. y más rara en la Ribera. **Alp.:** F; **Atl.:** F; **Med.:** E.

Obs.: Conviene un estudio del grupo. Deben tenerse en cuenta, además, la subsp. *Pourr.ii* (Timb-Lagr.) Greuter & Burdet y la subsp. *piloselloides* (Lapeyr.) Greuter & Burdet.

Helianthemum oelandicum (L.) DC. subsp. *italicum* (L.) Ces.

Cistus italicus L.; H. montanum subsp. italicum (L.) Rouy & Foucaud; H. montanum sensu Willk.

Claros de matorrales y cresteríos calizos. **Alt.:** 250-1000 m. **HIC:** Tom., aliag. y romer. som.-arag. y prep., 5210.

Dist.: Med. Parece encontrarse en la Navarra Media Orient. **Alp.:** -; **Atl.:** -; **Med.:** R.

Obs.: Conviene un estudio del grupo.

Helianthemum salicifolium (L.) Mill.

Cistus salicifolius L.; H. intermedium (Thibaud ex Pers.) Thibaud ex Dunal; H. salicifolium subsp. intermedium (Thibaud ex Pers.) Bonnier & Layens

Pastos pedregosos, calveros y rellanos de roquedos, sobre suelos sueltos calizos, yesos o margas. **Alt.:** 300-800 m.

Dist.: Med. Desde las cuencas, siendo más frecuente en la Navarra Media y Ribera. **Alp.:** -; **Atl.:** -; **Med.:** E.

Helianthemum sanguineum (Lag.) Lag. ex Dunal

Cistus sanguineus Lag.; H. retrofractum Pers.; Atlanthemum sanguineum (Lag.) Raynaud

Calveros arenosos en terrazas fluviales. **Alt.:** 350-400 m.

Dist.: Endém. del Med. W. Localizada en Viana, en la Navarra Media occidental. **Alp.:** -; **Atl.:** -; **Med.:** RR.

Obs.: Límite nororient. ibérico.

Helianthemum squamatum (L.) Dum. Cours.

Cistus squamatus L.

Matorrales y cerros soleados, calveros en claros, sobre suelos ricos en yeso. **Alt.:** 250-550 m. **HIC:** 1520*.

Dist.: Med. W. Ligada principalmente a la Ribera Estellesa y Tudelana. **Alp.:** -; **Atl.:** -; **Med.:** E.

Helianthemum syriacum (Jacq.) Dum. Cours.

Cistus syriacus Jacq.; H. lavandulifolium Desf.; H. syriacum subsp. thibaudii (Pers.) Meikle

Matorrales aclarados, cerros despejados y pastos; sobre suelos yesosos. **Alt.:** 250-650 m. **HIC:** 1520*.

Dist.: Med. W. Limitada a la Ribera Estellesa y Tudelana. **Alp.:** -; **Atl.:** -; **Med.:** E.

Helianthemum violaceum (Cav.) Pers.

Cistus violaceus Cav.; H. apenninum subsp. violaceum (Cav.) O. Bolòs & Vigo; H. lineare (Cav.) Pers.; H. strictum (Cav.) Pers.

Claros de pinares de carrasco, romerales y coscojares; en ambientes soleados; sobre calizas y yesos. **Alt.:** 250-650 m.

Dist.: Med. W. En la Navarra Media Orient. y la Ribera Tudelana. **Alp.:** -; **Atl.:** RR; **Med.:** R.

Xolantha guttata (L.) Raf.

Cistus guttatus L.; Helianthemum guttatum (L.) Mill.; Tuberaria guttata (L.) Fourr.; T. variabilis Willk.

Pastos pedregosos, calveros y orlas forestales claras, sobre suelos arenosos; silicícola. **Alt.:** 100-800 m.

Dist.: Med. En la Navarra Húmeda del NW, Navarra Media, cuencas prepiren. y montañas medias occidentales; muy rara en la Ribera. **Alp.:** -; **Atl.:** E; **Med.:** E.

Xolantha tuberaria (L.) Gallego, Muñoz Garm. & C. Navarro

Cistus tuberaria L.; Helianthemum tuberaria (L.) Mill.; H. lignosum Sweet; Tuberaria lignosa (Sweet) Samp.; T. vulgaris Willk.

Orlas del marojal-carrascal, brezales y pastos pedregosos sobre arenas; silicícola. **Alt.:** 500-800 m. **HIC:** 4030.

Dist.: Med. Limitada a la Navarra Media (sierra de Alaiz), principalmente en su porción occidental (Cabrezo, Zúñiga-Acedo, Ancín, etc.). **Alp.:** -; **Atl.:** R; **Med.:** RR.

Commelinaceae

Commelina communis L.

Planta asilvestrada en núcleos habitados y márgenes de carreteras. **Alt.:** 700-750 m.

Dist.: Introd.; originaria de Asia. Recientemente anotada en Roncal, en los valles pirenaicos (Ferrer & Miedes, 2013). **Alp.:** RR; **Atl.:** -; **Med.:** -.

Obs.: Planta casual, escapada de cultivo.

Tradescantia flumminensis Vell.

T. albiflora Kunth

Planta asilvestrada. Cultivada como ornamental, se comporta localmente como invasora en comunidades riparias, viarias y del sotobosque húmedo; se propaga vegetativamente. **Alt.:** a 20 m.

Dist.: Introd.; originaria de Sudamérica. Sólo la conocemos de los valles atlánticos, de Lesaka. **Alp.:** -; **Atl.:** RR; **Med.:** -.

Obs.: Considerada especie exótica invasora (CEEEI, 2011).

Compositae (Asteraceae)

Achillea ageratum L.

Claros forestales, pastos, depresiones endorreicas; sobre suelos arcillosos o margosos encharcados en primavera. **Alt.:** 250-1200 m.

Dist.: Med. W. Navarra Media, cuencas prepiren. y Ribera. **Alp.:** RR; **Atl.:** R; **Med.:** E.

Achillea millefolium L. subsp. *millefollium*

Herbazales en orlas forestales, prados, pastos, majadas, ribazos; indiferente al sustrato. **Alt.:** 100-2100 m. **HIC:** Fenalares, 6210(*), Prados diente-siega con *Cynosurus cristatus*, 6510.

Dist.: Eur. General en la mitad septen., enrareciéndose hacia la Ribera llegando a ausentarse. **Alp.:** C; **Atl.:** C; **Med.:** E.

Achillea odorata L. subsp. *odorata*

Pastos pedregosos, en ambientes secos y soleados. **Alt.:** 350-500 m.

Dist.: Med. Dispersa en la Zona Media y mitad orient. de la Ribera. **Alp.:** -; **Atl.:** RR; **Med.:** RR.

Adenostyles alliariae (Gouan) A. Kerner subsp. *hybrida* (Vill.) DC.

A. pyrenaica Lange

Megaforbios de montaña, dolinas y grietas de lapiaz sobre suelos ricos y frescos. **Alt.:** 600-1850 m. **HIC:** 6430.

Dist.: Oróf. Europa W. Montañas de los valles atlánt. y, principalmente, en los Pirineos. **Alp.:** E; **Atl.:** E; **Med.:** -.

Aetheorhiza bulbosa (L.) Cass. subsp. *bulbosa*

Crepis bulbosa (L.) Tausch

Pastos secos sobre suelos arenosos. **Alt.:** 250-500 m.

Dist.: Med. Conicida únicamente de la Balsa del El Pulguer (Ursúa, 1986). **Alp.:** -; **Atl.:** -; **Med.:** RR.

Obs.: Conviene verificar la presencia de esta planta; suele vivir más ligada a los ambientes litorales (dunas y arenales costeros).

Anacyclus clavatus (Desf.) Pers.

A. tomentosus DC.

Ruderal y arvense, en campos de cultivo, baldíos, barbechos, orillas de caminos, etc. **Alt.:** 250-800 m. **HIC:** 1430.

Dist.: Med. General desde la Navarra Media hacia el sur, llegando a las cuencas prepiren. y Pirineo, a baja altitud. **Alp.:** RR; **Atl.:** R; **Med.:** C.

Anacyclus radiatus Loisel.

Ruderal a orillas de caminos, cunetas y lugares alterados. **Alt.:** 300-500 m.

Dist.: Med. Contadas localidades del extremo orient. y de los alrededores de Pamplona (Fdez. de Salas & Gil, 1870). **Alp.:** -; **Atl.:** RR; **Med.:** RR.

Anacyclus valentinus L.

Ruderal en cunetas, cascajeras, cultivos y barbechos. **Alt.:** 250-600 m.

Dist.: Med. W. En el extremo meridional (Ribera Tudelana). **Alp.:** -; **Atl.:** -; **Med.:** RR.

Obs.: Variable en su morfología.

Andryala integrifolia L.

Pastos, cunetas, claros forestales, ribazos y otros ambientes alterados. **Alt.:** 200-1300 m.

Dist.: Med. Desde la divisoria de aguas al sur, mejor representada en la mitad meridional y puntual en los Pirineos y en los valles atlánt. **Alp.:** F; **Atl.:** F; **Med.:** C.

Andryala ragusina L.

Pedrizas y cascajeras fluviales, cunetas y pastos secos; en ambientes caldeados. **Alt.:** 250-1000 m. **HIC:** 3250, Mat. nitrof. grav. fluv.

Dist.: Med. W. En la mitad meridional de Navarra, y puntual en la Zona Media. **Alp.:** -; **Atl.:** RR; **Med.:** E.

Obs.: Hay dos variedades: var. *ragusina* y var. *ramosissima* Boiss. ex DC.

Antennaria carpatica (Wahlenb.) Bluff & Fingerh.

Planta que está cerca de Navarra, y cuya presencia se estima probable. Cresteríos, rellanos de roquedos y pastos alpinos largamente innivados.

Dist.: Oróf. centroeuropea. No se conoce de Navarra; la cita más cercana está en el monte Anie (Soulié, 1907-1914).

Obs.: Citada del monte Anie (Lescún) y del Pic d'Orrhy (Soulié, 1907-1914), ésta última debe llevarse a *A. dioica*.

Antennaria dioica (L.) Gaertner

Pastos densos, comunidades de *Festuca gautieri*, repisas y crestas con nieblas frecuentes. **Alt.:** 1200-2400 m. **HIC:** 6230*.

Dist.: Bor.-Alp. Montañas pirenaicas y occ. más elevadas (sierra de Codés). **Alp.:** R; **Atl.:** RR; **Med.:** -.

Anthemis arvensis L. subsp. *arvensis*

Planta arvense y ruderal; en cultivos, baldíos, escombreras y otros ambientes alterados. **Alt.:** 250-1350 m.

Dist.: Plurirreg. General en la Zona Media y más esporádica al norte de la divisoria de aguas y en la Ribera. **Alp.:** F; **Atl.:** F; **Med.:** F.

Anthemis cotula L.

Cultivos, barbechos, baldíos, cunetas y lugares alterados. **Alt.**: 100-1100 m.

Dist.: Plurirreg. Por buena parte del territorio, siendo más esporádica en los Pirineos y en los valles atlánt. **Alp.**: RR; **Atl.**: F; **Med.**: F.

Anthemis tinctoria L.

Cota tinctoria L.

Claros del carrascal y herbazales con plantas ruderales. **Alt.**: a 1100 m.

Dist.: Med. Conocida únicamente de la parte baja del río Urrobi, en la sierra de Labia. **Alp.**: -; **Atl.**: -; **Med.**: RR.

Obs.: Material en el herbario Vivant, del Bassin du rio Urrobi, Urdiroz, Sierra de Labia a 1.100 m. Quizá debe llevarse a *A. triumfetti* subsp. *triumfetti* (= *A. tinctoria* subsp. *triumfetti*).

Anthemis triumfetti (L.) DC.

Planta que está cerca de Navarra, y cuya presencia se estima probable. Claros del carrascal-quejigal y herbazales con plantas ruderales.

Dist.: Med.

Obs.: Citada de Salvatierra de Esca (Zaragoza) por Villar & al. (2001).

Arctium lappa L.

Lappa glabra Lam.; Lappa officinalis All.; Lappa major Gaertn.; A. majus Bernh.

En orlas forestales y herbazales sobre suelos algo húmedos. **Alt.**: 250-800 m.

Dist.: Eur. Contadas localidades de la Zona Media (Latasa, Yaben, Irurtzun, Etxarri-Aranaz). **Alp.**: -; **Atl.**: RR; **Med.**: RR.

Obs.: Conviene comprobar la presencia de esta planta en Navarra, ya que en *Flora Iberica* sólo se da como provincia verificada Gerona, aludiendo a su constante confusión con *A. minus* en los materiales estudiados, principalmente de herbario.

Arctium minus Bernh.

Lappa minor Hill; A. pubens Bab.; A. chaberti subsp. balearicum Arènes; A. minus subsp. mediterraneum Arènes; A. minus subsp. pubens (Bab.) Arènes; A. tomentosum var. balearicum (Arènes) Bonafè

Herbazales en orlas forestales, orillas de caminos y pistas, huertas; en general sobre suelos nitrogenados y húmedos. **Alt.**: 30-1450 m. **HIC**: 6430.

Dist.: Eur. Por la mayor parte de Navarra. **Alp.**: F; **Atl.**: C; **Med.**: F.

Arnica montana L. subsp. *montana*

Brezales y pastos de montaña, en ambientes bañados por nieblas; silicícola. **Alt.**: 900-1200 m.

Dist.: Bor.-Alp. Contadas localidades en las montañas atlánt., Pirineos y sierras med. **Alp.**: RR; **Atl.**: RR; **Med.**: -.

Cons.: Directiva Hábitats (V); Prioritaria (Lorda & al., 2009); LC (ERLVP, 2011); PNyB (VI).

Obs.: Algunas plantas se han relacionado con la subsp. *atlantica* A. de Bolòs, de capítulos menores que la subsp. típica. La cita de Tafalla (Escriche, 1935) no parece verosímil.

Arnoseris minima (L.) Schweigger & Koerte

Pastos sobre suelos arenosos; silicícola. **Alt.**: 1100-1200 m.

Dist.: Atl. En las sierras y cuencas prepiren. **Alp.**: RR; **Atl.**: -; **Med.**: RR.

Artemisia absinthium L.

Ruderal en escombreras, cunetas y zonas abandonadas. **Alt.**: 450-1000 m.

Dist.: Eur. Por la Zona Media y Ribera, en pocas localidades. **Alp.**: -; **Atl.**: RR; **Med.**: R.

Artemisia alba Turra

A. camphorata Vill.

Pastos pedregosos y rellanos de roquedos soleados. **Alt.**: 350-800 m.

Dist.: Med. Puntual en la Zona Media, cuencas prepiren. y montañas medias occ. **Alp.**: -; **Atl.**: R; **Med.**: R.

Artemisia caerulescens L. subsp. *gallica* (Willd.) K. Persson

A. gallica Willd.

Depresiones endorreicas, sobre suelos salobres en climas semiáridos. **Alt.**: 350-530 m.

Dist.: Med. W. Mitad meridional del Navarra. **Alp.**: -; **Atl.**: RR; **Med.**: E.

Artemisia campestris L. subsp. *glutinosa* (Gay ex Besser) Batt.

A. glutinosa Gay ex BesseR.

En terrenos alterados como cunetas, terrazas fluviales; en ambientes caldeados. **Alt.**: 300-850 m. **HIC**: 3250, Mat. nitrof. grav. fluv.

Dist.: Med. W. Limitada a la mitad meridional de Navarra, con algunas poblaciones en la cuenca de Pamplona (Fdez. de Salas & Gil, 1870) y las cuencas prepiren. orient. . **Alp.**: -; **Atl.**: RR; **Med.**: E.

Obs.: La subsp. *glutinosa* no parece que llegue a Navarra. Esta subsp. está relacionada con la subsp. *campestris*, por lo que quizá deban pertenecer a este taxon los materiales navarros. Estudiése este grupo.

Artemisia herba-alba Asso

Ambientes recorridos por el ganado, cerros, taludes, eriales y campos abandonados; en ambientes secos y semiáridos. **Alt.**: 250-600 m. **HIC**: 1510*, 1430, 5330, 6220*, Espartales (no halófilos).

Dist.: Plurirreg.: Med.-Iraniana. Mitad meridional de Navarra, llegando a la Zona Media y cuencas prepiren. soleadas. **Alp.**: -; **Atl.**: -; **Med.**: F.

Artemisia verlotiorum Lamotte

Planta naturalizada. Ruderal, cerca de núcleos de población, cunetas humedecidas y graveras fluviales. **Alt.**: 300-900 m.

Dist.: Introd.: originaria de China. Puntual en Navarra: Pirineos y Ribera. **Alp.**: RR; **Atl.**: -; **Med.**: RR.

Artemisia vulgaris L.

Cunetas, herbazales frescos, orillas de pistas y cascajeras fluviales; en ambientes nitrogenados. **Alt.**: 250-750 m.

Dist.: Eur. Dispersa por los dos tercios meridionales de

Navarra. **Alp.:** RR; **Atl.:** E; **Med.:** E.

Aster alpinus L.

Pastos pedregosos, rellanos y repisas de roquedos venteados; sobre calizas. **Alt.:** 900-2200 m.
Dist.: Oróf. Europa. Montañas pirenaicas y sierras medias occ. **Alp.:** E; **Atl.:** RR; **Med.:** RR.

Aster aragonensis Asso

Pastos secos, herbazales del carrascal-quejigal; sobre suelos arenosos. **Alt.:** 450-950 m.
Dist.: Endém. ibérica. Puntual en la Zona Media y cuencas prepiren. **Alp.:** RR; **Atl.:** -; **Med.:** RR.

Aster lanceolatus Willd.

A. tradescantii auct.

Planta citada de Navarra antes de 1960, sin citas posteriores Cultivada como planta ornamental, se asilvestra en las cercanías a lugares alterados. **Alt.:** 400-650 m.
Dist.: Introd.: originaria de Norteamérica. Se conoce sólo de Pamplona y sus alrededores. **Alp.:** -; **Atl.:** RR; **Med.:** -.
Obs.: Citada por Mayo (1978).

Aster linosyris (L.) Bernh.

Linosyris vulgaris L.

Pastos y matorrales aclarados en carrascales, quejigales y robledales. **Alt.:** 300-800 m.
Dist.: Eur. Dispersa por la Zona Media y meridional. **Alp.:** RR; **Atl.:** E; **Med.:** E.

Aster novi-belgii L.

Cultivada como ornamental, se asilvestra en la cercanía a núcleos urbanos, cunetas y escombreras. **Alt.:** 400-650 m.
Dist.: Introd.: Norteamérica. Sólo se conoce de Yesa en el extremo orient. **Alp.:** -; **Atl.:** -; **Med.:** RR.
Obs.: Hallada por Báscones. Considerada especie exótica con potencial invasor (CEEEI, 2011).

Aster sedifolius L. subsp. sedifolius

A. acris L.

Herbazales y pastos en claros del carrascal-quejigal; en ambientes secos y soleados. **Alt.:** 400-800 m.
Dist.: Plurirreg. Desde las cuencas prepiren. y Navarra Media hacia el sur. **Alp.:** -; **Atl.:** -; **Med.:** R.

Aster sedifolius L. subsp. trinervis (Pers.) Thell.

Planta dudosa que requiere comprobación. Herbazales y pastos en claros del carrascal-quejigal; en ambientes secos y soleados. **Alt.:** 400-800 m.
Dist.: Plurirreg. Se desconoce bien su distribución en Navarra, que parece solaparse con la de la subsp. *sedifolius*. **Alp.:** -; **Atl.:** -; **Med.:** E.
Obs.: A diferencia de la subsp. *sedifolius*, sus hojas carecen de glándulas.

Aster squamatus (Sprengel) Hieron.

Se naturaliza en herbazales, orillas de balsas y acequias, sobre suelos húmedos y ricos en sales. **Alt.:** 20-600 m. **HIC:** 3270, 3280, Gramales y past. suel. compac., 92A0.
Dist.: Introd.: C-S de América. Dispersa por la mitad meri-

dional y vertiente atlánt. **Alp.:** -; **Atl.:** R; **Med.:** C.

Aster tripolium L. subsp. tripolium

Planta citada de Navarra, posiblemente errónea. Marismas costeras y acantilados son salpicaduras salinas. **Alt.:** 400-600 m.
Dist.: Plurirreg. **Alp.:** -; **Atl.:** RR; **Med.:** -.
Obs.: Citada por Mayo (1978) de Pamplona, no siendo verosimil, al ser una planta típicamente litoral, que vive sobre suelos salinos.

Aster willkommii Schultz Bip.

Pastos pedregosos y claros de matorrales, repisas y rellanos de roquedos; sobre calizas. **Alt.:** 500-1300 m.
Dist.: Oróf. Med. En la Navarra Media Orient., más una cita puntual en Fitero, en la Ribera Tudelana. **Alp.:** E; **Atl.:** RR; **Med.:** E.

Asteriscus aquaticus (L.) Less.

Pastos secos en lugares soleados; sobre suelos con arcillas o yesos. **Alt.:** 250-600 m.
Dist.: Med. Localidades dispersas en la mitad meridional. **Alp.:** -; **Atl.:** -; **Med.:** R.

Atractylis cancellata L. subsp. cancellata

Carthamus cancellatus (L.) Lam.; Acarna cancellata (L.) All.; Cirsellium cancellatum (L.) Gaertn.

Pastos y claros de matorrales, en ambientes secos y soleados. **Alt.:** 300-400 m.
Dist.: Med. Puntos dispersos por la mitad sur. **Alp.:** -; **Atl.:** -; **Med.:** R.

Atractylis humilis L.

A. gedeonii Sennen; A. tutinii Franco

Matorrales aclarados y pastos en ambientes secos; sobre calizas o yesos. **Alt.:** 250-800 m. **HIC:** 1430, 4090, 6220*.
Dist.: Med. W. General en la mitad sur. **Alp.:** -; **Atl.:** -; **Med.:** C.

Baccharis halimifolia L.

Planta naturalizada. Cultivada como ornamental, más habitual en ambientes costeros, se presenta a orillas de los ríos atlánticos. **Alt.:** a 150 m.
Dist.: Introd.: Norteamérica. Sólo se conoce de Lesaka, a orillas del río Bidasoa. **Alp.:** -; **Atl.:** RR; **Med.:** -.
Obs.: Considerada especie exótica invasora (CEEEI, 2011).

Bellis perennis L.

Prados, pastos, herbazales frescos y juncales. **Alt.:** 20-2000 m. **HIC:** Pastiz. suelos pisoteados.
Dist.: Eur. Por todo el territorio, siendo más escasa hacia el sur árido. **Alp.:** CC; **Atl.:** CC; **Med.:** C.

Bellis sylvestris Cyr.

Pastos secos y soleados, claros forestales, ribazos y repisas de roquedos. **Alt.:** 250-1300 m.
Dist.: Med. Por casi todo el territorio, ausentándose de los valles atlánt. **Alp.:** C; **Atl.:** F; **Med.:** F.

Bidens aurea (Aiton) Sherff

Se naturaliza en ambientes alterados como escombreras, caminos, cunetas y baldíos. **Alt.:** 150-650 m.

Dist.: Introd.: Norteamérica. Por el tercio sur de Navarra y puntualmente en los valles atlánt. (Ituren). **Alp.:** -; **Atl.:** RR; **Med.:** R.

Bidens cernua L.

Ambientes ruderalizados, sobre suelos húmedos y enclaves higroturbosos. **Alt.:** 400-900 m.
Dist.: Eur. En Pamplona y localidades próximas, más Burguete, en el Pirineo atlánt. **Alp.:** -; **Atl.:** RR; **Med.:** -.
Cons.: LC (ERLVP, 2011).

Bidens frondosa L.

Planta naturalizada en herbazales nitrificados, en suelos inundados temporalmente a orillas de ríos. **Alt.:** 250-300 m. **HIC:** 3270.
Dist.: Introd.: Norteamérica. En la Ribera, a orillas del río Arga y Ebro. **Alp.:** -; **Atl.:** -; **Med.:** RR.
Obs.: Considerada especie exótica con potencial invasor (CEEEI, 2011).

Bidens tripartita L.

Herbazales a orillas de ríos, cascajeras, orlas de balsas, etc. **Alt.:** 200-400 m. **HIC:** 3270.
Dist.: Eur. Por ríos y lagunas meridionales, y puntualmente en los valles atlánt. **Alp.:** -; **Atl.:** RR; **Med.:** E.

Bombycilaena discolor (Pers.) M. Laínz

Micropus discolor Pers.
Pastos secos y claros de matorrales, en ambientes soleados. **Alt.:** 250-700 m.
Dist.: Med. Dispersa por la mitad meridional. **Alp.:** -; **Atl.:** -; **Med.:** R.

Bombycilaena erecta (L.) Smolj.

Micropus erectus L.
Pastos de anuales, calveros y rellanos pedregosos; en ambientes secos y soleados. **Alt.:** 250-1300 m. **HIC:** 6220*.
Dist.: Med. General en la mitad meridional, estando ausente de los valles atlánt. **Alp.:** E; **Atl.:** C; **Med.:** C.

Calendula arvensis L.

Ruderal y arvense, en terrenos removidos, ribazos, campos de cultivos, etc. **Alt.:** 200-700 m.
Dist.: Plurirreg. Por buena parte del territorio, siendo esporádica en los valles atlánt. y Pirineos. **Alp.:** E; **Atl.:** F; **Med.:** C.

Calendula officinalis L.

Ornamental y subespontánea cerca de los núcleos urbanos donde se cultiva. **Alt.:** 500-850 m.
Dist.: Introd.: origen desconocido. Dispersa en contadas localidades. **Alp.:** RR; **Atl.:** RR; **Med.:** R.

Carduncellus mitissimus (L.) DC.

Pastos pedregosos, matorrales abiertos y claros del carrascal-quejigal, crestones venteados; sobre calizas. **Alt.:** 400-1900 m. **HIC:** 6210(*).
Dist.: Atl. General en la Zona Media; rara y ausente en los valles atlánt. y en la Ribera. **Alp.:** E; **Atl.:** F; **Med.:** E.

Carduncellus monspelliensium All.

Pastos y matorrales aclarados, en el ambiente del carrascal-quejigal; crestones venteados; sobre calizas. **Alt.:** 300-1100 m.
Dist.: Med. Por la Zona Media y meridional de Navarra. **Alp.:** RR; **Atl.:** R; **Med.:** E.
Obs.: Las citas de Uztárroz, Arive-Orbaiceta y Ochagavía (Loidi & al., 1988) deben llevarse a *C. mitissimus* (Lorda, 2001).

Carduus argemone Pourr. ex Lam.

C. defloratus L. subsp. argemone (Pourr. ex Lam.) O. Bolòs & Vigo
Claros forestales, herbazales de orlas y repisas de roquedos, lapiaces de montaña; sobre suelos frescos y nitrogenados. **Alt.:** 250-1850 m.
Dist.: Oróf. Europa W. Montañas y valles septentrionales, hasta la Zona Media y estribaciones medias occ. **Alp.:** E; **Atl.:** R; **Med.:** RR.
Obs.: Parece corresponder a la subsp. *medioformis* Rouy. Conviene revisar el género.

Carduus bourgeanus Boiss. & Reut. subsp. bourgeanus

Cunetas, baldíos, herbazales y otros ambientes alterados ricos en nitrógeno. **Alt.:** 300-800 m.
Dist.: Med. W. Mitad meridional, especialmente en el extremo occidental. **Alp.:** -; **Atl.:** -; **Med.:** E.
Obs.: Conviene la revisión del género.

Carduus carlinifolius Lam. subsp. carlinifolius

Sobre suelos removidos, nitrogenados, pedregosos, pie de cantil y reposaderos de animales. **Alt.:** 950-2150 m.
Dist.: Oróf. Europa W. Limitado a las montañas pirenaicas. **Alp.:** R; **Atl.:** -; **Med.:** -.
Obs.: Las citas de Bertizarana (Lacoizqueta, 1884) y sierra de Sarbil (García Bona, 1984) no parecen ciertas.

Carduus carlinoides Gouan subsp. carlinoides

Graveras y pastos pedregosos, crestones y lapiaces de alta montaña. **Alt.:** 1600-2300 m. **HIC:** 8130.
Dist.: Oróf. Europa. Limitada al Pirineo. **Alp.:** R; **Atl.:** -; **Med.:** -.
Obs.: Se ha citado de Tafalla (Escriche, 1935), y de Arteta y Ollo (Ursúa & Báscones, 1987) que no parecen ciertas.

Carduus carpetanus Boiss. & Reut.

C. gayanus Durieu ex Willk.
Pastos pedregosos, crestones y graveras sobre suelos nitrogenados. **Alt.:** 700-1300 m.
Dist.: Endém. ibérica. Sólo se conoce del monte Trinidad de Erga. **Alp.:** -; **Atl.:** RR; **Med.:** -.
Obs.: Límite nororient. en Navarra.

Carduus medius Gouan

Pastos pedregosos. **Alt.:** 1100-2100 m.
Dist.: Oróf. Europa. Sólo aparece en las montañas pirenaicas donde conviven sus progenitores. **Alp.:** RR; **Atl.:** -; **Med.:** -.
Obs.: Las formas intermedias entre *C. argemone* y *C. carlinifolius* se han denominado *C. medius* Gouan y se

han citado del Cirque de Zazpigaina (Vivant, 1979) y de la Mesa de los Tres Reyes (Rivas-Martínez & al., 1991).

Carduus nutans L. subsp. *nutans*

Reposaderos de ganado, bordas, pastos y brezales recorridos por animales. **Alt.:** 500-1700 m

Dist.: Eur. Por la Zona Media, desde los Pirineos a las montañas medias occ. **Alp.:** E; **Atl.:** E; **Med.:** E.

Carduus pycnocephalus L. subsp. *pycnocephalus*

Herbazales nitrificados, suelos removidos, baldíos y otros ambientes alterados. **Alt.:** 300-600 m.

Dist.: Med. Dispersa por la mitad meridional, llegando a la Zona Media. **Alp.:** -; **Atl.:** R; **Med.:** E.

Carduus tenuiflorus Curtis

Herbazales nitrificados, baldíos, cunetas y escombreras, sobre suelos removidos. **Alt.:** 250-700 m.

Dist.: Med.-Atl. Por la mitad meridional, Zona Media y cuencas prepiren., con algunas citas en los valles atlánt. **Alp.:** RR; **Atl.:** E; **Med.:** F.

Obs.: Se han citado *C. crispus* L. (Ruiz Casaviella, 1880; Escriche, 1935; Báscones, 1978; Mayo, 1978) y *C. myriacanthus* Salzm. ex DC. (Fdez. de Salas & Gil, 1870), sin que sepamos lleguen a Navarra.

Carduus vivariensis Jordan subsp. *assoi* (Willk.) Kazmi

C. nigrescens Vill. subsp. assoi (Willk.) O. Bolòs & Vigo; C. assoi (Willk.) Devesa & Talavera; C. subcarlinoides Sennen & Pau

Reposaderos de ganado, en ambientes con suelos removidos y nitrogenados, pies de cantil, etc. **Alt.:** 350-1400 m.

Dist.: Med. W. Por la Zona Media y mitad meridional. **Alp.:** RR; **Atl.:** RR; **Med.:** E.

Obs.: A este taxon pueden corresponder las citas de *C. chrysacanthus* Ten. subsp. *hispanicus* Franco (Willkomm, 1870; López, 1968; Báscones, 1978), y *C. nigrescens* Vill. (Lacoizqueta, 1884; Báscones, 1978).

Carlina acanthifolia All. subsp. *cynara* (Pourr. ex Duby) Arcang.

C. cynara Pourr. ex Duby; C. acanthifolia var. cynara Pourr. ex DC.; C. acanthifolia subsp. baetica Fern. Casas & J. Leal

Pastos, brezales y claros forestales, repisas y taludes herbosos; sobre calizas. **Alt.:** 600-1350 m.

Dist.: Med. W. Por las montañas septentrionales, desde los Pirineos a las montamas medias occ. **Alp.:** E; **Atl.:** E; **Med.:** R.

Carlina acaulis L. subsp. *caulescens* (Lam.) Schübl. & G. Martens

C. acaulis subsp. simplex (Waldst. & Kit.) Nyman; C. caulescens Lam.; C. simplex Waldst. & Kit.

Pastos, crestones y rellanos herbosos de roquedos; sobre calizas. **Alt.:** 750-1900 m.

Dist.: Eur. Principalmente en los Pirineos, más algunas montañas elevadas del entorno. **Alp.:** R; **Atl.:** R; **Med.:** -.

Obs.: Algunas anotaciones extrapirenaicas deben corresponder a *C. acanthifolia* subsp. *cynara*.

Carlina corymbosa L. subsp. *hispanica* (Lam.) O. Bolòs & Vigo

C. hispanica Lam.; C. corymbosa auct. hisp., non L.

Pastos secos, tomillares y matorrales aclarados. **Alt.:** 250-1100 m.

Dist.: Med. Zona Media, cuencas prepiren. y mitad meridional. **Alp.:** RR; **Atl.:** E; **Med.:** F.

Obs.: Deben corresponder a esta subsp. las plantas navarras, ya que la subsp. *corymbosa* se presenta en las Islas Baleares y puntualmente en Alicante.

Carlina lanata L.

Pastos, ribazos, orillas de cultivos; en ambientes secos y soleados. **Alt.:** 350-600 m.

Dist.: Med. Localizada en algunos enclaves meridionales. **Alp.:** -; **Atl.:** -; **Med.:** R.

Carlina vulgaris L. subsp. *spinosa* (Velen.) Vandas

C. longifolia var. spinosa Velen.

Pastos y matorrales secundarios, claros forestales. **Alt.:** 40-1150 m.

Dist.: Eur. General en el territorio, escasea en los valles atlánt. y en la Ribera más seca. **Alp.:** E; **Atl.:** F; **Med.:** E.

Obs.: Se ha citado del territorio la subsp. *vulgaris*, pero parece que todo el material ibérico -navarro incluido- debe pertener a este taxon.

Carthamus lanatus L. subsp. *lanatus*

Kentrophyllum lanatum (L.) DC.

Terrenos removidos, barbechos, cunetas, pastos secos; en ambientes secos y soleados. **Alt.:** 250-1100 m.

Dist.: Med. General en la mitad meridional y Zona Media. **Alp.:** E; **Atl.:** F; **Med.:** C.

Carthamus tinctorius L.

Se naturaliza en ambientes ruderalizados de forma local. **Alt.:** 350-600 m.

Dist.: Introd.: originaria del W de Asia. Dispersa en algunas localidades meridionales (Larraga, Tafalla), llegando a Pamplona. **Alp.:** -; **Atl.:** RR; **Med.:** R.

Obs.: Cultivada en el Valle del Ebro.

Catananche caerulea L.

Pastos, herbazales, claros de matorrales, orlas forestales, cunetas, etc. **Alt.:** 400-1200 m. **HIC:** 4090, Tom., aliag. y romer. som.-arag. y prep.

Dist.: Med. W. General en la Zona Media y cuencas prepiren., escaseando y ausentándose de los valles atlánt. y Ribera más árida. **Alp.:** E; **Atl.:** F; **Med.:** C.

Centaurea alba L. subsp. *costae* (Willk.) Dostál

Roquedos y crestones calizos, cascajeras y terrazas fluviales, sobre suelos secos. **Alt.:** 500-800 m.

Dist.: Med. Citada de las cuencas prepiren.: Lumbier y Sigüés (Peralta, 1992); lo mismo que Bubani (1900) y Erviti (1991). **Alp.:** -; **Atl.:** -; **Med.:** RR.

Obs.: Conviene el estudio y comprobar la presencia del complejo *C. alba* subsp. *costae-latronum* en Navarra.

Centaurea alba L. subsp. *latronum* (Pau) Dostál

Planta que está cerca de Navarra, y cuya presencia se estima probable. Roquedos y crestones calizos, casca-

jeras y terrazas fluviales, sobre suelos secos.
Dist.: Med.
Obs.: No se conoce de Navarra, pero está en La Rioja, cerca del límite provincial.

Centaurea alpestris Hegetschw.
C. scabiosa subsp. alpestris (Hegetschw.) Nyman
Planta citada de Navarra, posiblemente errónea. Cunetas, ribazos y orlas forestales.
Dist.: Eur. No parece que esté en Navarra. **Alp.:** RR; **Atl.:** -; **Med.:** -.
Obs.: Citada por Gaussen & al. (1953) y Coste (1910) de Isaba. No parecen ser citas verosímiles. Planta subordinada a *C. scabiosa*, pudiendo ser un extremo de variabilidad de ésta (Lorda, 2001).

Centaurea aspera L. subsp. *aspera*
Herbazales de cunetas, pastos pedregosos, cascajeras fluviales, baldíos, etc. **Alt.:** 250-800 m. **HIC:** 6220*.
Dist.: Med. W. General en la mitad meridional, llegando a las cuencas prepiren. **Alp.:** -; **Atl.:** -; **Med.:** C.

Centaurea calcitrapa L.
Terrenos alterados, como escombreras, baldíos, cunetas de pistas, cascajeras y descampados. **Alt.:** 250-1400 m.
Dist.: Med. Por la mayor parte de Navarra, siendo rara en los valles atlánt. **Alp.:** E; **Atl.:** F; **Med.:** C.
Obs.: Se ha citado *C. aspera × calcitrapa* de la sierra de Peña (Sesma & Loidi, 1993).

Centaurea cyanus L.
Planta arvense y ruderal, que vive en campos de cereales, baldíos, ribazos y cunetas. **Alt.:** 300-800 m.
Dist.: Eur. Por la Zona Media y localidades dispersas en la Ribera. **Alp.:** -; **Atl.:** RR; **Med.:** R.
Obs.: Planta en regresión.

Centaurea debeauxii Gren. & Godron
Herbazales en orlas forestales, prados, setos y brezales, en general en los ambientes bajo influencia Atl. **Alt.:** 100-1300 m. **HIC:** Prados diente-siega con *Cynosurus cristatus*, 6510.
Dist.: Atl. Navarra Húmeda del NW, Pirineos, prepirineos y Navarra Media occidental. **Alp.:** E; **Atl.:** F; **Med.:** RR.
Obs.: Incluida la subsp. *nemoralis* (Jord.) Dostál. Confundida frecuentemente con *C. nigra*. Hay materiales que muestran características intermedias con *C. nigra*.

Centaurea jacea L.
C. amara L., p.p.
Herbazales en orlas forestales, pastos, turberas y otros ambientes húmedos. **Alt.:** 250-1350 m. **HIC:** Fenalares, Pastiz. semiagost. suel. margosos, 6420.
Dist.: Eur. General en la Zona Media, enrareciéndose hacia los valles atlánt. y la Ribera, donde llega a faltar. **Alp.:** F; **Atl.:** F; **Med.:** E.
Obs.: Hay materiales intermedios con *C. debeauxii*, habiéndose descrito el híbrido *C. debeauxii × C. jacea*.

Centaurea lagascana Graells
Crestones, repisas y pastos pedregosos; sobre calizas. **Alt.:** 1000-1400 m. **HIC:** 6170.

Dist.: Endém. ibérica. Presente únicamente en la sierra de Codés (Mte. Yoar-Kostalera). **Alp.:** -; **Atl.:** RR; **Med.:** RR.
Cons.: VU (NA); Prioritaria (Lorda & al., 2009).
Obs.: Límite orient. en Navarra. Se conoce de la sierra de Codés el mesto *C. × zubiae* Pau (*C. ornata × C. lagascana*).

Centaurea linifolia L.
Claros de matorrales mediterráneos y pastos secos. **Alt.:** 400-700 m. **HIC:** 4090.
Dist.: Med. W. Limitada a la Ribera Tudelana. **Alp.:** -; **Atl.:** -; **Med.:** E.

Centaurea melitensis L.
Ambientes alterados, como escombreras, descampados, pastos secos y claros entre matorrales. **Alt.:** 250-700 m.
Dist.: Med. W. Desde las cuencas prepiren. y la Zona Media hasta el sur. **Alp.:** -; **Atl.:** -; **Med.:** E.

Centaurea montana L.
Herbazales en orlas y claros forestales; crestones calizos. **Alt.:** 450-1800 m.
Dist.: Eur. Por la Zona Media y montañas septentrionales. **Alp.:** E; **Atl.:** F; **Med.:** E.
Dist.: Algunos ejemplares son de difícil asignación a este taxon o a *C. triumfetti* All. s.l.

Centaurea nigra L.
Herbazales en ambientes de alta montaña. **Alt.:** 800-1800 m.
Dist.: Eur. Por las montañas pirenaicas más elevadas. **Alp.:** R; **Atl.:** -; **Med.:** -.
Obs.: Se corresponde con la subsp. *nigra*. Hay ejemplares de transición hacia *C. debeauxii*.

Centaurea ornata Willd. subsp. *ornata*
C. incana Desf., non Burm. fil.
Repisas de roquedos, cerros margosos, pastos pedregosos y claros del carrascal-quejigal. **Alt.:** 300-1000 m.
Dist.: Med. W. Desde las cuencas prepiren. llegando hasta el sur provincial. **Alp.:** -; **Atl.:** -; **Med.:** E.
Obs.: Se conoce de Gallipienzo el mesto *C. × polymorpha* Lag. (*C. ornata × C. scabiosa*).

Centaurea scabiosa L.
C. cephalariifolia Willk.
Herbazales, cunetas, márgenes de pistas, ribazos, taludes y claros forestales. **Alt.:** 300-1850 m.
Dist.: Eur. Valles y montañas de la Zona Media y Pirineos; enrareciéndose en los valles atlánt. y en la Ribera, llegando a faltar. **Alp.:** E; **Atl.:** E; **Med.:** R.

Centaurea solstitialis L. subsp. *solstitialis*
Pastos ralos, cunetas y descampados. **Alt.:** 300-700 m.
Dist.: Plurirreg. Conocida de escasas localidades: Navascués (Lorda, 2001) y sierra de Leire (Fdez. León, 1982). **Alp.:** RR; **Atl.:** -; **Med.:** RR.

Centaurea spinabadia Bubani ex Timb.-Lagr.
Planta citada de Navarra antes de 1960, sin citas posteriores. Pastos y matorrales claros. **Alt.:** 300-500 m.
Dist.: Plurirreg. **Alp.:** -; **Atl.:** -; **Med.:** RR.

Obs.: Citada por Bubani (1900) de Lumbier y por Escriche (1935) de Tafalla. Es endém. del Pirineo orient., por lo que plantea dudas su presencia. También se han citado *C. colina* L. de Tafalla (Escriche, 1935) sin saber de qué se trata, y *C. centaurium* L.

Centaurea triumfetti All. subsp. *lingulata* (Lag.) C. Vicioso

C. lingulata Lag.

Herbazales, repisas de roquedos y pastos pedregosos. **Alt.:** 650-1000 m.

Dist.: Oróf. Med. W. Dispersa por las montañas occ. y orient. (Ujué; Erviti, 1989). **Alp.:** RR; **Atl.:** RR; **Med.:** R.

Obs.: Grupo complejo relacionado con *C. montana*.

Centaurea triumfetti All. subsp. *semidecurrens* (Jordan) Dostál

C. montana L. subsp. semidecurrens (Jord.) O. Bolòs & Vigo

Herbazales, orlas y claros forestales, pastos pedregosos y repisas de roquedos. **Alt.:** 500-1200 m.

Dist.: Eur. En los Pirineos y en las cuencas prepiren., a baja altitud. **Alp.:** E; **Atl.:** -; **Med.:** R.

Obs.: Relacionada con *C. montana*.

Chamaemelum nobile (L.) All.

Anthemis nobilis L.

Pastos frescos, sendas pisoteadas, orillas de arroyos y céspedes humedecidos. **Alt.:** 40-1100 m. **HIC:** Pastiz. higronitrófilos.

Dist.: Atl. Valles y montañas de influencia atlánt., la Zona Media, y muy puntual en la Ribera (Tudela). **Alp.:** E; **Atl.:** E; **Med.:** RR.

Chamomilla aurea (Loefl.) Gay ex Cosson & Kralik

Matricaria aurea (Loefl.) Schz. Bip.

Herbazales nitrogenados en ambientes alterados de baldíos, cascajeras fluviales y orillas de caminos y carreteras. **Alt.:** 250-500 m.

Dist.: Med. En la Ribera Tudelana (Sancho Abarca) y una cita de los alrededores de Pamplona (Fdez. de Salas & Gil, 1870). **Alp.:** -; **Atl.:** RR; **Med.:** RR.

Chamomilla recutita (L.) Rauschert

Matricaria recutita L.; M. chamomilla L., p.p.

Cultivada en huertas, se asilvestra en orillas de caminos y baldios nitrogenados. **Alt.:** 400-650 m.

Dist.: Eur. Citada de la cuenca de Pamplona (Ansoain, Berrioplano) por Báscones (1978). **Alp.:** -; **Atl.:** RR; **Med.:** -.

Chamomilla suaveolens (Pursh) Rydb.

Matricaria discoidea DC.; M. matricarioides (Less.) Porter, p.p.

Naturalizada en baldíos, cunetas, vías de comunicación y cascajeras fluvilales. **Alt.:** 250-800 m.

Dist.: Introd.; originaria de Asia nororient. Dispersa por el territorio: Baztán, Alsasua, Zugarramurdi, Valcarlos, Arnegi y Ochagavía. **Alp.:** R; **Atl.:** E; **Med.:** -.

Cheirolophus intybaceus (Lam.) Dostál

Centaurea intybacea Lam.; Centaurea virgata Cav.; Ptosimopappus intybaceus (Lam.) Boiss.; Centaurea intybacea var. grandifolia Font Quer; Ch. lagunae Olivares & al.; Ch. grandifolius (Font Quer) Stübing & al.; Ch. mansanetianus Stübing & al.

Romerales, matorrales claros, repisas de roquedos y pies de cantil soleados, en ambientes secos y cálidos. **Alt.:** 250-700 m.

Dist.: Med. W. Principalmente por la Ribera Estellesa y Tudelana. **Alp.:** -; **Atl.:** -; **Med.:** E.

Obs.: Planta muy variable, de la que se han dado a conocer distintos táxones.

Chondrilla juncea L.

Prados, barbechos, cunetas, cascajeras fluvialesy orlas forestales. **Alt.:** 250-700 m. **HIC:** 3250, Mat. nitrof. grav. fluv., 6220*.

Dist.: Eur. Cuencas prepiren., Zona Media y mitad meridional. **Alp.:** RR; **Atl.:** R; **Med.:** E.

Chrysanthemum coronarium L.

Pinardia coronaria (L.) Less.

Planta naturalizada a orillas de caminos y herbazales en cunetas, y cercanías a acequias de riego. **Alt.:** 250-300 m.

Dist.: Med. Contadas localidades por la Ribera Tudelana. **Alp.:** -; **Atl.:** -; **Med.:** R.

Chrysanthemum segetum L.

Ribazos arenosos, cultivos, baldíos y cunetas. **Alt.:** 400-650 m.

Dist.: Plurirreg. Citada de la cuenca de Pamplona y cercanías, más la Navarra Media orient. **Alp.:** -; **Atl.:** R; **Med.:** RR.

Cicerbita plumieri (L.) Kirschleger

Sonchus plumieri L.

Megaforbios en orlas y claros forestales, en ambientes algo sombríos, sobre suelos frescos y ricos en nutrientes. **Alt.:** 700-1400 m. **HIC:** 6430.

Dist.: Oróf. Europa. Pirineos y montañas occ. **Alp.:** R; **Atl.:** R; **Med.:** -.

Cons.: DD (ERLVP, 2011).

Cichorium intybus L.

Cunetas, caminos, barbechos, baldíos, ribazos, taludes y otros ambientes alterados a baja altitud. **Alt.:** 250-1100 m.

Dist.: Eur. Por buena parte de Navarra, parece algo más rara en los valles atlánticos y en los Pirineos. **Alp.:** F; **Atl.:** E; **Med.:** C.

Cons.: LC (ERLVP, 2011).

Obs.: Se ha citado (Escriche, 1935) *C. endivia* L. subsp. *pumilum* (Jacq.) Cout. (como *C. divaricatum* Schousb.) de Tafalla, quizá referida a *C. endivia*, cultivada y a veces naturalizada.

Cirsium acaule (L.) Scop. subsp. *acaule*

Pastos, crestones y claros forestales. **Alt.:** 500-1900 m.

Dist.: Eur. Montañas pirenaicas y de la Zona Media; puntual en los valles atlánt. **Alp.:** F; **Atl.:** E; **Med.:** E.

Cirsium arvense (L.) Scop.

Ruderal y arvense a orillas de caminos, cunetas, cascajeras y cultivos. **Alt.:** 200-1500 m.

Dist.: Plurirreg. General en Navarra. **Alp.:** C; **Atl.:** C; **Med.:** C.

Cirsium carniolicum Scop. subsp. *rufescens* (Ramond ex DC.) P. Fourn.

C. rufescens Ramond ex DC.

Planta que está cerca de Navarra, y cuya presencia se estima probable. Herbazales en claros del hayedo y pie de cantiles, en laderas sombreadas y frescas.

Dist.: Endém. pirenaica.

Obs.: Se conoce muy cerca de Navarra, en el Pirineo francés (Espelunguère).

Cirsium echinatum (Desf.) DC.

Terrenos alterados, baldíos, orillas de caminos, cerros; en ambientes secos y soleados. **Alt.:** 400-850 m.

Dist.: Med. W. Dispersa por la Zona Media y meridional. **Alp.:** -; **Atl.:** RR; **Med.:** R.

Cirsium eriophorum (L.) Scop.

Majadas, herbazales nitrogenados, pastos frecuentados por el ganado, reposaderos, etc. **Alt.:** 450-2100 m. **HIC:** 6430.

Dist.: Eur. En la mitad septen. **Alp.:** F; **Atl.:** F; **Med.:** RR.

Obs.: Se incluyen: *C. richterianum* Gillot [*C. eriophorum* subsp. *richterianum* (Gillot) Petrak] y *C. giraudiasii* Sennen & Pau [*C. eriophorum* subsp. *giraudiasii* (Senen & Pau) Uribe-Ech.], y la subsp. *eriophorum*.

Cirsium filipendulum Lange

Brezales, pastos, claros forestales, en ambientes con influencia atlánt.; sobre sustratos silíceos o acidificados. **Alt.:** 40-1300 m.

Dist.: Atl. Montañas occ. y septentrionales. **Alp.:** RR; **Atl.:** E; **Med.:** RR.

Obs.: Soulié (1907-1914) anota *C. filipendulum* × *palustre* en "Vers Arracoz (Isaba)".

Cirsium flavispina Boiss. ex DC.

C. pyrenaicum (Jacq.) All.

Juncales, trampales, orillas de acequias y balsas. **Alt.:** 400-1250 m. **HIC:** 6420.

Dist.: Med. W. Por la mitad occidental y meridional y alguna cita pirenaica dudosa. **Alp.:** RR; **Atl.:** E; **Med.:** E.

Obs.: Anotado como *C. pyrenaicum* (Jacq.) All. var. *paniculatum* (Vahl) Talavera & Valdés, y variedad *pyrenaicum*, ésta dudosa y citada por Ursúa & Báscones (1987) de Arteta y Ollo.

Cirsium glabrum DC.

Pedrizas, graveras y rellanos de lapiaz, bien innivados, de la alta montaña. **Alt.:** 1300-2000 m. **HIC:** 8130.

Dist.: Endém. pirenaica. Limitada a las montañas más elevadas del Pirineo. **Alp.:** R; **Atl.:** -; **Med.:** -.

Obs.: Límite occidental en Navarra.

Cirsium heterophyllum (L.) Hill.

C. helenioides auct., non (L.) Hill

Megaforbios, en ambientes sombreados, sobre suelos frescos y profundos junto a arroyos de montaña. **Alt.:** 800-1300 m. **HIC:** 6430.

Dist.: Eur. Contadas poblaciones en Quinto Real e Irati. **Alp.:** RR; **Atl.:** RR; **Med.:** -.

Obs.: Límite suroccidental en Navarra. Podría considerarse especie Prioritaria, según Lorda & al. (2009).

Cirsium monspessulanum (L.) Hill subsp. *monspessulanum*

Juncales, orillas de acequias, cunetas inundadas, trampales y depresiones inundables. **Alt.:** 250-1100 m. **HIC:** 6410, 6420.

Dist.: Med. W. Pirineos, Zona Media y meridional. **Alp.:** E; **Atl.:** E; **Med.:** E.

Obs.: Algunos ejemplares parecen pertenecer a la subsp. *ferox* (Cosson) Talavera.

Cirsium odontolepis Boiss. ex DC.

Sendas, matorrales cimeros alterados por fuegos, sobre suelos removidos y nitrificados. **Alt.:** 900-1400 m.

Dist.: Med. W. Montañas de la Zona Media, orient. y occ. **Alp.:** -; **Atl.:** E; **Med.:** E.

Cirsium oleraceum (L.) Scop.

Herbazales sobre suelos frescos, orillas de arroyos y claros forestales. **Alt.:** 700-1400 m.

Dist.: Eur. Montañas medias occ. **Alp.:** -; **Atl.:** RR; **Med.:** -.

Cirsium palustre (L.) Scop.

Juncales, turberas, depresiones inundadas y prados. **Alt.:** 20-1600 m. **HIC:** 6410, Juncales éutrofos.

Dist.: Eur. Valles atlánt. y montañas septentrionales. **Alp.:** F; **Atl.:** C; **Med.:** -.

Cirsium tuberosum (L.) All.

Pastos y matorrales aclarados, claros forestales, etc. **Alt.:** 500-1800 m.

Dist.: Europa W. General por el centro de Navarra, desde los Pirineos hasta las montañas occ. **Alp.:** F; **Atl.:** F; **Med.:** E.

Obs.: Se ha citado *C.* × *medium* All. (*C. acaule* × *C. tuberosum*) de Anocibar, Ollo, Sarasate y Burgui.

Cirsium vulgare (Savi) Ten.

C. lanceolatum (L.) Scop.

Ambientes alterados, como baldíos, cunetas, escombreras y ribazos. **Alt.:** 40-1300 m. **HIC:** 6430.

Dist.: Plurirreg. Por la mayor parte del territorio. **Alp.:** F; **Atl.:** C; **Med.:** F.

Coleostephus myconis (L.) Rchb. fil.

Chrysanthemum myconis L.

Planta citada de Navarra antes de 1960, sin citas posteriores Naturalizada. Cunetas, vías de ferrocarril, orillas de cultivos y otros ambientes alterados. **Alt.:** 300-600 m.

Dist.: Med. Conocida antiguamente de Aoiz. **Alp.:** -; **Atl.:** -; **Med.:** RR.

Obs.: Citada por Coste (1910). Se conoce de Guipúzcoa, cerca de Navarra.

Conyza bonariensis (L.) Cronq.

Erigeron bonariensis L.

Planta naturalizada. Ruderal, a orillas de carreteras, ribazos, cultivos, escombreras, etc. **Alt.:** 100-600 m.

Dist.: Introd.; originaria de Sudamérica. Por buena parte del territorio, cada vez más extendida. **Alp.:** R; **Atl.:** E; **Med.:** E.

Conyza canadensis (L.) Cronq.

Erigeron canadensis L.

Planta naturalizada. Ruderal, en orillas de carreteras, ribazos, cultivos, escombreras, etc. **Alt.:** 100-750 m.

Dist.: Introd.; originaria de Norteamérica. General en el territorio, eludiendo las zonas más elevadas. **Alp.:** E; **Atl.:** F; **Med.:** C.

Conyza sumatrensis (Retz.) E. Walker

Planta naturalizada. Ruderal, a orillas de carreteras, ribazos, cultivos, escombreras y orillas de ríos. **Alt.:** 300-400 m.

Dist.: Introd.; originaria neotrop. Puntual en Murillo el Fruto y Belascoain, pero debe estar más extendida. **Alp.:** -; **Atl.:** RR; **Med.:** RR.

Obs.: Poblaciones subestimadas confundidas con *C. bonariensis.*

Cotula coronopifolia L.

Naturalizada en suelos húmedos, a orillas de charcas y balsas en cubetas salobres. **Alt.:** 400-450 m.

Dist.: Introd.; originaria de Sudáfrica. Conocida de Viana. **Alp.:** -; **Atl.:** RR; **Med.:** RR.

Obs.: Hay algunas citas de Araquil (López, 1968, 1970) que no parecen verosímiles. Considerada especie exótica con potencial invasor (CEEEI, 2011).

Crepis albida Vill. subsp. *albida*

Repisas y rellanos de roquedos, pastos pedregosos y crestones soleados y calizos. **Alt.:** 300-2150 m.

Dist.: Oróf. Med. W. Por las montañas de la Zona Media, Pirineos, montañas occ. y hasta el sur, donde se enrarece. **Alp.:** E; **Atl.:** F; **Med.:** E.

Crepis albida Vill. subsp. *macrocephala* (Willk.) Babcock

Repisas y rellanos de roquedos, pastos pedregosos y crestones soleados y calizos. **Alt.:** 300-2150 m.

Dist.: Endém. del NE de la P. Iberica. Por las montañas de la Zona Media, Pirineos, montañas occ. y hasta el sur, donde se enrarece. **Alp.:** E; **Atl.:** F; **Med.:** E.

Obs.: En muchas ocasiones la bibliografía no distingue las dos subespecies citadas.

Crepis biennis L.

Planta dudosa que requiere comprobación. Prados de siega y herbazales ruderalizados. **Alt.:** 250-600 m.

Dist.: Eur. Cuenca de Pamplona y Ribera. **Alp.:** -; **Atl.:** RR; **Med.:** RR.

Obs.: Parece que se ha confundido con *C. capillaris* (García Bona, 1974; Báscones, 1978; Mayo, 1978; Garde, 1983).

Crepis capillaris (L.) Wallr.

C. virens L., nom. illegit.

Pastos, jardines, orillas de caminos, baldíos, cultivos, etc., en general en terrenos alterados. **Alt.:** 40-1200 m. **HIC:** Prados diente-siega con *Cynosurus cristatus*, 6510. **Dist.:** Plurirreg. General en el territorio. **Alp.:** F; **Atl.:** C; **Med.:** E.

Crepis foetida L. subsp. *foetida*

Ruderal en ambientes caldeados, pastos de anuales o claros de matorrales. **Alt.:** 400-1100 m.

Dist.: Plurirreg. Dispersa por la Zona Media y mitad meridional. **Alp.:** RR; **Atl.:** -; **Med.:** E.

Crepis lampsanoides (Gouan) Tausch

Herbazales en orlas y claros forestales, repisas y rellanos con megaforbios; sobre suelos ricos en nutrientes. **Alt.:** 30-1900 m. **HIC:** 91E0*.

Dist.: Atl. Montañas pirenaicas, en la Zona Media occidental y los valles atlánt. **Alp.:** E; **Atl.:** E; **Med.:** R.

Crepis nicaeensis Balbis

Claros forestales, pastos y terrenos removidos. **Alt.:** 400-1200 m.

Dist.: Med. Sierra de Urbasa y San Cristóbal (Vicente, 1983) con dudas. **Alp.:** -; **Atl.:** RR; **Med.:** RR.

Crepis paludosa (L.) Monech

Suelos húmedos, en ambientes sombreados a orillas de ríos y arroyos y orlas forestales frescas. **Alt.:** 40-1400 m.

Dist.: Eur. Pirineos, valles atlánt. y montañas occ. **Alp.:** E; **Atl.:** E; **Med.:** -.

Crepis pulchra L.

Claros forestales, brezales, sendas y crestones algo nitrificados. **Alt.:** 300-1300 m.

Dist.: Plurirreg. Pirineos, Zona Media y montañas occ., siendo rara en los dos extremos. **Alp.:** E; **Atl.:** E; **Med.:** F.

Crepis pygmaea L. subsp. *pygmaea*

Graveras y pedrizas, pastos pedregosos y crestones calizos. **Alt.:** 1100-2400 m. **HIC:** 8130.

Dist.: Oróf. Europa W. Limitada a las montañas pirenaicas. **Alp.:** R; **Atl.:** -; **Med.:** -.

Crepis pyrenaica (L.) W. Greuter

C. blattarioides (L.) Vill.

Herbazales y pastos pedregosos en ambientes sombríos, largamente innivados. **Alt.:** 1650-1900 m.

Dist.: Oróf. Europa W. Montañas pirenaicas y a occidente en la sierra de Aralar guipuzcoana. **Alp.:** RR; **Atl.:** -; **Med.:** -.

Crepis sancta (L.) Bacock

Pterotheca sancta (L.) C. Koch

Planta naturalizada. Ruderal y arvense. **Alt.:** 250-300 m.

Dist.: Plurirreg.: Med. E-Irano-Turaniana. Puntual en la Ribera (Lerín, Castejón). **Alp.:** -; **Atl.:** -; **Med.:** R.

Obs.: Se incluye la subsp. *nemausensis* (Gouan) Babcock.

Crepis vesicaria L. subsp. *haenseleri* (Boiss. ex DC.) P.D. Sell

C. vesicaria subsp. taraxacifolia (Thuill.) Thell. ex Schinz & R. Keller

Pastos, ribazos, prados, baldíos, cerros pedregosos, etc. **Alt.:** 200-1300 m.

Dist.: Eur. General, salvo en las montañas pirenaicas más elevadas. **Alp.:** F; **Atl.:** C; **Med.:** C.

Obs.: Se han citado del territorio *C. bellidifolia* Loisel y *C. setosa* Haller fil. de Bertizarana (Lacoizqueta, 1884); *C. tectorum* L. de Tafalla (Escriche, 1935), sin que ninguna de ellas parezcan pertenecer a la flora navarra.

Crupina vulgaris Pers. ex Cass.

Centaurea crupina L.; Centaurea acuta Lam.; C. acuta (Lam.)

Fritsch ex Janch.; C. brachypappa Jord. & Fourr.

Pastos y claros de matorrales, sobre suelos pedregosos, caldeados; rellanos rocosos y pies de cantil; sobre calizas. **Alt.:** 300-1000 m.

Dist.: Plurirreg.; Med.-Irano-Turaniana. Navarra Media, cuencas y valles prepiren. y en la Ribera. **Alp.:** R; **Atl.:** E; **Med.:** E.

Obs.: La mayoría del material navarro pertenecería a la var. *vulgaris*.

Cynara cardunculus L.

Cultivada en huertas, se asilvestra en cunetas y ribazos, en ambientes secos y soleados. **Alt.:** 250-600 m.

Dist.: Med. Ribera Estellesa y Tudelana. **Alp.:** -; **Atl.:** -; **Med.:** E.

Obs.: Para esta planta se han descrito dos subspecies: subsp. *cardunculus*, que parece limitarse a las Islas Baleares y SW Ibérico, y la subsp. *flavescens* Wiklund a la que podría corresponder esta planta.

Cynara scolymus L.

Cultivada en huertas, se asilvestra ocasionalmente en lugares alterados. **Alt.:** 250-700 m.

Dist.: Med. Ribera Estellesa y Tudelana. **Alp.:** -; **Atl.:** -; **Med.:** E.

Obs.: Muy relacionada con *C. cardunculus*. En *Flora Iberica* se considera incluida en esta segunda.

Dittrichia graveolens (L.) W. Greuter

Inula graveolens (L.) Desf.

Ambientes alterados, como cunetas, vías de tren, ribazos y baldíos. **Alt.:** 400-450 m.

Dist.: Med. Sólo se conoce de Pamplona. **Alp.:** -; **Atl.:** RR; **Med.:** -.

Dittrichia viscosa (L.) W. Greuter

Inula viscosa (L.) Aiton

Orillas de vías de comunicación, baldíos, escombreras, cascajeras fluviales, en general en medios alterados. **Alt.:** 250-800 m.

Dist.: Med. General en la mitad meridional, se adentra puntualmente en los valles atlánt. y en los pirenaicos. **Alp.:** R; **Atl.:** E; **Med.:** C.

Doronicum carpetanum Boiss. & Reut. ex Willk.

D. pardalianches auct.

Herbazales y megaforbios, sobre suelos húmedos en ambientes sombríos y frescos. **Alt.:** 50-1500 m.

Dist.: Endém. ibérica subatl. Montañas septentrionales en el NW de Navarra, hasta Aralar y la sierra de Altzania, y algunas poblaciones rozando el Pirineo por tierras francesas (Santa-Engracia). **Alp.:** -; **Atl.:** E; **Med.:** RR.

Obs.: Incluida la subsp. *pubescens* (C. Pérez & al.) Aizpuru. Límite nororient. en Navarra. Las citas de *D. clusii* (All.) Tausch y *D. austriacum* Jacq. (Lacoizqueta, 1884 y Báscones, 1978) de los valles atlánticos deben pertenecer a este taxon. La anotación de *D. clusii* dada por Llanos (1972) del monte Ori corresponde a *Senecio pyrenaicus* L.

Doronicum grandiflorum Lam.

Pedrizas, grietas de lapiaz en el karst, repisas de roquedos, en zonas de alta montaña. **Alt.:** 1500-2400 m. **HIC:** 8130.

Dist.: Oróf. Europa. Limitado a las montañas pirenaicas. **Alp.:** R; **Atl.:** -; **Med.:** -.

Doronicum pardalianches L.

Canchales y orlas de bosques caducifolios en ambientes frescos. **Alt.:** 800-1400 m.

Dist.: Eur. Parece estar presente en la sierra de Aralar y en algunas montañas de la divisoria de aguas. **Alp.:** -; **Atl.:** RR; **Med.:** -.

Obs.: Conviene estudiar la presencia de este taxon y su distribución en Navarra.

Doronicum plantagineum L.

Herbazales frescos, orlas y claros del bosque. **Alt.:** 500-1300 m.

Dist.: Atl. Montañas de la Zona Media, Pirineos, sierras occ. y prepiren., escaseando en los valles atlánt. **Alp.:** E; **Atl.:** E; **Med.:** E.

Echinops ritro L. subsp. ritro

E. pauciflorus Lam.

Claros de matorrales y pastos mediterráneo, taludes y ribazos secos y soleados. **Alt.:** 250-600 m. **HIC:** 4090, 6220*.

Dist.: Med. General en la mitad meridional de Navarra **Alp.:** -; **Atl.:** -; **Med.:** F.

Erigeron acer L. subsp. acer

Pastos pedregosos, claros forestales, crestones, cunetas y lugares alterados. **Alt.:** 400-1450 m.

Dist.: Eur. Por la Zona Media, enrareciéndose en los valles atlánt. y en la Ribera. **Alp.:** E; **Atl.:** F; **Med.:** E.

Erigeron alpinus L.

Pastos pedregosos, repisas y rellanos de roquedos, en ambientes de alta montaña. **Alt.:** 1450-2100 m.

Dist.: Bor.-Alp. Limitada a las montañas pirenaicas al este del monte Ori. **Alp.:** R; **Atl.:** -; **Med.:** -.

Obs.: Comprende varias subspecies. Del monte Lakora (Isaba) se ha citado la subsp. *pyrenaicus* (Pourr.) Braun-Blanq.

Erigeron karvinskianus DC.

Planta naturalizada. Muros, tapias y orillas de arroyos, en ambientes sombríos y cerca de núcleos urbanos. **Alt.:** 20-600 m. **HIC:** Com. subnitrof. muros y roquedos.

Dist.: Introd.; originaria de México. En los valles atlánticos. **Alp.:** -; **Atl.:** E; **Med.:** -.

Obs.: Se considera una planta alóctona con carácter invasor, pero parece restringirse a los ambientes más humanizados, por lo que no parece, de momento, muy problemática.

Erigeron uniflorus L.

Ventisqueros y fisuras de roquedos calizos innivados en la alta montaña. **Alt.:** 1800-2400 m.

Dist.: Bor.-Alp. Limitada a contadas localidades pirenaicas (Peña Ezkaurre). **Alp.:** RR; **Atl.:** -; **Med.:** -.

Eupatorium cannabinum L. subsp. *cannabinum*

Herbazales, cunetas, orillas de cursos de agua y orlas forestales, sobre suelos húmedos. **Alt.:** 20-1200 m. **HIC:** Com. ciper. amacoll., Com. helóf. tam. med., 6420, 6430, 3240, 92A0.

Dist.: Eur. Por la mayor parte de Navarra, enrareciéndose hacia la Ribera. **Alp.:** C; **Atl.:** C; **Med.:** F.

Evax carpetana Lange

E. lasiocarpa Lange ex Cutanda

Pastos de anuales y rellanos, sobre suelos esqueléticos. **Alt.:** 400-1100 m.

Dist.: Med. W. Por las montañas medias occ. y citada de Pamplona (Bubani, 1900). **Alp.:** -; **Atl.:** RR; **Med.:** R.

Evax pygmaea (L.) Brot.

Pastos de anuales, ribazos y romerales. **Alt.:** 250-500 m.

Dist.: Med. Limitada a la Ribera Tudelana. **Alp.:** -; **Atl.:** -; **Med.:** RR.

Obs.: Conviene estudiar las poblaciones para determinar las subespecies.

Filaginella uliginosa (L.) Opiz subsp. *uliginosa*

Gnaphalium uliginosum L.

Suelos temporalmente inundados a orillas de embalses y arroyos. **Alt.:** 20-1600 m. **HIC:** 3170*.

Dist.: Eur. Navarra Húmeda del NW, Pirineos y montañas medias occ. **Alp.:** R; **Atl.:** E; **Med.:** -.

Filago lutescens Jordan subsp. *lutescens*

F. pyramidata L. subsp. lutescens (Jordan) O. Bolòs & Vigo

Planta que está cerca de Navarra, y cuya presencia se estima probable. Pastos de anuales sobre suelos arenosos secos. **Alt.:** 500-850 m.

Dist.: Eur. **Alp.:** -; **Atl.:** RR; **Med.:** RR.

Obs.: Ha sido citada por López (1968) de distintas localidades de las sierras medias occ. Recientemente se ha anotado de Salvatierra de Esca (Z), cerca de Navarra (Aizpuru & al., 2003).

Filago pyramidata L.

F. spathulata Presl

Pastos de anuales, claros de matorrales, baldíos y otros lugares removidos. **Alt.:** 250-1200 m. **HIC:** 1420, 1430, 6220*, Espartales (no halófilos).

Dist.: Plurirreg. General en la mitad meridional, siendo más rara hacia el norte. **Alp.:** R; **Atl.:** E; **Med.:** C.

Filago vulgaris Lam.

F. germanica L., non Huds.; F. pyramidata L. subsp. canescens (Jord.) O. Bolòs & Vigo

Pastos y claros de matorral, sobre suelos arenosos. **Alt.:** 400-1200 m.

Dist.: Eur. Por la Zona Media, principalmente orient. y cuencas prepiren. **Alp.:** RR; **Atl.:** R; **Med.:** E.

Galactites tomentosus Moench

Centaurea galactites L.; G. pumilus Porta

Ruderal en caminos, cunetas, ribazos, taludes y escombreras. **Alt.:** 250-700 m.

Dist.: Med. Por la Zona Media, las cuencas prepiren., montañas occ. y Ribera; esporádica en los valles atlánt. **Alp.:** -; **Atl.:** E; **Med.:** E.

Galinsoga ciliata (Rafin.) S.F. Blake

G. quadriradiata Ruiz & Pav.; G. aristulata E.P. Bicknell

Naturalizada en ambientes ruderalizados. **Alt.:** 20-500 m.

Dist.: Introd.; originaria de Sudamérica. En la cuenca de Pamplona y en la Navarra Húmeda del NW. **Alp.:** -; **Atl.:** E; **Med.:** R.

Gamochaeta coarctata (Willd.) Kerguélen

G. spicata sensu Cabrera; G. purpurea auct.

Planta naturalizada en lugares removidos, en claros de brezales y argomales, sobre suelos arenosos. **Alt.:** 230 m.

Dist.: Introd.; originaria de Norteamérica. Conocida únicamente de la Regata de Orabidea, en Baztán. **Alp.:** -; **Atl.:** RR; **Med.:** -.

Gamochaeta subfalcata (Cabrera) Cabrera

G. falcatum auct.; G. falcata (Lam.) Cabrera

Planta naturalizada sobre suelos removidos, arenosos, en claros del brezal y pistas forestales. **Alt.:** 300-650 m.

Dist.: Introd.; originaria del C-S de América. Limitada a escasa localidades en la Navarra Húmeda del NW. **Alp.:** -; **Atl.:** R; **Med.:** -.

Gnaphalium luteo-album L.

Sobre suelos temporalmente inundados, en cunetas, cascajeras fluviales, etc. **Alt.:** 400-800 m.

Dist.: Subcosm. Dispersa por Navarra, en los valles atlánt., sierras occ. y Ribera. **Alp.:** -; **Atl.:** RR; **Med.:** RR.

Hedypnois cretica (L.) Dum.-Courset

H. rhagadioloides (L.) F.W. Schmidt

Pastos de anuales, matorrales aclarados y lugares alterados. **Alt.:** 250-650 m.

Dist.: Med. General en la mitad meridional de Navarra, llegando a las cuencas y Zona Media. **Alp.:** -; **Atl.:** RR; **Med.:** E.

Helianthus annuus L.

Cultivada, asilvestrándose en las cercanías a campos de cultivo, como ribazos, cunetas y baldíos. **Alt.:** 250-700 m.

Dist.: Introd.: originaria de Sudamérica. Aquí y allá, dispersa por la Zona Media y la Ribera. **Alp.:** RR; **Atl.:** RR; **Med.:** RR.

Helianthus tuberosus L.

Cultivada como ornamental, se asilvestra en las orillas de los ríos, acequias y otros lugares alterados. **Alt.:** 250-450 m.

Dist.: Introd.; originaria de Norteamérica. Cuenca de Pamplona, ríos de la Zona Media y de la Ribera. **Alp.:** -; **Atl.:** R; **Med.:** R.

Obs.: Considerada especie exótica invasora (CEEEI, 2011). Se conoce de Miranda de Arga, Belascoain y Yerri el híbrido *H. × laetiflorus* Pers. [*H. rigidus* (Cass.) Desf. × *H. tuberosus* L.], una planta cultivada como ornamental, asilvestrada en medios antrópicos, rara en su conjunto.

Helichrysum italicum (Roth) G. Don fil. subsp. *serotinum* (Boiss.) P. Fourn.

Pastos pedregosos, pedrizas y cascajeras fluviales, en ambientes secos y soleados. **Alt.:** 250-850 m. **HIC:** Mat. nitrof. grav. fluv.

Dist.: Med. W. Por la Navarra Media, occidental sobre todo, la Ribera Estellesa y Tudelana. **Alp.:** -; **Atl.:** -; **Med.:** E.

Helichrysum stoechas (L.) Moench subsp. stoechas

Claros del matorral, pastos pedregosos, rellanos y repisas de roquedos; en ambientes soleados. **Alt.:** 250-800 m. **HIC:** 4090.
Dist.: Med. General en Navarra, salvo en las montañas más elevadas y en los valles atlánt., donde se enrarece mucho. **Alp.:** F; **Atl.:** F; **Med.:** C.

Género *Hieracium*

Género de extrema complejidad, de la que no queda excluida Navarra. A nivel europeo se han apuntado innumerables especies –microespecies– muchas de las cuales alcanzan tierras navarras, y otras muchas se han descrito recientemente, manteniendo cierto grado de endemicidad, a tenor de los últimos estudios realizados sobre el género. El tratamiento seguido en este Catálogo, y que nos ha parecido pertinente, es el propuesto por Mateo (2007), en su versión para *Flora Iberica*, obra aún en proceso de publicación. Existen especies taxonómicamente bien delimitadas, pero no es extraña la presencia de otras originadas por apomixis –sin reproducción sexual– que complican la determinación veraz de los materiales, incluyéndose un buen número de formas de transición. Los datos aquí presentados deben tomarse con cautela, y es una mera aproximación que requiere el concurso de especialistas para una correcta interpretación de los táxones presentes en Navarra. El género *Hieracium*, tradicionalmente ha incluido a *Pilosella* en su tratamiento, estando ahora este género segregado del primero, y que se presenta posteriormente en este trabajo, manteniendo las mismas consideraciones que anotamos para *Hieracium*.

Hieracium alatum Lapeyr.

En roquedos silíceos. **Alt.:** 250-850 m.
Dist.: Europa W. Conocida de Lesaka (Peña de San Antón). **Alp.:** -; **Atl.:** RR; **Med.:** -.
Obs.: Incluida dentro del complejo *H. murorum-gymnocerinthe*. Los materiales parecen corresponder más al gr. *alatum*.

Hieracium amplexicaule L.

Grietas y rellanos de roquedos, pastos pedregosos de montaña. **Alt.:** 600-1600 m.
Dist.: Plurirreg. Montañas pirenaicas y sierras medias occ. **Alp.:** RR; **Atl.:** E; **Med.:** R.

Hieracium aragonense Scheele

H. catolanum Arv.-Touv.
Fisuras y rellanos en roquedos. **Alt.:** 850-900 m.
Dist.: Endem. del S, E y C peninsular. En Esteribar (Antxoriz-Arromendi). **Alp.:** -; **Atl.:** RR; **Med.:** -.

Hieracium atropictum Arv.-Touv. & Gaut.

Roquedos y laderas pedregosas inestables. **Alt.:** 750-1100 m.
Dist.: Endém. latepirenaica. Montañas medias occ. y de

la Zona Media. **Alp.:** -; **Atl.:** -; **Med.:** RR.
Obs.: Relacionado con *H. glaucinum-lawsonii*.

Hieracium aurense Zahn

Rellanos y repisas de roquedos calizos. **Alt.:** 800-900 m.
Dist.: Oróf. Europa W. Conocida del Valle de Roncal, en Isaba. **Alp.:** RR; **Atl.:** -; **Med.:** -.

Hieracium avellense Mateo & Alejandre

Repisas y rellanos de roquedos en ambientes soleados. **Alt.:** 950-1000 m.
Dist.: Endém. de los Pirineos. En Petilla de Aragón (Selva). **Alp.:** -; **Atl.:** -; **Med.:** RR.
Obs.: Conocida de Lérida y Navarra. Dentro de *H. candidum*.

Hieracium bicolor Scheele

H. bourgaei Boiss.
Grietas y fisuras de roquedos calizos, laderas pedregosas. **Alt.:** a 1000 m.
Dist.: Endém. pirenaico-ibérica. En el Valle de Belagua (Isaba). **Alp.:** RR; **Atl.:** -; **Med.:** -.

Hieracium bombycinum Boiss. & Reut. ex Rchb. f.

H. mixtum subsp. bombycinum (Boiss. & Reut. ex Rchb. f. Zahn
Roquedos y terrenos calizos, sobre suelos someros. **Alt.:** 1000-1100 m.
Dist.: Endém. de la Cordillera Cantábrica y el Pirineo occidental. Parece distribuirse por las montañas medias occ. (sierra de Codés y cercanías). **Alp.:** -; **Atl.:** RR; **Med.:** R.

Hieracium cabreranum Arv.-Touv.

H. tephrocerinthe subsp. cabreranum (Arv.-Touv.) Zahn
Planta que está cerca de Navarra, y cuya presencia se estima probable. Roquedos calizos.
Dist.: Oróf. Europa W. No está en Navarra.
Obs.: Se conoce de Huesca y Lérida, y con dudas de Barcelona y Gerona, sin datos de Navarra. Pertenece al grupo *cordifolium/candidum*.

Hieracium candidum Scheele

H. leucodermum Arv.-Touv. & Gaut.
Roquedos secos y soleados; sobre calizas. **Alt.:** 650-1000 m.
Dist.: Oróf. Med. W. Por las montañas pirenaicas. **Alp.:** RR; **Atl.:** -; **Med.:** -.

Hieracium cerinthoides L.

Grietas de roquedos sombríos, y sobre suelos someros de rellanos y bosques aclarados. **Alt.:** 1000-1950 m.
Dist.: Endém. pir.-cant. Por las montañas pirenaicas y en las sierras medias occ. **Alp.:** R; **Atl.:** R; **Med.:** -.
Obs.: Incluida como subsp. *gymnocerinthe* [*H. cerinthoides* subsp. *gymnocerinthe* (Arv.-Touv. & Gaut.) Zahn]. En *Flora Iberica* se considera taxon independiente vinculado a *H. gymnocerinthe*.

Hieracium chamaecerinthe Arv.-Touv. & Gaut.

H. ramondii subsp. chamaecerinthe (Arv.-Touv. & Gaut.) Zahn
Roquedos y terrenos escarpados, sobre calizas. **Alt.:** 700-2000 m.
Dist.: Oróf. Europa W. Montañas pirenaicas. **Alp.:** RR;

Atl.: -; **Med.:** -.

Obs.: Incluido dentro de *H. lawsonii* e *H. ramondii*; presente en Huesca, Lérida y Navarra.

Hieracium codesianum Mateo

Repisas y rellanos de roquedos calizos.

Dist.: Oróf. Europa W. Mateo (2007) la anota del monte Yoar y Peña Humada, en las estribaciones medias occ. **Alp.:** -; **Atl.:** RR; **Med.:** RR.

Hieracium colmeiroanum Arv.-Touv. & Gaut.

H. lawsonii-subsericeum

Roquedos y suelos pedregosos; sobre calizas. **Alt.:** 700-2000 m. **HIC:** 8210.

Dist.: Endém. pir.-cant. Montañas pirenaicas y sierras medias occ. (Lapoblación). **Alp.:** RR; **Atl.:** RR; **Med.:** -.

Cons.: DD (LR, 2000); LC (LR, 2008); Prioritaria (Lorda & al., 2009).

Hieracium cordatum Scheele

H. amplexicaule-cordifolium

Roquedos calizos. **Alt.:** 600-1700 m.

Dist.: Endém. pirenaico-ibérico orient. Parece ceñirse a las montañas pirenaicas y estribaciones cercanas. **Alp.:** RR; **Atl.:** -; **Med.:** RR.

Obs.: De Retz describió en 1978, del valle del río Urrobi, la subsp. *urrobensis* De Retz.

Hieracium cordifolium Lapeyr.

H. eriocerinthe Fr.

Repisas, fisuras y grietas de roquedos calizos, en foces y barrancos. **Alt.:** 700-1900 m.

Dist.: Oróf. Europa W. Parece limitarse a las montañas pirenaicas y estribaciones cercanas. **Alp.:** RR; **Atl.:** -; **Med.:** -.

Obs.: Conviene verificar su presencia en Navarra.

Hieracium diaphanoides Lindeb.

Planta dudosa que requiere comprobación. Parece frecuentar los bosques caducifolios con elevada humedad ambiental. **Alt.:** 100-2000 m.

Dist.: Oróf. Europa W. Se desconoce su distribución, pero pudiera estar ligada a las zonas más húmedas. **Alp.:** -; **Atl.:** ?; **Med.:** -.

Obs.: Incluida dentro de *murorum/lachenalii*. No se cita de la Pen. Ibér. en *Flora Europea*, pero sí en la monografía para *Flora Iberica*.

Hieracium elisaeanum Arv.-Touv.

H. graellsianum Arv.-Touv. & Gaut.; H. almerianum Arv.-Touv.; H. segurae Mateo

Roquedos secos y soleados. **Alt.:** 500-1500 m.

Dist.: Oróf. Europa W; ibérico-balear. Está presente en las montañas medias occ. (Peña Gallet, Nazar). **Alp.:** -; **Atl.:** RR; **Med.:** RR.

Obs.: Anotada por Mateo (2000).

Hieracium flocciferum Arv.-Touv.

H. flocculiferum Zahn; H. briziflorum Arv.-Touv.

Roquedos secos y soleados. **Alt.:** 600-1700 m.

Dist.: Oróf. Europa W. Estaría presente en las montañas meridionales y quizá en las pirenaicas. **Alp.:** RR; **Atl.:** -; **Med.:** RR.

Obs.: Dentro de *candidum/lawsonii*.

Hieracium fontanesianum Arv.-Touv. & Gaut.

Grietas y repisas de roquedos, así como sobre suelos pedregosos. **Alt.:** 1000-2100 m.

Dist.: Endém. pir.-cant. En las montañas pirenaicas y sierras meridionales. **Alp.:** RR; **Atl.:** -; **Med.:** RR.

Obs.: Incluida dentro de *cordifolium/ramondii*; presente en Huesca, Lérida y Navarra.

Hieracium glaucinum Jord.

H. praecox Sch. Bip.

Nemoral, orlas y linderos próximos; no falta en grietas y rellanos de roquedos. **Alt.:** 600-1300 m.

Dist.: Eur. Por la Zona Media, sierras prepiren. y montañas medias occ. **Alp.:** F; **Atl.:** E; **Med.:** E.

Obs.: Intermedio entre *murorum/schmidtii*. Incluida la subsp. *cinerascens* (*H. cinerascens* Jord.) y la subsp. *gougentianum* (*H. gougentianum* Gren. & Godr.), ésta última dudosa en Navarra.

Hieracium gymnocerinthe Arv.-Touv. & Gaut.

H. cerinthoides subsp. gymnocerinthe (Arv.-Touv. & Gaut.) Zahn

Ambientes rocosos y pastos claros en pendiente. **Alt.:** 600-2000 m.

Dist.: Endém. pirenaica y prepiren. Parece que se distribuiría por las montañas pirenaicas y estribaciones próximas. **Alp.:** RR; **Atl.:** RR; **Med.:** -.

Obs.: Considerado taxon independiente en *Flora Iberica*.

Hieracium humile Jacq. subsp. *humile*

Fisuras y grietas de roquedos calizos. **Alt.:** 800-2200 m.

Dist.: Oróf. Europa. Pirineos, sierras prepiren. y montañas medias occ. **Alp.:** RR; **Atl.:** RR; **Med.:** ?

Hieracium intonsum Zahn

Repisas y rellanos de roquedos calizos. **Alt.:** 1200-2200 m.

Dist.: Oróf. Europa W. Montañas pirenaicas. **Alp.:** RR; **Atl.:** -; **Med.:** -.

Obs.: Lizaur (2006) la anota del límite entre Navarra y Francia (Pièrre St. Martin-Anie).

Hieracium inuliflorum Arv.-Touv. & Gaut.

Fisuras de roquedos calizos. **Alt.:** 550-2100 m.

Dist.: Endém. pirenaica. Parece limitarse a las montañas pirenaicas y sierras prepiren. próximas. **Alp.:** RR; **Atl.:** -; **Med.:** RR.

Cons.: DD (LR, 2000); LC (LR, 2008).

Obs.: Se ha citado de Aspurz la subsp. *inurifloroides*.

Hieracium lachenalii Gmel.

H. vulgatum subsp. lachenalii (Suter) Zahn; H. argillaceum Jord.; H. vulgatum auct.

En bosques, claros, orlas y matorrales derivados. **Alt.:** 600-1600 m.

Dist.: Eur. Montañas pirenaicas, sierras prepiren., montañas de la Zona Media y sierras medias occ. **Alp.:** R; **Atl.:** R; **Med.:** R.

Hieracium laevigatum Willd.

Claros y orlas de bosques acidófilos, repisas y rellanos de roquedos; sobre sustratos silíceos. **Alt.:** 100-1300 m.

Dist.: Eur. Mitad septen., principalmente en los valles

de influencia atlánt. **Alp.:** R; **Atl.:** E; **Med.:** R.

Hieracium lamprophyllum Scheele

Fisuras, repisas y rellanos de roquedos. **Alt.:** 800-1900 m. **Dist.:** Endém. pirenaica. Por las montañas pirenaicas y en las sierras medias occ. **Alp.:** RR; **Atl.:** -; **Med.:** RR. **Obs.:** Incluida dentro de *murorum/ramondii*.

Hieracium laniferum Cav.

H. spathulatum (Scheele) Zahn

Fisuras, rellanos y repisas de roquedos calizos, soleados. **Alt.:** 750-1300 m. **Dist.:** Endém. ibérica. En las montañas medias occ. **Alp.:** -; **Atl.:** -; **Med.:** R. **Obs.:** Mateo (2000) y Lizaur (2004) anotaron de la sierra de Cantabria-Codés la subsp. *spathulatum* (Scheele) Zahn, que parece puede independizarse como especie.

Hieracium lawsonii Vill.

Rellanos y repisas de roquedos calizos. **Alt.:** 700-1900 m. **Dist.:** Oróf. Europa W. Montañas pirenaicas, estribaciones de la Zona Media y sierras medias occ. **Alp.:** E; **Atl.:** RR; **Med.:** -. **Obs.:** Lizaur (2003) anota la subsp. *aemuliflorum* (Sudre) Zahn de las sierras medias occ. (Genevilla-Aguilar de Codés), que puede pasar a especie independiente (*H. aemuliflorum* Sudre).

Hieracium legionense Cosson ex Willk.

H. bicolor subsp. legionense (Cosson ex Willk.) Zahn; H. bourgaei Boiss.

Laderas pedregosas y roquedos. **Alt.:** 800-2100 m. **Dist.:** Endém. pirenaico-ibérica. Por las montañas pirenaicas y meridionales. **Alp.:** RR; **Atl.:** -; **Med.:** RR. **Obs.:** Incluida dentro de *H. murorum* e *H. bombycinum*. Para Flora Europea se da como *H. bourgaei*.

Hieracium loeflingianum Arv.-Touv. & Gaut.

H. candidum-bourgaei

Laderas pedregosas, repisas y rellanos de roquedos calizos. **Alt.:** 750-1800 m. **Dist.:** Med. W. Montañas pirenaicas. **Alp.:** RR; **Atl.:** -; **Med.:** -.

Hieracium loretii Fr.

Repisas y rellanos de roquedos calcáreos. **Alt.:** 500-1800 m. **Dist.:** Oróf. Europa W. Montañas del territorio: en los Pirineos y la sierra de Urbasa. **Alp.:** RR; **Atl.:** RR; **Med.:** RR. **Obs.:** Incluido en *H. gymnocerinthe*. Anotada por Lizaur (2006) y Mateo (2007).

Hieracium loscosianum Scheele

H. baeticum Arv.-Touv. & Reverchon

Repisas, rellanos y fisuras de roquedos calizos. **Alt.:** 800-1500 m. **Dist.:** Endém. ibérica. Parece limitarse a las montañas meridionales. **Alp.:** -; **Atl.:** -; **Med.:** RR.

Hieracium maculatum Schrank

Claros y orlas forestales, laderas pedregosas. **Alt.:** 700-1600 m. **Dist.:** Eur. Valles prepiren. y montañas medias occ.

Alp.: RR; **Atl.:** RR; **Med.:** RR. **Obs.:** Incluida dentro de *H. lachenalii*.

Hieracium mixtiforme Arv.-Touv. ex Arv.-Touv. & Gaut.

Fisuras, rellanos y repisas de roquedos calizos. **Alt.:** 1000-2200 m. **Dist.:** Endém. pir.-cant. Parece estar mejor representada en las montañas pirenaicas, si bien parece no faltar en el resto. **Alp.:** RR; **Atl.:** RR; **Med.:** RR. **Obs.:** Incluido en *mixtum/ramondii*.

Hieracium mixtum Froel.

Roquedos calizos. **Alt.:** 500-2150 m. **Dist.:** Endém. pir.-cant. Montañas pirenaicas, de la Zona Media y sierras medias occ. **Alp.:** R; **Atl.:** RR; **Med.:** RR. **Obs.:** Se han descrito distinas subespecies; *mixtum* (la más frecuente) y *bombycinum* (Boiss. & Reut.) Zahn.

Hieracium montserratii Mateo

Fisuras de roquedos calcáreos. **Dist.:** Endém. pir.-cant. No se conoce muy bien su distribución en Navarra. **Alp.:** -; **Atl.:** ?; **Med.:** ? **Obs.:** Incluido dentro de *elisaeanum/amplexicaule*.

Hieracium murorum L.

Orlas y linderos forestales; pies y repisas de roquedos. **Alt.:** 150-1800 m. **HIC:** Robl. pel. pirenaicos, Pin. *Pinus sylvestris* acidófilos, Pin. *Pinus sylvestris* secund. **Dist.:** Eur. En la Zona Media, valles atlánt., montañas pirenaicas y prepiren. y sierras medias occ. **Alp.:** E; **Atl.:** RR; **Med.:** E. **Obs.:** Se han descrito e identificado distintas subespecies: *exotericum* (Jord.) Zahn; *gentile* (Jord.) Zahn; *micropsilon* (Jord.) Zahn y *murorum*

Hieracium nobile Gren. & Godr.

H. pyrenaicum Jord.

Claros forestales, roquedos y taludes; sobre sustratos silíceos. **Alt.:** 200-1600 m. **Dist.:** Europa SW. Pirineos, montañas atlánt., estribaciones medias occ. y orient. . **Alp.:** RR; **Atl.:** RR; **Med.:** R.

Hieracium olivaceum Gren. & Godr.

Repisas y rellanos de roquedos; barrancos y bosques pedregosos. **Alt.:** 1300-1900 m. **Dist.:** Endém. latepirenaico-cantábrico. Conocida en las montañas pirenaicas, posiblemente más extendida. **Alp.:** RR; **Atl.:** RR?; **Med.:** RR? **Obs.:** Se han reconocido la subsp. *lividulum* (Arv.-Touv. & Gaut.) Zahn, subsp. *olivaceum* y subsp. *praerosum* (Arv.-Touv.) Zahn.

Hieracium pseudocerinthe (Gaudin) W.D.J. Koch

H. amplexicaule var. pseudocerinthe Gaudin

Roquedos calizos. **Alt.:** 650-2100 m. **Dist.:** Oróf. Europa W. Montañas medias occ., posiblemente en el Pirineo. **Alp.:** RR?; **Atl.:** RR; **Med.:** RR. **Cons.:** DD (LR, 2000); LC (LR, 2008).

Hieracium pulmonarioides Vill.

H. amplexicaule subsp. pulmonarioides (Vill.) Zahn

Ambientes sombríos en zonas de contacto bosque-roquedo, pies de cantil, etc. **Alt.:** 900-1000 m.
Dist.: Oróf. Europa W. Se conoce de las montañas medias occ. (Puerto de la Aldea). **Alp.:** -; **Atl.:** -; **Med.:** RR.

Hieracium ramondii Griseb.

Fisuras, rellanos y repisas de roquedos calizos; pedregales en umbrías. **Alt.:** 550-1800 m. **HIC:** 8210.
Dist.: Endém. pir.-cant. Montañas pirenaicas, de la Zona Media y sierras medias occ. **Alp.:** RR; **Atl.:** RR; **Med.:** RR.
Cons.: DD (LR, 2000); NT (AFA-UICN, 2003); NT (AFA-UICN, 2004); NT (LR, 2008); Prioritaria (Lorda & al., 2009).
Obs.: Se han descrito la subsp. *odonthocerinthe* Zahn, subsp. *ramondii* y subsp. *trichocerinthe* (Arv.-Touv. & Gaut.) Zahn.

Hieracium recensitum Jord.

> *H. praecox subsp. recensitum (Jord. ex Boreau) Sudre; H. glaucinum subsp. recensitum (Jord. ex Boreau) Gottschl.; H. fragile var. sociale Pau*

Fisuras, rellanos y repisas de roquedos calizos; pedregales en umbrías.
Dist.: Oróf. Europa W; distribución mal conocida en Navarra.
Obs.: Mateo (2007) la cita de Navarra sin concretar su ubicación.

Hieracium rupivivum Sudre

Roquedos calizos.
Dist.: Oróf. Europa W. No se conoce bien su distribución en Navarra.
Obs.: Incluida en *H. lawsonii*, dentro del complejo *lawsonii/cordifolium* vel *phlomoides*. Conocida de Huesca, Lérida y Navarra.

Hieracium sabaudum L.

Nemoral, orlas y claros del bosque acidófilos, brezales, etc. **Alt.:** 150-1000 m.
Dist.: Eur. Montañas pirenaicas y atlánticas. **Alp.:** RR; **Atl.:** R; **Med.:** RR.

Hieracium saxifragum Fr.

Orlas forestales y roquedos silíceos.
Dist.: Eur. No se conoce muy bien su distribución, quizá en los valles atlánticos. **Alp.:** -; **Atl.:** RR; **Med.:** .
Obs.: Intermedia *schmidtii/lachenalii*.

Hieracium schmidtii Tausch

> *H. pallidum Biv.*

Roquedos, pastos pedregosos y claros forestales; afinidad silicícola. **Alt.:** 1000-2000 m.
Dist.: Eur. Montañas pirenaicas y meridionales. **Alp.:** RR; **Atl.:** ?; **Med.:** RR.

Hieracium solidagineum Fr.

Roquedos, taludes y orlas forestales. **Alt.:** 850-1700 m.
Dist.: Endém. pirenaico-ibérica. Montañas pirenaicas y sierras medias occ. **Alp.:** RR; **Atl.:** -; **Med.:** RR.

Hieracium souliei Arv.-Touv. & Gaut. subsp. souliei

Rellanos, repisas y fisuras de roquedos calizos. **Alt.:** 800-2000 m.
Dist.: Endém. pir.-cant. Montañas pirenaicas y sierras medias occ. (Aralar-Entzia). **Alp.:** RR; **Atl.:** RR; **Med.:** RR.

Hieracium subsericeum Arv.-Touv.

Roquedos y terrenos pedregosos calizos. **Alt.:** 800-2000 m.
Dist.: Endém. pirenaico-ibérico. Montañas pirenaicas y de la divisoria de aguas. **Alp.:** RR; **Atl.:** RR; **Med.:** -.

Hieracium ucenicum Arv.-Touv.

Fisuras, rellanos y repisas de roquedos. **Alt.:** 800-1400 m.
Dist.: Oróf. Europa W. Montañas medias occ. (Aralar, Urbasa). **Alp.:** -; **Atl.:** RR; **Med.:** RR.

Hieracium umbellatum L.

Bosques acidófilos, brezales-argomales, helechales. **Alt.:** 450-1200 m.
Dist.: Eur. Valles y montañas atlánt. ; levemente en el Pirineo y en las sierras medias occ. **Alp.:** RR; **Atl.:** E; **Med.:** -.
Obs.: Debe pertenecer a la subsp. *umbellatum*.

Hieracium umbrosum Jordan

Barrancos sombríos y megaforbios. **Alt.:** 1000-1500 m. **HIC:** 6430, 9150, 9120, Abet. pirenaicos.
Dist.: Eur. Montañas pirenaicas y prepiren., y estribaciones de la Zona Media. **Alp.:** RR; **Atl.:** RR; **Med.:** -.
Cons.: DD (LR, 2000); LC (LR, 2008); Prioritaria (Lorda & al., 2009).

Hieracium vivantii (De Retz) De Retz

> *H. ramondii subsp. vivantii De Retz*

Planta dudosa que requiere comprobación. Roquedos y terrenos pedregosos. **Alt.:** 300-1500 m.
Dist.: Endém. pirenaica. Parece limitarse a las montañas pirenaicas, especialmente en su vertiente septen. **Alp.:** RR; **Atl.:** -; **Med.:** -.
Obs.: Incluido en *H. ramondii*. No se cita de Navarra en *Flora Iberica*.

Hieracium vogesiacum (Kirschl.) Fr.

> *H. mougeotii (Froel. ex Kock) Godron*

Rellanos, repisas y fisuras de roquedos. **Alt.:** 750-2000 m.
Dist.: Oróf. Europa W. Parece limitarse a las montañas pirenaicas (Peña Ezkaurre). **Alp.:** RR; **Atl.:** -; **Med.:** -.
Obs.: Incluido dentro del complejo entre *H. glaucinum* e *H. gymnocerinthe*.

Hyoseris scabra L.

Planta citada de Navarra antes de 1960, sin citas posteriores. Pastos de anuales. **Alt.:** 350-500 m.
Dist.: Med. Anotada de Tudela. **Alp.:** -; **Atl.:** -; **Med.:** RR.
Obs.: Citada por Dufour (1860).

Hypochoeris glabra L.

Pastos de anuales, sobre suelos esqueléticos, terrazas fluviales y claros del carrascal-marojal; sobre arenas. **Alt.:** 150-1200 m.
Dist.: Med.-Atl. Montañas de la Zona Media y sierras

medias occ. **Alp.:** RR; **Atl.:** R; **Med.:** RR.

Hypochoeris maculata L.

Claros en matorrales y pastos sobre arenas. **Alt.:** 650-950 m.
Dist.: Eur. Montañas de la Zona Media y cuencas prepiren. **Alp.:** RR; **Atl.:** E; **Med.:** E.

Hypochoeris radicata L.

Pastos, brezales, bosques aclarados, cunetas y terrenos alterados. **Alt.:** 40-2000 m. **HIC:** Prados diente-siega con *Cynosurus cristatus*, 6510, 6230*.
Dist.: Plurirreg. General en el territorio. **Alp.:** C; **Atl.:** CC; **Med.:** C.

Inula britannica L.

Planta citada de Navarra antes de 1960, sin citas posteriores. En pastos humedecidos. **Alt.:** 300-500 m.
Dist.: Plurirreg. Se conoce sólo de Caparroso. **Alp.:** -; **Atl.:** -; **Med.:** RR.
Obs.: Citada por Pau (1889), más tarde (1896) como *I. casaviellae* Pau. Relacionada con *I. helenioides*, de la que resulta complejo separarla. No parece tener valor taxonómico.

Inula conyza DC.

Claros forestales, ribazos y taludes. **Alt.:** 20-1350 m.
Dist.: Eur. Mitad septen. y se enrarece hacia el sur. **Alp.:** E; **Atl.:** F; **Med.:** E.

Inula crithmoides L.

Herbazales a orillas de balsas y barrancos salobres o yesosos. **Alt.:** 300-450 m. **HIC:** 1510*, 92D0.
Dist.: Med.-Atl. Ribera Estellesa y Tudelana. **Alp.:** -; **Atl.:** -; **Med.:** E.

Inula helenioides DC.

Pastos pedregosos, claros del quejigal-carrascal, ribazos; en ambientes secos y soleados. **Alt.:** 250-950 m.
Dist.: Med. W. Zona Media, cuencas prepiren., montañas occ. y Ribera. **Alp.:** RR; **Atl.:** E; **Med.:** E.
Obs.: Pau (1904) cita el mesto *I. helenioides* × *I. salicina* de Navarra sin precisar más.

Inula helenium L.

Naturalizada en Herbazales nitrogenados. **Alt.:** 350-900 m.
Dist.: Introd.; Asia W. Contadas localidades: Arakil y Sangüesa. **Alp.:** -; **Atl.:** RR; **Med.:** RR.
Obs.: Antiguamente cultivada, es un neófito asiático naturalizado en ambientes frescos.

Inula helvetica Weber

Herbazales frescos junto a manantiales, juncales y trampales. **Alt.:** 550-750 m.
Dist.: Med. W. En la Navarra Media occidental. **Alp.:** -; **Atl.:** -; **Med.:** RR.

Inula langeana G. Beck

I. guitierrezii Pau; I. sennenii Pau
Pastos pedregosos en ambientes soleados. **Alt.:** 700-850 m.
Dist.: Endém. C-N de la P. Ibérica. Limitada a las montañas medias occ. (sierra de Codés). **Alp.:** -; **Atl.:** -; **Med.:** RR.

Inula montana L.

Pastos pedregosos, claros del carrascal y quejigal; crestones venteados. **Alt.:** 250-1150 m.
Dist.: Oróf. Med. W. General en la mitad meridional y la Zona Media, adentrándose por las cuencas prepiren. **Alp.:** E; **Atl.:** E; **Med.:** C.

Inula salicina L. subsp. *salicina*

Claros y orlas forestales, orillas de balsas, acequias y depresiones margosas. **Alt.:** 500-1000 m.
Dist.: Eur. En la Zona Media, desde las montañas occ. a las pirenaicas. **Alp.:** E; **Atl.:** E; **Med.:** E.

Jasonia glutinosa (L.) DC.

Chiliadenus saxatilis (Lam.) Brullo; J. saxatilis (Lam.) Guss.
Fisuras, rellanos y repisas de roquedos soleados; sobre calizas. **Alt.:** 350-1200 m. **HIC:** 5210, 8210.
Dist.: Med. W. Montañas de la Zona Media, desde las sierras occ. a los Pirineos, más algunas zonas de la Ribera. **Alp.:** E; **Atl.:** E; **Med.:** E.

Jasonia tuberosa (L.) DC.

Pastos pedregosos, cunetas y sendas sobre suelos arcillosos o margosos, temporalmente inundados. **Alt.:** 400-950 m. **HIC:** Pastiz. semiagost. suel. margosos.
Dist.: Med. W. Zona Media, con alguna localidad hacia el norte, desapareciendo en el sur. **Alp.:** E; **Atl.:** E; **Med.:** E.

Jurinea humilis (Desf.) DC.

Serratula humilis Desf.; S. bocconi Guss.; J. bocconi (Guss.) Guss.; J. pyrenaica Godr. & Gren.; J. gouani Rouy
Crestones y pastos pedregosos venteados; sobre calizas. **Alt.:** 800-1300 m. **HIC:** 6170.
Dist.: Oróf. Med. Montañas de la mitad media occidental. **Alp.:** -; **Atl.:** RR; **Med.:** R.
Obs.: Muy variable en el porte y otros caracteres morfológicos.

Klasea flavescens (L.) Holub. subsp. *leucantha* (Cav.) Cantó & Rivas Mart.

Serratula flavescens (L.) Poir. subsp. leucantha (Cav.) Cantó & M.J. Costa; S. flavescens var. leucantha (Cav.) Willk.; S. leucantha (Cav.) DC.; Carduus leucanthus Cav.
Pastos y claros de matorrales, cerros arcillosos o yesosos; en ambientes secos y soleados. **Alt.:** 250-600 m.
Dist.: Med. W. En la Ribera Estellesa y Tudelana, y puntual en la Navarra Media orient. **Alp.:** -; **Atl.:** -; **Med.:** E.

Klasea nudicaulis (L.) Fourr.

Serratula nudicaulis (L.) DC.; Centaurea nudicaulis L.
Pastos pedregosos, rellanos de roquedos, crestones y claros de carrascales. **Alt.:** 450-2100 m.
Dist.: Oróf. Med. W. General en la Zona Media y meridional, asciende a las montañas pirenaicas más elevadas. **Alp.:** E; **Atl.:** E; **Med.:** F.

Klasea pinnatifida (Cav.) Cass. ex Talavera

Serratula pinnatifida (Cav.) Poir.; S. barrelieri (Dufour) Dufour; Carduus pinnatifidus Cav.; Centaurea barrelieri Dufour

Pastos pedregosos y claros de matorrales, en ambientes secos y soleados. **Alt.:** 300-1100 m.
Dist.: Med. W. Por la Zona Media y meridional de Navarra. **Alp.:** RR; **Atl.:** R; **Med.:** E.

Lactuca perennis L.
Pedrizas, graveras, roquedos y pastos pedregosos. **Alt.:** 400-1350 m.
Dist.: Med. Montañas de la Zona Media, desde las sierras occ. a los Pirineos. **Alp.:** E; **Atl.:** F; **Med.:** F.
Cons.: DD (ERLVP, 2011).

Lactuca saligna L.
Lugares alterados, como barbechos, baldíos, cascajeras fluviales, etc. **Alt.:** 200-850 m.
Dist.: Plurirreg. Por buena parte del territorio, salvo en las montañas más elevadas. **Alp.:** R; **Atl.:** -; **Med.:** E.
Cons.: LC (ERLVP, 2011).

Lactuca sativa L.
Asilvestrada en ambientes ruderalizados. **Alt.:** 250-500 m.
Dist.: Plurirreg. Puntual en la mitad sur. **Alp.:** -; **Atl.:** -; **Med.:** RR.
Obs.: Se ha citado alguna vez como asilvestrada en Navarra.

Lactuca serriola L.
L. scariola L.
Ambientes alterados en cunetas, orillas de caminos, baldíos, cascajeras, etc. **Alt.:** 250-850 m.
Dist.: Plurirreg. Por buena parte del territorio, salvo en las montañas más elevadas. **Alp.:** R; **Atl.:** E; **Med.:** F.
Cons.: LC (ERLVP, 2011).

Lactuca tenerrima Pourr.
Pedrizas, repisas de roquedos y muros. **Alt.:** 350-1000 m.
Dist.: Med. Por la Zona Media. **Alp.:** RR; **Atl.:** R; **Med.:** R.
Cons.: LC (ERLVP, 2011).

Lactuca viminea (L.) J. & C. Presl subsp. *ramosissima* (All.) Bonnier
Pie de roquedos, pedrizas, cascajeras fluviales y pastos pedregosos, en ambientes secos y soleados. **Alt.:** 250-1100 m. **HIC:** 3250.
Dist.: Med. Dispersa por la Zona Media y meridional. **Alp.:** -; **Atl.:** R; **Med.:** E.
Cons.: LC (ERLVP, 2011), sin detallar subespecie.

Lactuca virosa L.
Claros y orlas forestales, medios alterados, como cunetas, cascajeras y baldíos. **Alt.:** 50-1350 m.
Dist.: Med. En los valles atlánt., Zona Media, Pirineos y más escasa en la mitad meridional. **Alp.:** E; **Atl.:** E; **Med.:** R.
Cons.: DD (ERLVP, 2011).

Lapsana communis L. subsp. *communis*
Orlas forestales, setos, orillas de caminos y de ríos; en ambientes frescos y sombreados. **Alt.:** 100-1350 m. **HIC:** 92A0.
Dist.: Eur. General en la mitad septen., escasea y se ausenta hacia el sur. **Alp.:** F; **Atl.:** C; **Med.:** F.

Launaea fragilis (Asso) Pau
L. resedifolia (L.) O. Kuntze; Zollikoferia resedifolia (L.) Coss.
Pastos y matorrales soleados, en ambientes secos y soleados. **Alt.:** 250-450 m.
Dist.: Med. W. Limitada a la Ribera Estellesa y Tudelana. **Alp.:** -; **Atl.:** -; **Med.:** R.

Launaea pumila (Cav.) O. Kuntze
Zollikoferia pumila (Cav.) DC.
Pastos y claros de matorrales sobre sustratos yesosos. **Alt.:** 250-650 m.
Dist.: Med. W. Limitada a la Ribera Estellesa y Tudelana. **Alp.:** -; **Atl.:** -; **Med.:** E.

Leontodon autumnalis L. subsp. *autumnalis*
Herbazales y pastos sobre suelos húmedos, orillas de manantiales y depresiones inundables. **Alt.:** 500-2300 m.
Dist.: Eur. Contadas localidades en los valles prepiren. y Pirineos. **Alp.:** RR; **Atl.:** RR; **Med.:** -.
Obs.: Convendría verificar las citas que se dan de la Ferrería de Orokieta (Báscones, 1978) y de Isaba, en el Bco. Mace (Villar, 1980).

Leontodon crispus Vill. subsp. *crispus*
Planta dudosa que requiere comprobación. Pastos secos y caldeados, sobre suelos someros. **Alt.:** 500-950 m.
Dist.: Plurirreg. **Alp.:** -; **Atl.:** RR; **Med.:** -.
Obs.: Hay dudas de que esté presente en Navarra. Está citada por Báscones (1978) del monte San Cristóbal, cerca de Pamplona.

Leontodon duboisii Sennen ex Widder
Brezales y herbazales húmedos, en ambientes neblinosos sobre sustratos silíceos. **Alt.:** 1100-1800 m.
Dist.: Endém Pirineo y Cordillera Cantábrica. Sólo la conocemos de Roncesvalles (Lorda, 2011). **Alp.:** -; **Atl.:** RR; **Med.:** -.

Leontodon hispidus L. subsp. *hispidus*
Pastos y claros del carrascal-quejigal, lugares alterados, sobre suelos pedregosos. **Alt.:** 100-1900 m.
Dist.: Eur. General en la mitad septen., escaseando hacia el sur. **Alp.:** F; **Atl.:** C; **Med.:** F.

Leontodon pyrenaicus Gouan subsp. *pyrenaicus*
Pastos, brezales, repisas herbosas de roquedos, en ambientes frescos y sobre sustratos silíceos. **Alt.:** 850-2400 m.
Dist.: Oróf. Europa W. Montañas de los valles atlánticos. y Pirineos. **Alp.:** E; **Atl.:** E; **Med.:** -.

Leontodon taraxacoides (Vill.) Mérat subsp. *hispidus* (Roth) Kerguélen
Leontodon taraxacoides (Vill.) Mérat subsp. longirostris Finch & P.D. Sell; L. saxatilis Lam. subsp. hispidus (Roth) Castroviejo & Laínz; Thrincia hispida Roth
Pastos pedregosos, repisas y rellanos de roquedos, crestones. **Alt.:** 250-1200 m.
Dist.: Med. Dispersa por la mitad meridional y cuencas prepiren. **Alp.:** R; **Atl.:** R; **Med.:** E.

Leontodon taraxacoides (Vill.) Mérat subsp. *taraxacoides*

L. saxatilis Lam. subsp. saxatilis

Pastos pedregosos, claros del matorral, en ambientes soleados y secos, incluso en lugares con climas más frescos. **Alt.:** 100-1150 m.

Dist.: Eur. General en Navarra, escaseando en los Pirineos y en la Ribera. **Alp.:** E; **Atl.:** E; **Med.:** E.

Leontodon tuberosus L.

Planta dudosa que requiere comprobación. Pastos pedregosos, en ambientes secos y caldeados. **Alt.:** 400-750 m.

Dist.: Med. Solo se conoce de Pamplona y sus Alrededores y de Tudela. **Alp.:** -; **Atl.:** RR; **Med.:** RR.

Obs.: Debe verificarse la cita de Mayo (1978) de Pamplona y la de Dufour (1860) de Tudela.

Leontopodium alpinum Cass.

Planta que está cerca de Navarra, y cuya presencia se estima probable. Pastos pedregosos, herbazales y crestones en la alta montaña; sobre calizas. **Alt.:** 2000-2500 m.

Dist.: Oróf. Europa. No se conoce de Navarra

Obs.: Se acerca hasta el Pic d'Anie (Lescun), a oriente de Navarra. Debe comprobarse su posible presencia en Anielarra.

Leucanthemopsis alpina (L.) Heywood subsp. *alpina*

Planta citada de Navarra, posiblemente errónea. Repisas y fisuras de roquedos, pastos pedregosos en ambientes de alta montaña. **Alt.:** 2000-2500 m.

Dist.: Oróf. Europa W. No se conoce de Navarra. **Alp.:** RR; **Atl.:** -; **Med.:** -.

Obs.: Citada por Llanos (1972) del monte Ori, que creemos debe llevarse a *Leucanthemum ircutianum* subsp. *cantabricum*; Rivas-Martínez & al. (1991) también la citan del Cdo. Piedra de San Martín, que estimamos errónea.

Leucanthemum aligulatum Vogt

L. pallens (Gay) DC. var. discoideum (Gay ex Willk.) Willk.: L. vulgare Lam. var. discoideum Gay ex Willk.

Claros de matorrales y bosques, pastos soleados. **Alt.:** 450-1100 m.

Dist.: Endém. ibérica. Pirineos, sierras y cuencas prepiren. y montañas medias occ. **Alp.:** RR; **Atl.:** -; **Med.:** R.

Obs.: Límite NW en Navarra.

Leucanthemum gaudinii Dalla Torre subsp. *barrelieri* (Dufour ex DC.) Vogt

L. barrelieri Timb.-Lagr.

Crestas, pedrizas, repisas y rellanos de roquedos; pastos de alta montaña. **Alt.:** 1400-2500 m.

Dist.: Endém. pirenaica. Limitada a las montañas pirenaicas. **Alp.:** E; **Atl.:** -; **Med.:** -.

Obs.: Límite pirenaico W en Navarra.

Leucanthemum gaudinii Dalla Torre subsp. *cantabricum* (Font Quer & Guinea) Vogt

L. vulgare var. cantabricum Font Quer & Guinea

Prados, pastos, prebrezales y orlas forestales; repisas de roquedos y crestones. **Alt.:** 600-1300 m.

Dist.: Endém. cántabrica. Montañas medias occ. y Pirineos de influencia atlánt. **Alp.:** RR; **Atl.:** R; **Med.:** -.

Obs.: Límite orient. en Navarra.

Leucanthemum ircutianum DC. subsp. *cantabricum* (Sennen) Vogt

L. cantabricum Sennen; L. vulgare subsp. cantabricum Sennen

Pastos, prados y repisas rocosas. **Alt.:** 600-1900 m.

Dist.: Endém. pir.-cant. Montañas pirenaicas y sierras medias occ. **Alp.:** RR; **Atl.:** RR; **Med.:** -.

Obs.: Límite orient. en Navarra.

Leucanthemum maximum (Ramond) DC.

Chrysanthemum maximum Ramond; L. vulgare subsp. maximum (Ramond) O. Bolòs & Vigo

Herbazales a pie de roquedos, lapiaces, pastos y graveras en ambientes frescos de montaña. **Alt.:** 350-1900 m. **HIC:** 6170.

Dist.: Endém. pir.-cant. Pirineos y montañas medias occ. **Alp.:** RR; **Atl.:** RR; **Med.:** -.

Cons.: VU (NA); Prioritaria (Lorda & al., 2009).

Leucanthemum pallens (Gay) DC.

Chrysanthemum pallens Gay; L. vulgare subsp. pallens (Gay) Briq. & Cavill.

Ribazos, herbazales de cunetas, pastos y claros forestales; cascajeras. **Alt.:** 100-1350 m.

Dist.: Med. Por la Zona Media, valles atlánt., Pirineos y sierras prepiren., y montañas medias occidentales; se enrarece y falta en el extremo sur. **Alp.:** E; **Atl.:** E; **Med.:** RR.

Obs.: Las citas de *L. vulgare* subsp. *vulgare* parece que deben llevarse a este taxon.

Leucanthemum vulgare Lam. subsp. *eliasii* (Sennen & Pau) Sennen & Pau

L. eliasii (Sennen & Pau) Sennen & Pau

Planta dudosa que requiere comprobación. Pastos pedregosos, rellanos de roquedos; sobre calizas. **Alt.:** 250-1000 m. **HIC:** 6210(*).

Dist.: Oróf. Med. W. Anotada de los Pirineos y Valles atlánt. **Alp.:** R; **Atl.:** E; **Med.:** -.

Obs.: Se ha citado repetidamente de los valles pirenaicos y atlánt. No parece que sea planta que llegue a Navarra.

Leucanthemum vulgare Lam. subsp. *pujiulae* Sennen

L. pujiulae (Sennen) Sennen

Planta que está cerca de Navarra, y cuya presencia se estima probable. Cascajeras fluviales, cunetas y ambientes con suelos removidos.

Dist.: Oróf. Med. W. No se conoce de Navarra.

Obs.: Roza el territorio por Huesca.

Logfia arvensis (L.) J. Holub

Filago arvensis L.

Terrenos removidos y pastos con suelos someros. **Alt.:** 450-1300 m.

Dist.: Eur. Salpica las montañas y valles atlánt., sierras y cuencas prepiren. y estribaciones medias occ. **Alp.:** -; **Atl.:** R; **Med.:** RR.

Logfia gallica (L.) Cosson & Germ.

Filago gallica L.

Rellanos de anuales, pastos pedregosos y claros de brezal-argomal; sobre sustratos silíceos o acidificados. **Alt.:** 250-1000 m. **HIC:** Past. anuales silic.

Dist.: Plurirreg. Montañas prepiren., de la Zona Media y medias occ., más los valles atlánt. **Alp.:** RR; **Atl.:** E; **Med.:** R.

Logfia minima (Sm.) Dumort.

Filago minima (Sm.) Pers.

Pastos sobre suelos arenosos, rellanos de roquedos; sobre sustratos silíceos. **Alt.:** 400-1400 m.

Dist.: Eur. Pirineos, sierras prepiren. y de la Zona Media, más en las estribaciones medias occ. **Alp.:** E; **Atl.:** E; **Med.:** R.

Mantisalca salmantica (L.) Briq. & Cavill.

Centaurea salmantica L.; *Microlonchus clusii* Spach

Baldíos, cunetas, cantiles soleados, terrenos despejados, en ambientes soleados. **Alt.:** 250-1100 m.

Dist.: Med. General en la mitad meridional. **Alp.:** -; **Atl.:** F; **Med.:** C.

Obs.: Planta muy variable en tamaño y porte de los capítulos.

Matricaria perforata Mérat

M. maritima L. subsp. *inodora* (C. Koch) Soó; *M. inodora* L., nom. illeg.

Taludes, baldíos y cascajeras fluviales. **Alt.:** 450-1400 m.

Dist.: Eur. Puntual en el territorio: Pirineos, Zona Media y valles atlánt. **Alp.:** R; **Atl.:** R; **Med.:** R.

Mycelis muralis (L.) Dumort.

Lactuca muralis (L.) GaertneR.

Nemoral, herbazales, grietas y rellanos de lapiaz; en ambientes sombreados. **Alt.:** 100-1450 m.

Dist.: Eur. General en la mitad septen. **Alp.:** F; **Atl.:** F; **Med.:** E.

Omalotheca supina (L.) DC.

Gnaphalium supinum L.

Pastos pedregosos con larga innivación, fisuras y rellanos de roquedos, en alta montaña. **Alt.:** 1350-2400 m.

Dist.: Bor.-Alp. Montañas pirenaicas al este del monte Ori. **Alp.:** R; **Atl.:** -; **Med.:** -.

Obs.: Límite pirenaico occidental en Navarra.

Omalotheca sylvatica (L.) Schultz Bip. & F.W. Schultz

Gnaphalium sylvaticum L.

Pastos, brezales, herbazales y claros forestales; sobre sustratos silíceos o acidificados. **Alt.:** 950-1950 m.

Dist.: Eur. Pirineos, montañas septentrionales y sierras medias occ. **Alp.:** R; **Atl.:** R; **Med.:** -.

Onopordum acanthium L. subsp. *acanthium*

O. gautieri Rouy; *O. eriocephalum* Rouy; *O. acanthium* subsp. *eriocephalum* (Rouy) P. Fourn.; *O. acanthium* subsp. *gautieri* (Rouy) Franco; *O. acanthium* subsp. *gypsicola* Gonz. Sierra, Pérez Morales, Penas & Rivas. Mart.

Terrenos removidos y nitrogenados, cunetas, reposaderos, cascajeras, etc. **Alt.:** 250-900 m.

Dist.: Eur. General en la Zona Media y meridional, faltando en los valles atlánt. y Pirineos. **Alp.:** -; **Atl.:** F;

Med.: F.

Obs.: Se incluye la subsp. *gypsicola* Gonz. Sierra et al. Los materiales navarros pertenecen a la var. *acanthium*. De Milagro (Aparicio & al., 1997) se ha citado *O. × glomeratum* (*O. acanthium × O. nervosum*).

Onopordum acaulon L.

Crestones, pastos pedregosos y ambientes con suelos removidos y nitrogenados. **Alt.:** 650-1550 m.

Dist.: Oróf. Europa W. Puntual en el Pirineo, más frecuente en la Zona Media. **Alp.:** R; **Atl.:** R; **Med.:** E.

Obs.: Se incluye la subsp. *uniflorum* (Cav.) Franco [var. *uniflorum* (Cav.) Pau]; sin embargo los materiales navarros parecen pertenecer exclusivamente a la var. *acaulon*.

Onopordum corymbosum Willk. subsp. *corymbosum*

O. tauricum auct., non Willd.; *O. tauricum* Willd. subsp. *corymbosum* (Willk.) Nyman

Lugares nitrificados y con suelos removidos de cunetas, baldíos, escombreras, orillas de cultivos, etc. **Alt.:** 300-650 m.

Dist.: Endém. de la mitad E de España. Zona Media y Ribera. **Alp.:** -; **Atl.:** -; **Med.:** R.

Onopordum nervosum Boiss.

O. arabicum L.; *O. nervosum* subsp. *castellanum* Gonz. Sierra, Pérez Morales, Penas & Rivas Mart.

Barbechos, baldíos, cunetas, ontinares, etc., en climas semiáridos. **Alt.:** 250-450 m.

Dist.: Endém. ibérica. Limitada al tercio sur provincial. **Alp.:** -; **Atl.:** -; **Med.:** E.

Obs.: Las plantas navarras pertenecen a la var. *nervosum*.

Pallenis spinosa (L.) Cass. subsp. *spinosa*

Asteriscus spinosus (L.) Schultz Bip.

Pastos y claros de matorrales en ambientes soleados y secos. **Alt.:** 250-1000 m.

Dist.: Med. Por la Zona Media, cuencas prepiren. y mitad meridional, más rara en el resto o ausente. **Alp.:** R; **Atl.:** F; **Med.:** C.

Petasites paradoxus (Retz.) Baumg.

P. pyrenaicus (L.) G. López; *P. niveus* (Vill.) Baumg.

Graveras calizas humedecidas en la alta montaña. **Alt.:** 1200-1800 m. **HIC:** 8130.

Dist.: Oróf. Europa W. Limitada a las montañas pirenaicas. **Alp.:** RR; **Atl.:** -; **Med.:** -.

Cons.: VU (NA); Prioritaria (Lorda & al., 2009).

Obs.: Límite W en Navarra.

Phagnalon saxatile (L.) Cass.

Planta dudosa que requiere comprobación. Resaltes rocosos y pastos pedregosos soleados. **Alt.:** 450-850 m.

Dist.: Med. **Alp.:** -; **Atl.:** RR; **Med.:** -.

Obs.: Báscones (1978) la anota de Pamplona y del Cerro Larragueta, citas que deben comprobarse al ser las únicas de Navarra.

Phagnalon sordidum (L.) Rchb.

Rellanos y fisuras de roquedos calizos y soleados. **Alt.:** 450-1100 m. **HIC:** 8210.

Dist.: Med. W. Por la franja media con alguna pequeña

población en el sur (Fitero). **Alp.:** -; **Atl.:** R; **Med.:** E.

Picnomon acarna (L.) Cass.

Cirsium acarna (L.) Moench; Carduus acarna L.

Ruderal en ambientes alterados de baldíos, cunetas, áreas quemadas, etc. **Alt.:** 250-1300 m.

Dist.: Med. Por la Zona Media y mitad meridional. **Alp.:** RR; **Atl.:** R; **Med.:** E.

Picris echioides L.

Helminthia echioides (L.) Gaertn.

Ambientes alterados y nitrificados, como baldíos, cunetas, cultivos, caminos, etc. **Alt.:** 100-900 m.

Dist.: Med. Por buena parte del territorio, eludiendo las cotas más elevadas. **Alp.:** E; **Atl.:** F; **Med.:** F.

Picris hieracioides L. subsp. *hieracioides*

Herbazales nitrificados sobre suelos removidos en baldíos, lindes forestales, cultivos, repisas de roquedos, etc. **Alt.:** 100-1800 m.

Dist.: Plurirreg. General en el territorio, siendo rara en los ambientas más secos del sur. **Alp.:** F; **Atl.:** F; **Med.:** F.

Obs.: Las distintas subespecies de este taxon se suceden a lo largo de todo el territorio.

Picris hieracioides L. subsp. *spinulosa* (Bertol. ex Guss.) Arcangeli

Herbazales nitrificados sobre suelos removidos en baldíos, lindes forestales, cultivos, repisas de roquedos, etc. **Alt.:** 100-1800 m.

Dist.: Plurirreg. General en el territorio, siendo rara en los ambientas más secos del sur. **Alp.:** F; **Atl.:** F; **Med.:** F.

Obs.: Las distintas subespecies de este taxon se suceden a lo largo de todo el territorio.

Picris hieracioides L. subsp. *villarsii* (Jordan) Nyman.

Herbazales nitrificados sobre suelos removidos en baldíos, lindes forestales, cultivos, repisas de roquedos, etc. **Alt.:** 100-1800 m.

Dist.: Plurirreg. General en el territorio, siendo rara en los ambientas más secos del sur. **Alp.:** F; **Atl.:** F; **Med.:** F.

Obs.: Las distintas subespecies de este taxon se suceden a lo largo de todo el territorio.

Picris hispanica (Willd.) P.D. Sell

Leontodon hispanicus (Willd.) Poir.

Pastos secos y cerros pedregosos en claros del carrascal, quejigal y coscojar. **Alt.:** 250-700 m.

Dist.: Med. W. Limitada a la Ribera Tudelana. **Alp.:** -; **Atl.:** -; **Med.:** R.

Obs.: *P. pauciflora* Willd. se ha citado de Pamplona (Mayo, 1978) y *P. sprengerana* (L.) Poir. de la cuenca de Pamplona (Vicente, 1983), táxones que deben llevarse a alguna de las especies que tratamos.

Género *Pilosella*

El género *Pilosella* en la bibliografía clásica, se incluye dentro del género *Hieracium*. Las consideraciones que hicimos para ese género son válidas para este que tratamos aquí. Como en el caso anterior, seguimos en el tratamiento del género a Mateo (2007) en su material preparatorio para *Flora Iberica*.

Pilosella billyana (De Retz) G. Mateo

Hieracium billyanum De Retz

Pastos secos, claros de matorrales y orillas de caminos. **Alt.:** 750-1750 m.

Dist.: Eur. Pirineos, pero posiblemente más extendida en el resto del territorio. **Alp.:** E; **Atl.:** R; **Med.:** E.

Obs.: Mal conocimiento de su distribución general en Navarra. Al menos bien delimitada en la zona pirenaica (Lorda, 2001), pero debe estar más extendida.

Pilosella heteromelana (Zahn) Mateo

Hieracium hypeuryum subsp. heteromelanum Zahn

Pastos y claros de brezales, sobre sustratos acidificados. **Alt.:** 200-1900 m.

Dist.: Eur. Distribución mal conocida. **Alp.:** E; **Atl.:** E; **Med.:** R.

Obs.: Relacionada con *P. hypeurya* (Peter) Soják.

Pilosella hoppeana (Schultes) F.W. Schultz & Schultz Bip.

H. hoppeanum Schultes; H. peleterianum subsp. pinaricum Zahn

Pastos con cierta humedad, preferentemente sobre sustratos ácidos o acidificados. **Alt.:** 200-2000 m.

Dist.: Eur. No se conoce muy bien su distribución, pero parece más habitual en ambientes de influencia atlánt. **Alp.:** RR; **Atl.:** RR; **Med.:** -.

Pilosella hypeurya (Peter) Soják

Hieracium hypeuryum Peter; P. hoppeana-officinarum

Claros de brezales-tojales, pastos, suelos iniciales y orlas forestales, con preferencia por sustratos acidificados. **Alt.:** 200-1900 m.

Dist.: Eur. Dispersa por la mitad septen. **Alp.:** E; **Atl.:** E; **Med.:** R.

Obs.: Se han reconocido (*Hieracium*) la subsp. *hypeurya*, subsp. *heteromelanum* Zahn, subsp. *lamprocomum* Naeg. & Peter y subsp. *lasiothrix* Naeg. & Peter (algunas elevadas a la categoría de especie independiente).

Pilosella lactucella (Wallr.) P.D. Sell & C. West

Hieracium lactucella Wallr.; H. auricula Lam. & DC.

Pastos supraforestales, claros del brezal y del bosque; sobre sustratos acidificados. **Alt.:** 500-2100 m.

Dist.: Eur. Por las montañas septentrionales, desde los Pirineos hasta las estribaciones medias occ. **Alp.:** E; **Atl.:** E; **Med.:** R.

Obs.: Algunas muestras pirenaicas pertenecen a la subsp. *nanum* (Scheele) P.D. Sell (Lorda, 2001).

Pilosella officinarum F.W. Schultz & Schultz Bip.

Hieracium pilosella L.

Pastos, calveros, claros del matorral y del bosque, caminos, senderos, etc. **Alt.:** 100-1850 m.

Dist.: Plurirreg. General. **Alp.:** C; **Atl.:** C; **Med.:** C.

Obs.: Algunas muestras son formas de transición hacia *P. tardans* (Peter) Soják.

Pilosella panticosae G. Mateo

Pastizales húmedos sobre calizas. **Alt.:** a 1800 m.

Dist.: Endén Pirineo W. Hasta la fecha parece limitarse a los Pirineos, en particular a la Peña Ezkaurre. **Alp.:** RR; **Atl.:** -; **Med.:** -.

Obs.: Este taxon se limita a las provincias de Huesca y Navarra.

Pilosella peleteriana (Mérat) F.W. Schultz & Schultz Bip.

Hieracium peleterianum Mérat

Pastos y claros de matorrales sobre suelos pedregosos. **Alt.:** 400-1500 m.

Dist.: Eur. Dispersa por el territorio: Pirineos, valles atlánt., Zona Media y montañas occ. **Alp.:** R; **Atl.:** -; **Med.:** R.

Pilosella pintodasilvae (De Retz) Mateo

Hieracium pintodasilvae De Retz

Pastos y claros de matorrales en ambientes secos o frescos.

Dist.: Oróf. Europa W. Mal conocida su distribución en Navarra. **Alp.:** -; **Atl.:** -; **Med.:** RR.

Pilosella pseudopilosella (Ten.) Soják

Hieracium pseudopilosella Ten.

Pastos secos y claros de matorrales en ambientes secos iluminados. **Alt.:** 600-1200 m.

Dist.: Med. W. Parece que debe limitarse a la mitad sur del territorio. **Alp.:** -; **Atl.:** -; **Med.:** RR.

Obs.: No se conoce muy bien su distribución en Navarra.

Pilosella saussureoides Arv.-Touv.

H. niveum subsp. saussureoides (Arv.-Touv.) Zahn; H. tardans auct., non Peter

Pastos secos y claros de matorrales en ambientes secos iluminados.

Dist.: Oróf. Med. W. Distribución desconocida en Navarra.

Obs.: Mateo (2006) la anota en la secuencia provincial de Navarra.

Pilosella schultesii (F.W. Schultz) F.W. Schultz & Schultz Bip.

Hieracium schultesii F.W. Schultz

Pastos y claros forestales en ambientes frescos. **Alt.:** 200-1900 m.

Dist.: Plurirreg. No se conoce muy bien su distribución, pero parece preferir las zonas de influencia atlánt. y los Pirineos. **Alp.:** RR; **Atl.:** RR; **Med.:** -.

Obs.: Relacionado taxonómicamente con varias especies del género.

Pilosella subtardans (Nägeli & Peter) Soják

Hieracium tardans subsp. subtardans Nägeli & PeteR.

Pastos secos, sobre sustratos someros.

Dist.: Eur. No se conoce bien su ditribución en Navarra, pero hay anotaciones de su presencia en Peña Gallet (Nazar) y, quizá, más extendida.

Obs.: Relacionada con *P. officinarum*. Anotada de esta localidad por Mateo (2000).

Pilosella tardans (Peter) Soják

Hieracium tardans Peter; H. niveum (Müller Arg.) Zahn

Pastos ralos y claros de matorrales o forestales, en lugares alterados. **Alt.:** 300-1700 m.

Dist.: Plurirreg. Por buena parte del territorio, pero mejor representada en la mitad meridional. **Alp.:** R; **Atl.:** R; **Med.:** E.

Pilosella tardiuscula (Nägeli & Peter) Soják

Hieracium tardiusculum Nägeli & PeteR.

Pastos de montaña. **Alt.:** a 1500 m.

Dist.: Oróf. Europa W. Conocida de la Peña Ezkaurre en el Pirineo. **Alp.:** RR; **Atl.:** -; **Med.:** -.

Obs.: Según autores, considerado como *H. × schultesii* (*H. lactucella/pilosella*).

Pilosella tricholepia (Nägeli & Peter) Mateo

Hieracium pilosella subsp. tricholepium Nägeli & PeteR.

Dist.: Anotada de Navarra por Mateo (2006), sin más especificaciones.

Obs.: Relacionada con *P. officinarum/tardans*.

Prenanthes purpurea L.

Abetales y hayedo-abetales, y megaforbios en zonas de alta montaña. **Alt.:** 1200-1750 m.

Dist.: Oróf. Europa. Limitada a las montañas pirenaicas más elevadas. **Alp.:** RR; **Atl.:** -; **Med.:** -.

Pulicaria dysenterica (L.) Bernh.

Inula dysenterica L.

Orillas de arroyos, manantiales, trampales y herbazales sobre suelos húmedos. **Alt.:** 20-900 m. **HIC:** Pastiz. higronitrófilos, 6430.

Dist.: Med. General en el territorio, eludiendo las montañas más elevadas. **Alp.:** RR; **Atl.:** F; **Med.:** F.

Pulicaria paludosa Link

P. arabica (L.) Cass.

Herbazales sobre suelos húmedos, algo salobres, en zonas de clima seco y soleado. **Alt.:** 200-500 m.

Dist.: Med. Localidades dispersas en la Zona Media y la Ribera. **Alp.:** -; **Atl.:** -; **Med.:** R.

Obs.: Se ha confundido con *P. arabica* (L.) Cass. subsp. *hispanica* (Boiss.) Murb.

Pulicaria vulgaris Gaertner

P. prostrata Ascherson

Orillas de balsas, embalses, sotos fluviales y herbazales sobre suelos encharcados. **Alt.:** 250-600 m.

Dist.: Eur. Principalmente por el tercio meridional, con algunas localidades en el norte (Aranguren, Irurtzun). **Alp.:** -; **Atl.:** RR; **Med.:** E.

Obs.: Se cuestiona su presencia en Bertizarana (Lacoizqueta, 1884), pero algunas poblaciones se adentran hacia el norte.

Reichardia picroides (L.) Roth.

Herbazales, pastos de anuales y claros forestales. **Alt.:** 450-1000 m.

Dist.: Med.-Atl. En la Zona Media, en contadas localidades (Pamplona, Olabe, Sorauren). **Alp.:** -; **Atl.:** RR; **Med.:** RR.

Rhagadiolus stellatus (L.) Gaertner

Pastos pedregosos, claros de matorrales, ribazos, caminos y cunetas, en ambientes secos y soleados. **Alt.:** 250-850 m.

Dist.: Med. Dispersa por la Zona Media, cuencas prepiren. y mitad meridional. **Alp.:** -; **Atl.:** E; **Med.:** E.

Obs.: Algunas citas septentrionales pueden ser cuestionadas.

Rhaponticum centauroides (L.) O. Bolòs

Leuzea centauroides (L.) J. Holub; Cnicus centauroides L.

Repisas de roquedos, grietas de lapiaz y prados soleados de alta montaña. **Alt.:** 1350-1800 m.

Dist.: Endém. pirenaica. Limitada a las montañas pirenaicas (karst de Larra). **Alp.:** RR; **Atl.:** -; **Med.:** -.

Cons.: Prioritaria (Lorda & al., 2009).

Obs.: No debe confundirse (nomenclaturalmente) con *Stemmacantha cynaroides* (Ch. Sm.) Dittrich, planta canaria, en absoluto navarra. Límite occidental en Navarra.

Rhaponticum coniferum (L.) Greuter

Leuzea conifera (L.) DC.; Centaurea conifera L.; C. pitycephala Brot.

Pastos pedregosos, claros del matorral, repisas y taludes en el ambiente del carrascal-qiejigal; sobre calizas. **Alt.:** 250-1100 m. **HIC:** 4090.

Dist.: Med. W. General en la mitad media y meridional; se enracece y falta en los valles atlánt. y montañas elevadas pirenaicas. **Alp.:** E; **Atl.:** E; **Med.:** C.

Santolina chamaecyparissus L. subsp. *squarrosa* (DC.) Nyman

Matorrales claros, pastos secos, cerros margosos y taludes, en ambientes secos y soleados. **Alt.:** 250-1200 m. **HIC:** Mat. nitrof. grav. fluv.

Dist.: Med. W. General en la Zona Media y meridional de Navarra. **Alp.:** E; **Atl.:** E; **Med.:** C.

Santolina chamaecyparissus L. subsp. *tomentosa* (Pers.) Arc.

S. chamaecyparissus L. subsp. pecten Rouy; S. pectinata Viv.

Planta citada de Navarra antes de 1960, sin citas posteriores. Claros en matorrales, en ambientes secos. **Alt.:** 500-850 m.

Dist.: Latepirenaica. **Alp.:** RR; **Atl.:** -; **Med.:** -.

Obs.: Citada por Soulié (1907) y Coste (1910) de *"Burgui route de Navascués"*, sin que lo hayamos podido comprobar (Lorda, 2001).

Santolina rosmarinifolia L.

Claros de matorrales, cascajeras fluviales, terrazas y pie de cantil, en ambientes caldeados. **Alt.:** 250-600 m. **HIC:** Mat. nitrof. grav. fluv.

Dist.: Med. W. Localidades dispersas por la Zona Media y Ribera, siguiendo el cauce del río Ebro. **Alp.:** -; **Atl.:** RR; **Med.:** R.

Obs.: Los ejemplares pertenecean a la subsp. *rosmarinifolia*.

Santolina × pervirens Sennen

S. virens Mill.; S. chamaecyparissus × S. rosmarinifolia

Planta que está cerca de Navarra, y cuya presencia se estima probable. Cascajeras fluviales. **Alt.:** 400-500 m.

Dist.: Med. W. **Alp.:** -; **Atl.:** -; **Med.:** -.

Obs.: Se conoce de Assa (Álava), muy cerca de Navarra (Aseginolaza & al., 1985).

Scolymus hispanicus L.

En ambientes alterados y nitrogenados: orillas de carreteras y caminos, baldíos, ribazos, cascajeras, etc. **Alt.:** 250-650 m.

Dist.: Med. Dispersa por la mitad meridional, se presenta de forma esporádica al norte (Pamplona). **Alp.:** -; **Atl.:** RR; **Med.:** E.

Scorzonera angustifolia L.

Scorzonera graminifolia auct., non L.

Taludes, ribazos, pastos pedregosos y claros de matorrales; en ambientes secos y soleados. **Alt.:** 300-900 m.

Dist.: Med. W. Por la Zona Media, llegando hasta el sur, donde ya es más escasa. **Alp.:** RR; **Atl.:** E; **Med.:** F.

Scorzonera aristata Ramond ex DC.

Pastos, taludes herbosos y repisas de roquedos, crestones y pie de cantil; sobre calizas. **Alt.:** 1500-2000 m.

Dist.: Oróf. Europa W. Limitada a las montañas pirenaicas, al este del monte Ori. **Alp.:** R; **Atl.:** -; **Med.:** -.

Obs.: Límite W en Navarra.

Scorzonera hirsuta L.

Pastos pedregosos, terrazas fluviales, cascajeras y cunetas. **Alt.:** 300-950 m.

Dist.: Med. W. Dispersa por la Zona Media y cuencas prepiren., llegando al sur, donde se enrarece. **Alp.:** RR; **Atl.:** E; **Med.:** E.

Scorzonera hispanica L.

Pastos pedregosos, claros del carrascal-coscojar, ambientes alterados, baldíos, etc. **Alt.:** 350-1100 m.

Dist.: Med. W. Por la Zona Media y meridional de Navarra. **Alp.:** E; **Atl.:** E; **Med.:** C.

Obs.: Incluidas la variedad *crispatula* DC. [*S. crispatula* (Boiss.) Boiss.], y variedad *hispanica*.

Scorzonera humilis L.

Pastos frescos, claros de brezales y orlas de manantiales y turberas. **Alt.:** 400-1200 m.

Dist.: Eur. Principalmente por los valles atlánt. y puntual en las sierras occ. **Alp.:** -; **Atl.:** E; **Med.:** R.

Scorzonera laciniata L.

Podospermum laciniatum (L.) DC.

Claros de matorrales y pastos secos, baldíos, taludes y cascajeras. **Alt.:** 250-1000 m.

Dist.: Med. General en la mitad media y meridional de Navarra. **Alp.:** -; **Atl.:** -; **Med.:** C.

Obs.: Incluidas la subsp. *laciniata*, subsp. *calcitrapifolia* (Vahl) Moris y subsp. *subulata* (DC.) Díaz de la Guardia & Blanca.

Senecio adonidifolius Loisel.

S. artemisiifolius Pers.

Pastos, brezales, repisas de roquedos y orlas forestales, sobre sustratos pobres en bases. **Alt.:** 450-1800 m.

Dist.: Oróf. Europa. General en la mitad norte, principalmente en zonas de montaña. **Alp.:** E; **Atl.:** E; **Med.:** R.

Senecio aquaticus Hill subsp. *aquaticus*

Pastos húmedecidos, orillas de manantiales y arroyos, turberas y alisedas. **Alt.:** 100-1200 m. **HIC:** 6430.

Dist.: Atl. Principalmente en los valles y montañas de influencia atlánt. **Alp.:** RR; **Atl.:** E; **Med.:** -.

Senecio aquaticus Hill subsp. *barbareifolius* (Wimmer & Grab.) Walters

S. aquaticus Hill subsp. erraticus (Bertol.) Tourlet; S. erraticus Bertol.

Herbazales en ambientes húmedos, céspedes y orlas encharcadas. **Alt.:** 30-1100 m.

Dist.: Eur. Valles y montañas húmedas del NW y alguna población en las montañas occ. **Alp.:** E; **Atl.:** E; **Med.:** -.

Senecio auricula Bourgeau ex Cosson

Cerros, pastos y claros de matorrales sobre sustratos yesosos o arcillosos; en ambientes secos y soleados. **Alt.:** 300-600 m. **HIC:** 1510*, 1520*.

Dist.: Endém. ibérica. Limitada a la Ribera Tudelana y, principalmente, a la Estellesa. **Alp.:** -; **Atl.:** -; **Med.:** E.

Cons.: VU (NA); VU B1+2c (LR, 2000); DD (LR, 2008) como subsp. *auricula*; Prioritaria (Lorda & al., 2009).

Senecio bicolor (Willd.) Tod. subsp. *cineraria* (DC.) Chater

Planta citada de Navarra antes de 1960, sin citas posteriores. Cultivada como ornamental, puede naturalizarse en alguna localidad próxima. **Alt.:** 350-500 m.

Dist.: Introd.; Med. En la Zona Media. **Alp.:** -; **Atl.:** -; **Med.:** RR.

Obs.: Citada por Escriche (1935) de Tafalla.

Senecio carpetanus Boiss. & Reut.

S. celtibericus Pau

Orillas de manantiales, trampales y herbazales sobre suelos húmedos a encharcados. **Alt.:** a 850 m.

Dist.: Endém. ibérica. Sólo se conoce de Meano, en el extremo medio occidental. **Alp.:** -; **Atl.:** RR; **Med.:** RR.

Cons.: Prioritaria (Lorda & al., 2009).

Senecio doria L.

Herbazales en lugares húmedos, orillas de pequeños arroyos. **Alt.:** 350-450 m.

Dist.: Plurirreg. Conocida de la Navarra Media orient. (Liédena-Yesa). **Alp.:** -; **Atl.:** -; **Med.:** RR.

Obs.: Las poblaciones cercanas a Yesa han desaparecido o se han visto alteradas por la autovía del Pirineo. De la localidad de Yesa ya fue citada por Willkomm & Lange (1870).

Senecio doronicum (L.) L. subsp. *doronicum*

Repisas y rellanos de roquedos, lapiaces y pedrizas en la alta montaña; sobre calizas. **Alt.:** 800-2150 m.

Dist.: Oróf. Europa. Pirineos, montañas de la divisoria y sierras occ. **Alp.:** R; **Atl.:** R; **Med.:** -.

Senecio erucifolius L.

Ambientes alterados de cunetas, baldíos, orillas de cultivos y cascajeras. **Alt.:** 100-850 m.

Dist.: Plurirreg. Zona media y mitad meridional, se enrarece en los valles atlánt. y en las montañas más elevadas. **Alp.:** RR; **Atl.:** E; **Med.:** E.

Senecio gallicus Chaix

Terrenos removidos de cascajeras fluviales, sotos, barbechos y baldíos; en ambientes secos y soleados. **Alt.:** 200-850 m.

Dist.: Med. Mitad meridional, con alguna penetración hacia el norte. **Alp.:** -; **Atl.:** R; **Med.:** E.

Senecio helenitis (L.) Schinz & Thell. subsp. *macrochaetus* (Willk.) Brunerye.

Tephroseris helenitis subsp. macrochaeta (Willk.) Nordestam

Herbazales sombríos, orlas forestales y repisas de roquedos. **Alt.:** 100-1400 m.

Dist.: Atl. Pirineos y montañas septentrionales, principalmente atlánt. **Alp.:** R; **Atl.:** E; **Med.:** -.

Obs.: En muchas ocasiones se han considerado conjuntamente las dos subespecies de este taxon.

Senecio helenitis (L.) Schinz & Thell. subsp. *pyrenaicus* (Gren. & Godron) Uribe-Ech. & Urrutia

Tephroseris helenitis (L.) Nordestam subsp. helenitis var. discoidea (DC.) Kerguélen

Pastos supraforestales de alta montaña. **Alt.:** 1300-1800 m.

Dist.: Lateatl. Limitada a las montañas pirenaicas orient. . **Alp.:** R; **Atl.:** -; **Med.:** -.

Senecio inaequidens DC.

S. harveianus MacOwan

Se naturaliza en ambientes alterados de caminos, cunetas y baldíos. **Alt.:** 50-250 m.

Dist.: Introd.: originaria de Sudáfrica. Limitada a la Navarra Húmeda del NW. **Alp.:** -; **Atl.:** RR; **Med.:** -.

Obs.: Considerada especie exótica invasora (CEEEI, 2011).

Senecio jacobaea L.

Pastos, herbazales, claros de matorrales, orlas forestales y lugares alterados. **Alt.:** 250-1650 m.

Dist.: Eur. General en el territorio. **Alp.:** F; **Atl.:** F; **Med.:** F.

Senecio lagascanus DC.

Crestas de roquedos y pastos pedregosos, en claros forestales; calizas. **Alt.:** 450-1200 m.

Dist.: Oróf. Med. W. Por la Zona Media, Pirineos y se enrarece hacia la mitad meridional. **Alp.:** RR; **Atl.:** E; **Med.:** E.

Senecio lividus L.

Rellanos de roquedos y conglomerados con suelos superficiales. **Alt.:** 550-1000 m.

Dist.: Med. Sólo se conoce de la sierra del Perdón. **Alp.:** -; **Atl.:** -; **Med.:** RR.

Senecio minutus (Cav.) DC.

Pastos pedregosos y graveras a pie de roquedos. **Alt.:** 500-1200 m.

Dist.: Endém. ibérica. Sólo se conoce de Baríndano, en la Navarra Media occidental. **Alp.:** -; **Atl.:** -; **Med.:** RR.

Senecio nemorensis L. subsp. *bayonnensis* (Boiss.) Nyman

S. bayonnensis Boiss.

Herbazales umbrosos junto a barrancos y claros forestales húmedos. **Alt.:** 100-1000 m.

Dist.: Endém. del Golfo de Vizcaya. Limitada a la Navarra Húmeda del NW, con límite orient. en el puerto de Otsondo (Baztán). **Alp.:** -; **Atl.:** RR; **Med.:** -.

Senecio pyrenaicus L.

S. tournefortii Lapeyr.

Rellanos y repisas de lapiaz, graveras y pastos pedregosos. **Alt.:** 1200-2400 m. **HIC:** 8130.
Dist.: Oróf. Europa W. Limitada a las montañas pirenaicas más elevadas. **Alp.:** RR; **Atl.:** -; **Med.:** -.
Obs.: Desestimamos la cita de Tafalla (Escriche, 1935).

Senecio sylvaticus L.

Claros de marojales, robledales, matorrales derivados y pastos sobre suelos arenosos. **Alt.:** 250-1250 m.
Dist.: Eur. Dispersa por los valles atlánt., las sierras prepiren. y las montañas occ. **Alp.:** RR; **Atl.:** R; **Med.:** -.

Senecio viscosus L.

Pastos pedregosos, claros forestales y ambientes con suelos removidos, algo nitrogenados. **Alt.:** 1250-1600 m.
Dist.: Eur. Pirineos y sierras prepiren. **Alp.:** RR; **Atl.:** -; **Med.:** RR.

Senecio vulgaris L.

Planta ruderal y arvense, en ambientes alterados y nitrogenados: cultivos, cunetas, taludes, baldíos, caminos, etc. **Alt.:** 20-1450 m.
Dist.: Subcosm. General en el territorio, eludiendo las montañas más elevadas. **Alp.:** F; **Atl.:** C; **Med.:** C.

Serratula tinctoria L.

Pastos, brezales, claros forestales, orillas de turberas y depresiones húmedas. **Alt.:** 250-1700 m.
Dist.: Atl. Mitad septen. del territorio, hasta la Zona Media y las sierras occ. **Alp.:** R; **Atl.:** F; **Med.:** E.
Obs.: Para Navarra, se reconocen dos variedades: var. *tinctoria* y var. *seoanei* (Willkm.) Samp. (*S. tinctoria* subsp. *seoanei* M. Laínz), ésta última no recogida en *Flora Iberica*.

Silybum eburneum Cosson & Durieu

S. eburneum var. hispanicum Loscos & J. Pardo

Planta que está cerca de Navarra, y cuya presencia se estima probable. Terrenos alterados y nitrificados, en cunetas, baldíos, cardales; ambientes secos y soleados. **Alt.:** 250-450 m.
Dist.: Med. W. No se conoce de Navarra.
Obs.: Presente en el Valle del Ebro (Zaragoza), cerca de Navarra.

Silybum marianum (L.) Gaertner

Carduus marianus L.

Ambientes alterados y nitrificados, cunetas, baldíos, herbazales, escombreras, etc. **Alt.:** 200-900 m.
Dist.: Med. General en la Zona Media y meridional de Navarra. **Alp.:** RR; **Atl.:** E; **Med.:** C.

Solidago canadensis L.

Cultivada como ornamental, se asilvestra en ambientes alterados de escombreras, huertos, junto a núcleos urbanos. **Alt.:** a 500 m.
Dist.: Introd.; originaria de Norteamérica. Puntual, conocida de Allín (Artabia). **Alp.:** -; **Atl.:** -; **Med.:** RR.

Solidago gigantea Aiton subsp. serotina (O. Kuntze) McNeill

Ornamental que se asilvestra en ambientes alterados: escombreras, suelos removidos, claros de repoblaciones, etc. **Alt.:** 150-900 m.
Dist.: Introd.; originaria de Norteamérica. Puntual en los valles atlánt. y pirenaicos, más los valles medios occ. **Alp.:** -; **Atl.:** RR; **Med.:** RR.

Solidago virgaurea L.

Brezales, pastos y claros forestales, repisas y rellanos de roquedos. **Alt.:** 150-2150 m. **HIC:** Robl. roble albar.
Dist.: Eur. General en la mitad septen., llegando a las montañas de la Zona Media y sierras occ. **Alp.:** F; **Atl.:** F; **Med.:** E.
Obs.: Incluida la subsp. *minuta* (L.) Acangeli de las montañas más elevadas.

Sonchus asper (L.) Hill subsp. asper

Herbazales en terrenos alterados, cunetas, baldíos, orillas de caminos y pistas, huertos, riberas fluviales, etc. **Alt.:** 20-1350 m.
Dist.: Plurirreg. General, por buena parte del territorio. **Alp.:** F; **Atl.:** C; **Med.:** C.

Sonchus asper (L.) Hill subsp. glaucescens (Jordan) P.W. Ball

Herbazales sobre suelos húmedos, ricos en sales. **Alt.:** 250-400 m.
Dist.: Med. Puntual en la Ribera (Fustiñana y Lazagurría). **Alp.:** -; **Atl.:** -; **Med.:** RR.

Sonchus maritimus L. subsp. aquatilis (Pourr.) Nyman

S. aquatilis Pourr.

Ambientes muy húmedos, como orillas de balsas y acequias, trampales, etc. **Alt.:** 300-700 m. **HIC:** 6420.
Dist.: Med. W. Dispersa por la mitad media y meridional. **Alp.:** -; **Atl.:** -; **Med.:** E.
Obs.: Alguna cita pirenaica no se ha comprobado (Soulié, 1907-1914).

Sonchus maritimus L. subsp. maritimus

Suelos húmedos, más o menos salinizados. **Alt.:** 250-500 m. **HIC:** 1410.
Dist.: Med.-Atl. Localidades aisladas por la mitad media y meridional, quizá más extendida. **Alp.:** RR; **Atl.:** R; **Med.:** E.

Sonchus oleraceus L.

Terrenos alterados y nitrificados, sobre suelos removidos en cunetas, cultivos, baldíos, etc. **Alt.:** 20-1200 m.
Dist.: Plurirreg. General en el territorio, salvo en las montañas más elevadas. **Alp.:** E; **Atl.:** C; **Med.:** C.

Sonchus tenerrimus L.

En ambientes nitrificados, como orlas de cultivos, baldíos, cunetas, etc. **Alt.:** 250-350 m.
Dist.: Med. Limitada a la Ribera Tudelana. **Alp.:** -; **Atl.:** -; **Med.:** R.

Staehelina dubia L.

Pastos pedregosos, matorrales aclarados y ribazos en ambientes secos y soleados. **Alt.:** 300-1100 m.
Dist.: Med. W. Por la Zona Media, las cuencas prepiren. y la mitad meridional. **Alp.:** RR; **Atl.:** E; **Med.:** F.

Tanacetum corymbosum (L.) Schultz Bip. subsp. *corymbosum*

Chrysanthemum corymbosum L.; Leucanthemum corymbosum (L.) Gren. & Godron

Bosque aclarados, herbales, pastos y matorrales sobre suelos pedregosos. **Alt.:** 450-1800 m. **HIC:** 9240, Robl. pel. pirenaicos.
Dist.: Med. General en la Zona Media, alcanza las montañas pirenaicas elevadas; se enrarece y ausenta en los dos extremos, N y S. **Alp.:** F; **Atl.:** F; **Med.:** E.

Tanacetum parthenium (L.) Schultz Bip.

Chrysanthemum parthenium (L.) Bernh.; Leucanthemum partenium (L.) Gren. & Godron

Cultivada como medicinal y ornamental, se asilvestra en ambientes cercanos a núcleos urbanos, cunetas, huertos, cursos de agua, etc. **Alt.:** 20-600 m.
Dist.: Introd.; submed. orient. Puntual en los valles atlánt. y en la Zona Media. **Alp.:** -; **Atl.:** E; **Med.:** R.

Tanacetum vulgare L.

Chrysanthemum vulgare (L.) Bernh.

Terrenos alterados de cascajeras fluviales, orillas de caminos y carreteras. **Alt.:** 200-800 m.
Dist.: Eur. Puntual en los valles pirenaicos, la Zona Media, sierras occ. y la Ribera. **Alp.:** RR; **Atl.:** -; **Med.:** R.

Género *Taraxacum*

Género de extremada complejidad, del que se han descrito numerosas especies. Además de su reproducción sexual, la partenogénesis es habitual y no faltan los clones ni los poliploides. Hemos tratado de incluir en el siguiente listado la mayor parte de las especies tradicionalmente citadas de Navarra, pero en algunos casos no ha sido posible asignarlas a las actualmente consideradas, y, por el contrario, aparecen nuevos táxones antes no reconocidos. Seguimos el trabajo de Galán (2012) que sintetiza los conocimientos actuales del género para la Península Ibérica, según la obra *Flora Iberica*. Todas las consideraciones que se aportan deben valorarse como una mera aproximación al estudio de este género, aún por realizar en Navarra.

Taraxacum aragonicum Sahlin

Pastos y suelos crioturbados, con innivación prolongada. **Alt.:** 1800-2400 m.
Dist.: Oróf. Europa W; Francia y España. Limitada a las montañas más elevadas pirenaicas. **Alp.:** RR; **Atl.:** -; **Med.:** -.
Cons.: DD (LR, 2000); DD (LR, 2008).
Obs.: Planta de zonas altas de montaña, relacionada con *T. panalpinum* Soest y *T. pyrenaicum* Reut.

Taraxacum bargusicum Sahlin

Pastizales de montaña. **Alt.:** 400-2000 m.
Dist.: Oróf. Europa W. Parece limitarse a las montañas

septentrionales. **Alp.:** RR; **Atl.:** RR; **Med.:** -.
Obs.: Relacionada con *T. rubicundum* (Dahlst.) Dahlst.

Taraxacum cantabricum A. Galán & Vicente Orell.

Planta de los pastos alpinos, algo nitrificados. **Alt.:** 770-2400 m.
Dist.: Endém. de la Cordillera Cantábrica y el Pirineo occidental. Se limitaría a las montañas pirenaicas más elevadas. **Alp.:** RR; **Atl.:** -; **Med.:** -.

Taraxacum catodontum Sahlin

Pastos de montaña. **Alt.:** 1200-1700 m.
Dist.: Oróf. Europa W. Se presentaría en las montañas pirenaicas más elevadas. **Alp.:** RR; **Atl.:** -; **Med.:** -.
Cons.: DD (LR, 2000); DD (LR, 2008).
Obs.: Parece ser la forma más extendida en los Pirineos de Navarra y Huesca.

Taraxacum columnare Pau ex Hand.-Mazz.

T. obovatum var. idubedae Pau

Bordes de caminos y pastos nitrificados sobre sustratos básicos. **Alt.:** 250-1700 m.
Dist.: Endém. Ibérica. No se conoce muy bien su distribución en Navarra, pero parece presentarse a cualquier altitud. **Alp.:** E; **Atl.:** E; **Med.:** E.
Obs.: Muestra hojas y escapos pelosos.

Taraxacum cordatiforme Sahlin

Pastos entre rellanos de roquedos. **Alt.:** 1000-1750 m.
Dist.: Oróf. Europa W. Parece limitarse a las montañas pirenaicas. **Alp.:** RR; **Atl.:** RR; **Med.:** -.
Obs.: No se recoge este taxon en *Flora Iberica*.

Taraxacum cordatum Palmgr.

T. aequiolobum Dahlst.; T. amblycentrum Dahlst.

Orillas de caminos, prados, herbazales nitrificados y núcleos urbanos. **Alt.:** 200-1300 m.
Dist.: Eur. Parece estar bien representada en toda Navarra. **Alp.:** E; **Atl.:** E; **Med.:** E.
Obs.: Forma parte de *T.* gr. *officinale*.

Taraxacum drucei Dahlst.

T. lainzii Soest

Planta ligada al ambiente nemoral, linderos y prados, sobre suelos removidos, a baja altitud. **Alt.:** 20-600 m.
Dist.: Oróf. Europa W. Por la mitad septen. del territorio. **Alp.:** RR; **Atl.:** RR; **Med.:** -.
Obs.: Forma parte de *T.* gr. *praestans*.

Taraxacum ekmanii Dahlst.

Orillas de caminos, prados y bosques sobre suelos removidos y nitrificados. **Alt.:** 20-1550 m.
Dist.: Eur. Puede estar presente en toda Navarra. **Alp.:** F; **Atl.:** F; **Med.:** E.
Obs.: Muestra su óptimo ecológico en los prados de diente de la Europa húmeda, así como del centro-norte peninsular. Forma parte de *T.* gr. *officinale*.

Taraxacum fulgidum G.E. Haglund

Suelos removidos frescos, en avellanedas, robledales y hayedos. **Alt.:** 200-1800 m.
Dist.: Eur. Podría estar en la mitad septen. **Alp.:** RR; **Atl.:** RR; **Med.:** -.

Obs.: Planta relacionada con *T. pinto-silvae* Soest

Taraxacum gallaecicum Soest

Suelos removidos y nitrificados. **Alt.:** 350-1900 m.
Dist.: Oróf. Med. Montañas septentrionales. **Alp.:** RR;
Atl.: RR; **Med.:** -.
Cons.: DD (LR, 2000); DD (LR, 2008).
Obs.: Relacionada con *T. marginellum* H. Lindb. Forma
parte de *T. gr. officinale*.

Taraxacum magenteum Sahlin

Pastos y herbazales. **Alt.:** 450-600 m.
Dist.: Oróf. Europa W. alrededores de Pamplona. **Alp.:**
-; **Atl.:** RR; **Med.:** -.
Obs.: Planta relacionada con *T. pinto-silvae* Soest.

Taraxacum marginellum H. Lindb.

T. christiansenii G. Hagl.

Suelos removidos y pisoteados, en caminos, calzadas y
eras. **Alt.:** 250-2200 m.
Dist.: Oróf. Europa W. No se conoce bien su distribución en Navarra. **Alp.:** RR; **Atl.:** RR; **Med.:** -.
Obs.: La planta, según Flora Europea, sería un endemismo del N de Europa, y pertenecería a *T. gr. officinale*.

Taraxacum obovatum (Willd.) DC.

*Leontodon obovatus Willd.; T. obovatum var. rifeum Sennen &
Mauricio; T. laevigatum var. manzanoi Sennen & Mauricio; T. to-
letanum Sennen; T. obovatum subsp. ochrocarpum Soest*

Ambientes nitrificados, sobre suelos pisoteados de
caminos, sendas, claros de matorrales y bosques. **Alt.:**
300-1900 m.
Dist.: Mediterraneo W. Pirineos, montañas prepiren.,
Zona Media, sierras occ. y Ribera. **Alp.:** E; **Atl.:** E; **Med.:** E.

Taraxacum palustre (Lyons) Symons

Pastos humedecidos.
Dist.: Eur. No se conoce bien su distribución navarra,
pero se ha citado de la sierra de Urbasa (Uribe-Echebarría, 2001). **Alp.:** -; **Atl.:** RR; **Med.:** -.
Obs.: Es una planta muy rara, pero quizá se encuentre
algo más extendida por la Comunidad.

Taraxacum panalpinum Soest

Pastos y pedregales de alta montaña, sobre suelos
largamente innivados. **Alt.:** 1400-2400 m.
Dist.: Eur. Limitada a las montañas pirenaicas más
elevadas. **Alp.:** RR; **Atl.:** -; **Med.:** -.
Obs.: Forma parte de *T. gr. alpinum [T. apenninum*
(Ten.) Ten.].

Taraxacum pinto-silvae Soest

T. adamii auct. hisp. et lusit., non Claire

Sustratos removidos y nitrificados, principalmente por
ganado vacuno, pastos y ambientes turtófilos. **Alt.:**
250-1850 m.
Dist.: Endém. N peninsular. Dispersa por la mitad septen. **Alp.:** RR; **Atl.:** RR; **Med.:** -.
Obs.: Pertenece a *T. gr. adamii*.

Taraxacum polyodon Dahlst.

Orillas de caminos, bosques y prados, sobre suelos
removidos. **Alt.:** 750-2100 m.
Dist.: Eur. Mitad septen. del territorio. **Alp.:** R; **Atl.:** R;
Med.: -.
Obs.: Pertenece a *T. gr. officinale*.

Taraxacum pyrenaicum Reut.

Pastos de alta montaña, gleras y terrenos con inniva-
ción prolongada; sobre sustratos silíceos o acidificados.
Alt.: 1300-2400 m.
Dist.: Oróf. Europa W. Limitada a las montañas pire-
naicas. **Alp.:** RR; **Atl.:** -; **Med.:** -.
Obs.: Forma parte de *T. gr. alpinum [T. apenninum*
(Ten.) Ten.].

Taraxacum pyropappum Bois. & Reut.

*T. tomentosum Lange; T. serotinum subsp. pyropappum (Boiss. &
Reut.) O. Bolós, Vigo, Masalles & Ninot; T. serotinum Poir.*

Pastos secos nitrificados y pisoteados por el ganado,
ambientes pedregosos. **Alt.:** 300-1600 m.
Dist.: Med. W. Dispersa por el territorio. **Alp.:** RR; **Atl.:**
RR; **Med.:** RR.

Taraxacum retortum Soest

Planta que está cerca de Navarra, y cuya presencia se
estima probable. Bordes de caminos, bosques y prados.
Dist.: Eur.
Obs.: Citada de Aia, en Guipúzcoa. Planta relacionada
con *T. polyodon* Dahlst.

Taraxacum rhinosimum Sahlin

Pastos pastoreados de alta montaña, en ambientes con
innivación prolongada. **Alt.:** 1600-2000 m.
Dist.: Oróf. Europa W. Parece limitarse a las montañas
pirenaicas más elevadas. **Alp.:** RR; **Atl.:** -; **Med.:** -.
Obs.: Relacionado con *T. pyrenaicum*; conocido desde
Isaba hasta Bielsa (Huesca).

Taraxacum rubicundum (Dahlst.) Dahlst.

*T. erythrospermum Besser subsp. rubicundum Dahlst.; T. rubicun-
dum subsp. monspeliense Dahlst.*

Pastos y suelos removidos y nitrificados por el ganado.
Alt.: 650-1800 m.
Dist.: Eur. Podría limitarse a las montañas septentrio-
nales. **Alp.:** RR; **Atl.:** RR; **Med.:** -.
Obs.: Pertenece a *T. gr. erythrospermum*.

Taraxacum rubineum Sahlin

Suelos removidos y nitrificados por ganado; sobre calizas. **Alt.:** 500-600 m.
Dist.: Oróf. Europa W. Se conoce de Arrieta, en los
valles pirenaicos. **Alp.:** RR; **Atl.:** -; **Med.:** -.
Obs.: Planta relacionada con *T. pinto-silvae* Soest.

Taraxacum schroeterianum Hand.-Mazz.

Planta dudosa que requiere comprobación. Suelos
pisoteados y nitrificados, pastos de alta montaña, etc.
Alt.: 1700-2300 m.
Dist.: Oróf. Europa W. Se ha citado de las montañas
medias occ. **Alp.:** RR; **Atl.:** RR; **Med.:** -.
Obs.: No se tiene constancia veraz de esta planta en
Navarra, al menos en *Flora Iberica* no se cita de Na.

También se ha anotado de Navarra *T. spectabile* Dahlst. (Mendaur, Belate), que deben comprobarse.

Taraxacum vaccarii Soest

Cunetas de carreteras. **Alt.:** 450-650 m.

Dist.: Citada de Lumbier. **Alp.:** -; **Atl.:** -; **Med.:** RR.

Obs.: Forma parte de *T.* gr. *erythrospermum*. Debe comprobarse su veracidad.

Taraxacum vinosum Soest

Planta dudosa que requiere comprobación. Herbazales en orlas forestales con robles, sobre sustratos algo húmedos. **Alt.:** 1300-2000 m.

Dist.: Endém. ibérica. Se ha citado del Pirineo y del monte Beriain. **Alp.:** RR; **Atl.:** RR; **Med.:** -.

Cons.: DD (LR, 2000); CR (AFA-UICN, 2003); CR (AFA-UICN, 2004); CR B1ab(i,ii,iii,iv,v)+2a(i,ii,iii,iv,v) (LR, 2008).

Obs.: Forma parte de *T.* gr. *gasparrini* Tineo ex Lojac. En *Flora Iberica* se señala que es un endemismo de las montañas litorales gerundenses (macizo del Puig Marí y río Tordera).

Tolpis barbata (L.) Gaertner

Pastos de teráfitos sobre suelos arenosos someros, rellanos de roquedos y terrazas fluviales. **Alt.:** 450-850 m.

Dist.: Med. Sólo se conoce de Mendaza, en Tierra Estella. **Alp.:** -; **Atl.:** -; **Med.:** RR.

Obs.: Incluida la subsp. *umbellata* (Bertol.) Maire.

Tragopogon crocifolius L. subsp. *crocifolius*

Terrenos alterados de cunetas, baldíos, ribazos y pastos pedregosos. **Alt.:** 400-1200 m.

Dist.: Med. Dispersa por la Zona Media, cuencas prepiren. y mitad meridional. **Alp.:** RR; **Atl.:** E; **Med.:** E.

Tragopogon dubius Scop.

T. major Jacq.

Herbazales en lugares alterados, claros de matorrales y prados de siega. **Alt.:** 450-700 m.

Dist.: Plurirreg. Dispersa por la Zona Media, Pirineos y mitad meridional. **Alp.:** RR; **Atl.:** E; **Med.:** E.

Tragopogon porrifolius L.

Cultivada antaño, se asilvestra en herbazales sobre terrenos alterados. **Alt.:** 300-1400 m.

Dist.: Med. Dispersa por el territorio, pudiendo estar más extendida. **Alp.:** RR; **Atl.:** E; **Med.:** E.

Obs.: Pertenecería a la subsp. *australis*. Ursúa (1986) ha citado de Caparroso la subsp. *porrifolius*.

Tragopogon pratensis L. subsp. *minor* (Mill.) Wahlenb.

Prados, pastos de montaña, ambientes alterados como baldíos, cunetas, setos y herbazales frescos. **Alt.:** 20-1500 m.

Dist.: Eur. General en la mitad norte y Zona Media. **Alp.:** E; **Atl.:** F; **Med.:** E.

Obs.: Distribución poco conocida en Navarra.

Tragopogon pratensis L. subsp. *orientalis* (L.) Celak.

Prados, pastos de montaña, ambientes alterados como baldíos, cunetas, setos y herbazales frescos. **Alt.:** 20-1500 m.

Dist.: Eur. General en la mitad norte y Zona Media. **Alp.:** E; **Atl.:** F; **Med.:** E.

Obs.: Distribución mal conocida en Navarra.

Tussilago farfara L.

Orillas de carreteras, ribazos, taludes y lugares pedregosos húmedos. **Alt.:** 100-1800 m. **HIC:** 3240.

Dist.: Eur. General en la mitad septen. y Zona Media, enrareciéndose hacia el sur. **Alp.:** F; **Atl.:** F; **Med.:** E.

Xanthium spinosum L.

Naturalizada en ambientes ruderalizados y nitrificados como cunetas, cultivos, baldíos, reposaderos de ganado, etc. **Alt.:** 200-850 m.

Dist.: Introd.; originaria de Sudamérica. General en la Zona Media, cuencas prepiren. y mitad meridional. **Alp.:** RR; **Atl.:** E; **Med.:** C.

Xanthium strumarium L. subsp. *italicum* (Moretti) O. Bolòs & Vigo

X. echinatum Muyyar subsp. italicum (Moretti) O. Bolòs & Vigo; X. italicum Moretti

Planta naturalizada. Ruderal, sobre suelos removidos y nitrificados. **Alt.:** 200-550 m. **HIC:** 3270, 3280, Com. ciper. amacoll., 92A0.

Dist.: Introd.; originaria de América. Zona Media, cuencas prepiren. y mitad meridional. **Alp.:** RR; **Atl.:** E; **Med.:** C.

Obs.: Se incluye *X. orientale* L. citada por Ursúa (1986). Forma a veces en el estío poblaciones de miles de individuos (pantano de Yesa).

Xeranthemum cylindraceum Sm.

Pastos pedregosos, baldíos, barbechos, cunetas y descampados. **Alt.:** 400-900 m.

Dist.: Eur. Por la Zona Media, cuencas prepiren. y dispersa en la mitad meridional. **Alp.:** RR; **Atl.:** R; **Med.:** E.

Obs.: Escriche (1935) cita de Tafalla a *X. annuum* L., posiblemente cultivada.

Xeranthemum inapertum (L.) Mill.

X. annuum var. inapertum L.

Pastos secos, pie de cantiles, rellanos y crestones; sobre calizas. **Alt.:** 250-1150 m.

Dist.: Med. Por la mitad meridional, siendo puntual en los Pirineos y en los valles atlánt. **Alp.:** E; **Atl.:** E; **Med.:** C.

Zinnia elegans Jacq.

Cultivada como planta ornamental, aparece asilvestrada de forma esporádica en terrenos removidos y nitrificados junto a escombreras y taludes. **Alt.:** a 700 m.

Dist.: Introd.; originaria de México. Sólo la conocemos de Navascués (Lorda, 2001). **Alp.:** RR; **Atl.:** -; **Med.:** -.

Convolvulaceae

Calystegia sepium (L.) R. Br.
Convolvulus sepium L.

En herbazales húmedos de orlas de balsas, acequias, orillas de ríos, huertos y setos. **Alt.:** 20-800 m. **HIC:** 3270, Com. ciper. amacoll., Com. aguas estanc., Com. helóf. tam. med., 6430, 92D0, 3240, 91E0*, 92A0.
Dist.: Subcosm. General en el territorio, salvo en las montañas más elevadas. **Alp.:** RR; **Atl.:** F; **Med.:** F.
Obs.: Planta de hojas muy variables en su morfología.

Convolvulus althaeoides L.

Terrenos nitrogenados y pastos secos. **Alt.:** 400-600 m.
Dist.: Med. Sólo se conoce de Lumbier, en las cuencas prepiren. **Alp.:** -; **Atl.:** -; **Med.:** RR.
Obs.: Morfología variable.

Convolvulus arvensis L.
C. cherleri C. Agardh; C. arvensis var. linearifolius Choisy; C. segobricensis Pau; C. arvensis subsp. crispatus Franco

Ruderal y arvense, en todo tipo de terrenos alterados y nitrogenados. **Alt.:** 20-1200 m. **HIC:** 6420.
Dist.: Subcosm. General en toda Navarra. **Alp.:** C; **Atl.:** C; **Med.:** CC.
Obs.: Planta de morfología diversa, que ha dado lugar a numerosos táxones infraespecíficos.

Convolvulus cantabrica L.

Pastos secos y claros de matorrales, sobre sustratos pedregosos soleados. **Alt.:** 400-800 m.
Dist.: Med. Por la Navarra Media y cuencas prepiren. hasta la mitad meridional, donde es escasa. **Alp.:** RR; **Atl.:** E; **Med.:** E.

Convolvulus lanuginosus Desr.
C. capitatus Cav.; C. cneorum auct., non L.

Pastos y matorrales abrigados, fisuras de roquedos y pedrizas sobre calizas. **Alt.:** 300-1200 m.
Dist.: Med. W. No se conoce bien su distribución en Navarra, pero presumimos en su mitad meridional. **Alp.:** -; **Atl.:** -; **Med.:** RR.
Obs.: Conviene recabar información sobre su distribución en Navarra. Se cita en *Flora Iberica*.

Convolvulus lineatus L.
C. cneorum L.; C. cneorum auct., non L.

Claros de matorrales y pastos xerófilos, taludes y ribazos. **Alt.:** 250-850 m. **HIC:** 6220*.
Dist.: Med. Por la mitad media y meridional, alcanzando ocasionalmente alguna localidad septen. **Alp.:** -; **Atl.:** E; **Med.:** E.
Obs.: También se ha citado *C. humilis* Jacq. (*C. undulatus* Cav.) de los alrededores de Pamplona (Fdez. de Salas & Gil, 1870), pero no es planta navarra.

Cuscuta approximata Bab. subsp. approximata
C. urceolata Kunze

Pastos, matorrales y ribazos secos y soleados. **Alt.:** 400-1000 m.
Dist.: Plurirreg. Puntual en distintas localidades de la Zona Media y meridional. **Alp.:** -; **Atl.:** RR; **Med.:** R.

Obs.: Parasita plantas herbáceas y leñosas; leguminosas, compuestas y labiadas.

Cuscuta australis R. Br.
?C. scandens Brot.; C. tinei Inzenga; C. australis subsp. tinei (Inzenga) Feinbrun

Planta dudosa que requiere comprobación Naturalizada. Sotos y terrazas fluviales. **Alt.:** 250-300 m.
Dist.: Introd.; originaria de Australia. Se ha citado del Soto de Vergara, en Tudela (Aizpuru & al., 1997). **Alp.:** -; **Atl.:** -; **Med.:** RR.
Obs.: Planta presente en Badajoz, Ciudad Real y Valencia que no parece que llegue a Navarra; confundida con *C. campestris*. Citada como *C. australis* R. Br. subsp. *cesatiana* (Bertol) O. Schwarz, no recogida en *Flora Iberica* o como *C. scandens* Brot. subsp. *cesatiana*.

Cuscuta campestris Yunck.

Naturalizada en cultivos, pastos frescos y riberas de ríos. **Alt.:** 200-700 m.
Dist.: Introd.; originaria de Norteamérica. En la Ribera Tudelana, con alguna cita en la Zona Media (Ansoain, Puente la Reina). **Alp.:** -; **Atl.:** RR; **Med.:** E.
Obs.: Introd. como parásita de la alfalfa y otras leguminosas forrajeras. Presente sobre muchas plantas en bordes de carretera y caminos. Las citas de *C. gronovii* Willd. ex Schult., Ejea de los Caballeros (Z), por Aizpuru & al. (1997), pertenecen a este taxon.

Cuscuta epilinum Weihe ex Boenn.

Planta citada de Navarra antes de 1960, sin citas posteriores. Naturalizada, asociada al cultivo del lino.
Dist.: Origen incierto. En la mitad meridional y atlánt. **Alp.:** -; **Atl.:** RR; **Med.:** RR.
Obs.: Cita recogida por Colmeiro (1888) de Navarra según datos de Lacoizqueta, sobre cultivos de lino (*Linum usitatissimum* L.), hoy no cultivado. No se naturaliza fuera de los cultivos y actualmente ha desaparecido de los mismos, quedando conservada en los jardines botánicos.

Cuscuta epithymum (L.) L.
C. europaea var. epithymum L.; C. alba J. Presl. & C. Presl.; C. trifolii Bab.; C. kotschyi Des Moul.; C. godroni Des Moul.; C. epithymum subsp. kotschyi (Des Moul.) Arcang.

Herbazales y matorrales, en general soleados. **Alt.:** 250-1700 m.
Dist.: Eur. General en el territorio, tanto en las zonas secas como en las frescas. **Alp.:** F; **Atl.:** F; **Med.:** E.
Obs.: Especie muy variable; parasita numerosas especies de plantas. Hay distintas citas en Navarra de *C. kotschyi* Des Moul., que parecen pertenecer a la especie que tratamos. Se incluyen en este taxon las dos subespecies, *epithymum* y *kotschyii* (ver sinonimias).

Cuscuta europaea L.

Cultivos, pastos frescos y herbazales a orillas de ríos. **Alt.:** 400-700 m.
Dist.: Eur. Localidades puntuales: Arbizu, Latasa, Yaben y cuenca de Pamplona. **Alp.:** -; **Atl.:** R; **Med.:** -.
Obs.: Conviene verificar la presencia de este taxon citado por distintos autores; parasita especies herbá-

ceas, principalmente del género *Urtica*, aunque no de forma exclusiva.

Cuscuta planiflora Ten.

C. episonchum Webb & Berthel.; C. brevistyla A. Braun ex A. Rich.; C. planiflora var. papillosa Engelm.; C. approximata subsp. episonchum (Webb & Berthel.) Feinbrun

Planta dudosa que requiere comprobación. Pastos y matorrales soleados. **Alt.:** 1300-1250 m.

Dist.: Med. Se conoce de la sierra de Leire. **Alp.:** RR; **Atl.:** -; **Med.:** -.

Obs.: Conviene verificar la presencia de este taxon; citada por Peralta & al. (1992).

Cuscuta suaveolens Ser.

C. corymbosa auct.

Planta dudosa que requiere comprobación. Asilvestrada en sotos y terrazas fluviales. **Alt.:** 250-300 m.

Dist.: Introd.; originaria de Sudamérica. En la Ribera (Milagro). **Alp.:** -; **Atl.:** -; **Med.:** RR.

Obs.: Conviene verificar la presencia de este taxon. Parasita la alfalfa, si bien no se ha recolectado en los últimos años en la Pen. Ibér. Citada por Uribe-Echebarría & Urrutia (1988).

Ipomoea purpurea (L.) Roth

Convolvulus purpureus L.

Se cultiva como ornamental, por lo que a veces se asilvestra en medios ruderalizados, cerca de núcleos urbanos, jardines, vegas de ríos y huertos. **Alt.:** 250-700 m.

Dist.: Introd.; originaria Neotrop. Por algunas localidades dispersas: cuenca de Pamplona, Romanzado, Sangüesa, Marcilla y Peralta. **Alp.:** RR; **Atl.:** RR; **Med.:** R.

Obs.: Muestra gran poder invasivo y elevada capacidad de supervivencia.

Cornaceae

Cornus sanguinea L. subsp. *sanguinea*

Setos, orlas y claros forestales, sobre suelos frescos. **Alt.:** 50-1400 m. **HIC:** Zarz. y espin. neutro-bas. eur-med., 3240, Saucedas arb. cabec., 91E0*, 92A0, 9340, 9240, Robl. pel. navarro-alav., 9230, 9160.

Dist.: Eur. General en el territorio, haciendose rara en la Ribera. **Alp.:** C; **Atl.:** C; **Med.:** E.

Obs.: Lacoizqueta (1883) y, posteriormente Gredilla (1913) citaron de Vertizarana *Cornus mas* L. No parece ser planta peninsular, al menos de carácter autóctono. Sí vive al N de los Pirineos.

Crassulaceae

Crassula tillaea Lest.-Garl.

Tillaea muscosa L.

Pastos de anuales, sobre suelos arenosos. **Alt.:** 350-500 m.

Dist.: Med.-Atl. Sólo se conoce de Viana, en la Navarra Media occidental. **Alp.:** -; **Atl.:** -; **Med.:** RR.

Hylotelephium telephium (L.) H. Ohba

Sedum telephium L.; S. complanatum Gilib.; S. purpurascens W.D.J. Koch; S. fabaria auct. Iber.; S. telephium subsp. fabaria auct. Iber.

Non (W.D.J. Koch) Kirschl.

Herbazales junto a orillas de carreteras, tapias, taludes y ribazos. **Alt.:** 50-1400 m.

Dist.: Eur. Valles atlánt. y Pirineos. **Alp.:** E; **Atl.:** E; **Med.:** -.

Pistorinia hispanica (L.) DC.

Cotyledon hispanica L.

Pastos arenosos en claros del carrascal. **Alt.:** 400-500 m.

Dist.: Endém. ibérica. Sólo la conocemos de las cercanías de Pamplona. **Alp.:** -; **Atl.:** RR; **Med.:** -.

Sedum acre L.

S. sexangulare auct. hisp., non L.

Rellanos de roquedos y pastos pedregosos. **Alt.:** 250-2300 m. **HIC:** 6110*.

Dist.: Eur. Pirineos, sierras prepiren., montañasde la Zona Media y sierras occidentales; puntual en la Ribera. **Alp.:** E; **Atl.:** E; **Med.:** E.

Obs.: Incluida *S. sexangulare* L.

Sedum album L.

S. micranthum DC.; S. album subsp. micranthum (DC.) SymE.

Repisas y rellanos de roquedos, pastos pedregosos, muros y tapias. **Alt.:** 200-2000 m. **HIC:** Mat. nitrof. grav. fluv., 6110*.

Dist.: Med. General en Navarra. **Alp.:** C; **Atl.:** C; **Med.:** C.

Sedum alpestre Vill.

Pastos pedregosos y pedrizas en la alta montaña. **Alt.:** 1800-2400 m.

Dist.: Oróf. Europa. Limitada a las cumbres pirenaicas más elevadas. **Alp.:** RR; **Atl.:** -; **Med.:** -.

Sedum amplexicaule DC.

Claros pedregosos, rellanos y roquedos, sobre suelos arenosos secos en verano. **Alt.:** 400-1800 m.

Dist.: Med. Mitad septen., principalmente por los Pirineos, la Zona Media y las montañas medias occ. **Alp.:** E; **Atl.:** E; **Med.:** R.

Obs.: Incluida la subsp. *tenuifolium* (Sm.) Greut.

Sedum anglicum Hudson

S. anglicum subsp. pyrenaicum (Lange) M. Laínz

Repisas, rellanos y grietas de roquedos, silíceos principalmente. **Alt.:** 50-1900 m. **HIC:** 8230.

Dist.: Atl. Pirineos y Navarra Húmeda del NW. **Alp.:** E; **Atl.:** E; **Med.:** -.

Obs.: Incluida la subsp. *pyrenaicum* (Lange) M. Laínz.

Sedum annuum L.

Planta que está cerca de Navarra, y cuya presencia se estima probable. Pastos sobre suelos someros, con afinidad silicícola.

Dist.: Oróf. Europa. No se conoce de Navarra.

Obs.: Citada del Pic d'Anie (F-64) por Blanchet (1891).

Sedum atratum L. subsp. *atratum*

Crestones, repisas y rellanos de roquedos sobre suelos someros. **Alt.:** 1350-2450 m.

Dist.: Oróf. Europa. Limitada a las montañas pirenaicas más elevadas. **Alp.:** R; **Atl.:** -; **Med.:** -.

Sedum brevifolium DC.

Grietas y rellanos de roquedos, sobre conglomerados y arenas. **Alt.:** 800-1250 m. **HIC:** 8230.

Dist.: Oróf. Europa SW. Puntual en el territorio: Pirineos, sierras prepiren., montañas atlánt. y en Fitero, al sur de Navarra. **Alp.:** RR; **Atl.:** RR; **Med.:** RR.

Sedum cepaea L.

Repisas de roquedos y muros, en ambientes sombríos, sobre sustratos silíceos. **Alt.:** 20-500 m.

Dist.: Oróf. Europa. Limitado a la Navarra Húmeda del NW. **Alp.:** RR; **Atl.:** E; **Med.:** -.

Obs.: No se ha confirmado la cita de Bubani (1900) del Valle de Aezkoa.

Sedum dasyphyllum L. subsp. *dasyphyllum*

Rellanos, repisas y fisuras de roquedos, muros y tapias. **Alt.:** 400-2000 m. **HIC:** 8210, 6110*.

Dist.: Med. General en Navarra, salvo en su tercio meridional, de donde se conoce sólo de Fitero. **Alp.:** C; **Atl.:** C; **Med.:** E.

Obs.: Las poblaciones navarras deben corresponder a esta subespecie. Las plantas con pelos glandulares en la inflorescencia se asignan a la subsp. *glanduliferum* (Guss.) Nyman.

Sedum forsterianum Sm.

S. elegans Lej.; S. rupestre subsp. elegans (Lej.) Hegi & Em. Schmid

Pedrizas y graveras, repisas de roquedos y pie de cantil; sobre suelos silíceos o acidificados. **Alt.:** 400-1750 m.

Dist.: Atl. Navarra Húmeda del NW, Pirineos, cuencas prepiren. y montañas medias occ. **Alp.:** E; **Atl.:** E; **Med.:** E.

Sedum gypsicola Boiss. & Reut.

Rellanos de roquedos, cerros y pastos sobre yesos. **Alt.:** 350-550 m.

Dist.: Med. W. Sólo se conoce de la Ribera. **Alp.:** -; **Atl.:** -; **Med.:** RR.

Obs.: En el herbario ARAN hay materiales de Ablitas y Sesma. A veces resulta difícil distinguirla de *S. album* L.

Sedum hirsutum All. subsp. *hirsutum*

Grietas, rellanos y repisas de roquedos frescos, sobre sustratos silíceos y conglomerados. **Alt.:** 100-1600 m. **HIC:** 8220, 8230.

Dist.: Oróf. Med. SW. Pirineos (monte Lakora), valles y montañas atlánt. y, aislada, en Fitero. **Alp.:** RR; **Atl.:** E; **Med.:** RR.

Obs.: Las poblaciones navarras deben corresponder a esta subespecie.

Sedum maireanum Sennen

S. villosum subsp. aristatum (Emb. & Maire) M. Laínz

Pastos higroturbosos o temporalmente inundados. **Alt.:** 900-1000 m.

Dist.: Med. W. Sólo la conocemos de la sierra de Urbasa (Lezaun). **Alp.:** -; **Atl.:** RR; **Med.:** -.

Obs.: En el herbario ARAN hay materiales de la sierra de Urbasa (Fuente Burandi). A este taxon debe pertenecer la anotación de *S. pentandrum* Boreau sensu Coste.

Sedum rubens L.

Crassula rubens (L.) L.; S. ibicense Pau

Rellanos sobre suelos someros, arenosos. **Alt.:** 350-1100 m.

Dist.: Plurirreg. Puntual en los Pirineos, Zona Media, cuencas prepiren. y montañas medias occ. **Alp.:** RR; **Atl.:** R; **Med.:** RR.

Sedum rupestre L.

S. reflexum L.; S. rupestre subsp. reflexum (L.) Hegi & Em. Schmid; S. rupestre subsp. ochroleucum sensu auct. pl.

Terrenos pedregosos y rellanos de roquedos en orlas de bosques caducifolios. **Alt.:** 500-1600 m.

Dist.: Eur. Parece limitarse a los Pirineos y valles prepiren. **Alp.:** E; **Atl.:** -; **Med.:** -.

Sedum sediforme (Jacq.) Pau

Sempervivum sediforme Jacq.; S. altissimum Poir.

Repisas y rellanos de roquedos, pastos pedregosos, pedrizas y gleras, sobre suelo escaso y en ambientes soleados. **Alt.:** 250-1800 m. **HIC:** 5210, 8210, 6110*.

Dist.: Med. General en Navarra, escaseando en los valles atlánt. **Alp.:** C; **Atl.:** C; **Med.:** C.

Sedum sexangulare L.

S. mite Gilib.

Se cultiva como ornamental y se asilvestra en las cercanías de los núcleos urbanos, al menos en las poblaciones baztanesas. **Alt.:** 100-250 m.

Dist.: Introd.; originaria de Centroeuropa. Navarra Húmeda del NW (Oronoz, Lekaroz, Elbete). **Alp.:** -; **Atl.:** RR; **Med.:** -.

Obs.: Hay materiales en el herbario ARAN. Según *Flora Iberica* entraría en *S. acre* L. (*S. sexangulare* auct. hisp., non L.). Lacoizqueta (1884) citó *S. monregalense* Balbis (*S. cruciatum* Desf.), que debe llevarse a este taxon.

Sedum villosum L. subsp. *villosum*

Pastos humedecidos, orillas de turberitas y arroyos; sobre sustratos silíceos. **Alt.:** 350-1000 m.

Dist.: Bor.-Alp. Limitada a los valles pirenaicos y atlánt. orient. . **Alp.:** RR; **Atl.:** RR; **Med.:** -.

Obs.: Se incluyen las citas de Urrizate (Baztán) dadas como subsp. *pentandrum* (DC.) Boreau por Aldezábal (1994).

Sempervivum arachnoideum L.

Rellanos y repisas de roquedos y lapiaces de alta montaña. **Alt.:** 1600-2430 m.

Dist.: Oróf. Europa: alp.-pir. Limitada a las montañas pirenaicas más elevadas. **Alp.:** R; **Atl.:** -; **Med.:** -.

Sempervivum montanum L. subsp. *montanum*

Rellanos de roquedos y pastos pedregosos, principalmente silíceos. **Alt.:** 1600-2300 m. **HIC:** 8230.

Dist.: Oróf. Europa. Limitada a las montañas más elevadas pirenaicas (monte Lakora, Peña Ezkaurre). **Alp.:** RR; **Atl.:** -; **Med.:** -.

Obs.: A desechar la cita de San Cristóbal de Fdez. de Salas & Gil (1971).

Sempervivum tectorum L.

S. arvernense Lecoq & Lamotte

Roquedos, pastos pedregosos y lapiaces. **Alt.:** 1150-1900 m. **HIC:** 8230.

Dist.: Oróf. Europa. Limitada a las montañas pirenaicas

y con alguna mención en las sierras prepiren. **Alp.:** E; **Atl.:** -; **Med.:** -.

Obs.: Las citas de Bertizarana (Lacoizqueta, 1884) de este taxon deben provenir de plantas cultivadas.

Umbilicus rupestris (Salisb.) Dandy

Cotyledon rupestris Salisb.; U. neglectus (Cout.) Rothm. & P. Silva; U. erectus sensu Willk.; U. pendulinus DC.; U. vulgaris Batt. & Trab.

Muros, tapias, grietas y rellanos de roquedos. **Alt.:** 100-1100 m. **HIC:** Com. subnitrof. muros y roquedos.

Dist.: Med.-Atl. Por casi toda Navarra, escaseando en la Ribera y en las montañas pirenicas más elevadas. **Alp.:** E; **Atl.:** C; **Med.:** E.

Obs.: Las citas de *U. horizontalis* (Guss.) DC. de Báscones (1978) deben llevarse a este taxon.

Cruciferae (Brassicaceae)

Aethionema saxatile (L.) R. Br.

Thlaspi saxatile L.

Resaltes y rellanos de roquedos, pedrizas y graveras a pie de cantil. **Alt.:** 400-1350 m.

Dist.: Oróf. Med. Parece limitarse a los Pirineos, cuencas y sierras prepiren. y montañas medias orient. . **Alp.:** E; **Atl.:** E; **Med.:** R.

Obs.: Convendría buscarla en las sierras occ., al aparecer en zonas contiguas alavesas.

Alliaria petiolata (M. Bieb.) Cavara & Grande

Arabis petiolata M. Bieb.; Erysimum alliaria L.

Ambientes frescos, como orillas de ríos, sotos, orlas forestales, bordes de prados y núcleos habitados; en general en lugares sombreados y nitrificados. **Alt.:** 20-1550 m. **HIC:** 6430, 91E0*, 92A0.

Dist.: Eur. General en Navarra, enrareciéndose hacia el sur donde se refugia en los sotos fluviales. **Alp.:** C; **Atl.:** C; **Med.:** F.

Alyssum alyssoides (L.) L.

Clypeola alyssoides L.; A. calycinum L.

Pastos de anuales, rellanos y repisas de roquedos, así como en terrenos alterados. **Alt.:** 300-1350 m.

Dist.: Med. Por la Zona Media, Pirineos y cuencas prepiren. hasta el sur; no parece superar hacia el norte la divisoria de aguas. **Alp.:** F; **Atl.:** E; **Med.:** C.

Alyssum cuneifolium Ten.

Rellanos de roquedos y graveras a pie de cantil. **Alt.:** 1700-2000 m.

Dist.: Oróf. Europa. Limitada a las montañas más elevadas pirenaicas: meseta de Larra. **Alp.:** RR; **Atl.:** -; **Med.:** -.

Obs.: Límite occidental en Navarra.

Alyssum granatense Boiss. & Reut.

A. hispidum Willk. ex Loscos & Pardo; A. marizii Cout.

Rellanos de anuales, sobre suelos someros, removidos, terrazas fluviales y cerros. **Alt.:** 300-550 m.

Dist.: Med. W. Limitado a la Ribera, especialmente en la Tudelana. **Alp.:** -; **Atl.:** -; **Med.:** R.

Alyssum linifolium Willd.

Meniocus linifolius (Willd.) DC.

Pastos de anuales en cerros soleados y secos, en claros del romeral-coscojar. **Alt.:** a 300 m.

Dist.: Med. W-Iraniana. Sólo la conocemos de Funes (Los Forcos) dada por Aizpuru & al. (1990). **Alp.:** -; **Atl.:** -; **Med.:** RR.

Obs.: Podría suponer el límite NW en el Valle del Ebro.

Alyssum montanum L.

A. diffusum Ten.; A. fastigiatum Heywood

Repisas y rellanos de roquedos, crestones cimeros y pastos pedregosos. **Alt.:** 300-1800 m.

Dist.: Eur. Montañas de la Zona Media, los Pirineos y sierras medias occ. **Alp.:** E; **Atl.:** E; **Med.:** R.

Obs.: Planta de gran variabilidad difícil de separar de *A. diffusum* Ten., ésta citada por López (1968, 1970), que creemos debe llevarse a este taxon. Éste se incluye en la sinonimia.

Alyssum serpyllifolium Desf.

A. alpestre subsp. serpyllifolium (Desf.) Rouy & Foucaud

En suelos someros, arenosos, en ambientes secos y soleados. **Alt.:** 350-500 m.

Dist.: Oróf. Med. Contadas localidades en la Zona Media (Pamplona) y la Ribera (Milagro, Funes). **Alp.:** -; **Atl.:** RR; **Med.:** RR.

Alyssum simplex Rudolphi

A. parviflorum M. Bieb.; A. collinum Brot.; A. micranthum Fisch. & C.A. Mey.; A. nanum Pomel; A. minus Rothm.; A. campestre auct.

Rellanos de roquedos, pastos de anuales, orillas de cultivos, ribazos y terrenos alterados; en ambientes soleados. **Alt.:** 250-1250 m. **HIC:** 6220*.

Dist.: Plurirreg.: Med.-Iraniana. Al sur de la divisoria de aguas y puntual en los Pirineos, buscando los enclaves más soleados. **Alp.:** E; **Atl.:** E; **Med.:** F.

Arabidopsis thaliana (L.) Heynh.

Arabis thaliana L.; Sisymbrium thalianum (L.) J. Gay; Stenophragma thalianum (L.) Celak.

Herbazales, cultivos, rellanos de roquedos y pastos pedregosos sobre suelos someros, removidos. **Alt.:** 300-1400 m.

Dist.: Subcosm. Valles y cuencas septentrionales, Pirineos y Navarra Media. **Alp.:** E; **Atl.:** E; **Med.:** R.

Arabis alpina L.

A. caucasica Willd.; A. cantabrica Leresche & Levier; A. alpina subsp. cantabrica (Leresche & Levier) Greuter & Burdet; A. merinoi Pau

Rellanos y repisas de roquedos, lapiaces, en ambientes sombreados del hayedo y bosques mixtos, setos, etc. **Alt.:** 100-2400 m. **HIC:** 8130.

Dist.: Circumbor. Por la mitad septen., sin superar hacia el sur las montañas medias. **Alp.:** F; **Atl.:** F; **Med.:** R.

Obs.: Incluida *A. cantabrica* Leresche & Levier de las altas montañas.

Arabis auriculata Lam.

A. recta Vill.

Grietas, rellanos y repisas de roquedos, pastos pedregosos y pie de cantil. **Alt.:** 350-1550 m.

Dist.: Med. Por todo el territorio, siendo muy rara en los valles atlánt. **Alp.:** E; **Atl.:** E; **Med.:** E.

Obs.: Incluida la subsp. *parvisiliquosa* Morante & Uribe-Ech. descrita de Viana. Hay ejemplares intermedios.

Arabis ciliata Clairv.

A. corymbiflora Vest; A. arcuata Shuttlew

Pastos pedregosos, rellanos de lapiaz y crestones de la alta montaña. **Alt.:** 1400-2100 m.

Dist.: Oróf. Europa. Limitada a las montañas más elevadas al este del monte Ori. **Alp.:** R; **Atl.:** -; **Med.:** -.

Obs.: Se ha citado del río Bidasoa (García Zamora & al., 1985), pero no creemos que sea esta especie. También se ha citado de las sierras prepiren. (Erviti, 1989; Peralta & al., 1992) localidades a comprobar.

Arabis glabra (L.) Bernh.

Turritis glabra L.; A. perfoliata Lam.

Orlas forestales en el ambiente del hayedo. **Alt.:** 900-1100 m.

Dist.: Eur. Sólo la conocemos del Valle de Belagua y Asolace, en el Pirineo roncalés. **Alp.:** RR; **Atl.:** -; **Med.:** -.

Obs.: También se conoce a occidente (Corres) en Álava, muy cerca de Navarra.

Arabis hirsuta (L.) Scop.

Turritis hirsuta L.

Pastos pedregosos, rellanos de roquedos y terrenos removidos. **Alt.:** 100-1950 m.

Dist.: Eur. General, salvo en el tercio sur donde se hace muy rara. **Alp.:** F; **Atl.:** E; **Med.:** E.

Arabis parvula Dufour ex DC.

Rellanos con anuales y pastos sobre suelos someros, en ambientes caldeados y secos. **Alt.:** 300-850 m.

Dist.: Med. W. Puntual en la Ribera Estellesa y Tudelana. **Alp.:** -; **Atl.:** -; **Med.:** R.

Arabis pauciflora (Grimm) Garcke

Turritis pauciflora Grimm; Fourraea alpina (L.) Greuter & Burdet; Turritis brassica Leers; A. brassica (Leers) Rauschert; A. brassiciformis Wallr.

Herbazales en claros del hayedo, bujedos y otros matorrales en ambientes pedregosos; sobre calizas. **Alt.:** 950-1500 m.

Dist.: Med. En los Pirineos, los valles pirenaicos y la Navarra Media orient. **Alp.:** E; **Atl.:** R; **Med.:** R.

Obs.: Límite occidental en Navarra.

Arabis planisiliqua (Pers.) Rchb.

Turritis planisiliqua Pers.; A. gerardii (Lam.) W.D.J. Koch; A. sagittata subsp. barcinonensis Sennen; A. glastifolia sensu Willk.

Claros del carrascal-quejigal, rellanos con suelos someros y pastos pedregosos. **Alt.:** 350-1300 m.

Dist.: Europa W. Navarra Media y Ribera, con alguna anotación en los Pirineos no contrastada (Lorda, 2001). **Alp.:** RR; **Atl.:** RR; **Med.:** R.

Arabis scabra All.

A. stricta Huds.

Pastos pedregosos, rellanos y repisas de roquedos. **Alt.:** 300-1900 m. **HIC:** 8130.

Dist.: Med. Por buena parte del territorio, haciéndose rara en los valles atlánt. y en el tercio meridional, donde llega a faltar. **Alp.:** F; **Atl.:** F; **Med.:** E.

Arabis serpillifolia Vill.

Crestones, rellanos y repisas del karst, pastos pedregosos; sobre calizas. **Alt.:** 600-2350 m.

Dist.: Oróf. Europa. Pirineos y montañas medias orient. . **Alp.:** R; **Atl.:** RR; **Med.:** RR.

Arabis turrita L.

Foces y desfiladeros, bosques mixtos a pie de cantil, crestones y rellanos de roquedos, bujedos, etc. **Alt.:** 450-1450 m.

Dist.: Med. Montañas medias, Pirineos y sierras occidentales; se ausenta de los valles cantábricos y de la Ribera. **Alp.:** F; **Atl.:** E; **Med.:** E.

Obs.: Se ha citado repetidamente *A. muralis* Bertol., sin que haya podido verificarse su presencie en Navarra.

Barbarea intermedia Boreau

Herbazales en claros forestales, sobre suelos frescos junto a arroyos, acequias, etc. **Alt.:** 400-1800 m.

Dist.: Eur. Pirineos, montañas medias y sierras occ. **Alp.:** E; **Atl.:** E; **Med.:** RR.

Cons.: DD (ERLVP, 2011).

Barbarea vulgaris R. Br.

Erysimum barbarea L.; B. stricta sensu Willk.

Orlas de balsas, charcas y orillas de ríos. **Alt.:** 300-700 m.

Dist.: Circumbor. Puntual en la cuenca de Pamplona, valles atlánt. y prepiren. **Alp.:** -; **Atl.:** RR; **Med.:** RR.

Cons.: LC (ERLVP, 2011).

Biscutella valentina (Loefl. ex L.) Heywood subsp. pyrenaica (A. Huet) Grau & Klingenberg

B. pyrenaica A. Huet; B. brevifolia (Rouy & Foucaud) Guinea; B. scaposa Sennen ex March.-Laur.; B. intermedia Gouan

Crestas, repisas y rellanos de roquedos, pie de cantiles y pastos pedregosos. **Alt.:** 450-2300 m.

Dist.: Oróf. Europa. Parece estar limitada a los Pirineos y a los valles atlánt. **Alp.:** RR; **Atl.:** RR; **Med.:** -.

Obs.: Conviene estudiar el género en Navarra.

Biscutella valentina (Loefl. ex L.) Heywood subsp. valentina

Sisymbrium valentinum Loefl. ex L.

Crestas, repisas y rellanos de roquedos, pie de cantiles y pastos pedregosos. **Alt.:** 400-1400 m.

Dist.: Med. W. Montañas medias occ. (Urbasa-Andía, Lókiz, Aralar, Codés, Altzania) y más aislada en las orient. y en la Ribera. **Alp.:** E; **Atl.:** E; **Med.:** R.

Obs.: Conviene la revisión de este género. En este taxon se incluyen distintas variedades [*valentina, laevigata* (L.) Grau & Klingenberg].

Brassica napus L.

Cultivada en huertos, se asilvestra en ambientes alterados. **Alt.:** 50-500 m.

Dist.: Introd.; origen desconocido. En los valles atlánt. y puntual en los prepiren. **Alp.:** -; **Atl.:** E; **Med.:** R.

Obs.: Se incluyen distintas variedades naturalizadas [*napus, rapifera* Metzg., *oleifera* (Moench) DC.].

Brassica nigra (L.) W.D.J. Koch

Sinapis nigra L.

Herbazales con suelos nitrificados, orillas de arroyos y acequias. **Alt.:** 150-600 m.

Dist.: Eur. Citada de los valles atlánt., la cuenca de Pamplona, Zona Media y la Ribera. **Alp.:** -; **Atl.:** R; **Med.:** R.

Cons.: LC (ERLVP, 2011).

Brassica oleracea L.

B. rapa subsp. sylvestris (L.) Janch.

Escapada de cultivos hortícolas. **Alt.:** 300-500 m.

Dist.: Atl. Escasas localidades: cuenca de Pamplona y Ribera. **Alp.:** -; **Atl.:** RR; **Med.:** RR.

Cons.: DD (ERLVP, 2011).

Obs.: Se incluyen distintas variedades, muchas cultivadas.

Brassica repanda (Willd.) DC. subsp. *cantabrica* (Font Quer) Heywood

B. saxatilis var. cantabrica Font Quer

Crestones, conglomerados, rellanos y repisas de roquedos y pastos pedregosos. **Alt.:** 500-1400 m.

Dist.: Endém. del N de España (Bi, Bu, Lo, Na, Vi). Por las montañas de la Navarra Media, al oeste de la Higa de Monreal, y en las sierras medias occ. **Alp.:** -; **Atl.:** E; **Med.:** R.

Cons.: LC (ERLVP, 2011), sin asignar subespecie.

Obs.: Las citas de la subsp. *cadevallii* (Font Quer) Heywood de López (1970) deben llevarse a este taxon. Sólo se conoce con certeza de Lérida.

Calepina irregularis (Asso) Thell.

Myagrum irregulare Asso; C. corvini (All.) Desv.; C. ruellii Bubani

Campos de cultivo, terrenos ruderales y repisas de roquedos. **Alt.:** 250-800 m.

Dist.: Plurirreg.: Med.-Turaniana. En la Navarra Media orient. y localizada en la Ribera Tudelana. **Alp.:** -; **Atl.:** -; **Med.:** RR.

Obs.: Se puede confundir con *Neslia paniculata*.

Camelina microcarpa Andrz. ex DC.

C. sativa subsp. microcarpa (Andrz. ex DC.) Hegi & Em. Schmidt; C. sativa subsp. rumelica (Velen.) O. Bolòs & Vigo; C. sylvestris Wallr.

Arvense y ruderal, en cultivos y sobre suelos removidos. **Alt.:** 400-750 m.

Dist.: Med. Zona Media y preferentemente en la Ribera. **Alp.:** -; **Atl.:** -; **Med.:** E.

Cons.: LC (ERLVP, 2011).

Obs.: Colmeiro (1885) la cita de Bertizarana, pero no concuerda con su distribución.

Camelina sativa (L.) Crantz

Myagrum sativum L.

Planta dudosa que requiere comprobación. Antiguamente cultivada por sus semillas, puede asilvestrarse en las cercanías y lugares ruderalizados. **Alt.:** 250-450 m.

Dist.: Introd.; originaria mediterráneo-turania. Algunas localidades en la Navarra Media y Ribera. **Alp.:** -; **Atl.:** RR; **Med.:** RR.

Cons.: DD (ERLVP, 2011).

Obs.: Hay que verificar las citas navarras. Está muy cerca de *C. microcarpa* y sólo se conoce naturalizada de Burgos.

Capsella bursa-pastoris (L.) Medik.

Thlaspi bursa-pastoris L.; C. rubella Reut.; C. bursa-pastoris subsp. rubella (Reut.) Hobk.

Ruderal y arvense, aparece en todo tipo de ambientes alterados y nitrificados. **Alt.:** 20-2100 m.

Dist.: Subcosm. General en todo el territorio. **Alp.:** C; **Atl.:** C; **Med.:** CC.

Obs.: Se consideran de forma conjunta *C. bursa-pastoris* y *C. rubella* Reut. según se recoge en *Flora Iberica*. En el territorio se han citado las dos formas.

Cardamine amara L.

Planta citada de Navarra, posiblemente errónea. Lugares húmedos y sombríos, a orillas de arroyos y manantiales.

Dist.: Eur. Las citas de la Barranca no parecen ser verídicas. **Alp.:** -; **Atl.:** RR; **Med.:** -.

Cons.: LC (ERLVP, 2011).

Obs.: Citada por Braun-Blanquet (1967) de Otzaurte-Alsasua, sin que conozcamos su presencia en Navarra. Es una planta de los Pirineos centrales y orient. , que llega hasta Lérida.

Cardamine bellidifolia L. subsp. *alpina* (Willd.) B.M.G. Jones

C. alpina Willd.

En la alta montaña, en ventisqueros y pastos pedregosos húmedos. **Alt.:** 2000-2400 m.

Dist.: Oróf. Europa. Limitada a la alta montaña pirenaica. **Alp.:** RR; **Atl.:** -; **Med.:** -.

Obs.: Límite W en Navarra.

Cardamine flexuosa With.

C. sylvatica Link

Bosques frescos, setos, sotos fluviales, taludes y roquedos. **Alt.:** 50-1500 m. **HIC:** Com. arroyos y manant. for.

Dist.: Eur. Mitad N de Navarra: valles atlánt., Pirineos y montañas de la Zona Media. **Alp.:** E; **Atl.:** E; **Med.:** RR.

Cardamine heptaphylla (Vill.) O.E. Schultz

Dentaria heptaphylla Vill.; D. pinnata Lam.

Nemoral, pies de cantil, en general sobre suelos frescos y ricos en nutrientes. **Alt.:** 700-1500 m. **HIC:** 91E0*, 9130, Abet. pirenaicos.

Dist.: Oróf. Europa W. Pirineos y montañas prepiren., llegando hasta San Donato, a occidente. **Alp.:** F; **Atl.:** RR; **Med.:** -.

Obs.: Límite W en Navarra (San Donato).

Cardamine hirsuta L.

Ruderal y arvense, se encuentra en todo tipo de suelos removidos y alterados. **Alt.:** 20-1500 m.

Dist.: Subcosm. General en Navarra, eludiendo las montañas más elevadas. **Alp.:** C; **Atl.:** C; **Med.:** C.

Cardamine impatiens L. subsp. *impatiens*

Terrenos frescos y sombreados en el ambiente nemoral. **Alt.:** 100-1550 m.

Dist.: Eur. Mitad norte, sin llegar al sur de las montañas medias. **Alp.:** E; **Atl.:** E; **Med.:** RR.

Obs.: La cita de Tafalla (Escriche, 1935) no parece verosímil.

Cardamine pentaphyllos (L.) Crantz

Dentaria pentaphyllos L.; D. digitata Lam.

Nemoral en el hayedo y hayedo-abetal; sobre suelos ricos y frescos. **Alt.:** 800-1400 m.

Dist.: Oróf. Europa. Limitada al Pirineo. **Alp.:** RR; **Atl.:** -; **Med.:** -.

Cons.: Prioritaria (Lorda & al., 2009).

Obs.: Límite W en Navarra (bosque de Irati).

Cardamine pratensis L. subsp. *nuriae* (Sennen) Sennen

C. nuriae Sennen; C. pratensis subsp. crassifolia (Pourr.) P. Fourn.

Ambientes forestales, sobre suelos húmedos y orillas de arroyos, prados húmedos, etc. **Alt.:** 850-1200 m.

Dist.: Oróf. Europa W. Contadas localidades en las montañas atlánt. . **Alp.:** -; **Atl.:** RR; **Med.:** -.

Obs.: Posiblemente más extendida de lo que conocemos.

Cardamine pratensis L. subsp. *pratensis*

Ambientes forestales, sobre suelos húmedos y orillas de arroyos, prados húmedos, turberas, etc. **Alt.:** 20-1800 m.

Dist.: Circumbor. General en la mitad N de Navarra, faltando en la Ribera. **Alp.:** F; **Atl.:** F; **Med.:** RR.

Cons.: LC (ERLVP, 2011).

Cardamine raphanifolia Pourr. subsp. *raphanifolia*

C. latifolia Vahl, Sisymbrium pyrenaicum L.; C. pyrenaica (L.) Rothm.

Orillas de arroyos y manantiales a la sombra del bosque caducifolio. **Alt.:** 200-1800 m. **HIC:** Com. arroyos y manant. for.

Dist.: Europa W. Pirineos, valles cantábricos y corredor de la Barranca. **Alp.:** E; **Atl.:** E; **Med.:** -.

Cardamine resedifolia L.

Repisas, rellanos y grietas de roquedo silíceos. **Alt.:** 1550-1900 m. **HIC:** 8220.

Dist.: Oróf. Europa. Muy localizada en los roquedos silíceos pirenaicos, principalmente en el monte Lakora. **Alp.:** RR; **Atl.:** -; **Med.:** -.

Cons.: Prioritaria (Lorda & al., 2009).

Obs.: En el monte Lakora podría señalar su límite W de distribución.

Cardaria draba (L.) Desv. subsp. *draba*

Lepidium draba L.

Ruderal y arvense, en muchos lugares alterados de cultivos, ribazos, taludes, escombreras y cascajeras. **Alt.:** 250-650 m.

Dist.: Plurirreg.: Med.-Turaniana. Desde la cuenca de Pamplona y valles pirenaicos hacia el sur, donde se hace más abundante. **Alp.:** RR; **Atl.:** E; **Med.:** E.

Clypeola jonthlaspi L. subsp. *jonthlaspi*

Rellanos de roquedos y pastos pedregosos sobre suelos someros. **Alt.:** 400-750 m.

Dist.: Plurirregiona: Med.-Iraniana. Navarra Media, cuencas prepiren. y Ribera. **Alp.:** -; **Atl.:** RR; **Med.:** E.

Clypeola jonthlaspi L. subsp. *microcarpa* (Moris) Arcang.

C. microcarpa Moris

Terrenos nitrificados, como reposaderos de ganado, pie y grietas de roquedos. **Alt.:** 600-1300 m.

Dist.: Plurirreg.: Med.-Iraniana. Pirineos, cuencas prepiren. y montañas medias occ. **Alp.:** R; **Atl.:** R; **Med.:** RR.

Cochlearia aragonensis H.J. Coste & Soulié subsp. *aragonensis*

Gleras y graveras a pie de cantiles. **Alt.:** 700-1200 m. **HIC:** 8130.

Dist.: Oróf. Med. W: endém. del arco ibérico. En las sierras medias occ. de Codés y Lókiz. **Alp.:** -; **Atl.:** R; **Med.:** RR.

Cons.: VU (NA); VU D2 (LR, 2000); VU D2 (LR, 2008); Prioritaria (Lorda & al., 2009).

Cochlearia aragonensis H.J. Coste & Soulié subsp. *navarrana* (P. Monts.) Vogt

C. aragonensis var. navarrana P. Monts.

Gleras y graveras a pie de cantiles. **Alt.:** 950-1250 m. **HIC:** 8130.

Dist.: Oróf. Med. W: endém. de Navarra. Limitada al monte Beriain (Uharte-Arakil). **Alp.:** -; **Atl.:** RR; **Med.:** -.

Cons.: SAH (NA); VU D2 (LR, 2000); VU D2 (LR, 2008); Prioritaria (Lorda & al., 2009).

Cochlearia glastifolia L.

Herbazales en orlas de balsas y orillas de cubetas endorreicas. **Alt.:** 300-450 m. **HIC:** 6420, 92D0.

Dist.: Med. W. Localizada en la balsa del Pulguer, en la Ribera Tudelana. **Alp.:** -; **Atl.:** -; **Med.:** RR.

Cons.: VU (NA); Prioritaria (Lorda & al., 2009).

Coincya monensis (L.) Greuter & Burdet subsp. *cheiranthos* (Vill.) Aedo, Leadlay & Muñoz Garm.

Brassica cheiranthos Vill.; Sinapis cheiranthos (Vill.) W.D.J. Koch; Rhynchosinapis cheiranthos (Vill.) Dandy; C. cheiranthos (Vill.) Greuter & Burdet; C. cheiranthos subsp. montana (DC.) Greuter & Burdet

Rellanos y repisas de roquedos, herbazales innivados y grietas sombrías. **Alt.:** 500-2200 m.

Dist.: Atl. En los valles cantábricos y en el Pirineo. **Alp.:** E; **Atl.:** E; **Med.:** -.

Obs.: Se incluyen distintas variedades.

Conringia orientalis (L.) Dumort.

Brassica orientalis L., C. austriaca auct. hisp.

Arvense ligada al cultivo cerealista, viñedos, etc.; en climas secos y soleados. **Alt.:** 400-750 m.

Dist.: Med. E y SW Asia. Ribera Tudelana y Zona Media orient. **Alp.:** -; **Atl.:** -; **Med.:** R.

Obs.: Las citas de Pamplona (Colmeiro, 1885) deben confirmarse.

Coronopus didymus (L.) Sm.

Lepidium didymum L.; Senebiera didyma (L.) Pers.; S. pinnatifida DC.

Ruderal en ambientes alterados de aceras, alcorques, núcleos urbanos, etc. **Alt.:** 20-650 m.

Dist.: Subcosm. Valles cantábricos, Navarra media y Ribera. **Alp.:** -; **Atl.:** E; **Med.:** R.

Obs.: Posible origen sudamericano, hoy ya en buena parte de Europa.

Coronopus squamatus (Forssk.) Asch.

Lepidium squamatum Forssk.; Senebiera coronopus (L.) Poir.; C.

procumbens Gilib. ex Ces., Pass. & Gibelli

Ruderal en lugares pisoteados, cunetas, cascajeras fluviales, etc., a baja altitud. **Alt.:** 250-600 m.

Dist.: Subcosm. Al sur de la divisoria de aguas: valles prepiren., cuenca de Pamplona y Ribera. **Alp.:** -; **Atl.:** R; **Med.:** E.

Descurainia sophia (L.) Webb ex Prantl
Sisymbrium sophia L.

Terrenos removidos, sobre suelos arenosos. **Alt.:** 400-650 m.

Dist.: Subcosm. Puntual en la Ribera Estellesa y Tudelana. Citada de la Zona Media. **Alp.:** -; **Atl.:** -; **Med.:** RR.

Diplotaxis catholica (L.) DC.
Sisymbrium catholicum L.

Planta dudosa que requiere comprobación. Ruderal y arvense, parece preferir suelos silíceos. **Alt.:** a 500 m.

Dist.: Med. W. Citada de Bardenas. **Alp.:** -; **Atl.:** -; **Med.:** RR.

Cons.: LC (ERLVP, 2011).

Obs.: Es propia del W peninsular, parece no llegar a Navarra. Aizpuru & Catalán (1988) la citaron de las Bardenas Reales.

Diplotaxis erucoides (L.) DC. subsp. *erucoides*
Sinapis erucoides L.; D. valentina Pau

Ruderal y arvense, se localiza en cultivos como viñedos, olivares, más escombreras y cunetas, en general sobre suelos nitrificados. **Alt.:** 250-1100 m.

Dist.: Med. Desde la Zona Media y cuencas prepiren., hasta el sur donde se hace una planta frecuente. **Alp.:** RR; **Atl.:** E; **Med.:** C.

Cons.: LC (ERLVP, 2011).

Diplotaxis ilorcitana (Sennen) Aedo, Mart. Laborde & Muñoz Garm.
Pendulina ilorcitana Sennen; D. gomez-campoi Mart. Laborde; D. muralis auct.; D. virgata auct.

Viaria y ruderal, vive en ambientes secos.

Dist.: Endém. del S y E de la Pen. Ibér. y del Valle del Ebro. No se conoce muy bien su distribución en Navarra. **Alp.:** -; **Atl.:** -; **Med.:** E.

Cons.: LC (ERLVP, 2011).

Diplotaxis muralis (L.) DC. subsp. *muralis*
Sisymbrium murale L.

Planta citada de Navarra antes de 1960, sin citas posteriores. Cunetas, cultivos y otros ambientes ruderalizados. **Alt.:** 450-650 m.

Dist.: Subcosm. **Alp.:** -; **Atl.:** RR; **Med.:** -.

Cons.: LC (ERLVP, 2011).

Obs.: Citada de Pamplona por Fdez. de Salas & Gil (1870) y Mayo (1978). Quizá deba referirse a *D. ilorcitana* (Sennen) Aedo, Mart. Laborde & Muñoz Garm.

Diplotaxis viminea (L.) DC.
Sisymbrium vimineum L.

Planta citada de Navarra antes de 1960, sin citas posteriores. Arvense, en cultivos cerealistas y otros terrenos removidos. **Alt.:** 400-550 m.

Dist.: Med. Limitada a la Ribera Tudelana. **Alp.:** -; **Atl.:** -; **Med.:** RR.

Cons.: LC (ERLVP, 2011).

Obs.: Citada de Tudela por Dufour y Colmeiro (1885). Fdez. León (1982) ha citado *D. crassifolia* (Raf.) DC. [*D. harra* (Forssk.) Boiss. subsp. *lagascana* (DC.) O. Bolòs & Vigo], una planta endémica del SE Península Ibérica, que difícilmente llegará a Navarra.

Diplotaxis virgata (Cav.) DC. subsp. *virgata*
Sinapis virgata Cav.

Arvense y ruderal: cultivos, baldíos, escombreras y otros medios alterados. **Alt.:** 250-550 m.

Dist.: Endém. Pen. Ibér. Cuenca de Pamplona, y principalmente en la Ribera, Tudelana sobre todo. **Alp.:** -; **Atl.:** -; **Med.:** RR.

Cons.: LC (ERLVP, 2011).

Obs.: Las citas de *D. muralis* (L.) DC. y *D. viminea* (L.) DC. quizá deban corresponder a este taxon.

Draba aizoides L. subsp. *aizoides*

Repisas y rellanos de crestones, lapiaces y pastos pedregosos de alta montaña. **Alt.:** 1200-2450 m.

Dist.: Oróf. Europa. Pirineos y, a occidente, en la sierra de Urbasa (puerto de Lizarraga). **Alp.:** R; **Atl.:** RR; **Med.:** -.

Obs.: Los ejemplares navarros corresponderían a la variedad *leptocarpa* O.E. Schultz, en realidad de escaso valor taxonómico.

Draba dedeana Boiss. & Reut.
D. cantabrica Willk.; D. zapateri Willk. ex Zapater & Loscos; D. dedeana subsp. zapateri (Willk. ex Zapater & Loscos) Nyman

Fisuras, rellanos y repisas de roquedos calizos. **Alt.:** 700-1400 m. **HIC:** 8210.

Dist.: Endém. del N y CE de la Pen. Ibér. Montañas de la Navarra Media occidental, Navarra Media y valles pirenaicos. **Alp.:** RR; **Atl.:** E; **Med.:** RR.

Cons.: Prioritaria (Lorda & al., 2009).

Obs.: Límite orient. en los valles pirenaicos (Imízcoz). La cita de Rivas-Martínez & al. (1991) de la Piedra de San Martín no parece verosímil.

Draba dubia Suter subsp. *laevipes* (DC.) Braun-Blanq.
D. laevipes DC.; D. tomentosa var. frigida (Saut.) Gren. & Godr.

Fisuras de roquedos en las zonas de cumbres de alta montaña. **Alt.:** a 2430 m.

Dist.: Oróf. Europa. Sólo se conoce de la Mesa de los Tres Reyes, en el Pirineo. **Alp.:** RR; **Atl.:** -; **Med.:** -.

Cons.: Prioritaria (Lorda & al., 2009).

Obs.: Límite occidental en Navarra.

Draba hispanica Boiss. subsp. *hispanica*
D. atlantica Pomel

Rellanos y repisas de roquedos calizos, en ambientes venteados. **Alt.:** 900-950 m.

Dist.: Oróf. Med. Sólo se conoce de la sierra de Peña, en la Navarra Media orient. **Alp.:** -; **Atl.:** -; **Med.:** RR.

Cons.: VU (NA); Prioritaria (Lorda & al., 2009).

Obs.: Si bien se ha dado por extinguida, en 2011 ha sido reencontrada en la misma sierra de Peña, donde hay poblaciones escasas en los peñascos de la cumbre. Aquí marca su límite occidental de distribución.

Draba muralis L.

Tapias, ribazos, orillas de caminos y pastos pedregosos. **Alt.:** 500-1450 m.

Dist.: Plurirreg.: Eurosiberiana-Med. Pirineos, cuencas prepiren. y montañas de la Navarra Media. **Alp.:** R; **Atl.:** R; **Med.:** E.

Erophila verna (L.) Chevall.

Draba verna L.; E. praecox (Steven) DC.; E. verna subsp. praecox (Steven) Walters; E. vulgaris DC.; E. spathulata Láng; E. verna subsp. spathulata (Láng) Vollm.

Rellanos de anuales, pastos secos y calveros forestales y de matorrales. **Alt.:** 100-1550 m.

Dist.: Subcosm. General en toda Navarra, siendo menos abundante en los dos extremos N y S. **Alp.:** C; **Atl.:** C; **Med.:** E.

Obs.: Planta muy polimorfa, con la mayoría de las propuetas recogidas en la sinonimia, como meros extremos de su variabilidad.

Eruca vesicaria (L.) Cav.

Brassica vesicaria L.; E. sativa Mill.; E. vesicaria subsp. sativa (Mill.) Thell.; E. longirostris R. Uechtr.; E. sativa subsp. longirostris (R. Uechtr.) Jahand. & Maire; E. pinnatifida (Desf.) Pomel

Arvense asociada a cultivos cerealistas, viñedos e incluso ambientes alterados como escombreras, ribazos, taludes y cunetas. **Alt.:** 250-800 m.

Dist.: Med. Principalmente por la Ribera, llegando a la Navarra Media y a las cuencas prepiren. **Alp.:** -; **Atl.:** -; **Med.:** RR.

Cons.: LC (ERLVP, 2011).

Obs.: Se incluyen la subsp. *vesicaria* y la subsp. *sativa* (Mill.) Thell., con diferencias morfológicas que no les asegura un estatus independiente. La subsp. *sativa* parece más abundante.

Erucastrum nasturtiifolium (Poiret) O.E. Schulz subsp. *nasturtiifolium*

Sinapis nasturtiifolia Poir.; Brassicella erucastrum (L.) O.E. Schulz; E. obtusangulum (Haller ex Schleich.) Rchb.

Terrenos alterados, como cultivos, pastos y ambientes ruderalizados. **Alt.:** 250-1200 m.

Dist.: Med. Al sur de las montañas de la divisoria de aguas, apenas está presente en el Pirineo. **Alp.:** RR; **Atl.:** E; **Med.:** E.

Obs.: Algunas de las citas de esta planta en Navarra podrían corresponder a la subsp. *sudrei* Vivant, al menos las de ambientes orófilos.

Erucastrum nasturtiifolium (Poiret) O.E. Schulz subsp. *sudrei* Vivant

Claros forestales, repisas herbosas y pie de cantiles y karst. **Alt.:** 850-1700 m.

Dist.: Endém. pir.-cant. Se limita al Pirineo, a alguna montaña de la Navarra Media y a las montañas medias occ. **Alp.:** E; **Atl.:** E; **Med.:** RR.

Erysimum cheiri (L.) Crantz

Cheiranthus cheiri L.; Ch. cheiri subsp. fruticulosus (L.) Rouy & Foucaud ex Cout.

Cultivada como ornamental, se llega asilvestrar en las cercanías, en tapias, muros, ribazos y otros lugares alterados. **Alt.:** 450-700 m.

Dist.: Introd.; Med. E. Dispersa en Navarra, en la cuenca de Pamplona, foces prepiren., etc. **Alp.:** RR; **Atl.:** RR; **Med.:** RR.

Erysimum gorbeanum Polatschek

E. decumbens auct.; E. ochroleucum auct.

Foces abrigadas y desfiladeros, pie de roquedos, repisas y rellanos, graveras y pastos pedregosos. **Alt.:** 450-2150 m.

Dist.: Endém. C-N Pen. Ibér. Repartida desde los Pirineos a las montañas medias occ. **Alp.:** F; **Atl.:** E; **Med.:** R.

Obs.: Se requiere la revisión del género. Grupo complejo en el eje Pirineos-Montes Cantábricos. Se incluye en el grupo de *E. decumbens*. Las citas de *E. australe* Gay pueden corresponder a este taxon.

Erysimum incanum Kunze subsp. *mairei* (Sennen & Mauricio) Nieto Fel.

E. mairei Sennen & Mauricio; E. incanum subsp. incanum sensu O. Bolòs & Vigo; E. kunzeanum auct.

Rellanos de anuales, claros del matorral y pastos sobre suelos secos. **Alt.:** 300-700 m.

Dist.: Med. W. Limitada a la Ribera Estellesa y Tudelana. **Alp.:** -; **Atl.:** -; **Med.:** E.

Erysimum seipkae Polatschek

E. pyrenaicum Jord.; E. sylvestre subsp. pyrenaicum (Nyman) O. Bolòs & Vigo

Repisas, rellanos, crestones del karst; graveras y pastos pedregosos. **Alt.:** 1350-2150 m.

Dist.: Endém. pirenaica. Parecería limitarse a las montañas pirenaicas más elevadas. **Alp.:** RR; **Atl.:** -; **Med.:** -.

Obs.: Se requiere la revisión de este grupo. Hay formas de transición hacia *E. gorbeanum* en los límites entre Navarra y Huesca. Pertenece al grupo de *E. decumbens*. Algunas poblaciones pirenaicas citadas como *E. gorbeanum*, pueden pertenecer a este taxon.

Hesperis matronalis L.

Herbazales, setos, alisedas, bosques de caducifolios y sus orlas; sobre suelos ricos y frescos. **Alt.:** 20-1400 m.

Dist.: Eur. Pirineos, valles cantábricos, estribaciones de la Navarra Media y sierras occ. **Alp.:** R; **Atl.:** E; **Med.:** RR.

Obs.: Se ha reconocido en nuestro territorio la subsp. *candida* (Kit. ex O.E. Schultz, Kanitz & Knapp) Hegi & Em. Schmid, de flor blanca y autóctona, distribuida por las montañas del eje pirenaico-cantábrico. La subsp. *matronalis*, no es autóctona.

Hirschfeldia incana (L.) Lagr.-Foss.

Sinapis incana L.; Erucastrum incanum (L.) W.D.J. Koch; H. adpressa Moench; Erucastrum heterophyllum (Lag.) Nyman

Lugares alterados, como escombreras, baldíos, ribazos y taludes. **Alt.:** 200-900 m.

Dist.: Plurirreg.: Med.-Irano-Turaniana. Principalmente por la Zona Media y mitad meridional, con alguna presencia puntual en los Pirineos y en los valles cantábricos. **Alp.:** RR; **Atl.:** E; **Med.:** E.

Hormatophylla lapeyrouseana (Jord.) P. Küpfer

Alyssum lapeyrouseanum Jord.; Ptilotrichum peyrousianum Willk.; Pt. lapeyrousianum (Jord.) Jord.

Rellanos y repisas de roquedos, crestones venteados y pastos pedregosos. **Alt.:** 600-1200 m.
Dist.: Oróf. Med. En las montañas medias occ. **Alp.:** -; **Atl.:** RR; **Med.:** R.

Hornungia petraea (L.) Rchb. subsp. *petraea*
Lepidium petraeum L.; Hutchinsia petraea (L.) R. Br.
Repisas y rellanos con suelos someros, pastos sobre suelos esqueléticos. **Alt.:** 250-1750 m. **HIC:** 6220*.
Dist.: Med. General en Navarra, parece faltar únicamente en los valles atlánt. **Alp.:** C; **Atl.:** F; **Med.:** E.

Hugueninia tanacetifolia (L.) Rchb. subsp. *suffruticosa* (H.J. Coste & Soulié) P.W. Ball
Sisymbrium tanacetifolium var. suffruticosum H.J. Coste & Soulié
Planta que está cerca de Navarra, y cuya presencia se estima probable. Megaforbios en ambientes sombreados y frescos. **Alt.:** 1300-1500 m.
Dist.: Endém. pir.-cant. No está presente en Navarra.
Obs.: Se conoce de la sierra de Aitzgorri (SS), próxima a Navarra. Debe buscarse en sus proximidades.

Hymenolobus procumbens (L.) Nutt. subsp. *pauciflorus* (W.D.J. Koch) Schinz & Thell.
Capsella pauciflora W.D.J. Koch
Pie de cantiles, extraplomos y cuevas nitrogenadas por animales; sobre calizas. **Alt.:** 650-900 m.
Dist.: Oróf. Med. W. Repartido por las montañas medias orient. y, sobre todo, por las occ. **Alp.:** -; **Atl.:** RR; **Med.:** R.

Hymenolobus procumbens (L.) Nutt. subsp. *procumbens*
Lepidium procumbens L.; Capsella procumbens (L.) Fr.; Hutchinsia procumbens (L.) Desv.
En las orlas de las depresiones endorreicas y saladares, en ambientes secos y soleados. **Alt.:** 300-650 m. **HIC:** 1310.
Dist.: Plurirreg.: Med.-Iraniana. Por la Ribera Estellesa y Tudelana. **Alp.:** -; **Atl.:** -; **Med.:** E.

Iberis amara L.
I. amara subsp. forestieri (Jord.) Heywood; I. vinetorum Pau
Terrenos pedregosos, cunetas, ribazos de pistas y graveras. **Alt.:** 500-1000 m.
Dist.: Med. Dispersa por la cuenca de Pamplona, las cuencas prepiren. y puntos de la Zona Media y Ribera. **Alp.:** RR; **Atl.:** E; **Med.:** E.

Iberis bernadiana Godr. & Gren.
Roquedos y repisas del karst, pedregales de alta montaña. **Alt.:** 1500-2300 m.
Dist.: Endém. pirenaica. Parece limitarse a las montañas pirenaicas más elevadas. **Alp.:** RR; **Atl.:** -; **Med.:** -.
Obs.: Confundida frecuentemente con *I. spathulata* DC., endémica del Pirineo. Límite occidental en Navarra.

Iberis carnosa Willd. subsp. *carnosa*
I. pruitii Tineo; I. ciliata subsp. pruitii (Tineo) O. Bolòs & Vigo; I. tenoreana DC.; I. patreae Jord.
Roquedos, graveras y pedrizas de pistas, cunetas y pastos pedregosos. **Alt.:** 350-2400 m.
Dist.: Oróf. Med. Pirineos, montañas de la Zona Media y sierras occ. **Alp.:** E; **Atl.:** E; **Med.:** R.

Iberis carnosa Willd. subsp. *nafarroana* Moreno
Pedrizas y ambientes pedregosos en terrazas fluviales. **Alt.:** 500-700 m. **HIC:** 8130.
Dist.: Oróf. Europa W; endemismo de Navarra. Sólo se conoce de Ancín, en las terrazas del río Ega, en Tierra Estella. **Alp.:** -; **Atl.:** -; **Med.:** RR.
Cons.: DD (LR, 2000); DD (AFA-UICN, 2003); DD (AFA-UICN, 2004); DD (LR, 2008); Prioritaria (Lorda & al., 2009).
Obs.: En los últimos años no se ha constatado su presencia.

Iberis ciliata All. subsp. *ciliata*
Terrenos removidos, claros de matorrales, sobre suelos arcillosos o yesosos. **Alt.:** 450-600 m.
Dist.: Med. W. Repartida de forma puntual por la Ribera Estellesa y Tudelana. **Alp.:** -; **Atl.:** -; **Med.:** R.

Iberis saxatilis L. subsp. *saxatilis*
Crestones venteados y fisuras de roquedos calizos. **Alt.:** 500-1400 m.
Dist.: Oróf. Med. Parece localizarse en las montañas medias occ., a occidente de la sierra de Alaitz. **Alp.:** -; **Atl.:** RR; **Med.:** E.

Iberis spathulata DC.
I. bubani sensu Willk.
Planta que está cerca de Navarra, y cuya presencia se estima probable. Fisuras de rocas, rellanos del karst y laderas pedregosas de alta montaña. **Alt.:** 2100-2500 m.
Dist.: Endém. pirenaica. No se conoce de Navarra.
Obs.: Se conoce del monte Anie, cerca de Navarra en su límite W. Hay citas poco fiables de Dos Hermanas y de Peña Ezkaurre, ésta a considerar (Bubani, 1901).

Isatis tinctoria L. subsp. *tinctoria*
I. canescens DC.
Naturalizada en terrenos removidos, cunetas y ribazos, y pastos pedregosos en ambientes nitrogenados. **Alt.:** 450-700 m.
Dist.: Subcosm. Salpica el territorio en Burgui, Salvatierra de Esca (Z), y alrededores de Estella. **Alp.:** RR; **Atl.:** RR; **Med.:** RR.
Cons.: LC (ERLVP, 2011).
Obs.: A desechar la cita de Colmeiro (1885) de Pamplona. Recientemente (2011) está colonizando los taludes de la autovía entre Estella y Arróniz, formando grandes poblaciones, al parecer no muy duraderas.

Kernera saxatilis (L.) Rchb.
Cochlearia saxatilis L.; K. decipiens (Willk.) Nyman
Repisas, rellanos y fisuras de roquedos calizos y lapiaces de montaña. **Alt.:** 950-2400 m.
Dist.: Oróf. Europa. En las montañas pirenaicas y, a occidente, en Aralar-Altzania. **Alp.:** R; **Atl.:** RR; **Med.:** -.

Lepidium campestre (L.) R. Br.
Thlaspi campestre L.
Terrenos alterados y nitrificados de campos de cultivo, cunetas, escombreras, ribazos y baldíos. **Alt.:** 350-1350 m.
Dist.: Subcosm. Pirineos, montañas de la Zona Media, sierras occ. y la Ribera. **Alp.:** F; **Atl.:** E; **Med.:** E.

Cons.: LC (ERLVP, 2011).

Lepidium graminifolium L.

L. suffruticosum L.; L. graminifolium subsp. iberideum Rouy & Foucaud; L. graminifolium subsp. suffruticosum (L.) P. Monts.

Terrenos ruderalizados, muros, tapias, ribazos y márgenes de cultivos. **Alt.:** 250-700 m.

Dist.: Med. Zona Media, cuencas prepiren., Pirineos y Ribera. **Alp.:** RR; **Atl.:** -; **Med.:** E.

Cons.: LC (ERLVP, 2011).

Obs.: Se incluye la subsp. *suffruticosum* (L.) P. Monts.

Lepidium heterophyllum Bentham

L. campestre subsp. heterophyllum (Benth.) Rivas Mart.; Thlaspi heterophyllum DC.

Pastos y terrenos ruderalizados, sobre suelos arenosos. **Alt.:** 100-850 m.

Dist.: Atl. No se conoce muy bien su distribución en Navarra. **Alp.:** -; **Atl.:** RR; **Med.:** RR.

Cons.: LC (ERLVP, 2011).

Dist.: Material de Navarra en el herbario ARAN, sin conocer localidades exactas.

Lepidium hirtum (L.) Sm.

Thlaspi hirtum L.

Rellanos sobre suelos secos y cerros pedregosos. **Alt.:** 450-750 m.

Dist.: Med. W. Sólo parece estar presente en la Ribera Tudelana y Estellesa. **Alp.:** -; **Atl.:** -; **Med.:** RR.

Cons.: LC (ERLVP, 2011).

Obs.: A desechar la cita de Pamplona (Colmeiro, 1885).

Lepidium latifolium L.

Ruderal, sobre suelos húmedos cerca de acequias, cunetas y cascajeras fluviales. **Alt.:** 200-550 m.

Dist.: Eur. Principalmente en la Ribera Tudelana y Estellesa, y muy puntual en la Navarra Media. **Alp.:** -; **Atl.:** -; **Med.:** E.

Cons.: LC (ERLVP, 2011).

Obs.: También se conoce de los valles cantábricos guipuzcoanos, cerca de Navarra.

Lepidium perfoliatum L.

Planta ruderal naturalizada.

Dist.: Introd.; originaria del C, E y SE Europa y W de Asia. No se conoce bien su distribución en Navarra.

Cons.: LC (ERLVP, 2011).

Obs.: Citada de Navarra en *Flora Iberica* sin conocer la localidad exacta.

Lepidium subulatum L.

L. lineare DC.

Claros de matorrales, cerros y pastos pedregosos sobre yesos en ambiente soleado. **Alt.:** 250-500 m. **HIC:** 1520*.

Dist.: Med. W; ibero-norteafricana. Limitada a la Ribera Estellesa y Tudelana, donde afloran los yesos. **Alp.:** -; **Atl.:** -; **Med.:** E.

Cons.: LC (ERLVP, 2011).

Lepidium virginicum L.

Planta naturalizada que vive en ambientes alterados de cunetas, baldíos, huertos y orillas de ríos. **Alt.:** 20-100 m.

Dist.: Introd.; originaria de Norteam. Limitada a los valles atlánt. más húmedos. **Alp.:** -; **Atl.:** RR; **Med.:** -.

Lobularia maritima (L.) Desv. subsp. *maritima*

Clypeola maritima L.; Koniga maritima (L.) R. Br.; L. strigulosa (Kunze) Willk.; Alyssum maritimum (L.) Lam.

Naturalizada. Coloniza terrenos alterados sobre suelos removidos de ribazos, cunetas, taludes y baldíos. **Alt.:** 30-900 m.

Dist.: Med. En los valles atlánt. **Alp.:** -; **Atl.:** RR; **Med.:** -.

Lunaria annua L. subsp. *annua*

L. biennis Moench

Cultivada como ornamental, se asilvestra en terrenos alterados, cerca de núcleos urbanos. **Alt.:** 100-650 m.

Dist.: Introd.; originaria del SE Europa. Dispersa por Navarra: valles atlánt. y pirenaicos, cuencas, Navarra Media y Ribera. **Alp.:** RR; **Atl.:** E; **Med.:** R.

Lunaria rediviva L.

Planta dudosa que requiere comprobación. Ambientes sombreados y húmedos de montaña. **Alt.:** 250-500 m.

Dist.: Eur. Citada de Monteagudo (Ribera Tudelana). **Alp.:** -; **Atl.:** -; **Med.:** RR.

Obs.: Anotada por Ursúa (1986). No parece ser planta navarra.

Malcomia africana (L.) R. Br.

Hesperis africana L.

Pastos pedregosos, cultivos, barbechos y claros del matorral Med. **Alt.:** 250-600 m.

Dist.: Plurirreg.: Med.-Iraniana. Ribera Tudelana y Estellesa. **Alp.:** -; **Atl.:** -; **Med.:** E.

Matthiola fruticulosa (Loefl. ex L.) Maire subsp. *fruticulosa*

Cheiranthus fruticulosus Loefl. ex L.; M. tristis (L.) R. Br.; M. valesiaca auct. hisp.; M. varia sensu Willk.

Cerros margosos, sobre suelos iniciales, erosionados, en ambientes secos y soleados. **Alt.:** 250-650 m.

Dist.: Med. En las cuencas prepiren., Navarra Media y Ribera. **Alp.:** -; **Atl.:** RR; **Med.:** E.

Obs.: Cerca de Navarra, Catalán & Aizpuru (1985) han citado *M. incana* (L.) R. Br. subsp. *incana*, una especie cultivada y naturalizada a baja altitud.

Moricandia arvensis (L.) DC.

Brassica arvensis L.; B. moricandia Boiss.

Cunetas, ribazos, herbazales junto a carreteras y otros medios alterados. **Alt.:** 200-600 m.

Dist.: Plurirreg.: Med.-Sahariana. A las citas ya conocidas de la Ribera Tudelana (Castejón, Marcilla, Fitero), se van añadiendo otras en la cuenca de Pamplona, Zona Media, Ribera Estellesa. **Alp.:** -; **Atl.:** R; **Med.:** E.

Obs.: Poblaciones en expansión por autovías y autopistas (desmontes).

Moricandia moricandioides (Boiss.) Heywood subsp. *cavanillesiana* (Font Quer & A. Bolòs) Greuter & Burdet

M. ramburii subsp. cavanillesiana Font Quer & A. Bolòs; M. moricandioides var. cavanillesiana (Font Quer & A. Bolòs) Heywood

Cerros yesosos y arcillosos, taludes erosionados y claros del matorral Med. **Alt.:** 350-650 m.

Dist.: Endém. de la Pen. Ibér. Limitada a la Ribera Estellesa y Tudelana. **Alp.:** -; **Atl.:** -; **Med.:** RR.

Cons.: Prioritaria (Lorda & al., 2009).

Neslia paniculata (L.) Desv. subsp. *thracica* (Velen.) Bornm.

N. thracica Velen.; N. apiculata Fisch., C.A. Mey. & Avé-Lall.

Orillas de cultivos, ribazos y barbechos. **Alt.:** 300-600 m.

Dist.: Plurirreg.: Med. y SW Asia. Cuenca de Pamplona y Ribera. **Alp.:** -; **Atl.:** RR; **Med.:** R.

Petrocallis pyrenaica (L.) R. Br.

Draba pyrenaica L.

Rellanos y repisas del karst, fisuras de roquedos y crestones venteados. **Alt.:** 2000-2400 m.

Dist.: Oróf. Europa. Limitada a las montañas pirenaicas más elevadas. **Alp.:** RR; **Atl.:** -; **Med.:** -.

Obs.: Límite occidental en Navarra.

Pritzelago alpina (L.) Kuntze subsp. *alpina*

Lepidium alpinum L.; Hutchinsia alpina (L.) R. Br.; Noccaea alpina (L.) Rchb.; P. alpina subsp. polatschekii (M. Laínz) Greuter & Burdet

Rellanos y repisas de roquedos, fisuras, pastos pedregosos y crestones calizos. **Alt.:** 650-2400 m. **HIC:** 8130.

Dist.: Oróf. Europa. Pirineos y sierras medias occ. **Alp.:** E; **Atl.:** RR; **Med.:** -.

Obs.: Las poblaciones de las sierras occ. se han diferenciado como *P. alpina* subsp. *polatschekii* (M. Laínz) Greuter & Burdet.

Pritzelago alpina (L.) Kuntze subsp. *auerswaldii* (Willk.) Greuter & Burdet

Hutchinsia auerswaldii Willk.; H. alpina subsp. auerswaldii (Willk.) Nyman; Noccaea auerswaldii (Willk.) Willk.

Rellanos y repisas de roquedos, fisuras, pastos pedregosos y crestones calizos. **Alt.:** 700-2350 m.

Dist.: Endém. de los montes Cantábricos y Vascos. Pirineos y sierras medias occ. **Alp.:** E; **Atl.:** E; **Med.:** -.

Obs.: Límite orient. en Navarra-Huesca.

Raphanus raphanistrum L. subsp. *raphanistrum*

R. microcarpus (Lange) Willk.; R. raphanistrum subsp. microcarpus (Lange) Thell.

Arvense y ruderal, sobre terrenos alterados de cunetas, cultivos, huertos, escombreras, barbechos y cascajeras fluviales. **Alt.:** 250-900 m.

Dist.: Eur. Dispersa por Navarra, desde los valles atlánt., la Zona Media y la Ribera. **Alp.:** -; **Atl.:** E; **Med.:** E.

Cons.: LC (ERLVP, 2011).

Rapistrum rugosum (L.) All. subsp. *rugosum*

R. rugosum subsp. orientale (L.) Arcang.

Ruderal a orillas de caminos y carreteras, ribazos y márgenes de cultivos. **Alt.:** 100-700 m.

Dist.: Med. Valles atlánt., cuencas prepiren., Zona Media y, principalmente, en la Ribera. **Alp.:** -; **Atl.:** R; **Med.:** F.

Rorippa islandica (Gunnerus) Borbás

Sisymbrium islandicum Gunnerus; R. palustris auct.

Planta citada de Navarra, posiblemente errónea. Orillas de manantiales, arroyos y charcas, en el piso subalpino. **Alt.:** 1600-2100 m.

Dist.: Eur. No está en Navarra. **Alp.:** -; **Atl.:** RR; **Med.:** E.

Cons.: LC (ERLVP, 2011).

Obs.: Es una planta de ámbito pirenaico, por lo que las citas meridionales deben corresponder a otro taxon. Se cita con dudas en *Flora Iberica*. Anotada por Bubani (1897) de Pamplona; de Milagro (Ursúa & López, 1983) y de Marcilla (Garde & López, 1983). Las poblaciones más cercanas están en Ansó (HU), en el Ibón de Estanés (Aizpuru & al., 2001).

Rorippa microphylla (Boenn. ex Rchb.) Hyl.

Nasturtium microphyllum Boenn. ex Rchb.; R. nasturtium-aquaticum subsp. microphyllum (Boenn. ex Rchb.) O. Bolòs & Vigo

Planta que está cerca de Navarra, y cuya presencia se estima probable. Márgenes de arroyos y fuentes. **Alt.:** 500-1000 m.

Dist.: Eur. No está en Navarra.

Cons.: LC (ERLVP, 2011).

Obs.: Se ha citado de Sigüés (Z) cerca de Navarra.

Rorippa nasturtium-aquaticum (L.) Hayek

Sisymbrium nasturtium-aquaticum L.; Nasturtium officinale R. Br.

Orillas de fuentes, manantiales, acequias, arroyos y cunetas encharcadas. **Alt.:** 100-1200 m. **HIC:** 3260, Berr. ag. dulces.

Dist.: Subcosm. General en el territorio, eludiendo las montañas más elevadas. **Alp.:** E; **Atl.:** E; **Med.:** E.

Cons.: LC (ERLVP, 2011).

Rorippa palustris (L.) Besser

Sisymbrium amphibium var. palustre L.

Orillas de charcas, lagunas y cursos de agua. **Alt.:** 250-500 m.

Dist.: Subcosm. Cuenca de Pamplona, Zona Media y Ribera. **Alp.:** -; **Atl.:** -; **Med.:** E.

Cons.: LC (ERLVP, 2011).

Obs.: Posiblemente la *R. islandica* citada deba corresponder a esta especie.

Rorippa sylvestris (L.) Besser subsp. *sylvestris*

Sisymbrium sylvestre L.; Nasturtium sylvestris (L.) R. Br.

Acequias, cunetas encharcadas, cascajeras fluviales, etc. **Alt.:** 250-500 m. **HIC:** Past. inund. *A. stolonifera*, 3280, Com. ciper. amacoll.

Dist.: Eur. Cuencas prepiren., Zona Media y Ribera. **Alp.:** RR; **Atl.:** E; **Med.:** -.

Cons.: LC (ERLVP, 2011), sin detallar subespecies.

Sinapis alba L. subsp. *mairei* (H. Lindb. fil.) Maire

S. mairei H. Lindb.

Ruderal y arvense, crece a orillas de caminos, herbazales nitrificados, escombreras y baldíos. **Alt.:** 300-600 m.

Dist.: Eur. (Subcosm.). Cuenca de Pamplona, Zona Media y Ribera. **Alp.:** -; **Atl.:** RR; **Med.:** E.

Cons.: LC (ERLVP, 2011), sin detallar subespecie.

Obs.: Hay distintas citas de la subsp. *alba*, al parecer cultivada y naturalizada en alguna ocasión. Por lo tanto, la mayor parte de las citas de esta subsp. deben pertenecer a la subsp. *mairei*.

Sinapis arvensis L.

Ruderal y arvense, vive en ribazos, cultivos cerealistas, escombreras, baldíos, sobre suelos alterados. **Alt.:** 20-1100 m.

Dist.: Eur. (Subcosm.). General en Navarra, eludiendo

las cotas más elevadas. **Alp.:** F; **Atl.:** C; **Med.:** CC.
Cons.: LC (ERLVP, 2011).

Sisymbrella aspera (L.) Spach subsp. *aspera*

Nasturtium boissieri Coss.; S. aspera subsp. boissieri (Coss.) Heywood; S. aspera subsp. pseudoboissieri (Degen) Heywood

Orillas de charcas, depresiones inundadas, acequias, cunetas, en lugares inundados en invierno y primavera. **Alt.:** 450-1200 m.
Dist.: Europa W. Dispersa por las cuencas prepiren. y Navarra media. **Alp.:** RR; **Atl.:** R; **Med.:** R.

Sisymbrium austriacum Jacq. subsp. *chrysanthum* (Jord.) Rouy & Foucaud

S. chrysanthum Jord.; S. pyrenaicum (L.) Vill.; S. austriacum sensu Willk.

Ambientes nitrificados, como muros, tapias, reposaderos de ganado, claros forestales, cascajeras fluviales y grietas de roquedos kársticos. **Alt.:** 20-2000 m.
Dist.: Oróf. Europa W. Pirineos, valles atlánt., Zona Media, sierras occ. y cuencas prepiren. **Alp.:** F; **Atl.:** F; **Med.:** RR.

Sisymbrium crassifolium Cav.

S. laxiflorum Boiss.; S. arundanum Boiss.; S. granatense Boiss.; S. mariolense (Pau) Cámara & Pau ex Cámara

Orlas de cultivos, taludes y ribazos, pastos secos. **Alt.:** 250-800 m.
Dist.: Med. W. Localizada en la Ribera Tudelana. **Alp.:** -; **Atl.:** -; **Med.:** R.
Obs.: Se han observado ejemplares intermedios entre *S. austriacum* subsp. *contoryum* (Cav.) Rouy & Fouc. y *S. crassifolium.*

Sisymbrium irio L.

Sisymbrium multisiliquosum sensu Willk.

Ambientes rudealizados, como tapias, muros, cunetas, baldíos y pies de cantil. **Alt.:** 250-900 m.
Dist.: Plurirreg.: Med.-Iraniana. Zona media y cuenca de Pamplona y, principalmente, en la Ribera. **Alp.:** -; **Atl.:** RR; **Med.:** E.

Sisymbrium macroloma Pomel

S. orientale subsp. macroloma (Pomel) H. Lindb.; S. longesiliquosum Willk.; S. columnae subsp. gaussenii Chouard; S. orientale subsp. gaussenii (Chouard) O. Bolòs & Vigo

Pies de cantil, en ambientes nitrificados. **Alt.:** 450-1200 m.
Dist.: Oróf. Med. Montañas pirenaicas, de la Zona Media y sierras occ. **Alp.:** RR; **Atl.:** R; **Med.:** E.
Obs.: Se ha confundido con *S. orientale* L.

Sisymbrium officinale (L.) Scop.

Erysimum officinale L.

Ruderal y arvense, sobre suelos removidos y nitrificados, cunetas, baldíos, ribazos y cultivos. **Alt.:** 150-850 m.
Dist.: Plurirreg. General en el territorio, salvo en las montañas más elevadas. **Alp.:** E; **Atl.:** F; **Med.:** F.

Sisymbrium orientale L.

S. columnae Jacq.

Ruderal y arvense, a orillas de caminos, cultivos y baldíos. **Alt.:** 350-600 m.
Dist.: Plurirreg.; Med.-Iraniana. Dispersa en la Navarra Media orient., y mejor representada en la Ribera. **Alp.:** -; **Atl.:** E; **Med.:** E.

Sisymbrium runcinatum Lag. ex DC.

S. hirsutum Lag. ex Dc.; S. lagascae Amo

Orillas de caminos y de cultivos, taludes y ribazos, en general en terrenos con suelos removidos. **Alt.:** 250-650 m.
Dist.: Plurirreg.; Med.-Iraniana. Ribera Tudelana y Estellesa. **Alp.:** -; **Atl.:** -; **Med.:** E.

Teesdalia nudicaulis (L.) R. Br.

Iberis nudicaulis L.

Pastos y rellanos de roquedos con suelos someros y arenosos. **Alt.:** 600-1200 m.
Dist.: Atl. En las sierras prepiren. y en la Zona Media occidental. **Alp.:** RR; **Atl.:** RR; **Med.:** RR.

Thlaspi alliaceum L.

Taludes y ribazos, orlas de prados y herbazales con suelos frescos. **Alt.:** 500-700 m.
Dist.: Atl. Valles pirenaicos atlánt. y cuencas prepiren. **Alp.:** -; **Atl.:** RR; **Med.:** -.

Thlaspi arvense L.

Terrenos alterados, nitrificados, en orlas de cultivos y cunetas. **Alt.:** 450-1100 m.
Dist.: Subcosm. Pirineos y cuencas prepiren. **Alp.:** RR; **Atl.:** RR; **Med.:** -.

Thlaspi brachypetalum Jord.

Th. alpestre subsp. brachypetalum (Jord.) T. Durand & Pittier; Th. virgatum Gren. & Godr.

Pastos pedregosos, rellanos y fisuras de roquedos calizos. **Alt.:** 1400-1450 m.
Dist.: Oróf. Europa. Puntual en Navascués (Ollate). **Alp.:** RR; **Atl.:** -; **Med.:** -.

Thlaspi perfoliatum L.

Pastos de anuales, rellanos de roquedos con suelos someros, tapias, muros y otros lugares alterados. **Alt.:** 250-1250 m.
Dist.: Eur. General en el territorio, salvo en las montañas más elevadas y en los valles cantábricos. **Alp.:** E; **Atl.:** E; **Med.:** E.

Thlaspi stenopterum Boiss. & Reut.

Th. suffruticosum Asso ex Loscos & J. Pardo

Planta que está cerca de Navarra, y cuya presencia se estima probable. Pastos pedregosos y crestones venteados. **Alt.:** 800-1400 m.
Dist.: Oróf. Mediterráneo: endém. ibérica. No se conoce de Navarra.
Obs.: Citado de Álava.

Cryptogrammaceae

Cryptogramma crispa (L.) R. Br.

Osmunda crispa L.; Allosorus crispus (L.) Röhling

Fisuras y canchales de roquedos silíceos. **Alt.:** 1450-1800 m. **HIC:** 8130.
Dist.: Eur. Limitada al monte Lakora, en los Pirineos. **Alp.:** RR; **Atl.:** -; **Med.:** -.
Obs.: Conviene verificar la presencia navarra de esta planta en el monte Lakora (Isaba), ya que se conoce bien de su vertiente francesa.

Cucurbitaceae

Bryonia dioica Jacq.
B. cretica subsp. dioica (Jacq.) Tutin

Planta trepadora en setos, taludes, ribazos y bosques de todo tipo, especialmente frescos. **Alt.:** 250-800 m. **HIC:** Zarz. y espin. neutro-bas. eur-med., 6430, 92D0, 92A0.

Dist.: Med. General en el territorio, se enrarece y ausenta en los valles atlánt. **Alp.:** E; **Atl.:** E; **Med.:** E.

Citrullus lanatus (Thunb.) Matsum. & Nakai
Colocynthis citrullus (L.) O. Kuntze

Se asilvestra en alguna cascajera fluvial, tras su cultivo. **Alt.:** 250-600 m.

Dist.: Introd.: paleotrop. Se conoce de Milagro, en la Ribera orient. **Alp.:** -; **Atl.:** -; **Med.:** RR.

Obs.: Otras cucurbitáceas como las calabazas, *Cucurbita pepo* L., se cultivan de forma general en Navarra.

Ecballium elaterium (L.) A. Rich. subsp. elaterium
Momordica elaterium L.

Ribazos, baldíos, taludes, en general en lugares alterados, nitrificados y soleados. **Alt.:** 200-800 m.

Dist.: Plurirreg.: Med.-Iraniana. Por la mitad meridional de Navarra. **Alp.:** -; **Atl.:** -; **Med.:** E.

Cupressaceae

Chamaecyparis lawsoniana (A. Murray) Parl.

Árbol cultivado en plantaciones forestales y como ornamental, ocasionalmente asilvestrado. **Alt.:** 800-1000 m.

Dist.: Introd.; originaria de norte América. Valles atlánt. y Pirineos. **Alp.:** E; **Atl.:** RR; **Med.:** -.

Cupressus arizonica E.L. Greene var. glabra (Sudworth) Little.

Cultivada como ornamental, rara vez en repoblaciones forestales. **Alt.:** 450-800 m.

Dist.: Introd.: originaria de Estados Unidos y México. Dispersa en Navarra: Zona Media, Pirineos y prepirineos. **Alp.:** -; **Atl.:** -; **Med.:**RR.

Cupressus macrocarpa Hartweg

Cultivado como ornamental y en repoblaciones forestales. **Alt.:** 250-1000 m.

Dist.: Introd.; originaria de California. Distribuida principalmente por la Zona Media y la Ribera. **Alp.:** -; **Atl.:** -; **Med.:** RR.

Cupressus sempervirens L.

Cultivado como ornamental y en ocasiones en plantaciones forestales. **Alt.:** 250-1000 m.

Dist.: Introd.; originaria del Med. E y S. General en Navarra, sin llegar a ser abundante. **Alp.:** R; **Atl.:** R; **Med.:** R.

Juniperus communis L. subsp. alpina (Suter) Celak
J. communis var. alpina Suter; J. communis subsp. nana Syme; J. nana Willd.

Pastos, matorrales y crestones sobre suelos pedregosos. **Alt.:** 1100-2350 m. **HIC:** 4060, 9430*.

Dist.: Bor.-Alp. Pirineos y montañas de la Navarra Media occidental. **Alp.:** E; **Atl.:** E; **Med.:** -.

Juniperus communis L. subsp. communis

Matorrales, bosques aclarados y pastos de sustitución. **Alt.:** 20-1850 m. **HIC:** 4020*, 4090, Tom., aliag. y romer. som.-arag. y prep., 5210, 9340, 9240, Robl. pel. navarro-alav., Robl. pel. pirenaicos, 91D0*, Pin. *Pinus sylvestris* basófilos, Pin. *Pinus sylvestris* acidófilos, Pin. *Pinus sylvestris* secund.

Dist.: Oróf. Med. General en las cuencas, Pirineos y montañas de la Navarra Media, se hace raro en los valles atlánt. y falta en la Ribera. **Alp.:** C; **Atl.:** C; **Med.:** E.

Obs.: La correcta asignación a este taxon se dificulta al ver ejemplares que muestran caracteres típicos de la subsp. *hemisphaerica* (C. Presl) Nyman.

Juniperus communis L. subsp. hemisphaerica (C. Presl) Nyman
J. hemisphaerica K. Presl

Crestas, pastos pedregosos y claros de matorrales. **Alt.:** 400-1950 m. **HIC:** 4060, 5210, Pin. *Pinus sylvestris* basófilos, Pin. *Pinus sylvestris* secund., 9430*.

Dist.: Oróf. Med. Pirineos y montañas de la Navarra Media, si bien parece faltar en los valles atlánt. **Alp.:** E; **Atl.:** E; **Med.:** R.

Juniperus oxycedrus L. subsp. badia (H. Gay) Debeaux
J. oxycedrus var. badia H. Gay

Claros forestales, matorrales y pastos que sustituyen carrascales y quejigales. **Alt.:** 400-1200 m.

Dist.: Med. Por la Navarra Media, cuencas prepiren. y en la Ribera. **Alp.:** -; **Atl.:** -; **Med.:** RR.

Obs.: Material navarro en el herbario ARAN.

Juniperus oxycedrus L. subsp. oxycedrus

Claros forestales, matorrales y pastos que sustituyen carrascales y quejigales. **Alt.:** 400-1200 m. **HIC:** 4090, Tom., aliag. y romer. som.-arag. y prep., 5210, Matorr. de *Osyris alba*, 9340, 9240.

Dist.: Med. Por la Navarra Media y, principalmente, en la Ribera. **Alp.:** RR; **Atl.:** E; **Med.:** C.

Cons.: M.N. (Nº 28, 32).

Juniperus phoenicea L. subsp. phoenicea

Crestones venteados, foces y desfiladeros, matorrales y pastos pedregosos. **Alt.:** 250-1700 m. **HIC:** 5210, 9340, 9540.

Dist.: Med. Pirineos, cuencas prepiren., Zona Media y Ribera. **Alp.:** E; **Atl.:** E; **Med.:** F.

Juniperus sabina L.

Roquedos venteados en solanas de alta montaña, raramente desciende a tierras bajas. **Alt.:** 1000-2000 m. **HIC:** 4060.

Dist.: Circumbor. Limitada a las montañas pirenaicas más elevadas. **Alp.:** R; **Atl.:** -; **Med.:** -.

Juniperus thurifera L.

Matorrales xerófilos, sobre suelos poco profundos y en climas continentalizados. **Alt.:** 350-450 m. **HIC:** 9540.

Dist.: Med. W. Limitada al Valle del Ebro (Bardenas

Reales y Tudela). **Alp.:** -; **Atl.:** -; **Med.:** RR.

Cons.: Prioritaria (Lorda & al., 2009).

Obs.: Han debido desaparecer las poblaciones citadas de Caparroso (Ruiz Casaviella, 1880) y Carcastillo (Montserrat, 1966). Las anotaciones de Montserrat & Villar (1972) de este taxon "hasta el oeste de Tafalla" deben ser orientativas y referirse a las citas que ya se conocían de Ruiz Casaviella.

Cyperaceae

Bolboschoenus glaucus (Lam.) S.G. Smith
  Scirpus glaucus Lam.; S. maritimus auct. hisp., non L.

Planta dudosa que requiere comprobación. Orillas de ríos y humedales con aguas dulces.

Dist.: Med. No se conoce muy bien su distribución en Navarra. **Alp.:** -; **Atl.:** -; **Med.:** RR.

Obs.: Se cita con dudas de Navarra en *Flora Iberica*.

Bolboschoenus maritimus (L.) Palla
  Scirpus maritimus L. subsp. maritimus

Orillas de lagunas y depresiones endorreicas, acequias y saladares. **Alt.:** 250-750 m. **HIC:** 1410, Cañaverales halófilos, Com. grandes helof.

Dist.: Subcosm. General en la mitad meridional del territorio. **Alp.:** -; **Atl.:** R; **Med.:** F.

Cons.: LC (ERLVP, 2011).

Obs.: Se ha citado de la cuenca de Pamplona (Mayo, 1978; Vicente, 1983), pero no parecen verídicas.

Carex atrata L. subsp. *atrata*

Planta citada de Navarra, posiblemente errónea. Céspedes sombríos en la alta montaña. **Alt.:** 2000-2400 m.

Dist.: Bor.-Alp. Citado de las montañas pirenaicas más elevadas (Anielarra, Mesa de los Tres Reyes). **Alp.:** RR; **Atl.:** -; **Med.:** -.

Obs.: Se ha confundido con *C. parviflora* Host. Conviene revisar las citas navarras.

Carex binervis Sm.
  C. ovata Merino; C. rodriguezii Merino

Brezales, pastos y orlas de turberitas; sobre sustratos silíceos. **Alt.:** 50-1300 m.

Dist.: Atl. Navarra Húmeda del NW, valles atlánt. pirenaico-occ. y Pirineos. **Alp.:** RR; **Atl.:** RR; **Med.:** -.

Carex brevicollis DC.

Pastos pedregosos, crestones y repisas del karst. **Alt.:** 800-1950 m. **HIC:** Hayed. bas.-ombr. cant.

Dist.: Oróf. Europa. Pirineos, Zona Media y, principalmente, en las montañas occ. **Alp.:** RR; **Atl.:** E; **Med.:** -.

Obs.: Las citas de *C. depauperata* Curtis ex With. del puerto de Goñi (Vicente, 1983) pueden pertenecer a este taxon.

Carex brizoides L.

Orillas de arroyos, prados de siega y brezales; sobre suelos arenosos. **Alt.:** 30-900 m.

Dist.: Europa W. Puntual en la Navarra Húmeda del NW. **Alp.:** -; **Atl.:** RR; **Med.:** -.

Obs.: Sólo se conoce de SS y Na en la Península Ibérica.

Carex capillaris L.

Pastos innivados y orillas de arroyos en la alta montaña. **Alt.:** 2300-2430 m.

Dist.: Circumbor. Limitada a la alta montaña pirenaica (Mesa de los Tres Reyes). **Alp.:** RR; **Atl.:** -; **Med.:** -.

Carex caryophyllea Latourr.
  C. praecox Jacq.; C. monostachya A. Rich.

Brezales, pastos y claros de matorrales, sobre cualquier sustrato. **Alt.:** 100-2100 m. **HIC:** 6210(*), Prados diente-siega con *Cynosurus cristatus*, 6230*.

Dist.: Eur. General por la mitad septen. **Alp.:** C; **Atl.:** C; **Med.:** E.

Carex caudata (Kük.) Pereda & M. Laínz
  C. ferruginea var. caudata Kük.; C. ferruginea subsp. caudata (Kük.) Pereda & M. Laínz

Pastos en laderas umbrosas, bosques pedregosos y megaforbios a pie de cantil. **Alt.:** 1250-1400 m. **HIC:** 6430.

Dist.: Endém. del País Vasco y la cornisa cantábrica. En la sierra de Aralar, a occidente. **Alp.:** -; **Atl.:** RR; **Med.:** -.

Cons.: SAH (NA); Prioritaria (Lorda & al., 2009).

Carex cespitosa L.

Bordes y lechos de ríos y gargantas. **Alt.:** 20-40 m. **HIC:** Com. ciper. amacoll.

Dist.: Eur. Solo se conoce de Lesaka, en las orillas del río Bidasoa. **Alp.:** -; **Atl.:** RR; **Med.:** -.

Cons.: CR D (LR, 2008); Prioritaria (Lorda & al., 2009).

Obs.: Presente únicamente en el río Bidasoa (SS y Na).

Carex cuprina (I. Sándor ex Heuff.) Nendtv. ex A. Kern.
  C. nemorosa var. cuprina I. Sándor ex Heuff.; C. otrubae Podp.; C. vulpina var. cuprina (I. Sándor ex Heuff.) O. Bolós & Vigo

Orlas de balsas, arroyos y manantiales, cubetas endorreicas y acequias. **Alt.:** 120-1100 m. **HIC:** Com. aguas estanc., Juncales nitrófilos, Pastiz. higronitrófilos, 92A0.

Dist.: Eur. Distribuida por toda Navarra, salvo en las montañas más elevadas. **Alp.:** R; **Atl.:** E; **Med.:** E.

Carex davalliana Sm.

Manantiales, céspedes húmedos y orillas de arroyos. **Alt.:** 850-1900 m. **HIC:** 7230.

Dist.: Oróf. Europa. Limitada a la alta montaña pirenaica. **Alp.:** RR; **Atl.:** -; **Med.:** -.

Carex demissa Hornem.
  C. oederi var. oedocarpa Andersson; C. flava subsp. oedocarpa (Andersson) P.D. Sell; C. flava auct. iber., p.p., non L.

Turberas, esfagnales, manantiales y orillas de arroyos; sobre sustratos silíceos. **Alt.:** 250-1650 m. **HIC:** 7140.

Dist.: Atl. Pirineos, valles atlánt. y montañas occ. **Alp.:** E; **Atl.:** E; **Med.:** -.

Obs.: Las citas de *C. flava* de Braun-Blanquet (1967) y García Zamora (1985) deben llevarse a algún taxon del grupo *flava*, como *C. demissa* o *C. lepidocarpa*.

Carex depauperata Curtis ex With.

Encinares, robledales, pinares y otros bosques frescos; sobre areniscas. **Alt.:** 1100-1300 m.

Dist.: Med.-Atl. Localizada en las sierras prepiren. **Alp.:** RR; **Atl.:** -; **Med.:** -.

Carex digitata L.
Nemoral, en claros del hayedo y abetal. **Alt.:** 120-1650 m. **HIC:** 9150.
Dist.: Eur. Pirineos y montañas medias septentrionales. **Alp.:** R; **Atl.:** R; **Med.:** R.

Carex distans L.
Juncales, herbazales húmedos y depresiones endorreicas. **Alt.:** 300-1100 m. **HIC:** 6410, 6420.
Dist.: Eur. Zona Media, Pirineos, cuencas prepiren. y Ribera. **Alp.:** E; **Atl.:** E; **Med.:** E.
Obs.: La anotación de Lacoizqueta (1884) no parece corresponder a este taxon.

Carex divisa Hudson
> *C. hybrida Lam.; C. setifolia Godr.; C. schreberi sensu Willk.; C. rivalis [sic, i.e. ovalis] Planellas; C. chordorrhiza sensu Willk.*

Depresiones salinas, lagunas endorreicas y herbazales sobre suelos húmedos. **Alt.:** 250-1000 m. **HIC:** Gramales y past. suel compac.
Dist.: Med. Mitad meridional de Navarra. **Alp.:** -; **Atl.:** E; **Med.:** F.
Obs.: Muy variable en la flora ibérica.

Carex divulsa Stokes subsp. *divulsa*
Ruderal a orillas de setos, caminos, ribazos y claros forestales. **Alt.:** 20-1200 m.
Dist.: Eur. Dos tercios septentrionales de Navarra. **Alp.:** F; **Atl.:** F; **Med.:** E.

Carex divulsa Stokes subsp. *leersii* (Kneuck.) W. Koch
> *C. muricata var. leersii Kneuck.*

Pastos secos y pedregosos de crestas, claros forestales y bases de roquedos. **Alt.:** 450-1250 m.
Dist.: Eur. Pirineos, cuencas prepiren. y Navarra Media. **Alp.:** R; **Atl.:** R; **Med.:** R.

Carex echinata J.A. Murray
Turberas, manantiales, esfagnales y orillas de arroyos; sobre sustratos silíceos. **Alt.:** 120-1800 m. **HIC:** 7140, 4020*, 6410.
Dist.: Circumbor. Pirineos, Navarra Húmeda del NW y sierras occ. **Alp.:** R; **Atl.:** E; **Med.:** -.

Carex elata All. subsp. *elata*
> *C. stricta sensu Gooden.*

Orillas de ríos, balsas y lagunas; cascajeras fluviales con sauces y alisos. **Alt.:** 20-600 m. **HIC:** Com. ciper. amacoll., Com. aguas estanc.
Dist.: Eur. Zona Media -ríos Salazar y Aragón-, y puntual en los valles atlánt. **Alp.:** -; **Atl.:** R; **Med.:** E.
Cons.: LC (ERLVP, 2011).

Carex extensa Good.
Ligada a suelos húmedos junto a aguas salobres. **Alt.:** a 650 m.
Dist.: Med.-Atl. Sólo la conocemos de Salinas de Oro. **Alp.:** -; **Atl.:** -; **Med.:** RR.
Obs.: Citada por Biurrun (1999).

Carex flacca Schrb.
> *C. glauca Scop.; C. claviformis Hoppe; C. serrulata Biv. ex Spreng.*

Herbazales, juncales, pastos, depresiones inundables, en general sobre suelos margosos y arcillosos. **Alt.:** 100-1650 m. **HIC:** 4090, Tom., aliag. y romer. som.-arag. y prep., Bojeral de orla, Fenalares, Pastiz. semiagost. suel. margosos, 6210(*), 6410, 6420, 9240, Robl. pel. pirenaicos, 9230, 9150.
Dist.: Eur. General en Navarra, escaseando en el tercio sur. **Alp.:** CC; **Atl.:** CC; **Med.:** F.

Carex frigida All.
Pastos húmedos, innivados, y orillas de arroyos y manantiales de alta montaña. **Alt.:** 1300-2000 m. **HIC:** 7230.
Dist.: Oróf. Europa. Limitada a las altas montañas pirenaicas. **Alp.:** RR; **Atl.:** -; **Med.:** -.

Carex hallerana Asso
Pastos y matorrales aclarados en el carrascal; coscojares, romerales y tomillares; en ambientes secos y soleados. **Alt.:** 250-2100 m. **HIC:** 4030, 4090, Tom., aliag. y romer. som.-arag. y prep., Bojeral de orla, 5110, 5210, 5230*, 9540.
Dist.: Med. General en Navarra, salvo en los valles cantábricos, donde es muy rara. **Alp.:** C; **Atl.:** F; **Med.:** CC.

Carex hirta L.
Herbazales húmedos, juncales y orlas forestales, alisedas y robledales. **Alt.:** 250-1400 m. **HIC:** Juncales nitrófilos, Pastiz. higronitrófilos.
Dist.: Eur. Pirineos, cuencas prepiren., valles atlánt., Zona Media y sierras occ. **Alp.:** E; **Atl.:** E; **Med.:** RR.

Carex hispida Willd.
> *C. hispida var. anacantha Godr.*

Carrizales y herbazales a orillas de lagunas y meandros fluviales.
Dist.: Med. No conocemos bien su distribución en Navarra. **Alp.:** -; **Atl.:** -; **Med.:** RR.
Obs.: Citada en *Flora Iberica*, sin conocer la localidad exacta.

Carex hordeistichos Vill.
Orillas de balsas, charcas y abrevaderos fangosos. **Alt.:** 500-1100 m. **HIC:** Juncales nitrófilos, Pastiz. higronitrófilos.
Dist.: Eur. Se conoce con certeza de la Plana de Sasi (Burgui), y también se ha citado de El Juncal (Garde & López, 1991) e Iranzu (López, 1970). **Alp.:** RR; **Atl.:** RR; **Med.:** -.
Cons.: VU (Na); Prioritaria (Lorda & al., 2009).

Carex hostiana DC.
> *C. hornschuchiana Hoppe*

Orillas de arroyos, turberitas y céspedes empapados. **Alt.:** 800-950 m.
Dist.: Plurirreg.: Eur. y Norteamérica. Parece limitarse a los Valles Húmedos del NW. **Alp.:** -; **Atl.:** RR; **Med.:** -.
Cons.: VU B1ab(iv)+2ab(iv) (LR, 2008); Prioritaria (Lorda & al., 2009).

Carex humilis Leyss.
Pastos pedregosos, claros del matorral y crestones rocosos. **Alt.:** 250-1800 m. **HIC:** 4090, Tom., aliag. y romer. som.-arag. y prep., 6210, 6170.

Dist.: Med. General en Navarra, salvo en los dos extremos donde llega a ausentarse. **Alp.:** C; **Atl.:** C; **Med.:** C.

Carex laevigata Sm.

C. helodes auct., non Link

Herbazales a orillas de ríos, turberitas y bosques de ribera; sobre sustratos silíceos. **Alt.:** 100-1200 m.
Dist.: Atl. Navarra Húmeda del NW. **Alp.:** RR; **Atl.:** R; **Med.:** -.
Obs.: La cita de la Balsa de Loza (Vicente, 1983) no parece viable.

Carex lepidocarpa Tausch

C. flava auct. iber., p.p., non L.; C. flava subsp. lepidocarpa (Tausch) Nyman; C. flava subsp. alpina sensu O. Bolòs & Vigo

Herbazales y céspedes humedecidos a orillas de arroyos y manantiales. **Alt.:** 450-1550 m. **HIC:** 7230, 6410, 6420.
Dist.: Eur. Pirineos, prepirineos, Zona Media y sierras occ. **Alp.:** E; **Atl.:** E; **Med.:** R.
Obs.: Son dudosas las citas de Báscones (1978) de Belate y Lanz, pudiendo correspoder a *C. demissa*.

Carex leporina L.

C. ovalis Gooden.; C. argyroglochin Hornem.

Orillas de arroyos, manantiales, bosques de ribera y rocas húmedas. **Alt.:** 400-1750 m. **HIC:** Pastiz. higronitrófilos.
Dist.: Eur. Montañas del tercio septen. **Alp.:** E; **Atl.:** E; **Med.:** RR.

Carex liparocarpos Gaudin *liparocarpos*

Pastos y claros de matorrales, sobre suelos arenosos y secos. **Alt.:** 850-1000 m.
Dist.: Eur. Se conoce con certeza de Peña, en la Navarra Media orient. **Alp.:** -; **Atl.:** RR; **Med.:** RR.
Obs.: Se ha citado de Alsasua (Braun-Blanquet, 1967; Montserrat 1973). En el herbario ARAN hay pliegos de la sierra de Peña.

Carex macrostyla Lapeyr.

C. decipiens J. Gay

Rellanos y repisas del karst, pastos pedregosos y neveros. **Alt.:** 1350-2400 m.
Dist.: Endém. pir.-cant. Limitada a las altas montañas pirenaicas al este del monte Ori. **Alp.:** RR; **Atl.:** -; **Med.:** -.

Carex mairei Coss. & Germ.

C. loscosii Lange

Juncales y trampales, herbazales a orillas de arroyos y manantiales. **Alt.:** 400-850 m. **HIC:** 6410, 6420.
Dist.: Med. W. Pirineos, cuencas prepiren. y sierras medias occ. **Alp.:** RR; **Atl.:** R; **Med.:** RR.

Carex montana L.

Pastos, claros de matorrales y orlas forestales. **Alt.:** 1600-2100 m.
Dist.: Eur. Parece limitarse a las montañas pirenaicas. **Alp.:** RR; **Atl.:** RR; **Med.:** -.
Obs.: Deben comprobarse las poblaciones atlánt. (Báscones, 1978; Ursúa & Báscones, 1987).

Carex muricata L. subsp. *pairae* (F.W. Schultz) Celak.

C. pairae F.W. Schultz; C. muricata subsp. lamprocarpa auct., non

Celak.

Pastos pedregosos en hayedos, pinares, repisas y graveras calizas. **Alt.:** 500-1350 m.
Dist.: Eur. Pirineos, Zona Media y sierras occ. **Alp.:** E; **Atl.:** E; **Med.:** R.
Obs.: Incluida la subsp. *lamprocarpa* Celak.

Carex nigra (L.) Reichard

C. acuta var. nigra L.; C. fusca All.; C. goodenowii J. Gay; C. intricata Tineo ex Guss.; C. vulgaris Fr.

Prados de alta montaña innivados, orillas de arroyos e ibones, turberitas, etc. **Alt.:** 1800-2400 m.
Dist.: Eur. Limitada a la alta montaña pirenaica (macizo de Larra). **Alp.:** RR; **Atl.:** -; **Med.:** -.
Cons.: Prioritaria (Lorda & al., 2009).

Carex ornithopoda Willd.

Pastos pedregosos y repisas herbosas del karst y roquedos. **Alt.:** 200-2400 m. **HIC:** 4060, 6210, 6170.
Dist.: Eur. Pirineos, montañas de la Zona Media y sierras occ., puntualmente en los valles atlánt. **Alp.:** E; **Atl.:** E; **Med.:** -.
Obs.: Se incluyen la subsp. *ornithopoda* y la subsp. *ornithopodioides* (Hausm.) Nyman. Esta segunda se ha encontrado en Peña Ezkaurre, Mesa de los Tres Reyes y Budoguía.

Carex pallescens L.

Pastos húmedos, praderas y claros de brezales; sobre sustratos silíceos. **Alt.:** 950-1400 m.
Dist.: Plurirreg.: Eur. y E de Asia y Norteamérica. Solo se conoce de Baztán (Peña de los Generales) y de la Ferrería de Orokieta (Báscones, 1978). **Alp.:** -; **Atl.:** RR; **Med.:** -.

Carex panicea L.

C. vaginata auct. iber., non Tausch

Arroyos junto a turberas, esfagnales y manantiales, con preferencia sobre sustratos silíceos. **Alt.:** 250-1200 m. **HIC:** 7230, 6410, 6420.
Dist.: Eur. Valles Húmedos del NW y áreas de influencia cercanas. **Alp.:** -; **Atl.:** E; **Med.:** -.

Carex paniculata L. subsp. *lusitanica* (Schkuhr ex Willd.) Maire

C. lusitanica Schkuhr ex Willd.; C. paniculata var. elatior Merino

Alisedas y herbazales a orillas de ríos, esfagnales y prados higroturbosos. **Alt.:** 250-1050 m. **HIC:** 91E0*.
Dist.: Atl. Navarra Húmeda del NW y sierras occ. (Urbasa-Andía, Altzania). **Alp.:** -; **Atl.:** RR; **Med.:** -.
Cons.: Prioritaria (Lorda & al., 2009).
Obs.: Las citas pirenaicas y Mediterráneas no deben corresponder a este taxon (Báscones, 1978, de Uztárroz; Erviti, 1987, de Aibar). Límite orient. en Navarra.

Carex paniculata L. subsp. *paniculata*

Bordes de cursos de agua, alisedas y prados higroturbosos.
Dist.: Eur. Desconocemos su distribución actual, posiblemente en los valles atlánt. **Alp.:** -; **Atl.:** RR; **Med.:** -.
Cons.: LC (ERLVP, 2011), sin incluir subespecie.
Obs.: Citada de Navarra en *Flora Iberica* sin conocer la localidad exacta.

Carex parviflora Host

C. nigra AllC. atrata subsp. nigra (Gaudin) Hartm.

Pastos innivados y rellanos de roquedos. **Alt.:** 1700-2300 m.

Dist.: Oróf. Europa. Limitada a las montañas más altas pirenaicas (Mesa de los Tres Reyes). **Alp.:** RR; **Atl.:** -; **Med.:** -.

Carex pendula Huds.

C. maxima Scop.

Alisedas, orillas de cursos de agua, sotos, sobre suelos encharcados. **Alt.:** 20-950 m. **HIC:** Saucedas arb. cabec., 92A0, 91E0*.

Dist.: Eur. Mitad septen. y hacia el sur siguiendo el curso de los grandes ríos. **Alp.:** R; **Atl.:** F; **Med.:** R.

Carex pilulifera L. subsp. *pilulifera*

C. pilulifera var. vegeta Merino

Pastos, brezales, helechales y claros forestales; sobre sustratos silíceos o acidificados. **Alt.:** 100-1800 m. **HIC:** 6230*.

Dist.: Eur. Montañas de la mitad norte y en las occ. **Alp.:** E; **Atl.:** F; **Med.:** -.

Carex pseudocyperus L.

Orillas de ríos, charcas y lagunas. **Alt.:** 250-350 m. **HIC:** Com. aguas estanc.

Distrbución: Subcosm. Sólo se conoce de Milagro y Caparroso, al sur de la Comunidad. **Alp.:** -; **Atl.:** -; **Med.:** RR.

Cons.: LC (ERLVP, 2011).

Carex pulicaris L.

Brezales higroturbosos, comunidades turtófilas, esfagnales y orillas de manantiales. **Alt.:** 100-1350 m. **HIC:** 7230.

Dist.: Eur. Parece limitarse a la Navarra Húmeda del NW y a algún punto de las montañas occ. **Alp.:** RR; **Atl.:** R; **Med.:** -.

Obs.: Hay dudas sobre su presencia en el monte Ori (Lorda, 2001).

Carex punctata Gaudin

Herbazales sobre suelos arenosos y húmedos; en sustratos silíceos. **Alt.:** 20-100 m.

Dist.: Eur. Se limita al extremo NW, cerca de la influencia marina. **Alp.:** -; **Atl.:** RR; **Med.:** -.

Obs.: Se conocen citas de Catalán & Aizpuru (1985) de Bera y de Allorge (1941) de Endarlaza, siendo una planta halófila, dudosa en estas localidades. En *Flora Iberica* se señala que, además de ambientes salinos, vive en suelos silíceos, ya más acordes.

Carex pyrenaica Wahlenb.

Pastos pedregosos innivados y ventisqueros de la alta montaña. **Alt.:** 1850-2300 m.

Dist.: Oróf. Europa. Limitada a las montañas pirenaicas más elevadas. **Alp.:** RR; **Atl.:** -; **Med.:** -.

Carex remota L.

Bosques de ribera, robledales y claros del hayedo, herbazales frescos. **Alt.:** 20-1400 m. **HIC:** Com. arroyos y manant. for., 91E0*.

Dist.: Eur. Pirineos, valles y montañas atlánt. y sierras occ. **Alp.:** E; **Atl.:** E; **Med.:** -.

Carex riparia Curtis

Herbazales a orillas de cursos fluviales, acequias y orlas de balsas. **Alt.:** 250-750 m. **HIC:** Com. aguas estanc.

Dist.: Subcosm. Dispersa por el territorio, Zona Media y Ribera. **Alp.:** -; **Atl.:** RR; **Med.:** E.

Cons.: LC (ERLVP, 2011).

Carex rostrata Stokes

C. inflata Huds.; C. ampullacea Gooden.

Orillas de manantiales, canales de turberas y esfagnales. **Alt.:** 1000-1800 m.

Dist.: Circumbor. Parece limitarse a los Pirineos. **Alp.:** RR; **Atl.:** -; **Med.:** -.

Cons.: LC (ERLVP, 2011).

Carex rupestris All.

Pastos cumbreños, graveras, céspedes de lapiaz y cervunales de alta montaña. **Alt.:** 1650-2450 m. **HIC:** 6170.

Dist.: Bor.-Alp. Limitada a las montañas pirenaicas más elevadas (Mesa de los Tres Reyes, Anielarra, Peña Ezkaurre, Larra). **Alp.:** RR; **Atl.:** -; **Med.:** -.

Carex sempervirens Vill. subsp. *pseudotristis* (Domin) Pawl.

C. sempervirens var. pseudotristis Domin

Pastos pedregosos y repisas de roquedos de alta montaña. **Alt.:** 1700-2450 m. **HIC:** 6140, 6170.

Dist.: Oróf. Europa. Limitado a los Pirineos (Larra, Anielarra). **Alp.:** RR; **Atl.:** -; **Med.:** -.

Carex sempervirens Vill. subsp. *sempervirens*

Repisas herbosas de roquedos, lapiaces y rellanos de crestones. **Alt.:** 750-2400 m. **HIC:** 6170.

Dist.: Oróf. Europa. Pirineos y montañas medias occ. **Alp.:** R; **Atl.:** R; **Med.:** RR.

Obs.: Las anotaciones de Báscones (1978) de Pikuda y Zuriain, más las de Erviti (1989) de Alaiz deben corresponder a otro taxon.

Carex spicata Huds.

C. contigua Hoppe

Pastos húmedecidos en claros forestales. **Alt.:** 1000-1200 m.

Dist.: Eur. Se conoce de los Pirineos en Belabarze (Isaba). **Alp.:** RR; **Atl.:** RR; **Med.:** -.

Obs.: Deben comprobarse las citas de la Peña de Oskia (López, 1970).

Carex strigosa Huds.

Alisedas y herbazales frescos. **Alt.:** 20-50 m. **HIC:** 91E0*.

Dist.: Eur. Sólo se conoce de Lesaka, a orillas del Bidasoa. **Alp.:** -; **Atl.:** RR; **Med.:** -.

Cons.: CR (AFA-UICN, 2003); CR (AFA-UICN, 2004); CR B1ab(iii)+2ab(iii), D (LR, 2008); Prioritaria (Lorda & al., 2009).

Obs.: Hay citas antiguas de Narvarte y Santesteban (Braun-Blanquet, 1967) que no se han verificado últimamente. Allorge (1941) ya lo citó de Lesaka.

Carex sylvatica Huds. subsp. *paui* (Sennen) A. Bolòs & O. Bolòs

C. paui Sennen

Alisedas y orillas de arroyos. **Alt.:** 350-450 m.

Dist.: Med. W. Se conoce de Goizueta (Artikutza) y hay citas de Elzaburu y Orokieta (Báscones, 1978). **Alp.:** -; **Atl.:** RR; **Med.:** -.

Obs.: Sólo parece conocerse de Barcelona, Gerona y Navarra.

Carex sylvatica Huds. subsp. *sylvatica*

Hayedos, robledales y bosques mixtos de frondosas, alisedas, sobre suelos frescos. **Alt.:** 20-1650 m. **HIC:** 91E0*, 9160, Hayed. bas.-ombr. cant., 9130, 9180*, Abet. pirenaicos, Abet. prepiren., 9580*.

Dist.: Eur. Extendida por la mitad septen. **Alp.:** F; **Atl.:** C; **Med.:** R.

Carex tomentosa L.

C. filiformis auct., non L.

Herbazales a orillas de arroyos y balsas con aguas carbonatadas. **Alt.:** 400-650 m.

Dist.: Eur. Puntual en la cuenca de Pamplona y en la Navarra Media. **Alp.:** -; **Atl.:** RR; **Med.:** R.

Carex umbrosa Host subsp. *umbrosa*

Hayedos, robledales, bosques mixtos de frondosas, brezales y pastos húmedos. **Alt.:** 200-900 m.

Dist.: Eur. Presente en la Navarra Húmeda del NW. **Alp.:** -; **Atl.:** R; **Med.:** -.

Obs.: Se ha citado el mesto *C.* × *interjecta* Waisb. (*C. umbrosa* × *C. caryophyllea*) de los valles atlánt. (Zugarramurdi, Aranaz, Baztán), sobre repisas de roquedos calizos.

Carex vesicaria L.

Planta que está cerca de Navarra, y cuya presencia se estima probable. Prados, orillas de charcas, cenagales y zonas turbosas. **Alt.:** 750-900 m.

Dist.: Circumbor. **Alp.:** -; **Atl.:** RR; **Med.:** -.

Cons.: LC (ERLVP, 2011).

Obs.: Citada por Vicente (1983) de Loza. No parece ser una cita verosímil. No se cita en *Flora Iberica* para Navarra. Se conoce de una localidad muy cercana en el bosque de Irati (Artxilondo), en su vertiente francesa.

Carex viridula Michx.

C. oederi Retz.; C. oederi Ehrh.; C. flava subsp. viridula (Michx.) O. Bolòs & Vigo; C. serotina Mérat

Planta dudosa que requiere comprobación. Lugares encharcados en claros forestales y turberas. **Alt.:** 350-900 m.

Dist.: Circumbor. Limitada a las montañas atlánt. del NW. **Alp.:** -; **Atl.:** RR; **Med.:** -.

Obs.: Deben comprobarse las citas atlánt. Puede corresponder a *C. demissa* Hornem. Ha sido citada por Peralta (1985) de Peñas de Aya y por Catalán & Aizpuru (1985) de Erlaitz (Irún). También Aldezábal (1994) la cita de Baztán y Esteribar.

Cladium mariscus (L.) Pohl

Schoenus mariscus L.; C. giganteum Willk.; C. mariscus var. martii (Dufour ex Roem. & Schult.) Kük.

Orillas de balsas y lagunas, y herbazales en ambientes muy húmedos. **Alt.:** 400-650 m. **HIC:** 7210*.

Dist.: Subcosm. Dispersa en las cuencas prepiren. y la Navarra Media orient. **Alp.:** -; **Atl.:** R; **Med.:** R.

Cons.: LC (ERLVP, 2011)

Cyperus difformis L.

Asilvestrada en terrenos encharcados y orillas fluviales. **Alt.:** 200-300 m.

Dist.: Introd.; originaria del Med. Conocida de Arguedas, en la Ribera. **Alp.:** -; **Atl.:** -; **Med.:** RR.

Cons.: LC (ERLVP, 2011).

Obs.: Su llegada a Navarra ha podido suceder mediante el cultivo del arroz.

Cyperus distachyos All.

C. laevigatus subsp. distachyos (All.) Maire & WeileR.

Bordes de ríos y lagunas, terrenos arenosos. **Alt.:** 250-300 m.

Dist.: Plurirreg.: Región Med. y Macaron. Posiblemente en el Valle del Ebro. **Alp.:** -; **Atl.:** -; **Med.:** RR.

Obs.: Desconocemos la localidad exacta, probablemente en la región mediterránea.

Cyperus eragrostis Lam.

C. vegetus Willd.

Naturalizada en terrenos húmedos y alterados, acequias, cunetas y cascajeras fluviales. **Alt.:** 40-650 m. **HIC:** 3270, 3240.

Dist.: Introd.; originaria Neotrop. Salpica Navarra en los valles cantábricos, la Zona Media y la Ribera. **Alp.:** -; **Atl.:** E; **Med.:** RR.

Cyperus esculentus L.

Acequias, orillas de cultivos, cunetas y graveras fluviales.

Dist.: Med. No conocemos su distribución en Navarra, posiblemente en la Ribera. **Alp.:** -; **Atl.:** -; **Med.:** RR.

Obs.: Desconocemos con exactitud las localidades navarras. Se cita en *Flora Iberica*.

Cyperus fuscus L.

C. eragrostis sensu Willk.

Orillas de cursos de agua, balsas cenagosas y graveras fluviales. **Alt.:** 20-950 m. **HIC:** 3170*.

Dist.: Eur. Navarra Húmeda del NW, puntual en Pirineos y Prepirineos, más la cuenca de Pamplona y la Ribera. **Alp.:** RR; **Atl.:** E; **Med.:** E.

Cons.: LC (ERLVP, 2011).

Cyperus longus L.

C. badius Desf.; C. longus subsp. badius (Desf.) Bonnier & Layens

Praderas encharcadas, cunetas, sotos y cascajeras fluviales. **Alt.:** 20-600 m. **HIC:** Past. inund. *A. stolonifera*, 3280, Com. ciper. amacoll.

Dist.: Eur. General en Navarra, salvo en Pirineos, pero con distribución desigual. **Alp.:** -; **Atl.:** F; **Med.:** F.

Cons.: LC (ERLVP, 2011).

Cyperus rotundus L.

C. olivaris O. Targ. Tozz.; C. pallescens sensu Willk.

Orlas de cultivos de regadío, acequias, cunetas y otros medios alterados. **Alt.:** 200-300 m.

Dist.: Med. Repartida por la Ribera del Ebro. **Alp.:** -;

Atl.: -; **Med.**: R.

Cons.: LC (ERLVP, 2011).

Eleocharis mamillata (H. Lindb.) H. Lindb. subsp. *austriaca* (Hayek) Strandh.

E. austriaca Hayek; E. palustris subsp. austriaca (Hayek) Podp.; E. palustris subsp. mamillata sensu O. Bolòs & Vigo

Praderas encharcadas y cenagales en fuentes y manantiales. **Alt.**: 800-850 m.

Dist.: Eur. Sólo se conoce de Ochagavía, en el bosque de Irati. **Alp.**: RR; **Atl.**: -; **Med.**: -.

Cons.: VU (NA); EN B1+2b (LR, 2000); CR (AFA-UICN, 2003); CR (AFA-UICN, 2004); CR B2ab(iii) (LR, 2008); Prioritaria (Lorda & al., 2009); LC (ERLVP, 2011).

Eleocharis multicaulis (Sm.) Desv.

Scirpus multicaulis Sm.

Esfagnales, turberas, orillas de arroyos y manantiales con aguas ácidas. **Alt.**: 120-950 m. **HIC**: 7140, 7150.

Dist.: Atl. Navarra Húmeda del NW y Navarra Media occidental. **Alp.**: -; **Atl.**: R; **Med.**: RR.

Cons.: LC (ERLVP, 2011).

Obs.: Las citas de Pamplona (Mayo, 1978) y de la Foz de Arbayún (Fdez. León, 1982) deben comprobarse al no ajustarse bien a la ecología de la especie.

Eleocharis palustris (L.) Roem. & Schult. subsp. *palustris*

Scirpus palustris L.

Herbazales a orillas de cursos de agua, balsas, acequias y charcas salobres. **Alt.**: 250-1900 m. **HIC**: 3280; Com. helóf. gram.

Dist.: Subcosm. General en Navarra, savo en los valles atlánt. septentrionales. **Alp.**: E; **Atl.**: E; **Med.**: C.

Cons.: LC (ERLVP, 2011).

Eleocharis palustris (L.) Roem. & Schult. subsp. *vulgaris* Walters

E. vulgaris (Walters) Á. Löve & D. Löwe; E. palustris subsp. pyrenaica Carrillo Ortuño & Ninot

Herbazales a orillas de cursos de agua, balsas, acequias y charcas salobres. **Alt.**: 250-1900 m. **HIC**: 3280.

Dist.: Subcosm. General en Navarra, savo en los valles atlánt. septentrionales. **Alp.**: E; **Atl.**: E; **Med.**: C.

Cons.: LC (ERLVP, 2011).

Eleocharis quinqueflora (Hartmann) O. Schwarz

Scirpus quinqueflorus Hartmann; S. pauciflorus Lightf.; E. pauciflora (Lightf.) Link

Orillas de arroyos fríos, enclaves higroturbosos y roquedos rezumantes. **Alt.**: 750-1450 m.

Dist.: Eur. Parece limitarse a los Pirineos y a alguna localidad de las sierras occ. (Abárzuza, Lapoblación). **Alp.**: RR; **Atl.**: RR; **Med.**: -.

Cons.: LC (ERLVP, 2011).

Eleocharis uniglumis (Link) Schult.

Scirpus uniglumis Link; E. palustris subsp. uniglumis (Link) Hartm.

Balsas, orillas de cursos de agua y cubetas endorreicas. **Alt.**: 250-450 m.

Dist.: Subcosm. Dispersa por la mitad meridional de Navarra. **Alp.**: -; **Atl.**: R; **Med.**: R.

Cons.: LC (ERLVP, 2011).

Eriophorum angustifolium Honck.

E. polystachion L.

Esfagnales, turberas y orillas de manantiales con aguas ácidas; sobre sustratos ácidos. **Alt.**: 450-1500 m. **HIC**: 7140, 4020*.

Dist.: Bor.-Alp. Pirineos y valles atlánt. **Alp.**: RR; **Atl.**: RR; **Med.**: -.

Cons.: Prioritaria (Lorda & al., 2009); LC (ERLVP, 2011).

Eriophorum latifolium Hoppe

Trampales, pastos higroturbosos y orillas de manantiales con aguas carbonatadas. **Alt.**: 850-1400 m. **HIC**: 7230, 6410, 6420.

Dist.: Eur. En Navarra, limitada al Pirineo, si bien reaparece en territorios limítrofes en las sierras occ. (Sierra de Altzania). **Alp.**: RR; **Atl.**: RR; **Med.**: -.

Cons.: Prioritaria (Lorda & al., 2009).

Isolepis cernua (Vahl) Roem. & Schult.

Scirpus cernuus Vahl; S. savii Sebast. & Mauri; I. saviana Schult.; I. savii (Sebast. & Mauri) Fourr.

Sobre suelos arenosos y húmedos. **Alt.**: 100-1400 m. **HIC**: 3170*.

Dist.: Subcosm. Preferentemente en los valles atlánt. y aislada en la Zona Media. **Alp.**: -; **Atl.**: F; **Med.**: -.

Isolepis setacea (L.) R. Br.

Scirpus setaceus L.

Turberas, prados cenagosos, pastos higroturbosos y orillas de arroyos. **Alt.**: 100-1400 m. **HIC**: 3170*.

Dist.: Subcosm. Por los valles atlánt. y montañas medias occ. **Alp.**: RR; **Atl.**: F; **Med.**: RR.

Obs.: La cita de Sansoain de Cavero (1987) no parecen corresponder a esta especie.

Kobresia myosuroides (Vill.) Fiori

Carex myosuroides Vill.; Elyna myosuroides (Vill.) Fritsch ex Janchen; Elyna spicata Schrad.

Pastos pedregosos y crestones venteados, en zonas de alta montaña; sobre calizas. **Alt.**: 2100-2400 m. **HIC**: 6170.

Dist.: Bor.-Alp. Limitada a las montañas pirenaicas más elevadas (Mesa de los Tres Reyes, Anielarra, Budoguía). **Alp.**: RR; **Atl.**: -; **Med.**: -.

Obs.: Límite pirenaico occidental en Navarra. Del monte Anie (Lescun) cerca de Navarra se ha citado *K. simpliciuscula* (Wahlenb.) Mackenzie (Soulié, 1907-1914).

Pycreus flavescens (L.) P. Beauv. ex Rchb.

Cyperus flavescens L.

Orillas de balsas, charcas y manantiales, sobre sustratos silíceos. **Alt.**: 40-600 m. **HIC**: 3170*.

Dist.: Subcosm. En los valles atlánt. **Alp.**: -; **Atl.**: E; **Med.**: -.

Cons.: LC (ERLVP, 2011).

Obs.: Gaussen & al. (1953) la citaron de Salazar-Roncal sin que la hayamos visto.

Rhynchospora alba (L.) Vahl

Schoenus albus L.

Esfagnales, turberas y manantiales contiguos; sobre sustratos silíceos. **Alt.**: 120-1000 m. **HIC**: 7140, 7150.

Dist.: Atl. Principalmente en los valles atlánt. del NW y montañas de la divisoria. **Alp.**: -; **Atl.**: R; **Med.**: -.

Cons.: Prioritaria (Lorda & al., 2009).

Obs.: Citada por Jovet (1941) del Monte Larrun, al N de los Pirineos, y por Ursúa & Báscones (1987) de las Peñas de Aia.

Rhynchospora fusca (L.) W.T. Aiton

Schoenus fuscus L.

Esfagnales, turberas y manantiales contiguos; sobre sustratos silíceos. **Alt.:** 450-700 m. **HIC:** 7140, 7150.

Dist.: Eur. Poblaciones localizadas en Baztán. **Alp.:** -; **Atl.:** RR; **Med.:** -.

Cons.: EN B1+2b (LR, 2000); EN (AFA-UICN, 2003); EN (AFA-UICN, 2004); EN A2, B1+2ab(iii) (LR, 2008); Prioritaria (Lorda & al., 2009).

Schoenoplectus lacustris (L.) Palla subsp. *glaucus* (Sm. ex Hartm.) Bech.

Scirpus lacustris subsp. glaucus Sm. ex Hartm.; S. glaucus Sm.; S. tabernaemontani C.C. Gmel.; S. lacustris subsp. tabernaemontani (C.C. Geml.) Syme; Sch. tabernaemontani (C.C. Gmel.) Palla

Orlas de balsas, lagunas y orillas de ríos. **Alt.:** 250-900 m. **HIC:** Com. grandes helof., Com. ciper. amacoll.,

Dist.: Subcosm. Por los dos tercios meridionales de Navarra. **Alp.:** R; **Atl.:** E; **Med.:** E.

Cons.: LC (ERLVP, 2011).

Schoenoplectus lacustris (L.) Palla subsp. *lacustris*

Scirpus lacustris L.

Orlas de balsas, lagunas y orillas de ríos. **Alt.:** 250-900 m. **HIC:** 3280, Com. grandes helof., Com. ciper. amacoll., Com. helóf. tam. med.

Dist.: Subcosm. Por los dos tercios meridionales de Navarra, siendo, al parecer, más abundante que su congénere. **Alp.:** RR; **Atl.:** E; **Med.:** C.

Cons.: LC (ERLVP, 2011), sin detallar subespecies.

Obs.: Se ha citado de Lesaka (Catalán & Aizpuru, 1985) pero no se corresponde a este taxon.

Schoenoplectus litoralis (Schrad.) Palla

Scirpus litoralis Schrad.; S. thermalis Trab.; S. litoralis subsp. thermalis (Trab.) Murb.; Sch. litoralis subsp. thermalis (Trab.) S.S. Hopper

Orlas de balsas y cubetas endorreicas. **Alt.:** 250-400 m. **HIC:** Cañaverales halófilos.

Dist.: Med. Contadas localidades meridionales (Las Cañas, El Pulguer). **Alp.:** -; **Atl.:** -; **Med.:** RR.

Cons.: LC (ERLVP, 2011).

Schoenoplectus mucronatus (L.) Palla

Scirpus mucronatus L.

Terrenos encharcados y arrozales. **Alt.:** 200-250 m.

Dist.: Plurirreg. Limitada al Valle del Ebro (Arguedas). **Alp.:** -; **Atl.:** -; **Med.:** RR.

Cons.: LC (ERLVP, 2011).

Obs.: No está muy clara su procedencia. Las plantas ligadas a los arrozales pueden tener un origen alóctono.

Schoenoplectus supinus (L.) Palla

Scirpus supinus L.

Suelos encharcados y fangosos. **Alt.:** 200-1200 m.

Dist.: Subcosm. Dispersa por las montañas septentrionales y en la Ribera. **Alp.:** -; **Atl.:** E; **Med.:** R.

Schoenus nigricans L.

Manantiales, trampales, turberas, depresiones inundables y claros de matorrales sobre yesos. **Alt.:** 120-1400 m. **HIC:** 1410, 6420.

Dist.: Med. Dispersa por el territorio, salvo en las montañas más elevadas. **Alp.:** RR; **Atl.:** E; **Med.:** F.

Scirpoides holoschoenus (L.) Soják

Scirpus holoschoenus L.

Juncales, manantiales, trampales y herbazales con suelos inundados. **Alt.:** 100-800 m. **HIC:** 1410, 6410, 6420, Juncales nitrófilos.

Dist.: Med. Valles atlánt., cuencas prepiren. y general en el resto. **Alp.:** F; **Atl.:** C; **Med.:** CC.

Scirpus sylvaticus L.

Herbazales húmedos y sombreados, en los ambientes de influencia Atl. **Alt.:** 500-900 m. **HIC:** 6430.

Dist.: Circumbor. Distintas localidades (Burguete, Espinal, Arce, Oroz-Betelu, Erro, Linzoain) en el NE de Navarra. **Alp.:** -; **Atl.:** RR; **Med.:** -.

Cons.: LC (ERLVP, 2011).

Trichophorum cespitosum (L.) Hartm.

Scirpus cespitosus L.; T. germanicum Palla; S. cespitosus subsp. germanicus (Palla) Broddeson

Repisas de roquedos, taludes rezumantes, brezales húmedos y arroyos turbosos; sobre sustratos ácidos. **Alt.:** 600-1800 m. **HIC:** 7140, 4020*.

Dist.: Bor.-Alp. (Atl.). Pirineos, montañas de la divisoria y cumbres atlánt. **Alp.:** RR; **Atl.:** R; **Med.:** -.

Obs.: Las citas meridionales de Cirauqui (Garde & López, 1991) no parecen verídicas a tenor de la ecología de la especie. Las poblaciones pirenaicas se han incluido en la subsp. típica, pero los caracteres diferenciales no parecen relevantes.

D

Dioscoreaceae

Tamus communis L.

T. cretica L.; Dioscorea communis (L.) Caddick & Wikin

Orlas forestales, claros, matorrales y setos, bosques de ribera, etc. **Alt.:** 20-1200 m. **HIC:** Zarz. y espin. neutro-bas. eur-med., 91E0*, 92A0, 9240, Robl. pel. navarro-alav., 9160, Abed. *Betula pubescens* (*alba*).

Dist.: Med.-Atl. General en la mitad norte, ausentándose de la Ribera. **Alp.:** C; **Atl.:** C; **Med.:** E.

Dipsacaceae

Cephalaria leucantha (L.) Roem. & Schult.

Scabiosa leucantha L.

Pastos, matorrales y herbazales, rellanos, taludes y ribazos; sobre calizas. **Alt.:** 400-1100 m.

Dist.: Med. Pirineos y cuencas prepiren., Navarra Media, sierras occ. y puntualmente en la Ribera (Fitero). **Alp.:** F; **Atl.:** C; **Med.:** E.

Dipsacus fullonum L.
D. sylvestris Huds.

Cunetas, baldíos, barbechos, acequias, sotos y cascajeras fluviales, sobre suelos nitrificados y húmedos. **Alt.:** 20-1300 m. **HIC:** 6430.
Dist.: Plurirreg. General, eludiendo las montañas más elevadas. **Alp.:** CC; **Atl.:** CC; **Med.:** CC.

Knautia arvensis (L.) Coult.
Scabiosa arvensis L.

Pastos, matorrales aclarados y claros forestales. **Alt.:** 450-1100 m.
Dist.: Eur. Pirineos, cuencas prepiren., Zona Media y sierras occ., rara en el resto. **Alp.:** E; **Atl.:** F; **Med.:** F.
Obs.: Muy variable en su morfología foliar.

Knautia lebrunii J. Prudhomme
K. longiflora (Waldst. & Kit.) Koch; K. godetii subsp. lebrunii (J. Prudhomme) O. Bolòs & Vigo; Trichera longifolia sensu Willk.; K. godetii auct. catal., non Reut.; K. salvadoris sensu Ehrend.

Nemoral, en claros forestales y herbazales de montaña. **Alt.:** 1700-1800 m.
Dist.: Endém. pirenaica. Limitada a las montañas pirenaicas. **Alp.:** RR; **Atl.:** -; **Med.:** -.
Obs.: Se correspondería con las citas del Pirineo (Lorda, 2001). Límite occidental en Navarra.

Knautia legionensis (Lag.) DC.
Scabiosa legionensis Lag.

Prados y herbazales, orlas forestales, etc. **Alt.:** 500-1100 m.
Dist.: Oróf. Europa W. Podría distribuirse por la mitad septen. del territorio.
Obs.: Citada de Navarra por *Flora Iberica* sin conocer la localidad. Material navarro en el herbario ARAN.

Knautia nevadensis (M. Winkl. ex Szabó) Szabó
K. arvernensis (Briq.) Szabó; K. sylvatica var. nevadensis M. Winkl. ex Szabó

Megaforbios, pie de cantil, orlas forestales, pastos y prados de siega. **Alt.:** 20-1750 m.
Dist.: Atl. Pirineos, valles atlánt. y Zona Media. **Alp.:** E; **Atl.:** E; **Med.:** -.
Obs.: Planta de morfología muy variable; los materiales navarros se corresponderían con la variedad *nevadensis*.

Knautia subscaposa Boiss. & Reut.

Pastos pedregosos, matorrales aclarados, crestones y pedrizas. **Alt.:** 400-1500 m.
Dist.: Med. W. Montañas de la Zona Media y sierras occ. **Alp.:** -; **Atl.:** R; **Med.:** R.
Obs.: Endém. de buena parte de la Pen. Ibér. Las plantas navarras deben corresponder a la var. *subscaposa* (*K. arvensis* auct. iber., non L. Coult.).

Lomelosia graminifolia (L.) Greuter & Burdet
Scabiosa graminifolia L.

Crestones venteados y pastos pedregosos, sobre calizas y conglomerados. **Alt.:** 700-1300 m. **HIC:** 6170.
Dist.: Oróf. Med. W. Limitada a las sierras medias occ. (Codés, Lókiz). **Alp.:** -; **Atl.:** RR; **Med.:** -.
Cons.: SAH (NA); Prioritaria (Lorda & al., 2009).
Obs.: Incluida la subsp. *arizagae* Uribe-Ech. & Alejandre.

Lomelosia stellata (L.) Raf.
Scabiosa stellata L.; S. monspeliensis Jacq.

Pastos de anuales, pastos secos, orillas de caminos y repisas de roquedos. **Alt.:** 200-800 m.
Dist.: Med. Mitad meridional y cuencas prepiren. **Alp.:** -; **Atl.:** -; **Med.:** F.

Scabiosa atropurpurea L.
S. maritima L.; S. atropurpurea var. villosa (Coss.) Franco; Sixalis atropurpurea (L.) Greuter & Burdet

Herbazales a orillas de cunetas, baldíos, cultivos y pastos secos. **Alt.:** 250-1200 m. **HIC:** 3250, Mat. nitrof. grav. fluv.
Dist.: Med. Dos tercios meridionales de Navarra, adentrándose en las cuencas prepiren. **Alp.:** E; **Atl.:** E; **Med.:** C.
Obs.: Planta muy variable.

Scabiosa cinerea Lapeyr. ex Lam.
S. columbaria subsp. cinerea (Lapeyr. ex Lam.) Font Quer; S. pyrenaica auct., non All.

Céspedes y repisas de crestas supraforestales con suelos frescos. **Alt.:** 1600-2100 m.
Dist.: Oróf. Europa. Limitada a las montañas pirenaicas más elevadas. **Alp.:** RR; **Atl.:** -; **Med.:** -.
Obs.: Las citas de Llanos (1972) y Lorda (1992) del monte Ori se corresponden con *S. columbaria*. Lo mismo debe ocurrir con las de Betelu dadas por Ruiz Casav. (1880) y Willkomm (1893).

Scabiosa columbaria L. subsp. *columbaria*

Pastos, orlas forestales, matorrales y repisas de roquedos. **Alt.:** 100-1900 m. **HIC:** 6210(*).
Dist.: Eur. General en los dos tercios septentrionales de Navarra. **Alp.:** F; **Atl.:** F; **Med.:** F.
Obs.: Se corresponde con la variedad *columbaria*. Se ha citado la subsp. *gramuntia* (L.) Bumet de Alsasua por Braun-Blanquet (1966), sin que se haya podido verificar; probablemente debe corresponder a la subsp. *affinis* (Gren. & Godr.) Nyman, no presente en Navarra.

Succisa pratensis Moench
Scabiosa succisa L.

Manantiales, trampales, juncales, fuentes y prados, sobre suelos muy húmedos o encharcados. **Alt.:** 250-1450 m. **HIC:** 7230, 6410, 6420.
Dist.: Eur. Montañas pirenaicas, prepiren. y atlánt., Zona Media y sierras occ. **Alp.:** E; **Atl.:** E; **Med.:** RR.

Droseraceae

Drosera intermedia Hayne

Turberas, esfagnales y manantiales turbosos, sobre sustratos silíceos. **Alt.:** 250-1000 m. **HIC:** 7140, 7150.
Dist.: Circumbor. Navarra Húmeda del NW, hasta el collado de Ibañeta (Roncesvalles). **Alp.:** -; **Atl.:** RR; **Med.:** -.
Cons.: SAH (NA); Prioritaria (Lorda & al., 2009).

Drosera rotundifolia L.

Esfagnales, turberas, manantiales y orillas de arroyos sobre sustratos silíceos. **Alt.:** 200-1500 m. **HIC:** 7140, 7150, 4020*.

Dist.: Circumbor. Pirineos atlánt. y valles cantábricos, montañas de la divisoria y aislada en Urbasa-Altzania. **Alp.:** -; **Atl.:** E; **Med.:** -.

E

Ebenaceae

Diospyros lotus L.
Cultivada por sus frutos comestibles, se asilvestra en ribazos, barrancos y orlas forestales. **Alt.:** a 150 m.
Dist.: Introd.; originaria de Asia. Se conoce de Baztán (Oronoz). **Alp.:** -; **Atl.:** RR; **Med.:** -.

Elaeagnaceae

Elaeagnus angustifolia L.
Cultivada como ornamental, se asilvestra en ribazos y otros lugares alterados. **Alt.:** 250-500 m.
Dist.: Introd.; originaria de Asia. En la Ribera y Zona Media. **Alp.:** -; **Atl.:** -; **Med.:** R.

Empetraceae

Empetrum nigrum L. subsp. hermaphroditum (Lange ex Hagerup) Böcher
E. hermaphroditum Lange ex Hagerup
Repisas de roquedos en el hayedo y pinar de pino negro, matorrales de arándano y rododendro. **Alt.:** 1650-2000 m. **HIC:** 9430*.
Dist.: Bor.-Alp. Limitada a las montañas pirenaicas más elevadas. **Alp.:** RR; **Atl.:** -; **Med.:** -.
Cons.: Prioritaria (Lorda & al., 2009).
Obs.: Límite W en Navarra.

Ephedraceae

Ephedra distachya L. subsp. distachya
E. vulgaris L.C.M. Richard
Matorrales termófilos. **Alt.:** 250-600 m.
Dist.: Plurirreg.: Med.-Iraniana. Limitada al sur de la provincia. **Alp.:** -; **Atl.:** -; **Med.:** RR.
Obs.: Algunas citas septentrionales puede corresponder a otras especies del género (Fdez. de Salas & Gil, 1870).

Ephedra fragilis Desf. subsp. fragilis
E. gibraltarica Boiss.; E. altissima sensu Willk.
Matorrales termófilos y desfiladeros abrigados. **Alt.:** 250-650 m. **HIC:** 9540.
Dist.: Med. W. Cuencas prepiren. y Ribera Estellesa y Tudelana. **Alp.:** -; **Atl.:** -; **Med.:** R.

Ephedra nebrodensis Tineo ex Guss. subsp. nebrodensis
E. scoparia Lange; E. major auct.
Roquedos abrigados en foces, matorrales xerófilos y cerros yesosos o arcillosos. **Alt.:** 300-700 m.

Dist.: Plurirreg.: Med.-Iraniana. Cuencas prepiren. y Ribera. **Alp.:** -; **Atl.:** -; **Med.:** E.

Equisetaceae

Equisetum arvense L.
Terrenos húmedos o encharcados, en muchas situaciones: acequias, cunetas, canales, orillas de ríos, etc. **Alt.:** 40-1350 m. **HIC:** Past. inund. *A. stolonifera*, Com. ciper. amacoll., 6430, 3240, 91E0*.
Dist.: Circumbor. General en Navarra, se enrarece hacia el sur de la provincia. **Alp.:** C; **Atl.:** C; **Med.:** E.
Cons.: LC (ERLVP, 2011).

Equisetum fluviatile L.
E. limosum L.
Bosques de ribera, orillas de charcas, manantiales turbosos y arroyos; sobre sustratos silíceos o acidificados. **Alt.:** 500-1200 m.
Dist.: Circumbor. Pirineos y montañas de la divisoria, más en las estribaciones occ. **Alp.:** R; **Atl.:** E; **Med.:** -.
Cons.: LC (ERLVP, 2011).
Obs.: Escriche (1935) la cita de Tafalla, pero no concuerda con nuestros datos.

Equisetum hyemale L.
Manantiales, orillas de ríos y arroyos en el ambiente forestal. **Alt.:** 120-1200 m.
Dist.: Circumbor. Dispersa por la zona norte, en los Pirineos y en las montañas occ. **Alp.:** RR; **Atl.:** RR; **Med.:** -.
Obs.: Las citas de Vicente (1983) y Fdez. de Salas & Gil (1870) no parecen verídicas. Se ha citado *E.* × *moorei* Newman (*E. hyemale* × *E. ramosissimum*) del Valle de Yerri (Biurrun, 1999), Lesaka y Bera (Catalán & Aizpuru, 1985) y Buñuel (Ursúa, 1986).

Equisetum palustre L.
Terrenos húmedos o encharcados, en numerosos ambientes. **Alt.:** 20-1200 m.
Dist.: Circumbor. General en la mitad norte de la provincia, se hace muy rara en la Ribera. **Alp.:** F; **Atl.:** F; **Med.:** R.
Cons.: LC (ERLVP, 2011).

Equisetum ramosissimum Desf.
E. campanulatum Poiret; E. hyemale auct.; E. ramosum auct.
Terrenos arenosos o pedregosos, con humedad constante. **Alt.:** 100-1000 m. **HIC:** Herb. depos. aren.
Dist.: Plurirreg. General en la vertiente mediterránea, desde los Pirineos hasta la Ribera; se hace muy rara en la vertiente cantábrica. **Alp.:** E; **Atl.:** E; **Med.:** C.

Equisetum sylvaticum L.
Planta citada de Navarra, posiblemente errónea. Suelos turbosos y taludes húmedos forestales.
Dist.: Circumbor. **Alp.:** -; **Atl.:** RR; **Med.:** -.
Cons.: VU D2 (LR, 2000); VU D2 (LR, 2008).
Obs.: Se ha citado (Báscones & al., 1982; García Zamora & al., 1985) de Ituren, del río Ezkurra y río Bidasoa.

No parecen viables estas citas. No es planta navarra y se mantiene con dudas en *Flora Iberica*.

Equisetum telmateia Ehrh.
E. fluviatile auct.; E. maximum auct.

Lugares con agua algo permanente, como cunetas, taludes, orillas de cursos de agua, etc. **Alt.:** 20-900 m.
Dist.: Circumbor. En la Navarra Húmeda del NW, Pirineos, Navarra Media y montañas occidentales; puntual en la Ribera (Fitero). **Alp.:** E; **Atl.:** F; **Med.:** RR.

Equisetum variegatum Schleich. ex Weber & Mohr

Poblaciones aisladas en los manantiales de alta montaña y graveras fluviales del río Eska. **Alt.:** 850-1500 m. **HIC:** 7230.
Dist.: Circumbor. Limitada al Valle de Roncal, principalmente en sus zonas más elevadas. **Alp.:** RR; **Atl.:** -; **Med.:** -.
Cons.: VU (NA); Prioritaria (Lorda & al., 2009).
Obs.: La cita de Lacoizqueta (1885) de Vertizarana no es válida.

Ericaceae

Arbutus unedo L.
Claros forestales y ambientes abrigados de foces de distinta índole. **Alt.:** 100-850 m. **HIC:** 5230*, 9340.
Dist.: Plurirreg.: Med.-Atl. Valles atlánt., Zona Media, foces abrigadas prepiren. y en la Ribera. **Alp.:** RR; **Atl.:** E; **Med.:** E.

Arctostaphylos alpinus (L.) Spreng.
Arbutus alpina L.

Repisas y rellanos de roquedos del karst, orientados al norte, algo sombríos. **Alt.:** 1600-2200 m. **HIC:** 4060, 6170.
Dist.: Bor.-Alp. Limitada a las montañas pirenaicas más elevadas, en el macizo de Larra. **Alp.:** RR; **Atl.:** -; **Med.:** -.
Cons.: SAH (NA); Prioritaria (Lorda & al., 2009).

Arctostaphylos uva-ursi (L.) Spreng.
Arbutus uva-ursi L.

Claros de bosques, taludes, matorrales abiertos y crestones. **Alt.:** 450-2150 m. **HIC:** 4020*, 4030, 4060, 4090, Tom., aliag. y romer. som.-arag. y prep., 5110, 9230, 9430*.
Dist.: Plurirreg.; Boreo-Alpina y Oróf. Med. Pirineos, cuencas prepiren., Zona Media, sierras occ. y Ribera.
Alp.: E; **Atl.:** F; **Med.:** C.
Cons.: LC (ERLVP, 2011).
Obs.: Incluida la subsp. *crassifolia* (Braun-Bl.) Rivas Mart.

Calluna vulgaris (L.) Hull
Erica vulgaris L.

Brezales que sustituyen bosques sobre sustratos ácidos o acidificados. **Alt.:** 50-1900 m. **HIC:** 7140, 4020*, 4030, 4060, 4090, 6230*, 6140, 9230, Robl. roble albar, Abed. *Betula pendula*, Abed. *Betula pubescens* (*alba*), 91D0*, 9430*.
Dist.: Plurirreg. Navarra Húmeda del NW, Pirineos, sierras prepiren., Zona Media y montañas occ. **Alp.:** C; **Atl.:** C; **Med.:** E.

Daboecia cantabrica (Huds.) K. Koch
Vaccinium cantabricum Huds.; D. polyfolia (Juss.) D. Don; Bryanthus polyfolius (Juss.) Merino

Brezales y argomales que sustituyen bosques, sobre sustratos ácidos o acidificados. **Alt.:** 20-1600 m. **HIC:** 4020*, 4030, 4090, 9230.
Dist.: Atl. Valles atlánt., puntual en las montañas prepiren., montañas de la Zona Media y occ. **Alp.:** RR; **Atl.:** F; **Med.:** RR.
Obs.: Límite orient. en Navarra.

Erica arborea L.
E. arborea subsp. riojana (Sennen & Elías) Romo

Claros y orlas de bosques termófilos, robledales y encinares sobre todo. **Alt.:** 200-1200 m. **HIC:** 4030, 4090.
Dist.: Plurirreg.: Med.-Atl. Valles atlánt. y cabecera del río Ega, más algunas poblaciones en la Zona Media (San Cristóbal, Unzué). **Alp.:** -; **Atl.:** R; **Med.:** RR.
Obs.: Se incluyen la subsp. *arborea* y la subsp. *riojana* (Sennen & Elías) Romo.

Erica ciliaris Loefl. ex L.
Esfagnales y orlas de turberas, brezal-argomal húmedo; sobre sustratos silíceos. **Alt.:** 200-1200 m. **HIC:** 7140, 4020*.
Dist.: Atl. Limitada a los Valles Húmedos del NW. **Alp.:** -; **Atl.:** E; **Med.:** -.

Erica cinerea L.
Brezales en claros forestales, sobre suelos arenosos, silíceos o acidificados. **Alt.:** 100-1400 m. **HIC:** 4020*, 4030, 4090, Zarzales y espin. acidof., 9230, Abed. *Betula pubescens* (*alba*).
Dist.: Atl. Mitad septen., principalmente en las montañas atlánt. llegando a formar extensas poblaciones.
Alp.: E; **Atl.:** C; **Med.:** R.

Erica lusitanica Rudolphi
Claros y orlas forestales, en climas suaves. **Alt.:** 20-600 m. **HIC:** 4090.
Dist.: Atl. Contadas localidades en la Navarra Húmeda del NW. **Alp.:** -; **Atl.:** RR; **Med.:** -.
Cons.: Prioritaria (Lorda & al., 2009).

Erica scoparia L. subsp. *scoparia*
Claros y orlas del carrascal-quejigal, sobre suelos arenosos. **Alt.:** 300-950 m. **HIC:** 4030, 9340.
Dist.: Med. W. Montañas de la Zona Media y cuencas prepiren. **Alp.:** -; **Atl.:** E; **Med.:** R.

Erica tetralix L.
E. mackayi sensu Willk.

Esfagnales, turberas y medios paraturbosos; sobre sustratos silíceos. **Alt.:** 20-1450 m. **HIC:** 7140, 7150, 4020*, 6410.
Dist.: Atl. Pirineos, valles húmedos del NW y aislada en las sierras occ. **Alp.:** -; **Atl.:** E; **Med.:** -.

Erica vagans L.
E. didyma Stokes

Claros forestales, pastos y matorrales de sustitución de diversos bosques; indiferente al sustrato. **Alt.:** 100-1900 m. **HIC:** 4020*, 4030, 4060, 4090, 6210, 9340,

9240, 9230, Robl. roble albar, Abed. *Betula pubescens* (*alba*), 91D0*, 9580*.

Dist.: Atl. General en la mitad septen. **Alp.:** C; **Atl.:** C; **Med.:** E.

Obs.: Lacoizqueta (1884) citó *E. multiflora* L. de Vertizarana, que quizá corresponda a esta especie.

Rhododendron ferrugineum L.

Bosques de pino negro y matorrales derivados, sobre suelos acidificados o ácidos en el piso subalpino. **Alt.:** 1500-2000 m. **HIC:** 4060, 9430*.

Dist.: Oróf. Europa. Limitado a las montañas pirenaicas más elevadas (macizo de Larra). **Alp.:** E; **Atl.:** -; **Med.:** -.

Obs.: Límite suroccidental en Navarra.

Vaccinium myrtillus L.

Hayedos, pinares, melojares y robledales, y matorrales-brezales de sustitución, en general sobre suelos ácidos o acidificados. **Alt.:** 120-1900 m. **HIC:** 4020*, 4030, 4060, 6140, 9230, 9120, Tremolares, Abed. *Betula pendula*, Abed. *Betula pubescens* (*alba*), 91D0*, 9430*, 9580*.

Dist.: Bor.-Alp. Montañas septentrionales y de la Zona Media. **Alp.:** F; **Atl.:** C; **Med.:** -.

Vaccinium uliginosum L.

Matorrales y brezales, dolinas innivadas, pastos subalpino-montanos, sobre sustratos silíceos. **Alt.:** 1400-2100 m. **HIC:** 4060, 9430*.

Dist.: Bor.-Alp. Montañas pirenaicas, con límite occidental en el monte Ortzanzurieta (Roncesvalles). **Alp.:** RR; **Atl.:** RR; **Med.:** -.

Obs.: Las poblaciones meridionales europeas se han asignado a la subsp. *microphyllum* (Lange) Tolm.

Euphorbiaceae

Chamaesyce maculata (L.) Small

Euphorbia maculata L.; E. supina Raf.; E. jovetii Huguet

Naturalizada en lugares alterados, como baldíos, cunetas y orillas de carreteras y caminos. **Alt.:** 250-500 m.

Dist.: Introd.: originaria de Norteamérica. Parece limitarse a escasas localidades de la Ribera Tudelana, si bien también se ha citado de Pamplona (Patino & al., 1996). **Alp.:** -; **Atl.:** RR; **Med.:** RR.

Chamaesyce prostrata (Aiton) Samll

Euphorbia prostrata Aiton

Naturalizada. Ruderal en ambientes alterados a baja altitud. **Alt.:** 250-500 m.

Dist.: Introd.: originaria Neotrop. Limitada a pocas localidades de la Ribera. **Alp.:** -; **Atl.:** -; **Med.:** RR.

Chamaesyce serpens (Kunth) Samll

Euphorbia serpens Kunth; E. engelmanii auct. cat., non Boiss.

Naturalizada en ambientes ruderales, alterados. **Alt.:** 200-500 m.

Dist.: Introd.: originaria Neotrop. Puntual en el Valle del Ebro. **Alp.:** -; **Atl.:** -; **Med.:** RR.

Chrozophora tinctoria (L.) Raf.

Croton tinctorium L.

Lugares pedregosos, ruderales y cascajeras fluviales. **Alt.:** 250-500 m.

Dist.: Plurirreg.: Med.-Turaniana. Puntual en la Ribera y Navarra Media. **Alp.:** -; **Atl.:** -; **Med.:** RR.

Obs.: Camara (1940) la citó de los alrededores de Corella.

Euphorbia amygdaloides L. subsp. *amygdaloides*

Bosques frescos de todo tipo, bosques de ribera, etc. **Alt.:** 20-1700 m. **HIC:** 92A0, 91E0*, Robl. pel. navarro-alav., Robl. pel. pirenaicos, Robl. roble albar, Tremolares, Abet. prepiren., Pin. *Pinus sylvestris* acidófilos, Pin. *Pinus sylvestris* secund.

Dist.: Eur. General en la mitad septen., faltando en la Ribera. **Alp.:** C; **Atl.:** C; **Med.:** E.

Obs.: Se ha citado de Bigüézal (Soulié, 1907-1914; Gaussen, 1953-1982) el mesto *E.* × *martini* Rouy (*E. amygdaloides* × *E. characias*) que no hemos podido comprobar (Lorda, 2001).

Euphorbia angulata Jacq.

E. dulcis subsp. angulata (Jacq.) Rouy

Ambientes sombríos, sobre suelos pedregosos y frescos, en bosques caducifolios y herbazales. **Alt.:** 150-1800 m.

Dist.: Eur. Valles cantábricos, Pirineos, montañas de la divisoria y Zona Media y cuencas. **Alp.:** RR; **Atl.:** E; **Med.:** -.

Euphorbia brittingeri Opiz ex Samp.

E. verrucosa Lam.; E. flavicoma subsp. brittingeri (Opiz ex Samp.) O. Bolòs & Vigo

Planta que está cerca de Navarra, y cuya presencia se estima probable. Prados y herbazales húmedos, orlas forestales sobre suelos ricos.

Dist.: Eur.

Obs.: Se conoce de Larrau (F-64) cerca de Navarra. Algunos ejemplares de la Zona Media orient. y prepirineo se asemejan a esta especie.

Euphorbia characias L. subsp. *characias*

Pastos pedregosos en foces abrigadas, repisas y rellanos de roquedos, pie de cantil y graveras soleadas, sobre calizas. **Alt.:** 250-1250 m. **HIC:** 5110, 9340.

Dist.: Med. W. Pirineos, montañas de la Zona Media, cuencas prepiren., sierras occ. y puntual en la Ribera; se ausenta de los valles cantábricos. **Alp.:** E; **Atl.:** E; **Med.:** E.

Euphorbia dulcis L.

Bosques caducifolios y sus etapas de sustitución, como brezales y helechales. **Alt.:** 40-1900 m. **HIC:** Robled. acidof. cant.

Dist.: Eur. Valles cantábricos, Pirineos, montañas de la Navarra Media y sierras occ., falta en la Ribera. **Alp.:** E; **Atl.:** F; **Med.:** R.

Obs.: Hay materiales de transición a *E. angulata* Jacq.

Euphorbia exigua L. subsp. *exigua*

Pastos de anuales, rellanos de roquedos con suelo somero, cultivos y ribazos. **Alt.:** 250-1200 m. **HIC:** 6220*.

Dist.: Med. General en Navarra, siendo rara en los valles cantábricos y alto Pirineo. **Alp.:** F; **Atl.:** F; **Med.:** F.

Obs.: Variable en la morfología foliar [var. *exigua* y var. *retusa* (L.) Boiss.].

Euphorbia falcata L. *falcata*

E. acuminata Lam.; E. mucronata Lam.; E. rubra Cav.; E. falcata subsp. lusitanica (Daveaeu) Cout.

Terófito en ribazos, cultivos y pastos secos pedregosos. **Alt.:** 200-1300 m.

Dist.: Plurirreg.: Med.-Turaniana. Pirineos, cuencas prepiren., Zona Media y, principalmente, en la Ribera. **Alp.:** RR; **Atl.:** -; **Med.:** E.

Obs.: Se incluyen la forma *falcata* y la forma *rubra* (Cav.) Knoche.

Euphorbia flavicoma DC. subsp. *occidentalis* M. Laínz

E. polygalifolia subsp. vasconensis Vivant ex Kerguélen & Lambinon

Crestones venteados, laderas pedregosas y claros del matorral-pasto sobre calizas y margas. **Alt.:** 400-1350 m.

Dist.: Endém. N de la Pen. Ibér. Pirineos, montañas de la Navarra Media y sierras occ. **Alp.:** E; **Atl.:** E; **Med.:** R.

Obs.: Los ejemplares navarros son algo distintos del resto, con tonalidades verdoso-cinéreas. Plantas asignadas a *E. pyrenaica* de la Zona Media occidental de Navarra deben pertenecer a este taxon, lo mismo que *E. polygalifolia* Bois. & Reut. subsp. *mariolensis*.

Euphorbia helioscopia L. subsp. *helioscopia*

Ruderal y arvense, en huertos, zonas cultivadas, vías de comunicación, cascajeras fluviales, etc. **Alt.:** 250-850 m.

Dist.: Subcosm. Por toda la provincia, eludiendo las cotas más elevadas. **Alp.:** R; **Atl.:** F; **Med.:** F.

Euphorbia helioscopia L. subsp. *helioscopioides* (Loscos & J. Pardo) Nyman

E. helioscopioides Loscos & J. Pardo

Zonas abiertas y lugares despejados, en ambientes de clima seco. **Alt.:** 200-500 m.

Dist.: Med. W. Puntual en la Ribera. **Alp.:** -; **Atl.:** -; **Med.:** RR.

Euphorbia hirsuta L.

E. pubescens Vahl; E. platyphyllos subsp. pubescens (Vahl) Knoche

Herbazales húmedos y juncales. **Alt.:** 250-500 m.

Dist.: Med. Puntual en distintas localidades de la Ribera. **Alp.:** -; **Atl.:** -; **Med.:** RR.

Obs.: Materiales de Mélida (Herbario ARAN), además de Peralta y Carcastillo (Herbario BIO), más citas bibliográficas de Marcilla (Garde & López, 1983) y Mélida (Ayerra & Eguíluz, 1989).

Euphorbia hyberna L. subsp. *hyberna*

E. hybernica auct.

Nemoral en hayedos y bosques mixtos a pie de cantil, megaforbios, sobre suelos humíferos y frescos. **Alt.:** 400-1550 m.

Dist.: Atl. Pirineos, montañas prepiren. y de la Zona Media, valles cantábricos y sierras medias occidemtales. **Alp.:** E; **Atl.:** E; **Med.:** R.

Euphorbia lathyris L.

Naturalizada. Ruderal y arvense, sobre terrenos alterados nitrificados. **Alt.:** 250-800 m.

Dist.: Introd.: origen asiático. Distintas citas en los valles cantábricos, la Zona Media y la cuenca de Pamplona. **Alp.:** E; **Atl.:** E; **Med.:** F.

Obs.: Lacoizqueta (1883) la cita de Vertizarana, Fdez. de Salas & Gil (1870) de Pamplona y Báscones (1978) de Eguaras y Guelbenzu. Hay citas de localidades guipuzcoanas próximas a Navarra.

Euphorbia minuta Loscos & J. Pardo

E. pauciflora Dufour

Pastos pedregosos, claros del matorral, pedrizas y crestones soleados. **Alt.:** 200-900 m. **HIC:** 4090.

Dist.: Med. W: endém. del C-N y E de la Pen. Ibér. Desde la Navarra Media y cuencas y sierras prepiraneicas hasta la Ribera. **Alp.:** RR; **Atl.:** E; **Med.:** F.

Euphorbia nevadensis Boiss. & Reut. subsp. *aragonensis* (Loscos & J. Pardo) O. Bolòs & Vigo

E. aragonensis Loscos & J. Pardo; E. sennenii Pau

Pastos pedregosos y claros de matorrales, en ambientes soleados. **Alt.:** 500-1250 m.

Dist.: Endém. montañas N-NE Pen. Ibér. Pirineos y prepirineos, montañas de la Zona Media y sierras occ., penetra en la Ribera. **Alp.:** R; **Atl.:** E; **Med.:** E.

Obs.: Conviene el estudio de esta especie en Navarra. Se traslada a ésta la *E. esula* de Burgui (Villar, 1980), Liédena (Bubani, 1897), Tafalla (Escriche, 1935), Ulzama y San Cristóbal (Báscones, 1978).

Euphorbia nevadensis Boiss. & Reut. subsp. *bolosii* Molero & Rovira

Pastos pedregosos y claros de matorrales, en ambientes soleados. **Alt.:** 500-1250 m.

Dist.: Endém. NE Pen. Ibér. No se conoce bien su distribución en Navarra.

Obs.: Conviene el estudio de esta especie en Navarra.

Euphorbia nicaeensis All. subsp. *nicaeensis*

E. luteola Kralik; E bupleuroides subsp. luteola (Kralik) Maire; E. nicaeensis subsp. hispanica Degen & Hervier

Planta dudosa que requiere comprobación. Pastos, graveras y claros de matorrales, en ambientes soleados. **Alt.:** 450-800 m.

Dist.: Med. Cuenca de Pamplona y Zona Media. **Alp.:** -; **Atl.:** RR; **Med.:** RR.

Obs.: Se ha citado con dudas de Navarra, por lo que conviene verificar su presencia. Colmeiro (1888) y Willkomm & Lange (1880) la anotaron de Pamplona, y Escriche (1935) de Tafalla.

Euphorbia peplus L.

Ruderal a orillas de caminos, muros, baldíos y orillas de ríos. **Alt.:** 20-650 m.

Dist.: Subcosm. Dispersa en Navarra: valles cantábricos, Zona Media y la Ribera. **Alp.:** -; **Atl.:** RR; **Med.:** R.

Obs.: Las citas de *E. peploides* Gouan de Lacoizqueta (1884) en Bértiz y Ruiz Casav. (1880) de Yerri deben pertenecer a este taxon.

Euphorbia platyphyllos L.

E. coderiana DC.

Ruderal y arvense en cultivos y cunetas, sobre suelos húmedos. **Alt.:** 250-600 m.

Dist.: Med. Valles cantábricos, cuencas prepiren., Zona Media y Ribera. **Alp.:** RR; **Atl.:** R; **Med.:** R.

Obs.: Las citas de *E. stricta* L. (*E. serrulata* Thuill.) pueden corresponder a este taxon. No se conoce de la Península Ibérica.

Euphorbia pyrenaica Jord.

E. chamaebuxus Bernard ex Gren. & Godr.

Resaltes, repisas de roquedos, pie de cantil y graveras calizas. **Alt.:** 1600-2450 m.

Dist.: Endém. Pirineo Occidental y Cordillera Cantábrica. Limitada a las montañas pirenaicas más elevadas. **Alp.:** RR; **Atl.:** -; **Med.:** -.

Cons.: Prioritaria (Lorda & al., 2009).

Euphorbia segetalis L.

E. tetraceras Lange; E. pinea L.; E. segetalis subsp. pinea (L.) Hayek

Ruderal y arvense, en cunetas, cultivos, acequias, sotos y cascajeras fluviales. **Alt.:** 250-800 m.

Dist.: Med. W. Navarra Media y Ribera. **Alp.:** -; **Atl.:** E; **Med.:** E.

Euphorbia serrata L.

Pastos secos, claros de matorrales, orlas de cultivos y graveras, en ambientes secos y soleados. **Alt.:** 250-850 m.

Dist.: Med. W. Cuencas, Navarra Media y prepirineo, más la Ribera, donde es más frecuente. **Alp.:** RR; **Atl.:** R; **Med.:** E.

Euphorbia sulcata Lens ex Loisel.

Pastos de anuales, terrazas fluviales, calveros y claros del matorral. **Alt.:** 250-850 m.

Dist.: Med. W. Montañas de la Zona Media y Ribera. **Alp.:** -; **Atl.:** R; **Med.:** E.

Euphorbia villosa Willd.

E. pilosa auct., non L.

Herbazales húmedos, orillas de humedales y cursos de agua, en zonas de influencia altántica. **Alt.:** 40-600 m.

Dist.: Eur. Valles cantábricos y cuenca de Pamplona. **Alp.:** -; **Atl.:** E; **Med.:** -.

Obs.: Montserrat (1968) la anota de Urbasa-Andía y puede corresponder a *E. hyberna*; Ursúa (1986) de Milagro, más inverosímil.

Mercurialis annua L.

Ruderal, en huertos, baldíos, escombreras y lugares removidos y alterados. **Alt.:** 20-700 m.

Dist.: Subcosm. Por toda Navarra, salvo en las montañas más elevadas. **Alp.:** RR; **Atl.:** E; **Med.:** E.

Mercurialis huetii Hanry

M. annua subsp. huetii (Hanry) Lange; M. annua auct. p.p.

Ambientes nitrificados en reposaderos de animales, grietas de roquedos, huertos y escombreras. **Alt.:** 400-1100 m.

Dist.: Med. W. Puntual en las cuencas prepiren. y la Ribera, pero puede estar más extendida. **Alp.:** -; **Atl.:** -; **Med.:** RR.

Obs.: Hay dudas sobre este taxon, si bien en *Flora Iberica* no dudan sobre su presencia en Navarra. Se ha citado de la Ribera Tudelana y de la foz de Lumbier.

Mercurialis perennis L.

Bosques frescos, herbazales a pie de roquedo y lugares sombreados, ricos en nutrientes. **Alt.:** 120-1650 m. **HIC:** 8130, 9580*.

Dist.: Eur. General en la mitad norte de Navarra. **Alp.:** E; **Atl.:** E; **Med.:** R.

Mercurialis tomentosa L.

Cascajeras fluviales, terrazas, resaltes rocosos y pastos sobre suelos pedregosos, secos y recalentados. **Alt.:** 250-850 m. **HIC:** 3250, Mat. nitrof. grav. fluv.

Dist.: Med. W. Navarra Media y Ribera. **Alp.:** -; **Atl.:** R; **Med.:** E.

Ricinus communis L.

Naturalizada en ambientes alterados como baldíos y herbazales nitrófilos **Alt.:** 250-650 m.

Dist.: Introd.; originaria de África tropical. Localidades aisladas en la Ribera. **Alp.:** -; **Atl.:** -; **Med.:** RR.

Obs.: Considerada especie exótica con potencial invasor (CEEEI, 2011).

F

Fagaceae

Castanea sativa Mill.

Fagus castanea L.; C. vulgaris Lam.

Cultivado, forma bosquetes y crece en bosques mixtos de frondosas. **Alt.:** 100-1100 m. **HIC:** 9230, 9160, Robled. acidof. cant., 9260, Alis. ladera.

Dist.: Introd.; originaria del Med. E. En los valles atlánt., la Zona Media y en el occidente medio. **Alp.:** RR; **Atl.:** C; **Med.:** -.

Fagus sylvatica L.

Domina el paisaje formando hayedos en las montañas frescas, neblinosas del piso montano, llegando al piso colino; sobre suelos drenados. **Alt.:** 350-1900 m. **HIC:** 91E0*, Avell. rip. subcant.-pir., 9240, 9230, 9160, Robl. roble albar, 9150, 9120, Hayed. bas.-ombr. cant., 9130, Tremolares, 9180*, Abet. pirenaicos, Abet. prepiren., Pin. *Pinus sylvestris* acidófilos, Pin. *Pinus sylvestris* secund., 9430*, 9580*.

Dist.: Eur. Por toda la mitad norte, hasta las sierras meridionales de la Navarra Media. **Alp.:** CC; **Atl.:** CC; **Med.:** -.

Cons.: M.N. (Nº 13, 14, 33).

Quercus coccifera L.

Q. pseudococcifera Desf.; Q. mesto Boiss.

Matorrales permanentes o de sustitución de carrascales y quejigales, en laderas secas y soleadas. **Alt.:** 250-850 m. **HIC:** 4030, 5210, 5230*, 9340, 9240, 9540.

Dist.: Med. W. Mitad meridional de Navarra, al sur de

las cuencas prepiren. **Alp.:** -; **Atl.:** RR; **Med.:** CC.

Quercus faginea Lam.
Q. lusitanica auct., non Lam.

Laderas y cerros margosos y calizos, donde forma extensos quejigales en la zona de transición biogeográfica eurosiberiano-mediterránea. **Alt.:** 350-1350 m. **HIC:** 9340, 9240, 9150.
Dist.: Endém. de la Pen. Ibér. Navarra Media, cuencas y sierras prepiren.; puntual en la Ribera. **Alp.:** E; **Atl.:** E; **Med.:** F.
Cons.: M.N. (Nº 5, 6, 7, 41).

Quercus humilis Mill.
Q. pubescens Willd. subsp. pubescens

Bosques extensos monoespecíficos o mezclándose con quejigos e incluso árboles testigo aislados, sobre suelos calizos o margosos. **Alt.:** 450-1300 m. **HIC:** Avell. rip. subcant.-pir., 9340, Robl. pel. navarro-alav., Robl. pel. pirenaicos, Robl. roble albar, 9150, Tremolares, 9180*, Abet. prepiren., Pin. *Pinus sylvestris* basófilos, Pin. *Pinus sylvestris* secund.
Dist.: Mediterráneo; submed. Por la Navarra Media, Pirineos y las sierras occ., con penetraciones hacia el norte y sur de la provincia. **Alp.:** C; **Atl.:** F; **Med.:** R.
Cons.: M.N. (Nº 15, 35, 42).
Obs.: Se incluye la subsp. *lanuginosa* (Lam.) Franco & G. López, según *Flora Iberica*.

Quercus ilex L. subsp. *ballota* (Desf.) Samp.
Q. ballota Desf.; Q. rotundifolia Lam.; Q. ilex subsp. rotundifolia (Lam.) O. Schwartz ex Tab.

Forma bosques extensos o fragmentados, e incluso ejemplares aislados, testimonios de antiguas presencias; no falta en zonas abrigadas y expuestas a los vientos (foces, crestones); indiferente al sustrato. **Alt.:** 350-1300 m. **HIC:** 4030, 9340, 9240.
Dist.: Med. W. Al sur de la línea de la divisoria de aguas y en los Pirineos, llegando hasta el sur de la provincia. **Alp.:** RR; **Atl.:** R; **Med.:** CC.
Cons.: M.N. (Nº 3, 44).

Quercus ilex L. subsp. *ilex*
Q. gracilis Lange

Forma encinares en ambientes abrigados de desfiladeros, sobre laderas abruptas, pedregosas y secas; en climás más secos se refugia en barrancos húmedos. **Alt.:** 150-850 m. **HIC:** 9340.
Dist.: Med. W. En los valles cantábricos, cuencas y montañas de la Navarra Media. **Alp.:** -; **Atl.:** E; **Med.:** R.
Cons.: M.N. (Nº 2, 26).
Obs.: Algunas citas meridionales deben corresponder a la subsp. *ballota*.

Quercus ilex L. subsp. *ilex* × Quercus ilex subsp. *ballota* (Desf.) Samp.
Q. × gracilis Lange

En el ambiente de sus parentales. **Alt.:** 450-950 m. **HIC:** 9340.
Dist.: Med. En las zonas de contacto de los dos táxones parentales, principalmente en la mitad occidental de Navarra. **Alp.:** -; **Atl.:** RR; **Med.:** RR.

Cons.: M.N. (Nº 1, 4).

Quercus petraea (Matt.) Liebl. subsp. *huguetiana* Franco & G. López
Q. mas auct.

Forma masas puras o crece en bosques mixtos, robledales con otros *Quercus* y hayedos abiertos. **Alt.:** 300-1350 m.
Dist.: Eurosiberiana; endemismo del N peninsular. Valles cantábricos, Pirineos y montañas de la divisoria de aguas. **Alp.:** F; **Atl.:** E; **Med.:** RR.

Quercus petraea (Matt.) Liebl. subsp. *petraea*
Q. sessiliflora Salisb.; Q. mas Thore

Forma robledales puros o crece en bosques mixtos, robledales y hayedos abiertos. **Alt.:** 300-1350 m. **HIC:** Avell. rip. subcant.-pir., Robl. roble albar, 9580*.
Dist.: Eur. Valles cantábricos, Pirineos y montañas de la divisoria de aguas. **Alp.:** F; **Atl.:** E; **Med.:** RR.
Cons.: M.N. (Nº 47).
Obs.: Como en otras especies de este género, la hibridación con sus congéneres es frecuente.

Quercus pyrenaica Willd.
Q. toza auct.

Forma bosquetes abiertos, sobre suelos arenosos, silíceos o acidificados, en climas soleados. **Alt.:** 20-1250 m. **HIC:** 9230, Robled. acidof. cant., 9260, Tremolares.
Dist.: Atl. Valles cantábricos, sierras prepirenicas, montañas de la Navarra Media y a occidente, en Cabredo-Marañón-Codés. **Alp.:** RR; **Atl.:** E; **Med.:** -.
Obs.: Se ha citado de Betelu (Ruiz Casaviella, 1880) *Q. cerris*, un árbol del C y S de Europa, Asia Menor y Siria, quizá confundido con *Q. pyrenaica*.

Quercus robur L.
Q. pedunculata Ehrh. ex Hoffm.

Bosques en fondos de valle y laderas con clima húmedo y templado, sobre suelos frescos y húmedos. **Alt.:** 20-1200 m. **HIC:** 91E0*, 9230, 9160, Robled. acidof. cant., 9260.
Dist.: Eur. Valles cantábricos, cuencas y Zona Media occidental. Puntual en Cortes, en el Soto de la Mejana de Santa Isabel (Ribera). **Alp.:** E; **Atl.:** CC; **Med.:** RR.
Cons.: M.N. (Nº 8, 9, 10, 11, 23, 43).
Obs.: Se han citado distintos híbridos entre los que este taxon entra a formar parte. Los robles de la Ribera de Tudela pueden tener origen antrópico.

Quercus rubra L.
Q. borealis F. Michaux

Cultivado como árbol maderero, se asilvestra en la vertiente cantábrica. **Alt.:** 250-1000 m.
Dist.: Introd.; originario de Norteamérica. Valles cantábricos, puntual en los Pirineos y montañas de la Zona Media occidental. **Alp.:** RR; **Atl.:** E; **Med.:** -.

Quercus suber L.
, *Q. occidentalis Gay*

Cultivado como ornamental, puntualmente asilvestrado. **Alt.:** 450-500 m.
Dist.: Med. W. Sólo conocemos ejemplares en Villanueva de Lónguida. **Alp.:** -; **Atl.:** -; **Med.:** RR.

Quercus × allorgeana A. Camus [*Q. humilis* × *Q. faginea* subsp. *faginea*]
  Q. subpyrenaica E.H. del Villar

Forma bosquetes densos, o grupos de árboles aislados en muchos piedemontes y cerros margosos o calcáreos. **Alt.:** 400-1400 m. **HIC:** 9240, Pin. *Pinus sylvestris* basófilos.

Dist.: Endém. de la Pen. Ibér. Pirineos, cuencas prepiren., Zona Media y sierras occ., en el área de sus parentales. **Alp.:** F; **Atl.:** F; **Med.:** R.

Obs.: Es el híbrido más frecuente en el ámbito de los dos parentales. Las citas de *Q. cerrioides* Willk & Costa de López (1970) y Báscones (1978) deben pertenecer a este taxon.

Quercus × andegavensis Hy [*Q. pyrenaica* × *robur*]
  Q. × henriquesii Franco & Vasc.

En el ámbito de sus parentales, principalmente en el dominio de *Quercus robur*. **Alt.:** 200-800 m.

Dist.: Atl. En los valles cantábricos. **Alp.:** -; **Atl.:** R; **Med.:** -.

Quercus × calvescens Vuk. [*Q. humilis* × *Q. petraea*]
  Q. × teriana C. Vicioso; *Q. × costae* C. Vicioso

Salpica los bosques de *Q. humilis* y *Q. petraea*. **Alt.:** 600-1000 m.

Dist.: Eur. Parece limitarse a los Pirineos y montañas próximas a baja altitud. **Alp.:** RR; **Atl.:** RR; **Med.:** RR.

Cons.: M.N. (Nº 12).

Quercus × coutinhoi Samp. [*Q. faginea* × *Q. robur*]
  Q. × ferreirae A. Camus; *Q. × molleri* A. Camus

En el área de sus parentales. **Alt.:** 500-1000 m.

Dist.: Atlántico-Med. Puntual en la sierra de Urbasa-Andía. **Alp.:** -; **Atl.:** RR; **Med.:** RR.

Obs.: Este taxon que cita López (1968, 1970) de la sierra de Lókiz debe corresponder a otro, a tenor de la distribución de *Quercus robur*.

Quercus × firmurensis Hy [*Q. humilis* × *Q. pyrenaica*]

En laderas y crestones calizos con sustrato arenoso, en el ámbito de sus progenitores. **Alt.:** 400-850 m.

Dist.: Atlántico-Med. Se ha localizado en las sierras medias occ. **Alp.:** -; **Atl.:** RR; **Med.:** RR.

Quercus × kerneri Simkovics [*Q. humilis* × *Q. robur*]
  Q. × sublanuginosa Borbás; *Q. × montserratii* C. Vicioso

En el ambiente de sus parentales. **Alt.:** 400-750 m.

Dist.: Eur. En la Navarra Media occidental, principalmente en áreas de influencia atlánt. **Alp.:** -; **Atl.:** RR; **Med.:** RR.

Cons.: M.N. (Nº 45).

Quercus × rosacea Bechst. [*Q. petraea* × *Q. robur*]
  Q. × secalliana C. Vicioso; *Q. × cantabrica* C. Vicioso

En el ámbito de sus parentales. **Alt.:** 450-600 m.

Dist.: Atl. En los valles cantábricos y montañas próximas. **Alp.:** -; **Atl.:** RR; **Med.:** -.

Obs.: Catalán & Aizpuru (1985) lo citan de Artikutza.

Quercus × senneniana C. Vicioso [*Q. faginea* × *Q. ilex* subsp. *ballota*]

En el ámbito de sus parentales, en los carrascales abrigados. **Alt.:** 500-700 m.

Dist.: Med. W. Limitado al alto Ega. **Alp.:** -; **Atl.:** RR; **Med.:** RR.

Obs.: Cerca de Navarra, en Álava, se han citado *Q. × subspicata* (Camus) C. Vicioso (*Q. humilis* × *Q. robur*) y *Q. × welwitschii* Samp. (*Q. faginea* × *Q. pyrenaica*). Podrían estar en Navarra.

Frankeniaceae

Frankenia laevis L.
  F. hirsuta var. *laevis* (L.) Boiss.

Planta dudosa que requiere comprobación. Crece sobre suelos salinos, limosos, en los matorrales halófilos. **Alt.:** 500-600 m.

Dist.: Med. Sólo se conoce de Salinas de Ibargoiti, en Monreal, en la Navarra Media orient. **Alp.:** -; **Atl.:** -; **Med.:** RR.

Cons.: VU (NA).

Obs.: Recientemente no se ha encontrado. Probablemente hayan desaparecido los ambientes más propicios para la planta. Está citada en *Flora Iberica*.

Frankenia pulverulenta L.

Cubetas endorreicas y depresiones salobres, en general en áreas de climas secos y cálidos. **Alt.:** 250-650 m. **HIC:** 1310.

Dist.: Plurirreg.: Med.-Iraniana. En la Ribera Tudelana y Estellesa, prolongándo su área hacia el norte, en la Zona Media, por los diapiros salinos. **Alp.:** -; **Atl.:** RR; **Med.:** E.

Frankenia thymifolia Desf.
  F. reuteri Boiss.

Matorrales y pastos xerófilos, sobre suelos salinos. **Alt.:** 250-500 m.

Dist.: Med. W. Sólo se conoce de la Ribera Tudelana, de las Bardenas Reales. **Alp.:** -; **Atl.:** -; **Med.:** RR.

Cons.: Prioritaria (Lorda & al., 2009).

G

Gentianaceae

Blackstonia perfoliata (L.) Hudson subsp. *perfoliata*
  Gentiana perfoliata L.; *Chlora perfoliata* (L.) L.; *Seguiera perfoliata* (L.) Kuntze; *Chlora citrina* Boiss. & Reut.

Pastos, claros de matorrales, taludes y cunetas, sobre suelos húmedos en primavera, secos en el verano. **Alt.:** 250-1200 m. **HIC:** Fenalares.

Dist.: Med.-Atl. General en toda Navarra, parece escasear en las zonas más áridas meridionales. **Alp.:** C; **Atl.:** C; **Med.:** F.

Centaurium erythraea Rafn subsp. *erythraea*
  Erythraea centaurium auct., non (L.) Borkh.

Herbazales en taludes, cunetas, lugares alterados, pastos y claros forestales, sobre suelos frescos en primavera. **Alt.:** 40-1200 m.

Dist.: Eur. General en Navarra. **Alp.:** F; **Atl.:** F; **Med.:** E.

Centaurium grandiflorum (Pers.) Ronniger subsp. grandiflorum

C. erythraea subsp. majus sensu O. Bolòs & Vigo

Herbazales en taludes, cunetas, lugares alterados, pastos y claros forestales, sobre suelos frescos en primavera, en ambientes más secos. **Alt.:** 40-1200 m.

Dist.: Med. W. En la Zona Media y sierras medias occ. **Alp.:** -; **Atl.:** E; **Med.:** E.

Centaurium grandiflorum (Pers.) Ronniger subsp. majus (Hoffmanns. & Link) Díaz Lifante

Erythraea major Hoffmanns. & Link; E. microcalyx Boiss. & Reut.; C. majus (Hoffmanns. & Link) Ronniger; C. erythraea subsp. majus (Hoffmanns. & Link) M. Laínz

Herbazales en taludes, cunetas, lugares alterados, pastos y claros forestales, sobre suelos frescos en primavera; parece preferir los sustratos silíceos. **Alt.:** 40-1200 m.

Dist.: Endém. de la Pen. Ibér. Posiblemente presente en buena parte de la Comunidad. **Alp.:** E; **Atl.:** E; **Med.:** E.

Obs.: No conocemos muy bien su distribución en Na.

Centaurium pulchellum (Sw.) Druce

Gentiana pulchella Sw.; Erythraea pulchella (Sw.) Fr.

En medios alterados, como ribazos, cunetas y baldíos, húmedos en primavera y secos en verano. **Alt.:** 250-1100 m.

Dist.: Eur. Dispersa por toda Navarra. **Alp.:** E; **Atl.:** F; **Med.:** F.

Obs.: Planta de gran variabilidad en el porte y grado de ramificación del tallo, lo que ha llevado a reconocer un gran número de táxones.

Centaurium quadrifolium (L.) G. López & C.E. Jarvis subsp. parviflorum (Willk.) Pedrol

Erythraea gypsicola var. parviflora Willk.; C. favargeri Zeltner

Cerros yesosos, sobre suelos someros en ambientes secos y soleados. **Alt.:** 300-550 m.

Dist.: Med. Parece limitarse al Valle del Ebro y alrededores. **Alp.:** -; **Atl.:** -; **Med.:** R.

Centaurium quadrifolium (L.) G. López & C.E. Jarvis subsp. quadrifolium

C. triphyllum (W.H.L. Schmidt) Melderis; Erythraea triphylla W.L.E. Schmidt; E. gypsicola Boiss. & Reut.

Planta citada de Navarra, posiblemente errónea. Pastos y claros de matorral, sobre margas yesíferas.

Dist.: Endém. del C y SE de España. No se conoce de Navarra. **Alp.:** -; **Atl.:** -; **Med.:** RR.

Obs.: Se ha citado de la Ribera y Tafalla por Colmeiro (1888), Willkomm (1893), Escriche (1935) y Ursúa (1986). No parece alcanzar Navarra. Podrían corresponder a la subsp. *parviflorum* (Willk.) Pedrol las citas de esta planta que no anotan subespecie.

Centaurium tenuiflorum (Hoffmanns. & Link) Fritsch ex Janch.

Erythraea tenuiflora Hoffmanns. & Link; C. pulchellum subsp. tenuiflorum (Hoffmanns. & Link) Maire

Pastos y herbazales sobre suelos húmedos en primavera y secos en verano. **Alt.:** 120-750 m. **HIC:** 3170*, 1410.

Dist.: Eur. Dispersa por Navarra, eludiendo las cotas más elevadas. **Alp.:** -; **Atl.:** E; **Med.:** E.

Cicendia filiformis (L.) Delarbre

Gentiana filiformis L.; Microcala filiformis (L.) Hoffmanns. & Link

Orillas de arroyos, manantiales y medios paraturbosos, sobre suelos arenosos húmedos. **Alt.:** 200-800 m. **HIC:** 3170*.

Dist.: Atl. Montañas de la divisoria y en la sierra de Leire. **Alp.:** RR; **Atl.:** R; **Med.:** -.

Exaculum pusillum (Lam.) Caruel

Gentiana pusilla Lam.; Cicendia pusilla (Lam.) Griseb.

Orillas de embalses y manantiales, sobre suelos arenosos húmedos. Alt. 120-650 m.

Dist.: Med. W. Valles cantábricos y montañas de la divisoria. **Alp.:** -; **Atl.:** R; **Med.:** -.

Gentiana acaulis L.

Pastos supraforestales, sobre suelos acidificados. **Alt.:** 1600-2200 m.

Dist.: Oróf. Europa. Se conoce únicamente de las montañas pirenaicas (monte Lakora, Portillo de Eraize, Peña Ezkaurre). **Alp.:** RR; **Atl.:** -; **Med.:** -.

Cons.: Prioritaria (Lorda & al., 2009).

Obs.: Límite W en Navarra. Se ha confundido habitualmente con *G. angustifolia* subsp. *corbariensis*.

Gentiana angustifolia Vill. subsp. *corbariensis* (Braun-Blanq.) Renob.

G. occidentalis Jakow.; G. clusii subsp. corbariensis Braun-Blanq.; G. acaulis sensu Willk.

Pastos pedregosos, repisas y rellanos herbosos de roquedos y claros forestales. **Alt.:** 850-2200 m. **HIC:** 4060, 6170.

Dist.: Endém. cántabro-pirenaico occidental. Pirineos, sierras prepiren., montañas de la divisoria de aguas y sierras medias occ. **Alp.:** E; **Atl.:** E; **Med.:** -.

Gentiana burseri Lapeyr. subsp. *burseri*

Pastos, brezales claros, rellanos a pie de roquedos y canchales, sobre suelos ácidos. **Alt.:** 750-2150 m. **HIC:** 4060.

Dist.: Endém. pirenaica. Pirineos y montañas de la divisoria de aguas. **Alp.:** RR; **Atl.:** RR; **Med.:** -.

Cons.: Prioritaria (Lorda & al., 2009).

Obs.: Límite W en Navarra.

Gentiana cruciata L.

G. asclepiadea sensu Willk.

Planta citada de Navarra antes de 1960, sin citas posteriores. Pastos, orlas forestales y matorrales aclarados en ambientes de montaña. **Alt.:** 950-1600 m.

Dist.: Eur. En los Pirineos, sin datos recientes. **Alp.:** RR; **Atl.:** -; **Med.:** -.

Obs.: No se han comprobado las últimas citas de Villar (1980) y anteriores de Bubani (1897) de Belabarce (alto Roncal).

Gentiana lutea L. subsp. *lutea*

Pastos, brezales aclarados y orlas forestales, sobre sustratos ácidos o acidificados. **Alt.:** 950-1900 m.
Dist.: Oróf. Europa; Bor.-Alp. Pirineos y montañas aledañas. **Alp.:** R; **Atl.:** R; **Med.:** -.
Cons.: Prioritaria (Lorda & al., 2009); LC (ERLVP, 2011); Directiva Hábitats (V); PNyB (VI).
Obs.: Se ha constatado una cierta regresión de sus poblaciones en el ámbito pirenaico.

Gentiana lutea L. subsp. *montserratii* (Vivant ex Greuter) Romo

G. montserratii Vivant ex Greuter

Pastizales y pinares aclarados, sobre calizas. **Alt.:** 1000-1250 m.
Dist.: Endém. NE España. Se limita a la umbría de la sierra de Leire (Villar & al., 2001). **Alp.:** RR; **Atl.:** -; **Med.:** RR.
Obs.: Convendría incluirla como especie Prioritaria (Lorda & al., 2009).

Gentiana nivalis L.

Céspedes densos, rellanos de roquedos y neveros. **Alt.:** 1500-2450 m.
Dist.: Bor.-Alp. Limitada a las montañas pirenaicas más elevadas. **Alp.:** RR; **Atl.:** -; **Med.:** -.
Obs.: A rechazar la cita del monte San Cristóbal de Colmeiro (1888).

Gentiana pneumonanthe L.

Pastos húmedos, brezal-argomal, orillas de arroyos y medios paraturbosos. **Alt.:** 250-1500 m.
Dist.: Eur. Pirineos y montañas medias hasta las sierras occ. **Alp.:** R; **Atl.:** E; **Med.:** -.
Obs.: Planta de gran variabilidad morfológica, en especial en las áreas de montaña.

Gentiana verna L. subsp. *verna*

G. brachyphylla auct., non Vill.; G. pumila sensu Willk.; G. pumila subsp. delphinensis sensu Tutin; G. verna subsp. schleicheri auct., non (Vacc.) O. Bolòs & Vigo

Pastos de montaña, rellanos y repisas de roquedos y claros del carrascal-quejigal. **Alt.:** 400-2400 m. **HIC:** 6170.
Dist.: Oróf. Europa. Mitad septen. de Navarra. **Alp.:** E; **Atl.:** E; **Med.:** -.

Gentianella campestris (L.) Börner subsp. *campestris*

Gentiana campestris L.; G. campestris var. hypericifolia Murb.; G.hypericifolia (Murb.) Wettst.

Pastos pedregosos, rellanos de roquedos y herbazales frescos. **Alt.:** 1100-2350 m.
Dist.: Bor.-Alp. Limitada a los Pirineos. **Alp.:** E; **Atl.:** -; **Med.:** -.
Obs.: Taxon muy variable en cuanto a su hábitat y color de las flores.

Gentianopsis ciliata (L.) Ma subsp. *ciliata*

Gentiana ciliata L.; Gentianella ciliata (L.) Borkh.

Pastos supraforestales, orlas forestales, claros del matorral y herbazales frescos. **Alt.:** 850-1900 m.
Dist.: Eur. Pirineos y aislada en la sierra de Leire. **Alp.:**
R; **Atl.:** RR; **Med.:** -.
Obs.: A occidente aparece cerca de Navarra en la sierra de Aitzgorri (SS).

Schenkia spicata (L.) G. Mans.

Gentiana spicata L.; Erythraea spicata (L.) Pers.; Centaurium spicatum (L.) Fritsch ex Janch.

Orlas de lagunas y balsas, depresiones inundables, en áreas de climas secos y soleados. **Alt.:** 250-450 m. **HIC:** 3170*.
Dist.: Med. Contadas localidades en la Ribera. **Alp.:** -; **Atl.:** RR; **Med.:** R.
Obs.: Las citas más septentrionales de Pamplona (Fdez. de Salas & Gil, 1870; Colmeiro, 1888) y Rocaforte (Bubani, 1897) deben comprobarse.

Swertia perennis L.

Herbazales a orillas de arroyos y manantiales de montaña. **Alt.:** 1250-1550 m. **HIC:** 7230.
Dist.: Circumbor. Limitada al alto Pirineo, en las cercanías del Portillo de Arrakogoiti (Isaba). **Alp.:** RR; **Atl.:** -; **Med.:** -.
Cons.: VU (NA); Prioritaria (Lorda & al., 2009).

Geraniaceae

Erodium ciconium (L.) L'Her.

Herbazales en ambientes ruderalizados y nitrificados. **Alt.:** 300-1100 m.
Dist.: Med. Mitad meridional de Navarra, llegando a la Zona Media y a las sierras prepiren. **Alp.:** RR; **Atl.:** RR; **Med.:** E.

Erodium cicutarium (L.) L'Her. subsp. *cicutarium*

Ambientes ruderales y nitrificados. **Alt.:** 100-1600 m.
Dist.: Subcosm. General en Navarra, escaseando en los valles atlánt. **Alp.:** C; **Atl.:** C; **Med.:** C.

Erodium daucoides Boiss.

Rellanos y repisas de roquedos calizos y pastos pedregosos. **Alt.:** 800-1000 m. **HIC:** 5210, 6170, 8130.
Dist.: Endém. ibérica. Limitada a las montañas occ., en Peña Otxanda. **Alp.:** -; **Atl.:** RR; **Med.:** -.
Cons.: SAH (NA); VU B2ab(ii,iii,v), C2a(i), D2 (LR, 2008); Prioritaria (Lorda & al., 2009).

Erodium malacoides (L.) L'Her.

Ruderal y nitrófila, crece en herbazales de orlas de cultivos, pastos pedregosos, etc. **Alt.:** 250-850 m.
Dist.: Med. Pirineos a baja altitud, valles atlánt. (escasa), Zona Media, sierras occ. y Ribera. **Alp.:** R; **Atl.:** E; **Med.:** E.

Erodium manescavii Cosson

Pastos y prebrezales en ambientes despejados, sobre suelos pedregosos. **Alt.:** 700-850 m. **HIC:** 4030, 6230*.
Dist.: Endém. del Pirineo W. Sólo se conoce de las montañas atlánt., en Bertizarana y Donamaria. **Alp.:** -; **Atl.:** RR; **Med.:** -.
Cons.: DD (LR, 2000); VU D2 (LR, 2008); Prioritaria (Lorda & al., 2009).

Obs.: Límite occidental en Navarra. Ya citado por La-coizqueta (1884) de Vertizarana. Dupont (1956) la anotó de Eraycé (Pirineos) donde no la hemos visto.

Erodium moschatum (L.) L'Her.

Lugares alterados, ruderalizados y nitrificados. **Alt.:** 200-850 m.
Dist.: Med. Valles cantábricos, cuenca de Pamplona y sierras de la Zona Media. **Alp.:** -; **Atl.:** R; **Med.:** R.

Erodium petraeum (Gouan) Willd. subsp. *glan-dulosum* (Cav.) Bonnier

  E. glandulosum Cav.

Rellanos, repisas y fisuras de roquedos calizos, cresto-nes y pastos pedregosos cacuminales. **Alt.:** 850-1350 m. **HIC:** 6170.
Dist.: Med. W. Pirineos, sierras prepiren., Zona Media y montañas occ. **Alp.:** RR; **Atl.:** E; **Med.:** -.

Geranium bohemicum L.

  G. lanuginosum auct.

Terrenos alterados, removidos e incendiados. **Alt.:** 1000-1300 m.
Dist.: Plurirreg.: Eurosiberiana-Med. En las sierras pre-piren. de Leire e Illón. **Alp.:** RR; **Atl.:** -; **Med.:** RR.
Obs.: Se cita en *Flora Iberica* de Navascués (sierras prepiren.).

Geranium cinereum Cav.

Rellanos de roquedos calizos y pastos pedregosos de montaña. **Alt.:** 1350-2400 m.
Dist.: Endém. pirenaica. Limitada a los Pirineos, al E del monte Ori; reaparece en Aitzgorri (SS), a occidente, cerca de Navarra. **Alp.:** E; **Atl.:** RR; **Med.:** -.
Obs.: Planta presente en los montes Vascos y W y C de los Pirineos (desde el valle de Roncal hasta el puerto de la Bonaigua). Límite W en Aitzgorri (SS).

Geranium columbinum L.

Terrenos alterados, ruderalizados, como cunetas, ca-minos, herbazales nitrificados, etc. **Alt.:** 300-1300 m.
Dist.: Plurirreg. Mitad septen. de Navarra. **Alp.:** E; **Atl.:** E; **Med.:** E.
Obs.: Planta habitualmente confundida con *G. dissectum*.

Geranium dissectum L.

Ambientes ruderales, nitrogenados, setos, herbazales y ribazos. **Alt.:** 40-1150 m.
Dist.: Eur. (Subcosm.). General en Navarra, falta en las altas montañas y en la Ribera más seca. **Alp.:** R; **Atl.:** F; **Med.:** F.

Geranium endressii J. Gay

Planta que está cerca de Navarra, y cuya presencia se estima probable. Herbazales y helechales nitrificados, frescos y con nieblas. **Alt.:** 850-1700 m.
Dist.: Endém. del País Vasco y Pirineo francés occiden-tal. No se conoce de Navarra, pero está muy cerca. **Alp.:** -; **Atl.:** -; **Med.:** -.
Obs.: Vive en la vertiente norte del monte Ori, en St.-Jean-Pied-de-Port y en Behorlegi (F-64).

Geranium lucidum L.

Herbazales frescos, setos, rellanos de roquedos y ta-pias, en lugares nitrificados. **Alt.:** 300-1400 m.
Dist.: Eur. Pirineos, prepirineos, montañas de la Zona Media y sierras occ. **Alp.:** F; **Atl.:** F; **Med.:** E.

Geranium molle L.

Herbazales nitrificados y lugares alterados. **Alt.:** 150-950 m.
Dist.: Eur. (Subcosm.). Dispersa por Navarra, eludiendo las cotas más elevadas. **Alp.:** R; **Atl.:** F; **Med.:** F.

Geranium phaeum L.

Megaforbios, herbazales en orlas forestales y bosques frescos. **Alt.:** 40-1500 m. **HIC:** 91E0*.
Dist.: Eur. Montañas y valles septentrionales, desde los Pirineos hasta las tierras atlánt. **Alp.:** E; **Atl.:** E; **Med.:** -.

Geranium purpureum Vill.

  G. robertianum subsp. *purpureum* (Vill.) Nyman

Ambientes alterados, como cunetas, graveras, balasto del tren y otros lugares pedregosos. **Alt.:** 250-1100 m.
Dist.: Med. Pirineos, Zona Media, sierras occ. y Ribera; falta en los valles atlánt. **Alp.:** E; **Atl.:** E; **Med.:** F.

Geranium pusillum L.

Terrenos alterados, ruderales y nitrificados. **Alt.:** 100-1400 m.
Dist.: Eur. Dispersa por Navarra, sin ser muy frecuente. **Alp.:** RR; **Atl.:** R; **Med.:** R.

Geranium pyrenaicum Burm. f. subsp. *pyrenaicum*

Herbazales nitrificados y terrenos ruderales. **Alt.:** 600-2000 m.
Dist.: Eur. Mitad septen. de Navarra. **Alp.:** E; **Atl.:** F; **Med.:** R.

Geranium robertianum L.

Terrenos removidos, herbazales, tapias, muros, setos, cunetas y en bosques frescos. **Alt.:** 100-1500 m. **HIC:** 8130, 91E0*, 92A0, 9340, 9180*.
Dist.: Circumbor. General en la Zona Media y septen. de Navarra, faltando en las zonas más áridas del sur. **Alp.:** C; **Atl.:** C; **Med.:** E.
Obs.: Planta difícil de separar de *G. purpureum*.

Geranium rotundifolium L.

Herbazales nitrificados, cunetas, setos y otros lugares alterados. **Alt.:** 300-1300 m.
Dist.: Eur. Pirineos, Zona Media, sierras occ. y puntual en la Ribera. **Alp.:** R; **Atl.:** E; **Med.:** E.
Obs.: Planta confundida con *G. molle*.

Geranium sanguineum L.

Herbazales a pie de cantil, setos y orlas forestales. **Alt.:** 400-1800 m.
Dist.: Eur. Pirineos, montañas de la Zona Media y sie-rras occidentales; falta en los valles atlánt. y en la Ri-bera. **Alp.:** E; **Atl.:** F; **Med.:** E.

Geranium sylvaticum L.

Megaforbios, herbazales en roquedos y lapiaces, claros forestales frescos y nitrogenados. **Alt.:** 1000-1800 m.

Dist.: Bor.-Alp. Pirineos y sierras occ. **Alp.:** E; **Atl.:** R; **Med.:** -.

Obs.: Lacoizqueta (1884) cita de Vertizarana *G. nodosum* L., sin que la hayamos visto. Es una planta que sólo se conoce de Gerona y Lérida.

Gesneriaceae

Ramonda myconi (L.) Rchb.
Verbascum myconi L.; R. pyrenaica Pers.

Roquedos calizos sombríos, en ambientes frescos cerca de arroyos de montaña. **Alt.:** 700-750 m. **HIC:** 8210.

Dist.: Endém. pirenaica. Muy localizada en el Pirineo, en Burgui. **Alp.:** RR; **Atl.:** -; **Med.:** -.

Cons.: Prioritaria (Lorda & al., 2009).

Obs.: Límite W en Navarra.

Globulariaceae

Globularia alypum L.

Matorrales soleados y escarpes caldeados. **Alt.:** 250-650 m.

Dist.: Med. Limitada a la Ribera Estellesa y Tudelana. **Alp.:** -; **Atl.:** -; **Med.:** R.

Obs.: Límite NW en Navarra.

Globularia bisnagarica L.
G. punctata Lapeyr.; G. willkommii Nyman; G. vulgaris subsp. willkommii (Nyman) Wettst.

Rellanos, repisas rocosas y pastos pedregosos. **Alt.:** 500-1200 m.

Dist.: Eur. Puntual en las montañas de la Zona Media orient. **Alp.:** -; **Atl.:** R; **Med.:** R.

Obs.: Se ha confundido con *G. vulgaris*, a la que pueden pertenecer algunas citas de Vicente (1983) y Báscones (1978).

Globularia cordifolia L.

Crestones, rellanos y fisuras de roquedos calizos. **Alt.:** 1400-1800 m.

Dist.: Oróf. Europa. Limitada a las montañas pirenaicas elevadas. **Alp.:** RR; **Atl.:** -; **Med.:** -.

Obs.: Semejante a *G. repens*, con cepa menos leñosa, pecíolo neto, tallos floríferos más largos y dientes del cáliz más anchos.

Globularia fuxeensis Giraudias
G. galissieri Giraudias; G. gracilis Rouy & J.A. Richt.

Planta que está cerca de Navarra, y cuya presencia se estima probable. Pastos pedregosos y prebrezales acidófilos.

Dist.: Oróf. Europa W. No está en Navarra.

Cons.: VU (NA). Se ha descartado recientemente su presencie en Navarra.

Obs.: Se conoce del País Vasco francés (F-64), cerca de Navarra. Taxon problemático, considerado por algunos autores como el híbrido fértil entre *G. nudicaulis* y *G. repens*. Las citas navarras deben llevarse a *G. nudicaulis* (Aizpuru & al., 2003).

Globularia nudicaulis L.

Pastos pedregosos, fisuras, rellanos y repisas de roquedos calizos o silíceos. **Alt.:** 300-2000 m.

Dist.: Europa W. Pirineos, montañas de la Zona Media, sierras occ. y valles atlánt. **Alp.:** E; **Atl.:** F; **Med.:** R.

Globularia repens Lam.
G. cordifolia subsp. repens (Lam.) Wettst.

Crestones venteados, grietas, fisuras, rellanos y repisas de roquedos. **Alt.:** 600-2100 m. **HIC:** 8210.

Dist.: Oróf. Europa. Montañas pirenaicas y prepiren. **Alp.:** E; **Atl.:** -; **Med.:** E.

Globularia vulgaris L.
G. valentina Willk.; G. cambessedesii subsp. hispanica Willk.

Pastos pedregosos, rellanos de roquedos, cerros erosionados y claros de matorrales soleados y secos. **Alt.:** 400-1500 m. **HIC:** 4090, Tom., aliag. y romer. som.-arag. y prep.

Dist.: Med. Pirineos, Zona Media y sierras occ., falta en los valles atlánt. y se hace rara en la Ribera. **Alp.:** C; **Atl.:** C; **Med.:** E.

Gramineae (Poaceae)

Achnatherum calamagrostis (L.) Beauv.
Stipa calamagrostis (L.) Whalenb.

Pedrizas, gleras a pie de cantil y cascajeras fluviales. **Alt.:** 400-1800 m. **HIC:** 8130.

Dist.: Med.; submed. Pirineos, cuencas prepiren. y montañas occ. **Alp.:** R; **Atl.:** R; **Med.:** RR.

Aegilops geniculata Roth.
A. ovata L., p.p.; Triticum ocatum (L.) Gren. & Godr.

Pastos, cunetas, barbechos y ambientes alterados, ruderalizados. **Alt.:** 250-1150 m.

Dist.: Plurirreg.; Med.-Turaniana. General en la mitad meridional de Navarra, sin llegar a cotas elevadas. **Alp.:** E; **Atl.:** E; **Med.:** CC.

Cons.: LC (ERLVP, 2011).

Aegilops neglecta Req. ex Bertol.
A. triaristata Willd., nom. illeg.; A. ovata L., p.p.

Planta dudosa que requiere comprobación. Terrenos alterados, cunetas, baldíos, etc. **Alt.:** 400-700 m.

Dist.: Plurirreg.; Med.-Turaniana. Sólo se conoce de Tafalla. **Alp.:** -; **Atl.:** -; **Med.:** RR.

Obs.: Citada por Escriche (1935), conviene verificar esta localidad.

Aegilops triuncialis L.
Triticum triunciale (L.) Raspail

Claros de matorrales, baldíos, pastos y lastonares secos. **Alt.:** 400-900 m.

Dist.: Med. Dispersa por las cuencas prepiren. y la Navarra Media. **Alp.:** -; **Atl.:** -; **Med.:** R.

Aegilops ventricosa Tausch

Planta dudosa que requiere comprobación. Terrenos alterados, ribazos y cunetas. **Alt.:** 300-800 m.

Dist.: Med. W. Citada del valle de Lana (Tierra Estella). **Alp.:** -; **Atl.:** -; **Med.:** RR.

Obs.: Anotada por López (1975).

***Aeluropus littoralis* (Gouan) Parl.**

Cubetas endorreicas y depresiones salobres. **Alt.:** 250-500 m. **HIC:** 1310, 1410.

Dist.: Plurirreg.; Med.-Turaniana. En la Ribera, tanto Estellesa como Tudelana. **Alp.:** -; **Atl.:** -; **Med.:** R.

***Agropyron cristatum* (L.) Gaertner subsp. *pectinatum* (M. Bieb.) Tzvelev**

Espartales y pastos xerófilos. **Alt.:** 300-400 m.

Dist.: Plurirreg.; Med.-Póntica. Sólo se conoce de Cadreita, en el Valle del Ebro. **Alp.:** -; **Atl.:** -; **Med.:** RR.

Obs.: También aparece en Tauste (Z) cerca de Navarra (Aparicio & al., 1993).

***Agrostis alpina* Scop.**

Planta dudosa que requiere comprobación. Pastos pedregosos, crestones y rellanos de roquedos. **Alt.:** 1750-2450 m.

Dist.: Oróf. Europa. No se conoce de Navarra (Lorda, 2001). Villar & al. (2001) dicen que está distribuida desde Navarra hasta Gerona. **Alp.:** RR; **Atl.:** RR; **Med.:** -.

Obs.: Se ha citado (Fdez. Casas, 1970) del Pico de Ori, sin referencias actuales. Fdez. de Salas & Gil (1870), Lacoizqueta (1884), Colmeiro (1889) y Báscones (1978) también la citan de Navarra, y podrían corresponder a *A. schleicheri* Jordan & Verlot.

***Agrostis canina* L.**

Ambientes higroturbosos y céspedes húmedos cercanos; sobre sustratos silíceos. **Alt.:** 100-900 m.

Dist.: Eur. Limitada a algunas montañas de la divisoria de aguas, los valles atlánt. y el corredor de la Barranca. **Alp.:** -; **Atl.:** RR; **Med.:** -.

Cons.: LC (ERLVP, 2011).

***Agrostis capillaris* L.**

A. tenuis Sibth.; *A. vulgaris* With.

Pastos, prados, claros de matorral y ambientes forestales. **Alt.:** 20-2000 m. **HIC:** 4020*, 4030, Matorr. *Cytisus scoparius*, Zarzales y espin. acidóf., 6210(*), Prados diente-siega con *Cynosurus cristatus*, 6510, 6230*, 6140, 6410, 9230, Abed. *Betula pubescens* (*alba*).

Dist.: Eur. Extendida por la mitad septen. de Navarra, siendo puntual hacia el sur. **Alp.:** CC; **Atl.:** CC; **Med.:** E.

***Agrostis castellana* Boiss. & Reut.**

Claros y orlas forestales, así como en matorrales de sustitución. **Alt.:** 450-1350 m.

Dist.: Med. Montañas de la Zona Media, sierras prepiren. y occ. **Alp.:** RR; **Atl.:** E; **Med.:** R.

Obs.: Incluida la var. *mutica* (Boiss. & Reut.) Kerguélen ex Romero, Blanca & C. Morales. Se ha citado *A. gigantea* Roth de la sierra de Lókiz por López (1970), sin que parezca verídica.

***Agrostis curtisii* Kerguélen**

A. setacea Curtis

Pastos, brezal-argomal, bosques aclarados y rellanos terrosos, sobre sustratos ácidos. **Alt.:** 50-1600 m. **HIC:** 4020*, 4030, 6230*, 9230.

Dist.: Atl. Valles cantábricos, montañas de la divisoria y Pirineos atlánt. **Alp.:** -; **Atl.:** F; **Med.:** -.

***Agrostis durieui* Boiss. & Reut. ex Willk.**

A. truncatula Parl. subsp. *commista* Castroviejo & Charpin

Pastos pedregosos acidófilos, claros de brezales y prebrezales. **Alt.:** 1200-1800 m. **HIC:** 4030, 6230*, 6140, 8220, 8230.

Dist.: Endém. del Pirineo occidental y montañas septentrionales ibéricas. Montañas pirenaicas y septentrionales atlánt. **Alp.:** RR; **Atl.:** RR; **Med.:** -.

Cons.: VU (NA); Prioritaria (Lorda & al., 2009).

***Agrostis hesperica* Romero García, Blanca & Morales Torres**

A. canina auct. hisp., non L.

Pastos higroturbosos y brezales húmedos. **Alt.:** 450-1200 m. **HIC:** 6410.

Dist.: Atl. Pirineos atlánt., valles cantábricos y montañas de la divisoria. **Alp.:** -; **Atl.:** RR; **Med.:** -.

***Agrostis rupestris* All.**

Pastos y pedregales de montaña. **Alt.:** 1600-2350 m.

Dist.: Oróf. Europa. Montañas pirenaicas elevadas. **Alp.:** RR; **Atl.:** RR; **Med.:** -.

***Agrostis schleicheri* Jordan & Verlot**

Pastos crioturbados, fisuras y rellanos de lapiaz kárstico. **Alt.:** 250-2350 m. **HIC:** 6170, 8210.

Dist.: Oróf. Europa W. Pirineos, montañas de la Zona Media, atlánt. y sierras occ. **Alp.:** R; **Atl.:** R; **Med.:** -.

***Agrostis stolonifera* L.**

A. alba auct., *A. filifolia* Link, *A. maritima* Lam.

Planta higrófila a orillas de ríos, balsas, acequias, graveras, etc. **Alt.:** 40-1500 m. **HIC:** 1410, Past. inund. *A. stolonifera*, Berr. ag. dulces, Com. helóf. gram., Gramales y past. suel. compac., 6420, Juncales éutrofos, Juncales nitrófilos, Pastiz. higronitrófilos, 6430, 3240, 92A0.

Dist.: Plurirreg. Por todo el territorio navarro. **Alp.:** F; **Atl.:** C; **Med.:** F.

Cons.: LC (ERLVP, 2011).

Obs.: Incluida la var. *pseudopungens* (Lange) Kerguélen, var. *scabriglumis* (Boiss. & Reut.) C.E. Hubbard y var. *stolonifera*.

***Agrostis × fouilladei* P. Fourn.** [*A. castellana* × *A. capillaris*]

En pastos donde viven sus parentales. **Alt.:** 200-1300 m.

Dist.: Contadas localidades en los Pirineos, las cuencas prepiren. y los valles atlánt. **Alp.:** RR; **Atl.:** RR; **Med.:** -.

***Agrostis × murbeckii* Fouillade** [*A. stolonifera* × *A. capillaris*]

Pastos humedecidos donde conviven sus parentales. **Alt.:** 400-750 m.

Dist.: Puntual en los valles atlánt. occ., Imoz y cercanías de Pamplona. **Alp.:** -; **Atl.:** RR; **Med.:** RR.

Aira caryophyllea* L. subsp. *caryophyllea

Pastos de anuales y claros de matorrales, sobre suelos arenosos. **Alt.:** 200-1500 m. **HIC:** Past. anuales silic.

Dist.: Med.-Atl. En los Pirineos a baja altitud, valles atlánt., Zona Media y sierras occidentales; se enrarece hacia el sur. **Alp.:** R; **Atl.:** C; **Med.:** E.

Aira caryophyllea L. subsp. *multiculmis* (Dumort.) Bonnier & Layens

Pastos de anuales y claros de matorrales, sobre suelos arenosos. **Alt.:** 200-1250 m.

Dist.: Med.-Atl. Dispersa en Navarra, por los valles atlánt., montañas medias, sierras prepiren. y occ. **Alp.:** RR; **Atl.:** R; **Med.:** -.

Aira cupaniana Guss.

Claros de carrascales, pastos de anuales y cerros margosos, sobre sustratos arenosos. **Alt.:** 250-900 m.

Dist.: Med. W. Valles atlánt. occ. y montañas medias occ. **Alp.:** -; **Atl.:** E; **Med.:** RR.

Aira praecox L.

Pastos de anuales y claros del brezal, sobre suelos someros y arenosos. **Alt.:** 100-1400 m. **HIC:** Past. anuales silic.

Dist.: Atl. Valles y montañas atlánt., más en las sierras occ. **Alp.:** -; **Atl.:** R; **Med.:** -.

Obs.: La cita de Escriche (1935) de Tafalla no parece válida.

Airopsis tenella (Cav.) Asch. & Graebn.

Pastos de anuales sobre suelos arenosos. **Alt.:** 500-650 m. **HIC:** Past. anuales silic.

Dist.: Med. W. Puntual en la Navarra Media occidental. **Alp.:** -; **Atl.:** -; **Med.:** RR.

Obs.: La anotación de Tafalla (Escriche, 1935) no parece verídica.

Alopecurus aequalis Sobol.

A. fulvus Sm.

Herbazales a orillas de cursos de agua. **Alt.:** 750-950 m.

Dist.: Eur. Limitada las montañas medias occ. **Alp.:** -; **Atl.:** RR; **Med.:** -.

Cons.: LC (ERLVP, 2011).

Alopecurus bulbosus Gouan

Pastos humedecidos, salinos. **Alt.:** 250-700 m.

Dist.: Plurirreg.: Med.-Atl. Dispersa por la Zona Media, la cuenca de Pamplona y la Ribera. **Alp.:** -; **Atl.:** R; **Med.:** E.

Alopecurus geniculatus L.

Herbazales en orlas de cursos de agua. **Alt.:** 300-1100 m.

Dist.: Subcosm. Pirineos, valles atlánt., montañas de la Zona Media y Ribera. **Alp.:** RR; **Atl.:** E; **Med.:** E.

Cons.: LC (ERLVP, 2011).

Alopecurus gerardii Vill.

Planta que está cerca de Navarra, y cuya presencia se estima probable. Neveros en zonas karstificada de alta montaña. **Alt.:** 2000-2500 m.

Dist.: Oróf. Europa. No se conoce de Navarra.

Obs.: Citada del Pic d'Anie por Blanchet (1891) y de la Hoya de la Solana (HU) por Rivas-Martínez & al. (1991).

Alopecurus myosuroides Hudson

A. agrestis L.

Arvense en cultivos y sobre terrenos alterados de baldíos, barbechos, caminos y acequias. **Alt.:** 250-850 m.

Dist.: Plurirreg. Por buena parte de Navarra, salvo en las montañas más elevadas. **Alp.:** R; **Atl.:** E; **Med.:** F.

Alopecurus pratensis L. subsp. *pratensis*

Prados de siega montanos. **Alt.:** 200-900 m.

Dist.: Eur. Dispersa por la mitad septen., principalmente en los valles pirenaicos. **Alp.:** RR; **Atl.:** R; **Med.:** R.

Cons.: LC (ERLVP, 2011).

Anthoxanthum odoratum L.

Prados de siega, pastos, orlas y claros forestales. **Alt.:** 40-1900 m. **HIC:** 4020*, Prados diente-siega con *Cynosurus cristatus*, 6510, 6410, Juncales éutrofos, Robl. roble albar.

Dist.: Eur. General en la mitad septen. de Navarra. **Alp.:** C; **Atl.:** C; **Med.:** E.

Arrhenatherum album (Vahl) W.D. Clayton

A. erianthum Boiss. & Reut.

Pastos secos y soleados. **Alt.:** 250-700 m.

Dist.: Med. W. Mitad meridional de Navarra. **Alp.:** -; **Atl.:** -; **Med.:** E.

Arrhenatherum elatius (L.) Beauv. ex J. & C. Presl subsp. *bulbosum* (Willd.) Spenner

A. bulbosum (Willd.) C. Presl

Claros y orlas forestales. **Alt.:** 150-1200 m. **HIC:** 6510.

Dist.: Oróf. SW Europa. Pirineos, sierras prepiren., montañas atlánt. y estribaciones de la Zona Media y occ. **Alp.:** E; **Atl.:** E; **Med.:** E.

Cons.: LC (ERLVP, 2011).

Obs.: En otros tratamientos taxonómicos se le da la categoria de variedad, subordinada a *A. elatius* subsp. *elatius*.

Arrhenatherum elatius (L.) Beauv. ex J. & C. Presl subsp. *elatius*

Prados de siega, setos, orlas y claros forestales. **Alt.:** 40-2000 m.

Dist.: Plurirreg. Extendida por toda Navarra. **Alp.:** F; **Atl.:** C; **Med.:** F.

Cons.: LC (ERLVP, 2011).

Arrhenatherum elatius (L.) Beauv. ex J. & C. Presl subsp. *sardoum* (E. Schmid) Gamisans

Pastos, matorrales y claros forestales. **Alt.:** 350-1300 m.

Dist.: Med. Zona Media y mitad meridional. **Alp.:** -; **Atl.:** -; **Med.:** E.

Cons.: LC (ERLVP, 2011).

Arundo donax L.

Naturalizada a orillas de balsas, acequias, cunetas y canales, en general sobre suelos con agua. **Alt.:** 250-600 m. **HIC:** 6430.

Dist.: Introd.; originaria de Asia. Por casi todo el territorio, salvo en áreas de montaña. **Alp.:** -; **Atl.:** E; **Med.:** F.

Cons.: LC (ERLVP, 2011).

Obs.: Incluida en el CEEEI (2011), y considerada, a escala mundial, según la UICN, como una de las 100 peores especies biológicas invasoras.

Avellinia michelii (Savi) Parl.

Vulpia michelii (Savi) Reichenb.

Cascajeras fluviales, pastos secos y arenosos. **Alt.:** 250-800 m.

Dist.: Med. Puntual en la ribera del Ebro. **Alp.:** -; **Atl.:** -; **Med.:** RR.

Avena barbata Pott ex Link subsp. *barbata*
A. hirsuta Moench

Herbazales a orillas de caminos, cascajeras de ríos, cunetas y baldíos. **Alt.:** 250-750 m.
Dist.: Subcosm. Repartida por toda Navarra, salvo en las montañas más elevadas, y más frecuente en el sur. **Alp.:** RR; **Atl.:** E; **Med.:** F.
Cons.: LC (ERLVP, 2011).

Avena bizantina C. Koch
Cultivada y a veces subespontánea. **Alt.:** 250-900 m.
Dist.: Subcosm. Puntual en los valles pirenaicos y más frecuente en el sur. **Alp.:** -; **Atl.:** RR; **Med.:** RR.

Avena fatua L.
Ruderal y arvense en cultivos, cunetas, ribazos y baldíos. **Alt.:** 40-950 m.
Dist.: Subcosm. Dispersa en distintas localidades de Navarra. **Alp.:** -; **Atl.:** E; **Med.:** E.
Cons.: LC (ERLVP, 2011).

Avena sativa L.
Cultivada y subespontánea en cunetas y baldíos. **Alt.:** 100-800 m.
Dist.: Subcosm. Localidades dispersas de la mitad septen. de Navarra. **Alp.:** RR; **Atl.:** R; **Med.:** R.
Obs.: Incluida la subsp. *macrantha* (Hackel) Rocha Alfonso.

Avena sterilis L. subsp. *ludoviciana* (Durieu) Nyman
A. ludoviciana Durieu

Arvense y ruderal en cultivos, pastos, baldíos y otros terrenos alterados. **Alt.:** 40-950 m.
Dist.: Med. Por toda Navarra, principalmente en la Zona Media y la Ribera. **Alp.:** -; **Atl.:** E; **Med.:** C.

Avena sterilis L. subsp. *sterilis*
Arvense y ruderal en cultivos, pastos, baldíos y otros terrenos alterados. **Alt.:** 40-950 m.
Dist.: Med. Por toda Navarra, principalmente en la Zona Media y Ribera. **Alp.:** -; **Atl.:** E; **Med.:** R.
Cons.: LC (ERLVP, 2011).

Avenula bromoides (Gouan) H. Scholz
Avena bromoides Gouan

Pastos y matorrales pedregosos, en general soleados y secos. **Alt.:** 300-1100 m. **HIC:** 4090, Tom., aliag. y romer. som.-arag. y prep., 6220*.
Dist.: Med. Mitad meridional del territorio. **Alp.:** E; **Atl.:** E; **Med.:** C.
Obs.: Incluídas la subsp. *bromoides* y la subsp. *pauneroi* Romero Zarco; de esta segunda hay materiales en el herbario ARAN.

Avenula gonzaloi (Sennen) J. Holub
A. pratensis (L.) Dumort subsp. gonzaloi (Sennen) Romero Zarco

Planta citada de Navarra, posiblemente errónea. Pastos secos de *Brachypodium retusum*. **Alt.:** a 400 m.
Dist.: Endém. del NE de la Pen. Ibér. Se ha citado de Sangüesa, en la mitad orient. de Navarra. **Alp.:** -; **Atl.:** -;

Med.: RR.
Cons.: VU (NA).
Obs.: Se ha descartado recientemente su presencia en Navarra.

Avenula pratensis (L.) Dumort subsp. *iberica* (St-Yves) O. Bolós & Vigo
A. mirandana (Sennen) J. Holub; A. pratensis subsp. vasconica (St-Yves) Romo

Lastonares, pastos mesófilos y xerófilos. **Alt.:** 250-1900 m. **HIC:** 4090, Tom., aliag. y romer. som.-arag. y prep., Fenalares, 6210(*).
Dist.: Med. W. Valles atlánt., Pirineos, cuencas y sierras prepiren. y montañas de la Zona Media y occ. **Alp.:** E; **Atl.:** E; **Med.:** E.
Obs.: Incluidas las variedades *paniculata* Romero Zarco y *pilosa* Romero Zarco. Conviene revisar este género.

Avenula pubescens (Hudson) Dumort. subsp. *pubescens*
Avena pubescens Hudson

Pastos de montaña en ambientes alterados. **Alt.:** 750-1400 m.
Dist.: Eur. Montañas medias occ. **Alp.:** -; **Atl.:** RR; **Med.:** -.
Obs.: Citada de la sierra de Aralar (material en el herbario ARAN).

Avenula sulcata (Gay ex Boiss.) Dumort subsp. *sulcata*
A. lodunensis (Delastre) Kerguélen subsp. lodunensis; A. marginata (Lowe) J. Holub subsp. sulcata (Gay ex Delastre) Franco

Pastos, claros del brezal-argomal y orlas forestales; sobre sustratos ácidos. **Alt.:** 150-2100 m. **HIC:** 4020*, 4030, 9230.
Dist.: Atl. Pirineos, valles atlánt., Zona Media y sierras occ. **Alp.:** E; **Atl.:** F; **Med.:** R.

Avenula versicolor (Vill.) M. Laínz
Avena versicolor Vill.

Planta citada de Navarra, posiblemente errónea. Planta calcífuga que vive en collados y cresteríos de alta montaña, sobre suelos silíceos.
Dist.: Oróf. Europa. No se conoce de Navarra.
Obs.: Ha sido citada por Gaussen (1953-1980) y Bubani (1901). No parece que llegue a Navarra.

Brachypodium distachyon (L.) Beauv.
Trachynia distachya (L.) Link

Pastos de anuales, en ambientes soleados. **Alt.:** 250-1000 m. **HIC:** 1430, 6220*, Espartales (no halófilos), 6110*.
Dist.: Med. Dos tercios meridionales de Navarra, faltando en las altas montañas y en los valles atlánt. **Alp.:** R; **Atl.:** F; **Med.:** C.

Brachypodium phoenicoides (L.) Roemer & Schultes
Pastos soleados, con cierta humedad edáfica; bordes de acequias, arroyos y cubetas endorreicas. **Alt.:** 250-850 m. **HIC:** 1410, Herb. depos. aren., Fenalares, 6420, 92D0, 92A0.
Dist.: Med. W. Dos tercios meridionales de Navarra. **Alp.:** RR; **Atl.:** F; **Med.:** F.

Brachypodium pinnatum (L.) Beauv. subsp. *rupestre* (Host) Schübler & Martens

Lastonares en bosques, pastos de montaña, ribazos, brezales aclarados, crestones y lapiaces. **Alt.:** 120-1800 m. **HIC:** 4020*, 4030, 4090, Matorr. *Cytisus scoparius*, Bojeral de orla, Zarzales y espin. acidof., 6210(*), Prados diente-siega con *Cynosurus cristatus*, 6510, 6230*, 9340, 9240, Robl. pel. navarro-alav., 9230, Robl. roble albar, Pin. *Pinus sylvestris* acidófilos, Pin. *Pinus sylvestris* secund.
Dist.: Eur. General en Navarra, siendo rara en el tercio sur. **Alp.:** F; **Atl.:** C; **Med.:** F.
Obs.: En la zona de contacto entre *B. pinnatum* subsp. *rupestre* y *B. phoenicoides* (atlánt.-mediterránea) son frecuentes las formas intermedias entre ambas especies, denominadas como *rupestre* × *phoenicoides*.

Brachypodium retusum (Pers.) Beauv.

B. ramosum Roem. & Schultes

Pastos secos, tomillares-aulagares, ribazos entre cultivos, en ambientes secos y soleados. **Alt.:** 250-1100 m. **HIC:** 1430, 1520*, 4030, 4090, Tom., aliag. y romer. som.-arag. y prep., Bojeral de orla, 5210, 5230*, 6220*, Espartales (no halófilos), 9240, 9540.
Dist.: Med. General en la mitad meridional del Navarra, esporádica en el resto. **Alp.:** E; **Atl.:** E; **Med.:** C.

Brachypodium sylvaticum (Hudson) Beauv. subsp. *sylvaticum*

Planta nemoral, en ambientes sombríos, llegando a los bosques de ribera. **Alt.:** 50-1500 m. **HIC:** 3240, Saucedas arb. cabec., 91E0*, 92A0, 9160, Robl. roble albar, Abet. prepiren., Pin. *Pinus sylvestris* secund.
Dist.: Eur. Mitad septen. y hacia el sur por los sotos ribereños. **Alp.:** F; **Atl.:** C; **Med.:** R.
Obs.: Se conoce de la zona atlánt. el híbrido entre *B. sylvaticum* y *B. rupestre* (Imoz, río Basaburua) (Biurrun, 1999).

Briza maxima L.

Pastos pedregosos en orlas forestales, baldíos y claros de matorrales en el ambiente del carrascal-marojal. **Alt.:** 400-900 m.
Dist.: Med. Limitada a la cuenca de Pamplona y sierras medias occ. **Alp.:** -; **Atl.:** R; **Med.:** R.

Briza media L. subsp. *media*

Pastos, matorrales aclarados, orlas forestales, cunetas, baldíos, etc. **Alt.:** 40-1600 m. **HIC:** Fenalares, Pastiz. semiagost. suel. margosos, 6210(*).
Dist.: Eur. General en la mitad septen. de Navarra. **Alp.:** C; **Atl.:** C; **Med.:** E.

Bromus arvensis L.

Serrafalcus arvensis (L.) Godron

Ambientes alterados de cunetas, baldíos, orillas de caminos, etc. **Alt.:** 120-1300 m.
Dist.: Eur. Dispersa por el territorio: Pirineos, sierras prepiren., Zona Media, valles atlánt. (puntual), sierras occ. y Ribera (puntual). **Alp.:** E; **Atl.:** E; **Med.:** E.

Bromus benekenii (Lange) Trimen

Nemoral en orlas y claros de hayedos y abetales. **Alt.:** 500-1550 m.
Dist.: Eur. Valles pirenaicos, sierras prepiren., montañas de la divisoria y sierras occ. **Alp.:** R; **Atl.:** R; **Med.:** RR.

Bromus commutatus Schrader subsp. *commutatus*

Serrafalcus commutatus (Schrader) Bab.

Herbazales frescos, junto a caminos, sendas y orlas. **Alt.:** 100-1000 m. **HIC:** 6510.
Dist.: Eur. Disperso por los valles atlánt., montañas de la divisoria, sierras medias occ. y Ribera. **Alp.:** RR; **Atl.:** E; **Med.:** E.

Bromus diandrus Roth

B. gussonei Parl.

Terrenos alterados de cunetas, herbazales de caminos, barbechos, ribazos, etc. **Alt.:** 20-900 m.
Dist.: Med. Valles atlánt., Zona Media y mitad meridional. **Alp.:** -; **Atl.:** E; **Med.:** E.

Bromus erectus Hudson subsp. *erectus*

Pastos mesófilos y claros forestales, procedentes de hayedos, robledales y quejigales. **Alt.:** 250-1900 m. **HIC:** 4090, Tom., aliag. y romer. som.-arag. y prep., Bojeral de orla, Fenalares, 6210(*).
Dist.: Eur. General en Navarra, siendo rara en los dos extremos septen. y meridional de Navarra. **Alp.:** C; **Atl.:** CC; **Med.:** F.

Bromus hordeaceus L.

B. mollis L.; B. molliformis Lloyd

Prados de siega, pastos diversos, ribazos, orlas forestales, etc. **Alt.:** 200-1700 m.
Dist.: Subcosm. General en Navarra. **Alp.:** C; **Atl.:** CC; **Med.:** CC.
Obs.: Muy variable morfológicamente.

Bromus intermedius Guss.

Pastos xerófilos, ribazos, cunetas y caminos. **Alt.:** 250-600 m.
Dist.: Med. Contadas localidades: Lumbier, Milagro y Aibar. **Alp.:** -; **Atl.:** -; **Med.:** RR.
Obs.: Se ha verificado recientemente su presencia en Navarra.

Bromus lanceolatus Roth

B. macrostachys Desf.

Pastizales xerófilos, baldíos y terrenos alterados. **Alt.:** 250-800 m.
Dist.: Med. Navarra Media, Ribera orient. y cuencas prepiren. **Alp.:** -; **Atl.:** E; **Med.:** E.

Bromus madritensis L.

Herbazales de cunetas, orlas de cultivos y claros forestales, sobre suelos removidos. **Alt.:** 100-1400 m.
Dist.: Med. Extendida por Navarra, siendo rara y ausentándose de las montañas más elevadas. **Alp.:** E; **Atl.:** F; **Med.:** C.

Bromus racemosus L.

Serrafalcus racemosus (L.) Parl.

Prados de siega, lastonares y herbazales de sotos y ribazos. **Alt.:** 20-1300 m. **HIC:** Past. inund. *A. stolonifera.*
Dist.: Eur. Valles Húmedos del NW, Zona Media, cuencas prepiren. y disperso hacial el sur. **Alp.:** E; **Atl.:** F; **Med.:** R.

Bromus ramosus Hudson

B. asper Murray

Bosques frescos, hayedos y robledales, megaforbios, comunidades riparias. **Alt.:** 50-1450 m. **HIC:** Saucedas arb. cabec., 92A0, 91E0*, Abet. prepiren.
Dist.: Eur. Mitad septen. de Navarra. **Alp.:** F; **Atl.:** F; **Med.:** E.

Bromus rigidus Roth

B. maximus Desf.

Ruderal en cunetas, claros forestales, repisas de roquedos, cultivos, barbechos, etc. **Alt.:** 120-1300 m.
Dist.: Med. Dispersa en Navarra, salvo en los Pirineos. **Alp.:** -; **Atl.:** E; **Med.:** E.

Bromus rubens L.

Terrenos alterados de pastos xerófilos y/o halófilos, cascajeras fluviales, taludes y ribazos entre cultivos. **Alt.:** 120-900 m. **HIC:** 1430.
Dist.: Plurirreg.: Med.-Turaniana. Mitad meridional de Navarra, con alguna cita en los valles atlánt. y la cuenca de Pamplona. **Alp.:** -; **Atl.:** E; **Med.:** C.

Bromus secalinus L.

Serrafalcus secalinus (L.) Bab.

Terrenos alterados, nitrificados y pastos de anuales. **Alt.:** 450-750 m.
Dist.: Eur. Puntual en la cuenca de Pamplona y citada de los valles pirenaicos y Zona Media. **Alp.:** RR; **Atl.:** RR; **Med.:** RR.

Bromus squarrosus L.

Serrafalcus squarrosus (L.) Bab.

Cultivos abandonados, pastos xerófilos, gleras y pie de cantil, en ambientes caldeados. **Alt.:** 400-1100 m.
Dist.: Plurirreg. Cuencas prepiren., Navarra Media y Ribera. **Alp.:** -; **Atl.:** E; **Med.:** E.

Bromus sterilis L.

Terrenos alterados, baldíos, cunetas, ribazos, orlas de cultivos, etc. **Alt.:** 100-1300 m.
Dist.: Plurirreg.: Med.-Turaniana. Repartida por toda Navarra, sin alcanzar cotas muy elevadas. **Alp.:** E; **Atl.:** C; **Med.:** CC.

Bromus tectorum L.

Pastos xerófilos en cascajeras, ribazos y cunetas. **Alt.:** 250-1250 m.
Dist.: Plurirreg. Puntual en los Pirineos, esporádica en la Zona Media y más habitual en la mitad meridional. **Alp.:** RR; **Atl.:** E; **Med.:** E.

Bromus willdenowii Kunth

B. catharticus Vahl

Naturalizada. Nemoral y en herbazales de orlas forestales, setos y cunetas. **Alt.:** 200-850 m.
Dist.: Introd.; originaria de Sudamérica. Puntual en los valles atlánt., cuenca de Pamplona, cuencas prepiren. y la Ribera. **Alp.:** -; **Atl.:** R; **Med.:** R.

Calamagrostis arundinacea (L.) Roth

Stipa calamagrostis (L.) Wahlenb.

Nemoral y a orillas de ríos y arroyos, en general en ambientes sombríos. **Alt.:** 50-1400 m.
Dist.: Eur. Navarra Húmeda del NW, Pirineos y estribaciones de la Zona Media. **Alp.:** R; **Atl.:** E; **Med.:** -.

Catabrosa aquatica (L.) Beauv.

Orillas de ríos, arroyos y trampales. **Alt.:** 650-1100 m. **HIC:** Berr. ag. dulces.
Dist.: Circumbor. Pirineos, valles atlánt. y montañas medias y, sobre todo, occ. **Alp.:** R; **Atl.:** E; **Med.:** -.
Cons.: LC (ERLVP, 2011).

Cortaderia selloana (Schult. & Schult. f.) Asch. & Graebn.

Cultivada como ornamental, se asilvestra en el tercio septen. **Alt.:** 20-600 m.
Dist.: Introd.; originaria de Sudamérica. Dispersa por los Valles Húmedos del NW. **Alp.:** -; **Atl.:** R; **Med.:** -.
Obs.: Considerada especie exótica invasora (CEEEI, 2011).

Corynephorus canescens (L.) Beauv.

Pastos de anuales sobre terrenos arenosos. **Alt.:** 600-850 m.
Dist.: Atl. Puntual en los valles atlánt. (Baztán) y en Fitero, al sur de Navarra. **Alp.:** -; **Atl.:** RR; **Med.:** RR.

Crypsis aculeata (L.) Aiton

Orillas limoso-arenosas de lagunas y embalses. **Alt.:** 300-500 m.
Dist.: Plurirreg. Puntual en Las Cañas (Viana) y en el Pulguer (Tudela). **Alp.:** -; **Atl.:** -; **Med.:** RR.

Crypsis schoenoides (L.) Lam.

Orillas fangosas de lagunas y embalses. **Alt.:** 300-500 m. **HIC:** 3170*.
Dist.: Plurirreg. Citada de la Balsa de Loza y de distintas localidades de la Ribera (Cintruénigo, Peralta) y de la Zona Media occidental (Las Cañas). **Alp.:** -; **Atl.:** RR; **Med.:** R.

Cynodon dactylon (L.) Pers.

Dactylon officinale Vill.

Ruderal y arvense, en cunetas, ribazos, cultivos, cascajeras, etc. **Alt.:** 100-1200 m. **HIC:** 6220*, Gramales y past. suel compac.
Dist.: Subcosm. General en Navarra, salvo en las montañas más elevadas. **Alp.:** RR; **Atl.:** F; **Med.:** C.

Cynosurus cristatus L.

Prados de siega, pastos, setos y orlas forestales. **Alt.:** 40-1700 m. **HIC:** Prados diente-siega con *Cynosurus cristatus*, 6510, 6420.
Dist.: Eur. General en la mitad septen. de Navarra. **Alp.:** F; **Atl.:** C; **Med.:** E.

Cynosurus echinatus L.

Pastos mesoxerófilos y terrenos alterados. **Alt.:** 300-1800 m.

Dist.: Med. Pirineos, cuencas prepiren., Zona Media y más rara hacia el sur y en los valles atlánt. **Alp.:** E; **Atl.:** F; **Med.:** F.

Cynosurus elegans Desf.

Crestones, repisas nitrogenadas y ambientes nemorales. **Alt.:** 400-1400 m.
Dist.: Med. Cuencas prepiren., Zona Media y, principalmente, en las sierras occ. **Alp.:** -; **Atl.:** E; **Med.:** E.

Dactylis glomerata L. subsp. *glomerata*

Prados de siega, pastos, cunetas y ambientes ruderalizados y nitrificados. **Alt.:** 100-1900 m. **HIC:** 6210, Prados diente-siega con *Cynosurus cristatus*, 6510, 6420, Pastiz. higronitrófilos, 6430, 92A0.
Dist.: Eur. General en Navarra. **Alp.:** C; **Atl.:** CC; **Med.:** CC.

Dactylis glomerata L. subsp. *hispanica* (Roth) Nyman

D. hispanica Roth

Pastos mesoxerófilos y terrenos alterados. **Alt.:** 300-1200 m. **HIC:** 1510*, 1430, 4090, 6220*, Espartales (no halófilos), Fenalares.
Dist.: Med. Mitad meridional de Navarra, desde las cuencas prepiren. y Zona Media, hacia el sur. **Alp.:** -; **Atl.:** E; **Med.:** F.

Danthonia decumbens (L.) DC.

Sieglingia decumbens (L.) Bernh.

Pastos y claros de brezales y argomales sobre sustratos silíceos o acidificados. **Alt.:** 100-1600 m. **HIC:** 4020*, 4030, 6230*, 9230.
Dist.: Eur. Montañas de la mitad septen. y valles atlánt. **Alp.:** E; **Atl.:** F; **Med.:** R.

Deschampsia cespitosa (L.) Beauv. subsp. *cespitosa*

Orlas húmedas de bosques, juncales y herbazales frescos. **Alt.:** 250-1450 m. **HIC:** Pastiz. semiagost. suel. margosos, 6410, 92A0, 91E0*.
Dist.: Eur. (Plurirreg.). Dispersa por la mitad septen. de Navarra. **Alp.:** E; **Atl.:** E; **Med.:** E.

Deschampsia cespitosa (L.) Beauv.) subsp. *hispanica* Vivant

D. media (Gouan) Roemer & Schultes subsp. hispanica (Vivant) O. Bolòs, Masalles & J. Vigo; D. hispanica (Vivant) Cervi & Romo

Depresiones margosas temporalmente inundadas, orillas de balsas. **Alt.:** 350-1100 m. **HIC:** Pastiz. semiagost. suel. margosos.
Dist.: Endém. N Pen. Ibér. Cuencas prepiren., Zona Media y occidental, y puntualmente en la Ribera. **Alp.:** R; **Atl.:** R; **Med.:** E.

Deschampsia euskadiensis García Suárez, Fdez.-Carvajal & F. Prieto

Alisedas ribereñas y juncales nitrófilos. **Alt.:** 120-600 m. **HIC:** 6430.
Dist.: Atl. Limitada a contadas localidades en Bertizarana, Baztán, Esteribar, Erro y Ultzama. **Alp.:** -; **Atl.:** E; **Med.:** -.

Deschampsia flexuosa (L.) Trin.

Aira flexuosa L.

Planta nemoral de hayedos y robledales, brezales, helechales y pastos de sustitución; sobre sustratos ácidos. **Alt.:** 50-1900 m. **HIC:** 4020*, 4030, 9230, Robl. roble albar, 9120, Tremolares, Abed. *Betula pendula*, Abed. *Betula pubescens (alba)*, 91D0*, Abet. pirenaicos, Pin. *Pinus sylvestris* acidófilos, Pin. *Pinus sylvestris* secund., 9430*, 9580*.
Dist.: Eur. Valles atlánt., Pirineos, cuencas prepiren., Zona Media y estribaciones occ. **Alp.:** C; **Atl.:** C; **Med.:** E.

Desmazeria rigida (L.) Tutin subsp. *rigida*

Catapodium rigidum (L.) C.E. Hubbard; Scleropoa rigida (L.) Griseb.

Pastos de anuales, cunetas, baldíos y terrenos alterados, incluso salinos. **Alt.:** 100-1250 m. **HIC:** 1420, 1430, 6220*, Espartales (no halófilos), 6110*.
Dist.: Med. (Subcosm.). General en Navarra, salvo en las cotas más elevadas. **Alp.:** F; **Atl.:** F; **Med.:** CC.

Dichantium ischaemum (L.) Roberty

Andropogon ischaemum L.; Bothriochloa ischaemum (L.) Keng

Pastos y matorrales secos, cunetas y otros ambientes ruderalizados. **Alt.:** 250-800 m. **HIC:** 6220*.
Dist.: Plurirreg.: termosubcosm. Cuencas prepiren., Zona Media, Ribera y citada de los valles atlánt. **Alp.:** RR; **Atl.:** R; **Med.:** R.

Digitaria ischaemum (Schreber) Muhl.

Panicum glabrum (Schrader) Gaudin; D. filiformis auct.

Prados húmedos y cunetas, sobre suelos arenosos. **Alt.:** 250-750 m. **HIC:** 3170*.
Dist.: Subcosm. Limitada a contadas localidades en los valles atlánt. del NW (Ituren, Baztán). **Alp.:** -; **Atl.:** RR; **Med.:** -.

Digitaria sanguinalis (L.) Scop.

Panicum sanguinale L.

Terrenos alterados, herbazales frescos, cunetas húmedas y cultivos. **Alt.:** 20-600 m.
Dist.: Subcosm. Valles atlánt., Zona Media, cuenca de Pamplona y Ribera del Ebro. **Alp.:** -; **Atl.:** E; **Med.:** E.

Diplachne fascicularis (Lam.) P. Beauv.

Naturalizada en arrozales. **Alt.:** a 265 m.
Dist.: Originaria de América y del SW y S de Asia. Sólo se conoce de Tudela, del Soto de los Tetones, en el río Ebro (Campos & al., 2003-2004). **Alp.:** -; **Atl.:** -; **Med.:** RR.
Obs.: Esta cita es de las primeras que se anotan para el norte peninsular.

Echinaria capitata (L.) Desf.

Pastos y claros de matorrales secos y soleados. **Alt.:** 250-1100 m.
Dist.: Med. Desde la Zona Media y cuencas prepiren. hacia el sur de Navarra. **Alp.:** -; **Atl.:** E; **Med.:** C.
Obs.: Bubani (1901) la citó de Ochagavía y del Valle de Roncal donde no la hemos visto (Lorda, 2001).

Echinochloa colonum (L.) Link

Naturalizada en lugares alterados sobre suelos húmedos. **Alt.:** 450-600 m.
Dist.: Introd.; origen tropical. Puntual en la cuenca de Pamplona y Zona Media. **Alp.:** -; **Atl.:** RR; **Med.:** RR.

Echinochloa crus-galli (L.) Beauv.

Panicum crus-galli L.

Huertos, herbazales, cascajeras fluviales, cultivos, arrozales, orlas de acequias, etc. **Alt.:** 20-900 m. **HIC:** 3270.

Dist.: Subcosm. Valles atlánt., cuencas prepiren., Zona Media y, principalmente, en la mitad meridional. **Alp.:** R; **Atl.:** E; **Med.:** E.

Elymus caninus (L.) L.

Roegneria canina (L.) Nevski; Agropyron caninum (L.) Beauv.

Claros forestales, setos y pastos húmedos. **Alt.:** 40-1400 m. **HIC:** Saucedas arb. cabec., 91E0*, 92A0.

Dist.: Eur. Mitad septen. de Navarra, salvo en los Valles Húmedos del NW y ausente del tercio meridional. **Alp.:** E; **Atl.:** E; **Med.:** R.

Cons.: LC (ERLVP, 2011).

Elymus curvifolius (Lange) Melderis

Agropyrum curvifolium Lange

Depresiones endorreicas sobre suelos yesíferos, margosos y salinos. **Alt.:** 300-450 m.

Dist.: Endém. ibérica. Sólo se conoce de Lodosa. **Alp.:** -; **Atl.:** -; **Med.:** RR.

Elymus elongatus (Host) Runemark subsp. *elongatus*

Elytrigia elongata (Host) Nevski

Depresiones endorreicas y terrenos salobres. **Alt.:** 350-450 m.

Dist.: Med. Puntual en Navarra, sólo conocida de la Ribera Tudelana, en Arguedas y Bardenas. **Alp.:** -; **Atl.:** -; **Med.:** RR.

Elymus hispidus (Opiz) Melderis

Elytrigia intermedia (Host) Nevski subsp. intermedia; Agropyron hispidum Opiz; A. intermedium (Host) Beauv.

Terrenos alterados, ribazos y setos. **Alt.:** 450-600 m.

Dist.: Plurirreg. Cuencas prepiren., cuenca de Pamplona, Navarra Media orient. y Ribera Tudelana. **Alp.:** -; **Atl.:** R; **Med.:** R.

Elymus pungens (Pers.) Melderis subsp. *campestris* (Godron & Gren.) Melderis

E. campestris (Godron & Gren.) Kerguélen; Elytrigia campestris (Godron & Gren.) Kerguélen ex Carreras; Agropyron campestre Godron & Gren.

Ribazos, cunetas, sotos fluviales y acequias. **Alt.:** 250-900 m. **HIC:** 1510*, Cañaverales halófilos, 1430, Fenalares, Gramales y past. suelos compac., 6420, 92D0.

Dist.: Med. W. Cuenca de Pamplona, Zona Media y Ribera del Ebro. **Alp.:** -; **Atl.:** R; **Med.:** E.

Obs.: Aparicio & al. (1997) anotan el mesto *E. campestris × E. repens* de varias localidades navarras (Lumbier, Lodosa y Viana).

Elymus pungens (Pers.) Melderis subsp. *pungens*

Planta citada de Navarra, posiblemente errónea. Depresiones arenosas y suelos salobres. **Alt.:** 350-600 m.

Dist.: Med. W. Citada del Valle del Ebro. **Alp.:** -; **Atl.:** -; **Med.:** RR.

Obs.: Se ha citado de Falces y Mendavia, pero no parece ser una planta navarra.

Elymus repens (L.) Gould subsp. *repens*

Elytrigia repens (L.) Desv. ex Nevski subsp. repens; Agropyron repens (L.) Beauv.

Prados, pastos, cunetas, terrenos alterados y orlas fluviales. **Alt.:** 100-900 m. **HIC:** Past. inund. *A. stolonifera*, Gramales y past. suel compac., 6430.

Dist.: Plurirreg. (Subcosm.). Laxamente repartida por toda Navarra, escaseando en los valles atlánt. y en las montañas elevadas. **Alp.:** E; **Atl.:** F; **Med.:** C.

Eragrostis cilianensis (All.) Ving.-Lut. ex Janchen

E. major Host; E. megastachya (Koeler) Link

Planta que está cerca de Navarra, y cuya presencia se estima probable. Terrenos removidos, arenosos, a orillas fluviales.

Dist.: Plurirreg. (Subcosm.). No está en Navarra.

Obs.: Se conoce de localidades cercanas de Álava (Laserna) y Guipúzcoa (Irún).

Eragrostis pectinacea (Michaux) Nees

Naturalizada. Ruderal, a orillas de carreteras y otros terrenos removidos. **Alt.:** 40-600 m.

Dist.: Introd.; originaria de Norteamérica. Valles atlánt., Cuencas prepiren., Navarra Media occidental y Ribera. **Alp.:** RR; **Atl.:** RR; **Med.:** E.

Eragrostis pilosa (L.) Beauv.

Planta dudosa que requiere comprobación. Cunetas y ambientes ruderalizados arenosos; sobre sustratos silíceos. **Alt.:** 120-450 m.

Dist.: Subcosm. Valles atlánt. y Ribera del Ebro-Aragón. **Alp.:** -; **Atl.:** RR; **Med.:** RR.

Obs.: Deben comprobarse las citas navarras: Lacoizqueta (1884), Ursúa & Báscones (1986), Garde & López (1991). Es propia de ambientes ruderalizados arenosos.

Festuca altissima All.

F. silvatica Vill., non Hudson

Nemoral en hayedos y abetales, en ambientes sombríos. **Alt.:** 800-1400 m. **HIC:** Abet. pirenaicos.

Dist.: Eur. Parece limitarse a las montañas pirenaicas, si bien se ha citado de las montañas y valles atlánt. **Alp.:** R; **Atl.:** RR; **Med.:** -.

Obs.: Algunas citas atlánt. son dudosas

Festuca altopyrenaica Fuente & Ortúñez

Pastos pedregosos y resaltes de roquedos calizos. **Alt.:** 900-2450 m. **HIC:** 6170.

Dist.: Endém. de los Pirineos y Montes Vascos. En las montañas pirenaicas, sierra de Leire y en las sierras medias occ. (Aralar-Urbasa). **Alp.:** RR; **Atl.:** RR; **Med.:** -.

Cons.: DD (LR, 2000); DD (AFA-UICN, 2003); DD (AFA-UICN, 2004); DD (LR, 2008); Prioritaria (Lorda & al., 2009).

Festuca arundinacea Schreber subsp. *arundinacea*

Prados de siega, acequias, orillas de ríos y baldíos. **Alt.:** 20-1100 m. **HIC:** Past. inund. *A. stolonifera*, 6510, Juncales éutrofos, Juncales nitrófilos, Pastiz. higronitrófilos.

Dist.: Plurirreg. General en la mitad septen. de Navarra, escaseando hacia el sur. **Alp.:** F; **Atl.:** F; **Med.:** E.

Obs.: Aizpuru & al. (1996) anotan el híbrido intergené-rico × *Festulolium holmbergii* (Dörfl.) P. Fourn (*Festuca arundinacea* × *Lolium perenne*) de Mendaza.

Festuca arundinacea Schreber subsp. *fenas* (Lag.) Arcangeli
F. fenas Lag.

Juncales halófilos y herbazales en ambientes caldea-dos. **Alt.:** 150-1100 m.
Dist.: Med. Zona Media, cuencas prepiren. y Ribera. **Alp.:** -; **Atl.:** RR; **Med.:** E.

Festuca arvernensis Auquier, Kerguélen & Markgr.-Dann. subsp. *costei* (St-Yves) Auquier & Kerguélen
F. costei (St.-Yves) Markgr.-Dann.

Planta dudosa que requiere comprobación. Pastos mesófilos y repisas de roquedos, sobre calizas y mar-go-calizas. **Alt.:** 400-1600 m.
Distribución. Oróf. Europa W. Citado de montañas de la Zona Media, cuencas prepiren. y sierras occ., pun-tualmente en el Pirineo. **Alp.:** RR; **Atl.:** E; **Med.:** E.
Obs.: No parece que esta subsp. llegue a Navarra.

Festuca auquieri Kerguélen
Pastos y repisas de roquedos.
Dist.: Sólo la conocemos de la sierra de Aralar. **Alp.:** -; **Atl.:** RR; **Med.:** -.
Obs.: Material en el herbario ARAN.

Festuca capillifolia Dufour
Tomillares y pastos caldeados. **Alt.:** 250-1200 m.
Dist.: Med. Cuencas prepiren., Zona Media y Ribera. **Alp.:** -; **Atl.:** RR; **Med.:** C.
Obs.: Distintas citas en Berastegi & al. (2005) y Beras-tegi (2010).

Festuca eskia Ramond ex DC.
Laderas y pedrizas sobre sustratos silíceos de alta montaña. **Alt.:** 1650-2200 m. **HIC:** 6140, 8130.
Dist.: Endém. pir.-cant. Limitada a las montañas pire-naicas más elevadas (Lakora-Anielarra). **Alp.:** RR; **Atl.:** -; **Med.:** -.

Festuca gautieri (Hackel) K. Richter subsp. *scopa-ria* (A. Kerner & Hackel) Kerguélen
F. scoparia (A. Kerner & Hackel) Nyman

Pastos pedregosos, repisas de lapiaz y graveras, sobre suelos calizos. **Alt.:** 1100-2450 m. **HIC:** 4060, 6170, 8130, 9430*.
Dist.: Oróf. Med. W. Montañas pirenaicas y muy pun-tual en las estribaciones prepiren. y en las sierras occ. (monte Beriain). **Alp.:** E; **Atl.:** RR; **Med.:** -.

Festuca gigantea (L.) Vill.
Alisedas, robledales, orlas del hayedo y megaforbios. **Alt.:** 40-1450 m. **HIC:** 92A0, 91E0*.
Dist.: Eur. Valles Húmedos del NW, Pirineos y sierras occidentales; muy puntual en la Ribera y Zona Media orient. **Alp.:** R; **Atl.:** E; **Med.:** -.

Festuca glacialis (Miégeville ex Hackel) K. Richter
Pastos pedregosos crioturbados, en áreas con fuerte innivación. **Alt.:** 1900-2450 m. **HIC:** 8130.
Dist.: Endém. pir.-cant. Limitada a la Mesa de los Tres Reyes, en el Pirineo. **Alp.:** RR; **Atl.:** -; **Med.:** -.

Festuca gracilior (Hackel) Markgr.-Dann.
Matorrales caldeados y pastos pedregosos en el am-biente del carrascal. **Alt.:** 250-700 m.
Dist.: Med. W. Zona Media y Ribera. **Alp.:** -; **Atl.:** RR; **Med.:** E.

Festuca guestfalica Boenn. ex Rchb.
F. ovina subsp. guestfalica (Boenn. ex Reichenb.) K. Richt.

Pastos de montaña, generalmente pedregosos y silí-ceos. **Alt.:** 250-1300 m.
Dist.: Atl. Montañas atlánt. y de la Zona Media. **Alp.:** -; **Atl.:** E; **Med.:** -.

Festuca heterophylla Lam.
Planta dudosa que requiere comprobación. Breza-les-argomales, claros de marojales y bosques acidófi-los. **Alt.:** 300-1650 m.
Dist.: Endém. mitad septen. de la Pen. Ibér. Valles y mon-tañas atlánt., Pirineos, montañas de la Zona Media y sie-rras prepiren. **Alp.:** RR; **Atl.:** E; **Med.:** -.
Cons.: LC (ERLVP, 2011)
Obs.: Se ha citado repetidamente de Navarra, pero no está muy clara su presencia real. En Berastegi (2010) se apunta su posible presencia, pero sin datos concretos. Correspondería a la subsp. *braun-blanquetii* Fuente, Ortúñez & Ferrero.

Festuca hystrix Boiss.
Pastos pedregosos, repisas y rellanos de roquedos, sobre suelos esqueléticos. **Alt.:** 500-1350 m. **HIC:** 6170.
Dist.: Med. W. Montañas prepiren., de la Zona Media y en las sierras occ. **Alp.:** -; **Atl.:** RR; **Med.:** E.

Festuca indigesta Boiss. subsp. *aragonensis* (Wi-llk.) Kerguélen
Pastos pedregosos y rellanos sobre suelos someros. **Alt.:** 500-1800 m.
Dist.: Oróf. Med. Pirineos, estribaciones prepiren., Zona Media y sierras occ. **Alp.:** R; **Atl.:** E; **Med.:** R.

Festuca laevigata Gaudin
Pastos de montaña, sobre suelos pedregosos y repisas de roquedos. **Alt.:** 300-1800 m.
Dist.: Oróf. Europa. Montañas de la Zona Media, desde los Pirineos hasta las sierras medias occ. **Alp.:** RR; **Atl.:** RR; **Med.:** -.
Obs.: Falta concretar localidades.

Festuca lemanii Bast.
F. bastardii Kerguélen & Plonka

Fisuras, rellanos y repisas de roquedos calizos y pastos pedregosos. **Alt.:** 450-1800 m.
Dist.: Europa W. Pirineos, prepirineos, montañas de la Zona Media y sierras occ. **Alp.:** E; **Atl.:** E; **Med.:** R.

Festuca marginata (Hackel) K. Richter subsp. *andres-molinae* Fuente & Ortúñez
> *F. hervieri Patzke; F. gallica (Hackel) Breist; F. marginata (Hackel) K. Richter subsp. gallica (Hackel) Breist*

Pastos pedregosos soleados. **Alt.:** 350-1450 m.
Dist.: Endém. Ibérico nororient. Pirineos, cuencas prepiren., Zona Media y puntual en Fitero. **Alp.:** E; **Atl.:** E; **Med.:** E.
Obs.: Catalán (1988) anota *F. marginata* (Hackel) K. Richter subsp. *marginata* de Ujué, Navascués, Urraul, Romanzado, Tiebas-Muruarte de Reta y Xabier.

Festuca nigrescens Lam. subsp. *microphylla* (St-Yves) Markgr.-Dann.
> *F. rubra Lam. subsp. microphylla St.-Yves ex Coste*

Pastos de montaña, en general en zonas cacuminales, sobre sustratos silíceos o acidificados. **Alt.:** 450-2100 m. **HIC:** 4060, 6230*, 6140.
Dist.: Eur. Pirineos y montañas atlánt. . **Alp.:** C; **Atl.:** E; **Med.:** -.

Festuca nigrescens Lam. subsp. *nigrescens*
Suelos arenosos sobre sustratos silíceos. **Alt.:** 100-1400 m. **HIC:** 6210(*).
Dist.: Eur. Puntual en la Navarra Media, valles atlánt. y sierras occ. **Alp.:** -; **Atl.:** E; **Med.:** R.

Festuca ochroleuca Timb.-Lagr.
Roquedos y pastos pedregosos. **Alt.:** 600-1800 m.
Dist.: Endém. pirenaica. Pirineos y montañas de la Zona Media. **Alp.:** R; **Atl.:** E; **Med.:** -.
Obs.: Algunos materiales pirenaicos pueden tender a la subsp. *bigorronensis* (St.-Yves) Kerguélen, presente en los Pirineos centrales.

Festuca ovina L.
Pastos de montaña, en general pedregosos y repisas de roquedos. **Alt.:** 120-1600 m. **HIC:** 5210, 6230*, 8230.
Dist.: Atl. Montañas de la mitad septen. **Alp.:** F; **Atl.:** F; **Med.:** -.
Cons.: LC (ERLVP, 2011).
Obs.: Grupo complejo pendiente de estudio en Navarra. Se incluyen en el grupo varios táxones, como la subsp. *hirtula* (Hack. ex Trevis) Wilkinson & Stace.

Festuca paniculata (L.) Schinz & Thell. subsp. *font-queri* Rivas Ponce & Cebolla
Repisas, rellanos y pastos de cresteríos. **Alt.:** 1500-2100 m. **HIC:** 6140.
Dist.: Endém. pir.-cant. Limitada a las montañas pirenaicas. **Alp.:** RR; **Atl.:** -; **Med.:** -.

Festuca paniculata (L.) Schinz & Thell. subsp. *longiglumis* (Litard.) Kerguélen
> *F. paniculata (L.) Schinz & Thell. subsp. spadicea (L.) Litard.*

Pastos, brezales-argomales y repisas de roquedos. **Alt.:** 450-1500 m.
Dist.: Atl. Montañas de la Navarra Húmeda del NW. **Alp.:** -; **Atl.:** E; **Med.:** -.

Festuca paniculata (L.) Schinz & Thell. subsp. *spadicea* (L.) Litard.
Orlas forestales, lastonares y prebrezales. **Alt.:** 450-1300 m. **HIC:** 6140.
Dist.: Oróf. Europa. Pirineos, montañas de la Navarra Media, cuencas prepiren. y sierras occ. **Alp.:** RR; **Atl.:** R; **Med.:** -.
Obs.: La subsp. *paniculata* se distribuye por el alto Pirineo desde Gerona hasta Huesca, quedando lejos de Navarra, por lo que no creemos que esté presente en el territorio.

Festuca pyrenaica Reuter
> *F. rubra L. subsp. pyrenaica (Reuter) Hackel*

Pastos en crestones y pedregales de montaña. **Alt.:** 1600-2300 m.
Dist.: Endém. pirenaica. Limitada a las montañas pirenaicas más elevadas, al este del monte Ori. **Alp.:** R; **Atl.:** -; **Med.:** -.
Obs.: Límite W en Navarra.

Festuca rivas-martinezii Fuente & Ortúñez subsp. *rectifolia* Fuente, Ortúñez & Ferrero
> *F. costei auct.*

Pastizales pedregosos y crestones calizos. **Alt.:** 650-1900 m. **HIC:** 6210(*).
Dist.: Endém. ibérica norteña. Pirineos, montañas de la Zona Media y sierras occ. **Alp.:** RR; **Atl.:** RR; **Med.:** -.
Obs.: Materiales en los herbarios ARAN y BIO.

Festuca rivularis Boiss.
Ambientes higroturbosos y a orillas de canales en turberas; sobre sustratos silíceos. **Alt.:** 500-1200 m.
Dist.: Oróf. Europa. Limitada a los Pirineos y a las montañas húmedas del NW. **Alp.:** -; **Atl.:** RR; **Med.:** -.
Obs.: Se dan numerosas formas de transición hacia *F. rubra* L. subsp. *fallax* (Thuill.) Nyman, como así se recoge en la literatura.

Festuca rubra L. subsp. *asperifolia* (St-Yves) Markgr.-Dann.
Claros de coscojares xéricos y pinares de *Pinus halepensis*. **Alt.:** 250-600 m.
Dist.: Oróf. Europa S. Parece limitarse a la Ribera Tudelana, en Bardenas Reales. **Alp.:** ; **Atl.:** -; **Med.:** RR.
Obs.: Grupo complejo pendiente de estudio en Navarra.

Festuca rubra L. subsp. *fallax* (Thuill.) Nyman
> *F. heteromalla Pourr.; F. diffusa Dumort.*

Pastos húmedos, cerca de ambientes higroturbosos. **Alt.:** 500-1200 m. **HIC:** 6410.
Dist.: Oróf. Europa W. Pirineos y, principalmente, en las montañas del cuadrante noroccidental. **Alp.:** RR; **Atl.:** R; **Med.:** -.
Obs.: Materiales en el herbario ARAN. Se relaciona con *F. rivularis*, con numerosos materiales de transición entre ambos táxones.

Festuca rubra L. subsp. *rubra*
Pastos, praderas, cunetas, claros forestales, etc. **Alt.:** 20-2100 m. **HIC:** 4030, Prados diente-siega con *Cynosurus cristatus*, 6510, 9230.

Dist.: Plurirreg. General en Navarra, siendo escaso en el tercio sur. **Alp.:** E; **Atl.:** C; **Med.:** F.

Cons.: LC (ERLVP, 2011), sin detallar subespecie.

Obs.: Grupo complejo pendiente de estudio en Navarra.

Festuca scabrescens Hack. ex Trabut

Orillas de arroyos. **Alt.:** 300-350 m.

Dist.: Med. Sólo la conocemos de Tafalla (Biurrun, 1999). **Alp.:** -; **Atl.:** -; **Med.:** RR.

Obs.: Materiales de Tafalla en el herbario BIO.

Festuca trichophylla (Ducros ex Gaudin) K. Richter

Terrenos húmedos, manantiales, margas rezumantes, orillas de lagunas y ríos. **Alt.:** 250-2000 m.

Dist.: Plurirreg.: Med. W y Europa C. Dispersa por Navarra: Pirineos, valles atlánt., Zona Media, sierras occ. y Ribera. **Alp.:** E; **Atl.:** E; **Med.:** E.

Obs.: Grupo complejo pendiente de estudio en Navarra. Incluida, según autores, en *F.* gr. *rubra*.

Festuca vivipara (L.) Sm.

F. ovina L. var. vivipara L.

Pastos y repisas de roquedos sombríos en áreas de montaña. **Alt.:** 1100-1500 m.

Dist.: Bor.-Alp. Sólo se conoce de la sierra de Aralar, en Irumugarrieta. **Alp.:** -; **Atl.:** RR; **Med.:** -.

Gastridium ventricosum (Gouan) Schinz & Thell.

G. lendigerum (L.) Desv.

Pastos y terrenos removidos o erosionados. **Alt.:** 120-1100 m.

Dist.: Med.-Atl. (Plurirreg.). Mitad septen. de Navarra; alcanza el sur de los Pirineos y escasea en los valles atlánt. **Alp.:** RR; **Atl.:** E; **Med.:** E.

Gaudinia fragilis (L.) Beauv.

Pastos, prados de siega y lastonares en orlas forestales. **Alt.:** 100-800 m.

Dist.: Eur. Valles Húmedos del NW, montañas medias y cuencas prepiren. **Alp.:** -; **Atl.:** F; **Med.:** RR.

Glyceria declinata Bréb.

Aguas estancadas, arroyos de montaña y orlas de vegetación palustre. **Alt.:** 450-1200 m. **HIC:** Berr. ag. dulces; Com. helóf. gram.

Dist.: Europa W. Dispersa por Navarra, principalmente en la mitad septen. y con una localidad meridional (Baños de Fitero). **Alp.:** R; **Atl.:** E; **Med.:** E.

Cons.: LC (ERLVP, 2011).

Glyceria fluitans (L.) R. Br.

Arroyos, orillas de ríos y orlas de lagunas, canales de turberas, estanques, etc. **Alt.:** 120-1200 m. **HIC:** Berr. ag. dulces; Com. helóf. gram., 91E0*.

Dist.: Plurirreg. (Subcosm.). Mitad septen. de Navarra. **Alp.:** RR; **Atl.:** E; **Med.:** R.

Cons.: LC (ERLVP, 2011).

Glyceria plicata (Fries) Fries

G. notata Chevall.

Humedales, aguas corrientes y estanques, lagunas endorreicas, etc. **Alt.:** 350-900 m. **HIC:** Berr. ag. dulces.

Dist.: Plurirreg. Mitad meridional de Navarra, siguiendo los ambientes palustres. **Alp.:** -; **Atl.:** E; **Med.:** E.

Cons.: LC (ERLVP, 2011).

Hainardia cylindrica (Willd.) W. Greuter

Lepturus cylindricus (Willg.) Trin.; Monerma cylindrica (Willd.) Cosson & Durieu

Ruderal en caminos, pastos de anuales, orlas de balsas y cascajeras. **Alt.:** 300-900 m.

Dist.: Med. Dos tercios meridionales de Navarra; ausente de los Pirineos y de los valles atlánt. **Alp.:** -; **Atl.:** E; **Med.:** E.

Helictotrichon cantabricum (Lag.) Gervais

Avena cantabrica Lag.

Lastonares que sustituyen carrascales, quejigales, robledales y claros forestales con brezo y cascaula. **Alt.:** 350-1650 m. **HIC:** 4090, Tom., aliag. y romer. som.-arag. y prep., Bojeral de orla, 5110, 5210, 6210, 9240, Robl. pel. pirenaicos, Pin. *Pinus sylvestris* basófilos.

Dist.: Endém. pir.-cant. Extendida por la Navarra Media, Pirineos, cuencas prepiren. y sierras occ., muy puntual en las Bardenas Reales. **Alp.:** F; **Atl.:** C; **Med.:** F.

Helictotrichon sedenense (Clarion ex DC.) J. Holub

Avena montana Vill.; A. sedenensis Clarion ex DC.

Pastizales pedregosos, repisas del karst y crestones subalpinos. **Alt.:** 1500-2450 m. **HIC:** 4060, 6170.

Dist.: Oróf. Med. W. Limitada a las montañas pirenaicas al este del monte Ori. **Alp.:** R; **Atl.:** -; **Med.:** -.

Obs.: Se incluye la subsp. *gervasii* Romero Zarco, endém. pirenaica, distribuida desde Lérida hasta Navarra.

Holcus lanatus L.

Prados de siega, orlas forestales y herbazales hidrófilos. **Alt.:** 100-1400 m. **HIC:** Past. inund. *A. stolonifera*, Prados diente-siega con *Cynosurus cristatus*, 6510, 6420, 6410, Juncales éutrofos, Juncales nitrófilos, Pastiz. higronitrófilos.

Dist.: Plurirreg. (Subcosm.). Pirineos, valles atlánt., Zona Media, cuencas prepiren. y sierras occ., esporádica en la Ribera. **Alp.:** F; **Atl.:** C; **Med.:** E.

Holcus mollis L.

Orlas y claros de marojales y robledales, sobre sustratos ácidos. **Alt.:** 40-1200 m. **HIC:** 6430, 9230, Robled. acidof. cant., 9120.

Dist.: Eur. Valles atlánt., montañas de la divisoria, sierras prepiren. y occ. **Alp.:** RR; **Atl.:** E; **Med.:** RR.

Hordelymus europaeus (L.) C.O. Harz

Elymus europaeus L.; Hordeum europaeum (L.) All.

Nemoral en hayedos, abetales y cercanías de arroyos. **Alt.:** 500-1500 m.

Dist.: Eur. Montañas y valles pirenaicos, cuencas prepiren. y sierras occ. **Alp.:** E; **Atl.:** E; **Med.:** -.

Hordeum distichon L.

Cultivada como cereal, se asilvestra en baldíos y vías de comunicación. **Alt.:** 450-650 m.

Dist.: Introd.; originaria de oriente próximo. Principalmente en la cuenca de Pamplona y Zona Media. **Alp.:** -; **Atl.:** RR; **Med.:** RR.

Hordeum hystrix Roth

H. geniculatum All.; H. gussoneanum Parl.

Asilvestrada en prados-juncales, sotos y terrazas fluviales. **Alt.:** 200-800 m.

Dist.: Med. (Plurirreg.). Dispersa por la Zona Media y principalmente en la Ribera, siguiendos los cursos fluviales. **Alp.:** -; **Atl.:** RR; **Med.:** RR.

Hordeum marinum Hudson

H. maritimum Stokes

Saladares en cubetas endorreicas, cunetas y orlas de cultivos. **Alt.:** 250-650 m. **HIC:** 1310, 1410.

Dist.: Med.-Atl. (Plurirreg.). Limitada a la mitad meridional de Navarra. **Alp.:** -; **Atl.:** -; **Med.:** F.

Cons.: LC (ERLVP, 2011).

Hordeum murinum L. subsp. glaucum (Steudel) Tzvelev

Ruderal en cunetas, taludes terrosos, grietas de muros y cultivos. **Alt.:** 300-600 m.

Dist.: Med. Navarra Media occidental y Ribera. **Alp.:** -; **Atl.:** -; **Med.:** E.

Hordeum murinum L. subsp. leporinum (Link) Arcangeli

H. leporinum Link

Terrenos alterados y nitrificados, cerros erosionados, barbechos, cubetas endorreicas y orlas de caminos. **Alt.:** 250-700 m.

Dist.: Med. Mitad meridional de Navarra. **Alp.:** -; **Atl.:** -; **Med.:** E.

Hordeum murinum L. subsp. murinum

Terrenos alterados y nitrificados, cerros erosionados, barbechos, cubetas endorreicas y orlas de caminos. **Alt.:** 100-1200 m.

Dist.: Eur. General en Navarra, salvo en cotas elevadas y en el tercio sur. **Alp.:** F; **Atl.:** C; **Med.:** C.

Cons.: LC (ERLVP, 2011), sin detallar subespecies.

Hordeum secalinum Schreber

H. pratense Hudson

Prados-juncales, ricos en sales. **Alt.:** 250-650 m.

Dist.: Med. W (Plurirreg.). Cuenca de Pamplona, Zona Media y Ribera. **Alp.:** -; **Atl.:** RR; **Med.:** E.

Cons.: LC (ERLVP, 2011).

Hordeum vulgare L.

Extensamente cultivada en Navarra, se asilvestra en áreas contiguas, baldíos y cunetas de carreteras. **Alt.:** 250-650 m.

Dist.: Introd.; originaria de África orient. Dispersa por la cuenca de Pamplona, Zona Media y Ribera. **Alp.:** -; **Atl.:** E; **Med.:** R.

Cons.: LC (ERLVP, 2011).

Imperata cylindrica (L.) Raeuschel

Saccharum cylindricum (L.) Lam.

Cascajeras fluviales y ramblas arenosas. **Alt.:** 300-350 m. **HIC:** Herb. depos. aren.

Dist.: Plurirreg.; termocosmopolita. Sólo se conoce con certeza de Mélida, en el Soto Valporrés. **Alp.:** -; **Atl.:** -; **Med.:** RR.

Obs.: La cita de Tafalla de Escriche (1935) no se ha verificado recientemente.

Koeleria pyramidata (Lam.) Beauv.

K. cristata (L.) Pers., p.p.

Pastos secos, soleados y pedregosos. **Alt.:** 1400-2000 m.

Dist.: Eur. Limitada a las montañas pirenaicas. **Alp.:** RR; **Atl.:** -; **Med.:** -.

Koeleria vallesiana (Honckeny) Gaudin

K. setacea Pers.; K. cantabrica Willk.

Pastos mesófilos y xerófilos, repisas y rellanos de roquedos, crestones, etc. **Alt.:** 300-2150 m. **HIC:** 1430, 4060, 4090, Tom., aliag. y romer. som.-arag. y prep., Bojeral de orla, 6220*, Espartales (no halófilos), Fenalares, 6210(*), 6170.

Dist.: Med. General en toda Navarra, salvo en los valles atlánt. septentrionales. **Alp.:** C; **Atl.:** CC; **Med.:** E.

Lagurus ovatus L.

Planta dudosa que requiere comprobación. Pastos secos, sobre terrenos arenosos. **Alt.:** 450-500 m.

Dist.: Med. (Pluriregional). Citada de Zúñiga, en la Navarra Media occidental. **Alp.:** -; **Atl.:** -; **Med.:** RR.

Obs.: Parece una planta ocasional.

Leersia oryzoides (L.) Swartz

Terrenos encharcados y orillas fluviales. **Alt.:** 40-250 m. **HIC:** 3270, Com. helóf. tam. med.

Dist.: Plurirreg. (subcosmopolita). Dispersa por los valles atlánt. y la Zona Media. **Alp.:** -; **Atl.:** RR; **Med.:** RR.

Cons.: LC (ERLVP, 2011).

Leptochloa fusca (L.) Kunth subsp. fascicularis (Lam.) N. Snow

Naturalizada en arrozales y acequias de desagüe. **Alt.:** 300-450 m.

Dist.: Introd.; originaria de América tropical. Localizada en los arrozales de la Ribera Tudelana. **Alp.:** -; **Atl.:** -; **Med.:** RR.

Obs.: Recientemente citada (Bozal & al., 2011).

Lolium multiflorum Lam.

L. italicum A. Braun

Prados, cunetas y otros herbazales sobre terrenos alterados; se cultiva como forrajera. **Alt.:** 100-900 m.

Dist.: Med. (Subcosm.). Dispersa por los dos tercios de Navarra. **Alp.:** -; **Atl.:** E; **Med.:** E.

Cons.: LC (ERLVP, 2011).

Lolium perenne L.

Prados de siega, herbazales frescos de cunetas, orlas forestales; cultivada como planta forrajera. **Alt.:** 40-1250 m. **HIC:** Gramales y past. suel. compac., Pastiz. suelos pisoteados, Prados diente-siega con *Cynosurus cristatus*, 6510.

Dist.: Eur. (Subcosm.). Extendida por toda Navarra, salvo en las cotas más elevadas. **Alp.:** E; **Atl.:** C; **Med.:** C.

Cons.: LC (ERLVP, 2011).

Lolium rigidum Gaudin subsp. rigidum

Cultivos, cunetas, terrenos despejados y ruderalizados. **Alt.:** 250-1200 m.

Dist.: Med. (Plurirreg.). Puntual en la cuenca de Pamplona, se hace más frecuente en la mitad meridional de Navarra. **Alp.:** -; **Atl.:** RR; **Med.:** C.

Cons.: LC (ERLVP, 2011).

Lolium temulentum L.

Cunetas, cultivos y terrenos ruderalizados. **Alt.:** 250-800 m.

Dist.: Plurirreg. (Subcosm.). Puntual en el territorio, en la cuenca de Pamplona, las cuencas prepiren. y la Zona Media. **Alp.:** RR; **Atl.:** R; **Med.:** RR.

Cons.: LC (ERLVP, 2011).

Obs.: De Valcarlos y Baztán se ha citado el híbrido *Lolium × hybridum* Hausskn. (*L. multiflorum × L. perenne*) (Aizpuru & al., 1990). También se ha citado el híbrido intergenérico × *Festulolium holmbergii* (Dörfl.) P. Fourn. de Mendaza (Aizpuru & al., 1996).

Lophochloa cristata (L.) Hyl.

Koeleria phleoides (Vill.) Pers.

Pastos de anuales, eriales y terrenos removidos. **Alt.:** 250-650 m. **HIC:** 1420, 1430.

Dist.: Med. (Subcosm.). Mitad meridional de Navarra, llegando a las cuencas prepiren. **Alp.:** -; **Atl.:** E; **Med.:** F.

Lygeum spartum L.

Pastos xerófilos y orlas de saladares, sobre yesos o arcillas. **Alt.:** 250-600 m. **HIC:** 1510*, 1410, 1430, 6220*, Espartales (no halófilos).

Dist.: Med. Tercio meridional árido de Navarra. **Alp.:** -; **Atl.:** -; **Med.:** C.

Melica ciliata L. subsp. *ciliata*

M. nebrodensis Parl.; M. glauca F.W. Schultz

Roquedos, gleras y pastos pedregosos. **Alt.:** 250-1400 m. **HIC:** 8130.

Dist.: Plurirreg. Citada de varias localidades de Navarra: Arakil, Bigüézal, Romanzado, y posiblemente más extendida. **Alp.:** -; **Atl.:** E; **Med.:** E.

Melica ciliata L. subsp. *magnolii* (Gren. & Godron) Husnot

M. magnolii Gren. & Godron

Cunetas, repisas y rellanos de roquedos, graveras, gleras y terrazas fluviales. **Alt.:** 120-1800 m.

Dist.: Med. W. General en Navarra, se hace rara en los valles atlánt. **Alp.:** F; **Atl.:** F; **Med.:** F.

Melica minuta L.

Roquedos y terrenos pedregosos caldeados. **Alt.:** 400-900 m. **HIC:** 8210.

Dist.: Med. Pirineos, sierras prepiren., Zona Media orient. y puntual en las Bardenas. **Alp.:** R; **Atl.:** -; **Med.:** R.

Melica uniflora Retz.

Bosques húmedos, frescos y algo sombríos. **Alt.:** 40-1400 m. **HIC:** 91E0*, Robl. roble albar, 9130, 9180*, Abet. prepiren.

Dist.: Eur. Extendida por la mitad septen. de Navarra. **Alp.:** F; **Atl.:** F; **Med.:** E.

Mibora minima (L.) Desv.

M. verna Beauv.

Pastos de anuales, sobre suelos someros arenosos. **Alt.:** 120-1200 m.

Dist.: Europa W. Valles y montañas atlánt., sierras occ. (Urbasa-Andía) y Ribera Estellesa. **Alp.:** -; **Atl.:** R; **Med.:** RR.

Micropyrum tenellum (L.) Link

Catapodium halleri (Viv.) Reichenb.; Nardurus lachenalii (C.C. Gmelin) Godron

Pastos de anuales sobre arenas. **Alt.:** 400-650 m.

Dist.: Med. W. Cuenca de Pamplona, sierras occ. y en Fitero. **Alp.:** -; **Atl.:** R; **Med.:** RR.

Milium effusum L.

Nemoral, en bosques éutrofos, hayedos, robledales y abetales. **Alt.:** 500-1550 m. **HIC:** 9180*.

Dist.: Circumbor. Pirineos, montañas de la Zona Media y sierras occ. **Alp.:** E; **Atl.:** E; **Med.:** -.

Molineriella minuta (L.) Rouy

Molineria minuta (L.) Parl.; Periballia minuta (L.) Asch. & Graebn.; Airopsis minuta (L.) Desv.

Planta dudosa que requiere comprobación. Pastos de anuales, sobre sustratos arenosos. **Alt.:** 120-250 m.

Dist.: Med. Citada de Bertizarana. **Alp.:** -; **Atl.:** RR; **Med.:** -.

Obs.: Se conocen las citas de Lacoizqueta (1884), y cerca de Navarra en Santa Cruz de Campezo (Ursúa & Báscones, 1987). Próxima a Navarra, en Álava, se ha citado *M. laevis* (Brot.) Rouy.

Molinia caerulea (L.) Moench subsp. *arundinacea* (Schrank) K. Richter

Juncales y herbazales higrófilos. **Alt.:** 300-650 m.

Dist.: Med. Mitad meridional del territorio, llegando a las cuencas prepiren. **Alp.:** R; **Atl.:** F; **Med.:** E.

Observación: Distribución aproximada, mal conocida en Navarra.

Molinia caerulea (L.) Moench subsp. *caerulea*

Herbazales húmedos, turberas, trampales, manantiales, orillas de arroyos y otras comunidades higrófilas. **Alt.:** 250-1600 m. **HIC:** 7210*, 7140, 7150, 4020*, 6410, 6420, 7220*, 91D0*.

Dist.: Circumbor. Extendida por la mitad septen. de Navarra. **Alp.:** F; **Atl.:** F; **Med.:** E.

Narduroides salzmannii (Boiss.) Rouy

Catapodium salzmannii (Boiss.) Cosson; Nardurus salzmanii Boiss.

Planta dudosa que requiere comprobación. Pastos de anuales en claros del carrascal. **Alt.:** 350-600 m.

Dist.: Med. W. Ribera occidental. **Alp.:** -; **Atl.:** -; **Med.:** RR.

Obs.: Garde & López (1991) la citaron de la Ribera occidental, sin confirmaciones posteriores. Hay citas de localidades cercanas a Navarra (Laserna y Ruedas de Ocón).

Nardus stricta L.

Pastos densos -cervunales- sobre suelos acidificados en áreas de montaña. **Alt.:** 850-2300 m. **HIC:** 6230*.

Dist.: Eur. Montañas pirenaicas, prepiren. y atlánt. **Alp.:** E; **Atl.:** R; **Med.:** -.

Oreochloa blanka Deyl

O. disticha (Wulfen) Link subsp. blanka (Deyl) Küpfer; Sesleria dis-

ticha (Wulfen) Pers.

Planta citada de Navarra, posiblemente errónea. Pastos ralos, innivados, pedregosos y fisuras de roquedos venteados; sobre sustratos ácidos.

Dist.: Endém. pir.-cant. Citada de Larra (Isaba). **Alp.:** RR; **Atl.:** -; **Med.:** -.

Obs.: Se ha anotado del Collado de San Martín (Belagua) por Rivas-Martínez & al., (1991). Planta muy dudosa para Navarra. Es una planta calcífuga del piso alpino, que dudamos llegue a nuestro territorio.

Oreochloa confusa (Coincy) Rouy

Grietas, repisas, rellanos de roquedos y pastos pedregosos; sobre calizas. **Alt.:** 400-1400 m.

Dist.: Endém. del NW Pen. Ibér. Por las sierras medias occ., desde la Higa de Monreal-Sierra de Alaitz hasta Codés y Urbasa-Andía. **Alp.:** -; **Atl.:** E; **Med.:** R.

Obs.: Límite de distribución orient. en Navarra.

Oryza sativa L.

Cultivada como cereal de primavera y asilvestrada en campos inundados. **Alt.:** 250-350 m.

Dist.: Introd.; originaria del SE asiático. Limitada a contadas localidades de la Ribera Tudelana. **Alp.:** -; **Atl.:** -; **Med.:** RR.

Panicum capillare L.

Naturalizada en cascajeras, cultivos de regadío (maíz) y otros terrenos ruderalizados. **Alt.:** 250-500 m.

Dist.: Introd.; originaria de Norteamérica. Dispersa por la Ribera del Ebro y la Navarra Media orient. **Alp.:** -; **Atl.:** -; **Med.:** E.

Panicum dichotomiflorum Michaux

Naturalizada en cultivos y terrenos ruderalizados. **Alt.:** 350-250 m.

Dist.: Introd.; originaria de Norteamérica. Puntual en la Ribera del Ebro (Valtierra, Milagro). **Alp.:** -; **Atl.:** -; **Med.:** RR.

Panicum miliaceum L.

Planta que se cultiva -mijo- y se asilvestra en terrenos alterados. **Alt.:** 250-500 m.

Dist.: Introd.; originaria de Asia. Cuencas prepiren. y Zona Media. **Alp.:** -; **Atl.:** -; **Med.:** RR.

Parapholis Incurva (L.) C.E. Hubbard

Pholiurus incurvatus A.S. Hitchc.; Ph. Incurvus (L.) Schinz & Thell.; Lepturus incurvatus Trin.

Cubetas y depresiones endorreicas, sobre yesos o arenas. **Alt.:** 250-650 m. **HIC:** 1310, 1430.

Dist.: Med.-Atl. (Plurirreg.). Mitad meridional de Navarra y puntual en la Zona Media (Ollo). **Alp.:** -; **Atl.:** R; **Med.:** E.

Parapholis strigosa (Dumort.) C.E. Hubbard

Lepturus filiformis auct., non (Roth) Trin.

Cubetas y depresiones endorreicas, sobre suelos salobres. **Alt.:** 300-550 m. **HIC:** 3170*.

Dist.: Med.-Atl. (Plurirreg.). Limitada al Valle del Ebro y a alguna localidad de la Zona Media (Cirauqui, Ollo). **Alp.:** -; **Atl.:** RR; **Med.:** RR.

Paspalum dilatatum Poiret

Digitaria dilatata (Poiret) Coste

Naturalizada en prados de siega, herbazales, cunetas y jardines. **Alt.:** 120-700 m. **HIC:** Pastiz. suelos pisoteados.

Dist.: Introd.; originaria de Sudamérica. Valles atlánt. a baja altitud y en la Ribera del Ebro. **Alp.:** -; **Atl.:** E; **Med.:** RR.

Paspalum paspalodes (Michaux) Scribner

Digitaria paspalodes Michaux; P. distichum L.

Naturalizada en herbazales húmedos, orillas de ríos y ribazos frescos. **Alt.:** 40-500 m. **HIC:** 3280, Com. helóf. gram., Com. ciper. amacoll.

Dist.: Introd.; originaria tropical. Valle del Ebro, Zona Media y valles cantábricos (Bidasoa). **Alp.:** -; **Atl.:** E; **Med.:** E.

Obs.: Considerada especie exótica con potencial invasor (CEEEI, 2011).

Paspalum vaginatum Swartz

Planta dudosa que requiere comprobación. Naturalizada en enclaves alterados de los arenales costeros y marismas. **Alt.:** 250-550 m.

Dist.: Introd.; origen tropical. Zona Media, valles atlánt. y Ribera del Ebro. **Alp.:** -; **Atl.:** RR; **Med.:** RR.

Obs.: Planta propia de arenales costeros, por lo que debe corresponder a *P. paspalodes*. Se ha citado de Belascoain (López, 1970), Sunbilla (García Zamora, 1985) y Milagro (Ursúa, 1983).

Phalaris aquatica L.

Ph. bulbosa auct.; Ph. nodosa L.; Ph. tuberosa L.

Herbazales en cunetas, orlas forestales, etc. **Alt.:** 300-850 m.

Dist.: Med. Valles atlánt., cuencas prepiren., Zona Media y valles occ. **Alp.:** R; **Atl.:** E; **Med.:** R.

Cons.: LC (ERLVP, 2011).

Phalaris arundinacea L.

Orillas de ríos, acequias y herbazales sobre suelos húmedos. **Alt.:** 40-900 m. **HIC:** Com. helóf. tam. med., 6430.

Dist.: Circumbor. Valles atlánt., Pirineos, cuencas prepiren., Zona Media y Ribera. **Alp.:** R; **Atl.:** E; **Med.:** E.

Cons.: LC (ERLVP, 2011).

Phalaris brachystachys Link

Planta dudosa que requiere comprobación. Pastos, cunetas y ambientes ruderales. **Alt.:** 120-500 m.

Dist.: Med. Dispersa por los valles atlánt. y la cuenca de Pamplona. **Alp.:** -; **Atl.:** R; **Med.:** -.

Obs.: Citada de Pamplona y de los valles atlánt. por Bubani (1901), Mayo (1978) y Báscones (1982).

Phalaris canariensis L.

Terrenos alterados en cunetas y pastos con humedad temporal. **Alt.:** 350-600 m.

Dist.: Subcosm. (Med.). Distintas localidades de la cuenca de Pamplona, la Zona Media occidental y la Ribera. **Alp.:** -; **Atl.:** R; **Med.:** R.

Phalaris coerulescens Desf.

Pastos, cunetas, acequias y otros lugares temporalmente inundados. **Alt.:** 400-900 m.
Dist.: Med. Cuenca de Pamplona, cuencas prepiren., Zona Media y valles occ. **Alp.:** -; **Atl.:** E; **Med.:** R.

Phalaris minor Retz.

Pastos secos, cultivos y terrenos ruderalizados. **Alt.:** 250-350 m.
Dist.: Plurirreg. En el extremo sur de Navarra, en la Ribera Tudelana. **Alp.:** -; **Atl.:** -; **Med.:** R.

Phalaris paradoxa L.

Cultivos, cunetas, acequias y otros ambientes alterados. **Alt.:** 120-600 m.
Dist.: Med. Cuenca de Pamplona, valle de la Ultzama, valles atlánt., Pirineos y Ribera occidental. **Alp.:** RR; **Atl.:** R; **Med.:** RR.

Phalaris truncata Guss. ex Bertol

Claros del romeral-tomillar. **Alt.:** 550-600 m.
Dist.: Med. Conocida de los Baños de Fitero, al sur de Navarra. **Alp.:** -; **Atl.:** -; **Med.:** RR.

Phleum alpinum L.

Pastos supraforestales y cervunales, crestas calizas, etc. **Alt.:** 1200-2100 m. **HIC:** 6230*.
Dist.: Bor.-Alp. Limitada a las montañas pirenaicas elevadas, al este del monte Ori. **Alp.:** RR; **Atl.:** -; **Med.:** -.
Obs.: Pueden estar representadas la subsp. *alpinum* y subsp. *rhaeticum* Humphries.

Phleum phleoides (L.) Karsten

Ph. boehmeri Wibel

Pastos pedregosos soleados y lugares erosionados. **Alt.:** 400-1450 m.
Dist.: Plurirreg. Pirineos, cuencas prepiren., Zona Media y sierras occ. **Alp.:** R; **Atl.:** E; **Med.:** E.

Phleum pratense L. subsp. *bertolonii* (DC.) Bornm.

Prados, herbazales de cunetas y orlas forestales. **Alt.:** 450-1250 m. **HIC:** Fenalares, 6210(*).
Dist.: Plurirreg. Navarra Media orient. y sierras medias occ. **Alp.:** -; **Atl.:** RR; **Med.:** R.

Phleum pratense L. subsp. *pratense*

Prados, herbazales de cunetas y orlas forestales. **Alt.:** 120-1900 m.
Dist.: Plurirreg. General en la mitad septen. de Navarra, se enrarece y ausenta de los enclaves más cálidos meridionales. **Alp.:** C; **Atl.:** C; **Med.:** E.
Cons.: LC (ERLVP, 2011), sin detallar subespecies.

Phragmites australis (Cav.) Trin. ex Steudel

Ph. communis Trin.; *Arundo phragmites* L.

El carrizo forma densas comunidades –carrizales- a orillas de lagunas, balsas, ríos, acequias, etc. **Alt.:** 250-750 m. **HIC:** 1410, Cañaverales halófilos, 3270, Com. grandes helof., Com. ciper. amacoll., Com. aguas estanc., 7210*, 6420, 6430, 92D0.
Dist.: Subcosm. General en Navarra, estando ausente en los Pirineos y haciéndose rara en los valles atlánt. **Alp.:** F; **Atl.:** F; **Med.:** CC.

Cons.: LC (ERLVP, 2011).

Phyllostachys aurea (Carrière) Rivière & C. Rivière

Bambusa aurea Carrière

El bambú se cultiva en distintos jardines baztaneses, y alcanza las alisedas y saucedas a orillas del río Bidasoa. **Alt.:** 20-100 m.
Dist.: Originario del E de China. En Navarra la conocemos en este estado a orillas del río Bidasoa, desde Narbarte hasta Bera. **Alp.:** -; **Atl.:** RR; **Med.:** -.
Obs.: No resulta sencillo asignar los ejemplares a las distintas especies de bambú que se cultivan y, ocasionalmente, se asilvestran [*Ph. nigra* (Lodd. ex Lindl.) Munro; *Ph. bambusoides* Siebold & Zucc.]. Además de los caracteres vegetativos, referidos a las cañas, vainas y hojas, resultan clave en la separación de los táxones, las espiguillas y las flores, difíciles de ver en nuestras latitudes, ya que raramente florecen. También se cultiva y asilvestra *Pseudosasa japonica* (Siebold & Zucc. ex Steud.) Makino, otro bambú originario de Japón y Corea.

Piptatherum miliaceum (L.) Cosson

Milium multiflorum Cav.; *Oryzopsis miliacea* (L.) Bentham & Hooker ex Asch. & Graebn.

Cascajeras, arenales y matorrales caldeados. **Alt.:** 250-850 m.
Dist.: Med. Cuencas prepiren., Zona Media y Ribera. **Alp.:** R; **Atl.:** R; **Med.:** F.

Piptatherum paradoxum (L.) Beauv.

Milium paradoxum L.; *Oryzopsis paradoxa* (L.) Nutt.

Roquedos y gleras en desfiladeros y foces abrigadas, cascajeras fluviales. **Alt.:** 300-1300 m.
Dist.: Med. W. Cuencas prepiren., Zona Media y sierras occ. **Alp.:** R; **Atl.:** E; **Med.:** E.

Poa alpina L.

Pastos de montaña, rellanos de roquedos y dolinas. **Alt.:** 900-2450 m. **HIC:** 6210, 6230*, 6170.
Dist.: Bor.-Alp. Montañas pirenaicas y sierras occ. (Aralar, Urbasa-Andía). **Alp.:** E; **Atl.:** R; **Med.:** -.
Cons.: LC (ERLVP, 2011).
Obs.: Las citas de Tafalla (Escriche, 1935) e Higa de Monreal (Erviti, 1989) no parecen verídicas.

Poa annua L.

Terrenos ruderalizados, sobre suelos pisoteados de caminos, sendas, céspedes, cascajeras fluviales, etc. **Alt.:** 100-1950 m. **HIC:** 3170*.
Dist.: Subcosm. Extendida por toda Navarra. **Alp.:** F; **Atl.:** CC; **Med.:** CC.

Poa bulbosa L.

Pastos soleados, sobre suelos pedregosos, cunetas, taludes, etc. **Alt.:** 250-1500 m. **HIC:** 6220*.
Dist.: Plurirreg. General en Navarra, haciéndose rara en los valles atlánt. **Alp.:** CC; **Atl.:** CC; **Med.:** CC.
Obs.: Incluida la subsp. *vivipara* (Koeler) Arcangeli (var. *vivipara* Koeler).

Poa chaixii Vill.

P. sylvatica Chaix

Pastos sombríos en repisas y rellanos de roquedos. **Alt.:** 800-1400 m.
Dist.: Eur. Puntual en Navarra: monte Beriain, Irumugarrieta-Aldaon e Irati. **Alp.:** RR; **Atl.:** RR; **Med.:** -.

Poa compressa L.

Pastos pedregosos, graveras, herbazales húmedos y terrenos removidos. **Alt.:** 250-1400 m.
Dist.: Circumbor (Plurirreg.). Pirineos, cuencas prepiren., Zona Media y sierras occ., alcanzando la Ribera. **Alp.:** E; **Atl.:** E; **Med.:** E.

Poa flaccidula Boiss. & Reut.

Pastos pedregosos en foces abrigadas. **Alt.:** 500-600 m.
Dist.: Med. W. Cuencas prepiren. **Alp.:** RR; **Atl.:** -; **Med.:** RR.

Poa ligulata Boiss.

Pastos pedregosos crioturbados, junto a *Festuca hystrix*. **Alt.:** 600-1500 m. **HIC:** 6170.
Dist.: Med. W. Montañas medias occidentales: Ameskoa, Urbasa-Andía, etc. **Alp.:** -; **Atl.:** R; **Med.:** RR.

Poa minor Gaudin

Pastos pedregosos de alta montaña, innivados. **Alt.:** 2000-2450 m.
Dist.: Oróf. Europa. Limitada a las montañas pirenaicas más elevadas. **Alp.:** RR; **Atl.:** -; **Med.:** -.

Poa molinierii Balbis

> *P. alpina L. subsp. brevifolia Gaudin*

Pastos pedregosos supraforestales y repisas de roquedos. **Alt.:** 1600-2450 m.
Dist.: Bor.-Alp. Limitada a las montañas pirenaicas más elevadas. **Alp.:** RR; **Atl.:** -; **Med.:** -.

Poa nemoralis L.

Nemoral en hayedos, abetales y robledales; herbazales sombríos y orillas de arroyos. **Alt.:** 120-1900 m. **HIC:** 91E0*, 9130.
Dist.: Circumbor. General en la mitad septen., si bien es rara y falta en los valles atlánt. **Alp.:** F; **Atl.:** C; **Med.:** E.
Obs.: Se incluye la variedad *glauca* Gaudin, de tonos glaucos, presente en los Pirineos y en el prepirineo.

Poa pratensis L. subsp. angustifolia (L.) Gaudin

> *P. angustifolia L.*

Pastos mesófilos y xerófilos, en orlas de quejigales, carrascales, hayedos y pinares. **Alt.:** 350-1400 m.
Dist.: Plurirreg. Pirineos, cuencas prepiren., Zona Media y sierras occ., esporádica en el resto. **Alp.:** E; **Atl.:** E; **Med.:** E.

Poa pratensis L. subsp. irrigata (Lindman) H. Lindb.

> *P. subcaerulea Sm.*

Sobre suelos arenosos. **Alt.:** 300-350 m.
Dist.: Atl. Se conoce de Artikutza, en Goizueta. **Alp.:** -; **Atl.:** RR; **Med.:** -.
Obs.: Es una planta propia de arenales costeros y dunas, por lo que sorprende su presencie en Navarra. Ha sido citada por Catalán & Aizpuru (1986).

Poa pratensis L. subsp. pratensis

Prados de siega y herbazales en sotos, orlas forestales y cascajeras fluviales. **Alt.:** 120-1800 m.
Dist.: Plurirreg. General en la mitad septen. de Navarra, enrareciéndose en el Valle del Ebro. **Alp.:** F; **Atl.:** CC; **Med.:** F.
Cons.: LC (ERLVP, 2011), sin detallar subespecies.
Obs.: Se ha citado de Leitza y Quinto Real el híbrido entre *P. pratensis* y *P. trivialis*.

Poa supina Schrader

> *P. annua L. subsp. supina (Schrader) Link*

Pastos pedregosos, cervunales, y terrenos ricos en materia orgánica. **Alt.:** 1350-2200 m. **HIC:** Pastiz. suelos pisoteados.
Dist.: Bor.-Alp. Limitada a las montañas pirenaicas. **Alp.:** RR; **Atl.:** -; **Med.:** -.

Poa trivialis L. subsp. feratiana (Boiss. & Reut.) A.M. Hern.

> *P. feratiana Boiss. & Reut.*

Prados de siega, claros forestales y márgenes de arroyos. **Alt.:** 120-1300 m.
Dist.: Endém. N de España y Pirineos occ. Pirineos, valles atlánt., Zona Media, cuencas prepiren., sierras occ. y puntual en la Ribera occidental. **Alp.:** E; **Atl.:** E; **Med.:** R.

Poa trivialis L. subsp. trivialis

Prados de siega, pastos, lastonares, orlas forestales y herbazales frescos a orillas fluviales. **Alt.:** 20-1400 m. **HIC:** Past. inund. *A. stolonifera*, Com. helóf. gram., 6510, Juncales éutrofos.
Dist.: Eur. Pirineos, valles atlánt., Zona Media, cuencas prepiren., sierras occ. y puntual en la Ribera occidental. **Alp.:** F; **Atl.:** C; **Med.:** E.
Obs.: De Yesa, Aizpuru & al. (1990) han citado el híbrido *P. × complanata* Schur (*P. compressa × P. pratensis*).

Polypogon maritimus Willd. subsp. maritimus

Cubetas endorreicas, saladares y terrazas fluviales. **Alt.:** 250-600 m. **HIC:** 3170*, 1310.
Dist.: Plurirreg.: Med.-Turaniana. Cuenca de Pamplona y Zona Media, más la Ribera del Ebro. **Alp.:** -; **Atl.:** R; **Med.:** E.

Polypogon monspeliensis (L.) Desf.

Cubetas salobres, orlas de balsas, márgenes de ríos y acequias. **Alt.:** 250-850 m. **HIC:** 1310, Cañaverales halófilos, 3280.
Dist.: Med. (Plurirreg.). Cuenca de Pamplona, cuencas prepiren., Zona Media y Ribera. **Alp.:** -; **Atl.:** E; **Med.:** E.

Polypogon viridis (Gouan) Breistr.

> *P. semiverticillatus (Forsskal) Hyl.; Agrostis verticillata Vill.*

Terrenos alterados, húmedos, acequias y cultivos de regadío. **Alt.:** 300-500 m.
Dist.: Med. Cuencas prepiren. y, sobre todo, en la Ribera Tudelana y Estellesa. **Alp.:** -; **Atl.:** R; **Med.:** R.

Pseudarrhenatherum longifolium (Thore) Rouy

> *Arrhenatherum longifolium (Thore) Dulac.; A. thorei (Duby) Desmoulins; Avena longifolia Thore*

Claros forestales y bosques abiertos, brezal-argomal acidófilo; sobre sustratos silíceos. **Alt.:** 50-1400 m. **HIC:** 4020*, 4030, Zarzales y espin. acidof., 6230*, 9230.
Dist.: Atl. Puntual en los Pirineos, cuencas prepiren. y, sobre todo, en los Valles Húmedos del NW. **Alp.:** RR; **Atl.:** E; **Med.:** -.

Psilurus incurvus (Gouan) Schinz & Thell.

Pastos de anuales, en claros arenosos de terrazas fluviales y saladares. **Alt.:** a 350 m.
Dist.: Med. Sólo la conocemos de Larraga (Biurrun, 1999). **Alp.:** -; **Atl.:** -; **Med.:** RR.

Puccinellia distans (L.) Parl. subsp. *distans*
Glyceria distans (L.) Wahlenb.

Planta dudosa que requiere comprobación. Típica de lugares salobres, principalmente litorales. **Alt.:** 300-550 m.
Dist.: Circumbor. Citada de Tiebas y Marcilla. **Alp.:** -; **Atl.:** -; **Med.:** RR.
Obs.: Hay citas de Colmeiro (1889), Garde (1983) y Garde & López (1991), siendo una planta propia de lugares salobres del litoral.

Puccinellia fasciculata (Torrey) E.P. Bicknell
Glyceria conferta Fries; G. borreri Bab.

Depresiones endorreicas, orlas de balsas salobres, etc. **Alt.:** 300-650 m. **HIC:** 1310, 1410, Gramales y past. suel compac.
Dist.: Med.-Atl. (Plurirreg.). Mitad meridional de Navarra, asociada a los afloramientos salinos. **Alp.:** -; **Atl.:** -; **Med.:** E.
Cons.: DD (LR, 2000); Prioritaria (Lorda & al., 2009); LC (LR, 2008).

Puccinellia festuciformis (Host) Parl. subsp. *convoluta* (Hornem.) W.E. Hughes
P. convoluta (Hornem.) Hayek

Orlas de lagunas, acequias y balsas. **Alt.:** 350-600 m.
Dist.: Med. Limitada a las comarcas del Valle del Ebro. **Alp.:** -; **Atl.:** -; **Med.:** R.

Puccinellia festuciformis (Host) Parl. subsp. *festuciformis*
P. palustris (Seenus) Hayek

Cubetas endorreicas y saladares. **Alt.:** 350-350 m.
Dist.: Med. Se conoce de la Laguna de Pitillas (Pitillas). **Alp.:** -; **Atl.:** -; **Med.:** RR.
Obs.: Citada por Aparicio & al. (1997).

Puccinellia festuciformis (Host) Parl. subsp. *tenuifolia* (Boiss. & Reut.) W.E. Hughes
Glyceria tenuifolia Boiss. & Reut.

Cubetas endorreicas y márgenes de arroyos salobres. **Alt.:** 250-500 m. **HIC:** 1310, 1410.
Dist.: Med. W. Por los enclaves salinos, desde la Zona Media a, principalmente, la Ribera Tudelana y Estellesa. **Alp.:** -; **Atl.:** -; **Med.:** RR.

Puccinellia rupestris (With.) Fernald & Wearth.
Glyceria procumbens (Curtis) Dumort.

Orlas de vegetación palustre, sobre suelos salobres. **Alt.:** 400-650 m.
Dist.: Europa W. Citada de Salinas de Ibargoiti, Salinas de Oro y Carcastillo. **Alp.:** -; **Atl.:** RR; **Med.:** RR.
Obs.: Hay citas de Montserrat & Montserrat (1986), Erviti (1989) y Biurrun (1999).

Schismus barbatus (L.) Thell.
S. calycinus Cosson & Durieu; S. marginatus Beauv.

Cerros secos, arcillosos o yesosos, erosionados y pastos de anuales. **Alt.:** 200-500 m.
Dist.: Med. W. Contadas localidades en la Ribera del Ebro. **Alp.:** -; **Atl.:** -; **Med.:** R.

Sclerochloa dura (L.) Beauv.

Caminos pisoteados y terrenos ruderales. **Alt.:** 400-500 m.
Dist.: Med. Cuencas prepiren. **Alp.:** -; **Atl.:** -; **Med.:** RR.
Obs.: Citada por Bubani (1897) de Lumbier y Liédena, Gaussen & al. (1953) de Salazar-Roncal y por Peralta & al. (1992) de Torre de Peña.

Secale cereale L.

Se cultiva muy poco en Navarra y ocasionalmente se asilvestra en terrenos removidos. **Alt.:** 250-650 m.
Dist.: Introd.; originaria de Asia Central. Se conoce de Galar, en el Perdón. **Alp.:** -; **Atl.:** RR; **Med.:** RR.
Cons.: NE (ERLVP, 2011).

Sesleria albicans Kit. ex Schultes
S. caerulea (L.) Ard. subsp. calcarea (Celak.) Hegi

Pastos, claros forestales, rellanos y repisas de roquedos y lapiaces calizos. **Alt.:** 900-2400 m. **HIC:** 4060, 6170, 9430*.
Dist.: Eur. Montañas pirenaicas y sierras medias occ. **Alp.:** E; **Atl.:** E; **Med.:** -.
Obs.: Se ha citado *S. caerulea* (L.) Ard. por Allorge (1941), López (1968) y Montserrat (1976) de distintas localidades pirenaicas que deben corresponder a este taxon. Es extraña su presencia en las montañas silicícolas atlánt. (Báscones, 1982).

Sesleria argentea (Savi) Savi subsp. *hispanica* (Pau & Sennen) V. & P. Allorge
S. argentea (Savi) Savi var. hispanica Pau & Sennen

Herbazales en resaltes de roquedos y repisas de rellanos, cantiles, grietas y claros forestales pedregosos. **Alt.:** 300-1500 m. **HIC:** 6210, 8130.
Dist.: Endém. ibérica. Sierras de la Zona Media occidental. **Alp.:** -; **Atl.:** E; **Med.:** R.
Obs.: Las plantas parecen corresponder a esta subespecie, endémica ibérica. Límite orient. en Navarra.

Setaria italica (L.) Beauv.

Ruderal, taludes de carreteras, graveras de ríos y otros ambientes alterados. **Alt.:** 350-650 m.
Dist.: Subcosm. Contadas localidades en las cuencas prepiren. y mitad meridional de Navarra. **Alp.:** RR; **Atl.:** -; **Med.:** RR.

Setaria pumila (Poiret) Schultes
S. lutescens F.T. Hubbard; S. glauca auct.

Ruderal y arvense, en cultivos, acequias y terrenos removidos algo húmedos. **Alt.:** 20-500 m.
Dist.: Subcosm. En los valles atlánt. y en la Ribera. **Alp.:** -; **Atl.:** E; **Med.:** E.

Setaria verticillata (L.) Beauv.

Cunetas, cultivos y terrenos ruderalizados. **Alt.:** 100-900 m.

Dist.: Subcosm. Dispersa en los valles atlánt., cuencas prepiren., Zona Media y más frecuente en la Ribera. **Alp.:** RR; **Atl.:** E; **Med.:** E.

Obs.: Se incluye *S. adhaerens* (Forskal) Chlov.

Setaria viridis (L.) Beauv.

Cascajeras fluviales, cunetas, cultivos y terrenos ruderalizados. **Alt.:** 40-850 m.

Dist.: Subcosm. Repartida por toda Navarra sin llegar a ser abundante. **Alp.:** RR; **Atl.:** E; **Med.:** E.

Obs.: Se ha citado (Azqueta & Ibáñez, 2002) de Ilundáin el híbrido *S. verticillata* × *S. viridis*, que para algunos autores se corresponde con *S. verticilliformis* Dumort. [*S. ambigua* (Guss.) Guss.].

Sorghum bicolor (L.) Moench

S. vulgare Pers.

Cultivada como forrajera, se asilvestra ocasionalmente a orillas de caminos y carreteras. **Alt.:** 250-600 m.

Dist.: Introd.; origen paleotrop. Puntual en la Zona Media y la Ribera. **Alp.:** -; **Atl.:** -; **Med.:** RR.

Sorghum halepense (L.) Pers.

Herbazales húmedos, acequias y campos de cultivo. **Alt.:** 40-600 m.

Dist.: Subcosm.; origen paleotrop. Dispersa en los valles atlánt., la Zona Media y la Ribera. **Alp.:** -; **Atl.:** E; **Med.:** E.

Sphenopus divaricatus (Gouan) Rchb.

S. gouanii Trin.

Pastos de anuales en depresiones endorreicas y saladares, tarayales y afloramientos de yesos y arcillas. **Alt.:** 250-650 m. **HIC:** 1310, 1420.

Dist.: Plurirreg.; Med.-Turaniana. Mitad meridional de Navarra y Zona Media. **Alp.:** -; **Atl.:** RR; **Med.:** E.

Sporobolus indicus (L.) R. Br.

S. tenacissimus auct., non (L. fil) Beauv.

Naturalizada en juncales, herbazales nitrófilos, cunetas, márgenes de prados y terrenos ruderalizados. **Alt.:** 40-450 m. **HIC:** Pastiz. suelos pisoteados.

Dist.: Introd.; origen tropical. En los valles atlánt. y puntual en la Ribera (Peralta). **Alp.:** -; **Atl.:** R; **Med.:** RR.

Obs.: Considerada especie exótica con potencial invasor (CEEEI, 2011).

Stipa barbata Desf.

Pastos estepizados, claros de tomillares, ontinares y armallares sobre cerros yesosos. **Alt.:** 250-600 m.

Dist.: Med. W. Repartida por la mitad meridional de Navarra, en climas secos y soleados. **Alp.:** -; **Atl.:** -; **Med.:** RR.

Stipa buffensis F.M. Vázquez, H.Scholz & Sonnentag

S. lagascae var. australis sensu F.M. Vázquez & Devesa, non Maire

Pastos estepizados, coscojares, romerales y pinares de carrasco. **Alt.:** a 500 m.

Dist.: Med. W. Se conoce de Fitero y Lerín, en la Ribera. **Alp.:** -; **Atl.:** -; **Med.:** RR.

Obs.: Citada por Aizpuru & al. (2001).

Stipa capillata L.

Planta dudosa que requiere comprobación. Pastos de anuales, en ambientes secos y soleados. **Alt.:** 300-450 m.

Dist.: Plurirreg.; Sarmántica-Submed. Se conoce de la Bardena Blanca y Marcilla, en la Ribera. **Alp.:** -; **Atl.:** -; **Med.:** RR.

Obs.: Citada por Garde (1983), Garde & López (1991) y Ursúa (1986). Conviene comprobar estas citas ya que no parece que llegue a Navarra.

Stipa iberica Martinovský subsp. iberica

Pastos estepizados, tomillares y terrenos pedregosos. **Alt.:** a 1150 m.

Dist.: Endém. ibero-occitana. Una única localidad en Navarra, en el monte Selva, en Petilla de Aragón. **Alp.:** -; **Atl.:** -; **Med.:** RR.

Cons.: VU (NA); Prioritaria (Lorda & al. 2009).

Stipa juncea L.

Claros del pinar de carrasco y ramblas arenosas. **Alt.:** 250-500 m.

Dist.: Med. W. En la Ribera, en la Bardena Blanca y en Lerín. **Alp.:** -; **Atl.:** -; **Med.:** RR.

Obs.: Hay material en el herbario ARAN. Localidades que señalan el límite septen. en la Península Ibérica.

Stipa lagascae Roemer & Schultes

Pastos áridos, espartales, cerros pedregosos y ramblas arenosas. **Alt.:** 250-500 m. **HIC:** Espartales (no halófilos).

Dist.: Med. W. Dispersa en la mitad meridional del territorio. **Alp.:** -; **Atl.:** -; **Med.:** R.

Obs.: Se correspondería con la subepecie *lagascae*.

Stipa offneri Breistr.

S. juncea auct., non L.

Pastos y matorrales aclarados, soleados, sobre suelos pedregosos y terrenos rocosos. **Alt.:** 250-900 m. **HIC:** 4090, 8210.

Dist.: Med. W. Cuencas prepiren. y mitad meridional de Navarra. **Alp.:** -; **Atl.:** -; **Med.:** E.

Stipa parviflora Desf.

Pastos en cerros y taludes terrosos, pies de cantil arcilloso-yesosos, claros de coscojares y terrenos salinos. **Alt.:** 250-650 m. **HIC:** 1430, 4090, 6220*, Espartales (no halófilos).

Dist.: Med. W. Tercio meridional de Navarra, principalmente en la Ribera. **Alp.:** -; **Atl.:** -; **Med.:** F.

Stipa pennata L.

Planta dudosa que requiere comprobación. Pastos secos en zonas de clima continental. **Alt.:** 250-650 m.

Dist.: Plurirreg.; Póntico-Sarmántica-Submed. Zona Media y Ribera. **Alp.:** -; **Atl.:** -; **Med.:** RR.

Obs.: Hay citas de Escriche (1935) de Tafalla y de Ursúa (1986) de Bardenas, pero no parece que llegue a Navarra.

Taeniatherum caput-medusae (L.) Nevski

Elymus caput-medusae L.

Pastos pedregosos, claros de coscojares y eriales. **Alt.:** 400-1100 m.

Dist.: Med. Puntual en los Pirineos (Burgui), cuencas prepiren. y Zona Media orient. **Alp.:** RR; **Atl.:** RR; **Med.:** E.

Trisetum baregense Laffite & Miégeville

T. agrostideum auct., non (Laest.) Fries

Pastos pedregosos y rellanos de lapiaz. **Alt.:** 1550-2300 m.
Dist.: Endém. pirenaica. Limitada a las montañas pirenaicas al este del mont Ori. **Alp.:** RR; **Atl.:** -; **Med.:** -.
Obs.: Límite occidental en Navarra.

Trisetum flavescens (L.) Beauv. subsp. *flavescens*

Avena flavescens L.

Prados de siega, pastos mesófilos y claros forestales. **Alt.:** 100-2200 m. **HIC:** 6510.
Dist.: Eur. Dos tercios septentrionales de Navarra y esporádicamente en algún punto meridional (Caparroso). **Alp.:** E; **Atl.:** F; **Med.:** R.

Trisetum paniceum (Lam.) Pers.

T. neglectum (Savi) Roem. & Schultes

Pastos de anuales, sobre suelos arenosos. **Alt.:** 250-350 m.
Dist.: Med. W. Extremo meridional de Navarra (Milagro, Azagra). **Alp.:** -; **Atl.:** RR; **Med.:** RR.
Obs.: La cita de Lacoizqueta (1884) de Bertizarana debe comprobarse.

Triticum aestivum L.

T. vulgare Vill.; T. sativum Lam.

Asilvestrada. El trigo se cultiva profusamente en Navarra, principalmente en la Zona Media, asilvestrándose ocasionalmente en vías de comunicación y campos abandonados. **Alt.:** 250-650 m.
Dist.: Introd.; originaria de Asia menor. Puntual en la Zona Media y cuencas prepiren. **Alp.:** -; **Atl.:** RR; **Med.:** RR.

Vulpia bromoides (L.) S.F. Gray

V. dertonensis (All.) Gola; V. sciuroides (Roth) C.C. Gmelin

Suelos sueltos arenosos en claros forestales, terrazas fluviales y repisas de roquedos. **Alt.:** 200-1000 m.
Dist.: Eur. Pirineos, valles atlánt., cuencas prepiren., Zona Media y sierras occ. **Alp.:** R; **Atl.:** E; **Med.:** R.

Vulpia ciliata Dumort. subsp. *ciliata*

Pastos de anuales, secos y soleados, repisas de roquedos y medios alterados. **Alt.:** 300-1300 m.
Dist.: Med. Pirineos, cuencas prepiren., Zona Media y mitad meridional, haciéndose rara en las áreas más áridas del sur. **Alp.:** R; **Atl.:** E; **Med.:** F.

Vulpia membranacea (L.) Dumort.

Planta citada de Navarra, posiblemente errónea. Arenales litorales, raramente en terrenos arenosos del interior. **Alt.:** 150-600 m.
Dist.: Med.-Atl. Citada de los valles atlánt. y de la Ribera, que no parecen ser verídicas. **Alp.:** -; **Atl.:** RR; **Med.:** RR.
Obs.: Ruiz Casav. (1880) la cita de Caparroso y Colmeiro (1889) de Vertizarana. No parece que llegue a Navarra y deben corresponder a otros táxones del género.

Vulpia muralis (Kunth) Nees

Pastos arenosos de anuales, sobre sustratos silíceos. **Alt.:** 250-1100 m.
Dist.: Med. Valles pirenaicos caldeados y puntual en

Baztán. **Alp.:** RR; **Atl.:** RR; **Med.:** -.

Vulpia myuros (L.) C.C. Gmelin

Festuca myuros L.; V. pseudomyuros (Soyer-Willemet) Reichenb.

Ruderal, sobre suelos arenosos, cunetas, repisas de roquedos y terrazas. **Alt.:** 100-1250 m.
Dist.: Plurirreg. (Subcosm.). Dispersa por buena parte de Navarra, salvo en las grandes altitudes y en el tercio sur más árido. **Alp.:** RR; **Atl.:** E; **Med.:** E.

Vulpia unilateralis (L.) Stace

Nardurus maritimus (L.) Murb.; N. unilateralis (L.) Boiss.; N. tenuiflorus (Schrader) Boiss.

Pastos de anuales, rellanos pedregosos y roquedos caldeados. **Alt.:** 300-1000 m.
Dist.: Med. Extendida por los dos tercios meridionales de Navarra, llegando a los valles pirenaicos. **Alp.:** RR; **Atl.:** E; **Med.:** F.

Wangenheimia lima (L.) Trin.

Pastos de anuales, sobre yesos y arcillas. **Alt.:** a 500 m.
Dist.: Med. W. Sólo se conoce de Fitero, en el extremo sur de Navarra. **Alp.:** -; **Atl.:** -; **Med.:** RR.
Obs.: Citada por Fdez. Casas & Muñoz Garmendia (1978).

Zea mays L.

El maíz se cultiva ampliamente en Navarra, desde los valles atlánt. a la Ribera, asilvestrándose de forma ocasional en medios alterados y cultivos abandonados. **Alt.:** 40-650 m.
Dist.: Introd.; origen neotrop. Dispersa en Navarra. **Alp.:** -; **Atl.:** RR; **Med.:** RR.

Grossulariaceae

Ribes alpinum L.

Bosques pedregosos, cantiles y rellanos de roquedos, lapiaces calizos. **Alt.:** 450-1800 m. **HIC:** 9580*.
Dist.: Eur. Montañas de la Zona Media, desde los Pirineos a las sierras occ. **Alp.:** F; **Atl.:** F; **Med.:** E.

Ribes petraeum Wulfen

Lapiaces, grietas y repisas de roquedos. **Alt.:** 1200-1800 m.
Dist.: Eur. Pirineos y montañas occ. (sierra de Aralar). **Alp.:** R; **Atl.:** R; **Med.:** -.

Guttiferae (Clusiaceae)

Hypericum androsaemum L.

Androsaemum officinale All.

Orlas forestales frescas y sombrías, megaforbios, setos y barrancos abrigados. **Alt.:** 50-1100 m. **HIC:** Saucedas arb. cabec., 9160, Abed. *Betula pubescens* (*alba*).
Dist.: Med.-Atl. Valles atlánt., Pirineos y prepirineos, montañas de la divisoria y sierras occ. **Alp.:** R; **Atl.:** E; **Med.:** -.

Hypericum caprifolium Boiss.

Planta citada de Navarra antes de 1960, sin citas posteriores. Trampales calizos y manantiales con travertinos en ambientes abrigados. **Alt.:** 450-900 m. **HIC:** 6420, 7220*.
Dist.: Med. W. Limitada al Valle de Lana, en el extremo

occidental. **Alp.:** -; **Atl.:** -; **Med.:** RR.

Cons.: VU (NA); Prioritaria (Lorda & al., 2009).

Obs.: No se ha encontrado recientemente (Guzmán & Goñi, 2001) en su localidad, el valle de Lana, Pilón de Isasia (López Fdez., 1970).

Hypericum elodes L.
Elodes palustris Spach

Ambientes higroturbosos, canales y arroyos de turberas y manantiales oligótrofos, sobre sustratos silíceos. **Alt.:** 400-1200 m. **HIC:** 7140.

Dist.: Atl. Limitada a los valles atlánt. **Alp.:** -; **Atl.:** E; **Med.:** -.

Cons.: LC (ERLVP, 2011).

Hypericum hircinum L. subsp. *majus* (Aiton) N.K.B. Robson
H. hircinum var. majus Aiton; H. hircinum auct.

Planta citada de Navarra antes de 1960, sin citas posteriores. Naturalizada. Cunetas, taludes y herbazales húmedos en el ambiente de alisedas y robledales. **Alt.:** 100-250 m.

Dist.: Med.-Atl. Valles atlánt. **Alp.:** -; **Atl.:** RR; **Med.:** -.

Obs.: Se conoce la cita de Bertizarana (Lacoizqueta, 1884). Hay dudas sobre el origen autóctono de esta planta.

Hypericum hirsutum L.

Claros forestales, setos, acequias y herbazales sobre suelos húmedos. **Alt.:** 120-900 m.

Dist.: Eur. Pirineos y valles atlánt., llegando puntualmente a la Navarra Media. **Alp.:** RR; **Atl.:** E; **Med.:** -.

Hypericum humifusum L.

Brezales, claros forestales, pastos arenosos y taludes sobre suelos húmedos. **Alt.:** 150-1300 m. **HIC:** 3170*, Past. anuales silic.

Dist.: Eur. Pirineos, sierras prepiren., valles atlánt. y montañas de la Zona Media. **Alp.:** E; **Atl.:** E; **Med.:** -.

Hypericum hyssopifolium Chaix

Claros y orlas de carrascales y quejigales. **Alt.:** 450-650 m.

Dist.: Med. En la cuenca de Pamplona y montañas próximas. **Alp.:** -; **Atl.:** R; **Med.:** -.

Hypericum linariifolium Vahl

Claros forestales y rellanos de roquedos silíceos. **Alt.:** 1000-1300 m.

Dist.: Atl. Se conoce de Orbaitzeta y del Romanzado. **Alp.:** -; **Atl.:** RR; **Med.:** RR.

Obs.: Pertenecería a la variedad *linariifolium*.

Hypericum maculatum Crantz subsp. *maculatum*

Planta dudosa que requiere comprobación. Claros forestales sobre calizas.

Dist.: Bor.-Alp. Hay datos de cerca de Navarra, pero no se conoce de la Comunidad. **Alp.:** RR; **Atl.:** RR; **Med.:** -.

Obs.: Se cita de Navarra con dudas en *Flora Iberica*.

Hypericum montanum L.

Orlas y claros forestales, herbazales y setos. **Alt.:** 400-1800 m.

Dist.: Eur. Desde los Pirineos hasta las sierras occ., ocupando la franja media de Navarra. **Alp.:** E; **Atl.:** F;

Med.: RR.

Hypericum nummularium L.

Fisuras, rellanos y repisas de roquedos calizos, lapiaces y grietas del karst. **Alt.:** 500-2150 m. **HIC:** 8210, 7220*.

Dist.: Oróf. Europa W. Pirineos, sierras prepiren. y montañas occ. **Alp.:** E; **Atl.:** E; **Med.:** RR.

Hypericum perforatum L. subsp. *angustifolium* (DC.) A. Fröhl.
H. perforatum L. var. angustifolium DC.

Orlas forestales, setos y herbazales ruderalizados. **Alt.:** 40-1800 m.

Dist.: Subcosm. Por toda Navarra. **Alp.:** C; **Atl.:** C; **Med.:** E.

Hypericum perforatum L. subsp. *perforatum*

Orlas forestales, setos y herbazales ruderalizados. **Alt.:** 40-1800 m. **HIC:** Fenalares.

Dist.: Subcosm. Por toda Navarra. **Alp.:** C; **Atl.:** C; **Med.:** E.

Hypericum pulchrum L.

Bosques caducifolios, brezales, helechales, etc., sobre sustratos silíceos. **Alt.:** 100-1350 m. **HIC:** Robled. acidof. cant., 91D0*.

Dist.: Atl. Pirineos, sierras prepiren., valles atlánt., Zona Media y sierras occ. **Alp.:** F; **Atl.:** C; **Med.:** R.

Hypericum richeri Vill. subsp. *burseri* (DC.) Nyman
H. fimbriatum var. burseri DC.; H. fimbriatum auct.; H. montanum sensu Merino p.p.

Brezales, megaforbios, repisas herbosas y pastos supraforestales. **Alt.:** 500-1900 m. **HIC:** 9430*.

Dist.: Endém. pir.-cant. Pirineos, montañas de la divisoria y sierras occ. **Alp.:** R; **Atl.:** R; **Med.:** -.

Hypericum terapterum Fr.
H. quadrangulum L.; H. acutum Moench

Herbazales húmedos junto a acequias, juncales, alisedas y bosques frescos. **Alt.:** 30-950 m. **HIC:** 6430.

Dist.: Eur. Por buena parte de Navarra, escaseando hacia el sur. **Alp.:** E; **Atl.:** F; **Med.:** E.

Hypericum tomentosum L.
H. tomentosum subsp. lusitanicum (Poir.) Willk.

Depresiones margosas y arcillosas, húmedas, acequias, manantíos tobáceos, etc. **Alt.:** 450-600 m.

Dist.: Med. W. Puntual en las cuencas prepiren. y en Yerri, a occidente. **Alp.:** -; **Atl.:** -; **Med.:** RR.

Hypericum undulatum Schousb. ex Willd.
H. acutum subsp. undulatum (Schousb. ex Willd.) Rouy; H. baeticum Boiss.; H. acutum subsp. baeticum (Boiss.) Cout.; H. quadrangulum auct.; H. tetrapterum auct.

Herbazales, prados húmedos y robledales, sobre sustratos silíceos. **Alt.:** 250-450 m.

Dist.: Europa SW. Contadas localidades en los valles atlánt. (Valcarlos). **Alp.:** -; **Atl.:** RR; **Med.:** -.

Obs.: Se ha citado de Navarra *H. spruneri* Boiss. por Garde & López (1983) no siendo planta peninsular, ni, por tanto, navarra. Es un endemismo del mediterráneo orient.

H

Haloragaceae

Myriophyllum alterniflorum DC.

Aguas estancadas de lagos, embalses y cursos con aguas lentas. **Alt.:** 20-900 m. **HIC:** 3150.
Dist.: Eur. Valles atlánt. y sierras medias occ. **Alp.:** -;
Atl.: R; **Med.:** -.
Cons.: LC (ERLVP, 2011).

Myriophyllum spicatum L.

Aguas estancadas, corrientes lentas de meandros, lagos, embalses, balsas y acequias. **Alt.:** 250-700 m.
HIC: 3150, 3260.
Dist.: Subcosm. Comarcas del Valle del Ebro, puntual en la Zona Media y en los valles atlánt. (Leurtza). **Alp.:** -; **Atl.:** RR; **Med.:** E.
Cons.: LC (ERLVP, 2011).

Myriophyllum verticillatum L.

Aguas estancadas o de corrientes lentas de meandros de ríos y balsas. **Alt.:** 300-600 m. **HIC:** 3150.
Dist.: Plurirreg. Parece limitada a la Ribera del Ebro.
Alp.: -; **Atl.:** -; **Med.:** RR.
Cons.: LC (ERLVP, 2011).
Obs.: Se ha confundido con *Ceratophyllum demersum*.

Hippocastanaceae

Aesculus hippocastanum L.

Árbol cultivado en jardines, se asilvestra ocasionalmente en el norte peninsular. **Alt.:** 120-1100 m.
Dist.: Introd.; originaria del Med. orient. Ocasional por la mitad septen. de Navarra. **Alp.:** RR; **Atl.:** RR; **Med.:** -.

Hippuridaceae

Hippuris vulgaris L.

Herbazales a orillas de aguas estancadas. **Alt.:** 450-550 m. **HIC:** Com. *Hippuris vulgaris*.
Dist.: Subcosm. Puntual en Navarra: embalse de la Nava y en el río Urederra. **Alp.:** -; **Atl.:** RR; **Med.:** RR.
Cons.: VU D2 (LR, 2000); VU D2 (LR, 2008); Prioritaria (Lorda & al., 2009); LC (ERLVP, 2011).

Hydrocharitaceae

Hydrocharis morsus-ranae L.

Planta citada de Navarra, posiblemente errónea. Aguas dulces estancadas. **Alt.:** 250-300 m.
Dist.: Eur. En Tudela, en el Soto de Ramalete, en el río Ebro. **Alp.:** -; **Atl.:** -; **Med.:** RR.
Cons.: CR D (LR, 2000); CR (AFA-UICN, 2003); CR (AFA-UICN, 2004); LC (ERLVP, 2011).
Obs.: Ha sido citada por Campos & al. (2003-2004). Se ha confundido con *Heteranthera reniformis* Ruiz & Pav.

No está presente en Navarra, y sus efectivos, al menos verificados, están en Huelva y Lugo (*Flora Iberica*).

Hymenophyllaceae

Hymenophyllum tunbrigense (L.) Sm.

Trichomanes tunbrigense L.

Roquedos sombríos, rezumantes, en barrancos saturados de humedad, a baja altitud y sobre sustratos silíceos. **Alt.:** 20-450 m. **HIC:** 8220.
Dist.: Plurirreg.: Med.-Atl. y Subtropical. Extremo norte de Navarra, en los valles húmedos cantábricos. **Alp.:** -;
Atl.: R; **Med.:** -.
Cons.: SAH (NA); VU B1+2b (LR, 2000); VU B2ab(iii); D2 (LR, 2008); Prioritaria (Lorda & al., 2009).

Vandenboschia speciosa (Willd.) Kunkel

Trichomanes speciosum Willd.

Barrancos sombríos y húmedos, en oquedades y roquedos silíceos con salpicaduras de agua, a baja altitud.
Alt.: 50-500 m. **HIC:** 8220.
Dist.: Atl. Extremo norte de Navarra, en los Valles Húmedos del NW. **Alp.:** -; **Atl.:** R; **Med.:** -.
Cons.: SAH (NA); Directiva Hábitat (II); Berna (I); VU B1+2b, D2 (LR, 2000); VU B1ab(iii)+2ab(iii), D2 (LR, 2008); Prioritaria (Lorda & al., 2009); LESPE (2011); LC (ERLVP, 2011); PNyB (II).

Hypolepidaceae

Pteridium aquilinum (L.) Kuhn

Pteris aquilina L.; P. herediae (Clemente ex Colmeiro) Barnola

Forma extensos helechales en bosques, brezales, pastos y otras comunidades de sustitución, abundante sobre suelos acidificados. **Alt.:** 20-1600 m. **HIC:** 4020*, 4030, Matorr. *Cytisus scoparius*, 4090, Zarzales y espin. acidof., helechales, 9240, 9230, Robled. acidof. cant., 9260, Robl. roble albar, 9120, Tremolares, Abed. *Betula pubescens* (*alba*), 91D0*, Pin. *Pinus sylvestris* secund.
Dist.: Subcosm. General en la mitad norte, se hace raro y se ausenta de los enclaves más áridos. **Alp.:** CC; **Atl.:** CC; **Med.:** E.
Obs.: Se corresponde con la subespecia *aquilinum*.

I

Iridaceae

Chamaeiris foetidissima (L.) Medik.

Iris foetidissima L.; Xyridion foetidissimum (L.) Klatt

Bosques, setos, ribazos y repisas de roquedos en desfiladeros y foces abrigadas. **Alt.:** 100-700 m. **HIC:** 92A0.
Dist.: Med.-Atl. Dispersa por buena parte de Navarra, salvo en las cotas más elevadas. **Alp.:** -; **Atl.:** E; **Med.:** E.

Chamaeiris graminea (L.) Medik.

Iris graminea L.; Xyridion gramineum (L.) Klatt; Limniris graminea (L.) Fuss; I. bayonnensis Darracq

Claros y orlas forestales, matorrales de sustitución de robledales, quejigales y hayedos, pastos humedecidos, etc. **Alt.:** 400-1600 m. **HIC:** 9240.

Dist.: Eur. Pirineos, montañas de la Zona Media, donde es más frecuente, cuencas prepiren., sierras occ. y escasa o ausente en el resto. **Alp.:** E; **Atl.:** F; **Med.:** E.

Chamaeiris reichenbachiana (Klatt) M.B. Crespo

Iris spuria L. subsp. maritima (Lam. ex Dykes) P. Fourn.; I. reichenbachiana Klatt; Xyridion maritimum (Lam. ex Dykes) Rodion.

Pastos húmedos o encharcados, herbazales, claros del quejigal, carrascal y coscojar. **Alt.:** 350-1000 m.

Dist.: Europa SW. Cuenca de Pamplona, cuencas prepiren., Zona Media y Ribera. **Alp.:** -; **Atl.:** E; **Med.:** E.

Crocosmia × crocosmiflora (Lemoine) N.E. Br.

Tritonia × crocosmiflora (Lemoine) Nicholson; Montbretia × crocosmiflora Lemoine

Cultivada como ornamental, se asilvestra en cunetas y herbazales a orillas de ríos y taludes. **Alt.:** 40-750 m.

Dist.: Introd.; originaria de Francia. Salpica los valles atlánt. y alguna comarca de la Zona Media occidental. **Alp.:** -; **Atl.:** E; **Med.:** -.

Obs.: Considerada especie exótica con potencial invasor (CEEEI, 2011).

Crocus nevadensis Amo & Campo ex Amo

C. marcetii Pau

Claros del quejigal, carrascal y coscojar, pastos pedregosos y cerros aclarados. **Alt.:** 300-1000 m.

Dist.: Plurirreg.; Ibero-magrebí. Extendida por una franja continua de la Zona Media entre los dos extremos provinciales. **Alp.:** R; **Atl.:** R; **Med.:** E.

Obs.: Las plantas navarras se corresponderían con la subsp. *marcetii* (Pau) P. Monts. También se ha citado como *C. vernus* (L.) Hill y *C. versicolor* Ker Gawl.

Crocus nudiflorus Sm.

Bosques de caducifolios, hayedos, robledales, quejigales; matorrales, helechales y pastos de sustitución. **Alt.:** 20-1700 m.

Dist.: Atl. General en la mitad septen. y en la Zona Media de Navarra. **Alp.:** C; **Atl.:** C; **Med.:** E.

Gladiolus communis L.

Pastos y claros de matorrales secos, herbazales de cunetas, taludes y ribazos. **Alt.:** 300-850 m.

Dist.: Med. Dispersa por la Zona Media y las cuencas prepiren. **Alp.:** R; **Atl.:** R; **Med.:** R.

Obs.: Se incluyen la subsp. *communis* y la subsp. *byzantinus* (Miller) A.P. Hamilton. En la revisión para *Flora Iberica*, quedan en este taxon *G. illyricus* W.D.J. Koch, *G. byzantinus* auct., non Mill. y *G. communis* subsp. *byzantinus* auct., non Douin.

Gladiolus illyricus W.D.J. Koch

Pastos y matorrales aclarados secos, claros y orlas de quejigales, carrascales y coscojares. **Alt.:** 300-1200 m.

Dist.: Med. Extendida por la Zona Media y la Ribera, llegando a los enclaves cálidos pirenaicos. **Alp.:** F; **Atl.:** E; **Med.:** F.

Obs.: Incluido en *G. communis* L. (*Flora Iberica*).

Gladiolus italicus Mill.

G. segetum Ker Gawl.

Pastos secos, claros forestales, matorrales de sustitución y ribazos. **Alt.:** 500-800 m.

Dist.: Med.-Atl. Zona Media y cuencas prepiren. (Pamplona, Aoiz-Lumbier). **Alp.:** -; **Atl.:** E; **Med.:** R.

Iris germanica L.

Cultivada como ornamental, se asilvestra en terrenos pedregosos, bases de muros y otros terrenos ruderalizados. **Alt.:** 120-1100 m.

Dist.: Introd.; originaria del C y S de Europa. Dispersa por buena parte de Navarra. **Alp.:** RR; **Atl.:** R; **Med.:** E.

Obs.: Las poblaciones de flores blancas se han denominado como var. *florentina* Dykes.

Limniris pseudacorus (L.) Fuss

Iris pseudacorus L.; Xyridion pseudacorus (L.) Klatt

Orlas de balsas, acequias, canales, cunetas encharcadas, embalses y prados muy húmedos. **Alt.:** 120-950 m. **HIC:** Com. aguas estanc., 6430.

Dist.: Plurirreg. Dispersa por buena parte de Navarra, salvo en las montañas más elevadas. **Alp.:** RR; **Atl.:** F; **Med.:** F.

Cons.: LC (ERLVP, 2011).

Romulea bulbocodium (L.) Sebast. & Mauri

Crocus bulbocodium L.; Trichonema bulbocodium (L.) Ker Gawl.; R. uliginosa G. Kunze

Planta que está cerca de Navarra, y cuya presencia se estima probable. Pastos y brezales sobre suelos húmedos, silíceos.

Dist.: Med.-Atl. No está en Navarra. Se conoce una cita del monte Larrun, en Francia (Jovet, 1941). **Alp.:** -; **Atl.:** RR; **Med.:** -.

Romulea columnae Sebast. & Mauri subsp. columnae

R. columnae var. typica Béguinot; Trichonema columnae (Sebast. & Mauri) Reichenb.

Pastos y claros de matorrales, espartales, tomillares y ontinares, sobre suelos arcillosos o yesosos. **Alt.:** 300-500 m.

Dist.: Med.-Atl. Contadas localidades dispersas por Navarra, principalmente en su mitad sur occidental. **Alp.:** -; **Atl.:** -; **Med.:** R.

Obs.: Puede estar más extendida, ya que resulta difícil su localización. La cita de Lanz (Ursúa & Báscones, 1987) debe llevarse, con muchas dudas, a *Merendera montana*.

Romulea ramiflora Ten.

Planta citada de Navarra, posiblemente errónea. Pastos y claros de matorrales, espartales, tomillares y ontinares, sobre suelos arcillosos o yesosos. **Alt.:** 300-450 m.

Dist.: Med.-Atl. Se ha citado de Mendavia, en las terrazas altas del río Ebro. **Alp.:** -; **Atl.:** -; **Med.:** RR.

Obs.: Los ejemplares estudiados se corresponden con *R. columnae*.

Sisyrinchium angustifolium Mill.

S. bernadiana auct., non L.; S. graminoides Bicknell

Naturalizada en herbazales en cunetas, orlas y claros de bosque. **Alt.:** a 200 m.

Dist.: Introd.; originaria del E de Norteamérica. Sólo se conoce puntualmente de los valles atlánt. en Baztán (Itxusi mendiak), y cerca de Navarra en Hondarribia/Fuenterrabía y otras localidades francesas próximas. **Alp.:** -; **Atl.:** RR; **Med.:** -.

Xiphion latifolium Mill.

Iris latifolia (Mill.) Voss; I. xiphioides Ehrh.

Pastos, repisas de roquedos y herbazales en claros del hayedo y abetal. **Alt.:** 350-2100 m.

Dist.: Endém. pir.-cant. Pirineos, sierras prepiren., montañas de la Zona Media y sierras occ., siendo más rara en los valles atlánt. **Alp.:** E; **Atl.:** E; **Med.:** -.

J

Juglandaceae

Juglans nigra L.

El nogal americano -*intxaur-beltza*-, se cultiva en el norte de Navarra por su valiosa madera, y sus frutos también son comestibles, si bien menos apreciados; se asilvestra ocasionalmente. **Alt.:** 120-600 m.

Dist.: Introd.; originario de Norteamérica. Dispersa en los valles atlánt. **Alp.:** -; **Atl.:** E; **Med.:** -.

Juglans regia L.

El nogal –*intxaurrondo*- se cultiva por sus frutos, madera y sombra, y se naturaliza en bosques de ribera. **Alt.:** 150-650 m.

Dist.: Introd.: originaria del Med. orient. Dispersa por los valles atlánt., la Zona Media y la Ribera. **Alp.:** R; **Atl.:** E; **Med.:** E.

Cons.: M.N. (Nº 22, 46).

Juncaceae

Juncus acutiflorus Ehrh. ex Hoffm.

J. sylvaticus auct., non (L.) Reichard.

Turberas, ambientes higroturbosos y otros lugares encharcados. **Alt.:** 20-1300 m. **HIC:** 7140, 6410, Juncales éutrofos.

Dist.: Eur. Dispersa en Pirineos, valles atlánt., Zona Media y sierras occ. **Alp.:** E; **Atl.:** C; **Med.:** E.

Cons.: LC (ERLVP, 2011).

Juncus acutus L. subsp. acutus

Herbazales hidrófilos ricos en sales a orillas de balsas. **Alt.:** 250-700 m. **HIC:** 1410.

Dist.: Plurirreg. Mitad meridional de Navarra. **Alp.:** -; **Atl.:** RR; **Med.:** F.

Cons.: LC (ERLVP, 2011).

Obs.: Conviene verificar las citas de los alrededores de Pamplona dadas por Fdez. de Salas & Gil (1870) y Mayo (1978).

Juncus alpino-articulatus Chaix subsp. alpino-articulatus

J. alpinus Vill.

Planta que está cerca de Navarra, y cuya presencia se estima probable. Turberas y manantiales subalpinos. **Alt.:** 1300-2000 m.

Dist.: Circumbor. No se conoce de Navarra.

Obs.: Se acerca a Navarra por Huesca (alto Pirineo). Citado por Vivant de la cubeta de Eraize, suponemos en la vertiente francesa.

Juncus articulatus L. subsp. articulatus

J. lampocarpus Ehrh. ex Hoffm.

Distintos terrenos sobre suelos húmedos: orillas de arroyos y ríos, trampales, carrizales, bosques de ribera, etc. **Alt.:** 20-1700 m. **HIC:** 3170*, 3110, Berr. ag. dulces, Com. helóf. gram., 7140, 7230, 6410, 6420, Juncales nitrófilos, Pastiz. higronitrófilos.

Dist.: Circumbor (Subcosm.). General en Navarra. **Alp.:** C; **Atl.:** CC; **Med.:** C.

Cons.: LC (ERLVP, 2011).

Juncus bufonius L.

J. fasciculatus sensu Willk.

Suelos temporalmente inundados y alterados, rezumaderos y en terrenos salinos húmedos. **Alt.:** 20-1350 m. **HIC:** 3170*, 3110.

Dist.: Subcosm. Repartida por el conjunto del territorio, salvo en las montañas más elevadas. **Alp.:** R; **Atl.:** C; **Med.:** E.

Cons.: LC (ERLVP, 2011).

Juncus bulbosus L.

J. supinus Moench

Turberas, enclaves higroturbosos y depresiones arenosas húmedas, sobre suelos preferentemente silíceos. **Alt.:** 150-1350 m. **HIC:** 3110, 7140.

Dist.: Plurirreg. Valles Húmedos del NW, Pirineos atlánt. y sierras occ. **Alp.:** E; **Atl.:** C; **Med.:** -.

Cons.: LC (ERLVP, 2011).

Obs.: A comprobar las citas de Pamplona (Mayo, 1978) y Monreal (Erviti, 1989).

Juncus capitatus Weigel

J. mutabilis Lam.

Pastos arenosos con humedad temporal. **Alt.:** 600-1100 m. **HIC:** 3170*.

Dist.: Plurirreg. Dispersa por la Zona Media, sierras y cuencas prepiren. y estribaciones occ. **Alp.:** RR; **Atl.:** RR; **Med.:** RR.

Cons.: Prioritaria (Lorda & al., 2009).

Juncus compressus Jacq.

Orlas de balsas y herbazales nitrófilos en cascajeras y orillas de ríos. **Alt.:** 350-650 m. **HIC:** Gramales y past. suel compac.

Dist.: Circumbor. Dispersa en Pirineos, Zona Media, cuenca de Pamplona y puntual en la Ribera (Ablitas). **Alp.:** -; **Atl.:** RR; **Med.:** -.

Obs.: Se ha confundido con *J. gerardi* Loisel.

Juncus conglomeratus L.

Suelos encharcados en ambientes forestales, orillas de ríos y arroyos, prados y bosques de ribera. **Alt.:** 120-1500 m. **HIC:** Juncales éutrofos.

Dist.: Circumbor. Mitad septen. de Navarra, con mayor presencia en los valles atlánt. **Alp.:** E; **Atl.:** C; **Med.:** -.

Juncus effusus L.

En distintos ambientes húmedos: orlas encharcadas forestales, orillas de ríos, megaforbios, trampales, cascajeras fluviales, etc. **Alt.:** 20-1600 m. **HIC:** 6410, Juncales éutrofos, Juncales nitrófilos.

Dist.: Subcosm. Extendida por la mitad septen. de Navarra. **Alp.:** F; **Atl.:** F; **Med.:** R.

Cons.: LC (ERLVP, 2011).

Obs.: Los materiales peninsulares se ajustan a la variedad *effusus*. De Valcarlos se conoce el híbrido *J. × diffusus* Hoppe (*J. effusus × J. inflexus*) (Aizpuru & al., 1990).

Juncus filiformis L.

Manantiales y enclaves higroturbosos subalpinos. **Alt.:** 1600-2000 m.

Dist.: Plurirreg. Se conoce con certeza del Pirineo (macizo de Larra). **Alp.:** RR; **Atl.:** -; **Med.:** -.

Obs.: La cita de Fdez. de Salas & Gil (1870) de Pamplona debe desestimarse.

Juncus foliosus Desf.

J. bufonius subsp. foliosus (Desf.) Arcang.

Planta que está cerca de Navarra, y cuya presencia se estima probable. Suelos temporalmente inundados. **Alt.:** 250-350 m.

Dist.: Med. W-Atlántico. No está en Navarra.

Obs.: Se conocen citas de Guipúzcoa, cerca de Navarra.

Juncus fontanesii J. Gay ex Laharpe subsp. *fontanesii*

Manantiales y rezumaderos, a orillas de ríos. **Alt.:** 300-650 m.

Dist.: Med. (Plurirreg.). Dispersa por la Zona Media, las cuencas prepiren. y la Ribera. **Alp.:** -; **Atl.:** E; **Med.:** R.

Cons.: LC (ERLVP, 2011).

Juncus gerardi Loisel.

J. compressus subsp. gerardi (Loisel.) Hartm.; J. elatior Lange

Saladares y depresiones endorreicas. **Alt.:** 250-600 m. **HIC:** 1410.

Dist.: Circumbor. Afloramientos salinos de la mitad meridional de Navarra. **Alp.:** -; **Atl.:** -; **Med.:** F.

Juncus hybridus Brot.

J. ambiguus Guss.; J. bufonius subsp. insulanus (Viv.) Jahand.; J. fasciculatus sensu Willk.

Sobre suelos arenosos temporalmente inundados, junto a otros terófitos. **Alt.:** 300-600 m. **HIC:** 3170*.

Dist.: Med.-Atl. (Plurirreg.). Dispersa por la Zona Media y Ribera. **Alp.:** -; **Atl.:** -; **Med.:** RR.

Juncus inflexus L. subsp. *inflexus*

J. glaucus Ehrh. & G. Gaertn., B. Mey. & Schreb.

Orillas de ríos y arroyos, trampales, ambientes higroturbosos, carrizales, saladares, etc. **Alt.:** 120-2000 m. **HIC:** Juncales nitrófilos.

Dist.: Plurirreg. Extendida por toda Navarra. **Alp.:** F; **Atl.:** C; **Med.:** F.

Juncus maritimus Lam.

Cubetas endorreicas y orlas de vegetación palustre de balsas, lagunas y charcas. **Alt.:** 250-650 m. **HIC:** 1410, 92D0.

Dist.: Subcosm. Mitad meridional de Navarra. **Alp.:** -; **Atl.:** -; **Med.:** C.

Obs.: A comprobar la cita de la Balsa de Loza (Báscones, 1978).

Juncus ranarius Songeon & E.P. Perrier

J. ambiguus auct., non Guss.

Pastos halófilos, en depresiones endorreicas. **Alt.:** 250-650 m.

Dist.: Subcosm. Parece limitarse a la Ribera. **Alp.:** -; **Atl.:** -; **Med.:** RR.

Obs.: Citada de Navarra en *Flora Iberica*. Difícil de separar de *J. hybridus*, más frecuente, con material escaso o poco desarrollado. Material navarro en el herbario ARAN.

Juncus sphaerocarpus Nees ex Funck

Carrizales y depresiones húmedas sobre suelos arenosos. **Alt.:** 350-650 m.

Dist.: Eur. Se ha citado de las cuencas prepiren. (Erviti, 1991). **Alp.:** -; **Atl.:** -; **Med.:** RR.

Obs.: Material navarro en el herbario ARAN.

Juncus squarrosus L.

Prados acidófilos y ambientes higroturbosos sobre sustratos silíceos. **Alt.:** 800-1700 m.

Dist.: Eur. Pirineos, montañas atlánt. y de la divisoria de aguas. **Alp.:** RR; **Atl.:** RR; **Med.:** -.

Juncus striatus Schousb. ex E. Mey.

Enclaves húmedos como praderas-juncales y orillas de cursos de agua. **Alt.:** 120-650 m.

Dist.: Med.-Atl. Zona Media y valles atlánt. **Alp.:** -; **Atl.:** RR; **Med.:** RR.

Observaciones. Citada por Lacoizqueta (1884) de Bertizarana, Báscones (1978) de la Trinidad de Erga y Vicente (1983) de San Cristóbal. Conviene verificar estas citas. Se reconoce su presencia en Navarra (*Flora Iberica*).

Juncus subnodulosus Schrank

J. obtusiflorus Ehrh. ex Hoffm.

Sobre suelos encharcados, ricos en bases, de orlas de balsas, acequias, margas rezumantes, etc. **Alt.:** 250-1000 m. **HIC:** 6410, 6420.

Dist.: Plurirreg. Dos tercios meridionales de Navarra. **Alp.:** -; **Atl.:** R; **Med.:** E.

Cons.: LC (ERLVP, 2011).

Juncus subulatus Forssk.

Tarayales y orlas de depresiones endorreicas salobres. **Alt.:** 250-500 m. **HIC:** 1410, Cañaverales halófilos.

Dist.: Med.-Atl. Limitada a la mitad meridional, en el Valle del Ebro. **Alp.:** -; **Atl.:** -; **Med.:** E.

Juncus tenageia Ehrh. ex L. fil.

Pastos arenosos húmedos, sobre sustratos silíceos. **Alt.:** 500-1100 m. **HIC:** 3170*.

Dist.: Eur. Citado de la cuenca de Pamplona, las cuencas prepiren. y el valle de la Ultzama. **Alp.:** RR; **Atl.:** E; **Med.:** -.
Cons.: LC (ERLVP, 2011).

Juncus tenuis Willd.

Naturalizada. Ruderal en medios alterados, como cunetas, herbazales y alisedas. **Alt.:** 30-650 m.
Dist.: Introd.; originaria de Norteamérica. En los valles atlánt. y citada de la Ribera (Milagro). **Alp.:** -; **Atl.:** E; **Med.:** RR.
Obs.: Considerada especie exótica con potencial invasor (CEEEI, 2011). Del embalse de Leurza, en Urroz de Santesteban (NW de Navarra) se conoce el híbrido de *J. tenuis* × *J. bufonius* (Biurrun, 1999).

Juncus trifidus L.

Pastos pedregosos, repisas y fisuras de roquedos silíceos en zonas de montaña. **Alt.:** 800-1850 m.
Dist.: Bor.-Alp. Pirineos (monte Lakora-Kortaplana) y montañas atlánt. (Adi, Artikutza, Bertizarana). **Alp.:** RR; **Atl.:** RR; **Med.:** -.
Cons.: Prioritaria (Lorda & al., 2009).

Luzula campestris (L.) DC.

Juncus campestris L.

Prados, pastos, brezales y lastonares. **Alt.:** 40-2100 m.
HIC: 6230*.
Dist.: Eur. (Subcosm.). Mitad septen., con mayor presencia en los Pirineos, prepirineos y valles atlánt. **Alp.:** C; **Atl.:** C; **Med.:** E.
Obs.: Planta variable en la Península Ibérica. Blanchet (1891) anota del Pic d'Anie, cerca de Navarra, *Luzula alpino-pilosa* (Chaix) Breistr.

Luzula congesta (Thuill.) Lej.

Juncus congestus Thuill.; L. multiflora subsp. congesta (Thuill.) Arcang.

Claros de bosques oligótrofos y pastos acidófilos. **Alt.:** 150-1100 m.
Dist.: Eur. Montañas atlánt., Pirineos, sierras prepiren., Zona Media y estribaciones occ. **Alp.:** RR; **Atl.:** RR; **Med.:** -.
Obs.: Material de Navarra en el herbario ARAN. Se ha citado de Navarra (Irati) *L.* × *danica* H. Nordensk. & Kirschner.

Luzula forsteri (Sm.) Lam. & DC. subsp. *forsteri*

Juncus forsteri Sm.; L. forsteri subsp. baetica P. Monts.

Nemoral, en bosques éutrofos humíferos, hayedos, robledales, carrascales, quejigales y pinares de albar. **Alt.:** 120-1450 m. **HIC:** 9120.
Dist.: Med.-Atl. (Plurirreg.). Mitad septen. de Navarra, siendo rara en los valles húmedos, alcanzando Fitero en las estribaciones del Sistema Ibérico. **Alp.:** F; **Atl.:** C; **Med.:** RR.

Luzula luzulina (Vill.) Racib.

Juncus luzulinus Vill.; L. flavescens (Host.) Gaudin

Planta dudosa que requiere comprobación. Hayedos y abetales. **Alt.:** 1000-1500 m.
Dist.: Oróf. Europa. Limitada al bosque de Irati. **Alp.:** RR; **Atl.:** -; **Med.:** -.

Obs.: Se cita de Irati por Montserrat (1963). Anotada con dudas de Navarra en *Flora Iberica*.

Luzula luzuloides (Lam.) Dandy & Wilmott

Juncus luzuloides Lam.; L. albida (Hoffm.) DC.; L. luzuloides subsp. cuprina (Rochel ex Asch. & Graebn.) Chrtek & Krísa

Pastos supraforestales y subalpinos, sobre sustratos silíceos. **Alt.:** 900-1900 m.
Dist.: Oróf. Europa. De momento, parece verificada en Roncesvalles y queda pendiente el resto de citas pirenaicas (monte Lakora) y en Burguete (García & al., 2004). **Alp.:** -; **Atl.:** RR; **Med.:** -.
Obs.: Conocida sólo en la Península Ibérica del puerto de Bentarte (Roncesvalles) según se conserva en el herbario BC, y recolectada por Soulié a principios del siglo XX. Villar (1980) cita materiales cercanos en el monte Lakora, y en Lorda (2001) se cita de este mismo lugar.

Luzula multiflora (Ehrh.) Lej. subsp. *multiflora*

Juncus campestris var. multiflorus Ehrh.; L. multiflora subsp. pyrenaica (Sennen) P. Monts.

Claros de bosques oligótrofos, brezales y pastos acidófilos. **Alt.:** 120-1900 m.
Dist.: Eur. (Subcosm.). Valles y montañas atlánt., Pirineos, estribaciones prepiren. y sierras occ. **Alp.:** R; **Atl.:** E; **Med.:** -.

Luzula pediformis (Chaix) DC.

L. nutans (Vill.) Duval-Jouve; Juncus pediformis Chaix

Pastos supraforestales, rellanos, repisas herbosas y claros forestales. **Alt.:** 1300-2400 m. **HIC:** 6140, 9430*.
Dist.: Oróf. Europa. Montañas pirenaicas al este del monte Ori. **Alp.:** R; **Atl.:** -; **Med.:** -.

Luzula pilosa (L.) Willd.

Juncus pilosus L.

Nemoral en hayedos, abetales y robledales frescos. **Alt.:** 30-1100 m.
Dist.: Circumbor. Puntual en los Pirineos, valles atlánt. y sierras occ. **Alp.:** RR; **Atl.:** RR; **Med.:** -.
Obs.: Las citas de Soulié (1907-1914) de la sierra de Leire deben comprobarse.

Luzula spicata (L.) DC.

Juncus spicatus L.; L. hispanica Chrtek & Krísa; L. italica sensu Willk.

Pastos supraforestales y repisas herbosas de roquedos silíceos. **Alt.:** 1600-1900 m.
Dist.: Endém. ibérica. Limitada a contadas localidades pirenaicas (monte Lakora y estribaciones cercanas). **Alp.:** RR; **Atl.:** -; **Med.:** -.
Obs.: Pertenecería a la subsp. *monsignatica* P. Monts., al parecer sin gran valor taxonómico.

Luzula sylvatica (Huds.) Gaudin subsp. *sylvatica*

Juncus sylvaticus Huds.; L. henriquesii Degen; L. sylvatica subsp. henriquesii (Degen) P. Silva; L. maxima (Reichard) DC.

Nemoral en hayedos, orillas de arroyos y megaforbios. **Alt.:** 40-1650 m. **HIC:** 6430, 91E0*, 9120, Abet. pirenaicos.
Dist.: Oróf. Europa. Montañas y valles de la mitad septen. de Navarra. **Alp.:** F; **Atl.:** C; **Med.:** E.

Obs.: Se ha anotado la subsp. *henriquesii* (Degen) P. Silva por distintos autores (Berastegi, 2010; Biurrun, 1999), quedando incluida en la sinonimia del taxon.

Juncaginaceae

Triglochin palustris L.

Turberas y enclaves higroturbosos. **Alt.:** 850-1000 m.
Dist.: Circumbor. Limitada a contadas localidades: Burguete y Urbasa-Andía. **Alp.:** -; **Atl.:** RR; **Med.:** -.
Cons.: Prioritaria (Lorda & al., 2009).
Obs.: Citada por López Fdez. (1973) del Raso de Urbasa.

L

Labiatae (Lamiaceae)

Acinos alpinus (L.) Moench

Thymus alpinus L.; Calamintha alpina (L.) Lam.; Satureja alpina (L.) Scheele; C. granatensis Boiss. & Reut.; C. alpina subsp. meridionalis Nyman; Satureja alpina subsp. pyrenaea Braun-Blanq.

Pastos pedregosos, crestones, grietas de roquedos, cerros erosionados y graveras. **Alt.:** 300-2150 m. **HIC:** 6210.
Dist.: Oróf. Europa. Montañas de la mitad norte de Navarra; se ausenta de la Ribera. **Alp.:** E; **Atl.:** E; **Med.:** E.

Acinos arvensis (Lam.) Dandy

Calamintha arvensis Lam.; Thymus acinos L.; C. acinos (L.) Clairv.; Satureja acinos (L.) Scheele; Clinopodium acinos (L.) Kuntze

Laderas pedregosas, fisuras y rellanos de roquedos, graveras, sobre suelos removidos y caldeados. **Alt.:** 250-1700 m.
Dist.: Eur. Montañas de la mitad septen. de Navarra; se ausenta de la Ribera y, en general, es más escasa. **Alp.:** E; **Atl.:** E; **Med.:** R.

Ajuga chamaepitys (L.) Schreb.

Teucrium chamaepitys L.

Terrenos removidos de barbechos, cultivos, rellanos y pastos pedregosos, en ambientes soleados. **Alt.:** 250-1000 m.
Dist.: Med. Mitad meridional de Navarra, llegando a la Zona Media y las cuencas prepiren. **Alp.:** RR; **Atl.:** -; **Med.:** E.

Ajuga pyramidalis L. subsp. meonantha (Hoffmanns. & Link) R. Fern.

A. pyramidalis var. meonantha Hoffmanns. & Link; A. occidentalis Braun-Blanq.

Bosques caducifolios y rara vez alcanza los pastos subalpinos. **Alt.:** 1300-2300 m.
Dist.: Oróf. Europa. Pirineos, desde Roncesvalles al este, llegando al Pirineo. **Alp.:** E; **Atl.:** RR; **Med.:** -.
Obs.: No conocemos con certeza las localidades de esta subsp. citada en *Flora Iberica* de Navarra, pero deben coincidir, al menos de forma general, con las de la subsp. típica.

Ajuga pyramidalis L. subsp. *pyramidalis*

Cervunales, repisas y rellanos de roquedos, así como en los pastos pedregosos innivados. **Alt.:** 1300-2300 m.
Dist.: Oróf. Europa. Pirineos, desde Roncesvalles hasta las montañas pirenaicas. **Alp.:** E; **Atl.:** RR; **Med.:** -.
Obs.: Se ha citado de Caparroso (Ruiz Casaviella, 1880; Colmeiro, 1888; Willkomm, 1893) pero no parece una localidad verosímil.

Ajuga reptans L.

Terrenos húmedos en alisedas, bosques frescos, grietas de lapiaz, prados y depresiones húmedas. **Alt.:** 100-1950 m. **HIC:** 92A0, 91E0*, 9160, 9150.
Dist.: Eur. Mitad septen. de Navarra, sin rebasar hacia el sur las sierras meridionales de la Zona Media. **Alp.:** C; **Atl.:** C; **Med.:** E.

Ballota nigra L.

B. tournefortii Sennen

Terrenos removidos, nitrogenados, frescos, de cunetas, setos, escombreras y cascajeras fluviales. **Alt.:** 120-900 m.
Dist.: Med. Rara en los valles cantábricos, se generaliza al sur de la divisoria de aguas, extendiéndose por casi todas las comarcas. **Alp.:** E; **Atl.:** E; **Med.:** E.
Obs.: Incluye la subsp. *foetida* (Vis.) Hayek. Se ha citado a veces la subsp. *nigra*.

Calamintha nepeta (L.) Savi subsp. *nepeta*

Melissa calamintha L.; C. officinalis Moench; Thymus glandulosus Req.; Melissa glandulosa (Req.) Benth.; Satureja calamintha (L.) Scheele; C. ascendens Jord.; C. nepetoides Jord.; C. sylvatica subsp. ascendens (Jord.) P.W. Ball; Satureja ascendens (Jord.)

Herbazales en claros forestales, setos y otros ambientes frescos y sombríos. **Alt.:** 20-1000 m.
Dist.: Med.-Atl. Mitad norte de Navarra, siendo muy rara en los Pirineos. **Alp.:** RR; **Atl.:** RR; **Med.:** RR.
Obs.: Se ha citado habitualmente de Navarra como subsp. *glandulosa*.

Calamintha nepeta (L.) Savi subsp. *sylvatica* (Bromf.) R. Morales

C. sylvatica Bromf.; C. menthifolia Host; Satureja calamintha subsp. sylvatica (Bromf.) Briq.; S. menthifolia (Host) Fritsch; S. calamintha subsp. menthifolia (Host) Gams

Planta dudosa que requiere comprobación. Orlas del bosque, en ambientes algo nitrificados. **Alt.:** 120-800 m.
Dist.: Eur. Se ha citado de los valles atlánt., la Zona Media y la Ribera. **Alp.:** -; **Atl.:** RR; **Med.:** RR.
Obs.: Debe comprobarse la presencia de esta subsp. en Navarra. Hay material del valle de Araitz, cerca de Navarra, en el herbario ARAN.

Clinopodium vulgare L.

Melissa arundana Boiss.; Calamintha clinopodium Benth. ex DC.; C. vulgare subsp. arundanum (Boiss.) Nyman; Satureja clinopodium (Benth. ex DC.) Caruel; S. vulgaris (L.) Fritsch; S. vulgaris subsp. arundana (Boiss.) Greuter & Burdet

Herbazales, setos y orlas forestales. **Alt.:** 50-1850 m. **HIC:** Matorr. *Cytisus scoparius.*
Dist.: Eur. Mitad norte de Navarra, sin llegar a la Ribera. **Alp.:** E; **Atl.:** E; **Med.:** E.

Galeopsis ladanum L. subsp. *angustifolia* (Ehrh. ex Hoffm.) Celak.

G. angustifolia Ehrh. ex Hoffm.; G. rivas-martinezii Mateo & M.B. Crespo; G. ladanum var. angustifolia (Ehrh. ex Hoffm.) Wallr.

Gleras, graveras, cunetas y taludes pedregosos, rastrojos y baldíos. **Alt.:** 120-1300 m. **HIC:** 8130.
Dist.: Med. Pirineos, cuencas prepiren., Zona Media y estribaciones occ., se hace rara en los valles atlánt. y llega a faltar en la Ribera. **Alp.:** F; **Atl.:** F; **Med.:** E.

Galeopsis ladanum L. subsp. *ladanum*

G. intermedia Vill.; G. sallentii Cadevall & Pau

Suelos removidos, cascajeras fluviales, cunetas y ambientes pedregosos. **Alt.:** 150-1300 m.
Dist.: Eur. Dispersa en Navarra: Pirineos, valles atlánt. y sierras occ. **Alp.:** RR; **Atl.:** RR; **Med.:** -.

Galeopsis pyrenaica Bartl.

G. ladanum var. pyrenaica (Bartl. in Schrad.) O. Bolòs & Vigo

Planta citada de Navarra, posiblemente errónea. Graveras a pie de cantil, pedrizas y pastos pedregosos de montaña, principalmente sobre sustratos silíceos.
Dist.: Endém. pirenaica. No está en Navarra. **Alp.:** RR; **Atl.:** -; **Med.:** -.
Obs.: Hemos podido comprobar como las citas de Belagua se corresponden con *G. ladanum* subsp. *ladanum*.

Galeopsis tetrahit L. subsp. *tetrahit*

Claros y orlas forestales, en ambientes nitrificados y sombríos; escombreras y otros lugares alterados. **Alt.:** 120-1700 m.
Dist.: Eur. Mitad septen. de Navarra, desde los Pirineos a las estribaciones occ. **Alp.:** E; **Atl.:** E; **Med.:** R.
Obs.: Gran plasticidad morfológica que ha dado lugar a describir distintas variedades (ver *Flora Iberica*).

Glechoma hederacea L.

Ambientes frescos y sombríos, sobre suelos muy humedos de alisedas, robledales, setos y orlas de prados. **Alt.:** 20-1100 m.
Dist.: Circumbor. Mitad norte de Navarra, principalmente en los valles norocc. y puntual en el resto. **Alp.:** -; **Atl.:** E; **Med.:** -.
Obs.: Se citó de Caparroso (Colmeiro, 1888) pero no parece verosímil.

Horminum pyrenaicum L.

Pastos supraforestales, vaguadas y repisas a pie de roquedos en ambientes sombríos e innivados de alta montaña. **Alt.:** 1300-2200 m. **HIC:** 6170.
Dist.: Oróf. Europa W. Limitada a las montañas pirenaicas más elevadas al este del monte Ori.
Alp.: E; **Atl.:** -; **Med.:** -.

Lamium album L. subsp. *album*

En hayedos, prados húmedos y orillas de cursos de agua. **Alt.:** 450-1400 m.
Dist.: Eur. Citada de la cuenca de Pamplona, la Zona Media y las estribaciones occ. **Alp.:** -; **Atl.:** RR; **Med.:** -.
Obs.: Ha sido citada por Fdez. de Salas & Gil (1870), López (1968, 1970, 1972) y Báscones (1978). Conviene verificar estas citas.

Lamium amplexicaule L.

Ruderal y arvense, en terrenos removidos y nitrificados de huertas, cultivos, cunetas, barbechos, etc. **Alt.:** 250-1250 m.
Dist.: Eur. General en Navarra; casi ausente de los Pirineos y rara en los valles atlánt. **Alp.:** RR; **Atl.:** E; **Med.:** F.

Lamium galeobdolon (L.) L. subsp. *montanum* (Pers.) Hayek

Galeopsis galeobdolon L.; Pollichia montana Pers.; Lamiastrum galeobdolon subsp. montanum (Pers.) Ehrend. & Polatschek

Nemoral en hayedos, alisedas y robledales, y en herbazales frescos, llegando a las grietas humíferas del lapiaz. **Alt.:** 20-1900 m. **HIC:** 91E0*, Hayed. bas.-ombr. cant., 9180*.
Dist.: Eur. Mitad septen. de Navarra, sin llegar a ser abundante, ni superar las estribaciones medias hacia el sur. **Alp.:** R; **Atl.:** E; **Med.:** -.
Obs.: Esta subsp. es de mayor porte que la subsp. *galeobdolon*, tiene tallos homogéneamente pelosos, brácteas mayores y verticilastros con más de 10 flores. En la Península Ibérica no estaría presente la subsp. *galeobdolon*, aunque se ha citado repetidamente.

Lamium hybridum Vill.

L. purpureum var. hybridum (Vill.) Vill.; L. incisum Willd.; L. purpureum var. incisum (Willd.) Pers.

Terrenos removidos y nitrogenados de huertas, estercoleros, reposaderos de animales y bordes de caminos. **Alt.:** 250-1300 m.
Dist.: Eur. Dispersa por la Navarra Media, con algunas prolongaciones hacia los valles atlánt. **Alp.:** RR; **Atl.:** RR; **Med.:** R.

Lamium maculatum L.

Setos, herbazales, orlas de prados, claros forestales y orillas de caminos. **Alt.:** 120-1600 m. **HIC:** 6430.
Dist.: Eur. General en la mitad norte de Navarra, se ausenta de los enclaves más secos meridionales. **Alp.:** E; **Atl.:** E; **Med.:** R.
Obs.: Planta muy variable con distintas variedades descritas.

Lamium purpureum L.

Nitrófila y ruderal, en huertos, ribazos, cultivos, barbechos, caminos y setos. **Alt.:** 100-1300 m.
Dist.: Eur. Distribuida por la Zona Media, desde los Pirineos a las sierras occ., penetrando en los valles atlánt. y en la Ribera. **Alp.:** E; **Atl.:** E; **Med.:** E.

Lavandula angustifolia Mill. subsp. *pyrenaica* (DC.) Guinea

L. pyrenaica DC.; L. vera DC.; L. officinalis Chaix

Claros del matorral y pastos pedregosos en ambientes soleados. **Alt.:** 600-800 m.
Dist.: Med. W. Se conoce con certeza de Navascués y Petilla de Aragón. **Alp.:** RR; **Atl.:** -; **Med.:** RR.
Obs.: Las citas de Colmeiro (1888) de Pamplona, Caparroso y Aoiz; Willkomm & Lange (1870) de Monreal y río Irati y Fdez. de Salas & Gil (1870) de Pamplona, deben comprobarse. Si se confirman estas localidades,

su límite occidental podría situarse a la altura de Elorz, en la Navarra Media. Se ha cultivado en la Península Ibérica la subsp. *angustifolia* como planta ornamental.

Lavandula latifolia Medik.

Matorrales aclarados y pastos pedregosos sobre suelos calizos o margoso-arcillosos. **Alt.:** 250-1300 m. **HIC:** 4090, 5210.
Dist.: Med. Dos tercios meridionales de Navarra, sin llegar a las montañas más altas. **Alp.:** F; **Atl.:** F; **Med.:** C.

Lavandula pedunculata (Mill.) Cav.

Stoechas pedunculata Mill.; L. stoechas subsp. pedunculata (Mill.) Rozeira; L. stoechas subsp. sampaiana Rozeira; L. pedunculata subsp. sampaiana (Rozeira) Franco

Terrazas fluviales, sobre suelos secos, arenosos o pedregosos. **Alt.:** 250-450 m.
Dist.: Endém. ibérica. Limitada al SW de Navarra, en Lodosa (monte Plano). **Alp.:** -; **Atl.:** -; **Med.:** RR.
Obs.: Se conoce también de La Rioja, cerca de Navarra. Citada en *Flora Iberica*.

Lycopus europaeus L.

Herbazales húmedos a orillas de acequias y cursos de agua. **Alt.:** 40-850 m. **HIC:** Com. aguas estanc., 6430, 3240, 91E0*, 92A0.
Dist.: Circumbor. Distribuida por toda Navarra, sin llegar a las montañas más elevadas orient.. **Alp.:** R; **Atl.:** E; **Med.:** E.
Cons.: LC (ERLVP, 2011).

Marrubium alysson L.

Ruderal en caminos, corrales y núcleos habitados, en climas generalmente secos. **Alt.:** 250-400 m.
Dist.: Med. Limitada a la Ribera Tudelana y Estellesa. **Alp.:** -; **Atl.:** -; **Med.:** R.

Marrubium supinum L.

M. sericeum Boiss.; M. supinum var. boissieri Rouy

Descampados, eriales, barbechos, cultivos y orillas de caminos. **Alt.:** 250-750 m.
Dist.: Med. W. Repartida por la Ribera. **Alp.:** -; **Atl.:** -; **Med.:** E.
Obs.: Se ha citado de Falces (Biurrun, 1999) el híbrido *M. × bastetanum* Coincy (*M. supinum × M. vulgare*).

Marrubium vulgare L.

Ruderal y nitrófila, en reposaderos de ganado, estercoleros y orillas de caminos; en climas secos. **Alt.:** 250-1000 m. **HIC:** 1430.
Dist.: Med. W. Dos tercios meridionales de Navarra, a baja altitud. **Alp.:** R; **Atl.:** E; **Med.:** E.

Melissa officinalis L.

Herbazales frescos, claros forestales, setos húmedos, baldíos y huertas. **Alt.:** 250-700 m. **HIC:** 92A0.
Dist.: Med. Dispersa en los Pirineos, las cuencas prepiren., la Zona Media y la Ribera. **Alp.:** RR; **Atl.:** R; **Med.:** R.

Melittis melissophyllum L.

Herbazales y orlas del hayedo, carrascal, robledales y bosques mixtos, en desfiladeros abrigados.
Alt.: 500-1700 m. **HIC:** Robl. pel. pirenaicos, 9150.

Dist.: Med. W. Zona Media y cuencas, sin llegar a los valles atlánt. ni a las tierras secas meridionales. **Alp.:** E; **Atl.:** E; **Med.:** R.

Mentha aquatica L.

Herbazales sobre suelos húmedos a orillas de ríos, charcas, acequias, juncales y pastos inundados. **Alt.:** 40-950 m. **HIC:** 3110, Past. inund. *A. stolonifera*, 7210*, Com. helóf. tam. med., 6410, 6420, Juncales nitrófilos, 3240, 91E0*.
Dist.: Subcosm. Valles atlánt., Pirineos y prepirineos, Zona Media, sierras occ. y rara en la Ribera. **Alp.:** RR; **Atl.:** E; **Med.:** R.
Cons.: LC (ERLVP, 2011).
Obs.: Se ha citado de Navarra el híbrido *M. × verticillata* L. (*M. aquatica × M. arvensis*), con materiales en el herbario BIO (Baztán), y citas bibliográficas de Goizueta (Catalán & Aizpuru, 1985). También *M. × piperita* L. de Lumbier (Peralta & al., 1992).

Mentha arvensis L.

Herbazales sobre suelos húmedos o encharcados. **Alt.:** 120-500 m.
Dist.: Eur. Valles atlánt., cuenca de Pamplona, prepirineos, Zona Media y Ribera. **Alp.:** -; **Atl.:** E; **Med.:** RR.
Obs.: Se duda de su espontaneidad.

Mentha longifolia (L.) Huds.

M. spicata var. longifolia L.; M. sylvestris L.

Suelos húmedos o encharcados, de cunetas, juncales, acequias, orillas de ríos y arroyos. **Alt.:** 250-1800 m. **HIC:** Past. inund. *A. stolonifera*, Juncales nitrófilos, 6430, 3240.
Dist.: Eur. Pirineos, valles atlánt., Zona Media y cuencas prepiren., y más escasa en las sierras occ. y en la Ribera. **Alp.:** C; **Atl.:** F; **Med.:** E.
Obs.: También está reconocida en Navarra la presencia de *M. × rotundifolia* (L.) Huds. (*M. longifolia × M. suaveolens*) (Biurrun, 1999); y *M. × dumetorum* Schult. (*M. aquatica × M. longifolia*) de Burguete (Heras & al., 2006).

Mentha pulegium L.

Suelos encharcados a orillas de ríos, acequias, cunetas, charcas y orlas de embalses. **Alt.:** 120-850 m. **HIC:** 3280, Gramales y past. suel compac., Pastiz. higronitrófilos.
Dist.: Subcosm. Dispersa por la mitad occidental de Navarra. **Alp.:** -; **Atl.:** E; **Med.:** E.
Cons.: LC (ERLVP, 2011).

Mentha spicata L.

M. spicata var. viridis L.; M. viridis (L.) L.

Planta dudosa que requiere comprobación. Cultivada en huertos, se asilvestra ocasionalmente. **Alt.:** 400-650 m.
Dist.: Introd.; origen desconocido. Distintas citas en la cuenca de Pamplona y en la Zona Media. **Alp.:** -; **Atl.:** R; **Med.:** -.
Cons.: LC (ERLVP, 2011).
Obs.: Conviene comprobar las poblaciones donde se ha anotado. Se ha citado de Ollo, Arteta y puerto de Goñi (López, 1970), e Irurzun (Báscones, 1978). Se ha apuntado de Navarra el híbrido *M. × villosa* Huds. (*M. spicata × M. suaveolens*).

Mentha suaveolens Ehrh.

M. macrostachya Ten.; M. insularis Req.; M. suaveolens subsp. insularis (Req.) Greuter

Suelos encharcados o húmedos a orillas de ríos, depresiones inundables, juncales, acequias, etc. **Alt.:** 100-1450 m. **HIC:** Juncales nitrófilos, Pastiz. higronitrófilos.

Dist.: Med. Distribuida por toda Navarra, salvo a grandes altitudes. **Alp.:** E; **Atl.:** E; **Med.:** E.

Obs.: Se hibrida con *M. longifolia*, dando el mesto *M. × rotundifolia* (L.) Huds. Materiales en el herbario BIO (Elorz y Gesalaz), y citada por Aldezábal (1994) de Baztán.

Nepeta cataria L.

N. vulgaris Lam.; Cataria vulgaris Moench; Glechoma cataria (L.) Kuntze; N. ceratana Sennen; N. laurentii Sennen

Ruderal en terrenos secos y soleados, como cunetas y tapias, cerca de núcleos habitados. **Alt.:** 250-450 m.

Dist.: Eur. Valles medios occ. y en la Ribera. **Alp.:** -; **Atl.:** -; **Med.:** RR.

Nepeta nepetella L. subsp. aragonensis (Lam.) Nyman

N. aragonensis Lam.; N. amethystina Poir.; N. civitana Pau; N. murcica subsp. toranzii A. Segura

Claros de matorrales, cascajeras fluviales y márgenes de cultivos, en ambientes caldeados. **Alt.:** 250-650 m.

Dist.: Endém. ibérica. Escasas citas meridionales: en Fitero y Tudela. **Alp.:** -; **Atl.:** -; **Med.:** RR.

Obs.: Se incluye la subsp. *cordifolia* (Willk.) Ubera & B. Valdés, según *Flora Iberica*.

Nepeta nepetella L. subsp. nepetella

N. paniculata Mill.; N. lanceolata Lam.; N. graveolens Vill.

Rellanos y resaltes rocosos, pastos pedregosos y lapiaces kársticos caldeados. **Alt.:** 1100-1900 m.

Dist.: Eur. Limitada a las montañas pirenaicas, principalmente en la Peña Ezkaurre. **Alp.:** RR; **Atl.:** -; **Med.:** -.

Obs.: Dufour (1860) cita de Tudela *N. longicaulis* Dufour, incluida en el taxon que tratamos.

Nepeta tuberosa L.

N. lanata Jacq.; N. reticulata Desf.; Glechoma reticulata (Desf.) Kuntze; G. tuberosa (L.) Kuntze; N. tuberosa subsp. reticulata (Desf.) Maire; N. tuberosa subsp. rivasgodayana Sánchez Mata

Pastos pedregosos, cerca de reposaderos de ganado y pie de cantiles; sobre calizas. **Alt.:** 700-1100 m.

Dist.: Endém. ibérica. Localizada en la sierra de Cantabria, a occidente, y en las cuencas prepiren., a oriente, en Equiza. **Alp.:** RR; **Atl.:** RR; **Med.:** -.

Obs.: Se incluye la subsp. *reticulata* (Desf.) Maire, según *Flora Iberica*.

Origanum vulgare L. subsp. virens (Hoffmanns. & Link) Bonnier & Layens

O. virens Hoffmanns. & Link; O. macrostachyum Hoffmanns. & Link; O. virens var. spicatum Rouy; O. bastetanum Socorro, Arreb. & Espinar

Herbazales a orillas de caminos, orlas forestales, baldíos y ribazos. **Alt.:** 400-1000 m.

Dist.: Plurirreg.; Med. W-Macaronésica. Dispersa por la Zona Media, cuencas prepiren. y las sierras occ. **Alp.:** -; **Atl.:** RR; **Med.:** R.

Obs.: Las citas atlánt. son dudosas (Lacoizqueta, 1884 y Colmeiro, 1888). Villar (1980) la anota con reservas de Salvatierra de Esca (Z).

Origanum vulgare L. subsp. vulgare

Pastos, herbazales, claros de matorrales, ribazos y orillas de caminos y cunetas. **Alt.:** 50-1500 m.

Dist.: Eur. General en Navarra, salvo en el tercio meridional, donde es rara o se ausenta. **Alp.:** C; **Atl.:** C; **Med.:** F.

Phlomis herba-venti L.

Ribazos, cunetas, bordes de caminos, matorrales aclarados y pastos pedregosos. **Alt.:** 300-1000 m.

Dist.: Plurirreg.; Med.-Póntica. Comarcas al sur de la divisoria de aguas, en ambientes mediterráneos llegando al sur del territorio. **Alp.:** E; **Atl.:** E; **Med.:** F.

Phlomis lychnitis L.

Pastos secos y claros del matorral mediterráneo, muchas veces en terrenos incendiados. **Alt.:** 250-1100 m. **HIC:** 4090, 6220*.

Dist.: Med. W. Al sur de la divisoria de aguas, llegando hasta el sur de Navarra. **Alp.:** R; **Atl.:** R; **Med.:** F.

Prunella grandiflora (L.) Scholler

P. vulgaris var. grandiflora L.; P. hastifolia Brot.; P. grandiflora var. pyrenaica Gren. & Godr.; P. grandiflora subsp. hastifolia (Brot.) Breistr.

Claros de bosques caducifolios, hayedos y robledales, herbazales y pastos derivados. **Alt.:** 200-1900 m. **HIC:** Robl. roble albar.

Dist.: Atl. General en la mitad septen. de Navarra y ausente de la Ribera. **Alp.:** F; **Atl.:** F; **Med.:** E.

Obs.: Planta muy variable a menudo citada como subsp. *pyrenaica* (Gren. & Godr.) A. Bolòs & O. Bolòs, e incluso como subsp. *grandiflora*, que para *Flora Iberica* no son sino meras variantes del taxon.

Prunella hyssopifolia L.

Herbazales en depresiones húmedas, inundadas en primavera. **Alt.:** 350-850 m. **HIC:** Pastiz. semiagost. suel. margosos.

Dist.: Med. W. Zona Media, cuencas prepiren. y estribaciones occ., más puntualmente en la Ribera. **Alp.:** RR; **Atl.:** E; **Med.:** E.

Obs.: Conviene verificar la cita de Tudela dada por Colmeiro (1888).

Prunella laciniata (L.) L.

P. vulgaris var. laciniata L.

Pastos mesófilos y claros forestales. **Alt.:** 120-1400 m. **HIC:** 6210(*).

Dist.: Med. En la mitad septen. del territorio y puntualmente en la Ribera (Caparroso). **Alp.:** E; **Atl.:** E; **Med.:** E.

Obs.: Se ha citado del territorio el mesto *P. laciniata × P. vulgaris* (*P. × hybrida* Knaf), principalmente de los valles atlánt.; sin embargo podría ser una forma de variabilidad de *P. vulgaris*.

Prunella vulgaris L.

Herbazales y pastos a orillas de balsas, charcas, cursos de agua, manantiales y orlas forestales. **Alt.:** 120-1750 m.

Dist.: Circumbor. Extendida por toda Navarra, si bien se enrarece mucho en la mitad meridional. **Alp.:** F; **Atl.:** C; **Med.:** E.

Rosmarinus officinalis L.

R. laxiflorus De Noé; R. rigidus Jord. & Fourr.; R. tenuifolius Jord. & Fourr.; R. flexuosus Jord. & Fourr.; R. serotinus Loscos

Forma romerales en los claros del matorral mediterráneo, sobre margas, calizas y yesos, en general en climas secos y soleados; también se cultiva. **Alt.:** 250-875 m. **HIC:** 1520*, 4030, 4090, Tom., aliag. y romer. som.-arag. y prep., 9540.
Dist.: Med. Puntual en la Zona Media, localizándose en ambientes abrigados, y extendida por el sur, principalmente en la Ribera. **Alp.:** -; **Atl.:** RR; **Med.:** CC.
Obs.: Las citas atlánt., salvo excepciones, no parecen ser espontáneas.

Salvia aethiopis L.

S. leuconera Boiss.

Planta dudosa que requiere comprobación. Pastos nitrogenados, baldíos y cunetas, en ambientes secos y soleados. **Alt.:** 250-650 m.
Dist.: Plurirreg.; Med.-Póntica. Citada de la Ribera Tudelana. **Alp.:** -; **Atl.:** -; **Med.:** RR.
Obs.: Debe verificarse la cita de Ursúa (1986) de la sierra del Yugo. No se cita de Navarra en *Flora Iberica*.

Salvia lavandulifolia Vahl subsp. *lavandulifolia*

S. officinalis subsp. lavandulifolia (Vahl) Cuatrec.; S. hispanorum Lag.; S. officinalis var. hispanica Boiss.; S. approximata Pau

Matorrales aclarados y rellanos de roquedos, sobre margas, yesos o calizas, en ambientes secos y soleados. **Alt.:** 300-800 m.
Dist.: Endém. ibérica. Mitad sur de la Zona Media y de la Ribera. **Alp.:** -; **Atl.:** -; **Med.:** E.

Salvia pratensis L.

Pastos pedregosos, ribazos, cunetas y herbazales sobre suelos secos algo nitrogenados. **Alt.:** 300-850 m.
Dist.: Eur. Cuencas prepiren., Zona Media y Ribera. **Alp.:** -; **Atl.:** E; **Med.:** E.

Salvia sclarea L.

S. lucana Cavara & Grande

Planta dudosa que requiere comprobación. Cultivada como ornamental y medicinal, se naturaliza en herbazales nitrógenados próximos a poblaciones. **Alt.:** 400-600 m.
Dist.: Plurirreg.; Med.-Iraniana. Contadas localidades en las cuencas prepiren. y en la Zona Media occidental. **Alp.:** -; **Atl.:** RR; **Med.:** RR.
Observaciones. Deben verificarse las citas navarras (López, 1968, 1970, 1972; Gaussen, 1953). No se recoge en *Flora Iberica*.

Salvia verbenaca L.

S. pyrenaica L.; S. clandestina L.; S. horminoides Pourr.; S. verbenacoides Brot.; S. multifida Sibth. & Sm.; S. lanigera Poir.; S. controversa Ten.; S. ochroleuca Coss. & Balansa

Pastos, ribazos, herbazales nitrogenados, sendas y caminos, etc. **Alt.:** 250-1100 m.
Dist.: Med.-Atl. Al sur de la divisoria de aguas, sin ascender a cotas elevadas, llegando hasta el sur de Navarra. **Alp.:** R; **Atl.:** E; **Med.:** F.

Obs.: Especie de gran plasticidad morfológica con distintas subespecies descritas.

Satureja hortensis L.

Planta dudosa que requiere comprobación. Cultivada como aromática, se asilvestra en las cercanías, sobre suelos pedregosos removidos. **Alt.:** 450-500 m.
Dist.: Introd.; originaria del Med. orient. Puntual en la cuenca de Pamplona. **Alp.:** -; **Atl.:** RR; **Med.:** -.
Obs.: La cita de Pamplona de Colmeiro (1888) debe verificarse. Se conoce algún pliego de herbario de Navarra, al aparecer Na en la síntesis de *Flora Iberica*.

Satureja montana L. subsp. *montana*

Fisuras, grietas, rellanos y repisas de roquedos calizos soleados, desfiladeros, graveras y cascajeras fluviales. **Alt.:** 400-1900 m.
Dist.: Oróf. Med. W. Pirineos, cuencas prepiren. y Zona Media orient., más las estribaciones occ. **Alp.:** E; **Atl.:** E; **Med.:** R.
Obs.: Deben mantenerse en cuarentena las citas atlánt.

Scutellaria alpina L. subsp. *alpina*

S. alpina var. pumila Lange

Pastos pedregosos y graveras en áreas de alta montaña. **Alt.:** 1400-2100 m.
Dist.: Oróf. Europa. Limitada a las montañas pirenaicas más elevadas (macizo de Larra). **Alp.:** RR; **Atl.:** -; **Med.:** -.

Scutellaria galericulata L.

Herbazales húmedos en orlas de balsas, orillas de acequias, lagunas y sotos. **Alt.:** 250-650 m. **HIC:** Com. aguas estanc., 6430.
Dist.: Circumbor. Localizada en la cuenca de Pamplona, la Barranca y la Ribera Tudelana. **Alp.:** -; **Atl.:** RR; **Med.:** R.

Scutellaria minor Huds.

S. hastifolia sensu Willk. & Lange

Ambientes higroturbosos, turberas y orillas de pequeños arroyos en áreas de influencia atlánt., sobre sustratos silíceos. **Alt.:** 150-1000 m. **HIC:** 6410.
Dist.: Atl. Valles atlánt. y montañas de la divisoria, llegando hasta Burguete y cercanías, y hacia el oeste por el corredor de la Barranca. **Alp.:** -; **Atl.:** E; **Med.:** -.

Sideritis fruticulosa Pourr.

S. scordioides subsp. cavanillesii (Lag.) Nyman; S. cavanillesii Lag.

Pastos secos y claros de coscojares y tomillares-aulagares en el ambiente del carrascal-quejigal. **Alt.:** 250-650 m.
Dist.: Endém. ibérica. Mitad meridional de Navarra, desde las cuencas prepiren. y la Zona Media hasta la Ribera donde es más frecuente. **Alp.:** RR; **Atl.:** -; **Med.:** E.
Obs.: De la sierra del Perdón se ha citado el híbrido *S. × loscosiana* Font Quer (*S. fruticulosa × S. spinulosa*).

Sideritis hirsuta L.

S. tomentosa Pourr.; S. hirsuta var. tomentosa (Pourr.) Lapeyr.

Matorrales aclarados, pastos pedregosos, resaltes y rellanos de roquedos, ocasional en ribazos y cunetas. **Alt.:** 350-1600 m.
Dist.: Med. W. Pirineos, cuencas prepiren., Navarra Media, sierras occ. y Ribera, donde se enrarece; falta

en los valles atlánt. **Alp.:** E; **Atl.:** E; **Med.:** E.

Sideritis hyssopifolia L.

S. pyrenaica Poir.; S. crenata Lapeyr.; S. guillonii Timb.-Lagr.; S. peyrei Timb.-Lagr.; S. brachycalyx Pau; S. aranensis (Font Quer) D. Rivera & Obón

Pastos de *Festuca gautieri*, roquedos, fisuras y rellanos de cresteríos. **Alt.:** 800-2300 m.

Dist.: Oróf. Europa W. Pirineos y estribaciones medias occ. **Alp.:** E; **Atl.:** R; **Med.:** R.

Obs.: Se incluyen la subsp. *hyssopifolia* y subsp. *guillonii* (Timb.-Lagr.) Nyman. En el territorio hay ejemplares de una y otra subespecie. Colmeiro (1888) la cita de Tudela, sin que nos parezca verosímil.

Sideritis montana L.

S. ebracteata Asso; S. montana subsp. ebracteata (Asso) Murb.

Claros de matorrales mediterráneos, sobre suelos removidos. **Alt.:** 350-550 m.

Dist.: Med. W. Puntual en las Bardenas, Mendavia, Viana y Fitero. **Alp.:** -; **Atl.:** -; **Med.:** RR.

Obs.: Incluida la subsp. *ebracteata* (Asso) Murb.

Sideritis pungens Benth.

S. linearifolia auct. non Lam.; S. giennensis Pau ex Font Quer

Coscojares, romerales, tomillares, pastos secos y ribazos, en ambientes caldeados. **Alt.:** 250-650 m.

Dist.: Med. W. Por la Ribera y puntual en la Navarra Media occidental. **Alp.:** -; **Atl.:** R; **Med.:** E.

Obs.: Se ha citado de Tudela *S. foetens* Clemente ex Lag. (*S. lasiantha* Pers.) por Dufour (1860) y Colmeiro (1888) y que puede corresponder a este taxon, lo mismo que *S. angustifolia* Lam. de Milagro (Ursúa & López, 1983) y Marcilla (Garde & López, 1983).

Sideritis spinulosa Barnadés ex Asso

S. spinosa Lam.; S. subspinosa Cav.

Claros de matorrales mediterráneos y pastos secos, en zonas cálidas y luminosas. **Alt.:** 400-550 m. **HIC:** 4090.

Dist.: Endém. ibérica. Puntual en la Ribera Tudelana, llegando a las estribaciones de la Navarra Media. **Alp.:** -; **Atl.:** -; **Med.:** RR.

Cons.: VU (NA); Prioritaria (Lorda & al., 2009).

Stachys alopecurus (L.) Benth.

Betonica alopecuros L.; S. alopecuros proles godronii Rouy; S. alopecuros subsp. godronii Merxm.

Rellanos de roquedos en lapiaces, dolinas y grietas, pastos pedregosos innivados y pie de roquedos. **Alt.:** 1450-2150 m.

Dist.: Europa W. Limitada a las montañas pirenaicas el este del monte Ori. **Alp.:** E; **Atl.:** -; **Med.:** -.

Obs.: Tradicionalmente las plantas pirenaicas se han asignado a la subsp. *godronii* Merxm.

Stachys alpina L.

Hayedos karstificados, alisedas y bosques mixtos a pie de cantil, herbazales de orillas de ríos, etc. **Alt.:** 40-1650 m.

Dist.: Eur. Pirineos y cuencas prepiren., valles atlánt., montañas de la Zona Media y sierras occ. **Alp.:** E; **Atl.:** E; **Med.:** -.

Obs.: Dufour (1860) la cita de Tudela, con poca credibilidad.

Stachys annua (L.) L.

Betonica annua L.

Arvense y ruderal, en zonas cultivadas, barbechos y eriales, sobre suelos sueltos. **Alt.:** 400-600 m.

Dist.: Med. Cuencas y Zona Media. **Alp.:** -; **Atl.:** R; **Med.:** R.

Stachys arvensis (L.) L.

Glechoma arvensis L.

Ruderal y arvense en huertas, cultivos y cunetas, sobre suelos removidos y nitrificados. **Alt.:** 50-450 m.

Dist.: Subcosm. Parece limitarse a los valles atlánt. **Alp.:** -; **Atl.:** R; **Med.:** -.

Obs.: Se conoce también de Guipúzcoa, donde vive en ambientes ruderales.

Stachys germanica L.

Eriostomum lusitanicum Hoffmanns. & Link; S. lusitanica (Hoffmanns. & Link) Steud.

Naturalizada. Quizá en origen provenga de cultivos antiguos, ahora a orillas de caminos, pastos secos y laderas pedregosas. **Alt.:** 250-750 m.

Dist.: Introd.; originaria del mediterráneo. Citas puntuales en las cuencas prepiren. (foz del río Eska) y la Navarra Media. **Alp.:** RR; **Atl.:** -; **Med.:** RR.

Stachys heraclea All.

S. valentina Lag.

Pastos mesófilos y claros del carrascal-quejigal y matorral sobre suelos margosos, en climas frescos. **Alt.:** 450-950 m.

Dist.: Oróf. Med. W. Cuencas prepiren. y Navarra Media, llegando hasta el valle de Lana, a occidente. **Alp.:** RR; **Atl.:** R; **Med.:** E.

Stachys ocymastrum (L.) Briq.

Sideritis ocymastrum L.; Galeopsis hirsuta L.; S. lagascae Caball.

Orillas de caminos, taludes herbosos y baldíos. **Alt.:** 450-450 m.

Dist.: Med. W. Sólo la conocemos de Bidaurreta, en la Navarra Media. **Alp.:** -; **Atl.:** -; **Med.:** RR.

Obs.: Recientemente anotada en Aizpuru & al. (2003).

Stachys officinalis (L.) Trevisan

Betonica officinalis L.; B. algeriensis De Noé; B. clementei Pérez Lara

Bosques aclarados, robledales, melojares, quejigales, matorrales, setos y pastos supraforestales. **Alt.:** 120-1800 m.

Dist.: Eur. General en la mitad norte de Navarra, sin alcanzar las comarcas más meridionales. **Alp.:** E; **Atl.:** E; **Med.:** R.

Obs.: Especie de gran variabilidad en su indumento, tamaño de las hojas, inflorescencia, etc.

Stachys palustris L.

Herbazales sobre suelos muy húmedos, en sotos fluviales y acequias. **Alt.:** 250-650 m.

Dist.: Circumbor. Cuenca de Pamplona, Zona Media y Ribera. **Alp.:** -; **Atl.:** E; **Med.:** R.

Stachys recta L.

Claros y matorrales forestales, pedrizas y roquedos, llegando a la alta montaña en ambientes soleados. **Alt.:** 20-1900 m.

Dist.: Med. Puntual en los valles cantábricos, Pirineos, cuencas prepiren., Zona Media y sierras occ. **Alp.:** E; **Atl.:** E; **Med.:** E.

Stachys sylvatica L.

Claros del robledal, hayedo y quejigal, alisedas, herbazales sobre suelos frescos y mullidos. **Alt.:** 120-1600 m. **HIC:** 91E0*.

Dist.: Eur. Mitad septen. de Navarra. **Alp.:** E; **Atl.:** E; **Med.:** RR.

Teucrium botrys L.

Sobre suelos pedregosos, graveras fluviales y pastos secos. **Alt.:** 450-1100 m.

Dist.: Med. Puntual en la Navarra Media y las cuencas prepiren. **Alp.:** -; **Atl.:** R; **Med.:** R.

Teucrium capitatum L.

T. polium subsp. capitatum (L.) Arcang.

Pastos secos, claros de matorrales y ribazos entre cultivos. **Alt.:** 250-1300 m. **HIC:** 1430, 1520*, 4090, 6220*.

Dist.: Med. W. Por la mitad sur de Navarra, alcanzando levemente las cuencas prepiren. y la Zona Media. **Alp.:** RR; **Atl.:** -; **Med.:** E.

Obs.: Especie muy polimorfa, siendo frecuente su hibridación con otros táxones del género.

Teucrium chamaedrys L.

T. pinnatifidum Sennen; T. chamaedrys subsp. pinnatifidum (Sennen) Rchb. Fil.

Pastos pedregosos, rellanos y grietas de roquedos, claros forestales y matorrales soleados. **Alt.:** 250-2000 m. **HIC:** 4060, Bojeral de orla, 5210, 9340.

Dist.: Med. W. General en Navarra, parece ausentarse de las áreas más netamente atlánt. **Alp.:** C; **Atl.:** C; **Med.:** C.

Obs.: Se incluye la subsp. *pinnatifidum* (Sennen) Rchh. fil. A este taxon deben corresponder las citas de Lacoizqueta (1884) y Colmeiro (1888) de *T. webbianum* Boiss.

Teucrium expassum Pau

T. polium subsp. expassum (Pau) Rivas Goday & Borja; T. aragonense var. latifolium Willk.; T. angustissimum var. expassum (Pau) Pau

Planta dudosa que requiere comprobación. Matorrales aclarados, graveras y claros forestales. **Alt.:** 600-850 m.

Dist.: Endém. del N y E de España. **Alp.:** RR; **Atl.:** -; **Med.:** -.

Obs.: Debe comprobarse la cita de Navascués (Puerto de las Coronas) de Loidi & al. (1997). No citada de Navarra según *Flora Iberica*.

Teucrium gnaphalodes L'Hér.

Pastos secos y matorrales mediterráneos aclarados, en ambientes secos y soleados. **Alt.:** 250-550 m.

Dist.: Endém. de la Península Ibérica. Principalmente en la Ribera orient. **Alp.:** -; **Atl.:** -; **Med.:** R.

Obs.: Las citas de Vicente (1983) de la sierra de Alaitz y del Perdón son dudosas.

Teucrium montanum L. subsp. *montanum*

T. supinum L.; T. pannonicum A. Kern.; T. jailae Juz.; T. skorpilii Velen.

Grietas de roquedos y crestones calizos. **Alt.:** 950-1200 m.

Dist.: Oróf. Europa. Localizada en la sierra de Lókiz, en la Zona Media occidental. **Alp.:** -; **Atl.:** -; **Med.:** RR.

Cons.: Prioritaria (Lorda & al., 2009).

Obs.: Se conoce de la sierra de Lókiz el mesto *T. × contejeani* Giraudias (*T. montanum × T. pyrenaicum*).

Teucrium polium L. subsp. *polium*

Matorrales aclarados y pastos pedregosos en el ambiente del carrascal-quejigal. **Alt.:** 300-1350 m. **HIC:** 4090.

Dist.: Oróf. Med. W. Disperso por la Zona Media y las cuencas prepiren., faltado en los dos extremos septen. y meridional. **Alp.:** RR; **Atl.:** R; **Med.:** E.

Obs.: Especie polimorfa con poblaciones aisladas en la Península Ibérica. Se reconocen dos subespecies: subsp. *purpurascens* (Benth.) S. Puech y subsp. *clapae* S. Puech.

Teucrium pyrenaicum L. subsp. *guarensis* P. Monts.

T. pyrenaicum var. catalaunicum Sennen

Claros de matorrales, rellanos de roquedos y pastos pedregosos, en el ambiente del carrascal-quejigal. **Alt.:** 650-1150 m.

Dist.: Endém. del NE de España, Alto Pirineo, Prepirineo y Sistema Ibérico. Pirineos, sierras prepiren., Zona Media y estribaciones occ. **Alp.:** R; **Atl.:** -; **Med.:** R.

Cons.: Prioritaria (Lorda & al., 2009).

Teucrium pyrenaicum L. subsp. *pyrenaicum*

Pastos pedregosos, rellanos de roquedos calizos y matorrales. **Alt.:** 120-2100 m. **HIC:** 4060, 4090, 6210, 6170, 9340, 9430*.

Dist.: Endém. franco-ibérica. General en la mitad septen. de Navarra. **Alp.:** F; **Atl.:** E; **Med.:** E.

Teucrium rotundifolium Schreb.

T. pyrenaicum var. granatense Boiss.; T. granatense (Boiss.) Boiss. & Reut.

Planta dudosa que requiere comprobación. Roquedos, fisuras, taludes y laderas rocosas sobre calizas. **Alt.:** 650-1100 m.

Dist.: Med. W. **Alp.:** -; **Atl.:** -; **Med.:** RR.

Obs.: Debe comprobarse la cita de la sierra de Peña, en la Navarra Media orient., de Sesma & Loidi (1993). Planta propia del SE de España, que, lógicamente, no llega a Navarra.

Teucrium scordium L. subsp. *scordium*

Herbazales sobre suelos temporalmente húmedos, a orillas de balsas, charcas y lagunas. **Alt.:** 400-1100 m. **HIC:** Gramales y past. suel. compac., 6430.

Dist.: Eur. Puntual en los Pirineos, Zona Media, sierras occ. y la Ribera. **Alp.:** RR; **Atl.:** E; **Med.:** E.

Cons.: LC (ERLVP, 2011), sin detallar subespecies.

Obs.: Se incluyen la subsp. *scordium* y subsp. *scordioides* (Schreber) Maire & Petitm.

Teucrium scorodonia L.

Scorodonia vulgaris Hill

Claros y orlas de bosques caducifolios, helechales, brezales y matorrales derivados, en general sobre suelos ácidos. **Alt.:** 120-1400 m. **HIC:** Matorr. *Cytisus scoparius*, Zarzales y espin. acidof., 9230, Robled. acidof. cant., Abed. *Betula pendula*, 91D0*, 9580*.

Dist.: Europa W; subatl. Mitad septen. de Navarra, faltando en la Ribera. **Alp.:** F; **Atl.:** C; **Med.:** E.

Thymus froelichianus Opiz
Th. chamaedrys var. vestitus Lange; Th. carniolicus Borbás ex Déségl.; Th. pulegioides subsp. carniolicus (Déségl.) P.A. Schmidt; Th. pulegioides var. vestitus (Lange) Jalas

Pastos junto a brezales o bordes de caminos; indiferente al sustrato. **Alt.:** 100-1900 m.

Dist.: Oróf. S Europa. No conocemos muy bien su distribución, pero podría centrarse en la mitad septen. de Navarra. **Alp.:** -; **Atl.:** RR; **Med.:** -.

Obs.: Citada de Na en *Flora Iberica*.

Thymus longicaulis C. Presl
Th. serpyllum subsp. carolii Sennen & Ronniger

Bordes de prados, matorrales aclarados y pastos secos sobre calizas. **Alt.:** 1300-1500 m.

Dist.: Oróf. Europa S. Parece centrarse en el Pirineo, con escasas localidades anotadas. **Alp.:** RR; **Atl.:** -; **Med.:** -.

Obs.: Deben comprobarse las citas de Fdez. & Gamarra (1992) de Isaba e Irati.

Thymus loscosii Willk.
Th. hirtus var. tenuifolius Loscos & J. Pardo; Th. hyemalis var. tenuifolius (Loscos & J. Pardo) Pau; Th. zygis var. tenuifolius (Loscos & J. Pardo) Pau; Th. hirtus subsp. tenuifolius (Loscos & J. Pardo) Malag.

Matorrales aclarados y pastos, muchas veces sobre suelos y cerros erosionados calizos, arcillosos o yesíferos, en climas secos y soleados. **Alt.:** 250-550 m. **HIC:** 1520*, 4090.

Dist.: Endém. del NE de España (cuenca del Ebro). Escasas localidades a lo largo del eje del Ebro (Viana y Fitero). **Alp.:** -; **Atl.:** -; **Med.:** RR.

Cons.: VU (NA); IE (CNEA); Prioritaria (Lorda & al., 2009); LESPE (2011).

Obs.: Localmente algo frecuente. Límite NW en Navarra-Álava. Se ha citado del monte San Cristóbal, cerca de Pamplona por Báscones (1978) y Ursúa & Báscones (1987), citas a todas luces muy dudosas.

Thymus mastichina L. subsp. *mastichina*
Th. tomentosus Willd.; Th. ciliolatus Pau; Th. carpetanus Sennen

Terrazas, cascajeras fluviales, cunetas pedregosas en el ambiente del carrascal, sobre suelos arenosos y sueltos. **Alt.:** 200-600 m. **HIC:** Mat. nitrof. grav. fluv., 4030.

Dist.: Endém. ibérica. Localizada en la Navarra Media occidental y la Ribera. **Alp.:** -; **Atl.:** RR; **Med.:** R.

Thymus mastigophorus Lacaita
Th. hispanicus var. valdeciliatus Sennen; Th. munbyanus subsp. mastigophorus (Lacaita) Greuter & Burdet; Th. hispanicus auct., non Poir.; Th. hirtus auct., non Willd.

Planta que está cerca de Navarra, y cuya presencia se estima probable. Pastos en crestones calizos y cerros margosos, en climas continentalizados. **Alt.:** 500-1050 m.

Dist.: Endém. ibérica. No está en Navarra, pero se conoce de las cercanías de La Barranca, en tierras alavesas.

Obs.: De Peña Gallet (Nazar) se conoce el mesto *Th.* × *severianoi* Uribe-Ech. (*Th. mastigophorus* × *Th. vulgaris* subsp. *vulgaris*).

Thymus nervosus J. Gay ex Willk.
Th. serpyllum var. confertus Gren. & Godr.; Th. serpyllum subsp. nervosus (J. Gay ex Willk.) Nyman; Th. confertus (Gren. & Godr.) Velen.

Pastos pedregosos, repisas y rellanos del karst, en ambientes de alta montaña. **Alt.:** 1700-2450 m.

Dist.: Oróf. Europa W. Limitada a las altas montañas pirenaicas. **Alp.:** RR; **Atl.:** -; **Med.:** -.

Obs.: Se relaciona con el grupo *praecox*.

Thymus praecox Opiz subsp. *britannicus* (Ronniger) Holub
Th. britannicus Ronniger; Th. serpyllum var. arcticus Durand; Th. serpyllum var. penyalarensis Pau

Orlas de bosques, bordes de prados y pastos alpinos, rellanos y repisas de roquedos. **Alt.:** 350-2100 m. **HIC:** 4060, 6210(*), 6140.

Dist.: Oróf. Europa W. General en la mitad septen. de Navarra, sin alcanzar la Ribera. **Alp.:** C; **Atl.:** C; **Med.:** E.

Thymus praecox Opiz subsp. *polytrichus* (A. Kern. ex Borbás) Jalas
Th. polytrichus A. Kern. ex Borbás; Th. serpyllum subsp. polytrichus (A. Kern. ex Borbás) Briq.

Pastos pedregosos y claros de matorrales, crestones y rellanos de roquedos. **Alt.:** 350-2100 m. **HIC:** 4060, 6140.

Dist.: Oróf. Europa. General en la mitad septen. de Navarra, sin alcanzar la Ribera. **Alp.:** C; **Atl.:** E; **Med.:** -.

Obs.: Muestra caracteres intermedios entre la subsp. *britannicus* y *Th. pulegioides*.

Thymus pulegioides L.
Th. ovatus Mill.; Th. chamaedrys Fr.; Th. serpyllum subsp. chamaedrys (Fr.) Celak; Th. alpestris auct., non Tausch. ex A. Kern.; Th. serpyllum subsp. alpestris sensu O. Bolòs & Vigo

Claros y orlas forestales, brezales, helechales y pastos; sobre suelos acidificados. **Alt.:** 40-1950 m. **HIC:** 6230*.

Dist.: Eur. Pirineos, sierras prepiren., montañas de la Zona Media, valles atlánt. y estribaciones occ. **Alp.:** E; **Atl.:** E; **Med.:** E.

Obs.: Planta polimorfa. Muestras de Navarra parecen tender a la subsp. *montanus* (Waldst. & Kit.) Ronniger. En algún caso se ha citado *Th. alpestris* Tausch ex A. Kern. tomillo propio de Centroeuropa, y citada del Col d'Erroimendi por Vivant.

Thymus vulgaris L. subsp. *vulgaris*
Th. webbianus Rouy

Forma parte de los tomillares en claros despejados, pastos, resaltes rocosos, sobre suelos calizos en ambientes luminosos. **Alt.:** 250-1700 m. **HIC:** 1430, 1520*, Mat. nitrof. grav. fluv., 4090, Tom., aliag. y romer. Som.-arag. y prep., Bojeral de orla, 5110, 5210, 6220*, Espartales (no halófilos), 6210, 9540.

Dist.: Med. W. General al sur de la divisoria de aguas, sin llegar a los valles atlánt. **Alp.:** F; **Atl.:** F; **Med.:** CC.

Obs.: Especie muy polimorfa, cultivada y muy extendida.

Thymus zygis Loefl. ex L. subsp. *zygis*
Th. loscosii var. oxyodontus Sennen & Pau

Matorrales aclarados, sobre cerros yesosos. **Alt.:** 250-850 m.
Dist.: Endém. de las comarcas interiores de la mitad N peninsular. Limitada a la Ribera Tudelana, en Fitero, Valtierra y Milagro. **Alp.:** -; **Atl.:** -; **Med.:** RR.

Ziziphora aragonensis Pau
Z. hispanica subsp. aragonensis (Pau) O. Bolòs

Pastos de anuales, en cerros carbonatados, sobre suelos arenosos. **Alt.:** 350-400 m. **HIC:** 6220*.
Dist.: Endém. del E de España. Limitada a contadas localidades de la Ribera Tudelana (Bardenas, Vedado de Eguaras). **Alp.:** -; **Atl.:** -; **Med.:** RR.
Cons.: VU (NA). Debe considerarse especie prioritaria (Lorda & al., 2009). **Obs.:** Materiales de Navarra en el herbario ARAN. Límite septen. en Navarra.

Ziziphora hispanica L.

Claros del matorral y terrenos removidos, sobre calizas, margas o yesos. **Alt.:** 350-550 m.
Dist.: Med. W. Parece limitarse a la Ribera Tudelana y cercanías. **Alp.:** -; **Atl.:** -; **Med.:** RR.
Cons.: Prioritaria (Lorda & al., 2009).
Obs.: De Ejea de los Caballeros (Z), en La Bardena, ha sido citada por Yera & Ascaso (2009).

Lauraceae

Laurus nobilis L.

El laurel crece en encinares y barrancos abrigados con influencia atlántica; cultivada y asilvestrada en ocasiones. **Alt.:** 40-700 m.
Dist.: Med.-Atl. Valles atlánt., corredor del Araxes y alto valle del Ega. **Alp.:** -; **Atl.:** R; **Med.:** -.
Obs.: Salvo en la región atlánt., donde parece espontánea, en el resto es un arbusto cultivado.

Leguminosae (Fabaceae)

Adenocarpus lainzii (Castrov.) Castrov.
A. complicatus subsp. lainzii Castrov.; A. complicatus auct., non (L.) J. Gay; A. intermedius sensu Merino, non DC.

Claros forestales, taludes y matorrales, sobre suelos silíceos. **Alt.:** 20-1000 m.
Dist.: Endém. del N, NW y W de la Pen. Ibér. Por lo que conocemos, limitada a la localidad de Goizueta, en los valles del NW de Navarra. **Alp.:** -; **Atl.:** RR; **Med.:** -.
Obs.: Se cita de Navarra en *Flora Iberica*.

Anthyllis montana L.
A. montana subsp. hispanica (Degen & Hervier) Cullen; A. depressa (Lange) Willk.

Pastos pedregosos, rellanos y repisas de roquedos calizos soleados. **Alt.:** 800-2250 m.
Dist.: Oróf. Med. Pirineos, sierras prepiren., montañas de la Zona Media y estribaciones occ. **Alp.:** E; **Atl.:** E; **Med.:** R.

Anthyllis vulneraria L. subsp. *alpestris* (Kit. ex Schult.) Asch. & Graebn.
A. vulneraria var. alpestris Kit. ex Schult.; A. vulneraria subsp. pyrenaica Kerguélen; A. vulneraria subsp. boscii Kerguélen

Pastos de *Festuca gautieri*, orlas y claros forestales, taludes herbosos y prados. **Alt.:** 400-2350 m.
Dist.: Oróf. Med. Montañas pirenaicas, Zona Media y estribaciones occidentales; puntual en las montañas atlánt. **Alp.:** E; **Atl.:** E; **Med.:** RR.
Obs.: Queda infrarrepresentada por falta de estudios del grupo.

Anthyllis vulneraria L. subsp. *gandogeri* (Sagorski) W. Becker ex Maire
A. vulneraria subsp. font-queri (Rothm.) A. Bolòs; A. vulneraria subsp. lusitanica (Cullen & P. Silva) Franco

Pastos, claros del matorral y roquedos caldeados. **Alt.:** 400-2000 m.
Dist.: Med. W. Pirineos, sierras prepiren., Zona Media, sierras occ. y Ribera. **Alp.:** F; **Atl.:** E; **Med.:** E.
Obs.: Queda infrarrepresentada por falta de estudios.

Anthyllis vulneraria L. subsp. *sampaioana* (Rothm.) Vasc.
A. sampaioana Rothm.; A. vulneraria subsp. forondae (Sennen) Cullen

Pastos y matorrales despejados, soleados. **Alt.:** 750-1200 m.
Dist.: Med. W. Parece estar presente en las sierras medias occ. **Alp.:** -; **Atl.:** RR; **Med.:** RR.
Obs.: Queda infrarrepresentada por falta de estudios del grupo.

Anthyllis vulneraria L. subsp. *vulnerarioides* (All.) Arcang.
Astragalus vulnerarioides All.; A. vulneraria subsp. multifolia (W. Becker) O. Bolòs & Vigo; A. vulneraria subsp. dertosensis (Rothm.) Font Quer

Pastos pedregosos, rellanos y resaltes del karst. **Alt.:** 1650-2400 m.
Dist.: Oróf. Europa. Limitada a las montañas pirenaicas más elevadas. **Alp.:** RR; **Atl.:** -; **Med.:** -.
Obs.: Queda infrarrepresentada por falta de estudios del grupo.

Argyrolobium zanonii (Turra) P.W. Ball subsp. *zanonii*
Cytisus zanonii Turra; A. argenteum (L.) Willk.

Pastos y matorrales aclarados, en el ambiente del carrascal-quejigal, sobre suelos margosos o calcáreos. **Alt.:** 250-1050 m.
Dist.: Med. W. General en los dos tercios meridionales de Navarra. **Alp.:** E; **Atl.:** E; **Med.:** F.

Astragalus alopecuroides L. subsp. *alopecuroides*
A. narbonensis Gouan

Claros de matorrales, pastos y cerros erosionados, interior de foces, sobre sustratos muy pedregosos. **Alt.:** 350-900 m.
Dist.: Med. W. Puntual en la Foz de Lumbier y distintas localidades de la Ribera (Caparroso y Lazagurría). **Alp.:** -; **Atl.:** -; **Med.:** RR.

Astragalus australis (L.) Lam.
Phaca australis L.

Pastos pedregosos subalpinos, largamente innivados. **Alt.:** 1600-2100 m.
Dist.: Bor.-Alp. Limitada a las montañas pirenaicas más

elevadas. **Alp.:** RR; **Atl.:** -; **Med.:** -.

Obs.: Límite pirenaico occidental en Navarra.

Astragalus clusianus Soldano

A. clusii Boiss.

Cerros calizos erosionados. **Alt.:** 350-400 m. **HIC:** 4090, 6220*.

Dist.: Endém. ibérica. Muy localizada en Ablitas, en la Ribera Tudelana. **Alp.:** -; **Atl.:** -; **Med.:** RR.

Cons.: VU (NA); Prioritaria (Lorda & al., 2009).

Obs.: Límite septen. en Navarra.

Astragalus cymbaecarpos Brot.

A. castellanus Bunge

Pastos en suelos pobres, pedregosos o arenosos, ácidos. **Alt.:** 250-650 m.

Dist.: Med. W. Creemos que debe hallarse en el tercio meridional de Navarra. **Alp.:** -; **Atl.:** -; **Med.:** RR.

Obs.: Citado de Navarra por *Flora Iberica*, sin conocer su localidad exacta. Conviene verificarlo.

Astragalus depressus L.

Pastos pedregosos, crestones calizos y cuevas abrigadas nitrificadas. **Alt.:** 1300-2100 m.

Dist.: Oróf. Europa. Limitada a las montañas pirenaicas y citada por Soulié (1907-1914) de la sierra de Leire. **Alp.:** RR; **Atl.:** -; **Med.:** RR.

Obs.: Conviene verificar la cita de la sierra de Leire.

Astragalus echinatus Murray

A. pentaglottis L.

Claros de tomillares y pastos pedregosos secos. **Alt.:** 450-650 m.

Dist.: Med. Limitada a la Navarra Media occidental. **Alp.:** -; **Atl.:** -; **Med.:** RR.

Astragalus glaux L.

A. granatensis Lange

Rellanos rocosos con boj, en claros del carrascal. **Alt.:** 450-700 m.

Dist.: Med. W. Localizada en la sierra de Dos Hermanas (Mendaza), y citada de Falces y Lerín. **Alp.:** -; **Atl.:** -; **Med.:** RR.

Astragalus glycyphyllos L.

Orlas forestales, sotos fluviales, cunetas y herbazales. **Alt.:** 250-1350 m.

Dist.: Eur. Pirineos, sierras prepiren., montañas de la Zona Media y sierras occ., puntual en el resto. **Alp.:** E; **Atl.:** E; **Med.:** E.

Astragalus hamosus L.

A. paui Pau

Pastos de anuales, pedregosos, y claros de matorrales soleados y secos. **Alt.:** 200-650 m.

Dist.: Plurirreg.; Med.-Turaniana. Cuencas prepiren., Zona Media y, principalmente, en la Ribera. **Alp.:** -; **Atl.:** -; **Med.:** E.

Astragalus hypoglottis L. subsp. hypoglottis

A. purpureus Lam.

Pastos y matorrales aclarados, en ambientes secos y soleados. **Alt.:** 400-600 m.

Dist.: Med. Contadas localidades en la Ribera-Zona Media (Lodosa, Carcar, Olejua-Urbiola). **Alp.:** -; **Atl.:** -; **Med.:** RR.

Astragalus incanus L. subsp. incanus

A. incurvus Desf.; A. incanus subsp. incurvus (Desf.) ChateR.

Pastos secos y matorrales soleados. **Alt.:** 250-800 m.

Dist.: Med. W. Cuencas prepiren., Zona Media y Ribera.

Alp.: RR; **Atl.:** E; **Med.:** E.

Astragalus incanus L. subsp. nummularioides (Desf.) Maire

A. nummularius Desf.; A. nummularioides Desf.; A. macrorhizus Cav.; A. incanus subsp. macrorhizus (Cav.) M. Laínz

Pastos parameros crioturbados y crestones calizos. **Alt.:** 800-1300 m.

Dist.: Endém. ibérica. No conocemos su distribución en Navarra. **Alp.:** -; **Atl.:** -; **Med.:** RR.

Obs.: Se ha citado de Navarra, pero no se ha estudiado material en *Flora Iberica*.

Astragalus monspessulanus L. subsp. gypsophyllus Rouy

A. teresianus Sennen & Elías; A. chlorocyaneus Boiss. & Reut.; A. monspessulanus subsp. chlorocyaneus (Boiss. & Reut.) Rivas Goday & Borja

Matorrales y pastos sobre suelos arcillosos o calizos. **Alt.:** 250-850 m.

Dist.: Med. W. Localizado en la Ribera Estellesa y Tudelana. **Alp.:** -; **Atl.:** -; **Med.:** R.

Astragalus monspessulanus L. subsp. monspessulanus

Claros forestales, pastos pedregosos crioturbados y crestones abrigados. **Alt.:** 300-2000 m. **HIC:** 6170.

Dist.: Med. General en Navarra, salvo en los valles atlánt., donde es muy raro. **Alp.:** F; **Atl.:** E; **Med.:** F.

Obs.: Se incluye la variedad *alpinus* Fouc.

Astragalus sempervirens Lam.

A. aristatus L'Hér.; A. nevadensis subsp. catalaunicus Braun-Blanq.

Pastos pedregosos, crestas venteadas y cascajeras fluviales en arroyos de montaña. **Alt.:** 1250-2200 m.

Dist.: Endém. pirenaica. Limitada a las montañas pirenaicas, en muy contadas localidades (Roncal). **Alp.:** RR; **Atl.:** -; **Med.:** -.

Cons.: Prioritaria (Lorda & al., 2009).

Obs.: Se independiza de *A. nevadensis* Boiss. o subsp. *nevadensis* (Boiss.) P. Monts. Límite occ. en Navarra.

Astragalus sesameus L.

Claros de matorrales soleados y pastos algo pedregosos. **Alt.:** 250-950 m. **HIC:** 6220*.

Dist.: Med. Puntual en las cuencas prepiren. y la Navarra Media, siendo más frecuente en la Ribera; ausente del resto. **Alp.:** -; **Atl.:** -; **Med.:** E.

Astragalus stella L.

A. cruciatus auct.; A. asterias subsp. polyactinus (Boiss.) Greuter

Pastos pedregosos y claros de matorrales secos y soleados. **Alt.:** 250-950 m.

Dist.: Med. Ribera y puntual en la Zona Media. **Alp.:** -; **Atl.:** -; **Med.:** E.

Obs.: Se incluye a *A. polyactinus* (Boiss.) Hochr., al diferenciarse únicamente por el número y el mayor tamaño de los frutos, citado de Fitero (Aizpuru & al., 1991).

Astragalus turolensis Pau
A. aragonensis Freyn

Pastos y matorrales aclarados, en ambientes secos y soleados. **Alt.:** 300-800 m.
Dist.: Med. W. Mitad orient. de la Navarra Media y la Ribera. **Alp.:** -; **Atl.:** -; **Med.:** R.

Bituminaria bituminosa (L.) C.H. Stirt.
Psoralea bituminosa L.; Aspalthium bituminosum (L.) Fourr.

Herbazales en cunetas, pastos y matorrales soleados. **Alt.:** 250-1100 m.
Dist.: Med. Pirineos, cuencas prepiren., Navarra Media y la Ribera, sin superar hacia el norte la divisoria de aguas. **Alp.:** R; **Atl.:** E; **Med.:** E.

Chamaespartium sagittale (L.) P.E. Gibbs
Genista sagittalis L.; Pterospartum sagittale (L.) Willk.

Brezales, prebrezales y pastos-lastonares, sobre suelos arenosos y acidificados. **Alt.:** 600-1350 m.
Dist.: Eur. Pirineos y Navarra Media orient., donde está muy localizada; citado de Bertizarana (Lacoizqueta, 1884). **Alp.:** E; **Atl.:** E; **Med.:** R.
Obs.: A comprobar las citas atlánt.

Colutea brevialata Lange
C. arborescens subsp. gallica Browicz

Foces abrigadas y rellanos de cantiles caldeados, en el ambiente del carrascal-quejigal. **Alt.:** 350-1200 m.
Dist.: Med. Puntual en Pirineos, cuencas prepiren., Navarra Media y la Ribera. **Alp.:** R; **Atl.:** R; **Med.:** R.

Coronilla glauca L.
C. pentaphylla sensu Willk.; C. valentina subsp. glauca (L.) Batt.

Pastos pedregosos y rellanos de roquedos; cultivada como ornamental se asilvestra en ocasiones. **Alt.:** 450-1100 m.
Dist.: Med. Navarra Media occidental y muy rara en la zona orient.; ausente del resto del territorio. **Alp.:** -; **Atl.:** E; **Med.:** E.

Coronilla minima L. subsp. lotoides (W.D.J. Koch) Nyman
C. lotoides W.D.J. Koch; C. valentina sensu Willk.; C. minima subsp. clusii Dufour ex Murb.; C. clusii auct., non Dufour

Pastos y matorrales soleados, como romerales, coscojares y claros de carrascales y pinares; sobre yesos, calcarenitas y conglomerados. **Alt.:** 400-1100 m.
Dist.: Med. W. Ribera y zonas caldeadas de la Navarra Media. **Alp.:** -; **Atl.:** -; **Med.:** E.

Coronilla minima L. subsp. minima
C. montana sensu Willk.

Pastos pedregosos en crestones y matorrales aclarados, principalmente en el ambiente del carrascal-quejigal. **Alt.:** 250-1300 m. **HIC:** 4090, Tom., aliag. y romer. som.-arag. y prep., Bojeral de orla, 6170.
Dist.: Med. Pirineos, cuencas prepiren., Zona Media, montañas occ. y Ribera. Citada de los valles atlánt. **Alp.:** F; **Atl.:** F; **Med.:** CC.

Coronilla scorpioides (L.) W.D.J. Koch
Ornithopus scorpioides L.

Ribazos, cultivos, pastos pedregosos y claros de matorrales, sobre suelos algo removidos. **Alt.:** 250-900 m.
Dist.: Med. Cuencas prepiren., Zona Media y mitad sur de Navarra. **Alp.:** R; **Atl.:** E; **Med.:** E.
Obs.: A verificar las citas de Bertizarana (Lacoizqueta, 1884).

Cytisophyllum sessilifolium (L.) O.F. Lang.
Cytisus sessilifolius L.

Repisas y resaltes de roquedos calizos en foces abrigadas, en el ambiente del carrascal y pinar de albar. **Alt.:** 500-1100 m. **HIC:** Robl. pel. pirenaicos.
Dist.: Oróf. Med. W. Muy localizada en el Romanzado, Urraúles y foces prepiren. **Alp.:** RR; **Atl.:** -; **Med.:** R.
Obs.: Límite occidental en Navarra.

Cytisus cantabricus (Willk.) Rchb. fil. & Beck
C. scoparius (L.) Link subsp. cantabricus (Willk.) M. Laínz ex Rivas Mart. & al.; Sarothamnus cantabricus Willk.

Matorrales altos en claros y orlas del robledal y hayedo; resaltes rocosos; sobre sustratos silíceos. **Alt.:** 200-850 m. **HIC:** 4090.
Dist.: Endém. del norte de la Península Ibérica y SW de Francia. Limitada al cuadrante NW de Navarra. **Alp.:** -; **Atl.:** R; **Med.:** -.

Cytisus lotoides Pourr.
Chamaecytisus supinus (L.) Link var. gallicus (A. Kern.) C. Vicioso; C. gallicus A. Kern.; Ch supinus auct., non (L.)

Claros del matorral y pastos sobre margas o conglomerados en el ambiente del carrascal-quejigal. **Alt.:** 450-1000 m.
Dist.: Eur. Puntual en la Navarra Media y en las cuencas prepiren. **Alp.:** -; **Atl.:** R; **Med.:** RR.
Obs.: Límite W en Navarra.

Cytisus oromediterraneus Rivas Mart. & al.
C. balansae var. europaeus G. López & C.E. Jarvis; C. balansae subsp. europaeus (G. López & C.E. Jarvis) Muñoz Garm.; C. purgans auct.; Genista purgans auct.

Matorrales acidófilos en cresteríos. **Alt.:** 1250-1350 m. **HIC:** 4090.
Dist.: Oróf. Europa SW. Limitada al cresterío de la sierra de Leire, en las montañas prepiren. **Alp.:** RR; **Atl.:** -; **Med.:** -.
Cons.: Prioritaria (Lorda & al., 2009).

Cytisus scoparius (L.) Link subsp. scoparius
Sarothamnus scoparius (L.) W.D.J. Koch; C. scoparius subsp. bourgaei (Boiss.) Rivas Mart., Fern. Gonz. & Sánchez Mata

Forma retamares extensos en claros del bosque caducifolio y sus orlas arbustivas, sobre sustratos ácidos o acidificados. **Alt.:** 100-1500 m. **HIC:** Matorr. *Cytisus scoparius*, Robl. roble albar.
Dist.: Atl. Pirineos, especialmente atlánt., valles cantábricos, cuencas, sierras prepiren. y Navarra Media. **Alp.:** C; **Atl.:** E; **Med.:** -.

Dorycnium gracile Jord.
D. pentaphyllum Scop. subsp. gracile (Jord.) Rouy; D. jordanianum Willk.; D. herbaceum subsp. gracile (Jord.) Nyman

Pastos halófilos a orillas de cubetas endorreicas. **Alt.:** 250-600 m. **HIC:** 1410.
Dist.: Med. W. En la Navarra Media occidental y en la Ribera. **Alp.:** -; **Atl.:** -; **Med.:** R.

Dorycnium hirsutum (L.) Ser.
Lotus hirsutus L.; Bonjeanea hirsuta (L.) Rchb.
Setos, herbazales y claros de matorrales en el ambiente del carrascal y quejigal. **Alt.:** 400-850 m.
Dist.: Med. Puntual en la Navarra Media y la Ribera. **Alp.:** -; **Atl.:** -; **Med.:** R.

Dorycnium pentaphyllum Scop.
Lotus dorycnium L.; D. suffruticosum Vill.; D. pentaphyllum subsp. transmontanum Franco
Pastos y matorrales mesófilos y xerófilos derivados del quejigal, carrascal o robledal; ribazos, cultivos abandonados, etc. **Alt.:** 250-1200 m. **HIC:** 4090, Tom., aliag. y romer. som.-arag. y prep., Bojeral de orla, 5210, 6210.
Dist.: Med. General en los dos tercios meridionales de Navarra; elude los valles atlánt. y las cotas más elevadas. **Alp.:** C; **Atl.:** C; **Med.:** CC.
Obs.: Planta variable en su morfología.

Dorycnium rectum (L.) Ser.
Lotus rectus L.; Bonjeanea recta (L.) Rchb.
Terrenos húmedos y abrigados. **Alt.:** 250-650 m.
Dist.: Med. Localizada en la Ribera y en la Navarra Media. **Alp.:** -; **Atl.:** -; **Med.:** R.

Dorycnopsis gerardi (L.) Boiss.
Anthyllis gerardi L.
Planta citada de Navarra antes de 1960, sin citas posteriores. Matorrales y pastizales junto a cursos de agua. **Alt.:** 450-650 m.
Dist.: Med. W. Parece limitada a la cuenca de Pamplona, donde hay citas antiguas. **Alp.:** -; **Atl.:** RR; **Med.:** -.
Obs.: Citado de Navarra por *Flora Iberica*. Hay datos de c. Pamplona de Willkomm & Lange (1880), basados en Née.

Echinospartum horridum (Vahl) Rothm.
Spartium horridum Vahl; Genista horrida (Vahl) DC.
Claros del pinar de albar y robledal, crestones y matorrales de sustitución; sobre suelos margosos o calcáreos. **Alt.:** 750-1200 m. **HIC:** 4090, Pin. *Pinus sylvestris* basófilos.
Dist.: Endém franco-ibérico (Pirineo). Contadas localidades en el Pirineo y sierras prepiren. (Navascués-Uscarrés, Garde, Bigüézal), Navarra Media orient. (sierra de Izco) y en Galar (El Perdón). **Alp.:** RR; **Atl.:** RR; **Med.:** RR.
Obs.: Límite occidental en Navarra (sierra del Perdón). También se conoce de Arnedillo (Lo) pero no parece ser natural, sino introducida (Alejandre & al., 1997).

Emerus major Mill.
Coronilla emerus L.; Hippocrepis emerus (L.) Lassen
Claros del hayedo, abetal, carrascal, quejigal y pinares de albar, pie de cantiles, orlas de pedrizas y foces abrigadas. **Alt.:** 500-1200 m. **HIC:** 9340, 9240, Robl. pel. pirenaicos, 9150, 9180*, Abet. prepiren.
Dist.: Med. Frecuente en la mitad orient., Valles pirenaicos, cuencas y Navarra Media; falta al norte de la divisoria y en la Ribera. **Alp.:** F; **Atl.:** E; **Med.:** R.

Obs.: Límite occidental a la altura del valle del Arakil.

Erinacea anthyllis Link subsp. anthyllis
Anthyllis erinacea L.; Erinacea pungens Boiss.
Localizada en los cresteríos venteados, donde forma matorrales pulviniformes, descendiendo a los claros del carrascal. **Alt.:** 850-1400 m. **HIC:** 4090.
Dist.: Med. W. Puntual en la sierra de Leire y Codés-Costalera (Navarra Media), y en los conglomerados calcáreos de Petilla de Aragón (monte Selva). **Alp.:** RR; **Atl.:** RR; **Med.:** RR.
Obs.: Límite NW en Navarra.

Galega officinalis L.
Orlas de bosques húmedos y sotos fluviales, cunetas. **Alt.:** a 60 m.
Dist.: Eur. Sólo la conocemos de Bera (Zalain) anotada por Aparicio & al. (1997). **Alp.:** -; **Atl.:** RR; **Med.:** -.

Genista anglica L.
Brezales de sustitución de robledales (melojares) y hayedos, sobre suelos silíceos con humedad edáfica. **Alt.:** 450-1250 m. **HIC:** 4020*.
Dist.: Atl. Repartida por la Navarra Media, a oriente (sierras de Leire, Orba -Z- e Illón), y a occidente (sierras de Urbasa, Aralar y Lókiz), más algún punto disperso en las montañas atlánt. (Okolin-Algorrieta, Peña Plata-Atxuri). **Alp.:** RR; **Atl.:** R; **Med.:** -.

Genista ausetana (O. Bolòs & Vigo) Talavera
G. cinerea subsp. ausetana O. Bolòs & Vigo
Matorrales de sustitución de quejigales y carrascales -aulagares, tomillares y enebrales-; sobre calizas. **Alt.:** 750-1300 m.
Dist.: Endém. NE ibérico. Sierras prepiren. (Virgen de la Peña, Z) y Navarra Media orient., en las sierras de Izco, Peña y Petilla de Aragón. **Alp.:** -; **Atl.:** -; **Med.:** R.
Obs.: Límite NW en Navarra. Vivant (1977) la citó de Lakora y Gaussen (1953-1982) de forma indeterminada de Salazar-Roncal, donde no la hemos visto (Lorda, 2001), y creemos debe llevarse a *G. pilosa*.

Genista florida L.
G. polygalaephylla Brot.; G. polygalaefolia DC.; G. florida subsp. polygalaephylla (Brot.) Cout.; G. leptoclada Spach; G. florida subsp. leptoclada (Spach) Cout.
Forma parte de las orlas arbustivas de los hayedos acidófilos, sobre areniscas o calizas descarbonatadas. **Alt.:** 1100-1350 m. **HIC:** 4090.
Dist.: Endém. mitad N de la Península Ibérica. Muy localizada en la sierra de Leire, en las montañas prepiren. medias. **Alp.:** RR; **Atl.:** -; **Med.:** -.
Cons.: VU (NA); Prioritaria (Lorda & al., 2009).
Obs.: Se incluye la subsp. *polygalaephylla* (Brot.) Cout. Hay distintas citas de esta planta en Pamplona que deben desestimarse (Vicioso, 1953; Willkomm & Lange, 1880; Colmeiro, 1872).

Genista hispanica L. subsp. hispanica
Matorrales soleados, en claros del carrascal-quejigal, pastos pedregosos y resaltes calizos. **Alt.:** 700-1200 m. **HIC:** Tom., aliag. y romer. som.-arag. y prep., 6210, 9340, 9240.

Dist.: Endém. ibero-provenzal. Localizada en la Navarra Media orient., llegando por los enclaves más soleados a las estribaciones prepiren. (Romanzado). **Alp.:** RR; **Atl.:** -; **Med.:** R.

Obs.: Límite occidental en Navarra. En el Romanzado y Urraúl Alto aparecen formas intermedias con *G. hispanica* subsp. *occidentalis* (Aizpuru & al., 2003). También en la sierra de Peña (Sesma & Loidi, 1993).

Genista hispanica L. subsp. *occidentalis* Rouy

Matorrales –cascaulares- en repisas de roquedos a modo de formaciones permanentes, pero también sustituyendo distintos tipos de bosques, llegando a los pastos supraforestales. **Alt.:** 200-1900 m. **HIC:** 4030, 4090, 5210, 6210, 9340, 9240.

Dist.: Med. W. Extendida por casi todas las comarcas de la mitad septen. de Navarra, siendo más escasa en los valles atlánt.; falta en la Ribera. **Alp.:** CC; **Atl.:** CC; **Med.:** F.

Genista pilosa L.

Brezales, prebrezales, cumbres herbosas y repisas de roquedos; sobre sustratos silíceos. **Alt.:** 500-1900 m. **HIC:** 4020*, 4060, 6140.

Dist.: Eur. Pirineos silíceos, valles pirenaicos, sierras prepiren. y montañas de la Navarra Media hasta las sierras occ. **Alp.:** E; **Atl.:** E; **Med.:** R.

Genista pulchella Vis.

Genista eliassennenii Uribe-Ech. & Urrutia

Crestones venteados y pastos pedregosos en el ambiente del hayedo y carrascal. **Alt.:** 800-1300 m. **HIC:** 6170.

Dist.: Oróf. Med. W; como *G. eliassennenii* es un endemismo del N de la Península Ibérica. Puntual en las montañas de la Navarra Media, llegando hasta las sierras occ. en Codés. **Alp.:** -; **Atl.:** RR; **Med.:** RR.

Cons.: Prioritaria (Lorda & al., 2009) como *G. eliassennenii*.

Obs.: Límite E en Navarra (*G. eliassennenii*) en la sierra de Alaitz.

Genista scorpius (L.) DC.

Spartium scorpius L.

Matorrales -aulagares- de sustitución de carrascales, quejigales, pinares de albar; colonizando campos abandonados y otros medios alterados; sobre sustratos básicos. **Alt.:** 200-1600 m. **HIC:** 1430, 4030, 4090, Tom., aliag. y romer. som.-arag. y prep., Bojeral de orla, 5110, 5210, 6220*, Espartales (no halófilos), 6210, 9540.

Dist.: Med. W. General en todas las comarcas al sur de la divisoria de aguas. **Alp.:** C; **Atl.:** F; **Med.:** CC.

Obs.: De Petilla de Aragón se ha descrito el mesto *G. × uribe-echebarriae* Urrutia (*G. ausetana × G. scorpius*).

Genista teretifolia Willk.

Matorrales aclarados, enebrales-pasto con junquillo (*Aphyllanthes monspeliensis*), laderas pedregosas y rellanos de roquedos calizos, en el ambiente del carrascal-quejigal. **Alt.:** 450-1300 m. **HIC:** Tom., aliag. y romer. som.-arag. y prep.

Dist.: Endém. del N Península Ibérica. Puntual en los Pirineos, cuencas prepiren. y Navarra Media. **Alp.:** RR; **Atl.:** E; **Med.:** E.

Obs.: Límite occidental en Navarra-Álava. Algunas anotaciones de Tudela y Roncesvalles posiblemente deban desestimarse (Colmeiro, 1872).

Genista tinctoria L.

G. tinctoria subsp. ovata (Waldst. & Kit.) Arcang.

Pastos y prados húmedos y depresiones temporalmente inundadas, en el ambiente del quejigal y robledal; orillas de balsas y ríos. **Alt.:** 300-1300 m. **HIC:** 6410, 6420.

Dist.: Eur. Pirineos, montañas atlánt., Zona Media, sierras occ. y puntual hacia la Ribera. **Alp.:** E; **Atl.:** E; **Med.:** R.

Gleditsia triacanthos L.

Se cultiva como planta ornamental en parques y jardines, y aparece naturalizada en sotos. **Alt.:** 250-650 m.

Dist.: Centro y este de Norteamérica. Puntual en la Navarra Media y en la Ribera (Buñuel, Marcilla). **Alp.:** -; **Atl.:** -; **Med.:** RR.

Obs.: Erviti (1991) la anotó de la Navarra Media orient. como planta ornamental y en repoblaciones; Campos & al. (2003-2004) recogen la cita de Buñuel, y García & al. (2004) lo propio de la vega del río Aragón, en Marcilla.

Glycyrrhiza glabra L.

El regaliz crece en sotos fluviales y acequias o taludes de separación de campos de regadío, orgazales, etc. **Alt.:** 250-450 m. **HIC:** 1430, Herb. depos. aren., 92D0.

Dist.: Med. Puntual en la Navarra Media y más frecuente en la Ribera. **Alp.:** -; **Atl.:** -; **Med.:** E.

Obs.: En algunas zonas no proviene de cultivos antiguos.

Hedysarum boveanum Bunge ex Basiner subsp. *europaeum* Guitt. & Kerguélen

Hedysarum humile auct., non L.; H. confertum auct., non Desf.

Matorrales mediterráneos, como romerales y tomillares, en cerros margosos o yesosos, en climas cálidos. **Alt.:** 250-700 m.

Dist.: Med. W. Cuencas prepiren., Zona Media y, principalmente, en la Ribera. **Alp.:** -; **Atl.:** -; **Med.:** E.

Hippocrepis biflora Spreng.

H. unisiliquosa subsp. biflora (Spreng.) O. Bolòs & Vigo; H. unisiliquosa auct., non L.

Cubetas endorreicas y pastos de anuales en ambientes soleados; sobre arcillas, margas y yesos. **Alt.:** 250-700 m.

Dist.: Med. Navarra Media suroccidental y en la Ribera. **Alp.:** -; **Atl.:** -; **Med.:** R.

Hippocrepis ciliata Willd.

H. multisiliquosa auct., non L.

Pastos de anuales en claros del matorral mediterráneo y rellanos secos. **Alt.:** 250-500 m. **HIC:** 6220*.

Dist.: Med. Cuencas prepiren., Navarra Media y en la Ribera. **Alp.:** -; **Atl.:** -; **Med.:** E.

Hippocrepis commutata Pau

H. scabra auct., non DC.

Pastos y matorrales aclarados xerófilos en cerros margosos o yesosos. **Alt.:** 250-600 m.

Dist.: Endém. del N y C de España. Puntual en la Navarra Media y en la Ribera. **Alp.:** -; **Atl.:** -; **Med.:** RR.

Hippocrepis comosa L.
H. prostrata auct., non Boiss.

Pastos pedregosos, orlas forestales y crestones. **Alt.:** 400-2100 m. **HIC:** 6170.
Dist.: Med. Pirineos, sierras prepiren., Zona Media y estribaciones occidentales; falta o se enrarece mucho en los valles atlánt. y en la Ribera. **Alp.:** E; **Atl.:** E; **Med.:** E.

Hippocrepis scorpioides Req. ex Benth.
Hippocrepis glauca auct. hisp., p.p., non Ten.

Pastos pedregosos en ambientes secos y soleados. **Alt.:** 350-900 m.
Dist.: Med. Cuencas prepiren., puntual en la Zona Media y en la Ribera. **Alp.:** RR; **Atl.:** R; **Med.:** E.

Hippocrepis squamata (Cav.) Coss.
Coronilla squamata Cav.; H. toletana Pau; H. comosa subsp. squamata (Cav.) O. Bolòs & Vigo

Pastos y matorrales secos y soleados. **Alt.:** 300-500 m.
Dist.: Med. Limitada a la Ribera occidental. **Alp.:** -; **Atl.:** -; **Med.:** R.

Lathyrus aphaca L.

Prados, setos, herbazales, cunetas de carreteras y márgenes de cultivos. **Alt.:** 350-1000 m.
Dist.: Med. (Plurirreg.). Dispersa por Navarra, elude las cotas más elevadas y se hace rara en los valles atlánt. y en la Ribera más cálida. **Alp.:** E; **Atl.:** E; **Med.:** E.

Lathyrus bauhinii Genty
Orobus ensifolius Lapeyr.; L. filiformis subsp. ensifolius (Lapeyr.) Gams

Pastos en cresteríos de alta montaña. **Alt.:** a 1850 m. **HIC:** 6170.
Dist.: Oróf. Europa. Muy localizada en una única localidad, en el monte Barazea (Uztárroz). **Alp.:** RR; **Atl.:** -; **Med.:** -.
Cons.: VU B1+2b (LR, 2000); LC (LR, 2008); Prioritaria (Lorda & al., 2009).

Lathyrus cicera L.

Pastos de anuales, cultivos y ribazos marginales, sobre suelos someros. **Alt.:** 250-950 m.
Dist.: Med. Cuencas prepiren., Zona Media y Ribera. **Alp.:** RR; **Atl.:** E; **Med.:** E.
Cons.: LC (ERLVP, 2011).

Lathyrus cirrhosus Ser.

Planta dudosa que requiere comprobación. Herbazales montanos en claros del matorral y orlas de cultivos.
Dist.: Oróf. Europa W. No se conoce bien su distribución en Navarra.
Cons.: LC (ERLVP, 2011).
Obs.: Citada de Navarra en *Flora Iberica*, sin detallar la localidad exacta y basada en datos bibliográficos, no en testigos de herbario. Se ha confundido con *L. tuberosus*.

Lathyrus filiformis (Lam.) J. Gay
Orobus filiformis Lam.; O. canescens L. fil.

Claros forestales soleados, pies de roquedos y cerros margosos. **Alt.:** 500-1000 m.
Dist.: Oróf. Europa. Pirineos, cuencas prepiren. y Navarra Media. **Alp.:** R; **Atl.:** E; **Med.:** E.

Lathyrus hirsutus L.

Campos de cultivos y orlas de prados. **Alt.:** 250-1000 m.
Dist.: Med. Cuencas prepiren. y Zona Media; puntual en la Ribera. **Alp.:** R; **Atl.:** E; **Med.:** E.
Cons.: LC (ERLVP, 2011).

Lathyrus latifolius L.
L. heterophyllus auct.

Setos, herbazales, matorrales, cunetas herbosas y orlas forestales. **Alt.:** 120-1000 m.
Dist.: Eur. Pirineos, cuencas prepiren. y Zona Media, siendo muy rara en el resto. **Alp.:** E; **Atl.:** E; **Med.:** E.
Cons.: LC (ERLVP, 2011).

Lathyrus linifolius (Reichard) Bässler
L. montanus Bernh.; Orobus linifolius Reichard; O. tuberosus L.

Bosques caducifolios, pinares, pastos, brezales, helechales y lastonares; sobre sustratos silíceos o acidificados. **Alt.:** 100-1900 m. **HIC:** 9230, Robl. roble albar.
Dist.: Eur. General en la mitad norte de Navarra, sin sobrepasar hacia el sur las sierras medias. **Alp.:** F; **Atl.:** E; **Med.:** E.

Lathyrus niger (L.) Bernh. subsp. *niger*
Orobus niger L.

Herbazales, claros y orlas forestales. **Alt.:** 250-1300 m. **HIC:** Robl. roble albar.
Dist.: Eur. Pirineos, sierras prepiren., montañas de la Zona Media y estribaciones occ. **Alp.:** E; **Atl.:** E; **Med.:** R.

Lathyrus nissolia L.

Pastos, prados y herbazales frescos. **Alt.:** 40-1050 m.
Dist.: Med. (Plurirreg.). Contadas localidades: en los Pirineos, los valles atlánt. y las montañas de la Zona Media. **Alp.:** RR; **Atl.:** R; **Med.:** -.

Lathyrus nudicaulis (Willk.) Amo
L. palustris var. nudicaulis Willk.; L. palustris subsp. nudicaulis (Willk.) P.W. Ball

Prados y herbazales frecos. **Alt.:** 40-1400 m.
Dist.: Endém. NW Pen. Ibér. Debe estar presente en el cuadrante NW de Navarra. **Alp.:** -; **Atl.:** RR; **Med.:** -.
Obs.: Se cita de Navarra en *Flora Iberica*, sin conocer la localidad exacta. Se anota de Guipúzcoa, cerca de Navarra (Catalán & Aizpuru, 1985). En estas localidades marcaría su límite orient. peninsular.

Lathyrus occidentalis (Fisch. & C.A. Mey.) Fritsch
L. laevigatus subsp. occidentalis (Fisch. & C.A. Mey.) Breistr.; Orobus luteus var. occidentalis Fisch. & C.A. Mey.; L. ochraceus subsp. occidentalis (Fisch. & C.A. Mey.) Bässler; L. ochraceus subsp. hispanicus (Rouy) M. Laínz

Megaforbios a pie de roquedos sombríos, orillas de arroyos y orlas forestales. **Alt.:** 450-1800 m.
Dist.: Endém. pir.-cant. Pirineos, estribaciones prepiren., montañas de la Zona Media y sierras occ. **Alp.:** E; **Atl.:** E; **Med.:** RR.

Lathyrus pannonicus (Jacq.) Garcke subsp. *longestipulatus* M. Laínz
Orobus lacteus f. hispanicus É. Rev.; O. hispanicus (É. Rev.) Lacaita: L. pannonicus subsp. hispanicus (É. Rev.) Bässler

Orlas herbosas y claros del robledal, carrascal y quejigal. **Alt.:** 500-1700 m.

Dist.: Endém. del N de la Pen. Ibér. Pirineos, sierras prepiren. y montañas de la Navarra Media. **Alp.:** R; **Atl.:** R; **Med.:** R.

Lathyrus pratensis L.

Prados, setos y herbazales de orlas forestales. **Alt.:** 50-1850 m. **HIC:** 6510.
Dist.: Eur. General en la mitad norte de Navarra, con algunas citas antiguas de la Ribera. **Alp.:** E; **Atl.:** E; **Med.:** E.

Lathyrus sativus L.

Planta dudosa que requiere comprobación. La almorta hoy día apenas se cultiva, y se puede asilvestrar de forma ocasional en ambientes ruderalizados. **Alt.:** 40-600 m.
Dist.: Introd.; origen desconocido. Las citas de Navarra son dudosas, y se presentan en los valles atlánt. y en la Ribera. **Alp.:** -; **Atl.:** RR; **Med.:** R.

Lathyrus setifolius L.

Orobus setifolius (L.) Alef.

Taludes, cunetas y suelos pedregosos en ambientes soleados. **Alt.:** 400-1200 m.
Dist.: Med. Pirineos, cuencas prepiren. y Zona Media. **Alp.:** -; **Atl.:** R; **Med.:** R.

Lathyrus sphaericus Retz.

Orlas del robledal, herbazales de cunetas, ribazos y pastos de anuales. **Alt.:** 250-1100 m.
Dist.: Med. Pirineos, sierras prepiren., Zona Media y estribaciones occ. **Alp.:** R; **Atl.:** E; **Med.:** E.

Lathyrus sylvestris L.

L. pyrenaicus Jord.; L. sylvestris subsp. pyrenaicus (Jord.) O. Bolòs & Vigo

Orlas forestales, megaforbios y herbazales de cunetas. **Alt.:** 50-1200 m.
Dist.: Eur. Pirineos, valles atlánt. y dispersa en el resto. **Alp.:** R; **Atl.:** E; **Med.:** -.
Cons.: LC (ERLVP, 2011).
Obs.: Las citas Mediterráneas son dudosas. Se confunde con *L. latifolius*.

Lathyrus tuberosus L.

Orillas de pistas, herbazales de cunetas y bordes de acequias. **Alt.:** 250-800 m.
Dist.: Eur. Pirineos (puntual), cuenca de Pamplona, valles pirenaicos, Zona Media y Ribera. **Alp.:** RR; **Atl.:** R; **Med.:** R.
Cons.: LC (ERLVP, 2011).

Lathyrus vernus (L.) Bernh. subsp. *vernus*

Orobus vernus L.

Planta dudosa que requiere comprobación. Bosques húmedos. **Alt.:** 800-1600 m.
Dist.: Eur. Se ha citado de Bertizarana, de las montañas de la divisoria y de los Pirineos, sin que la hayamos visto. **Alp.:** RR; **Atl.:** RR; **Med.:** -.
Obs.: Deben verificarse las citas de Lacoizqueta (1884), Báscones (1978) y Villar (1980). No parece ser planta navarra.

Lathyrus vivantii P. Monts.

Orobus tournefortii Lapeyr.

Rellanos y repisas humíferas sombrías del karst, claros del hayedo-pinar de pino negro y herbazales frescos sobre suelos calizos. **Alt.:** 1100-1800 m. **HIC:** 6170.
Dist.: Endém. pirenaica. Restringida a las montañas pirenaicas más elevadas y a la sierra de Andía-Urbasa (monte Beriain), extendiéndose luego hacia la sierra de Aralar y Altzania (límite W absoluto). **Alp.:** RR; **Atl.:** RR; **Med.:** -.
Cons.: SAH (NA); VU D2 (LR, 2000); VU D2 (LR, 2008); Prioritaria (Lorda & al., 2009).
Obs.: Límite occidental en Navarra-Álava-Guipúzcoa.

Lens nigricans (M. Bieb.) Godr.

Ervum nigricans M. Bieb.; L. culinaris subsp. nigricans (M. Bieb.) Thell.

Planta que está cerca de Navarra, y cuya presencia se estima probable. Pastos pedregosos, caldeados. **Alt.:** 900-1100 m.
Dist.: Plurirreg.; med.-irania. No está en Navarra.
Cons.: LC (ERLVP, 2011).
Obs.: Se conoce de Álava (Aseginolaza & al., 1985).

Lotus angustissimus L.

L. pilosus sensu Merino

Taludes y pastos arenosos; sobre sustratos silíceos. **Alt.:** 300-500 m.
Dist.: Plurirreg. Limitado a los valles atlánt. (Baztán-Bidasoa). **Alp.:** -; **Atl.:** RR; **Med.:** -.

Lotus corniculatus L. subsp. *alpinus* (Schleich. ex DC.) Rothm.

L. corniculatus var. alpinus Schleich. ex DC.; L. alpinus (Schleich. ex DC.) Ramond

Pastos y prebrezales, alcanzando los crestones pedregosos. **Alt.:** 1000-2400 m. **HIC:** 6230*.
Dist.: Oróf. Europa. Limitado a las montañas pirenaicas elevadas. **Alp.:** E; **Atl.:** -; **Med.:** -.
Obs.: En las montañas de la Zona Media se dan formas de transición hacia la subsp. *corniculatus*.

Lotus corniculatus L. subsp. *carpetanus* (Lacaita) Rivas Mart.

L. carpetanus Lacaita; L. glareosus Boiss. & Reut.; L. corniculatus sensu E. Ruiz

Pastos sobre suelos húmedos, en calizas o areniscas. **Alt.:** a 900 m.
Dist.: Endém. de la Pen. Ibér. Se conoce bien de la sierra de Orba, en Zaragoza, si bien se ha citado de Navarra en *Flora Iberica*. **Alp.:** -; **Atl.:** -; **Med.:** RR.

Lotus corniculatus L. subsp. *corniculatus*

Pastos pedregosos o sobre suelos profundos, herbazales, desde los carrascales hasta el piso subalpino; indiferente al sustrato. **Alt.:** 100-1950 m. **HIC:** Fenalares, 6210(*), Prados diente-siega con *Cynosurus cristatus*, 6510, 6230*.
Dist.: Plurirreg. General en Navarra. **Alp.:** CC; **Atl.:** CC; **Med.:** C.
Cons.: LC (ERLVP, 2011), sin detalles subespecies.

Lotus corniculatus L. subsp. *delortii* (Timb.-Lagr.) O. Bolòs & Vigo

L. delortii Timb.-Lagr.; L. pilosus Jord.

Pastos en claros forestales y taludes secos. **Alt.:** 500-1200 m.

Dist.: Med. W. Pirineos y sierras prepiren. **Alp.:** RR; **Atl.:** RR; **Med.:** RR.

Lotus corniculatus L. subsp. *preslii* (Ten.) P. Fourr.

L. preslii Ten.; L. decumbens auct., non Poir.

Planta dudosa que requiere comprobación. Juncales y pastizales, sobre suelos húmedos algo salinos. **Alt.:** 450-650 m.

Dist.: Med. Se ha citado de Eltzaburu, en la Ultzama. **Alp.:** -; **Atl.:** RR; **Med.:** -.

Obs.: Debe comprobarse la única cita de Navarra dada por Báscones (1987). No parece que llegue a Navarra.

Lotus glaber Mill.

L. tenuis Waldst. & Kit.; L. tenuifolius Pollich ex Rchb.

En terrenos con encharcamiento temporal, sobre sustratos margoso-arcillosos, orillas de balsas, cubetas endorreicas y cursos de agua. **Alt.:** 150-850 m. **HIC:** Gramales y past. suel. compac., 6420, Juncales nitrófilos.

Dist.: Eur. Cuencas prepiren., cuenca de Pamplona, Zona Media, valles atlánt. y Ribera **Alp.:** -; **Atl.:** E; **Med.:** E.

Lotus hispidus Desf. ex DC.

L. subbiflorus Lag.; L. angustissimus subsp. suaveolens (Pers.) O. Bolòs & Vigo

Planta que está cerca de Navarra, y cuya presencia se estima probable. Cunetas y terrenos alterados, sobre suelos arenosos. **Alt.:** 120-600 m.

Dist.: Plurirreg. No se conoce de Navarra.

Obs.: Citada de Guipúzcoa (Aseginolaza & al., 1985).

Lotus pedunculatus Cav.

L. uliginosus Schkuhr.

Manantiales, orillas de arroyos, pastos encharcados, turberas y otros ambientes higroturbosos; sobre sustratos silíceos. **Alt.:** 40-1400 m. **HIC:** 6410, Juncales éutrofos, 6430.

Dist.: Eur. Se limitaría a los valles cantábricos y Pirineos atlánt., más los montes de la divisoria de aguas, estando ausente en el resto. **Alp.:** R; **Atl.:** E; **Med.:** -.

Cons.: LC (ERLVP, 2011).

Obs.: Son dudosas las citas mediterráneas (Ursúa; 1986; López, 1968, 1970).

Lupinus angustifolius L.

L. angustifolius L. subsp. reticulatus (Desv.) Arcang.; L. leucospermus Boiss. & Reut.; L. angustifolius subsp. leucospermus (Boiss. & Reut.) Cout.

Claros arenosos del marojal y carrascal. **Alt.:** a 650 m.

Dist.: Subcosm. Se conoce de Marañón, en la Navarra Media occidental. **Alp.:** -; **Atl.:** RR; **Med.:** -.

Cons.: LC (ERLVP, 2011).

Obs.: Se incluyen la subsp. *angustifolius* y la subsp. *reticulatus* (Desv.) Arcang.

Medicago arabica (L.) Huds.

M. polymorpha var. arabica L.; M. cordata Desr.; M. maculata Willd.

Nitrófila en pastos, herbazales a orillas de caminos, cascajeras, baldíos y sotos fluviales. **Alt.:** 120-950 m.

Dist.: Plurirreg. Pirineos, cuencas prepiren., valles atlánt., Zona Media y Ribera. **Alp.:** E; **Atl.:** E; **Med.:** E.

Cons.: LC (ERLVP, 2011).

Medicago coronata (L.) Bartal.

M. polymorpha var. coronata L.

Claros del matorral mediterráneo, en climas secos. **Alt.:** a 450 m.

Dist.: Med. Sólo se conoce de las Bardenas Reales (Pico del Águila). **Alp.:** -; **Atl.:** -; **Med.:** RR.

Cons.: LC (ERLVP, 2011).

Medicago littoralis Rohde ex Loisel.

Claros de matorrales soleados, sobre yesos, calcarenitas y conglomerados calcáreos. **Alt.:** 250-650 m.

Dist.: Med. Limitada a la Ribera Tudelana. **Alp.:** -; **Atl.:** -; **Med.:** RR.

Cons.: LC (ERLVP, 2011).

Medicago lupulina L.

Herbazales, rellanos calizos y pastos, desde los carrascales a los bosques caducifolios montanos. **Alt.:** 20-1800 m. **HIC:** 6210(*).

Dist.: Eur. General en Navarra, haciéndose rara en la Ribera. **Alp.:** F; **Atl.:** C; **Med.:** F.

Cons.: LC (ERLVP, 2011).

Medicago minima (L.) L.

M. polymorpha var. minima L.

Pastos de anuales, sobre suelos someros. **Alt.:** 250-1300 m. **HIC:** 6220*.

Dist.: Plurirreg. Por casi todas las comarcas al sur de la divisoria de aguas, siendo muy rara en los Pirineos. **Alp.:** RR; **Atl.:** E; **Med.:** C.

Cons.: LC (ERLVP, 2011).

Medicago murex Willd.

Planta citada de Navarra antes de 1960, sin citas posteriores. Herbazales de taludes y cultivos. **Alt.:** 250-450 m.

Dist.: Med. En la Ribera Tudelana (Caparroso). **Alp.:** -; **Atl.:** -; **Med.:** RR.

Cons.: LC (ERLVP, 2011).

Obs.: Citada por Ruiz Casav. (1880) de Caparroso. No parece posible su presencia en Navarra.

Medicago orbicularis (L.) Bartal.

M. polymorpha var. orbicularis L.; M. biancae (Urb.) P. Silva

Cunetas, terrenos removidos y herbazales. **Alt.:** 300-950 m.

Dist.: Med. Repartida por casi todas las comarcas al sur de la divisoria de aguas. **Alp.:** RR; **Atl.:** E; **Med.:** E.

Cons.: LC (ERLVP, 2011).

Medicago polymorpha L.

M. nigra Krock.; M. hispida Gaertn.; M. aculeata Gaertn.; M. lappacea Desr.; M. polymorpha subsp. polycarpa (Willd. ex Godr.) Romero Zarco

Herbazales, cunetas y terrenos removidos. **Alt.:** 40-900 m.

Dist.: Plurirreg. Extendida por buena parte de Navarra, salvo en las montañas más elevadas. **Alp.:** -; **Atl.:** E; **Med.:** E.

Cons.: LC (ERLVP, 2011).

Medicago rigidula (L.) All.

M. polymorpha var. rigidula L.; M. gerardii Waldst. & Kit.; M. depressa Jord.

Pastos de anuales, sobre suelos pedregosos en el ambiente del carrascal y quejigal. **Alt.:** 250-700 m.
Dist.: Med. Al sur de la divisora de aguas, faltando en las montañas pirenaicas. **Alp.:** -; **Atl.:** R; **Med.:** E.
Cons.: LC (ERLVP, 2011).

Medicago sativa L.

Cultivada como planta forrajera, se naturaliza con frecuencia en cunetas y terrenos alterados. **Alt.:** 250-1350 m. **HIC:** 6220*, Fenalares.
Dist.: Plurirreg.; originaria de Asia central. Por toda Navarra, salvo en las montañas más elevadas y enrareciéndose hacia los valles atlánt. **Alp.:** R; **Atl.:** E; **Med.:** C.
Cons.: LC (ERLVP, 2011).
Obs.: Colmeiro (1885-1889) citó de las cercanías de Pamplona la subsp. *falcata* (L.) Arcang. (*M. falcata* L.), que a tenor de su distribución peninsular no parece que llegue a Navarra. Los límites entre *M. sativa* y *M. falcata* no son muy netos.

Medicago secundiflora Durieu

Claros de matorrales soleados, sobre suelos pedregosos a pie de roquedos conglomerados. **Alt.:** 500-600 m. **HIC:** 6220*.
Dist.: Med. Sólo se conoce de una localidad, Fitero, en el sur de Navarra. **Alp.:** -; **Atl.:** -; **Med.:** RR.
Cons.: VU (NA); Prioritaria (Lorda & al., 2009); DD (ERLVP, 2011).

Medicago suffruticosa Ramond ex DC.

M. leiocarpa Benth.; M. suffruticosa subsp. leiocarpa (Benth.) Urb.

Crestones venteados y pastos pedregosos en distintos ambientes. **Alt.:** 450-2000 m.
Dist.: Endém. pir.-cant. Pirineos, montañas de la Navarra Media, sierras prepiren. y occ. **Alp.:** RR; **Atl.:** R; **Med.:** -.
Cons.: LC (ERLVP, 2011).
Obs.: Numeroso material en el herbario BIO.

Medicago truncatula Gaertn.

M. tribuloides Desr.

Rellanos de anuales y claros de matorrales soleados. **Alt.:** 250-600 m.
Dist.: Med. Puntual en la Zona Media y más habitual en la Ribera. **Alp.:** -; **Atl.:** -; **Med.:** E.
Cons.: LC (ERLVP, 2011).
Obs.: Material diverso en el herbario BIO.

Medicago turbinata (L.) All.

M. polymorpha var. turbinata L.; M. tuberculata (Retz.) Willd.

Planta dudosa que requiere comprobación. Herbazales y cultivos. **Alt.:** 250-600 m.
Dist.: Med. Citada de la Ribera orient. (Murillo El Fruto). **Alp.:** -; **Atl.:** -; **Med.:** RR.
Cons.: LC (ERLVP, 2011).
Obs.: Debe comprobarse la cita de Ursúa (1986). Es una planta propia del litoral catalán, si bien se naturaliza en otros lugares peninsulares.

Melilotus albus Medik.

Trifolium officinale L.; M. argutus Rchb.

Terrenos alterados y removidos, orillas de carreteras, cunetas y baldíos. **Alt.:** 20-1000 m.
Dist.: Subcosm.; origen euroasiático. Dispersa por toda Navarra, salvo en las montañas más elevadas. **Alp.:** E; **Atl.:** F; **Med.:** F.
Cons.: LC (ERLVP, 2011).

Melilotus altissimus Thuill.

M. linearis Pers.; M. macrorhizus sensu Willk.; M. puiggarii Sennen & Gonzalo

Sustratos húmedos de cascajeras fluviales, orlas de cultivos y terrenos, en general, alterados. **Alt.:** 150-800 m.
Dist.: Eur. Por la mayor parte de Navarra, siempre a baja altitud. **Alp.:** E; **Atl.:** E; **Med.:** E.

Melilotus indicus (L.) All.

Trifolium indicum L.; M. parviflorus Desf.; M. permixtus (Jord.) Rouy

Orillas de balsas, embalses, cunetas y escombreras, sobre suelos margoso-arcillosos inundables. **Alt.:** 250-750 m.
Dist.: Subcosm.; de origen mediterráneo-turaniana. Dispersa por toda Navarra, en cotas bajas. **Alp.:** -; **Atl.:** E; **Med.:** E.

Melilotus infestus Guss.

M. sulcatus subsp. infestus (Guss.) Bonnier & Layens

Planta citada de Navarra antes de 1960, sin citas posteriores. Planta de comportamiento ruderal y arvense. **Alt.:** 250-650 m.
Dist.: Med. W. No parece que esté presente en Navarra. **Alp.:** -; **Atl.:** -; **Med.:** RR.
Obs.: Debe verificarse la cita de Caparroso de Ruiz Casav. (1880), y la de Fdez. León (1982) de la Foz de Arbayún-Sierra de Leire. No parece ser planta navarra.

Melilotus officinalis (L.) Pall.

Trifolium officinale L.; M. petitpierreanus Willd.; M. arvensis Wallr.

Terrenos removidos, ruderalizados, cunetas, baldíos, barbechos, etc. **Alt.:** 250-1000 m. **HIC:** 6430.
Dist.: Subcosm.; de origen euroasiático. Dispersa por toda Navarra, sin llegar a las montañas más elevadas. **Alp.:** RR; **Atl.:** E; **Med.:** R.
Cons.: LC (ERLVP, 2011).
Obs.: Se ha citado pocas veces, pero debe estar más extendida.

Melilotus spicatus (Sm.) Breistr.

Trifolium spicatum Sm.; M. gracilis DC.; M. neapilotanus auct., non Ten.

Claros del carrascal, matorrales y pastos caldeados. **Alt.:** 250-700 m.
Dist.: Med. Localizada en las foces prepiren., la Navarra Media y en la Ribera (Fitero, Milagro). **Alp.:** -; **Atl.:** -; **Med.:** R.

Melilotus sulcatus Desf.

Pastos de anuales, sobre cerros pedregosos en ambientes soleados. **Alt.:** 250-600 m.
Dist.: Med. Cuencas prepiren., Zona Media y Ribera. **Alp.:** RR; **Atl.:** E; **Med.:** E.

Onobrychis argentea Boiss. subsp. *hispanica* (Sirj.) P.W. Ball.

O. hispanica Sirj.; O. montana auct., non DC.

Claros del matorral en el ambiente del carrascal-quejigal; pastos pedregosos y crestones erosionados. **Alt.:** 450-2000 m. **HIC:** 4090, Tom., aliag. y romer. som.-arag. y prep.

Dist.: Med. W. Pirineos, Zona Media, puntual en los valles atlánt., estribaciones occ. y penetra levemente en la Ribera, llegando a faltar en sus partes más árida. **Alp.:** E; **Atl.:** E; **Med.:** E.

Obs.: Grupo complejo que requiere estudios detallados.

Onobrychis pyrenaica (Sennen) Sennen ex Sirj.

O. montana var. pyrenaica Sennen

Crestones y pastos pedregosos. **Alt.:** 1500-2400 m.

Dist.: Endém. pirenaica. Parece limitarse a las montañas pirenaicas. **Alp.:** RR; **Atl.:** -; **Med.:** -.

Onobrychis saxatilis (L.) Lam.

Hedysarum saxatile L.

Claros de tomillares y pastos xerófilos en el ambiente del carrascal. **Alt.:** 400-800 m.

Dist.: Med. W. Navarra Media occidental, en contacto con la Ribera, y puntualmente en la Zona Media orient. **Alp.:** -; **Atl.:** -; **Med.:** E.

Onobrychis supina (Vill.) DC.

Hedysarum supinum Chaix ex Vill.; O. sennenii Sirj.

Matorrales sobre sustratos calizos. **Alt.:** 250-650 m.

Dist.: Med. Repartida por la mitad meridional de Navarra. **Alp.:** -; **Atl.:** -; **Med.:** RR.

Obs.: Material en el herbario ARAN.

Onobrychis viciifolia Scop.

Hedysarum onobrychis L.; O. sativa Lam.

Cultivada como planta forrajera, se asilvestra con frecuencia en terrenos removidos de cunetas, baldíos, etc. **Alt.:** 300-1150 m.

Dist.: Eur. Por la mitad meridional de Navarra, sin alcanzar cotas elevadas. **Alp.:** -; **Atl.:** E; **Med.:** E.

Cons.: LC (ERLVP, 2011).

Observaciones. Ampliamente cultivada, naturalizada en la mayor parte de Europa, N de África y Norteamérica.

Ononis aragonensis Asso

Planta que está cerca de Navarra, y cuya presencia se estima probable. Bujedos y matorrales en el pinar de *Pinus sylvestris*; crestones calizos. **Alt.:** 1000-1400 m.

Dist.: Oróf. Med. No se encuentra en Navarra, sí en su límite en el Pirineo aragonés (Peña Ezkaurre, HU). **Obs.:** Las citas de Escriche (1935) de Tafalla y Soto de la Recueja no parecen ciertas.

Ononis fruticosa L.

Matorrales en el ambiente del carrascal-quejigal; sobre cerros margosos erosionados o no. **Alt.:** 400-1100 m. **HIC:** 4090, Tom., aliag. y romer. som.-arag. y prep., Bojeral de orla.

Dist.: Med. W. Puntual en el Pirineo, cuencas prepiren., Zona Media (frecuente) y Ribera. **Alp.:** E; **Atl.:** E; **Med.:** F.

Ononis minutissima L.

Pastos y claros de matorrales soleados, sobre suelos pedregosos y secos. **Alt.:** 250-1300 m.

Dist.: Med. W. Cuencas prepiren., Navarra Media y Ribera. **Alp.:** R; **Atl.:** E; **Med.:** E.

Ononis mitissima L.

Orlas de cubetas endorreicas y pastos aclarados sobre suelos arcillosos. **Alt.:** 300-650 m.

Dist.: Med. Citada de la cuenca de Pamplona y puntos de la Navarra Media occidental. **Alp.:** -; **Atl.:** RR; **Med.:** RR.

Ononis natrix L.

O. hispanica L. fil.; O. ramosissima var. arenaria (DC.) Godr.; O. foliosa Willk. & Costa; O. pyrenaica Willk. & Costa

Taludes pedregosos, pastos y matorrales aclarados, ribazos arenosos, gleras, etc. **Alt.:** 250-1900 m.

Dist.: Med. Dispersa por la Navarra Media, llegando a las cuencas prepiren. y Pirineos, más la Ribera. **Alp.:** R; **Atl.:** -; **Med.:** E.

Obs.: Muy variable morfológicamente.

Ononis pusilla L. subsp. *pusilla*

O. columnae All.; O. juncea Asso

Pastos pedregosos y claros del matorral, suelos someros de crestones. **Alt.:** 300-1500 m.

Dist.: Med. Por las comarcas al sur de la divisoria de aguas. **Alp.:** E; **Atl.:** E; **Med.:** E.

Ononis reclinata L. subsp. *mollis* (Savi) Bég.

O. mollis Savi

Rellanos de anuales y claros de matorrales soleados. **Alt.:** 250-850 m.

Dist.: Plurirreg.; Med.-Macaron. Al sur de la divisoria de aguas, sin alcanzar el Pirineo. **Alp.:** -; **Atl.:** E; **Med.:** E.

Ononis rotundifolia L.

Planta dudosa que requiere comprobación. Matorrales, claros forestales, crestones y pastos pedregosos. **Alt.:** 250-450 m.

Dist.: Med. W. Citada de la Ribera Tudelana, en Tudela. **Alp.:** -; **Atl.:** -; **Med.:** RR.

Obs.: Se cita con reservas de Navarra en *Flora Iberica*. Anotada de Tudela por Willkomm & Lange (1880) y Colmeiro (1873).

Ononis spinosa L. subsp. *australis* (Sirj.) Greuter & Burdet

O. repens subsp. australis (Sirj.) Devesa

Márgenes de prados, setos, ribazos, barbechos y cunetas; sotos y cascajeras fluviales. **Alt.:** 250-1200 m.

Dist.: Med. General en Navarra, sin llegar a cotas elevadas. **Alp.:** E; **Atl.:** E; **Med.:** E.

Obs.: Debe concretarse mejor su distibución.

Ononis spinosa L. subsp. *spinosa*

O. campestris W.D.J. Koch & Ziz.

Márgenes de prados, setos, ribazos, barbechos y cunetas; sotos y cascajeras fluviales. **Alt.:** 40-1400 m. **HIC:** 6210(*).

Dist.: Eur. General en Navarra, sin llegar a cotas elevadas. **Alp.:** E; **Atl.:** F; **Med.:** F.

Obs.: Grupo complejo citado de numerosas maneras: *O. repens* L., *O. spinosa* L. [subsp. *spinosa*, subsp. *antiquorum* sensu Franco, y subsp. *procurrens*(Wall.) Briq.].

Ononis striata Gouan

Crestones calizos venteados. **Alt.:** 550-1400 m. **HIC:** 6170.
Dist.: Med. Limitada a las montañas medias occ. **Alp.:** -; **Atl.:** E; **Med.:** E.

Ononis tridentata L. subsp. tridentata

El asnallo crece en matorrales caldeados, sobre cerros y llanuras yesosas. **Alt.:** 250-600 m. **HIC:** 1520*.
Dist.: Med. W. En la Ribera Estellesa y Tudelana. **Alp.:** -; **Atl.:** -; **Med.:** E.
Obs.: Se incluye la subsp. *barrelieri* (Dufour) J.M. Pérez Dacosta, Uribe-Echeb. & Urrutia caracterizada por sus foliolos carnosos de dientes poco marcados.

Ononis viscosa L. subsp. brevifolia (DC.) Nyman

O. breviflora DC.
Pastos secos, ribazos y cunetas. **Alt.:** 450-650 m.
Dist.: Med. Localizada en la Navarra Media (Foz de Lumbier y Puente la Reina), y citada de Pamplona (Willkomm & Lange, 1880). **Alp.:** -; **Atl.:** R; **Med.:** RR.

Ornithopus compressus L.

Pastos de anuales sobre suelos arenosos. **Alt.:** 600-650 m.
Dist.: Med. En la Navarra Media occidental (Cabredo). **Alp.:** -; **Atl.:** RR; **Med.:** -.
Obs.: Se ha citado del monte Mendaur (García Zamora & al., 1985), pero creemos debe llevarse a su congénere *O. perpusillus* L.

Ornithopus perpusillus L.

Pastos de anuales sobre suelos arenosos. **Alt.:** 30-1100 m.
Dist.: Atl. Repartida por los valles atlánt. del NW, puntualmente en los macizos silíceos pirenaicos y en la sierra de Urbasa-Entzia. **Alp.:** -; **Atl.:** R; **Med.:** -.

Ornithopus pinnatus (Mill.) Druce

Scorpiurus pinnatus Mill.; O. ebracteatus Brot.
Pastos de anuales sobre suelos arenosos. **Alt.:** 150-800 m.
Dist.: Med. Valles atlánt. (Sunbilla) y en Larraun. **Alp.:** -; **Atl.:** RR; **Med.:** -.
Obs.: Citada por Lacoizqueta (1884), recientemente se ha hallado en Sunbilla (Balda, 2002).

Oxytropis campestris (L.) DC. subsp. campestris

Astragalus campestris L.; O. nuriae Sennen; O. campestris subsp. azurea Carrillo & Ninot
Pastos pedregosos, cresteríos y rellanos sometidos a fenómenos periglaciares en la alta montaña. **Alt.:** 1700-2450 m. **HIC:** 6170.
Dist.: Bor.-Alp. Limitada a las montañas pirenaicas más elevadas. **Alp.:** RR; **Atl.:** -; **Med.:** -.
Obs.: Límite W de distribución en Navarra.

Oxytropis foucaudii Gillot

Pastos pedregosos, crestones y rellanos de roquedos kársticos innivados. **Alt.:** 1900-2400 m.
Dist.: Endém. pir.-cant. Limitada a las montañas pirenaicas más elevadas. **Alp.:** RR; **Atl.:** -; **Med.:** -.

Cons.: Prioritaria (Lorda & al., 2009).

Oxytropis neglecta Ten.

O. pyrenaica Godron & Gren.; O. montana subsp. pyrenaica (Godr. & Gren.) Bonnier ex O. Bolòs & Vigo
Rellanos, repisas de roquedos, fisuras y pastos pedregosos. **Alt.:** 1600-2250 m. **HIC:** 6170.
Dist.: Oróf. Europa; alp.-pir. Limitada a las montañas pirenaicas más elevadas, al E del monte Ori. **Alp.:** R; **Atl.:** -; **Med.:** -.

Phaseolus vulgaris L.

Las alubias se cultivan ampliamente en toda Navarra, asilvestrándose rara vez. **Alt.:** 250-850 m.
Dist.: Introd.; originaria neotrop. General en Navarra. **Alp.:** RR; **Atl.:** RR; **Med.:** RR.

Pisum sativum L. subsp. elatius (M. Bieb.) Asch. & Graebn.

P. elatius M. Bieb.
Repisas y bases pedregosas de roquedos. **Alt.:** 500-1200 m.
Dist.: Med. Pirineos y Navarra Media occidental. **Alp.:** R; **Atl.:** R; **Med.:** -.

Pisum sativum L. subsp. sativum

Cultivada en buena parte de Navarra, se asilvestra de forma ocasional. **Alt.:** 450-1200 m.
Dist.: Introd.; originaria del Med. Citada de la Navarra Media y del corredor de la Barranca. **Alp.:** -; **Atl.:** R; **Med.:** R.
Cons.: LC (ERLVP, 2011), sin detallar subespecies.

Retama sphaerocarpa (L.) Boiss.

Spartium sphaerocarpum L.; Lygos sphaerocarpa (L.) Heywood
Pastos, matorrales aclarados, taludes soleados y cascajeras; cultivada para la fijación de taludes de carreteras. **Alt.:** 250-600 m. **HIC:** 5330.
Dist.: Med. W. En el extremo sur de Navarra, en la Ribera. **Alp.:** -; **Atl.:** -; **Med.:** E.
Obs.: Algunas citas de la cuenca de Pamplona o son erróneas o se deben a introducciones por cultivo (Colmeiro, 1885; Báscones, 1978).

Robinia pseudoacacia L.

Cultivado como árbol ornamental o en plantaciones forestales, se naturaliza con extremada facilidad (comunidades riparias). **Alt.:** 150-1000 m.
Dist.: Introd.; originaria de América del Norte. Dispersa por Navarra, se naturaliza con facilidad en los valles atlánt. y con más dificultad en el resto del territorio. **Alp.:** RR; **Atl.:** E; **Med.:** E.
Obs.: Considerada especie exótica con potencial invasor (CEEEI, 2011).

Scorpiurus subvillosus L.

S. muricatus subsp. subvillosus (L.) Thell.
Sobre suelos someros en claros del quejigal y carrascal. **Alt.:** 250-850 m.
Dist.: Med. Repartido por las comarcas al sur de la divisoria de aguas, siendo raro en los valles atlánt. y falta en los Pirineos. **Alp.:** -; **Atl.:** E; **Med.:** E.

Securigera varia (L.) Lassen
Coronilla varia L.
Prados de siega, taludes, riberas y sotobosques de frondosas. **Alt.:** 500-1200 m.
Dist.: Eur. Citada de Navarra, sin localidad concreta.
Cons.: LC (ERLVP, 2011).
Obs.: Se desconoce la localidad exacta de donde se cita en *Flora Iberica*.

Spartium junceum L.
Cultivada como ornamental en taludes viarios, en autovías y autopistas, se asilvestra con cierta frecuencia. **Alt.:** 450-550 m.
Dist.: Introd.; originaria del Med. Dispersa por la cuenca de Pamplona y en la Ribera. **Alp.:** -; **Atl.:** RR; **Med.:** RR.

Tetragonolobus maritimus (L.) Roth
Lotus maritimus L.
Herbazales sobre suelos muy húmedos, al menos temporalmente; juncales, trampales, orlas de balsas y orillas de cursos de agua. **Alt.:** 250-1100 m. **HIC:** 6410, 6420.
Dist.: Plurirreg. Repartido por toda la vertiente mediterránea de Navarra, salvo en cotas elevadas. **Alp.:** E; **Atl.:** E; **Med.:** E.

Trifolium alpinum L.
El regaliz de montaña crece en los pastos montanos y subalpinos. **Alt.:** 1250-2400 m. **HIC:** 6230*, 6140.
Dist.: Oróf. Europa. Limitado a las altas montañas pirenaicas, al este del cordal sierra de Abodi-monte Ori. **Alp.:** F; **Atl.:** -; **Med.:** -.

Trifolium angustifolium L.
T. intermedium Guss.; T. infamia-ponertii Greuter
Claros forestales, cunetas, herbazales y pastos secos. **Alt.:** 300-850 m.
Dist.: Med. Repartido por la vertiente mediterránea, sin alcanzar cotas elevadas. **Alp.:** R; **Atl.:** E; **Med.:** E.
Cons.: LC (ERLVP, 2011).

Trifolium arvense L.
Claros forestales y rellanos pedregosos. **Alt.:** 120-1450 m.
Dist.: Eur. Pirineos, cuencas prepiren., Navarra Media y puntual en los valles atlánt. **Alp.:** E; **Atl.:** E; **Med.:** E.
Cons.: LC (ERLVP, 2011).

Trifolium aureum Pollich
T. agrarium L.
Planta citada de Navarra antes de 1960, sin citas posteriores. Claros forestales y herbazales. **Alt.:** 120-650 m.
Dist.: Eur. Anotada de Bertizarana (valles atlánt.) por Lacoizqueta (1884), y de la cuenca de Pamplona por Fdez. de Salas & Gil (1870). **Alp.:** -; **Atl.:** RR; **Med.:** -.

Trifolium bocconei Savi
Pastos arenosos de anuales; sobre sustratos silíceos. **Alt.:** 500-1000 m.
Dist.: Med. Cuencas prepiren. y Navarra Media, puntual en todos los casos. **Alp.:** RR; **Atl.:** RR; **Med.:** -.

Trifolium campestre Schreb.
T. procumbens L.; T. agrarium auct., non L.
Prados, herbazales, cunetas y baldíos, rellanos de roquedos. **Alt.:** 200-1700 m.
Dist.: Plurirreg. Extendida por toda Navarra, sin alcanzar las montañas más elevadas. **Alp.:** E; **Atl.:** E; **Med.:** E.

Trifolium dubium Sibth.
T. minus Sm.
Prados de siega, pastos, orlas de caminos y herbazales frescos. **Alt.:** 50-1150 m.
Dist.: Eur. Extendido por la mitad septen. de Navarra, sin superar las sierras meridionales de la Zona Media. **Alp.:** RR; **Atl.:** E; **Med.:** R.

Trifolium fragiferum L.
T. bonannii C. Presl; T. fragiferum subsp. bonannii (C. Presl) Soják
Herbazales nitrificados y vegas fluviales, sobre suelos arcillosos y margosos. **Alt.:** 150-1400 m. **HIC:** Gramales y past. suel compac., Juncales nitrófilos.
Dist.: Eur. Extendida de forma general por toda Navarra, siendo más escasa en los valles atlánt. **Alp.:** E; **Atl.:** E; **Med.:** E.
Observaciones. Se incluyen la subsp. *fragiferum* y subsp. *bonannii* (C. Presl) Soják.

Trifolium gemmellum Pourr. ex Willd.
T. clandestinum Lag.; T. phleoides subsp. gemellum (Pourr. ex Willd.) Gibelli & Belli
Rellanos de anuales, en terrazas fluviales. **Alt.:** a 400 m.
Dist.: Endém. Pen. Ibér. Sólo se conoce de una localidad, Viana, en el extremo occidental. **Alp.:** -; **Atl.:** -; **Med.:** RR.
Cons.: Prioritaria (Lorda & al., 2009).

Trifolium glomeratum L.
Pastos de anuales arenosos, en ambientes soleados. **Alt.:** 450-1400 m.
Dist.: Med. Mitad septen. de Navarra, desde las cuencas prepiren., hasta las sierras medias occ., llegando a los valles atlánt., parece faltar en el resto. **Alp.:** -; **Atl.:** E; **Med.:** E.

Trifolium hirtum All.
Planta dudosa que requiere comprobación. Pastos de anuales, sobre suelos erosionados. **Alt.:** 450-500 m.
Dist.: Med. **Alp.:** -; **Atl.:** RR; **Med.:** -.
Obs.: Se ha citado por Fdez. de Salas & Gil (1870) de Pamplona. No parece que llegue a Navarra.

Trifolium incarnatum L.
Cultivada como planta forrajera, se asilvestra en cunetas y prados. **Alt.:** 120-650 m.
Dist.: Med. Dispersa por la cuenca de Pamplona, el valle de la Ultzama y los valles atlánt. **Alp.:** -; **Atl.:** E; **Med.:** -.
Cons.: LC (ERLVP, 2011).
Obs.: Las plantas navarras deben corresponder a la variedad *incarnatum*, típicamente de flores rosadas o púrpuras, extendida como planta forrajera y naturalizada.

Trifolium lappaceum L.
Ribazos y depresiones húmedas, sobre suelos arcillo-so-margosos. **Alt.:** 400-600 m.
Dist.: Med. Cuenca de Pamplona, Zona Media y en la

Ribera. **Alp.:** -; **Atl.:** RR; **Med.:** RR.

Trifolium medium L. subsp. *medium*
Claros forestales y herbazales sobre suelos removidos. **Alt.:** 450-1200 m.
Dist.: Eur. Navarra Media, cuencas prepiren. y Pirineos. **Alp.:** RR; **Atl.:** R; **Med.:** R.

Trifolium micranthum Viv.
T. filiforme L.
Rellanos de anuales y zonas removidas de prados. **Alt.:** 20-400 m.
Dist.: Med.-Atl. Parece presentarse en los valles húmedos del NW; Aseginolaza & al. (1985) la citan de la sierra de Aralar guipuzcoana. **Alp.:** -; **Atl.:** R; **Med.:** -.
Obs.: Se ha confundido con *T. dubium*, por lo que convienen comprobar algunas citas de Navarra.

Trifolium montanum L.
Pastos mesófilos y claros del matorral-pasto. **Alt.:** 450-2000 m. **HIC:** 6210(*).
Dist.: Eur. Pirineos, cuencas prepiren., Zona Media y sierras occ. **Alp.:** E; **Atl.:** E; **Med.:** E.
Obs.: Se incluye la variedad *gayanum* Gren. y la variedad *montanum*, ésta presente en Navarra.

Trifolium ochroleucon Huds.
T. patulum sensu C. Vicioso
Herbazales, prados y pastos supraforestales. **Alt.:** 150-1250 m. **HIC:** 6210(*).
Dist.: Eur. Puntual en los valles atlánt., es más habitual en los Pirineos, la Navarra Media y las sierras occidentales; se enrarece y llega a faltar en la Ribera. **Alp.:** E; **Atl.:** E; **Med.:** E.

Trifolium ornithopodioides L.
Trigonella ornithopodioides (L.) DC.
Planta dudosa que requiere comprobación. Pastizales en depresiones temporalmente inundadas, nitrificadas, algo salobres.
Dist.: Plurirreg. No se conoce bien su distribución en Navarra. **Alp.:** -; **Atl.:** -; **Med.:** RR.
Obs.: Se desconoce la localidad exacta por la que se cita, con dudas, de Navarra en *Flora Iberica*.

Trifolium patens Schreb.
Herbazales sobre suelos húmedos y algo nitrogenados. **Alt.:** a 500 m.
Dist.: Eur. En el corredor de la Barranca (Bakaiku y Etxarri-Aranaz). **Alp.:** -; **Atl.:** RR; **Med.:** -.
Obs.: Citada por Berastegi & al. (2001). También se conoce de localidades guipuzcoanas colindantes (Catalán & Aizpuru, 1985).

Trifolium pratense L. subsp. *pratense*
Prados, cunetas, baldíos, claros forestales e incluso cultivada como forraje. **Alt.:** 100-2000 m. **HIC:** 6210(*), Prados diente-siega con *Cynosurus cristatus*, 6510, 6230*.
Dist.: Subcosm.; origen eurosiberiano. General en Navarra. **Alp.:** C; **Atl.:** C; **Med.:** F.
Cons.: LC (ERLVP, 2011).

Trifolium repens L.
Prados, pastos y herbazales; cultivada como planta forrajera. **Alt.:** 100-2000 m. **HIC:** Past. inund. *A. stolonifera*, Pastiz. suelos pisoteados, Prados diente-siega con *Cynosurus cristatus*, 6510.
Dist.: Subcosm.; origen eurosiberiano. General en Navarra. **Alp.:** C; **Atl.:** C; **Med.:** F.
Cons.: LC (ERLVP, 2011).
Obs.: Se incluyen la variedad *repens* y la variedad *giganteum* Lagr.-Foss.

Trifolium resupinatum L.
T. clusii auct. hisp., non Godr. & Gren.
Herbazales frescos y terrenos alterados, ruderalizados. **Alt.:** 250-800 m.
Dist.: Eur. Dispersa por las cuencas, la Zona Media, las sierras occ. y la Ribera. **Alp.:** -; **Atl.:** R; **Med.:** R.
Cons.: LC (ERLVP, 2011).

Trifolium rubens L.
Claros forestales, pastos y prados. **Alt.:** 550-1200 m.
Dist.: Eur. Localizado en los Pirineos, las cuencas prepiren. y la Zona Media. **Alp.:** RR; **Atl.:** R; **Med.:** R.

Trifolium scabrum L.
Claros del matorral, pastos pedregosos secos, rellanos de roquedo y pies de cantil. **Alt.:** 250-1300 m.
Dist.: Med. General en Navarra, salvo en las montañas más elevadas, y se hace raro en los valles atlánt. y en la Ribera. **Alp.:** R; **Atl.:** E; **Med.:** E.

Trifolium squamosum L.
T. maritimum Huds.
Prados y pastizales húmedos. **Alt.:** 400-650 m.
Dist.: Plurirreg. Dispersa por la Zona Media, principalmente medio-occidental. **Alp.:** -; **Atl.:** RR; **Med.:** RR.
Obs.: Deben comprobarse las citas meridionales (Salinas de Ibargoiti, Erviti 1991). Recientemente da localidades Berastegi (2010). Es una planta propia de marismas y zonas próximas al mar.

Trifolium squarrosum L.
T. dipsaceum Thuill.; T. panormitanum C. Presl.
Planta citada de Navarra antes de 1960, sin citas posteriores. Herbazales sobre suelos encharcados y orillas de cursos de agua. **Alt.:** 120-600 m.
Dist.: Plurirreg.; Med.-Macaron. Se ha citado de Bertizarana (Valles Húmedos del NW). **Alp.:** -; **Atl.:** RR; **Med.:** -.
Obs.: Conocemos únicamente los datos aportados por Lacoizqueta (1884).

Trifolium striatum L. subsp. *brevidens* (Lange) Muñoz Rodr.
T. striatum var. brevidens Lange
Pastos de anuales, baldíos y cunetas. **Alt.:** 500-1250 m.
Dist.: Eur. Pirineos, cuencas prepiren., montañas atlánt. y de la Zona Media, más en las estribaciones occ. **Alp.:** RR; **Atl.:** R; **Med.:** -.
Obs.: No se conoce muy bien su distribución navarra.

Trifolium striatum L. subsp. *striatum*
T. tenuiflorum Ten.; T. striatum subsp. tenuiflorum (Ten.) Arcang.

Pastos de anuales, baldíos y cunetas. **Alt.:** 500-1250 m. **HIC:** 6220*.

Dist.: Eur. Pirineos, cuencas prepiren., montañas atlánt. y de la Zona Media, más en las estribaciones occ. **Alp.:** RR; **Atl.:** R; **Med.:** -.

Trifolium strictum L.

T. laevigatum Poir.

Pastos arenosos de anuales; sobre suelos silíceos. **Alt.:** 900-1200 m. **HIC:** 6220*.

Dist.: Eur. Puntual en Navarra: sierra de Leire, Tierra Estella (Lezaun) y sierra de Andía. **Alp.:** RR; **Atl.:** RR; **Med.:** -.

Obs.: Soulié (1907-1914) ya la citó de la misma sierra de Leire.

Trifolium subterraneum L. subsp. subterraneum

T. subterraneum subsp. longipes (Gay) Cout.

Pastos aclarados y rellanos de anuales, sobre suelos arenosos silíceos. **Alt.:** 400-1100 m.

Dist.: Plurirreg. Dispersa por Navarra: valles atlánt., sierras prepiren., Zona Media y estribaciones medias occ. **Alp.:** RR; **Atl.:** RR; **Med.:** RR.

Cons.: LC (ERLVP, 2011).

Obs.: Las citas pirenaicas (Soulié, 1907-1914) son dudosas. Se reconocen distintas formas morfológicas con el rango de variedad.

Trifolium suffocatum L.

Pastos de anuales sobre sustratos margosos. **Alt.:** 350-400 m.

Dist.: Plurirreg. Sólo la conocemos de Guirguillano en la Navarra Media occidental. **Alp.:** -; **Atl.:** -; **Med.:** RR.

Trifolium thalii Vill.

Pastos densos, cervunales, y crestones largamente innivados. **Alt.:** 1000-2300 m. **HIC:** 6230*.

Dist.: Oróf. Europa. Limitada a las altas montañas pirenaicas. **Alp.:** E; **Atl.:** -; **Med.:** -.

Trifolium tomentosum L.

Rellanos de anuales, sobre suelos ligeros y secos. **Alt.:** 250-650 m.

Dist.: Med. Cuenca de Pamplona, Zona Media y, principalmente, en la Ribera. **Alp.:** -; **Atl.:** RR; **Med.:** E.

Trigonella foenum-graecum L.

La alholva se cultiva, ahora muy poco, como planta forrajera y se asilvestra en prados y márgenes de cultivos. **Alt.:** 100-1000 m.

Dist.: Introd.; origen iraniana. Dispersa de forma laxa por toda Navarra. **Alp.:** RR; **Atl.:** E; **Med.:** E.

Trigonella gladiata Steven ex M. Bieb.

T. foenum-graecum subsp. gladiata (Steven ex M. Bieb.) P. Fourn

Pie de roquedos calizos, rellanos de anuales y pastos secos. **Alt.:** 300-1000 m.

Dist.: Med. W. Salpica la provincia, sin llegar a ser abundante. **Alp.:** RR; **Atl.:** R; **Med.:** E.

Trigonella monspeliaca L.

Medicago monspeliaca (L.) Trautv.

Rellanos de anuales, claros de matorrales soleados y terrazas fluviales. **Alt.:** 250-600 m.

Dist.: Plurirreg.; Med.-Iraniana. Desde las cuencas prepiren., por la Zona Media y, más frecuente, en la Ribera. **Alp.:** -; **Atl.:** RR; **Med.:** E.

Trigonella polyceratia L.

T. pinnatifida Cav.; Medicago polyceratia (L.) Sauvages ex Trautv.;
T. polyceratoides Lange; T. × ambigua Samp.; T. amandiana Samp.

Pastos de anuales, terrazas fluviales, cerros yesosos y cunetas. **Alt.:** 250-550 m.

Dist.: Med. W. Se conoce sólo de la Ribera Tudelana, en contadas localidades (Bardenas Reales, Cirruénigo y Fitero). **Alp.:** -; **Atl.:** -; **Med.:** RR.

Cons.: LC (ERLVP, 2011).

Ulex europaeus L. subsp. europaeus

La otea o argoma forma extensas comunidades sustituyendo robledales, melojales y hayedos; sobre sustratos silíceos. **Alt.:** 20-1100 m. **HIC:** 4020*, 4030, 4090, Zarzales y espin. acidof., 9230.

Dist.: Europa W. En las áreas de influencia atlánt., los valles cantábricos y las montañas de la divisoria, y puntualmente en la Navarra Media occidental, y a oriente, en el Romanzado, en el monte Idokorri. **Alp.:** RR; **Atl.:** C; **Med.:** -.

Obs.: Límite orient. en el monte Idokorri (Aspurz). La cita de Tafalla (Escriche, 1935) parece inverosímil.

Ulex gallii Planch. subsp. gallii

U. cantabricus Álv. Mart. & al.

Forma matorrales densos en mosaico con brezales en zonas del robledal, marojal y hayedo, llegando a los pastos supraforestales y roquedos bajo clima atlánt.; sobre sustratos silíceos o acidificados. **Alt.:** 20-1700 m. **HIC:** 7140, 4020*, 4030, 9230, 9260.

Dist.: Atl. Abundante en los valles cantábricos y montañas de la divisoria, llegando hasta el cordal Ori-Lakora por el este; crece puntualmente en la sierra de Illón (Balda, 2003). **Alp.:** F; **Atl.:** C; **Med.:** -.

Obs.: En Navarra su límite orient. está a la altura de los montes Ori-Lakora, si bien luego penetra en tierras francesas prolongando algo más su área hacia oriente.

Ulex minor Roth

Planta dudosa que requiere comprobación. Matorrales atlánt. que sustituyen bosques de frondosas; silicícola. **Alt.:** 20-1100 m. **HIC:** 92A0.

Dist.: Eur. Se ha citado varias veces de Navarra, y hay muestras que tienden a este taxon, todas ellas en los valles atlánt. **Alp.:** -; **Atl.:** RR; **Med.:** -.

Obs.: Deben comprobarse las citas atlánt. En *Flora Iberica* se duda de su presencia, no parece que llegue a Navarra. Lacoizqueta (1884), Braun-Blanquet (1967), García Zamora & al. (1985) y Heras & al. (2006) lo han citado de Navarra.

Vicia amphicarpa L.

V. sativa subsp. amphicarpa Batt.

Matorrales y pastos xerófilos, sobre sustratos pedregosos. **Alt.:** 250-650 m.

Dist.: Plurirreg. Limitada a la Ribera. **Alp.:** -; **Atl.:** -;

Med.: RR.

Obs.: Conviene definir mejor su área de presencia en Navarra. Se conoce de Bardenas, cerca de Arguedas (Aparicio & al., 1997).

Vicia angustifolia L.

V. cuneata Guss.; V. debilis Pérez Lara; V. lanciformis Lange; V. lusitanica Freyn; V. paui Merino; V. sativa subsp. nigra (L.) Ehrh.; V. segetalis Thuill.; V. sativa subsp. terana (Losa) Benedí & Molero

Orlas forestales, herbazales y setos. **Alt.:** 20-1200 m.

Dist.: Plurirreg. Extendida por toda Navarra, sin llegar a las montañas más elevadas. **Alp.:** E; **Atl.:** F; **Med.:** F.

Obs.: Se cultiva como forraje o abono verde.

Vicia bithynica (L.) L.

Lathyrus bithynicus L.

Herbazales en ribazos, cunetas y terrenos ruderalizados. **Alt.:** 250-700 m.

Dist.: Med. Cuenca de Pamplona, la Barranca y esporádicamente en la Ribera. **Alp.:** -; **Atl.:** E; **Med.:** R.

Cons.: LC (ERLVP, 2011).

Obs.: Cerca de Navarra, en Irún y Hernani fue señalada por Willkomm & Lange (1880) y Bubani (1897-1901), respectivamente.

Vicia cordata Hoppe

V. sativa subsp. cordata (Hoppe) Batt.

Cunetas, ribazos y baldíos. **Alt.:** 100-900 m.

Dist.: Plurirreg. Se conoce de contadas localidades: Amaiur y Lesaka (valles atlánt.), y en Zúñiga, en la Zona Media occidental. **Alp.:** -; **Atl.:** RR; **Med.:** RR.

Obs.: Materiales en el herbario ARAN.

Vicia cracca L.

Herbazales, setos y orlas de prados, en distintos ambientes. **Alt.:** 50-1600 m. **HIC:** 6430.

Dist.: Circumbor.; de origen Eurosiberiano. General en Navarra, con mayor presencia en la mitad norte de la provincia. **Alp.:** F; **Atl.:** E; **Med.:** E.

Obs.: Planta morfológicamente muy variable.

Vicia dasycarpa Ten.

V. villosa subsp. dasycarpa (Ten.) Cavill.; V. varia Host

Ribazos, cunetas y herbazales. **Alt.:** 600-800 m.

Dist.: Plurirreg. Parece presentarse en las cuencas prepiren. y, posiblemente, más hacia el sur de Navarra. **Alp.:** -; **Atl.:** -; **Med.:** RR.

Obs.: A este taxon podrían corresponder las citas de *V. villosa* subsp. *varia* (Host) Corb. También se ha considerado que las anotaciones de *V. villosa* subsp. *varia*, pueden corresponder a *V. villosa* subsp. *pseudocracca*.

Vicia ervilia (L.) Willd.

Ervum ervilia L.

Se ha cultivado y se asilvestra en ribazos y cunetas próximas. **Alt.:** a 750 m.

Dist.: Plurirreg. Valle de Arce (Arrieta) en el NE de Navarra. **Alp.:** RR; **Atl.:** -; **Med.:** -.

Cons.: LC (ERLVP, 2011)

Vicia faba L.

Las habas se cultivan y aparecen como subespontáneas en ambientes ruderales y cultivados. **Alt.:** 120-700 m.

Dist.: Introd.; origen incierto. Dispersa en Navarra, principalmente en su mitad norte. **Alp.:** -; **Atl.:** R; **Med.:** -.

Vicia hirsuta (L.) Gray

Ervum hirsutum L.

Cunetas, baldíos, prados, setos, en el ambiente del robledal, carrascal y quejigal. **Alt.:** 100-1400 m.

Dist.: Subcosm.; de origen eurosiberiano. Por la mitad norte de Navarra, principalmente en los valles atlánt. y cuencas prepiren., enrareciéndose en el resto. **Alp.:** E; **Atl.:** E; **Med.:** E.

Vicia hybrida L.

Herbazales en terrenos removidos, sobre sustratos secos. **Alt.:** 400-600 m.

Dist.: Med. Distribuida por la cuenca de Pamplona. **Alp.:** -; **Atl.:** RR; **Med.:** -.

Cons.: LC (ERLVP, 2011).

Obs.: Materiales de Pamplona en el herbario ARAN.

Vicia incana Gouan

V. cracca subsp. incana (Gouan) Rouy; V. cracca subsp. gerardii Gaudin; V. gerardii All.

Orlas de bosques, brezales, prebrezales y herbazales de taludes viarios. **Alt.:** 450-1600 m.

Dist.: Eur. Al sur de la divisoria de aguas, principalmente en los Pirineos, las cuencas prepiren. y la Zona Media, sin llegar, al parecer, a la Ribera. **Alp.:** E; **Atl.:** E; **Med.:** R.

Vicia lathyroides L.

Planta que está cerca de Navarra, y cuya presencia se estima probable. Pastos secos, sobre sustratos arenosos. **Alt.:** 500-550 m.

Dist.: Plurirreg. No está en Navarra, pero en Villar & al. (1997) se cita de Sigüés (Z), en Venta Carrica, muy cerca del territorio. **Alp.:** -; **Atl.:** -; **Med.:** RR.

Cons.: LC (ERLVP, 2011).

Vicia loiseleurii (M. Bieb.) Litv.

Ervum loiseleurii M. Bieb.

Herbazales en el ambiente del carrascal-quejigal. **Alt.:** 450-500 m.

Dist.: Med. Sólo la conocemos de Huarte-Arakil, en la Navarra Media occidental (Aparicio & al., 1997). **Alp.:** -; **Atl.:** RR; **Med.:** -.

Vicia lutea L. subsp. *lutea*

Herbazales a orillas de acequias, cunetas y ribazos. **Alt.:** 250-800 m.

Dist.: Med. Cuenca de Pamplona y Ribera, más puntual en Marañón-Cabredo, en la Navarra Media occidental, y en Imízkoz, en los valles pirenaicos. **Alp.:** RR; **Atl.:** RR; **Med.:** RR.

Cons.: LC (ERLVP, 2011).

Vicia monantha Retz. subsp. *calcarata* (Desf.) Romero Zarco

V. calcarata Desf.; V. biflora Desf.; V. monantha subsp. triflora (Ten.) B.L. Burtt & P. Lewis; V. villosa subsp. monantha sensu O. Bolòs & Vigo

Baldíos, cunetas y herbazales secos. **Alt.:** 300-550 m.

Dist.: Med. Dispersa, se conoce bien de Berbinzana, Olite y San Martín de Unx, en la Zona Media y Ribera.

Alp.: -; **Atl.:** -; **Med.:** RR.
Obs.: Puede estar más extendida de lo que se conoce.

Vicia narbonensis L.

Herbazales megafórbicos algo nitrificados. **Alt.:** 400-1200 m.
Dist.: Med. Pirineos y cuencas prepiren. **Alp.:** RR; **Atl.:** -; **Med.:** -.
Cons.: LC (ERLVP, 2011).
Obs.: De la sierra de Santo Domingo (Z), cerca de Petilla de Aragón, fue citada por Uribe-Echebarría & Urrutia (1990).

Vicia onobrychioides L.

Matorrales y pastos en el ambiente del carrascal-quejigal. **Alt.:** 400-1100 m.
Dist.: Oróf. Med. Repartida por distintas localidades de la Navarra Media, principalmente en su mitad orient. **Alp.:** -; **Atl.:** RR; **Med.:** R.

Vicia orobus DC.

Orobus sylvaticus L.

Brezales de sustitución de marojales y roquedos silíceos. **Alt.:** 700-1100 m.
Dist.: Oróf. Europa. Valles atlánt., el Irati francés, la Zona Media y las sierras prepiren. **Alp.:** RR; **Atl.:** RR; **Med.:** -.

Vicia pannonica Crantz

Planta dudosa que requiere comprobación. Baldíos y terrenos ruderales, sobre sustratos arenosos, en el ambiente del carrascal. **Alt.:** 450-650 m.
Dist.: Med. Citada de la cuenca de Pamplona y de la Zona Media de Navarra. **Alp.:** -; **Atl.:** RR; **Med.:** RR.
Cons.: LC (ERLVP, 2011).
Obs.: Se conocen citas cercanas a Navarra, y las del territorio son dudosas (Mayo, 1978; Erviti, 1989). En *Flora Iberica* no se cita con certeza. De Oyón (Vi) la apuntan Uribe-Echebarría & Alejandre (1982), y de Sigüés (Z), Villar (1980), todas cerca de Navarra.

Vicia parviflora Cav.

V. gracilis Loisel; V. tetrasperma subsp. gracilis Hook. fil., V. laxiflora Brot.; V. tenuissima auct.

Herbazales de cunetas, pastos de terófitos, claros de matorrales y cascajeras fluviales. **Alt.:** 300-1100 m.
Dist.: Med. General en toda Navarra, siendo más esporádica en los valles atlánt., la Ribera más seca y las montañas elevadas. **Alp.:** RR; **Atl.:** E; **Med.:** E.

Vicia peregrina L.

Ribazos, cunetas y pastos secos. **Alt.:** 250-1200 m.
Dist.: Med. Repartida por la mitad meridional de Navarra, llegando a la Navarra Media y a las cuencas prepiren. **Alp.:** -; **Atl.:** RR; **Med.:** E.

Vicia pseudocracca Bertol.

V. villosa subsp. pseudocracca (Bertol.) Rouy; V. villosa subsp. ambigua (Guss.) Kerguélen

Herbazales en ribazos, cunetas y baldíos. **Alt.:** 250-800 m.
Dist.: Plurirreg. Dispersa a baja altitud por buena parte de Navarra, principalmente en los dos tercios meridionales. **Alp.:** RR; **Atl.:** E; **Med.:** E.

Obs.: Las plantas podrían corresponder a la variedad *pseudocracca.*

Vicia pubescens (DC.) Link

Ervum pubescens DC.; V. tetrasperma subsp. pubescens (DC.) Bonnier & Layens

Cunetas, prados y setos bajo la influencia atlánt. **Alt.:** 50-750 m.
Dist.: Med. Valles atlánt., cuencas y corredor de La Barranca. **Alp.:** -; **Atl.:** R; **Med.:** -.

Vicia pyrenaica Pourr.

Pastos pedregosos, rellanos de roquedos, crestones y graveras. **Alt.:** 650-2200 m. **HIC:** 6210.
Dist.: Oróf. Europa W. Pirineos y sierras medias occ., siendo muy puntual en las montañas de la Zona Media. **Alp.:** E; **Atl.:** E; **Med.:** -.
Obs.: Las citas de la Ribera son dudosas.

Vicia sativa L. subsp. *sativa*

V. globosa Retz.

Se cultiva como forraje y abono verde, asilvestrándose con frecuencia. **Alt.:** 20-900 m.
Dist.: Plurirreg. General en toda Navarra, eludiendo las montañas más elevadas. **Alp.:** E; **Atl.:** E; **Med.:** E.
Cons.: LC (ERLVP, 2011).

Vicia sepium L.

Ambientes nemorales, como robledales, bosques mixtos, hayedos, abetales y quejigales, ocupandos sus claros y setos próximos. **Alt.:** 20-1600 m. **HIC:** 91E0*, Robl. pel. pirenaicos.
Dist.: Eur. General en la mitad norte de Navarra, sin rebasar hacia el sur las estribaciones meridionales de la Navarra Media. **Alp.:** F; **Atl.:** C; **Med.:** E.
Cons.: LC (ERLVP, 2011).

Vicia tenuifolia Roth

V. cracca subsp. tenuifolia (Roth) Gaudin

Pastos y herbazales en claros de carrascal-quejigal. **Alt.:** 400-1100 m.
Dist.: Eur. Dispersa por las cuencas, Navarra Media y la Ribera. **Alp.:** -; **Atl.:** E; **Med.:** E.

Vicia tetrasperma (L.) Schreb.

Ervum tetraspermum L.

Herbazales a orillas de caminos y claros del quejigal-carrascal, sobre suelos someros. **Alt.:** 30-900 m.
Dist.: Eur. Puntual en los valles atlánt., las cuencas y la Navarra Media. **Alp.:** -; **Atl.:** R; **Med.:** R.
Obs.: Villar (1980) la cita de Salvatierra de Esca (Z), en el extremo medio orient., cerca de Navarra.

Vicia villosa Roth

En zonas cultivadas y prados, se comporta como adventicia y naturalizada. **Alt.:** 250-650 m.
Dist.: Introd.; originaria del C y S de Europa, SW y W de Asia. Dispersa en Navarra. **Alp.:** E; **Atl.:** E; **Med.:** E.
Obs.: Berastegi (2010) la cita de Lónguida.

Lemnaceae

Lemna gibba L.
Aguas estancadas y remansos de ríos y balsas. **Alt.:** 20-500 m. **HIC:** 3150.
Dist.: Plurirreg. (Subcosm.). Dispersa por la mitad orient. del territorio. **Alp.:** -; **Atl.:** R; **Med.:** E.
Cons.: LC (ERLVP, 2011).

Lemna minor L.
Aguas estancadas y remansos de ríos y balsas. **Alt.:** 20-950 m. **HIC:** Com. *Hippuris vulgaris*, 3150.
Dist.: Plurirreg. (Subcosm.). Dispersa por buena parte de Navarra, faltando en grandes áreas. **Alp.:** -; **Atl.:** E; **Med.:** E.
Cons.: LC (ERLVP, 2011).

Lemna minuta Kunth
L. minuscula Herter; L. valdiviana auct., non Philippi
Naturalizada en los arrozales del sur de Navarra. **Alt.:** 250-300 m.
Dist.: Introd.; originaria de América. Sólo se conoce de Murillo de las Limas (Aizpuru & al., 2001). **Alp.:** -; **Atl.:** -; **Med.:** RR.

Spirodela polyrrhiza (L.) Schleid.
Lemna polyrrhiza L.
Aguas estancadas, eutróficas. **Alt.:** 20-50 m. **HIC:** 3150.
Dist.: Plurirreg. (Subcosm.). Sólo la conocemos de Bera, en el río Bidasoa (Biurrun, 1999). **Alp.:** -; **Atl.:** RR; **Med.:** -.
Cons.: LC (ERLVP, 2011).

Lentibulariaceae

Pinguicula alpina L.
Herbazales húmedos y rezumaderos en pastos de alta montaña. **Alt.:** 1900-2400 m.
Dist.: Bor.-Alp. Sólo se conoce en el entorno de la Mesa de los Tres Reyes, en los Pirineos. **Alp.:** RR; **Atl.:** -; **Med.:** -.
Cons.: Prioritaria (Lorda & al., 2009).
Obs.: A desechar las citas baztanesas (Colmeiro, 1888). Las localidades navarras suponen su límite meridional de distribución.

Pinguicula grandiflora Lam. subsp. *grandiflora*
P. grandiflora subsp. coenocantabrica Rivas Mart.
Lugares húmedos de taludes, herbazales, rezumaderos, turberas, ambientes higroturbosos, fuentes y manantiales, etc. **Alt.:** 150-2000 m. **HIC:** 7230, 7220*.
Dist.: Atl. Frecuente en la mitad norte de Navarra. **Alp.:** F; **Atl.:** F; **Med.:** -.

Pinguicula lusitanica L.
Turberas y enclaves higroturbosos atlánt. **Alt.:** 200-800 m. **HIC:** 7140, 7150.
Dist.: Atl. Limitada a los Valles Húmedos del NW. **Alp.:** -; **Atl.:** E; **Med.:** -.
Cons.: SAH (NA); Prioritaria (Lorda & al., 2009).
Obs.: Se han citado *P. vulgaris* (Lacoizqueta, 1888; Blanchet, 1891; Fdez. León, 1982) y *P. longifolia* (Rivas Mart. & al., 1991), grasillas que no viven en Navarra.

Liliaceae

Allium ampeloprasum L.
A. multiflorum Desf.; A. pardoi Loscos; A. polyanthum Schult. & Schult. fil.
Pastos y claros de matorrales, taludes herbosos, cunetas, baldíos, lindes de campos de cultivos y otros ambientes ruderalizados. **Alt.:** 100-1100 m.
Dist.: Med. Dispersa por el territorio, apenas asciende por los Pirineos y se hace rara en los valles atlánt. **Alp.:** RR; **Atl.:** E; **Med.:** E.
Cons.: LC (ERLVP, 2011).
Obs.: Incluida *A. polyanthum* Schult. & Schult. f.

Allium ericetorum Thore
A. ochroleucum var. ericetorum (Thore) Lange; A. suaveolens subsp. ericetorum (Thore) Cout.; A. strictum auct.
Herbazales en repisas de roquedos calizos, brezales claros, terrenos pedregosos y taludes. **Alt.:** 250-2000 m.
Dist.: Eur. S. Limitada al tercio septen., desde los Pirineos hasta las montañas medias occ. y, principalmente, en las montañas de la divisoria, de mayor influencia atlánt. **Alp.:** R; **Atl.:** E; **Med.:** -.
Cons.: DD (ERLVP, 2011).

Allium guttatum Steven subsp. *sardoum* (Moris) Stearn
A. sardoum Moris; A. sphaerocephalon subsp. sardoum (Moris) Regel; A. margaritaceum Sm.; A. gaditanum Pérez Lara; A. involucratum Welw. ex Cout.
Planta citada de Navarra antes de 1960, sin citas posteriores. En terrenos secos, orillas de caminos, rellanos rocosos e incluso jarales y brezales. **Alt.:** 250-1000 m.
Dist.: Med. Sólo se tienen constancia de su presencia en Caparroso, por un pliego de herbario herborizado por Ruiz Casaviella y depositado en el herbario MA. **Alp.:** -; **Atl.:** -; **Med.:** RR.
Cons.: LC (ERLVP, 2011), sin detallar subespecie.
Obs.: Se ha confundido con *A. vineale*, por lo que algunas citas pueden corresponder a la especie que tratamos.

Allium lusitanicum Lam.
A. senescens L. subsp. montanum (F.W. Schmidt) Holub; A. montanum F.W. Schmidt; A. fallax subsp. montanum (F.W. Schmidt) Fr.; A. angulosum DC.
Pastos pedregosos, grietas de losas, rellanos y repisas de roquedos; sobre sustratos calizos. **Alt.:** 150-2100 m.
Dist.: Eur. General en la Zona Media, desde los Pirineos a las estribaciones medias occ. **Alp.:** E; **Atl.:** F; **Med.:** R.
Cons.: LC (ERLVP, 2011).

Allium moly L.
A. aureum Lam.; Cepa moly (L.) Moench; Kalabotis moly (L.) Raf.; Moliza moly (L.) Salisb.; A. moly var. bulbilliferum Rouy & Foucaud
Pastos pedregosos, gleras, repisas y rellanos de roquedos calizos. **Alt.:** 400-1300 m.
Dist.: Med. W. Principalmente por el cuadrante nororient. de Navarra, llegando a las montañas medias y, más puntualmente, a las sierras occ. **Alp.:** E; **Atl.:** R; **Med.:** E.
Cons.: LC (ERLVP, 2011).

Allium moschatum L.
A. capillare Cav.; A. setaceum Waldst. & Kit.

Pastos pedregosos en claros de romerales, coscojares y ontinares. **Alt.:** 200-650 m.

Dist.: Med. Limitada, por lo que conocemos en la actualidad, a Olite, pero posiblemente más extendida. **Alp.:** -; **Atl.:** -; **Med.:** RR.

Cons.: LC (ERLVP, 2011).

Obs.: Citado por Ruiz Casav. (1880) de Caparroso, Escriche (1935) de Tafalla y Lorda (1987, 1989). Se ha verificado su presencia en 2012 y 2013 (Olite, herbario LORDA, herbario UPNA).

Allium oleraceum L.

A. paniculatum var. oleraceum L.; A. paniculatum var. bulbigerum Pau; A. complanatum (Fr.) Boureau

Cunetas, baldíos, pastos pedregosos, taludes de cultivos y orillas herbosas de caminos. **Alt.:** 250-1500 m.

Dist.: Eur. General en la Zona Media, llegando a los Pirineos, sierras prepiren., montañas occ. y en la Ribera; parece faltar en los valles atlánt. **Alp.:** C; **Atl.:** C; **Med.:** C.

Cons.: LC (ERLVP, 2011).

Obs.: Incluidas las variedades *oleraceum* y *complanatum* Fr.

Allium paniculatum L.

A. pallens L.; A. longispathum Delaroche; A. tenuiflorum Ten.; A. obtusiflorum DC.

Taludes, cunetas herbosas, baldíos y herbazales a orillas de acequias y balsas, sobre sustratos removidos y cascajeras fluviales. **Alt.:** 100-800 m.

Dist.: Plurirreg. General en Navarra, sin llegar a ser abundante y faltando en las montañas más elevadas, siendo muy rara en los valles atlánt. **Alp.:** RR; **Atl.:** RR; **Med.:** E.

Cons.: LC (ERLVP, 2011).

Obs.: Se ha citado como *A. pallens* L. por Fdez. de Salas & Gil (1870), Ruiz Casav. (1880), Bubani (1901), Garde & López (1983) y Lorda (1989).

Allium pyrenaicum Costa & Vayr.

A. controversum sensu Costa

Pastos pedregosos, rellanos y repisas de roquedos calizos, cunetas pedregosas, etc. **Alt.:** 600-900 m.

Dist.: Endém. pirenaica. Limitada al Valle de Roncal, en Burgui y Vidángoz. **Alp.:** RR; **Atl.:** -; **Med.:** -.

Cons.: VU D2 (LR 2000); NT (LR, 2008); Prioritaria (Lorda & al., 2009); VU (ERLVP, 2011).

Allium roseum L.

A. odoratissimum Desf.

Ribazos, cunetas herbosas, orillas de cultivos, claros forestales y matorrales; sobre cualquier sustrato. **Alt.:** 250-1000 m.

Dist.: Med. General en Navarra, salvo en las montañas más elevadas, haciéndose rara en los valles atlánt. **Alp.:** E; **Atl.:** F; **Med.:** F.

Cons.: LC (ERLVP, 2011).

Allium schmitzii Cout.

Planta citada de Navarra, posiblemente errónea. Pastos pedregosos y claros de matorrales. **Alt.:** 1000-1100 m.

Dist.: Endém. Pen. Ibér. Citada de la Peña Izaga en la Navarra Media. **Alp.:** -; **Atl.:** RR; **Med.:** -.

Cons.: VU B1+2c+3d, C2a, D2 (LR, 2000); VU B2ab(iii,v)c(iv), D1+2 (LR, 2008); VU (ERLVP, 2011).

Obs.: Se ha confundido con *A. schoenoprasum*. Las citas navarras de la Peña Izaga corresponden, precisamente, a este otro taxon.

Allium schoenoprasum L.

A. foliosum Clarion ex DC.; A. palustre Pourr. ex Lag.

Fontinal, crece a orillas de pastos y herbazales húmedos, pastos pedregosos y rellanos de roquedos rezumantes. **Alt.:** 1000-2200 m.

Dist.: Bor.-Alp. Contadas localidades en los Pirineos, las sierras prepiren. y montañas de la Zona Media y occ. **Alp.:** R; **Atl.:** R; **Med.:** -.

Cons.: LC (ERLVP, 2011).

Allium sphaerocephalon L.

A. descendens L.; A. purpureum Loscos; A. loscosii K. Richt.; A. arvense Guss.; A. approximatum Gren. & Godr.

Terrenos pedregosos, pastos, rellanos y repisas de roquedos calizos, claros forestales y del matorral. **Alt.:** 120-2000 m.

Dist.: Plurirreg. General en Navarra. **Alp.:** C; **Atl.:** C; **Med.:** F.

Cons.: LC (ERLVP, 2011).

Obs.: También se ha citado (López, 1968, 1970) del territorio *A. scorodoprasum* L., pero no es planta navarra; las localidades más cercanas están en Magallón (Z).

Allium stearnii Pastor & Valdés

A. paniculatum subsp. stearnii (Pastor & Valdés) O. Bolòs & al.

Terrenos removidos, cunetas, herbazales en taludes, orillas de caminos y cultivos, llegando a los crestones rocosos. **Alt.:** 350-650 m.

Dist.: Endém. ibérica. **Alp.:** -; **Atl.:** -; **Med.:** RR.

Cons.: LC (ERLVP, 2011).

Obs.: Contadas localidades de la Ribera (Lerín).

Allium triquetrum L.

Briseis triquetrum (L.) Salisb.

Planta que está cerca de Navarra, y cuya presencia se estima probable. Naturalizada. Herbazales en cunetas, orillas de arroyos, taludes y baldíos, sobre suelos frescos.

Dist.: Med. W. No se conoce de Navarra, pero puede encontrarse en los valles atlánt.

Cons.: DD (ERLVP, 2011).

Obs.: Cerca de Navarra se conoce de Sara (N Pirineos franceses) y de Urnieta en Guipúzcoa. En el herbario JACA (JACA 45588) hay ejemplares dudosos e incompletos de Gallipienzo, que parecen provenir de plantas cultivadas.

Allium ursinum L. subsp. *ursinum*

A. petiolatum Lam.; Aglithes ursina (L.) Raf.; Ophioscorodon ursinum (L.) Fourr.; Hylogeton ursinum (L.) Salisb.

Sotobosques húmedos y sombríos, bosques de ribera, hayedos, bosques mixtos, éutrofos. **Alt.:** 120-1300 m.

Dist.: Eur. Disperso por la mitad septen. de Navarra. **Alp.:** E; **Atl.:** E; **Med.:** RR.

Cons.: LC (ERLVP, 2011).

Allium victorialis L.

A. anguinum Bubani; Cepa victorialis (L.) Moench; Loncostemon victoriale (L.) Raf.; Berenice victorialis (L.) Salisb.

Herbazales a pie de roquedos, rellanos y repisas en ambientes húmedos, neblinosos. **Alt.:** 1000-1350 m.
Dist.: Circumbor. Puntual en las montañas atlánt. de la mitad septen. de Navarra. **Alp.:** -; **Atl.:** R; **Med.:** -.
Cons.: LC (ERLVP, 2011).

Allium vineale L.

A. compactum Thuill.

Cunetas, orlas de cultivos, baldíos y herbazales en ambientes alterados, sobre suelos removidos. **Alt.:** 100-1100 m.
Dist.: Plurirreg. General en Navarra. **Alp.:** E; **Atl.:** F; **Med.:** F.
Cons.: LC (ERLVP, 2011).
Obs.: Incluye distintas variedades: variedad *complanatum* (Thuill.) Cosson & Gren y variedad *typicum* Cout.

Anthericum liliago L. subsp. *liliago*

Phalangium liliago Schreb.

Pastos, taludes, ribazos y claros de matorrales y bosques. **Alt.:** 400-1900 m.
Dist.: Eur. Bien representada en la franja central de Navarra, desde los Pirineos hasta las estribaciones occidentales; falta en los dos extremos provinciales. **Alp.:** F; **Atl.:** F; **Med.:** E.

Anthericum ramosum L.

Planta citada de Navarra, posiblemente errónea. Orlas y claros forestales. **Alt.:** 500-550 m.
Dist.: Eur. Se ha citado de Zudaire (Villar & al., 1995), y se basa en un pliego del herbario JACA (JACA 52186) que no hemos localizado.
Obs.: Los materiales navarros citados de este taxon no se corresponden a esta especie, sino a *A. liliago*. En la Pen. Ibérica sólo se tiene constancia fehaciente del Alt Urgell (Pirineos centrales).

Aphyllanthes monspeliensis L.

El junco florido forma comunidades en pastos y matorrales alcarados en el ambiente del quejigal y carrascal. **Alt.:** 250-1300 m. **HIC:** 4090, Tom., aliag. y romer. som.-arag. y prep., 6210.
Dist.: Med. W. General en Navarra, salvo en los valles atlánt. y en las altas montañas pirenaicas. **Alp.:** C; **Atl.:** F; **Med.:** C.

Asparagus acutifolius L.

Ambientes abrigados, secos y soleados, de foces, rellanos y pie de roquedos y en los matorrales del carrascal, quejigal, encinar y coscojar, a baja altitud. **Alt.:** 200-800 m. **HIC:** Matorr. de *Osyris alba*.
Dist.: Med. General en Navarra, salvo en las montañas más elevadas y en los valles atlánt. **Alp.:** E; **Atl.:** E; **Med.:** F.
Cons.: LC (ERLVP, 2011).

Asparagus albus L.

Planta citada de Navarra, posiblemente errónea. Matorrales heliófilos, en orlas arbutivas.
Dist.: Med. W. Navarra Media orient. **Alp.:** -; **Atl.:** -;

Med.: RR.
Cons.: LC (ERLVP, 2011).
Obs.: Se ha citado de la sierra de Peña por Sesma & Loidi (1993). No es posible su presencia en Navarra.

Asparagus aphyllus L. subsp. *aphyllus*

Planta citada de Navarra antes de 1960, sin citas posteriores. Orlas de bosques y matorrales esclerófilos. **Alt.:** 250-650 m.
Dist.: Med. W. Citada de Caparroso, en la Ribera. **Alp.:** -; **Atl.:** -; **Med.:** RR.
Cons.: LC (ERLVP, 2011).
Obs.: Ha sido anotada por Ruiz Casav. (1880) de Caparroso, y por Loscos & Pardo (1866-1867) de Tiermas (Z). No parece ser planta navarra.

Asparagus officinalis L.

A. tenuifolius auct. iber., non Lam.

La esparraguera se cultiva por sus turiones y parece ser espontánea en terrenos cercanos a los cultivos, bosques de ribera, herbazales nitrófilos, setos y cascajeras fluviales. **Alt.:** 250-700 m.
Dist.: Plurirreg. Dispersa por la mitad meridional de Navarra, llegando a la Zona Media. **Alp.:** -; **Atl.:** R; **Med.:** E.
Cons.: LC (ERLVP, 2011).

Asphodelus aestivus Brot.

A. microcarpus var. aestivus sensu Cout.

Planta que está cerca de Navarra, y cuya presencia se estima probable. Matorrales abiertos en lugares arenosos, en el ambiente del carrascal.
Dist.: Med. No está en Navarra.
Obs.: Confundida habitualmente con *A. serotinus* Wolley-Dod. Las poblaciones más cercanas parecen estar en Las Ruedas de Ocón (Lo), si bien en *Flora Iberica* queda clara su presencia exclusiva en el SW de la Península Ibérica, llegando por el E hasta Sierra Morena. No se conoce de Navarra (Lorda, 2010).

Asphodelus albus Mill. subsp. *albus*

A. sphaerocarpus Gren. & Godron; A. deseglisei Jordan & Fourr.

Claros forestales, matorrales, helechales y pastos aclarados, laderas pedregosas y abundante tras incendios. **Alt.:** 150-2000 m. **HIC:** 9230, Tremolares.
Dist.: Atl. Mitad septen. de Navarra. **Alp.:** F; **Atl.:** F; **Med.:** E.

Asphodelus albus Mill. subsp. *delphinensis* (Gren. & Godr.) Z. Díez & Valdés

A. deplhinensis Gren. & Godron; A. subalpinus Gren. & Godr.; A. pyrenaicus Jordan

Pastos y claros forestales, laderas pedregosas. **Alt.:** 600-2000 m.
Dist.: S Europa. Limitada a las montañas pirenaicas, con prolongaciones hacia los valles cantábricos y las montañas meridionales. **Alp.:** F; **Atl.:** RR; **Med.:** RR.
Obs.: Planta típica de la cordillera pirenaica, desde Gerona hasta Navarra. No se conoce muy bien su distribución en Navarra.

Asphodelus albus Mill. subsp. *occidentalis* (Jord.) Z. Díez & Valdés

A. occidentalis Jordan

Brezales, claros forestales y helechales. **Alt.:** 20-500 m.

Dist.: Europa W. Limitada a los valles atlánt. más cercanos al litoral. **Alp.:** -; **Atl.:** RR; **Med.:** -.

Obs.: No se conoce muy bien su distribución en Navarra; es una planta asociada a los ambientes costeros, penetrando en las montañas próximas navarras.

Asphodelus ayardii Jahand. & Maire

A. fistulosus var. grandiflora Gren. & Godr.; A. cirerae Sennen; A. fistulosus subsp. cirerae (Sennen) O. Bolòs & Vigo; A. fistulosus subsp. approximatus Gren. & Godr. ex Richter

Pastos y claros de matorrales, cunetas y terrenos ruderalizados. **Alt.:** 200-650 m.

Dist.: Plurirreg.; Med. y Macaron. Limitada al Valle del Ebro, penetra levemente en la Zona Media. **Alp.:** -; **Atl.:** RR; **Med.:** E.

Asphodelus cerasiferus J. Gay

A. ramosus auct., non L.; A. ramosus subsp. cerasiferus (J. Gay) Baker; A. albus subsp. cerasiferus (J. Gay) Rouy

Claros del pinar, carrascal y quejigal, matorrales y pastos pedregosos secos y soleados, incendiados en ocasiones. **Alt.:** 250-1250 m.

Dist.: Med. W. Mitad meridional de Navarra, desde las sierras prepiren. y más habitual en la Ribera. **Alp.:** R; **Atl.:** -; **Med.:** CC.

Obs.: Localmente abundante. A esta especie corresponden las citas de *A. ramosus* L. (*A. microcarpus* sensu Willk.). Planta afín a *A. macrocarpus* Parl., de cápsulas esféricas de gran tamaño.

Asphodelus fistulosus L.

A. intermedius Hornem.

Pastos, matorrales, cunetas, baldíos, escombreras y vías de comunicación, donde localmente llega a ser abundante. **Alt.:** 200-800 m.

Dist.: Plurirreg.; Med. y Macaron. Mitad meridional, principalmente en el Valle del Ebro, llegando hasta la Zona Media de Navarra. **Alp.:** -; **Atl.:** E; **Med.:** C.

Obs.: Las poblaciones de este gamoncillo se van extendiendo a favor de autovías y autopistas.

Asphodelus serotinus Wolley-Dod

A. apiocarpus Hoffmanns. ex Kunth; A. pratensis Pourr. ex Willk.; A. ramosus L. subsp. microcarpus (Viv.) Baker; A. aestivus sensu Samp.

Claros del quejigal y carrascal; matorrales y pastos aclarados, sobre suelos arenosos. **Alt.:** 300-500 m.

Dist.: Med. Limitada a las terrazas del río Ebro, en el entorno de Viana-Mendavia. **Alp.:** -; **Atl.:** -; **Med.:** RR.

Obs.: Se ha confundido con *A. aestivus* Brot.

Brimeura amethystina (L.) Chouard

Hyacinthus amethystinus L.; H. fontqueri Pau; B. fontqueri (Pau) Speta; B. amethysina subsp. fontqueri (Pau) O. Bolòs & Vigo

Repisas, rellanos y grietas de roquedos calizos, así como en pastos pedregosos en el ambiente del robledal, carrascal y quejigal. **Alt.:** 400-1800 m.

Dist.: Oróf. Med. En la Navarra Media, desde los Pirineos hasta las estribaciones medias occidentales; falta en los valles atlánt. y en la mitad sur más árida. **Alp.:** F;

Atl.: F; **Med.:** R.

Bulbocodium vernum L. subsp. *vernum*

Colchicum bulbocodium Ker Gawl.; C. atticum Spruner ex Tomm

Planta citada de Navarra antes de 1960, sin citas posteriores. Pastos de alta montaña, majadeados e innivados. **Alt.:** 1600-2400 m.

Dist.: Oróf. S Europa. Altas montañas pirenaicas. **Alp.:** RR; **Atl.:** -; **Med.:** -.

Obs.: Ha sido citada por Soulié (1907) de Eraize (Isaba). No parece que llegue a Navarra, si bien se conoce de Huesca.

Colchicum autumnale L.

C. vernale Hoffm.; C. vernum Kunth

Orillas de arroyos, pastos frescos, cunetas, helechales y prados de diente y siega. **Alt.:** 200-1200 m.

Dist.: Eur. Montañas de la mitad septen. de Navarra, principalmente en las de influencia atlánt. **Alp.:** E; **Atl.:** E; **Med.:** -.

Obs.: Grupo complejo donde no es infrecuente la presencia de individuos que tienden a *C. neapolitanum* (Ten.) Ten. Para *Flora Iberica*, los ejemplares navarros entrarían dentro de *C. lusitanum* Brot., afirmación que no compartimos, a tenor de la ecología que le adjudican y que choca con la de nuestras poblaciones.

Convallaria majalis L.

Bosques húmedos, rellanos y repisas de roquedos karstificados a media sombra. **Alt.:** 550-1900 m.

Dist.: Eur. Laxamente distribuida por la mitad septen. de Navarra, parece algo más frecuente en los Pirineos. **Alp.:** R; **Atl.:** E; **Med.:** -.

Dipcadi serotinum (L.) Medik. subsp. *serotinun*

Uropetalum serotinum (L.) Ker Gawl.; Hyacinthus serotinus L.; D serotinum subsp. lividus (Pers.) Maire & Weiller;

Pastos pedregosos, cerros margosos y yesíferos, arenales, rellanos de roquedos y ribazos soleados. **Alt.:** 200-1350 m.

Dist.: Med. W. Mitad meridional de Navarra, llegando hasta las solanas de las sierras prepiren. **Alp.:** -; **Atl.:** -; **Med.:** E.

Obs.: Presenta, en ocasiones, dos épocas de floración, una primaveral y otra que se puede prolongar hasta la entrada del invierno.

Erythronium dens-canis L.

E. ovatifolium Poir.

En hayedos, robledales, pinares y bosques mixtos; helechales, pastos y brezales; sobre suelos acidificados. **Alt.:** 450-1900 m.

Dist.: Eur. Mitad septen. de Navarra, principalmente en los Pirineos y en las montañas de la Zona Media y occ. **Alp.:** F; **Atl.:** F; **Med.:** R.

Fritillaria lusitanica Wikstr.

F. hispanica Boiss. & Reut.; F. boissieri Costa; F. pyrenaica subsp. boissieri (Costa) Vigo & Valdés; F. nigra subsp. boissieri (Costa) O. Bolòs, Vigo, Masalles & Ninot; F. nervosa sensu Franco & Rocha Afonso

Pastos y matorrales aclarados, en el ambiente del carrascal-coscojar. **Alt.:** 200-900 m.

Dist.: Med. W. Dispersa por la mitad meridional de Navarra, llegando a las sierras prepiren. por los enclaves más soleados. **Alp.:** -; **Atl.:** -; **Med.:** R.

Fritillaria pyrenaica L.

F. nigra Mill. subsp. nigra; F. pyrenaea Gren.; F. nervosa Willd.

Claros forestales, matorrales abiertos, pastos pedregosos, taludes, rellanos y repisas de roquedos y crestones. **Alt.:** 400-1800 m.

Dist.: Endém. pir.-cant. Distribuida por la Zona Media de Navarra, desde los Pirineos a las estribaciones medias occidentales; se ausenta de los valles atlánt. y del tercio meridional, más seco. **Alp.:** F; **Atl.:** E; **Med.:** R.

Obs.: Las citas de la región mediterránea son dudosas y pueden referirse a *F. lusitanica*.

Gagea lacaitae A. Terracc.

G. lutea sensu Willk.; G. foliosa subsp. foliosa sensu Pastor; G. foliosa subsp. foliosa sensu O. Bolòs & Vigo; G. polymorpha auct., non Boiss.

Pastos, herbazales y claros de matorrales xerófilos, sobre arcillas y yesos. **Alt.:** 200-1200 m.

Dist.: Med. Principalmente por la Ribera, pero llega por el norte a la Zona Media. **Alp.:** -; **Atl.:** -; **Med.:** E.

Obs.: A esta especie corresponden las citas navarras de *G. foliosa* (J. Presl & C. Presl) Schult. & Schult. fil. (*Ornithogalum foliosum* J. Presl & C. Presl).

Gagea liotardii (Sternb.) Schult. & Schult. Fil

Ornithogalum liotardii Sternb.; G. fragifera (Vill.) Ehr. Bayer & G. López; G. fistulosa auct., non Ker Gawl.

Pastos supraforestales, nitrificados e innivados. **Alt.:** 1400-1950 m.

Dist.: Bor.-Alp. Limitada a los valles pirenaicos más elevados. **Alp.:** R; **Atl.:** -; **Med.:** -.

Obs.: Posiblemente algo más extendida por los pastos pirenaicos.

Gagea lutea (L.) Ker Gawl.

G. silvatica (Pers.) Laoudon; G. erubescens Besser; G. fascicularis Salisb.; Ornithogalum luteum L.

Pastos majadeados y claros del hayedo y hayedo-abetal. **Alt.:** 950-1500 m.

Dist.: Eur. Dispersa en los Pirineos y en las montañas medias occ. (S.ª de Urbasa). **Alp.:** RR; **Atl.:** RR; **Med.:** -.

Obs.: Posiblemente algo más extendida, si bien restringida a los Pirineos y Montes Vascos. En otras regiones, las citas extrapirenaicas se relacionan con *G. reverchonii* Degen [*G. burnatii* A. Terrac.; *G. lutea* subsp. *burnatii* (A. Terracc.) M. Laínz].

Gagea soleirolii F.W. Schultz

G. tenuis A. Terracc.; G. polymorpha sensu Willk.; G. guadarramica (A. Terracc.) Stroh.; G. nevadensis auct., non Boiss.

Pastos pedregosos, rellanos de roquedos y claros del pinar, sobre suelos someros, arenosos. **Alt.:** 800-1200 m.

Dist.: Oróf. Med. W. Sólo la conocemos del Romanzado; al oeste se acerca a Navarra por Bernedo (Vi). **Alp.:** RR; **Atl.:** -; **Med.:** RR.

Obs.: Posiblemente algo más extendida.

Gagea villosa (M. Bieb.) Sweet

Ornithogalum villosum M. Bieb.; G. arvensis Pers. ex Dumort.

Ribazos y pastos secos, márgenes de cultivos y claros del matorral mediterráneo. **Alt.:** 250-650 m.

Dist.: Plurirreg. Sólo se conoce de Caparroso (Ursúa & Báscones, 1986) y Marcilla (Garde & López, 1983). **Alp.:** -; **Atl.:** -; **Med.:** RR.

Hyacinthoides non-scripta (L.) Chouard

Hyacinthus non-scriptus L.; Hyacinthus cernuus L.; Scilla non-scripta (L.) Hoffmanns. & Link; Endymion cernuus (L.) Dumort.; Endymion nutans Sm. ex Dumort.

Naturalizada. Posiblemente escapada de cultivo, crece en jardines, junto a núcleos urbanos, sobre suelos silíceos. **Alt.:** a 120 m.

Dist.: Atl. Sólo la conocemos de Santesteban, en el NW de Navarra. **Alp.:** -; **Atl.:** RR; **Med.:** -.

Obs.: Recientemente localizada (herb. LORDA, 2013).

Lilium martagon L.

Claros forestales, megaforbios, grietas de lapiaz y setos junto a prados. **Alt.:** 450-1900 m.

Dist.: Eur. Repartida por las montañas de la mitad septen. de Navarra, siendo rara en los valles atlánt.; se ausenta del resto del territorio. **Alp.:** E; **Atl.:** E; **Med.:** R.

Lilium pyrenaicum Gouan

L. pyrenaicum f. rubrum Stoker

Herbazales frescos y claros del bosque caducifolio; grietas de lapiaz, etc. **Alt.:** 500-1700 m.

Dist.: Endém. pir.-cant. Montañas de la mitad septen. de Navarra. **Alp.:** E; **Atl.:** E; **Med.:** -.

Merendera montana (Loefl. ex L.) Lange

M. pyrenaica (Pourr.) P. Fourn.; M. bulbocodium Ramond; Colchicum montanum Loefl. ex L.; Colchicum pyrenaicum Pourr.

Pastos, matorrales aclarados, sendas y pistas pisoteadas, en general sobre suelos pedregosos. **Alt.:** 200-2100 m. **HIC:** 6210(*).

Dist.: Oróf. Med. General en Navarra, al sur de la divisoria de aguas. **Alp.:** C; **Atl.:** C; **Med.:** F.

Muscari comosum (L.) Mill.

Leopoldia comosa (L.) Parl.; Hyacinthus comosus L.

Planta ruderal, a orillas de campos de cultivo, taludes y herbazales, desmontes y claros del matorral, sobre suelos pedregosos. **Alt.:** 350-1400 m.

Dist.: Med. Bien representada en Navarra, se hace rara en los valles atlánt. y en el extremo meridional, más árido. **Alp.:** E; **Atl.:** R; **Med.:** E.

Obs.: Cerca de nuestro entorno (Lo, So) se ha anotado *M. matritensis* Ruiz Rejón & al. [*M. comosum* auct. p.p., non (L.) Mill.], de flores fértiles subcilíndricas, con abertura de 1,2-1,8 mm de diámetro, de color amarillo ocráceo, e inmaduras de color malva y lóbulos amarillos, difícil de separar de nuestro taxon.

Muscari neglectum Guss. ex Ten.

M. racemosum (L.) Medik.; M. pulchellum Heldr. & Sart.; M. grandiflorum Baker; Hyacinthus racemosus L.

Ruderal y arvense, en campos de cultivos, eriales, crestones, rellanos de roquedos y pastos pedregosos en distintos ambientes, muchas veces incendiados o pisoteados. **Alt.:** 150-1400 m.

Dist.: Plurirreg. General en Navarra, salvo en las altas montañas y en los valles atlánt., donde es muy rara. **Alp.:** C; **Atl.:** E; **Med.:** C.

Obs.: Planta relacionada con la subsp. *atlanticum* (*M. atlanticum* Boiss. & Reut.), de la que es difícil hacer distinciones netas, si bien es una planta que parece distribuirse por el S y E de España, más el N de África, no alcanzando nuestro territorio.

Narthecium ossifragum (L.) Huds.
Anthericum ossifragum L.

Orillas de arroyos de montaña, turberas y medios higroturbosos, sobre aguas ácidas en sustratos silíceos. **Alt.:** 50-1600 m. **HIC:** 7140, 7150, 4020*.
Dist.: Atl. Limitada a los valles y montañas de la mitad septen., especialmente bajo influencia atlánt., llegando hasta el monte Lakora, a oriente. **Alp.:** RR; **Atl.:** E; **Med.:** -.

Ornithogalum baeticum Boiss.
O. orthophyllum Ten. subsp. baeticum (Boiss.) Zahar.; O. umbellatum subsp. baeticum (Boiss.) O. Bolòs & Vigo

Suelos pedregosos, en claros del bosque mediterráneo y sus matorrales derivados. **Alt.:** 250-650 m.
Dist.: Med. W. Contadas localidades en la Ribera, concretamente en Viana y Tudela. **Alp.:** -; **Atl.:** -; **Med.:** RR.
Obs.: Posiblemente algo más extendida.

Ornithogalum divergens Boreau
O. umbellatum subsp. divergens (Boreau) Asch. & Graebn.; O. umbellatum var. divergens (Boreau) Beck; O. hortense Jord. & Fourr.

Terrenos antropizados, nitrificados, en jardines, herbazales, cunetas herbosas y taludes. **Alt.:** 350-850 m.
Dist.: Eur. Se conoce con certeza de distintos enclaves de la cuenca de Pamplona; se ha citado de Tudela (Ursúa, 1986). **Alp.:** -; **Atl.:** RR; **Med.:** RR.
Obs.: Habitualmente se ha citado como *O. umbellatum* L., que presenta muy pocos bulbillos secundarios junto al principal, además de otras características que la separan taxonómicamente. La distinción entre ambos táxones es compleja a veces.

Ornithogalum narbonense L.
O. pyramidale subsp. narbonense (L.) Asch. & Graebn.

Cunetas, ribazos, orillas de cultivos y pastos pedregosos en el ambiente del carrascal, quejigal y robledal; sobre suelos con cierta humedad primaveral. **Alt.:** 250-900 m.
Dist.: Med. Distribuida desde la Zona Media y cuencas prepiren. hacia la mitad meridional de Navarra. **Alp.:** RR; **Atl.:** E; **Med.:** E.

Ornithogalum pyrenaicum L. subsp. pyrenaicum
O. flavescens Lam.; O. sulfureum (Waldst. & Kit.) Schult. f.; O. granatense Pau

Hayedos, robledales, bosques mixtos y alisedas, repisas de lapiaz y bases de roquedos y megaforbios. **Alt.:** 400-1400 m.
Dist.: Plurirreg. Dispersa por los valle de la Ultzama y Arakil, llegando a las estribaciones occ. (sierras de Entzia, Aralar y Altzania). **Alp.:** -; **Atl.:** R; **Med.:** -.
Obs.: Las citas meridionales de esta planta deben mantenerse en cuarentena, y deben corresponder a *O. narbonense.*

Paris quadrifolia L.

Hayedos, hayedo-abetales y pinares de pino negro, en ambientes sombríos, húmedos, llegando a las grietas de lapiaz, dolinas y repisas de roquedos supraforestales. **Alt.:** 150-1900 m.
Dist.: Eur. Limitada a las montañas de la mitad septen. **Alp.:** E; **Atl.:** E; **Med.:** -.

Polygonatum multiflorum (L.) All.

Bosques frescos, hayedos, robledales, alisedas y avellanares, alcanzando las grietas de lapiaz y terrenos pedregosos supraforestales. **Alt.:** 20-1650 m.
Dist.: Eur. Montañas y valles de la mitad septen. de Navarra, con algún punto en la Zona Media. **Alp.:** E; **Atl.:** E; **Med.:** -.

Polygonatum odoratum (Mill.) Druce

Bosques frescos, claros forestales y matorrales, sobre suelos pedregosos, incluso en pedrizas y graveras algo sombreadas. **Alt.:** 450-1800 m.
Dist.: Eur. Mitad septen.: Pirineos, sierras prepiren., montañas de la Zona Media y estribaciones occ. **Alp.:** E; **Atl.:** E; **Med.:** R.

Polygonatum verticillatum (L.) All.

Nemoral, en hayedos y bosques mixtos, orlas forestales, brezales, retamares y repisas de roquedos sombríos y megaforbios. **Alt.:** 700-1800 m.
Dist.: Eur. Montañas de la mitad septen. de Navarra: Pirineos, Zona Media y sierras occ. **Alp.:** R; **Atl.:** R; **Med.:** -.

Ruscus aculeatus L.

Nemoral en el hayedo, robledal, quejigal, marojal, pinar, carrascal y encinar y sus comunidades derivadas, llegando a los lapiaces y repisas pedregosas. **Alt.:** 50-1200 m. **HIC:** 9340, 9230, 9160.
Dist.: Med. General en Navarra, siendo muy rara y llega a ausentarse del tercio meridional, con clima más seco. **Alp.:** C; **Atl.:** C; **Med.:** E.
Cons.: DH (V); LC (ERLVP, 2011); PNyB (VI).

Scilla autumnalis L.
Prospero autumnale (L.) Speta

Claros del carrascal-quejigal, y sus matorrales derivados, pastos pedregosos y repisas de roquedos sobre suelos someros, arenosos muchas veces. **Alt.:** 350-1350 m.
Dist.: Med.-Atl. Distribuida por la franja central de Navarra, con pequeñas penetraciones hacia la Ribera, donde es muy rara. **Alp.:** E; **Atl.:** R; **Med.:** E.

Scilla lilio-hyacinthus L.

En el hayedo, hayedo-abetal, alisedas y bosques mixtos; también a orillas de arroyos y rellanos de lapiaz. **Alt.:** 150-1800 m. **HIC:** 9130, 9180*.
Dist.: Atl. Por la mitad septen. de Navarra, siendo más habitual en los valles atlánt. y en los pirenaicos. **Alp.:** F; **Atl.:** F; **Med.:** RR.

Scilla verna Huds. subsp. *verna*

Pastos de montaña, brezales, herbazales, helechales y claros forestales; repisas de roquedos y depresiones innivadas. **Alt.:** 120-2300 m.

Dist.: Atl. Mitad septen. de Navarra, llegando a las montañas de la Zona Media y sierras prepiren. **Alp.:** C; **Atl.:** C; **Med.:** RR.

Simethis mattiazzii (Vand.) Sacc.

Anthericum mattiazzii Vand.; A. planifolium Vand. ex L; A. bicolor Desf.; S. bicolor (Desf.) Kunth; S. planifolia (Vand. ex L.) Gren. & Godr.

Brezales, helechales, claros foretales y pastos suprafo-restales sobre sustratos silíceos o acidificados, areno-sos muchas veces. **Alt.:** 250-1500 m. **HIC:** 4020*.

Dist.: Atl. Por la Navarra silícea: Pirineos, valles y mon-tañas atlánt., sierras prepiren. y occidente, en Ca-bredo-Marañón. **Alp.:** E; **Atl.:** E; **Med.:** -.

Tofieldia calyculata (L.) Wahlenb.

Anthericum calyculatum L.

Fontinal, en ambientes higroturbosos, trampales de aguas corrientes y pastos rezumantes a pie de roque-dos. **Alt.:** 700-2200 m. **HIC:** 7230.

Dist.: Eur. Limitada a las montañas pirenaicas más eleva-das al este del monte Ori; reaparece en los montes vascos en la sierra de Aralar. **Alp.:** R; **Atl.:** RR; **Med.:** -.

Tulipa sylvestris L. subsp. *australis* (Link) Pamp.

T. australis Link; T. gallica var. australis (Link) Hy; T. celsiana auct. hisp., non DC.; T. australis var. celsiana (DC.) Lavier; T. transtagana Brot.; T. sylvestris auct. hisp., non L.

Claros del carrascal-quejigal, matorrales y pastos pe-dregosos, rellanos de roquedos y crestones; no es rara en cunetas y ribazos herbosos. **Alt.:** 250-1200 m.

Dist.: Plurirreg. Repartida por los dos tercios meridio-nales de Navarra, principalmente por la franja central. **Alp.:** E; **Atl.:** E; **Med.:** E.

Obs.: Hay al menos dos variedades adscritas a este taxon: variedad *mediterranea* Pam. (la más frecuente) y la variedad *alpestris* (Jord. ex Fourr.) O. Bolòs & Vigo. Estas entidades no se reconocen en *Flora Iberica*.

Veratrum album L.

V. lobelianum Bernh.; V. viride Roehl.

Megaforbios éutrofos a orillas de arroyos de montaña, caos de rocas, dolinas y repisas herbosas de montaña. **Alt.:** 700-2100 m. **HIC:** 6430.

Dist.: Bor.-Alp. Limitada a las montañas septentriona-les. **Alp.:** RR; **Atl.:** RR; **Med.:** -.

Linaceae

Linum alpinum Jacq.

Crestas pedregosas y grietas de lapiaz. **Alt.:** 1550-2000 m.
Dist.: Oróf. Europa. Limitado a las montañas pirenaicas más elevadas, al E del monte Ori. **Alp.:** RR; **Atl.:** -; **Med.:** -.

Linum bienne Mill.

Prados, herbazales, frescos, claros y orlas forestales. **Alt.:** 20-1850 m.
Dist.: Med.-Atl. General en Navarra. **Alp.:** E; **Atl.:** E; **Med.:** E.

Linum campanulatum L.

Pastos y matorrales aclarados en cerros yesosos y arci-llosos. **Alt.:** 250-650 m.
Dist.: Oróf. Med. Puntual en Navarra, en la Ribera. **Alp.:** -; **Atl.:** -; **Med.:** RR.

Linum catharticum L.

Prados, pastos frescos, orlas forestales y rellanos de roquedos en zonas de alta montaña. **Alt.:** 300-1800 m. **HIC:** 6210(*).
Dist.: Eur. Mitad septen. de Navarra. **Alp.:** C; **Atl.:** C; **Med.:** E.

Linum maritimum L.

Juncales y herbazales de cubetas endorreicas, sobre suelos húmedos y salinos. **Alt.:** 250-550 m. **HIC:** 1410.
Dist.: Med. En la Ribera y Zona Media de Navarra. **Alp.:** -; **Atl.:** -; **Med.:** E.

Linum narbonense L.

Pastos secos y claros de matorrales soleados, prebre-zales y pastos mesófilos. **Alt.:** 250-1100 m. **HIC:** 6220*.
Dist.: Med. Por los dos tercios meridionales de Nava-rra, sin llegar a los Pirineos y a los valles atlánt. **Alp.:** E; **Atl.:** E; **Med.:** C.

Linum strictum L.

Pastos secos y rellanos de anuales, en ambientes so-leados. **Alt.:** 250-1100 m. **HIC:** 6220*, Espartales (no halófilos).
Dist.: Med. En buena parte de Navarra, salvo en los valles atlánt. y en los Pirineos más elevados. **Alp.:** E; **Atl.:** F; **Med.:** C.

Linum suffruticosum L. subsp. *appressum* (A. Caballero) Rivas Mart.

Matorrales aclarados y pastos sobre calizas y margas, en el ambiente del carracal-quejigal. **Alt.:** 250-1000 m. **HIC:** 4090, Tom., aliag. y romer. som.-arag. y prep.
Dist.: Oróf. Med. W. Sierras de la Navarra Media, cuencas prepiren. y Pirineos poco elevados, estriba-ciones occ. y penetra levemente en la Ribera. **Alp.:** E; **Atl.:** E; **Med.:** F.

Linum suffruticosum L. subsp. *suffruticosum*

Romerales y tomillares sobre sustratos calizos y yeso-sos. **Alt.:** 250-650 m. **HIC:** 1520*, 4090.
Dist.: Med. W. Limitada al tercio meridional árido de Navarra. **Alp.:** -; **Atl.:** -; **Med.:** R.

Obs.: Se ha citado del territorio (Willkomm, 1880, 1893; Villar, 1972; Loidi, 1988, Lorda, 1989 y Garde & López, 1991) la subsp. *salsoloides* (Lam.) Rouy, pero no parece ser planta navarra.

Linum trigynum L.

Depresiones temporalmente inundadas, sobre suelos con yeso, arcillas o margas. **Alt.:** 100-1100 m.
Dist.: Med. Repartida por Navarra, sin llegar a ser abun-dante en ninguna comarca. **Alp.:** E; **Atl.:** E; **Med.:** R.

Linum usitatissimum L.

Planta citada de Navarra antes de 1960, sin citas posteriores. Cultivada antiguamente, se asilvestra en contadas localidades. **Alt.:** 50-650 m.

Dist.: Introd.; origen desconocido. Puntualmente en Caparroso y Bera. **Alp.:** -; **Atl.:** RR; **Med.:** RR.

Obs.: Citada por Ruiz Casav. (1871) y Catalán & Aizpuru (1985).

Linum viscosum L.

Pastos, prados y claros de matorrales. **Alt.:** 400-1250 m.

Dist.: Med. Navarra Media, cuencas prepiren. y valles húmedos occ., dispersa en el resto. **Alp.:** E; **Atl.:** E; **Med.:** E.

Radiola linoides Roth

Pastos de anuales, suelos arenosos temporalmente inundados; sobre sustratos silíceos. **Alt.:** 120-1200 m. **HIC:** 3170*.

Dist.: Eur. Dispersa por las montañas y valles atlánt., más el Romanzado. **Alp.:** RR; **Atl.:** RR; **Med.:** -.

Lycopodiaceae

Diphasiastrum alpinum (L.) J. Holub

Lycopodium alpinum L.; Diphasium alpinum (L.) Rothm.

Brezales y cervunales, sobre sustratos frescos, con frecuentes nieblas e innivación prolongada; sobre sustratos silíceos. **Alt.:** 1150-1900 m.

Dist.: Circumbor. Herborizada en el monte Lakora, en su vertiente francesa y en otras próximas (Mendibeltza, Pic des Escaliers). También del monte Mendaur en el macizo de Cinco Villas, en las montañas atlánt. (Báscones & al., 1982). **Alp.:** RR; **Atl.:** RR; **Med.:** -.

Cons.: Directiva Hábitats (V), como interpretación de *Lycopodium* spp.; PNyB (VI), como interpretación de *Lycopodium* spp.

Obs.: Deben comprobarse las citas del monte Mendaur de Báscones & al. (1982). En *Flora Iberica* no se deja duda de su presencia en la Comunidad Foral.

Huperzia selago (L.) Bernh. ex Schrank & Mart.

Lycopodium selago L.

Brezales, repisas, rellanos y fisuras de roquedos silíceos, en ambientes brumosos. **Alt.:** 700-1900 m.

Dist.: Circumbor. Por las montañas silíceas de la Navarra Húmeda y los Pirineos. **Alp.:** R; **Atl.:** R; **Med.:** -.

Cons.: Directiva Hábitats (V), como interpretación de *Lycopodium* spp.; PNyB (VI), como interpretación de *Lycopodium* spp.

Obs.: Se corresponde con la subsp. *selago.*

Lycopodiella inundata (L.) J. Holub

Lycopodium inundatum L.; Lepidotis inundata (L.) Börner

Turberas y terrenos higroturbosos, más brezales frescos; sobre sustratos silíceos. **Alt.:** 250-850 m. **HIC:** 7140, 7150.

Dist.: Circumbor. Restringida a contadas localidades en los Valles Húmedos del NW, principalmente en Baztán. **Alp.:** -; **Atl.:** RR; **Med.:** -.

Cons.: VU B1+2de,C2a (LR, 2000); Directiva Hábitats (V), como interpretación de *Lycopodium* spp.; PNyB (VI), como interpretación de *Lycopodium* spp.; VU B2ab(ii,iii) (LR, 2008); Prioritaria (Lorda & al., 2009).

Lycopodium clavatum L.

Brezales y otros matorrales sobre sustratos silíceos, en ambientes de montaña con atmósfera húmeda. **Alt.:** 800-1900 m.

Dist.: Subcosm. Montañas de la divisoria cántabro-mediterránea y en los Pirineos. **Alp.:** RR; **Atl.:** R; **Med.:** -.

Cons.: LC (ERLVP, 2011); Directiva Hábitats (V), como interpretación de *Lycopodium* spp.; PNyB (VI), como interpretación de *Lycopodium* spp.

Lythraceae

Ammannia coccinea Rottb.

Planta citada de Navarra, posiblemente errónea. Naturalizada en arrozales en climas cálidos meridionales. **Alt.:** 250-350 m.

Dist.: Introd.; originaria de América. Citada de Arguedas, en la Ribera Tudelana. **Alp.:** -; **Atl.:** -; **Med.:** RR.

Obs.: En realidad, se corresponde con *Ammannia robusta* (Lorda, 1997).

Ammannia robusta Heer & Regel

A. coccinea Rottb. subsp. robusta (Heer & Regel) Koehne

Naturalizada. Neófito americano en expansión por los arrozales de la Ribera. **Alt.:** 250-350 m.

Dist.: Introd.; originaria de América. Sólo la conocemos de la Ribera Tudelana, en Arguedas y Tudela, y cerca de Navarra, de Ejea de los Caballeros. **Alp.:** -; **Atl.:** -; **Med.:** RR.

Lythrum borysthenicum (Schrank) Litv.

Peplis borysthenica Schrank

Planta citada de Navarra, posiblemente errónea. Pastos arenosos temporalmente encharcados. **Alt.:** 350-650 m.

Dist.: Med. **Alp.:** -; **Atl.:** -; **Med.:** RR.

Cons.: LC (ERLVP, 2011).

Obs.: Citada de Salinas de Oro por López (1970). No parece que llegue a Navarra.

Lythrum hyssopifolia L.

Acequias, orlas de balsas y cunetas temporalmente inundadas. **Alt.:** 250-550 m.

Dist.: Subcosm. Dispersa por Navarra, desde los valles atlánt. hasta la Ribera. **Alp.:** -; **Atl.:** E; **Med.:** E.

Cons.: LC (ERLVP, 2011).

Lythrum portula (L.) D.A. Webb

Peplis portula L.

Pastos de anuales húmedos, orillas de arroyos y balsas cenagosas. **Alt.:** 150-1350 m. **HIC:** 3170*, 3110.

Dist.: Eur. Por las montañas atlánt., Pirineos, las sierras prepiren., montañas de la Zona Media y estribaciones occ. **Alp.:** RR; **Atl.:** E; **Med.:** -.

Cons.: LC (ERLVP, 2011).

Lythrum salicaria L.

Orillas de arroyos, acequias, cunetas temporalmente inundadas y orlas de balsas. **Alt.:** 150-1000 m. **HIC:** Past. inund. *A. stolonifera*, 3280, Com. ciper. amacoll., Com.

aguas estanc., 7210*, Com. helóf. tam. med., 6410, 6420, Juncales nitrófilos, 6430, 3240, 91E0*, 92A0.

Dist.: Subcosm. General en Navarra, sin alcanzar cotas elevadas. **Alp.:** E; **Atl.:** F; **Med.:** F.

Cons.: LC (ERLVP, 2011).

Lythrum tribracteatum Spreng.

L. bibracteatum Salzm. ex DC.

Pastos arenosos temporalmente encharcados y orillas de embalses. **Alt.:** 250-500 m. **HIC:** 3170*.

Dist.: Med. Puntual en las cuencas prepiren., y en la ribera del Ebro. **Alp.:** -; **Atl.:** -; **Med.:** RR.

Cons.: LC (ERLVP, 2011).

M

Malvaceae

Abutilon theophrasti Medik.

Sida abutilon L.; A. avicennae Gaertn.

Naturalizada. Arvense en el cultivo del maíz, llegando a acequias y cascajeras fluviales. **Alt.:** 100-500 m.

Dist.: Introd.; originaria del sur de Asia. Puntual en Navarra: valles atlánt., cuenca de Pamplona y Ribera Tudelana. **Alp.:** -; **Atl.:** R; **Med.:** R.

Obs.: Planta en expansión. Considerada especie exótica con potencial invasor (CEEEI, 2011).

Alcea rosea L.

Althaea rosea (L.) Cav.; A. ficifolia L.; Althaea ficifolia (L.) Cav.

Cultivada como ornamental, se asilvestra en cunetas, escombreras y márgenes de cultivos. **Alt.:** 300-700 m.

Dist.: Introd.; originaria del SE de Europa. Citada de distintas localidades: Dicastillo, Falces, Los Arcos, Marcilla, Belate y valle de la Ultzama. **Alp.:** -; **Atl.:** RR; **Med.:** RR.

Althaea cannabina L.

A. narbonensis Pourr. ex Cav.; A. cannabina subsp. narbonensis (Pourr. ex Cav.) Nyman; A. kotschyi Boiss.

Sotos fluviales, cascajeras, zarzales, acequias y huertas. **Alt.:** 250-650 m.

Dist.: Eur. Dispersa por la mitad meridional, con mayor presencia en las comarcas ribereñas de los ríos Ebro y Aragón. **Alp.:** -; **Atl.:** RR; **Med.:** E.

Althaea hirsuta L.

Ruderal y nitrófila, orillas de caminos, pastos secos y pedregosos. **Alt.:** 250-1000 m.

Dist.: Eur. General en los dos tercios meridionales de Navarra, sin llegar a las montañas pirenaicas más elevadas y a los valles atlánt. **Alp.:** -; **Atl.:** E; **Med.:** F.

Althaea officinalis L.

A. balearica J.J. Rodr.

Carrizales, juncales, orillas de acequias, pastos muy húmedos, orlas de balsas y cursos de agua. **Alt.:** 250-800 m. **HIC:** 1410, Com. aguas estanc., Gramales y past. suel compac., 6420, 6430.

Dist.: Eur. Dispersa en Navarra, con mayor presencia en el Valle del Ebro y más esporádica en el resto. **Alp.:** -; **Atl.:** E; **Med.:** E.

Lavatera cretica L.

Malope multiflora Cav.; L. sylvestris Brot.

Cunetas, escombreras, baldíos y terrazas fluviales en ambientes ruderalizados. **Alt.:** 250-550 m.

Dist.: Med. Limitada a contadas localidades del Valle del Ebro (Tudela y Buñuel). **Alp.:** -; **Atl.:** -; **Med.:** RR.

Lavatera triloba L. subsp. *triloba*

L. lusitanica L.; L. micans L.

Herbazales en orlas de cubetas endorreicas, ribazos y caminos. **Alt.:** 300-350 m.

Dist.: Med. W. Sólo se conoce de Ablitas, en el extremo meridional de Navarra. **Alp.:** -; **Atl.:** -; **Med.:** RR.

Obs.: Se distinguen dos variedades: variedad *triloba* (*L. rotundata* Lázaro Ibiza) y variedad *hispanica* R. Fern.

Malva aegyptia L.

M. diphylla Moench; M. effimbiata (Iljin) Iljin; M. mediterranea (Iljin) Iljin

Pastos y matorrales aclarados, en terrenos secos, sobre yesos y arcillas. **Alt.:** 250-350 m.

Dist.: Med. W. Apenas citada del extremo meridional: Bardena Blanca, Tudela y cercanías. **Alp.:** -; **Atl.:** -; **Med.:** RR.

Malva moschata L.

M. laciniata Desr.

Prados, setos, orlas forestales, claros del bosque y rellanos de lapiaz. **Alt.:** 20-1900 m. **HIC:** 6510.

Dist.: Eur. General en la mitad septen. de Navarra, con mayor presencia en los valles atlánt. **Alp.:** F; **Atl.:** C; **Med.:** R.

Malva neglecta Wallr.

M. rotundifolia L.; M. vulgaris Fr.; M. pusilla auct.

Nitrófila y ruderal, crece en lugares transitados como caminos, reposaderos de ganado, majadas, estercoleros, etc. **Alt.:** 200-1700 m.

Dist.: Eur. Dispersa por toda Navarra. **Alp.:** E; **Atl.:** E; **Med.:** E.

Malva nicaeensis All.

M. montana auct.

Arvense y ruderal, en márgenes de cultivos y lugares de paso, orillas de balsas y vías de comunicación. **Alt.:** 250-500 m.

Dist.: Med. En las comarcas meridionales, en el Valle del Ebro. **Alp.:** -; **Atl.:** -; **Med.:** R.

Obs.: A comprobar las citas de Pamplona (Fdez. de Salas & Gil, 1870 y Mayo, 1978).

Malva parviflora L.

M. microcarpa Pers.; M. pusilla auct.; M. rotundifolia auct.

Planta dudosa que requiere comprobación. Baldíos, orillas de vías de comunicación y cerros erosionados. **Alt.:** 250-500 m.

Dist.: Med. Además de la cuenca de Pamplona y otros lugares de la Zona Media, vive en Caparroso, en la ribera del Aragón. **Alp.:** -; **Atl.:** RR; **Med.:** RR.

Obs.: Deben comprobarse las citas de la cuenca de Pamplona, Ultzama y Barranca (Báscones, 1978; Vicente, 1983).

Malva sylvestris L.

M. mauritiana L.; M. erecta C. Presl.; M. ambigua Guss.; M. sylvestris subsp. ambigua (Guss.) P. Fourn.; M. viviniana Rouy; M. hirsuta auct.

Ruderal y arvense, en cultivos, baldíos, escombreras, reposaderos de ganado, huertas y otros lugares alterados. **Alt.:** 100-900 m.
Dist.: Eur. General en toda Navarra. **Alp.:** E; **Atl.:** C; **Med.:** C.

Malva tournefortiana L.

M. moschata subsp. tournefortiana (L.) Rouy & Foucaud; M. stipulacea Cav.; M. aegyptia subsp. stipulacea (Cav.) O. Bolòs & Vigo; M. colmeroi Willk.; M. cuneata Merini; M. geraniifolia J. Gay ex Lacaita

Planta citada de Navarra, posiblemente errónea. Prados, setos, orlas y claros forestales. **Alt.:** 250-750 m.
Dist.: Med.-Atlántico. Anotada en la Navarra Húmeda del NW. **Alp.:** -; **Atl.:** RR; **Med.:** RR.
Obs.: Deben comprobarse las citas de Lacoizqueta (1884), López (1970) y Peralta (1985).

Malva trifida Cav.

M. aegyptia subsp. trifida (Cav.) O. Bolòs, Vigo, Masalles & Ninot; M. aegyptia subsp. stipulacea sensu O. Bolòs & Vigo; M. stipulacea auct.

Pastos y matorrales aclarados, sobre suelos secos en climas áridos. **Alt.:** 250-650 m.
Dist.: Endém. de la Pen. Ibér. Dispersa por el sur de Navarra, en las comarcas de la Ribera. **Alp.:** -; **Atl.:** -; **Med.:** R.

Meliaceae

Melia azedarach L.

El cinamomo se planta como ornamental en jardinería, se escapa del cultivo y llega a ser considerada una planta invasora.
Dist.: Originaria de la India, Ceilán, Indonesia, Nueva Guinea, el N de Australia, las Islas Salomón, China y Japon. No se conoce bien su distribución en Navarra.
Obs.: Citada de Navarra en *Flora Iberica*.

Menyanthaceae

Menyanthes trifoliata L.

M. paradoxa Fr.; M. verna Raf.; M. trifolium Neck.

Orillas de arroyos, enclaves higroturbosos y estanques. **Alt.:** 600-1250 m. **HIC:** Com. helóf. gram., 7140.
Dist.: Circumbor. Contadas localidades en los Pirineos, montañas y valles atlánt. y en las sierras occ. **Alp.:** RR; **Atl.:** RR; **Med.:** -.
Cons.: Prioritaria (Lorda & al., 2009); LC (ERLVP, 2011).

Monotropaceae

Monotropa hypopitys L.

Saprófita en hayedos, robledales y otros bosques, con abundante hojarasca. **Alt.:** 400-1600 m.
Dist.: Circumbor. Mitad septen. de Navarra. **Alp.:** E;

Atl.: E; **Med.:** R.

Moraceae

Ficus carica L.

La higuera se cultiva desde antiguo, y se asilvestra con facilidad en terrenos secos y soleados. **Alt.:** 40-650 m.
Dist.: Med. (Plurirreg.). Dispersa por buena parte de Navarra, sin llegar a cotas elevadas. **Alp.:** RR; **Atl.:** E; **Med.:** E.

Morus alba L.

La morera se cultiva como ornamental y se asilvestra ocasionalmente. **Alt.:** 250-650 m.
Dist.: Introd.; originaria de Asia orient. Dispersa por la mitad sur de Navarra. **Alp.:** -; **Atl.:** -; **Med.:** R.

Morus nigra L.

Cultivado en jardines, y como aprovechamientos por sus frutos dulces, en ocasiones asilvestrada. **Alt.:** 250-650 m.
Dist.: Introd.; originaria de Asia Menor. En contadas localidades de Navarra, principalmente en jardines. **Alp.:** -; **Atl.:** -; **Med.:** RR.
Cons.: M.N. (Nº 20).

Myrtaceae

Eucalyptus camaldulensis Dehnh.

Cultivado como planta ornamental, puede asilvestrarse en sus cercanías. **Alt.:** a 500 m.
Dist.: Introd.; originaria de Australia. Conocemos alguna población en el valle de Lónguida. **Alp.:** -; **Atl.:** -; **Med.:** RR.

Eucalyptus globulus Labill. subsp. globulus

Cultivado como especie maderera, en nuestras tierras como ornamental. **Alt.:** 250-700 m.
Dist.: Introd.; originaria de Australia y Tasmania. En Tierra Estella y en la Ribera del Ebro. **Alp.:** -; **Atl.:** RR; **Med.:** RR.

N

Najadaceae

Najas gracillima (A. Braun ex Engelm.) Magnus

N. indica var. gracillima A. Braun ex Engelm.

Naturalizada en los arrozales como planta adventicia. **Alt.:** 250-300 m. **HIC:** Com. acuát. halófilas.
Dist.: Introd.; origen asiático. Conocida de Murillo de las Limas (Aizpuru & al., 2001). **Alp.:** -; **Atl.:** -; **Med.:** RR.
Obs.: Cerca de Navarra, en Ejea de los Caballeros, Yera & Ascaso (2009) citan *N. marina* L.

Najas minor All.

Aguas poco profundas de lagos y embalses.

Dist.: Plurirreg. Desconocemos con precisión su localidad en Navarra.
Cons.: LC (ERLVP, 2011).
Obs.: Citada de Navarra en *Flora Iberica*.

O

Fraxinus angustifolia Vahl subsp. *angustifolia*

F. rostrata Guss.; F. oxyphylla var. obtusa Gren. & Godr.; F. oxyphylla var. rostrata (Guss.) Gren. & Godr.; F. excelsior var. australis J. Gay ex Gren. & Godr.

Bosques de ribera, saucedas y depresiones húmedas. **Alt.:** 250-1300 m. **HIC:** 3240, 92A0.
Dist.: Med. Dos tercios meridionales de Navarra, falta en los Pirineos y en los valles cantábricos. **Alp.:** E; **Atl.:** F; **Med.:** C.

Fraxinus angustifolia Vahl subsp. *oxycarpa* (M. Bieb. ex Willd.) Franco & Rocha Afonso

F. oxycarpa M. Bieb. ex Willd.; F. excelsior subsp. oxycarpa (M. Bieb. ex Willd.) Wesm.

Cultivada como ornamental, se naturaliza (las poblaciones autóctonas parecen ser las del NE peninsular) en alguna localidad. **Alt.:** 250-550 m.
Dist.: Med. Puntual en Ollo y Olza, Lizoain, Caparroso, Murillo el Fruto y Gallipienzo. **Alp.:** -; **Atl.:** E; **Med.:** E.

Fraxinus excelsior L. subsp. *excelsior*

F. excelsior var. australis sensu Wilk.

El fresno forma parte de los bosques caducifolios, bosques de ribera, pie de cantiles, setos y lapiaces; se ha plantado con frecuencia en los ambientes ganaderos. **Alt.:** 20-1400 m. **HIC:** 3240, Saucedas arb. cabec., 91E0*, Avell. rip. subcant.-pir., 9160, Alis. ladera, 9180*.
Dist.: Eur. General en la mitad septen. de Navarra, y muy puntual en el sur. **Alp.:** C; **Atl.:** C; **Med.:** R.

Fraxinus ornus L.

Ornus europaea Pers.

Naturalizada. Cultivado a orillas de caminos y carreteras, en ambientes frescos. **Alt.:** 600-800 m.
Dist.: Med. Hemos visto ejemplares en los valles atlánt. **Alp.:** -; **Atl.:** RR; **Med.:** -.
Obs.: Se emplea como árbol ornamental en bordes de carreteras. Es nativa del E peninsular, naturalizándose en el N, C y S.

Fraxinus pennsylvanica Marshall

Cultivada, se asilvestra en bosques mixtos frescos y alisedas. **Alt.:** 20-350 m.
Dist.: Introd.; originaria del E de Norteamérica. Conocida de los valles atlánt. (Sunbilla, Lesaka y Bera) y de la Ribera Tudelana (Buñuel). **Alp.:** -; **Atl.:** RR; **Med.:** RR.
Obs.: Se emplea como árbol ornamental.

Jasminum fruticans L.

Matorrales en ambientes caldeados y soleados, setos y roquedos. **Alt.:** 350-1300 m. **HIC:** 9340.

Dist.: Med. Dos tercios meridionales de Navarra, con mayor presencia en la Zona Media. **Alp.:** E; **Atl.:** F; **Med.:** C.
Obs.: También cultivada como planta ornamental.

Ligustrum ovalifolium Hassk.

Cultivada en setos de jardines, se asilvestra ocasionalmente en terrenos alterados, taludes y otros ambientes modificados.
Dist.: Introd.; originaria de Japón. No conocemos bien su distribución en Navarra. **Alp.:** -; **Atl.:** RR; **Med.:** RR.
Obs.: Planta asilvestrada en algunas zonas del N, C y E peninsular. No fructifica y se conocen numerosas cultivariedades ornamentales.

Ligustrum vulgare L.

Orlas del robledal, quejigal, carrascal y encinar, setos y matorrales derivados. **Alt.:** 20-1100 m. **HIC:** Zarz. y espin. neutro-bas. eur-med., 92A0, 91E0*, 9340, 9240, Robl. pel. navarro-alav., Robl. pel. pirenaicos, 9160.
Dist.: Med. General en la mitad septen. de Navarra, crece dispersa en la Zona Media y en la Ribera. **Alp.:** F; **Atl.:** C; **Med.:** F.

Olea europaea L. subsp. *europaea*

El olivo se cultiva en la región mediterránea y puede presentarse asilvestrado en alguna ocasión. **Alt.:** 250-650 m.
Dist.: Med. Mitad meridional de Navarra. **Alp.:** -; **Atl.:** -; **Med.:** RR.
Cons.: DD (ERLVP, 2011).
Obs.: Se reconocen dos variedades: var. *europaea* [*O. europaea* subsp. *sativa* (Loudon Arcang., *O. sativa* Hoffmanns. & Link], tradicionalmente el olivo; y la var. *sylvestris* (Mill.) Lehr [*O. sylvestris* Mill.], el acebuche, ambas sin diferencias biológicas notables.

Phillyrea angustifolia L.

Matorrales mediterráneos en el ambiente del carrascal, encinar, coscojar, lentiscar y pinar de *P. halepensis*. **Alt.:** 20-800 m. **HIC:** 5230*, 9540.
Dist.: Med. W. En la Zona Media y en la Ribera, y de manera puntual por los desfiladeros termófilos del valle del Araxes y en el Bidasoa. **Alp.:** RR; **Atl.:** RR; **Med.:** E.

Phillyrea latifolia L.

Ph. media L.

Encinares, carrascales, madroñales y sus matorrales de sustitución, como coscojares y bujedos. **Alt.:** 200-900 m. **HIC:** 5230*, 9340.
Dist.: Med. En la franja central de Navarra: Zona Media, foces y desfiladeros abrigados. **Alp.:** E; **Atl.:** E; **Med.:** R.

Syringa vulgaris L.

S. latifolia Salisb.

El lilo se cultiva como ornamental y se asilvestra ocasionalmente en las cercanías a núcleos habitados. **Alt.:** 250-850 m.
Dist.: Introd.; originaria del submediterráneo orient. Dispersa por Navarra. **Alp.:** RR; **Atl.:** R; **Med.:** RR.

Obs.: Cultivada como ornamental en toda la Península Ibérica, se considera una planta invasora al menos en la región atlánt.

Onagraceae

Circaea alpina L. subsp. *alpina*
Grietas de roquedos y lapiaces, sobre suelos humíferos, frescos. **Alt.:** 1350-1400 m. **HIC:** 8210, 8130.
Dist.: Bor.-Alp. Una única referencia en Navarra, en Orbaitzeta (monte Urkulu). **Alp.:** -; **Atl.:** RR; **Med.:** -.
Cons.: VU (NA); VU D2 (LR, 2000); Prioritaria (Lorda & al., 2009); VU D2 (LR, 2008).
Obs.: Se ha redescubierto recientemente (Herbario LORDA, 2009).

Circaea lutetiana L. subsp. *lutetiana*
Nemoral en hayedos, robledales y alisedas; en terrenos húmedos y sombríos. **Alt.:** 100-1400 m. **HIC:** Saucedas arb. cabec., 91E0*.
Dist.: Eur. Montañas y valles de la mitad septen. de Navarra; muy puntualmente en el río Aragón (Cáseda), en la Navarra Media orient. **Alp.:** F; **Atl.:** F; **Med.:** -.
Obs.: Se ha citado *C. × intermedia* Ehrh. (*C. alpina × C. lutetiana*) de Erro-Irati y del Fôret d'Irati, sin más precisión (Gaussen & al., 1953; Blanchet, 1891).

Epilobium alsinifolium Vill.
Orillas de fuentes y arroyos de aguas frías. **Alt.:** 1600-2200 m.
Dist.: Bor.-Alp. Limitada a las montañas pirenaicas más elevadas. **Alp.:** RR; **Atl.:** -; **Med.:** -.

Epilobium anagallidifolium Lam.
E. alpinum auct.
Depresiones húmedas y pastos crioturbados con larga innivación. **Alt.:** 1500-2400 m. **HIC:** 8130.
Dist.: Bor.-Alp. Limitada a las montañas pirenaicas más elevadas. **Alp.:** RR; **Atl.:** -; **Med.:** -.

Epilobium angustifolium L.
Chamaenerion angustifolium (L.) Scop.; E. spicatum Lam.
Claros, herbazales y orlas forestales, en lugares abiertos y alterados. **Alt.:** 650-900 m.
Dist.: Circumbor. Contadas localidades pirenaicas y en las montañas de la divisoria (Belate). **Alp.:** RR; **Atl.:** RR; **Med.:** -.
Obs.: Algunas poblaciones creemos que han sido introducidas.

Epilobium collinum C.C. Gmel.
E. montanum subsp. collinum (C.C. Gmel.) Schübl. & G. Martens; E. carpetanum Willk.
Grietas de roquedos, canchales y laderas pedregosas. **Alt.:** 1450-1300 m.
Dist.: Eur. Pirineos y montañas de la divisoria de aguas, ocasional en los valles atlánt. **Alp.:** R; **Atl.:** R; **Med.:** -.

Epilobium duriaei J. Gay ex Godr.
Orlas, cunetas y márgenes forestales, hasta los pastos supraforestales y megaforbios. **Alt.:** 800-1700 m.
Dist.: Oróf. Europa. Montañas, valles pirenaicos y es-tribaciones medias de influencia atlánt. **Alp.:** R; **Atl.:** R; **Med.:** -.

Epilobium hirsutum L.
Enclaves húmedos de cunetas, orillas de ríos y balsas, bosques y herbazales. **Alt.:** 20-1200 m. **HIC:** Com. aguas estanc., 6430.
Dist.: Plurirreg. General en Navarra. **Alp.:** E; **Atl.:** C; **Med.:** F.

Epilobium lanceolatum Sebast. & Mauri
E. roseum sensu Merino, p.p.
Alisedas, hayedos y marojales, bases de roquedos y herbazales. **Alt.:** 150-1100 m.
Dist.: Eur. Dispersa por la mitad septen. de Navarra. **Alp.:** RR; **Atl.:** R; **Med.:** RR.

Epilobium montanum L.
Hayedos, alisedas, orillas de barrancos, cunetas, taludes de pistas y graveras fluviales. **Alt.:** 120-1800 m.
Dist.: Eur. Extendida por la mitad septen. de Navarra, siendo escasa en las montañas meridionales de la Zona Media. **Alp.:** F; **Atl.:** C; **Med.:** E.

Epilobium obscurum Schreb.
E. virgatum Fr.; E. lamyi auct.; E. tetragonum subsp. lamyi auct.; E. gemmiferum sensu Lange; E. palustre auct.; E. roseum sensu Cout.; E. virgatum subsp. brachyatum sensu merino, pro hybrid.
Zonas húmedas junto a fuentes y arroyos, taludes re-zumantes y bosques sombríos. **Alt.:** 150-1350 m. **HIC:** Com. manant. suprafor.
Dist.: Eur. Montañas y valles húmedos de influencia atlánt. **Alp.:** -; **Atl.:** E; **Med.:** -.
Obs.: Se incluyen las citas de *E. tetragonum* subsp. *lamyi* (F.W. Schultz) Nyman dadas por Báscones (1978) de las Balsas de Loza e Iza, y otros puntos de la cuenca de Pamplona.

Epilobium palustre L.
Ambientes húmedos, sobre sustratos silíceos o acidifi-cados, en turberas y pastos encharcados. **Alt.:** 1150-1200 m.
Dist.: Circumbor. Sólo la conocemos de la sierra de Aralar. **Alp.:** -; **Atl.:** RR; **Med.:** -.

Epilobium parviflorum Schreb.
E. mutabile Boiss. & Reut.
Herbazales húmedos en bosques, matorrales y terrenos alterados. **Alt.:** 40-1200 m. **HIC:** Pastiz. higrinitrófilos.
Dist.: Plurirreg. Extendida por toda Navarra, salvo en las montañas más elevadas. **Alp.:** F; **Atl.:** C; **Med.:** F.

Epilobium tetragonum L. subsp. *tetragonum*
E. adnatum Griseb.
Herbazales en terrenos húmedos, algo alterados. **Alt.:** 100-1300 m.
Dist.: Eur. Dispersa por Navarra, más frecuentemente en la mitad septen. **Alp.:** R; **Atl.:** E; **Med.:** R.

Epilobium tetragonum L. subsp. *tournefortii* (Michalet) Rouy & É.G. Camus
E. tournefortii Michalet
Herbazales en terrenos húmedos, algo alterados. **Alt.:** 450-850 m.

Dist.: Med. Navarra Media y sierras occ. **Alp.:** -; **Atl.:** E; **Med.:** R.

Ludwigia palustris (L.) Elliott
Isnardia palustris L.

Orillas y aguas poco profundas de ríos, balsas y lagunas. **Alt.:** 20-400 m.
Dist.: Plurirreg. En los los valles atlánt. del NW. **Alp.:** -; **Atl.:** RR; **Med.:** -.
Cons.: LC (ERLVP, 2011).

Oenothera biennis L.
Oe. suaveolens Pers.; Oe. parviflora sensu Greuter, Burdet & G. Long, non L.

Naturalizada en cunetas y herbazales, en ambientes alterados. **Alt.:** 20-1000 m.
Dist.: Introd.; originaria de Norteamérica. En los valles atlánt. del NW. **Alp.:** -; **Atl.:** R; **Med.:** -.
Obs.: Considerada especie exótica con potencial invasor (CEEEI, 2011).

Oenothera glazioviana Micheli
Oe. erythrosepala Borbás; Oe. suaveolens sensu Cadevall, p.p.

Naturalizada en cunetas, escombreras, baldíos y otros medios alterados. **Alt.:** 250-850 m.
Dist.: Introd.; originaria por hibridación. Accidental en Pirineos (Isaba) y en la Ribera (Lodosa y Milagro). **Alp.:** RR; **Atl.:** -; **Med.:** RR.
Obs.: En algunas localidades las poblaciones no son muy consistentes, variando anualmente al vivir en ambientes muy perturbados, como escombreras. Considerada especie exótica con potencial invasor (CEEEI, 2011).

Oenothera rosea L'Hér. ex Aiton

Naturalizada en terrenos alterados, como cunetas, herbazales, baldíos y orillas de ríos. **Alt.:** 20-500 m.
Dist.: Introd.; originaria de América. Puntual en los Valles Húmedos del NW y en las sierras y cuencas prepiren. orient.. **Alp.:** -; **Atl.:** R; **Med.:** RR.

Ophioglossaceae

Ophioglossum vulgatum L.

Manantiales, prados húmedos, juncales, alisedas y robledales de fondo de valle. **Alt.:** 400-1300 m.
Dist.: Circumbor. Dispersa por la franja central de Navarra. **Alp.:** RR; **Atl.:** RR; **Med.:** RR.
Obs.: En Álava, cerca de Navarra, se ha citado *O. azoricum* C. Presl.

Orchidaceae

Aceras antropophorum (L.) W.T. Aiton
Ophrys anthropophora L.; Orchis anthropophora (L.) All.

Pastos y matorrales aclarados, en general en ambientes soleados. **Alt.:** 300-1700 m. **HIC:** 6210(*).
Dist.: Med.-Atl. Pirineos, montañas de la Zona Media, sierras occ. y puntual en los valles atlánt. y en la Ribera. **Alp.:** RR; **Atl.:** RR; **Med.:** F.
Cons.: CITES (II); LC (ERLVP, 2011).

Obs.: De Aizcorbe, en el monte Trinidad se conoce el mesto *A. antropophorum* × *Orchis militaris* [× *Orchiaceras spurium* (Rchb. fil.) E.G. Camus] (Hermosilla & Sabando, 1997).

Anacamptis pyramidalis (L.) Rich.
Orchis pyramidalis L.; Aceras pyramidalis (L.) Rchb. fil.

Pastos, matorrales aclarados, herbazales, cunetas y claros forestales. **Alt.:** 400-1200 m. **HIC:** 6210(*).
Dist.: Med.-Atl. General, salvo en los dos extremos norte y sur, donde se hace muy rara. **Alp.:** E; **Atl.:** R; **Med.:** C.
Cons.: CITES (Anexo, II); LC (ERLVP, 2011).
Obs.: Se ha anotado de Ororbia-Paternain e Ibero el mesto *A. pyramidalis* × *Orchis coriophora* subsp. *fragans*.

Cephalanthera damasonium (Mill.) Druce
Serapias damasonium Mill.

Nemoral en hayedos y pinares, llega a los sotos ribereños meridionales. **Alt.:** 300-1500 m. **HIC:** 9150.
Dist.: Eur. Pirineos, Zona Media, estribaciones occ. y, de forma más esporádica, en la Ribera; parece faltar en los valles atlánt. **Alp.:** R; **Atl.:** R; **Med.:** R.
Cons.: CITES (II); LC (ERLVP, 2011).

Cephalanthera longifolia (L.) Fritsch
Serapias helleborine var. longifolia L.; S. ensifolia Murray; C. ensifolia Murray ex Rich.

Claros forestales, setos y herbazales. **Alt.:** 150-1300 m. **HIC:** 9150.
Dist.: Plurirreg. Salpica la franja media de Navarra: Pirineos, montañas medias, sierras prepiren. y estribaciones medias occidentales; rara vez alcanza los valles pirenaicos. **Alp.:** R; **Atl.:** RR; **Med.:** R.
Cons.: CITES (II); LC (ERLVP, 2011).

Cephalanthera rubra (L.) Rich.
Serapias rubra L.

Bosques poco densos, claros forestales y graveras. **Alt.:** 400-1350 m. **HIC:** 9150.
Dist.: Med. Pirineos, montañas de la Zona Media y estribaciones occ., donde parece algo más abundante. **Alp.:** RR; **Atl.:** R; **Med.:** E.
Cons.: CITES (II); LC (ERLVP, 2011).

Coeloglossum viride (L.) Hartm.
Satyrium viride L.; Orchis viridis (L.) Crantz

Pastos de montaña, rellanos y repisas de roquedos. **Alt.:** 1000-1900 m.
Dist.: Circumbor. Pirineos, montañas medias y estribaciones occ. **Alp.:** E; **Atl.:** RR; **Med.:** -.

Dactylorhiza elata (Poir.) Soó
Orchis elata Poir.

Prados higrófilos, juncales a orillas de manantiales y balsas. **Alt.:** 400-1100 m. **HIC:** 6410, 6420.
Dist.: Med. W. Por la Zona Media, sin formar extensas poblaciones. **Alp.:** R; **Atl.:** R; **Med.:** RR.
Cons.: CITES (II); LC (ERLVP, 2011).
Obs.: Incluida *D. sesquipedalis* (Willd.) M. Laínz [*D. elata* (Poir.) Soó subsp. *sesquipedalis* (Willd.) Soó].

Dactylorhiza fuchsii (Druce) Soó
Orchis fuchsii Druce; Orchis maculata subsp. meyeri (Rchb. fil.) E.G.

Camus

Prados y claros forestales húmedos, juncales, etc. **Alt.:** 750-1700 m.

Dist.: Eur. Dispersa en los Pirineos, montañas atlánt. y sierras medias occ. **Alp.:** R; **Atl.:** R; **Med.:** R.

Cons.: CITES (II); LC (ERLVP, 2011).

Dactylorhiza incarnata (L.) Soó

Orchis incarnata L.; O. latifolia L.; D. latifolia (L.) Soó

Orillas de arroyos, praderas húmedas y enclaves higroturbosos. **Alt.:** 120-1350 m.

Dist.: Eur. Pirineos, montañas atlánt. y de la Zona Media y sierras occ. **Alp.:** RR; **Atl.:** RR; **Med.:** RR.

Cons.: CITES (II); LC (ERLVP, 2011).

Dactylorhiza insularis O. Sánchez & Herrero

Orchis insularis Sommier; O. sambucina subsp. insularis (Sommier) Gand.; D. sambucina subsp. insularis (Sommier) Soó; O. pseudosambucina sensu Willk.

Pastos y claros forestales secos y soleados. **Alt.:** 500-1100 m. **HIC:** 6210(*).

Dist.: Med. W. Puntual en la Zona Media (Montejurra, sierra del Perdón, etc.). **Alp.:** -; **Atl.:** RR; **Med.:** RR.

Cons.: DD (LR, 2000); LC (LR, 2008); Prioritaria (Lorda & al., 2009).

Dactylorhiza maculata (L.) Soó

Orchis maculata L.

Enclaves húmedos: turberas, terrenos higroturbosos; herbazales y claros forestales. **Alt.:** 350-1800 m.

Dist.: Eur. Pirineos, valles y montañas atlánt., Zona Media y estribaciones occ. **Alp.:** R; **Atl.:** R; **Med.:** -.

Cons.: CITES (II); LC (ERLVP, 2011).

Dactylorhiza majalis (Rchb.) P.F. Hunt & Summerh.

Orchis majalis Rchb.; O. latifolia L.; D. latifolia (L.) Soó

Orillas de arroyos de montaña y enclaves higroturbosos. **Alt.:** 1000-2000 m. **HIC:** 7230, 6410, 6420.

Dist.: Eur. Limitada a las montañas pirenaicas, en la cabecera del valle de Roncal. **Alp.:** RR; **Atl.:** -; **Med.:** -.

Cons.: VU (NA); Prioritaria (Lorda & al., 2009); CITES (II); LC (ERLVP, 2011).

Obs.: Se incluye *D. alpestris* (Pugsley) Aver., un taxon de talla más reducida y hojas más anchas y con hábitat alpino. Las citas de Lacoizqueta (1884) de Vertizarana y Bubani (1901) de Pamplona son dudosas.

Dactylorhiza sambucina (L.) Soó

Orchis sambucina L.; O. latifolia L.; D. latifolia (L.) Soó

Pastos y claros de matorrales, además de las orlas de bosques. **Alt.:** 650-1900 m.

Dist.: Eur. General en la mitad septen. de Navarra, con poblaciones muy vistosas en los Pirineos. **Alp.:** E; **Atl.:** E; **Med.:** RR.

Cons.: CITES (II); LC (ERLVP, 2011).

Obs.: Se han reconocido en función del color de las flores distintas formas: f. *sambucina* de flores amarillas; f. *rubra* (Winterl) Hyl. (*Orchis sambucina* var. *rubra* Winterl) de flores rojas o más o menos violáceas; y f. *chusae* C.E. Hermos. de máculas sustituidas por manchas rojizas en la base del labelo.

Dactylorhiza sulphurea (Link) Franco

D. markusii (Tineo) H. Baumann & Künkele; Orchis sulphurea Link; O. sambucii sensu Brot.; O. markusii Tineo

Claros del carrascal y quejigal. **Alt.:** 500-700 m.

Dist.: Med. W. Dispersa por la mitad occidental de Navarra. **Alp.:** -; **Atl.:** -; **Med.:** RR.

Cons.: DD (LR, 2000); LC (LR, 2008); Prioritaria (Lorda & al., 2009).

Epipactis atrorubens Hoffm. ex Besser

Serapias atrorubens Hoffm.; E. atropurpurea Raf.

Pastos y claros forestales. **Alt.:** 450-1400 m. **HIC:** 8130.

Dist.: Eur. Dispersa en los Pirineos, sierras prepiren., montañas de la Zona Media, estribaciones occ. y en la Ribera. **Alp.:** RR; **Atl.:** RR; **Med.:** RR.

Cons.: CITES (II); LC (ERLVP, 2011).

Obs.: De Huarte-Arakil, Lizaur (2001) anota el híbrido *E.* gr. *atrorubens* × *E. helleborine*.

Epipactis distans Arv.-Touv.

E. helleborine subsp. distans (Arv.-Touv.) R. Engel & Quentin

Carrascales, quejigales y pinares, en ambientes caldeados.

Dist.: Oróf. Europa SW. Podría distribuirse por la Zona Media de Navarra.

Obs.: Citada en *Flora Iberica*, sin conocer con detalle su distribución.

Epipactis fageticola (C.E. Hermos.) Devillers-Tersch. & Devillers

E. phyllanthes var. fageticola C.E. Hermos.

Bosques de ribera, saucedas y choperas, otros bosques caducifolios y orlas muy húmedas. **Alt.:** 400-1100 m.

Dist.: Oróf. Europa W. Por la Zona Media de Navarra. **Alp.:** -; **Atl.:** -; **Med.:** RR.

Epipactis helleborine (L.) Crantz subsp. *helleborine*

Serapias helleborine L.; E. latifolia (L.) All.

Herbazales y orlas forestales. **Alt.:** 250-1450 m. **HIC:** 9150.

Dist.: Eur. Por la Zona Media, siendo más rara en los valles atlánt. y en la Ribera. **Alp.:** R; **Atl.:** R; **Med.:** R.

Cons.: CITES (II); LC (ERLVP, 2011).

Obs.: Incluimos la subsp. *minor* (Engel) Engel anotada por Lizaur & Lazare (2004) de Otsagabia y Huesca-límites con Navarra.

Epipactis kleinii M.B. Crespo, M.R. Lowe & Piera

E. parviflora (A. Niesch. & C. Niesch.) E. Klein; E. atrorubens subsp. parviflora A. Niesch. & C. Niesch

Pastos y claros forestales pedregosos. **Alt.:** 400-1400 m.

Dist.: Endém. ibérica. Pirineos, Zona Media y montañas occ., donde es más frecuente. **Alp.:** RR; **Atl.:** -; **Med.:** R.

Epipactis microphylla (Ehrh.) Sw.

Serapias microphylla Ehrh.; E. latifolia subsp. microphylla (Ehrh.) Rivas Goday & Borja

Hayedos, orlas forestales y pastos algo pedregosos. **Alt.:** 150-1400 m.

Dist.: Eur. Pirineos, montañas de la Zona Media y estribaciones occidentales; citada de la Ribera. **Alp.:** R; **Atl.:** RR; **Med.:** RR.

Cons.: CITES (II); NT (ERLVP, 2011).

Epipactis palustris (L.) Crantz

Serapias helleborine var. palustris L.; Helleborine palustris (L.) Schrank

Prados húmedos, enclaves higroturbosos, juncales y orillas de arroyos y balsas. **Alt.:** 500-1100 m. **HIC:** 7230, 6410, 6420.

Dist.: Eur. Pirineos, sierras prepiren. y Zona Media. **Alp.:** RR; **Atl.:** R; **Med.:** -.

Cons.: Prioritaria (Lorda & al., 2009); CITES (II); LC (ERLVP, 2011).

Epipactis phyllanthes G.E Sm.

E. helleborine subsp. phyllanthes (G.E. Sm.) H. Sund.

Choperas y hayedos. **Alt.:** 500-500 m.

Dist.: Atl. Ha sido anotada de Lapoblación (Ayuso & al., 1999), Ancín (Hermosilla & Sabando, 1998), y Viana (Lizaur, 2001), en Tierra Estella. **Alp.:** -; **Atl.:** -; **Med.:** RR.

Cons.: DD (LR, 2000); CITES (II); VU D2 (LR, 2008); Prioritaria (Lorda & al., 2009); LC (ERLVP, 2011).

Obs.: Conviene verificar estas citas, ya que la planta es típica de las costas atlánt. de Europa, conocida únicamente de las dunas de Liencres, en Cantabria (S). Para Hermosilla & Sabando (1998) no hay dudas se su presencia en el interior peninsular.

Epipactis rhodanensis Gévaudan & Robatsch

E. campeadorii P. Delforge; E. hispanica Benito & C.E. Hermos.; E. bugacensis subsp. rhodanensis (Gévaudan & Robatsch) Wucherpf.

Choperas y otros bosques de ribera. **Alt.:** a 500 m.

Dist.: Europa SW. Sólo la conocemos de Ancín, en Tierra Estella (Benito & Hermosilla, 1998). **Alp.:** -; **Atl.:** -; **Med.:** R.

Epipactis tremolsii Pau

E. helleborine subsp. tremolsii (Pau) E. Klein

Claros forestales pedregosos y graveras. **Alt.:** 400-800 m.

Dist.: Med. W. Pirineos y estribaciones medias occ. **Alp.:** RR; **Atl.:** -; **Med.:** R.

Obs.: Hay plantas sin coloración purpúrea denominadas var. *viridiflora* Benito.

Epipactis viridiflora Hoffm. ex Krock.

Serapias viridiflora Hoffm.; E. purpurata Sm.; E. helleborine subsp. varians (Crantz) H. Sund.

Hayedos, abetales y sus orlas, sobre sustratos profundos, húmedos. **Alt.:** 500-1100 m.

Dist.: Europa W. Pirineos y montañas de la Zona Media. **Alp.:** RR; **Atl.:** RR; **Med.:** RR?

Obs.: Limitada a los Pirineos y Montes Vascos (L, Na, SS, Vi).

Epipogium aphyllum Sw.

Satyrium epipogium L.

Hayedos con sotobosque de boj, sobre suelos frescos. **Alt.:** 1000-1050 m. **HIC:** 9130.

Dist.: Eur. Limitada a un enclave en el valle de Belagua, en el extremo NE de Navarra. **Alp.:** RR; **Atl.:** -; **Med.:** -.

Cons.: CR D (LR, 2000); CR (AFA-UICN, 2003); CR (AFA-UICN, 2004); CR B2ac(iv), D (LR, 2008); CITES (II); Prioritaria (Lorda & al., 2009); LC (ERLVP, 2011).

Obs.: Se conoce de otras localidades cercanas, como el valle de Linza (Huesca), al este. En La Rioja, al suroeste de Navarra, se tiene constancia de su presencia en la Sierra Cebollera, y éstas, junto con la ilerdense del Alt Pallars, constituyen, hasta la fecha, todas las citas que se conocen de esta orquídea.

Goodyera repens (L.) R. Br.

Satyrium repens L.

Planta que está cerca de Navarra, y cuya presencia se estima probable. Pinares y hayedo-abetales. **Alt.:** 1150-1300 m.

Dist.: Eur. No se conoce de Navarra.

Cons.: CITES (II); LC (ERLVP, 2011).

Obs.: Debe buscarse en las zonas pirenaicas colindantes a Huesca. Las citas de Van der Sluys & González (1982) no se han refrendado en los últimos años.

Gymnadenia conopsea (L.) R. Br.

Orchis conopsea L.

Pastos y claros de matorrales, helechales, brezales y enclaves higroturbosos. **Alt.:** 150-1850 m.

Dist.: Eur. Pirineos y Zona Media, rara vez en los valles atlánt. y en áreas meridionales. **Alp.:** F; **Atl.:** E; **Med.:** R.

Cons.: CITES (II); LC (ERLVP, 2011).

Gymnadenia odoratissima (L.) Rich.

Orchis odoratissima L.

Pastos y prados, matorrales aclarados y repisas de roquedos. **Alt.:** 600-1000 m.

Dist.: Eur. Limitada, al parecer, a la Zona Media occidental de Navarra, con límite en la sierra de Alaitz. **Alp.:** -; **Atl.:** RR; **Med.:** RR.

Cons.: VU D2 (LR, 2000); CITES (II); DD (LR, 2008); LC (ERLVP, 2011).

Obs.: Se ha citado de Álava *G. odoratissima* subsp. *longicalcarata* C.E. Hermos. & Sabando, diferenciable por la longitud del espolón, muy variable en el material ibérico. Conviene verificar la presencia de esta subsp. en Navarra.

Himantoglossum hircinum (L.) Spreng.

Satyrium hircinum L.; Aceras hircinum (L.) Lindl.

Pastos secos, ribazos, orlas forestales y crestas pedregosas. **Alt.:** 300-1200 m.

Dist.: Med.-Atl. Dispersa por toda Navarra, parece más frecuente en la Zona Media. **Alp.:** RR; **Atl.:** E; **Med.:** E.

Cons.: CITES (II); LC (ERLVP, 2011).

Obs.: En años con abundantes lluvias primaverales puede formar poblaciones con numerosos individuos.

Limodorum abortivum (L.) Sw.

Orchis abortiva L.

Claros de carrascales y bosques mixtos, en zonas pedregosas y foces abrigadas. **Alt.:** 400-700 m.

Dist.: Med.-Atl. Dispersa por la Zona Media y citada de la Ribera (Dufour, 1856). **Alp.:** -; **Atl.:** -; **Med.:** R.

Cons.: CITES (II); LC (ERLVP, 2011).

Limodorum trabutianum Batt.

Planta dudosa que requiere comprobación. Claros de carrascales secos. **Alt.:** 400-550 m.

Dist.: Med.-Atl. No está muy clara su presencia en Navarra, de donde no conocemos citas certeras.

Cons.: CITES(II); LC (ERLVP, 2011).

Obs.: Se ha citado de Navarra, sin que esté clara su presencia (Berastegi, 2010), al parecer acompañando a *L. abortivum*.

Listera ovata (L.) R. Br.

Ophrys ovata L.

Bosques húmedos, matorrales y herbazales en mosaico. **Alt.:** 250-1350 m.

Dist.: Eur. Dispersa por las montañas y valles de la mitad septen., parece más frecuente en su mitad occidental. **Alp.:** R; **Atl.:** R; **Med.:** R.

Obs.: Se ha citado del puerto de Erro y de los Pirineos *L. cordata* (L.) R. Br. (Van der Sluys & González, 1982), sin que creamos sean verídicas.

Neotinea maculata (Desf.) Stearn

Satyrium maculatum Desf.; Aceras densiflorum Boiss.; N. intacta (Link) Rchb. fil.; Aceras vayredae K. Richt.

Pastos y claros de matorrales, en ambientes soleados. **Alt.:** 500-1100 m.

Dist.: Med.-Atl. Pirineos y montañas de la Zona Media, y puntualmente en la Ribera. **Alp.:** -; **Atl.:** E; **Med.:** R.

Cons.: CITES (II); LC (ERLVP, 2011).

Obs.: Conviene conocer mejor su distribución en Navarra.

Neottia nidus-avis (L.) Rich.

Ophrys nidus-avis L.

Nemoral en hayedos, robledales, bosques mixtos y pinares. **Alt.:** 300-1600 m.

Dist.: Eur. Pirineos, montañas de la Zona Media y sierras occ. **Alp.:** E; **Atl.:** R; **Med.:** R.

Cons.: CITES (II); LC (ERLVP, 2011).

Nigritella gabasiana Teppner & E. Klein

N. angustifolia auct., non Rich.; N. nigra auct., non (L.) Kirschl.

Pastos de alta montaña, repisas y rellanos de lapiaz. **Alt.:** 1300-2400 m. **HIC:** 6230*, 6170.

Dist.: Endém. pir.-cant. Limitada a las montañas pirenaicas, y a una localidad en la sierra de Aralar. **Alp.:** R; **Atl.:** RR; **Med.:** -.

Cons.: DD (LR, 2000); LC (LR, 2008); CITES (II); Prioritaria (Lorda & al., 2009); LC (ERLVP, 2011).

Obs.: Se trasladan a este taxon las citas de *N. nigra* s.l.

Ophrys apifera Huds.

O. arachnites Mill.

Prados, pastos, ribazos y claros forestales. **Alt.:** 100-1100 m.

Dist.: Med.-Atl. Por casi toda Navarra, principalmente en la Zona Media, faltando en las montañas elevadas y siendo rara en los dos extremos provinciales. **Alp.:** E; **Atl.:** E; **Med.:** E.

Cons.: CITES (II); LC (ERLVP, 2011).

Obs.: Se conoce el híbrido *O. apifera × scolopax* de Artazu (Hermosilla & Sabando, 1997).

Ophrys aveyronensis (J.J. Wodd) P. DelforgE.

O. sphegodes subsp. aveyronensis J.J. Wood

Planta que está cerca de Navarra, y cuya presencia se estima probable. Pastos mesófilos y xerófilos. **Alt.:** 500-950 m.

Dist.: Med. W. No se conoce de Navarra, pero hay localidades muy próximas.

Obs.: Distribuida por el N peninsular, cerca de Navarra en La Rioja y Álava.

Ophrys fusca Link subsp. bilunulata (Risso) Aldasoro & L. Sáez

O. bilunulata Risso; O. funerea auct., non Viv.

Claros de matorrales y pastos. **Alt.:** a 500 m.

Dist.: Med. W. Sólo la conocemos de Sesma, en el sur de Navarra, pero debe estar más extendida. **Alp.:** -; **Atl.:** -; **Med.:** RR.

Obs.: Se ha citado de Navarra *O. sulcata* Devillers-Tersch. & Devillers (*O. fusca* subsp. *minima* Balayer), relacionable con este taxon que tratamos.

Ophrys fusca Link subsp. dyris (Maire) Soó

O. dyris Maire; O. omegaifera suct., non H. Fleischm.; O. fusca subsp. omegaifera auct., non (H. Fleischm.) E. Nelson; O. fleischmannii auct., non Hayek

Pastos y matorrales secos, en el ambiente del carrascal-quejigal. **Alt.:** 400-800 m.

Dist.: Med. W. Dispersa por Navarra, en los valles pirenaicos y la Zona Media. **Alp.:** -; **Atl.:** RR; **Med.:** R.

Obs.: Las formas intermedias entre *fusca* y *dyris* se han denominado *O. fusca* subsp. *vasconica* O. Danesch & E. Danesch [*O. vasconica* (O. Danesch & E. Danesch) P. Delforge], presente en el N peninsular; también como *O. × brigittae* H. Baumann.

Ophrys fusca Link subsp. fusca

Pastos y claros del matorral, ribazos y herbazales ralos. **Alt.:** 300-1000 m.

Dist.: Med. Extendida por los dos tercios meridionales de Navarra, sin alcanzar cotas elevadas y estando ausente de los valles atlánt. **Alp.:** R; **Atl.:** RR; **Med.:** C.

Cons.: CITES (II); LC (ERLVP, 2011), sin detallar subespecies.

Obs.: Se incluyen *O. lupercalis* Devillers-Tersch & Devillers y *O. arnoldii* P. Delforge, que entrarían en la variabilidad de la subespecie.

Ophrys holosericea (Burm. fil.) Greuter

Planta dudosa que requiere comprobación. Pastos y matorrales xerófilos. **Alt.:** 450-650 m.

Dist.: Plurirreg. Bubani (1901) y Vicente (1983) citan este taxon del entorno de Pamplona. **Alp.:** -; **Atl.:** RR; **Med.:** -.

Obs.: Esta orquídea para *Flora Iberica* no está en su ámbito de estudio, siendo una planta centroeuropea que vive cerca, en la vertiente N de los Pirineos. Deben comprobarse estas citas navarras.

Ophrys insectifera L. subsp. aymoninii Breistr.

O. aymoninii (Breistr.) Buttler; O. subinsectifera C.E. Hermos. & Sabando

Pastos secos y claros del matorral. **Alt.:** 500-750 m.

Dist.: Endém. NW Pen. Ibér. Dispersa por Navarra, en los valles pirenaicos atlánt. y Zona Media. **Alp.:** -; **Atl.:** RR; **Med.:** RR.

Obs.: Tal como se recoge en la sinonimia, se incluye *O. subinsectifera* C.E. Hermos. & Sabando, citada de distintas localidades (Erro, Artazu, Agorreta, Salinas de

Oro, etc.) por Hermosilla & Sabando (1995-1996; 1997) y Hermosilla & al. (1999).

Ophrys insectifera L. subsp. *insectifera*

O. muscifera Huds.

Pastos, matorrales y claros forestales. **Alt.:** 400-1000 m.
Dist.: Eur. Dispersa por la Zona Media. **Alp.:** RR; **Atl.:** RR; **Med.:** E.
Cons.: CITES (II); LC (ERLVP, 2011), sin detallar subespecies.

Ophrys lutea Cav.

Pastos y matorrales aclarados, secos y soleados. **Alt.:** 250-1100 m.
Dist.: Med.-Atl. General en la Zona Media y meridional, sin alcanzar las montañas más elevadas, ni llegar a los valles atlánt. **Alp.:** -; **Atl.:** R; **Med.:** E.
Cons.: CITES (II); LC (ERLVP, 2011)

Ophrys santonica J.M. Mathé & Melki

Claros margoso-arcillosos, sobre suelos frescos, en claros del robledal y matorral derivados. **Alt.:** 800-900 m.
Dist.: Med.-Atl. Puntual entre Bigüézal y Castillonuevo, en las cuencas prepiren. **Alp.:** -; **Atl.:** -; **Med.:** RR.
Obs.: Recientemente encontrada en el Romanzado (Thamtham & al., 2010), pero conviene verificar las poblaciones.

Ophrys scolopax Cav.

Matorrales aclarados y pastos secos. **Alt.:** 250-1000 m.
Dist.: Med. W. General en Navarra, salvo en los valles atlánt. y en las montañas más elevadas. **Alp.:** R; **Atl.:** RR; **Med.:** F.
Cons.: CITES (II); LC (ERLVP, 2011).
Obs.: Incluidas *O. scolopax* subsp. *cornuta* (Steven) Camus; *O. picta* Link; *O. sphegifera* Willd. Se ha citado de Orendain y Echauri *O. scolopax × sphegodes* (Hermosilla & Sabando, 1993, 1997).

Ophrys speculum Link subsp. *speculum*

O. ciliata Biv.; O. vernixia Brot.

Pastos secos, claros de romerales y tomillares. **Alt.:** 250-600 m.
Dist.: Med. Distribuida por la mitad sur de Navarra, sin alcanzar cotas elevadas. **Alp.:** -; **Atl.:** RR; **Med.:** E.
Cons.: CITES (II); LC (ERLVP, 2011).

Ophrys sphegodes Mill.

O. atrata Lindl.

Pastos mesófilos y xerófilos, baldíos, etc. **Alt.:** 350-950 m.
Dist.: Med. General en Navarra, pero puntual en los valles atlánt., sin ascender a las altas montañas, y muy rara en el sur más árido. **Alp.:** RR; **Atl.:** RR; **Med.:** F.
Cons.: CITES (II); LC (ERLVP, 2011).
Obs.: Grupo complejo en que se incluyen: *O. castellana* Devillers-Tersch. & Devillers; *O. atrata* Lindl.; *O. passionis* Sennen; *O. arachnitiformis* (Gren. & Philippe) H. Sund.; *O. araneola* Rchb.; *O. sphegodes* subsp. *litigiosa* (E.G. Camus) Bech; *O. riojana* C.E. Hermos.; *O. incubacea* Bianca y *O. garganica* (E. Nelson) O. & E. Danesch. Se ha citado el mesto *O. sphegodes × tenthredinifera*

de Etxauri (Hermosilla & Sabando, 1997), y de Viscarret-Gerendiain (Hermosilla & Sabando, 1993).

Ophrys tenthredinifera Willd.

O. arachnites Link; O. ficalhoana J.A. Guim.

Pastos y matorrales secos. **Alt.:** 400-1000 m.
Dist.: Med. Dispersa por la Zona Media de Navarra, a baja altitud. **Alp.:** -; **Atl.:** -; **Med.:** E.
Cons.: CITES (II); LC (ERLVP, 2011).

Orchis coriophora L.

O. fragans Pollini

Pastos, prados, herbazales frescos y ribazos. **Alt.:** 400-1400 m.
Dist.: Med. Repartida por la Zona Media, llegando hasta la Ribera y muy puntual en el Pirineo. **Alp.:** RR; **Atl.:** RR; **Med.:** E.
Cons.: CITES (Anexo, II); LC (ERLVP, 2011).
Obs.: Variable en coloración y tamaño floral. Se suele reconocer *O. coriophora* de flores de color púrpura y olor fétido; y *O. fragans* de flores de color más claro y olor a vainilla. Resulta muy difícil su separación, por ello su tratamiento sintético. Los mestos *O. fragans × O. picta* (*O. morio*) se ha citado de Etxauri (Hermosilla & Sabando, 1997), y *O. fragans × O. laxiflora* de Iza (Hermosilla, 2000).

Orchis langei K. Richt.

O. mascula subsp. hispanica (A. Niesch. & C. Niesch.) Soó

Pastos, matorrales y claros forestales. **Alt.:** 600-1000 m.
Dist.: Med. W. Dispersa en Navarra: Pirineos, cuenca de Pamplona y sierras medias occ. **Alp.:** RR; **Atl.:** RR; **Med.:** RR.

Orchis laxiflora Lam.

Humedales, orlas de balsas y prados encharcados. **Alt.:** 350-850 m.
Dist.: Med.-Atl. Repartida por la Zona Media, llegando a los valles atlánt. **Alp.:** -; **Atl.:** RR; **Med.:** RR.
Cons.: Prioritaria (Lorda & al., 2009); CITES (Anexo, II); LC (ERLVP, 2011).

Orchis mascula L.

O. olbiensis Reut. ex Gren.; O. ichnusae (Corrias) Devillers-Tersch. & Devillers; O. tenera (Landwerh) Kreutz

Pastos, matorrales aclarados y orlas forestales. **Alt.:** 200-1900 m.
Dist.: Med.-Atl. General en la mitad septen. de Navarra. **Alp.:** F; **Atl.:** F; **Med.:** F.
Cons.: CITES (II); LC (ERLVP, 2011).
Obs.: Los estudios más analíticos reconocen distintos táxones, como *O. olbiensis* Reut. ex Gren., propia del mediterráneo occidental (ver sinonimias).

Orchis militaris L.

Pastos, matorrales y claros forestales. **Alt.:** 450-1000 m.
Dist.: Eur. Por las montañas de la Zona Media, llegando puntualmente a la Ribera. **Alp.:** RR; **Atl.:** R; **Med.:** RR.
Cons.: CITES (II); LC (ERLVP, 2011).

Orchis morio L.

O. picta Loisel.; O. champagneuxii Barnéoud; Anacamptis morio (L.) R.M. Bateman

Pastos, matorrales y claros forestales. **Alt.:** 450-1350 m.

Dist.: Med. Repartida por la Zona Media, parece ausentarse de los valles atlánt. y de la mitad meridional de Navarra. **Alp.:** R; **Atl.:** F; **Med.:** E.

Cons.: CITES (Anexo, II); NT (ERLVP, 2011).

Obs.: Muy variable, lo que ha dado lugar a distintas combinaciones. Es un taxon polimorfo, donde es posible reconocer distintos táxones (ver sinonimia) que quedan incluidos en el que tratamos.

Orchis pallens L.

Pinares de *Pinus uncinata*, pastos y claros de matorrales. **Alt.:** 600-2000 m.

Dist.: Oróf. Europa. Dispersa en los Pirineos y montañas de la Zona Media. **Alp.:** RR; **Atl.:** RR; **Med.:** -.

Cons.: CITES (II); LC (ERLVP, 2011).

Obs.: Para Lizaur (2001) las plantas de la Navarra Media pueden ser confusiones con *D. sambucina*. Villar (1980) la anota de Isaba. No se cita en *Flora Iberica* de Navarra.

Orchis palustris Jacq.

O. laxiflora subsp. palustris (Jacq.) Bonnier & Layens; O. robusta (T. Stephenson) Gölz & H.R. Reinhard

Planta dudosa que requiere comprobación. Humedales y pastos higrófilos. **Alt.:** 450-650 m.

Dist.: Atl. En el NW de Navarra. **Alp.:** -; **Atl.:** RR; **Med.:** -.

Obs.: Ha sido citada por Báscones (1978) del NW de Navarra. Se conocen (Blanchet, 1891) cerca de Navarra, en Sain-Jean-Pied-de-Port, citas antiguas no confirmadas recientemente.

Orchis papilionacea L.

Anacamptis papilionacea (L.) R.M. Bateman

Pastos y claros de matorrales. **Alt.:** 350-600 m. **HIC:** 4090, 6220*.

Dist.: Med. Puntual en Navarra: Ororbia, Lazagurría, Viana, Mendavia, Olagüe (dudosa) y Liédena. **Alp.:** -; **Atl.:** RR; **Med.:** RR.

Cons.: SAH (Na); Prioritaria (Lorda & al., 2009); CITES (Anexo, II); LC (ERLVP, 2011).

Obs.: El tamaño grande de las flores ha permitido asignar ciertos ejemplares a la subsp. *grandiflora* (Boiss.) Malag. Hay citas antiguas que no se han encontrado recientemente.

Orchis provincialis Balb. ex Lam. & DC.

Pastos, matorrales, claros forestales y repisas terrosas de roquedos. **Alt.:** 450-1350 m.

Dist.: Med. Dispersa por los valles y montañas pirenaicas y de la Zona Media. **Alp.:** RR; **Atl.:** -; **Med.:** R.

Cons.: Berna (I); CITES (II); LESPE (2011); LC (ERLVP, 2011).

Obs.: Las plantas de coloración más intensa se han denominado *O. pauciflora* Ten. [*O.provincialis* var. *pauciflora* (Ten.) Lindl.], con labelo de tonos más marcados y hojas sin manchas. También hay plantas con flores violetas, indistinguibles de las típicas.

Orchis purpurea Huds.

Pastos y matorrales, en lugares abiertos y soleados. **Alt.:** 400-1300 m.

Dist.: Med.-Atl. Distribuida por la Zona Media, desde los Pirineos a las estribaciones occ., penetrando levemente en los valles atlánt. y llegando hasta la Ribera. **Alp.:** E; **Atl.:** RR; **Med.:** F.

Cons.: CITES (II); LC (ERLVP, 2011).

Obs.: Se han descrito distintas formas hipocromáticas. Hermosilla & Sabando (1993) han anotado el mesto *O. purpurea × simia* de Agorreta, Erro y Viscarret.

Orchis simia Lam.

Claros y orlas forestales, setos, taludes herbosos y comunidades de sustitución. **Alt.:** 500-1000 m.

Dist.: Med.-Atl. Por las montañas de la Zona Media, principalmente en las estribaciones pirenaicas y prepiren. **Alp.:** E; **Atl.:** -; **Med.:** RR.

Cons.: CITES (II); LC (ERLVP, 2011).

Orchis spitzelii Saut. ex W.D.J. Koch

Planta dudosa que requiere comprobación. Planta de montaña, en claros del bosque y matorrales cercanos. **Alt.:** 400-1050 m.

Dist.: Oróf. Med. W. Dos localidades, una en la Zona Media y otra en los Pirineos. **Alp.:** RR; **Atl.:** RR; **Med.:** -.

Cons.: CR D (LR, 2008); CITES (II); NT (ERLVP, 2011).

Obs.: Conocida únicamente de la Sierra del Cadí (Lérida), según se anota en *Flora Iberica*. Aizpuru & al. (1989-1990) la citan de Olza (Ororbia) y Jaurrieta, citas que conviene revisar a tenor de su distribución peninsular. Lizaur (2001) pone en duda estas localidades.

Orchis ustulata L.

Pastos y matorrales en claros forestales. **Alt.:** 400-1900 m. **HIC:** 6210(*).

Dist.: Med. General en la Zona Media, desde los Pirineos hasta las sierras occ. **Alp.:** E; **Atl.:** R; **Med.:** E.

Cons.: CITES (II); LC (ERLVP, 2011).

Platanthera algeriensis Batt. & Trab.

P. chlorantha subsp. algeriensis (Batt. & Trab.) Emb.

Planta dudosa que requiere comprobación. Prados húmedos, depresiones encharcadas, orillas herbosas de ríos, etc. **Alt.:** 800-900 m.

Dist.: Med. W. Sólo la conocemos de Bigüézal-Castillonuevo, en los valles prepiren. **Alp.:** -; **Atl.:** -; **Med.:** RR.

Cons.: CITES (II); EN (ERLVP, 2011).

Obs.: Recientemente encontrada (Thamtham & al., 2010), debe verificarse su presencia en campo (Romanzado). Es una planta del N de África y S de Europa (España, Italia, Córcega y Cerdeña), estando presente en el tercio orient. de la Península Ibérica, al sur del Ebro. Se conoce de Aragón (Teruel y Huesca), pero lejos de Navarra.

Platanthera bifolia (L.) Rich.

Orchis bifolia L.

Pastos, matorrales y herbazales en los claros forestales. **Alt.:** 350-1400 m.

Dist.: Eur. Por toda la Zona Media, desde los Pirineos hasta las montañas occ., penetrando levemente en las montañas atlánt. y en la Ribera (puntual). **Alp.:** E; **Atl.:** E; **Med.:** RR.

Cons.: CITES (II); LC (ERLVP, 2011).

Platanthera chlorantha (Custer) Rchb.

Orchis chlorantha Custer; O. montana auct., non F.W. Schmidt

Pastos, prados, matorrales y herbazales en los claros forestales. **Alt.:** 500-1500 m.

Dist.: Med.-Atl. Montañas y valles de la Zona Media, desde los Pirineos hasta las estribaciones occ. **Alp.:** E; **Atl.:** -; **Med.:** R.

Cons.: CITES (II); LC (ERLVP, 2011).

Pseudorchis albida (L.) A. Löwe & D. Löwe

Satyrium albidum L.; Orchis albida (L.) Scop.; Leucorchis albida (L.) E. Mey.

Pastos subalpinos y matorrales con rododendro y arándano. **Alt.:** 1600-2000 m.

Dist.: Bor.-Alp. Balda (2002) la anota de la sierra Longa, en Larra. **Alp.:** RR; **Atl.:** -; **Med.:** -.

Cons.: CITES(II); LC (ERLVP, 2011).

Obs.: En *Flora Iberica* no se cita con certeza de Navarra. Ha sido apuntada, además, por Dupont (1954), Vivant (1979), Villar (1980) y Patino & Valencia (2000) de enclaves próximos a Navarra.

Serapias cordigera L.

Prados y herbazales en zona aclaradas. **Alt.:** 450-1300 m.

Dist.: Med.-Atl. Zona Media, principalmente medio-occidental y, vagamente en el Salazar-Roncal. **Alp.:** RR; **Atl.:** E; **Med.:** R.

Cons.: CITES (II); LC (ERLVP, 2011).

Obs.: Conviene atestiguar su presencia.

Serapias lingua L.

S. lingua subsp. oxyglottis (Willd.) Maire & WeilleR.

Pastos, claros de matorrales y orlas forestales. **Alt.:** 40-1350 m.

Dist.: Med.-Atl. Pirineos, valles atlánt., montañas de la Zona Media y occ. **Alp.:** RR; **Atl.:** R; **Med.:** R.

Cons.: CITES (II); LC (ERLVP, 2011).

Serapias parviflora Parl.

S. occultata J. Gay ex Willk.

Pastos secos, arenales y claros forestales pedregosos. **Alt.:** 400-650 m.

Dist.: Med.-Atl. Contadas localidades en la Zona Media occidental (Etxauri, Artazu) y citada de Etxarri-Aranaz. **Alp.:** -; **Atl.:** RR; **Med.:** RR.

Cons.: CITES (II); LC (ERLVP, 2011).

Serapias vomeracea (Burm. fil.) Briq.

Orchis vomeracea Brum. fil.; S. pseudocordigera (Sebast.) Moric.

Prados y herbazales en claros. **Alt.:** 120-450 m.

Dist.: Med.-Atl. Puntual en la Zona Media y las cuencas prepiren., llegando a los valles atlánt. **Alp.:** -; **Atl.:** RR; **Med.:** RR.

Cons.: CITES (II); LC (ERLVP, 2011).

Spiranthes aestivalis (Poir.) Rich.

Ophrys aestivalis Poir.

Turberas y enclaves higroturbosos, esfagnales a orillas de pequeños arroyos. **Alt.:** 400-500 m. **HIC:** 7140, 7150.

Dist.: Med.-Atl. Puntual en los valles atlánt., en tierras de Baztán. **Alp.:** -; **Atl.:** RR; **Med.:** -.

Cons.: Directiva Hábitats (IV); CITES (II); Berna (I); PNyB (V); Prioritaria (Lorda & al., 2009); LESPE (2011); DD (ERLVP, 2011).

Obs.: Citada del monte Larrun (F-64) por Jovet (1941), y de pocos enclaves alaveses (Corres) y guipuzcoanos (Jaizkibel), cercanos a Navarra.

Spiranthes spiralis (L.) Chevall.

Ophrys spiralis L.; S. autumnalis Balb. ex Rich.

Pastos, matorrales aclarados y orlas forestales. **Alt.:** 120-1100 m.

Dist.: Med.-Atl. Dispersa por los Pirineos, la Zona Media, las sierras occ. y los valles atlánt., muy puntualmente en la Ribera. **Alp.:** R; **Atl.:** R; **Med.:** E.

Cons.: CITES (II); LC (ERLVP, 2011).

Orobanchaceae

Orobanche alba Stephan ex Willd.

O. epithymum DC.

Pastos y claros forestales, parasitando *Thymus* y otras labiadas. **Alt.:** 700-1850 m.

Dist.: Eur. Pirineos y Zona Media. **Alp.:** R; **Atl.:** R; **Med.:** R.

Orobanche amethystea Thuill. subsp. amethystea

O. amethystina Rchb.

Pastos secos y mesófilos, parásita de *Eryngium campestre*, umbelíferas y compuestas, éstas más ocasionalmente. **Alt.:** 250-950 m.

Dist.: Plurirreg. Dispersa por la Zona Media y en la Ribera. **Alp.:** -; **Atl.:** E; **Med.:** E.

Orobanche arenaria Borkh.

O. laevis L.; Phelypaea arenaria (Borkh.) Walp.

Pastos secos, parasitando *Artemisia campestris*. **Alt.:** 300-500 m.

Dist.: Plurirreg. Muy localizada en el Valle Medio del Ebro. **Alp.:** -; **Atl.:** -; **Med.:** RR.

Orobanche artemisiae-campestris Vaucher ex Gaudin

O. loricata Rchb.; O. picridis F.W. Schultz; O. santolinae Loscos & J. Pardo

Carrascales aclarados y matorrales soleados, parasitando *Artemisia* y otras compuestas. **Alt.:** 450-1200 m.

Dist.: Plurirreg. Puntual en la Zona Media occidental. **Alp.:** -; **Atl.:** E; **Med.:** E.

Orobanche caryophyllaceae Sm.

O. galii Duby

Pastos pedregosos, matorrales, bosques de ribera, parasitando rubiáceas, *Galium* en especial. **Alt.:** 450-2000 m.

Dist.: Eur. Pirineos, valles atlánt. y cuencas prepiren. **Alp.:** R; **Atl.:** R; **Med.:** R.

Orobanche cernua L.

O. cumana Wallr.

Pastos secos y matorrales aclarados, sobre *Artemisia* (*A. campestris, A. herba-alba*), y algunas plantas cultivadas, como *Helianthus annuus*. **Alt.:** 200-650 m.

Dist.: Eur. Tercio meridional, con presencia testimonial en la Zona Media. **Alp.:** -; **Atl.:** E; **Med.:** E.

Orobanche crenata Forssk.
O. speciosa DC.

Planta dudosa que requiere comprobación. En ambientes ruderales, parásita de leguminosas, *Vicia faba*, y *Pelargonium* spp., entre otras herbáceas. **Alt.:** 250-650 m.
Dist.: Plurirreg. Dispersa por la Zona Media. **Alp.:** -; **Atl.:** -; **Med.:** RR.
Obs.: Hay citas de Escriche (1935) de Tafalla y de Gastiain (López, 1968), que deben comprobarse.

Orobanche elatior Sutton
O. major L.; O. fragans W.D.J. Koch; O. ritro Gren. & Godr.; O. major var. ritro (Gren. & Godr.) Willk.

Planta dudosa que requiere comprobación. Parasita compuestas, *Centaurea* en especial. **Alt.:** 250-650 m.
Dist.: Eur. Citada de los valles atlánt. (Santesteban). **Alp.:** -; **Atl.:** RR; **Med.:** -.
Obs.: Se conoce de Santesteban por García Zamora & al. (1985). Citada en *Flora Iberica* como especie "a buscarse". Se ha apuntado de Aragón y Cataluña. Es verosímil su presencia en la Pen. Ibér.

Orobanche gracilis Sm.
O. cruenta Bertol.; O. ulicis Des Moul.; O. spruneri F.W. Schultz: O. variegata auct. hisp., non Wallr.

Matorrales y pastos, parásita de leguminosas. **Alt.:** 250-1900 m.
Dist.: Plurirreg. General en Navarra, salvo en los dos extremos norte y sur, donde se hace muy rara. **Alp.:** E; **Atl.:** F; **Med.:** F.

Orobanche hederae Vaucher ex Duby

Tapias, ribazos y desfiladeros abrigados con *Hedera*, a la que parasita, si bien no es exclusiva de ella. **Alt.:** 250-800 m.
Dist.: Plurirreg. Dispersa por las cuencas prepiren., la Zona Media y los valles atlánt. **Alp.:** RR; **Atl.:** E; **Med.:** R.

Orobanche latisquama (F.W. Schultz) Batt.
Boulardia latisquama F.W. Schultz; Ceratocalyx macrolepis Coss.; C. fimbriata Lange

Matorrales xerófilos, parasitando *Rosmarinus officinalis*, y quizás, también *Cistus* y *Genista*. **Alt.:** 400-700 m.
Dist.: Med. W. Restringida al sur de la Navarra Media orient. y a la Ribera. **Alp.:** -; **Atl.:** -; **Med.:** E.

Orobanche lutea Baumg.
O. elatior sensu W.D.J. Koch & Ziz; O. rubens Wallr.; O. fragantissima Bertol.; O. medicaginis Duby

Planta citada de Navarra antes de 1960, sin citas posteriores. Parasita *Medicago*. **Alt.:** 400-750 m.
Dist.: Plurirreg. Puntual en la Zona Media (Iribas). **Alp.:** -; **Atl.:** RR; **Med.:** -.
Obs.: Citada de Iribas por Braun-Blanquet (1967). Su presencia en la Península Ibérica es verosímil; se ha citado de Cataluña, Galicia y Huesca. No parece ser planta navarra.

Orobanche minor Sm.
O. barbata Poir.

Sobre suelos pedregosos, parásita de *Trifolium* y otras leguminosas. **Alt.:** 250-800 m
Dist.: Subcosm. Dispersa por la Zona Media y los valles atlánt. **Alp.:** -; **Atl.:** R; **Med.:** R.

Orobanche purpurea Jacq.
O. laevis L.; Phelypaea caerulea (Vill.) C.A. Mey.

Terrazas fluviales, sobre *Artemisia campestris*, aunque también parasita *Achillea* spp., *A. millefolium* sobre todo. **Alt.:** 350-550 m.
Dist.: Eur. Sólo se conoce de Viana, en el extremo occidental. **Alp.:** -; **Atl.:** -; **Med.:** RR.

Orobanche ramosa L. subsp. *nana* (Reut.) Cout.
Phelypaea mutelii var. nana Reut.; Phelipanche nana (Reut.) Soják

Pastos y ribazos, parasita un amplio número de plantas, tanto nativas como cultivadas. **Alt.:** 500-1200 m.
Dist.: Eur. Dispersa por la Zona Media y la Ribera. **Alp.:** -; **Atl.:** E; **Med.:** E.

Orobanche ramosa L. subsp. *ramosa*
Phelypaea ramosa (L.) C.A. Mey.

Pastos y ribazos, parasita un amplio número de plantas, tanto nativas como cultivadas. **Alt.:** 500-1200 m.
Dist.: Eur. Dispersa por la Zona Media y la Ribera. **Alp.:** -; **Atl.:** E; **Med.:** E.
Obs.: La distinción entre las dos subespecies apenas se recoge en la bibliografía. Parece ser más abundante la subsp. *nana*.

Orobanche rapum-genistae Thuill.
O. major L.; O. benthamii Timb.-Lagr.; O. insolita J.A. Guim.

Matorrales silicícolas, parásita de leguminosas como *Cytisus scoparius*, *C. oromediterraneus*, *Ulex* y *Genista*. **Alt.:** 120-800 m.
Dist.: Atl. Dispersa por la mitad septen., en los valles atlánt., Pirineos y Zona Media. **Alp.:** R; **Atl.:** R; **Med.:** R.
Obs.: Se reconocen distintas subespecies.

Orobanche reticulata Wallr. subsp. *reticulata*

Parasita especies de *Carduus*, principalmente del grupo *C. defloratus*. **Alt.:** 650-1000 m.
Dist.: Oróf. S Europa. Se ha citado de la sierra de Sarbil, en la Zona Media occidental. **Alp.:** -; **Atl.:** RR; **Med.:** -.
Observaciones. Anotada por García Bona (1974). Conviene verificar esta cita. Para *Flora Iberica* sólo se conoce de Huesca.

Osmundaceae

Osmunda regalis L.

Bosques de ribera, robledales, orlas de turberas, taludes y herbazales frescos próximos al cantábrico. **Alt.:** 120-1200 m. **HIC:** 91E0*, Alis. ladera, 91D0*.
Dist.: Plurirreg. Valles y montañas pirenaicas de influencia atlánt., más una localidad en la sierra de Altzania. **Alp.:** RR; **Atl.:** E; **Med.:** -.

Oxalidaceae

Oxalis acetosella L. subsp. *acetosella*

Esciófila y nemoral, en robledales, hayedos, alisedas y roquedos rezumantes. **Alt.:** 20-1650 m. **HIC:** 9120, 9130, Abet. pirenaicos, 9580*.
Dist.: Circumbor. Mitad septen. de Navarra. **Alp.:** F;

Atl.: F; **Med.:** RR.

Oxalis articulata Savigny

O. corymbosa sensu Devesa; O. violacea auct., p.p., non L.; O. flo-ribunda Lehm.

Cultivada como ornamental, se naturaliza en huertas, cunetas y otros lugares alterados. **Alt.:** 250-850 m.

Dist.: Introd.; originaria sudamericana. Puntual en el territorio: Pirineos, cuencas prepiren. y en la Ribera. **Alp.:** RR; **Atl.:** -; **Med.:** RR.

Obs.: Se ha confundido habitualmente con *O. debilis* Kunth y con *O. violacea*, que son plantas bulbosas; mientras que *O. articulata* muestra rizomas.

Oxalis corniculata L.

O. repens Thunb.

Naturalizada en tapias, muros y otros ambientes rude-ralizados. **Alt.:** 100-850 m.

Dist.: Subcosm. Pirineos, valles atlánt., Zona Media y Ribera. **Alp.:** RR; **Atl.:** E; **Med.:** E.

Obs.: Especie muy variable de la que se han descrito numerosas subespecies y variedades.

Oxalis debilis Kunth

O. corymbosa DC.; O. martiana Zucc.; O. articulata sensu Devesa; O. violacea suct., p.p., non L.

Planta dudosa que requiere comprobación. Cultivada como ornamental, se naturaliza rara vez. **Alt.:** 250-350 m.

Dist.: Introd.; originaria sudamericana. Citada de Mar-cilla por Garde & López (1991). **Alp.:** -; **Atl.:** -; **Med.:** RR.

Obs.: Se comporta como una planta de fácil expansión.

Oxalis latifolia Kunth

O. debilis subsp. corymbosa sensu O. Bolòs & Vigo; O. violacea auct., p.p., non L.

Cultivada como ornamental, se naturaliza ocasional-mente. **Alt.:** 250-650 m.

Dist.: Introd.; originaria sudamericana. Dispersa por Navarra, en contadas localidades. **Alp.:** RR; **Atl.:** R; **Med.:** RR.

Obs.: Los ejemplares navarros parecen estar relacio-nados con *O. vallicola* (Rose) R. Knuth. Considerada especie exótica con potencial invasor (CEEEI, 2011).

P

Paeonia broteri Boiss. & Reut.

P. broteri var. ovatifolia Boiss. & Reut.; P. lusitanica auct.

Planta dudosa que requiere comprobación. Sotobos-ques del robledal, quejigales, encinares y bosques de ribera. **Alt.:** 350-650 m.

Dist.: Endém. de la Pen. Ibér. Sólo se conoce de Oskia, en la Navarra Media occidental. **Alp.:** -; **Atl.:** RR; **Med.:** -.

Obs.: Citada por López (1970). En *Flora Iberica* se anota Navarra con dudas.

Paeonia officinalis L. subsp. *microcarpa* (Boiss. & Reut.) Nyman

P. microcarpa Boiss. & Reut.; P. humilis Retz.; P. foemina subsp.

humilis (Retz.) Cout.; P. officinalis subsp. humilis (Retz.) Cullen & Heywood

Claros pedregosos de quejigales y pinares de pino ca-rrasco. **Alt.:** 400-750 m.

Dist.: Med. W. Contadas localidades: sierra de Leire y Bardenas Reales, al menos verificadas. **Alp.:** RR; **Atl.:** RR; **Med.:** RR.

Cons.: Prioritaria (Lorda & al., 2009).

Obs.: Hay citas antiguas no comprobadas reciente-mente (Bubani, 1901).

Trachycarpus fortunei (Hooker) H. Wendl.

Cultivada en parques y jardines, parece que en alguna ocasión se naturaliza.

Dist.: Originaria del centro y este de China y norte de Burma. En los valles atlánt., en Oronoz, a partir de ejemplares del Señorío de Bértiz (Aizpuru & al., 2003). **Alp.:** -; **Atl.:** RR; **Med.:** -.

Ceratocapnos claviculata (L.) Lidén

Fumaria claviculata L.; Corydalis claviculata (L.) DC.

Orlas forestales, setos y brezales sobre sustratos silí-ceos. **Alt.:** 800-1300 m.

Dist.: Atl. Limitada a los valles pirenaicos atlánt. **Alp.:** -; **Atl.:** RR; **Med.:** -.

Chelidonium majus L.

En muros, tapias, ribazos y herbazales frescos, en am-bientes nitrificados. **Alt.:** 20-1100 m.

Dist.: Circumbor. Bien representada en el conjunto de Navarra, enrareciéndose en el sur más árido y sin as-cender a cotas elevadas. **Alp.:** RR; **Atl.:** C; **Med.:** F.

Corydalis cava (L.) Schweigg. & Koerte subsp. *cava*

Fumaria bulbosa L. var. cava L.; C. bulbosa auct. p.p., non DC.

Nemoral, en hayedos éutrofos, ocupando suelos pro-fundos de dolinas y repisas de roquedos. **Alt.:** 800-1200 m. **HIC:** Hayed. bas.-ombr. cant.

Dist.: Eur. Montañas septentrionales occ. y en los Piri-neos. **Alp.:** RR; **Atl.:** R; **Med.:** -.

Corydalis solida (L.) Clairv. subsp. *solida*

Fumaria bulbosa L. var. solida L.; C. bulbosa sensu DC.

Hayedos y pastos sobre suelos profundos. **Alt.:** 1150-1950 m.

Distribución. Eur. Dispersa en las montañas y en los valles pirenaicos. **Alp.:** RR; **Atl.:** RR; **Med.:** -.

Eschscholzia californica Cham.

Cultivada como ornamental, se asilvestra en las cerca-nías y se extiende por arcenes y cunetas junto a carre-teras y caminos. **Alt.:** 350-850 m.

Dist.: Introd.; originaria de California. Dispersa por Navarra. **Alp.:** RR; **Atl.:** -; **Med.:** RR.

Observaciones. Considerada especie exótica con po-tencial invasor (CEEEI, 2011).

Fumaria agraria Lag.

Planta citada de Navarra antes de 1960, sin citas posteriores. Setos, matorrales, ribazos, cultivos o cunetas; sobre sustratos acidificados. **Alt.:** 250-750 m.

Dist.: Med. W. Sólo se conocen citas antiguas de Tudela y Liédena, sin confirmar recientemente. **Alp.:** -; **Atl.:** -; **Med.:** RR.

Observaciones. Citada por Willkomm (1880) de Tudela, y por Bubani (1901) de Liédena.

Fumaria capreolata L.

Setos, herbazales de caminos, muros, lindes de cultivos, etc. **Alt.:** 300-950 m.

Dist.: Med. Dispersa por Navarra, a baja altitud. **Alp.:** -; **Atl.:** E; **Med.:** R.

Fumaria densiflora DC.

F. micrantha Lag.

Cultivos, ribazos y pastos secos. **Alt.:** 250-700 m.

Dist.: Med. W (Plurirreg.). Dos tercios meridionales de Navarra, apareciendo de forma dispersa. **Alp.:** -; **Atl.:** R; **Med.:** E.

Fumaria faurei (Pugsley) Lidén

F. mirabilis var. *faurei* Pugsley

Arvense, en orlas de cultivos cerealistas, sobre suelos ricos en bases. **Alt.:** 400-450 m.

Dist.: Med. W. Sólo se conoce de Peralta, en la Ribera (Aizpuru & al., 1998). **Alp.:** -; **Atl.:** -; **Med.:** RR.

Fumaria muralis Sonder ex Koch

F. media auct., non Loisel.

Sobre suelos removidos y nitrogenados; grietas de muros y orillas de caminos. **Alt.:** 20-1100 m.

Dist.: Med.-Atl. Dispersa por el cuadrante NW de Navarra. **Alp.:** -; **Atl.:** R; **Med.:** -.

Obs.: Algunas citas deben llevarse a *F. reuteri* Boiss.

Fumaria officinalis L. subsp. *officinalis*

Planta arvense y ruderal, en orlas de cultivos, caminos y baldíos. **Alt.:** 250-1000 m.

Dist.: Subcosm. General en la mitad meridional de Navarra y puntual en el resto. **Alp.:** E; **Atl.:** E; **Med.:** C.

Fumaria officinalis L. subsp. *wirtgenii* (Koch) Arcangeli

F. wirtgenii Koch

Sobre suelos removidos y baldíos, en ambientes secos. **Alt.:** 250-700 m.

Dist.: Med. W. Citada de la cuenca de Pamplona, Zona Media y Ribera. **Alp.:** -; **Atl.:** RR; **Med.:** RR.

Fumaria parviflora Lam.

Cultivos, ribazos, setos, cunetas y baldíos. **Alt.:** 250-750 m.

Dist.: Med. (Plurirreg.). Dispersa por la mitad meridional, alcanza las cuencas prepiren. **Alp.:** -; **Atl.:** RR; **Med.:** E.

Fumaria petteri Rchb. subsp. *calcarata* (Cadevall) Lidén & Soler

F. calcarata Cadevall; *F. transiens* P.D. Shell; *F. segetalis* sensu Coutinho; *F. thuretii* auct.

Canchales, terrenos abandonados y cultivos. **Alt.:** 500-550 m.

Dist.: Med. W. Sólo la conocemos de Fitero, en el extremo sur de Navarra (Alejandre, 1995). **Alp.:** -; **Atl.:** -; **Med.:** RR.

Fumaria reuteri Boiss.

F. apiculata Lange; *F. martinii* Clavaud; *F. agraria* subsp. *merinoi* Pau

Repisas, pies de cantil y pedregales nitrogenados. **Alt.:** 400-1250 m.

Dist.: Med. Pirineos, estribaciones prepiren. y sierras occ. **Alp.:** RR; **Atl.:** E; **Med.:** RR.

Fumaria vaillantii Loisel.

F. schrammii (Ascherson) Velen.; *F. cespitosa* Loscos

Arvense y ruderal, en campos de cultivo cerealista. **Alt.:** 400-1000 m.

Dist.: Eur. Con veracidad aparece en Lapoblación, en la Zona Media occidental. **Alp.:** -; **Atl.:** RR; **Med.:** RR.

Obs.: Se ha citado como *F. schrammii* (Ascherson) Velen. Hay citas de esta planta en Pamplona (Fdez. de Salas & Gil, 1880; Willkomm, 1880) y de Tafalla (Escriche, 1935) sin verificar recientemente.

Glaucium corniculatum (L.) J.H. Rudolph

Chelidonium corniculatum L.

Barbechos, taludes terrosos, graveras y pastos de anuales. **Alt.:** 200-700 m.

Dist.: Med. Tercio meridional de Navarra. **Alp.:** -; **Atl.:** -; **Med.:** E.

Glaucium flavum Crantz

G. luteum Scop.

Cascajeras, terrazas fluviales y pedregales en ambientes ruderalizados. **Alt.:** 250-650 m.

Dist.: Med. Parece estar presente en la cuenca de Pamplona (Aizpuru & al., 1996), y en el Valle del Ebro. **Alp.:** -; **Atl.:** RR; **Med.:** RR.

Hypecoum imberbe Sm.

H. grandiflorum Bentham; *H. procumbens* subsp. *grandiflorum* (Bentham) Bonnier & Layens; *H. glaucescens* Guss.

Cultivos, barbechos y terrenos removidos. **Alt.:** 250-600 m.

Dist.: Plurirreg.; Med.-Iraniana. Ocasional en la Zona Media y cuenca de Pamplona, se hace algo más habitual en la mitad meridional, en el Valle del Ebro. **Alp.:** -; **Atl.:** RR; **Med.:** F.

Hypecoum pendulum L.

Cultivos y taludes terrosos caldeados. **Alt.:** 250-600 m.

Dist.: Plurirreg.; Med.-Iraniana. Dispersa en la Ribera, llega a la Zona Media de forma puntual. **Alp.:** -; **Atl.:** -; **Med.:** R.

Obs.: Se ha citado de la cuenca de Pamplona (Fdez. de Salas & Gil, 1870).

Hypecoum procumbens L.

Planta citada de Navarra, posiblemente errónea. Zonas costeras, siempre sobre terrenos arenosos. **Alt.:** 250-350 m.

Dist.: Med. Citada de la Zona Media y la Ribera. **Alp.:** -; **Atl.:** -; **Med.:** RR.

Obs.: Las citas de Escriche (1935) de Tafalla, Ursúa (1981) de Milagro y Garde (1983) de Marcilla no parecen verosímiles para este taxon, propio de zonas litorales.

Meconopsis cambrica (L.) Vig.
Papaver cambricum L.

Nemoral y esciófila, vive en hayedos, hayedo-abetales y megaforbios junto a arroyos. **Alt.:** 150-1850 m.
Dist.: Atl. Montañas y valles de la mitad septen. de Navarra. **Alp.:** E; **Atl.:** E; **Med.:** -.

Papaver argemone L.

Arvense y ruderal, crece en barbechos, cultivos y otros terrenos removidos. **Alt.:** 400-800 m.
Dist.: Med. Dispersa por la mitad meridional de Navarra, siendo algo más frecuente en la Zona Media. **Alp.:** RR; **Atl.:** E; **Med.:** E.

Papaver dubium L.
P. obtusifolium Desf.; P. lecoqii Lamotte; P. dubium subsp. lecoqii (Lamotte) Syme

Arvense y ruderal, vive a pie de cantiles soleados, pedrizas y pastos de anuales. **Alt.:** 400-1100 m.
Distribución. Eur. Dispersa por los Pirineos, cuencas y sierras prepiren., Zona Media, estribaciones occ. y puntual en la Ribera. **Alp.:** E; **Atl.:** E; **Med.:** E.

Papaver hybridum L.
P. hispidum Lam.

Arvense y ruderal, crece en ribazos, barbechos y ambientes frecuentados por animales. **Alt.:** 250-850 m.
Dist.: Med. Dispersa en Navarra: Pirineos, cuencas prepiren., Zona Media y Ribera. **Alp.:** RR; **Atl.:** E; **Med.:** E.

Papaver rhoeas L.

Las amapolas crecen en ambientes alterados, como cultivos, barbechos, escombreras, baldíos, herbazales y taludes nitrogenados. **Alt.:** 40-1150 m.
Dist.: Plurirreg. Extendida por toda Navarra, se enrarece en los valles atlánt. y no asciende a las montañas más elevadas. **Alp.:** F; **Atl.:** F; **Med.:** CC.
Obs.: Especie polimorfa, con numerosas variedades descritas. Aizpuru & al. (1996) anotan el mesto *P. rhoeas × P. sommniferum* L. (*P. × trilobum* Wallr.) de Tudela.

Papaver somniferum L. subsp. *setigerum* (DC.) Arcangeli
P. setigerum DC.

La adormidera se cultiva como planta ornamental y se asilvestra en ambientes ruderales, a orillas de carreteras y herbazales viarios. **Alt.:** 350-850 m.
Dist.: Subcosm.; originaria del Med. Esporádica en Navarra, principalmente en la Zona Media. **Alp.:** -; **Atl.:** RR; **Med.:** R.

Papaver somniferum L. subsp. *somniferum*

Planta citada de Navarra antes de 1960, sin citas posteriores. Cultivada por sus usos medicinales, puede asilvestrarse en ocasiones. **Alt.:** 400-650 m.
Dist.: Subcosm.; originaria del Med. Se ha citado de Pamplona por Colmeiro (1885). **Alp.:** -; **Atl.:** RR; **Med.:** -.

Obs.: Conviene verificar la presencia de esta planta en Navarra.

Platycapnos spicata (L.) Bernh.
Fumaria spicata L.; P. spicata subsp. echeandiae (Pau) Heywood

Cultivos y terrenos removidos. **Alt.:** 250-600 m.
Dist.: Med. W. Mitad meridional de Navarra, principalmente en el Valle del Ebro. **Alp.:** -; **Atl.:** RR; **Med.:** F.
Obs.: Las citas atlánt. son dudosas.

Platycapnos tenuiloba Pomel subsp. *tenuiloba*

Cultivos y terrenos removidos. **Alt.:** 250-600 m.
Dist.: Med. W. Presente en el Valle del Ebro. **Alp.:** -; **Atl.:** -; **Med.:** RR.
Obs.: Material de Navarra en el herbario ARAN.

Roemeria hybrida (L.) DC.
Chelidonium hybridum L.; R. violaceae Medicus, nom. illeg.

Arvense y ruderal, crece en cultivos cerealistas, ribazos, barbechos y pastos de anuales. **Alt.:** 250-750 m.
Dist.: Plurirreg.; Med.-Iraniana. Mitad meridional de Navarra, sobre todo en el Valle del Ebro, siendo más rara en la Zona Media. **Alp.:** -; **Atl.:** RR; **Med.:** F.
Obs.: Son dudosas las citas de los valles atlánt. (Lacoizqueta, 1884).

Sarcocapnos enneaphylla (L.) DC.
Fumaria enneaphylla L.

Rupícola, en extraplomos y grietas de roquedos calizos, en general soleados. **Alt.:** 500-1200 m. **HIC:** 8210.
Dist.: Med. W. Restringida a las estribaciones calizas de la sierra de Leire (foz de Lumbier, foz de Arbaiun) y a occidente, en la sierra de Toloño. **Alp.:** RR; **Atl.:** RR; **Med.:** RR.
Cons.: Prioritaria (Lorda & al., 2009).

Phytolaccaceae

Phytolacca americana L.
Ph. decandra L.

Cultivada por sus bayas, con diferentes usos, se ha asilvestrado en cunetas, baldíos, herbazales y orillas de ríos. **Alt.:** 20-250 m.
Dist.: Introd.; origen neotrop. Se limita a los valles atlánt. septentrionales. **Alp.:** -; **Atl.:** E; **Med.:** -.
Obs.: Considerada especie exótica con potencial invasor (CEEEI, 2011).

Pinaceae

Abies alba Mill.
Abies pectinata DC.

El abeto forma abetales y bosques mixtos con hayas o pino albar, formando masas de cierta extensión o individuos aislados en contacto con los pinares de pino negro. **Alt.:** 600-1800 m. **HIC:** 9150, 9120, 9130, Abet. pirenaicos, Abet. prepiren., 9430*.
Dist.: Eur. Valles pirenaicos y sierras prepiren. (puntual). **Alp.:** E; **Atl.:** -; **Med.:** -.
Cons.: M.N. (Nº 24).

Obs.: Límite SW en Navarra. Fuera de su área pirenaica tiene origen antrópico. Las citas que lo llevan hasta Roncesvalles (Willkomm, 1870; Colmeiro, 1888) no se han encontrado en los últimos años (Lorda, 2001). Algunos ejemplares aislados en las sierras prepiren. han desaparecido bajo las motosierras en estos últimos años.

Larix decidua Mill.

Cultivado en plantaciones forestales. **Alt.:** 450-1200 m.
Dist.: Introd.; originaria de Europa central. Por la Zona Media y septen., principalmente a occidente. **Alp.:** -; **Atl.:** E; **Med.:** -.

Larix kaempferi (Lamb.) Carrière

Cultivado en plantaciones forestales. **Alt.:** 650-1200 m.
Dist.: Introd.; originaria de Japón. Extendido en repoblaciones en los valles atlánt. y pirenaicos. **Alp.:** RR; **Atl.:** R; **Med.:** -.

Picea abies (L.) Karsten subsp. *abies*

Pinus abies L.

Cultivado como ornamental y en plantaciones forestales. **Alt.:** 750-1250 m.
Dist.: Introd.; originaria Bor.-Alp. Mitad septen. de Navarra. **Alp.:** R; **Atl.:** R; **Med.:** -.

Pinus halepensis Mill. subsp. *halepensis*

Bosques xerófilos en terrenos calizos o yesosos; muy extendido en repoblaciones forestales. **Alt.:** 250-850 m.
HIC: 4030, 5210, 9540.
Dist.: Med. Por el tercio meridional donde se encuentran algunas masas autóctonas, pero luego extendido por las repoblaciones forestales a numerosas localidades de clima cálido. **Alp.:** -; **Atl.:** -; **Med.:** C.
Observaciones. Algunas poblaciones provienen de repoblaciones, siendo éstas las más extendidas.

Pinus nigra Arnold

Cultivado ampliamente como especie forestal, se asilvestra fácilmente en terrenos alterados. **Alt.:** 400-1100 m.
Dist.: Introd. Principalmente en la franja media de Navarra, donde ocupa grandes superficies en repoblaciones forestales. **Alp.:** -; **Atl.:** E; **Med.:** E.
Obs.: Incluidas la subsp. *nigra* y subsp. *salzmannii* (Dunal) Franco. Las poblaciones navarras parecen corresponder más con la subsp. *nigra*.

Pinus pinaster Aiton

Utilizado en repoblaciones forestales, de forma ocasional en Navarra. **Alt.:** 500-1000 m.
Dist.: Med. W. Parece presentarse de forma esporádica en la mitad septen. de Navarra. **Alp.:** -; **Atl.:** R; **Med.:** R.
Obs.: Incluidas las subespecies de la sinonimia.

Pinus pinea L.

Plantado en el territorio, aparece de forma esporádica. **Alt.:** 350-500 m.
Dist.: Med. Se conce de forma aislada en la mitad meridional de Navarra. **Alp.:** -; **Atl.:** RR; **Med.:** RR.

Pinus radiata D. Don.

Cultivado en plantaciones forestales, principalmente en el ámbito atlánt. **Alt.:** 20-600 m.

Dist.: Introd.; originario del W de Estados Unidos. Limitado a los valles atlánt. del NW. **Alp.:** -; **Atl.:** E; **Med.:** -.

Pinus sylvestris L.

Forma bosques en terrenos accidentados, luminosos y de clima continental, sustituyendo hayedos y robledales, formando bosques paraclimácicos, y en determinado enclaves, como autóctono. **Alt.:** 450-1600 m.
HIC: Robl. pel. pirenaicos, 9230, 9120, 91D0*, Abet. prepiren., Pin. *Pinus sylvestris* basófilos, Pin. *Pinus sylvestris* acidófilos, Pin. *Pinus sylvestris* secund., 9430*, 9580*.
Dist.: Eur. En los Pirineos, cuencas y sierras prepiren. y Zona Media. **Alp.:** C; **Atl.:** E; **Med.:** R.
Cons.: M.N. (Nº 29).
Obs.: Se han descrito distintas variedades, siendo la variedad *pyrenaica* Svob. la correspondiente al C y W del Pirineo. Se ha fomentado su extensión, formando comunidades secundarias provenientes de hayedos y robledales autóctonos.

Pinus uncinata Ramond ex DC.

P. mugo subsp. *uncinata* (DC.) Domin

Bosques aclarados climácicos en el piso subalpino, sobre terrenos karstificados, en espolones, incluso grietas y fisuras del lapiaz calizo. **Alt.:** 1400-2400 m.
HIC: 4060, 9430*.
Dist.: Oróf. Europa W. Limitado a las montañas pirenaicas más elevadas, desde el monte Ori hacia el este. **Alp.:** R; **Atl.:** -; **Med.:** -.
Obs.: Se hibrida con *P. sylvestris* en sus áreas de contacto, dando el mesto *P. × rhaetica* Brügger.

Pseudotsuga menziesii (Mirbel) Franco

Ps. douglasii (Lindl.) Carrière

Cultivada. Extendido en plantaciones forestales y como árbol ornamental. **Alt.:** 250-1000 m.
Dist.: Introd.: originario de Norteamérica W. Disperso por la zona atlánt. y los Pirineos. **Alp.:** RR; **Atl.:** RR; **Med.:** -.

Plantaginaceae

Littorella uniflora (L.) Asch.

Plantago uniflora L.; *L. lacustris* L.

Planta dudosa que requiere comprobación. Balsas y lagunas poco profundas, en general sobre sustratos silíceos. **Alt.:** 250-650 m.
Dist.: Atl.; subatl. Sólo la conocemos de la Balsa del Pulguer, en Tudela (Ursúa, 1986). **Alp.:** -; **Atl.:** -; **Med.:** RR.
Cons.: LC (ERLVP, 2011).
Obs.: Hay citas próximas a Navarra en Álava. Convienen verificar esta población navarra.

Plantago afra L.

P. psyllium L.

Terrenos soleados, con suelos secos y sueltos, como terrazas fluviales. **Alt.:** 350-600 m.
Dist.: Med. Limitada a contadas localidades del Valle del Ebro, desde Viana a Fitero. **Alp.:** -; **Atl.:** -; **Med.:** R.

Plantago albicans L.

Pastos pedregosos, eriales, ribazos y taludes, sobre suelos secos, en climas soleados. **Alt.:** 250-600 m. **HIC:** 6220*.
Dist.: Plurirreg.; Med.-Sahariana. General en el tercio meridional de Navarra, llegando a la Zona Media. **Alp.:** -; **Atl.:** -; **Med.:** C.

Plantago alpina L.

P. penyalarensis Pau; P. maritima subsp. alpina (L.) O. Bolòs & Vigo
Cervunales, pastos pedregosos, crestones y céspedes innivados. **Alt.:** 1300-2300 m. **HIC:** 6230*.
Dist.: Oróf. Europa. Limitado a las montañas pirenaicas más elevadas, al este del monte Ori. **Alp.:** E; **Atl.:** -; **Med.:** -.
Obs.: Escriche (1935) la cita de Tafalla, sin que sea verosímil su presencia en esta zona.

Plantago argentea Chaix

Planta citada de Navarra, posiblemente errónea. Pastos secos y pedregosos. **Alt.:** 250-650 m.
Dist.: Oróf. S Europa. Anotada de varias localidades de la mitad meridional de Navarra, desde la cuenca de Pamplona. **Alp.:** -; **Atl.:** RR; **Med.:** RR.
Obs.: Citada por Lacoizqueta (1884), Fdez. León (1982), García Bona (1974), Loidi (1988) y Vicente (1983). Vive en los prepirineos de Barcelona, Lérida y Huesca y no parece que se acerque a Navarra.

Plantago bellardii All.

Planta citada de Navarra antes de 1960, sin citas posteriores. En pastos de anuales, en zonas de clima mediterráneo. **Alt.:** 250-650 m.
Dist.: Med. Citada de Caparroso, en la Ribera, por Ruiz Casav. (1880). **Alp.:** -; **Atl.:** -; **Med.:** RR.
Obs.: No parece alcanzar Navarra, ni en *Flora Iberica* se señala su posible presencia.

Plantago cornuti Gouan

Planta citada de Navarra antes de 1960, sin citas posteriores. Suelos húmedos con cierta salinidad. **Alt.:** 120-350 m.
Dist.: Eur. Anotada de Bertizarana, en los valles atlánt. **Alp.:** -; **Atl.:** RR; **Med.:** -.
Obs.: Citada por Lacoizqueta (1884). No parece que llegue a Navarra, ya que sólo se conoce de Gerona.

Plantago coronopus L.

P. macrorhiza subsp. occidentalis Pilg.; P. weldenii subsp. purpurascens (Willk. ex Nyman) Greuter & Burdet
Sobre terrenos alterados a orillas de cubetas endorreicas y entornos pisoteados y alterados. **Alt.:** 250-650 m. **HIC:** 3170*, 1310, 1410, 1420, Gramales y past. suel compac.
Dist.: Subcosm. Por la mitad meridional de Navarra. **Alp.:** -; **Atl.:** RR; **Med.:** C.

Plantago crassifolia Forssk.

Planta citada de Navarra, posiblemente errónea. En pastos salinos, sobre suelos arenosos o arcillosos a baja altitud. **Alt.:** 200-350 m.
Dist.: Med. Citada de Caparroso por Ruiz Casav. (1880).

Alp.: -; **Atl.:** -; **Med.:** RR.
Obs.: No parece que llegue a Navarra, ya que sólo se conoce del litoral orient. mediterráneo.

Plantago lagopus L.

P. lusitanica L.
Pastos de anuales, sobre suelos sueltos, en climas secos y soleados. **Alt.:** 250-650 m. **HIC:** 1420, 1430.
Dist.: Med. General en la mitad meridional alcanzando puntualmente la Zona Media. **Alp.:** -; **Atl.:** -; **Med.:** C.

Plantago lanceolata L.

Herbazales poco densos, prados, pastos, sendas y ribazos. **Alt.:** 100-1950 m. **HIC:** Fenalares, Pastiz. suelos pisoteados, 6210(*), Prados diente-siega con *Cynosurus cristatus*, 6510, 6230*, Juncales éutrofos, Pastiz. higronitrófilos.
Dist.: Subcosm. General en Navarra. **Alp.:** C; **Atl.:** C; **Med.:** C.
Obs.: Las citas de *P. argentea* Chaix pueden corresponder a formas de este taxon.

Plantago loeflingii Loefl. ex L.

Pastos secos, baldíos, cunetas y terrazas fluviales. **Alt.:** 300-650 m.
Dist.: Plurirreg.; Med.-Sahariana. Contadas localidades en la Ribera Tudelana. **Alp.:** -; **Atl.:** -; **Med.:** R.

Plantago major L.

Lugares pisoteados de caminos, veredas, sendas, pastos, majadas, orlas forestales, incluso bordes de balsas y lagunas. **Alt.:** 20-1700 m. **HIC:** 3170*, Past. inund. *A. stolonifera*, Gramales y past. suel compac., Pastiz. suelos pisoteados.
Dist.: Subcosm. General en Navarra. **Alp.:** F; **Atl.:** C; **Med.:** C.
Obs.: Se incluyen: la subsp. *major* y la subsp. *intermedia* (Gilib.) Lange (*P. intermedia* Gilib.), ambas presentes en Navarra. La primera más extendida y la segunda en los valles atlánt. y puntual en la Ribera.

Plantago maritima L. subsp. *maritima*

Planta dudosa que requiere comprobación. Cubetas endorreicas, sobre sustratos ricos en bases y salinos. **Alt.:** 250-650 m. **HIC:** 1310, 1510*, 1410.
Dist.: Plurirreg.; Eurosiberiana-Med. En el tercio meridional de Navarra. **Alp.:** -; **Atl.:** R; **Med.:** E.
Obs.: Este taxon, para *Flora Iberica*, estaría limitado a los acantilados maritimos y marismas y, por tanto, presente únicamente en el litoral atlánt. Conviene verificar las citas navarras asociadas a las cubetas endorreicas del interior.

Plantago maritima L. subsp. *serpentina* (All.) Arcang.

P. serpentina All.; P. loscosii Willk.
Pastos y matorrales aclarados, cerros yesosos, cubetas endorreicas, sobre suelos temporalmente inundados. **Alt.:** 250-1750 m. **HIC:** Pastiz. semiagost. suel. margosos.
Dist.: Med. General en la Zona Media, enrareciéndose en los valles atlánt. y en el sur más árido. **Alp.:** E; **Atl.:** E; **Med.:** E.

Obs.: Incluida la variedad *gypsicola* Pau. Posiblemente las citas de *P. maritima* subsp. *maritima* deban corresponder a este taxon.

Plantago media L.

Orillas de caminos, sendas pisoteadas, pastos y matorrales aclarados. **Alt.:** 50-2000 m.
Dist.: Eur. General en la mitad septen., se hace rara y ausenta del tercio medidional, más seco. **Alp.:** C; **Atl.:** C; **Med.:** E.

Plantago monosperma Pourr. subsp. *discolor* (Gand.) M. Laínz

P. discolor Gand.; P. atrata subsp. discolor (Gand.) M. Laínz; P. atrata auct., non Hoppe

Sobre suelos someros, pedregosos, en cerros margosos y crestones calizos venteados. **Alt.:** 500-1300 m. **HIC:** 6170.
Dist.: Endém. ibérica. En las estribaciones medias occ. y en la Ribera Tudelana. **Alp.:** -; **Atl.:** RR; **Med.:** RR.
Obs.: Citada de Tafalla por Escriche (1935). En Navarra presenta su límite nororient. La subsp. *monosperma* es alpina y no estaría en Navarra.

Plantago sempervirens Crantz

P. cynops L.

Pedrizas, graveras fluviales y pastos pedregosos, en zonas de clima soleado. **Alt.:** 250-850 m. **HIC:** 3250, Mat. nitrof. grav. fluv.
Dist.: Med. W. Puntual en la parte baja de los valles pirenaicos, mejor representada en la mitad meridional. **Alp.:** RR; **Atl.:** -; **Med.:** E.

Plantago subulata L.

Planta citada de Navarra, posiblemente errónea. Acantilados marítimos. **Alt.:** 250-750 m.
Dist.: Med. W. Citada de Caparroso (Colmeiro, 1888; Ruiz Casaviella, 1880) y Sansoain (Cavero & López, 1987). **Alp.:** -; **Atl.:** RR; **Med.:** RR.
Obs.: Planta propia de los acantilados marinos, sólo conocida de Gerona, dificilmente estaría en Navarra.

Platanaceae

Platanus hispanica Mill. ex Münchh.

P. hybrida Brot.; P. vulgaris Spach; P. occidentalis sensu Willk.

El plátano de sombra se planta en parques y jardines, no se conoce en estado espontáneo y parece originado por hibridación entre *P. orientalis* L. y *P. occidentalis* L.; se asilvestra con frecuencia. **Alt.:** 20-1000 m.
Dist.: Introd.; Plurirreg. General en buena parte del territorio navarro, sin llegar a cotas elevadas. **Alp.:** RR; **Atl.:** F; **Med.:** RR.

Plumbaginaceae

Armeria arenaria (Pers.) Schultes subsp. *anomala* (Bernis) Catalán

Pastos pedregosos, repisas de roquedos y crestones calizos. **Alt.:** 1000-1500 m.
Dist.: Oróf. Med. W. Estaría presente en las montañas de la Zona Media y en las sierras prepiren. **Alp.:** R; **Atl.:** R; **Med.:** R.
Obs.: Se incluye la variedad *arenaria*. Grupo complejo en Navarra, no bien delimitado florísticamente.

Armeria arenaria (Pers.) Schultes subsp. *bilbilitana* (Bernis) Nieto FelineR.

A. maritima var. bilbilitana Bernis

Planta citada de Navarra, posiblemente errónea. Terrazas fluviales y suelos secos, en climas secos y soleados, a baja altitud. **Alt.:** 450-1000 m.
Dist.: Med. W. Citada por Erviti (1989) y Vicente (1983) de Alaiz, Illón e Ibargoiti, en la Zona Media y las sierras prepiren. **Alp.:** RR; **Atl.:** RR; **Med.:** -.
Obs.: En el cuadrante NE de la Península Ibérica, sus poblaciones rozan Navarra, sin que la conozcamos con certeza; puede corresponder a cualquiera de las otras dos subespecies citadas. Grupo complejo en Navarra

Armeria arenaria (Pers.) Schultes subsp. *burgalensis* (Sennen & Elías) Uribe-Ech.

Repisas herbosas de roquedos calizos y conglomerados, y collados de montaña. **Alt.:** 1000-1500 m.
Dist.: Oróf. Med. W. Parece repartirse por los cordales de la Navarra Media, desde las sierras prepiren. a las occ. **Alp.:** -; **Atl.:** R; **Med.:** R.
Obs.: Límite W en el territorio. Grupo complejo en Navarra.

Armeria bubanii Lawrence

A. maritima subsp. alpina sensu Pinto da Silva; A. majellensis auct.

Planta que está cerca de Navarra, y cuya presencia se estima probable. Pastos pedregosos en zonas de alta montaña. **Alt.:** 2300-2500 m.
Dist.: Oróf. Europa. No está presente en Navarra.
Obs.: Citada de Aragón.

Armeria cantabrica Boiss. & Reut. ex Willk.

A. maritima subsp. alpina sensu Pinto da Silva

Rellanos de roquedos calizos y fisuras de cantil en ambientes algo sombríos. **Alt.:** 800-1400 m. **HIC:** 6170.
Dist.: Endém. del N peninsular. Limitada a las estribaciones occ. de Codés, Peña Otxanda y Lapoblación. **Alp.:** -; **Atl.:** RR; **Med.:** RR.
Cons.: VU D2 (LR, 2000); VU D2 (LR, 2008) la subsp. *vasconica*; Prioritaria (Lorda & al., 2009) la subsp. *vasconica*.
Obs.: Incluida la subsp. *vasconica* (Sennen) Uribe-Ech. En Navarra señala su límite de distribución orient. Las citas de Allorge (1941), López (1970) y Montserrat (1974) de Urbasa-Andía, deben llevarse a *A. pubinervis*. Grupo complejo en Navarra.

Armeria maritima Willd.

A. miscella Merino; A. elongata auct.

Planta citada de Navarra, posiblemente errónea. Acantilados costeros y líneas de pleamar en las marismas. **Alt.:** 750-1350 m.
Dist.: Plurirreg; hemisferio norte y extremo meridional de América del Sur. Citada de la sierra de Leire, en las montañas prepiren. orient.. **Alp.:** RR; **Atl.:** -; **Med.:** -.

Obs.: Citada por Fdez. León (1982) de Leire; no parece probable su presencia en Navarra, y debe corresponder, posiblemente, con *A. arenaria* subsp. *burgalensis*.

Armeria pseudoarmeria (Murray) Mansfeld
Statice pseudoarmeria Murray; A. latifolia Willd.

Planta citada de Navarra, posiblemente errónea. Roquedos, pastos y matorrales aclarados. **Alt.:** 650-1000 m.
Dist.: Endém. ibérica. En las sierras medias occ. **Alp.:** -; **Atl.:** RR; **Med.:** -.
Obs.: Citada por López (1970, 1972) del Perdón y García Bona (1974) de la sierra de Sarbil. Es un endemismo portugués, del cuadrante SW peninsular, por lo que raramente alcanzaría nuestro territorio. Grupo complejo en Navarra.

Armeria pubinervis Boiss.
A. maritima subsp. alpina sensu Pinto da Silva

Cervunales, céspedes supraforestales y repisas de roquedos de montaña. **Alt.:** 850-2400 m. **HIC:** 6170.
Dist.: Oróf. Europa W. En las montañas pirenaicas y en las sierras occ. **Alp.:** E; **Atl.:** E; **Med.:** -.
Obs.: Se incluye la subsp. *pubinervis* y la subsp. *orissonensis* Donadille. En las sierras de Urbasa y Andía hay poblaciones de porte cercano a *A. euskadiensis* Donadille & Vivant, diferenciable por su porte menos robusto, etc.

Limonium costae (Willk.) Pignatti
Statice costae Willk.

Orlas de lagunas endorreicas. **Alt.:** 250-350 m.
Dist.: Endém. del C y NE peninsular. En el Valle del Ebro. **Alp.:** -; **Atl.:** -; **Med.:** RR.
Obs.: Material en el herbario Vivant. Dentro de este género se conocen ejemplares no relacionados con los táxones descritos, que pueden constituir novedades de interés (Biurrun, 1999), por ello, es posible que haya más táxones de este género en Navarra.

Limonium echioides (L.) Mill.
Statice echioides L.; S. echioides var. segobricensis Pau

Pastos secos sobre suelos arcillosos o margosos en climas soleados, junto a cubetas endorreicas. **Alt.:** 250-550 m.
Dist.: Med. Limitado al tercio meridional, en la Ribera Tudelana. **Alp.:** -; **Atl.:** -; **Med.:** R.

Limonium hibericum Erben
Statice duriuscula var. procera Willk.; L. catalaunicum subsp. procerum (Willk.) Pignatti

Orlas de depresiones endorreicas, zanjas, acequias y orillas de vías de comunicación. **Alt.:** 250-650 m.
Dist.: Med. W. Limitado al Valle del Ebro. **Alp.:** -; **Atl.:** -; **Med.:** R.
Obs.: Límite NW en Navarra. Se ha constatato en Navarra la presencia de *L. hibericum* × *L. viciosoi* (*Statice fraterna* Sennen & Pau), diferenciable por sus flores mayores y espiguillas dispuestas más densamente.

Limonium latebracteatum Erben
L. delicatulum subsp. latebracteatum (Erben) Castrov. & Cirujano

Planta que está cerca de Navarra, y cuya presencia se estima probable. Cubetas endorreicas y cerros estepizados, en ambientes áridos. **Alt.:** 250-350 m.

Dist.: Med. W.
Obs.: Citada de Tauste (Zaragoza) por Ursúa (1986), cerca de Navarra.

Limonium paui Cámara & Sennen

Matorrales y pastos en cerros, y terrenos estepizados en orlas de depresiones endorreicas. **Alt.:** 250-650 m.
Dist.: Endém. de La Rioja (Corera). En el Valle del Ebro. **Alp.:** -; **Atl.:** -; **Med.:** RR.
Obs.: Límite NW en Navarra. Hay material navarro en el herbario Vivant.

Limonium ruizii (Font Quer) Fern. Casas
Statice ruizii Font Quer

Barrancos arcillosos y yesosos, saladares y cubetas endorreicas, en climas semiáridos. **Alt.:** 250-550 m. **HIC:** 1510*.
Dist.: Med. W. En el tercio meridional, en la Ribera Estellesa y Tudelana, asociada a los afloramientos salinos meridionales. **Alp.:** -; **Atl.:** -; **Med.:** E.
Cons.: VU B1+2c (LR, 2000); VU B2ab(iii), D2 (LR, 2008); Prioritaria (Lorda & al., 2009).
Obs.: Límite NW. Se conoce de Navarra el híbrido *L. ruizii* × *L. hibericum*, diferenciable del primero por sus hojas e inflorescencias más anchas.

Limonium viciosoi (Pau) Erben
Statice viciosoi Pau

Planta dudosa que requiere comprobación. Pastos secos, sobre sustratos yesosos. **Alt.:** 250-650 m. **HIC:** 1510*.
Dist.: Endém. de los alrededores de Calatayud (Z). En la Ribera Estellesa y Tudelana. **Alp.:** -; **Atl.:** -; **Med.:** RR.
Cons.: DD (LR, 2000); DD (LR, 2008).
Obs.: Citada de los alrededores de Calatayud. Sin embargo hay distintas citas de Navarra: Falces (Herbario BIO); Vedado de Eguaras, Bardena Blanca, Caparroso y Mendavia (Ursúa, 1986), etc. No parece que llegue a Navarra.

Plumbago europaea L.

Repisas y rellanos de roquedos, en zonas majadeadas, ricas en nitrógeno. **Alt.:** 450-700 m.
Dist.: Med. Contadas localidades en las cuencas prepiren. (Arbaiun, Lumbier, Rocaforte, Liédena). **Alp.:** -; **Atl.:** -; **Med.:** RR.

Polygalaceae

Polygala alpestris Rchb. subsp. *alpestris*
P. vulgaris subsp. alpestris (Rchb.) Rouy & Foucaud

Pastos, crestones y claros forestales en la alta montaña. **Alt.:** 1450-2100 m.
Dist.: Oróf. Europa. Limitada a las montañas pirenaicas más elevadas. **Alp.:** R; **Atl.:** -; **Med.:** -.

Polygala alpina (Poir. ex DC.) Steud.
P. amara var. alpina Poir. Ex DC.; P. nivea Miégev.

Rellanos de roquedos, pastos pedregosos y matorrales aclarados. **Alt.:** 1100-2000 m.
Dist.: Oróf. Europa W. Parece que los ejemplares más típicos estarían en los Pirineos, en donde se localizaría el taxon. **Alp.:** R; **Atl.:** RR; **Med.:** -.

Obs.: Hay formas de transición hacia *P. calcarea* F.W. Schultz, principalmente en las montañas medias y estribaciones occ., de la que resulta compleja su separación, al menos con el material navarro.

Polygala calcarea F.W. Schultz

P. amara auct. hisp., non L.; P. depressa auct. hisp., p.p., non Wender; P. serpyllifolia auct. hisp., p.p., non Hosé

Pastos y matorrales aclarados, en ambiente del quejigal-carrascal, llegando a zonas de alta montaña. **Alt.:** 500-2100 m.

Dist.: Europa W. Pirineos, montañas de la Zona Media y estribaciones occ. **Alp.:** E; **Atl.:** E; **Med.:** R.

Obs.: Hacia el Pirineo aparecen formas tendentes a *P. alpina*.

Polygala exilis DC.

Calveros sobre suelos someros en matorrales y pastos soleados. **Alt.:** 250-650 m.

Dist.: Med. W. En la Ribera Estellesa. **Alp.:** -; **Atl.:** -; **Med.:** RR.

Polygala monspeliaca L.

Rellanos de anuales, pastos pedregosos y calveros en matorrales aclarados. **Alt.:** 250-900 m.

Dist.: Med. Por la mitad meridional de Navarra, principalmente en la Ribera. **Alp.:** RR; **Atl.:** RR; **Med.:** E.

Polygala nicaeensis Risso ex W.D.J. Koch subsp. *gerundensis* (O. Bolòs & Vigo) Mateo & M.B. Crespo

P. vulgaris var. gerundensis O. Bolòs & Vigo

Planta dudosa que requiere comprobación. En claros en el área del quejigal-carrascal. **Alt.:** 600-1000 m.

Dist.: Med. W. Citada por Erviti (1991) de varias localidades de la Zona Media y sierras prepiren. **Alp.:** -; **Atl.:** RR; **Med.:** R.

Obs.: Hay dudas sobre su presencia en Navarra, según *Flora Iberica*. Los materiales navarros podría corresponder a formas de *P. vulgaris* L.

Polygala rupestris Pourr.

Rellanos y resaltes de roquedos, sobre suelos pedregosos con yeso, conglomerados y calcarenitas. **Alt.:** 250-500 m. **HIC:** 4090, 8210.

Dist.: Med. W. Limitada a la Ribera Tudelana (Arguedas, Fitero). **Alp.:** -; **Atl.:** -; **Med.:** RR.

Polygala serpyllifolia Hosé

Pastos, claros del matorral, rellanos de roquedos y orillas de arroyos y manantiales; sobre suelos ácidos o acidificados. **Alt.:** 100-1900 m. **HIC:** 4020*, 6230*.

Dist.: Atl. Pirineos, valles atlánt., montañas de la Zona Media y sierras occ. (puntual). **Alp.:** E; **Atl.:** E; **Med.:** -.

Polygala vulgaris L.

P. ciliata Lebel ex Gren; P. angustifolia Lange ex Willk.; P. baetica Willk.; P. lusitanica (Cout.) Welw. ex Chodat

Pastos y matorrales abiertos y rellanos de roquedos. **Alt.:** 100-1550 m.

Dist.: Eur. General en la mitad septen. de Navarra, llegando de forma muy puntual a la Ribera. **Alp.:** C; **Atl.:** C; **Med.:** E.

Obs.: Lacoizqueta (1884) cita *P. rosea* auct. hisp., p.p., non Desf., que debe llevarse a este taxon, lo mismo que las de *P. nicaeenesis* Risso de Erviti (1991).

Polygonaceae

Emex spinosa (L.) Campd.

Rumex spinosus L.

Baldíos y herbazales nitrogenados. **Alt.:** 500-600 m.

Dist.: Med. Sólo la conocemos de Monreal (Erviti, 1991), que señala su posible origen accidental. **Alp.:** -; **Atl.:** -; **Med.:** RR.

Obs.: Citada en *Flora Iberica*, sin conocer la localidad exacta.

Fallopia baldschuanica (Regel) J. Holub

Polygonum baldschuanicum Regel; Bilderdykia baldschuanica (Regel) D.A. Webb; B. aubertii (L. Henry) Moldenke; F. aubertii (L. Henry) J. Holub

Cultivada como ornamental, se asilvestra en setos y matorrales. **Alt.:** 40-650 m.

Dist.: Introd.; originaria de Asia Central. Dispersa por Navarra. **Alp.:** RR; **Atl.:** R; **Med.:** R.

Obs.: Considerada especie exótica con potencial invasor (CEEEI, 2011).

Fallopia convolvulus (L.) Á. Löve

Polygonum convolvulus L.; Bilderdykia convolvulus (L.) Dumort.

Arvense y ruderal, en campos de cultivo, orillas de caminos y descampados. **Alt.:** 150-1000 m.

Dist.: Plurirreg. Pirineos, valles atlánt., Navarra Media, cuencas y en la Ribera. **Alp.:** RR; **Atl.:** E; **Med.:** E.

Fallopia dumetorum (L.) J. Holub

Polygonum dumetorum L.; Bilderdykia dumetorum (L.) Dumort.

Planta dudosa que requiere comprobación. Setos y matorrales a baja altitud, donde se naturaliza. **Alt.:** 120-300 m.

Dist.: Eur. En los valles atlánt. y en la cuenca de Pamplona. **Alp.:** -; **Atl.:** RR; **Med.:** RR.

Obs.: Parece dudosa su presencia en Milagro (Ursúa & López, 1983).

Polygonum amphibium L.

Orillas fangosas y aguas someras de embalses, lagunas y remansos de ríos. **Alt.:** 250-650 m. **HIC:** 3150.

Dist.: Subcosm. Por la vertiente mediterránea, sin ser abundante. **Alp.:** -; **Atl.:** R; **Med.:** E.

Obs.: Incluida la variedad *terrestre* Weigel y la variedad *palustre* Weigel.

Polygonum arenastrum Boreau

P. aviculare auct.

Nitrófila, en terrenos removidos de campos de cultivo, orillas de caminos, etc. **Alt.:** 200-1550 m.

Dist.: Subcosm. Dispersa por Navarra. **Alp.:** E; **Atl.:** E; **Med.:** E.

Polygonum aviculare L.

Sobre terrenos nitrogenados, removidos, como orillas de ríos, cunetas, rastrojeras, escombreras, sendas, etc. **Alt.:** 20-1900 m.

Dist.: Subcosm. Por toda Navarra. **Alp.:** C; **Atl.:** C;

Med.: CC.

Obs.: Taxon polimorfo.

Polygonum bellardii All.

P. patulum auct.

Arvense, localizada en cultivos cerealistas. **Alt.:** 250-650 m.

Dist.: Med. Dispersa por la vertiente mediterránea, ligada a los campos de cereales. **Alp.:** -; **Atl.:** E; **Med.:** E.

Polygonum bistorta L. subsp. *bistorta*

Megaforbios y herbazales en ambientes frescos y grietas de lapiaz. **Alt.:** 950-1900 m.

Dist.: Circumbor. Montañas pirenaicas y, a occidente, en la sierra de Aralar. **Alp.:** R; **Atl.:** RR; **Med.:** -.

Polygonum equisetiforme Sm.

Terrenos removidos, en ambientes secos, arenosos o algo salinos. **Alt.:** 250-650 m.

Dist.: Plurirreg.; Med.-Iraniana. Conocida únicamente de Mendavia y Fustiñana. **Alp.:** -; **Atl.:** -; **Med.:** RR.

Polygonum hydropiper L.

Ambientes ruderalizados, sobre suelos humedecidos. **Alt.:** 100-900 m. **HIC:** 3170*, 3270.

Dist.: Circumbor. Valles atlánt. y Zona Media occidental. **Alp.:** RR; **Atl.:** E; **Med.:** RR.

Cons.: LC (ERLVP, 2011).

Polygonum lapathifolium L.

Terrenos humedecidos, nitrogenados y ruderalizados: cascajeras fluviales, orillas de cursos de agua, cultivos hortícolas, etc. **Alt.:** 250-900 m. **HIC:** 3270, 3280.

Dist.: Subcosm. Por toda Navarra, sin alcanzar las montañas más elevadas. **Alp.:** RR; **Atl.:** F; **Med.:** F.

Cons.: LC (ERLVP, 2011).

Obs.: Planta muy variable morfológicamente que incluye las subsp. *brittingeri* (Opiz) Domin, subsp. *lapathifolium* y subsp. *pallidum* (With.) Fr., todas presentes en Navarra. Se conoce el híbrido *P. × lenticulare* Hy (*P. lapathifolium × P. persicaria*).

Polygonum minus Huds.

Planta dudosa que requiere comprobación. Sobre suelos removidos en zonas de clima húmedo. **Alt.:** 350-600 m.

Dist.: Plurirreg. Sólo se conoce de Arraiz, en el valle de la Ultzama (Báscones, 1978). **Alp.:** -; **Atl.:** RR; **Med.:** -.

Obs.: En *Flora Iberica* no se recoge la cita de Navarra.

Polygonum mite Schrank

Ambientes húmedos, como sotos, orillas de ríos y arroyos. **Alt.:** 250-650 m. **HIC:** 3270.

Dist.: Eur. Por los valles atlánt., y más frecuente en la Ribera y la Navarra Media orient. **Alp.:** -; **Atl.:** R; **Med.:** RR.

Polygonum orientale L.

Cultivada como ornamental, se asilvestra en ambientes ruderalizados. **Alt.:** 20-450 m.

Dist.: Introd.; originaria del extremo Oriente. Sólo se conoce recientemente de Lesaka (Aizpuru & al., 2003), pero ya fue citada por Ruiz Casav. (1880) de Caparroso. **Alp.:** -; **Atl.:** RR; **Med.:** RR.

Polygonum persicaria L.

Terrenos húmedos, ruderalizados, algo nitrogenados: orillas de ríos, cunetas, huertos, estercoleros, etc. **Alt.:** 20-1100 m. **HIC:** 3270, Past. inund. *A. stolonifera*, 3280, 3240.

Dist.: Subcosm. General en Navarra, sin alcanzar cotas elevadas. **Alp.:** E; **Atl.:** C; **Med.:** F.

Polygonum rurivagum Jordan ex Boreau

P. aviculare auct.

Terrenos removidos y nitrogenados. **Alt.:** 20-1900 m.

Dist.: Subcosm. Dispersa por Navarra. **Alp.:** R; **Atl.:** R; **Med.:** R.

Obs.: Citada en *Flora Iberica*. Forma parte del grupo de *P. aviculare.*

Polygonum salicifolium Brouss. ex Willd.

P. serrulatum Lag.

Cunetas, acequias, bordes de caminos y cursos de agua, sobre suelos húmedos o encharcados. **Alt.:** 350-600 m.

Dist.: Subcosm. Conocida de la cuenca de Pamplona y de Belascoain. **Alp.:** -; **Atl.:** R; **Med.:** -.

Polygonum viviparum L.

Rellanos y repisas de roquedos, dolinas frescas y laderas pedregosas sombrías, innivadas. **Alt.:** 1300-2350 m. **HIC:** 6170, 8210, 8130.

Dist.: Bor.-Alp. Limitada a las montañas de los Pirineos y a la sierra de Aralar. **Alp.:** E; **Atl.:** RR; **Med.:** -.

Reynoutria japonica Houtt.

Cultivada como ornamental, se naturaliza en los valles más húmedos. **Alt.:** 250-750 m.

Dist.: Introd.; originaria del Japón. En los valles atlánt. y pirenaicos. **Alp.:** RR; **Atl.:** RR; **Med.:** -.

Obs.: Considerada especie exótica invasora (CEEEI, 2011).

Reynoutria sachalinensis (F. Schmidt) Nakal

Fallopia sachalinensis (F. Schmidt) Ronse Decr.

Naturalizada en terrenos removidos, cunetas y setos. **Alt.:** 100-900 m.

Dist.: Introd.; originaria del extremo Oriente. En los valles atlánt. y pirenaicos, en contadas localidades a baja altitud. **Alp.:** RR; **Atl.:** RR; **Med.:** -.

Rumex acetosa L. subsp. *acetosa*

Prados y herbazales, orillas de caminos y setos, llegando a los pies de cantil y cercanías de granjas. **Alt.:** 100-1600 m **HIC:** 6510.

Dist.: Circumbor. General en la mitad septen., especialmente en los valles atlánt. **Alp.:** F; **Atl.:** C; **Med.:** E.

Rumex acetosella L. subsp. *acetosella*

Pastos aclarados y ambientes nitrificados. **Alt.:** 600-1600 m.

Dist.: Circumbor. Sierras occ. y dispersa en el resto de Navarra. **Alp.:** -; **Atl.:** R; **Med.:** RR.

Obs.: No se conoce bien su distribución, y la mayoría de las citas de esta planta deben corresponder a la subsp. *angiocarpus* (Murb.) Murb.

Rumex acetosella L. subsp. *angiocarpus* (Murb.) Murb.

R. angiocarpus Murb.; R. acetosella auct.

Pastos aclarados y ambientes nitrificados, rellanos de roquedos y crestones, sobre suelos arenosos. **Alt.:** 100-1600 m. **HIC:** Past. anuales silic., 8230.
Dist.: Subcosm. Montañas de la Navarra Húmeda, Pirineo y Zona Media. **Alp.:** F; **Atl.:** C; **Med.:** E.

Rumex aquitanicus Rech. fil.

R. cantabricus Rech. fil.

Pastos majadeados, claros forestales y herbazales de montaña. **Alt.:** 700-1700 m.
Dist.: Endém. pir.-cant. e ibérica. Limitada a las montañas pirenaicas, desde el valle de Erro, hasta el de Roncal. **Alp.:** RR; **Atl.:** R; **Med.:** -.

Rumex arifolius All.

R. amplexicaulis Lapeyr.

Megaforbios en umbrías de montaña, a pie de cantil y grietas de roquedos. **Alt.:** 1000-1900 m.
Dist.: Oróf. Europa. En los Pirineos y en la sierra de Aralar. **Alp.:** R; **Atl.:** R; **Med.:** -.

Rumex bucephalophorus L. subsp. *gallicus* (Steinh.) Rech. fil.

Terrazas fluviales arenosas, en ambientes caldeados. **Alt.:** 300-400 m.
Dist.: Plurirreg.; Med.-Macaron. Puntual en el Valle del Ebro, en Mendavia y Viana. **Alp.:** -; **Atl.:** -; **Med.:** R.

Rumex conglomeratus Murray

R. palustris sensu Cadevall; R. rupestris sensu Coutinho

Herbazales húmedos y nitrogenados, a orillas de ríos, cunetas, acequias, etc. **Alt.:** 20-1100 m. **HIC:** Past. inund. *A. stolonifera,* Juncales nitrófilos, 92A0.
Dist.: Subcosm. Por toda Navarra, a baja altitud. **Alp.:** F; **Atl.:** C; **Med.:** F.

Rumex crispus L.

Herbazales en terrenos removidos, nitrificados, prados, huertos y otras zonas cultivadas. **Alt.:** 20-2000 m. **HIC:** 3270, Past. inund. *A. stolonifera,* 3280, 6430.
Dist.: Subcosm. General en Navarra. **Alp.:** E; **Atl.:** CC; **Med.:** C.
Obs.: Ursúa & López (1983) citan *R. × pratensis* Mert. & Koch (*R. crispus × obtusifolius*) de Milagro, en la Ribera.

Rumex cristatus DC.

Naturalizada en ribazos, cunetas y herbazales algo nitrificados. **Alt.:** 400-500 m.
Dist.: Introd.; originaria del Med. orient. Sólo se conoce de Artajona (Patino & Valencia, 2000), en la Navarra Media. **Alp.:** -; **Atl.:** -; **Med.:** RR.

Rumex induratus Boiss. & Reut.

R. scutatus subsp. induratus (Boiss. & Reut.) Nyman; R. scutatus auct.

Planta que está cerca de Navarra, y cuya presencia se estima probable. Terrazas fluviales, en terrenos secos y soleados. **Alt.:** 250-400 m.
Dist.: Med. W; Ibero-norteafricana. No se conoce de Navarra, pero está cerca en Gallur (Z).

Rumex intermedius DC.

R. thyrsoides auct., non Desf.

Pastos secos y soleados, sobre sustratos pedregosos. **Alt.:** 250-1300 m.
Dist.: Med. NW. Puntual en los Pirineos, las cuencas prepiren., la Navarra Media y en la Ribera. **Alp.:** RR; **Atl.:** R; **Med.:** E.

Rumex longifolius DC.

R. domesticus Hartm.; R. aquaticus auct. hisp., non L.; R. alpinus sensu Merino

Pastos majadeados y herbazales nitrófilos de montaña. **Alt.:** 1400-1900 m. **HIC:** 6430.
Dist.: Bor.-Alp. Limitada a las montañas pirenaicas más altas (Anielarra, Villar, 1980). **Alp.:** RR; **Atl.:** RR; **Med.:** -.
Obs.: Son dudosas las citas de Santesteban (García Zamora & al., 1985) y la de la Abbaye de Roncesvaux (Coste, 1910). Sandwith & Montserrat (1966) anotan el híbrido *R. longifolius × R. obtusifolius* de Uztárroz.

Rumex obtusifolius L.

R. friesii Gren. & Godron

Prados y herbazales frescos, nitrófilos, sobre suelos húmedos. **Alt.:** 20-1900 m. **HIC:** 3270, 3280, 6430, 91E0*.
Dist.: Eur. (Subcosm.). Por casi todo el territorio, principalmente en su mitad septen. **Alp.:** F; **Atl.:** C; **Med.:** E.

Rumex pseudalpinus Höfft

R. alpinus auct. [sensu L. (1759), non L. (1753)]

Pastos majadeados, reposaderos de ganado y megaforbios. **Alt.:** 1400-1900 m. **HIC:** 6430.
Dist.: Bor.-Alp. Limitada a las montañas elevadas del Pirineo. **Alp.:** RR; **Atl.:** -; **Med.:** -.
Obs.: Bubani (1897) la cita de Roncesvalles donde no la hemos visto.

Rumex pulcher L. subsp. *pulcher*

Ruderal y nitrófila, en terrenos secos de vías de comunicación, cercanías a pueblos, majadas, etc. **Alt.:** 200-900 m.
Dist.: Eur. (Subcosm.). General en Navarra, sin alcanzar cotas elevadas. **Alp.:** E; **Atl.:** F; **Med.:** F.

Rumex pulcher L. subsp. *woodsii* (De Not.) Arcangeli.

R. woodsii De Not.; R. pulcher subsp. divaricatus auct.

Ruderal y nitrófila, en terrenos secos de vías de comunicación, cercanías a pueblos, majadas, etc. **Alt.:** 250-650 m.
Dist.: Plurirreg.; Med.-SW Asia. Por la Ribera (Milagro, Mélida, Rada, Castejón) y la Zona Media (Sansoain). **Alp.:** -; **Atl.:** -; **Med.:** RR.

Rumex sanguineus L.

Bosques húmedos: alisedas, robledales, hayedos y bosques mixtos, en ambientes algo ruderalizados. **Alt.:** 100-1300 m. **HIC:** 91E0*, 92A0.
Dist.: Eur. Valles Húmedos del NW, sierras occ., y muy raro en los Pirineos. **Alp.:** RR; **Atl.:** E; **Med.:** -.

Rumex scutatus L.

Pedrizas, graveras y terrenos algo inestables en la base de roquedos. **Alt.:** 600-1900 m. **HIC:** 8130.

Dist.: Eur. Pirineos, sierras prepiren. y montañas occ. **Alp.:** E; **Atl.:** E; **Med.:** E.

Polypodiaceae

Polypodium cambricum L. subsp. *cambricum*

P. australe Fée; P. cambricum subsp. australe (Fée) Greuter & Burdet; P. serratum (Willd.) A. Kerner; P. vulgare subsp. serrulatum Arcangeli; P. vulgare auct., non L.

Grietas, repisas umbrosas y epífita sobre troncos musgosos. **Alt.:** 50-800 m.

Dist.: Med.-Atl. Dispersa por Navarra, principalmente en su mitad septen., y muy puntual en la Ribera (Fitero). **Alp.:** RR; **Atl.:** F; **Med.:** RR.

Polypodium interjectum Shivas

P. vulgare subsp. prionodes (Ascherson) Rothm.; P. vulgare auct., non L.

Tapias, roquedos, tocones y horquillas de árboles. **Alt.:** 200-1400 m.

Dist.: Eur. General en la mitad septen. de Navarra. **Alp.:** F; **Atl.:** C; **Med.:** E.

Obs.: De las estribaciones occ. (sierra de Andía y puerto de Etxegarate) se ha citado *P. × mantoniae* Rothm. (*P. interjectum × P. vulgare*).

Polypodium vulgare L.

Roquedos musgosos, tocones, grietas y epífito en bosques sombríos. **Alt.:** 100-1800 m.

Dist.: Eur. General en la mitad septen. de Navarra, principalmente en sus áreas montañosas. **Alp.:** C; **Atl.:** C; **Med.:** E.

Pontederiaceae

Eichornia crassipes (Mart.) Solms

Pontederia crassipes Mart.

Naturalizada. Acuática en los arrozales, donde se presenta como esporádica. **Alt.:** a 300 m.

Dist.: Introd.; originaria de Sudamérica. Puntual en los arrozales de Arguedas, en la Ribera Tudelana. **Alp.:** -; **Atl.:** -; **Med.:** RR.

Obs.: Considerada especie exótica invasora (CEEEI, 2011). Material recolectado en el herbario LORDA.

Heteranthera reniformis Ruiz & Pav.

Asilvestrada en las aguas estancadas de arrozales y en los sotos fluviales. **Alt.:** 250-300 m.

Dist.: Introd.; originaria Neotrop. y áreas subtropicales y templadas adyacentes. Sólo se conoce de la Ribera Tudelana, de Tudela y Arguedas. **Alp.:** -; **Atl.:** -; **Med.:** RR.

Portulacaceae

Montia fontana L. subsp. *chondrosperma* (Fenzl) Walters

M. fontana subsp. amporitana sensu Franco p.p.

Orillas de arroyos fríos y suelos temporalmente inundados, así como depresiones arenosas. **Alt.:** 650-1200 m. **HIC:** Com. manant. suprafor.

Dist.: Plurirreg. Dispersa por las montañas septentrionales, hasta las sierras occ. **Alp.:** RR; **Atl.:** R; **Med.:** -.

Cons.: LC (ERLVP, 2011), sin detallar subespecies.

Obs.: La subsp. *amporitana* Sennen anotada por Lacoizqueta (1883) de Bertizarana no forma parte de la flora navarra.

Portulaca oleracea L. subsp. *granulatostellulata* (Poellnitz) Danin

P. oleracea var. granulatostellulata Poellnitz

Ruderal y arvense, crece a orillas de caminos, huertos, vías de comunicación, estercoleros, llegando a los saladares y cascajeras fluviales. **Alt.:** 150-1200 m.

Dist.: Subcosm.; origen incierto. Suponemos una distribución en la mitad meridional de Navarra. **Alp.:** -; **Atl.:** F; **Med.:** C.

Obs.: Se desconoce su distribución actual. Anotada en *Flora Iberica*.

Portulaca oleracea L. subsp. *nitida* Danin & H.G. Baker

Naturalizada en cultivos y baldíos. **Alt.:** 150-1200 m.

Dist.: Introd.; originaria del N de América. Suponemos una distribución meridional en Navarra. **Alp.:** -; **Atl.:** R; **Med.:** R.

Obs.: Se desconoce su distribución actual. Anotada en *Flora Iberica*.

Portulaca oleracea L. subsp. *oleracea*

Ruderal y arvense, crece a orillas de caminos, huertos, vías de comunicación, estercoleros, llegando a los saladares y cascajeras fluviales. **Alt.:** 150-1200 m.

Dist.: Subcosm. General en el territorio, con mayor frecuencia en el Valle del Ebro. **Alp.:** R; **Atl.:** F; **Med.:** C.

Portulaca oleracea L. subsp. *papillatostellulata* Danin & H.G. Baker

Naturalizada en cultivos y baldíos. **Alt.:** 150-1200 m.

Dist.: Introd.; originaria del N y C de América. Suponemos con área centrada en la mitad meridional de Navarra. **Alp.:** -; **Atl.:** RR; **Med.:** RR.

Obs.: Se desconoce su distribución actual. Anotada en *Flora Iberica*.

Potamogetonaceae

Groenlandia densa (L.) Fourr.

Abrevaderos, charcas, remansos fluviales y estanques. **Alt.:** 100-1200 m. **HIC:** 3150, 3260.

Dist.: Eur. Dipsersa por toda Navarra, sin alcanzar cotas elevadas. **Alp.:** RR; **Atl.:** E; **Med.:** E.

Cons.: LC (ERLVP, 2011).

Potamogeton alpinus Balb.

Ibones y lagunas de alta montaña. **Alt.:** 700-2200 m.

Dist.: Circumbor. Limitada a las montañas pirenaicas más elevadas. **Alp.:** RR; **Atl.:** -; **Med.:** -.

Cons.: CR B2ab(iii)c(iv), C2a(i)b, D (LR, 2008); LC (ERLVP, 2011).

Obs.: Citada de Navarra en *Flora Iberica*, sin conocer la localidad exacta. Si se confirma su situación en Navarra, debe formar parte de la flora Prioritaria (Lorda & al., 2009).

CATÁLOGO FLORÍSTICO DE NAVARRA - *CATÁLOGO FLORÍSTICO*

Potamogeton berchtoldii Fieber

P. compressus auct., non L.; P. obstusifolius auct., p.p., non Meert. & W.D.J. Koch

Planta citada de Navarra antes de 1960, sin citas posteriores. Meandros de ríos con aguas tranquilas, charcas y embalses. **Alt.:** 120-650 m.

Dist.: Subcosm. En los valles atlánt. y en el corredor de la Barranca. **Alp.:** -; **Atl.:** RR; **Med.:** RR.

Cons.: LC (ERLVP, 2011).

Obs.: Citada por López Fdez. (1973) de Arbizu, en el río Arakil, y de Bértiz por Gredilla (1913).

Potamogeton coloratus Hornem.

P. plantagineus Ducros ex Roem. & Schult.

Planta citada de Navarra antes de 1960, sin citas posteriores. Lagos, embalses y charcas. **Alt.:** 100-250 m.

Dist.: Eur. (Paleo-templada) y subtropical. Se ha citado de Bertizarana por Lacoizqueta (1884) y Colmeiro (1889). **Alp.:** -; **Atl.:** RR; **Med.:** -.

Cons.: LC (ERLVP, 2011).

Potamogeton crispus L.

P. serratus auct., non L.

Aguas tranquilas, acequias, balsas y remansos fluviales. **Alt.:** 20-600 m. **HIC:** 3260.

Dist.: Subcosm. En los valles atlánt., las cuencas y, principalmente, en la Ribera. **Alp.:** -; **Atl.:** E; **Med.:** E.

Cons.: LC (ERLVP, 2011).

Obs.: Planta de morfología muy variable.

Potamogeton filiformis Pers.

P. marinus auct., non L.

Planta dudosa que requiere comprobación. Ibones y lagunas de alta montaña. **Alt.:** 350-650 m.

Dist.: Subcosm. Se ha citado de varias localidades en la cuenca de Pamplona y de la Ribera (Pitillas). **Alp.:** -; **Atl.:** RR; **Med.:** RR.

Cons.: CR B2ab(iii)c(iv), C2a(i)b, D (LR, 2008); LC (ERLVP, 2011).

Obs.: Es una planta propia de los lagos de origen glaciar con aguas carbonatadas, por lo que las citas navarras no parecen muy verídicas. En Aparicio & al. (1997) se aclara que las plantas repartidas en la Centuria III (Plantas del País Vasco y Alto Ebro) de Pitillas se corresponden en realidad con *P. pectinatus* L.

Potamogeton lucens L.

Aguas profundas de balsas, pantanos y meandros tranquilos. **Alt.:** 250-650 m. **HIC:** 3150.

Dist.: Circumbor. Localidades dispersas en la vertiente mediterránea. **Alp.:** -; **Atl.:** E; **Med.:** E.

Cons.: LC (ERLVP, 2011).

Obs.: Se ha citado de Arive (García & al., 2004) *P. × zizii* W.D.J. Koch ex Roth. (*P. gramineus × P. lucens*), sin embargo el primero de los parentales, que sepamos, no está presente en Navarra

Potamogeton natans L.

Meandros de ríos, aguas remansadas de regatas y canales de drenaje, balsas y charcas. **Alt.:** 450-1100 m. **HIC:** 3150.

Dist.: Subcosm. Dispersa por Navarra, en el Romanza-do, valles pirenaicos, cuenca de Pamplona, Zona Media y Ribera. **Alp.:** RR; **Atl.:** R; **Med.:** RR.

Cons.: LC (ERLVP, 2011).

Potamogeton nodosus Poir.

P. fluitans auct., non Roth

Remansos fluviales, acequias y balsas. **Alt.:** 350-600 m. **HIC:** 3260.

Dist.: Subcosm. Zona Media y Ribera, llegando a las cuencas prepiren. **Alp.:** -; **Atl.:** R; **Med.:** E.

Cons.: LC (ERLVP, 2011).

Obs.: Muy variable en toda la Península Ibérica.

Potamogeton pectinatus L.

P. obtusifolius auct., p.p., non Mert. & W.D.J. Koch

Cursos de agua con corriente moderada, balsas y lagunas endorreicas. **Alt.:** 40-650 m. **HIC:** 3150, 3260.

Dist.: Subcosm. Dispersa en los valles atlánt. y en la Zona Media, y mejor representada en la Ribera. **Alp.:** -; **Atl.:** E; **Med.:** F.

Obs.: Planta muy variable.

Potamogeton perfoliatus L.

Meandros de ríos, cauces de canales y acequias. **Alt.:** 40-650 m. **HIC:** 3260.

Dist.: Subcosm. Repartido por los valles atlánt., la Zona Media y la Ribera. **Alp.:** -; **Atl.:** R; **Med.:** R.

Cons.: VU B2b(iii)c(iv), C2b (LR, 2008); LC (ERLVP, 2011).

Obs.: Debe considerarse una especie prioritaria (Lorda & al., 2009). Se ha citado del territorio *P. × nitens* Weber (*P. gramineus × P. perfoliatus*) por López Fdez. (1973) de Asiain e Izkue, y por Báscones (1978) del río Larraun, siendo dudosas al faltar uno de los parentales, *P. gramineus.*

Potamogeton polygonifolius Pourr.

P. microcarpus Boiss. & Reut.

Arroyos de aguas ácidas, canales de desagüe de turberas y enclaves higroturbosos, manantiales turbosos, etc., sobre sustratos silíceos. **Alt.:** 200-1200 m. **HIC:** 7140.

Dist.: Eur. En los valles atlánt. y montañas de la divisoria de aguas. **Alp.:** -; **Atl.:** R; **Med.:** -.

Cons.: LC (ERLVP, 2011).

Obs.: Especie variable.

Potamogeton pusillus L.

P. panormitanus Biv.; P. filiformis Loscos

Meandros con aguas tranquilas, charcas, embalses y lagunas. **Alt.:** 40-650 m. **HIC:** 3150, 3260.

Dist.: Subcosm. Dispersa en Navarra, tanto en los valles atlánt., las montañas de la Zona Media, los valles occ. y la Ribera. **Alp.:** -; **Atl.:** R; **Med.:** R.

Cons.: LC (ERLVP, 2011).

Potamogeton trichoides Cham. & Schltdl.

Cursos fluviales con aguas lentas y embalses en el ambiente atlánt. **Alt.:** 300-350 m.

Dist.: Eur. Sólo se conoce de Artikutza, en los valles cantábricos (Catalán & Aizpuru, 1985). **Alp.:** -; **Atl.:** RR; **Med.:** -.

Cons.: LC (ERLVP, 2011).

Primulaceae

Anagallis arvensis L.

A. caerulea L.; A. latifolia L.; A. repens DC.; A. platyphylla Baudo

Arvense y ruderal, vive en huertos, cultivos, vías de comunicación, caminos, etc. **Alt.:** 100-1300 m.

Dist.: Med. (Subcosm.). General en Navarra, salvo en las montañas más elevadas. **Alp.:** F; **Atl.:** C; **Med.:** C.

Obs.: La mayor parte de las poblaciones encajarían dentro de la subsp. *arvensis*.

Anagallis foemina Mill.

A. arvensis subsp. foemina (Mill.) Schinz & Thell.; A. caerulea sensu Willkm.; A. repens sensu Willk.

En cultivos y suelos removidos. **Alt.:** 150-850 m.

Dist.: Med. (Subcosm.). Dispersa por Navarra, cubriendo toda su área, pero siendo mucho más escasa que su congénere *A. arvensis*. **Alp.:** R; **Atl.:** E; **Med.:** E.

Obs.: Especie con distribución mal conocida.

Anagallis monelli L.

A. linifolia L.; A. maritima sensu Merino

Terrenos alterados, removidos y nitrogenados. **Alt.:** 400-700 m.

Dist.: Med. W. Se conoce de escasas localidades en la cuenca de Pamplona y en la Zona Media. **Alp.:** -; **Atl.:** RR; **Med.:** RR.

Anagallis tenella (L.) L.

Lysimachia tenella L.

Esfagnales, turberas, manantiales, taludes rezumantes y orillas de arroyos, sobre sustratos silíceos. **Alt.:** 150-1400 m. **HIC:** 7140, 6410.

Dist.: Eur. Principalmente en los Valles Húmedos del NW, llegando por las montañas atlánt. hasta el Pirineo (puntual), la sierra de Leire y las montañas occ. **Alp.:** RR; **Atl.:** E; **Med.:** -.

Obs.: La cita de Colmeiro (1888) de Pamplona debe comprobarse.

Androsace ciliata DC.

A. pubescens (DC.) Gren.

Planta que está cerca de Navarra, y cuya presencia se estima probable. Fisuras y pastos pedregosos en crestones innivados. **Alt.:** 1800-2200 m.

Dist.: Eur. No está en Navarra, pero se conoce del monte Anie, Peneblanque-Billare (Lescún, F-64) y territorios oscenses próximos (Villar, 1977; Patino & Valencia, 2000).

Obs.: Ha sido citada por Rivas Mart. & al. (1991) del puerto de Larrau, en el macizo del Ori, donde no la hemos visto (Lorda, 2001).

Androsace cylindrica DC. subsp. *hirtella* (Dufour) Greuter & Burdet

A. hirtella Dufour

Pastos pedregosos alpinos, fisuras y rellanos del karst fuertemente innivados. **Alt.:** 1500-2450 m.

Dist.: Oróf. Europa. Sólo se conoce del Pirineo, en la meseta kárstica de Larra y estribaciones contiguas (Mesa de los Tres Reyes, Budogia, Petretxema, Anie). **Alp.:** RR; **Atl.:** -; **Med.:** -.

Cons.: Berna (I); Directiva Hábitats (IV); Prioritaria (Lorda & al., 2009); LESPE (2011); LC (ERLVP, 2011); PNyB (V).

Androsace laggeri Huet

A. carnea sensu Willk.; A. carnea s. str. L. sed non auct.

Planta citada de Navarra, posiblemente errónea. Pastos subalpinos y alpinos, sobre sustratos silíceos. **Alt.:** a 2300 m.

Dist.: Oróf. Europa W; Pirineos. Se cita del collado de la Piedra de San Martín (Isaba) por Rivas Mart. & al. (1991). **Alp.:** RR; **Atl.:** -; **Med.:** -.

Obs.: Duda sobre su presencia en Navarra. Es una planta que sólo se conoce de Huesca y Lérida.

Androsace maxima L.

A. torrepandoi Gand.

Pastos de anuales, rellanos y repisas de roquedos con suelos someros, cultivos y cerros erosionados. **Alt.:** 300-800 m.

Dist.: Plurirreg. Por la mitad meridional de Navarra, más habitual hacia el sur. **Alp.:** -; **Atl.:** R; **Med.:** F.

Androsace villosa L.

Pastos pedregosos sometidos a crioturbación, rellanos y repisas kársticas, crestones calizos, etc. **Alt.:** 1100-2400 m. **HIC:** 6170, 8210.

Dist.: Eur. En las montañas pirenaicas y en las sierras occ. **Alp.:** E; **Atl.:** R; **Med.:** -.

Androsace vitaliana (L.) Lapeyr. subsp. *vitaliana*

Primula vitaliana L.; Gregoria vitaliana (L.) Duby; Vitaliana primuliflora Bertol. canescens O. Schwarz; V. primuliflora subsp. primuliflora Bertol.; Douglasia vitaliana (L.) Pax

Pastos crioturbados, rellanos y repisas del karst. **Alt.:** 1650-2300 m.

Dist.: Endém. alp.-pir. Limitada a contadas localidades en las montañas pirenaicas más elevadas (Garde, Isaba). **Alp.:** RR; **Atl.:** -; **Med.:** -.

Cons.: Prioritaria (Lorda & al., 2009).

Obs.: Límite occidental en Navarra.

Asterolinon linum-stellatum (L.) Duby

Lysimachia linum-stellatum L.

Pastos de anuales, sobre suelos someros, terrazas fluviales, cerros, rellanos y repisas de roquedos. **Alt.:** 250-950 m. **HIC:** 1520*, 6220*, Espartales (no halófilos).

Dist.: Med. En los dos tercios meridionales de Navarra, sin llegar a los Pirineos, ni a los valles atlánt. **Alp.:** -; **Atl.:** F; **Med.:** CC.

Centunculus minimus L.

Anagallis minima (L.) E.H.L. KrausE.

Planta dudosa que requiere comprobación. Pastos arenosos húmedos, en claros del argomal-brezal; sobre sustratos silíceos. **Alt.:** 150-450 m.

Dist.: Eur. Se ha citado de distintas localidades en los valles de la Ultzama y Anue. **Alp.:** -; **Atl.:** RR; **Med.:** -.

Obs.: Se conoce de Álava. Deben verificarse las citas atlánt. navarras (Alcoz, Arraiz, Olague, Urrizola-Galain y Lizaso) dadas por Ursúa & Báscones (1987).

Coris monspeliensis L. subsp. *fontqueri* Masclans

Pastos y matorrales soleados, coscojares, prebrezales y cerros erosionados. **Alt.:** 250-1000 m.

Dist.: Med. W. Suponemos que su distribución se ciñe a la mitad meridional de Navarra. **Alp.:** -; **Atl.:** -; **Med.:** RR.

Obs.: Desconocemos su distribución real en Navarra. Citada en *Flora Iberica*.

Coris monspeliensis L. subsp. *monspeliensis*

Pastos y matorrales soleados, coscojares, prebrezales y cerros erosionados. **Alt.:** 250-1000 m. **HIC:** 4090.

Dist.: Med. W. General en la mitad meridional de Navarra, principalmente por la Ribera. **Alp.:** RR; **Atl.:** E; **Med.:** CC.

Lysimachia ephemerum L.

Orillas de arroyos, taludes rezumantes, fuentes y cunetas temporalmente encharcadas. **Alt.:** 200-950 m. **HIC:** 6420.

Dist.: Med. W. Puntual en los Pirineos y cuencas prepiren., Zona Media, sierras occ. y en la Ribera. **Alp.:** RR; **Atl.:** R; **Med.:** R.

Cons.: LC (ERLVP, 2011).

Lysimachia nemorum L.

Nemoral junto a arroyos y herbazales en ambientes húmedos y sombríos. **Alt.:** 100-1600 m. **HIC:** Com. arroyos y manant. for.

Dist.: Atl. Valles húmedos septentrionales y montañas pirenaicas. **Alp.:** F; **Atl.:** F; **Med.:** -.

Lysimachia vulgaris L.

L. mixta Merino

Orillas de ríos, ribazos, cascajeras fluviales y herbazales sobre suelos húmedos. **Alt.:** 40-800 m. **HIC:** Com. ciper. amacoll., Com. aguas estanc., Com. helóf. tam. med., 6430, 3240, 91E0*, 92A0.

Dist.: Eur. Dipsersa por Navarra, sin alcanzar cotas elevadas. **Alp.:** RR; **Atl.:** E; **Med.:** E.

Cons.: LC (ERLVP, 2011).

Primula acaulis (L.) L. subsp. *acaulis*

P. vulgaris Huds.

Taludes frescos, bosques, prados, orillas de ríos, en ambientes con clima atlánt. **Alt.:** 100-850 m. **HIC:** 9160.

Dist.: Eur. Presente en los valles húmedos atlánt., llega por Álava a acercarse a las sierras occ. navarras. **Alp.:** -; **Atl.:** F; **Med.:** -.

Obs.: Se ha citado de Otxagabia (Loidi & al., 1997) donde no la hemos visto (Lorda, 2001).

Primula elatior (L.) L. subsp. *elatior*

P. veris var. elatior L.

Bosques, prados y pastos, junto a ríos y otros ambientes frescos. **Alt.:** 200-1700 m. **HIC:** 91E0*.

Dist.: Eur. Montañas de la mitad norte de Navarra, principalmente en los valles atlánt. y pirenaicos. **Alp.:** E; **Atl.:** E; **Med.:** -.

Primula elatior (L.) L. subsp. *intricata* (Gren. & Godr.) Widmer

P. intricata Gren. & Godr.

Pastos subalpinos, en general bien innivados. **Alt.:** 1250-2350 m. **HIC:** 6170.

Dist.: Oróf. Europa. Limitada a las montañas pirenaicas más elevadas, al este del monte Ori. **Alp.:** R; **Atl.:** -; **Med.:** -.

Primula farinosa L.

Arroyos, manantiales y pastos humedecidos. **Alt.:** 1200-1800 m. **HIC:** 7230.

Dist.: Bor.-Alp. Limitada a las montañas pirenaicas más elevadas. **Alp.:** RR; **Atl.:** -; **Med.:** -.

Primula integrifolia L.

Pastos supraforestales, crestas y roquedos sombríos, así como en las dolinas largamente innivadas. **Alt.:** 1500-2400 m.

Dist.: Endém. alp.-pir. En las montañas pirenaicas más elevadas, al este del monte Ori. **Alp.:** RR; **Atl.:** -; **Med.:** -.

Primula veris L. subsp. *columnae* (Ten.) Maire & Petitm.

P. columnae Ten.; P. suaveolens Bertol.; P. veris subsp. suaveolens (Bertol.) Gutermann & Ehrend.; P. thomasinii Gren.

Pastos, claros de matorrales, bujedos y prebrezales derivados del quejigal, carrascal, hayedo y pinar. **Alt.:** 400-1900 m. **HIC:** 9240, Robl. pel. navarro-alav., Robl. pel. pirenaicos.

Dist.: Med. General en la franja central de Navarra, se hace más escasa en los valles pirenaicos y se ausenta del tercio meridional más seco. **Alp.:** C; **Atl.:** C; **Med.:** R.

Obs.: Las citas atlánt. son un tanto dudosas (Lacoizqueta, 1884; Rivas Mart. & al., 1984).

Primula veris L. subsp. *veris*

P. veris subsp. canescens (Opiz) Hayek

Nemoral, pastos-matorrales derivados, taludes, cunetas frescas y orillas de ríos y arroyos. **Alt.:** 650-1250 m.

Dist.: Eur. Dispersa por los mismos territorios que la subsp. *columnae*, si bien mucho más escasa y en ambientes más frescos. **Alp.:** RR; **Atl.:** RR; **Med.:** RR.

Samolus valerandi L.

Fontinal, en cunetas encharcadas, carrizales, juncales, rezumaderos calizos, etc. **Alt.:** 250-800 m. **HIC:** Cañaverales halófilos, 6410, 6420.

Dist.: Subcosm. Distribuida por buena parte de Navarra, puntualmente en los Pirineos, a baja altitud. **Alp.:** RR; **Atl.:** C; **Med.:** F.

Cons.: LC (ERLVP, 2011).

Soldanella alpina L. subsp. *alpina*

Neveros, pastos y repisas herbosas de roquedos en la alta montaña. **Alt.:** 1350-2150 m. **HIC:** 9430*.

Dist.: Oróf. Europa. Limitada a las montañas pirenaicas más elevadas, al E del monte Ori. **Alp.:** RR; **Atl.:** -; **Med.:** -.

Soldanella villosa Darracq ex Labarrère

Orillas de arroyos, taludes silíceos rezumantes y barrancos muy húmedos y sombríos, en atmósfera saturada de humedad. **Alt.:** 50-1150 m. **HIC:** Com. arroyos y manant. for., 91E0*.

Dist.: Endém. vasco-cantábrica. Restringida a la Navarra Húmeda del NW, por los valles de Baztán, Bidasoa y

Urumea. **Alp.:** -; **Atl.:** R; **Med.:** -.

Cons.: Directiva Hábitats (II); Berna (I); SAH (NA); VU D2 (LR, 2000); VU (AFA-UICN, 2008); VU D2 (LR, 2008); Prioritaria (Lorda & al., 2009); LESPE (2011); VU (ERLVP, 2011); PNyB (II).

Pyrolaceae

Moneses uniflora (L.) A. Gray
Pyrola uniflora L.; M. grandiflora Gray

Sobre la hojarasca del pinar y hayedo-abetal. **Alt.:** 1100-1350 m.

Dist.: Circumbor. Sólo se conoce, muy puntual, en el valle de Belagua, en los Pirineos. **Alp.:** RR; **Atl.:** -; **Med.:** -.

Obs.: Fue citada por Soulié (1907-1914) de la Piedra de San Martín (Isaba). Reencontrada en el valle de Belagua (Herbario LORDA, 2012).

Orthilia secunda (L.) House
Pyrola secunda L.; Actinocyclus secundus (L.) Klotzsch

Umbrías del hayedo-abetal y herbazales junto a arroyos. **Alt.:** 800-1800 m.

Dist.: Circumbor. En las montañas pirenaicas. **Alp.:** RR; **Atl.:** -; **Med.:** -.

Pyrola chlorantha Sw.

Abetales, hayedo-abetal y pinares de montaña. **Alt.:** 1000-1650 m.

Dist.: Circumbor. Montañas pirenaicas y estribaciones prepiren. (sierras de Illón y Leire). **Alp.:** RR; **Atl.:** -; **Med.:** -.

Pyrola minor L.

Mantillo humífero del hayedo-abetal, pinar de pino negro y grietas del karst. **Alt.:** 1000-1800 m.

Dist.: Circumbor. Localizada en las montañas del alto Roncal. **Alp.:** RR; **Atl.:** -; **Med.:** -.

R

Rafflesiaceae

Cytinus hypocistis (L.) L. subsp. hypocistis
Asarum hypocistis L.

Parasita los *Cistus* de flor blanca y otras cistáceas (*Halimium, Helianthemum*); crece en matorrales soleados, aclarados, sobre suelos secos y arenosos. **Alt.:** 300-600 m.

Dist.: Med. Puntual en los valles y sierras medias occ. **Alp.:** -; **Atl.:** -; **Med.:** RR.

Cons.: Prioritaria (Lorda & al., 2009).

Cytinus ruber Fourr. ex Fritsch.
C. hypocistis subsp. clusii Nyman; C. hypocistis subsp. kermesinus (Guss.) Arcang.

Matorrales aclarados, donde parasita *Cistus* de flor rosada (*C. albidus*), en el ambiente del carrascal montano. **Alt.:** 250-850 m.

Dist.: Med. Puntual en la Zona Media occidental. **Alp.:** -; **Atl.:** -; **Med.:** RR.

Cons.: Prioritaria (Lorda & al., 2009).

Ranunculaceae

Aconitum anthora L.

Pastos y repisas de roquedos, grietas de lapiaz y cresteríos. **Alt.:** 750-1800 m.

Dist.: Oróf. Europa. Navarra Media occidental y en los valles pirenaicos. **Alp.:** R; **Atl.:** R; **Med.:** -.

Aconitum napellus L. subsp. vulgare Rouy & Fouc.
A. paniculatum auct., non Lam.

Megaforbios, herbazales a orillas de arroyos, bosques de ribera, etc. **Alt.:** 500-1500 m.

Dist.: Eur. Pirineos (puntual) y valles del río Arakil y Ega, en la mitad occidental navarra. **Alp.:** RR; **Atl.:** R; **Med.:** -.

Aconitum variegatum L. subsp. pyrenaicum Vivant

Repisas herbosas de cantiles calizos y megaforbios. **Alt.:** 1250-1800 m. **HIC:** 6430.

Dist.: Endém. del Pirineo W. Bien representada (aunque muy rara) en la sierra de Aralar y en el Pirineo francés y dudosa en Huesca (Escalé); las citas pirenaicas navarras son dudosas. **Alp.:** RR; **Atl.:** RR; **Med.:** -.

Cons.: SAH (NA); VU D2 (LR, 2000); Prioritaria (Lorda & al., 2009); VU D2 (LR, 2008).

Obs.: Deben verificarse las citas pirenaicas (aragonesas y navarras).

Aconitum vulparia Rchb. subsp. neapolitanum (Ten.) Muñoz Garm.
A. lycoctonum var. neapolitanum Ten.; A. lamarckii Reichenb. ex Sprengel; A. lycoctonum auct. hisp., non L.; A. pyrenaicum auct., non L.

Megaforbios a pie de cantil, en ambientes algo nitrificados, orillas de arroyos y claros forestales (hayedos). **Alt.:** 850-1400 m.

Dist.: Eur. Pirineos y sierras medias occ., donde está mejor representada (sierras de Aralar-Andía, Codés, Altzania). **Alp.:** RR; **Atl.:** R; **Med.:** -.

Actaea spicata L.

Dolinas en el karst, grietas humíferas y hayedos con suelo orgánico. **Alt.:** 800-1900 m.

Dist.: Eur. Limitada al Pirineo en contadas localidades (Ochagavía, Isaba). **Alp.:** RR; **Atl.:** -; **Med.:** -.

Cons.: Prioritaria (Lorda & al., 2009).

Obs.: Las citas de esta planta en los alrededores de Pamplona (Fdez. de Salas & Gil, 1870; Colmeiro, 1885) no parece ser verosímiles.

Adonis aestivalis L. subsp. squarrosa (Steven) Nyman
A. squarrosa Steven; A. dentata Delile; A. aestivalis subsp. provincialis (DC.) C. Steinberg

Ribazos, barbechos y otros ambientes alterados y nitrogenados. **Alt.:** 350-650 m.

Dist.: Med. Mitad meridional de Navarra, más frecuente hacia la Ribera, llegando a la cuenca de Pamplona. **Alp.:** -; **Atl.:** RR; **Med.:** R.

Obs.: Cerca del territorio se encuentra la subsp. *aestivalis*, no conocida de Navarra.

Adonis annua L.

A. autumnalis L.; A. baetica Cosson; A. cupaniana Guss.; A. caste-llana Pau

Campos de cultivo cerealista, barbechos y terrenos removidos. **Alt.:** 250-700 m.

Dist.: Med. Dispersa en la mitad meridional, desde la Navarra Media y las cuencas prepiren., hasta la Ribera. **Alp.:** -; **Atl.:** RR; **Med.:** E.

Obs.: Las citas de los valles atlánt. hoy son dudosas (Lacoizqueta, 1884; Colmeiro, 1885).

Adonis flammea Jacq.

A. flammea subps. polypetala (Lange) C. Steinberg ex O. Bolòs & Vigo

Cultivos de secano, barbechos y pastos de anuales. **Alt.:** 250-650 m.

Dist.: Eur. Dispersa por la Ribera y la Zona Media orient. **Alp.:** -; **Atl.:** -; **Med.:** R.

Adonis microcarpa DC.

A. intermedia Webb & Berth.; A. dentata auct., non Delile.

Cultivos, matorrales y pastos de anuales, en climas áridos. **Alt.:** 250-650 m.

Dist.: Med. Por la mitad meridional de Navarra, desde la Zona Media, siendo más frecuente en la Ribera. **Alp.:** -; **Atl.:** -; **Med.:** E.

Adonis pyrenaica DC.

Gleras, rellanos del karst y pastos pedregosos de alta montaña. **Alt.:** 1500-2000 m. **HIC:** 6170, 8130.

Dist.: Oróf. Europa. Limitada a las montañas pirenaicas, en contados enclaves (Peña Ezkaurre-Petretxema). **Alp.:** RR; **Atl.:** -; **Med.:** -.

Cons.: VU (NA); Prioritaria (Lorda & al., 2009).

Obs.: Las citas de Pamplona (Fdez. de Salas & Gil, 1870; Colmeiro, 1885) no parecen consistentes.

Adonis vernalis L.

Claros del robledal, quejigal y carrascal, matorrales derivados, sobre suelos margosos en climas subhúmedos. **Alt.:** 450-1100 m. **HIC:** Tom., aliag. y romer. som.-arag. y prep.

Dist.: Eur. Repartida por la franja central de Navarra, se ausenta de las montañas más elevadas, de los valles más húmedos del norte y de las tierras más cálidas del sur. **Alp.:** E; **Atl.:** R; **Med.:** R.

Cons.: CITES (Anexo II); LC (ERLVP, 2011).

Anemone narcissiflora L.

Cresteríos y pastos pedregosos, rellanos y repisas de cantiles y claros del bosque. **Alt.:** 1500-2300 m.

Dist.: Circumbor. Limitada a las montañas pirenaicas más elevadas, al E del monte Ori. **Alp.:** RR; **Atl.:** -; **Med.:** -.

Anemone nemorosa L.

A. francoana Merino

Nemoral en hayedos y robledales, helechales, matorrales aclarados y pastos, en ambientes poco alterados. **Alt.:** 500-1500 m. **HIC:** 9230, 9120, Abed. *Betula pendula*.

Dist.: Circumbor. Por la mitad septen. de Navarra: Pirineos, valles atlánt., montañas de la Zona Media y occ. y sierras prepiren. **Alp.:** F; **Atl.:** F; **Med.:** RR.

Anemone pavoniana Boiss.

Gleras y pedrizas, fisuras, repisas y rellanos de roquedos calizos en orientaciones norte. **Alt.:** 800-1550 m.

Dist.: Endém. de la Cordillera Cantábrica. Restringida y con límite orient. en las montañas medias occidentales: Urbasa-Andía, Aralar-Altzania. **Alp.:** -; **Atl.:** R; **Med.:** -.

Cons.: Prioritaria (Lorda & al., 2009).

Observaciones. Límite orient. en las montañas occ. de Navarra. A desechar las citas pirenaicas (Ursúa & Báscones, 1987).

Anemone ranunculoides L.

Hayedos, abetales o alisedas, grietas del karst, sobre suelos frescos y humíferos. **Alt.:** 700-1400 m.

Dist.: Eur. Puntual en Navarra: Pirineos y montañas de la Zona Media, hasta Urbasa-Entzia. **Alp.:** RR; **Atl.:** RR; **Med.:** -.

Aquilegia pyrenaica DC. subsp. *pyrenaica*

A. aragonensis Willk.

Pastos pedregosos, repisas y rellanos herbosos de cantiles, grietas de roquedos, etc. **Alt.:** 1100-2350 m. **HIC:** 6170.

Dist.: Endém. pir.-cant. Localizada en los Pirineos y en las sierras medias occ. (sierra de Aralar). **Alp.:** R; **Atl.:** RR; **Med.:** -.

Aquilegia vulgaris L. subsp. *hispanica* (Willk.) Heywood

A. vulgaris var. hispanica Willk.

Planta dudosa que requiere comprobación. Sobre terrenos pedregosos en el ambiente del hayedo y encinar. **Alt.:** 850-1400 m.

Dist.: Endém. del C y E de la Pen. Ibér. Se conocen citas de la Peña Ezkaurre y de las sierras medias occ. (Nazar, Lana, Gastiain) (Uribe-Echebarría & Urrutia, 1989). **Alp.:** RR; **Atl.:** R; **Med.:** -.

Obs.: Deben comprobarse la veracidad de estas citas. No se cita de Navarra en *Flora Iberica*. La variabilidad de este taxon permitiría considerarla con rango varietal.

Aquilegia vulgaris L. subsp. *vulgaris*

Márgenes de prados, setos, cunetas, bosques claros y orlas forestales, en general en ambientes frescos y sombreados. **Alt.:** 20-1650 m.

Distribución. Eur. Por toda la mitad norte de Navarra, sin llegar a la Ribera. **Alp.:** F; **Atl.:** F; **Med.:** R.

Caltha palustris L.

Suelos encharcados en fuentes, arroyos, bosques de ribera, turberas y enclaves higroturbosos, principalmente sobre sustratos silíceos. **Alt.:** 450-2000 m. **HIC:** 7230, 6410.

Dist.: Circumbor. Pirineos, valles atlánt. y montañas de la divisoria de aguas. **Alp.:** E; **Atl.:** F; **Med.:** -.

Cons.: LC (ERLVP, 2011).

Obs.: Se ha citado *C. minor* Mill. [var. *minor* (Mill.) DC.] de Uztárroz (Rivas Mart. & al., 1991), Baztán y Lantz (Heras & al., 2006). La planta es muy polimorfa y se han descrito numerosas especies y variedades.

Ceratocephala falcata (L.) Pers.

Ranunculus falcatus L.

Cultivos, baldíos, pastos y claros de marorrales. **Alt.:** 250-650 m.

Dist.: Med. Dispersa por la mitad meridional de Navarra: cuenca de Pamplona, Zona Media orient. y Ribera. **Alp.:** -; **Atl.:** RR; **Med.:** RR.

Obs.: Deben comprobarse las citas atlánt. Pertenece a la variedad *barrelieri* Dufour.

Clematis flammula L.

Planta citada de Navarra antes de 1960, sin citas posteriores. Encinares cantábricos y ribazos a orillas de ríos. **Alt.:** 250-500 m.

Dist.: Med. En la Ribera orient. (Caparroso). **Alp.:** -; **Atl.:** -; **Med.:** RR.

Obs.: Se ha citado de la Ribera por Ruiz Casav. (1880) y Colmeiro (1885). No parece ser planta navarra.

Clematis recta L.

Setos y ribazos, lindes de cultivos. **Alt.:** 300-650 m.

Dist.: Eur. Cuenca de Pamplona, cuenca de Aoiz-Lumbier y Zona Media orient. **Alp.:** -; **Atl.:** RR; **Med.:** R.

Obs.: Son dudosas las citas del Baztán (Colmeiro, 1885).

Clematis vitalba L.

Orlas forestales, matorrales, setos, espinares y sotos fluviales. **Alt.:** 20-1150 m. **HIC:** Zarz. y espin. neutro-bas. eur-med., 92D0, 3240, Saucedas arb. cabec., 91E0*, 92A0, Robl. pel. navarro-alav., 9180*.

Dist.: Eur. General en Navarra, siendo rara en la Ribera y en las montañas más elevadas. **Alp.:** C; **Atl.:** C; **Med.:** E.

Consolida ajacis (L.) Schur.

Delphinium ajacis L.; C. ambigua sensu A.O. Chater; C. ambiguum sensu O. Bolòs & Vigo

Cultivada como ornamental, se asilvestra en baldíos, cercanías a escombreras y otros lugares alterados. **Alt.:** 350-750 m.

Dist.: Introd.; originaria Eur. Puntual en los Pirineos y en la cuenca de Pamplona. **Alp.:** RR; **Atl.:** RR; **Med.:** -.

Consolida pubescens (DC.) Soó

Delphinium pubescens DC.; D. loscosii Costa

Ribazos, barbechos, cultivos cerealistas y claros de matorrales. **Alt.:** 300-950 m.

Dist.: Med. W. Pirineos, Zona Media y Ribera. **Alp.:** RR; **Atl.:** -; **Med.:** E.

Delphinium gracile DC.

D. peregrinum subsp. gracile (DC.) O. Bolòs & Vigo

Barbechos, ribazos y claros de matorrales. **Alt.:** 250-600 m.

Dist.: Eurosiberiana; Ibero-Magrebí. Limitada a la Ribera Tudelana. **Alp.:** -; **Atl.:** -; **Med.:** RR.

Delphinium halteranum Sibth. & Sm. subsp. verdunense (Balbis) Asch. & Graebn.

D. verdunense Balbis; D. peregrinum subsp. verdunense (Balbis) Coutinho; D. cardiopetalum DC.

Pastos secos y claros del matorral; barbechos, baldíos y ribazos. **Alt.:** 250-500 m.

Dist.: Endém. Ibero-Provenzal. En la Ribera Tudelana.

Alp.: -; **Atl.:** -; **Med.:** RR.

Delphinium staphisagria L.

Planta citada de Navarra, posiblemente errónea. Cultivada por su valor medicinal en la antigüedad, vive en áreas incultas, algo ruderalizadas. **Alt.:** 450-550 m.

Dist.: Plurirreg.; Med.-Macaron. Citada de la cuenca de Pamplona. **Alp.:** -; **Atl.:** RR; **Med.:** -.

Obs.: Las citas de Colmeiro (1885) y Fdez. de Salas & Gil (1870) de Pamplona deben comprobarse. Es una planta del sur peninsular, por lo que es raro que llegue a Navarra, salvo por cultivo.

Helleborus foetidus L.

Claros y orlas forestales, taludes y ribazos pedregosos, sobre suelos removidos, calizos. **Alt.:** 250-1500 m. **HIC:** 8130, 9340, Robl. pel. pirenaicos.

Dist.: Eur. Pirineos, Navarra Media, cuencas y sierras prepiren. y estribaciones medias occidentales; se enrarece al norte de la divisoria de aguas y en la Ribera se ha citado de antiguo. **Alp.:** C; **Atl.:** C; **Med.:** E.

Helleborus viridis L. subsp. occidentalis (Reuter) Schiffner

H. occidentalis Reuter; H. viridis auct., non L.

Bosques caducifolios, bosques de ribera, orlas y pastos supraforestales, sobre suelos húmedos. **Alt.:** 150-2000 m. **HIC:** Robl. pel. navarro-alav., 9150, Hayed. bas.-ombr. cant., 9130.

Dist.: Atl. General en la mitad norte de Navarra, sin superar hacia el sur las montañas medias meridionales (Lókiz-Alaiz-Leire). **Alp.:** C; **Atl.:** C; **Med.:** R.

Hepatica nobilis Schreber

Anemone hepatica L.; H. triloba Chaix

Umbrías de bosques y roquedos, pastos y lapiaces calizos. **Alt.:** 150-1900 m. **HIC:** 9340, Robl. pel. navarro-alav., Robl. pel. pirenaicos, 9150, Hayed. bas.-ombr. cant., Abet. prepiren., Pin. *Pinus sylvestris* secund.

Dist.: Circumbor. General en la mitad norte de Navarra, estando ausente en la Ribera. **Alp.:** C; **Atl.:** C; **Med.:** E.

Isopyrum thalictroides L.

En el mantillo de hayedos, robledales, alisedas y fresnedas, a veces en carrascales; sobre calizas. **Alt.:** 600-1500 m. **HIC:** Hayed. bas.-ombr. cant.

Dist.: Eur. Pirineos, montañas de la Zona Media y sierras occ. **Alp.:** E; **Atl.:** E; **Med.:** -.

Myosurus minimus L.

Balsas naturales. **Alt.:** 400-450 m.

Dist.: Circumbor. Sólo la conocemos de la Balsa de la Mueda, en Aibar, en la Navarra Media Orient. (Aizpuru & al., 1997). **Alp.:** -; **Atl.:** -; **Med.:** RR.

Nigella damascena L.

Cultivada como ornamental, se asilvestra en lugares alterados y vive en márgenes de cultivos y cunetas. **Alt.:** 150-500 m.

Dist.: Med. En los valles atlánt. y en la Navarra Media occidental. **Alp.:** -; **Atl.:** RR; **Med.:** RR.

Nigella gallica Jordan

N. hispanica L.; N. divaricata sensu Willk.; N. arvensis auct., non L.

Campos de cereal, rastrojeras, barbechos, pastos y matorrales aclarados. **Alt.:** 250-950 m.

Dist.: Endém. Ibero-Occitana. Al sur de las montañas de la divisoria, con mayor frecuencia hacia el sur de Navarra; al norte de esta línea se conocen por citas bibliográficas. **Alp.:** RR; **Atl.:** E; **Med.:** C.

Obs.: Se trasladan a este taxon las citas de *N. arvensis* L. de Lacoizqueta (1884) en Vertizarana; Colmeiro (1885) de Orbaiceta, Villanueva y Pamplona; Ruiz Casav. (1871) de Caparroso; y la de *N. divaricata* sensu Willk. de Escriche (1935) de Tafalla.

Pulsatilla alpina (L.) Delarbre subsp. *apiifolia* (Scop.) Nyman

Anemone apiifolia Scop.

Repisas y rellanos del karst, innivados, sobre sustratos silíceos. **Alt.:** 1700-1800 m.

Dist.: Oróf. Europa. Limitada a las montañas pirenaicas más elevadas, en el entorno del karst de Larra. **Alp.:** RR; **Atl.:** -; **Med.:** -.

Obs.: Conviene revisar las citas de esta planta por ser silicícola estricta y mostrar flores amarillas.

Pulsatilla alpina (L.) Delarbre subsp. *cantabrica* M. Laínz

Pastos pedregosos, repisas y rellanos de roquedos sombreados, en ambientes de montaña. **Alt.:** 1300-2100 m.

Dist.: Oróf. Europa. Limitada a las montañas pirenaicas al este del monte Ori, y en la sierra de Aralar, en la Navarra occidental. **Alp.:** RR; **Atl.:** RR; **Med.:** -.

Obs.: Planta albiflora y calcícola estricta.

Pulsatilla alpina (L.) Delarbre subsp. *font-queri* M. Laínz & P. Monts.

Rellanos de crestones calizos y lapiaz, más pastos pedregosos de *Festuca gautieri*. **Alt.:** 1500-2300 m. **HIC:** 6170, 8130.

Dist.: Oróf. Europa. Limitada a las montañas pirenaicas, en Peña Ezkaurre. **Alp.:** RR; **Atl.:** -; **Med.:** -.

Cons.: VU (NA); Prioritaria (Lorda & al., 2009).

Obs.: Calcícola estricta y de flores blancas.

Pulsatilla rubra Delarbre subsp. *hispanica* W. Zimm.

Anemone pulsatilla subsp. rubra (Delarbre) Rouy & Fouc.

Brezales y pastos sobre suelos arenosos, en crestones. **Alt.:** 500-1200 m.

Dist.: Endém. ibérica. Muy puntual en las sierras de Codés y Alaitz, en el centro-occidente de Navarra. **Alp.:** RR; **Atl.:** RR; **Med.:** -.

Pulsatilla vernalis (L.) Mill.

Anemone vernalis L.

Planta dudosa que requiere comprobación. Ambientes pedregosos, sobre sustratos silíceos.

Dist.: Oróf. S Europa. No se conoce de Navarra. **Alp.:** RR; **Atl.:** -; **Med.:** -.

Obs.: Se anota en *Flora Iberica* con dudas para Navarra.

Ranunculus aconitifolius L.

Orillas de arroyos de montaña y orlas de enclaves higroturbosos, sobre sustratos silíceos. **Alt.:** 800-1200 m.

Dist.: Eur. Puntual en Navarra, aparece en las montañas pirenaicas, en el entorno del macizo paleozoico de Oroz-Betelu, Quinto Real, y a occidente, en la sierra de Altzania. **Alp.:** RR; **Atl.:** RR; **Med.:** -.

Obs.: Se pueden reconocer dos variedades: variedad *humilis* DC. y variedad *crassicaulis* DC. Las citas de Ursúa & Báscones (1987) pueden corresponder a *R. platanifolius* L., de afinidad calcícola.

Ranunculus acris L. subsp. *despectus* M. Laínz

R. acris subsp. friesianus sensu Tutin; R. acris auct., non L.; R. stevenii sensu Freyn

Prados, herbazales, matorrales y bosques aclarados. **Alt.:** 100-1550 m. **HIC:** 6510, 6410, 6420, 92A0.

Dist.: Eur. General en la mitad norte, enrareciéndose hacia el sur, faltando en la Ribera. **Alp.:** F; **Atl.:** C; **Med.:** E.

Obs.: Hay algunas citas cercanas a Navarra (Ansó; Bolòs & Montserrat, 1984)) de la subsp. *friesianus* (Jordan) Rouy & Fouc. que se incluye en este taxon.

Ranunculus alpestris L.

Pastos pedregosos innivados y rellanos del karst. **Alt.:** 1900-2450 m. **HIC:** 8130.

Dist.: Oróf. Europa. Localizado en las montañas pirenaicas más elevadas, en el entorno del macizo de Larra y sus cumbres. **Alp.:** RR; **Atl.:** -; **Med.:** -.

Ranunculus amplexicaulis L.

Pastos densos, cervunales, repisas y rellanos herbosos de cresterías. **Alt.:** 1250-2400 m.

Dist.: Endém. del Pirineo y montañas ibéricas. Limitada a las montañas pirenaicas al este del monte Ori. **Alp.:** E; **Atl.:** -; **Med.:** -.

Obs.: Deben comprobarse la cita de San Donato (Ursúa & Báscones, 1987) y la de la sierra de Codés dada por Arízaga (Gredilla, 1914-1915). Si se verifican serían el nexo de unión con las poblaciones del macizo del Gorbea y los montes Cantábricos.

Ranunculus aquatilis L.

R. acutilobus Merino

Fuentes y arroyos sobre suelos arenosos. **Alt.:** 200-800 m.

Dist.: Circumbor. Dispersa por los valles atlánt., la Zona Media y la Ribera. **Alp.:** -; **Atl.:** RR; **Med.:** RR.

Cons.: LC (ERLVP, 2011).

Obs.: Ruiz Casav. (1880) cita la variedad *capillaceus* (¿?) que puede llevarse a este taxon.

Ranunculus arvensis L.

Arvense, en cultivos, barbechos, cunetas, claros del matorral y, a veces, en prados de siega. **Alt.:** 300-1000 m.

Dist.: Plurirreg. Dispersa por la Zona Media, siendo rara en los Pirineos y en los valles cantábricos, haciéndose más frecuente hacia la Ribera. **Alp.:** E; **Atl.:** E; **Med.:** E.

Obs.: Se reconocen dos entidades: variedad *tuberculatus* (DC.) Koch y variedad *inermis* Koch.

Ranunculus auricomus L.

Planta dudosa que requiere comprobación. Robledales, hayedos y alisedas, así como prados húmedos. **Alt.:** 500-900 m.

Dist.: Eur. Citada de los Pirineos y de las sierras occ., principalmene en las colindantes a Navarra. **Alp.:** RR; **Atl.:** RR; **Med.:** -.

Obs.: Este grupo tiene distintos táxones. Las citas navarras tienden a *R. envalirensis* Grau. No la hemos visto en los Pirineos (Lorda, 2001), ni se cita de Navarra.

Ranunculus bulbosus L. subsp. *aleae* (Willk.) Rouy & Fouc.

R. aleae Willk.

Planta dudosa que requiere comprobación. Pastos innivados en zonas de montaña. **Alt.:** 1100-2100 m.

Dist.: Med. Podría estar presente en las montañas pirenaicas. **Alp.:** RR; **Atl.:** -; **Med.:** -.

Obs.: Debe comprobarse su presencia en Navarra. En Lorda (2001) se señala que algunas muestras tienden a esta subespecie.

Ranunculus bulbosus L. subsp. bulbosus

Pastos, matorrales y claros forestales. **Alt.:** 200-2100 m. **HIC:** Prados diente-siega con *Cynosurus cristatus*, 6230*.

Dist.: Eur. Por todo el territorio, se hace rara en el tercio sur de Navarra. **Alp.:** C; **Atl.:** C; **Med.:** E.

Obs.: Están presentes la variedad *hispanicus* Freyn y la variedad *osiae* P. Monts., ésta muy localizada en el Pirineo navarro.

Ranunculus carinthiacus Hoppe

R. montanus var. *genuinus sensu* Freyn

Crestas crioturbadas y repisas herbosas en zonas de montaña con nieblas frecuentes. **Alt.:** 1000-2300 m.

Dist.: Oróf. Europa. En las montañas pirenaicas, puntual en las atlánt. y en la sierra de Aralar, a occidente. **Alp.:** R; **Atl.:** RR; **Med.:** -.

Ranunculus ficaria L. subsp. bulbilifer Lambinon

R. ficaria var. *bulbifer* Marsden-Jones

Bosques de ribera, prados, taludes y ribazos húmedos, orillas de arroyos y bosques en general. **Alt.:** 500-1450 m.

Dist.: Eur. Pirineos principalmente, roza Navarra por el oeste en algunos enclaves alaveses (sierra de Altzania) y guipuzcoanos (valle de Leitzaran). **Alp.:** R; **Atl.:** R; **Med.:** -.

Ranunculus ficaria L. subsp. ficaria

Ficaria ranunculoides Robert; *R. ficaria* subsp. *ficariiformis* Rouy & Fouc.; *R. ficaria* subsp. *grandiflorus* (Robert) Coutinho

Bosques de ribera, prados, taludes y ribazos húmedos, orillas de arroyos y bosques en general. **Alt.:** 100-1450 m.

Dist.: Eur. General en los dos tercios septentrionales, especialmente en los valles cantábricos, las cuencas y la Navarra Media, se enrarece en los Pirineos y está ausente en la Ribera. **Alp.:** E; **Atl.:** C; **Med.:** E.

Ranunculus flammula L.

R. lingua sensu Freyn

Bordes de arroyos, turberas y enclaves higroturbosos, depresiones encharcadas y prados húmedos. **Alt.:** 100-1200 m. **HIC:** Com. helóf. gram., 6410.

Dist.: Eur. Puntual en los Pirineos, es frecuente en los valles cantábricos, las cuencas y en la Navarra Media occidental, se ausenta del resto del territorio. **Alp.:** R; **Atl.:** E; **Med.:** -.

Cons.: LC (ERLVP, 2011).

Obs.: Hay alguna cita de *R. geraniifolius* Pourr. (Vivant, 1954; Dupont, 1956) del Pic d'Orhy y de Arlas à Ourdayté que pueden corresponder a *R. carinthiacus* Hoppe o a *R. ruscinonensis* Landolt, ésta no citada de Navarra.

Ranunculus gouanii Willd.

R. montanus subsp. *gouanii* (Willd.) Cadevall; *R. montanus* var. *alpicola* (Timb.-Lagr.) Freyn

Pastos, rellanos de roquedos, grietas del karst y orlas forestales. **Alt.:** 1100-2450 m.

Dist.: Endém. pir.-cant. Presente únicamente en el Pirineo. **Alp.:** E; **Atl.:** -; **Med.:** -.

Obs.: Debe comprobarse su presencia atlánt. (Báscones, 1978).

Ranunculus gramineus L.

Pastos secos, claros del matorral, repisas y rellanos de roquedos. **Alt.:** 250-1800 m.

Dist.: Oróf. Med. Al sur de la divisoria de aguas, desde las cuencas y Pirineos hasta la Ribera. **Alp.:** E; **Atl.:** F; **Med.:** E.

Ranunculus hederaceus L.

Fuentes y arroyos, aguas remansadas de acequias, charcas y enclaves higroturbosos; preferencia por terrenos silíceos. **Alt.:** 120-950 m.

Dist.: Atl. Limitada a los valles cantábricos y pirenaicos atlánt., apenas rebasando hacia el sur la divisoria de aguas. **Alp.:** -; **Atl.:** RR; **Med.:** -.

Cons.: LC (ERLVP, 2011).

Ranunculus lingua L.

Carrizales y orlas de balsas y estanques. **Alt.:** 400-450 m. **HIC:** Com. grandes helof.

Dist.: Eur. Limitada a la cuenca de Pamplona, en la Laguna de Iza. **Alp.:** -; **Atl.:** RR; **Med.:** -.

Cons.: DD (LR, 2000); EX (AFA-UICN, 2003); EX (AFA-UICN, 2004); CR (AFA-UICN); CR (AFA-UICN, 2006); CR B1ab(i,ii,iii)+2ab(i,ii,iii) (LR, 2008); Prioritaria (Lorda & al., 2009); LC (ERLVP, 2011).

Obs.: Se conocen las citas antiguas de Colmeiro (1885) de las cercanías de Pamplona, y de Lacoizqueta (1883) del norte de Navarra. La localidad actualmente verificada, parece ser la única referencia para la Península Ibérica.

Ranunculus ollissiponensis Pers. subsp. alpinus (Boiss. & Reut.) Grau

R. carpetanus var. *alpinus* Boiss. & Reut.

Pastos de montaña, claros del matorral y repisas de roquedos silíceos. **Alt.:** 1200-1300 m.

Dist.: Endém. de las montañas del C y CN de la Península Ibérica. Parece que su presencia está limitada a la sierra de Leire. **Alp.:** RR; **Atl.:** -; **Med.:** -.

Ranunculus ollissiponensis Pers. subsp. *ollissiponensis*

R. hollianus Reichenb.; R. carpetanus Boiss. & Reut.; R. nevadensis Willk.; R. escurialensis Boiss. & Reut. ex Freyn; R. suborbiculatus Freyn; R. gregarius sensu Tutin

Pastos y claros del matorral, sobre sustratos pedregosos y rellanos de roquedos. **Alt.:** 600-1000 m.

Dist.: Endém. de la Pen. Ibér. Limitada a las montañas de la Navarra Media occidental (Cabredo, Aguilar de Codés). **Alp.:** -; **Atl.:** RR; **Med.:** -.

Cons.: Prioritaria (Lorda & al., 2009).

Ranunculus omiophyllus Ten.

R. lenormandii F.W. Schultz; R. hederaceus subsp. omiophyllus (Ten.) Coutinho

Enclaves higroturbosos, manantiales y fuentes de aguas frías. **Alt.:** 700-1100 m. **HIC:** 7140.

Dist.: Med.-Atl. Limitada a las montañas atlánt., en el NW de Navarra. **Alp.:** -; **Atl.:** RR; **Med.:** -.

Cons.: LC (ERLVP, 2011).

Ranunculus ophioglossifolius Vill.

Bordes de balsas y arroyos, sobre sustratos margosos. **Alt.:** 400-600 m.

Dist.: Med. En los valles atlánt., la cuenca de Pamplona y en la Navarra Media orient. **Alp.:** -; **Atl.:** RR; **Med.:** RR.

Ranunculus paludosus Poiret

R. flabellatus Desf.; R. winkleri Freyn; R. chaerophyllus sensu Cadevall

Pastos y claros del matorral, sobre suelos secos o incluso encharcados temporalmente. **Alt.:** 250-1300 m.

Dist.: Med. Dispersa por las comarcas al sur de la divisoria de aguas, sin ascender a cotas elevadas. **Alp.:** RR; **Atl.:** E; **Med.:** E.

Ranunculus parnassiifolius L. subsp. *favargeri* Küpfer

Pastos pedregosos, repisas desnudas de crestas y rellanos con suelos crioturbados. **Alt.:** 1350-2300 m.

Dist.: Endém. del Pirineo W y Picos de Europa. Limitada a las cumbres del Pirineo al este del monte Ori. **Alp.:** RR; **Atl.:** -; **Med.:** -.

Cons.: Prioritaria (Lorda & al., 2009).

Ranunculus parviflorus L.

Suelos removidos en claros forestales, matorrales y pastos. **Alt.:** 150-900 m.

Dist.: Med.-Atl. Valles atlánt. y Navarra Media, occidental principalmente. **Alp.:** -; **Atl.:** R; **Med.:** -.

Ranunculus peltatus Schrank subsp. *baudotii* (Godron) C.D. K. Cook

R. baudotii Godron; R. confusus Godron in Gren. & Godron

Aguas remansadas de lagunas, balsas, charcas y colas de embalses. **Alt.:** 250-950 m. **HIC:** 3150.

Dist.: Med.-Atl. Puntual en la Zona Media, está mejor representada en la Ribera. **Alp.:** -; **Atl.:** RR; **Med.:** E.

Cons.: LC (ERLVP, 2011).

Obs.: Las citas de Sunbilla son dudosas (García Zamora & al., 1985). Taxon complejo en el que es difícil asignar táxones infraespecíficos.

Ranunculus peltatus Schrank subsp. *fucoides* (Freyn) Muñoz Garm.

R. fucoides Freyn

Planta dudosa que requiere comprobación. Balsas y lagunas, con aguas remansadas. **Alt.:** 250-950 m.

Dist.: Med. Distintas citas en el río Ega y en la sierra de Urbasa (Navarra Media occidental). **Alp.:** -; **Atl.:** RR; **Med.:** RR.

Observaciones. Hay dudas taxonómicas sobre este taxon, que parece relacionarse con la subsp. *saniculifolius* [*R. peltatus* subsp. *fucoides* (Freyn) Muñoz Garmendia, p.p.].

Ranunculus peltatus Schrank subsp. *peltatus*

R. aquatilis subsp. peltatus (Schrank) Coutino; R. dubius Freyn; R. leontinensis Freyn; R. triphyllos sensu Freyn

Aguas estancadas de charcas y balsas, o remansos de río y arroyos. **Alt.:** 300-1200 m.

Dist.: Eur. Dispersa por Navarra, parece estar mejor representada en los valles atlánt. **Alp.:** -; **Atl.:** R; **Med.:** R.

Cons.: LC (ERLVP, 2011), sin concretar subespecies.

Obs.: Conviene detallar la variedad presente en Navarra (*peltatus* o *microcarpus* Meikle).

Ranunculus peltatus Schrank subsp. *saniculifolius* (Viv.) C.D. K. Cook

R. saniculifolius Viv.; R. dubius Freyn

Planta dudosa que requiere comprobación. Balsas y lagunas con aguas lentas. **Alt.:** 400-450 m.

Dist.: Med. En la Navarra Media orient. **Alp.:** -; **Atl.:** -; **Med.:** RR.

Cons.: LC (ERLVP, 2011).

Obs.: Debe comprobarse la cita de Liédena (Peralta & al., 1992) que parece deba corresponder a *R. peltatus* subsp. *baudotii*, taxon con el cual está relacionado.

Ranunculus penicillatus (Dumort.) Bab.

Batrachium penicillatum Dumort.; R. pseudofluitans (Syme) Newbould ex Baker & Foggitt; R. peltatus subsp. pseudofluitans (Syme) Franco; R. aquatilis subsp. marizii Coutinho; R. fluitans auct., non Lam.

Aguas corrientes, rápidas o moderadas y embalses. **Alt.:** 20-700 m. **HIC:** 3260.

Dist.: Eur. Mitad norte de Navarra, principalmente en el cuadrante NW. **Alp.:** RR; **Atl.:** E; **Med.:** RR.

Cons.: LC (ERLVP, 2011).

Ranunculus platanifolius L.

Comunidades de megaforbios, hayedos, abetales y bases de roquedos. **Alt.:** 1150-1400 m.

Dist.: Eur. Limitada al Pirineo y a las sierras prepiren. (sierra de Illón). **Alp.:** RR; **Atl.:** -; **Med.:** -.

Ranunculus pyrenaeus L.

R. pyrenaeus subsp. plantagineus sensu Cadevall

Cervunales y otros pastos innivados, sobre sustratos silíceos o acidificados. **Alt.:** 1400-2400 m. **HIC:** 4060, 6140.

Dist.: Endém. pirenaica. Limitada a las cumbres pirenaicas más elevadas. **Alp.:** RR; **Atl.:** -; **Med.:** -.

Cons.: Prioritaria (Lorda & al., 2009).

Ranunculus repens L.

R. pubescens Lag.

Herbazales, bordes de turberas, ribazos, orlas de lagunas y junto a cursos de agua. **Alt.:** 100-1750 m. **HIC:** Berr. ag. dulces, Com. arroyos y manant. for., Juncales éutrofos, Juncales nitrófilos, Pastiz. higronitrófilos, 6430, 91E0*, 92A0.
Dist.: Circumbor. General en Navarra, se enrarece y ausenta en el tercio meridional. **Alp.:** E; **Atl.:** C; **Med.:** E.
Cons.: LC (ERLVP, 2011).

Ranunculus sardous Crantz
Sobre terrenos húmedos, pastos y bosques aclarados. **Alt.:** 250-1000 m.
Dist.: Eur. Dispersa en toda Navarra, eludiendo las cotas más elevadas. **Alp.:** RR; **Atl.:** R; **Med.:** R.

Ranunculus sceleratus L.
Suelos encharcados, orillas de acequias, ríos y estanques. **Alt.:** 250-500 m.
Dist.: Plurirreg. En la cuenca de Pamplona y en la Ribera. **Alp.:** -; **Atl.:** RR; **Med.:** E.
Cons.: LC (ERLVP, 2011).

Ranunculus serpens Schrank
R. nemorosus subsp. serpens (Schrank) Tutin; R. mixtus sensu Freyn
Pastos y terrenos húmedos. **Alt.:** 300-1100 m.
Dist.: Eur. Aldezábal (1994) la cita de distintas localidades baztanesas y de Esteribar, en el norte de Navarra. **Alp.:** -; **Atl.:** RR; **Med.:** -.
Obs.: Relacionada con *R. tuberosus*, de la que es difícil su separación.

Ranunculus thora L.
Repisas herbosas de roquedos y grietas del karst con innivación prolongada. **Alt.:** 1250-2100 m.
Dist.: Oróf. Europa. En las montañas pirenaicas y en las estribaciones occ. (sierra de Aralar y Andía). **Alp.:** RR; **Atl.:** RR; **Med.:** -.

Ranunculus trichophyllus Chaix subsp. *trichophyllus*
Aguas estancadas o de corriente lenta. **Alt.:** 450-1150 m. **HIC:** 3150, 3260.
Dist.: Plurirreg. Dispersa por la Zona Media de Navarra, al sur de la divisoria de aguas. **Alp.:** RR; **Atl.:** RR; **Med.:** E.
Cons.: LC (ERLVP, 2011), sin detallar subespecies.

Ranunculus trilobus Desf.
R. sardous subsp. trilobus (Desf.) Rouy & Fouc.
Depresiones inundables y meandros del río Ebro y Aragón, con aguas someras. **Alt.:** 200-550 m. **HIC:** 3270, 3280.
Dist.: Med. Por la Zona Media y, principalmente, en la Ribera. **Alp.:** -; **Atl.:** RR; **Med.:** RR.
Obs.: Se relaciona con *R. sardous*, de cuya separación es difícil.

Ranunculus tripartitus DC.
Enclaves higroturbosos y arroyos sobre sustratos silíceos. **Alt.:** 20-1100 m.
Dist.: Atl. En los valles cantábricos, parece dudosa su presencia al sur de la divisoria de aguas. **Alp.:** -; **Atl.:** RR; **Med.:** RR.
Cons.: LC (ERLVP, 2011).

Obs.: Son dudosas las citas mediterráneas (López, 1968 y 1970).

Ranunculus tuberosus Lapeyr.
R. nemorosus DC.; R. nemorosus subsp. timbalii sensu Cadevall; R. amansii sensu Freyn
Bosques, matorrales aclarados y pastos con cierta humedad. **Alt.:** 20-1650 m. **HIC:** Robled. acidof. cant., Robl. roble albar, 9120, Hayed. bas.-ombr. cant.
Dist.: Eur. General en la mitad norte de Navarra, estando ausente en la otra mitad. **Alp.:** F; **Atl.:** C; **Med.:** E.

Thalictrum aquilegiifolium L.
Orlas forestales, megaforbios y repisas herbosas de roquedos en ambientes kársticos. **Alt.:** 300-1700 m.
Dist.: Eur. Pirineo, montañas de la Zona Media, valles atlánt. y sierras medias occ. **Alp.:** R; **Atl.:** E; **Med.:** -.

Thalictrum flavum L. subsp. *flavum*
Orillas de ríos, sotos, choperas, prados y herbazales sobre suelos frescos. **Alt.:** 450-550 m.
Dist.: Europa W. Parece limitarse a la cuenca de Pamplona. **Alp.:** -; **Atl.:** RR; **Med.:** -.
Obs.: Incluida la variedad *euskarum* Elías & Pau ex P. Monts., a la que deben corresponder las formas más septentrionales de la Península Ibérica (Navarra).

Thalictrum macrocarpum Gren.
Grietas, repisas, rellanos del karst y dolinas herbosas. **Alt.:** 1400-2200 m.
Dist.: Endém. pirenaica. Limitada a las montañas pirenaicas, muy localizada. **Alp.:** RR; **Atl.:** -; **Med.:** -.
Cons.: Prioritaria (Lorda & al., 2009).
Obs.: Límite occidental en Navarra.

Thalictrum minus L. subsp. *minus*
Th. saxatile auct.
Repisas y fisuras de roquedos, pastos y matorrales, bosques de ribera. **Alt.:** 350-2000 m.
Dist.: Circumbor. Montañas de la Zona Media y Pirineo. **Alp.:** E; **Atl.:** E; **Med.:** R.
Obs.: Las citas sobre la subsp. *majus* auct. (*Th. majus* Jacq.) parecen ser formas robustas de la subsp. *minor*, propias de las riberas fluviales.

Thalictrum minus L. subsp. *pubescens* Schleicher ex Arcangeli
Th. pubescens Schleicher ex DC.
Grietas de roquedos, crestones, canchales, gleras y pastos pedregosos. **Alt.:** 400-1400 m.
Dist.: Endém. ibero-galaico. Dispersa en los Pirineos y en las montañas de la Zona Media. **Alp.:** -; **Atl.:** R; **Med.:** R.

Thalictrum speciosissimum L.
Th. glaucum auct.; Th. flavum subsp. glaucum auct.
Planta dudosa que requiere comprobación. Juncales y riberas húmedas.
Dist.: Med. Dudosa en Navarra.
Obs.: Se cita con dudas de Navarra en *Flora Iberica*. Debe referirse a *Th. flavum*.

Thalictrum tuberosum L.

Matorrales aclarados, pastos pedregosos y orlas forestales, principalmente en el ambiente del robledal, quejigal, carrascal y pinar. **Alt.:** 250-1200 m. **HIC:** 9240.
Dist.: Med. W. General al sur de la divisoria de aguas, especialmente en la Navarra Media. **Alp.:** E; **Atl.:** E; **Med.:** F.

Trollius europaeus L.

Megaforbios, repisas herbosas de roquedos y pies de cantil, prados y pastos. **Alt.:** 900-1800 m.
Dist.: Bor.-Alp. Localizada en los Pirineos y en las sierras occ. (Aralar y Andía). **Alp.:** RR; **Atl.:** RR; **Med.:** -.

Resedaceae

Reseda alba L. subsp. *alba*

> *R. fruticulosa* L.; *R. decursiva* sensu Á. Ramos; *R. propinqua* auct., non *R. Br.*

Planta dudosa que requiere comprobación. Cerros yesosos, sotos y cascajeras fluviales. **Alt.:** 250-450 m.
Dist.: Med. Citada de la Ribera de Navarra. **Alp.:** -; **Atl.:** -; **Med.:** R.
Obs.: No se cita en *Flora Iberica*, y no parece que llegue a Navarra.

Reseda barrelieri Bertol. ex Müll. Arg.

Claros sobre suelos removidos, en páramos y crestones calizos. **Alt.:** 250-450 m.
Dist.: Endém. ibérica. Limitada a la Ribera. **Alp.:** -; **Atl.:** -; **Med.:** RR.

Reseda glauca L.

Grietas, fisuras, crestones calizos y graveras de ríos de montaña. **Alt.:** 850-2400 m.
Dist.: Endém. pir.-cant. Limitada a las cumbres del Pirineo, descendiendo por las graveras fluviales a los valles. **Alp.:** RR; **Atl.:** -; **Med.:** -.

Reseda lutea L. subsp. *lutea*

> *R. ramosissima* Pourr. ex Willd.

Orillas de caminos y carreteras, orlas de cultivos, barbechos y otros ambientes alterados. **Alt.:** 300-1200 m.
Dist.: Plurirreg. Por los dos tercios meridionales de Navarra, siendo puntual en el Pirineo. **Alp.:** R; **Atl.:** R; **Med.:** F.

Reseda luteola L.

> *R. luteola* subsp. *gussonei* (Boiss. & Reut.) Nyman

Cunetas de carreteras, caminos, ribazos, escombreras y reposaderos de ganado. **Alt.:** 250-1000 m.
Dist.: Eur. Dispersa por Navarra, a baja altitud, siendo escasa en la Ribera. **Alp.:** R; **Atl.:** E; **Med.:** E.

Reseda phyteuma L.

> *R. aragonensis* Loscos & J. Pardo; *R. phyteuma* subsp. *collina* auct.

Pie de roquedos, caminos, barbechos y cultivos, en general sobre sustratos removidos. **Alt.:** 250-900 m.
Dist.: Med. Extendida por la mitad meridional de Navarra, siendo rara en las cuencas y falta en los valles atlánt. **Alp.:** -; **Atl.:** RR; **Med.:** CC.

Reseda stricta Pers. subsp. *stricta*

> *R. erecta* Lag.

Pastos y matorrales soleados en cerros yesosos, en climas áridos a semiáridos. **Alt.:** 350-500 m.
Dist.: Med. W. Limitada a los afloramientos yesosos de la Ribera Estellesa y Tudelana. **Alp.:** -; **Atl.:** -; **Med.:** RR.

Reseda undata L. subsp. *undata*

> *R. gayana* sensu Lange

Campos de cultivos, barbechos, rastrojeras y caminos, sobre suelos removidos y nitrogenados. **Alt.:** 250-650 m.
Dist.: Med. W. En las comarcas meridionales del valle del Ebro. **Alp.:** -; **Atl.:** -; **Med.:** R.

Sesamoides interrupta (Boreau) G. López

> *Astrocarpa interrupta* Boreau; *A. sesamoides* (L.) DC.; *S. canescens* (L.) Kuntze; *S. clusii* sensu Greuter, Burdet & G. Long; *S. pygmaea* sensu Heywood

Planta que está cerca de Navarra, y cuya presencia se estima probable. Pastos pedregosos y roquedos de alta montaña. **Alt.:** 2300-2500 m.
Dist.: Oróf. Europa. No se ha citado de Navarra.
Obs.: Se conoce del monte Anie (Lescún, F-64) por Blanchet (1891). Las poblaciones pirenaicas se han denominado var. *gayana* (Müll. Arg.) G. López.

Rhamnaceae

Frangula alnus Mill. subsp. *alnus*

> *Rhamnus frangula* L.

El arraclán crece en bosques mixtos húmedos, robledales y alisedas, sobre suelos acidificados. **Alt.:** 50-900 m. **HIC:** 91E0*, 92A0, 9230, Robled. acidof. cant., Alis. ladera.
Dist.: Eur. En la mitad septen. de Navarra, más frecuente en los valles atlánt. y esporádica en el resto. **Alp.:** E; **Atl.:** E; **Med.:** RR.

Rhamnus alaternus L. subsp. *alaternus*

Carrascales, encinares con madroño y laurel, y en sus comunidades de sustitución. **Alt.:** 250-1350 m. **HIC:** 5210, Matorr. de *Osyris alba*, 9340, 9240, 9540.
Dist.: Med. Extendida por Navarra, salvo en los valles cantábricos. **Alp.:** C; **Atl.:** E; **Med.:** C.
Obs.: En el Valle del Ebro son frecuentes plantas de hojas pequeñas, que han recibido distinto tratamiento taxonómico (cf. *Flora Iberica*).

Rhamnus alpina L. subsp. *alpina*

Claros de bosques caducifolios o marcescentes, en ambientes rocosos. **Alt.:** 500-2000 m. **HIC:** 4060, 9430*.
Dist.: Oróf. Med. Extendida por la franja central, por las montañas pirenaicas, las cuencas prepiren., las sierras occ. y la Zona Media. **Alp.:** E; **Atl.:** E; **Med.:** E.

Rhamnus cathartica L.

Claros y orlas forestales, más sus etapas de sustitución; principalmente sobre sustratos silíceos. **Alt.:** 150-1450 m. **HIC:** 92A0.
Dist.: Eur. Pirineos, cuencas prepiren., Zona Media y sierras occ. **Alp.:** E; **Atl.:** E; **Med.:** E.

Rhamnus infectoria L.

> *Rh. saxatilis* subsp. *infectoria* (L.) P. Fourn.; *Rh. saxatilis* auct., non Jacq.; *Rh. saxatilis* subsp. *saxatilis* auct., non Jacq.

Orlas espinosas, setos, fisuras y repisas de roquedos, pedregales, orlas y claros del carrascal, quejigal, pinar, coscojar, etc.; en sustratos básicos **Alt.:** 300-1200 m. **HIC:** 5110, 5210.

Dist.: Med. W. Dispersa por la Navarra Media, más ocasional en el resto de comarcas. **Alp.:** E; **Atl.:** E; **Med.:** E.

Obs.: Conviene verificar las poblaciones de esta planta. Está relacionada con *Rh. saxatilis*, y se cita en *Flora Iberica*. Las formas de hojas estrechas y lanceoladas se han denominado *Rh. colmeiroi* D. Rivera, Obón & Selma, anotada de las cercanías de Sos del Rey Católico.

Rhamnus lycioides L. subsp. *lycioides*

Rh. oleoides subsp. lycioides (L.) Maire; Rh. lycioides subsp. velutina auct., non (Boiss.) Nyman

Coscojares, claros del carrascal y pinar de carrascco, en cerros y resaltes de roquedos. **Alt.:** 250-700 m. **HIC:** 5210, 9340, 9540.

Dist.: Endém. de la mitad E de la Pen. Ibér. En la mitad meridional de Navarra. **Alp.:** -; **Atl.:** RR; **Med.:** F.

Observaciones. Hay poblaciones que tienden a la subsp. *velutina* (Boiss.) Nyman (*Rh. velutina* Boiss.), especialmente en el entorno de Fitero. *Rh. velutina* es una planta del S de la Península Ibérica y N de África.

Rhamnus oleoides L. subsp. *assoana* Rivas Mart. & J.M. Pizarro

Rh. oleoides f. linearifolia Rivas Mart. & J.M. Pizarro; Rh. lycioides auct., non L.; Rh. oleoides subsp. lycioides auct., non (L.) Maire

Coscojares, claros del carrascal y pinar de carrasco, en cerros y resaltes de roquedos. **Alt.:** 250-700 m. **HIC:** 5210, 9340, 9540.

Dist.: Endém. de la mitad E de la Pen. Ibér. y Baleares. En la mitad meridional de Navarra. **Alp.:** -; **Atl.:** RR; **Med.:** F.

Observaciones. Se ha confundido habitualmente con *Rh. lycioides*, de la que se distingue por su lámina foliar glabra. En cualquier caso conviene verificar las poblaciones navarras. Se cita sin duda en *Flora Iberica*.

Rhamnus pumila Turra subsp. *pumila*

Rh. alpina subsp. pumila (Turra) O. Bolòs & Vigo

Rupícola, en fisuras y grietas de roquedos calizos. **Alt.:** 450-2200 m. **HIC:** 4060, 8210.

Dist.: Oróf. Med. Dispersa por las montañas del territorio, principalmente por su área central, desde los Pirineos hasta las sierras occ. **Alp.:** E; **Atl.:** E; **Med.:** E.

Rhamnus saxatilis Jacq. subsp. *saxatilis*

Coscojares, aulagares y tomillares de sustitución de quejigales y carrascales, y orlas del hayedo; bujedos y espolones calizos. **Alt.:** 300-1200 m. **HIC:** 5110, 5210.

Dist.: Med. Dispersa por la Navarra Media, más ocasional en el resto de las comarcas. **Alp.:** E; **Atl.:** E; **Med.:** E.

Obs.: Planta muy relacionada con *Rh. infectoria* L.

Rosaceae

Agrimonia eupatoria L. subsp. *eupatoria*

Herbazales, orlas forestales, cunetas, prados, matorrales y repisas de roquedos. **Alt.:** 50-1200 m.

Dist.: Eur. General en Navarra, sin alcanzar cotas muy elevadas. **Alp.:** R; **Atl.:** F; **Med.:** F.

Agrimonia procera Wallr.

A. odorata auct., non Mill.; A. eupatoria subsp. odorata auct., non (Mill.) Hook. fil.

Planta citada de Navarra antes de 1960, sin citas posteriores. Setos y herbazales en orlas de hayedos. **Alt.:** 100-900 m.

Dist.: Eur. En los valles atlánt. y pirenaicos. **Alp.:** RR; **Atl.:** RR; **Med.:** -.

Obs.: Se conoce de Uztárroz (Sandwith & Montserrat, 1966) y Bertizarana (Lacoizqueta, 1884). Deben comprobarse.

Género *Alchemilla*

Este género, en palabras de los especialistas, es uno de los más complejos de la flora europea. Es frecuente que se den fenómenos de apomixis, lo cual se manifiesta en una extrema variabilidad, dando lugar a microespecies y poblaciones formadas por reproducción asexual. En este trabajo se han seguido los criterios de S.E. Fröhner expuestos en *Flora Iberica*, al cual remitimos al lector para cuestiones taxonómicas y nomenclaturales. Como se observará, junto a grupos bien delimitados en las floras al uso, distintos táxones están reconocidos como endemismos de alguna de las sierras y montañas de Navarra, ratificando la singularidad del género en nuestras áreas de montaña. Esta exposición sucinta de las *Alchemilla* de Navarra debe entenderse como una mera aproximación, toda vez que el género es complejo y no deja de ser cuestionable la asignación de los individuos o las poblaciones a grupos a veces controvertidos.

Alchemilla alpina L.

A. viridicans Rothm.

Planta dudosa que requiere comprobación. Pastos, claros del matorral y fisuras de roquedos, sobre sustratos silíceos o acidificados. **Alt.:** 1300-2400 m.

Dist.: Bor.-Alp. Montañas pirenaicas, con citas antiguas. **Alp.:** RR; **Atl.:** -; **Med.:** -.

Obs.: Se ha citado de Abodi y del valle de Roncal (Montserrat, 1966). Parece que debe corresponder a *A. catalaunica*; sin embargo se ha citado de Lescun y del Pic d'Anie (Villar, 1980), cerca de Navarra, citas a tener en cuenta.

Alchemilla amphisericea Buser

A. charbonneliana Buser ex Charb.

Fisuras y rellanos de roquedos y pastos pedregosos. **Alt.:** 800-1200 m.

Dist.: Oróf. Europa. Por los Pirineos. **Alp.:** RR; **Atl.:** -; **Med.:** -.

Obs.: Citada en *Flora Iberica*.

Alchemilla angustata S.E. Fröhner

Prados, depresiones kársticas y orillas de arroyos. **Alt.:** 1200-2200 m.

Dist.: Endém. de los Pirineos Occ. (valles de Roncal y Hecho). En los valles pirenaicos. **Alp.:** RR; **Atl.:** -; **Med.:** -.

Obs.: Citada en *Flora Iberica*.

Alchemilla atriuscula S.E. Fröhner

Fisuras y rellanos de roquedos umbrosos; sobre calizas. **Alt.:** a 900 m.

Dist.: Endém. de la sierra de Andía (Sierras Medias Occ.). **Alp.:** -; **Atl.:** RR; **Med.:** -.

Obs.: Citada en *Flora Iberica*.

Alchemilla atropurpurea S.E. Fröhner

Orillas de arroyos y manantiales, prados húmedos y megaforbios. **Alt.:** 1050-2050 m.

Dist.: Orófita Europa W. Parece limitada al valle de Roncal, en los Pirineos. **Alp.:** RR; **Atl.:** -; **Med.:** -.

Obs.: Citada en *Flora Iberica*.

Alchemilla benasquensis S.E. Fröhner

Prados y pastos sobre sustratos calizos. **Alt.:** 1200-2200 m.

Dist.: Oróf. Europa W. Limitada al Pirineo, a las montañas del entorno de Larra. **Alp.:** RR; **Atl.:** -; **Med.:** -.

Obs.: Citada en *Flora Iberica*. Se extiende por Huesca y Larra, desde la Piedra de San Martín-Larra (Navarra-Pyrénées Atlantiques) hasta los valles de Ansó, Hecho y Benasque (Huesca), llegando a los Pirineos Centrales.

Alchemilla burgensis S.E. FröhneR.

Planta dudosa que requiere comprobación. Prados y claros del matorral montano fresco y húmedo; sobre calizas. **Alt.:** 800-2000 m.

Dist.: Endém. de la Cordillera Cantábrica y, con duda, de los Pirineos Occ. Limitada a las montañas y valles pirenaicos. **Alp.:** RR; **Atl.:** -; **Med.:** -.

Obs.: Citada en *Flora Iberica*. Las plantas navarras (bosque de Irati) son dudosas.

Alchemilla catalaunica Rothm.

A. alpina subsp. catalaunica (Rothm.) O. Bolòs & Vigo; A. alpina sensu Willk.; A. plicatula auct. hisp., p.p., non Gand.

Pastos pedregosos, con cierta humedad, graveras y pedrizas. **Alt.:** 800-2200 m.

Dist.: Endém. pir.-cant. Sierras medias occ. (Aralar, Cantabria, Codés) y Pirineos. **Alp.:** E; **Atl.:** R; **Med.:** -.

Obs.: Citada en *Flora Iberica*. Ver notas en *A. plicatula*.

Alchemilla colorata Buser

A. hybrida subsp. colorata (Buser) Gams; A. cuatrecasasii J.M. Monts. & Romo; A. hebescens auct. hisp. non Juz.

Prados y pastos, repisas y rellanos de roquedos. **Alt.:** 1250-1800 m.

Dist.: Oróf. Europa W. Parece limitarse al Pirineo, de donde hay alguna cita (Belagua, Eraize, Peña Ezkaurre, etc.). **Alp.:** R; **Atl.:** -; **Med.:** -.

Obs.: No se cita en *Flora Iberica* para Navarra.

Alchemilla connivens Buser

A. vulgaris subsp. connivens (Buser) É.G. Camus

Orlas forestales, márgenes de arroyos y pastos supraforestales. **Alt.:** 1000-1700 m.

Dist.: Oróf. Europa. En las montañas pirenaicas y en las sierras occ. **Alp.:** RR; **Atl.:** R; **Med.:** -.

Obs.: Conviene revisar los materiales de las montañas occ.

Alchemilla coriacea Buser

A. vulgaris subsp. coriacea (Buser) É.G. Camus

Prados y herbazales, algo húmedos; orillas de arroyos y manantiales. **Alt.:** 750-1700 m.

Dist.: Oróf. Europa. En los valles pirenaicos, al E de Navarra. **Alp.:** RR; **Atl.:** -; **Med.:** -.

Obs.: Citada en *Flora Iberica*.

Alchemilla diluta S.E. Fröhner

Rellanos de roquedos y prados húmedos; higrófila. **Alt.:** 900-1400 m.

Dist.: Endém. de los Pirineos y los Montes Vascos. En los Pirineos, desde la Piedra de San Martín, cercanías de Burguete, sierra de Abodi y en la sierra de Aralar (Na, SS). **Alp.:** RR; **Atl.:** RR; **Med.:** -.

Obs.: Citada en *Flora Iberica* de Na y SS.

Alchemilla effusa Buser

A. effusiformis S.E. FröhneR.

Pastos y herbazales húmedos, orillas de arroyos y prados encharcados. **Alt.:** 1000-1800 m.

Dist.: Oróf. Europa. Por los Pirineos y sierras medias occ. **Alp.:** RR; **Atl.:** RR; **Med.:** -.

Obs.: Citada en *Flora Iberica*.

Alchemilla fallax Buser

Prados húmedos y herbazales megafórbicos. **Alt.:** 900-1500 m.

Dist.: Oróf. Europa. Montañas de la Navarra Media (sierra de Andía). **Alp.:** -; **Atl.:** RR; **Med.:** -.

Obs.: Citada en *Flora Iberica*.

Alchemilla filicaulis Buser

A. hybrida subsp. vestita (Buser) O. Bolòs & Vigo

Herbazales y pastos montanos, más o menos húmedos y orlas forestales. **Alt.:** 1200-1750 m.

Dist.: Eur. En los Pirineos. **Alp.:** RR; **Atl.:** -; **Med.:** -.

Obs.: En Navarra parece estar presente la variedad *vestita* (Buser) Buser ex H.J. Coste.

Alchemilla flabellata Buser

A. hybrida subsp. flabellata (Buser) Gams

Pastos y brezales altimontanos. **Alt.:** 1000-2000 m.

Dist.: Oróf. Europa. Limitada a las montañas pirenaicas (valle de Belagua). **Alp.:** RR; **Atl.:** -; **Med.:** -.

Alchemilla fulgens Buser

A. hybrida subsp. fulgens (Buser) O. Bolòs & Vigo

Pastos de diente, claros forestales, pastos y repisas herbosas de roquedos. **Alt.:** 900-1500 m.

Dist.: Endém. pirenaica. Dispersa por las montañas pirenaicas. **Alp.:** RR; **Atl.:** -; **Med.:** -.

Obs.: Son dudosas las citas de las montañas medias occidentales; parece limitarse al Pirineo, y en *Flora Iberica* no se cita de Navarra.

Alchemilla glabra Neygenf.

A. vulgaris subsp. glabra (Neygenf.) O. Bolòs & Vigo; A. linneata sensu Walters

Pastos más o menos humedecidos, herbazales en orlas forestales y megaforbios. **Alt.:** 650-1800 m.

Dist.: Eur. En los Pirineos y en las montañas medias occ. (sierra de Aralar). **Alp.:** R; **Atl.:** RR; **Med.:** -.

Alchemilla glaucescens Wallr.

A. hybrida subsp. glaucescens (Wallr.) O. Bolòs & Vigo

Herbazales, claros del hayedo-abetal y prados. **Alt.:** 850-1800 m.
Dist.: Eur. Montañas pirenaicas y estribaciones próximas. **Alp.:** E; **Atl.:** R; **Med.:** -.

Alchemilla hoppeana (Rchb.) Dalla TorrE.
Planta dudosa que requiere comprobación. Pastos y repisas de roquedos. **Alt.:** 1500-2100 m.
Dist.: Oróf. Europa. En las montañas pirenaicas. **Alp.:** RR; **Atl.:** -; **Med.:** -.
Obs.: Hay citas de Fdez. Casas (1970) del Ori y de Rivas-Martínez & al. (1991) del Collado de la Mesa de los Tres Reyes. Hay dudas sobre su asignación nomenclatural.

Alchemilla hoppeaniformis S.E. Fröhner
Crestas, fisuras y rellanos de roquedos. **Alt.:** 800-1900 m.
Dist.: Endém. de la Cordillera Cantábrica, Montes Vascos y Pirineos. En los Pirineos y en las sierras medias occ. **Alp.:** RR; **Atl.:** RR; **Med.:** -.
Obs.: Citada en *Flora Iberica*.

Alchemilla hypercycla S.E. Fröhner
Fisuras y rellanos de roquedos y prados secos, sobre calizas. **Alt.:** a 900 m.
Dist.: Endém. del monte Beriain (sierra de Satrustegi). Limitada a las sierras medias occ., por lo que sabemos al monte Beriain. **Alp.:** -; **Atl.:** RR; **Med.:** -.
Obs.: Citada en *Flora Iberica*.

Alchemilla impedicellata S.E. Fröhner
Pastos, prados y márgenes de arroyos, sobre calizas. **Alt.:** 1150-2000 m.
Dist.: Endém. de la Cordillera Cantábrica y Pirineos (Valle de Roncal). Limitada al Pirineo, en el valle de Roncal. **Alp.:** RR; **Atl.:** -; **Med.:** -.
Obs.: Citada en *Flora Iberica*.

Alchemilla inconcinna Buser
A. vulgaris¡Error! Marcador no definido. subsp. inconcinna (Buser) Gams; A. alniformis S.E. Fröhner
Herbazales en repisas y grietas kársticas. **Alt.:** 1300-1700 m.
Dist.: Oróf. Europa. Pirineos y sierras medias occ. **Alp.:** RR; **Atl.:** RR; **Med.:** -.
Obs.: Citada en *Flora Iberica*.

Alchemilla iniquiformis S.E. Fröhner
Prados y pastos, a orillas de arroyos. **Alt.:** 1200-1800 m.
Dist.: Endém. pir.-cant. En los Pirineos, en el Valle de Roncal. **Alp.:** RR; **Atl.:** -; **Med.:** -.
Obs.: Citada en *Flora Iberica*.

Alchemilla iratiana S.E. Frönher
Prados y pastos de montaña. **Alt.:** 1300-1400 m.
Dist.: Endém. del Pirineo Occidental. Limitada a las montañas pirenaicas (valle de Irati). **Alp.:** RR; **Atl.:** -; **Med.:** -.
Obs.: Citada en *Flora Iberica*.

Alchemilla lapeyrousii Buser
A. hybrida subsp. lapeyrousii (Buser) P. Fourn.; A. hybrida (L.) L.
Herbazales en orlas forestales, fisuras y rellanos de roquedos. **Alt.:** 1000-1800 m.
Dist.: Oróf. Europa. Repartida por las montañas pirenaicas. **Alp.:** R; **Atl.:** -; **Med.:** -.

Alchemilla lunaria S.E. Fröhner
A. flaccida auct. hisp.; A. vulgaris subsp. flaccida sensu O. Bolòs & Vigo
Pastos humedecidos y megaforbios. **Alt.:** 1400-1800 m.
Dist.: Oróf. Europa. Limitada a las montañas pirenaicas, al este de la sierra de Abodi. **Alp.:** RR; **Atl.:** -; **Med.:** -.
Obs.: Citada en *Flora Iberica*.

Alchemilla macrochira S.E. Fröhner
Fisuras y rellanos de roquedos calizos, pastos pedregosos. **Alt.:** 900-1200 m.
Dist.: Endém. de la sierra de Andía. En las montañas occ. de Navarra. **Alp.:** -; **Atl.:** RR; **Med.:** -.
Obs.: Citada en *Flora Iberica*.

Alchemilla melanoscytos S.E. Fröhner
Prados húmedos y herbazales en claros forestales. **Alt.:** 850-1300 m.
Dist.: Endém. de la sierra de Abodi y valle de Irati. En las montañas y valles pirenaicos orient. . **Alp.:** RR; **Atl.:** -; **Med.:** -.
Obs.: Citada en *Flora Iberica*.

Alchemilla nafarroana S.E. Fröhner
Pastos y herbazales, sobre sustratos calizos. **Alt.:** 1300-2300 m.
Dist.: Endém. del Pirineo Occidental (Larra y valles de Ansó, Hecho y Canfranc). En los Pirineos. **Alp.:** RR; **Atl.:** -; **Med.:** -.
Obs.: Citada en *Flora Iberica*.

Alchemilla oscensis S.E. Fröhner
Pastos y prados, sobre sustratos calizos o silíceos. **Alt.:** 1250-2000 m.
Dist.: Oróf. Europa. Limitada a las montañas y valles pirenaicos (Irati). **Alp.:** RR; **Atl.:** -; **Med.:** -.
Obs.: Citada en *Flora Iberica*.

Alchemilla ozana S.E. Fröhner
Pastos y prados humedecidos y megaforbios. **Alt.:** 1300-1700 m.
Dist.: Endém. del Pirineo W. En las montañas pirenaicas. **Alp.:** RR; **Atl.:** -; **Med.:** -.
Obs.: Citada en *Flora Iberica*.

Alchemilla perspicua S.E. Fröhner
Fisuras y rellanos de roquedos calizos. **Alt.:** 900-1300 m.
Dist.: Endém. del monte Beriain (sierra de Satrustegi). Limitada a las montañas medias occ. **Alp.:** -; **Atl.:** RR; **Med.:** -.
Obs.: Citada en *Flora Iberica*.

Alchemilla plicatula Gand.
Grietas de roquedos, canchales y pastos pedregosos. **Alt.:** 850-2400 m. **HIC:** 4060, 6230*, 6140, 6170, 8210.
Dist.: Oróf. Europa. Dispersa por los sistemas montañosos de la mitad norte de Navarra. **Alp.:** F; **Atl.:** E; **Med.:** -.
Obs.: Parece que los ejemplares asignados a esta especie deban corresponder a *A. catalaunica* Rothm. Este binomen incluye un número considerable de táxones: *A. amphisericea, A. atriuscula, A. hoppeaniformis, A. macrochira, A. spectabilior, A. catalaunica*, etc.

Alchemilla polatschekiana S.E. Fröhner

Herbazales de pies de cantil, grietas kársticas, pastos pedregosos. **Alt.:** 900-2000 m.
Dist.: Endém. pir.-cant. e íbero septen. Pirineos y sierras medias occ. (sierra de Aralar-Andía). **Alp.:** RR; **Atl.:** RR; **Med.:** -.
Obs.: Citada en *Flora Iberica*.

Alchemilla polita S.E. Fröhner

Prados y pastos, sobre sustratos calizos. **Alt.:** 1250-1400 m.
Dist.: Endém. del Pirineo W (Larra, Ansó y Hecho). Limitada a las montañas pirenaicas. **Alp.:** RR; **Atl.:** -; **Med.:** -.
Obs.: Citada en *Flora Iberica*.

Alchemilla santanderensis S.E. FröhneR.

Planta dudosa que requiere comprobación. Prados y pastos, húmedos y frescos, fisuras y rellanos de roquedos. **Alt.:** 600-1400 m.
Dist.: Endém. de la Cordillera Cantábrica, N del Sistema Ibérico y, con dudas, de los Pirineos Occ. Limitada a las montañas pirenaicas (Irati, Abaurrea). **Alp.:** RR; **Atl.:** -; **Med.:** -.
Cons.: DD (LR, 2000); DD (LR, 2008).
Obs.: Citada en *Flora Iberica*, dudosa.

Alchemilla saxatilis Buser

A. alpina subsp. saxatilis (Buser) É.G. Camus; A. alpina sensu Willk.

Planta que está cerca de Navarra, y cuya presencia se estima probable. Fisuras y rellanos de roquedos, sobre sustratos silíceos. **Alt.:** 1500-1850 m.
Dist.: Oróf. S Europa. Se conoce del monte Lakora, en su vertiente francesa, muy cerca de Navarra (Vivant, 1979). **Alp.:** RR; **Atl.:** -; **Med.:** -.
Obs.: No se cita en *Flora Iberica* de Navarra.

Alchemilla spathulata S.E. Fröhner

Fisuras y repisas de roquedos calizos. **Alt.:** 900-1400 m.
Dist.: Endém. de la sierra de Andía y sierra de Cantabria (Álava). En las estribaciones medias occ. **Alp.:** -; **Atl.:** RR; **Med.:** -.
Obs.: Citada en *Flora Iberica*.

Alchemilla spectabilior S.E. Fröhner

Fisuras y rellanos sombríos de roquedos calizos. **Alt.:** 900-1000 m.
Dist.: Endém. de la Cordillera Cantábrica orient., Montes Vascos, Pirineos Occ. (valle de Irati) y N del Sistema Ibérico. En las montañas y valles pirenaicos. **Alp.:** RR; **Atl.:** -; **Med.:** -.
Obs.: Citada en *Flora Iberica*. A occidente reaparece en La Rioja (sierra de la Demanda).

Alchemilla straminea Buser

A. vulgaris subsp. straminea (Buser) O. Bolòs & Vigo

Repisas herbosas y pastos pedregosos húmedos. **Alt.:** 1300-2000 m.
Dist.: Oróf. Europa. Pirineos y sierras medias occ. **Alp.:** RR; **Atl.:** RR; **Med.:** -.
Obs.: Citada en *Flora Iberica*.

Alchemilla transiens (Buser) Buser

A. basaltica Buser; A. saxatilis subsp. transiens; A. alpina subsp. transiens acut. lusit.; A. mucronata S.E. Fröhner ap. D. Gómez & P. Monts.; A. saxetana sensu Aedo & al.

Pastos pedregosos, canchales, fisuras y rellanos de roquedos silíceos. **Alt.:** 1600-2100 m.
Dist.: Oróf. Europa. Presente en el monte Lakora, en el Pirineo. **Alp.:** RR; **Atl.:** -; **Med.:** -.
Obs.: Habitualmente tratada como *A. basaltica* Buser en la bibliografía.

Alchemilla vetteri Buser

A. bolosii Romo

Megaforbios, repisas y pies de cantil, sobre suelos pedregosos calizos. **Alt.:** 1200-1400 m.
Dist.: Oróf. Europa. Montañas medias occ. (monte Beriain). **Alp.:** -; **Atl.:** RR; **Med.:** -.
Obs.: Citada en *Flora Iberica*.

Alchemilla villarii S.E. Fröhner

Pastos de alta montaña, fisuras y rellanos de roquedos calizos. **Alt.:** 1200-2400 m.
Dist.: Endém. de los Pirineos Occ. (Larra y Pico de la Garganta pr. Aísa). En las montañas pirenaicas. **Alp.:** RR; **Atl.:** -; **Med.:** -.
Obs.: Citada en *Flora Iberica*.

Alchemilla vulgaris L.

Planta dudosa que requiere comprobación. Pastos y prados, rellanos y repisas de roquedos. **Alt.:** 950-1200 m.
Dist.: Citada de las montañas pirenaicas. **Alp.:** RR; **Atl.:** -; **Med.:** -.
Obs.: Forma parte de un grupo que incluye distintos táxones, por lo que debe llevarse a otras especies.

Alchemilla xanthochlora Rothm.

A. vulgaris subsp. xanthochlora (Rothm.) O. Bolòs & Vigo

Pastos húmedos y megaforbios. **Alt.:** 1300-1700 m.
Dist.: Eur. Pirineos, montañas de la Zona Media y estribaciones occ. **Alp.:** E; **Atl.:** E; **Med.:** -.

Amelanchier ovalis Medik.

Mespilus amelanchier L.; A. vulgaris Moench; A. rotundifolia Lam. ex K. Koch

Claros del quejigal-carrascal, crestones y cantiles, siempre sobre sustratos pedregosos. **Alt.:** 400-1850 m.
HIC: Bojeral de orla, 5110, 5210, 9340, 9240, Robl. pel. pirenaicos.
Dist.: Med. General en la franja central de Navarra, desde los Pirineos a las sierras occidentales; se ausenta de los valles cantábricos y del Valle del Ebro. **Alp.:** E; **Atl.:** F; **Med.:** F.
Obs.: Se han descrito la subsp. *ovalis* y la subsp. *embergeri* Favarger & Stearn de difícil separación.

Aphanes arvensis L.

Alchemilla arvensis (L.) Scop.

Claros de pastos y matorrales, roquedos y herbazales ralos. **Alt.:** 450-1250 m.
Dist.: Eur. General en la Zona Media, se hace rara en los valles cantábricos y en el sur más árido. **Alp.:** E; **Atl.:** F; **Med.:** F.

Aphanes australis Rydb.

A. inexspectata W. Lippert; A. microcarpa auct.; A. minutiflora auct.; Alchemilla microcarpa auct.; Alchemilla arvensis subsp. microcarpa auct.

Pastos de anuales, sobre sustratos arenosos. **Alt.:** 500-1300 m.

Dist.: Atl. Dispersa por las montañas septentrionales: montañas atlánt., sierras prepiren. y sierras medias occ. **Alp.:** -; **Atl.:** E; **Med.:** E.

Aphanes cornucopioides Lag.

Alchemilla cornucopioides (Lag.) Roem.; A. floribunda auct.

Planta dudosa que requiere comprobación. Claros forestales y del matorral, cultivos, barbechos y terrenos alterados. **Alt.:** 550-600 m.

Dist.: Med. W. Citada de San Martín de Unx (Erviti, 1989), en la Navarra Media orient. **Alp.:** -; **Atl.:** -; **Med.:** RR.

Obs.: No se ha podido comprobar la cita de Erviti (1989) anotada por Peralta & al. (1992). En *Flora Iberica* se cita de Navarra con dudas.

Aphanes microcarpa (Boiss. & Reut.) Rothm.

Alchemilla microcarpa Boiss. & Reut.; A. maroccana sensu Devesa

Planta dudosa que requiere comprobación. Claros forestales y del matorral, cultivos, barbechos y terrenos alterados. **Alt.:** 1100-1300 m.

Dist.: Med. Citada del Romanzado y entorno (Peralta & al., 1992). **Alp.:** RR; **Atl.:** -; **Med.:** -.

Obs.: No se cita en *Flora Iberica*.

Aruncus dioicus (Walter) Fernald

Actaea dioica Walter; Spiraea aruncus L.; A. silvestris Kostel. ex Opiz; A. vulgaris Rafin.

Roturas de hayedo, hayedo-abetal y megaforbios en umbrías. **Alt.:** 200-1400 m.

Dist.: Circumbor. En las montañas septentrionales, desde los Pirineos hasta las estribaciones atlánt. **Alp.:** R; **Atl.:** RR; **Med.:** -.

Obs.: Límite W en Navarra. En estado vegetativo se puede confundir con *Actaea spicata* (*Ranunculaceae*).

Cotoneaster integerrimus Medik.

Mespilus cotoneaster L.; C. vulgaris Lindl.

Crestas, roquedos y otros terrenos pedregosos. **Alt.:** 900-2200 m.

Dist.: Bor.-Alp. Montañas de la Zona Media, desde los Pirineos a las sierras occ. **Alp.:** R; **Atl.:** E; **Med.:** RR.

Cotoneaster tomentosus (Aiton) Lindl.

C. nebrodensis sensu Browicz; Mespilus tomentosa Aiton

Laderas pedregosas, crestas y claros forestales, sobre sustratos calizos. **Alt.:** 500-1600 m.

Dist.: Oróf. Med. Pirineos y montañas de la Navarra Media orient. **Alp.:** R; **Atl.:** -; **Med.:** RR.

Crataegus laevigata (Poir.) DC.

Mespilus laevigata Poir.; C. oxyacanthoides Thuill.

El majuelo navarro vive en setos, claros y orlas del hayedo, robledal y carrascal. **Alt.:** 450-1200 m. **HIC:** Zarz. y espin. neutro-bas. eur-med., Robl. pel. navarro-alav., 9160.

Dist.: Eur. Montañas septentrionales, principalmente occ., muy puntual en los Pirineos. **Alp.:** RR; **Atl.:** E;

Med.: RR.

Obs.: Límite orient. en Orbara (Lorda, 2001). Escriche (1935) la citó de Tafalla, pero debe corresponder a *C. monogyna*.

Crataegus monogyna Jacq.

C. maura L. fil., C. brevispina Kunze; C. insegnae (Tineo ex Guss.) Bertol.; C. lasiocarpa Lange; C. boissieri Willk.; C. segobricensis (Pau) Willk.; C. laciniata sensu Willk.

El espino albar vive en setos, claros y orlas de bosques, incluso aislado en ambientes pastoreados o formando espinares de cierta densidad. **Alt.:** 20-1600 m. **HIC:** Matorr. *Cytisus scoparius*, Bojeral de orla, 5110, Zarzales y espin. acidof., Zarz. y espin. neutro-bas. eur-med., 91E0*, 92A0, Avell. rip. subcant.-pir., 9340, 9240, Robl. pel. navarro-alav., Robl. pel. pirenaicos, 9230, 9160, Robl. acidof. cant., 9150, Robl. roble albar, Hayed. bas.-omb. cant., Tremolares, Abet. prepiren., Pin. *Pinus sylvestris* basófilos, Pin. *Pinus sylvestris* secund.

Dist.: Eur. General en Navarra, siendo más escaso hacia el sur. **Alp.:** C; **Atl.:** CC; **Med.:** F.

Cons.: M.N. (Nº 21, 40).

Obs.: Los ejemplares intermedios entre *C. laevigata* y *C. monogyna*, con 1-2 estilos, se denominan *C. × media* Bechst. y se han citado de Orbaiceta, Alkoz y Uztárroz.

Cydonia oblonga Mill.

Pyrus cydonia L.; C. vulgaris Dum. Cours.

El membrillero se cultiva por sus frutos, asilvestrándose de forma ocasional en setos y bosques de ribera. **Alt.:** 250-750 m.

Dist.: Introd.; originaria de Asia. Disperso por Navarra. **Alp.:** RR; **Atl.:** RR; **Med.:** -.

Dryas octopetala L. subsp. octopetala

Pastos pedregosos, rellanos y repisas de roquedos kársticos, crestones venteados en alta montaña. **Alt.:** 1550-2400 m. **HIC:** 6170.

Dist.: Bor.-Alp. Limitada a las montañas pirenaicas, al este del monte Lakartxela. **Alp.:** RR; **Atl.:** -; **Med.:** -.

Obs.: Límite pirenaico W en Navarra.

Duchesnea indica (Jacks.) Focke

Fragaria indica Jaks.

Naturalizada en herbazales en cunetas, riberas y linderos forestales en ambientes alterados. **Alt.:** 20-200 m.

Dist.: Introd.; originaria del S y E de Asia. Por los valles atlánt., a baja altitud. **Alp.:** -; **Atl.:** E; **Med.:** -.

Filipendula ulmaria (L.) Maxim.

Spiraea ulmaria L.

Prados, orlas forestales y cunetas, en general, sobre suelos al menos temporalmente encharcados. **Alt.:** 20-1600 m. **HIC:** 6430, 91E0*.

Dist.: Eur. En la mitad septen., con más frecuencia en los ambientes más húmedos y frescos. **Alp.:** E; **Atl.:** F; **Med.:** RR.

Filipendula vulgaris Moench

Spiraea filipendula L.; F. hexapetala Gilib. ex Maxim.

Pastos y matorrales aclarados, orlas forestales, principalmente en el ambiente del carrascal-quejigal. **Alt.:** 300-1200 m. **HIC:** 6210(*).

Dist.: Eur. General en la Zona Media, se enrarece y llega a faltar en los valles atlánt. y en la Ribera. **Alp.:** E; **Atl.:** F; **Med.:** F.

Fragaria vesca L. subsp. *vesca*
F. magna sensu Willk.

La fresa silvestre crece en lugares alterados, aclarados tras tala del bosque, cunetas, orillas de ríos, en ambientes frescos. **Alt.:** 20-1800 m. **HIC:** Pin. *Pinus sylvestris* secund.

Dist.: Eur. General en la mitad septen. de Navarra, desaparece bajo el clima mediterráneo. **Alp.:** C; **Atl.:** C; **Med.:** R.

Cons.: LC (ERLVP, 2011).

Fragaria viridis Weston
F. viridis Duchesne; F. collina Ehrh.; F. zapateriana Pau

Planta que está cerca de Navarra, y cuya presencia se estima probable. Orlas y claros forestales. **Alt.:** 450-650 m.

Dist.: Eur. No está en Navarra, pero sí muy cerca. **Alp.:** -; **Atl.:** -; **Med.:** RR.

Cons.: LC (ERLVP, 2011).

Obs.: Se conoce de Venta Carrica (Sigüés), en Zaragoza, cerca de Navarra.

Geum hispidum Fr.
G. molle sensu Willk.; G. pyrenaicum sensu Willk.

Enclaves húmedos, trampales, pastos y orlas forestales. **Alt.:** 200-1300 m.

Dist.: Eur. Limitada a puntos localizados de las sierras prepiren. (Leire), Pirineos (Jaurrieta) y Valles atlánt. (Irurita). **Alp.:** RR; **Atl.:** RR; **Med.:** -.

Geum montanum L.

Pastos densos, innivados, y grietas kársticas con sustratos orgánicos. **Alt.:** 1700-2300 m.

Dist.: Oróf. Europa. Limitada a las montañas pirenaicas más elevadas. **Alp.:** RR; **Atl.:** -; **Med.:** -.

Obs.: No todas las citas pirenaicas, escasas en cualquier caso, deben pertenecer a este taxon (Lorda, 2001).

Geum pyrenaicum Mill.

Pastos innivados y repisas herbosas de roquedos de montaña. **Alt.:** 1100-2000 m.

Dist.: Endém. pir.-cant. En las montañas pirenaicas y en la sierra de Aralar, a occidente. **Alp.:** E; **Atl.:** RR; **Med.:** -.

Geum rivale L.

Megaforbios, a pie de cantiles y en neveros sombreados; cerca de arroyos y riachuelos de montaña. **Alt.:** 1200-1600 m.

Dist.: Bor.-Alp. Muy puntual en los Pirineos (monte Ori) y en la sierra de Aralar, a occidente. **Alp.:** RR; **Atl.:** RR; **Med.:** -.

Geum sylvaticum L.
G. reptans sensu Willk.

Orlas y claros forestales, matorrales y pastos derivados. **Alt.:** 450-1900 m. **HIC:** Bojeral de orla, Robl. pel. pirenaicos, Pin. *Pinus sylvestris* basófilos, Pin. *Pinus sylvestris* secund.

Dist.: Med. W. General en la franja central de Navarra, desde los Pirineos hasta las sierras occidentales; se

enrarece en los valles atlánt. y se ausenta de la Ribera. **Alp.:** F; **Atl.:** F; **Med.:** F.

Geum urbanum L.

Herbazales en orlas y claros del bosque, matorrales, pastos y en terrenos alterados, como cunetas y baldíos. **Alt.:** 20-1550 m. **HIC:** 91E0*, 92A0.

Dist.: Circumbor. General en la mitad septen. de Navarra, hasta las últimas estribaciones de la Zona Media. **Alp.:** F; **Atl.:** C; **Med.:** E.

Malus domestica (Borkh.) Borkh.
Pyrus malus var. domestica Borkh.; Pyrus malus subsp. mitis (Wallr.) Syme; M. sylvestris subsp. mitis (Wallr.) Mansf.

El manzano se cultiva ampliamente en casi toda Navarra, puede asilvestrarse ocasionalmente en terrenos alterados, muchas veces procedentes de antiguos cultivos. **Alt.:** 20-1000 m.

Dist.: Eur. General en Navarra, apareciendo de forma dispersa. **Alp.:** E; **Atl.:** E; **Med.:** E.

Malus sylvestris (L.) Mill.
Pyrus malus var. sylvestris L.; P. acerba (Mérat) Lej.

El manzano silvestre o patxaka crece en los claros forestales y en las orlas del hayedo, pinar, robleda, quejigal y alisedas. **Alt.:** 200-1300 m.

Dist.: Eur. Dispersa por la mitad septen. de Navarra, sin acceder a las cotas más elevadas. **Alp.:** F; **Atl.:** F; **Med.:** E.

Cons.: DD (ERLVP, 2011).

Mespilus germanica L.

El níspero, cultivado desde antiguo, vive en setos junto a bordas y prados, incluso en bosques aclarados. **Alt.:** 200-750 m.

Dist.: Introd.; originaria submed. orient. Salpica la mitad septen. de Navarra. **Alp.:** RR; **Atl.:** E; **Med.:** -.

Potentilla alchimilloides Lapeyr.

Grietas, fisuras y repisas soleadas de roquedos calizos, llega a descender a los valles por las cascajeras fluviales. **Alt.:** 650-2400 m. **HIC:** 8210.

Dist.: Oróf. Europa. En las montañas pirenaicas y en las sierras occ. (Urbasa-Andía y Aralar). **Alp.:** E; **Atl.:** E; **Med.:** -.

Potentilla anglica Laichard.
P. procumbens Sibth. nom. illeg.; Tormentilla reptans L.

Planta citada de Navarra, posiblemente errónea. En depresiones húmedas y pastos higroturbosos. **Alt.:** 800-900 m.

Dist.: Eur. Las citas de Navarra la sitúan en las montañas de la divisoria de aguas. **Alp.:** -; **Atl.:** RR; **Med.:** -.

Obs.: Se ha citado por Báscones (1980) y Ursúa & Báscones (1987) de Belate y monte Algorrieta, y por Jovet (1941) del monte Larrun, al N de los Pirineos. No se conoce de la Península Ibérica, pero podría estar presente, y al menos no parece ser planta navarra.

Potentilla anserina L. subsp. *anserina*

Pastos húmedos en orlas de cursos fluviales, acequias y depresiones encharcadas o juncales. **Alt.:** 300-1100 m. **HIC:** Past. inund. *A. stolonifera*.

Dist.: Plurirreg.; holártica y antártica. Puntual en Navarra: Pirineos, cuenca de Pamplona, Zona Media y Ribera. **Alp.:** RR; **Atl.:** RR; **Med.:** RR.

Obs.: No está clara su presencia en Baztán (Willkomm & Lange, 1880).

Potentilla argentea L.

Pastos y matorrales secos, sobre sustratos pedregosos y arenosos. **Alt.:** 600-1300 m.

Dist.: Eur. Sólo la conocemos de la sierra de Leire, de donde ha sido anotada en distintas ocasiones. **Alp.:** RR; **Atl.:** -; **Med.:** -.

Potentilla aurea L. subsp. *aurea*

Pastos densos –cervunales- largamente innivados, rellanos y repisas de roquedos en el piso subalpino. **Alt.:** 1500-2200 m.

Dist.: Oróf. Europa. Limitada a las montañas pirenaicas más elevadas. **Alp.:** RR; **Atl.:** -; **Med.:** -.

Obs.: Límite W en Navarra. No deben ser válidas las citas de esta planta en la sierra de Leire (Fdez. León, 1982).

Potentilla brauniana Hoppe

P. minima Haller

Pastos densos, largamente innivados. **Alt.:** 1700-2450 m.

Dist.: Oróf. Europa. En las montañas pirenaicas más elevadas. **Alp.:** RR; **Atl.:** -; **Med.:** -.

Potentilla crantzii (Crantz) Beck ex Fritsch

Fragaria crantzii Crantz; P. salisburgensis Haenke; P. alpestris Haller fil.; P. crantzii subsp. latestipula Braun-Blanq. ex Vives

Pastos densos y crestones venteados. **Alt.:** 1250-2400 m.

Dist.: Bor.-Alp. En las montañas pirenaicas más elevadas. **Alp.:** RR; **Atl.:** -; **Med.:** -.

Obs.: Se ha citado de Tafalla (Escriche, 1935) y de la sierra de Sarvil (García Bona, 1974), pero a todas luces deben pertenecer a otro taxon.

Potentilla erecta (L.) Raeusch.

Tormentilla erecta L.; P. tormentilla Neck; P. fallax sensu Merino

Pastos, brezales, helechales, retamares, claros forestales, herbazales húmedos, enclaves higroturbosos, etc., sobre suelos ácidos o acidificados. **Alt.:** 100-2000 m. **HIC:** 7140, 4020*, 4030, 4060, Zarzales y espin. acidof., 6230*, 9230, 91D0*.

Dist.: Eur. General en la mitad septen., por valles y montañas. **Alp.:** C; **Atl.:** C; **Med.:** R.

Obs.: Lacoizqueta (1884) señala el híbrido *P. × mixta* Nolte ex Reichenb. (*P. erecta × P. reptans*).

Potentilla micrantha Ramond ex DC.

Claros forestales y pastos sobre suelos someros algo húmedos. **Alt.:** 850-2000 m.

Dist.: Oróf. Med. Dispersa por las montañas pirenaicas y anotada de las atlánt. (Ursúa & Báscones, 1987). **Alp.:** R; **Atl.:** R; **Med.:** -.

Obs.: No está muy clara su presencia en tierras atlánt., por lo que debe verificarse.

Potentilla montana Brot.

P. splendens Ramond ex DC.

Pastos y matorrales aclarados, orlas forestales, principalmente sobre suelos ácidos. **Alt.:** 100-1800 m. **HIC:** 4020*, 4030, 6230*, 9230.

Dist.: Atl. General en la mitad septen. de Navarra. **Alp.:** F; **Atl.:** C; **Med.:** R.

Potentilla neumanniana Rchb.

P. tabernaemontani Asch.; P. chrysantha subsp. thuringiaca sensu O. Bolòs & Vigo; P. crantzii auct. lusit.; P. heptaphylla sensu Willk.

Pastos y matorrales, repisas y taludes de roquedos, ribazos, en el ambiente del carrascal, quejigal y otros bosques. **Alt.:** 300-1600 m. **HIC:** 4090, Tom., aliag. y romer. som.-arag. y prep., Bojeral de orla, 6210(*).

Dist.: Eur. General en la Zona Media, desde los Pirineos hasta las sierras occ., se enrarece en los valles cantábricos y en la Ribera. **Alp.:** C; **Atl.:** F; **Med.:** C.

Potentilla nivalis Lapeyr. subsp. *nivalis*

Grietas y repisas de roquedos y pastos pedregosos. **Alt.:** 1400-2400 m.

Dist.: Oróf. Europa. En las montañas pirenaicas y muy puntual en la sierra de Codés. **Alp.:** R; **Atl.:** RR; **Med.:** -.

Potentilla reptans L.

P. procumbens auct. iber.

Herbazales en cunetas, ribazos, muros, graveras fluviales, etc., en terrenos alterados. **Alt.:** 20-1250 m. **HIC:** Past. inund. *A. stolonifera*, Gramales y past. suel compac., Juncales nitrófilos, Pastiz. higronitrófilos, 91E0*.

Dist.: Eur. (subcosmopolita). General en Navarra, sin alcanzar cotas muy elevadas. **Alp.:** F; **Atl.:** C; **Med.:** CC.

Obs.: Se ha citado de Navarra *P. pensylvanica* L. por Vayreda (1901) sin que tengamos referencias recientes. Es una planta distribuida por el C y CE de la Península Ibérica.

Potentilla rupestris L.

Pastos pedregosos, crestas y grietas de roquedos, calizos o silíceos. **Alt.:** 600-2000 m.

Dist.: Eur. Puntual en las montañas pirenaicas y en las sierras prepiren. **Alp.:** E; **Atl.:** -; **Med.:** -.

Potentilla sterilis (L.) Garcke

Fragaria sterilis L.; P. fragariastrum Ehrh.

Claros y orlas forestales, pastos y herbazales, en ambientes frescos. **Alt.:** 100-1700 m.

Dist.: Eur. General en la mitad norte de Navarra. **Alp.:** F; **Atl.:** C; **Med.:** R.

Obs.: Se ha citado de Erro (Aizpuru & al., 1992) *P. thuringiaca* Bernh. ex Link (*P. heptaphylla* sensu Coste, non L.), sin que tengamos referencias de su presencia ibérica, ni la hayamos visto sobre el terreno.

Prunus armeniaca L.

Armeniaca vulgaris Lam.

El albaricoque se cultiva en las tierras de regadío y raramente se asilvestra. **Alt.:** 250-650 m.

Dist.: Introd.; originario de Asia central y China. Disperso por Navarra, principalmente en la mitad meridional. **Alp.:** -; **Atl.:** R; **Med.:** R.

Prunus avium L.

Cerasus avium (L.) Moench

El cerezo crece en robledales, hayedos claros y bosques mixtos, sobre suelos frescos. **Alt.:** 20-1250 m. **HIC:** 9160.
Dist.: Eur. Disperso por la mitad septen., sin alcanzar cotas elevadas. **Alp.:** E; **Atl.:** E; **Med.:** -.
Cons.: LC (ERLVP, 2011).

Prunus cerasus L.

Cerasus vulgaris Mill.; P. acida Ehrh.; P. caproniana (L.) Gaudin

El guindo se cultiva a pequeña escala, y se asilvestra en ocasiones. **Alt.:** 250-650 m.
Dist.: Introd.; originaria del SW de Asia. Dispersa por la Zona Media y la Ribera. **Alp.:** -; **Atl.:** R; **Med.:** R.

Prunus domestica L.

P. communis Huds., nom. illeg.; P. oeconomica Borkh., nom. illeg.

El ciruelo se cultiva en muchos huertos de Navarra, sin llegar a hacerse a gran escala; suele asilvestrarse rara vez. **Alt.:** 250-850 m.
Dist.: Introd.; originaria del SE de Europa y SW de Asia. Disperso por Navarra. **Alp.:** R; **Atl.:** R; **Med.:** R.

Prunus dulcis (Mill.) D.A. Webb

Amygdalus dulcis Mill.; A. communis L.; P. amygdalus Batsch

El almendro se cultiva frecuentemente y es fácil verlo asilvestrado en taludes y ribazos próximos a cultivos. **Alt.:** 250-700 m.
Dist.: Introd.; originaria de Asia y del N de África. Habitual como cultivo en la mitad meridional, asciende hacia otras comarcas por enclaves soleados, llegando al Romanzado, en el NE. **Alp.:** RR; **Atl.:** -; **Med.:** R.

Prunus insititia L.

P. domestica L. subsp. insititia (L.) Bonnier & Layens

El ciruelo, cascabillo, se cultiva algo, pero principalmente es una planta que se asilvestra en ribazos, taludes, setos y orlas forestales. **Alt.:** 20-1000 m.
Dist.: Plurirreg.; eurosiberiana-Med. Dispersa en los Pirineos, la Zona Media y las sierras occ., llegando a los valles atlánt. y ausentándose del resto. **Alp.:** E; **Atl.:** E; **Med.:** R.
Obs.: Para algunos autores las poblaciones tienen origen Caucásico, pero para otros es una planta del C y S de Europa, N de África y SW de Asia.

Prunus laurocerasus L.

Padus laurocerasus (L.) Mill.; Cerasus laurocerasus (L.) Dum.; Laurocerasus officinalis M. Roem.

El laurel cerezo se cultiva como planta ornamental formando parte de setos, llegando a asilvestrarse alguna vez en sus cercanías, en terrenos alterados. **Alt.:** 100-500 m.
Dist.: Introd.; originaria del Med. E. En la mitad septenterional de Navarra, principalmente en los valles atlánt. **Alp.:** -; **Atl.:** RR; **Med.:** -.
Cons.: LC (ERLVP, 2011).

Prunus lusitanica L. subsp. *lusitanica*

Padus lusitanica (L.) Mill.; Cerasus lusitanica (L.) Dum. Cours.; Laurocerasus lusitanica (L.) M. Roem.

Alisedas y barrancos encajonados sobre sustratos silíceos. **Alt.:** 150-300 m. **HIC:** 91E0*.
Dist.: Med.-Atl. Puntual en los valles cantábricos (Baztán-Bidasoa). **Alp.:** -; **Atl.:** RR; **Med.:** -.

Cons.: VU (NA); VU B1+2abde, C1, D2 (LR, 2000); VU (AFA-UICN, 2008); VU D2 (LR, 2008); Prioritaria (Lorda & al., 2009); VU (ERLVP, 2011).
Obs.: Recientemente descubierta (2012) en Álava, en Sierra Costalera, al N de Codés (Santa Cruz de Campezo), por lo que conviene recorrer esta zona por si estuviera en la vertiente navarra.

Prunus mahaleb L.

Cerasus mahaleb (L.) Mill.

Repisas, grietas y rellanos de roquedos y foces abrigadas en el ambiente del carrascal, encinar, quejigal y robledal. **Alt.:** 450-1600 m. **HIC:** 5110.
Dist.: Med. General en la Zona Media, desde los Pirineos a las sierras occ., se enrarece en los valles atlánt. y aparece puntual en la Ribera. **Alp.:** F; **Atl.:** F; **Med.:** E.
Cons.: LC (ERLVP, 2011).

Prunus padus L. subsp. *padus*

Cerasus padus (L.) DC.; Padus avium Mill.

Alisedas y setos junto a arroyos en fondos de valle. **Alt.:** 700-950 m.
Dist.: Eur. Puntual, sólo se conoce del entorno del río Urrobi, en los valles pirenaicos atlánt. **Alp.:** -; **Atl.:** RR; **Med.:** -.
Cons.: Prioritaria (Lorda & al., 2009); LC (ERLVP, 2011).
Obs.: Algunos ejemplares, de porte arbóreo, notables por su tamaño y espectacularidad en floración, han sucumbido bajo el hacha en los últimos años.

Prunus persica (L.) Batsch

Amygdalus persica L.; Persica vulgaris Mill.

El melocotón se cultiva extensamente en la mitad meridional de Navarra como árbol frutal, y raramente se asilvestra. **Alt.:** 250-650 m.
Dist.: Introd.; originario de China, Afganistán e Irán. Por la mitad meridional de Navarra. **Alp.:** -; **Atl.:** RR; **Med.:** F.

Prunus spinosa L.

En endrino o *patxarán* forma parte de setos, ribazos, claros y orlas espinosas de bosques. **Alt.:** 200-1450 m. **HIC:** Matorr. *Cytisus scoparius*, Bojeral de orla, Zarzales y espin. acidof., Zarz. y espin. neutro-bas. eur-med., 91E0*, 92A0, 9340, 9240, 9230.
Dist.: Eur. General en toda Navarra, si alcanzar cotas muy elevadas. **Alp.:** CC; **Atl.:** CC; **Med.:** C.
Cons.: LC (ERLVP, 2011).
Obs.: En los últimos años se está extendiendo su cultivo. Los híbridos con *P. insititia* se han denominado *P.* × *fruticans* Weihe [*P. spinosa* subsp. *fruticans* (Weihe) Nyman].

Pyracantha coccinea M. Roem.

Mespilus pyracantha L.; Cotoneaster pyracantha (L.) Spach

Cultivada como ornamental, forma parte de los setos espinosos plantados en muchos lugares de Navarra (fincas, carreteras, autovías, etc.), se asilvestra ocasionalmente. **Alt.:** 250-650 m.
Dist.: Introd.; originaria del Med. Por toda Navarra, de forma dispersa, salvo en la región alpina. **Alp.:** -; **Atl.:** R; **Med.:** RR.

Obs.: También se cultivan otras plantas de este género como ornamentales para formar setos, como *P. angustifolia* (Franch.) C.K. Schneid., originaria del SW de China, de frutos anaranjado-amarillentos, entre otros caracteres distintivos.

Pyrus communis L.

P. pyraster (L.) Baumg.

El peral se cultiva como árbol frutal y puede asilvestrarse ocasionalmente en lugares próximos a su cultivo. **Alt.:** 50-900 m.

Dist.: Introd.; originaria del Caúcaso y Este de Europa. Dispersa como cultivo en buena parte de Navarra, sin llegar a zonas muy elevadas. **Alp.:** RR; **Atl.:** R; **Med.:** E.

Cons.: LC (ERLVP, 2011).

Obs.: Las citas de *P. pyraster* (L.) Baumg. deben llevarse a este taxon.

Pyrus cordata Desv.

El peral silvestre crece en orlas y claros del robledal y hayedo, o formando parte de los matorrales de sustitución, como argomales y helechales. **Alt.:** 100-1000 m. **HIC:** Zarzales y espin. acidof., Robled. acidof. cant.

Dist.: Eur. Por los valles atlánt. y pirenaicos, y en el corredor de la Barranca. **Alp.:** RR; **Atl.:** E; **Med.:** -.

Cons.: DD (ERLVP, 2011); M.N. (Nº 38).

Rosa agrestis Savi

R. sepium Thuill.

Claros y orlas forestales, matorrales y setos. **Alt.:** 250-1000 m. **HIC:** Zarz. y espin. neutro-bas. eur-med.

Dist.: Eur. General en la Zona Media, se hace rara en los Pirineos y alcanza los valles atlánt.; parece faltar en la Ribera. **Alp.:** R; **Atl.:** F; **Med.:** E.

Obs.: Se ha citado el híbrido *R. agrestis* × *R. micrantha* de Tudela (García & al., 2004) y de Irurozki (Lorda, 2001). También existe, según *Flora Iberica*, el posible mesto *R. agrestis* × ¿*R. sempervirens?*.

Rosa andegavensis Bastard

Crece en los pastos suprafrorestales y forma parte de los setos y matorrales a baja altitud. **Alt.:** 250-1450 m.

Dist.: Eur. Dispersa en Navarra, vive en los Pirineos, la Zona Media y la Ribera. **Alp.:** E; **Atl.:** RR; **Med.:** RR.

Obs.: Se desconoce con detalle su distribución. Forma parte del complejo *R. canina*. Cerca de Navarra, en Salvatierra de Esca (Z) se ha reconocido *R. leucochroa* Desv.

Rosa arvensis Huds.

Orlas, setos y matorrales derivados del hayedo, robledal y carrascal. **Alt.:** 100-1250 m. **HIC:** 9240, 9230, 9160, Robl. roble albar, 9150.

Dist.: Eur. General en la mitad septen. de Navarra, escasea y llega a faltar en el tercio meridional. **Alp.:** F; **Atl.:** C; **Med.:** E.

Obs.: Se ha citado de Navarra *R. arvensis* × *rubiginosa*.

Rosa blondaeana Ripart ex Déségl.

R. nitidula Besser.

Orlas forestales, setos y matorrales. **Alt.:** 250-1800 m.

Dist.: Atl. Dispersa por buena parte de Navarra, se hace rara en la Ribera. **Alp.:** E; **Atl.:** E; **Med.:** E.

Rosa canina L.

Setos, matorrales, orlas forestales y claros del bosque. **Alt.:** 250-1450 m. **HIC:** Zarz. y espin. neutro-bas. eur-med.

Dist.: Eur. General en Navarra, escaseando o llegando a faltar en la Ribera. **Alp.:** C; **Atl.:** C; **Med.:** E.

Obs.: Grupo con elevado polimorfismo, en el que se incluyen muchas especies presentes en Navarra: *R. canina* s.st., *R. andegavensis*, *R. squarrosa*, *R. blondaeana*, *R. corymbifera*, *R. deseglisei* y, entre otras, *R. obtusifolia*.

Rosa coriifolia Fr.

Planta dudosa que requiere comprobación. Matorrales y orlas forestales. **Alt.:** 650-1100 m.

Dist.: Eur. Pirineos y montañas próximas. **Alp.:** R; **Atl.:** RR; **Med.:** -.

Obs.: Citada por Braun-Blanquet (1967) del Valle de Esteribar, y por Lorda (2001) de Abaurrea Alta, pero no se cita de Navarra en *Flora Iberica*. Forma parte del grupo de *R. dumalis*.

Rosa corymbifera Borkh.

R. dumetorum Thuill.; R. canina subsp. dumetorum (Thuill.) Fr.

Orlas forestales y matorrales abiertos. **Alt.:** 100-1500 m.

Dist.: Med. E. Dispersa por los Pirineos, la Zona Media, las sierras occ. y los valles atlánt. **Alp.:** R; **Atl.:** E; **Med.:** E.

Obs.: Se ha citado de Navarra (Lorda, 2001) *R. subcollina* (H. Christ.) Dalla Torre & Sarnth., al parecer un intermedio entre *R. corymbifera* y *R. coriifolia*. Forman parte de las rosas "caninas tomentosas" según Montserrat & Silvestre en *Flora Iberica*.

Rosa deseglisei Boreau

Orlas forestales, setos y matorrales. **Alt.:** 300-850 m.

Dist.: Eur. Pirineos, Zona Media orient. y en la Ribera. **Alp.:** RR; **Atl.:** -; **Med.:** RR.

Obs.: Pertenece al grupo de *R. canina*.

Rosa gallica L.

Asilvestrada en setos, orlas forestales y ribazos de cunetas; cultivada por sus propiedades medicinales. **Alt.:** 250-850 m.

Dist.: Introd.; originaria del S de Europa o de Oriente próximo. En las cuencas prepiren. orient. y en la Ribera. **Alp.:** -; **Atl.:** -; **Med.:** RR.

Obs.: Hay citas de Caparroso (Ruiz Casaviella, 1880) y del Monasterio de Leire (Fdez. León, 1982).

Rosa glauca Pourr.

R. ferruginea Vill.; R. rubrifolia Vill.

Planta citada de Navarra, posiblemente errónea. Pastos, matorrales y bosques aclarados, en zonas de montaña.

Dist.: Oróf. Europa. Pirineos y en las sierras occ.

Obs.: Se ha citado de Navarra (Villar, 1972, 1980; Braun-Blanquet, 1967), y se da con dudas de Navarra en *Flora Iberica*, pero no hemos visto ejemplares asignables a esta rosa. En *Flora Iberica* se anota el mesto *R. glauca* × *R. pendulina*, pero nos parece dudoso.

Rosa micrantha Borrer ex Sm.

R. monroyoi Pau; R. multiflora Merino

Orlas y claros forestales, matorrales, setos y roquedos. **Alt.:** 250-1100 m. **HIC:** Zarz. y espin. neutro-bas. eur-med.

Dist.: Eur. Dispersa por buena parte de Navarra, sin llegar a ser abundante. **Alp.:** E; **Atl.:** E; **Med.:** E.

Obs.: Lorda (2001) anota de Irurozki el híbrido entre *R. micrantha* × *R. rubiginosa*. En *Flora Iberica* se cita el mesto *R. micrantha* × *R. agrestis*.

Rosa moschata Herrm.

Rosa cultivada por su aceite esencial, parece asilvestrarse en terrenos removidos, junto a cunetas y campos de labor.

Dist.: Introd.; origen dudoso. No conocemos bien su distribución en Navarra. **Alp.:** -; **Atl.:** -; **Med.:** RR.

Obs.: Citada en *Flora Iberica*, desconocemos las localidades donde está presente.

Rosa obtusifolia Desv.

Claros forestales, matorrales y setos. **Alt.:** 100-850 m.

Dist.: Eur. Limitada a los valles atlánt. y a las montañas de la divisoria. **Alp.:** -; **Atl.:** RR; **Med.:** -.

Obs.: Citada en *Flora Iberica*. En el herbario ARAN hay materiales de Yanci y Esteribar. Pertenece al grupo de *R. canina*.

Rosa pendulina L.

R. cinnamomea L.; R. alpina L.

Rellanos y repisas kársticas, matorrales de cumbres y bosques. **Alt.:** 850-2100 m. **HIC:** 4060, 8130, 9430*.

Dist.: Oróf. Europa. Por las montañas septentrionales, desde los Pirineos a las sierras medias occ. **Alp.:** E; **Atl.:** E; **Med.:** -.

Obs.: Es frecuente su hibridación con *R. pimpinellifolia*, lo que ha dado lugar a su denominación como *R. pendulina* var. *burdigalensis* (Pau) C. Vicioso, al menos en el ámbito pirenaico, pero posiblemente extensivo al resto del área de este taxon.

Rosa pimpinellifolia L.

R. spinosissima subsp. pimpinellifolia (L.) Hook. fil.

Matorrales, pastos de crestones, setos, bosques aclarados y rellanos de roquedos. **Alt.:** 600-1700 m.

Dist.: Eur. General en la Zona Media, desde los Pirineos a las sierras occ., penetra en la Ribera. **Alp.:** E; **Atl.:** E; **Med.:** R.

Obs.: Se incluyen las variedades *myriacantha* (DC.) Ser. [*R. myriacantha* DC.; *R. pimpinellifolia* subsp. *myriacantha* (DC.) O. Bolòs & Vigo] y *pimpinellifolia*. Muy relacionada con *R. pendulina*, con la que se llega a hibridar.

Rosa pouzinii Tratt.

R. micrantha DC.

Setos y orlas de bosques, matorrales, ribazos y pastos. **Alt.:** 200-1350 m.

Dist.: Eur. Dispersa por buena parte de Navarra, parece ser más escasa en los dos extremos provinciales. **Alp.:** E; **Atl.:** E; **Med.:** E.

Rosa rubiginosa L.

R. eglanteria L.

Setos, orlas forestales espinosas, pie de roquedos y pastos. **Alt.:** 250-1100 m.

Dist.: Eur. Por las montañas de la Zona Media, el Romanzado, los valles atlánt. y la Navarra Media orient., a baja altitud. **Alp.:** R; **Atl.:** R; **Med.:** R.

Rosa sempervirens L.

Orlas y claros de encinares, carrascales y quejigales, bosques de ribera, setos y matorrales derivados, a baja altitud. **Alt.:** 200-700 m. **HIC:** 92A0, 9340.

Dist.: Eur. Dispersa por Navarra, sin llegar a ser abundante. **Alp.:** -; **Atl.:** E; **Med.:** E.

Obs.: De Navarra se ha citado el híbrido *R.* × *pervirens* (*R. sempervirens* × *R. arvensis*).

Rosa squarrosa (A. Rau) Boreau

R. canina var. squarrosa A. Rau; R. cariotii Chabert; R. catalaunica Costa

Setos, matorrales y orlas espinosas del hayedo-robledal y sotos. **Alt.:** 250-1300 m.

Dist.: Eur. Dispersa por Navarra, se conoce bien del Pirineo (Lorda, 2001), de la Zona Media y de la Ribera. **Alp.:** R; **Atl.:** E; **Med.:** E.

Obs.: Pertenece al grupo de *R. canina*.

Rosa stylosa Desv.

R. canina subsp. stylosa (Desv.) Masclans

Setos, zarzales y matorrales espinosos. **Alt.:** 300-800 m.

Dist.: Eur. Dispersa por la mitad septen. de Navarra, con alguna penetración hacia la Ribera. **Alp.:** E; **Atl.:** E; **Med.:** E.

Obs.: Willkomm & Lange (1880) la anotaron del regadío de Caparroso.

Rosa tomentosa Sm.

Setos, espinares, lindes de prados, ribazos y orlas forestales. **Alt.:** 500-1700 m.

Dist.: Eur. Pirineos, montañas atlánt. y de la Zona Media, más puntualmente en el sur. **Alp.:** E; **Atl.:** E; **Med.:** R.

Rosa villosa L.

R. pomifera Herrm.; R. mollis Sm.; R. cognata Merino

Setos, espinares de orlas forestales y pastos de montaña. **Alt.:** 1000-1200 m.

Dist.: Eur. Sólo conocemos datos de su presencia en el Pirineo (Lorda, 2001). **Alp.:** RR; **Atl.:** RR; **Med.:** -.

Obs.: Es frecuente su hibridación con otras rosas.

Rubus caesius L.

R. herbaceus Pau

Herbazales en cunetas, orlas forestales, ribazos soleados y orillas de arroyos. **Alt.:** 20-1100 m. **HIC:** 6430, 3240, 91E0*, 92A0.

Dist.: Eur. Dispersa por toda Navarra. **Alp.:** E; **Atl.:** C; **Med.:** C.

Rubus canescens DC.

R. cistoides Pau; R. collinus auct.; R. tomentosus auct., non Borkh.

Orlas del bosque, orillas de carreteras, taludes, linderos y pedrizas. **Alt.:** 650-1400 m. **HIC:** Zarz. y espin. neutro-bas. eur-med.

Dist.: Med. Dispersa por las montañas de la Zona Media, desde los Pirineos hasta las sierras occ. **Alp.:** E;

Atl.: E; **Med.:** E.

Rubus castroviejoi Mon.-Huelin
Orlas y claros del robledal, castañares y melojares, junto a cursos de agua. **Alt.:** 700-1450 m.
Dist.: Endém. de la Pen. Ibér. Distribuida por el norte de Navarra. **Alp.:** -; **Atl.:** RR; **Med.:** -.

Rubus henriquesii Samp.
R. trifoliatus Samp.; R. menkei subsp. henriquesii (Samp.) SudrE.
Claros y orlas forestales, brezales, matorrales varios, cunetas y orillas de arroyos. **Alt.:** 500-1600 m.
Dist.: Endém. ibérica. Parece estar presente en la mitad septen. de Navarra, pero se desconoce su distribución actual. **Alp.:** RR; **Atl.:** RR; **Med.:** -.

Rubus hirtus Walds. & Kit.
Claros y orlas del hayedo y otros bosques. **Alt.:** 250-1300 m.
Dist.: Eur. Dispersa por las montañas de la mitad septen. de Navarra. **Alp.:** RR; **Atl.:** R; **Med.:** R.
Obs.: Incluidos *R. glandulosus* Bellardi y *R. serpens* Weihe ex Lej. & Cout.

Rubus idaeus L.
El frambueso se cultiva por sus frutos, pero crece de forma natural en claros y orlas del hayedo, abetal, pinar de albar, pinares de pino negro y canchales. **Alt.:** 950-1800 m. **HIC:** Zarzales altimont. piren.
Dist.: Circumbor. De forma natural vive en las montañas pirenaicas y en las sierras prepiren.; por extensión de su antiguo cultivo parece llegar a las montañas de la divisoria de aguas. **Alp.:** E; **Atl.:** R; **Med.:** -.

Rubus pauanus Mon.-Huelin
Orillas de arroyos y caminos, claros y orlas del hayedo, pinar y robledal. **Alt.:** 1000-1500 m. **HIC:** Zarz. y espin. neutro-bas. eur-med.
Dist.: Endém. de la sierra de Andía y san Donato, Pirineo aragonés y Serranía de Cuenca. Limitada por ahora a las sierras de Andía y Urbasa. **Alp.:** -; **Atl.:** RR; **Med.:** -.
Cons.: DD (LR, 2000); DD (LR, 2008); Prioritaria (Lorda & al., 2009).

Rubus saxatilis L.
Repisas y rellanos de roquedos karstificados, megaforbios, en el ambiente del hayedo, hayedo-abetal y pinar de pino negro. **Alt.:** 1500-2000 m. **HIC:** 4060.
Dist.: Bor.-Alp. Limitada a las montañas pirenaicas. **Alp.:** RR; **Atl.:** -; **Med.:** -.
Obs.: A desechar las citas de Pamplona (Fdez. de Salas & Gil, 1870).

Rubus ulmifolius Schott
R. discolor Weihe & Nees; R. minutiflorus Lange; R. legionensis Gand.; R. valentinus Pau; R. segobricensis Pau
Zarzales en orlas forestales, cunetas, ribazos, setos, sotos y en muchos terrenos alterados. **Alt.:** 100-1150 m. **HIC:** 4090, Zarz. y espin. neutro-bas. eur-med., 6430, 92D0, Saucedas arb. cabec., 92A0, 91E0*, 9340, 9240, 9230, Robled. acidof. cant.
Dist.: Eur. Por toda Navarra, sin alcanzar cotas muy elevadas. **Alp.:** C; **Atl.:** CC; **Med.:** C.

Obs.: Grupo complejo, con numerosos táxones incluidos. Se ha citado de Navarra (Lorda, 2001) *R. bifrons* Vest ex Tratt. de la Ser. *Discolores*; también se han anotado *R. candicans* Weihe ex Reichenb., *R. godronii* Lecoq. & Lamotte y *R. fruticans*.

Rubus urbionicus Mon.-Huelin
Orillas de caminos, orlas forestales y taludes de pistas. **Alt.:** 1000-1100 m.
Dist.: Endém. de Los Ancares, Valle de Arce (Navarra) y sierras de Neila y Urbión. Limitada por lo que conocemos al valle de Arce, en tierras pirenaicas. **Alp.:** RR; **Atl.:** -; **Med.:** -.

Rubus vigoi R. Roselló, Peris & Stübing
R. weberanus Mon.-Huelin
Claros y orlas forestales, orillas de arroyos, setos, etc. **Alt.:** 950-1050 m.
Dist.: Endém. de los sistemas montañosos de la mitad N peninsular. Parece limitarse a las montañas y valles pirenaicos en el entorno del valle del Salazar y del valle de Arce. **Alp.:** RR; **Atl.:** -; **Med.:** -.

Sanguisorba minor Scop. subsp. balearica (Bourg. ex Nyman) Muñoz Garm. & C. Navarro
Poterium spachianum subsp. balearicum Bourg. ex Nyman; P. polygonum Waldst. & Kit.; S. polygama (Waldst. & Kit.) Ces.; S. minor subsp. polygama (Waldst. & Kit.) Cout.; S. muricata Spach ex Gremli
Pastos, claros del bosque, prados y herbazales, sobre terrenos removidos. **Alt.:** 350-900 m.
Dist.: Circumbor. Dispersa por los Pirineos, la Zona Media, las estribaciones occ. y se hace rara en los valles atlánt. y en la Ribera. **Alp.:** RR; **Atl.:** E; **Med.:** E.

Sanguisorba minor Scop. subsp. minor
Poterium dictyocarpum Spach
Terrenos alterados, removidos, graveras, pastos y herbazales de orlas y claros forestales. **Alt.:** 20-1800 m. **HIC:** Mat. nitrof. grav. fluv., Fenalares, 6210(*).
Dist.: Eur. General en la mitad septen. de Navarra. **Alp.:** F; **Atl.:** C; **Med.:** F.

Sanguisorba officinalis L.
Pastos, prados, herbazales de cunetas, orillas de arroyos y enclaves higroturbosos. **Alt.:** 450-1600 m. **HIC:** 6410, 6420.
Dist.: Circumbor. Dispersa, en contadas localidades, en los valles atlánt. (Baztán, Burguete, Garralda, Lekunberri), montañas pirenaicas (Lakora-Eraize), y en el extremo occidental (Meano). **Alp.:** RR; **Atl.:** RR; **Med.:** -.
Cons.: Prioritaria (Lorda & al., 2009).
Obs.: Alvárez & al. (1984) la citan de Pamplona, de donde no la hemos visto.

Sanguisorba verrucosa (Lin ex G. Don) Ces.
Poterium verrucosum Link ex G. Don; S. minor subsp. verrucosa (Link ex G. Don) Cout.; P. magnolii Spach; S. minor subsp. magnolii (Spach) Cout.; P. spachianum Coss.; P. minor subsp. spachiana (Coss.) Cout.; P. multicaule Boiss. & Reut.
Pastos de anuales, baldíos, cascajeras y claros del bosque. **Alt.:** 250-650 m.
Dist.: Med. Parece limitada a la mitad meridional de Navarra, si bien hay citas de la Zona Media y del prepi-

rineo (Ruiz Casaviella, 1880; Braun-Blanquet, 1967; Biurrun, 1991). **Alp.:** -; **Atl.:** R; **Med.:** E.

Sibbaldia procumbens L.

Neveros, pastos largamente innivados, roquedos y laderas sombrías, húmedas. **Alt.:** 2000-2400 m.
Dist.: Bor.-Alp. Limitada al Pirineo, a las montañas del entorno del macizo de Anielarra. **Alp.:** RR; **Atl.:** -; **Med.:** -.

Sorbus aria (L.) Crantz

Crataegus aria L.; Aria nivea Host.

En los hayedos, robledales, bosquetes derivados, roquedos y crestas pedregosas. **Alt.:** 350-1800 m. **HIC:** 5110, Avell. rip. subcant.-pir., 9230, Abed. *Betula pendula*, 91D0*, 9180*, 9580*.
Dist.: Eur. General en la mitad septen. de Navarra. **Alp.:** C; **Atl.:** C; **Med.:** E.

Sorbus aucuparia L.

Orlas y claros de hayedos y robledales, crestones y terrenos pedregosos. **Alt.:** 500-1900 m. **HIC:** 9230, Robled. acidof. cant., 9120, Abed. *Betula pendula*, Abet. pirenaicos, 9580*.
Dist.: Eur. General en las montañas de la mitad septen. de Navarra. **Alp.:** E; **Atl.:** E; **Med.:** RR.

Sorbus chamaemespilus (L.) Crantz

Mespilus chamaemespilus L.; Chamaemespilus humilis Lam. ex M. Roem.

Hayedos, hayedo-abetales y pinares de pino negro, sobre sustratos pedregosos, rellanos de lapiaz y crestones calizos. **Alt.:** 1650-2200 m. **HIC:** 4060, 9430*.
Dist.: Oróf. Europa. Limitada a las montañas pirenaicas más elevadas, principalmente en el entorno de Larra. **Alp.:** R; **Atl.:** -; **Med.:** -.

Sorbus domestica L.

Cormus dosmestica (L.) Spach

Cultivado por sus frutos, hoy apenas, forma parte de setos, linderos entre cultivos y en bosques claros del carrascal y quejigal. **Alt.:** 250-1250 m.
Dist.: Med. Disperso por la Zona Media, llegando puntualmente a la Ribera, y parece estar ausente en los valles atlánt. **Alp.:** RR; **Atl.:** E; **Med.:** E.

Sorbus hybrida L.

Crategus aria var. fennica Kalm ex L.; S. semipinnata Roth ex Held.; S. thuringiaca auct. hisp.

Claros y orlas del hayedo, roquedos y pedregales. **Alt.:** 1000-2000 m. **HIC:** 9120, 9130, 9430*.
Dist.: Eur. En las montañas pirenaicas, de donde fue citado por Ursúa & Báscones (1987) y las sierras prepiren. **Alp.:** RR; **Atl.:** -; **Med.:** -.
Cons.: VU D2 (LR, 2000); VU D2 (LR, 2008); Prioritaria (Lorda & al., 2009).

Sorbus intermedia (Ehrh.) Pers.

Pyrus intermedia Ehrh.; Crataegus aria var. suecica L.; Aria intermedia (Ehrh.) Schur; S. mougeotii Soy.-Will. & Godr.; S. aria subsp. mougeotii (Soy.-Will. & Godr.) O. Bolòs & Vigo

Claros y orlas del hayedo y pinares, pies, rellanos y repisas de roquedos. **Alt.:** 1100-1800 m.
Dist.: Oróf. Europa. Su presencia estaría limitada a las montañas pirenaicas. **Alp.:** RR; **Atl.:** RR?; **Med.:** RR?

Obs.: Hay dudas en las citas mediterráneas y atlánt.

Sorbus latifolia (Lam.) Pers.

Crataegus latifolia Lam.; S. scandica sensu Willk.

Quejigales, hayedos y pinares. **Alt.:** 500-750 m.
Dist.: Europa W. Contadas localidades en la Zona Media, reapareciendo a occidente en tierras alavesas próximas. **Alp.:** -; **Atl.:** RR; **Med.:** R.

Sorbus sudetica (Tausch) BlufF.

Pyrus sudetica Tausch; S. ambigua (Michalet ex Decne.) Nyman ex Hedl.; S. erubescens auct. hisp.; S. hostii auct. hisp.

Hayedos y pinares de pino negro aclarados, rellanos y repisas del karst. **Alt.:** 1600-2000 m.
Dist.: Oróf. Europa. Limitada a las montañas pirenaicas más elevadas. **Alp.:** RR; **Atl.:** -; **Med.:** -.

Sorbus torminalis (L.) Crantz

Crataegus torminalis L.; Torminalis clusii M. Roem. ex K.R. Robertson & J.B. Phipps

Forma parte del robledal, hayedo, quejigal y carrascal, sus orlas, setos y matorrales derivados. **Alt.:** 450-1600 m. **HIC:** Robl. pel. navarro-alav., Robl. pel. pirenaicos.
Dist.: Eur. En la mitad septen. de Navarra, siendo más frecuente en la Zona Media, llega a los valles cantábricos y a los Pirineos y parece estar ausente de la Ribera. **Alp.:** F; **Atl.:** F; **Med.:** E.

Spiraea hypericifolia L. subsp. obovata (Waldst. & Kit. ex Willd.) H. Huber

S. obovata Waldst. & Kit. ex Willd.; S. flabellata Bertol. ex Guss.; S. hispanica (Willd.) Hoffmanns. & Link; S. hispanica Gómez Ortega ex C. Vicioso; S. rhodoclada Levier.

Claros del carrascal y quejigal, matorrales derivados, barrancos y laderas arcillosas. **Alt.:** 250-1200 m. **HIC:** Bojeral de orla, 5110, 5210.
Dist.: Med. W. General en la mitad meridional de Navarra, es más frecuente en la Zona Media, llegando hasta la Ribera. **Alp.:** E; **Atl.:** E; **Med.:** F.

Rubiaceae

Asperula aristata L. fil. subsp. scabra (J. Presl & C. Presl ex Lange) Nyman

A. scabra J. Presl & C. Presl; A. aristata L. fil. subsp. longiflora (Waldst. & Kit.) Hayek

Pastos y matorrales aclarados, pies de cantil y cerros erosionados. **Alt.:** 250-650 m.
Dist.: Med. Dispersa por la mitad sur de Navarra, principalmente en la Ribera. **Alp.:** -; **Atl.:** -; **Med.:** E.
Obs.: A desechar las citas atlánt. (Allorge, 1941; Vicente, 1983). Se reconoce para Navarra la var. *scabra* J. Presl & C. Presl ex Lange.

Asperula arvensis L.

Ruderal y arvense, en campos de cultivo, ribazos y terrenos removidos. **Alt.:** 250-650 m.
Dist.: Plurirreg.; Med.-Eur. Dispersa por la mitad meridional, alcanza esporádicamente localidades de la Zona Media. **Alp.:** -; **Atl.:** R; **Med.:** E.

Asperula cynanchica L. subsp. cynanchica

Pastos pedregosos, rellanos y repisas de roquedos, pies de cantil y graveras. **Alt.:** 400-1200 m. **HIC:** 4090.

Dist.: Med. General en Navarra, faltando en los valles atlánt. más húmedos. **Alp.:** F; **Atl.:** F; **Med.:** F.

Obs.: Incluidas la variedad *cynanchica* en sus formas *girbaui* Sennen y *cynanchica*. Planta muy variable, que en zonas de montaña puede tender hacia la subsp. *pyrenaica*.

Asperula cynanchica L. subsp. pyrenaica (L.) Nyman

A. cynanchica L. subsp. capillacea (Willk.) Rouy

Pastos pedregosos, crestones, rellanos de roquedos y taludes terrosos. **Alt.:** 700-2150 m.

Dist.: Endém. pir.-cant. Montañas de la mitad septen., desde los Pirineos hasta las sierras occ. **Alp.:** E; **Atl.:** E; **Med.:** -.

Asperula hirta Ramond

Fisuras de roquedos, rellanos y repisas de cantiles y pastos pedregosos. **Alt.:** 1300-2200 m. **HIC:** 8210.

Dist.: Endém. pir.-cant. Limitada a las montañas pirenaicas más elevadas al este del monte Ori. **Alp.:** RR; **Atl.:** -; **Med.:** -.

Crucianella angustifolia L.

Pastos secos y claros del matorral, terrenos removidos y claros forestales. **Alt.:** 250-1400 m. **HIC:** 6220*.

Dist.: Med. Al sur de la divisoria de aguas, ocupando la mayoría de las comarcas meridionales. **Alp.:** E; **Atl.:** E; **Med.:** CC.

Crucianella patula L.

Pastos secos, con otras anuales en zonas de clima cálido y soleado. **Alt.:** 250-650 m.

Dist.: Plurirreg.; Ibero-magrebí. Limitada a la Ribera Tudelana. **Alp.:** -; **Atl.:** -; **Med.:** RR.

Cruciata glabra (L.) Ehrend. subsp. glabra

Galium vernum Scop.

Claros y orlas forestales, pastos y taludes de pistas. **Alt.:** 350-1800 m.

Dist.: Eur. Extendida por la mitad septen. de Navarra. **Alp.:** E; **Atl.:** F; **Med.:** R.

Cruciata glabra (L.) Ehrend. subsp. hirticaulis (Beck) Natali & Jeanm.

Galium vernum var. hirticaule Beck

Herbazales en lugares húmedos y sombríos. **Alt.:** 350-1800 m.

Dist.: Eur. No se conoce bien, pero debe estar en la mitad septen. **Alp.:** RR; **Atl.:** RR; **Med.:** -.

Obs.: Se cita en *Flora Ibérica*. Desconocemos con exactitud su distribución en Navarra, pero debe ser similar a la de la subsp. *glabra*, quizá menos extendida (?).

Cruciata laevipes Opiz

Valantia cruciata L.; Galium cruciata (L.) Scop.

Herbazales en claros y orlas forestales, orillas de caminos, ribazos, cunetas, etc. **Alt.:** 20-1750 m. **HIC:** 6430.

Dist.: Eur. Mitad septen. de Navarra, hacia al sur refugiándose en los sotos fluviales. **Alp.:** F; **Atl.:** C; **Med.:** R.

Obs.: Parecen pertenecer a la var. *chersonensis* (Willd.) Devesa, Ortega Oliv. & R. Gonzalo (*Valantia chersonensis* Willd.).

Galium aparine L. subsp. aparine

Herbazales en terrenos nitrogenados, frescos en general, en multitud de ambientes, como cunetas, cultivos, orlas de bosques, sotos, caminos y huertos. **Alt.:** 100-1400 m. **HIC:** 6430.

Dist.: Eur. General en toda Navarra. **Alp.:** E; **Atl.:** C; **Med.:** C.

Obs.: Pertenecen a la variedad *aparine*, y debe ser la subsp. más frecuente.

Galium aparine L. subsp. spurium (L.) Hartm.

G. spurium L.

Repisas y pies de cantil, también como arvense en cultivos, ribazos y ruderal, sobre baldíos. **Alt.:** 250-1000 m.

Dist.: Med. Dispersa por la mitad meridional de Navarra (Ribera del Ebro), con alguna localidad aislada en el valle de Baztán. **Alp.:** -; **Atl.:** RR; **Med.:** R.

Obs.: Deben pertenecer a la variedad *vaillantii* (DC.) W.D.J. Koch, (*G. vaillantii* DC.) de amplia distribución.

Galium boreale L.

Prados y herbazales sobre sustratos húmedos, encharcados. **Alt.:** 450-1300 m.

Dist.: Circumbor. Dispersa por los Pirineos y las sierras prepiren. **Alp.:** RR; **Atl.:** RR; **Med.:** RR.

Obs.: Pertenece a la variedad *boreale*. Algunas localidades de las sierras prepiren. (Fdez. León, 1982; Báscones & Peralta, 1989) y pirenaicas (Montserrat, 1969) no se han podido verificar recientemente.

Galium cespitosum Lam.

Planta que está cerca de Navarra, y cuya presencia se estima probable. Grietas, repisas y rellanos de roquedos en crestas; cervunales y otros pastos innivados.

Dist.: Endém. pirenaica. No se conoce de Navarra, si no hacemos caso a la cita del monte Ori. **Alp.:** RR; **Atl.:** -; **Med.:** -.

Obs.: Se ha citado del monte Ori por Llanos (1972). Parece propia de sustratos esquistosos o graníticos. En la Península Ibérica, sólo se conoce de Huesca, muy cerca de Navarra y Lérida (herbario JACA).

Galium debile Desv.

G. palustre subsp. debile (Desv.) BerheR.

Carrizales en orlas de balsas y lagunas. **Alt.:** 300-450 m.

Dist.: Med.-Atl. Limitada a la Ribera, en contadas localidades (Villafranca, Aibar). **Alp.:** -; **Atl.:** -; **Med.:** RR.

Galium estebanii Sennen

G. pinetorum Ehrend.

Pastos, matorrales y claros forestales, roquedos, pedregales, taludes y muros. **Alt.:** 400-2000 m. **HIC:** 4060, 9430*.

Dist.: Endém. de la Pen. Ibér. y zonas limítrofes de Francia. General en la franja central de Navarra, por las zonas montañosas desde los Pirineos hasta las estribaciones occ. **Alp.:** E; **Atl.:** E; **Med.:** R.

Obs.: Pertenece a la variedad *leioclados* (Pau) Ortega Oliv. & Devesa. Se trasladan a este taxon las anotaciones referidas a *G.* gr. *pumilum*. Tampoco hemos visto en Navarra *G. pusillum* L., citada del monte Ori (Llanos, 1972), que ni se nombra en *Flora Iberica*.

Galium laevigatum L.

G. sylvaticum subsp. sylvaticum sensu O. Bolòs & Vigo; G. sylvaticum subsp. aristatum sensu O. Bolòs & Vigo

Bosques caducifolios, húmedos, megaforbios, repisas y rellanos de roquedos. **Alt.:** 200-1500 m. **HIC:** 91E0*.
Dist.: Oróf. Europa. Pirineos, montañas de la Zona Media, valles atlánt. y estribaciones occ. **Alp.:** R; **Atl.:** R; **Med.:** -.
Obs.: A esta especie pueden corresponder (?) las referencias a *G. aristatum* L. citadas de Aezkoa, Salazar y Roncal (Bubani, 1900). Algunas poblaciones pirenaicas se acercan a *G. sylvaticum* L.

Galium lucidum All. subsp. corrudifolium (Vill.) Bonnier

G. corrudifolium Vill.

Matorrales y claros en el ambiente del carrascal-quejigal. **Alt.:** 250-900 m.
Dist.: Med. Dispersa por las cuencas prepiren., la Zona Media y la Ribera. **Alp.:** -; **Atl.:** R; **Med.:** R.
Obs.: Algunas citas septentrionales (atlánt.) pueden corresponder a la subsp. *lucidum*.

Galium lucidum All. subsp. fruticescens (Cav.) O. Bolòs & Vigo

G. fruticescens Cav.

Matorrales secos y aclarados, sobre sustratos someros, crestones calizos y terrenos alterados. **Alt.:** 400-2000 m.
Dist.: Endém. del S y E de la Pen. Ibér. Distribuido por las comarcas al sur de la divisoria de aguas, con escasa representación en el Pirineo. **Alp.:** RR; **Atl.:** F; **Med.:** F.

Galium lucidum All. subsp. lucidum

G. rigidum Vill.; G. corrudifolium subsp. falcatum (Willk. & Costa) Franco

Herbazales en orlas forestales, crestones, canchales y matorrales aclarados sobre suelos pedregosos. **Alt.:** 350-1750 m. **HIC:** 5210, 8130.
Dist.: Med. Por los dos tercios meridionales de Navarra, con mayor presencia en la Zona Media. **Alp.:** E; **Atl.:** F; **Med.:** E.

Galium marchandii Roem. & Schult.

G. pumilum subsp. marchandii (Roem. & Schult.) O. Bolòs & Vigo

Pastos sobre suelos someros, repisas y rellanos de roquedos. **Alt.:** 850-2350 m.
Dist.: Oróf. Europa; Pirineos y montañas cercanas. Montañas pirenaicas y estribaciones medias occ. **Alp.:** R; **Atl.:** R; **Med.:** -.
Obs.: Taxon muy polimorfo, relacionado con *G. estebanii* (*G. pinetroum*) y *G. papillosum*, con formas de transición hacia estos táxones.

Galium mollugo L. subsp. erectum Huds. ex Syme

G. album Mill.; G. erectum Huds.

Prados y herbazales, repisas, rellanos y pies de roquedos, claros forestales, etc. **Alt.:** 100-1700 m. **HIC:** 6510.
Dist.: Eur. Distribuido por la mitad septen. de Navarra, desde los Pirineos, montañas de la Zona Media, estribaciones atlánt. y sierras occ. **Alp.:** R; **Atl.:** E; **Med.:** -.
Obs.: La cita de Ruiz Casav. (1880) de Caparroso es cuestionable.

Galium mollugo L. subsp. mollugo

Prados, claros forestales y repisas herbosas de roquedos, siempre en ambientes frescos. **Alt.:** 20-1800 m. **HIC:** 6510.
Dist.: Eur. Extendida por la mitad septen. de Navarra. **Alp.:** E; **Atl.:** C; **Med.:** E.
Obs.: Las anotaciones de esta planta en la Ribera Tudelana deben comprobarse (Willkomm, 1893; Ursúa, 1986).

Galium murale (L.) All.

Sherardia muralis L.

Pastos de anuales, entre matorrales aclarados, en general en ambientes secos y soleados. **Alt.:** 250-600 m.
Dist.: Med. Limitada a la mitad meridional de Navarra. **Alp.:** -; **Atl.:** -; **Med.:** E.

Galium odoratum (L.) Scop.

Asperula odorata L.

Nemoral, en general asociada al hayedo, menos al carrascal-quejigal, indicadora de bosques buenos, también en repisas sombrías de roquedos. **Alt.:** 450-1700 m. **HIC:** 9130, 9180*.
Dist.: Eur. Bien repartida por la mitad septen. de Navarra, principalmente en su franja central, desde los Pirineos a las sierras occidentales; menos frecuente en los valles atlánt. y ausente de la Ribera. **Alp.:** F; **Atl.:** F; **Med.:** RR.

Galium palustre L.

Orlas de charcas y embalses, prados encharcados, enclaves higroturbosos, orillas de arroyos y manantiales; hacia el sur se refugia en los sotos fluviales. **Alt.:** 20-1300 m. **HIC:** 3110, Com. helóf. gram., Com. aguas estanc., Juncales éutrofos, 91E0*, 92A0.
Dist.: Eur. Presencia notable en los valles y montañas atlánt., progresivamente más escasa en la Zona Media, las estribaciones occ. y la Ribera. **Alp.:** -; **Atl.:** E; **Med.:** E.
Obs.: Incluidas la variedad *palustre* y la variedad *elongatum* (C. Presl) Rchb. fil. (*G. elongatum* C. Presl), que para otros autores tienen la categoría de subespecies, o son tratadas como entidades independientes.

Galium papillosum Lapeyr. subsp. helodes (Hoffmanns. & Link) Ortega Oliv.

G. helodes Hoffmanns. & Link

Planta dudosa que requiere comprobación. Bosques húmedos, prados y herbazales a orillas de arroyos, sobre sustratos ácidos. **Alt.:** 20-600 m.
Dist.: Endém. de Portugal y NW de España (Galicia y León). Valles atlánt. navarros. **Alp.:** -; **Atl.:** RR; **Med.:** -.
Obs.: Planta citada por Catalán & Aizpuru (1987) de Lesaka, posiblemente errónea y confundida con *G. palustre*. Por su distribución, en el NW peninsular, parece difícil que pueda estar en Navarra

Galium papillosum Lapeyr. subsp. papillosum

G. pumilum subsp. papillosum (Lapeyr.) O. Bolòs & Vigo; G. pumilum subsp. papillosum (Lapeyr.) Masclans & Batalla

Pastos y matorrales, en general secos, canchales, pero también a orillas de arroyos y zonas encharcadas. **Alt.:** 900-1000 m.

Dist.: Med. Por lo que conocemos, limitada a la localidad de Petilla de Aragón, en el oriente medio de Navarra. **Alp.:** -; **Atl.:** RR?; **Med.:** RR.

Cons.: Prioritaria (Lorda & al., 2009).

Obs.: Se corresponde con la variedad *papillosum*. Hay dudas sobre las citas atlánt. (Catalán & Aizpuru, 1985; Lacoizqueta, 1884; Báscones, 1978).

Galium parisiense L. subsp. *divaricatum* (Pourr. ex Lam.) Rouy & E.G. Camus
G. divaricatum Pourr. ex Lam.

Pastos de anuales, sobre suelos someros, en cerros erosionados, algo removidos y cascajeras fluviales, en zonas con clima seco y soleado. **Alt.:** 300-1350 m.

Dist.: Med. Puntual en las tierras bajas pirenaicas, algo más frecuente en la mitad meridional de Navarra. **Alp.:** RR; **Atl.:** -; **Med.:** E.

Obs.: Incluida la variedad *divaricatum*. A desechar las citas atlánt. del monte Mendaur (García Zamora & al., 1985) que deben corresponder a la subsp. *parisiense*.

Galium parisiense L. subsp. *parisiense*

Pastos de anuales, en ambientes secos y soleados, en claros del matorral, cerros erosionados, repisas de roquedos, cultivos, eriales y otros terrenos alterados. **Alt.:** 150-850 m. **HIC:** 6220*.

Dist.: Med. General en la mitad meridional de Navarra, con alguna pequeña población en los valles atlánt. (Doneztebe, Sunbilla, monte Mendaur). **Alp.:** -; **Atl.:** RR; **Med.:** C.

Obs.: Incluidas la variedad *parisiense* y la variedad *leiocarpum* Tausch.

Galium pyrenaicum Gouan

Pastos pedregosos, rellanos y crestones calizos. **Alt.:** 1300-2450 m.

Dist.: Endém. pir.-cant. y bética. Limitada a las montañas pirenaicas más elevadas, principalmente en la meseta de Larra. **Alp.:** RR; **Atl.:** -; **Med.:** -.

Galium rotundifolium L.

Nemoral en abetales, hayedos, pinares de albar y robledales. **Alt.:** 800-1500 m. **HIC:** 9120, Pin. *Pinus sylvestris* acidófilos.

Dist.: Oróf. Europa. Repartido de forma laxa en el cuadrante nororient. de Navarra, en Pirineos y sierras prepiren. **Alp.:** R; **Atl.:** RR; **Med.:** -.

Galium saxatile L.
G. hercynicum Weig.

En brezales y pastos acidófilos -cervunales-, enclaves higroturbosos, hayedos y robledales. **Alt.:** 150-1900 m. **HIC:** 4020*, 4030, 6230*.

Dist.: Atl. Por las montañas septentrionales de Navarra, desde el Pirineo hasta las sierras occ., más habitual en los valles atlánt. **Alp.:** E; **Atl.:** E; **Med.:** -.

Obs.: Incluidas la variedad *saxatilis* y la variedad *vivianum* (Kliphuis) Ortega Oliv. & Devesa.

Galium timeroyi Jord.

Planta que está cerca de Navarra, y cuya presencia se estima probable.

Pastos secos, sobre suelos someros. **Alt.:** 20-400 m.

Dist.: Endém. del C, E y S de Francia. No está en Na.

Obs.: Se conoce de tierras francesas, de varias localidades muy cercanas a Navarra: Saint-Jean-Pied-de-Port (Richter, 1880), Bidarray (Blanchet, 1891), etc.

Galium tricornutum Dandy
G. tricorne Stokes

Arvense en campos de cereal, ribazos, barbechos e incluso en orlas forestales y sus matorrales derivados. **Alt.:** 250-850 m.

Dist.: Med. Por los dos tercios meridionales de Navarra, desde las cuencas prepiren. y la Zona Media hacia el sur, sin llegar a ser abundante. **Alp.:** RR; **Atl.:** E; **Med.:** E.

Galium uliginosum L.

Prados encharcados, enclaves turbosos e higroturbosos, setos y orillas de cursos de agua. **Alt.:** 100-1100 m. **HIC:** 6430.

Dist.: Eur. Limitada su presencia a los valles atlánt., al oeste de la llanura de Burguete. **Alp.:** -; **Atl.:** R; **Med.:** -.

Obs.: A desechar la cita de Escriche (1935) de Tafalla.

Galium verrucosum Huds. subsp. *verrucosum*
G. valantia Weber; G. saccharatum All.

Arvense y ruderal, en cultivos, baldíos y terrenos alterados. **Alt.:** 250-400 m.

Dist.: Med. Dispersa en Navarra, citada de la cuenca de Pamplona (Mayo, 1978), de la Ribera Tudelana en Caparroso (Ursúa, 1986) y en Marcilla (Garde & López, 1991). **Alp.:** -; **Atl.:** RR; **Med.:** RR.

Obs.: Deben comprobarse las citas navarras. Se reconoce la presencia de Navarra en *Flora Iberica*.

Galium verticillatum Danthoine ex Lam.

Pastos de anuales, sobre suelos someros, rellanos y repisas de roquedos. **Alt.:** 300-1500 m.

Dist.: Med. Conocida de escasas localidades: Bardenas Reales (Ursúa, 1986), Foz de Arbaiun y Sos del Rey Católico (cerca de Navarra), éstas últimas según material del herbario JACA. **Alp.:** -; **Atl.:** -; **Med.:** RR.

Obs.: Pertenece a la f. *verticillatum*.

Galium verum L. subsp. *verum*

Pastos, brezales y matorrales secos. **Alt.:** 20-2000 m. **HIC:** Fenalares, 6210(*).

Dist.: Eur. General en el conjunto de Navarra, se enrarece en el tercio meridional. **Alp.:** CC; **Atl.:** CC; **Med.:** C.

Rubia peregrina L.
R. angustifolia L.; R. longifolia Poir.

Encinares, carrascales, robledales y quejigales, setos, matorrales y herbazales derivados. **Alt.:** 100-1100 m. **HIC:** 4030, Bojeral de orla, Zarz. y espin. neutro-bas. eur-med., 5210, 5230*, Matorr. de *Osyris alba*, 92A0, 9340, 9240, Robl. pel. navarro-alav., Robl. pel. pirenaicos, 9180*, Pin. *Pinus sylvestris* basófilos, Pin. *Pinus sylvestris* secund.

Dist.: Med. Por toda Navarra, sin alcanzar las montañas más elevadas. **Alp.:** F; **Atl.:** CC; **Med.:** CC.

Obs.: Especie muy polimorfa, donde se incluyen las formas de hojas estrechas denominadas como *R. angustifolia* L., endémica de las Islas Baleares.

Rubia tinctorum L.

Cultivada antiguamente para la elaboración de tintes de color rojo, aparece subespontánea en terrenos alterados, frescos, junto a acequias, ribazos, cunetas y cascajeras fluviales. **Alt.:** 250-500 m. **HIC:** Zarz. y espin. neutro-bas. eur-med., 6430, 92D0, 92A0.

Dist.: Introd.; originaria del C y W de Asia. Dispersa en la Navarra Media y cuencas prepiren. y, sobre todo, presente en la Ribera del Ebro. **Alp.:** -; **Atl.:** RR; **Med.:** R.

Sherardia arvensis L.

Arvense y ruderal, crece en pastos de anuales, matorrales y claros forestales, baldíos y cultivos, junto a sus ribazos y taludes próximos. **Alt.:** 50-1500 m.

Dist.: Plurirreg.; Med.-Eur. General en toda Navarra, pero ocasional en zonas de alta montaña. **Alp.:** F; **Atl.:** C; **Med.:** C.

Ruppiaceae

Ruppia drepanensis Tineo ex Guss.

R. aragonensis Loscos & Pardo

Balsas con aguas salinas. **Alt.:** 450-500 m. **HIC:** Com. acuát. halófilas.

Dist.: Med. Limitada a la cuenca de Pamplona, en la balsa de Zolina-Ezkoriz, en el valle de Aranguren. **Alp.:** -; **Atl.:** RR; **Med.:** -.

Obs.: Planta recién incorporada al Catálogo (Ibargutxi, 2011).

Ruppia maritima L.

R. rostellata W.D.J. Koch ex Rchb.

Lagunas endorreicas y canales poco profundos de aguas salobres o hipersalinas. **Alt.:** 400-500 m. **HIC:** Com. acuát. halófilas.

Dist.: Med. Conocida de la Balsa de Beriain (Beriain) y de la balsa de Zolina, ambas en la cuenca de Pamplona. **Alp.:** -; **Atl.:** RR; **Med.:** -.

Cons.: LC (ERLVP, 2011).

Obs.: Datos del herbario UPNA. La charca donde se herborizó (Beriain), parece que ya no existe en la actualidad. Se cita Navarra en *Flora Iberica*.

Rutaceae

Haplophyllum linifolium (L.) G. Don subsp. linifolium

Ruta linifolia L.; H. hispanicum Spach

Claros del carrascal, en ambientes secos y soleados. **Alt.:** 400-700 m.

Dist.: Med. W. Sólo se conoce de Fitero, en la Ribera Tudelana. **Alp.:** -; **Atl.:** -; **Med.:** RR.

Ruta angustifolia Pers.

R. chalepensis L. subsp. angustifolia (Pers.) Coutinho

Pastos y matorrales claros, sobre sustratos pedregosos en ambientes soleados y cálidos. **Alt.:** 250-650 m.

Dist.: Med. W. En el tercio meridional de Navarra. **Alp.:** -; **Atl.:** -; **Med.:** E.

Ruta montana (L.) L.

R. graveolens var. montana L.

Pastos secos, sobre suelos someros, en claros del carrascal y quejigal. **Alt.:** 250-800 m.

Dist.: Oróf. Med. Desde la Zona Media, cuencas prepiren. y cuenca de Pamplona hasta la Ribera, donde es más abundante. **Alp.:** -; **Atl.:** RR; **Med.:** E.

S

Salicaceae

Populus alba L.

Bosques de ribera a orillas de cursos de agua de los grandes ríos de la vertiente mediterránea, ocasional en el resto del territorio, incluso cultivado. **Alt.:** 250-850 m. **HIC:** 92A0.

Dist.: Eur. De forma natural vive en el tercio meridional de Navarra (Navarra Media y Ribera), disperso o plantado en el resto. **Alp.:** RR; **Atl.:** RR; **Med.:** C.

Cons.: M.N. (Nº 17).

Obs.: *P. × canescens* (Aiton) Sm. parece de origen híbrido entre *P. alba* y *P. tremula*, y ha sido citado de Irurzun, Zubielqui y Belascoain (López, 1970) y de Meano (Aizpuru & al., 1992).

Populus deltoides Marshall

P. carolinensis auct. et Foug.; P. monilifera Aiton

Cultivado en choperas, se asilvestra en sotos y cascajeras fluviales. **Alt.:** 250-600 m.

Dist.: Introd.; originaria de la mitad W de Norteamérica y del SW de Canadá. Dispersa por Navarra. **Alp.:** R; **Atl.:** E; **Med.:** R.

Obs.: Se ha citado el chopo lombardo, *P. pyramidalis* Rozier [*P. nigra* cv. *italica*; *P. italica* (Duroi) Moench], que es frecuente en las choperas de la Zona Media.

Populus nigra L.

Bosques de ribera, orillas de embalses y cascajeras fluviales; se ha plantado en las orillas de muchas carreteras, llegando a asilvestrarse en sus cercanías. **Alt.:** 100-1000 m. **HIC:** 3240, 92A0.

Dist.: Eur. Presente en la mayor parte de Navarra, sin alcanzar cotas elevadas. **Alp.:** C; **Atl.:** C; **Med.:** C.

Obs.: Se han citado la subsp. *caudina* (Ten.) Bug. y subsp. *nigra*. Se distingue con dificultad de determinados clones de *P. × canadensis* Moench, híbrido de origen artificial entre *P. nigra* y *P. deltoides*, disperso por la mitad meridional de Navarra y cultivado.

Populus tremula L.

El álamo temblón forma parte de los claros forestales, hayedos y robledales sobre todo, formando pequeños

rodales, colonizando taludes inestables. **Alt.:** 400-1700 m. **HIC:** Avell. rip. subcant.-pir., Tremolares.
Dist.: Eur. Salpica las montañas de la mitad septen. de Navarra. **Alp.:** E; **Atl.:** E; **Med.:** R.

Salix alba L.
Forma bosquetes o crece disperso a orillas de ríos y embalses, junto a otras especies típicas de los bosques de ribera. **Alt.:** 20-950 m. **HIC:** 3240, 91E0*, 92A0, Avell. rip. subcant.-pir.
Dist.: Eur. Puntual en los Pirineos, extendida por el resto de Navarra, favorecida por su cultivo. **Alp.:** RR; **Atl.:** E; **Med.:** C.
Cons.: M.N. (Nº 18).
Obs.: Se distinguen dos variedades: *alba* y *vitellina* (L.) Schübl. & G. Martens. Se hibrida fácilmente con *S. fragilis*, al que se le da el nombre de *S. neotricha* Goerz., ampliamente representado en Europa. Se conoce el híbrido de *S. alba* × *S. neotricha*, herborizado en Ibargoiti (Herbario BIO).

Salix atrocinerea Brot.
S. oleifolia Sm.; S. cinerea subsp. oleifolia (Sm.) Macreight
Claros forestales, barrancos, cascajeras fluviales, setos, ribazos y a orillas de cursos de agua. **Alt.:** 100-1350 m. **HIC:** Zarzales y espin. acidof., 3240, Saucedas arb. cabec., 91E0*, Avell. rip. subcant.-pir., 9160, Alis. ladera, Abed. *Betula pubescens* (*alba*), 91D0*.
Dist.: Atl. General en la mitad septen. de Navarra y muy puntual en la Ribera (Valle del Ebro). **Alp.:** F; **Atl.:** C; **Med.:** E.
Obs.: Se conoce el híbrido de *S. atrocinerea* × *S. aurita* (Aizpuru & al., 1996), y el híbrido *S.* × *quercifolia* Sennen (*S. atrocinerea* × *S. caprea*) de las zonas atlánt. (Herbario BIO; Biurrun, 1999).

Salix aurita L.
Márgenes de arroyos, orlas de enclaves higroturbosos y herbazales húmedos. **Alt.:** 850-1350 m.
Dist.: Eur. En los valles atlánt. y pirenaicos. **Alp.:** RR; **Atl.:** RR; **Med.:** -.
Obs.: Conviene definir su presencia en Navarra. Hay distintas citas bibliográficas (Lacoizqueta, 1884; Jovet, 1941; Báscones, 1978 y García Zamora & al., 1985). Se ha citado el híbrido *S. aurita* × *atrocinerea* (Heras & al., 2006) de Abaurrea Baja.

Salix babylonica L.
El sauce llorón se cultiva como árbol ornamental en los pueblos y ciudades, y raramente se asilvestra. **Alt.:** 20-750 m.
Dist.: Introducido; originario de Asia orient. Disperso por Navarra. **Alp.:** RR; **Atl.:** RR; **Med.:** RR.

Salix caprea L.
Claros forestales, robledales, hayedos, abetales, alisedas-olmedas y bosques mixtos, a orillas de arroyos y en crestas sombrías. **Alt.:** 250-1600 m. **HIC:** Zarzales altimont. piren., Zarzales y espin. acidof., Avell. rip. subcant.-pir.
Dist.: Eur. Extendido por la mitad septen. de Navarra, principalmente en las montañas. **Alp.:** F; **Atl.:** E; **Med.:** -.

Salix cinerea L.
Planta citada de Navarra, posiblemente errónea. Matorrales en orlas forestales.
Dist.: Eur. No está en Navarra. **Alp.:** -; **Atl.:** RR; **Med.:** -.
Obs.: Citada de los valles atlánt. por Lacoizqueta (1844), Colmeiro (1888) y Jovet (1941, 1951), pero no es planta ibérica.

Salix eleagnos Scop.
S. incana Schrank; S. eleagnos subsp. angustifolia (Cariot) Rech. fil.
Sauce propio de las cascajeras fluviales que orlan los ríos de montaña, también en taludes húmedos y barrancos. **Alt.:** 250-1100 m. **HIC:** 3240, 91E0*.
Dist.: Med. W. Pirineos, Zona Media, estribaciones occ. y en la Ribera, donde es más puntual; parece estar ausente al norte de la divisoria de aguas. **Alp.:** F; **Atl.:** E; **Med.:** E.

Salix fragilis L.
Bosques a orillas de ríos y arroyos, alisedas, sotos, etc. **Alt.:** 20-1350 m.
Dist.: Eur. Dispersa por toda Navarra. **Alp.:** E; **Atl.:** E; **Med.:** E.
Obs.: Se hibrida con *S. alba* dando el mesto *S.* × *rubens* Schrank, que también se ha utilizado en plantaciones.

Salix herbacea L.
Planta que está cerca de Navarra, y cuya presencia se estima probable. Sauce enano propio del piso alpino, que frecuenta ventisqueros y prados húmedos con innivación prolongada.
Dist.: Bor.-Alp. No está en Navarra.
Obs.: Citada por Blanchet (1891) del monte Anie (Lescún, F-64). No parece que llegue a Navarra, pero es interesante mantenerla como probable y buscarla en el entorno de Larra y cumbres circundantes.

Salix pentandra L.
Planta dudosa que requiere comprobación. Saucedas que orlan enclaves higroturbosos, balsas o embalses. **Alt.:** 400-650 m.
Dist.: Eur. Citada de la cuenca de Pamplona, y de manera poco definida de los Pirineos. **Alp.:** -; **Atl.:** RR; **Med.:** -.
Obs.: Citada por Gaussen & al. (1953) de Salazar-Roncal y por Vicente (1983) de Loza. En Navarra, puede tener un origen en los cultivos como planta ornamental.

Salix purpurea L.
Saucedas en orlas de cursos de agua, especialmente en sus cascajeras, e incluso en pedregales con fondo fresco. **Alt.:** 10-1000 m. **HIC:** Com. ciper. amacoll., 6430, 3240, Saucedas arb. cabec., 91E0*, Avell. rip. subcant.-pir.
Dist.: Eur. General en Navarra, parece enrarecerse en la Ribera Tudelana. **Alp.:** F; **Atl.:** C; **Med.:** C.
Obs.: Se reconocen las variedades *purpurea*, *lambertiana* (Sm.) W.D.J. Koch y *amplexicaulis* (Bory & Chaub.) Boiss.

Salix pyrenaica Gouan
Rellanos y repisas de roquedos calizos, kársticos sobre todo, dolinas y pastos pedregosos largamente innivados. **Alt.:** 1200-2400 m. **HIC:** 6170, 9430*.

Dist.: Endém. pirenaica. Limitada a las montañas pirenaicas más elevadas, el este del monte Ori. **Alp.:** R; **Atl.:** -; **Med.:** -.

Salix retusa L.

Rellanos y repisas herbosas en crestones de alta montaña, largamente innivados. **Alt.:** 2350-2400 m.
Dist.: Oróf. Europa. Limitada a la cumbre de la Mesa de los Tres Reyes, en lo más alto del Pirineo navarro. **Alp.:** RR; **Atl.:** -; **Med.:** -.
Obs.: Límite occidental en Navarra. Ha sido citada por distintos autores de este mismo lugar y de su entorno, en tierras francesas contiguas.

Salix salviifolia Brot.

S. salviifolia subsp. australis Franco

Orillas de cursos de agua, acequias, embalses y lagunas. **Alt.:** 450-500 m.
Dist.: Endém. de la Pen. Ibér. y del SW de Francia. Sólo se conoce de la Navarra Media orient., en los alrededores de Sada-Sangüesa (Patino & Valencia, 2000) y en Gallipienzo (Patino & al., 1992). **Alp.:** -; **Atl.:** -; **Med.:** RR.

Salix triandra L.

S. amygdalina L.

Orillas de ríos, arroyos y embalses, formando parte de sus matorrales y sotos. **Alt.:** 20-900 m. **HIC:** 3240, Saucedas arb. cabec., 91E0*.
Dist.: Eur. General en Navarra, apareciendo de forma dispersa. **Alp.:** R; **Atl.:** E; **Med.:** E.
Obs.: Las variaciones observadas quedan recogidas en la sinonimia. Se conoce el híbrido de *S. neotricha* × *S. triandra* subsp. *discolor* (Herbario BIO); y *S.* × *erythroclados* Simonkai (*S. alba* × *S. triandra* subsp. *discolor*), más *S.* × *multidentata* T.E. Díaz & Llamas (*S. atrocinerea* × *S. triandra* subsp. *discolor*).

Salix viminalis L.

Planta dudosa que requiere comprobación. El mimbre común se ha cultivado y aparece subespontáneo a orillas de ríos, arroyos y acequias. **Alt.:** 250-650 m.
Dist.: Eur. Citado por distintos autores de la cuenca de Pamplona, la Zona Media y la Ribera. **Alp.:** -; **Atl.:** RR; **Med.:** RR.
Obs.: Hay citas de Fdez. de Salas & Gil (1870) de Pamplona, Ruiz Casav. (1880) de Caparroso, López (1968) de Arbizu y García Zamora (1985) del Bidasoa. Se duda de su espontaneidad en la Península Ibérica.

Santalaceae

Osyris alba L.

Claros en encinares, carrascales, quejigales y robledales, sobre sustratos pedregosos en ambientes secos y soleados; también junto a cursos de agua. **Alt.:** 200-1200 m. **HIC:** Zarz. y espin. neutro-bas. eur-med., Matorr. de *Osyris alba*, 9340.
Dist.: Med. Al sur de la divisoria de aguas, sin llegar a las montañas pirenaicas y muy puntual en las estribaciones atlánt. **Alp.:** -; **Atl.:** E; **Med.:** E.

Obs.: La cita de Roncesvalles dada por Colmeiro (1888) no parece verosímil.

Thesium alpinum L. subsp. alpinum

Planta citada de Navarra, posiblemente errónea. Rellanos sombríos de alta montaña.
Dist.: Bor.-Alp.
Obs.: Se ha citado de Roncesvalles por Soulié (1907-1914) y Gaussen (1953) de Salazar-Roncal. No parece que llegue a Navarra.

Thesium humifusum DC.

Th. divaricatum Jan ex Mert. & W.D.J. Koch; Th. nevadense Willk.; Th. ramosum auct. iber., non Hayne.

Pastos y claros de matorrales, sobre suelos someros, pedregosos, secos y soleados. **Alt.:** 300-1100 m.
Dist.: Med. Puntual en los Pirineos, a baja altitud, las cuencas prepiren., la Navarra Media y la Ribera. **Alp.:** RR; **Atl.:** E; **Med.:** C.

Thesium pyrenaicum Pourr. subsp. pyrenaicum

Th. pratense Ehrh. ex Schrad.; Th. hispanicum Hendrych

Rellanos herbosos, pastos montanos, brezales y roquedos, en ambientes frescos. **Alt.:** 500-2000 m.
Dist.: Oróf. Europa W. Pirineos y montañas de la divisoria de aguas. **Alp.:** E; **Atl.:** E; **Med.:** -.

Saxifragaceae

Chrysosplenium oppositifolium L.

Fontinal, a orilla de arroyos, manantiales, alisedas, etc., en general en ambientes sombríos, con atmósfera saturada de humedad. **Alt.:** 150-1400 m. **HIC:** Com. arroyos y manant. for., 8220.
Dist.: Eur. Pirineos, valles y montañas atlánt., rebasando levemente las estribaciones de la divisoria de aguas, por lo que su presencia en la Zona Media es puntual. **Alp.:** E; **Atl.:** F; **Med.:** -.

Parnassia palustris L.

Fontinal, a orillas de arroyos, céspedes humedecidos, taludes y repisas de roquedos rezumantes, turberas y enclaves higroturbosos. **Alt.:** 450-2000 m. **HIC:** 7230.
Dist.: Circumbor. Principalmente en los Pirineos y más dispersa en las montañas septentrionales, hasta la sierra de Aralar y las Ameskoas. **Alp.:** E; **Atl.:** R; **Med.:** -.

Saxifraga aizoides L.

Orillas de arroyos, manantiales, taludes rezumantes y graveras fluviales, en zonas de montaña. **Alt.:** 1000-2100 m.
Dist.: Bor.-Alp. Exclusiva del Pirineo, al este del monte Ori. **Alp.:** R; **Atl.:** -; **Med.:** -.

Saxifraga aretioides Lapeyr.

Fisuras, rellanos y repisas de roquedos, en ambientes algo sombríos y frescos. **Alt.:** 1500-2300 m.
Dist.: Endém. pirenaica. Limitada a las montañas pirenaicas más elevadas. **Alp.:** R; **Atl.:** -; **Med.:** -.
Obs.: Límite occidental en Navarra.

Saxifraga carpetana Boiss. & Reut. subsp. *carpetana*
Planta dudosa que requiere comprobación. Pastos sobre suelos arenosos. **Alt.:** 800-1500 m.
Dist.: Med. W. No conocemos su distribución en Navarra.
Obs.: Citada en *Flora Iberica* con dudas. Desconocemos las posibles localidades donde está presente.

Saxifraga clusii Gouan
Rellanos de roquedos sombríos junto a arroyos, cascadas y taludes rezumantes, en general en ambientes sombríos y con atmósfera saturada. **Alt.:** 150-1100 m. **HIC:** Com. arroyos y manant. for.
Dist.: Oróf. Europa W. Limitada a los valles y montañas atlánt. del NW de Navarra. **Alp.:** -; **Atl.:** R; **Med.:** -.
Cons.: VU (NA); Prioritaria (Lorda & al., 2009).
Obs.: A desechar las citas pirenaicas de Rivas-Martínez & al. (1991). Límite W en Navarra-Guipúzcoa.

Saxifraga cuneata Willd.
S. cuneifolia Cav.; S. platyloba G. Mateo & M.B. Crespo
Fisuras, rellanos y repisas de roquedos, graveras y crestones, sobre sustratos calizos o conglomerados. **Alt.:** 500-2100 m. **HIC:** 8210.
Dist.: Endém. del arco ibérico. Bien representada en la franja central de Navarra, desde las montañas pirenaicas a las estribaciones occ. **Alp.:** E; **Atl.:** E; **Med.:** R.

Saxifraga dichotoma Willd.
S. arundana Boiss.; S. kunzeana Willk.; S. hervieri Debeaux & É. Rev. ex Cout.
Planta que está cerca de Navarra, y cuya presencia se estima probable. Suelos arenosos o pedregosos, en terrazas fluviales, en ambientes secos y soleados. **Alt.:** 400-650 m.
Dist.: Med. W.
Obs.: Se conoce de Álava, en el río Ebro, cerca de Navarra. Se ha citado como subsp. *albarracinensis* (Pau) D.A. Webb.

Saxifraga fragilis Schrank subsp. *fragilis*
S. corbariensis Timb.-Lagr.
Rellanos, repisas y fisuras de roquedos calizos. **Alt.:** a 1000 m.
Dist.: Oróf. Med. W. Sólo se conoce de Petilla de Aragón, en la Navarra Media orient. **Alp.:** -; **Atl.:** -; **Med.:** RR.
Cons.: Prioritaria (Lorda & al., 2009).
Obs.: Límite NW en Navarra.

Saxifraga granulata L.
S. glaucescens Reut.
Herbazales en claros forestales, pastos pedregosos, rellanos y repisas de roquedos con suelos someros. **Alt.:** 500-1900 m.
Dist.: Eur. Pirineos, sierras y cuencas prepiren., Zona Media y estribaciones occ. **Alp.:** E; **Atl.:** E; **Med.:** E.

Saxifraga hariotii Luizet & Soulié
Fisuras, rellanos de roquedos, dolinas y grietas de lapiaz. **Alt.:** 1350-2450 m.
Dist.: Endém. pirenaico occidental. Limitada a las montañas pirenaicas, al este de la sierra de Berrendi (Orbaitzeta, Valle de Aezkoa). **Alp.:** R; **Atl.:** -; **Med.:** -.
Obs.: Límite occidental en Navarra.

Saxifraga hirsuta L. subsp. *hirsuta*
S. geum auct., non L.
Hayedos, bosques mixtos, orillas de arroyos y taludes rezumantes en ambientes frescos y sombríos. **Alt.:** 200-1750 m. **HIC:** Com. arroyos y manant. for., 6430, 8220, 9120, Hayed. bas.-ombr. cant., Abet. pirenaicos.
Dist.: Atl. General en la mitad septen. de Navarra, sin superar hacia el sur las montañas meridionales de la Zona Media. **Alp.:** F; **Atl.:** F; **Med.:** RR.
Obs.: Se ha citado de distintas localidades *S.* × *geum* L. (*S. hirsuta* × *umbrosa*), siendo probable su presencia en las montañas pirenaicas donde viven los parentales, y más dudosa en las montañas atlánt. (García Zamora & al., 1985).

Saxifraga hirsuta L. subsp. *paucicrenata* (Leresche ex Gillot) D.A. Webb
Repisas y rellanos de roquedos calizos, grietas sombrías del karst y pastos pedregosos con innivación prolongada. **Alt.:** 1100-2250 m. **HIC:** 8210.
Dist.: Endém. pir.-cant. Localizada en las montañas pirenaicas y en las estribaciones de la Zona Media y occ. **Alp.:** R; **Atl.:** RR; **Med.:** -.

Saxifraga intricata Lapeyr.
S. exarata auct., non Vill.; S. nervosa Lapeyr.
Planta que está cerca de Navarra, y cuya presencia se estima probable. Canchales y fisuras de roquedos silíceos o calizas acidificadas. **Alt.:** 1800-2100 m.
Dist.: Endém. pirenaica. No se conoce de Navarra.
Obs.: Se ha dado a conocer por Blanchet (1891) del monte Anie (Lescún, F-64). Límite occidental en esta montaña bearnesa.

Saxifraga longifolia Lapeyr.
Fisuras y rellanos de roquedos calizos, así como crestones de conglomerados calcáreos, principalmeente en desfiladeros fluviales. **Alt.:** 500-2350 m. **HIC:** 8210.
Dist.: Oróf. Med. W; ibero-norteafricana. Valles y montañas pirenaicas y prepiren., llegando hasta la Navarra Media occidental en una localidad aislada, en la sierra de Satrustegi. **Alp.:** E; **Atl.:** E; **Med.:** -.
Obs.: En las partes medias-altas del valle de Roncal se han observado individuos asignables al mesto *S.* × *lhommei* H.J. Coste & Soulié (*S. longifolia* × *paniculata*).

Saxifraga losae Sennen
S. pentadactylis Lapeyr.
Fisuras, rellanos y repisas de roquedos calizos. **Alt.:** 400-1800 m. **HIC:** 8210.
Dist.: Endém. del Arco Ibérico. Por la franja central de Navarra, desde los Pirineos hasta las sierras occ., sin alcanzar la vertiente atlánt. **Alp.:** R; **Atl.:** E; **Med.:** R.
Obs.: Para *Flora Iberica* las anotaciones de la subsp. *losae* y, principalmente, la subsp. *suaveolens* (Luizet & Soulié) Fdez. Areces, Díaz Glez. & Pérez Carro, son meros ecotipos incluibles en el taxon que tratamos.

Saxifraga moschata Wulfen
S. exarata Vill. subsp. moschata (Wulfen) Cavill.; S. muscoides Wulfen; S. varians Sieber ex Willk.; S. tenuifolia Rouy & E.G. Camus; S. muscoides subsp. confusa (Luizet) Cadevall

Rellanos y repisas de roquedos del karst, dolinas innivadas y pastos pedregosos. **Alt.:** 1400-2450 m.
Dist.: Oróf. Europa. Limitada a las montañas pirenaicas más elevadas, al este del monte Ori. **Alp.:** RR; **Atl.:** -; **Med.:** -.
Obs.: Taxon polimorfo, con distintas entidades descritas (ver sinonimia).

Saxifraga oppositifolia L. subsp. *oppositifolia*
Fisuras, rellanos y repisas de roquedos, crestones calizos y graveras. **Alt.:** 1200-2450 m.
Dist.: Bor.-Alp. Montañas pirenaicas y poblaciones aisladas en la sierra de Urbasa-Andía, en la Navarra Media occidental. **Alp.:** R; **Atl.:** RR; **Med.:** -.

Saxifraga paniculata Mill.
S. aizoon Jacq.
Fisuras de roquedos, grietas y rellanos de lapiaz, graveras y crestones crioturbados. **Alt.:** 750-2100 m.
HIC: 8210.
Dist.: Bor.-Alp. Pirineos, montañas de la Zona Media y estribaciones occ. **Alp.:** E; **Atl.:** E; **Med.:** -.

Saxifraga praetermissa D.A. Webb
S. ajugifolia auct., non L.
Pedrizas sombrías a pie de roquedos, dolinas y pastos pedregosos muy innivados. **Alt.:** 1800-2400 m. **HIC:** 8130.
Dist.: Endém. pir.-cant. Limitada a las montañas del Pirineo, en el entorno de la meseta de Larra. **Alp.:** RR; **Atl.:** -; **Med.:** -.

Saxifraga tridactylites L.
Rellanos de anuales y pastos pedregosos con suelos someros, muros, etc. **Alt.:** 400-1900 m.
Dist.: Med. Dispersa por Navarra, siendo muy rara en la vertiente cantábrica. **Alp.:** E; **Atl.:** F; **Med.:** E.

Saxifraga trifurcata Schrad.
S. ceratophylla Dryand.
Fisuras y rellanos de roquedos, grietas de lapiaz, crestones, muros y edificaciones rocosas. **Alt.:** 500-1400 m.
HIC: 8210.
Dist.: Endém. de la Cordillera Cantábrica, sierra del Caurel, Montes de León y sierras de Navarra y del País Vasco. Por las sierras medias occ., principalmente en las de Altzania, Aralar y Urbasa-Andía. **Alp.:** -; **Atl.:** E; **Med.:** -.

Saxifraga umbrosa L.
Hayedos, abetales y pinares de pino negro, sobre las repisas del karst, en ambientes sombríos, con atmósfera húmeda. **Alt.:** 1350-1900 m.
Dist.: Endém. pirenaica. Exclusiva de las montañas pirenaicas más elevadas, al este del monte Ori. **Alp.:** RR; **Atl.:** -; **Med.:** -.
Obs.: A comprobar la cita atlánt. de Aralar de Braun-Blanquet (1967), que debe corresponder a *S. hirsuta*. Límite occidental en Navarra.

Scrophulariaceae

Antirrhinum litigiosum Pau
A. barrelieri Boreau; A. majus subsp. litigiosum (Pau) Rothm.; A.
barrelieri subsp. litigiosum (Pau) O. Bolòs & Vigo
Cerros yesosos, taludes y ribazos pedregosos, en terrenos secos y soleados. **Alt.:** 350-650 m.
Dist.: Endém. del E de la Pen. Ibér. En la Ribera Estellesa y Tudelana. **Alp.:** -; **Atl.:** -; **Med.:** E.

Antirrhinum majus L.
Pedrizas, pie de cantil, repisas y rellanos de roquedos, muchas veces en foces fluviales; los cultivados se asilvestran en medios ruderales. **Alt.:** 50-1550 m. **HIC:** 8130.
Dist.: Med. W. Los ejemplares asilvestrados pueden verse en el conjunto del territorio; los naturales en los Pirineos, las cuencas y sierras prepiren. y la Navarra Media orient. **Alp.:** E; **Atl.:** E; **Med.:** E.

Bartsia alpina L.
Rellanos herbosos de roquedos, pastos pedregosos, taludes rezumantes y orlas de enclaves higroturbosos, en la alta montaña. **Alt.:** 1300-2350 m. **HIC:** 6170.
Dist.: Bor.-Alp. Limitada a las montañas más elevadas del Pirineo, al este del monte Ori. **Alp.:** R; **Atl.:** -; **Med.:** -.

Bartsia trixago L.
Bellardia trixago (L.) All.; Trixago apula Steven
Pastos secos, herbazales, claros del matorral, baldíos y ribazos. **Alt.:** 250-650 m.
Dist.: Med. Por la Ribera, principalmente Estellesa y puntual en la cuenca de Pamplona. **Alp.:** -; **Atl.:** -; **Med.:** E.

Chaenorhinum exile (Coss. & Kralik) Lange
Linaria exilis Coss. & Kralik; Ch. rupestre Guss. ex Maire
Pastos de anuales sobre sustratos yesosos y suelos salinizados. **Alt.:** 250-650 m. **HIC:** 6220*.
Dist.: Med. W. Ribera de Navarra. **Alp.:** -; **Atl.:** -; **Med.:** RR.
Obs.: Citada en *Flora Iberica*, desconocemos bien su distribución pero debe corresponderse con la Ribera.

Chaenorhinum minus (L.) Lange subsp. *minus*
Antirrhinum minus L.; Linaria minor (L.) Desf.
Arvense y ruderal, crece en terrenos alterados, algo nitrificados, como cultivos, baldíos, cascajeras fluviales y pedrizas. **Alt.:** 100-1500 m.
Dist.: Med. General en Navarra, siendo muy rara en los valles atlánt. **Alp.:** E; **Atl.:** E; **Med.:** E.

Chaenorhinum origanifolium (L.) Kostel. subsp. *origanifolium*
Antirrhinum origanifolium L.; Linaria origanifolia (L.) Chaz.
Fisuras de roquedos, pedrizas y pastos pedregosos. **Alt.:** 450-1800 m. **HIC:** 8210.
Dist.: Oróf. Med. W. Pirineos, cuencas prepiren., Zona Media y estribaciones occ. **Alp.:** E; **Atl.:** E; **Med.:** RR.
Obs.: Taxon polimorfo, que en Navarra estaría representado por esta subespecie. Algunos materiales tienden a *Ch. crassifolium* (Cav.) Kostel subsp. *crassifolium*; y también se ha citado de Navarra la subsp. *cadevallii* (O. Bolòs & Vigo) Güemes.

Chaenorhinum reyesii (C. Vicioso & Pau) Benedí
Ch. rubrifolium var. reyesii C. Vicioso & Pau
Pastos secos y claros del matorral, sobre sustratos con yeso. **Alt.:** 300-450 m. **HIC:** 1520*, 6220*.
Dist.: Endém. ibérica. Limitada a la Ribera (Peral-

ta-Andosilla) donde ha sido citada por Peralta (2003). **Alp.:** -; **Atl.:** -; **Med.:** RR.

Obs.: Límite NW en Navarra.

Chaenorhinum rubrifolium (Robill. & Castagne ex DC) Fourr. subsp. *rubrifolium*

Linaria rubrifolia Robill. & Castagne ex DC.

Pastos secos y rellanos de anuales entre claros del matorral, sobre cerros yesosos. **Alt.:** 350-650 m. **HIC:** 6220*.

Dist.: Med. Limitada a los afloramientos yesosos de la Ribera. **Alp.:** -; **Atl.:** -; **Med.:** R.

Cymbalaria muralis G. Gaertn., B. Mey. & Scherb. subsp. *muralis*

Antirrhinum cymbalaria L.; Linaria cymbalaria (L.) Mill.

Naturalizada en muros sombríos, paredes frescas, en ambientes humanizados. **Alt.:** 20-1100 m. **HIC:** Com. subnitrof. muros y roquedos.

Dist.: Subcosm. Frecuente en los valles cantábricos, siendo ya más escasa en el resto, mostrándose dispersa en la Zona Media y alcanzando puntualmente alguna localidad de la Ribera. **Alp.:** R; **Atl.:** C; **Med.:** RR.

Digitalis lutea L. subsp. *lutea*

Orlas forestales, ribazos sombreados junto a pistas, en el ambiente del hayedo, hayedo-abetal, pinar albar y robledal-quejigal; sobre calizas. **Alt.:** 500-1500 m.

Dist.: Med.-Atl. Limitada al extremo orient. de Navarra, en los Pirineos y las sierras prepiren. **Alp.:** R; **Atl.:** -; **Med.:** -.

Digitalis purpurea L. subsp. *purpurea*

D. nevadensis Kunze; D. purpurea subsp. bocquetii Valdés

Claros del hayedo y robledal, sobre suelos removidos, taludes y ribazos, orlas, helechales, majadas y grietas de lapiaz, siempre en ambientes frescos. **Alt.:** 150-1800 m.

Dist.: Atl. General en el tercio norte de Navarra, desde los Pirineos y los montes de la divisoria hasta las sierras occ., y puntual en la sierra de Leire. **Alp.:** F; **Atl.:** F; **Med.:** -.

Erinus alpinus L.

Fisuras repisas y rellanos de roquedos, graveras y muros. **Alt.:** 200-2250 m. **HIC:** 8210.

Dist.: Oróf. Med. W. General en la mitad septen. de Navarra, estando ausente de la Ribera. **Alp.:** E; **Atl.:** E; **Med.:** -.

Obs.: Incluidas la variedad *glabratus* Lange y variedad *hirsutus* Gren. & Godr.

Euphrasia alpina Lam. subsp. *alpina*

E. alpina subsp. pulchra (Sennen) O. Bolòs & Vigo

Pastos pedregosos, rellanos de crestones y resaltes de roquedos. **Alt.:** 750-1900 m.

Dist.: Oróf. Europa. Pirineos, montañas de la Zona Media y estribaciones occ. **Alp.:** E; **Atl.:** E; **Med.:** -.

Obs.: Planta de morfología variable. Conviene verificar su presencia en las sierras prepiren.

Euphrasia hirtella Jord. ex Reut.

Prados, claros forestales, pastos y helechales, sobre sustratos ácidos. **Alt.:** 750-1700 m.

Dist.: Circumbor. Dispersa en los Pirineos, montañas medias y estribaciones occ. **Alp.:** RR; **Atl.:** RR; **Med.:** -.

Obs.: A desechar la cita de Fdez. León (1982) de la sierra de Leire.

Euphrasia minima Jacq. ex DC.

E. mendoncae Samp.; E. minima subsp. masclansii O. Bolòs & Vigo

Pastos densos de montaña y repisas de crestones calizos. **Alt.:** 1200-1800 m. **HIC:** 6230*.

Dist.: Oróf. Europa. Pirineos y sierras occ. (Aralar, Altzania, Codés). **Alp.:** RR; **Atl.:** RR; **Med.:** -.

Obs.: Incluidas la subsp. *minima* y la subsp. *fontqueri* (Rothm.) G. Monts.

Euphrasia nemorosa (Pers.) Wallr.

E. officinalis var. nemorosa Pers.

Pastos, brezales y claros del robledal-hayedo, en ambientes húmedos. **Alt.:** 250-750 m.

Dist.: Eur. Montañas de la divisoria de aguas, Pirineos atlánt. y en la Zona Media occ. **Alp.:** -; **Atl.:** R; **Med.:** -.

Euphrasia officinalis L. subsp. *rostkoviana* (Hayne) F. Towns.

E. rostkoviana Hayne; E. montana Jord.

Prados húmedos, en ambientes atlánt. **Alt.:** 100-650 m.

Dist.: Eur. Apenas citada en Navarra, se conoce de la vertiente atlánt.: Baztán (Bubani, 1897), Valcarlos y Goizueta (Berastegi, 2010). **Alp.:** -; **Atl.:** RR; **Med.:** -.

Euphrasia pectinata Ten.

E. stricta subsp. pectinata (Ten.) P. Fourn.

Claros forestales, pastos y prados frescos. **Alt.:** 150-1500 m.

Dist.: Eur. Pirineos, montañas medias, valles atlánt. y estribaciones occ., faltando en la Ribera. **Alp.:** E; **Atl.:** E; **Med.:** -.

Euphrasia salisburgensis Funck ex Hoppe

E. sicardii Sennen; E. minima subsp. sicardii (Sennen) O. Bolòs & Vigo

Rellanos terrosos de crestas y pastos pedregosos supraforestales. **Alt.:** 1450-2250 m.

Dist.: Oróf. Europa. Con certeza se presenta en las montañas pirenaicas (Lorda, 2001). A occidente, en tierras alavesas próximas, se ha citado de la sierra de Codés (Uribe-Echebarría & Alejandre, 1982). **Alp.:** E; **Atl.:** -; **Med.:** -.

Obs.: A comprobar las citas de Betelu (Braun-Blanquet, 1982) y sierra de Sarvil (García Bona, 1974).

Euphrasia stricta J.P. Wolff ex J.F. Lehm.

E. rigidula Jord.

Pastos mesófilos, claros y orlas forestales y matorrales despejados. **Alt.:** 500-1700 m.

Dist.: Eur. Mitad norte de Navarra, sin llegar a la Ribera. **Alp.:** E; **Atl.:** E; **Med.:** -.

Gratiola officinalis L.

G. meonantha Samp.; G. linifolia var. broteri (Nyman) Cout.; G. linifolia var. angustifolia (Lange) Franco

Herbazales en depresiones margosas inundables y orlas de balsas. **Alt.:** 400-500 m.

Dist.: Eur. En la cuenca de Pamplona, en las balsas de Loza e Iza. **Alp.:** -; **Atl.:** RR; **Med.:** -.

Cons.: LC (ERLVP, 2011).

Kickxia elatine (L.) Dumort. subsp. *crinita* (Mabille) Greuter

Linaria crinita Mabille; Linaria elatine subsp. crinita (Mabille) O. Bolòs & Vigo

Arvense, en huertos, cultivos, barbechos y ribazos, sobre terrenos removidos. **Alt.:** 400-600 m.

Dist.: Med. En la Navarra Media y en la Ribera, en contadas localidades. **Alp.:** -; **Atl.:** -; **Med.:** RR.

Kickxia elatine (L.) Dumort. subsp. *elatine*

Antirrhinum elatine L.; Linaria elatine (L.) Mill.; Elatinoides elatine (L.) Wettst.

Huertas, cultivos, barbechos y otros terrenos removidos. **Alt.:** 20-600 m.

Dist.: Med. En los valles cantábricos y en el extremo meridional, en la Ribera, más una localidad en las cuencas prepiren. **Alp.:** -; **Atl.:** E; **Med.:** E.

Kickxia spuria (L.) Dumort. subsp. *integrifolia* (Brot.) R. Fern.

Antirrhinum spurium var. integrifolium Brot.; Linaria racemigera (Lange) Rouy; L. spuria subsp. integrifolia (Brot.) O. Bolòs & Vigo

Terrenos removidos y nitrificados, cascajeras fluviales, cultivos y cunetas. **Alt.:** 200-1000 m.

Dist.: Eur. Por la mitad meridional de Navarra, sin alcanzar cotas muy elevadas. **Alp.:** R; **Atl.:** E; **Med.:** E.

Obs.: Debe ser la subsp. mejor representada en el territorio.

Kickxia spuria (L.) Dumort. subsp. *spuria*

Antirrhinum spurium L.

Planta citada de Navarra, posiblemente errónea. Terrenos removidos y nitrificados, cascajeras fluviales, cultivos y cunetas.

Dist.: Eur. No está presente en Navarra.

Obs.: Esta subsp. es propia del N y C de Europa y no alcanza la Península Ibérica, por lo que las citas referidas a ella deben llevarse a la subsp. *integrifolia*.

Lathraea clandestina L.

Clandestina rectifolia Lam.

Parásita de las raíces de hayas, avellanos, alisos y otros árboles, en ambientes nemorales, frescos y sombreados. **Alt.:** 20-1600 m. **HIC:** Hayed. bas.-ombr. cant.

Dist.: Endém. del SW de Europa. Por la mitad norte de Navarra, sin superar hacia el sur las estribaciones meridionales de la Navarra Media. **Alp.:** E; **Atl.:** F; **Med.:** RR.

Lathraea squamaria L.

Parásita de raíces del haya, avellano y otros árboles, en bosques de ribera y otros ambientes frescos. **Alt.:** 550-1250 m.

Dist.: Eur. En los valles pirenaicos (Ochagavía, Orbara, Navascués) y en la Navarra Media orient. (Izaga). **Alp.:** RR; **Atl.:** RR; **Med.:** -.

Cons.: Prioritaria (Lorda & al., 2009).

Linaria aeruginea (Gouan) Cav. subsp. *aeruginea*

L. marginata sensu Couth.

Planta que está cerca de Navarra, y cuya presencia se estima probable. Pastos pedregosos, matorrales con aliagas y tomillos.

Dist.: Endém. del C, S y E de la Península Ibérica, rara hacia el N. No se conoce de Navarra, pero está muy cerca.

Obs.: Se ha citado de Valverde de Ágreda (Soria), cerca de Navarra.

Linaria alpina (L.) Mill. subsp. *alpina*

Antirrhinum alpinum L.

Repisas, fisuras, graveras fluviales, gleras y pastos pedregosos. **Alt.:** 800-2500 m. **HIC:** 8130.

Dist.: Oróf. Europa. Limitada a las montañas pirenaicas más elevadas, al este del monte Ori. **Alp.:** E; **Atl.:** -; **Med.:** -.

Obs.: Mayoritariamente pertenecen a la variedad *alpina* y forma *alpina*.

Linaria arvensis (L.) Desf.

Antirrhinum arvense L.

Pastos de anuales, en terrenos despejados, sobre suelos sueltos, terrazas y cascajeras fluviales. **Alt.:** 250-650 m.

Dist.: Eur. Dispersa en la cuenca de Pamplona y en la Ribera. **Alp.:** -; **Atl.:** RR; **Med.:** RR.

Obs.: No se cita de Navarra en *Flora Iberica*. Conviene comprobar las citas navarras.

Linaria badalii Loscos

L. proxima Coincy; L. odoratissima sensu Bubani, non Bentham

Grietas, rellanos y repisas de roquedos, gleras y pastos pedregosos. **Alt.:** 350-1500 m. **HIC:** 8130.

Dist.: Endém. del N peninsular. Pirineos y sierras prepiren., Zona Media y estribaciones occidentales; parece ausentarse de los dos extremos de Navarra. **Alp.:** E; **Atl.:** E; **Med.:** E.

Obs.: Ha tenido una nomenclatura compleja y confusa. En los Pirineos Occ. hay formas intermedias entre *L. alpina* subsp. *alpina* y *L. badalii*. La cita de Ursúa (1986) en Bardenas debe corresponder a otro taxon.

Linaria hirta (Loefl. ex L.) Moench

Antirrhinum hirtum Loefl. ex L.

Planta citada de Navarra antes de 1960, sin citas posteriores. Planta arvense, ligada a cultivos cerealistas. **Alt.:** 400-600 m.

Dist.: Endém. del C, S y E de la Pen. Ibér. Citada de la cuenca de Pamplona. **Alp.:** -; **Atl.:** RR; **Med.:** -.

Obs.: Se ha citado por Fdez. de Salas & Gil (1870) de Pamplona. No parece ser planta navarra.

Linaria micrantha (Cav.) Hoffmans. & Link

Antirrhinum micranthum Cav.; L. arvensis subsp. micrantha (Cav.) P. Fourn.

Rellanos de anuales con suelos someros y pastos pedregosos. **Alt.:** 350-500 m.

Dist.: Med. Contadas localidades en el sur de Navarra (Fitero y Tudela). **Alp.:** -; **Atl.:** -; **Med.:** RR.

Linaria propinqua Boiss. & Reut.

Repisas de roquedos, rellanos y pastos pedregosos, gleras y lapiaces, en climas frescos de montaña. **Alt.:** 600-1300 m.

Dist.: Endém. del N de la Pen. Ibér. En las montañas occ., prolongándose a oriente, por las estribaciones de la Zona Media hasta Roncesvalles-Aribe, de donde fue descrita. **Alp.:** RR; **Atl.:** E; **Med.:** -.

Linaria repens (L.) Mill.

Antirrhinum repens L.

Crestones, graveras, cascajeras fluviales y pastos pedregosos. **Alt.:** 400-1100 m.

Dist.: Atl. Localizada en la Navarra Media. **Alp.:** -; **Atl.:** -; **Med.:** R.

Linaria simplex Willd. ex Desf.

Antirrhinum parviflorum Jacq.; A. simplex Willd.; L. arvensis subsp. simplex Willd. ex P. Fourn.

Repisas y rellanos de anuales, calveros entre matorrales, pastos pedregosos, etc. **Alt.:** 50-700 m.

Dist.: Med. Por la mitad meridional de Navarra y muy puntualmente en los valles atlánt. **Alp.:** -; **Atl.:** RR; **Med.:** E.

Linaria supina (L.) Chaz. subsp. *supina*

L. haenseleri sensu Merino

Crestones, rellanos y fisuras de roquedos, lapiaces, graveras y otros terrenos removidos. **Alt.:** 400-2000 m.

Dist.: Atl. Por la franja central de Navarra, desde los Pirineos hasta las sierras occidentales; parece faltar tanto en los valles cantábricos como en la Ribera. **Alp.:** E; **Atl.:** E; **Med.:** R.

Linaria vulgaris Mill.

Antirrhinum linaria L.

Cunetas herbosas, pastos próximos y bordes de caminos. **Alt.:** 150-650 m.

Dist.: Eur. Contadas localidades: en la cuenca de Pamplona y los valles atlánt., desde la Ultzama a Baztán y el Bidasoa. **Alp.:** -; **Atl.:** RR; **Med.:** -.

Lindernia dubia (L.) Pennell

Gratiola dubia L.; Ilysanthes gratioloides L. ex Benth.

Naturalizada en los arrozales cultivados con encharcamiento constante. **Alt.:** 200-350 m.

Dist.: Introd.; originaria de Norteamérica. Limitada a la Ribera Tudelana, asociada al cultivo del arroz. **Alp.:** -; **Atl.:** -; **Med.:** RR.

Obs.: Neófito norteamericano que coloniza arrozales.

Macrosyringion longiflorum (Lam.) Rothm.

Odontites longiflorus (Lam.) G. Don; Euphrasia longiflora Lam.

Pastos secos y soleados, en matorrales aclarados. **Alt.:** 250-650 m.

Dist.: Med. W. En la mitad meridional de Navarra, desde la Zona Media, donde es escaso, hasta la Ribera donde parece más habitual. **Alp.:** -; **Atl.:** -; **Med.:** E.

Melampyrum cristatum L.

M. cristatum subsp. ronnigeri (Poeverl.) Ronniger

Claros del carrascal-quejigal y pinar albar, pastos y matorrales derivados. **Alt.:** 450-850 m.

Dist.: Eur. En la Navarra Media, principalmente orient. **Alp.:** -; **Atl.:** RR; **Med.:** R.

Obs.: Las citas de Vertizarana (Colmeiro, 1888) y del Bidasoa (Lacoizqueta, 1884) no parecen verídicas.

Melampyrum pratense L. subsp. *latifolium* Schübl. & G. Martens

M. pratense subsp. oligocladum (Beauverd) Soó

Bosques de robles, hayas, marojos, quejigos y carrascas, sus matorrales y pastos derivados, en general sobre sustratos ácidos o acidificados. **Alt.:** 350-1800 m.

Dist.: Eur. Por la mitad septen. de Navarra, sin superar hacia el sur las montañas medias meridionales. **Alp.:** E; **Atl.:** E; **Med.:** R.

Obs.: A nivel peninsular parece ser la subsp. más extendida, comparativamente creciendo a más baja altitud. Se desconoce bien su distribución en Navarra.

Melampyrum pratense L. subsp. *pratense*

M. vulgatum Pers.

Bosques de robles, hayas, marojos, quejigos y carrascas, sus matorrales y pastos derivados, en general sobre sustratos ácidos o acidificados. **Alt.:** 350-1800 m. **HIC:** 9230, Robled. acidof. cant., Robl. roble albar.

Dist.: Eur. Por la mitad septen. de Navarra, sin superar hacia el sur las montañas medias meridionales. **Alp.:** E; **Atl.:** E; **Med.:** R.

Obs.: Parece ser la subespecies más escasa, al menos a nivel ibérico, y al parecer la que alcanza más altitud.

Mimulus guttatus DC.

Asilvestrada. Planta extendida tras labores de hidrosiembra. **Alt.:** 250-300 m.

Dist.: Introd.; originaria del W de Norteamérica. Aizpuru & al. (2003) la han citado recientemente de Zubieta, en los valles atlánt. **Alp.:** -; **Atl.:** RR; **Med.:** -.

Misopates orontium (L.) Raf.

Antirrhinum orontium L.

Ribazos, márgenes de cultivos, terrenos removidos y orillas de caminos. **Alt.:** 250-600 m.

Dist.: Med. En los valles atlánt., donde es escasa. **Alp.:** -; **Atl.:** RR; **Med.:** -.

Odontites luteus (L.) Clairv.

Euphrasia lutea L.; O. luteus subsp. linifolius (L.) Rothm.

Laderas pedregosas a pie de roquedos y claros del carrascal-quejigal. **Alt.:** 450-1100 m.

Dist.: Plurirreg.; Med.-Póntica. En las cuencas prepiren. y en la Navarra Media. **Alp.:** -; **Atl.:** RR; **Med.:** RR.

Odontites pyrenaeus (Bubani) Rothm. subsp. abilianus P. Monts.

Matorrales, desmontes, crestones y claros pedregosos. **Alt.:** a 550 m.

Dist.: Endém. de los Pirineos y prepirineos centrales, al W del anticlinal de Boltaña. Erviti (1991) es el autor de la única cita que se conoce de Navarra, en Lumbier, en las cuencas prepiren. **Alp.:** -; **Atl.:** -; **Med.:** RR.

Cons.: DD (LR, 2000); NT (AГA-UICN, 2003); NT (AFA-UICN, 2004); NT (LR, 2008).

Obs.: Conviene verificar la veracidad de esta cita.

Odontites recordonii Burnat & Barbey

O. eliassennenii Pau; O. kaliformis auct., non (Pourr. ex Willd.) Pau

Pastos secos, tomillares, aulagares y otros matorrales mediterráneos. **Alt.:** 450-800 m.

Dist.: Endém. del NE y E de España. Dispersa por las cuencas prepiren., la Navarra Media, las sierras occ. y la Ribera. **Alp.:** -; **Atl.:** RR; **Med.:** R.

Odontites vernus (Bellardi) Dumort.

Euphrasia verna Bellardi; Euphrasia odontites L.; O. vulgaris Moench; O. ruber Pers. ex Besser; O. serotinus Dumort.; O. virgatus Lange; O. vernus subsp. serotinus Corb.

Herbazales húmedos, depresiones encharcables, orillas de charcas y balsas, en el ambiente del robledal, quejigal y carrascal. **Alt.:** 400-1300 m.
Dist.: Eur. General por la Zona Media, llegando a faltar en los dos extremos provinciales. **Alp.:** RR; **Atl.:** E; **Med.:** R.
Observaciones. Se debe estudiar su relación con *O. vulgaris* Moench (incluido en la sinonimia). Se ha citado la subsp. *vernus* pero queda integrada en este taxon, junto a la subsp. *serotinus* Corb.

Odontites viscosus (L.) Clairv. subsp. *australis* (Boiss.) Jahand. & Maire

O. hispanicus Boiss. & Reut.; O. viscosus subsp. hispanicus (Boiss. & Reut.) Rothm.

Graveras, pastos pedregosos y claros del matorral, en el ambiente del carrascal-coscojar. **Alt.:** 300-1100 m.
Dist.: Med. W. En la Navarra Media y en la Ribera. **Alp.:** -; **Atl.:** -; **Med.:** R.

Odontites viscosus (L.) Clairv. subsp. *viscosus*

O. viscosus subsp. oscensis P. Monts.

Graveras, pastos pedregosos y claros del matorral, en el ambiente del carrascal-coscojar. **Alt.:** 300-1100 m.
Dist.: Med. W. En la Navarra Media y en la Ribera. **Alp.:** -; **Atl.:** -; **Med.:** R.
Obs.: Conviene estudiar la distribución de estos dos táxones.

Parentucellia latifolia (L.) Caruel

Euphrasia latifolia L.; Eufragia latifolia (L.) Griseb.

Pastos secos, pedregosos, en claros forestales y del matorral. **Alt.:** 450-1000 m.
Dist.: Med. Dispersa al sur de la divisoria de aguas, desde las cuencas prepiren., la Zona Media, las estribaciones occ. y la Ribera. **Alp.:** -; **Atl.:** E; **Med.:** E.

Parentucellia viscosa (L.) Caruel

Bartsia viscosa L.; Eufragia viscosa (L.) Benth.

Sobre sustratos arenosos, en claros del robledal y melojar, taludes, ribazos y cunetas. **Alt.:** 150-700 m.
Dist.: Med. Parece limitarse a los valles cantábricos y a Cabredo, en la Navarra Media occidental. **Alp.:** -; **Atl.:** R; **Med.:** R.
Obs.: Por su ecología, parece que la cita de Lazagurría de Báscones & Peralta (1989) debe mantenerse en cuarentena.

Pedicularis foliosa L. subsp. *foliosa*

Megaforbios, repisas herbosas de roquedos expuestos al norte y grietas de lapiaz, en ambientes neblinosos y frescos. **Alt.:** 900-1400 m.
Dist.: Oróf. Europa W. Puntual en las sierras occ. (sierra de Aralar, alto de Arteta); reaparece en tierras francesas cerca del Pirineo navarro. **Alp.:** -; **Atl.:** RR; **Med.:** -.
Obs.: Se conoce además de la sierra de Aralar (SS).

Pedicularis pyrenaica J. Gay subsp. *pyrenaica*

Pastos de alta montaña, hondonadas frescas y dolinas, en general sobre suelos frescos. **Alt.:** 1350-2350 m.
Dist.: Endém. pirenaica. Limitada a las montañas pirenaicas al este del monte Ori. **Alp.:** R; **Atl.:** -; **Med.:** -.
Obs.: Límite occidental en Navarra. Se conoce el mesto *P. pyrenaica* × *tuberosa* del karst de Larra (Lorda, 2001).

Pedicularis schizocalyx (Lange) Steininger

P. comosa L. var. schizocalyx Lange

Pastos pedregosos en laderas y crestones, en los claros del matorral derivado del hayedo, quejigal y carrascal. **Alt.:** 650-1400 m.
Dist.: Endém. del W y C de la Pen. Ibér. Dispersa por la Navarra Media, principalmente en su mitad occidental. **Alp.:** -; **Atl.:** R; **Med.:** R.
Obs.: A desechar las citas pirenaicas.

Pedicularis sylvatica L. subsp. *sylvatica*

Céspedes muy húmedos, trampales, esfagnales y comunidades fontinales. **Alt.:** 300-1400 m.
Dist.: Eur. En la mitad septen. de Navarra, sin superar hacia el sur las estribaciones de la Navarra Media. **Alp.:** E; **Atl.:** E; **Med.:** -.
Obs.: Deben corresponder a este taxon las citas de *P. palustris* L. de Bubani (1909) y Colmeiro (1888), del entorno de los valles atlánt. La mayor parte de estas referencias no corresponden a este taxon, ya que no parece ser planta ibérica.

Pedicularis tuberosa L.

Cresteríos y herbazales de repisas, rellanos de lapiaces y pies de cantil, en alta montaña. **Alt.:** 1450-2000 m.
Dist.: Oróf. Europa. Limitada a las montañas pirenaicas más elevadas. **Alp.:** RR; **Atl.:** -; **Med.:** -.
Obs.: Límite occidental en las montañas vascas (Vi).

Rhinanthus angustifolius C.C. Gmel.

Rh. major auct., non L.

Prados de siega, pastos y claros forestales, en ambientes frescos. **Alt.:** 100-1800 m.
Dist.: Eur. Repartido por la mitad septen. de Navarra, estando ausente en la Ribera. **Alp.:** R; **Atl.:** R; **Med.:** -.

Rhinanthus burnatii (Chabert.) Sóo

Rh. major var. burnatii Chabert

Pastos mesoxerófilos y claros de matorrales. **Alt.:** 400-1350 m.
Dist.: Oróf. S Europa. Repartido por la mitad meridional de Navarra, sin alcanzar la Ribera y apenas los Pirineos. **Alp.:** -; **Atl.:** RR; **Med.:** RR.

Rhinanthus minor L.

Alectorolophus minor (L.) Wimm.

Prados higroturbosos, repisas de roquedos y crestas expuestas de alta montaña. **Alt.:** 500-2000 m.
Dist.: Circumbor. Parece limitarse a los Pirineos y a las montañas de la divisoria de aguas. **Alp.:** RR; **Atl.:** RR; **Med.:** -.
Obs.: Las citas de Caparroso (Ruiz Casaviella, 1880; Colmeiro, 1888) son muy dudosas, y las de Olazagutia de Braun-Blanquet (1967) y de otros autores deben llevarse, creemos, a *Rh. pumilus*.

Rhinanthus pumilus (Sterneck) Pau subsp. *pumilus*

Alectorolophus pumilus Sterneck; Rh. mediterrnaeus (Sterneck) Sennen; Rh. major sensu Lange

Prados, ribazos, cunetas, pastos y claros forestales. **Alt.:** 50-1800 m. **HIC:** 6510.
Dist.: Med. General en la mitad norte de Navarra, no aparece en la Ribera. **Alp.:** F; **Atl.:** C; **Med.:** E.

Scrophularia alpestris J. Gay ex Benth.

S. oblongifolia Merino

Nemoral, en el hayedo, abetal, bosques mixtos y de ribera, herbazales, orillas de arroyos y fuentes. **Alt.:** 20-1950 m. **HIC:** 6430.

Dist.: Europa W. Pirineos, valles cantábricos, montañas de la Zona Media y estribaciones occ., parece enrarecerse en las cuencas prepiren. **Alp.:** F; **Atl.:** F; **Med.:** R.

Scrophularia auriculata L. subsp. *auriculata*

S. aquatica auct., non L.; S. balbisii Hornem.; S. auriculata subsp. minor Lange

Orillas de cursos de agua, acequias, balsas y embalses. **Alt.:** 100-850 m. **HIC:** 6420, 6430, 3240, Saucedas arb. cabec.

Dist.: Med. Por toda Navarra, ausentándose de las cotas más elevadas, por lo que falta en los Pirineos. **Alp.:** -; **Atl.:** F; **Med.:** E.

Obs.: Se incluyen las citas de *S. balbisii* Hornem.

Scrophularia canina L. subsp. *canina*

S. canina var. pinnatifida (Brot.) Boiss.; S. canina var. humifusa Timb.-Lagr. ex Gaut.

Orillas de pistas, cunetas pedregosas y graveras fluviales. **Alt.:** 250-1100 m. **HIC:** 3250, Mat. nitrof. grav. fluv.

Dist.: Med. Al sur de la divisoria de aguas, penetrando levemente en los valles altánticos y sin alcanzar cotas elevadas. **Alp.:** RR; **Atl.:** E; **Med.:** E.

Obs.: Algunas anotaciones de esta planta en las sierras occ. (Urbasa-Andía) de López (1968, 1970) y Escriche (1935) pueden corresponder a *S. crithmifolia* Boiss.

Scrophularia crithmifolia Boiss.

S. canina subsp. crithmifolia (Boiss.) O. Bolòs & Vigo; S. canina var. catalonica O. Bolòs & Vigo; S. hoppei auct., non W.D.J. Koch

Gleras y pedrizas en el ambiente del hayedo, robledal e incluso quejigal-carrascal. **Alt.:** 700-2100 m. **HIC:** 8130.

Dist.: Endém. del S, E y NE de España. En los Pirineos y en las estribaciones medias occ. **Alp.:** E; **Atl.:** E; **Med.:** RR.

Obs.: Planta muy variable en la que se incluye *S. crithmifolia* subsp. *burundana* L. Villar, al ser considerada un extremo de su variabilidad.

Scrophularia lyrata Willd.

S. auriculata subsp. major Lange; S. aquatica auct., non L.; S. auriculata sensu Ortega Oliv. & Devesa

Higrófila, típica de orillas de cursos de agua, lagunas, balsas, acequias y zonas encharcadas. **Alt.:** 100-850 m.

Dist.: Med. W. No se conoce muy bien su distribución, pero puede asemejarse a la de *S. auriculata*, es decir, por el conjunto de Navarra, si bien quizá más escasa. **Alp.:** -; **Atl.:** E; **Med.:** RR.

Obs.: Citada de Navarra en *Flora Iberica*. Se ha confundido con *S. auriculata*.

Scrophularia nodosa L.

Suelos encharcados a orillas de cursos de agua, balsas, lagunas y acequias. **Alt.:** 150-500 m.

Dist.: Eur. Se presenta en la zona atlánt. de Navarra, llegando a los alrededores de Pamplona. **Alp.:** -; **Atl.:** RR; **Med.:** -.

Obs.: Deben verificarse las citas atlánt.

Scrophularia scorodonia L.

S. scorodonia subsp. multiflora (Lange) Franco

Sotobosque de alisedas, castañares, orillas de ríos y orlas de prados y pie de muros. **Alt.:** 150-700 m.

Dist.: Atl. Distribuida por los Valles Húmedos del NW (Colmeiro, 1888) y la cuenca de Pamplona (Mayo, 1978), más alguna cita en los valles prepiren. (Ortega & Devesa, 1979). **Alp.:** RR; **Atl.:** RR; **Med.:** -.

Obs.: Se correspondería con la variedad *scorodonia*.

Scrophularia umbrosa Dumort.

S. alata auct.

Planta citada de Navarra, posiblemente errónea. Ambientes palustres.

Dist.: Euroasiática. Citada de Ollo y Olza por López (1968 y 1970) y por Mayo (1978) de Pamplona. Planta no presente en la Península Ibérica.

Sibthorpia europaea L.

Taludes rezumantes junto a arroyos, en ambientes sombríos con elevada humedad atmosférica. **Alt.:** 150-850 m.

Dist.: Atl. Exclusiva de la vertiente cantábrica, aunque alguna cita la lleva hasta el corredor de la Barranca, en la Zona Media occidental (Montserrat, 1968). **Alp.:** -; **Atl.:** R; **Med.:** -.

Tozzia alpina L. subsp. *alpina*

Megaforbios, fondos de dolinas, en ambientes sombríos, ricos en materia orgánica y pies de cantil. **Alt.:** a 1350 m.

Dist.: Oróf. Europa. Citada de la sierra de Aralar, en el monte Aldaon (Patino & al., 1993), en las estribaciones occ. **Alp.:** -; **Atl.:** RR; **Med.:** -.

Verbascum blattaria L.

Terrenos removidos, huertas, orillas de carreteras, etc. **Alt.:** 300-850 m.

Dist.: Eur. Distintas localidades repartidas por el conjunto de Navarra. **Alp.:** RR; **Atl.:** R; **Med.:** RR.

Verbascum chaixii Vill. subsp. *chaixii*

Suelos pedregosos y orillas de caminos, en ambientes nitrificados. **Alt.:** 250-900 m.

Dist.: Med. Limitada a la Navarra Media orient., penetrando en las cuencas prepiren. y llegando muy puntualmente a la Ribera (Milagro). **Alp.:** RR; **Atl.:** RR; **Med.:** -.

Obs.: Límite occidental en Navarra.

Verbascum lychnitis L.

Pistas, claros forestales y terrenos removidos, repisas y rellanos de roquedos. **Alt.:** 20-1100 m.

Dist.: Eur. Por la mitad septen. de Navarra, sin llegar a la Ribera. **Alp.:** R; **Atl.:** E; **Med.:** E.

Verbascum pulverulentum Vill.

Pastos secos, cunetas, taludes de caminos y claros forestales. **Alt.:** 250-650 m.

Dist.: Med.-Atl. Dispersa por los valles atlánt., las cuencas, las sierras occ. y la Ribera; falta en el Pirineo más elevado. **Alp.:** -; **Atl.:** E; **Med.:** R.

Verbascum rotundifolium Ten. subsp. *ripacurcicum* O. Bolòs & Vigo

Claros del matorral, pie de cantiles, taludes y márgenes de cultivos. **Alt.:** 350-1250 m.

Dist.: Endém. del cuadrante NE de la Pen. Ibér. Creemos que debe presentarse en la Navarra Media orient., pero no disponemos de datos concretos. **Alp.:** -; **Atl.:** -; **Med.:** RR.

Obs.: Citada de Navarra en *Flora Iberica*. Límite occidental en Navarra.

Verbascum sinuatum L.

Eriales, barbechos, caminos, ribazos y ambientes nitrogenados, sobre suelos removidos. **Alt.:** 250-650 m.

Dist.: Med. Por la Zona Media, las cuencas y la Ribera, llegando puntualmente a los valles atlánt. y faltando de las montañas más elevadas. **Alp.:** -; **Atl.:** E; **Med.:** E.

Verbascum thapsus L.

V. montanum Schrad.; V. phlomoides sensu Willk.

Cunetas, ribazos, pistas y claros forestales, en terrenos removidos, ruderalizados. **Alt.:** 200-1500 m.

Dist.: Eur. General por toda Navarra, principalmente en su mitad septen. **Alp.:** E; **Atl.:** E; **Med.:** E.

Obs.: Se ha citado del Romanzado por Peralta & al. (1992) la subsp. *crassifolium* (Lam. & DC.) Murb., incluida en este taxon.

Verbascum virgatum Stokes

V. grandiflorum Schrad.

Cunetas, baldíos, taludes y terrenos alterados, algo húmedos. **Alt.:** 150-1000 m.

Dist.: Med.-Atl. Dispersa por Navarra, parece faltar en el tercio meridional, más árido. **Alp.:** R; **Atl.:** E; **Med.:** E.

Veronica agrestis L.

Pastos pedregosos, pies de cantil, fisuras de roquedos y orlas de prados. **Alt.:** 400-1250 m.

Dist.: Eur. Dispersa por Navarra, principalmente por su mitad septen., sin que llegue a la Ribera. **Alp.:** R; **Atl.:** R; **Med.:** R.

Veronica alpina L.

Pedrizas y pastos pedregosos innivados. **Alt.:** 2000-2400 m.

Dist.: Bor.-Alp. Limitada a las montañas pirenaicas más elevadas. **Alp.:** RR; **Atl.:** -; **Med.:** -.

Obs.: Citada del monte Anie (Lescun, F-64) y del monte Ori (vertiente francesa). Hay materiales del Portillo de Anie, en tierras navarras. Se anota Navarra en *Flora Iberica*. La cita de Colmeiro (1888) de Roncesvalles no parece viable.

Veronica anagallis-aquatica L. subsp. *anagallis-aquatica*

V. miniana Merino; V. reyesana Pau & Merino; V. transiens (Rouy) Prain; V. anagallis-aquatica subsp. transiens (Rouy) Cout.; V. linkiana Franco

Suelos encharcados, balsas, acequias y orlas de cursos fluviales. **Alt.:** 250-1100 m. **HIC:** Berr. ag. dulces, Com. aguas estanc.

Dist.: Subcosm. Por las comarcas al sur de la divisoria de aguas, no llegando a cotas muy elevadas. **Alp.:** R; **Atl.:** E; **Med.:** E.

Cons.: LC (ERLVP, 2011), sin detallar subespecies.

Obs.: Planta de gran polimorfismo, muy influenciado por las variables ambientales.

Veronica anagalloides Guss. subsp. *anagalloides*

V. anagallis-aquatica subsp. anagalloides (Guss.) Batt.

Depresiones encharcables y orillas de balsas, sobre suelos margoso-arcillosos. **Alt.:** 300-650 m.

Dist.: Med. Dispersa, en la cuenca de Pamplona, la Navarra Media occidental y la Ribera. **Alp.:** -; **Atl.:** RR; **Med.:** RR.

Cons.: LC (ERLVP, 2011), sin detallar subespecies.

Veronica aphylla L.

Pastos pedregosos y grietas de lapiaz innivadas. **Alt.:** 1600-2450 m. **HIC:** 8130.

Dist.: Oróf. Europa. Limitada a las montañas pirenaicas más elevadas. **Alp.:** RR; **Atl.:** -; **Med.:** -.

Obs.: Límite pirenaico W.

Veronica arvensis L.

V. racemifoliata Pérez Lara; V. demissa Samp.; V. arvensis var. demissa (Samp.) Cout.

Ruderal y arvense, en rellanos de anuales, pastos pedregosos, tapias y cultivos, sobre sustratos removidos. **Alt.:** 100-1900 m.

Dist.: Subcosm. General en toda Navarra. **Alp.:** F; **Atl.:** C; **Med.:** F.

Veronica beccabunga L. subsp. *beccabunga*

V. maresii Sennen; V. beccabunga var. maresii (Sennen) O. Bolòs & Vigo

Orillas de cursos de agua, acequias, balsas, manantiales y surgencias. **Alt.:** 200-1500 m. **HIC:** Berr. ag. dulces.

Dist.: Eur. Principalmente por la mitad norte de Navarra, dispersa en el resto. **Alp.:** E; **Atl.:** E; **Med.:** E.

Cons.: LC (ERLVP, 2011).

Veronica chamaedrys L. subsp. *chamaedrys*

Hayedos y robledales, setos, orlas de prados, cunetas y grietas del karst. **Alt.:** 20-1900 m. **HIC:** Prados diente-siega con *Cynosurus cristatus*, 6510, Hayed. bas.-ombr. cant., Abet. prepiren.

Dist.: Eur. General en la mitad septen. de Navarra, escaseando y llegando a faltar en la Ribera. **Alp.:** C; **Atl.:** C; **Med.:** E.

Obs.: Se ha citado de Tafalla (Escriche, 1935) y de Caparroso (Colmeiro, 1888), pero no parecen verosímiles.

Veronica cymbalaria Bodard

Planta dudosa que requiere comprobación. Tapias en ambientes de influencia litoral. **Alt.:** 20-350 m.

Dist.: Med. Citada de los valles atlánt., hay serias dudas sobre su presencia en Navarra. **Alp.:** -; **Atl.:** RR; **Med.:** -.

Obs.: Deben revisarse las citas de Santesteban y del río Bidasoa dadas por García Zamora & al. (1985). Se señala con dudas de Navarra en *Flora Iberica*.

Veronica fruticans Jacq. subsp. *cantabrica* M. Laínz

V. cantabrica (M. Laínz) Aedo; V. fruticulosa subsp. fruticans (Jacq.) Rouy; V. fruticulosa sensu L.

Brezales, canchales, fisuras de roquedos y grietas innivadas. **Alt.:** 1600-2500 m.

Dist.: Oróf. Europa W. Parece limitarse a las montañas pirenaicas más elevadas, principalmennte en el entorno del monte Lakora. **Alp.:** RR; **Atl.:** -; **Med.:** -.

Obs.: Grupo complejo *fruticans-fruticulosa*. Se ha citado como *V. saxatilis* Scop. (subsp. *fruticans*) pero debe pertenecer a este taxon (Vivant, 1979).

Veronica fruticulosa L.
V. fruticulosa var. viscosa Gren.

Planta citada de Navarra, posiblemente errónea. Fisuras soleadas en roquedos de alta montaña.

Dist.: Oróf. S Europa.

Obs.: Hay distintas citas que deben verificarse. Se confunde con *V. fruticans* subsp. *cantabrica*. No parece que llegue a Navarra.

Veronica hederifolia L.

Ruderal y arvense, sobre sustratos removidos de huertos, cultivos, pistas, caminos y cunetas. **Alt.:** 150-1300 m.

Dist.: Eur. Repartida por toda Navarra, sin llegar a ser abundante. **Alp.:** E; **Atl.:** E; **Med.:** E.

Veronica longifolia L.
Pseudolysimachium longifolium (L.) Opiz

Planta citada de Navarra antes de 1960, sin citas posteriores. Se ha cultivado y parece asilvestrarse en alguna ocasión. **Alt.:** 450-1000 m.

Dist.: Europa. En los valles atlánt., sin que parezcan verídicas. **Alp.:** -; **Atl.:** RR; **Med.:** -.

Obs.: Citada por Neé (in Willkomm & Lange, 1870) de Roncesvalles, y luego recogida por Gaussen (1953) y Gredilla (1913). Todas estas citas antiguas no parecen fiables. Se cuestiona la presencia de esta planta en la Península Ibérica.

Veronica montana L.

En hayedos, robledales y alisedas, sobre suelos ricos y frescos. **Alt.:** 20-1550 m. **HIC:** 92A0, 91E0*.

Dist.: Eur. Por la mitad septen. de Navarra, no superando al sur las montañas meridionales de la Zona Media. **Alp.:** E; **Atl.:** E; **Med.:** -.

Veronica nummularia Gouan
V. nummularia subsp. cantabrica P. Monts.

Roquedos, pedrizas, crestones y rellanos del karst innivados. **Alt.:** 1600-2500 m. **HIC:** 8130.

Dist.: Endém. pir.-cant. Localizada en las montañas pirenaicas más elevadas, en el entorno del karst de Larra. **Alp.:** RR; **Atl.:** -; **Med.:** -.

Obs.: La cita de Roncesvalles dada por Colmeiro (1888) no parece cierta. Límite pirenaico W en Navarra.

Veronica officinalis L.

Hayedos y robledales, brezales, helechales, pastos y orlas forestales, sobre suelos ácidos o acidificados. **Alt.:** 150-1800 m. **HIC:** 6230*, 9120, Pin. *Pinus sylvestris* acidófilos.

Dist.: Circumbor. General en la mitad septen. de Navarra, sin superar hacia el sur las montañas meridionales de la Zona Media. **Alp.:** E; **Atl.:** E; **Med.:** -.

Obs.: Planta muy polimorfa.

Veronica orsiniana Ten.
V. teucrium subsp. orsiniana (Ten.) Watzl; V. austriaca subsp. vahlii sensu Walters & D.A. Webb; V. austriaca subsp. teucrium sensu O. Bolòs & Vigo; V. teucrium auct. hisp., non L.

Pastos y claros del matorral sobre suelos pedregosos, crestones y claros forestales. **Alt.:** 400-1950 m.

Dist.: Eur. Bien repartida en la franja central de Navarra, pareciendo eludir los valles más atlánt. y la Ribera. **Alp.:** E; **Atl.:** E; **Med.:** R.

Obs.: Grupo complejo, relacionado con *V. sennenii* Pau.

Veronica persica Poir.
V. tournefortii C.C. Gmel.

Ruderal y arvense, crece en terrenos removidos de cultivos, prados, pastos, orillas de carreteras y caminos, ribazos, escombreras, etc. **Alt.:** 100-1200 m.

Dist.: Subcosm.; originaria del SW de Asia. General en Navarra, sin alcanzar cotas elevadas. **Alp.:** E; **Atl.:** C; **Med.:** F.

Veronica polita Fr.
V. didyma Ten.

Terrenos removidos, nitrogenados, de cultivos, huertos, barbechos, cunetas, etc. **Alt.:** 250-1250 m.

Dist.: Subcosm. Al sur de la divisoria de aguas, sin llegar a los niveles más elevados del Pirineo, desde las cuencas hasta la Ribera. **Alp.:** R; **Atl.:** E; **Med.:** E.

Veronica ponae Gouan

Repisas herbosas de roquedos y rellanos de lapiaz y crestones. Sobre suelos humíferos y frescos. **Alt.:** 20-2150 m. **HIC:** 8210.

Dist.: Oróf. Europa W. En los Pirineos, los valles y montañas atlánt., más alguna población en las estribaciones de la Zona Media. **Alp.:** R; **Atl.:** E; **Med.:** -.

Veronica praecox All.

Campos de cereal, viñedos, ribazos y pastos secos. **Alt.:** 350-700 m.

Dist.: Plurirreg. En la cuenca de Pamplona y, más probable, en la Zona Media y en la Ribera. **Alp.:** -; **Atl.:** RR; **Med.:** RR.

Obs.: Se conoce de las cercanías de Pamplona (Báscones, 1978; Mayo, 1978) y San Martín de Unx (Erviti, 1989). Hay material de las Bardenas en el herbario ARAN. Se cita con dudas de Navarra en *Flora Iberica*.

Veronica scheereri (J.-P. Brandt) Holub
V. prostrata subsp. scheereri J.-P. Brandt

Pastos, crestones y rellanos de roquedos de alta montaña. **Alt.:** 1250-2000 m.

Dist.: Oróf. Europa W. Limitada a las altas cumbres pirenaicas. **Alp.:** RR; **Atl.:** -; **Med.:** -.

Obs.: Se ha citado de Aranarache (López, 1968, 1970) y de Villanueva de Aezcoa (Bubani, 1897; Gaussen, 1953-1982), y creemos deben llevarse a *V. orsiniana*.

Veronica scutellata L.

Fontinal, a orillas de manantiales, arroyos, enclaves higroturbosos, esfagnales y depresiones inundables; sobre sustratos silíceos. **Alt.:** 650-1350 m.

Dist.: Circumbor. En las montañas atlánt. pirenaicas, las montañas de la divisoria y, ya puntual, en las sierras medias occ. **Alp.:** -; **Atl.:** R; **Med.:** -.
Cons.: LC (ERLVP, 2011).

Veronica sennenii (Pau) M.M. Mart. Ort. & E. Rico
V. prostrata var. sennenii Pau; V. austriaca subsp. vahlii sensu Walters & D.A. Webb; V. teucrium auct. hisp., non L.
Pastos, claros del matorral, crestas venteadas y terrenos forestales abiertos. **Alt.:** 400-1500 m.
Dist.: Endém. de las playas cantábricas, Cordillera Cantábrica, el Sistema Ibérico N y Navarra occidental. Limitada a las sierras de Aralar y Urbasa-Andía, más alguna prolongación por los valles atlánt. NW, todas en su límite orient. de distribución. **Alp.:** -; **Atl.:** RR; **Med.:** -.
Observaciones. En la mitad occidental de Navarra medra este taxon, que a oriente es sustituido por *V. orsiniana* (Lorda, 2001). Se relaciona también por su porte con la centroeuropea *V. teucrium* L.

Veronica serpyllifolia L. subsp. *serpyllifolia*
Claros forestales, pistas, brezales y pastos sobre sustratos ácidos o acidificados. **Alt.:** 100-1900 m. **HIC:** 3170*.
Dist.: Circumbor. Bien repreesentada en la mitad septen. de Navarra, sin superar hacia el sur las montañas meridionales de la Zona Media. **Alp.:** E; **Atl.:** E; **Med.:** RR.
Obs.: Incluida la subespercie *humifusa* (Dicks.) Syme, de estatus no bien definido y la subsp. *serpyllifolia*.

Veronica spicata L. subsp. *spicata*
Pseudolysimachium spicatum (L.) Opiz
Rellanos de crestas, lapiaces kársticos y pastos pedregosos de alta montaña. **Alt.:** 1800-2000 m.
Dist.: Eur. Limitada a la alta montaña pirenaica en el entorno del karst de Larra y Peña Ezkaurre. **Alp.:** RR; **Atl.:** -; **Med.:** -.
Obs.: Son dudosas las citas de esta planta en Roncesvalles y Burguete (Gredilla, 1913; Colmeiro, 1888), y las inconcretas de Erro-Irati (Gaussen & al., 1953-1982), basadas en las anteriores. Lacoizqueta (1884) la cita de Narvarte, también dudosa.

Veronica tenuifolia Asso subsp. *tenuifolia*
V. assoana (Boiss.) Willk.; V. austriaca subsp. tenuifolia (Asso) O. Bolòs & Vigo
Pastos secos y claros de matorrales, en ambientes soleados. **Alt.:** 300-650 m.
Dist.: Endém. del C y NE de España. Puntual en la Navarra Media y principalmente en la Ribera orient. **Alp.:** -; **Atl.:** -; **Med.:** R.

Veronica triloba (Opiz) Opiz
V. hederifolia subsp. triloba (Opiz) Celak.
Planta dudosa que requiere comprobación. Terrenos removidos de campos de cultivo, taludes y bordes de caminos. **Alt.:** 800-1100 m.
Dist.: Eur. Las citas la anotan en las cuencas prepiren., a oriente de Navarra. **Alp.:** -; **Atl.:** -; **Med.:** RR.
Obs.: Se ha citado del Romanzado y de Yesa por Peralta & al. (1992). No se anota de Navarra en *Flora Iberica*, pero podría estar presente.

Veronica triphyllos L.
Planta que está cerca de Navarra, y cuya presencia se estima probable. Terrenos arenosos y sueltos, en cultivos cerealistas, calveros y resaltes areniscosos. **Alt.:** 650-750 m.
Dist.: Eur. No se conoce de Navarra, pero sí de sus cercanías.
Obs.: Se ha citado de Álava y Guipúzcoa, cerca de Navarra (Urrutia, 1986; Aseginolaza & al., 1987; Colmeiro, 1888).

Veronica urticifolia Jacq.
V. latifolia auct., non L.
Planta que está cerca de Navarra, y cuya presencia se estima probable. Claros forestales húmedos, abetales y hayedos sobre todo.
Dist.: Oróf. Europa S.
Obs.: Parece estar cerca de Navarra, en Ansó-Linza-Hecho (Villar & al., 2001). En las bases de datos del herbario JACA figura una recolección de esta planta en Belagua-Larra (JACA R19420), a 1700 m de altitud, XN8058, por P. Montserrat en 1967, sin que hayamos podido encontrarla entre los pliegos del citado herbario. Lacoizqueta (1884) la citó de Bertizarana (Laurendeguieta) pero no parece verídica.

Veronica verna L.
Terrenos arenosos y sueltos, cultivos de cereal, pie de roquedos y rellanos areniscosos. **Alt.:** 1100-1250 m.
Dist.: Eur. Puntual en los Pirineos silíceos, más las sierras prepiren. (Leire). **Alp.:** RR; **Atl.:** -; **Med.:** RR.
Obs.: Citada por distintos autores de estos lugares (Soulié, 1907-1914; Gaussen & al., 1953-1982; Erviti, 1989; Peralta & al., 1992; Lorda, 2001).

Selaginellaceae

Selaginella kraussiana (G. Kunze) A. Braun
Lycopodium kraussianum G. Kunze
Naturalizada en sotobosques y orillas de arroyos y ríos, bajo influencia atlánt. **Alt.:** 150-200 m.
Dist.: Introd.; originaria de África tropical y austral. Por lo que conocemos, limitada a la cuenca del río Añarbe, en Goizueta, al NW de Navarra. **Alp.:** -; **Atl.:** RR; **Med.:** -.
Obs.: Citada por Aizpuru & al. (1997).

Selaginella selaginoides (L.) Beauv. ex Schrank & C.F.P. Mart.
Lycopodium selaginoides L.; S. spinulosa A. Braun
Pastos frescos, rellanos rezumantes, turberas y otros enclaves higroturbosos. **Alt.:** 1200-2350 m. **HIC:** 7230, 8210.
Dist.: Circumbor. Principalmente en los Pirineos, al este del monte Ori, y puntual en la sierra de Andía, en las montañas medias occ. **Alp.:** E; **Atl.:** RR; **Med.:** -.
Obs.: Dendaletche (1971) ha citado *S. denticulata* (L.) Spring, una planta de distribución mediterránea, extendida por el S de España y Portugal, por lo que creemos debe llevarse al taxon que tratamos.

Simaroubaceae

Ailanthus altissima (Mill.) Swingle

Toxicodendron altissimum Mill.; A. glandulosa Desf.; A. peregrina Buc'hoz ex F.A. Barkley

Naturalizada. El ailanto o árbol de los dioses se cultiva como ornamental en paseos y parques, y se naturaliza en terrenos y solares abandonados, siendo considerada una planta invasora. **Alt.:** 150-500 m.

Dist.: Introd.; originaria de China. Dispersa por Navarra, a baja altitud. **Alp.:** -; **Atl.:** RR; **Med.:** RR.

Obs.: Quizá esté más extendida. Considerada especie exótica invasora (CEEEI, 2011).

Smilacaceae

Smilax aspera L.

S. mauritanica Poir.

La zarzaparrilla es una planta asociada a los enclaves abrigados (desfiladeros) del territorio: quejigales, carrascales, encinares y bosques riparios y sus matorrales de sustitución. **Alt.:** 250-600 m. **HIC:** 9340.

Dist.: Med. Dispersa por la mitad occidental de Navarra, en contadas localidades, al menos verificadas (Betelu, Guirguillano). **Alp.:** RR; **Atl.:** R; **Med.:** -.

Observaciones. A comprobar las citas prepiren. de la foz de Lumbier y Arbayún (Montserrat, 1975), más las de Urbasa (Loidi & al., 1988) y Pamplona (Coste, 1910).

Solanaceae

Atropa belladonna L.

Belladonna trichotoma Scop.; B. baccifera Lam.; A. lethalis Salisb.

La belladona crece en claros del hayedo y hayedo-abetal, sobre suelos removidos, ricos en materia orgánica, muchas veces en terrenos alterados a orillas de pistas y caminos. **Alt.:** 450-1600 m. **HIC:** 6430.

Dist.: Eur. Pirineos, montañas medias, sierras y cuencas prepiren. y en las estribaciones medias occidentales; se ausenta de la Ribera y de los valles atlánt. al N de la divisoria de aguas. **Alp.:** E; **Atl.:** E; **Med.:** RR.

Obs.: A verificar la cita de Ruiz Casav. (1880) de Caparroso. Planta de morfología variable.

Capsicum annuum L.

El pimiento se cultiva en la mitad meridional de Navarra, donde goza de merecida fama -pimiento del Piquillo-, y llega a asilvestrase de forma ocasional en terrenos alterados y nitrificados, siempre junto a núcleos urbanos y huertas. **Alt.:** 100-750 m.

Dist.: Introd.; originaria Neotrop. Dispersa en la mitad meridional de Navarra, si bien su cultivo está extendido a toda Navarra, salvo en las cotas más elevadas. **Alp.:** -; **Atl.:** RR; **Med.:** R.

Obs.: Se plantan numerosos cultivares de esta especie.

Datura ferox L.

D. laevis Bertol.

Naturalizada. Ruderal, con preferencia por terrenos húmedos. **Alt.:** 400-450 m.

Dist.: Introd.; originaria de Asia, naturalizada en América y la Región Mediterránea. Conocida únicamente de Noain, cerca de Pamplona (Aizpuru & al., 1996). **Alp.:** -; **Atl.:** RR; **Med.:** RR.

Datura stramonium L.

D. tatula L.; Stramonium foetidum Scop.; S. spinosum Lam.; S. vulgatum Gaertn.; D. capensis Bernh.; D. loricata Bernh.; D. pseudostramonium Benrh.

Ruderal y nitrófila, se naturaliza en cascajeras fluviales, baldíos, escombreras, cultivos, huertos, etc. **Alt.:** 20-750 m. **HIC:** 3270.

Dist.: Introd.; originaria Neotropical, hoy subcosmopolita. General en toda Navarra, eludiendo las cotas más elevadas. **Alp.:** R; **Atl.:** E; **Med.:** F.

Obs.: Poblaciones en progresión por toda Navarra. Muestra gran variabilidad morfológica.

Hyoscyamus albus L.

H. major Mill.; H. minor Mill.; H. luridus Salisb.; H. canariensis Ker Gawl.; H. varians Vis.; H. clusii G. Don; H. saguntinum Pau

Nitrófila, en cascajeras fluviales, baldíos y cunetas. **Alt.:** 250-400 m.

Dist.: Med. Repartida por la Ribera orient. **Alp.:** -; **Atl.:** RR; **Med.:** RR.

Obs.: A comprobar la cita de Pamplona (Colmeiro, 1888). Planta de gran variabilidad en su morfología, como queda recogido en la sinonimia.

Hyoscyamus niger L.

H. officinarum Crantz; H. vulgaris Neck.; H. bohemicus F.W. Schmidt; H. lethalis Salisb.; H. verviensis Lej.; H. pictus Roth; H. auriculatus Ten.; H. syspirensis C. Koch; H. persicus Boiss. & BuhsE.

El beleño negro busca los terrenos nitrogenados, sobre suelos removidos, estercoleros, cunetas y majadas. **Alt.:** 300-1650 m.

Dist.: Eur. Distribuida por toda Navarra, sin llegar a ser abundante. **Alp.:** R; **Atl.:** E; **Med.:** E.

Lycium barbarum L.

L. vulgare Dunal; L. halimifolium Mill.

Naturalizada en cunetas, muros, tapias y ribazos, en general en ambientes alterados. **Alt.:** 250-600 m.

Dist.: Introd.; originaria de China. En las cuencas prepiren., la cuenca de Pamplona, la Zona Media y la Ribera. **Alp.:** -; **Atl.:** RR; **Med.:** E.

Obs.: Planta variable en el tamaño y morfología de las hojas.

Lycium chinense Mill.

Naturalizada en las cunetas y graveras de los ríos, y cultivada en setos de zonas ajardinadas. **Alt.:** 200-500 m.

Dist.: Introd.; originaria de China. Dispersa por la Ribera, tanto orient. como occidental. **Alp.:** -; **Atl.:** -; **Med.:** E.

Lycium europaeum L.

Crece en muros, setos, ribazos, orillas de caminos y fincas, en terrenos ruderalizados. **Alt.:** 250-500 m. **HIC:** 3270, Com. ciper. amacoll.

Dist.: Med. Dispersa por la mitad meridional de Navarra. **Alp.:** -; **Atl.:** RR; **Med.:** R.

Nicotiana glauca Graham

Siphalus glabra Raf.

Cultivada como planta ornamental, se asilvestra en escombreras, orillas de corrales y cunetas. **Alt.:** 250-400 m.

Dist.: Introd.; originaria de América del Sur. Ursúa (1986) la citó de Cascante y Milagro, en la Ribera. **Alp.:** -; **Atl.:** -; **Med.:** RR.

Obs.: Considerada especie exótica con potencial invasor (CEEEI, 2011).

Nicotiana rustica L.

N. minor Garsault; N. rugosa Mill.; N. asiatica Schult.; N. humilis Steud.; N. pumila Steud.; N. brasilia Steud.

Cultivada en Europa, se vuelve subespontánea de forma ocasional en baldíos y otros lugares ruderalizados. **Alt.:** 250-650 m.

Dist.: Introd.; originaria de América del Norte. Conocida de la Ribera Tudelana (Ablitas). **Alp.:** -; **Atl.:** -; **Med.:** RR.

Obs.: Origen desconocido, cultivada en Europa; raramente subespontánea.

Nicotiana tabacum L.

N. fruticosa L.; N. alba Mill.; N. angustifolia Mill.; N. latissima Mill.; N. florida Salisb.; N. macrophylla Spreng.; N. frutescens Lehm.; N. gigantea Lehm.; N. ybarrensis Kunth; N. alpies Steud.; N. attenuata Steud.; N. gracilipes Steud.

El tabaco se cultiva y puede aparecer como adventicia en orlas de cultivos y terrenos alterados. **Alt.:** 250-650 m.

Dist.: Introd.; originaria de Sudamérica. Dispersa en Valdega, al SW de Navarra. **Alp.:** -; **Atl.:** -; **Med.:** RR.

Petunia × hybrida (Hooker) Vilmorin

P. axilaris (Lam.) Britton, E.E. Sterns & Poggenb. × P. integrifolia (Hooker) Schinz & Thell

Muy utilizada en jardinería, se escapa del cultivo y se asilvestra en baldíos y cascajeras fluviales. **Alt.:** 100-650 m.

Dist.: Cultivada, híbrido de jardinería. Repartida de forma desigual por los valles pirenaicos y atlánt. a baja altitud. **Alp.:** -; **Atl.:** RR; **Med.:** RR.

Physalis alkekengi L.

Posiblemente procedente de antiguos cultivos, sus frutos se consumen y actualmente se emplea como planta ornamental, llegando a vivir en canchales, cascajeras y pastos pedregosos. **Alt.:** 500-600 m.

Dist.: Eur. Limitada, por lo que conocemos, a la foz de Salvatierra de Esca-Burgui (Erviti, 1989). **Alp.:** RR; **Atl.:** -; **Med.:** -.

Solanum dulcamara L.

S. persicum Willd. ex Roem. & Schult.; S. scandens Neck; S. ruderale Salisb.

Setos, orlas forestales y cascajeras fluviales. **Alt.:** 20-1550 m. **HIC:** 6430, 92D0, 3240, 91E0*, 92A0.

Dist.: Eur. Por toda Navarra, sin alcanzar cotas muy elevadas. **Alp.:** F; **Atl.:** F; **Med.:** F.

Obs.: Ocasionalmente cultivada por sus propiedades medicinales (cardiología).

Solanum lycopersicum L.

Lycopersicon galenii Mill.; L. esculentum Mill.; L. solanum Medik.; Amatula flava Medik.; A. rubra Medik.; S. spurium F.J. Gmel.; L. pomum-amoris Moench; L. lycopersicum (L.) H. Karst.

El tomate se cultiva y no es difícil encontralo en cascajeras fluviales, orillas de huertas y escombreras. **Alt.:** 100-850 m. **HIC:** 3270.

Dist.: Introd.; origen Neotrop. Cultivada en toda Navarra, asilvestrada principalmente en la Ribera. **Alp.:** RR; **Atl.:** R; **Med.:** R.

Solanum nigrum L.

S. humile Salisb.; S. suffruticosum Schousb. ex Willd.; S. dillenii Schult.; S. morella Desv.; S. moschatum C. Presl; S. decipiens Opiz; S. schultesii Opiz

El tomate del diablo crece en terrenos alterados, nitrificados, como huertos, cultivos hortícolas, corrales, majadas, cascajeras fluviales y escombreras. **Alt.:** 20-1100 m. **HIC:** 3270.

Dist.: Subcosm. General en toda Navarra, sin alcanzar cotas elevadas. **Alp.:** E; **Atl.:** C; **Med.:** C.

Solanum physalifolium Rusby

S. nitidibaccatum Bitter.

Naturalizada en cunetas, ribazos y otros lugares removidos. **Alt.:** 200-250 m.

Dist.: Introd.; originaria de Sudamérica. Se ha citado de Cortes (García & al., 2004), en la Ribera Tudelana. **Alp.:** -; **Atl.:** -; **Med.:** RR.

Obs.: Se correspondería con la variedad *nitidibaccatum* (Bitter) Edmons (*S. nitidibaccatum* Bitter).

Solanum tuberosum L.

S. sculentum Neck.

La patata se cultiva en todos los huertos de Navarra, y se asilvestra en terrenos removidos, como estercoleros y baldíos. **Alt.:** 20-1100 m.

Dist.: Introd.; originaria de Sudamérica. Por toda Navarra, pero asilvestrada muy ocasionalmente. **Alp.:** -; **Atl.:** RR; **Med.:** RR.

Solanum villosum Mill.

S. luteum Mill. subsp. alatum (Moench) Dostál; S. luteum Mill.; S. alatum Moench; S. humile Bernh. ex Willd.; S. miniatum Bernh. ex Willd.; S. flavum Kit. ex Schult.; S. ochroleucum Bastard; S. luteovirescens C.C. Gmel.

Terrenos ruderalizados, alterados y removidos, como cascajeras fluviales y cultivos de regadío. **Alt.:** 250-650 m.

Dist.: Med. Dispersa por la Navarra Media occidental y la Ribera. **Alp.:** -; **Atl.:** -; **Med.:** E.

Obs.: Se ha citado con dudas *S. luteum* subsp. *luteum* de Ilundain (Azqueta & Ibáñez, 2002).

Sparganiaceae

Sparganium emersum Rehmann subsp. emersum

S. simplex auct., non Huds.

Estanques permanentemente inundados. **Alt.:** a 850 m. **HIC:** Com. helóf. tam. med.

Dist.: Eur. Sólo la conocemos de Goñi, en el puerto de Arteta (Biurrun, 1999), en la Navarra Media occidental. **Alp.:** -; **Atl.:** RR; **Med.:** -.

Cons.: LC (ERLVP, 2011).

Sparganium erectum L. subsp. erectum

S. ramosum Huds.; S. erectum subsp. polyedrum (Graebn.) Schinz & Thell.; S. polyedrum (Graebn.) Juz.

Lagunas, balsas y remansos de ríos. **Alt.:** 20-1100 m. **HIC:** Com. grandes helof., Com. helóf. tam. med., 91E0*.
Dist.: Plurirreg. Repartida por toda Navarra. **Alp.:** RR; **Atl.:** E; **Med.:** E.
Cons.: LC (ERLVP, 2011), sin detallar subespecies.
Obs.: Distribución mal conocida, y con las subespecies no identificadas en muchos casos.

Sparganium erectum L. subsp. *microcarpum* (Neuman) Domin

S. ramosum f. microcarpum Neuman; S. microcarpum (Neuman) Celak; S. erectum var. microcarpum (Neuman) Hayek

Ríos, arroyos, canales, turberas y lagunas permanentes. **Alt.:** 400-1000 m. **HIC:** Com. helóf. tam. med.
Dist.: Eur. En las cuencas prepiren. (Lumbier y Yesa), y en Baztán-Quinto Real. **Alp.:** -; **Atl.:** RR; **Med.:** RR.
Obs.: Citada por Peralta & al. (1992) y Heras & al. (2006).

Sparganium erectum L. subsp. *neglectum* (Beeby) Schinz & Thell.

S. neglectum Beeby; S. ramosum subsp. neglectum (Beeby) Nyman; S. neglectum var. subsimplex Merino; S. viciosorum Pau

Lagunas, balsas y remansos de ríos. **Alt.:** 20-1100 m. **HIC:** Com. helóf. tam. med.
Dist.: Plurirreg. Repartida por toda Navarra. **Alp.:** E; **Atl.:** F; **Med.:** F.

T

Tamaricaceae

Myricaria germanica (L.) Desv.

Tamarix germanica L.; Tamariscus germanicus (L.) Scop.

Planta que está cerca de Navarra, y cuya presencia se estima probable. Graveras fluviales con inundaciones periódicas. **Alt.:** 800-900 m.
Dist.: Eur. No se conoce de Navarra.
Obs.: Se ha citado de Huesca, en el valle de Hecho y Asso-Veral, más Álava, La Rioja y Zaragoza.

Tamarix africana Poir.

Orlas subhalófilas de cubetas endorreicas y orillas de ríos. **Alt.:** 200-500 m. **HIC:** 92D0.
Dist.: Med. W. Entorno del Valle del Ebro, en la Ribera. **Alp.:** -; **Atl.:** -; **Med.:** R.

Tamarix canariensis Willd.

Depresiones húmedas, sobre suelos salobres, en orlas de lagunas endorreicas, barrancos, bordes de acequias y orillas de ríos. **Alt.:** 200-600 m. **HIC:** 92D0.
Dist.: Med. W. Limitada a la Ribera de Navarra. **Alp.:** -; **Atl.:** -; **Med.:** F.

Tamarix gallica L.

Depresiones salinas, barrancos y orillas de ríos. **Alt.:** 200-650 m. **HIC:** 92D0.
Dist.: Med. W-Atl. Por la Ribera, la Navarra Media occidental y en la cuenca de Pamplona, donde es puntual.

Alp.: -; **Atl.:** RR; **Med.:** E.

Taxaceae

Taxus baccata L.

El tejo crece en terrenos pedregosos, formando parte de los hayedos y bosques mixtos a pie de cantil, grietas de roquedos y lapiaces. **Alt.:** 250-1700 m. **HIC:** 9180*, 9580*.
Dist.: Eur. Por las montañas de la mitad septen. de Navarra, llegando a cotas bajas en la vertiente atlánt. **Alp.:** E; **Atl.:** E; **Med.:** RR.
Cons.: M.N. (Nº 30, 31, 37).
Obs.: Se utiliza como planta ornamental en setos, jardines y parques.

Thelypteridaceae

Lastrea limbosperma (All.) J. Holub & Pouzar

Polypodium limbospermum All.; Thelypteris limbosperma (All.) H.P. Fuchs; Polystichum oreopteris (Ehrh.) Benrh; Oreopteris limbosperma (All.) J. Holub

Bosques húmedos y sombríos en zonas de influencia atlánt. **Alt.:** 50-1750 m.
Dist.: Circumbor. Pirineos, montañas de la divisoria de aguas, valles atlánt. y estribaciones occ. **Alp.:** E; **Atl.:** E; **Med.:** -.

Phegopteris connectilis (Michaux) Watt

Polypodium connectile Michaux; P. phegopteris L.; Thelypteris phegopteris (L.) Slosson; Ph. polypodioides Fée.

Planta que está cerca de Navarra, y cuya presencia se estima probable. Roquedos, pedrizas y cervunales, sobre sustratos silíceos, en ambientes neblinosos. **Alt.:** 1550-1800 m.
Dist.: Circumbor.
Obs.: Se conoce del monte Lakora (Aizpuru & al., 1990; Vivant, 1979) en su vertiente francesa. Las citas de Irati (Montserrat, 1982; Báscones & al., 1982) deben verificarse.

Stegnogramma pozoi (Lag.) Iwatsuki

Hemionitis pozoi Lag.; Thelypteris pozoi (Lag.) C.V. Morton

Orillas de arroyos y cascadas, taludes rezumantes, en ambientes sombríos, con atmósfera húmeda, en climas de neta influencia atlánt. **Alt.:** 200-350 m. **HIC:** 8220.
Dist.: Plurirreg.; Atl. en Europa. Limitada a los valles atlánt., en el extremo nororient. de Baztán. **Alp.:** -; **Atl.:** RR; **Med.:** -.
Cons.: SAH (NA); Prioritaria (Lorda & al., 2009).

Thelypteris palustris Schott

Acrostichum thelypteris L.; Polystichum thelypteris (L.) Roth; Dryopteris thelypteris (L.) A. Gray; Th. thelypteroides subsp. glabra J. Holub

Planta dudosa que requiere comprobación. Juncales y alisedas, sobre suelos encharcados. **Alt.:** 150-350 m.
Dist.: Circumbor. Sólo la conocemos de Lesaka, en la regata Endara (Herbario UPNA). **Alp.:** -; **Atl.:** RR; **Med.:** -.
Obs.: Señalada por *Flora Iberica*. Se conoce del monte Jaizkibel (Fuenterrabía), en tierras guipuzcoanas próximas a Navarra (Catalán, 1987; V. & P. Allorge, 1941; Báscones & al., 1982).

Thymelaeaceae

Daphne cneorum L.

Claros del brezal-argomal, en climas atlánt., sobre sustratos silíceos. **Alt.:** 200-900 m.
Dist.: Oróf. Europa. Limitada a las montañas del NW de Navarra, en Baztán-Bidasoa. **Alp.:** -; **Atl.:** RR; **Med.:** -.
Cons.: Prioritaria (Lorda & al., 2009).
Obs.: Las distintas formas que adopta la planta deben considerarse meros ecotipos.

Daphne gnidium L.

Pastos, ribazos y matorrales mediterráneos, en lugares secos y soleados. **Alt.:** 300-600 m.
Dist.: Plurirreg.; Med.-Macaron. En la Ribera de Navarra, donde aparece de forma esporádica. **Alp.:** -; **Atl.:** -; **Med.:** RR.
Obs.: Se ha citado de Yanci-Aranaz por Rivas Mart. & al. (1994), de donde no parece factible.

Daphne laureola L.

> *D. philippi Gren.; D. laureola subsp. philippi (Gren.) Nyman; D. laureola subsp. latifolia (Coss.) Rivas-Mart.*

Hayedos y robledales, grietas de lapiaz y pastos en crestones calizos. **Alt.:** 150-1900 m. **HIC:** 4060, Hayed. bas.-ombr. cant., Abet. prepiren., Pin. *Pinus sylvestris* secund., 9430*, 9580*.
Dist.: Atl. General en la mitad norte de Navarra, penetrando levemente en los terrenos más secos, donde se refugia en los ambientes menos áridos. **Alp.:** C; **Atl.:** C; **Med.:** RR.
Obs.: Se incluyen la subsp. *laureola* y la subsp. *philippi* (Gren.) Nyman, ésta más escasa.

Daphne mezereum L.

Hayedos y hayedo-abetales, bosques de pino negro, pastos supraforestales y lapiaces calizos. **Alt.:** 1000-1850 m.
Dist.: Eur. Limitada a las montañas pirenaicas más elevadas. **Alp.:** RR; **Atl.:** -; **Med.:** -.
Obs.: A desechar la cita de "cerca de Betelu" (Willkomm & Lange, 1893).

Thymelaea dioica (Gouan) All.

> *Daphne dioica Gouan; Passerina dioica (Gouan) DC.*

Pastos pedregosos, crestones, repisas, rellanos y fisuras de lapiaz, sobre calizas. **Alt.:** 1150-2300 m.
Dist.: Oróf. Europa W. Limitada a las montañas pirenaicas más elevadas. **Alp.:** R; **Atl.:** -; **Med.:** -.
Obs.: Límite W en Navarra.

Thymelaea passerina (L.) Coss. & Germ.

> *Stellera passerina L.; Passerina annua (Salisb.) Wikstr.*

Terrazas y cascajeras fluviales, orillas de caminos y pastos sobre suelos removidos. **Alt.:** 250-700 m.
Dist.: Med. En la Navarra Media y en la Ribera. **Alp.:** RR?; **Atl.:** -; **Med.:** RR.
Obs.: Material en el herbario ARAN de Mañeru (Kasteluzar). Algunas citas pirenaicas y prepiren. son dudosas (Bubani, 1897).

Thymelaea pubescens (L.) Meisn. subsp. pubescens

> *Th. thesioides (Lam.) Endl.; Passerina thesioides (Lam.) Wikstr.*

Matorrales y pastos sobre suelos margosos, erosionados, en ambientes secos y soleados. **Alt.:** 400-1000 m.
Dist.: Med. W. En las cuencas prepiren. y la Navarra Media, principalmente orient. **Alp.:** RR; **Atl.:** RR; **Med.:** R.
Cons.: Prioritaria (Lorda & al., 2009).

Thymelaea ruizii Loscos

Matorrales y pastos aclarados, en el ambiente del carrascal-quejigal, sobre suelos arcillosos o margosos. **Alt.:** 400-2000 m. **HIC:** 4030, 4090.
Dist.: Endém. del N de la Pen. Ibér. y SW de Francia. General en la mitad septen. de Navarra, si bien se enrarece en los valles cantábricos y se ausenta de la Ribera más seca. **Alp.:** C; **Atl.:** C; **Med.:** E.
Obs.: Planta que indica la transición climática cántabro-mediterránea.

Thymelaea sanamunda All.

> *Daphne thymelaea L.; Passerina thymelaea (L.) DC.*

Claros del matorral y pastos despejados, en ambientes secos y soleados. **Alt.:** 350-600 m.
Dist.: Med. W. Dispersa por la Navarra Media. **Alp.:** -; **Atl.:** -; **Med.:** RR.

Thymelaea tinctoria (Pourr.) Endl. subsp. nivalis (Ramond) Nyman

> *Passerina nivalis Ramond*

Pastos pedregosos, crestas y rellanos de lapiaz en la alta montaña. **Alt.:** 1500-2500 m. **HIC:** 6170.
Dist.: Oróf. Europa W. Limitada a la alta montaña pirenaica. **Alp.:** E; **Atl.:** -; **Med.:** -.
Obs.: Las citas de esta planta en Pamplona y Villava (Willkomm & Lange, 1861; Colmeiro, 1888; Bubani, 1897) no parecen verídicas. Límite W en Navarra (Gredilla, 1913, la citó de los Montes de Vitoria, pero parece muy dudosa en esta localidad).

Thymelaea tinctoria (Pourr.) Endl. subsp. tinctoria

Matorrales sobre sustratos calizos. **Alt.:** 250-650 m.
Dist.: Oróf. Europa. Quizá en las cuencas, en el entorno de Pamplona. **Alp.:** -; **Atl.:** RR; **Med.:** -.
Obs.: Anotada en *Flora Iberica*. Se conocen citas antiguas de Willkomm & Lange (1870) y Colmeiro (1888). A esta especie deben corresponder las citas de *Th. nivalis* de estos autores. Hay que verificar su presencia en Na.

Tiliaceae

Tilia cordata Mill.

> *T. ulmifolia Scop.; T. sylvestris Desf. ex Loisel.*

En bosques mixtos y sotos fluviales. **Alt.:** 100-500 m.
Dist.: Eur. Dispersa en los valles atlánt. y la Zona Media occidental. **Alp.:** -; **Atl.:** RR; **Med.:** RR.
Obs.: Planta que se ha cultivado habitualmente.

Tilia platyphyllos Scop. subsp. platyphyllos

> *T. platyphyllos subsp. cordifolia sensu O. Bolòs & Vigo*

Crece en bosques mixtos, pedregosos, a pie de cantil, barrancos, foces y desfiladeros fluviales. **Alt.:** 50-1200 m. **HIC:** 91E0*, Avell. rip. subcant.-pir., 9180*, 9580*.
Dist.: Eur. General en la mitad septen. de Navarra. **Alp.:** E; **Atl.:** E; **Med.:** R.

Tilia tomentosa Moench
El tilo plateado se cultiva como planta ornamental en parques y paseos, asilvestrándose ocasionalmente. **Alt.:** 150-750 m.
Dist.: Europa E. Dispersa por Navarra, sin llegar a ser muy abundante. **Alp.:** RR; **Atl.:** RR; **Med.:** -.

Tropaeolaceae

Tropaeolum majus L.
Cultivada como ornamental, se naturaliza en taludes y ribazos, en ambientes ruderalizados. **Alt.:** 20-350 m.
Dist.: Introd.; originaria de América tropical. Limitada a los valles cantábricos. **Alp.:** -; **Atl.:** R; **Med.:** -.
Observaciones. Considerada especie exótica con potencial invasor (CEEEI, 2011).

Typhaceae

Typha angustifolia L.
Orlas de charcas, balsas, lagunas, ríos y otros herbazales encharcados. **Alt.:** 40-600 m.
Dist.: Plurirreg. Dispersa por toda Navarra, se ausenta de las montañas más elevadas. **Alp.:** RR; **Atl.:** C; **Med.:** C.
Cons.: LC (ERLVP, 2011).
Obs.: Confundida con *T. dominguensis* Pers.

Typha domingensis Pers.
T. australis Schumach. & Thonn.; T. angustifolia subsp. australis (Schumach. & Thonn.) Kronf.; T. angustata Bory & Chaub.
Orlas de charcas, ríos y otros terrenos inundados. **Alt.:** 200-650 m. **HIC:** Cañaverales halófilos, Com. grandes helof., Com. aguas estanc.
Dist.: Europa S. Dispersa por los valles atlánt., la Zona Media, las cuencas prepiren. y la Ribera. **Alp.:** -; **Atl.:** R; **Med.:** E.
Cons.: LC (ERLVP, 2011).
Obs.: Posiblemente más extendida.

Typha latifolia L.
Orlas de charcas, embalse, lagunas y orillas de ríos. **Alt.:** 250-1100 m. **HIC:** Com. grandes helof.
Dist.: Subcosm. Dispersa por buena parte de Navarra, sin llegar a la alta montaña. **Alp.:** E; **Atl.:** F; **Med.:** C.
Cons.: LC (ERLVP, 2011).

U

Ulmaceae

Celtis australis L.
El almez se cultiva como árbol ornamental en jardines y paseos y crece como subespontáneo en barrancos y sotos fluviales; las poblaciones de la Ribera parecen naturales. **Alt.:** 250-650 m.
Dist.: Med. En la Ribera orient. en su forma subespontánea o natural; en buena parte de Navarra como cultivada. **Alp.:** -; **Atl.:** -; **Med.:** RR.

Ulmus glabra Huds.
U. scabra Mill.; U. montana With.
El olmo montano crece en bosques mixtos, desfiladeros, orillas de ríos, pie de cantiles y lapiaces kársticos. **Alt.:** 20-1450 m. **HIC:** 91E0*, 9160, 9130, Alis. ladera, 9180*.
Dist.: Eur. Por la mitad septen. de Navarra, principalmente en áreas de montaña, y puntual en la Ribera. **Alp.:** E; **Atl.:** E; **Med.:** R.

Ulmus laevis Pall.
U. effusa Willd.; U. pedunculata Foug.
Cultivado como árbol ornamental, crece al parecer de forma natural, a orillas de ríos y barrancos. **Alt.:** 150-650 m.
Dist.: Eur. Disperso, en su variante espontánea-subespontánea, por la mitad septen. de Navarra, en los prepirineos, la Zona Media y los valles atlánt. **Alp.:** -; **Atl.:** RR; **Med.:** RR.
Obs.: Se llega a considerar planta autóctona, aunque resulta complejo diferenciarlo de las poblaciones cultivadas.

Ulmus minor Mill.
U. procera Salisb.
Plantado con frecuencia, no es difícil verlo a orillas de ríos, setos, cunetas, taludes de carreteras y ribazos, muchas veces señalando antiguas poblaciones, hoy residuales. **Alt.:** 50-900 m. **HIC:** 92A0.
Dist.: Eur. General en toda Navarra, eludiendo las cotas más elevadas. **Alp.:** F; **Atl.:** C; **Med.:** C.
Obs.: Hay ejemplares que tienden a la subsp. *minor* y a la subsp. *vulgaris* (Aiton) Richens.

Umbelliferae (Apiaceae)

Ammi majus L.
Arvense y ruderal, en cultivos, taludes y ribazos, márgenes de acequias y saladares húmedos. **Alt.:** 250-650 m.
Dist.: Med. Dispersa por la mitad meridional de Navarra, principalmente hacia la Ribera. **Alp.:** -; **Atl.:** R; **Med.:** E.

Ammi visnaga (L.) Lam.
Daucus visnaga L.
Arvense y ruderal, crece en cultivos, barbechos, rastrojeras, cascajeras y otros terrenos removidos. **Alt.:** 200-850 m.
Dist.: Med. Dispersa por la mitad meridional de Navarra, principalmente en la Zona Media y en la Ribera. **Alp.:** -; **Atl.:** E; **Med.:** C.

Anethum graveolens L.
El eneldo crece en rastrojeras, cultivos, orlas de balsas y saladares. **Alt.:** 300-500 m.
Dist.: Med.; originaria de Asia. Dispersa por el tercio

meridional de Navarra, principalmente en el entorno del valle del Ebro. **Alp.:** -; **Atl.:** RR; **Med.:** R.

Obs.: A verificar las citas de Iza, Loza y Erice (Báscones, 1978). En *Flora Iberica* no se duda de su origen autóctono.

Angelica major Lag.

A. laevis J. Gay; A. reuteri Boiss.; A. angelicastrum (Hoffmanns. & Link) Cout.

Herbazales y megaforbios en orlas forestales, cunetas y pastos, principalmente sobre sustratos silíceos. **Alt.:** 600-1100 m.

Dist.: Endém. de la mitad septen. de la Pen. Ibér. Limitada a los valles y montañas atlánt., llegando hasta el Pirineo. **Alp.:** R; **Atl.:** E; **Med.:** -.

Angelica razulii Gouan

Megaforbios, prados, pie de cantiles sombríos y orillas de arroyos y manantiales, preferentemente sobre sustratos silíceos. **Alt.:** 150-1200 m. **HIC:** 6430.

Dist.: Endém. pir.-cant. Montañas septentrionales de Navarra, con afinidad atlánt. **Alp.:** RR; **Atl.:** R; **Med.:** -.

Cons.: Prioritaria (Lorda & al., 2009).

Obs.: La cita de Fdez. León (1982) de Leire no parece viable.

Angelica sylvestris L.

Megaforbios, alisedas, robledales y hayedos, orillas de arroyos, prados de siega y orlas forestales, en ambientes frescos. **Alt.:** 50-1400 m. **HIC:** 6430, 91E0*, 92A0.

Dist.: Eur. En la mitad septen. de Navarra, sin superar hacia el sur las sierras meridionales de la Navarra Media. **Alp.:** E; **Atl.:** C; **Med.:** R.

Anthriscus caucalis M. Bieb.

Scandix anthriscus L.; A. vulgaris Pers.

Nitrófila a pie de roquedos, baldíos y terrenos removidos. **Alt.:** 250-750 m.

Dist.: Eur. Dispersa por Navarra: cuencas prepiren., Zona Media y Ribera. **Alp.:** -; **Atl.:** R; **Med.:** E.

Obs.: Morfología variable, con distintas variedades [var. *caucalis* y var. *neglecta* (Boiss. & Reut.) P. Silva & Franco], ambas en Navarra, pero unificadas en el taxon que tratamos.

Anthriscus sylvestris (L.) Hoffm.

Chaerophyllum sylvestre L.

Crestones, pie de roquedos nitrificados, orillas de arroyos y orlas forestales. **Alt.:** 300-1400 m. **HIC:** 6430, 92A0.

Dist.: Eur. Por la mitad septen. de Navarra, principalmente en su franja central, desde los Pirineos, las cuencas y la Zona Media hasta las sierras occidentales; se ausenta de los valles atlánt. más húmedos y de los más áridos de la Ribera. **Alp.:** R; **Atl.:** F; **Med.:** E.

Apium graveolens L.

Orlas fangosas de balsas, herbazales húmedos y cascajeras a orillas de ríos. **Alt.:** 250-400 m.

Dist.: Subcosm. Dispersa por la cuenca de Pamplona, la Zona Media y la Ribera. **Alp.:** -; **Atl.:** R; **Med.:** R.

Cons.: LC (ERLVP, 2011).

Apium inundatum (L.) Rchb. fil.

Sison inundatum L.; Helosciadium inundatum (L.) W.D.J. Koch

Planta citada de Navarra antes de 1960, sin citas posteriores. Sumergido en lagos y pozos arenosos, así como a orillas de ríos. **Alt.:** 250-600 m.

Dist.: Atl. Se ha citado del corredor de la Barranca. **Alp.:** -; **Atl.:** RR; **Med.:** -.

Cons.: LC (ERLVP, 2011).

Obs.: Anotada de Alsasua por Braun-Blanquet (1967), siendo la única referencia en Navarra y no verificada recientemente.

Apium nodiflorum (L.) Lag.

Sium nodiflorum L.; Helosciadium nodiflorum (L.) W.D.J. Koch

Orillas de ríos y arroyos, cunetas inundadas, tremedales, sotos y otros ambientes inundados o muy húmedos. **Alt.:** 30-1000 m. **HIC:** Cañaverales halófilos, Com. *Hippuris vulgaris*; Berr. ag. dulces, Com. helóf. gram.

Dist.: Circumbor. General en casi toda Navarra, sin alcanzar las cotas más elevadas. **Alp.:** RR; **Atl.:** F; **Med.:** F.

Cons.: LC (ERLVP, 2011).

Obs.: Las citas de *A. repens* (Jacq.) Lag. de Fdez. de Salas & Gil (1870) de los alrededores de Pamplona, deben llevarse a este taxon.

Astrantia major L.

A. major subsp. carinthiaca (Hoppe ex Mert. & W.D.J. Koch) Arcang.

Herbazales frescos, repisas de roquedos, comunidades fontinales, enclaves higroturbosos y orlas forestales. **Alt.:** 550-1800 m.

Dist.: Oróf. Europa. Dispersa en los Pirineos, montañas de la Zona Media y atlánt., sierras prepiren. y estribaciones occ. **Alp.:** E; **Atl.:** E; **Med.:** -.

Obs.: Se incluyen la subsp. *major*, la subsp. *carinthiaca* (Hoppe ex Mert. & W.D.J. Koch) Arcang., y la subsp. *pyrenaica* Wörz.

Berula erecta (Huds.) Coville

Sium erectum Huds.; S. angustifolium L.

Riberas de ríos, carrizales de lagunas y otros ambientes húmedos. **Alt.:** 350-650 m.

Dist.: Circumbor. En la cuenca de Pamplona, como localidad verificada. **Alp.:** -; **Atl.:** RR; **Med.:** -.

Obs.: Willkomm (1880) no aporta localidad concreta, Braun-Blanquet (1967) la anota de las orillas del Bidasoa y Colmeiro (1885) de las cercanías de Pamplona. En *Flora Iberica* se cita de Navarra. Hay material en el herbario ARAN de la Balsa de Loza.

Bifora testiculata (L.) Spreng.

Coriandrum testiculatum L.

Ribazos entre campos de cultivo, baldíos, cunetas y otros terrenos removidos. **Alt.:** 250-750 m.

Dist.: Med. Dispersa por la Zona Media, llegando a la Ribera de forma puntual. **Alp.:** -; **Atl.:** RR; **Med.:** R.

Bupleurum angulosum L.

Repisas herbosas, grietas y rellanos de roquedos calizos e incluso en pastos pedregosos, aunque más esporádica. **Alt.:** 750-1900 m.

Dist.: Endém. pir.-cant. En las montañas pirenaicas y de la divisoria de aguas, y en las sierras occ. (Codés, Lapoblación). **Alp.:** R; **Atl.:** RR; **Med.:** -.

Obs.: Recientemente anotada de las montañas bazta-nesas, confirmando su presencia (Aizpuru & al., 2003).

Bupleurum baldense Turra

B. opacum (Ces.) Lange; B. odontites auct., non L.; B. aristatum auct., non Rchb., B. divaricatum auct., non Lam.

Pastos de anuales, calveros entre matorrales, baldíos y ribazos secos. **Alt.:** 250-1400 m.

Dist.: Med. W. Muy puntual en los valles atlánt. (Donamaria), y principalmente al sur de la divisoria de aguas, desde los Pirineos y Zona Media hasta la Ribera. **Alp.:** E; **Atl.:** E; **Med.:** F.

Bupleurum falcatum L.

Pastos pedregosos, crestas, rellanos y repisas de roquedos, muchas veces en foces abrigadas. **Alt.:** 300-1900 m.

Dist.: Eur. Mitad septen. de Navarra. **Alp.:** E; **Atl.:** E; **Med.:** E.

Bupleurum fruticescens Loefl. ex L. subsp. *fruti-cescens*

Matorrales y pastos en el ambiente del carrascal-quejigal y coscojar. **Alt.:** 250-650 m. **HIC:** 4090, Tom., aliag. y romer. som.-arag. y prep., 5210, 6220*, 9540.

Dist.: Endém. de la Pen. Ibér. Extendida por la mitad meridional de Navarra, desde las cuencas hasta la Ribera. **Alp.:** -; **Atl.:** R; **Med.:** C.

Bupleurum fruticosum L.

Ribazos secos, cascajeras fluviales y cerros pedregosos. **Alt.:** 250-600 m. **HIC:** Matorr. de *Osyris alba.*

Dist.: Med. Limitada a contadas localidades de la Ribera Tudelana. **Alp.:** -; **Atl.:** -; **Med.:** RR.

Bupleurum gerardii All.

B. virgatum Cav.; B. filicaule Brot.

Baldíos y tierras cultivadas, en general sobre suelos removidos. **Alt.:** 300-950 m.

Dist.: Med. Por la Zona Media de Navarra y la Ribera. **Alp.:** -; **Atl.:** -; **Med.:** RR.

Bupleurum gibraltaricum Lam.

B. verticale Gómez Ortega

Planta citada de Navarra, posiblemente errónea. Matorrales mediterráneos, taludes y cantiles calizos.

Dist.: Med. A tenor de nuestros conocimientos no puede estar en Navarra.

Obs.: Se cita en *Flora Iberica* con dudas, y llama la atención entre el conjunto de provincias citadas. Se ha confundido con *B. fruticosum*.

Bupleurum lancifolium Hornem.

B. subovatum Link ex Spreng.; B. protractum Hoffmanns & Link

Planta dudosa que requiere comprobación. Bordes de caminos y terrenos cultivados. **Alt.:** 350-650 m.

Dist.: Med. En las cuencas prepiren. (Usún). **Alp.:** -; **Atl.:** -; **Med.:** RR.

Obs.: Se cita en *Flora Iberica*. Conocemos únicamente la anotación de Fernandez León (1982) de esta planta en Usún, que es algo dudosa, por lo que la mantene-

mos en cuarentena. Debe comprobarse su presencia en Navarra.

Bupleurum praealtum L.

B. junceum L.

Crestas y pastos pedregosos, pedrizas y orlas forestales pedregosas. **Alt.:** 250-1150 m.

Dist.: Med. En las cuencas prepiren., la Zona Media y las estribaciones occ., con alguna cita en la Ribera. **Alp.:** RR; **Atl.:** E; **Med.:** E.

Bupleurum ranunculoides L.

B. gramineum Vill.; B. bourgaei Boiss. & Reut.

Pastos pedregosos de *Festuca gautieri*, canchales y pie de roquedos, sobre calizas. **Alt.:** 1000-2350 m.

Dist.: Oróf. Europa. En las montañas pirenaicas al este del monte Ori, y en las estribaciones occ. (Codés). **Alp.:** RR; **Atl.:** RR; **Med.:** -.

Bupleurum rigidum L. subsp. *rigidum*

Matorrales aclarados y pastos en el ambiente del carrascal, quejigal y coscojar. **Alt.:** 250-1300 m. **HIC:** 5210, 9340, 9240.

Dist.: Med. W. General en la mitad meridional de Navarra. **Alp.:** R; **Atl.:** R; **Med.:** C.

Bupleurum rotundifolium L.

Arvense, en orlas de campos de cereal y barbechos. **Alt.:** 450-1000 m.

Dist.: Eur. En las cuencas prepiren. y en la Navarra Media. **Alp.:** -; **Atl.:** R; **Med.:** R.

Bupleurum semicompositum L.

Pastos de anuales, baldíos, barbechos y depresiones endorreicas. **Alt.:** 250-500 m. **HIC:** 1410, 1420, 1430, 6220*.

Dist.: Med. En el tercio meridional de Navarra, puntualmente en la Zona Media. **Alp.:** -; **Atl.:** -; **Med.:** E.

Bupleurum tenuissimum L.

Depresiones salobres en cubetas endorreicas, tarayales y charcas temporales. **Alt.:** 250-650 m. **HIC:** 1410.

Dist.: Circumbor. Por la Zona Media, la cuenca de Pamplona y, principalmente, en la Ribera. **Alp.:** -; **Atl.:** -; **Med.:** E.

Carum verticillatum (L.) W.D.J. Koch

Sison verticillatum L.

Turberas y trampales, arroyos y manantiales con aguas ácidas, brezales y pastos húmedos; sobre sustratos ácidos o acidificados. **Alt.:** 250-1400 m. **HIC:** Com. helóf. gram., 7140, 6410.

Dist.: Atl. Limitada a los valles y montañas atlánt., en el tercio septen. **Alp.:** -; **Atl.:** R; **Med.:** -.

Cons.: LC (ERLVP, 2011).

Caucalis platycarpos L.

C. daucoides L.; Orlaya platycarpos (L.) W.D.J. Koch

Barbechos, baldíos, eriales, pastos de anuales y campos de cereales. **Alt.:** 300-900 m.

Dist.: Plurirreg. Bien representada en la mitad meridional de Navarra, desde las cuencas prepiren. hasta la Ribera. **Alp.:** -; **Atl.:** -; **Med.:** F.

Chaerophyllum aureum L.

Nitrófila en herbazales frescos, cunetas, claros forestales, aliseadas y pastos. **Alt.:** 450-1500 m. **HIC:** 6430.

Dist.: Oróf. Europa. Parece que su distribución está limitada a los valles pirenaicos (Aezkoa, Salazar y Roncal) y prepiren. (Lónguida, Romanzado). **Alp.:** R; **Atl.:** RR?; **Med.:** RR.

Obs.: Dudas en las citas de la Zona Media (López, 1970).

Chaerophyllum hirsutum L.

Megaforbios, orillas de regatas frías y pie de roquedos frescos, prados de siega y claros forestales. **Alt.:** 200-1550 m. **HIC:** 6430.

Dist.: Eur. Dispersa por la mitad septen. de Navarra, principalmente en sus montañas. **Alp.:** E; **Atl.:** E; **Med.:** -.

Chaerophyllum temulum L.

Ch. temulentum L.

Nitrófila en terrenos frescos, sobre suelos removidos, orlas forestales, setos y pie de cantil. **Alt.:** 400-1100 m. **HIC:** 6430, 92A0.

Distribcuión: Eur. Dispersa por la mitad septen. de Navarra. **Alp.:** RR; **Atl.:** R; **Med.:** -.

Conium maculatum L.

Nitrófila, crece en ribazos de acequias, cunetas, baldíos y cardales. **Alt.:** 700-1000 m.

Dist.: Circumbor. Dispersa por buena parte de Navarra, sin alcanzar cotas elevadas. **Alp.:** E; **Atl.:** E; **Med.:** E.

Conopodium arvense (Coss.) Calest.

Heterotaenia arvensis Coss.; C. ramosum Costa; C. majus subsp. ramosum (Costa) SilvestrE.

Claros del carrascal, quejigal y hayedo, herbazales a pie de cantil, matorrales y pastos. **Alt.:** 650-1300 m.

Dist.: Endém. de la Pen. Ibér. Distribuida principalmente por la mitad occidental de Navarra, llegando por la Navarra Media hasta las cuencas prepiren. **Alp.:** RR; **Atl.:** E; **Med.:** R.

Obs.: La cita de la Foz de Mintxate (Ederra & Báscones, 1982) debe revisarse.

Conopodium majus (Gouan) Loret subsp. *majus*

Bunium majus Gouan; B. denudatum DC.; C. denudatum DC. ex W.D.J. Koch

Nemoral, en hayedos y robledales, aliseadas, arroyos y orlas frescas de bosques. **Alt.:** 200-2000 m.

Dist.: Atl. Por las montañas de la mitad septen. de Navarra. **Alp.:** E; **Atl.:** E; **Med.:** -.

Conopodium pyrenaeum (Loisel.) Miégev.

Bunium pyrenaeum Loisel.; C. bourgaei Coss.; C. paui (Merino) Merino

Nemoral en hayedos, robledales, aliseadas y otros bosques, pastos húmedos y herbazales. **Alt.:** 300-1950 m. **HIC:** 92A0, 91E0*.

Dist.: Endém. del Pirineo y otras montañas de la Península Ibérica. Repartida por la mitad septen. de Navarra. **Alp.:** E; **Atl.:** E; **Med.:** RR.

Obs.: Planta que muestra un gran polimorfismo, ya detectado en el Pirineo (Lorda, 2001).

Daucus carota L. subsp. *carota*

D. polygamus Gouan; D. gaditanus Boiss. & Reut.; D. fernandezii Sennen

Prados, pastos, cunetas, baldíos, cascajeras fluviales y otros terrenos alterados. **Alt.:** 20-1200 m. **HIC:** 6210(*), Prados diente-siega con *Cynosurus cristatus*, 6510.

Dist.: Circumbor. Extendida por toda Navarra. **Alp.:** C; **Atl.:** CC; **Med.:** CC.

Cons.: LC (ERLVP, 2011).

Obs.: También se cultiva en las huertas la zanahoria, *D. carota* subsp. *sativus* (Hoffm.) Arcang.

Dethawia splendens (Lapeyr.) Kerguélen subsp. *cantabrica* (A. Bolòs) Kerguélen

D. tenuifolia subsp. cantabrica A. Bolòs

Fisuras y rellanos de roquedos sombríos, sobre calizas. **Alt.:** 800-2350 m. **HIC:** 8210.

Dist.: Endém. de los Montes Vascos y Cantábricos. Principalmente en las sierras medias occ., pero quizá también en los Pirineos (Lorda, 2001). **Alp.:** RR; **Atl.:** RR; **Med.:** -.

Obs.: Su área de distribución va desde Navarra y el País Vasco, hasta los Picos de Europa. Los materiales del alto Roncal y del macizo de Aspe (Pirineos franceses) no resulta fácil separarlos de la subsp. típica.

Dethawia splendens (Lapeyr.) Kerguélen subsp. *splendens*

D. tenuifolia Ramond ex Godr.

Fisuras, rellanos y pie de roquedos sombríos, sobre calizas. **Alt.:** 1600-2350 m. **HIC:** 8210.

Dist.: Oróf. Europa. Se limita a la alta montaña pirenaica, en el alto valle de Roncal. **Alp.:** R; **Atl.:** -; **Med.:** -.

Obs.: A esta subsp. parecen corresponder los materiales navarros pirenaicos, si bien en *Flora Iberica* se señala la dificultad de separarlos de la subsp. *cantabrica* (A. Bolòs) Kerguélen en esta misma zona.

Endressia castellana Coincy

Claros del robledal, quejigal, carrascal y coscojar, así como en sus matorrales y pastos derivados, prebrezales y lastonares, sobre calizas, margas o flysch. **Alt.:** 400-1400 m.

Dist.: Endém. de la Pen. Ibér. En la Navarra Media, principalmente occidental, las estribaciones occ., la cuenca de Pamplona y los valles prepiren., en su límite orient. de distribución. **Alp.:** -; **Atl.:** F; **Med.:** R.

Endressia pyrenaica (J. Gay ex DC.) J. Gay

Meum pyrenaicum J. Gay ex DC.

Planta citada de Navarra, posiblemente errónea. Pastos húmedos y cervunales, sobre sustratos silíceos.

Dist.: Oróf. Europa W. Citada de Navarra, pero no es posible su presencia, ya que se conoce sólo del Pirineo orient.

Obs.: Anotada en Navarra por varios autores: Bubani (1900), Allorge (1941) y López (1970), que debe llevarse a *E. castellana* Coincy. La cita de Llanos (1972) del monte Ori se corresponde con *Pimpinella saxifraga* L.

Eryngium bourgatii Gouan

Pastos recorridos por el ganado, pie de roquedos y claros forestales; sobre calizas. **Alt.:** 650-2100 m.

Dist.: Oróf. Med. Por las montañas del Pirineo, la Zona Media y las estribaciones occ. **Alp.:** E; **Atl.:** E; **Med.:** -.

Obs.: Las poblaciones septentrionales de este taxon se han denominado var. *pyrenaicum* Lange.

Eryngium campestre L.

E. dichotomum var. ramosissimum Loscos & J. Pardo

Claros de pastos secos, matorrales, baldíos, cunetas y prebrezales con *Erica vagans*. **Alt.:** 250-1250 m. **HIC:** 3250, Mat. nitrof. grav. fluv., 4090, 6220*, 6210(*).
Dist.: Eur. General al sur de la divisoria de aguas, parece ausentarse de los valles atlánt. y no asciende a cotas muy elevadas. **Alp.:** F; **Atl.:** C; **Med.:** CC.

Eryngium tenue Lam.

Planta citada de Navarra antes de 1960, sin citas posteriores. Sobre suelos arenosos o pedregosos y baldíos, con preferencia por sustratos silíceos. **Alt.:** 350-650 m.
Dist.: Med. Citado de la cuenca de Pamplona. **Alp.:** -; **Atl.:** RR; **Med.:** -.
Obs.: Se ha anotado por Fdez. de Salas & Gil (1870) de los alrededores de Pamplona. No parece que llegue a Navarra.

Falcaria vulgaris Bernh.

Sium falcaria L.; F. rivinii Host; Carum falcaria (L.) Lange

Planta dudosa que requiere comprobación. Herbazales y pastos secos, cunetas, baldíos y ambientes pedregosos.
Dist.: Eur. No conocemos su distribución en Navarra, quizá en la vertiente meridional. **Alp.:** -; **Atl.:** -; **Med.:** RR.
Obs.: Citada de *Flora Iberica*, sin localidad exacta. Está considerada una planta muy rara a nivel peninsular.

Ferula communis L. subsp. *catalaunica* (Pau ex C. Vicioso) Sánchez Cuxart & Bernal

F. glauca auct., non L.; F. communis subsp. communis auct., non L.

Típica a pie de cantil y roquedos yesosos o arcillosos, en ambientes nitrificados. **Alt.:** 250-650 m.
Dist.: Med. Dispersa por la Ribera Estellesa y Tudelana. **Alp.:** -; **Atl.:** -; **Med.:** R.
Obs.: Deben llevarse a esta subsp. las anotaciones que para esta planta se hace como subsp. *communis* (*Flora Iberica*). Taxon muy variable del que se han descrito distintas formas.

Foeniculum vulgare Mill.

Anethum foeniculum L.; F. capillaceum Gilib.; F. officinale All.; F. piperitum (Ucria) Sweet

Nitrófila que crece a orillas de carreteras, caminos, pastos, ribazos, cascajeras fluviales, etc. **Alt.:** 40-1000 m. **HIC:** 1430, Mat. nitrof. grav. fluv.
Dist.: Med. General en Navarra, sin alcanzar las montañas más elevadas. **Alp.:** E; **Atl.:** F; **Med.:** CC.
Obs.: Se incluyen la subsp. *piperitum* (Ucria) Cout. y la subsp. *vulgare*, ya que los caracteres que las definen no se muestran constantes.

Heracleum sphondylium L. subsp. *granatense* (Boiss.) Briq.

H. granatense Boiss.; H. setosum Lapeyr.; H. sphondylium subsp. montanum auct., non (Schleich. ex Gaudin) Briq.; H. sphondylium subsp. elegans (Crantz) Schübler & Martens

Prados, claros y orlas de bosques éutrofos, alisedas, etc. **Alt.:** 200-1100 m.
Dist.: Eur. Dispersa en Navarra: en las cuencas y sierras prepiren., montañas atlánt., la Zona Media y las estribaciones occ. **Alp.:** R; **Atl.:** R; **Med.:** -.

Heracleum sphondylium L. subsp. *pyrenaicum* (Lam.) Bonnier & Layens

H. pyrenaicum Lam.; H. panaces sensu Lange

Megaforbios a pie de roquedos, repisas umbrosas, claros del bosque y orillas de arroyos. **Alt.:** 450-1950 m.
Dist.: Endém. pirenaica. Montañas de la mitad norte de Navarra, sin rebasar hacia el sur las estribaciones meridionales de la Zona Media. **Alp.:** E; **Atl.:** E; **Med.:** -.

Heracleum sphondylium L. subsp. *sphondylium*

Prados, herbazales, ribazos y taludes de pistas, orillas de ríos, sotos y alisedas. **Alt.:** 20-1350 m. **HIC:** 6430, 92A0.
Dist.: Eur. General en Navarra, sin llegar a cotas muy elevadas y haciéndose rara en el sur más árido. **Alp.:** F; **Atl.:** C; **Med.:** F.

Hydrocotyle vulgaris L.

Canales de turberas y arroyos que drenan los enclaves higroturbosos, orillas de lagos y balsas. **Alt.:** 350-1000 m. **HIC:** Com. arroyos y manant. for., 7140, 7150, 6410, Pastiz. higronitrófilos.
Dist.: Eur. Valles Húmedos del NW, la cuenca de Pamplona y las estribaciones occ. **Alp.:** -; **Atl.:** RR; **Med.:** RR.
Cons.: VU (NA); Prioritaria (Lorda & al., 2009); LC (ERLVP, 2011).
Obs.: Hay distintas citas antiguas que deben verificarse: Entre Irurzun y Latasa (Báscones, 1978); Laguna de Loza (Colmeiro, 1885); Alsasua (Braun-Blanquet, 1967) y Olza; Ibero y Asiain (López Fdez., 1970). Recientemente observada en la turbera de Axuri (Baztán).

Laserpitium eliasii Sennen & Pau subsp. *eliasii*

Pastos pedregosos, graveras, canchales, fisuras, rellanos y repisas de cresteríos. **Alt.:** 500-1300 m.
Dist.: Endém. del arco ibérico. Dispersa por las montañas de la Navarra Media, las cuencas prepiren. y las estribaciones occ. **Alp.:** R; **Atl.:** E; **Med.:** R.

Laserpitium eliasii Sennen & Pau subsp. *ordunae* P. Monts.

Megaforbios, a pie de cantil y crestones calizos. **Alt.:** 1000-1250 m.
Dist.: Endém. del País Vasco y Burgos. En las estribaciones occ., en la sierra de Codés. **Alp.:** -; **Atl.:** RR; **Med.:** RR.
Obs.: Distribución mal conocida. Límite orient. en Na.

Laserpitium gallicum L. subsp. *gallicum*

Cerros margosos erosionados, repisas de roquedos, gleras y crestones, en el ambiente del carrascal-quejigal, hayedo y robledal. **Alt.:** 450-1650 m. **HIC:** 8130.
Dist.: Med. W. Pirineos, cuencas, foces y sierras prepiren., montañas de la Zona Media y occ. **Alp.:** E; **Atl.:** E; **Med.:** RR.

Laserpitium latifolium L. subsp. *latifolium*

Megaforbios, rellanos y pie de cantiles, orlas forestales, etc. **Alt.:** 700-1700 m.
Dist.: Eur. Pirineos, montañas de la Zona Media y es-

tribaciones occ. **Alp.**: E; **Atl.**: E; **Med.**: RR.

Laserpitium nestleri Soy.-Will. subsp. *flabellatum* P. Monts.

Repisas de roquedos calizos, megaforbios, orlas y claros pedregosos forestales. **Alt.**: 500-1800 m.
Dist.: Endém. ibero-occitana. Montañas pirenaicas, sierras prepiren. y estribaciones de la Navarra Media y occ. **Alp.**: E; **Atl.**: E; **Med.**: R.
Obs.: Para P. Montserrat (*Flora Iberica*) los ejemplares navarros deben trasladarse a esta subespecie.

Laserpitium prutenicum L. subsp. *dufourianum* (Rouy & E.G. Camus) Braun-Blanq.

Pastos y brezales, claros y orlas del robledal y marojal, sobre sustratos ácidos. **Alt.**: 450-1200 m.
Dist.: Atl. Limitada a la zona atlánt., en el extremo NW de Navarra. **Alp.**: -; **Atl.**: R; **Med.**: -.

Laserpitium siler L.

Repisas, fisuras y rellanos de roquedos calizos y lapiaces kársticos. **Alt.**: 850-1800 m.
Dist.: Oróf. Europa. Montañas pirenaicas y estribaciones occ. (Codés). **Alp.**: R; **Atl.**: RR; **Med.**: -.

Ligusticum lucidum Mill. subsp. *lucidum*

L. pyrenaeum Gouan

Claros del hayedo, abetal y pinar de pino negro; grietas, rellanos y repisas de lapiaces, dolinas, crestones y gleras. **Alt.**: 450-1800 m.
Dist.: Med. Por la franja central de Navarra, desde los Pirineos y las sierras prepiren., hasta la Navarra Media y las estribaciones occidentales; no llega ni a los valles atlánt., ni a la Ribera más seca. **Alp.**: E; **Atl.**: E; **Med.**: R.

Magydaris panacifolia (Vahl) Lange

Cachrys panacifolia Vahl; M. pastinacea subsp. panacifolia (Vahl) O. Bolòs & Vigo

Planta citada de Navarra antes de 1960, sin citas posteriores. Terrenos secos, cunetas y baldíos. **Alt.**: 400-650 m.
Dist.: Med. Anotada de la cuenca de Pamplona. **Alp.**: -; **Atl.**: RR; **Med.**: -.
Obs.: Recogida por Fdez. de Salas & Gil (1870) de alrededores de Pamplona. No parecen ser citas consistentes. No se cita en *Flora Iberica*.

Margotia gummifera (Desf.) Lange

Laserpitium gummiferum Desf.; Elaeoselinum gummiferum (Desf.) Samp.; E. gummiferum (Desf.) Tutin

Pastos pedregosos en ambientes soleados, sobre terrazas fluviales. **Alt.**: 250-500 m.
Dist.: Plurirreg.; Ibero-Norteafricana. Limitada a una localidad, Mendavia, en el sur de Navarra. **Alp.**: -; **Atl.**: -; **Med.**: RR.
Obs.: Límite septen. en Navarra. Poblaciones mínimas, con apenas doce ejemplares. Debe ser incluida en la categoría de Prioritaria (Lorda & al., 2009).

Meum athamanticum Jacq.

Athamanta meum L.; M. nevadense Boiss.

Repisas de roquedos, cervunales y otros pastos sobre sustratos silíceos o acidificados. **Alt.**: 850-2100 m.
Dist.: Oróf. Europa. Pirineos y montañas atlánt. sep-

tentrionales. **Alp.**: R; **Atl.**: R; **Med.**: -.

Myrrhis odorata (L.) Scop.

Scandix odorata L.; M. sulcata Lag.

Megaforbios, pie de cantiles, grietas, rellanos y repisas de roquedos calizos karstificados con materia orgánica y orlas forestales. **Alt.**: 800-1900 m. **HIC**: 6430.
Dist.: Oróf. Europa. Montañas pirenaicas y sierras occ. **Alp.**: RR; **Atl.**: R; **Med.**: -.
Obs.: La cita de Artikutza de Willkomm (1880) parece ser poco fiable.

Myrrhoides nodosa (L.) Cannon

Scandix nodosa L.; Chaerophyllum nodosum (L.) Crantz; Physocaulis nodosus (L.) W.D.J. Koch

Terrenos ruderalizados, como setos, ribazos entre cultivos y baldíos. **Alt.**: 500-600 m.
Dist.: Plurirreg. Sólo la conocemos del valle de Ollo, en el desfiladero de Atondo, en la Navarra Media (Aizpuru & al., 1997). **Alp.**: -; **Atl.**: RR; **Med.**: -.

Oenanthe aquatica (L.) Poir.

Phellandrium aquaticum L.; Oe. phellandrium Lam.

Planta citada de Navarra antes de 1960, sin citas posteriores. Orillas encharcadas de balsas y lagunas. **Alt.**: 400-550 m.
Dist.: Eur. Limitada a un enclave, la Balsa de Loza, en la cuenca de Pamplona. **Alp.**: -; **Atl.**: RR; **Med.**: -.
Cons.: Prioritaria (Lorda & al., 2009); LC (ERLVP, 2011).
Obs.: Un único pliego recolectado en la Balsa de Loza (MA 147240), actualmente no presente, por lo que puede darse por extinguida en Navarra, y en la Península Ibérica. Citada de esta misma zona por Willkomm & Lange (1880).

Oenanthe crocata L.

Oe. gallaecica Pau & Merino

Orillas de ríos y arroyos, prados encharcados, etc. **Alt.**: 20-450 m.
Dist.: Atl. Con seguridad en los valles atlánt., principalmente en el río Bidasoa y sus afluentes. **Alp.**: -; **Atl.**: RR; **Med.**: -.
Cons.: LC (ERLVP, 2011).
Obs.: Las citas de Pamplona deben confirmarse (Fdez. de Salas & Gil, 1870; Colmeiro, 1885, Mayo, 1978).

Oenanthe fistulosa L.

Orillas encharcadas y fangosas de ríos, balsas y lagunas, así como en sus céspedes muy húmedos, sobre arcillas. **Alt.**: 350-650 m.
Dist.: Eur. Cuenca de Pamplona, Zona Media y Ribera, en todos los casos rara y dispersa. **Alp.**: -; **Atl.**: RR; **Med.**: RR.
Cons.: LC (ERLVP, 2011).

Oenanthe lachenalii C.C. Gmel.

Oe. media sensu Merino

Prados encharcados, carrizales, orillas de lagunas, ríos y balsas endorreicas. **Alt.**: 250-700 m. **HIC**: 1410, Com. aguas estanc., 7210*, 6410, 6420.
Dist.: Eurosiberiaba. Dispersa por la mitad meridional de Navarra. **Alp.**: -; **Atl.**: R; **Med.**: E.

Oenanthe peucedanifolia Pollich

Planta citada de Navarra, posiblemente errónea. Praderas húmedas, juncales y orillas de balsas y depresiones endorreicas. **Alt.:** 250-650 m.

Dist.: Eur. Citada de la cuenca de Pamplona, la Navarra Media y la Ribera. **Alp.:** -; **Atl.:** RR; **Med.:** RR.

Obs.: Aunque se ha citado de Navarra (Biurrun, 1999; Erviti, 1991), en *Flora Iberica* se señala su frecuente confusión con *Oe. lachenalii* y *Oe. silaifolia*, recalcando su ausencia en la Península Ibérica, quedando fuera de esta flora.

Oenanthe pimpinelloides L.

Suelos húmedos de prados, orillas de arroyos y juncales. **Alt.:** 200-700 m.

Dist.: Med.-Atl. En los valles atlánt., las cuencas prepiren. y la Zona Media. **Alp.:** -; **Atl.:** E; **Med.:** RR.

Oenanthe silaifolia M. Bieb.

Planta dudosa que requiere comprobación. Terrenos encharcados a orillas de ríos sometidos a inundaciones frecuentes. **Alt.:** 250-650 m.

Dist.: Med.-Atl. Citada de Cirauqui, en la Zona Media occidental. **Alp.:** -; **Atl.:** -; **Med.:** RR.

Obs.: La localidad mencionada debe comprobarse (Garde & López, 1991). No se cita en *Flora Iberica* de Navarra.

Oponanax chironium W.D.J. Koch

Pastinaca opopanax L.; Laserpitium chironium L.

Herbazales nitrificados a orillas de cunetas, setos, baldíos y claros de matorrales. **Alt.:** 400-1100 m.

Dist.: Med. Cuenca de Pamplona, cuencas prepiren. y Navarra Media orient. **Alp.:** -; **Atl.:** E; **Med.:** R.

Orlaya daucoides (L.) Greuter

Caucalis daucoides L.; O. kochii Heywood; O. platycarpos auct., non (L.) W.D.J. Koch

Orillas de campos de cereales, ribazos, cunetas y terrenos pedregosos. **Alt.:** 450-650 m.

Dist.: Med. Dispersa en las cuencas prepiren. y en la Zona Media. **Alp.:** -; **Atl.:** -; **Med.:** RR.

Pastinaca sativa L. subsp. *sativa*

La chirivía se cultiva por su raíz comestible o como planta forrajera, y puede escaparse del cultivo en herbazales húmedos, junto a huertas y bordes de arroyo. **Alt.:** 20-900 m.

Dist.: Eur. (Subcosm.). Dispersa en Navarra, principalmente en su mitad norte. **Alp.:** E; **Atl.:** F; **Med.:** R.

Pastinaca sativa L. subsp. *sylvestris* (Mill.) Rouy & E.G. Camus

P. sylvestris Mill.

Nitrófila y ruderal, crece en escombreras, baldíos, orillas de carreteras, cascajeras fluviales y taludes de pistas. **Alt.:** 20-900 m.

Dist.: Eur. (Subcosm.). Dispersa por la mitad septen. de Navarra, alcanza de forma esporádica la Ribera. **Alp.:** E; **Atl.:** F; **Med.:** R.

Pastinaca sativa L. subsp. *urens* (Req. ex Godr.) Celak.

P. urens Req. ex Godr.

Planta dudosa que requiere comprobación. Herbazales nitrófilos a orillas de ríos y acequias. **Alt.:** 20-700 m.

Dist.: Eur. (Subcosm.). Dispersa por la mitad norte de Navarra en Baztán-Bidasoa, la Navarra Media, los Pirineos y el Romanzado. **Alp.:** RR; **Atl.:** RR; **Med.:** RR.

Obs.: Citada por Aizpuru & al. (1997) de varias localidades de Navarra y por Blanchet (1891) de Saint-Jean-de-Pied-de-Port (64-F), cerca de Navarra. En *Flora Iberica* se pone en duda la idoneidad de esta subespecie, lo que trasladamos al Catálogo.

Petroselinum crispum (Mill.) A.W. Hill

Apium crispum Mill.; A. petroselinum L.; P. vulgare Hill; P. hortense Hoffm.; P. peregrinum (L.) Lag.

El perejil se cultiva como condimento y se asilvestra en herbazales nitrificados, cerca de huertas. **Alt.:** 250-750 m.

Dist.: Introd.; originaria del SE de Europa y W de Asia. Cultivada por toda Navarra, pero naturalizada de forma más escasa en la mitad septen. **Alp.:** RR; **Atl.:** E; **Med.:** -.

Petroselinum segetum (L.) W.D.J. Koch

Sison segetum L.

Terrenos alterados, húmedos, junto a balsas y lagunas, rastrojeras, cunetas, roquedos y claros del carrascal. **Alt.:** 250-650 m.

Dist.: Atl. Dispersa por Navarra, principalmente en la mitad occidental, donde se dan varias localidades en las sierras occ. (López, 1970). **Alp.:** -; **Atl.:** RR; **Med.:** E.

Peucedanum carvifolia Crantz ex Vill.

Selinum carvifolia Crantz; Holandrea carvifolia (Crantz ex Vill.) Reduron, Charpin & Pimenov

Orlas y claros de bosques caducifolios, matorrales aclarados y repisas herbosas de roquedos. **Alt.:** 500-1250 m.

Dist.: Eur. Puntual en los Pirineos (sierra de Berrendi), en la Zona Media (Unciti) y en las estribaciones occ. (Urbasa). **Alp.:** RR; **Atl.:** RR; **Med.:** -.

Peucedanum cervaria (L.) Lapeyr.

Selinum cervaria L.; Cervaria rivini Gaertn.

Claros del quejigal-carrascal y pinar, sobre suelos pedregosos. **Alt.:** 450-650 m.

Dist.: Eur. En la Navarra Media orient. y el Romanzado. **Alp.:** -; **Atl.:** RR; **Med.:** RR.

Peucedanum officinale L. subsp. *officinale*

P. stenocarpum Boiss. & Reut.; P. officinale subsp. stenocarpum (Boiss. & Reut.) Font Quer

En los pinares de pino carrasco y sus orlas arbustivas, coscojares y lentiscares. **Alt.:** 300-700 m.

Dist.: Med. Limitada a la Ribera Tudelana, en las Bardenas Reales (La Negra). **Alp.:** -; **Atl.:** -; **Med.:** RR.

Obs.: Se ha citado como subsp. *stenocarpum* (Boiss. & Reut.) Font Quer (ver sinonimia).

Peucedanum oreoselinum (L.) Moench

Athamantha oreoselinum L.; P. bourgaei Lange

Herbazales, orlas y claros del robledal, sobre sustratos húmedos, silíceos preferentemente. **Alt.:** 800-1000 m.

Dist.: Eur. Únicamente conocida de Burguete, en el Pirineo atlánt. **Alp.:** -; **Atl.:** RR; **Med.:** -.

Obs.: En Aizpuru & al. (2003) se señala la presencia de un pliego de herbario (MA 147138), recolectado por Née de Burguete, siendo la única localidad conocida de Navarra.

Peucedanum ostruthium (L.) W.D.J. Koch
Imperatoria ostruthium L.

Planta dudosa que requiere comprobación. Bordes de arroyos, pastos higrófilos, claros y orlas forestales. **Alt.:** 450-1500 m.

Dist.: Oróf. Europa. Conocida del Pirineo, sin detallar su localidad. **Alp.:** RR; **Atl.:** -; **Med.:** -.

Obs.: En el herbario del Real Jardín Botánico de Madrid (MA 185603, MA 185574) están recogidos materiales del Pirineo navarro, recolectados por Née (Aizpuru & al., 2003).

Physospermum cornubiense (L.) DC.
Ligusticum cornubiense L.; Ph. aquilegifolium (All.) W.D.J. Koch

Planta que está cerca de Navarra, y cuya presencia se estima probable. Marojales, robledales, sus brezales y helechales de sustitución, sobre sustratos silíceos, frescos. **Alt.:** 500-800 m.

Dist.: Eur. No está en Navarra, pero sí muy cerca, en tierras alavesas.

Pimpinella anisum L.

Cultivada por sus frutos aromáticos, no parece conocerse naturalizada en la Península Ibérica. **Alt.:** 400-650 m.

Dist.: Introd.; originaria asiática. Citada de alrededor de Pamplona por Mayo (1978). **Alp.:** -; **Atl.:** RR; **Med.:** -.

Pimpinella major (L.) Huds.
P. saxifraga var. major L.; P. magna L.

Claros y orlas de hayedos, robledales y alisedas, orillas de arroyos, megaforbios a pie de roquedos y cantiles. **Alt.:** 20-1500 m.

Dist.: Eur. Dispersa por los Pirineos, los valles atlánt. y las sierras occ. **Alp.:** E; **Atl.:** E; **Med.:** -.

Obs.: A desechar las citas meridionales (Cavero, 1987).

Pimpinella saxifraga L.

Brezales y argomales acidófilos, lastonares y claros del hayedo, robledal y pinar. **Alt.:** 20-1800 m.

Dist.: Eur. Ampliamente repartida por la mitad septen. de Navarra. **Alp.:** F; **Atl.:** C; **Med.:** E.

Pimpinella siifolia Leresche

Grietas y repisas de roquedos, crestas y pies de cantil. **Alt.:** 850-1450 m.

Dist.: Endém. pir.-cant. Limitada a las sierras occ., Urbasa y Aralar; también aparece en tierras francesas pirenaicas próximas (Arette). **Alp.:** -; **Atl.:** RR; **Med.:** -.

Pimpinella tragium Vill. subsp. lithophila (Schischk.) Tutin
P. lithophila Schischk.

Crestas, cantiles y fisuras de roquedos calizos. **Alt.:** 850-1400 m.

Dist.: Med. En las estribaciones occidentales: sierras de Lókiz, Urbasa y Andía. **Alp.:** -; **Atl.:** RR; **Med.:** -.

Pimpinella villosa Schousb.
P. bubonoides Brot.

Claros del carrascal, coscojares y pastos pedregosos en terrazas arenosas. **Alt.:** 350-400 m.

Dist.: Med. W. Limitada a Viana. **Alp.:** -; **Atl.:** -; **Med.:** RR.

Prangos trifida (Mill.) Herrnst. & Heyn
Cachrys trifida Mill.; C. laevigata Lam.

Matorrales y pastos sobre suelos yesosos. **Alt.:** a 550 m.

Dist.: Med. W. Sólo se conoce de una única localidad en Arróniz-Sema, en Sobrepeña (Aizpuru & Catalán, 1988). **Alp.:** -; **Atl.:** -; **Med.:** RR.

Ptychotis saxifraga (L.) Loret & Barrandon
Seseli saxifragum L.; P. heterophylla Koch

Terrenos pedregosos, gleras, canchales, crestones y cascajeras fluviales. **Alt.:** 450-1200 m.

Dist.: Med. W. Dispersa en los Pirineos, las cuencas prepiren. y las estribaciones occ., penetrando algo en la Ribera (Caparroso). **Alp.:** RR; **Atl.:** RR; **Med.:** E.

Sanicula europaea L.

Nemoral, en hayedos, robledales, pinares de albar y alisedas, sobre suelos profundos y humíferos. **Alt.:** 200-1400 m. **HIC:** Abet. prepiren., Pin. *Pinus sylvestris* secund.

Dist.: Plurirreg. Bien repartida por la mitad septen. de Navarra. **Alp.:** F; **Atl.:** F; **Med.:** E.

Scandix australis L. subsp. australis

Pastos, cunetas, baldíos y campos abandonados, sobre sustratos pedregosos, en ambientes soleados. **Alt.:** 250-450 m.

Dist.: Med. En la Navarra Media y en la Ribera. **Alp.:** -; **Atl.:** -; **Med.:** R.

Obs.: Se ha citado la subsp. *microcarpa* (Lange) Thell. de localidades similares que deben comprobarse.

Scandix macrorhyncha Fisch. & C.A. Mey.
S. hispanica Boiss.; S. pecten-veneris subsp. hispanica (Boiss.) Bonnier & Layens; S. pecten-veneris subsp. macrorhyncha (Fisch. & C.A. Mey.) Rouy & E.G. Camus

Planta dudosa que requiere comprobación. Pastos y claros de matorrales, a pie de roquedos y rellanos pedregosos. **Alt.:** 500-700 m.

Dist.: Med. Una única localidad, Fitero, en la Ribera Tudelana. **Alp.:** -; **Atl.:** -; **Med.:** RR.

Obs.: Debe comprobarse esta localidad, no parece que llegue a Navarra. Se confunde con *S. pecten-veneris* L.

Scandix pecten-veneris L.

Cultivos, cunetas y herbazales, barbechos y otros lugares ruderalizados. **Alt.:** 250-850 m.

Dist.: Med. Al sur de la divisoria de aguas, sin alcanzar cotas elevadas, preferentemente en la mitad meridional de Navarra. **Alp.:** -; **Atl.:** E; **Med.:** F.

Selinum pyrenaeum (L.) Gouan
Seseli pyrenaeum L.

Cervunales y pastos frescos en zonas de alta montaña. **Alt.:** 1600-2400 m.

Dist.: Oróf. Europa. Limitada a la alta montaña pirenaica, en el entorno de Larra. **Alp.:** RR; **Atl.:** -; **Med.:** -.

Obs.: La cita de Lacoizqueta (1884) de Bertizarana debe rechazarse.

Seseli cantabricum Lange

Peucedanum aragonense Rouy & E.G. Camus

Matorrales aclarados, como brezales, lastonares, orlas forestales, etc. **Alt.:** 400-1350 m.

Dist.: Endém. de la mitad septen. de la Pen. Ibér. En las sierras medias occ. **Alp.:** -; **Atl.:** E; **Med.:** R.

Obs.: A desechar las citas de Gaussen & Le Brun (1961) y Lorda (1992) del Pic d'Orhy, y Loidi & al. (1988) del puerto de Iso y Unzué. Vivant (1954) la cita del Col d'Erroymendi (F-64). Límite orient. de distribución en Navarra

Seseli libanotis (L.) W.D.J. Koch

Athamanta libanotis L.; Libanotis montana Crantz; Ligusticum athamantoides Spreng.; Libanotis candollei Lange; S. libanotis subsp. pyrenaicum (L.) M. Laínz

Claros forestales soleados, pastos pedregosos, grietas y fisuras de roquedos, sobre calizas. **Alt.:** 100-1750 m.

Dist.: Eur. Pirineos, valles atlánt., montañas de la Zona Media y estribaciones occ. **Alp.:** E; **Atl.:** F; **Med.:** -.

Seseli montanum L. subsp. *montanum*

S. nanum Dufour; S. montanum subsp. nanum (Dufour) O. Bolòs & Vigo

Pastos pedregosos, crestones, repisas y rellanos de roquedos; orlas y claros forestales. **Alt.:** 40-2100 m. **HIC:** 6210(*).

Dist.: Med. General en los dos tercios septentrionales de Navarra; parece ausentarse de la Ribera más árida. **Alp.:** F; **Atl.:** C; **Med.:** F.

Obs.: Se incluye dentro de este taxon la subespecia *nanum* (Dufour) O. Bolòs & Vigo presente en las montañas elevadas (Pirineos y sierras occidentales).

Silaum silaus (L.) Schinz & Thell.

Peucedanum silaus L.; S. pratensis Besser ex Schult.

Prados, matorrales, claros y orlas del robledal, sobre calizas. **Alt.:** 350-700 m. **HIC:** 6410, 6420.

Dist.: Eur. Cuenca de Pamplona, valles y sierras medias occ. **Alp.:** -; **Atl.:** R; **Med.:** RR.

Sison amomum L.

Claros y orlas del robledal, sotos, cunetas, cultivos y otros terrenos alterados. **Alt.:** 300-750 m. **HIC:** 6430.

Dist.: Med.-Atl. Dispersa por distintas localidades de la Zona Media de Navarra y cuencas prepiren. **Alp.:** -; **Atl.:** E; **Med.:** R.

Sium latifolium L.

Planta dudosa que requiere comprobación. Remansos de cauces fluviales y acequias, con aguas poco profundas. **Alt.:** 250-600 m.

Dist.: Eur. En la cuenca de Pamplona. **Alp.:** -; **Atl.:** RR; **Med.:** -.

Cons.: LC (ERLVP, 2011).

Obs.: Citado de los alrededores de Pamplona por Fdez. de Salas & Gil (1870), y Biurrun (1999). En *Flora Iberica* se duda de su presencia en la Península Ibérica.

Smyrnium olusatrum L.

Nitrófila en muros, taludes, cunetas y otros ambientes alterados. **Alt.:** 250-650 m.

Dist.: Med. Conocida de Viana (Aizpuru & al., 1992), y de Salinas de Oro (López, 1968). **Alp.:** -; **Atl.:** -; **Med.:** RR.

Thapsia villosa L.

Th. maxima Mill.

Pastos y claros de matorrales, sobre sustratos pedregosos, en ambientes secos y soleados. **Alt.:** 250-1100 m.

Dist.: Med. W. Repartida por la mitad meridional de Navarra. **Alp.:** RR; **Atl.:** RR; **Med.:** C.

Obs.: Se incluyen dos variedades para Navarra: variedad *villosa* (var. *latifolia* Boiss.) y variedad *dissecta* Boiss. [*Th. dissecta* (Boiss.) Arán & Mateo].

Tordylium maximum L.

Ruderal y arvense, en huertos, sendas, cunetas, ribazos y cascajeras fluviales. **Alt.:** 400-950 m.

Dist.: Eur. Dispersa en los Pirineos, las cuencas prepiren., la Zona Media, las estribaciones y valles occ. y puntual en la Ribera. **Alp.:** E; **Atl.:** E; **Med.:** E.

Torilis arvensis (Huds.) Link subsp. *arvensis*

Caucalis arvensis Huds.; T. infesta (L.) Clairv.; T. divaricata auct., non Moench

Planta dudosa que requiere comprobación. Herbazales de cunetas, ribazos y orlas de bosques. **Alt.:** 50-1100 m.

Dist.: Eur. Distribuida por el conjunto de Navarra (ver observaciones). **Alp.:** E; **Atl.:** F; **Med.:** F.

Obs.: Hay numerosas citas de esta subespecie, pero parece que los materiales ibéricos no se ajustan bien a ella, sino al resto de subespecies. Hay materiales en el herbario BIO (Biurrun, 1999). No parece que llegue a la Península Ibérica.

Torilis arvensis (Huds.) Link subsp. *neglecta* (Spreng.) Thell.

T. neglecta Spreng.

Pastos y prados de siega. **Alt.:** 20-600 m.

Dist.: Med. Únicamente conocida de Lesaka (Zalain), en los valles atlánt. **Alp.:** -; **Atl.:** RR; **Med.:** -.

Torilis arvensis (Huds.) Link subsp. *purpurea* (Ten.) Hayek

Caucalis purpurea Ten.; T. heterophylla Guss.

Nitrófila en cunetas, pie de cantil, cascajeras fluviales y pastos majadeados. **Alt.:** 450-1350 m.

Dist.: Med. En las cuencas prepiren., la Zona Media y las estribaciones occ. **Alp.:** RR; **Atl.:** E; **Med.:** E.

Torilis arvensis (Huds.) Link subsp. *recta* Jury

T. helvetica (Jacq.) C.C. Gmel.

Ruderal, en bordes de carreteras y campos de cultivo. **Alt.:** 400-1000 m.

Dist.: Eur. En la cuenca de Pamplona, las montañas atlánt. y en las estribaciones prepiren. **Alp.:** -; **Atl.:** RR; **Med.:** RR.

Obs.: No se conoce bien su distribución en Navarra, anotada en *Flora Iberica*. Citada de Narbarte por Lacoizqueta (1884).

Torilis japonica (Houtt.) DC.

Caucalis japonica Houtt.; T. rubella Moench; T. anthriscus (L.) C.C. Gmel.

Herbazales frescos, setos y sotos fluviales. **Alt.:** 150-1200 m.

Dist.: Eur. Repartida por la mitad septen. de Navarra. **Alp.:** E; **Atl.:** E; **Med.:** E.

Torilis leptophylla (L.) Rchb. fil.
Caucalis leptophylla L.

Pie de roquedos, pastos y matorrales pedregosos en lugares secos y soleados. **Alt.:** 400-1200 m.

Dist.: Plurirreg.; Med.-Iraniana. En las cuencas prepiren., la Navarra Media y la Ribera. **Alp.:** -; **Atl.:** -; **Med.:** R.

Torilis nodosa (L.) Gaertn.
Tordylium nodosum L.

Nitrófila en cunetas y ribazos, baldíos, pastos y matorrales. **Alt.:** 250-1000 m.

Dist.: Med. Por la mitad meridional de Navarra, llegando hasta las cuencas prepiren. **Alp.:** -; **Atl.:** E; **Med.:** C.

Obs.: Hay que comprobar las citas de Alsasua de Braun-Blanquet (1967).

Trinia dufourii DC.
T. steparia Uribe-Ech.

Pastos secos, sobre suelos arcillosos o yesosos. **Alt.:** 250-600 m.

Dist.: Med. Escasas localidades en la Ribera, tanto Estellesa como Tudelana. **Alp.:** -; **Atl.:** -; **Med.:** RR.

Obs.: Se incluyen las variedades descritas por Uribe-Echebarría (1990), en particular la var. *esteparia* (Uribe-Ech.) Uribe-Ech. Las citas más septentrionales (López, 1970) deben llevarse a *T. glauca*.

Trinia glauca (L.) Dumort
Pimpinella glauca L.; T. vulgaris DC.

Claros del matorral y pastos pedregosos, rellanos soleados y crestones. **Alt.:** 400-2150 m.

Dist.: Med. Pirineos, montañas de la Zona Media, estribaciones occ. y en la Ribera. **Alp.:** E; **Atl.:** E; **Med.:** C.

Obs.: Todo el material ibérico parece pertenecer a la subsp. *glauca*.

Turgenia latifolia (L.) Hoffm.
Tordylium latifolium L.; Caucalis latifolia (L.) L.

Arvense en campos de cereal, barbechos y otros terrenos alterados y nitrificados. **Alt.:** 250-650 m.

Dist.: Plurirreg. Dispersa por las cuencas prepiren., la Zona Media y la Ribera, donde parece algo más frecuente. **Alp.:** -; **Atl.:** RR; **Med.:** R.

Urticaceae

Parietaria judaica L.
P. punctata Willd.; P. diffusa Mert. & Koch; P. ramiflora Moench; P. officinalis auct., non L.

Roquedos, tapias, muros viejos y grietas. **Alt.:** 20-850 m. **HIC:** Com. subnitrof. muros y roquedos.

Dist.: Plurirreg. Extendida por toda Navarra, sin llegar a cotas muy elevadas. **Alp.:** R; **Atl.:** C; **Med.:** C.

Urtica dioica L.

Terrenos nitrogenados y alterados de todo tipo, claros y orlas forestales, majadas, corrales, estercoleros, etc. **Alt.:** 20-1900 m. **HIC:** 6430, 92D0, 3240, 91E0*, 92A0.

Dist.: Subcosm. General en toda Navarra. **Alp.:** C; **Atl.:** CC; **Med.:** CC.

Cons.: LC (ERLVP, 2011).

Urtica pilulifera L.

Nitrófila, cerca de pueblos y zonas habitadas. **Alt.:** 250-600 m.

Dist.: Med. Puntual en la Zona Media y en la Ribera. **Alp.:** -; **Atl.:** -; **Med.:** R.

Urtica urens L.

Terrenos alterados y nitrogenados. **Alt.:** 250-600 m.

Dist.: Subcosm. Frecuente en la mitad meridional de Navarra, con alguna localidad en las cuencas prepiren. y en los valles atlánt. **Alp.:** -; **Atl.:** R; **Med.:** E.

Obs.: Lacoizqueta (1884) la cita de Vertizarana.

V

Valerianaceae

Centranthus calcitrapae (L.) Dufr.
Valeriana calcitrapae L.

Cresteríos, pedrizas a pie de roquedos y pastos pedregosos con plantas anuales. **Alt.:** 250-1300 m.

Dist.: Med. Distribuida por toda Navarra, principalmente al sur de la divisoria de aguas. **Alp.:** E; **Atl.:** E; **Med.:** E.

Obs.: Los ejemplares deben corresponder a la var. *calcitrapae* [*C. calcitrapae* var. *orbicularis* (Sibth. & Sm.) DC.].

Centranthus lecoqii Jord. subsp. *lecoqii*
C. angustifolius subsp. lecoqii (Jord.) Braun-Blanq.

Graveras y fisuras de roquedos calizos. **Alt.:** 450-1800 m. **HIC:** 8130.

Dist.: Oróf. Med. W. Pirineos, cuencas y sierras prepiren., montañas de la Navarra Media y estribaciones occ. **Alp.:** R; **Atl.:** R; **Med.:** R.

Obs.: Se corresponde con la variedad *lecoqii* [*C. angustifolius* var. *lecoqii* (Jord.) Lange].

Centranthus ruber (L.) DC. subsp. *ruber*
Valeriana rubra L.

Muros, taludes rocosos, cunetas y graveras; se cultiva como ornamental, naturalizándose en sus cercanías, a baja altitud. **Alt.:** 100-750 m. **HIC:** Com. subnitrof. muros y roquedos.

Dist.: Med. Valles atlánt., Pirineos, cuencas prepiren. y Zona Media, pero parece eludir la Ribera más árida. **Alp.:** RR; **Atl.:** E; **Med.:** R.

Valeriana apula Pourr.
V. globulariifolia Ramond ex DC.

Grietas, fisuras y rellanos de roquedos y lapiaces calizos. **Alt.:** 1500-2450 m.

Dist.: Endém. pir.-cant. Limitada a las montañas pirenaicas. **Alp.:** RR; **Atl.:** -; **Med.:** -.

Cons.: Prioritaria (Lorda & al., 2009).

Valeriana dioica L.

Orillas de manantiales y arroyos en ambientes turbosos, sobre sustratos ácidos. **Alt.:** 50-1150 m.
Dist.: Eur. En la Navarra Húmeda del NW, montañas de la divisoria y en las sierras prepiren. (foz de Arbaiun).
Alp.: -; **Atl.:** RR; **Med.:** RR.

Valeriana longiflora Willk. subsp. *longiflora*

Fisurícola en roquedos extraplomados calizos. **Alt.:** 500-1300 m. **HIC:** 8210.
Dist.: Endém. de los Pirineos occ. y de la Rioja Baja. Muy localizada en las foces y sierras prepiren. orient. .
Alp.: RR; **Atl.:** -; **Med.:** R.
Cons.: VU (NA); Prioritaria (Lorda & al., 2009).
Obs.: Del prepirineo central (Huesca) se ha descrito la subsp. *paui* (Cámara) P. Monts.

Valeriana montana L.

Grietas de roquedos, repisas, pastos pedregosos y gleras innivadas. **Alt.:** 150-2200 m.
Dist.: Oróf. Europa. Pirineos, Navarra Húmeda del NW y Navarra Media occidental. **Alp.:** E; **Atl.:** E; **Med.:** -.

Valeriana officinalis L. subsp. *officinalis*

V. officinalis subsp. repens (Host) O. Bolòs & J. Vigo; V. repens Host; V. procurrens Wallr.

Megaforbios y herbazales en robledales, alisedas y prados frescos. **Alt.:** 50-2000 m. **HIC:** 6430.
Dist.: Europa W. Pirineos, montañas de la divisoria y valles atlánt. **Alp.:** RR; **Atl.:** R; **Med.:** -.
Obs.: Las plantas deben corresponder a la variedad *officinalis*.

Valeriana officinalis L. subsp. *tenuifolia* (Vahl.) Schübl. & G. Martens

V. officinalis var. tenuifolia Vahl; V. officinalis subsp. collina (Wallr.) Nyman

Megaforbios, orillas de arroyos, hayedos y otros bosques húmedos en fondos de valle. **Alt.:** 20-2000 m.
Dist.: Eur. Pirineos, montañas de la divisoria y valles atlánt., y puntual en la Navarra Media orient. **Alp.:** R; **Atl.:** E; **Med.:** -.

Valeriana pyrenaica L.

Megaforbios, orillas de arroyos sombríos y herbazales en orlas forestales frescas. **Alt.:** 200-1550 m. **HIC:** 6430.
Dist.: Endém. pir.-cant. Pirineos y montañas de la vertiente cantábrica. **Alp.:** R; **Atl.:** E; **Med.:** -.

Valeriana tripteris L. subsp. *tripteris*

Planta dudosa que requiere comprobación. Fisuras de roquedos húmedos, orillas de manantiales y arroyos, principalmente sobre sustratos ácidos. **Alt.:** 100-1300 m.
Dist.: Eur. Citada de las estribaciones medias occ. **Alp.:** -; **Atl.:** RR; **Med.:** -.
Obs.: Ha sido anotada de la sierra de Satrustegui (López, 1968, 1970) y de Santesteban (Braun-Blanquet, 1966), pero no parece que esta planta llegue a Navarra, ni se conoce de localidades cercanas.

Valeriana tuberosa L.

Pastos pedregosos crioturbados, cresteríos y rellanos de roquedos. **Alt.:** 700-1900 m.

Dist.: Oróf. Med. Pirineos, cuencas prepiren., Navarra Media y estribaciones occidentales; parece ausentarse de los valles atlánt. y de las zonas más áridas de la Ribera. **Alp.:** E; **Atl.:** E; **Med.:** E.

Valerianella carinata Loisel.

Rellanos, repisas de roquedos y pastos pedregosos, en terrenos ruderalizados. **Alt.:** 50-1300 m.
Dist.: Plurirreg. Pirineos, valles y montañas atlánt., Zona Media y estribaciones occ., rara en la Ribera. **Alp.:** RR; **Atl.:** E; **Med.:** R.
Obs.: A veces queda incluida en *V. locusta* (L.) Laterr., subsp. *locusta*, forma *carinata*.

Valerianella coronata (L.) DC.

Valeriana locusta var. coronata L.; V. divaricata Lange

Rellanos con plantas anuales y pastos pedregosos con suelos someros. **Alt.:** 400-1100 m.
Dist.: Med. Puntual en la mitad septen., y algo más frecuente en la mitad meridional de Navarra. **Alp.:** -; **Atl.:** RR; **Med.:** E.
Obs.: Parecen pertenecer a la forma *coronata*.

Valerianella dentata (L.) Pollich

Valeriana locusta var. dentata L.; Fedia morisonii Spreng.; V. morisonii (Spreng.) DC.; Fedia dasycarpa Steven; V. morisonii var. dasycarpa (Steven) Lange; F. dentata var. leiocarpa Rchb.; V. morisonii var. leiocarpa (Rchb.) DC.

Suelos removidos, pastos de anuales y terrenos ruderalizados. **Alt.:** 250-1400 m.
Dist.: Plurirreg.; Submed.-Subatl. En la franja central de Navarra, desde los Pirineos a las sierras occ., puntual en los valles atlánt. y ausente de la Ribera. **Alp.:** R; **Atl.:** E; **Med.:** E.
Obs.: Pertenecen a la forma *dentata* y forma *rimosa* (Bastard) Devesa (*V. rimosa* Bastard). A esta última deben pertenecer las citas de *V. rimosa* que se han dado para Navarra.

Valerianella discoidea (L.) Loisel.

Valeriana locusta var. discoidea L.; V. platiloba Dufr.

Rellanos secos y soleados, sobre sustratos calizos, margas y yesos. **Alt.:** 250-850 m.
Dist.: Med. General en la mitad meridional de Navarra, llegando a la Zona Media y a las cuencas prepiren. **Alp.:** -; **Atl.:** E; **Med.:** C.

Valerianella echinata (L.) DC.

Valeriana echinata L.

Planta citada de Navarra antes de 1960, sin citas posteriores. Ruderal y arvense, en barbechos, campos de cultivos y claros del matorral. **Alt.:** 250-650 m.
Dist.: Med. W. Citada de la Zona Media, Tafalla, errónea posiblemente. **Alp.:** -; **Atl.:** -; **Med.:** RR.
Obs.: Citada por Escriche (1935) de Tafalla. No se reconoce su presencia en Navarra según *Flora Iberica*.

Valerianella eriocarpa Desv.

Pastos de anuales, removidos y nitrogenados. **Alt.:** 400-1100 m.
Dist.: Med. Al sur de la divisoria de aguas, sin llegar al Pirineo y con mayor presencia en la Ribera. **Alp.:** -; **Atl.:** E; **Med.:** E.

Obs.: Se conocen dos variedades: variedad *eriocarpa* y variedad *muricata* (Steven ex M. Bieb.) Krok; a esta última pertenecen las numerosas citas de *V. muricata* (Steven ex M. Bieb.) Krok dadas para Navarra.

Valerianella fusiformis Pau

Graveras y pastos pedregosos, sobre terrenos removidos. **Alt.:** 500-1400 m.
Dist.: Endém. dispersa por el N y E de la Pen. Ibér. En las estribaciones medias occ. **Alp.:** -; **Atl.:** R; **Med.:** R.

Valerianella locusta (L.) Laterr. subsp. locusta

Cunetas y ribazos, en terrenos ruderalizados, nitrificados. **Alt.:** 20-1400 m.
Dist.: Plurirreg. General en Navarra, siendo muy rara en la mitad meridional. **Alp.:** RR; **Atl.:** E; **Med.:** E.
Obs.: Se incluye la forma *locusta*.

Valerianella microcarpa Loisel.

Planta dudosa que requiere comprobación. Pastos de anuales, barbechos, baldíos y matorrales aclarados. **Alt.:** 450-1250 m.
Dist.: Med. En las montañas de la Zona Media y en el valle de Larraun. **Alp.:** -; **Atl.:** RR; **Med.:** RR.
Obs.: Las distintas citas aportadas por Vicente (1983), Báscones (1978) y Lacoizqueta (184) deben comprobarse. No se reconoce su presencia en Navarra, según *Flora Iberica*.

Verbenaceae

Phyla filiformis (Schrad.) Meikle

Lippia filiformis Schrad.; L. canescens auct., non Kunth; L. repens auct., non (Bertol.) Spreng.; L. nodiflora var. repens auct., non (Bertol.) Schauer; P. canescens auct., non (Kunth) Greene

Naturalizada en terrenos ruderalizados, sobre suelos húmedos. **Alt.:** a 360 m.
Dist.: Introd.; originaria de Sudamérica. Se conoce únicamente de La Estanca, en Corella, en la Ribera Tudelana. **Alp.:** -; **Atl.:** -; **Med.:** RR.
Obs.: Parece que deban corresponder a esta especie las citas de *Phyla* (*Lippia*) *canescens* (Kunth) Greene dadas por Uribe-Echebarría & Urrutia (1990) de Corella.

Phyla nodiflora (L.) Greene

Verbena nodiflora L.; Lippia nodiflora (L.) Michx.; Zappania repens Bertol.

Planta dudosa que requiere comprobación. Suelos húmedos, herbazales subnitrófilos, márgenes de acequias, orillas de ríos, lagunas y embalses. **Alt.:** a 360 m.
Dist.: Plurirreg. Citada de Corella, en la Ribera Tudelana. **Alp.:** -; **Atl.:** -; **Med.:** RR.
Obs.: Se ha citado como *Lippia nodiflora* (L.) Michx. de Corella por Ursúa (1986), y puede corresponder a *Phyla filiformis* (Schrad.) Meikle.

Verbena officinalis L.

En terrenos ruderalizados, baldíos, cunetas, huertas, escombreras, graveras fluviales, etc. **Alt.:** 20-1450 m.
HIC: Juncales nitrófilos, Pastiz. higronitrófilos, 9120.
Dist.: Subcosm. En toda Navarra. **Alp.:** CC; **Atl.:** CC; **Med.:** CC.

Violaceae

Viola alba Besser

Orlas y claros forestales, matorrales abiertos y pastos, principalmente en el ambiente del carrascal-quejigal, llegando a los bosques de ribera. **Alt.:** 250-1800 m. **HIC:** 9240, Robl. pel. navarro-alav.
Dist.: Med. Pirineos, cuencas prepiren., Zona Media y estribaciones occidentales; se enrarece mucho en los dos extremos de Navarra. **Alp.:** E; **Atl.:** F; **Med.:** R.
Obs.: Se distinguen dos subespecies: subsp. *alba* y subsp. *dehnhardtii* (Ten.) W. Becker, incluidas en el taxon que tratamos. Las plantas glabras se han determinado como *V. cadevallii* Pau y estarían en Navarra, pero parece carecer de entidad taxonómica.

Viola arvensis Murray

V. tricolor subsp. arvensis (Murray) SymE.

Campos de cultivos, barbechos, baldíos y claros forestales. **Alt.:** 400-1150 m.
Dist.: Plurirreg.; Eur. y Med. Dispersa por los Pirineos, las sierras y cuencas prepiren. y la Zona Media. **Alp.:** E; **Atl.:** E; **Med.:** R.

Viola biflora L.

Repisas, rellanos y grietas de roquedos y cresteríos con innivación prolongada. **Alt.:** 1400-2300 m. **HIC:** 8210.
Dist.: Circumbor. Limitada a las montañas pirenaicas más elevadas, al este del monte Ori; reaparece en tierras alavesas próximas (monte Aratz). **Alp.:** R; **Atl.:** -; **Med.:** -.

Viola bubanii Timb.-Lagr.

V. palentina Losa; V. sudetica sensu Cadevall, p.p.

Pastos de cresteríos y lapiaces calizos. **Alt.:** 900-1400 m.
Dist.: Endém. pir.-cant. Limitada a las montañas septentrionales, occ. (montañas de la divisoria, Urbasa-Aralar, etc.). **Alp.:** -; **Atl.:** R; **Med.:** -.

Viola canina L.

V. sylvestris Lam.; V. abulensis Pau ex W. Becker

Pastos, brezales y claros forestales sobre sustratos ácidos. **Alt.:** 900-1550 m.
Dist.: Eur. Distribuida por la mitad norte de Navarra, se conoce con certeza del Romanzado —monte Idokorri y sierra de Leire- (Aizpuru & al., 1996), pero se ha citado repetidamente de las montañas septentrionales. **Alp.:** RR; **Atl.:** RR; **Med.:** RR.
Obs.: A comprobar las citas del Cdo. Mesa de los Tres Reyes y puerto de Ibañeta, dadas por Rivas-Martínez & al. (1991). No se duda en *Flora Iberica* de su presencia en Navarra.

Viola cornuta L.

Herbazales en claros forestales, repisas y rellanos de lapiaz, en terrenos algo nitrificados. **Alt.:** 1000-2000 m.
Dist.: Endém. pir.-cant. Limitada a las montañas pirenaicas y a la sierra de Aralar, en el occidente navarro. **Alp.:** R; **Atl.:** RR; **Med.:** -.

Viola hirta L.

Nitrófila en herbazales, pedregales, setos y orlas forestales. **Alt.:** 100-2000 m. **HIC:** 92A0.
Dist.: Eur. General en la Zona Media, desde los Pirineos

a las estribaciones occ., prolongándose hasta los valles atlánt. **Alp.:** F; **Atl.:** C; **Med.:** E.

Viola kitaibeliana Schult.

V. tricolor subsp. minima (Gaudin) Schinz & Thell.; V. tricolor subsp. henriquesii (Willk. ex Cout.) Cout.; V. tricolor subsp. machadeana (Cout.) Cout.; V. tricolor subsp. trimestris (DC.) Cout.

Pastos de anuales con suelos someros, cunetas y ribazos. **Alt.:** 300-800 m.
Dist.: Med. Por la mitad meridional de Navarra. **Alp.:** -; **Atl.:** -; **Med.:** E.

Viola lactea Sm.

V. lancifolia Thore; V. stagnina auct.

Pastos y brezales sobre sustratos ácidos, en terrenos despejados. **Alt.:** 150-1000 m.
Dist.: Atl. Limitada a los valles atlánt. **Alp.:** -; **Atl.:** R; **Med.:** -.

Viola odorata L.

Orlas y claros del hayedo, quejigal y carrascal, riberas de ríos y repisas de roquedos. **Alt.:** 150-1400 m.
Dist.: Plurirreg.; Eur. y Med. Dispersa por Navarra, principalmente en las cuencas prepiren. **Alp.:** RR; **Atl.:** E; **Med.:** RR.

Viola palustris L. subsp. *palustris*

V. palustris subsp. juressi (Link ex Wein) W. Becker ex Cout.; V. palustris subsp. epipsila auct.

Enclaves higroturbosos, esfagnales y manantiales, sobre sustratos ácidos. **Alt.:** 450-1300 m. **HIC:** 7140, 6410.
Dist.: Circumbor. Escasa en las montañas y valles atlánt. **Alp.:** -; **Atl.:** R; **Med.:** -.
Obs.: Blanchet (1891) la cita del Pic d'Anie, pero resulta un tanto dudosa.

Viola pyrenaica Ramond ex DC.

Pastos pedregosos, pie de roquedos y claros forestales. **Alt.:** 900-2000 m.
Dist.: Oróf. Europa. Montañas pirenaicas y estribaciones occ. (Urbasa-Andía-Entzia y montañas próximas). **Alp.:** R; **Atl.:** RR; **Med.:** -.

Viola reichenbachiana Jord. ex Boreau

V. sylvestris Lam.; V. silvatica Fr. ex Hartm.

Bosques aclarados, orlas, setos y repisas de roquedos. **Alt.:** 300-1650 m. **HIC:** 92A0, 91E0*, Robl. roble albar, 9120, Hayed. bas.-ombr. cant., 9130, Abet. prepiren., Pin. *Pinus sylvestris* acidófilos, Pin. *Pinus sylvestris* secund.
Dist.: Eur. General en la mitad septen. de Navarra. **Alp.:** F; **Atl.:** F; **Med.:** E.
Obs.: Se conoce el híbrido entre *V. reichenbachiana* y *V. riviniana* (Biurrun, 1999).

Viola riviniana Rchb.

V. silvatica Fr. ex Hartm.; V. sylvestris subsp. riviniana (Rchb.) Tourlet; V. rupestris subsp. puberula (Lange) W. Becker; V. silana Merino

Orlas y claros forestales, matorrales, setos, linderos y pastos. **Alt.:** 150-1900 m. **HIC:** 4020*, 4030, 9230, 9120.
Dist.: Eur. General en la mitad septen. de Navarra, se hace rara en el tercio meridional, más cálido. **Alp.:** F; **Atl.:** F; **Med.:** E.

Viola rupestris F.W. Schmidt subsp. *rupestris*

V. arenaria DC.

Brezales y argomales-tojales, pastos y crestas calizas. **Alt.:** 300-2150 m.
Dist.: Circumbor. Dispersa en los Pirineos, las montañas de la Zona Media y atlánt., estribaciones occ. y en la Ribera. **Alp.:** E; **Atl.:** E; **Med.:** R.

Viola suavis M. Bieb.

V. sepincola Jord.; V. alba auct.; V. collina sensu Lange

Herbazales, claros de matorrales y orlas del bosque caducifolio. **Alt.:** 300-1350 m.
Dist.: Med. Montañas pirenaicas y prepiren., estribaciones de la Zona Media y puntualmente en la Ribera. **Alp.:** E; **Atl.:** E; **Med.:** RR.
Obs.: Se deben referir a esta especie o a *V. alba* Besser las citas de *Viola collina* Besser (Báscones, 1978; Vicente, 1983; Villar, 1980) de distintas localidades de Navarra.

Viscaceae

Arceuthobium oxycedri (DC.) M. Bieb.

Viscum oxycedri DC.

Hemiparásita sobre *Juniperus oxycedrus* y *J. phoenicea*, en el ambiente del carrascal, quejigal y pinar de carrasco. **Alt.:** 450-900 m.
Dist.: Med. Valles pirenaicos y prepiren., más la Navarra Media orient., a baja altitud. **Alp.:** -; **Atl.:** -; **Med.:** R.

Viscum album L. subsp. *abietis* (Wiesb.) Janch.

Hemiparásita del abeto. **Alt.:** 850-1450 m. **HIC:** Abet. prepiren.
Dist.: Eur. Limitada a las montañas pirenaicas, en el área de distribución del abeto. **Alp.:** RR; **Atl.:** -; **Med.:** -.

Viscum album L. subsp. *album*

Hemiparásita sobre distintas especies: *Crataegus*, *Prunus*, *Malus*, *Pyrus*, *Sorbus*, *Populus*, *Robinia*, *Quercus*, etc. **Alt.:** 120-1300 m.
Dist.: Atl. Distribuida por casi todo el territorio, principalmente en la mitad septen. **Alp.:** F; **Atl.:** F; **Med.:** E.
Obs.: Parasita un número grande de especies leñosas.

Viscum album L. subsp. *austriacum* (Wiesb.) Vollm.

V. austriacum (Wiesb.) Vollm.

Hemiparásita sobre distintas especies de *Pinus*, *P. sylvestris* y *P. halepensis* sobre todo. **Alt.:** 250-1250 m.
Dist.: Med. Puntual en los Pirineos y sierras prepiren., prolonga su área hacia el sur, principalmente en su mitad orient. **Alp.:** E; **Atl.:** E; **Med.:** E.

Vitaceae

Vitis vinifera L. subsp. *sylvestris* (C.C. Gmelin) Hegi

Las vides o parruzas crecen en barrancos y desfiladeros abrigados, trepando por distintos árboles y arbustos, setos y orlas de bosques frescos. **Alt.:** 100-750 m. **HIC:** 92A0.
Dist.: Med. General en Navarra, sin alcanzar las cotas más elevadas. **Alp.:** E; **Atl.:** E; **Med.:** R.

Vitis vinifera L. subsp. *vinifera*

Naturalizada. La viña se puede naturalizar en las cercanías del cultivo o tras el abandono de éste, alcanzando los bosques de ribera. **Alt.:** 250-750 m.

Dist.: Med. Principalmente en la mitad meridional de Navarra. **Alp.:** E; **Atl.:** E; **Med.:** E.

Cons.: LC (ERLVP, 2011), sin detallar subespecies.

Obs.: Dentro de la familia *Vitaceae*, se cultiva como planta ornamental *Partenocissus quinquefolia* (L.) Planchon, entre otras, y se naturaliza en alguna ocasión, cerca de núcleos humanos.

Z

Zannichelliaceae

Zannichellia contorta (Desf.) Cham. & Schltdl.

Potamogeton contortus Desf.

Planta dudosa que requiere comprobación. En ríos de aguas rápidas y carbonatadas. **Alt.:** a 550 m. **HIC:** Com. acuát. halófilas.

Dist.: Med. W. Citada de las Salinas de Ibargoiti, en la Zona Media de Navarra. **Alp.:** -; **Atl.:** RR; **Med.:** RR.

Cons.: VU D2 (LR, 2000); EN B1ab (iii,iv,v)c(iv) + 2ab (iii,iv,v)c(iv) (LR, 2008); DD (ERLVP, 2011).

Obs.: Se conoce de Ibargoiti (Biurrun, 1999) dudosa. Tiene una distribución por el C, S y E de la Pen. Ibér. No encaja su ecología con la de la localidad citada.

Zannichellia obtusifolia Talavera, García-Mur. & Smit

Lagunas endorreicas, con aguas dulces o salobres. **Alt.:** 300-350 m. **HIC:** Com. acuát. halófilas.

Dist.: Med. Citada por Biurrun (1999) de Berbinzana, Miranda de Arga y Artajona, en la Ribera y Zona Media de Navarra. **Alp.:** -; **Atl.:** -; **Med.:** R.

Cons.: NT (ERLVP, 2011).

Zannichellia palustris L.

Z. dentata Willd.

Lagunas, charcas de agua dulce o moderadamente salobres. **Alt.:** 150-1200 m.

Dist.: Subcosm. Por la mitad meridional de Navarra, ausente de los Pirineos y muy rara en la vertiente atlánt. **Alp.:** -; **Atl.:** E; **Med.:** E.

Cons.: LC (ERLVP, 2011).

Zannichellia pedunculata Rchb.

Arroyos de agua dulce o salobre, lagunas y cubetas endorreicas. **Alt.:** 300-400 m.

Dist.: Subcosm. Dispersa por alguna localidad de la Ribera (Pitillas, Miranda de Arga y Lerín). **Alp.:** -; **Atl.:** -; **Med.:** R.

Zannichellia peltata Bertol.

Z. macrostemom J. Gay ex Willk.

Charcas, fuentes y arroyos de agua dulce. **Alt.:** 250-550 m. **HIC:** 3260.

Dist.: Eur. En la cuenca de Pamplona, la Zona Media, las estribaciones occ. y en la Ribera. **Alp.:** -; **Atl.:** RR; **Med.:** RR.

Cons.: LC (ERLVP, 2011).

Zygophyllaceae

Peganum harmala L.

Baldíos, cunetas y suelos removidos, sobre arcillas o yesos, en ambientes secos y soleados. **Alt.:** 250-400 m. **HIC:** 1430.

Dist.: Plurirreg.; Med.-Turaniana. Exclusiva en la Ribera Tudelana. **Alp.:** -; **Atl.:** -; **Med.:** R.

Tribulus terrestris L.

Rastrojeras, baldíos, terrenos abandonados, en general en ambientes ruderalizados, en climas secos y soleados. **Alt.:** 250-550 m.

Dist.: Subcosm. En el tercio meridional de Navarra. **Alp.:** -; **Atl.:** RR; **Med.:** RR.

Obs.: A comprobar las citas de Fdez. de Salas & Gil (1870) de alredededores de Pamplona. Para este taxon se citan dos subespecies: subsp. *terrestris*, de frutos setulosos, y la subsp. *orientalis* (A. Kern.) Dostál (*T. orientalis* A. Kern.), glabra.

Zygophyllum fabago L.

Cunetas, taludes, baldíos y otros terrenos antropizados. **Alt.:** a 350 m.

Dist.: Introd.; de origen Irano-Turaniana. Sólo se conoce de Mendavia, en la Ribera occidental. **Alp.:** -; **Atl.:** -; **Med.:** RR.

Obs.: Las plantas de Valle del Ebro parecen haber sido introducidas.

5. SÍNTESIS DE LA FLORA DE NAVARRA

La flora de Navarra en cifras

El *Catálogo Florístico de Navarra* ha permitido estudiar un total de 3073 táxones, que según los criterios expuestos en la presentación, hemos clasificado en cinco niveles, recogidos en la Tabla 1.

NIVEL DE CARACTERIZACIÓN	Nº DE TÁXONES	% DE TÁXONES
Plantas con presencia constatada en Navarra	2796	90,98
Plantas citadas de Navarra, antes de 1960	49	1,59
Plantas dudosas que requieren comprobación	122	3,97
Plantas que están cerca de Navarra	62	2,01
Plantas citadas de Navarra, posiblemente erróneas	44	1,43
TOTAL TÁXONES ESTUDIADOS	3073	-

Tabla 1. Niveles de caracterización de la Flora de Navarra

Atendiendo al nivel primero, el que nos permite determinar de forma fidedigna las plantas que crecen en Navarra, podemos concluir que la flora de la Comunidad Foral cuenta con 2796 táxones, donde quedan incluidas las especies y subespecies, más los grupos apomícticos, originados por reproducción asexual.

El resto de los táxones estudiados, un total de 277 (9%), se clasifican en distintas categorías. Ya comentábamos en la presentación que las *plantas citadas de Navarra, antes de 1960* eran relevantes, pues nos indicaban que vivieron, con testigo veraz, pero que no se han vuelto a encontrar en épocas recientes, por lo que a fecha de hoy se dan por desaparecidas. Son ejemplos: *Allium guttatum* Steven subsp. *sardoum* (Moris) Stearn, *Campanula latifolia* L., *Hypericum caprifolium* Boiss., *Magydaris panacifolia* (Vahl) Lange, *Oenanthe aquatica* (L.) Poir., etc. La búsqueda minuciosa puede deparar sorpresas y ser reencontradas, pero en muchos casos la modificación del hábitat ha reducido, si no impedido, su posible presencia.

Las *plantas dudosas que requieren comprobación*, nos han planteado dudas, lo mismo que a otros botánicos, y hemos preferido dejarlas en esta categoría, hasta su verificación definitiva. Son ejemplos: *Aquilegia vulgaris* L. subsp. *hispanica* (Willk.) Heywood, *Arum cylindraceum* Gasp., *Camelina sativa* (L.) Crantz, *Festuca heterophylla* Lam., *Lathyrus vernus* (L.) Bernh. subsp. *vernus*, *Paeonia broteri* Boiss. & Reut., etc.

Un buen contigente de plantas, 62, rondan los límites provinciales y quedan inluidas en las *plantas que están cerca de Navarra*, como: *Allium triquetrum* L., *Androsace ciliata* DC., *Callitriche hamulata* Kütz. ex W.D.J. Koch, *Fragaria viridis* Weston, *Geranium endressii* J. Gay, *Leontopodium alpinum* Cass., *Ononis arago-*

nensis Asso, *Silybum eburneum* Cosson & Durieu, etc., su búsqueda en los ambientes propicios puede permitir engrosar la lista de las plantas navarras.

Finalmente, queda un grupo de táxones que incluimos en el nivel de *plantas citadas de Navarra, posiblemente erróneas*, donde quedan las que por distintos motivos debemos rechazar como pertenecientes a la flora navarra. Son ejemplos: *Allium schmitzii* Cout., *Ammannia coccinea* Rottb., *Anthericum ramosum* L., *Avenula versicolor* (Vill.) M. Laínz, *Cynoglossum germanicum* Jacq. subsp. *pellucidum* (Lapeyr.) Sutorý, *Equisetum sylvaticum* L., *Hydrocharis morsus-ranae* L. y *Rorippa islandica* (Gunnerus) Borbás.

Por tanto, refiriéndonos ya a la Flora de Navarra (Tabla 2), las 2796 plantas agrupan tanto a las *autóctonas* (2574; 92,06%), como a las *alóctonas* (222; 7,93%), y éstas a las consideradas naturalizadas (140; 63,06%), asilvestradas (63; 28,37%) y cultivadas (19; 8,56%).

CATEGORÍAS	Nº TÁXONES
Táxones en la Flora de Navarra	2796
Táxones autóctonos	2574
Táxones alóctonos	222
• Táxones naturalizados	140
• Táxones asilvestrados	63
• Táxones cultivados	19
Pteridófitos	63
Gimnospermas	28
Angiospermas	2705
• Dicotiledóneas	2124
• Monocotiledóneas	581

Tabla 2. La flora de Navarra en cifras

Atendiendo a los grandes grupos taxonómicos, los pteridófitos (helechos, etc.) suman 63, el 2,25% del total, y los espermatófitos el resto (2733, 97,75%). Dentro de este gran grupo tenemos las gimnospermas, con un contingente de 28 táxones (1%), y las angiospermas, el grupo más voluminoso, con nada menos que 2705 táxones (96,74%); de las que las dicotiledóneas suponen 2124 táxones (75,98%), y las monocotiledóneas 581 (20,76%). Ver la Tabla 2.

Están representadas en Navarra 149 familias de plantas; la más rica en especies (ver Gráfica 1) es, como en buena parte de las floras próximas, la de las Compuestas, con 371, un 13,3% del total. Le siguen las Gramíneas, con 255 (9,10%) y las Leguminosas, con 201 (7,19%), y ya con menor número de táxones, las Rosáceas, Crucíferas, Cariofiláceas, Escrofulariáceas y Umbelíferas. Sin llegar a los 100 táxones están las Labiadas y las Ciperáceas y, ya más alejadas, las Ranunculáceas, Orquidáceas y Liliáceas, pero todas por encima de los 60 táxones.

Comparando con los datos aportados por Montserrat & Montserrat (1990), donde analizan distintos catálogos florísticos de zonas contiguas, la relación de las familias predominantes se ajusta fielmente con los datos aportados por estos investigadores. Finalmente, decir que Compuestas, Gramíneas, Leguminosas, Rosáceas, Crucíferas, Cariofiláceas, Escrofulariáceas y Umbelíferas suponen el 50% de los táxones de la flora de Navarra.

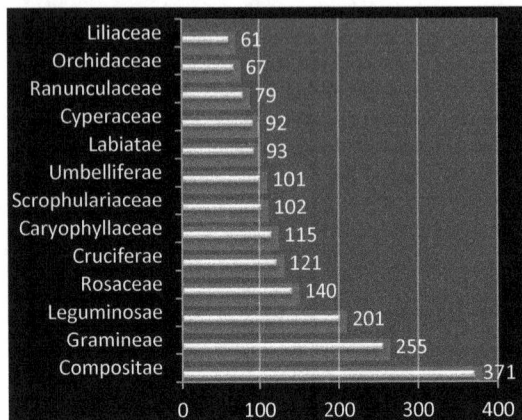

Gráfica 1. Principales familias representadas en la flora navarra.

Con los datos expuestos en Moreno (2011) sobre la flora de la España peninsular, hemos podido hacer una comparación de la flora de nuestro territorio con la del resto de los territorios peninsulares (incluyendo los extrapeninsulares, Baleares y Canarias), encontrando que Navarra (2796 táxones) se encuentra entre las Comunidades que superan la media estatal (2585). Los datos se sintetizan en la Gráfica 2.

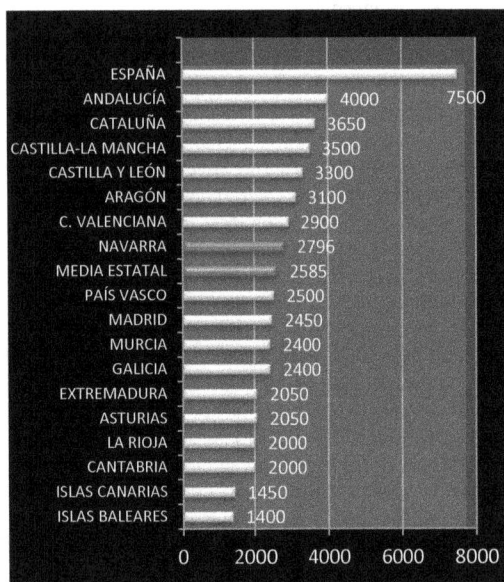

Gráfica 2. Plantas silvestres por comunidades autónomas.

Debe tenerse en cuenta que un territorio como Navarra, de 10.391 km^2, apenas un 2,1% del territorio nacional, conserva un 37,35% de la flora peninsular, siendo, según apreciamos en la Gráfica 2 la séptima

autonomía en cuanto a riqueza de especies de flora vascular de España. Le preceden, por orden decreciente, Andalucía, Cataluña, Castilla-La Mancha, Castilla y León, Aragón y la Comunidad Valenciana.

Grupos corológicos en la flora de Navarra

Como ya señalamos en la introducción, los táxones del territorio han sido asignados a alguno de los 12 elementos o grupos corológicos siguientes: subcosmopolitas, plurirregionales, circumboreales, eurosiberianos (incluyendo a los europeos s.l., lateeuropeos, palotemplados y euroasiáticos), orófito europeos, atlánticos, mediterráneos (incluidos los submediterráneos y latemediterráneos), orófito mediterráneos, boreo-alpinos, introducidos y endémicos.

ELEMENTO COROLÓGICO	Nº TÁXONES	%
Eurosiberianas	673	24,08
Mediterráneas	481	17,21
Orófitas Europa	356	12,74
Endémicas	264	9,44
Plurirregionales	240	8,59
Introducidas	162	5,79
Subcosmopolitas	150	5,37
Atlánticas	117	4,19
Circumboreales	102	3,65
Orófitos mediterráneos	100	3,57
Mediterráneo-Atlánticas	75	2,68
Boreo-Alpinas	55	1,97
Otras	11	0,39

Tabla 3. Elementos corológicos en la flora de Navarra

Predomina el elemento eurosiberiano, con un 24,08%, seguido del mediterráneo (17,21%), que en su conjunto suponen más del 40% de la flora de Navarra. Vista la situación geográfica de la Comunidad Foral, en donde concurren dos de las grandes regiones biogeográfica de Europa, Eurosiberiana y Mediterránea, no es extraño que la flora asociada a estos grupos corológicos sea numéricamente la más destacable de este territorio. Los orófitos europeos , los que habitan las montañas europeas, siguen en importancia (12,74%), y destacan seguidamente los endemismos (9,44%), entendidos éstos en sentido amplio, donde predominan los endemismos de la Península Ibérica, los pirenaico-cantábricos, los pirenaico occidentales y los pirenaicos. La escasa representación de grandes altitudes, éstas limitadas a las montañas de la porción noreste de Navarra, se manifiesta en un 1,97% del elemento boreo-alpino, al que podemos añadir las circumboreales (3,65%), pero en los que destacan numerosas especies que en muchos casos detienen, precisamente, en Navarra su área de distribución pirenaica, siendo una singularidad particular de nuestro Pirineo (Gómez & al., 2013). Otros elementos corológicos importantes son el plurirregional (8,59%), el subcosmopolita (5,37%) y el atlántico (4,19%), que refleja esta influencia climática, especialmente notoria en los Valles Húmedos del NW y que progresivamente va desapareciendo hacia el este, a favor de una mediterraneidad-continentalidad creciente. El resto de los datos, y a modo de síntesis, aparecen representados en la Tabla 3.

Destacamos el elemento corológico endémico, donde, como ya hemos adelantado, sobresalen, entre otros, los grupos siguientes:

- **Endémicas de la Península Ibérica**: *Spergularia capillacea* (Kindb.) Willk.; *Berberis vulgaris* L. subsp. *seroi* O. Bolòs & Vigo; *Pulsatilla rubra* Delarbre subsp. *hispanica* W. Zimm.; *Ranunculus ollissiponensis* Pers. subsp. *ollissiponensis*; *Senecio auricula* Bourgeau ex Cosson; *Thymus mastichina* L. subsp. *mastichina*; *Quercus faginea* Lam.; *Allium stearnii* Pastor & Valdés; *Herniaria fruticosa* L.; *Microcnemum coralloides* (Loscos & Pardo) Buen subsp. *coralloides*; *Sideritis spinulosa* Barnadés ex Asso, etc.

- **Endémicas pirenaico-cantábricas**: *Leucanthemum ircutianum* DC. subsp. *cantabricum* (Sennen) Vogt; *Lilium pyrenaicum* Gouan; *Angelica razulii* Gouan; *Asperula cynanchica* L. subsp. *pyrenaica* (L.) Nyman; *Asperula hirta* Ramond; *Bupleurum angulosum* L.; *Geum pyrenaicum* Mill., etc.

- **Endémicas pirenaicas**: *Festuca pyrenaica* Reuter; *Geranium cinereum* Cav. (llega a los Montes Vascos); *Knautia lebrunii* J. Prudhomme; *Ranunculus pyrenaeus* L.; *Salix pyrenaica* Gouan; *Trisetum baregense* Laffite & Miégeville; *Gentiana burseri* Lapeyr. subsp. *burseri*; *Rhaponticum centauroides* (L.) O. Bolòs; *Saxifraga aretioides* Lapeyr., etc.

- **Endémicas del Pirineo occidental**: *Aegonychon gastoni* (Benth.) J. Holub; *Saxifraga hariotii* Luizet & Soulié; *Erodium manescavii* Cosson; *Minuartia cerastiifolia* (Ramond ex DC.) Graebner (llega al Pirineo central); *Petrocoptis pyrenaica* (J. Bergeret) A. Braun ex Walpers subsp. *pyrenaica* (alcanza los Montes Vascos); *Dianthus benearnensis* Loret (hasta el Pirineo central), etc.

- **Endémicas exclusivas de Navarra**: *Iberis carnosa* Willd. subsp. *nafarroana* Moreno (endémica de Tierra Estella) y *Cochlearia aragonensis* H.J. Coste & Soulié subsp. *navarrana* (P. Monts.) Vogt (endémica del monte San Donato). Además, los estudios sobre el género apomíctico *Alchemilla*, han dado como resultado algunos interesantes endemismos navarros: *Alchemilla melanoscytos* S.E. Fröhner (endémica de la Sierra de Abodi y Valle de Irati); *Alchemilla macrochira* S.E. Fröhner (endémica de la Sierra de Andia); *Alchemilla atriuscula* S.E. Fröhner (endémica de la Sierra de Andía); *Alchemilla perspicua* S.E. Fröhner (endémica del monte Beriain-Sierra de Satrustegi); *Alchemilla hypercycla* S.E. Fröhner (endémica del monte Beriain-Sierra de Satrústegi) y *Alchemilla iratiana* S.E. Frönher (endémica del Pirineo Occidental-Irati).

Abundancia y rareza en las Regiones Biogeográficas de Navarra

Como ya vimos en la introducción, y siguiendo a Loidi & Báscones (2006), Navarra, por su situación en el N de la Península Ibérica, próxima al mar cantábrico, al NW, y entre el extremo occidental de la cadena pirenaica al N y la Depresión del Ebro al sur, participa de unas condiciones singulares que dan lugar a una gran variedad bioclimática, además de edáfica y topográfica, lo que lleva aparejado una vegetación y una flora extremadamente diversa, que queda reflejada en el paisaje navarro y en el Catálogo elaborado. Desde el punto de vista biogeográfico, en Navarra concurren la influencia pirenaica, la cántabro-atlántica, la mediterráneo-ibérica y la mediterráneo-aragonesa, que de forma sintética resumimos en la Región Mediterránea y en la Región Eurosiberiana, ésta con matices pirenaicos, al NE, y cántabro-atlánticos al NW.

A fin de conocer la presencia de la flora en estas tres regiones biogeográficas –Alpina, Atlántica y Mediterránea- hemos asignado a cada especie su pertenencia o no a las mismas, en las que, además, hemos incorporado sus índices de abundancia y rareza según se explica en la introducción.

La Región Alpina, con la menor superficie, cuenta con 1685 táxones, no exclusivos en ningún caso; la Atlántica, 2034 táxones y la Mediterránea, la de mayor superficie en Navarra, 1967 táxones. Si a estos datos añadimos la rareza-abundancia (Tabla 4) tenemos:

	REG. ALPINA	REGIÓN ATLÁNTICA	REGIÓN MEDITERRÁNEA
Nº TOTAL TÁXONES	1685	2036	1967
RAREZA - ABUNDANCIA			
CC	16	32	36
C	105	185	132
F	191	217	173
E	465	701	654
R	261	326	413
RR	644	570	555
TÁXONES EXCLUSIVOS	251	219	432

Tabla 4. Rareza-Abundancia en las Regiones Biogeográficas de Navarra

En todos los casos, observamos que las plantas clasificadas como muy comunes (CC), es decir que habitan en muchas localidades y lo hacen de forma abundante, son las que en menor número se presentan; y progresivamente se van haciendo más numerosas las plantas calificadas como raras (R) o muy raras (RR).

Si agrupamos las categorías de rareza-abundancia en los pares CC-C, F-R y R-RR, y lo aplicamos a cada una de las regiones biogeográficas, obtenemos los datos de la Gráfica 3.

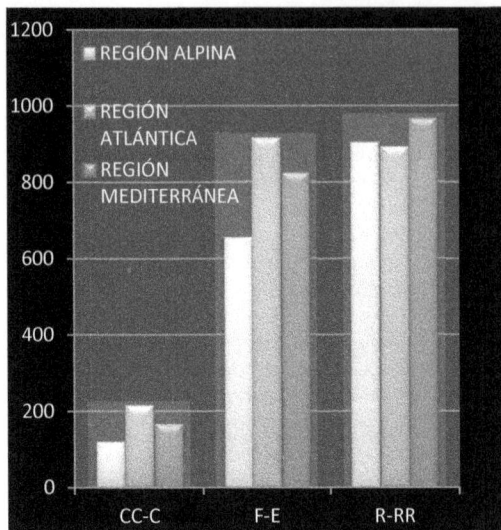

Gráfica 3. Categorías de rareza-abundancia y regiones biogeográficas.

Podemos comprobar como, efectivamente, la categoría con menor número de táxones engloba a las denominadas comunes y muy comunes, siguen las frecuentes-escasas, y el grupo más numeroso lo constituyen las raras y muy raras, es decir las plantas poco frecuentes, muy poco abundantes y de las que conocemos muy pocas localidades. Y esto se mantiene, casi invariable, en las tres regiones biogeográficas.

Extrayendo algunos ejemplos:

- **Plantas muy comunes en Navarra**, presentes en las tres regiones biogeográficas: *Dipsacus fullonum* L.; *Poa bulbosa* L.; *Stellaria media* (L.) Vill. y *Verbena officinalis* L.
- **Plantas comunes en Navarra**, presentes en las tres regione biogeográficas: apenas 16, *Echium vulgare* L. subsp. *vulgare*; *Erodium cicutarium* (L.) L'Her. subsp. *cicutarium*; *Plantago lanceolata* L.; *Sambucus ebulus* L. y *Sedum sediforme* (Jacq.) Pau, entre otras.
- **Plantas raras en Navarra**, presentes en las tres regiones biogeográficas: unas 25, *Carex digitata* L.; *Centranthus lecoqii* Jord. subsp. *lecoqii*; *Epipactis helleborine* (L.) Crantz subsp. *helleborine*; *Lathyrus pannonicus* (Jacq.) Garcke subsp. *longestipulatus* M. Laínz; *Rosa rubiginosa* L. y *Listera ovata* (L.) R. Br., entre otras.
- **Plantas muy raras**, presentes en las tres regiones biogeográficas: 34, como *Dactylorhiza incarnata* (L.) Soó; *Echinospartum horridum* (Vahl) Rothm.; *Erinacea anthyllis* Link subsp. *anthyllis*; *Ophioglossum vulgatum* L.; *Potentilla anserina* L. subsp. *anserina*; *Viola canina* L., etc.

En la Tabla 4 hemos incluido también los táxones que son exclusivos de cada región biogeográfica, donde destaca la Región Mediterránea, con 432, seguida de la R. Alpina (251) y de la R. Atlántica, con 217.

Si atendemos a estos táxones exclusivos, podemos destacar entre ellos los siguientes:

- **Táxones exclusivos de la Región Alpina**: muchas plantas en límite de área y de carácter endémico, a modo de ejemplo: *Abies alba* Mill.; *Aegonychon gastoni* (Benth.) J. Holub; *Allium pyrenaicum* Costa & Vayr.; *Alyssum cuneifolium* Ten.; *Androsace cylindrica* DC. subsp. *hirtella* (Léon Dufour) Greuter & Burdet; *Arctostaphylos alpinus* (L.) Spreng.; *Callitriche palustris* L.; *Carex pyrenaica* Wahlenb.; *Cirsium glabrum* DC.; *Dryas octopetala* L. subsp. *octopetala*; *Epipogium aphyllum* Sw.; *Moneses uniflora* (L.) A. Gray; *Ramonda myconi* (L.) Rchb. y *Sibbaldia procumbens* L.
- **Táxones exclusivos de la Región Atlántica**: también con plantas en límite de área y endemismos de interés como, *Agrostis canina* L.; *Allium victorialis* L.; *Anemone pavoniana* Boiss.; *Carex cespitosa* L.; *C. strigosa* Huds.; *Carpinus betulus* L.; *Cochlearia aragonensis* H.J. Coste & Soulié subsp. *navarrana* (P. Monts.) Vogt; *Daphne cneorum* L.; *Drosera intermedia* Hayne; *Hymenophyllum tunbrigense* (L.) Sm.; *Narcissus varduliensis* Fern. Casas & Uribe-Ech.; *Pinguicula lusitanica* L.; *Prunus lusitanica* L. subsp. *lusitanica*; *Ranunculus lingua* L.; *Rhynchospora fusca* (L.) W.T. Aiton; *Stegnogramma pozoi* (Lag.) Iwatsuki; *Woodwardia radicans* (L.) Sm., etc.
- **Táxones exclusivos de la Región Mediterránea**: *Aizoon hispanicum* L.; *Allium moschatum* L.; *Antirrhinum litigiosum* Pau; *Asphodelus serotinus* Wolley-Dod; *Astragalus turolensis* Pau; *Campanula fastigiata* Léon Dufour ex A. DC.; *Chaenorhinum reyesii* (C. Vicioso & Pau) Benedí; *Cistus clusii* Dunal subsp. *clusii*; *Draba hispanica* Boiss. subsp. *hispanica*; *Globularia alypum* L.; *Gypsophila struthium* L. subsp. *hispanica* (Willk.) G. López; *Juniperus thurifera* L.; *Launaea pumila* (Cav.) O. Kuntze; *Malcomia africana* (L.) R. Br.; *Microcnemum coralloides* (Loscos & Pardo) Buen subsp. *coralloides*; *Narcissus dubius* Gouan; *Picris hispanica* (Willd.) P.D. Sell; *Salsola kali* L.; *Senecio auricula* Bourgeau ex Cosson; *Stipa lagascae* Roemer & Schultes; *Thymus zygis* Loefl. ex L. subsp. *zygis*, etc.

Protección de la flora

Según hemos comentado en la presentación, para cada uno de los táxones hemos anotado la categoría de amenaza/valoración recogida en las distintas propuestas, atlas, libros y listas rojas, así como en la legislación tanto internacional, estatal como autonómica. Si entrecruzamos estos datos con los relativos a la flora exclusiva de cada Región Biogeográfica, nos encontramos, sintetizados, los siguientes resultados por regiones:

Región Alpina

En esta región hay 251 táxones exclusivos, de los que 49 (19,52%) tienen alguna categoría de amenaza; sin embargo, sólo 11 están incluidos en el Catálogo de Flora Amenazada de Navarra y 41 se consideran prioritarios según Lorda & al. (2009).

Destacan entre los **no** protegidos en Navarra (Tabla 5):

TÁXONES	CATEGORÍA DE AMENAZA
Potamogeton alpinus Balb.	CR B2ab(iii)c(iv), C2a(i)b, D (LR, 2008); LC (ERLVP, 2011)
Epipogium aphyllum Sw.	CR D (LR, 2000); CR (AFA-UICN, 2003); CR (AFA-UICN, 2004); CR B2ac(iv), D (LR, 2008); Prioritaria (Lorda & al., 2009); CITES (II); LC (ERLVP, 2011)
Callitriche palustris L.	EN B1+2bc (LR, 2000); EN B2ab(iii,iv)c(ii) (LR, 2008); Prioritaria (Lorda & al., 2009); LC (ERLVP, 2011)
Lathyrus bauhinii Genty	VU B1+2b (LR, 2000); LC (LR, 2008); Prioritaria (Lorda & al., 2009)
Allium pyrenaicum Costa & Vayr.	VU D2 (LR 2000); NT (LR, 2008); Prioritaria (Lorda & al., 2009); VU (ERLVP, 2011)
Cystopteris montana (Lam.) Desv.	VU D2 (LR, 2000); NT (LR, 2008); Prioritaria (Lorda & al., 2009)
Sorbus hybrida L.	VU D2 (LR, 2000); VU D2 (LR, 2008); Prioritaria (Lorda & al., 2009)

Tabla 5. Taxones amenazados no protegidos en Navarra de la región alpina.

Región Atlántica

En esta región hay 219 táxones exclusivos, de éstos 63 (29,03%) tienen alguna categoría de amenaza. Incluidos en el Catálogo de Flora Amenazada de Navarra están 16 táxones, y 38 se consideran prioritarios (Lorda & al., 2009). A modo de síntesis, para los **no** protegidos en Navarra (Tabla 6):

TÁXONES	CATEGORÍA DE AMENAZA
Carex strigosa Huds.	CR (AFA-UICN, 2003); CR (AFA-UICN, 2004); CR B1ab(iii)+2ab(iii), D (LR, 2008); Prioritaria (Lorda & al., 2009)
Carex cespitosa L.	CR D (LR, 2008); Prioritaria (Lorda & al., 2009)
Ranunculus lingua L.	DD (LR, 2000); EX (AFA-UICN, 2003); EX (AFA-UICN, 2004); CR (AFA-UICN); CR (AFA-UICN, 2006); CR B1ab(i,ii,iii)+2ab(i,ii,iii) (LR, 2008); Prioritaria (Lorda & al., 2009); LC (ERLVP, 2011)
Erodium manescavii Cosson	DD (I R, 2000); VU D2 (LR, 2008); Prioritaria (Lorda & al., 2009)
Woodwardia radicans (L.) Sm.	Directiva Hábitats (II); Berna (I); Prioritaria (Lorda & al., 2009); LESPE (2011); NT (ERLVP, 2011); PNyB (II)
Spiranthes aestivalis (Poir.) Rich.	Directiva Hábitats (IV); Prioritaria (Lorda & al., 2009); LESPE (2011); CITES (II); DD (ERLVP, 2011); Berna (I); PNyB (V)
Rhynchospora fusca	EN B1+2b (LR, 2000); EN (AFA-UICN,

(L.) W.T. Aiton	2003); EN (AFA-UICN, 2004); EN A2, B1+2ab(iii) (LR, 2008); Prioritaria (Lorda & al., 2009)
Carpinus betulus L.	EN B1+2b, D (LR, 2000); VU (AFA-UICN, 2003); VU (AFA-UICN, 2004); VU D1+2 (LR, 2008); Prioritaria (Lorda & al., 2009)
Lycopodiella inundata (L.) J. Holub	VU B1+2de,C2a (LR, 2000); Directiva Hábitats (V), como interpretación de *Lycopodium* spp.; PNyB (VI), como interpretación de *Lycopodium* spp.; VU B2ab(ii,iii) (LR, 2008); Prioritaria (Lorda & al., 2009)
Carex hostiana DC.	VU B1ab(iv)+2ab(iv) (LR, 2008); Prioritaria (Lorda & al., 2009)

Tabla 6. Taxones amenazados no protegidos en Navarra de la región atlántica.

Región Mediterránea

En esta región, viven de forma excluiva 432 táxones, de los que 63 (14,60%) cuentan con alguna categoría de amenaza. 10 táxones están incluidos en el Catálogo de Flora Amenazada de Navarra y 28 se consideran prioritarios (Lorda & al., 2009). Destacan, entre los **no** protegidos en Navarra (Tabla 7):

TÁXONES	CATEGORÍA DE AMENAZA
Epipactis phyllanthes G.E Sm.	DD (LR, 2000); CITES (II); VU D2 (LR, 2008); Prioritaria (Lorda & al., 2009); LC (ERLVP, 2011)
Narcissus triandrus L. subsp. *pallidulus* (Graells) Rivas Goday	Directiva Hábitats (IV); Prioritaria (Lorda & al., 2009); LESPE (2011); LC (ERLVP, 2011); Berna (I); PNyB (V)
Narcissus triandrus L. subsp. *triandrus*	Directiva Hábitats (IV); Prioritaria (Lorda & al., 2009); LESPE (2011); LC (ERLVP, 2011); Berna (I); PNyB (V)
Limonium ruizii (Font Quer) Fern. Casas	VU B1+2c (LR, 2000); VU B2ab(iii), D2 (LR, 2008); Prioritaria (Lorda & al., 2009)

Tabla 7. Taxones amenazados no protegidos en Navarra de la región mediterránea.

Al menos, estos 21 táxones destacados, debieran tener la posibilidad de formar parte del Catálogo de Flora Amenazada de Navarra, un documento del año 1997, que requiere una actualización urgente. Este trabajo que tenemos entre manos es una forma de poner en evidencia esta carencia y una base para elaborar un Libro Rojo de la Flora Amenazada de Navarra, un documento que debería llevar a elaborar una propuesta de un nuevo Catálogo de Flora Amenazada de Navarra con los criterios actuales de la U.I.C.N.

6. BIBLIOGRAFÍA

AIZPURU, I.; APARICIO, J.M.; APERRIBAY, J.A.; ASEGINOLAZA, C.; ELORZA, J.; GARÍN, F; PATINO, S.; PÉREZ DACOSTA, J.M.; PÉREZ DE ANA, J.M.; URIBE-ECHEBARRÍA, P.M.; URRUTIA, P.; VALENCIA, J. & VIVANT, J. 1996. Contribuciones al conocimiento de la Flora del País Vasco. *Anales Jard. Bot. Madrid*, 54(1): 419-43.

AIZPURU, I.; APERRIBAY, J.A.; ASEGINOLAZA, C.; GARÍN, F. & VIVANT, J. 1997. Contribuciones al conocimiento de la flora del País Vasco, II. *Munibe*, 49: 65-76.

AIZPURU, I.; APERRIBAY, J.A.; BALDA, A.; GARÍN, F.; LORDA, M.; OLARIAGA, I.; TERES, J. & VIVANT, J. 2003. Contribuciones al conocimiento de la flora del País Vasco (V). *Munibe*, 54: 39-74.

AIZPURU, I.; APERRIBAY, J.A.; GARÍN, F.; OIANGUREN, I.; OLA-RIAGA, I. & VIVANT, J. 2001. Contribuciones al conocimiento de la flora del País Vasco, IV. *Munibe*, 51: 41-58.

AIZPURU, I.; APERRIBAY, J.A.; GARÍN, F.; GARMENDIA, J. & OLARIAGA, I. 2009. Contribuciones al conocimiento de la flora del País Vasco (VIII). *Munibe*, 57: 75-81.

AIZPURU, I.; ARBELAITZ, E.; GARMENDIA, J.; OLARIAGA, I.; TERÉS, J. & ZENDOIA, I. 2005. Contribuciones al conocimiento de la flora del País Vasco (VII). *Munibe*, 56: 55-60.

AIZPURU, I.; ASEGINOLAZA, C.; CATALÁN, P. & URI-BE-ECHEBARRÍA, P.M. 1993. *Catálogo florístico de Navarra*. Informe técnico inédito. Dpto. Medio Ambiente. Gobierno de Navarra. Pamplona.

AIZPURU, I.; ASEGINOLAZA, C.; CATALÁN, P.; URI-BE-ECHEBARRÍA, P.M. & URRUTIA P. 1990. Algunas plantas navarras de interés corológico (I). *Estud. Mus. Ci. Nat. Álava*, 5: 83-90.

AIZPURU, I.; ASEGINOLAZA, C.; GARÍN, F. & VIVANT, J. 1998. Contribuciones al conocimiento de la flora del País Vasco, III. *Munibe*, 50: 7-19.

AIZPURU, I.; ASEGINOLAZA, C.; URIBE-ECHEBARRÍA, P.M. & URRUTIA, P. 1990. Algunas plantas navarras de interés corológico II. *Munibe*, 41: 117-121.

AIZPURU, I.; ASEGINOLAZA, C.; URIBE-ECHEBARRÍA, P.M.; URRUTIA, P. & ZORRAKIN, I. 1999. *Claves Ilustradas de la flora del País Vasco y territorios limítrofes*. Servicio central de publicaciones del Gobierno Vasco. Vitoria-Gasteiz.

AIZPURU, I. & CATALÁN, P. 1984. Presencia del carpe en la Península Ibérica. *Anales Jard. Bot. Madrid*, 41(1): 143-146.

AIZPURU, I. & CATALÁN, P. 1986. *Asplenium x recoderi* nothosp. nov. *Anales Jard. Bot. Madrid*, 42(2): 531-532.

AIZPURU, I. & CATALÁN, P. 1987. Datos sobre la vegetación de fuentes y arroyos de aguas nacientes en las montañas de la cornisa vasco-cantábrica. *Lazaroa*, 7: 273-279.

AIZPURU, I. & CATALÁN, P. 1988. Aportaciones al conocimiento de la Flora Navarra II. Homenaje a Pedro Montserrat. *Monogr. Inst. Pir. Ecología*, 4: 87-94.

AIZPURU, I. & CATALÁN, P. 2000. Aportación al conocimiento de la flora y vegetación de los yesos de Navarra. *Actas del Congreso de Botánica F. Loscos*, 653-663. Instituto de Estudios Turolenses. Teruel.

AIZPURU, I.; CATALÁN, P. & AEDO, C. 1987. Aportaciones al conocimiento de la flora navarra. *Fontqueria*, 14: 1-8.

AIZPURU, I.; CATALÁN, P. & GARÍN, F. 2010. *Guía de Árboles y Arbustos de Euskal Herria*. Servicio Central de Publicaciones del Gobierno Vasco. Vitoria-Gasteiz.

AIZPURU, I.; GARMENDIA, J.; OLARIAGA, I.; TERÉS, J.; ZENDOIA, I. & VIVANT, J. 2004. Contribuciones al conocimiento de la flora del País Vasco (VI). *Munibe*, 55: 147-154.

ALDEZABAL, A. 1994. Baztan/Kintoa lurraldeko landaredi kormofitikoaren ikerketa: katalogo floristikoa. *Eusko Ikaskuntza-Soc. Estud. Vascos. Cuadernos de Sección. C. Naturales*, 10: 227-375.

ALEJANDRE, J.A. 1989. Datos corológicos sobre pteridófitos peninsulares. *Fontqueria*, 24: 3-4.

ALEJANDRE, J.A. 1994. *Narcissus dubius* Gouan. In Fernández Casas (Ed.). Asientos para una flora occidental, 10. *Fontqueria*, 39: 475.

ALEJANDRE, J.A. 1995. Plantas raras, del Macizo Ibérico septentrional más que nada. *Fontqueria*, 42: 51-82.

ALEJANDRE, J.A.; ARIZALETA, J.A. & BENITO AYUSO, J. 1999. Notas florísticas referentes al macizo ibérico septentrional, III. *Fl. Montiber.*, 12: 40-64.

ALEJANDRE, J.A.; ARIZALETA, J.A.; BENITO, J. & MEDRANO, L.M. 1997. Notas florísticas referentes al macizo ibérico septentrional, II. *Fl. Montiber.*, 7: 44-66.

ALEJANDRE, J.A.; ARIZALETA, J.A.; BENITO, J.; ESCALANTE, M.J. & MARTÍNEZ CABEZA, A. 2005. Pteridófitos presentes en la Comunidad Autónoma de La Rioja y comentarios dispersos sobre pteridófitos peninsulares. *Fl. Montiber.*, 30: 22-40.

ALEJANDRE, J.A.; ASEGINOLAZA, C.; GÓMEZ, D.; MONTSERRAT, G.; MORANTE, G.; URIBE-ECHEBARRÍA, P.M.; URRUTIA, P. & ZORRAKIN, I. 1987. Adiciones y correcciones al Catálogo florístico de Alava, Vizcaya y Guipúzcoa. *Munibe*, 39: 123-131.

ALEJANDRE, J.A.; MORANTE, G.; URIBE-ECHEBARRÍA, P.M. & URRUTIA, P. 1987. Notas corológicas sobre la flora vascular del País Vasco y aledaños (I). *Estud. Inst. Alavés Natur.*, 2: 205-212.

ALLORGE, P. 1941. Essai de synthèse phytogéographique du Pays Basque. *Bull. Soc. Bot. France*, 88: 291-356.

ALLORGE, V. & ALLORGE, P. 1941. Plantes rares ou intéressantes du Nord-Ouest de l'Espagne, principalement du Pays Basque. *Bull. Soc. Bot. France*, 88: 226-254.

ALLORGE, P. & GAUSSEN, H. 1941. Les pelouses-garrigues d'Olazagutia et le hêtraie d'Urbasa. *Bull. Soc. Bot. France*, 88: 29-39.

ÁLVAREZ, R.; PÉREZ DE ZABALZA, A.J. & LÓPEZ, M.L. 1984. Estudio del polen atmosférico primaveral de la ciudad de Pamplona. *Lazaroa*, 6: 199-203.

AMARAL FRANCO, J.DO & ROCHA AFONSO, M.L. DA. 1968. Distribuiçao de zimbros e pomóideas na Península Ibérica. *Collect. Bot. (Barcelona)*, 8(1): 449-481.

AMICH GARCÍA, F. 1983. Notas sobre flora riojana II. *Stud. Bot. Univ. Salamanca*, 2: 139-154.

AMICH GARCÍA, F. 1984. *Nigella arvensis* L. especie no ibérica. *Anales Jard. Bot. Madrid*, 41(1): 210.

AMO, M. 1861. Distribución geográfica de las familias de las plantas crucíferas, leguminosas, rosáceas, salsoláceas, amentáceas, coníferas y gramíneas de la Península Ibérica. *Mem. Real Acad. Ci. Madrid*, 5: 223-463.

AMO, M. 1870. *Flora fanerogámica y criptogámica de la Península Ibérica*. Granada.

AMO, M. 1871. *Flora fanerogámica de la Península Ibérica o descripción de las plantas cotyledóneas que crecen en España y Portugal*. 6 vols. Granada.

ANÓNIMO. 1982. Decisión del Consejo, de 3 de diciembre de 1981, referente a la celebración del Convenio relativo a la conservación de la vida silvestre y del medio natural de Europa (82/72/CEE). *Diario Oficial L038, 10/02/1982*.

ANÓNIMO. 1992. Directiva 92/43/CEE del Consejo de 21 de mayo de 1992 relativa a la conservación de los hábitats naturales y de la fauna y flora silvestres. *Diario Oficial L206,*

22/07/1992.

ANÓNIMO. 2011. Real Decreto 139/2011, de 4 de febrero, para el desarrollo del Listado de Especies Silvestres en Régimen de Protección Especial y del Catálogo Español de Especies Amenazadas. *Boletín Oficial del Estado 46, 23/02/2011*.

ANÓNIMO. 2011. Real Decreto 1628/2011, de 14 de noviembre, por el que se regula el listado y catálogo español de especies exóticas invasoras. *Boletín Oficial del Estado 298, 12/12/2011*.

ANÓNIMO. 2012. *Análisis de la riqueza y diversidad de la flora y fauna valencianas respecto a otras Comunidades Autónomas y países europeos*. Informe inédito. Servicio de Espacios Naturales y Biodoversidad. Generalitat Valenciana. Valencia.

APARICIO, J.M.; ELORZA, J.; PATINO, S.; URIBE-ECHEBARRÍA, P.M.; URRUTIA, P. & VALENCIA, J. 1997. Notas corológicas sobre la flora vascular del País Vasco y aledaños (VIII). *Estud. Mus. Ci. Nat. Álava*, 12: 89-105.

APARICIO, J.M.; PATINO, S.; PÉREZ DACOSTA, T.; URIBE-ECHEBARRÍA, P.M.; URRUTIA, P. & VALENCIA, J. 1993. Notas corológicas sobre la flora del País Vasco y aledaños (VII). *Estud. Mus. Ci. Nat. Álava*, 8: 85-99.

ARAGÓN, G. & MARTÍNEZ, I. 1994. Aportaciones 62-74 (in Cartografía Corológica Ibérica). *Bot. Complut.*, 19: 183-196.

ARAGÓN, G.; HERRERO, A. & IZQUIERDO, J.L. 1998. Corología e implicaciones biogeográficas de algunos táxones ibero-pirenaicos. *J. Bot. Soc. bot. France*, 5: 31-41.

ARAGÓN, G.; HERRERO, A.; IZQUIERDO, J.L. & MARTÍNEZ, I. 1994. Aportaciones 70-72 (in Cartografía Corológica Ibérica). *Bot. Complut.*, 19: 168-183.

ARBELAITZ, E.; MENDIZABAL, M.; TAMAYO, I.; ALDEZABAL, A. & ASEGINOLAZA, C. 2002. Aiako Harria Parke Naturaleko mehatxaturiko flora: I. Populazioen banaketa eta zentsoa. *Munibe*, 53: 131-146.

ARENAS, J.A. & GARCÍA, F. 1993. Atlas carpológico y corológico de la subfamilia *Apioideae* Drude (*Umbelliferae*) en España peninsular y Baleares. *Ruizia*, 12: 245 pp.

ARIZAGA, J.; ALCALDE, J.T.; ALONSO, D.; BIDEGAIN, I.; BERASATEGUI, G.; DEAN, J.I.; ESCALA, C.; GALICIA, D.; GOSÁ, A.; IBÁÑEZ, R.; ITOIZ, U.; MENDIBURU, A.; SARASOLA, V. & VILCHES, A. 2009. La Laguna de Loza: flora y fauna de vertebrados. *Munibe (Suplemento) 30*. Sociedad de Ciencias Aranzadi Zientzi Elkartea.

ARNAIZ, C. & LOIDI, J. 1983. Estudio fitosociológico de los zarzales y espinales del País Vasco (*Ligustro-Rubenion ulmifolii*). *Lazaroa*, 4: 5-16.

ARNELAS, I. & DEVESA, J.A. 2012. Revisión taxonómica de *Centaurea* sect. *Lepteranthus* (Neck.) Dumort. (*Asteraceae*) en la Península Ibérica. *Acta Bot. Malacitana*, 37: 45-77.

ARNOLD, J.E. 1981. Notas para una revisión del género *Ophrys* L. (*Orchidaceae*) en Cataluña. *Collect. Bot. (Barcelona)*, 12(1): 5-45.

ASEGINOLAZA, C. 1983. Singularidad florística del Aldamin en Vizcaya. *Collect. Bot. (Barcelona)*, 14: 27-30.

ASEGINOLAZA C.; GÓMEZ, D.; LIZAUR, X.; MONTSERRAT, G.; MORANTE, G.; SALAVERRÍA, M.R.; URIBE-ECHEBARRÍA, P.M. & ALEJANDRE, J.A. 1985. *Araba, Bizkaia eta Gipuzkoako Landare Katalogoa-Catálogo Florístico de Álava, Vizcaya y Guipúzcoa*. 1149 pp. Viceconsejería de Medio Ambiente. Gobierno Vasco. Vitoria-Gasteiz.

ASEGINOLAZA, C.; GÓMEZ, D.; LIZAUR, X.; MONTSERRAT, G.; MORANTE, G.; SALAVERRÍA, M.R. & URIBE-ECHEBARRÍA, P.M. 1989. *Vegetación de la Comunidad Autónoma del País Vasco*. Servicio Central de Publicaciones. Gobierno Vasco. Vitoria-Gasteiz.

ASEGINOLAZA, C.; GÓMEZ, D.; MONTSERRAT, G.; MORANTE, G. & URIBE-ECHEBARRÍA, P.M. 1986. *Plantas del País Vasco y Alto Ebro. Centuria I*. Exsiccata de los herbarios JACA, VIT y herb. de C. Aseginolaza.

ASEGINOLAZA, C.; GÓMEZ, D.; MONTSERRAT, G.; MORANTE, G. & URIBE-ECHEBARRÍA, P.M. 1987. *Plantas del País Vasco y Alto Ebro. Centuria II*. Exsiccata de los herbarios JACA, VIT y herb. de C. Aseginolaza.

AYMONIN, G. 1958. Quelques aspectes des phytocenoses a *Daphne cneorum* en particulier au pays basque français. *Bull. Centr. Études Rech. Sci.*, 2(1): 55-91.

AYUSO, J.B.; ALEJANDRE, J.A. & ARIZALETA, J.A. 1999. *Epipactis phyllanthes* G.E. Smith en la Península Ibérica. *Zubía*, 17: 82-98.

AZQUETA, A. & IBÁÑEZ, R. 2002. Estudio de la Flora Vascular de Ilundáin (Navarra). *Publ. Biol. Univ. Navarra S. Bot.*, 14: 1-153.

BALDA, A. 2002. Contribuciones al conocimiento de la flora navarra. *Munibe*, 53: 157-174.

BAÑARES, Á.; BLANCA, G.; GÜEMES, J.C.; MORENO, J.C. & ORTIZ, S. 2003. *Atlas y Libro Rojo de la Flora Vascular Amenazada de España. Taxones prioritarios*. Ministerio de Medio Ambiente. Madrid.

BAÑARES, Á.; BLANCA, G.; GÜEMES, J.C.; MORENO, J.C. & ORTIZ, S. 2006. *Atlas y Libro Rojo de la Flora Vascular Amenazada de España. Adenda 2006*. Dirección General para la Biodiversidad-Sociedad Española de Biología de la Conservación de Plantas. Madrid.

BAÑARES, Á.; BLANCA, G.; GÜEMES, J.C.; MORENO, J.C. & ORTIZ, S. (EDS.). 2010. *Atlas y Libro Rojo de la Flora Vascular Amenazada de España. Adenda 2010*. Dirección General de Medio Natural y Política Forestal (Ministerio de Medio Ambiente, y Medio Rural y Marino)-Sociedad Española de Biología de la Conservación de Plantas. Madrid.

BAÑARES, Á.; BLANCA, G.; GÜEMES, J.C.; MORENO, J.C. & ORTIZ, S. (EDS.). 2009. *Atlas y Libro Rojo de la Flora Vascular Amenazada de España. Adenda 2008*. Dirección General de Medio Natural y Política Forestal (Ministerio de Medio Ambiente, y Medio Rural y Marino)-Sociedad Española de Biología de la Conservación de Plantas. Madrid.

BAONZA, J; MEDINA, L. & MONTOUTO, O. 2003. Aportaciones 201-215. (in Cartografía Corológica Ibérica). *Bot. Complut.*, 27: 201-215.

BARRA, A. & LÓPEZ GONZÁLEZ, G. 1984. Datos cariológicos sobre el género *Narcissus* L. *Anales Jard. Bot. Madrid*, 40(2): 369-377.

BARREDO, J.J. 1991. Aportaciones para el conocimiento florístico de la Sierra de Arcena (Alava-Burgos) y otros datos de interés corológico. *Estud. Mus. Ci. Nat. Álava*, 6: 69-70.

BARREDO, J.J. 1998. Nuevo hallazgo de *Centaurium spicatum* (L.) Fritsch en la CAV. *Munibe*, 50: 105.

BARREDO, J.J. & BARREDO, U. 2010. Suplemento al catálogo florístico de la cuenca del Omecillo, Valderejo y Sobrón. *Munibe*, 58: 11-30.

BARRENO, E. & AL. (EDS.). 1985. Listado de plantas endémicas, raras o amenazadas de España. *Inf. Ambiental*. MOPU, 3: 48-71.

BARTOLOMÉ, C.; ÁLVAREZ, J.; VAQUERO, J.; COSTA, M.; CASERMEIRO, M.A.; GIRALDO, J. & ZAMORA, J. 2005. *Los tipos de hábitat de interés comunitario en España. Guía básica*. Ministerio de Medio Ambiente. Dirección General para la Biodiversidad. Madrid.

BÁSCONES, J.C. 1978. *Relaciones suelo-vegetación en la Navarra Húmeda del Noroeste. Estudio florístico-ecológico*. Tesis Doctoral. Universidad de Navarra. Pamplona.

BÁSCONES, J.C. 1982. Pteridófitos de la Navarra húmeda. *Acta Bot. Malacitana*, 7: 199-202.

BÁSCONES, J.C. 1982. Flora vascular de la Navarra Húmeda. I.

Poaceae. Publ. Biol. Univ. Navarra S. Bot., 1: 21-52.

BÁSCONES, J.C. 1982. Los pastizales de la Navarra Húmeda. *Publ. Biol. Univ. Navarra S. Bot.*, 1: 61-85.

BÁSCONES, J.C.; EDERRA, A.; GARDE, M.L.; LÓPEZ, M.L.; MEDRANO, L.M.; PÉREZ LOSANTOS, A. & URSÚA, M.C. 1983. *Flora de Navarra-II. Flora primaveral. Crasuláceas, Lináceas, Malváceas, Primuláceas, Gencianáceas*. 301 pp. Col. Diario de Navarra. Pamplona.

BÁSCONES, J.C.; EDERRA, A.; LÓPEZ, M.L.; MEDRANO, L.M. & PÉREZ LOSANTOS, A. 1982. Pteridófitos de Navarra. *Collect. Bot. (Barcelona)*, 13(1): 19-36.

BÁSCONES, J.C.; EDERRA, A.; LÓPEZ, M.L.; MEDRANO, L.M. & PÉREZ LOSANTOS, A. 1981. *Flora de Navarra-I. Cistáceas, Ericáceas, Caprifoliáceas*. 247 pp. Col. Diario de Navarra. Pamplona.

BÁSCONES, J.C. & PERALTA, J. 1989. Notas de Flora Navarra. *Príncipe de Viana, Supl. de Ciencias*, 9: 435-441.

BÁSCONES, J.C. & PERALTA, J. 1992. Tipología, distribución y conservación de los hayedos de Navarra. *Investigaciones Agrarias, Sistemas y Recursos Forestales* 1(2): 71-82.

BÁSCONES, J.C. & URSÚA, M.C. 1986. Estudio fitosociológico de los pastos de la Ribera Tudelana. *Príncipe de Viana, Supl. de Ciencias*, 6: 101-140.

BELLOT, F. 1947. Revisión crítica de las especies del género "Hippocrepis" de la Península e Islas Baleares. *Anales Jard. Bot. Madrid*, 7: 197-334.

BENEDÍ GONZÁLEZ, C. 1998. Consideraciones sobre el género *Anthyllis* L. (*Loteae-Leguminosae*) y su tratamiento en Flora Iberica. *Anales Jard. Bot. Madrid*, 56(2): 279-303.

BENITO ALONSO, J.L. 1995. Aportación 83 (in Cartografía Corológica Ibérica). *Bot. Complut.*, 20: 161-162.

BENITO AYUSO, J. 2003-2004. Apuntes sobre orquídeas ibéricas II. *Estud. Mus. Ci. Nat. Álava*, 18-19: 95-109.

BENITO, M.; GALICIA, D.; MORENO L.; MORENO, J.C.; SAINZ, H. & SÁNCHEZ DE DIOS, R. 2001. Aportaciones 107-122 (in Cartografía Corológica Ibérica). *Bot. Complut.*, 25: 379-407.

BENITO, J. & HERMOSILLA, C. E. 1998. Dos nuevas especies ibéricas, *Epipactis cardina* y *Epipactis hispanica*, más alguno de sus híbridos: *Epipactis x conquensis* (*E. cardina x E. parviflora*), y *Epipactis x populetorum* (*E. helleborine x E. hispanica*). *Estud. Mus. Ci. Nat. Álava*, 13: 103-115.

BENITO, J., ALEJANDRE, J.A. & ARIZALETA, J.A. 1999. Aproximación al catálogo de las orquídeas de La Rioja (España). *Estud. Mus. Ci. Nat. Álava*, 14: 19-64.

BENITO, J.; ALEJANDRE, J.A. & ARIZALETA, J.A. 1999. Algunas orquídeas interesantes de La Rioja y aledaños. *Zubía*, 17: 63-82.

BENITO, J.; ALEJANDRE, J.A. & ARIZALETA, J.A. 1999. *Epipactis purpurata* G.E. Smith et *Epipactis distans* Arvet Touvet dans la Péninsule ibérique. *Natural. belges*, 80 (Orchid. 12): 261-273.

BERASTEGI, A. 2010. *Prados y pastizales en Navarra*. Tesis Doctoral. Universidad del País Vasco-Euskal Herriko Unibertsitatea. Leioa.

BERASTEGI, A.; CAMPOS, J.A. & DARQUISTADE, A. 2001. Datos sobre cinco plantas poco conocidas en el País Vasco y Navarra. *Lazaroa*, 22: 153-158.

BERASTEGI, A.; DARQUISTADE, A. & GARCÍA-MIJANGOS, I. 1997. Biogeografía de la España septentrional. *Itinera Geobot.*, 10: 149-182.

BERASTEGI, A.; PERALTA, J.; OLANO, J.M. & LOIDI, J. 2005. La transición entre los pastizales mesoxerófilos templados y los mediterráneos en las montañas cantábricas y prepirenaicas (Navarra, NE de la Península Ibérica). *Bull. Soc. Hist. Nat. Toulouse*, 141-2: 91-95.

BERASTEGI, A.; LORDA, M.; PERALTA, J.; BÁSCONES, J.C.;

URSÚA, C. & GIL, T. 2007. Lista Roja Cantábrica de Plantas Vasculares. Navarra. *Naturalia Cantabricae*, 3: 93-101.

BERNARD, C. 1980. Compte rendu sommaire de la 110eme session extraordinaire de la Société: Pyrénées Atlantiques. *Bull. Soc. Bot. France*, 127(L.B.): 403-414.

BERNIS, F. 1955. Revisión del Género *Armeria* Willd. con especial referencia a los grupos ibéricos. (Parte segunda). *Anales Inst. Bot. Cavanilles*, 14: 259-432.

BILZ, M.; KELL, S.P.; MAXTED, N. & LANDSDOWN, R.V. 2011. *European Red List of Vascular Plants*. Publications Office of the European Union. Luxembourg.

BIURRUN, I. 1995. *Flora y vegetación acuática, higrófila y halófila de las cuencas de los ríos Arga y Bisadoa en Navarra*. Tesis Doctoral. Universidad del País Vasco-Euskal Herriko Unibertsitaea. Leioa.

BIURRUN, I. 1999. Flora y vegetación de los ríos y humedales de Navarra. *Guineana*, 5: 1-338.

BIURRUN, I. 2005. *Informe sobre la flora y los hábitats presentes en el ámbito de afección de las pistas de esquí nórdico de Larra*. Informe inédito. Junta General del Valle de Roncal.

BLANCA, G. 1981. Revisón del género *Centaurea* L. sect. *Willkommia* G. Blanca nom. nov. *Lagascalia*, 10: 131-205.

BLANCO, E. 1989. Áreas y enclaves de interés botánico en España (flora silvestre y vegetación). *Ecología*, 3: 7-21.

BLANCHET, H. 1891. *Catalogue des plantes vasculaires du Sud-Ouest de la France, comprenant le département des Landes et celui des Basses Pyrénées*. 172 pp. Bayonne.

BOISSIER, E. 1838. *Elenchus plantarum novarum minusque cognitarum, quas in itinere hispanico legit*. Genevae.

BOISSIER, E. 1839. *Voyage botanique dans le midi de l'Espagne pendant l'année 1837. Volumen I*. París.

BOISSIER, E. 1845. *Voyage botanique dans le midi de l'Espagne pendant l'année 1837. Volumen II*. París.

BOISSIER, E. & REUTER, G.F. 1842. *Diagnoses plantarum novarum hispanicarum, praesertim in Castella nova lectarum*. Genevae.

BOISSIER, E. & REUTER, G.F. 1852. *Pugillus plantarum novarum Africae borealis Hispaniaeque australis*. Genevae.

BOISSIER, E. & REUTER, G.F. 1858. *Plantae Pyrenaicae et Hispanicae 1858 exsicatae*. Genevae.

BOLÒS, A. DE 1984. Les sous-espèces d'*Arnica montana* L. In PINTO DA SILVA, A.R. (ED.). De Flora Lusitana commentarii IV. *Agron. Lusit.*, 10(2): 111-116.

BOLÒS, O. DE. 1998. Atlas coròlogic de la flora vascular dels Països Catalans. Primera compilació general. *Institut d'Estudis Catalans*. Barcelona.

BOLÒS, O. DE & VIGO, J. 1984-2001. *Flora dels Països Catalans, vol. 1-4*. Ed. Barcino. Barcelona.

BOLÒS, O. DE & MONTSERRAT, P. 1960. *Guide de la partie espagnole (Pyrénées d'Aragon et de Navarre)*. Excursion de l'Association Internationale de Phytosociologie dans les Pyrénées Centrales et Occidentales. Multicopista, 15 pp.

BOLÒS, O. DE & MONTSERRAT, P. 1984. Datos sobre algunas comunidades vegetales, principalmente de los Pirineos de Aragón y de Navarra. *Lazaroa*, 5: 89-96.

BOLÒS, O. DE; VIGO, J.; MASALLES, R.M. & NINOT, J.M. 1990. 2005. *Flora manual dels Països Catalans*. 3ª ed. 1.310 pp. Ed. Pòrtic. Barcelona.

BON. 1997. *Creación del catálogo de la flora amenazada de Navarra y adopción de medidas para la conservación de la flora silvestre catalogada*. Decreto Foral 94/1997.

BONPLAND, A. 1913. *Description des plantes rares que l'on cultive à Navarre et à Malmaison*. París.

BOZAL, J.M.; GARNICA, I.; LEZAUN, J.A. & PERALTA, J. 2011. Una nueva mala hierba en los arrozales de Navarra. *Navarra Agraria*, III-IV: 28.

BRAUN-BLANQUET, J. 1966. Vegetationsskizzen aus dem Baskenland mit ausblicken auf das weitere Ibero-Atlantikum. I teil. *Vegetatio*, 13: 117-147.

BRAUN-BLANQUET, J. 1967. Vegetationsskizzen aus dem Baskenland mit ausblicken auf das weitere Ibero-Atlantikum. II teil. *Vegetatio*, 14: 1-126.

BRAUN-BLANQUET, J. & BOLÒS, O. DE. 1957. Les groupements végétaux du Bassin Moyen de l'Ebre et leur dynamisme. *Anales Estac. Exp. Aula Dei*, 5(1-4): 1-266.

BUBANI, P. 1897-1901. *Flora Pyrenaea per Ordines Naturales gradatim digesta. Vol. I-II-III-IV*. Impr. Ulricus Hoeplius. Mediolani.

CADIÑANOS, J.A.; FIDALGO, E. & LLORENTE, A. 2010. Aportaciones a la flora vascular de Vizcaya, Guipúzcoa y Cantabria (III). *Munibe*, 58: 31-38.

CÁMARA, F. 1940. *Estudios sobre flora de la Rioja Baja*. Tesis Doctoral. Universidad Central. Facultad de Ciencias. Madrid.

CAMPOS, J.A.; BERASTEGI, A. & DARQUISTADE, A. 2002. Sobre algunas plantas poco conocidas del País Vasco y zonas limítrofes. *Estud. Mus. Ci. Nat. Álava*, 17: 125-130.

CAMPOS, J.A.; DARQUISTADE, A.; BIURRUN, I. & GARCÍA-MIJANGOS, I. 2003-2004. Sobre algunas plantas poco conocidas del País Vasco y zonas limítrofes (II). *Estud. Mus. Ci. Nat. Álava*, 18-19: 59-67.

CAMPOS, J.A.; HERRERA, M. & ARAGUNDE, L. 2006. *Catálogo de la flora alóctona de Navarra*. Informe técnico. Universidad del País Vasco-Euskal Herriko Unibertsitatea.

CANTÓ, P.; RIVAS-MARTÍNEZ, S.; GREINWALD, R. & RENSEN, I. VAN. 1997. Revisión de *Genista* L. sect. *Spartioides* Spach en la Península Ibérica y Baleares. *Lazaroa*, 18: 9-44.

CANTÓ, P. 1985. Revisión del género *Serratula* L. (*Asteraceae*) en la Península Ibérica. *Lazaroa*, 6: 7-80.

CANTÓ, P. 1981. Números cromosómicos en algunos táxones del género *Serratula* L. (*Asteraceae*). *Lazaroa*, 3: 189-195.

CARDONA, M.A.; LLORENS, LL. & SIERRA, E. 1983. Étude biosystématique de *Dorycnium pentaphyllum* Scop. subsp. *fulgurans* (Porta) comb. nova, endémique des Baléares orient.. *Collect. Bot. (Barcelona)*, 14: 133-150.

CARRASCO, M.A. & MARTÍN-BLANCO, C.J. 1995. Consideraciones sobre el género *Kickxia* Dumort. (*Scrophulariaceae*) en la Península Ibérica. *Anales Jard. Bot. Madrid*, 53(2): 213-217.

CARRETERO, J.L. 1979. El género *Amaranthus* L. en España. *Collect. Bot. (Barcelona)*, 11: 105-142.

CARRETERO, J.L. 1979. *Solanum elaeagnifolium* Cav. y *Cuscuta campestris* Yuncker; nuevas especies para la flora española. *Collect. Bot. (Barcelona)*, 11: 143-154.

CARRETERO, J.L. 1985. Consideraciones sobre las amarantáceas ibéricas. *Anales Jard. Bot. Madrid*, 41(2): 271-286.

CASELLAS, J. 1962. El género *Medicago* L. en España. *Collect. Bot. (Barcelona)*, 6(1-2): 183-291.

CASTILLO, J.L. 1993. Aportación 49 (in Cartografía Corológica Ibérica). *Bot. Complut.*, 18: 328-331.

CASTROVIEJO, S. & COELLO, P. 1980. Datos cariológicos y taxonómicos sobre las *Salicorniinae* A.J. Scott ibéricas. *Anales Jard. Bot. Madrid*, 37(1): 41-72.

CASTROVIEJO, S. & AL. (EDS.). 1986-2013. *Flora Iberica. Plantas vasculares de la Península Ibérica e Islas Baleares*. Real Jardín Botánico-CSIC. Madrid.

CATALÁN, P. 1987. *Geobotánica de las cuencas Bidasoa-Urumea (NO de Navarra-NE de Guipúzcoa). Estudio ecológico, de los suelos y la vegetación de Artikutza (Navarra)*. Tesis Doctoral. Universidad del País Vasco-Euskal Herriko Unibertsitatea. Leioa.

CATALÁN, P. 1988. Variabilidad organográfica y anatómica en tres taxones del grupo *Festuca ovina* L. s.l. en Navarra. In *Simposi Internacional de Botànica Pius Font i Quer. Vol. II (Fanerogamia)*: 123-127. Lleida.

CATALÁN, P. & AIZPURU, I. 1984. Pteridófitos del monte Jaizkibel (Guipúzcoa). *Anales de Biología de la Univ. de Murcia*, 1: 253-259.

CATALÁN, P. & AIZPURU, I. 1985. Aportación al catálogo florístico de la cuenca del Bidasoa (Guipúzcoa y Navarra). *Munibe*, 37: 17-86.

CATALÁN, P. & AIZPURU, I. 1986. Datos florísticos de las cuencas de los ríos Bidasoa y Urumea. *Munibe*, 38: 163-168.

CATALÁN, P. & AIZPURU, I. 1988. Atlas de los pteridófitos de Navarra. *Munibe*, 40: 99-116.

CAVANILLES, A. J. 1791. *Icones et descriptiones plantarum, quae aut sponte in Hispania crescunt, aut in hortis hospitantur. 1791-1801*. 6 tomos en folio con 600 láminas. Madrid.

CAVERO, R.Y.; GARDE, L. & LÓPEZ, M. L. 1988. Distribución de *Crocus nevadensis* Amo & Campo, Rest. Farm. 1861 en Navarra. *Actes del Simposi Internacional de Botànica Pius Font i Quer*, Vol. II: 345-347.

CAVERO, R.Y. & LÓPEZ, M.L. 1987. Contribución al conocimiento de la flora vascular del valle de Olleta-Sansoain (Navarra, España). *Actas VII Bienal de la R. Soc. Esp. Hist. Nat.*, 353-359.

CEBOLLA, C. & RIVAS PONCE, M.A. 1988. Una nueva subespecie de *Festuca paniculata* (L.) Schinz & Thell. *Fontqueria*, 21: 21-26.

CEBOLLA, C. & RIVAS PONCE, M.A. 1992. Acerca de *Festuca boissieri* Janka y otros táxones afines (sect. *Montanae* Hackel). *Fontqueria*, 33: 11-22.

CEBOLLA, C. & RIVAS PONCE, M.A. 1998. Nouvelles contributions à la cartographie du genre *Festuca* L. sect. *sub-bulbosae* Nymam au nord de la Péninsule ibérique et au sud de la France. *J. Bot. Soc. bot. France*, 5: 53-56.

CENTRO PIRENAICO DE BIOLOGÍA EXPERIMENTAL. 1966. La Vegetación del valle del Ebro y de la vertiente española de los Pirineos. *Publ. Ord. Int. Cent. Pir. Biol. Exp.*, 1: 41p+1.1.000.000.

CENTRO PIRENAICO DE BIOLOGÍA EXPERIMENTAL. 1968. Vegetación. En "Excursión Jaca-Pamplona por Ansó-Roncal y las Aézcoas". *Pirineos*, 87-90: 60-69.

CERVI, A.C. & ROMO, A.M. 1981. Contribución al estudio de algunas especies del género *Deschampsia* en la Península Ibérica. *Collect. Bot. (Barcelona)*, 12: 81-87.

CHACÓN AUMENTE, R. 1987. Contribución al estudio taxonómico del género *Doronicum* L. (*Compositae*) en la Península Ibérica. *Anales Jard. Bot. Madrid*, 43(2): 253-270.

CHAUDHRI, M.N. 1968. A revision of the *Paronychiinae*. *Meded. Bot. Mus. Herb. Rijks. Utrecht, 285*: 440 pp.

CLAVERÍA, V.; BERASTEGI, A. & SECCIÓN DE HÁBITATS. 2011. Estrategias para la conservación de la flora y la vegetación en Navarra. Dossier Navarra. *Conservación Vegetal*, 15: 22-30.

COLMEIRO, M. 1872. Genisteas y Antilídeas de España y Portugal. *Anales Soc. Esp. Hist. Nat.*, 1: 289-378.

COLMEIRO, M. 1885-1889. *Enumeración y revisión de las plantas de la Península hispano-lusitana e islas Baleares*. 5 vols. Madrid.

COSTA, A. 1877. *Flora de Cataluña*. Imprenta Barcelonesa. Barcelona.

COSTE, H. 1910. *Catalogue des Plantes des Pyrénées*. 445 pp. Manuscrito inédito.

COSTE, H. 1920. Les fougères des Pyrénées. *Monde des Plantes*, 21: 6-7.

CRESPO, M.B.; LOWE, M.R. & PIERA, J. 2001. *Epipactis kleinii*, a new name to replace the illegitimate *E. parviflora* (A. & C. Niesch.) E. Klein, non (Blume) A.A. Eaton (*Orchidaceae*, *Neottieae*). *Taxon*, 50: 853-855.

CUADRA-SALCEDO, S. 1965. Límite meridional del haya y septentrional del olivar en Navarra. *Estud. Geográficos*, 98: 41-82.

DARQUISTADE, A.; BERASTEGI, A.; CAMPOS, J.A. & LOIDI, J. 2004. Pastizales supratemplados cántabro-euskaldunes de *Agrostis curtisii*: caracterización y encuadre fitosociológico. *Silva Lusitana*, 12: 135-149.

DELAY, J. & VIVANT, J. 1978. Sur quelques endémiques pyrénéennes. Cytotaxonomie (1 partie). *Bull. Soc. Bot. France*, 125: 485-492.

DELFORGE, P. 1994. Remarques sur quelques espèces d'*Ophrys* parfois arachnitiformes et nouvelles données sur la distribution d'*Ophrys castellana* Devillers-Terschuren en Espagne (*Orchidaceae*). *Natural. belges* (*Orchid.* 7), 75: 171-186.

DENDALETCHE, C. 1969. Sur le peuplement du Pic Errocate et de ses environs (Pyrénées Basques). *Bull. Centr. Études Rech. Sci.*, 7(4): 873-884.

DENDALETCHE, C. 1969. Notes floristiques sur le peuplement des Pyrénées Atlantiques (première note). *Bull. Centr. Études Rech. Sci.*, 7(4): 885-892.

DENDALETCHE, C. 1970. Sur les *Petrocoptis* pyrénéens. Notes éthologiques. *Bull. Soc. Hist. Nat. Toulouse*, 106: 306-311.

DENDALETCHE, C. 1970. Esquisse du peuplement végétal des Pyrénées Atlantiques. *C.R. du 94 Congrès Nat. des Soc. Savantes*. Pau. Avril 1969, 3: 305-321.

DENDALETCHE, C. 1971. Pic d'Anie (2.504 m) et Pic Rouge (2.177 m): phytocénoses subalpines et alpines. *Bull. Soc. Hist. Nat. Toulouse*, 107: 492-497.

DENDALETCHE, C. 1972. Le peuplement végétal des montagnes entre les Pics d'Anie et d'Orhy (Pyrénées Occidentales): Notes écologiques, floristiques et phytocénotiques. *Pirineos*, 105: 11-26.

DENDALETCHE, C. 1973. *Ecologie et peuplement végétal des Pyrénées occidentales. Essai d'écologie montagnarde*. Thèse. Université de Nantes.

DENDALETCHE, C. 1974. *Soldanella villosa* Darracq, endémique vasco-cantabrique. *Bull. Soc. Hist. Nat. Toulouse*, 110: 276-279.

DENDALETCHE, C. 1975. Le Pin à Crochets (*Pinus uncinata*): leherra, dans les Pyrénées Basco-Navarraises. *Bull. Mus. Basque*, 67: 41-44.

DENDALETCHE, C. 1981. L'endemisme végétal pyrénéen occidental. *Bull. Soc. Hist. Nat. Toulouse*, 117(1-4): 181-195.

DENDALETCHE, C. 1982. *Guía de los Pirineos. Biología, Geología y Ecología*. 790 pp. Ed. Omega. Barcelona.

DENDALETCHE, C. 1989. Biologie des Pyrénées basques: biocénose et écosystèmes. *Bull. Mus. Basque*, 337-356.

DENDALETCHE, C. 2005. *Pyrénées. Guide bibliographique illustré (1545-1955). Des livres, des homes, des lieux*. Ed. Aubéron.

DEVESA, J.A. 1981. Contribución al estudio cariológico del género *Carduus* en la Península Ibérica. *Lagascalia*, 10(1): 65-80.

DEVESA, J.A. 1984. Revisión del género *Scabiosa* en la Península Ibérica e Islas Baleares. *Lagascalia*, 12(2): 143-212.

DEVESA, J.A. & TALAVERA, S. 1981. *Revisión del género Carduus (Compositae) en la Península Ibérica e Islas baleares*. 118 pp. Universidad de Sevilla. Sevilla.

DEVILLERS, P. & DEVILLERS-TERSCHUREN, J. 1999. Essai de synthèse du group d'*Epipactis phyllanthes, E. gracilis, E. persica* et sa répresentation dans les hêtrais subméditerranéennes d'Italie, de Grèce, de France, d'Espagne et de Bulgarie. *Natural. belges*, 80 (*Orchid.* 12): 292-310.

DÍAZ DE LA GUARDIA, C. & BLANCA, G. 1987. Revisión del género *Scorzonera* L. (*Compositae, Lactuceae*) en la Península Ibérica. *Anales Jard. Bot. Madrid*, 43(2): 271-354.

DÍAZ GONZÁLEZ, T.E. & AL. (EDS.). 1985. *Exsiccata Pteridophyta Iberica. I*. Dep. Biol. Veg. Univ. León. 34pp.

DÍAZ GONZÁLEZ, T.E. & AL. (EDS.). 1986. *Exsiccata Pteridophyta Iberica. II*. Dep. Biol. Veg. Univ. León. 45pp.

DÍAZ GONZÁLEZ, T.E. & AL. (EDS.). 1987. *Exsiccata Pteridophyta Iberica. III*. Dep. Biol. Veg. Univ. León. 70 pp.

DÍAZ, Z. & VALDÉS, B. 1996. Revisión del género *Asphodelus* L. (*Asphodelaceae*) en el Mediterráneo Occidental. *Boissiera*, 52: 1-189.

DÍAZ, Z.; DÍEZ, M.J. & FERNÁNDEZ, I. 1990. Morfología polínica de las subfamilias *Melanthioideae* y *Asphodeloideae* (*Liliaceae*) en la Península Ibérica y su importancia taxonómica. *Lagascalia*, 16: 211-226.

DOMÍNGUEZ, F. (ED.). 2000. Lista Roja de la Flora Vascular Española. *Conservación Vegetal*, 6.

DOMÍNGUEZ, E. & GALIANO, E.F. 1979. Revisión del género *Tetragonolobus* Scop. (*Fabaceae*). *Lagascalia*, 8(2): 189-214.

DONADILLE, P. 1985. Contribution à l'étude de l'*Armeria pubinervis* Boiss. et de l'*A. bubanii* Lawrence. *Anales Jard. Bot. Madrid*, 41(2): 287-301.

DRAPER, D. & ROSSELLÓ-GRAELL, A. 1997. Distribución de *Arum cylindraceum* Gasp. (*Araceae*) en la Península Ibérica. *Anales Jard. Bot. Madrid*, 55(2): 313-319.

DUPONT, P. 1956. Herborisations aux confins basco-béarnais. *Actes du Deuxième Congrès International d'Études Pyrénéennes*, 3: 23-43.

DUPONT, P. 1958. Une ombellifère à supprimer de la flore française. *Monde des Plantes*, 324: 5.

DUPONT, P. 1962. *La flore atlantique européenne. Introduction à l'étude du secteur Ibéro-atlantique*. C.N.R.S. Faculté des Sciences. Toulouse.

DUPONT, P. 1975. Sur l'intérêt phytogéographique du Massif du Castro Valnera (Montagnes Cantabriques Orient.). *Anales Inst. Bot. Cavanilles*, 32(2): 389-397.

DUPONT, P. & DUPONT, S. 1956. Additions a la Flore du Nord-Ouest de l'Espagne. (I). *Bull. Soc. Hist. Nat. Toulouse*, 91: 313-334.

DUSSAUSSOIS, G. 1978. *Bibliographie botanique des Pyrénées centrales et occidentales de France et d'Espagne*. Université Paul Sabatier. Toulouse.

DUSSAUSSOIS, G. 1988. Plantes des Pyrénées et d'Espagne dans l'herbier Léon Dufour. *Homenaje a P. Montserrat. Monografías del Instituto Pirenaico de Ecología*, 4: 161-164.

EDERRA, A. & BÁSCONES, J.C. 1982. Consideraciones florístico-ecológicas acerca de los roquedos calizos del Pirineo navarro.I: Foz de Mintxate. *Publ. Biol. Univ. Navarra S. Bot.*, 1: 53-60.

ERBEN, M. 1978. Die Gattung *Limonium* im Südwestmediterranen raum. *Mitt. Bot. München*, 14: 361-631.

ERVITI, J. 1978. Notas de flora Navarra, *Saponaria glutinosa* Bieb. y otras especies interesantes. *Munibe*, 30: 249-256.

ERVITI, J. 1989. *Flora y paisaje vegetal de la Navarra Media Oriental*. Tesis Doctoral. Universidad de Navarra. Pamplona.

ERVITI, J. 1990. Paisaje vegetal de la Navarra Media Oriental. *Príncipe de Viana (Suplemento de Ciencias)*, 9: 95-166.

ERVITI, J. 1991. Estudio florístico de la Navarra Media Oriental. *Fontqueria*, 31: 1-133.

ESCARRÉ, A. 1972. Essai d'application des méthodes de la taxonomie numérique à l'étude d'une chênaie dans la vallée de Burunda (Navarre). *Invest. Pesquera*, 36(1): 7-14.

ESCARRÉ, A. 1973. Introducción a la taxonomía numérica de los *Quercus*. Estudio de la estructura sistemática y espacial del robledal del valle de la Burunda. Tesis Doctoral. Universidad de Barcelona. Barcelona.

ESCRICHE, M. 1935. *Plantas de Tafalla (Navarra)*. Publ. Inst. Elem. de 2ª Enseñanza. Cát. Cienc. Nat. Edit.Acción. Teruel.

EZQUIETA, J. 1924. Naturalistas navarros. *Bol. Comis. de Monumentos Históricos y Artísticos de Vizcaya*, 15: 107-109.

FANLO, R. 1975. Valerianelas ibéricas. Nota primera. *Anales Inst. Bot. Cavanilles*, 32(2): 151-157.

FANLO, R. 1981. El género *Valerianella* Miller en la Península Ibérica. III. *Anales Jard. Bot. Madrid*, 38(1): 61-66.

FAVARGER, C. 1975. Sur quelques marguerites d'Espagne et de France (Etude cytotaxonomique). *Anales Inst. Bot. Cavanilles*, 32(2): 1209-1243.

FAVARGER, C. & VILLARD, M. 1966. Contribution à la cytotaxonomie et à la cytogeographie des marguerites d'Europe. *Chrysanthemum leucanthemum* L. et taxa voisins. *Compt. Rend. Hebd. Séances Acad. Sci.*, 261: 497-498.

FAVARGER, C. & MONTSERRAT, P. 1987. Commentaires sur la caryologie des espèces de *Minuartia* L. de la Péninsule Ibérique. *Anales Jard. Bot. Madrid*, 44(2): 558-564.

FERNÁNDEZ CASADO, M.A. & NAVA FERNÁNDEZ H.S. 1986. Estudio sobre la variabilidad de *Viola pyrenaica* Ramond ex DC. en la Península Ibérica. *Candollea*, 41(1): 95-102.

FERNÁNDEZ CASAS, J. 1970. Notas Fitosociológicas Breves, I. *Ars. Pharm.*, 11: 273-298.

FERNÁNDEZ CASAS, J. 1972. Notas fitosociológicas breves. II. *Trab. Dept. Bot. Univ. Granada*, 1: 21-57.

FERNÁNDEZ CASAS, J. 1974. De flora hispanica. *Candollea*, 29: 327-335.

FERNÁNDEZ CASAS, J. 1977. Números cromosómicos de plantas españolas, IV. *Anales Inst. Bot. Cavanilles*, 34(1): 335-349.

FERNÁNDEZ CASAS, J. 1983. Nuevos materiales para una monografía de *Narcissus*. *Fontqueria*, 4: 25-28.

FERNÁNDEZ CASAS, J. 1984. Dos novedades en *Narcissus* L. *Fontqueria*, 5: 35-38.

FERNÁNDEZ CASAS, J. 1986. Acerca de unos cuantos narcisos norteños. *Fontqueria*, 11: 15-23.

FERNÁNDEZ CASAS, J. 1987. Asientos para un atlas corológico de la flora occidental, 5. Mapas 17-35. *Fontqueria*, 12: 1-28.

FERNÁNDEZ CASAS, J. 1987. Asientos para un atlas corológico de la flora occidental, 7. *Fontqueria*, 15: 17-38.

FERNÁNDEZ CASAS, J. 1987. Asientos para un atlas corológico de la flora occidental, 6. Mapas 36-40 y adiciones. *Fontqueria*, 14: 23-32.

FERNÁNDEZ CASAS, J. 1987. Asientos para un atlas corológico de la flora occidental, 7. Mapas 41-55 y adiciones. *Fontqueria*, 15: 17-39.

FERNÁNDEZ CASAS, J. (ED.). 1987. Asientos para un atlas corológico de la flora occidental, 6. *Fontqueria*, 14: 23-32.

FERNÁNDEZ CASAS, J. 1988. Asientos para un atlas corológico de la flora occidental, 8. Mapas 56-72 y adiciones. *Fontqueria*, 17: 1-36.

FERNÁNDEZ CASAS, J. (ED.). 1988. Asientos para un atlas corológico de la flora occidental, 9. *Fontqueria*, 18: 1-50.

FERNÁNDEZ CASAS, J. 1989. Asientos para un atlas corológico de la flora occidental, 11. Mapas 105-119 y adiciones. *Fontqueria*, 22: 5-24.

FERNÁNDEZ CASAS, J. 1989. Asientos para un atlas corológico de la flora occidental, 12. Mapas 120-269 y adiciones. *Fontqueria*, 23: 1-127.

FERNÁNDEZ CASAS, J. 1989. Asientos para un atlas corológico de la flora occidental, 14. Mapas 274-319 y adiciones. *Fontqueria*, 25: 1-201.

FERNÁNDEZ CASAS, J. 1989. Asientos para un atlas corológico de la flora occidental, 15. Mapas 320-387 y adiciones. *Fontqueria*, 27: 11-102.

FERNÁNDEZ CASAS, J. 1990. Asientos para un atlas corológico de la flora occidental, 16. Mapas 387-444 y adiciones. *Fontqueria*, 28: 65-186.

FERNÁNDEZ CASAS, J. 1994. Asientos para una flora occidental, 10. *Fontqueria*, 39: 475.

FERNÁNDEZ CASAS, J. 1996. Asientos para un atlas corológico de la Flora occidental, 24. Mapas 719-757. *Fontqueria*, 44: 145-243.

FERNÁNDEZ CASAS, J.; MONTSERRAT, J.M. & SUSANNA, A. 1985. Asientos para un atlas corológico de la Flora occidental. Mapas 1-4. *Fontqueria*, 8: 23-31.

FERNÁNDEZ CASAS, J. & MUÑOZ GARMENDIA, F. 1980. De pteridophytis hispanicis notulae chorologicae. II. *Anales Jard. Bot. Madrid*, 37(1): 31-39.

FERNÁNDEZ CASAS, J. & MUÑOZ GARMENDIA, F. 1978. Exsiccata quaedam a nobis nuper distributa, I. *Col. Univ. Arcos de Jalón*, 16 pp.

FERNÁNDEZ CASAS, J. & RODRÍGUEZ PASCUAL, M.L. 1979. Números cromosómicos para la flora española. Números 32-34. *Lagascalia*, 7(2): 207-208.

FERNÁNDEZ CASAS, J. & SUSANNA DE LA SERNA, A. 1985. Monografía de la sección *Chamaecyanus* Willk. del género *Centaurea* L. *Treb. Inst. Bot. Barcelona*, 10: 5-174.

FERNÁNDEZ CASAS, J. & URIBE-ECHEBARRÍA, P.M. 1988. *Narcissus varduliensis*, una especie nueva. *Estud. Inst. Alavés Natur.*, 3: 231-239.

FERNÁNDEZ DE SALAS, S. & GIL, P. 1870. Apuntes para la flora de Navarra. *Restaurador farmacéutico*, 42: 662-666.

FERNÁNDEZ DÍEZ, F.J. 1985. Distribución en España peninsular de *Himantoglossum hircinum* (L.) Sprengel. *Anales Jard. Bot. Madrid*, 42(1): 187-190.

FERNÁNDEZ GONZÁLEZ, F.; LOIDI, J. & MOLINA, A. 1986. Contribución al estudio de los matorrales aragoneses: los salviares riojano-estelleses. *Anales Jard. Bot. Madrid*, 42(2): 451-459.

FERNÁNDEZ LEÓN, C. 1982. *Estudio fanerogámico de la foz de Arbayún y sierra de Leyre*. Tesis de Licenciatura. Universidad de Navarra. Pamplona.

FERNÁNDEZ, J. & GAMARRA, R. 1990. Asientos para un atlas corológico de la flora occidental, 17. Mapas 445-475 y adiciones. *Fontqueria*, 30: 169-234.

FERNÁNDEZ, J. & GAMARRA, R. 1991. Asientos para un atlas corológico de la flora occidental, 18. Mapas 476-488 y adiciones. *Fontqueria*, 31: 259-284.

FERNÁNDEZ, J. & GAMARRA, R. 1992. Asientos para un atlas corológico de la flora occidental, 19. Mapas 489-509 y adiciones. *Fontqueria*, 33: 87-254.

FERNÁNDEZ, J. & MORALES, Mª J. 1993. Asientos para un atlas corológico de la flora occidental, 20. Mapas 510-514 y adiciones. *Fontqueria*, 36: 199-230.

FERNÁNDEZ, J., GAMARRA, R. & MORALES, Mª J. 1994. Asientos para un atlas corológico de la flora occidental, 21. Mapas 515-603 y adiciones. *Fontqueria*, 39: 281-394.

FERNÁNDEZ, J.; GAMARRA, R. & MORALES, Mª J. 1994. Asientos para un atlas corológico de la flora occidental, 22. Mapas 604-672 y adiciones. *Fontqueria*, 40: 101-232.

FERNÁNDEZ, J.; GAMARRA, R. & MORALES, Mª J. 1995. Asientos para un atlas corológico de la flora occidental, 23. Mapas 673-718 y adiciones. Fontqueria, 42: 431-608.

FERNÁNDEZ, M.P.; DÍAZ, T.E. & PÉREZ, F.J. 1992. Revisión del género *Saxifraga* L., sect. *Dactyloides* Tausch en el centro y norte de la Península Ibérica. *Lazaroa*, 13: 49-109.

FERNÁNDEZ-ARECES, Mª P.; DÍAZ-GONZALEZ, T.E. & PÉREZ, F.J. 1990. Acerca de un taxon conflictivo del género *Saxifraga* L. (sección *Dactyloides* Tausch, grex *Exarato-Moschatae* Engler): *Saxifraga losae* Sennen subsp. *suaveolens* (Luizet et Soulié) comb. nova. *Botánica Pirenaico-Cantábrica. Monografías del*

Instituto Pirenaico de Ecología, 5: 263-280.

FERNÁNDEZ-ARIAS, M.I. & DEVESA J.A. 1990. Revisión del género *Fritillaria* L. (*Liliaceae*) en la Península Ibérica. *Stud. Bot. Univ. Salamanca*, 9: 49-84.

FERNÁNDEZ-CARVAJAL, M.C. 1982. Revisión del género *Juncus* L. en la Península Ibérica. II. Subgéneros *Juncus* y *Genuini* Buchenau. *Anales Jard. Bot. Madrid*, 38(2): 417-467.

FERNÁNDEZ-CARVAJAL, M.C. 1983. Revisión del género *Juncus* L. en la Península Ibérica. IV. Subgéneros *Juncinella* (Fourr.) Krecz. & Gontsch., *Septati* Buchenau y *Alpini* Buchenau. *Anales Jard. Bot. Madrid*, 39(2): 301-379.

FERRER, P.P. & MIEDES, E. 2013. *Commelina communis* (*Commelinaceae*) subespontánea en Navarra. *Bouteloua*, 14: 62.

FLORA IBERICA. Cf. CASTROVIEJO & AL. (EDS.). 1986-2013. Vols. I-VIII, X-XV, XVII, XVIII y XXI.

FLORISTÁN, A. 1995. *Geografía de Navarra, 1-3*. Diario de Navarra. Pamplona.

FONT QUER, P. 1928. De flora occidentale adnotationes. V. *Cavanillesia*, 1: 68-96.

FONT QUER, P. 1933. Notes botaniques III: Una nova *Statice* de Navarra. *Butll. Inst. Catalana Hist. Nat.*, 33(3): 9.

FONT QUER, P. 1947. Acerca de algunas plantas raras, críticas o nuevas. *Collect. Bot. (Barcelona)*, 1(3): 261-314.

FONT QUER, P. 1951. Nota sobre el "*Delphinium loscosii*" Costa. *Collect. Bot. (Barcelona)*, 3(1): 77-84.

FONT QUER, P. & ROTHMALER, W. 1934. Generum plantarum ibericarum revisio critica. I. *Helianthemum* Adans. subgen. *Plectolobum* Willk. Sectio *Chamaecistus*. *Cavanillesia*, 6: 148-174.

FOURCADE, J. & SAULE, M. 1972. La flore d'Anie. *Bull. Soc. Sci., Lettres et Arts de Pau*, 4 sér., 7: 169-178.

FRASER-JENKINS, C.R. 1982. *Dryopteris* in Spain, Portugal and Macaronesia. *Bol. Soc. Brot.*, ser.2, 55: 175-336.

FRÖHNER, S. 1995. Neue *Alchemilla*-Arten (*Rosaceae*) der Flora Iberica (Teil 2). *Anales Jard. Bot. Madrid*, 53(1): 13-31.

FRÖHNER, S. 1997. Neue *Alchemilla*-Arten (*Rosaceae*) der Flora Iberica (Teil 4). *Anales Jard. Bot. Madrid*, 55(2): 235-243.

FUENTE, V. DE LA & MORENO, J.C. 1984. *Poa feratiana* Boiss. & Reuter en el Sistema Central (España). *Lazaroa*, 6: 279-281.

FUENTE, V. DE LA & ORTÚÑEZ, E. 1994. A new species of *Festuca* L. (*Poaceae*) from Pyrenees (Spain). *Fontqueria*, 40: 35-42.

FUERTES, E. 1974. *Pyrus pyraster* Burgsd. en Azpilicueta (Navarra). *Anales Inst. Bot. Cavanilles*, 31: 161-163.

GABRIEL Y GALÁN, J.M. & PUELLES, M. 1995. Aportación 84-85 (in Cartografía Corológica Ibérica). *Bot. Complut.*, 20: 163-167.

GALÁN CELA, P. 1990. Contribución al estudio florístico de las comarcas de la Lora y Páramo de Masa (Burgos). *Fontqueria*, 30: 1-167.

GALÁN DE MERA, A. 2012. *Taraxacum* F.H. Wigg. In Castroviejo & al. (eds.). *Flora Iberica*, vol. 16. http//www.rjb.csic.es/floraiberica/ [1.1.2012].

GAMARRA, R. & MONTOUTO, Ó. 1994. Mapa 671: *Microcnemum coralloides*. In FERNÁNDEZ CASAS & AL. (EDS.). Asientos para un atlas corológico de la Flora Occidental, 22. *Fontqueria*, 40: 211-214.

GANDOGER, M. 1896. Lettre de M. Michel Gandoger a M. Malinvaud. *Bull. Soc. Bot. France*, 43: 31-35.

GANDOGER, M. 1917. *Catalogue des plantes recoltées en Espagne et en Portugal pendant mes voyages de 1894 à 1912*. Hermann, L'Homme, Masson libraires. 378 pp.

GARCÍA, Mª C. 1992. Estudio cariológico en poblaciones cormofíticas del País Vasco, género *Luzula* DC. *Eusko Ikaskuntza-Soc. Estud. Vascos. Cuadernos de Sección. C. Naturales*, 9:

193-202.

GARCÍA BONA, L.M. 1974. Estudio florístico de la vertiente suroccidental de la Sierra de Sarvil. *Munibe*, 26: 111-166.

GARCÍA BONA, L.M. 1989. Los carrascales navarros. Estudio florístico y micológico. *Eusko Ikaskuntza-Soc. Estud. Vascos. Cuadernos de Sección. C. Naturales*, 5: 193-363.

GARCÍA IRIBARREN, P. 1985. *Estudio de la flora vascular del término municipal de Falces*. Tesis de Licenciatura.Universidad de Navarra. Pamplona.

GARCÍA-MIJANGOS, I.; BIURRUN, I.; DASQUISTADE, A.; HERRERA, M. & LOIDI, J. 2004. *Nueva cartografía de los hábitats en los Lugares de Interés Comunitario (L.I.C.) fluviales de Navarra. Manual de interpretación de los hábitats*. Informe técnico. Gestión Ambiental, Viveros y Repobloaciones de Navarra. Universidad del País Vasco. Leioa.

GARCÍA-MIJANGOS, I.; LOIDI, J. & HERRERA M. 1994. Los matorrales castellano-cantábricos de *Genista eliassennenii*. *Lazaroa*, 14: 99-110.

GARCÍA, I. & VALDÉS, B. 1981. Números cromosómicos para la flora española. Números 225-239. *Lagascalia*, 10(2): 241-247.

GARCÍA, C.; BÁSCONES, J.C. & MEDRANO, L. 1985. Flora del macizo de Mendaur. *Publ. Biol. Univ. Navarra S. Bot.*, 4.

GARDE, M.L. 1990. *Estudio de la flora vascular y su distribución en la Ribera occidental de Navarra*. Tesis Doctoral. Universidad de Navarra. Pamplona.

GARDE, M.L. & LÓPEZ M.L. 1983. Catálogo florístico de Marcilla. *Publ. Biol. Univ. Navarra S. Bot.*, 2: 35-69.

GARDE, M.L. & LÓPEZ, M.L. 1986. *Damasonium alisma* Miller, novedad para el catálogo florístico navarro. *Publ. Biol. Univ. Navarra S. Bot.*, 6: 47-48.

GAUSSEN, H. 1953-1982. Catalogue-Flore des Pyrénées. *Monde des Plantes*, 293-410.

GAUSSEN, H. & LE BRUN P. 1961. Espèces douteuses ou citées par erreur pour la flore des Pyrénées. *Bull. Soc. Bot. France*, 108: 420-430.

GENTILE, S. & GASTALDO, P. 1976. *Quercus calliprinos* Webb e *Quercus coccifera* L.: richerche sull'anatomia fogliare e valutazioni tassonomiche e corologiche. *Giorn. Bot. Ital.*, 110: 89-115.

GESLOT, A. 1982. *Les Campanules de la Sous-Section Heterophylla (Wit.) Fed. dans les Pyrénées: un étude de Biosystématique*. Thèse. Faculté des Sciences et Techniques St. Jerome. Aix-Marseille.

GESLOT, A.; VILLAR, L. & PALMA, B. 1990 Chorologie des campanules pyrénéennes de la sous-section *Heterophylla* (Wit.) Fed. *Monografías del Instituto Pirenaico de Ecología*, 5: 137-159.

GIBBS, P.E. 1971. Taxonomic studies on the genus *Echium*. I. An outline revision of the Spanish species. *Lagascalia*, 1: 27-82.

GIL, T.; BERASTEGI, A.; LORDA, M. & PERALTA, J. 2004. *Important Plant Areas in Navarra Region*. Proceedings of the 4th European Conference on the Conservation of Wild Plants. Valencia.

GILLOT, X. 1880. Compte-rendu des herborisations faites du 21 au 25 Juillet 1880 dans le Pays Basque. *Bull. Soc. Bot. France*, 27: 33-61.

GOIZUETA, J.A. & BALCELLS, E. 1975. Estudio ecológico comparado del poblamiento ornítico de dos lagunas navarras de origen endorreico. *Pub. Cent. Pir. Biol. Exp.*, 6: 7-170.

GÓMEZ-CAMPO, C. (ED.). 1987. *Libro rojo de especies vegetales amenazadas de España peninsular e Islas Baleares*. 676 pp. Serie técnica. Ministerio de Agricultura, Pesca y Alimentación. ICONA. Madrid.

GÓMEZ, D. & LORDA, M. 2008. *Check-List actualizado de la Flora de Navarra*. Informe inédito. GAVRN y Gobierno de Navarra.

GÓMEZ, D.; LORDA, M. & REMÓN, J.L. 2013. *Enclaves relevantes de flora vascular en los límites del Pirineo central y occidental*. X Coloquio Internacional Bot. Pirenaico-Cantábrica. Bagnéres de Luchon.

GÓMEZ ORTEGA, C. 1784. *Continuación de la flora española e historia de las plantas*. Tomos V y VI; los materiales de la continuación pertenecen al autor de los primeros tomos (J. QUER). Madrid.

GOÑI, D. 2005. *Plan de recuperación de Orchis papilionacea L. en Navarra*. Informe técnico. Gobierno de Navarra. Gestión Ambiental, Viveros y Repoblaciones. Pamplona.

GOÑI, D. 2005-2010. *Informe del seguimiento de las poblaciones de Orchis papilionacea en Navarra*. GAVRN y Gobierno de Navarra.

GREDILLA, A.F. 1913. *Apuntes para la corografía botánica vasco-navarra*. Impr. "Atlas Geográfico" de Alberto Martín. 131 pp. Barcelona.

GREDILLA, A.F. 1914. *Itinerarios botánicos de Don Javier de Arízaga. Biografía de Dn. Javier de Arízaga y relación detallada de dos nuevos manuscritos botánicos*. Diputación Foral de Álava. Vitoria.

GREUTER, W.; BURDET, H.M. & LONG, G. 2011. *Med-Checklist. A critical inventory of vascular plants of the circum-mediterranean countries*. Botanic Garden and Botanical Museum Berlin-Dahlem. [http://ww2.bgbm.org/mcl/].

GUILLÉN, A.; RICO, E. & CASTROVIEJO, S. 2005. Reproductive biology of the Iberian species of *Potentilla* L. (*Rosaceae*). *Anales Jard. Bot. Madrid*, 62(1): 9-21.

GUINEA LÓPEZ, E. 1954. Cistáceas españolas. *Inst. For. Invest. Exp.*, 71: 5-198.

GUITTONNEAU, G.-G. 1972. Contribution a l'étude biosystematique du genre *Erodium* L'Hér. dans le bassin méditérranéenne occidentale. *Boissiera*, 20: 5-154.

GUTIÉRREZ BUSTILLO, A.M. 1981. Revisión del género *Angelica* L. (*Umbelliferae*) en la Península Ibérica. *Lazaroa*, 3: 137-161.

GUZMÁN, D. & GOÑI, D. 2001. *Revisión del Catálogo de Flora Vascular Amenazada en Navarra*. Informe inédito. Gobierno de Navarra. Pamplona.

GUZMÁN, D.; GOÑI, D. & LORDA, M. 1997. Fragmenta Chorologica occidentalia, 5894-5902. *Anales Jard. Bot. Madrid*, 55(1): 149-150.

HERAS, P. 1992. Flora y vegetación de las áreas higroturbosas del Puerto de Velate (Navarra), con especial atención al componente muscinal. *Eusko Ikaskuntza-Soc. Estud. Vascos. Cuadernos de Sección. C. Naturales*, 9: 33-51.

HERAS, F.; INFANTE, M.; BIURRUN, I.; CAMPOS, J.A. & BERASTEGI, A. 2011. Tipología, vegetación y estado de conservación de los hábitats hidroturbosos del noreste de Navarra. *Acta Botanica Barcinonensia*, 53: 27-45.

HERAS, F.; INFANTE, M.; MARTÍNEZ, L.M.; BIURRUN, I. & CAMPOS, J.A. 2006. *Cartografía y bases técnicas para la gestión de turberas*. Informe inédito. Gestión Ambiental, Viveros y Repoblaciones de Navarra, S.A. Gobierno de Navarra. Pamplona.

HERMOSILLA, C. 1999. Notas sobre orquídeas (VI). *Estud. Mus. Ci. Nat. Álava*, 14: 137-150.

HERMOSILLA, C. 1999. Una *Ophrys* litigiosa del norte de España, *O. riojana* spec. nov. y alguno de los híbridos que forma con otras especies. *Jour. Eur. Orch.*, 31(4): 877-910.

HERMOSILLA, C. 2000. Notas sobre orquídeas (VII). *Estud. Mus. Ci. Nat. Álava*, 15: 189-208.

HERMOSILLA, C. 2001. Notas sobre orquídeas (VIII). *Estud. Mus. Ci. Nat. Álava*, 16: 51-57.

HERMOSILLA, C.; AMARDEILH, J.-P. & SOCA, R. 1999. *Sterictiphora furcata* Villers, pollinisateur d'*Ophrys subinsectifera*

Hermosilla & Sabando. *L'Orchidophile*, 139: 247-254.

HERMOSILLA, C. & SABANDO, J. 1993. Notas sobre orquídeas. *Estud. Mus. Ci. Nat. Álava*, 8: 73-84.

HERMOSILLA, C. & SABANDO, J. 1995-1996. Notas sobre orquídeas (II). *Estud. Mus. Ci. Nat. Álava*, 10-11: 119-140.

HERMOSILLA, C. & SABANDO, J. 1995-1996. Notas sobre orquídeas (III). *Estud. Mus. Ci. Nat. Álava*, 10-11: 141-194.

HERMOSILLA, C. & SABANDO, J. 1997. Notas sobre orquídeas (IV). *Estud. Mus. Ci. Nat. Álava*, 12: 57-68.

HERMOSILLA, C. & SABANDO, J. 1998. Notas sobre orquídeas (V). *Estud. Mus. Ci. Nat. Álava*, 13: 123-156.

A.M. HERN., Á.M. 1978. Estudio monográfico de los géneros *Poa* y *Bellardiochloa* en la Península Ibérica e Islas Baleares. *Dissertationes Botanicae*, 46.

A.M. HERN., Á.M. 1980. El género *Wangenheimia* Moench (*Poaceae*) en la Península Ibérica. *Anales Jard. Bot. Madrid*, 37(1): 85-94.

A.M. HERN., Á. M. 1981. El género *Echinaria* en la Península Ibérica. *Bol. Soc. Esp. Hist. Nat.*, 79: 203-215.

A.M. HERN., Á. M. 1981. Datos corológicos sobre las especies del género *Poa* en los Pirineos. *Pirineos*, 113: 49-51.

HERRERA, M. & CAMPOS, J.A. 2010. *Flora alóctona invasora de Bizkaia*. Inst. para la Sostenibilidad de Bizkaia. Diputación Foral de Bizkaia.

HERRERA, M.; LOIDI, J. & FERÁNDEZ PRIETO, J.A. 1991. Vegetación de las montañas calizas vasco-cantábricas: comunidades culminícolas. *Lazaroa*, 12: 345-359.

HUGUET DEL VILLAR, E. 1957. Estudios sobre los *Quercus* del Oeste mediterráneo. *Anales Inst. Bot. Cavanilles*, 15: 3-114.

IBARGUTXI, M.A. 2011. *Ruppia drepanensis* Tineo ex Guss. en Navarra. *Munibe*, 59: 59-71.

JIMÉNEZ, P.; ESCUDERO, M.; CHAPARRO, A. & LUCEÑO, M. 2007. Novedades corológicas del género *Carex* para la Península Ibérica. *Acta Bot. Malacitana*, 32: 1-7.

JOVET, P. 1933. Le *Trichomanes radicans* (Sw.) et l'*Hymenophyllum tunbrigense* (Sm.) en Pays Basque français. *Bull. Centr. Études Rech. Sci.*, 2(1): 55-91.

JOVET, P. 1934. Le *Polystichum aemulum* Corb. en Pays Basque français. *Bull. Soc. Bot. France*, 81: 589-591.

JOVET, P. 1941. Végétation d'une montagne basque siliceuse: La Rhune. *Bull. Soc. Bot. France*, 88: 69-92.

JOVET, P. 1947. Plantes du Sud-Ouest. I. *Monde des Plantes*, 243: 2-4.

JOVET, P.; ALLORGE, V. & JOVET-AST, S. 1951. Une chênaie-buxaie de la vallée de la Bidassoa. C.R. 69. Congrès de l'Ass. Fr. Av. Sc. Toulouse, Septembre 1950. *Bull. Soc. Hist. Nat. Toulouse*, 86: 36-44.

JOVET, P.; ALLORGE, V. & JOVET-AST, S. 1951. Une chênaie-buxaie de la vallée de la Bidassoa. *Trav. Lab. Forest. Toulouse*, 5.

KERGUÉLEN, M. & PLONKA, F. 1989. Les *Festuca* de la flore de France (Corse comprise). *Bull. Soc. Bot. Centre-Ouest, N.S.*, 10.

KLEIN, E. 1979. Revision der Spanischen *Epipactis* taxa: *E. atrorubens* Hoffm. Schult. subsp. *parviflora* A. et C. Nieschalk, *E. atrorubenti-microphylla* und *E. tremolsii* Pau. *Die Orchidee*, 30: 45-51.

KLIPHUIS, E. 1983. Cytotaxonomic notes on some species of the Genus *Galium* L. (*Rubiaceae*) collected in the north-western parts of Spain. *Lagascalia*, 11(2): 229-244.

KÜPFER, P. 1974. Recherches sur les liens de parenté entre la flore orophile des Alpes et celle des Pyrénées. *Boissiera*, 23: 10-322.

LACOIZQUETA, J.M. DE. 1884. Catálogo de las plantas que

espontáneamente crecen en el Valle de Vertizarana. 1 parte. *Anales Soc. Esp. Hist. Nat.,* 13: 131-225.

LACOIZQUETA, J.M. DE. 1885. Catálogo de las plantas que espontáneamente crecen en el Valle de Vertizarana. 2 parte. *Anales Soc. Esp. Hist. Nat.,* 14: 185-238.

LADERO, M. 1976. *Prunus lusitanica* L. (*Rosaceae*) en la Península Ibérica. *Anales Inst. Bot. Cavanilles,* 33: 207-218.

LAGUNA, M. & ÁVILA, P. DE. 1883. *Flora forestal española. I.* Madrid.

LAGUNA, M. & ÁVILA, P. DE. 1890. *Flora forestal española. II.* Madrid.

LAÍNZ, M. 1999. Notulae taxonomicae, chorologicae, nomenclaturales, bibliographicae aut philologicae in opus "flora iberica" intendentes. *Anales Jard. Bot. Madrid,* 57(1): 199-200.

LAÍNZ, M. 2001. *Cynoglossum pustulatum* Boiss. [=*C. nebrodense* subsp. *pustulatum* (Boiss.) Bolòs & Vigo], novedad para la zona cantábrica. *Anales Jard. Bot. Madrid,* 59(2): 358-359.

LAÍNZ RIBALAYGUA, J.M. & LAÍNZ, M. 1962. Notas florísticas referentes al País Vasco. *Collect. Bot. (Barcelona),* 6(1-2): 173-178.

LAÍNZ, M. & FERNÁNDEZ CASAS, J. 1988. Reliquiae fontquerianae. *Fontqueria,* 21: 39-51.

LANGE, J. 1864-1866. *Descriptio iconibus illustrata plantarum novarum vel minus cognitarum praecipue e Flora hispanica, adjectis Pyrenaicis nonnullis.* Copenhague.

LANGE, J. 1860-1865. *Pugillus plantarum, imprimis hispanicarum, quas in itinere 1851-1852, legit.* 4 Vols. Naturhistorisk forenings vidensk meddelerser. Copenhague.

LASSERRE, G. & MERLET, N. 1886. Excursion botanique à La Rhune. *J. Hist. Nat. Bordeaux et du S.W.,* 5: 100-101.

LENCE, M.C.; PENAS, A.; PÉREZ MORENO, C. & LLAMAS, F. 1996. *Saponaria caespitosa* DC., nueva para la Cordillera Cantábrica. *Stud. Bot. Univ. Salamanca,* 15: 185-187.

LÉON DUFOUR, J.M. 1831. Description des quelques espèces nouvelles ou peu connues des genres *Serratula* et *Centaurea,* observées en Espagne. *Ann. Sci. Nat. (Paris),* 23: 154-166.

LÉON DUFOUR, J.M. 1836. Lettre a M. le Dr. Grateloup sur des excursions au Pic d'Anie et au Pic d'Amoulat dans les Pyrénées. *Actes Soc. Linn. Bordeaux,* 8: 53-102.

LÉON DUFOUR, J.M. 1856. En traversant la Navarre (excursion botanique). En: "Madrid en 1808 et Madrid en 1854". *Actes Soc. Linn. Bordeaux,* 21: 148-151.

LÉON DUFOUR, J.M. 1860. Diagnoses et observations critiques sur quelques plantes d'Espagne mal connues ou nouvelles. *Bull. Soc. Bot. France,* 7: 221-227, 240-247, 323-328, 347-352, 426-433, 441-448.

LÉON DUFOUR, J.M. 1860. De la valeur historique et sentimentale d'un herbier (Vitoria, Tafalla, Tudela, 1808). Deuxième partie. Souvenirs d'Espagne. *Bull. Soc. Bot. France,* 7: 103-109.

LEWIN, J.-M. & SOCA, R. 2001. *Ophrys passionis* Sennen, validation nomenclaturale. *J. Bot. Soc. bot. France,* 14: 49-52.

LITARDIÈRE, R. DE. 1947. *Festuca* nouveaux ou rares de France et de l'Espagne, principalement des Pyrénées. *Bull. Soc. Hist. Nat. Toulouse,* 82(1-2): 111-122.

LITARDIÈRE, R. DE (1943-1946). Contribution à l'étude du genre *Festuca. Candollea,* 10: 103-146.

LIZAUR, X. 1994. Precisiones y datos complementarios al "Catálogo florístico de Álava, Vizcaya y Guipúzcoa". *Munibe,* 46: 93-96.

LIZAUR, X. 2001. *Orquídeas de Euskal Herria.* Servicio Central de Publicaciones del Gobierno Vasco. Vitoria-Gasteiz.

LIZAUR, X. 2003. Táxones infraespecíficos en el género *Hieracium* L.: dos ejemplos corológicamente significativos. *Fl. Montiber.,* 24: 15-18.

LIZAUR, X. 2003. *Actualización (suplemento) del "Araba, Bizkaia eta Gipuzkoako Landare Katalogoa-Catálogo Florístico de Álava, Vizcaya y Guipúzcoa" 1984.* Documento inédito. Departamento de Ordenación del Territorio y Medio Ambiente. Eusko Jaurlaritza-Gobierno Vasco.

LIZAUR, X. 2004. Distribución de *Hieracium laniferum* s.l. en las sierras meridionales de Álava y Navarra. Otros táxones del género de interés biogeográfico. *Fl. Montiber.,* 27: 38-41.

LIZAUR, X. 2006. Aportación al conocimiento del género *Hieracium* L. en el ámbito geográfico de la obra "Claves Ilustradas de la Flora del País Vasco y territorios limítrofes". *Fl. Montiber.,* 32: 74-82.

LIZAUR, X. & GÓMEZ, D. 2007. *Evolución de la vegetación en sendas áreas de Belate y Sierra de Aralar, tras el desbroce mecánico y quema controlada para mejora de pastos (2007).* Informe inédito. Instituto Pirenaico de Ecología-Dpto. de Medio Ambiente del Gobierno de Navarra. Pamplona.

LIZAUR, X. & LAZARE, J.J. 2004. Adiciones y precisiones a: "Orquídeas de Euskal Herria". *J. Bot. Soc. bot. France,* 27: 21-25.

LIZAUR, X.; LORDA, M. & ZARRALUKI, J.A. 2003-2004. *Epipogium aphyllum* Swartz (*Orchidaceae*) en Belagua (Navarra). *Estud. Mus. Ci. Nat. Álava,* 18-19: 111-113.

LIZAUR, X.; SALAVERRIA, M.R. & LOIDI, J. 1983. Contribución al conocimiento de la flora vascular guipuzcoana. *Munibe,* 35(1-2): 35-44.

LLANOS, J. 1972. *Estudio botánico del Pico de Orhi, provincia de Navarra.* Tesina. Fac. Farmacia. Univ. Complutense. Madrid.

LLORENTE, A.; CADIÑANOS, J.A. & FIDALGO, E. 2009. Aportaciones a la flora vascular de Vizcaya, Guipúzcoa y Cantabria. *Munibe,* 57: 47-65.

LLORENTE, A.; FIDALGO, E. & CADIÑANOS, J.A. 2010. Aportaciones a la flora vascular de Álava, Burgos, Navarra y Soria. *Munibe,* 58: 39-45.

LOIDI, J. 1983. Datos sobre la vegetación de Guipúzcoa (País Vasco). *Lazaroa,* 4: 63-90.

LOIDI, J. & BÁSCONES, JC. 2006. Memoria del Mapa de Series de Vegetación de Navarra. Dpto. de Medio Ambiente, Ordenación del Territorio y Vivienda. Gobierno de Navarra. Pamplona.   [http: //idena.navarra.es/busquedas/catalog/descargas/descargas. page].

LOIDI, J. & BERASTEGI, A. 1996. Datos sobre la vegetación casmofítica basófila de la alianza *Asplenio celtiberici-Saxifragion cuneatae. Lazaroa,* 17: 107-116.

LOIDI, J.; BÁSCONES J.C.; URSÚA, C. & CASAS-FLECHA, I. 1988. Revisión de los matorrales de la alianza *Genistion occidentalis* en las Provincias Vascongadas y Navarra. *Doc. Phytosoc.,* 11: 311-321.

LOIDI, J.; BIURRUN, I.; CAMPOS, J.A.; GARCÍA-MIJANGOS, I. & HERRERA, M. 2011. *La vegetación de la Comunidad Autónoma del País Vasco. Leyenda del mapa de series de vegetación a escala 1: 50.000.* Ed. Universidad del País Vasco (ed. Electrónica).

LOIDI, J.; BIURRUN, I. & HERRERA, M. 1997. La vegetación del centro-septentrional de España. *Itinera Geobot.,* 9: 161-618.

LOIDI, J. & FERNÁNDEZ-GONZÁLEZ, F. 1994. The gypsophilus scrub communities of the Ebro Valley (Spain). *Phytocoenologia,* 24: 383-399.

LOIDI, J. & HERRERA, M. 1990. The *Quercus pubescens* and *Quercus faginea* forests in the Basque Country (Spain): distribution and typology in relation to climatic factors. *Vegetatio,* 90: 81-92.

LOIDI, J.; HERRERA, M. & SESMA, J. 1990. *Estudio de las comunidades forestales y preforestales de la Sierra de Loquiz: tipificación, análisis ecológico-funcional y elaboración de criterios para su conservación y ordenación.* Informe inédito. Euskal

Herriko Unibertsitatea-Universidad del País Vasco. Leioa.

LÓPEZ FERNÁNDEZ, M.L. 1968. Algunos vegetales culminícolas de la Sierra de Satrústegui (Navarra). *Anales Inst. Bot. Cavanilles*, 26: 61-72.

LÓPEZ FERNÁNDEZ, M.L. 1970. *Aportación al estudio de la flora y paisaje vegetal de las Sierras de Urbasa, Andía, Santiago de Lóquiz y El Perdón (Navarra)*. Tesis Doctoral. Universidad de Navarra. Pamplona.

LÓPEZ FERNÁNDEZ, M.L. 1971. *Genista teretifolia* Willk.: interesante endemismo navarro-alavés. *Anales Estac. Exp. Aula Dei*, 11: 267-290.

LÓPEZ FERNÁNDEZ, M.L. 1971. Aportación al conocimiento corológico y fitosociológico de las Sierras de Urbasa, Andía, Santiago de Lóquiz y El Perdón (Navarra). *Anales Inst. Bot. Cavanilles*, 28: 63-90.

LÓPEZ FERNÁNDEZ, M.L. 1972. Aportación al conocimiento de la flora orófila de Navarra occidental. *Anales Inst. Bot. Cavanilles*, 29: 59-68.

LÓPEZ FERNÁNDEZ, M.L. 1972. Estudios de flora navarra. IV. Dicotiledóneas eurosiberianas, o de área más amplia, observadas en la montaña media occidental de la provincia. VI Congrès Int. à Etudes Pyrénéennes. Bagn.de Bigorre Sep.1971. *Pirineos*, 105: 27-46.

LÓPEZ FERNÁNDEZ, M.L. 1973. Aportación al conocimiento florístico de la Navarra Media occidental. *Anales Inst. Bot. Cavanilles*, 30: 183-196.

LÓPEZ FERNÁNDEZ, M.L. 1973. *Cochlearia aragonensis* Coste et Soulié, en la Sierra de Satrústegui (Navarra). *Pirineos*, 109: 31-34.

LÓPEZ FERNÁNDEZ, M.L. 1974. *Echinospartum horridum* (Vahl) Rothm. y *Genista anglica* L., en la Sierra de Leyre (Navarra). *Anales Inst. Bot. Cavanilles*, 31: 155-159.

LÓPEZ FERNÁNDEZ, M.L. 1975. Aportaciones al estudio de la flora y paisaje vegetal de las Sierras de Urbasa, Andía, Santiago de Lóquiz y El Perdón(Navarra). Catálogo sistemático cronológico y ecológico de los táxones mediterráneos conocidos en la flora navarra. *I Centenario Soc. Esp. Hist. Nat.*, 2: 325-334.

LÓPEZ, M.L.; EDERRA, A.; PIGNATTI, S.; SOLANS, M.J.; LÓPEZ, S. & MIGUEL, A.M. DE 1991. Cartografía de la Flora Navarra. *Publ. Biol. Univ. Navarra S. Bot.*, 8: 1-459.

LÓPEZ GONZÁLEZ, G. 1979. Algunas consideraciones sobre los linos del grupo *Linum tenuifolium* L. en España. *Mém. Soc. Bot. Genève*, 1: 99-109.

LÓPEZ GONZÁLEZ, G. 1982. Conspectus saturejarum ibericarum cum potioribus adnotationibus ad quasdam earum praesertim aspicientibus. *Anales Jard. Bot. Madrid*, 38(2): 361-415.

LÓPEZ GONZÁLEZ, G. & BAYER, E. 1988. El género *Ziziphora* L. (*Labiatae*) en el Mediterráneo occidental. *Acta Bot. Malacitana*, 13: 151-162.

LÓPEZ SÁEZ, J.A. 1993. Biología y ecología de *Viscum album* L. s.l. en los Pirineos. *Ecología*, 7: 279-288.

LÓPEZ SÁEZ, J.A.; CATALÁN, P. & SÁEZ, LL. 2002. *Plantas parásitas de la Península Ibérica e Islas Baleares*. Ed. Mundi-Prensa. Madrid.

LORDA, M. 1987. Primera aproximación al estudio de las familias *Liliaceae* e *Iridaceae* de la provincia de Navarra. *Eusko Ikaskuntza-Soc. Estud. Vascos. Cuadernos de Sección. C. Naturales*, 3: 285-330.

LORDA, M. 1989. Corología y ecología de las familias *Liliaceae* e *Iridaceae* en Navarra. *Príncipe de Viana, Supl. de Ciencias*, 9: 197-258.

LORDA, M. 1992. Flora y vegetación orófila del Monte Ori (Pirineos Occidentales). *Príncipe de Viana, Supl. de Ciencias*, 11-12: 197-250.

LORDA, M. 1996. Afloramientos silíceos y flora en el macizo de Oroz-Betelu y territorios adyacentes (Pirineo navarro, Navarra). *Munibe*, 48: 49-60.

LORDA, M. 1997. Fragmenta Chorologica Occidentalia, 6275-6280. *Anales Jard. Bot. Madrid*, 55(2): 454-455.

LORDA, M. 1998. Síntesis biogeográfica de la vegetación supraforestal del Monte Ori (Pirineos Occidentales). *J. Bot. Soc. bot. France*, 5: 85-89.

LORDA, M. 2000. Bosques de *Quercus pyrenaica*. *Gorosti (Cuadernos de Ciencias Naturales de Navarra)*, 16: 3-11.

LORDA, M. 2001. Flora del Pirineo navarro. *Guineana*, 7: 1-557.

LORDA, M. 2003-2004. Corología y ecología de *Petasites paradoxus* (Retz.) Baumg. (*Compositae*) en el Pirineo navarro. *Estud. Mus. Ci. Nat. Álava*, 18-19: 85-94.

LORDA, M. 2009. *Allium pyrenaicum* Costa & Vayr. (*Liliaceae*) en el Valle del Roncal (Pirineo Occidental, Navarra). Propuesta para su protección legal. *Munibe*, 57: 35-45.

LORDA, M. 2010. Narcisos de Navarra. *Gorosti (Cuadernos de Ciencias Naturales de Navarra)*, 20: 58-70.

LORDA, M. 2010. El complejo *Asphodelus fistulosus-A. ayardii* en el valle medio del Ebro. *Fl. Montiber.*, 45: 21-41.

LORDA, M. & GURBINDO, M. 2010. *Sternbergia colchiciflora* Walds. & Kit. (*Amaryllidaceae*), novedad florística para Navarra. *Munibe*, 58: 73-78.

LORDA, M. & REMÓN, J.L. 2003. Cartografía de la vegetación en la conservación de los hábitats. El ejemplo del Monte Lakora (Navarra, Pirineo Occidental). *Acta Bot. Barc.*, 49: 341-356.

LORDA, M. & REMÓN, J.L. 2005. Los matorrales de Erizón [*Echinospartum horridum* (Vahl) Rothm.] en Navarra. Situación actual y estrategias de gestión. *Bull. Soc. Hist. Nat. Toulouse*, 141-2: 139-143.

LORDA, M. & REMÓN, J.L. 2005. El caso del erizón y los parques eólicos en Navarra: una difícil coexistencia. *Quercus*, 236: 80-81.

LORDA, M.; BERASTEGI, A.; GIL, T. & PERALTA, J. 2007. *Situación actual de la flora amenazada en Navarra. Nuevas perspectivas para la gestión*. VIII Coloquio Internacional Bot. Pirenaico-Cantábrica. León.

LORDA, M.; BERASTEGI, A.; GIL, T. & PERALTA, J. 2009. Criterios para la priorización de la flora amenazada en Navarra, nuevas perspectivas para la gestión. En LLAMAS & ACEDO (coord.), *Botánica Pirenaico-Cantábrica en el siglo XXI*: 219-243. Universidad de León, Área de Publicaciones. León.

LORDA, M.; PERALTA, J.; BERASTEGI, A.; GIL, T. & MEYER, A. 2005. *Actualización y Revisión de citas de especies de flora de interés en Navarra. Informe técnico y base de datos*. GAVRN y Gobierno de Navarra. Pamplona.

LORDA, M.; PERALTA, J.; BERASTEGI, A. & GÓMEZ, D. 2011. Síntesis de la flora vascular de Navarra. In NINOT, J.M. (Ed.) *Actes del IX Col.loqui Internacional de Botànica Pirenaico-cantàbrica a Ordino, Andorra*: 251-258.

LOSA ESPAÑA, T. M. 1947. Algo sobre especies españolas del género "*Euphorbia*" L. *Anales Jard. Bot. Madrid*, 7: 357-431.

LOSA ESPAÑA, T.M. 1955. Resumen de un estudio comparativo entre las floras de los Pirineos Franco-Españoles y los montes Cantabro-Leoneses. *Anales Inst. Bot. Cavanilles*, 20: 233-267.

LOSA ESPAÑA, T.M. 1958. El género *Ononis* L. y las *Ononis* españolas. *Anales Inst. Bot. Cavanilles*, 16: 227-337.

LOSA ESPAÑA, T.M. 1962. Los "*Plantagos*" españoles. *Anales Inst. Bot. Cavanilles*, 20: 6-49.

LOSCOS, F. 1986. *Tratado de plantas de Aragón*. Instituto de Estudios Turolenses. Reedición. 628 pp.

LÖVE, A. & LÖVE, D. 1975. The spanish gentians. *Anales Inst. Bot. Cavanilles*, 32(2): 221-232.

LUCEÑO, M. 1994. Monografía del género *Carex* en la Península Ibérica e Islas Baleares. *Ruizia*, 14.

LUQUE, T. 1984. Estudio cariológico de boragináceas españolas.

II. *Echium* L. de España peninsular e Islas Baleares. *Lagascalia*, 13(1): 17-38.

MAGNIN-GONZE, J. 1998. Variations morphologiques de *Gentiana occidentalis* sensu lato (section *Megalanthe* Gaudin) en relation avec le biotope. *J. Bot. Soc. bot. France*, 5: 121-132.

MARTÍNEZ DE TODA, F.; SANCHA, J.C. & LLOP, E. 1991. Identificación de la primera población de *Vitis vinifera* en España. *Viticultura/Enología Profesional*, 12: 21-24.

MARTÍNEZ ROMEO, C. 1978. Estudio sistemático, corológico y estadístico de las Talamifloras y algunas Calicifloras comunes en Navarra. Tesina. Universidad de Navarra. Pamplona.

MATEO, G. 1996. Sobre los taxones del género *Hieracium* L. (*Compositae*) descritos como nuevos en España, II. Letras C-D. *Fl. Montiber.*, 3: 18-30.

MATEO, G. 2000. Comentario sobre las especies de *Hieracium* y *Pilosella* recolectados en la campaña AHIM-1998. *Fl. Montiber.*, 14: 31-34.

MATEO, G. 2006. Aportaciones al conocimiento del género *Pilosella* Hill en España, VII. Revisión científica. *Fl. Montiber.*, 32: 51-71.

MATEO, G. 2006. Revisión sintética del género *Hieracium* L. en España, I. Secciones *Amplexicaulia* y *Lanata*. *Fl. Montiber.*, 34: 10-24.

MATEO, G. 2006. Revisión sintética del género *Hieracium* L. en España, III. Secciones *Oreadea* y *Hieracium*. *Fl. Montiber.*, 35: 60-76.

MATEO, G. 2007. *Los generos Hieracium y Pilosella Hill en el ámbito de Flora Iberica*. Dep. Bot. y Jard. Bot. Universidad de Valencia. Inst. Cavanilles Biod. Biol. Evolutiva. Valencia.

MATEO, G. 2007. Revisión sintética del género *Hieracium* L. en España, V. Secciones *Cerinthoidea*. *Fl. Montiber.*, 38: 25-71.

MATEO, G. & ALEJANDRE, J.A. 2006. Novedades y consideraciones sobre el género *Hieracium* en la Cordillera Cantábrica y áreas periféricas, II. *Fl. Montiber.*, 34: 28-37.

MATEO, G. & TORRES, S. 1999. El género *Saxifraga* L. en el Sistema Ibérico. *Fl. Montiber.*, 12: 5-21.

MAYO, R.M. 1978. *Flora vascular de Pamplona y sus alrededores*. Tesina. Universidad de Navarra. Pamplona.

MEDRANO, L.M. & BÁSCONES, J.C. 1985. Flora de La Rioja I: Sierra de la Hez. *Zubía*, 3: 9-79.

MENAYA, C. 1955. El boj en "Madalen Aitz", Aralar (Navarra). *Munibe*, 7: 216-218.

MENDIZABAL, M.; ALDEZABAL, A.; ASEGINOLAZA, C.; ARBELAITZ, E. & TAMAYO, I. 2002. Aiako harria Parke Naturaleko mehatxaturiko flora (Gipuzkoa): I. Populazionen banaketa eta zentsoa. *Munibe*, 52: 131-146.

MENSUA, S. 1968. La zonación bioclimática de Navarra. *Miscelánea a Lacarra*, 363-376. Zaragoza.

MOLERO, J. & BLANCHÉ, C. 1984. A propósito de los géneros *Aconitum* L. y *Consolida* (DC.) S.F. Gray en la Península Ibérica. *Anales Jard. Bot. Madrid*, 41(1): 211-218.

MOLERO, J. & VICENS, J. 1996. Euphorbiarum mediterranearum exsiccatarum centuria. A barcinonensi Herbario BCF nuncupato nuperrime distributa. *Fontqueria*, 44: 7-15.

MOLERO, J. & ROVIRA, A. 1983. Contribución al estudio biotaxonómico de *Thymus loscosii* Willk. y *Thymus fontqueri* (Jalas) Molero & Rovira, stat.nov. *Anales Jard. Bot. Madrid*, 39(2): 279-296.

MOLINA, J.A.; MARTÍNEZ, J.B. & PIZARRO, J.M. 1997. Sobre la morfología y distribución de *Rorippa microphylla* (*Cruciferae*) y taxones afines en la Península Ibérica. *Anales Jard. Bot. Madrid*, 55(2): 225-233.

MONASTERIO-HUELIN, E. 1993. *Rubi Discolores* de la Península Ibérica. *Candollea*, 48: 61-82.

MONASTERIO-HUELIN, E. 1995. Taxonomy and distribution of the genus *Rubus* (*Rosaceae*) series *Radula* on the Iberian Peninsula. *Nord. J. Bot.*, 15 (4): 365-373.

MONASTERIO-HUELIN, E. 1997. Fragmenta Chorologica Occidentalia, 5919-5926. *Anales Jard. Bot. Madrid*, 55(1): 151-152.

MONTSERRAT I MARTI, J.M. 1984. Areas y límites de distribución de algunas plantas pirenaicas. *Collect. Bot. (Barcelona)*, 15: 311-341.

MONTSERRAT MARTI, J.M. & ROMO, A.M. 1984. Contribution à la flore des Pyrénées et des Montagnes Cantabriques. Plantes de l'abbé Soulié conservées dans l'herbier Sennen (BC). *Lejeunia, nouv sér.*, 115: 35 pp.

MONTSERRAT, G. & GÓMEZ, D. 1981. Aportación a la flora del Pirineo Central. *Collect. Bot. (Barcelona)*, 12: 121-132.

MONTSERRAT, G. & MONTSERRAT, J.M. 1986. Notas citotaxonómicas sobre el género *Puccinellia* (*Poaceae*) en la Península Ibérica. *Collect. Bot. (Barcelona)*, 16(2): 341-349.

MONTSERRAT, G. & MONTSERRAT, J. 1990. *Rareza y vulgaridad en la flora de áreas de montaña: el ejemplo de la transición climática atlántico-mediterránea en el Pirineo*. In GARCÍA, J.M. (ED.), *Geoecología de las áreas de montaña*. Geoforma Ediciones. Logroño.

MONTSERRAT, P. 1960. El *Mesobromion* prepirenaico. *Anales Inst. Bot. Cavanilles*, 18: 295-304.

MONTSERRAT, P. 1962. La prelanda en los Pirineos occidentales. *III Reunión Científica para el Estudio de los Pastos*, 3: 33-34. Santander.

MONTSERRAT, P. 1963. El género *Luzula* en España. *Anales Inst. Bot. Cavanilles*, 21(2): 407-541.

MONTSERRAT, P. 1966. Vegetación de la cuenca del Ebro. *Publ. del Centro Pir. de Biol. Experimental*, 1(5): 1-22+mapa.

MONTSERRAT, P. 1966. Pastos orófitos del Pirineo occidental Español. *Pirineos*, 79-80: 181-200.

MONTSERRAT, P. 1967. Florística ibérica. I. *Bol. Real Soc. Esp. Hist. Nat., Secc. Biol.*, 65: 111-143.

MONTSERRAT, P. 1968. Los hayedos navarros. *Collect. Bot. (Barcelona)*, 7: 845-893.

MONTSERRAT, P. 1969. Pastos orófitos del Pirineo occidental español. *Actas del V Congr. Est. Pirenaicos, Jaca-Pamplona 1966*, 2(2): 181-201.

MONTSERRAT, P. 1971. El clima subcantábrico en el Pirineo occidental español. *Pirineos*, 102: 5-19.

MONTSERRAT, P. 1971. Peligra un paisaje de alta montaña. *C.D.Navarra*, 10: 18-19.

MONTSERRAT, P. 1971. El ambiente vegetal jacetano. *Pirineos*, 101: 5-22.

MONTSERRAT, P. 1973. Estudios florísticos en el Pirineo occidental. *Pirineos*, 108: 49-64.

MONTSERRAT, P. 1973. L'exploration floristique des Pyrénées Occidentales. *Bol. Soc. Brot.*, 47(2.sér.): 227-239.

MONTSERRAT, P. 1974. Pteridófitos del Herbario Jaca. *Anales Jard. Bot. Madrid*, 31(1): 55-70.

MONTSERRAT, P. 1974. *Laserpitium* gr. *nestleri* in N. Spain and Portugal. *Bol. Soc. Brot.*, 47(2.sér): 303-313.

MONTSERRAT, P. 1974. Notes taxonomiques et chorologiques sur des plantes critiques du Nord de l'Espagne. *Soc. Échange Pl. Vasc. Eur. Occid. Médit.*, 15(2): 71-92.

MONTSERRAT, P. 1975. Comunidades relícticas geomorfológicas. *Anales Inst. Bot. Cavanilles*, 32(2): 397-404.

MONTSERRAT, P. 1975. Enclaves florísticos mediterráneos en el Pirineo. I *Centenario de la Soc. Esp. Hist. Nat.*, 2: 363-376.

MONTSERRAT, P. 1976. Commentaires sur quelques plantes critiques pyrénéennes. *Soc. Échange Pl. Vasc. Eur. Occid. Médit.*, 16: 71-78.

MONTSERRAT, P. 1977. Quelques aspects de géobotanique historique au Nord de l'Espagne. *Doc. Phytosoc.*, 1: 175-181.

MONTSERRAT, P. 1980. Continentalidades climáticas pirenaicas. *Publ. del Centro Pir. de Biol. Experimental,* 12: 63-83.

MONTSERRAT, P. 1980. *La biogéographie méditerrannéenne en bordure du Bassin de l'Ebre.* Colloque sur l'origine de la Flore Méditerranéenne. Montpellier.

MONTSERRAT, P. 1981. Rasgos de oceanidad en los fitoclimas topográficos pirenaicos. *Bol. Soc. Brot.,* 54(2.sér.): 405-409.

MONTSERRAT, P. & 1981. *Gagea* del Herbario Jaca y otras novedades florísticas. *Anales Jard. Bot. Madrid,* 37(2): 619-627.

MONTSERRAT, P. 1982. *Lathyrus vivantii* P. Montserrat-Recoder aux Pyrénées occidentales. *Bull. Soc. Bot. France, Lettres Bot.,* 129: 321-323.

MONTSERRAT, P. 1982. Comentarios sobre las investigaciones pteridológicas en España. 1. Parte (1976). *Collect. Bot. (Barcelona),* 13(1): 55-65.

MONTSERRAT, P. 1982. Comentarios sobre las investigaciones pteridológicas en España. 2. Parte (1981). *Collect. Bot. (Barcelona),* 13(1): 67-84.

MONTSERRAT, P. 1982. *De Caryophyllaceis nonnulis disertatio prima.* Inst. Est. Almerienses. Homenaje al botánico Rufino Sagredo, 67-73.

MONTSERRAT, P. 1985. Reseña bibliográfica (Flora dels Països Catalans, Vol. I, por O. de Bolòs & J.Vigo). *Anales Jard. Bot. Madrid,* 42(1): 261-264.

MONTSERRAT, P. 1985. Dificultades y originalidad del género *Hieracium* en España. *Lazaroa,* 6: 201-208.

MONTSERRAT, P. 1988. Los *Hieracia* del Prepirineo español. In *Actes del Simposi Internacional de Botànica Pius Font i Quer (Fanerogamia):* 121-175. Lleida.

MONTSERRAT, P. & ALEJANDRE, J.A. 2005. Los *Cynoglossum, "germanicum, pustulatum & dioscoridis",* pirenaico-cantábricos. *Bull. Soc. Hist. Nat. Toulouse,* 141-2: 31-35.

MONTSERRAT, P.; GASTÓN, R.; GÓMEZ, D.; MONTSERRAT MARTÍ, G. & VILLAR, L. 1988. *Enciclopedia Temática de Aragón.* Tomo 6: *Flora.* Eds. Moncayo. Zaragoza.

MONTSERRAT, P. & VILLAR, L. 1972. El endemismo ibérico. Aspectos ecológicos y fitotopográficos. *Bol. Soc. Brot.,* 46(2.sér.): 503-527.

MONTSERRAT, P. & VILLAR, L. 1974. Les communautés endémiques à *Cochlearia aragonensis.* Remarques géobotaniques et taxonomiques. *Doc. Phytosoc.,* 7-8: 3-19.

MONTSERRAT, P. & VILLAR, L. 1975. Les communautés a *Festuca scoparia* dans la moitié occidentale des Pyrénées (Notes préliminaires). *Doc. Phytosoc.,* 9-14: 207-222.

MONTSERRAT, P. & VILLAR, L. 1976. Novedades florísticas pirenáicas. *Collect. Bot. (Barcelona),* 10: 345-350.

MONTSERRAT, P. & VILLAR, L. 1981. Flora Iberica. Exsiccata ex herbario Jaca. Centuria I. *Pub. Cent. Pir. Biol. Exp.,* 13: 143-160.

MONTSERRAT, P. & VILLAR, L. 1981. Flora Pyrenaea. Exsiccata ex herbario Jaca. Centuria I. *Pub. Cent. Pir. Biol. Exp.,* 13: 161-179.

MONTSERRAT, P. & VILLAR, L. 1986. *Flora Ibérica. Exsiccata ex Herbario JACA. Centuria II.* Instituto Pirenaico de Ecología. 17 pp.

MONTSERRAT, P. & VILLAR, L. 1987. *Flora Ibérica. Exsiccata ex Herbario JACA. Centuria III.* Instituto Pirenaico de Ecología. 20 pp.

MORALES ABAD, M.J. 1993. Aportación 43-45 (in Cartografía Corológica Ibérica). *Bot. Complut.,* 18: 310-322.

MORALES, R. & LUQUE, MªN. 1997. El Género *Calamintha* Mill. (*Labiatae*) en la Península Ibérica e Islas Baleares. *Anales Jard. Bot. Madrid,* 55(2): 261-276.

MORALES, R. 1986. Taxonomía de los géneros *Thymus* (excluída la sección *Serpyllum*) y *Thymbra* en la Península Ibérica. *Rui-*zia, 3-324.

MORENO, M. 1983. *Iberis grosii* Pau: una especie poco conocida de la flora andaluza. *Anales Jard. Bot. Madrid,* 40(1): 53-61.

MORENO, M. 1983. Acerca de *Iberis aurosica* Chaix subsp. *cantabrica* Amaral Franco & Pinto da Silva, Feddes Repert.68: 195(1963). *Collect. Bot. (Barcelona),* 14: 465-476.

MORENO, M. 1983. *Iberis bernardiana* Gren. et Godr.: una especie conflictiva del Pirineo. *Pirineos,* 119: 5-20.

MORENO, M. 1984. Aproximación taxonómica a las poblaciones españolas de *Iberis carnosa* Willd. (= *Iberis pruitii* Tineo). *Anales Jard. Bot. Madrid,* 41(1): 43-57.

MORENO, J.C. 2011. La diversidad florística vascular española. *Memorias R. Soc. Esp. Hist. Nat., 2ª ép.,* 9: 75-107.

MORENO, J.C. (COORD.). 2008. *Lista Roja 2008 de la flora vascular española.* Dirección General de Medio Natural y Política Forestal. Ministerio de Medio Ambiente, y Medio Rural y Marino, y Sociedad Española de Biología de la Conservación de Plantas. Madrid.

MORENO, J.C. & SAÍNZ, H. 1992. *Atlas corológico de las monocotiledóneas endémicas de la Península Ibérica e Islas Baleares.* Mª Agricultura, Pesca y Alimentacióm. Icona. Colec. Técnica. 354 pp. Madrid.

MOSCHL, W. 1948. *Cerastium gracile* Dufour. *Collect. Bot. (Barcelona),* 2(2): 165-198.

NAGORE, D. 1945. Geografía botánica de Navarra. *Estudios Geográficos,* 19: 241-259.

NAVARRO, T. 1995. Revisión del género *Teucrium* L. sección *Polium* (Mill) Schreb., (*Lamiaceae*) en la Península Ibérica y Baleares. *Acta Bot. Malacitana,* 20: 173-265.

NÉE, L. 1786. Lista de las plantas más raras encontradas en la herborización hecha en Navarra en los meses de mayo, junio y julio de 1786. Manuscrito inédito.

NÈGRE, R. 1975. Observations morphologiques sur les gentianes du groupe *alpina acaulis,* sur *Festuca canaliculata* et *F. eskia* en Pyrénées. *Candollea,* 30: 301-321.

NÈGRE, R.; DENDALETCHE, C. & VILLAR, L. 1975. Les groupements à *Festuca paniculata* en Pyrénées Centrales et Occidentales. *Bol. Soc. Brot. (2 sér.),* 49: 59-88.

NIESCHALK, A. & CH. 1973. Beiträge zur Orchideenflora Spaniens. *Die Orchidee,* 24(4): 163-168.

NIESCHALK, A. & CH. 1973. Beiträge zur Orchideenflora Spaniens (Schluss). *Die Orchidee,* 24(5): 211-216.

NYMAN, C.F. 1854. *Silloge Florae europaeae. 1854-1855.* Oerebro.

OLABE, F.; VAL, Y. & SCHWENDTNER, O. 2010. *Monumentos Naturales de Navarra.* Gobierno de Navarra-Obra Social "La Caixa"-Gestión Ambiental, Viveros y Repoblaciones de Navarra. Pamplona.

OLANO, J.M. 1995. *Estudio fitoecológico de los bosques de las Sierras de Urbasa, Andia y Entzia (Álava y Navarra): una aproximación numérica.* Tesis Doctoral. Euskal Herriko Unibertsitatea-Universidad del País Vasco. Leioa.

OLANO, J.M. 1996. *Proyecto de evaluación y propuesta de gestión para la conservación de los bosques de Urbasa y Andía.* Dep. Biol.

OLANO, J.M. & LOIDI, J. 1992. Aportación 27 (in Cartografía Corológica Ibérica). *Bot. Complut.,* 17: 154-158. Vegetal y Ecología. Euskal Herriko Unibertsitatea-Universidad del País Vasco-IFANOS.

OREJA, L.; ARBELAITZ, E.; GARMENDIA, J.; URKIZU, A. & TAMAYO, I. 2008. *Diagnóstico del estado de conservación y propuestas de gestión de Soldaella villosa Darracq ex Labarrère, Spiranthes aestivalis Poir. y Vandenboschia speciosa (Willd.) Kunkel en Navarra.* Informe inédito. GAVRN y Gobierno de Navarra. Pamplona.

ORTEGA, A. & DEVESA, J.A. 1990. Contribución al estudio cariológico del género *Scrophularia* L. (*Scrophulariaceae*) en la Península Ibérica e Islas Baleares. *Lagascalia*, 16(2): 171-198.

ORTEGA, A. & DEVESA, J.A. 1993. Revisión del género *Scrophularia* L. (*Scrophulariaceae*) en la Península Ibérica e Islas Baleares. *Ruizia*, 11: 157 pp.

PARDO, C. 1981. Estudio sistemático del género *Seseli* L. (*Umbelliferae*) en la Península Ibérica. *Lazaroa*, 3: 163-188.

PASCUAL, H. & POZO, H. 1988. Corología peninsular de las especies del género *Lupinus* L. *Fontqueria*, 20: 1-6.

PASTOR, J. 1981. Contribución al estudio de las semillas de las especies de *Allium* de la Península Ibérica e Islas Baleares. *Lagascalia*, 10(2): 207-216.

PASTOR, J. & VALDÉS, B. 1983. *Revisión del género Allium (Liliaceae) en la Península Ibérica e Islas Baleares*. Publicaciones de la Universidad de Sevilla, 179 pp.

PATINO, S. & VALENCIA, J. 1990. Nuevas aportaciones al catálogo florístico de la Comunidad Autónoma Vasca. *Estud. Mus. Ci. Nat. Álava*, 4: 77-84.

PATINO, S. & VALENCIA, J. 2000. Notas corológicas sobre la flora vascular del País Vasco y aledaños (IX). *Estud. Mus. Ci. Nat. Álava*, 15: 221-238.

PATINO, S.; URIBE-ECHEBARRÍA; P.M.; URRUTIA; P. & VALENCIA, J. 1990. Notas corológicas sobre la flora vascular del País Vasco y Aledaños (IV). *Estud. Mus. Ci. Nat. Álava*, 5: 77-81.

PATINO, S.; URIBE-ECHEBARRÍA, P.M.; URRUTIA, P. & VALENCIA, J. 1991. Notas corológicas sobre la flora vascular del País Vasco y Aledaños, V. *Estud. Mus. Ci. Nat. Álava*, 6: 57-67.

PATINO, S.; URIBE-ECHEBARRÍA, P.M.; URRUTIA, P. & VALENCIA, J. 1992. Notas corológicas sobre la flora vascular del País Vasco y Aledaños (VI). *Estud. Mus. Ci. Nat. Álava*, 7: 115-124.

PAU, C. 1887. *Notas botánicas a la Flora Española. Fasc. 1*. Escuela Tipográfica del Hospicio. Madrid.

PAU, C. 1888. *Notas botánicas a la Flora Española. Fasc. 2*, 40 pp. Escuela Tipográfica del Hospicio. Madrid.

PAU, C. 1889. *Notas botánicas a la Flora Española. Fasc. 3*, 40 pp. Imp. y Lib. de Romaní y Suay. Segorbe.

PAU, C. 1891. *Notas botánicas a la Flora Española. Fasc. 4*, 52 pp. Escuela Tipográfica del Hospicio. Madrid.

PAU, C. 1892. *Notas botánicas a la Flora Española. Fasc. 5*. Escuela Tipográfica del Hospicio. Madrid.

PAU, C. 1895. *Notas botánicas a la Flora Española. Fasc.6*. Imp. y Lib. de Romaní y Suay. Segorbe.

PAU, C. 1906. Plantas de la Provincia de Huesca (6-18 Julio 1903), continuación. *Anales Soc. Aragonesa Ci. Nat.*, 5: 173-181.

PAU, C. 1937. Anotaciones sobre plantas hispano-marroquíes. *Cavanillesia*, 8: 111-114.

PAU, C. & HUGUET DEL VILLAR, H. 1927. Novae species Tamaricis in Hispania centrali. *Brotéria, Ser. Bot.*, 23: 101-113.

PAUNERO, E. 1952. Las especies españolas del género *Alopecurus*. *Anales Inst. Bot. Cavanilles*, 10(2): 301-345.

PAUNERO, E. 1953. Las especies españolas del género *Anthoxanthum* L. *Anales Inst. Bot. Cavanilles*, 12(1): 401-442.

PAUNERO, E. 1954. Las Aveneas españolas. I. *Anales Inst. Bot. Cavanilles*, 13: 149-229.

PAUNERO, E. 1959. Las Aveneas españolas. IV. *Anales Inst. Bot. Cavanilles*, 17(1): 257-376.

PAUNERO, E. 1959. Aportación al conocimiento de las especies españolas del género *Puccinellia* Parl. *Anales Inst. Bot. Cavanilles*, 17(2): 31-55.

PERALTA, J. 1985. *Suelos y vegetación del macizo de las Peñas de Aya*. Tesis de Licenciatura. Universidad de Navarra. Pamplona.

PERALTA, J. 1992. *Suelos y vegetación de la Sierra de Leyre (Navarra-Zaragoza)*. Tesis Doctoral. Universidad de Navarra. Pamplona.

PERALTA, J. 2003. *Fumana hispidula* Loscos & Pardo (*Cistaceae*) en Navarra. *Munibe*, 54: 139-140.

PERALTA, J. 2005. *Hábitats de Navarra de interés y prioritarios (Directiva de Hábitats)*. Ed. Universidad Pública de Navarra. Pamplona.

PERALTA, J. & BÁSCONES J.C. 1996. Comunidades rupícolas de Navarra. *Anales Jard. Bot. Madrid*, 54(1): 512-520.

PERALTA, J. & BÁSCONES, J.C. 1997. Datos sobre los brezales con *Genista anglica* L. de las sierras meridionales de Álava y Navarra. *Itinera Geobot.*, 10: 353-363.

PERALTA, J.; BÁSCONES, J.C. & ÍÑIGUEZ, J. 1990. Bosques de la Sierra de Leyre (Navarra-Zaragoza, NE de España). *Monografías del Instituto Pirenaico de Ecología* 5, 559-564.

PERALTA, J., BÁSCONES, J.C. & ÍÑIGUEZ, J. 1992. Catálogo florístico de la Sierra de Leyre. *Príncipe de Viana, Supl. de Ciencias*, 11-12: 103-195.

PERALTA, J.; ÍÑIGUEZ, J. & BÁSCONES, J.C. 1989. Suelos y vegetación de las Peñas de Aya (Navarra y Guipúzcoa). *Anales Edaf. Agrobiol.*, 48: 499-522.

PERALTA, J. & OLANO, J.M. 2001. La transición mediterráneo-eurosiberiana en Navarra: caracterización de los tomillares y aliagares submediterráneos. *Pirineos*, 156: 27-56.

PERALTA, J.; BIURRUN, I.; GARCÍA-MIJANGOS, I.; REMÓN, J.L.; OLANO, J.M.; LORDA, M.; LOIDI, J. & CAMPOS, J.A. 2009. *Manual de interpretación de hábitats de Navarra*. GAVRN y Gobierno de Navarra. Pamplona.

PEREZ DE ANA, J.M. 2009. *Orobanche lycoctoni* Rhiner, primera cita para el País Vasco. *Munibe*, 57: 285-287.

PÉREZ, F.J. & FERNÁNDEZ ARECES, Mª P. 1996. Híbridos del género *Asplenium* L. (*Aspleniaceae*) en la Península Ibérica. *Anales Jard. Bot. Madrid*, 54(1): 106-125.

PIGNATTI, S. 1962. Studi sui *Limonium*, V. Note sulla sistematica delle specie iberiche di *Limonium*. *Collect. Bot. (Barcelona)*, 6(1-2): 293-330.

PIGNATTI, S. 1982. *Flora d'Italia*. 3 vols. Edagricole. Bologna.

PIZARRO, J. 1995. Contribución al estudio taxonómico de *Ranunculus* L. subgen. *Batrachium* (DC.) A. Gray (*Ranunculaceae*). *Lazaroa*, 15: 21-113.

POURRET, P.A. 1875. *Itineraire pour les Pyrenées*. Manuscrito.

PREVOST. J. 1655. *Catalogue des plantes qui croissent en Bearn, Navarre et Bigorre et ses costes de la mer des Basques, depuis Bayonne jusques à Fontarabie et Saint-Sébastien en Espagne*. Pau.

QUER, J. 1762. Flora española e historia de las plantas que se crían en España. 1762-1764. Madrid.

RAMOS, A. 1984. Taxonomía de *Hypericum hircinum* L. var. *cambessedesii* (Cosson ex Barceló) Ramos. *Collect. Bot. (Barcelona)*, 15: 369-376.

RAYNAUD, CH. 1985. Contribution à l'étude de certaines espèces du genre *Helianthemum* sect. *Helianthemum*. Note préliminaire. *Anales Jard. Bot. Madrid*, 41(2): 303-311.

REMÓN ALDABE, J.L. 2000. *Interés ecológico del área caliza de Igantzi, Arantza y Lesaka*. Informe inédito. Gobierno de Navarra.

RENOBALES, G. 2003. Notas acerca del tratamiento de las *Gentianeae* para "Flora Iberica". *Anales Jard. Bot. Madrid*, 60(2): 461-469.

RIVAS MARTÍNEZ, S. 1967. Algunas notas taxonómicas sobre la flora española. *Pub. Inst. Biol. Aplicada*, 42: 107-126.

RIVAS MARTÍNEZ, S. & HERRERA, M. 1996. Datos sobre *Salicornia* L. (*Chenopodiaceae*) en España. *Anales Jard. Bot. Madrid*, 54: 149-154.

RIVAS MARTÍNEZ, S.; BÁSCONES, J.C.; DÍAZ, T.E.; FERNÁN-DEZ-GONZÁLEZ, F. & LOIDI, J. 1991. Vegetación del Pirineo Occidental y Navarra. *Itinera Geobot.*, 5: 5-456.

RIVAS MARTÍNEZ, S. & LOIDI, J. 1999. Biogeography of the Iberian Peninsula. *Itinera Geobot.*, 13: 5-347.

RIVAS MARTÍNEZ. S.; LOIDI, J.; CANTÓ, P.; SANCHO, L. & SÁN-CHEZ-MATA, D. 1984. Datos sobre la vegetación del valle del río Bidasoa (España). *Lazaroa*, 6: 127-150.

RODRIGUEZ, P.; SÁNCHEZ MATA, D. & ARÉVALO, E. 1996. Aportaciones 139-157 (in Cartografía Corológica Ibérica). *Bot. Complut.*, 21: 139-157.

ROISIN, P. 1969. *Le domaine phytogéographique atlantique d'Europe.* Gembloux.

ROMERO RODRÍGUEZ, C.M. 1977. Datos para la flora de la cuenca alta del río Luna (León). *Bol. Estac. Centr. Ecol.*, 6(11): 25-39.

ROMERO ZARCO, C. 1984. Revisión taxonómica del género *Avenula* (Dumort.) Dumort (*Gramineae*), en la Península Ibérica e Islas Baleares. *Lagascalia*, 13(1): 39-146.

ROMERO ZARCO, C. 1984. Revisión del género *Helictotrichon* Besser ex Schultes & Schultes fil. (*Gramineae*) en la Península Ibérica. I. Estudio taxonómico. *Anales Jard. Bot. Madrid*, 41(1): 97-124.

ROMERO ZARCO, C. 1985. Revisión del género *Helictotrichon* Besser ex Schultes & Schultes fil. (*Gramineae*) en la Península Ibérica. II. Estudios experimentales. *Anales Jard. Bot. Madrid*, 42(1): 133-154.

ROMERO ZARCO, C. 1985. Revisión del género *Arrhenatherum* Beauv. (*Gramineae*) en la Península Ibérica. *Acta Bot. Malacitana*, 10: 123-154.

ROMERO ZARCO, C. 1990. Las avénulas del grupo *barbata* en la Península Ibérica y Baleares. *Lagascalia*, 16(2): 243-268.

ROMERO ZARCO, C. 1994. Las avenas del grupo *sterilis* en la Península Ibérica y regiones adyacentes del SW de Europa y NW de Africa. *Lagascalia*, 17(2): 277-309.

ROMERO ZARCO, C. 1996. Sinopsis del género *Avena* L. (*Poaceae, Aveneae*) en España peninsular y Baleares. *Lagascalia*, 18(2): 171-198.

ROMERO, A.T.; BLANCA, G. & MORALES, C. 1988. Revisión del género *Agrostis* L. (*Poaceae*) en la Península Ibérica. *Ruizia*, 7.

ROMO, A.M. 1981. Aportación al conocimiento de la flora burgalesa. *Collect. Bot. (Barcelona)*, 12: 153-159.

ROMO, A.M. 1983, El gènere *Spiraea* a la Península Ibèrica. *Collect. Bot. (Barcelona)*, 14: 537-541.

ROMO, A.M. 1983. Dades per a la flora de la Serra del Cis. *Collect. Bot. (Barcelona)*, 14: 523-536.

ROMO, A.M. 1987. *Stellaria nemorum* L. en la Península Ibérica. *Anales Jard. Bot. Madrid*, 44(2): 564-567.

RON ÁLVAREZ, M.E. 1968. Comentarios a algunos areales de plantas de las obras de Walter, y de Meusel, Jäger y Weinert. *Anales Inst. Bot. Cavanilles*, 26: 73-88.

ROTHMALER, W. 1936. Generum plantarum ibericarum revisio critica. III. *Euphrasia* L. *Cavanillesia*, 7: 5-28.

ROUY, G. 1902. *Poa feratiana* en forêt d'Irati. *Bull. Soc. Bot. France*, 49: 303-304.

RUBIO SÁNCHEZ, A. 1993. Aportación 55 (in Cartografía Coroló-gica Ibérica). *Bot. Complut.*, 18: 334-338.

RUIZ CASAVIELLA, J. 1870. Índice de plantas navarras. Apuntes para la flora de Navarra. *Restaurador Farmacéutico*, 26.

RUIZ CASAVIELLA, J. 1871. Índice de plantas navarras. Apuntes para la flora de Navarra. *Restaurador Farmacéutico*, 27.

RUIZ CASAVIELLA, J. 1873. Índice de plantas navarras. Apuntes para la flora de Navarra. *Restaurador Farmacéutico*, 29.

RUIZ CASAVIELLA, J. 1880. Catálogo metódico de las plantas observadas como espontáneas en Navarra. 1. parte. *Anal. Soc. Esp. Hist. Nat.* 9: 5-52,285-307,371-399.

SÁENZ DE RIVAS, C. 1967. Estudios sobre *Quercus ilex* L. y *Quercus rotundifolia* Lamk. *Anales Inst. Bot. Cavanilles*, 25: 244-262.

SÁENZ DE RIVAS, C. 1969. Estudios biométrico-taxonómicos sobre *Quercus faginea* Lamk. *V Simp. de Flora Europ. Publ. de la Univ. de Sevilla*, 335-350.

SÁEZ LL. & BENITO, J.L. 2000. Notas sobre el género *Rhinanthus* L. (*Scrophulariaceae*) en la Península Ibérica. *Acta Bot. Barc.*, 46: 129-142.

SÁEZ, LL. 2004. The genus *Nigritella* (*Orchidaceae*) in the Iberi-an Peninsula. *Anales Jard. Bot. Madrid*, 61(1): 81-90.

SALIGNAC-FENELON, F.DE. 1902. Limite sud-ouest des Sapins (*Abies pectinata*) dans les Basses-Pyrénées françaises et la Navarre espagnole; excursion faite le 3 octobre 1902 dans la forêt d'Iraty. *Bull. Soc. Bot. France*, 49: 301-304.

SALIGNAC-FENELON, F.DE. 1903. Excursion faite, en octobre 1902, dans la forêt d'Iraty et observations sur la flore fores-tière et les bruyères de cette partie des Pyrénées. *Bull. Soc. Hist. Nat. Toulouse*, 36: 21-23.

SALVO, A.E.; CABEZUDO, B. & ESPAÑA, L. 1984. Atlas de la pteridoflora ibérica y balear. *Acta Bot. Malacitana*, 9: 105-128.

SAN MIGUEL, E. 2001. Aportaciones 104-106 (in Cartografía Corológica Ibérica). *Bot. Complut.*, 25: 345-377.

SANDWITH, N.Y. & MONTSERRAT, P. 1966. Aportación a la flora pirenaica. *Pirineos*, 79-80: 21-74.

SANZ, M.; DANA, E.D. & SOBRINO, E. (EDS.). 2004. *Atlas de las Plantas Alóctonas Invasoras de España.* Dirección General para la Biodiversidad. Madrid.

SAÑUDO, A. 1984. Estudios citogenéticos y evolutivos en po-blaciones españolas del género *Narcissus* L. sect. *Pseudonar-cissi* DC. Nota previa: números de cromosomas. *Anales Jard. Bot. Madrid*, 40(2): 361-367.

SAULE, M. 1990. Quelques plantes intéressantes de la zone frontière allant du Massif du Visaurin au Massif d'Anie (Pyrénées occidentales). *Botánica Pirenaico-Cantábrica. Mo-nografías del Instituto Pirenaico de Ecología*, 5: 191-198.

SAULE, M. 1991. *La grande Flore Illustrée des Pyrénées.* 765 pp. Toulouse & Tarbes.

SCHWARZ, O. 1936. Sobre los *Quercus* catalanes del subgénero *Lepidobalanus* Oerst. *Cavanillesia*, 8: 65-100.

SCHWENDTNER, O.; CÁRCAMO, S.; LARRAÑAGA, A.; MIÑAM-BRES, L. & REMÓN, J.L. 2001. *Las tejedas de Navarra. Ecolo-gía, dinámica y conservación.* Actas del III Congreso Forestal Español. Granada.

SEGURA ZUBIZARRETA, A. 1982. De flora soriana y otras notas botánicas (II). *Inst. Est. Almerienses. Homenaje al botánico Rufino Sagredo*, 141-146.

SENNEN, F. 1912. Quelques formes nouvelles ou peu commu-nes de la flore de Catalogne, Aragon, Valence. *Anales Soc. Aragonesa Ci. Nat.*, 11: 229-251.

SENNEN, F. 1933. Plantes d'Espagne. *Anales Soc. Ibérica Ci. Nat.*, 32(15): 75-90.

SESÉ, J. A. 1991. Notas florísticas del Pirineo occidental arago-nés (Provincias de Zaragoza y Huesca). *Lucas Mallada*, 3: 107-128.

SESMA, J. & LOIDI, J. 1992. Aportación 26 (in Cartografía Coro-lógica Ibérica). *Bot. Complut.*, 17: 148-153.

SESMA, J. & LOIDI, J. 1993. Estudio de la vegetación de Monte Peña (Navarra) y su valoración naturalística. *Príncipe de Via-na, Supl. de Ciencias*, 13: 127-168.

SILVAN, F. 1991. Notas breves de botánica. Notas florísticas sobre la Comunidad Autónoma Vasca y el NO de Burgos. *Es-tud. Mus. Ci. Nat. Álava*, 6: 73-74.

SILVAN, F. & LOIDI, J. 1992. Aportación 25 (in Cartografía Corológica Ibérica). *Bot. Complut.*, 17: 145-147.

SILVAN, F. & LOIDI, J. 1992. Aportación 28 (in Cartografía Corológica Ibérica). *Bot. Complut.*, 17: 159-168.

SILVESTRE, S. 1973. Estudio taxonómico de los géneros *Conopodium* Koch y *Bunium* L. en la Península Ibérica. II. Parte sistemática. *Lagascalia*, 3(1): 3-48.

SIMON I PALLISÉ, J. 1993. *Estudis biosistematics en Euphorbia L. subsect. Galarrhaei (Boiss.) Pax (grup d'E. flavicoma i espècies afins) a la Mediterrània Occidental*. Tesis doctoral. Universitat de Barcelona. Barcelona.

SOULIÉ, J. 1907-1914. *Plantes observées dans les Pyrénées francaises et espagnoles*. 121 pp. Manuscrito inédito, conservado en la Soc. des Lettres et Arts de l'Aveyron. Rodez.

SUÁREZ, M. & SEOANE, J.A. 1988 Sobre la distribución corológica del género *Lavandula* L. en la Península Ibérica. *Lazaroa*, 9: 201-220.

TALAVERA, S. 1974. Contribución al estudio cariológico del género *Cirsium* en la Península Ibérica. *Lagascalia*, 4(2): 285-296.

TALAVERA, S. & ARISTA, M. 1998. Notas sobre el género *Colutea* (*Leguminosae*) en España. *Anales Jard. Bot. Madrid*, 56(2): 410-416.

TALAVERA, S. & VALDÉS, B. 1976. Revisión del género *Cirsium* (*Compositae*) en la Península Ibérica. *Lagascalia*, 5(2): 127-223.

TALAVERA, S. & VELAYOS, M. 1993. Aportación 56-61 (in Cartografía Corológica Ibérica). *Bot. Complut.*, 18: 338-351.

TALAVERA, S. & VELAYOS, M. 1994. Aportación 62-69 (in Cartografía Corológica Ibérica). *Bot. Complut.*, 19: 159-168.

TALAVERA, S. & VELAYOS, M. 1995. Aportación 75-82 (in Cartografía Corológica Ibérica). *Bot. Complut.*, 20: 149-160.

TALAVERA, S.; GARCÍA MURILLO, P. & SMIT, H. 1986. Sobre el género *Zannichellia* L. (*Zannichelliaceae*). *Lagascalia*, 14(2): 241-271.

TALBOTT, C. & GAMARRA, R. 2003. Aportaciones 123-124 (in Cartografía Corológica Ibérica). *Bot. Complut.*, 27: 165-200.

TEPPNER, H. & KLEIN, H. 1993. *Nigritella gabasiana* spec. nova, *N. nigra* subsp. *iberica* subsp. nova (*Orchidaceae-Orchideae*) und deren Embryologie. *Phyton*, 33(2): 179-322.

THAMTHAM, M.; PUYO, J. & SAULE, M. 2010. *Ophrys santonica* L.M. Mathé & Melki, orchidée nouvelle por la Navarre espagnole. *Monde des Plantes*, 501.

TUTIN, T.G. & AL. (EDS.). 1964-1980. *Flora Europaea*. 5 vols. Cambridge University Press. Cambridge.

UBERA, J.L. & VALDÉS, B. 1983. Revisión del género *Nepeta* (*Labiatae*) en la Península Ibérica e Islas Baleares. *Lagascalia*, 12(1): 3-80.

URIBE-ECHEBARRÍA, P.M. 1981. Algunas plantas que viven en Alava. *Anales Jard. Bot. Madrid*, 38(1): 309-313.

URIBE-ECHEBARRÍA, P.M. 1982. Pteridófitos alaveses. *Collect. Bot. (Barcelona)*, 13(1): 101-117.

URIBE-ECHEBARRÍA, P.M. 1988. Más datos sobre *Arenaria vitoriana* (*Caryophyllaceae*). *Estud. Inst. Alavés Natur.*, 3: 225-230.

URIBE-ECHEBARRÍA, P.M. 1990. Dos nuevos táxones en el género *Thymus* L. *Estud. Mus. Ci. Nat. Álava*, 5: 67-72.

URIBE-ECHEBARRÍA, P.M. 1990. *Trinia dufourii* DC. y *T. esteparia* Uribe-Echebarría son la misma especie. *Estud. Mus. Ci. Nat. Álava*, 5: 73-75.

URIBE-ECHEBARRÍA, P.M. 1990. Algunos datos sobre el grupo *Narcissus asturiensis-minor* en el Suroeste de Europa. *Estud. Mus. Ci. Nat. Álava*, 4: 49-61.

URIBE-ECHEBARRÍA, P.M. 1991. Plantas de Euskal Herria. Notas taxonómicas, I. *Estud. Mus. Ci. Nat. Álava*, 6: 53-56.

URIBE-ECHEBARRÍA, P.M. 1995-1996. Las collejas (*Silene* sección *Inflatae, Caryophyllaceae*) del País Vasco. *Estud. Mus. Ci. Nat. Álava*, 10-11: 107-111.

URIBE-ECHEBARRÍA, P.M. 1997. Los tipos del herbario VIT (Plantas Vasculares). *Estud. Mus. Ci. Nat. Álava*, 12: 81-87.

URIBE-ECHEBARRÍA, P.M. 1998. Sobre el grupo *Narcissus asturiensis* (Jordan) Pugsley (*Amaryllidaceae*) en la Península Ibérica. *Estud. Mus. Ci. Nat. Álava*, 13: 157-166.

URIBE-ECHEBARRÍA, P.M. 1998. Sobre el grupo *Narcissus asturiensis-N. jacetanus* en la Península Ibérica. *J. Bot. Soc. bot. France*, 5: 147-154.

URIBE-ECHEBARRÍA, P.M. 1998. Sobre el grupo *Narcissus asturiensis* (Jordan) Pugsley (*Amaryllidaceae*) en la Península Ibérica. *Estud. Mus. Ci. Nat. Álava*, 13: 157-166.

URIBE-ECHEBARRÍA, P.M. 1999. Las subespecies de *Armeria pubinervis* Boiss. (*Plumbaginaceae*). *Estud. Mus. Ci. Nat. Álava*, 14: 15-18.

URIBE-ECHEBARRÍA, P.M. 2001. Notas corológicas sobre la flora vascular del País Vasco y aledaños (X). *Estud. Mus. Ci. Nat. Álava*, 16: 93-101.

URIBE-ECHEBARRÍA, P. M. 2005. *Informe sobre la presencia en Navarra de Narcissus pseudonarcissus L. subsp. nobilis (Haw.) A. Fernandes*. Informe técnico. Viveros y Repoblaciones de Navarra. Gobierno de Navarra.

URIBE-ECHEBARRÍA, P.M. 2005. Sobre la presencia en Navarra de *Narcissus pseudonarcissus* L. subsp. *nobilis* (Haw.) A. Fernandes. *Estud. Mus. Ci. Nat. Álava*, 20: 57-67.

URIBE-ECHEBARRÍA, P.M. & ALEJANDRE, J.A. 1982. *Aproximación al catálogo florístico de Alava*. Ed. J.A. Alejandre. Vitoria. 206 pp.

URIBE-ECHEBARRÍA, P.M. & ALEJANDRE, J.A. 1982. Plantas interesantes de las montañas calizas vascas. *Munibe*, 34(4): 295-301.

URIBE-ECHEBARRÍA, P.M. & ALEJANDRE, J.A. 1983. Una subespecie nueva de *Scabiosa graminifolia* L. *Collect. Bot. (Barcelona)*, 14: 631-634.

URIBE-ECHEBARRÍA, P.M.; SESMA, J.; ORTUBAI, A.; DE FRANCISCO, M.; FERNÁNDEZ, J.M.; GURRUTXAGA, M. & CANTERO, AL. 2007. Manual *de interpretación y gestión de los hábitats continentales de interés comunitario de la Comunidad Autónoma del País Vasco (Directiva 92/43/CE)*. Informe técnico. IKT, Dpto. de Medio Ambiente y Ordenación del Territorio. Gobierno Vasco. Vitoria-Gasteiz.

URIBE-ECHEBARRÍA, P.M. & URRUTIA, P. 1988. Apuntes para el conocimiento de la Sección *Erinacoides* Spach del género *Genista* L. (*Leguminosae*). *Estud. Inst. Alavés Natur.*, 3: 209-224.

URIBE-ECHEBARRÍA, P.M. & URRUTIA, P. 1988. Notas corológicas sobre la flora vascular del País Vasco y aledaños (II). *Estud. Inst. Alavés Natur.*, 3: 243-255.

URIBE-ECHEBARRÍA, P.M. & URRUTIA, P. 1988. Sobre la presencia en la Península Ibérica de *Teucrium montanum* L. y su híbrido con *T. pyrenaicum* L. *Homenaje a Pedro Montserrat. Monografías del Instituto Pirenaico de Ecología*, 4: 359-363.

URIBE-ECHEBARRÍA, P.M. & URRUTIA, P. 1989. Notas corológicas sobre la flora vascular del País Vasco y aledaños (III). *Estud. Mus. Ci. Nat. Álava*, 4: 39-47.

URIBE-ECHEBARRÍA, P.M. & URRUTIA, P. 1990. *Plantas del País Vasco y Alto Ebro. Centuria III. Exsiccata del herbario VIT*. Instituto Alavés de la Naturaleza, 45 pp.

URIBE-ECHEBARRÍA, P.M. & URRUTIA, P. 1994. Distribución de los taxones de la sección *Erinacoides* Spach del género *Genista* L., en la Península Ibérica. *Estud. Mus. Ci. Nat. Álava*, 9: 21-34.

URRUTIA, P. 1986. Campaña de herborización en Montes de Izkiz. *Estud. Inst. Alavés Natur.*, 1: 185-221.

URRUTIA, P. 1991. Sobre un taxon nuevo en el género *Genista* L. *Estud. Mus. Ci. Nat. Álava*, 6: 49-52.

URRUTIA, P. 1992. Notas breves de botánica. Una sección híbrida nueva en el género *Genista* L. *Estud. Mus. Ci. Nat. Álava*, 7: 125.

URSÚA, M.C. 1986. *Estudio de la flora y vegetación de la Ribera tudelana (Navarra)*. Tesis Doctoral. Universidad de Navarra. Pamplona.

URSÚA, M.C. & BÁSCONES, J.C. 1986. Flora de la Ribera tudelana. I. Monocotiledóneas (*Liliatae*). *Príncipe de Viana, Supl. de Ciencias*, 6: 41-100.

URSÚA, M.C. & BÁSCONES, J.C. 1987. Notas botánicas de Navarra. *Príncipe de Viana, Supl. de Ciencias*, 7: 137-155.

URSÚA, C. & BÁSCONES, J.C. 2000. *Vegetación de las lagunas endorreicas de Navarra*. Actas Congr. Bot. F. Loscos, 687-701. Instituto de Estudios Turolenses. Teruel.

URSÚA, M.C. & LÓPEZ, M.L. 1983. Flora vascular del término municipal de Milagro. *Publ. Biol. Univ. Navarra S. Bot.*, 2: 3-34.

VALDÉS, B. 1970. *Revisión de las especies europeas de Linaria con semillas aladas*. 288 pp. Publicaciones de la Universidad de Sevilla. Sevilla.

VALDÉS, B. 1973. Números cromosómicos de algunas plantas españolas. I. *Lagascalia*, 3(2): 211-217.

VALLADARES, F. 2003. *Flora Amenazada de Navarra*. Informe técnico. CSIC.

VANDEN BERGHEN, C. 1973. Les landes à *Erica vagans* de la Haute Soule (Pyrénées Atlantiques, France). *Colloques Phytosociologiques*, 2: 91-96.

VAN DER SLUYS, M. & GONZÁLEZ, J. 1982. *Orquídeas de Navarra*. Inst. Príncipe de Viana. Dip. Foral de Navarra. Pamplona.

VAN SOEST, J.L. 1954. Sur quelques *Taraxacum* d'Espagne. *Collect. Bot. (Barcelona)*, 6(1): 1-32.

VARGAS, P. & LUCEÑO, M. 1988. Consideraciones taxonómicas acerca de *Saxifraga losae* Sennen y sus relaciones con *S. pentadactylis* Lapeyr. *Anales Jard. Bot. Madrid*, 45(1): 121-133.

VICENTE, D. 1983. *Flora vascular de la Cuenca de Pamplona*. Tesis de Licenciatura. Universidad de Navarra. Pamplona.

VICIOSO, C. 1946. Notas sobre la Flora Española. *Anales Jard. Bot. Madrid*, 6(2): 5-92.

VICIOSO, C. 1950. Revisión del género *Quercus* en España. *Inst. Forest. Invest. Exp.*, 51.

VICIOSO, C. 1951. Tréboles españoles. Revisión del género *Trifolium*. *Anales Inst. Bot. Cavanilles*, 10(2): 347-398.

VICIOSO, C. 1951. Salicáceas de España. *Inst. Forest. Invest. Exp.*, 57, 131pp.

VICIOSO, C. 1952. Tréboles españoles. Revisión del género *Trifolium*. *Anales Inst. Bot. Cavanilles*, 11(2): 289-383.

VICIOSO, C. 1953. Genísteas españolas.*Genista-Genistella*. I. *Inst. Forest. Invest. Exp.*, G7: 1-153.

VICIOSO, C. 1959. *Estudio monográfico sobre el género "Carex" en España*. Inst. Forest. Invest. Exp., 79, 205pp.

VICIOSO, C. 1962. Revisión del género *Ulex* en España. *Inst. Forest. Invest. Exp.*, 80.

VICIOSO, C. 1964. Estudios sobre el género *Rosa* en España. *Inst. Forest. Invest. Exp., 2.ed.*, 86, 134pp.

VILLAR, L. 1972. Notas florísticas del Pirineo Occidental. *Pirineos*, 103: 5-25.

VILLAR, L. 1972. Comunidades de *Ononis fruticosa* en la parte subcantábrica de Aragón y Navarra. *Pirineos*, 105: 61-68.

VILLAR, L. 1974. Pteridófitos del Pirineo Occidental. *Anales Inst. Bot. Cavanilles*, 31(2): 43-57.

VILLAR, L. 1975. Las estructuras del paisaje vegetal del Pirineo Occidental y su estabilidad. *Acta Bot. Malacitana*, 1: 57-67.

VILLAR, L. 1977. Una prueba biológica de la existencia de refugios glaciares ("Nunataks") en el Pirineo Occidental. *Trabajos sobre el Neógeno-Cuaternario*, 6: 287-297.

VILLAR, L. 1980. Catálogo florístico del Pirineo occidental español. *Pub. Cent. Pir. Biol. Exp.*, 11: 7-422.

VILLAR, L. 1980. Un bosque virgen del Pirineo Occidental. *Stud. Oecologica*, 1: 57-78.

VILLAR, L. 1981. Remarques chorologiques sur quelques plantes pyrénéennes. *Pub. Cent. Pir. Biol. Exp.*, 12: 85-99.

VILLAR, L. 1982. La vegetación del Pirineo occidental. Estudio de geobotánica ecológica. *Príncipe de Viana (Suplemento de Ciencias)*, 2: 263-433.

VILLAR, L. 1986. Adiciones y correcciones al catálogo florístico del Pirineo occidental español. Coll. Int. de Bot. Pyr., La Cabanasse. *Soc. bot. France Gr. Sc.*,: 219-226.

VILLAR, L. 1987. Nota corológica, nomenclatural y taxonómica sobre el género *Polygonum* L. en la Península Ibérica. *Anales Jard. Bot. Madrid*, 44(1): 180-186.

VILLAR, L. 1988. El elemento atlántico en la flora del Pirineo Centro-occidental español. In *Actes del Simposi Internacional de Botànica Pius Font i Quer (Fanerogamia)*: 403-409. Lleida.

VILLAR, L.; CATALÁN, P.; GUZMÁN, D. & GOÑI, D. 1995. *Bases técnicas para la protección de la flora vascular de Navarra*. Informe inédito. Gobierno de Navarra-IPE (CSIC).

VILLAR, L. & FERNÁNDEZ, MªC. 1979. Catálogo aproximado de las plantas vasculares que crecen en Navarra. Mecanografiado. 82 pp.

VILLAR, L. & LAÍNZ, M. 1990. Plantes endemiques des Pyrénées occidentales et des monts cantabres. Essai chorologique. *Monografías del Instituto Pirenaico de Ecología*, 5: 209-234.

VILLAR, L. & LAZARE, J.J. 1991. Avance del Atlas ICAFF (Inventario y Cartografía Automática de la Flora de los Pirineos). *Itinera Geobot.*, 5: 481-504.

VILLAR, L. & SESÉ, J.A. 1993. Adiciones y correcciones al Catálogo Florístico del Pirineo Occidental Español (II). *Lucas Mallada*, 5: 167-183.

VILLAR, L.; SESÉ, J.A. & FERRÁNDEZ, J.V. 1997. *Atlas de la Flora del Pirineo Aragonés. Vol. I.* Consejo de Protecció́b de la Naturaleza de Aragón. Instituto de Estudios Altoaragoneses. Huesca.

VILLAR, L.; SESÉ, J.A. & FERRÁNDEZ, J.V. 2001. *Atlas de la Flora del Pirineo Aragonés. Vol. II.* Consejo de Protecció́b de la Naturaleza de Aragón. Instituto de Estudios Altoaragoneses. Huesca.

VILLAR, L.; SESÉ, J.A.; GOÑI, D.; FERRÁNDEZ, J.V.; GUZMÁN, D. & CATALÁN, P. 1997. Sur la flore endémique et menacée des Pyrénées (Aragon et Navarre). *Lagascalia*, 19(1): 673-684.

VIVANT, J. 1954. Additions à la flore des plantes vasculaires du Pays Basque français. *Bull. Soc. Bot. France*, 101(5-6): 193-197.

VIVANT, J. 1955. *Seseli cantabricum* Lge. en territoire français. *Monde des Plantes*, 293/297: 17.

VIVANT, J. 1967. Sur quelques plantes singulières des Pyrénées Occidentales. *Monde des Plantes*, 357: 7-10.

VIVANT, J. 1972. Plantes vasculaires intéressantes récoltées aux Pyrénées occidentales françaises. *Monde des Plantes*, 373: 1-4.

VIVANT, J. 1973. La Graminée *Helictotrichon filifolium* ssp. *cantabricum* spontanée en France dans les Pyrénés basques. *Bull. Soc. Bot. France*, 120: 435-440.

VIVANT, J. 1973. Compte-rendu d'herborisations réalisées en 1972 dans les Pyrénées atlantiques. *Monde des Plantes*, 378: 5-6.

VIVANT, J. 1976. *Dryopteris oreades* Fomin (= *D.abbreviata* auct.non DC.) et *Asplenium csikii* Kümmerle et Andrastovski dans les Pyrénées occidentales franco-espagnoles. *Bull. Soc. Bot. France*, 123: 83-88.

VIVANT, J. 1977. Sur quelques plantes méconnues des montagnes d'Aspe dans les Pyrénées Atlantiques. *Bull. Soc. Bot. France*, 124(5-6): 329-335.

VIVANT, J. 1979. *Pyrénées-Atlantiques*, Notice et Itineraires. 110^{éme} session extraordinaire de la Société Botanique de France, Pyrénées-Atlantiques. 22 pp.

VIVANT, J. 1980. *Pyrénées Atlantiques d'Ossau et Pyrénées aragonaises d'Huesca*. Notice et Itineraires 111^{éme} session extraordinaire de la Société Botanique de France.

VOGT, R. 1987. Die Gattung *Cochlearia* L. (*Cruciferae*) auf Iberischen Halbinsel. *Mitt. Bot. Staatssamml. München*, 23: 393-421.

VOGT, R. 1991. Die gattung *Leucanthemum* Mill. (*Compositae-Anthemideae*) auf der Iberischen halbinsel. *Ruizia*, 10.

VV.AA. 2000. Lista Roja de Flora Vascular Española (valoración según categorías UICN). *Conservación Vegetal*, 6: 11-38.

VV.AA. 2003. *Atlas y Manual de los Hábitats naturales y seminaturales de España*. Dirección General de Conservación de la Naturaleza. Ministerio de Medio Ambiente. Madrid.

VV.AA. 2009. *Bases ecológicas preliminares para la conservación de los tipos de hábitats de interés comunitario en España*. Ministerio de Medio Ambiente y Medio Rural y Marino. Madrid.

WALTER, E. 1936. Enumération des Fougères récoltées dans les Landes et en Pays Basque franco-espagnol en 1934. *Bull. Soc. Bot. France*, 83: 435-436.

WILLKOMM, M. 1848. Spicilegium Florae hispanicae. *Bot. Zeit.*, 6: 413-415.

WILLKOMM, M. 1851. Sertum Florae Hispanicae. *Flora*, 34: 577-591, 593-607.

WILLKOMM, M. 1851. Sertum Florae Hispanicae. *Flora*, 34: 609-619, 625-636, 705-713, 739-750, 755-765.

WILLKOMM, M. 1852. Sertum Florae Hispanicae. *Flora*, 35: 193-202, 257-266, 273-285, 289-292, 305-320, 513-526, 529-541.

WILLKOMM, M. 1852. Enumeratio plantarum novarum et rariorum, quas in Hispania australi regnoque Algarbiorum annis 1845 et 1846. *Linnaea*, 25: 1-70.

WILLKOMM, M. 1852. *Die Strandt und Steppengebeite der Iberischen Halbbinsenl und deren Vegetation*. Leipzig.

WILLKOMM, M. 1852-1861. *Icones et descriptiones plantarum novarum, criticarum et rariorum Europae austro-occidentalis, praceipue Hispanicae Lipsiae*. Stuttgart.

WILLKOMM, M. 1859. Bemerkungen ber kritische Pflanzen der Mediterranflora. *Bot. Zeit.*, 17: 281-285.

WILLKOMM, M. 1881-1892. *Illustrationes Florae Hispaniae insularumque Balearium*. Stuttgart.

WILLKOMM, M. 1890. Über neue und kritische Pflanzen de Spanisch-portugiesischen und balearischen Flora. *Oesterr. Bot. Zeit.*, 40: 143-148, 215-218.

WILLKOMM, M. 1891. Über neue und kritische Pflanzen de Spanisch-portugiesischen und balearischen Flora. *Oesterr. Bot. Zeit.*, 41: 1-5, 51-54, 81-88.

WILLKOMM, M. 1893. *Supplementum Prodromi Florae Hispanicae*. 370 pp. E. Schweizerbart. Stuttgart.

WILLKOMM, M. & LANGE, J. 1861-1880. *Prodromus Florae Hispanicae*. 3 vols. E. Schweizerbart. Stuttgart.

YERA, J. & ASCASO J. 2009. De plantis vascularibus praesertim ibericis (V). *Fl. Montiber.*, 43: 10-18.

ZUBÍA, I. 1921. Flora de la Rioja. Imprenta y Librería Moderna. Logroño (Reimpresión 1983). *Instituto de Est. Riojanos*, 52.

7. ÍNDICE DE ESPECIES

Los nombres válidos van en cursiva, los sinónimos en redonda.

A

Abies alba · 173
Abies pectinata · 173
Abutilon avicennae · 159
Abutilon theophrasti · 159
Acanthus mollis · 13
Acarna cancellata · 45
Acer campestre · 13
Acer italum · 13
Acer monspessulanum · 13
Acer neapolitaum · 13
Acer negundo · 13
Acer opalus · 13
Acer opulifolium · 13
Acer platanoides · 13
Acer pseudoplatanus · 13
Aceras antropophorum · 163
Aceras densiflorum · 166
Aceras hircinum · 165
Aceras pyramidalis · 163
Aceras vayredae · 166
Achillea ageratum · 43
Achillea millefolium · 43
Achillea odorata · 43
Achnatherum calamagrostis · 102
Acinos alpinus · 127
Acinos arvensis · 127
Aconitum anthora · 185
Aconitum lamarckii · 185
Aconitum lycoctonum · 185
Aconitum napellus · 185
Aconitum variegatum · 185
Aconitum vulparia · 185
Acrostichum septentrionale · 19
Acrostichum thelypteris · 223
Actaea dioica · 197
Actaea spicata · 185
Actinocyclus secundus · 185
Adenocarpus complicatus · 135
Adenocarpus lainzii · 135
Adenostyles alliariae · 43
Adenostyles pyrenaica · 43
Adiantum capillus-veneris · 13
Adonis aestivalis · 185
Adonis annua · 186
Adonis autumnalis · 186
Adonis baetica · 186
Adonis castellana · 186
Adonis cupaniana · 186
Adonis dentata · 185
Adonis flammea · 186
Adonis intermedia · 186
Adonis microcarpa · 186
Adonis pyrenaica · 186
Adonis squarrosa · 185
Adonis vernalis · 186
Aegilops geniculata · 102
Aegilops neglecta · 102
Aegilops triaristata · 102
Aegilops triuncialis · 102
Aegilops ventricosa · 102
Aegonychon gastoni · 22

Aegonychon purpurocaeruleum · 22
Aeluropus littoralis · 103
Aesculus hippocastanum · 122
Aetheorhiza bulbosa · 43
Aethionema saxatile · 73
Aglithes ursina · 152
Agrimonia eupatoria · 193
Agrimonia procera · 193
Agropyron campestre · 109
Agropyron caninum · 109
Agropyron cristatum · 103
Agropyron hispidum · 109
Agropyron intermedium · 109
Agropyron repens · 109
Agropyrum curvifolium · 109
Agrostemma githago · 29
Agrostis × foulladei · 103
Agrostis × murbeckii · 103
Agrostis alpina · 103
Agrostis canina · 103
Agrostis capillaris · 103
Agrostis castellana · 103
Agrostis curtisii · 103
Agrostis durieui · 103
Agrostis filifolia · 103
Agrostis gigantea · 103
Agrostis hesperica · 103
Agrostis maritima · 103
Agrostis rupestris · 103
Agrostis schleicheri · 103
Agrostis setacea · 103
Agrostis stolonifera · 103
Agrostis tenuis · 103
Agrostis truncatula · 103
Agrostis verticillata · 117
Agrostis vulgaris · 103
Ailanthus altissima · 221
Ailanthus glandulosa · 221
Ailanthus peregrina · 221
Aira caryophyllea · 103
Aira cupaniana · 104
Aira flexuosa · 108
Aira praecox · 104
Airopsis minuta · 114
Airopsis tenella · 104
Aizoon hispanicum · 13
Ajax abscissus · 15
Ajuga chamaepitys · 127
Ajuga occidentalis · 127
Ajuga pyramidalis · 127
Ajuga reptans · 127
Alcea ficifolia · 159
Alcea rosea · 159
Alchemilla alniformis · 195
Alchemilla alpina · 193
Alchemilla amphisericea · 193
Alchemilla angustata · 193
Alchemilla arvensis · 196
Alchemilla atriuscula · 194
Alchemilla atropurpurea · 194
Alchemilla basaltica · 196
Alchemilla benasquensis · 194
Alchemilla bolosii · 196
Alchemilla burgensis · 194

Alchemilla catalaunica · 193, 194
Alchemilla charbonneliana · 193
Alchemilla colorata · 194
Alchemilla connivens · 194
Alchemilla coriacea · 194
Alchemilla cornucopioides · 197
Alchemilla cuatrecasasii · 194
Alchemilla diluta · 194
Alchemilla effusa · 194
Alchemilla effusiformis · 194
Alchemilla fallax · 194
Alchemilla filicaulis · 194
Alchemilla flabellata · 194
Alchemilla fulgens · 194
Alchemilla glabra · 194
Alchemilla glaucescens · 194
Alchemilla hoppeana · 195
Alchemilla hoppeaniformis · 195
Alchemilla hybrida · 194
Alchemilla hypercycla · 195
Alchemilla impedicellata · 195
Alchemilla inconcinna · 195
Alchemilla iniquiformis · 195
Alchemilla iratiana · 195
Alchemilla lapeyrousii · 195
Alchemilla lunaria · 195
Alchemilla macrochira · 195
Alchemilla melanoscytos · 195
Alchemilla microcarpa · 197
Alchemilla mucronata · 196
Alchemilla nafarroana · 195
Alchemilla oscensis · 195
Alchemilla ozana · 195
Alchemilla perspicua · 195
Alchemilla plicatula · 195
Alchemilla polatschekiana · 196
Alchemilla polita · 196
Alchemilla santanderensis · 196
Alchemilla saxatilis · 196
Alchemilla spathulata · 196
Alchemilla spectabilior · 196
Alchemilla straminea · 196
Alchemilla transiens · 196
Alchemilla vetteri · 196
Alchemilla villarii · 196
Alchemilla viridicans · 193
Alchemilla vulgaris · 196
Alchemilla xanthochlora · 196
Alectorolophus minor · 216
Alectorolophus pumilus · 216
Alisma damasonium · 14
Alisma lanceolatum · 13
Alisma plantago-aquatica · 14
Alisma ranunculoides · 14
Alkanna lutea · 22
Alliaria petiolata · 73
Allium ampeloprasum · 151
Allium anguinum · 153
Allium angulosum · 151
Allium approximatum · 152
Allium arvense · 152
Allium aureum · 151

Allium capillare · 151
Allium compactum · 153
Allium complanatum · 152
Allium descendens · 152
Allium ericetorum · 151
Allium fallax · 151
Allium foliosum · 152
Allium gaditanum · 151
Allium guttatum · 151
Allium involucratum · 151
Allium longispathum · 152
Allium loscosii · 152
Allium lusitanicum · 151
Allium margaritaceum · 151
Allium moly · 151
Allium montanum · 151
Allium moschatum · 151
Allium multiflorum · 151
Allium obtusiflorum · 152
Allium ochroleucum · 151
Allium odoratissimum · 152
Allium oleraceum · 152
Allium pallens · 152
Allium palustre · 152
Allium paniculatum · 152
Allium paniculatum · 152
Allium pardoi · 151
Allium petiolatum · 152
Allium polyanthum · 151
Allium purpureum · 152
Allium pyrenaicum · 152
Allium roseum · 152
Allium sardoum · 151
Allium schmitzii · 152
Allium schoenoprasum · 152
Allium scorodoprasum · 152
Allium senescens · 151
Allium setaceum · 151
Allium sphaerocephalon · 152
Allium stearnii · 152
Allium suaveolens · 151
Allium tenuiflorum · 152
Allium triquetrum · 152
Allium ursinum · 152
Allium victorialis · 153
Allium vineale · 153
Allosorus crispus · 82
Alnus cordata · 21
Alnus glutinosa · 21
Alnus incana · 21
Alopecurus aequalis · 104
Alopecurus agrestis · 104
Alopecurus bulbosus · 104
Alopecurus fulvus · 104
Alopecurus geniculatus · 104
Alopecurus gerardii · 104
Alopecurus myosuroides · 104
Alopecurus pratensis · 104
Alsine bocconei · 36
Alsine campestris · 32
Alsine cerastiifolia · 32
Alsine cherleria · 33
Alsine jacquinii · 33
Alsine media · 37
Alsine montana · 33
Alsine pallida · 37

Arundo phragmites · 116
Asarum hypocistis · 185
Asclepias nigra · 18
Aspalthium bituminosum · 137
Asparagus acutifolius · 153
Asparagus albus · 153
Asparagus aphyllus · 153
Asparagus officinalis · 153
Asperugo procumbens · 22
Asperula aristata · 204
Asperula arvensis · 204
Asperula cynanchica · 205
Asperula hirta · 205
Asperula odorata · 206
Asperula scabra · 204
Asphodelus aestivus · 153
Asphodelus albus · 153
Asphodelus apiocarpus · 154
Asphodelus ayardii · 154
Asphodelus cerasiferus · 154
Asphodelus cirerae · 154
Asphodelus deplhinensis · 153
Asphodelus deseglisei · 153
Asphodelus fistulosus · 154
Asphodelus intermedius · 154
Asphodelus macrocarpus · 154
Asphodelus microcarpus · 154
Asphodelus occidentalis · 154
Asphodelus pratensis · 154
Asphodelus pyrenaicus · 153
Asphodelus ramosus · 154
Asphodelus serotinus · 154
Asphodelus sphaerocarpus · 153
Asphodelus subalpinus · 153
Aspidium aculeatum · 18
Aspidium filix-mas · 18
Aspidium lonchitis · 18
Aspidium viridulum · 20
Asplenium × recoderi · 19
Asplenium adiantum-nigrum · 19
Asplenium adiantum-nigrum · 19
Asplenium billotii · 19
Asplenium ceterach · 20
Asplenium cuneatum · 19
Asplenium filix-femina · 20
Asplenium fontanum · 19
Asplenium glandulosum · 19
Asplenium lanceolatum · 19
Asplenium leptophyllum · 19
Asplenium onopteris · 19
Asplenium petrarchae · 19
Asplenium ruta-muraria · 19
Asplenium scolopendrium · 20
Asplenium seelosii · 19
Asplenium septentrionale · 19
Asplenium trichomanes · 19
Asplenium virgilii · 19
Asplenium viride · 19
Aster acris · 45
Aster alpinus · 45
Aster aragonensis · 45
Aster lanceolatus · 45
Aster linosyris · 45
Aster novi-belgii · 45
Aster sedifolius · 45
Aster squamatus · 45
Aster tripolium · 45
Aster willkommii · 45
Asteriscus aquaticus · 45

Asteriscus spinosus · 61
Asterolinon linum-stellatum · 183
Astragalus alopecuroides · 135
Astragalus aragonensis · 137
Astragalus aristatus · 136
Astragalus asterias · 136
Astragalus australis · 135
Astragalus campestris · 145
Astragalus castellanus · 136
Astragalus chlorocyaneus · 136
Astragalus clusianus · 136
Astragalus clusii · 136
Astragalus cruciatus · 136
Astragalus cymbaecarpos · 136
Astragalus depressus · 136
Astragalus echinatus · 136
Astragalus glaux · 136
Astragalus glycyphyllos · 136
Astragalus granatensis · 136
Astragalus hamosus · 136
Astragalus hypoglottis · 136
Astragalus incanus · 136
Astragalus incurvus · 136
Astragalus macrorhizus · 136
Astragalus monspessulanus · 136
Astragalus narbonensis · 135
Astragalus nevadensis · 136
Astragalus nevadensis · 136
Astragalus nummularioides · 136
Astragalus nummularius · 136
Astragalus paui · 136
Astragalus pentaglottis · 136
Astragalus polyactinus · 137
Astragalus purpureus · 136
Astragalus sempervirens · 136
Astragalus sesameus · 136
Astragalus stella · 136
Astragalus teresianus · 136
Astragalus turolensis · 137
Astragalus vulnerarioides · 135
Astrantia major · 226
Astrocarpa interrupta · 192
Astrocarpa sesamoides · 192
Athamanta libanotis · 233
Athamanta meum · 230
Athamantha oreoselinum · 231
Athyrium alpestre · 20
Athyrium distentifolium · 20
Athyrium filix-femina · 20
Atlanthemum sanguineum · 42
Atractylis cancellata · 45
Atractylis gedeonii · 45
Atractylis humilis · 45
Atractylis tutinii · 45
Atriplex halimus · 38
Atriplex patula · 38
Atriplex prostrata · 38
Atriplex rosea · 38
Atriplex tatarica · 38
Atriplex tornabenei · 38
Atropa belladonna · 221
Atropa lethalis · 221
Avellinia michelii · 104
Avena barbata · 105
Avena bizantina · 105
Avena bromoides · 105
Avena cantabrica · 112
Avena fatua · 105
Avena flavescens · 120

Avena hirsuta · 105
Avena longifolia · 117
Avena ludoviciana · 105
Avena montana · 112
Avena pubescens · 105
Avena sativa · 105
Avena sedenensis · 112
Avena sterilis · 105
Avena versicolor · 105
Avenula bromoides · 105
Avenula gonzaloi · 105
Avenula lodunensis · 105
Avenula marginata · 105
Avenula mirandana · 105
Avenula pratensis · 105
Avenula pratensis · 105
Avenula pubescens · 105
Avenula sulcata · 105
Avenula versicolor · 105
Azolla caroliniana · 20
Azolla filiculoides · 20

B

Baccharis halimifolia · 45
Baldellia ranunculoides · 14
Ballota nigra · 127
Ballota tournefortii · 127
Bambusa aurea · 116
Barbarea intermedia · 74
Barbarea vulgaris · 74
Bartsia alpina · 212
Bartsia trixago · 212
Bartsia viscosa · 216
Bassia hyssopifolia · 38
Bassia prostrata · 38
Bassia scoparia · 38
Bassia sicorica · 38
Batrachium penicillatum · 190
Belladonna baccifera · 221
Belladonna trichotoma · 221
Bellardia trixago · 212
Bellis perennis · 45
Bellis sylvestris · 45
Berberis garciae · 21
Berberis vulgaris · 21
Berenice victorialis · 153
Berula erecta · 226
Beta cicla · 39
Beta macrocarpa · 38
Beta maritima · 39
Beta vulgaris · 39
Betonica algeriensis · 132
Betonica alopecuros · 132
Betonica annua · 132
Betonica clementei · 132
Betonica officinalis · 132
Betula alba · 21
Betula alnus · 21
Betula celtiberica · 21
Betula cordata · 21
Betula pendula · 21
Betula pubescens · 21
Betula verrucosa · 21
Bidens aurea · 45
Bidens cernua · 46
Bidens frondosa · 46
Bidens tripartita · 46
Bifora testiculata · 226
Bignonia × tagliabuana · 21
Bilderdykia aubertii · 178
Bilderdykia baldschuanica · 178

Bilderdykia convolvulus · 178
Bilderdykia dumetorum · 178
Biscutella brevifolia · 74
Biscutella intermedia · 74
Biscutella pyrenaica · 74
Biscutella scaposa · 74
Biscutella valentina · 74
Bituminaria bituminosa · 137
Blackstonia perfoliata · 98
Blechnum radicans · 21
Blechnum spicant · 21
Blitum chenopodioides · 39
Bolboschoenus glaucus · 84
Bolboschoenus maritimus · 84
Bombycilaena discolor · 46
Bombycilaena erecta · 46
Bonjeanea hirsuta · 138
Bonjeanea recta · 138
Borago officinalis · 22
Bothriochloa ischaemum · 108
Botrychium lunaria · 25
Boulardia latisquama · 170
Brachypodium distachyon · 105
Brachypodium phoenicoides · 105
Brachypodium pinnatum · 106
Brachypodium ramosum · 106
Brachypodium retusum · 106
Brachypodium sylvaticum · 106
Brassica arvensis · 80
Brassica cheiranthos · 76
Brassica moricandia · 80
Brassica napus · 74
Brassica nigra · 74
Brassica oleracea · 75
Brassica orientalis · 76
Brassica rapa · 75
Brassica saxatilis · 75
Brassica vesicaria · 78
Brassicella erucastrum · 78
Brimeura amethystina · 154
Brimeura fontqueri · 154
Briseis triquetrum · 152
Briza maxima · 106
Briza media · 106
Bromus arvensis · 106
Bromus asper · 107
Bromus benekenii · 106
Bromus catharticus · 107
Bromus commutatus · 106
Bromus diandrus · 106
Bromus erectus · 106
Bromus gussonei · 106
Bromus hordeaceus · 106
Bromus intermedius · 106
Bromus lanceolatus · 106
Bromus macrostachys · 106
Bromus madritensis · 106
Bromus maximus · 107
Bromus molliformis · 106
Bromus mollis · 106
Bromus racemosus · 106
Bromus ramosus · 107
Bromus rigidus · 107
Bromus rubens · 107
Bromus secalinus · 107
Bromus squarrosus · 107
Bromus sterilis · 107
Bromus tectorum · 107
Bromus willdenowii · 107
Bryanthus polyfolius · 93
Bryonia cretica · 83

Euphorbia helioscopioides · 95
Euphorbia hirsuta · 95
Euphorbia hyberna · 95
Euphorbia jovetii · 94
Euphorbia lathyris · 95
Euphorbia luteola · 95
Euphorbia maculata · 94
Euphorbia minuta · 95
Euphorbia mucronata · 95
Euphorbia nevadensis · 95
Euphorbia nicaeensis · 95
Euphorbia pauciflora · 95
Euphorbia peploides · 95
Euphorbia peplus · 95
Euphorbia pinea · 96
Euphorbia platyphyllos · 96
Euphorbia polygalifolia · 95
Euphorbia prostrata · 94
Euphorbia pubescens · 95
Euphorbia pyrenaica · 96
Euphorbia rubra · 95
Euphorbia segetalis · 96
Euphorbia sennenii · 95
Euphorbia serpens · 94
Euphorbia serrata · 96
Euphorbia serrulata · 96
Euphorbia stricta · 96
Euphorbia sulcata · 96
Euphorbia supina · 94
Euphorbia tetraceras · 96
Euphorbia verrucosa · 94
Euphorbia villosa · 96
Euphrasia alpina · 213
Euphrasia hirtella · 213
Euphrasia latifolia · 216
Euphrasia longiflora · 215
Euphrasia lutea · 215
Euphrasia mendoncae · 213
Euphrasia minima · 213
Euphrasia montana · 213
Euphrasia nemorosa · 213
Euphrasia odontites · 215
Euphrasia officinalis · 213
Euphrasia pectinata · 213
Euphrasia rigidula · 213
Euphrasia rostkoviana · 213
Euphrasia salisburgensis · 213
Euphrasia sicardii · 213
Euphrasia stricta · 213
Euphrasia verna · 215
Euxolus muricatus · 14
Evax carpetana · 53
Evax lasiocarpa · 53
Evax pygmaea · 53
Exaculum pusillum · 99

F

Fagus castanea · 96
Fagus sylvatica · 96
Falcaria rivinii · 229
Falcaria vulgaris · 229
Fallopia aubertii · 178
Fallopia baldschuanica · 178
Fallopia convolvulus · 178
Fallopia dumetorum · 178
Fallopia sachalinensis · 179
Fedia dasycarpa · 235
Fedia dentata · 235
Fedia morisonii · 235
Ferula communis · 229
Festuca altissima · 109

Festuca altopyrenaica · 109
Festuca arundinacea · 109, 110
Festuca arvernensis · 110
Festuca auquieri · 110
Festuca bastardii · 110
Festuca capillifolia · 110
Festuca costei · 110
Festuca diffusa · 111
Festuca eskia · 110
Festuca fenas · 110
Festuca gallica · 110
Festuca gautieri · 110
Festuca gigantea · 110
Festuca glacialis · 110
Festuca gracilior · 110
Festuca guestfalica · 110
Festuca hervieri · 111
Festuca heteromalla · 111
Festuca heterophylla · 110
Festuca hystrix · 110
Festuca indigesta · 110
Festuca laevigata · 110
Festuca lemanii · 110
Festuca marginata · 111
Festuca myuros · 120
Festuca nigrescens · 111
Festuca ochroleuca · 111
Festuca ovina · 111
Festuca paniculata · 111
Festuca pyrenaica · 111
Festuca rivas-martinezii · 111
Festuca rivularis · 111
Festuca rubra · 111
Festuca scabrescens · 112
Festuca scoparia · 110
Festuca silvatica · 109
Festuca trichophylla · 112
Festuca vivipara · 112
Festulolium holmbergii · 110, 114
Ficaria ranunculoides · 189
Ficus carica · 160
Filaginella uliginosa · 53
Filago arvensis · 60
Filago gallica · 61
Filago germanica · 53
Filago lutescens · 53
Filago minima · 61
Filago pyramidata · 53
Filago spathulata · 53
Filago vulgaris · 53
Filipendula hexapetala · 197
Filipendula ulmaria · 197
Filipendula vulgaris · 197
Foeniculum capillaceum · 229
Foeniculum officinale · 229
Foeniculum piperitum · 229
Foeniculum vulgare · 229
Fourraea alpina · 74
Fragaria collina · 198
Fragaria crantzii · 199
Fragaria indica · 197
Fragaria sterilis · 199
Fragaria vesca · 198
Fragaria viridis · 198
Fragaria zapateriana · 198
Frangula alnus · 192
Frankenia hirsuta · 98
Frankenia laevis · 98
Frankenia pulverulenta · 98
Frankenia reuteri · 98
Frankenia thymifolia · 98

Fraxinus angustifolia · 161
Fraxinus excelsior · 161
Fraxinus ornus · 161
Fraxinus oxycarpa · 161
Fraxinus oxyphylla · 161
Fraxinus pennsylvanica · 161
Fraxinus rostrata · 161
Fritillaria boissieri · 154
Fritillaria hispanica · 154
Fritillaria lusitanica · 154
Fritillaria nervosa · 155
Fritillaria nigra · 154
Fritillaria pyrenaea · 155
Fritillaria pyrenaica · 154
Fritillaria pyrenaica · 155
Fumana ericifolia · 40
Fumana ericoides · 41
Fumana glutinosa · 41
Fumana hispidula · 41
Fumana montana · 40
Fumana procumbens · 41
Fumana thymifolia · 41
Fumana viscida · 41
Fumaria agraria · 172
Fumaria apiculata · 172
Fumaria bulbosa · 171
Fumaria calcarata · 172
Fumaria capreolata · 172
Fumaria cespitosa · 172
Fumaria claviculata · 171
Fumaria densiflora · 172
Fumaria enneaphylla · 173
Fumaria faurei · 172
Fumaria martinii · 172
Fumaria micrantha · 172
Fumaria mirabilis · 172
Fumaria muralis · 172
Fumaria officinalis · 172
Fumaria parviflora · 172
Fumaria petteri · 172
Fumaria reuteri · 172
Fumaria schrammii · 172
Fumaria spicata · 173
Fumaria transiens · 172
Fumaria vaillantii · 172
Fumaria wirtgenii · 172

G

Gagea arvensis · 155
Gagea burnatii · 155
Gagea erubescens · 155
Gagea fascicularis · 155
Gagea fistulosa · 155
Gagea foliosa · 155
Gagea fragifera · 155
Gagea guadarramica · 155
Gagea lacaitae · 155
Gagea liotardii · 155
Gagea lutea · 155
Gagea reverchonii · 155
Gagea silvatica · 155
Gagea soleirolii · 155
Gagea tenuis · 155
Gagea villosa · 155
Galactites pumilus · 53
Galactites tomentosus · 53
Galanthus nivalis · 15
Galega officinalis · 138
Galeopsis angustifolia · 128
Galeopsis galeobdolon · 128
Galeopsis hirsuta · 132

Galeopsis intermedia · 128
Galeopsis ladanum · 128
Galeopsis pyrenaica · 128
Galeopsis rivas-martinezii · 128
Galeopsis sallentii · 128
Galeopsis tetrahit · 128
Galinsoga aristulata · 53
Galinsoga ciliata · 53
Galinsoga quadriradiata · 53
Galium album · 206
Galium aparine · 205
Galium aristatum · 206
Galium boreale · 205
Galium cespitosum · 205
Galium corrudifolium · 206
Galium cruciata · 205
Galium debile · 205
Galium divaricatum · 207
Galium elongatum · 206
Galium erectum · 206
Galium estebanii · 205
Galium fruticescens · 206
Galium helodes · 206
Galium hercynicum · 207
Galium laevigatum · 206
Galium lucidum · 206
Galium marchandii · 206
Galium mollugo · 206
Galium murale · 206
Galium odoratum · 206
Galium palustre · 205, 206
Galium papillosum · 206
Galium parisiense · 207
Galium pinetorum · 205
Galium pumilum · 206
Galium pusillum · 206
Galium pyrenaicum · 207
Galium rigidum · 206
Galium saccharatum · 207
Galium saxatile · 207
Galium spurium · 205
Galium sylvaticum · 206
Galium timeroyi · 207
Galium tricorne · 207
Galium tricornutum · 207
Galium uliginosum · 207
Galium vaillantii · 205
Galium valantia · 207
Galium vernum · 205
Galium verrucosum · 207
Galium verticillatum · 207
Galium verum · 207
Gamochaeta coarctata · 53
Gamochaeta falcata · 53
Gamochaeta subfalcata · 53
Gastridium lendigerum · 112
Gastridium ventricosum · 112
Gaudinia fragilis · 112
Genista × uribe-echebarriae · 139
Genista anglica · 138
Genista ausetana · 138
Genista cinerea · 138
Genista eliassennenii · 139
Genista florida · 138
Genista hispanica · 138
Genista horrida · 138
Genista leptoclada · 138
Genista pilosa · 139
Genista polygalaefolia · 138
Genista polygalaephylla · 138
Genista pulchella · 139

www.ingramcontent.com/pod-product-compliance
Lightning Source LLC
Chambersburg PA
CBHW080521220326
41599CB00032B/6155